# VIBRAÇÕES MECÂNICAS

**Dados Internacionais de Catalogação na Publicação (CIP)**

K29v     Kelly, S. Graham.
       Vibrações mecânicas:teoria e aplicações/
    S. Graham Kelly; revisão técnica: Vinícius
    Gabriel Segala Simionatto; tradução Noveritis
    do Brasil. - São Paulo, SP: Cengage, 2017.
    560 p.: il.; 28 cm.

    ISBN 978-85-221-2700-9

    1. Vibração. 2. Mecânica. I. Simionatto,
Vinícius Gabriel Segala. II. Título.

                                           CDU 534
                                           CDD 531.32

**Índice para catálogo sistemático:**
1. Vibração     534
(Bibliotecária responsável: Sabrina Leal Araújo - CRB 10/1507)

# VIBRAÇÕES MECÂNICAS
## TEORIA E APLICAÇÕES

## S. GRAHAM KELLY
The University of Akron

Revisão técnica
**Vinícius Gabriel Segala Simionatto**
Graduado em Engenharia de Controle e Automação pela Universidade Estadual de Campinas (Unicamp), mestre, doutor e pós-doutorando em Engenharia Mecânica pela mesma instituição, professor titular da Universidade de Jaguariúna (UniFAJ).

Tradução
**Noveritis do Brasil**

Austrália • Brasil • México • Cingapura • Reino Unido • Estados Unidos

Vibrações mecânicas: teoria e aplicações
1ª edição brasileira
S. Graham Kelly

Gerente editorial: Noelma Brocanelli

Editora de desenvolvimento: Viviane Akemi Uemura

Supervisora de produção gráfica: Fabiana Alencar Albuquerque

Editora de aquisições: Guacira Simonelli

Especialista em direitos autorais: Jenis Oh

Revisão: Bel Ribeiro, Daniela Paula Bertolino Pita e Cintia Leitão

Diagramação: Triall Editorial Ltda

Indexação: Casa Editorial Maluhy

Capa: BuonoDisegno

Imagens da capa e das aberturas de capítulo: Vaniato/Shutterstock

© 2018 Cengage Learning Edições Ltda.

Todos os direitos reservados. Nenhuma parte deste livro poderá ser reproduzida, sejam quais forem os meios empregados, sem a permissão, por escrito, das editoras. Aos infratores aplicam-se as sanções previstas nos artigos 102, 104, 106 e 107 da Lei nº 9.610, de 19 de fevereiro de 1998.

Esta editora empenhou-se em contatar os responsáveis pelos direitos autorais de todas as imagens e de outros materiais utilizados neste livro. Se porventura for constatada a omissão involuntária na identificação de algum deles, dispomo-nos a efetuar, futuramente, os possíveis acertos.

A editora não se responsabiliza pelo funcionamento dos *links* contidos neste livro que possam estar suspensos.

> Para informações sobre nossos produtos, entre em contato pelo telefone **0800 11 19 39**
>
> Para permissão de uso de material desta obra, envie seu pedido para direitosautorais@cengage.com

© 2018 Cengage Learning. Todos os direitos reservados.

ISBN 13: 978-85-221-2700-9
ISBN 10: 85-221-2700-x

**Cengage Learning**
Condomínio E-Business Park
Rua Werner Siemens, 111 – Prédio 11 – Torre A – conjunto 12
Lapa de Baixo – CEP 05069-900 – São Paulo –SP
Tel.: (11) 3665-9900 – Fax: (11) 3665-9901
SAC: 0800 11 19 39

Para suas soluções de curso e aprendizado, visite
www.cengage.com.br

Impresso no Brasil
*Printed in Brazil*
1ª impressão – 2017

# Sobre o autor

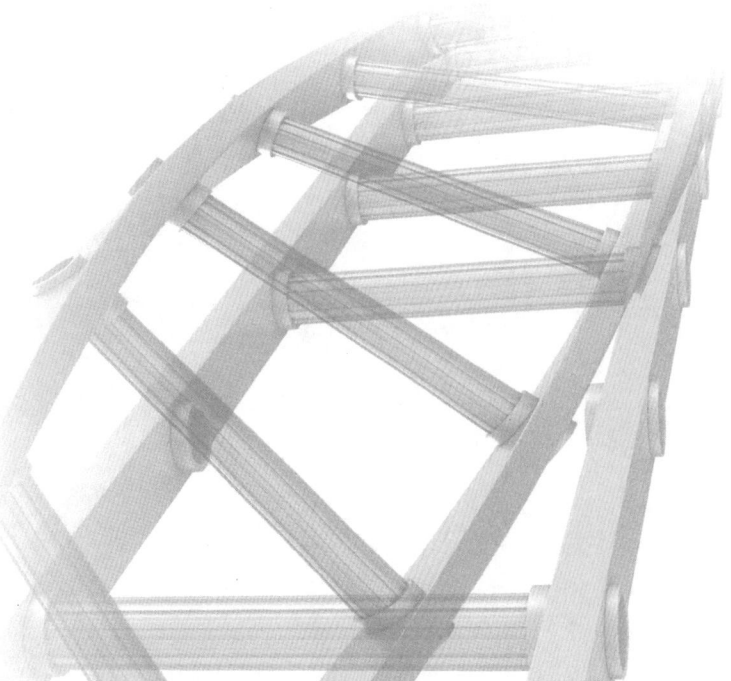

**S. Graham Kelly** recebeu B.C. em Ciência da Engenharia e Mecânica, em 1975, M.C. em Engenharia Mecânica e Ph.D. em Engenharia Mecânica em 1979, todos em Virginia Tech.

Ele serviu no corpo docente da Universidade de Notre Dame de 1979 a 1982. Desde 1982, Dr. Kelly tem servido no corpo docente na University of Akron atuando no ensino, pesquisa e administração.

Além de vibrações, lecionou em cursos de graduação em estática, dinâmica, mecânica dos sólidos, dinâmica de sistemas, mecânica dos fluidos, mecânica dos fluidos compressíveis, probabilidade aplicada à engenharia, análise numérica e princípios de engenharia. A pós-graduação ministrada pelo Dr. Kelly inclui os cursos de vibrações de sistemas discretos, vibrações de sistemas contínuos, mecânica dos meios contínuos, estabilidade hidrodinâmica e matemática avançada para engenharia. Dr. Kelly recebeu em 1994 o prêmio Chemstress de Professor Honorário da Faculdade de Engenharia da University of Akron.

Dr. Kelly também é conhecido pela carreira notável na administração acadêmica, que inclui períodos como Reitor Associado de Engenharia, Pró-reitor Associado e Reitor de Engenharia de 1998 a 2003. Enquanto servia na administração, Dr. Kelly continuou lecionando pelo menos um curso por semestre.

Desde seu retornou ao corpo docente em período integral, em 2003, Dr. Kelly tem desfrutado de mais tempo para o ensino, a pesquisa e projetos de livros. Ele frequentemente orienta alunos de pós-graduação em suas pesquisas sobre temas em vibrações e mecânica dos sólidos. Dr. Kelly também é autor de *System Dynamics and Response, Advanced Vibration Analysis, Advanced Engineering Mathematics with Modeling Applications, Fundamentals of Mechanical Vibrations* (1ª e 2ª edições) e *Schaum's Outline in Theory and Problems in Mechanical Vibrations*.

# Prefácio

Os engenheiros aplicam a matemática e a ciência para resolver problemas. No currículo do curso de Engenharia da graduação tradicional, os alunos iniciam a trajetória acadêmica pelas disciplinas de matemática e ciências básicas, como química e física. Os alunos começam a desenvolver habilidades básicas de solução de problemas nas disciplinas de engenharia, tais como estática, dinâmica, mecânica dos sólidos, mecânica dos fluidos e termodinâmica. Nessas disciplinas, eles aprendem a aplicar as leis básicas da natureza, as equações constitutivas e as de estado para desenvolver soluções para os problemas abstratos de engenharia.

Vibrações é uma das primeiras disciplinas em que os alunos aprendem a aplicar os conhecimentos obtidos a partir das disciplinas de matemática e ciências básicas da engenharia para solucionar problemas práticos. Embora o conhecimento sobre as vibrações e os sistemas vibratórios seja importante, as habilidades de solução de problemas obtidas durante o estudo das vibrações são igualmente importantes. Os objetivos deste livro são duplos: apresentar os princípios básicos das vibrações aplicadas à engenharia e apresentá-los em uma estrutura em que o leitor progredirá em seus conhecimentos e habilidades na solução de problemas de engenharia.

Este livro destina-se a ser usado como matéria na disciplina de vibrações nos níveis júnior e sênior. Ele pode ser usado em uma disciplina tanto para alunos de graduação quanto de pós-graduação. Os últimos capítulos são indicados para uso como um curso de graduação independente em vibrações. Os pré-requisitos para tal curso devem incluir as disciplinas de estática, dinâmica, mecânica dos materiais e matemática utilizando as equações diferenciais. Estão inclusos alguns materiais para a disciplina de mecânica dos fluidos, todavia este material pode ser dispensado sem perder a continuidade.

O Capítulo 1 é introdutório, revisando conceitos como dinâmica, de forma que todos os leitores estejam familiarizados com os procedimentos e a terminologia. O Capítulo 2 enfoca os elementos que compõem os sistemas mecânicos e os métodos de modelagem matemática dos sistemas mecânicos, apresentando dois métodos de derivação das equações diferenciais: de diagrama de corpo livre e de energia, que são utilizados em todo o livro. Os Capítulos 3 a 5, os sistemas de um grau de liberdade (de 1GL). O Capítulo 6, exclusivamente os sistemas de dois graus de liberdade (de 2GL). Os Capítulos 7 ao 9, os sistemas de múltiplos graus de liberdade em geral.

As referências no final deste livro listam diversos livros excelentes sobre vibrações que abordam os temas de vibração e projetos para supressão de vibração. Este livro é imprescindível, pois contém várias características peculiares:

- Ao longo do livro, são estudados dois problemas de referência. Os enunciados que definem os problemas genéricos são apresentados no Capítulo 1. São realizadas hipóteses para gerar modelos de 1GL dos sistemas no Capítulo 2, e as vibrações livres e forçadas dos sistemas são estudadas nos Capítulos 3 a 5, incluindo isolação de vibração. Os modelos de sistemas de 2GL são apresentados no Capítulo 6, enquanto os modelos de NGL são estudados nos Capítulos 7 a 9. Os modelos tornam-se mais sofisticados à medida que o livro avança.

- A maioria dos problemas de vibração (certamente aqueles encontrados por alunos de graduação) envolve o movimento planar de corpos rígidos. Portanto, um método de diagrama de corpo livre com base no princípio de D'Alembert é desenvolvido e utilizado para corpos rígidos ou sistemas de corpos rígidos submetidos ao movimento planar.
- Um método de energia denominado método de sistemas equivalentes é desenvolvido para os sistemas de 1GL sem introduzir as equações de Lagrange. As equações de Lagrange são destinadas aos sistemas de NGL.
- A maioria dos capítulos possui uma seção de *Exemplos Adicionais* que apresenta problemas utilizando os conceitos apresentados em diversas seções ou mesmo em vários capítulos do livro.
- O MATLAB® é utilizado em exemplos ao longo do livro como um recurso computacional ou gráfico. Alguns arquivos MATLAB® estão disponíveis na página do livro, no *site* da Cengage.
- O método da transformada de Laplace e o conceito da função de transferência (ou a resposta impulsiva) são utilizados nos problemas de NGL. A função de transferência senoidal é usada para resolver os problemas de NGL com excitação harmônica.
- O tema de projeto para supressão de vibração é incluso onde apropriado. O projeto para isolação de vibração para excitação harmônica é abordado no Capítulo 4, a isolação de vibração a partir de pulsos, no Capítulo 5, o projeto para absorvedores de vibração, no Capítulo 6, e problemas de isolação de vibração, para sistemas de NGL em geral, no Capítulo 9.

O autor reconhece o apoio e o incentivo de inúmeras pessoas na preparação deste livro. Foram coletadas sugestões de diversos alunos para melhorias da University de Akron. O autor é grato a Chris Carson, Diretor Executivo da Global Publishing; Chris Shortt, Editor da Global Engineering; Randall Adams, Editor de Aquisições Sênior; e Hilda Gowans, Editora de Desenvolvimento Sênior, pelo incentivo e orientações ao longo do projeto. O autor também agradece a G. Adams, Northeastern University; Cetin Cetinkaya, Clarkson University; Shanzhong (Shawn) Duan, South Dakota State University; Michael J. Leamy, Georgia Institute of Technology; Colin Novak, University of Windsor; Aldo Sestieri, University La Sapienza Roma; e Jean Zu, University of Toronto, pelos comentários e sugestões valiosos para tornar este um livro melhor. Por fim, o autor expressa gratidão a sua esposa Seala Fletcher-Kelly, não somente pelo apoio e incentivo durante o projeto, mas também pela sua ajuda com as figuras.

S. Graham Kelly

## Sobre este livro

Esta edição de *Vibrações Mecânicas: teoria e aplicações* foi adaptada para incorporar o Sistema Internacional de Unidades (*Le Système International d'Unités,* ou SI) ao longo do livro.

### Le Systeme International d' Unites

O Sistema Tradicional de Medidas dos Estados Unidos (USCS) utiliza as unidades FPS (pé-libra-segundo) (também denominado Unidade Inglesa ou Imperial). As unidades SI são principalmente as unidades do sistema MKS (metroquilograma- segundo). Entretanto, as unidades CGS (centímetro-grama-segundo) são com frequência aceitas nas unidades SI, especialmente em livros didáticos.

## Usando as unidades SI neste livro

Neste livro, utilizamos ambas as unidades, MKS e CGS. As unidades USCS ou as FPS utilizadas na edição norte-americana do livro foram convertidas em unidades SI em todo o texto e problemas. No entanto, no caso de dados obtidos de manuais, normas governamentais e manuais de produtos, não é só extremamente difícil converter todos os valores em SI, mas também viola a propriedade intelectual da fonte. Além disso, algumas quantidades tais como a granulometria da ASTM e distâncias Jominy, geralmente são calculadas em unidades FPS, e perderiam seu valor se convertidas em SI. Portanto, alguns dados em figuras, tabelas, exemplos e referências permanecem em unidades FPS. Para os leitores não familiarizados com a relação entre os sistemas FPS e SI foram fornecidas tabelas de conversão do livro.

Para resolver os problemas que necessitem do uso de dados de origem, os valores obtidos podem ser convertidos de unidades FPS para unidades SI imediatamente antes de ser usados em um cálculo. Para obter quantidades padronizadas e dados de fabricantes em unidades SI, os leitores devem entrar em contato com as autoridades ou agências governamentais competentes em seus países/regiões.

A opinião do leitor sobre esta Edição SI será muito bem-vinda e nos ajudará a melhorar as edições posteriores.

Os editores

# Sumário

1. **INTRODUÇÃO** ........................................................................................................................... 1
   - 1.1 Estudo das vibrações ........................................................................................................ 1
   - 1.2 Modelagem matemática ................................................................................................... 3
   - 1.3 Coordenadas generalizadas ............................................................................................. 6
   - 1.4 Classificação da vibração ................................................................................................. 9
   - 1.5 Análise dimensional ....................................................................................................... 10
   - 1.6 Movimento harmônico simples ..................................................................................... 12
   - 1.7 Revisão da dinâmica ....................................................................................................... 14
   - 1.8 Dois exemplos de referência .......................................................................................... 25
   - 1.9 Exemplos adicionais ....................................................................................................... 27
   - 1.10 Resumo do capítulo ...................................................................................................... 32
   - Problemas ............................................................................................................................. 34

2. **MODELAMENTOS DOS SISTEMAS DE UM GRAU DE LIBERDADE (1GL)** ................. 39
   - 2.1 Introdução ....................................................................................................................... 39
   - 2.2 Molas ............................................................................................................................... 40
   - 2.3 Associação de molas ....................................................................................................... 46
   - 2.4 Outras fontes de energia potencial ................................................................................ 52
   - 2.5 Amortecimento viscoso .................................................................................................. 55
   - 2.6 Energia dissipada por amortecimento viscoso .............................................................. 58
   - 2.7 Elementos de inércia ...................................................................................................... 60
   - 2.8 Fontes externas ............................................................................................................... 68
   - 2.9 Método do diagrama de corpo livre .............................................................................. 70
   - 2.11 Ângulos pequenos ou suposição de deslocamento ..................................................... 80
   - 2.12 Método de sistemas equivalentes ................................................................................ 83
   - 2.13 Exemplos de benchmark ............................................................................................... 89

2.14 Outros exemplos .................................................................................................................91
2.15 Resumo do capítulo ............................................................................................................99
Problemas .................................................................................................................................102

## 3. VIBRAÇÕES LIVRES DOS SISTEMAS DE 1GL ................................................................ 107
3.1 Introdução ..........................................................................................................................107
3.2 Forma-padrão da equação diferencial ................................................................................108
3.3 Vibrações livres de um sistema não amortecido ................................................................109
3.4 Vibrações livres subamortecidas ........................................................................................116
3.5 Vibrações livres criticamente amortecidas ........................................................................122
3.6 Vibrações livres superamortecidas ....................................................................................124
3.7 Amortecimento de Coulomb ..............................................................................................128
3.8 Amortecimento histerético .................................................................................................134
3.9 Outras formas de amortecimento .......................................................................................138
3.10 Exemplos de referência ....................................................................................................141
3.11 Outros exemplos ..............................................................................................................144
3.12 Resumo do capítulo .........................................................................................................151
Problemas .................................................................................................................................154

## 4. EXCITAÇÃO HARMÔNICA DOS SISTEMAS DE 1GL ........................................................ 159
4.1 Introdução ..........................................................................................................................159
4.2 Resposta forçada de sistema não amortecido em função de excitação de frequência única ...161
4.3 Resposta forçada do sistema amortecido viscosamente sujeito à excitação harmônica de frequência única ....167
4.4 Excitações quadráticas em frequência ...............................................................................173
4.5 Resposta em função da excitação harmônica da base .......................................................181
4.6 Isolamento de vibrações ....................................................................................................185
4.7 Isolamento de vibrações a partir das excitações de frequência quadrática .......................189
4.8 Aspectos práticos do isolamento de vibrações ..................................................................192
4.9 Excitações multifrequenciais .............................................................................................195
4.10 Excitações periódicas gerais ............................................................................................197
4.11 Instrumentos para medição de vibração sísmica .............................................................205
4.12 Representações complexas ..............................................................................................209
4.13 Sistemas com amortecimento de Coulomb .....................................................................211
4.14 Sistemas com amortecimento histerético ........................................................................215
4.15 Colheita de energia ..........................................................................................................218
4.16 Exemplos de referência ...................................................................................................223
4.17 Outros exemplos ..............................................................................................................230
4.18 Resumo do capítulo .........................................................................................................237
Problemas .................................................................................................................................242

## 5. VIBRAÇÕES TRANSIENTES DOS SISTEMAS DE 1 GL .................................................................. **247**

    5.1 Introdução ............................................................................................................................. 247

    5.2 Demonstração da integral de convolução ............................................................................. 248

    5.3 Resposta em função de excitação geral ................................................................................ 251

    5.4 Excitações cujas formas mudam em tempos discretos .......................................................... 256

    5.5 Movimento transiente em função da excitação da base ....................................................... 263

    5.6 Soluções da transformada de Laplace .................................................................................. 265

    5.7 Funções de transferência ...................................................................................................... 269

    5.8 Métodos numéricos ............................................................................................................. 273

    5.9 Espectro de choque ............................................................................................................. 282

    5.10 Isolamento de vibrações para os pulsos de duração curta .................................................. 289

    5.11 Exemplos de referência ...................................................................................................... 293

    5.12 Outros exemplos ................................................................................................................ 296

    5.13 Resumo do capítulo ........................................................................................................... 301

    Problemas .................................................................................................................................. 303

## 6. SISTEMAS COM DOIS GRAUS DE LIBERDADE (2GL) ............................................................... **307**

    6.1 Introdução ............................................................................................................................. 307

    6.2 Obtenção das equações de movimento ................................................................................ 308

    6.3 Frequências e modos naturais .............................................................................................. 311

    6.4 Resposta livre dos sistemas sem amortecimento .................................................................. 316

    6.5 Vibrações livres de um sistema com amortecimento viscoso ............................................... 319

    6.6 Coordenadas principais ........................................................................................................ 321

    6.7 Resposta harmônica dos sistemas com 2GL ......................................................................... 323

    6.8 Funções de transferência ...................................................................................................... 326

    6.9 Função de transferência senoidal ......................................................................................... 331

    6.10 Resposta em frequência ..................................................................................................... 333

    6.11 Absorvedores dinâmicos de vibração ................................................................................. 337

    6.12 Absorvedores de vibração amortecidos ............................................................................. 342

    6.13 Amortecedores de vibração ............................................................................................... 346

    6.14 Exemplos de referência ...................................................................................................... 347

    6.15 Outros exemplos ................................................................................................................ 353

    6.16 Resumo do capítulo ........................................................................................................... 364

    Problemas .................................................................................................................................. 366

## 7. MODELAMENTO DOS SISTEMAS DE NGL ................................................................................ **371**

    7.1 Introdução ............................................................................................................................. 371

    7.2 Obtenção das equações diferenciais utilizando o método do diagrama de corpo livre ........ 373

7.3 Equações de Lagrange .......................................................................................................... 378

7.4 Formulação matricial das equações diferenciais para os sistemas lineares ........................ 388

7.5 Coeficientes de influência da rigidez .................................................................................. 393

7.6 Coeficientes de influência da flexibilidade ......................................................................... 400

7.7 Coeficientes de influência da inércia .................................................................................. 406

7.8 Modelagem de massa concentrada dos sistemas contínuos ............................................... 408

7.9 Exemplos de referência ....................................................................................................... 410

7.10 Outros exemplos ................................................................................................................ 415

7.11 Resumo .............................................................................................................................. 424

Problemas .................................................................................................................................. 425

## 8. VIBRAÇÕES LIVRES DOS SISTEMAS DE NGL ............................................................ **431**

8.1 Introdução ........................................................................................................................... 431

8.2 Solução na forma modal ..................................................................................................... 432

8.3 Frequências e modos naturais ............................................................................................. 433

8.4 Solução geral ....................................................................................................................... 440

8.5 Casos especiais .................................................................................................................... 443

8.6 Produtos escalares de energia ............................................................................................. 449

8.7 Propriedades das frequências naturais e dos modos naturais ............................................ 451

8.8 Modos naturais normalizados ............................................................................................. 454

8.9 Quociente de Rayleigh ........................................................................................................ 456

8.10 Coordenadas principais ..................................................................................................... 458

8.11 Determinação das frequências naturais e modos naturais ............................................... 461

8.12 Amortecimento proporcional ............................................................................................ 464

8.13 Amortecimento viscoso geral ............................................................................................ 467

8.14 Exemplos de referência ..................................................................................................... 469

8.15 Outros exemplos ................................................................................................................ 473

8.16 Resumo .............................................................................................................................. 478

Problemas .................................................................................................................................. 480

## 9. VIBRAÇÕES FORÇADAS DOS SISTEMAS DE NGL ..................................................... **483**

9.1 Introdução ........................................................................................................................... 483

9.2 Excitações harmônicas ........................................................................................................ 483

9.3 Soluções da transformada de Laplace ................................................................................ 488

9.4 Análise modal para os sistemas não amortecidos e para os sistemas com amortecimento proporcional ..... 492

9.5 Análise modal para os sistemas com amortecimento geral ............................................... 500

9.6 Soluções numéricas ............................................................................................................. 502

9.7 Exemplos de referência ....................................................................................................... 503

9.8 Outros exemplos ................................................................................................................. 507

9.9 Resumo do capítulo ..................................................................................................511
Problemas ....................................................................................................................512

# REFERÊNCIAS BIBLIOGRÁFICAS ...............................................................515

# ÍNDICE REMISSIVO ........................................................................................517

# TABELAS ...........................................................................................................535

# CAPÍTULO 1

# INTRODUÇÃO

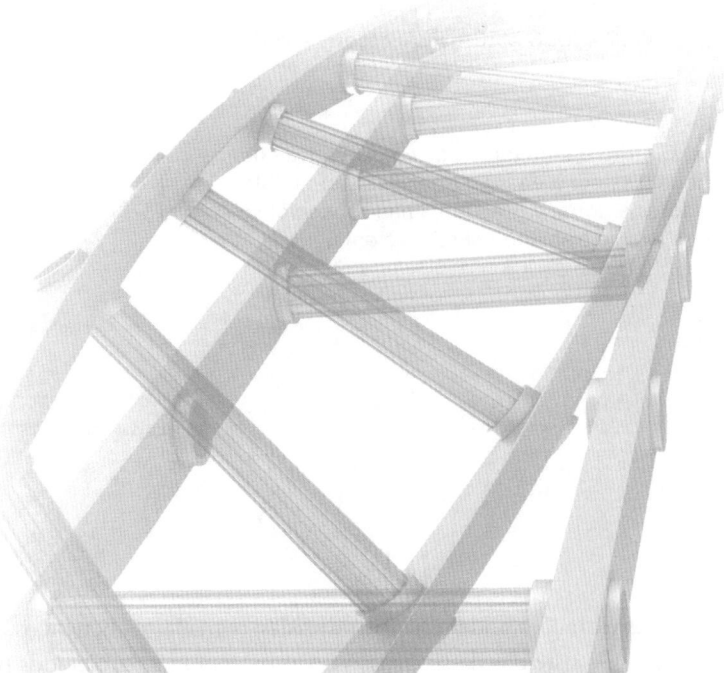

## 1.1 ESTUDO DAS VIBRAÇÕES

Vibrações são oscilações de um sistema mecânico ou estrutural em torno de uma posição de equilíbrio. As vibrações são iniciadas quando um elemento de inércia é deslocado da posição de equilíbrio em decorrência de energia inserida no sistema por meio de uma fonte externa, o que se denomina trabalho. Uma força restitutiva, ou uma força conservativa desempenhada por um elemento de energia potencial, puxa o elemento de volta ao equilíbrio. Quando o trabalho é realizado no bloco da Figura 1.1(a) para deslocá-lo da posição de equilíbrio, a energia potencial é armazenada na mola. Quando o bloco é liberado, a força da mola puxa o bloco ao equilíbrio com a energia potencial sendo convertida em energia cinética. Na ausência de forças não conservativas, essa transferência de energia é contínua, causando a oscilação do bloco em relação a sua posição de equilíbrio. Quando o pêndulo da Figura 1.1(b) é liberado a partir de uma posição acima de sua posição de equilíbrio, o momento gerado pela força de gravidade puxa a partícula, o corpo do pêndulo, de volta ao equilíbrio com a energia potencial sendo convertida em energia cinética. Na ausência de forças não conservativas, o pêndulo oscilará em torno da posição vertical de equilíbrio.

As forças não conservativas podem dissipar ou adicionar energia ao sistema. O bloco da Figura 1.2(a) desliza sobre uma superfície com força de atrito desenvolvida entre o bloco e a superfície. A força de atrito é não conservativa e dissipa a energia. Se o bloco for deslocado a partir do equilíbrio e liberado, a energia dissipada pela força de atrito faz com que, após um tempo, o movimento cesse. O movimento é continuado somente se uma energia adicional for acrescentada ao sistema, conforme a força aplicada externamente na Figura 1.2(b).

As vibrações ocorrem em diversos sistemas mecânicos e estruturas. Se não controlada, a vibração pode levar a situações catastróficas. As vibrações das máquinas-ferramentas ou chatter de máquina-ferramenta podem levar à usinagem inadequada de peças. Falhas estruturais podem ocorrer em função de grandes solicitações dinâmicas desenvolvidas durante terremotos ou até mesmo vibrações induzidas pelo vento. As vibrações induzidas por uma hélice de helicóptero desbalanceada enquanto gira em alta velocidade podem levar a uma falha no rotor e a uma catástrofe para o helicóptero. As vibrações excessivas de bombas, compressores, turbomáquinas e outras máquinas industriais podem induzir vibrações na estrutura ao redor, levando à operação ineficiente das máquinas, enquanto o ruído produzido pode causar desconforto humano.

**FIGURA 1.1**
(a) Quando o bloco é deslocado a partir do equilíbrio, a força desempenhada pela mola (como resultado da energia potencial armazenada) puxa o bloco de volta à posição de equilíbrio. (b) Quando o pêndulo é rotacionado para longe da posição vertical de equilíbrio, o momento da força de gravidade em torno do apoio puxa o pêndulo de volta à posição de equilíbrio.

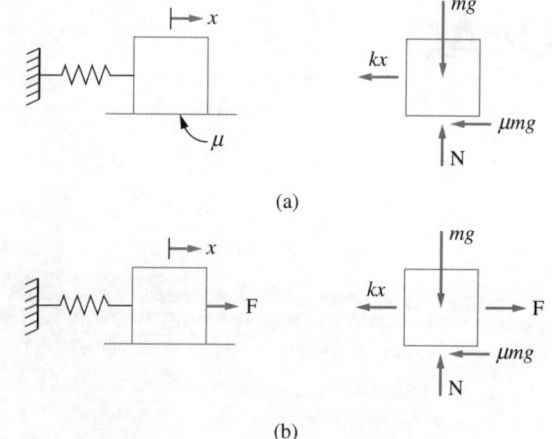

**FIGURA 1.2**
(a) O atrito é uma força não conservativa que pode dissipar a energia total do sistema. (b) A força externa é uma força não conservativa que exerce trabalho sobre o sistema.

As vibrações podem ser introduzidas, com efeitos benéficos, em sistemas nos quais elas não ocorreriam de forma natural. Os sistemas de suspensão de um veículo são projetados para proteger os passageiros do desconforto quando viajam em terrenos acidentados. Os isoladores de vibração são utilizados para proteger as estruturas de forças excessivas desenvolvidas na operação de máquinas rotativas. O acolchoamento é utilizado em embalagens para proteger itens frágeis de forças impulsivas.

Os sistemas regenerativos (do inglês, power harvesting systems) captam as vibrações indesejadas e as transformam em energia armazenada. Um coletor de energia é um dispositivo fixado em um automóvel, uma máquina, ou qualquer sistema que está sendo submetido a vibrações. O coletor de energia possui uma massa sísmica que vibra quando excitada, e a energia é capturada eletronicamente. O princípio pelo qual a regeneração de energia funciona é discutido no Capítulo 4.

Os sistemas microeletromecânicos (MEMS) e os nanoeletromecânicos (NEMS) utilizam vibrações. Os sensores MEMS são projetados utilizando conceitos de vibrações. A ponteira de um microscópio de força atômica utiliza vibrações de um nanotubo para varrer uma amostra. As aplicações para MEMS e NEMS são difundidas ao longo deste livro.

Biomecânica é uma área em que se utiliza vibrações. O corpo humano é modelado utilizando os princípios de análise de vibrações. O Capítulo 7 introduz um modelo de três graus de liberdade da mão e antebraço humano proposto por Dong, Dong, Wu e Rakheja no *Journal of Biomechanics*.

O estudo das vibrações começa com a modelagem matemática dos sistemas vibratórios. São obtidas e analisadas as soluções resultantes dos modelos matemáticos. As soluções são utilizadas para responder às questões básicas sobre as vibrações de um sistema, bem como determinar como as vibrações indesejadas podem ser reduzidas ou como as vibrações podem ser introduzidas com efeitos benéficos em um sistema. A modelagem matemática leva ao desenvolvimento dos princípios que regem o comportamento dos sistemas vibratórios.

O objetivo deste capítulo é fornecer uma introdução às vibrações e uma revisão dos principais conceitos utilizados na análise das vibrações. Ele começa com a modelagem matemática dos sistemas vibratórios. Esta seção faz uma revisão objetiva da modelagem e descreve o procedimento que deve ser seguido na modelagem matemática dos sistemas vibratórios.

As coordenadas nas quais o movimento de um sistema vibratório é descrito são denominadas coordenadas generalizadas. Elas são definidas na Seção 1.3, juntamente com a definição dos graus de liberdade. A Seção 1.4 apresenta os termos utilizados para classificar as vibrações e descreve com mais detalhes como este livro está organizado.

A Seção 1.5 enfoca a análise dimensional, incluindo o teorema de Buckingham Pi. Este é um tópico abordado na disciplina de mecânica dos fluidos, porém, dá-se a ele pouca ênfase nas disciplinas de mecânica dos sólidos e dinâmica. Ele é importante para o estudo das vibrações, uma vez que as amplitudes em regime permanente dos sistemas vibratórios são descritas em termos de variáveis adimensionais para uma compreensão mais fácil da dependência dos parâmetros.

O movimento harmônico simples representa o movimento de diversos sistemas não amortecidos; ele é apresentado na Seção 1.6.

A Seção 1.7 fornece uma revisão da dinâmica de partículas e de corpos rígidos utilizados neste livro. A cinemática das partículas é apresentada e seguida pela cinemática dos corpos rígidos submetidos ao movimento plano. A cinética das partículas é fundamentada na segunda lei de Newton aplicada a um diagrama de corpo livre (DCL). Um modelo do princípio de D'Alembert é usado para analisar problemas envolvendo corpos rígidos submetidos ao movimento plano. São apresentados os modelos pré-integrados da segunda lei de Newton, o princípio do trabalho-energia e o princípio do impulso e momento.

A Seção 1.8 apresenta dois problemas de referência utilizados ao longo do livro para ilustrar os conceitos apresentados em cada capítulo. Os problemas de referência serão revisados no final de cada capítulo. A Seção 1.9 apresenta problemas adicionais para estudo suplementar. Esta seção será apresentada no final da maioria dos capítulos e abrangerá problemas que utilizam conceitos de mais de uma seção ou até mesmo mais de um capítulo. Cada capítulo, incluindo este, termina com um resumo dos principais conceitos abordados e das principais equações apresentadas neles.

As equações diferenciais são utilizadas nos Capítulos 3, 4 e 5 para modelar os sistemas de um grau de liberdade (1GL). Os sistemas de equações diferenciais são utilizados nos Capítulos 6, 7, 8 e 9 para estudar os sistemas com múltiplos graus de liberdade (NGL). As equações diferenciais não são o foco deste livro, embora sejam apresentados os métodos de solução. Sugere-se ao leitor um livro sobre equações diferenciais para obter uma compreensão mais aprofundada dos métodos matemáticos utilizados.

## 1.2 MODELAGEM MATEMÁTICA

De modo geral, a solução para um problema de engenharia exige modelagem matemática de um sistema físico. O procedimento de modelagem é o mesmo para todas as disciplinas de engenharia; no entanto, os detalhes da modelagem variam entre as disciplinas. São apresentadas as etapas do procedimento, e os detalhes são especificados para os problemas de vibrações.

### 1.2.1 IDENTIFICAÇÃO DO PROBLEMA

O sistema a ser modelado é abstraído do ambiente a sua volta, e os efeitos sobre este ambiente são observados. Especifica-se as constantes conhecidas e identifica-se os parâmetros que devem permanecer variáveis.

Especifica-se o propósito da modelagem. Os possíveis propósitos para a modelagem de sistemas sujeitos a vibrações incluem análise, projeto e síntese. A análise ocorre quando todos os parâmetros são especificados e as vibrações do sistema são previstas. As aplicações do projeto incluem projeto paramétrico, especificando os parâmetros do sistema para atingir determinado objetivo de projeto, ou projetando o sistema por meio da identificação de seus componentes.

### 1.2.2 HIPÓTESES

As hipóteses são feitas para simplificar a modelagem. Se todos os efeitos estão inclusos na modelagem de um sistema físico, as equações resultantes geralmente são tão complexas que é impossível uma solução matemática. Quando as hipóteses são usadas, o modelo resultante representa um sistema físico aproximado. Uma aproximação deve ser feita somente se a solução para o problema aproximado resultante for mais fácil que a solução para o problema original e com a resssalva de que os resultados da modelagem são precisos o suficiente para o uso a que são destinados.

Determinadas hipóteses implícitas serão usadas na modelagem da maioria dos sistemas físicos. Essas hipóteses são triviais e raramente mencionadas explicitamente. As hipóteses implícitas utilizadas ao longo deste livro incluem:

1. As propriedades físicas são funções contínuas das variáveis espaciais. Essa *hipótese do continuum* implica que um sistema pode ser tratado como uma parte contínua da matéria. A hipótese do *continuum* é inválida quando a escala de comprimento está aproximadamente no percurso livre médio de uma molécula. Existe

uma discussão sobre a questão de a hipótese do *continuum* ser válida na modelagem de novos materiais da engenharia, tais como nanotubos de carbono. As vibrações dos nanotubos, em que a relação comprimento/diâmetro é grande, podem ser razoavelmente modeladas usando a hipótese do *continuum*; contudo, nanotubos com relação comprimento/diâmetro pequenos devem ser modelados usando a dinâmica molecular. Ou seja, cada molécula é tratada como uma partícula separada e os princípios da mecânica quântica podem ser aplicados.

2. A Terra é um sistema referencial inercial, permitindo assim a aplicação das leis de Newton em um sistema referencial fixo à Terra.
3. Os efeitos relativísticos são ignorados. (Certamente as velocidades encontradas na modelagem dos problemas de vibrações são muito menores do que a velocidade da luz.)
4. A gravidade é o único campo de força externa. A aceleração da gravidade é de 9,81 m/s$^2$ na superfície da Terra.
5. Os sistemas considerados não estão sujeitos a reações nucleares, reações químicas, transferência de calor externo ou qualquer outra fonte de energia térmica.
6. Todos os materiais são lineares, isotrópicos e homogêneos.
7. Aplicam-se as hipóteses comuns da mecânica dos materiais. Isto inclui as seções planas permanecerem planas para vigas em flexão, e as seções circulares sob cargas tensionais não se deformarem.

As hipóteses explícitas são aquelas específicas a um problema particular. Uma hipótese explícita é feita para eliminar os efeitos insignificantes da análise ou para simplificar o problema, mantendo a precisão adequada. Se possível, uma hipótese explícita deve ser verificada após a conclusão da modelagem.*

Todos os sistemas físicos são, de forma inerente, não lineares. A modelagem matemática exata de qualquer sistema físico leva a equações diferenciais não lineares, que geralmente não possuem solução analítica. Uma vez que as soluções exatas das equações diferenciais lineares com parâmetros constantes podem ser facilmente determinadas, hipóteses são muitas vezes feitas para *linearizar* o problema. Uma hipótese linearizante leva à simplificação de termos não lineares nas equações de movimento.

Não linearidade geométrica ocorrem como resultado da geometria do sistema. Quando a equação diferencial que governa o movimento do corpo do pêndulo da Figura 1.1(b) é obtida, surge um termo igual a sen $\theta$ (onde $\theta$ é o deslocamento angular a partir da posição de equilíbrio). Se $\theta$ for pequeno, o sen $\theta \approx \theta$ e a equação diferencial torna-se linear. No entanto, se o arrasto aerodinâmico estiver incluso na modelagem, a equação diferencial ainda é não linear.

Se a mola no sistema da Figura 1.1(a) for não linear, a relação força-deslocamento na mola pode ser da forma $F = k_1 x + k_3 x^3$. Neste caso, a equação diferencial resultante que governa o movimento do sistema será não linear. Este é um exemplo de *não linearidade física*. Em geral, a hipótese é feita considerando que a amplitude da vibração seja pequena (tal que $k_3 x^3 \ll k_1 x$ e o termo não linear negligenciado).

Os sistemas não lineares comportam-se de forma diferente dos lineares. Caso ocorra a linearização da equação diferencial, é importante que os resultados sejam verificados para garantir que a hipótese de linearização é válida.

Ao analisar os resultados da modelagem matemática, tenha em mente que o modelo matemático é apenas uma aproximação do sistema físico verdadeiro. O comportamento real do sistema pode ser um pouco diferente daquele previsto utilizando o modelo matemático. Quando o arrasto aerodinâmico e todas as outras formas de atrito são desconsiderados em um modelo matemático do pêndulo da Figura 1.1(b), então o movimento perpétuo é previsto para a situação em que se libera o pêndulo a partir do repouso após aplicar um deslocamento inicial não nulo em seu corpo. Esse movimento perpétuo é impossível. Embora a negligência do arrasto aerodinâmico leve a um histórico incorreto de tempo do movimento, o modelo continua sendo útil na previsão do período, da frequência e da amplitude do movimento.

Uma vez que os resultados foram obtidos usando um modelo matemático, deve ser verificada a validade de todas as hipóteses.

---

* De fato, quando possível é uma excelente prática verificar a validade de todas as hipóteses utilizadas. (N.R.T.)

## 1.2.3 LEIS BÁSICAS DA NATUREZA

Lei básica da natureza é uma lei física que se aplica a todos os sistemas físicos independentemente do material do qual o sistema é construído. Essas leis são observáveis, mas não podem ser derivadas de qualquer lei mais fundamental. Elas são empíricas. Existem somente algumas leis básicas da natureza: conservação das massas, conservação do momento, conservação de energia e a segunda e terceira leis da termodinâmica.

A conservação do momento linear e angular geralmente é a única lei da física que tem importância na aplicação dos sistemas vibratórios. É comum a aplicação do princípio da conservação das massas aos problemas das vibrações. As aplicações da segunda e terceira leis da termodinâmica geralmente não resultam em nenhuma informação útil. Na ausência da energia térmica, o princípio da conservação da energia é reduzido ao princípio mecânico do trabalho-energia, que é derivado das leis de Newton.

## 1.2.4 EQUAÇÕES CONSTITUTIVAS

As equações constitutivas fornecem informações sobre os materiais que formam um sistema. Diferentes materiais comportam-se de forma diferente sob diferentes condições. O aço e a borracha comportam-se de forma diferente porque suas equações constitutivas possuem formas diferentes. Embora as equações constitutivas para o aço e o alumínio sejam da mesma forma, as constantes envolvidas nas equações são diferentes. As equações constitutivas são usadas para desenvolver as relações força-deslocamento para os componentes mecânicos usados na modelagem dos sistemas vibratórios.

## 1.2.5 RESTRIÇÕES GEOMÉTRICAS

Geralmente, a aplicação das restrições geométricas é necessária para completar a modelagem matemática de um problema de engenharia. As restrições geométricas podem ser na forma de relações cinemáticas entre deslocamento, velocidade e aceleração. Quando a aplicação das leis básicas da natureza e das equações constitutivas leva a equações diferenciais, o uso das restrições geométricas geralmente é necessário para formular as condições de contorno e condições iniciais necessárias.

## 1.2.6 DIAGRAMAS

Geralmente, os diagramas são necessários para obter melhor compreensão do problema. Em vibrações, interessa-se pelas forças e seus efeitos em um sistema. Consequentemente, esboça-se para o sistema um *diagrama de corpo livre (DCL)*, que é um diagrama do corpo abstraído do seu ambiente e representa o efeito desse ambiente na forma de forças. Uma vez que se está interessado em modelar o sistema para qualquer instante de tempo, um DCL é esboçado em um instante arbitrário de tempo.

Dois tipos de forças são ilustrados em um DCL: de corpo e de superfície. Uma *força de corpo* é aplicada a uma partícula no interior do corpo e é resultado da existência do corpo em um campo de força externo. Uma hipótese implícita é que a gravidade é o único campo de força externo que envolve o corpo. A força da gravidade ($mg$) é aplicada ao centro da massa e direcionada ao centro da Terra, geralmente considerada como a direção vertical, no sentido de cima para baixo, como mostrado na Figura 1.3.

As *forças de superfície* são esboçadas em uma partícula no limite do corpo como resultado da interação entre o corpo e seu ambiente. Uma força de superfície externa é uma reação entre o corpo e sua superfície externa. As forças de superfície podem estar atuando em um único ponto no limite do corpo, como mostrado na Figura 1.4(a), ou podem ser distribuídas sobre a superfície do corpo, como ilustrado na Figura 1.4(b). As forças de superfície também podem ser o resultado de uma distribuição de tensão.

Na análise de vibrações, os DCLs geralmente são esboçados em um instante arbitrário no movimento do corpo. As forças são rotuladas em termos de

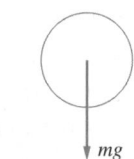

**FIGURA 1.3**
A força da gravidade é direcionada ao centro da Terra, geralmente considerada como a direção vertical e para baixo.

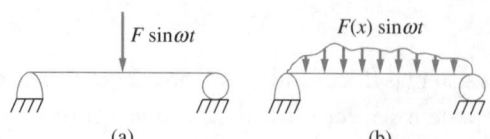

**FIGURA 1.4**
(a) Uma força de superfície aplicada à viga pode ser concentrada em um único ponto. (b) Uma força de superfície pode também ser uma carga distribuída, como mostrado na viga.

coordenadas e parâmetros do sistema. São levadas em consideração as leis constitutivas e a restrições geométricas. Um DCL esboçado e anotado como descrito está pronto para que sejam aplicadas as leis básicas da natureza.

### 1.2.7 SOLUÇÃO MATEMÁTICA

A modelagem matemática de um sistema físico resulta na formulação de um problema matemático. A modelagem não estará concluída até que a matemática adequada seja aplicada e uma solução obtida.

O tipo de matemática necessária é diferente para diferentes tipos de problemas. A modelagem de muitos problemas de estática, dinâmica e mecânica de sólidos leva a equações algébricas somente. A modelagem matemática dos problemas de vibração leva a equações diferenciais.

Soluções analíticas exatas, quando existem, são preferíveis a soluções numéricas ou aproximadas. As soluções exatas estão disponíveis para muitos problemas lineares, mas apenas para alguns problemas não lineares.

### 1.2.8 INTERPRETAÇÃO FÍSICA DOS RESULTADOS MATEMÁTICOS

Após a conclusão da modelagem matemática, ainda há trabalho a ser feito. Vibrações são uma ciência aplicada – os resultados devem significar algo. O resultado final pode ser genérico: por exemplo, determinar a resposta em frequência de um sistema em função de uma força harmônica, em que uma forma não dimensional da resposta em frequência seria uma grande ajuda na compreensão do comportamento do sistema. A razão para a modelagem matemática pode ser mais específica: analisar um sistema específico para determinar o deslocamento máximo. Resta apenas substituir os números dados. O objetivo da modelagem matemática determina a forma de interpretação física dos resultados.

A modelagem matemática de um problema em vibrações é analisada do início (no qual as leis de conservação são aplicadas a um DCL) ao fim (no qual os resultados são usados). São analisados diversos sistemas diferentes, e aplicados os resultados da modelagem.

## 1.3 COORDENADAS GENERALIZADAS

A modelagem matemática de um sistema físico exige a seleção de um conjunto de variáveis que descreve o comportamento do sistema. As *variáveis dependentes* são aquelas que descrevem o comportamento físico do sistema. Exemplos de variáveis dependentes são o deslocamento de uma partícula em um sistema dinâmico, os componentes do vetor velocidade em um problema de fluxo de fluido, a temperatura em um problema de transferência de calor ou a corrente elétrica em um problema de circuito de corrente alternada. *Variáveis independentes* são aquelas com as quais se alteram as variáveis dependentes. Ou seja, as variáveis dependentes são funções das variáveis independentes. O tempo é uma variável independente para a maioria dos sistemas dinâmicos e problemas de circuito elétrico. A distribuição da temperatura em um problema de transferência de calor pode ser uma função da posição espacial, assim como o tempo. As variáveis dependentes na maioria dos problemas em vibrações são os deslocamentos das partículas especificadas a partir da posição de equilíbrio do sistema, enquanto o tempo é a variável independente.

As coordenadas são cinematicamente independentes se não houver relação geométrica entre elas. As coordenadas na Figura 1.5(a) são cinematicamente dependentes porque

$$x = r_2 \theta \tag{1.1}$$

# Capítulo 1

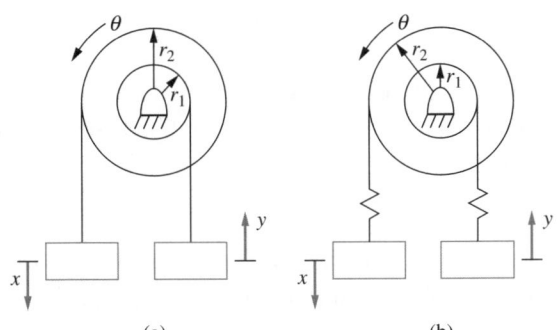

**FIGURA 1.5**
(a) As coordenadas $x$, $y$ e $\theta$ são cinematicamente dependentes porque existe relação cinemática entre elas. (b) As coordenadas $x$, $y$ e $\theta$ são cinematicamente independentes porque não existe relação cinemática entre elas em função da elasticidade dos cabos, modelados aqui como molas.

e

$$y = r_1\theta = \frac{r_1}{r_2} \tag{1.2}$$

Na Figura 1.5(b), os cabos possuem alguma elasticidade que é modelada por molas. As coordenadas $x$, $y$ e $\theta$ são cinematicamente independentes porque as Equações (1.1) e (1.2) não são aplicáveis em razão da elasticidade dos cabos.

O número de *graus de liberdade* para um sistema é o número de variáveis cinematicamente independentes necessárias para descrever completamente o movimento de cada partícula no sistema. Qualquer conjunto de coordenadas $n$ cinematicamente independente para um sistema com $n$ graus de liberdade é denominado um conjunto de *coordenadas generalizadas*. O número de graus de liberdade usado na análise de um sistema é único, mas a escolha das coordenadas generalizadas usadas para descrever o movimento do sistema não é. As coordenadas generalizadas são as variáveis dependentes para um problema de vibrações e são funções da variável independente, tempo. Se o histórico de tempo das coordenadas generalizadas é conhecido, o deslocamento, a velocidade e a aceleração de qualquer partícula no sistema podem ser determinados usando as relações cinemáticas.

Uma única partícula livre para se mover no espaço possui três graus de liberdade, e uma escolha adequada de coordenadas generalizadas são as coordenadas cartesianas ($x$, $y$, $z$) da partícula com relação a um sistema referencial fixo. À medida que a partícula se move no espaço, sua posição é uma função do tempo.

Um corpo rígido sem restrições possui seis graus de liberdade, três coordenadas para o deslocamento de seu centro de massa e rotação angular em torno de três eixos de coordenadas, como mostrado na Figura 1.6(a). No entanto, as restrições podem reduzir esse número. Um corpo rígido submetido ao movimento em um plano possui três graus de liberdade possíveis, o deslocamento de seu centro de massa em um plano e a rotação angular em torno de um eixo perpendicular a este plano, como ilustrado na Figura 1.6(b). Dois corpos rígidos submetidos ao movimento plano possuem seis graus de liberdade, mas eles podem estar ligados de uma maneira que os restringe e reduz o número de graus de liberdade.

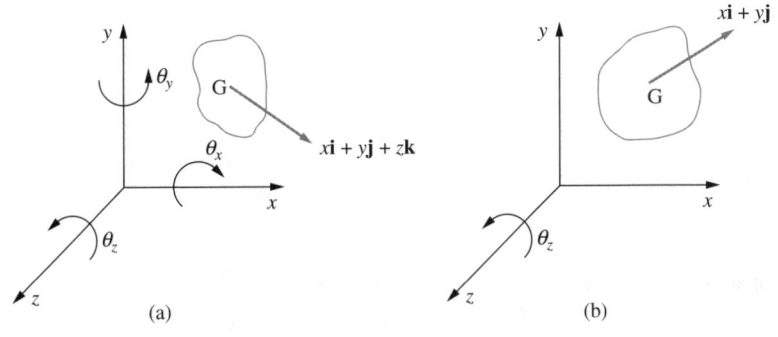

**FIGURA 1.6**
(a) O movimento tridimensional geral de um corpo rígido possui seis graus de liberdade. Seu centro de massa é livre para se mover em três direções de coordenadas, e a rotação pode ocorrer em torno de três eixos. (b) Um corpo rígido submetido ao movimento plano possui no máximo três graus de liberdade. Seu centro de massa pode se mover em duas direções, e a rotação ocorre apenas em torno de um eixo perpendicular ao plano de movimento.

## EXEMPLO 1.1

Cada um dos sistemas da Figura 1.7 está em equilíbrio na posição mostrada e sujeito ao movimento planar. Todos os corpos são rígidos. Especifique, para cada sistema, o número de graus de liberdade e recomende um conjunto de coordenadas generalizadas.

### SOLUÇÃO

(a) O sistema possui um grau de liberdade. Se $\theta$, o deslocamento angular no sentido horário da barra a partir da posição de equilíbrio do sistema, é escolhido como coordenada generalizada, então uma partícula inicialmente a uma distância $a$ a partir do suporte fixo tem uma posição horizontal $a\cos\theta$ e um deslocamento vertical $a\sin\theta$.

(b) O sistema possui dois graus de liberdade, assumindo que ele é restringido de lado a lado do movimento. Se $\theta$, o deslocamento angular no sentido horário da barra medido a partir da sua posição de equilíbrio, e $x$, o deslocamento do centro de massa da barra medido a partir do equilíbrio, são escolhidos como coordenadas generalizadas, então o deslocamento de uma partícula a uma distância $d$ à direita do centro de massa é $x + d\,\text{sen}\,\theta$. Uma opção alternativa para as coordenadas generalizadas é $x_1$, o deslocamento da extremidade direita da barra, e $x_2$, o deslocamento da extremidade esquerda da barra, ambos medidos a partir do equilíbrio.

(c) O sistema possui dois graus de liberdade. O bloco deslizante está rigidamente conectado à polia, mas a polia está conectada por uma mola ao bloco suspenso. Dois graus de liberdade possíveis são $x_1$ (o deslocamento do bloco deslizante a partir do equilíbrio), e $x_2$ (o deslocamento da massa suspensa a partir da posição de equilíbrio do sistema). Uma opção alternativa de coordenadas generalizadas é $\theta$ (a rotação angular no sentido horário da polia a partir do equilíbrio) e $x_2$.

(d) O sistema possui quatro graus de liberdade. O bloco deslizante está conectado por um cabo elástico à polia. A polia está conectada por um cabo elástico à barra $AB$, que está conectada por uma mola à barra $CD$. Um possível conjunto de coordenadas generalizadas (todos a partir do equilíbrio) é $x$, o deslocamento do bloco deslizante; $\theta$, a rotação angular no sentido horário da polia; $\phi$, a rotação angular no sentido anti-horário da barra $AB$; e $\psi$, a rotação angular no sentido horário da barra $CD$.

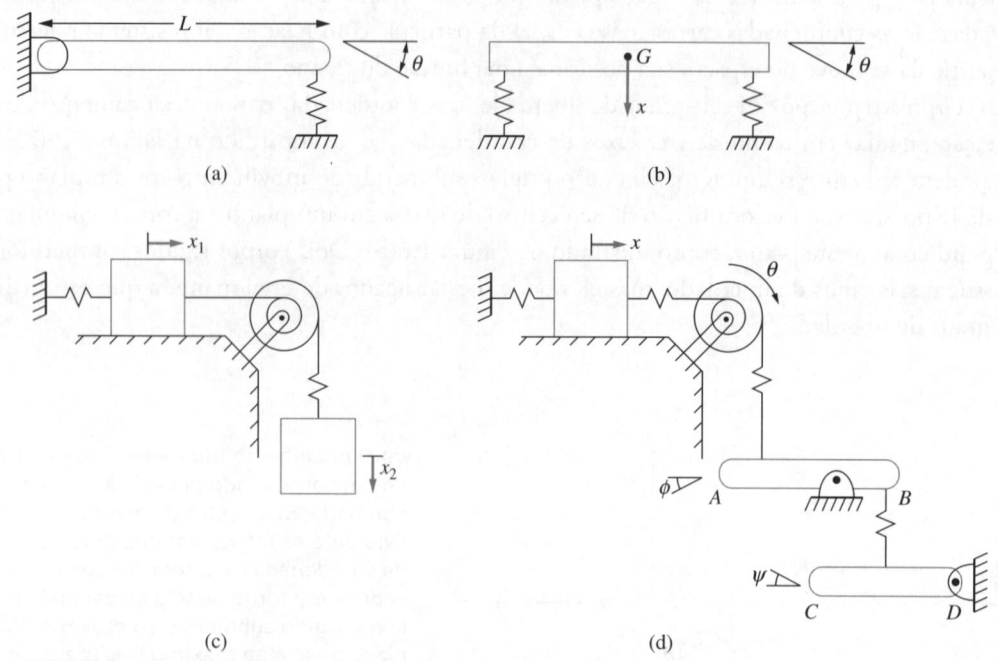

**FIGURA 1.7**
(a) a (d) Sistemas do Exemplo 1.1. São indicadas as possíveis coordenadas generalizadas.

Assume-se que os sistemas do Exemplo 1.1 são compostos por corpos rígidos. O deslocamento relativo entre duas partículas de um corpo rígido permanece fixo à medida que ocorre o movimento. As partículas em um corpo elástico podem se mover relativamente uma à outra à medida que o movimento ocorre. As partículas $A$ e $C$ localizam-se ao longo da linha neutra da viga engastada em balanço da Figura 1.8, enquanto a partícula $B$ está na seção transversal obtida pela passagem de um plano perpendicular através da linha neutra em $A$. Em decorrência da hipótese de que as seções planas permanecem planas durante o movimento, os deslocamentos das partículas $A$ e $B$ estão relacionados. No entanto, o deslocamento da partícula $C$ em relação à partícula $A$ depende da carga da viga. Portanto, os deslocamentos de $A$ e $C$ são cinematicamente independentes. Uma vez que $A$ e $C$ representam partículas arbitrárias da linha neutra da viga, deduzimos que não há relação cinemática entre os deslocamentos de qualquer uma das duas partículas ao longo da linha neutra. Uma vez que existe um número infinito de partículas ao longo desta linha, a viga engastada em balanço possui um número infinito de graus de liberdade. Neste caso, é definida uma variável espacial independente $x$, que é a posição ao longo da linha neutra de uma partícula quando a viga está em equilíbrio. A variável dependente, descolamento, $\omega$, é uma função das variáveis independentes $x$ e tempo, $w(x, t)$.

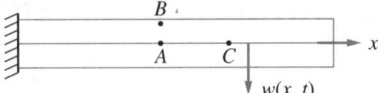

**FIGURA 1.8**
Os deslocamentos transversais das partículas $A$ e $B$ são iguais aos da teoria elementar da viga. No entanto, não existe relação cinemática entre os deslocamentos das partículas $A$ e $B$ da partícula $C$. A viga possui um número infinito de graus de liberdade e é um sistema contínuo.

## 1.4 CLASSIFICAÇÃO DA VIBRAÇÃO

As vibrações são classificadas pelo número de graus de liberdade necessários para sua modelagem, o tipo de excitação a que estão sujeitos e as hipóteses utilizadas na modelagem. As vibrações dos sistemas que possuem um número finito de graus de liberdade são denominadas vibrações de *sistemas discretos*. Um sistema com um grau de liberdade é denominado *sistema de um grau de liberdade (1GL)*. Um sistema com dois ou mais graus de liberdade é denominado *sistema com múltiplos graus de liberdade (é mesmo n de n-graus de liberdade)*. Um sistema com um número infinito de graus de liberdade é denominado *sistema contínuo* ou sistema de parâmetros distribuídos.

Se as vibrações são iniciadas por uma energia inicial presente no sistema e nenhuma outra fonte está presente, as vibrações resultantes são denominadas *vibrações livres*. Se as vibrações são causadas por uma força ou movimento externo, as vibrações são chamadas de *vibrações forçadas*. Se a entrada externa for periódica, as vibrações são *harmônicas*. Caso contrário, as vibrações são consideradas *genéricas*. Se a entrada é estocástica, as vibrações são consideradas *aleatórias*.

Caso haja a hipótese de que as vibrações não tenham nenhuma fonte de dissipação de energia, elas são denominadas *não amortecidas*. Se uma fonte de dissipação estiver presente, as vibrações são denominadas *amortecidas* e são, ainda, caracterizadas pela forma de amortecimento. Por exemplo, se houver amortecimento viscoso, elas são denominadas *viscosamente amortecidas*.

Se as hipóteses forem feitas para gerar as equações diferenciais lineares, as vibrações são denominadas *lineares*. Se as equações governantes são *não lineares*, então as vibrações também são.

A modelagem matemática dos sistemas de 1GL é o tema do Capítulo 2. As vibrações livres dos sistemas de 1GL são abordadas no Capítulo 3 (primeiro não amortecido, depois viscosamente amortecido, e finalmente com outras formas de amortecimento). As vibrações forçadas dos sistemas 1GL são abordadas no Capítulo 4 (harmônicas) e no Capítulo 5 (genéricas). O Capítulo 6 discute o caso especial de sistemas de dois graus de liberdade desde a derivação das equações diferenciais até as vibrações forçadas. Os sistemas NGL mais gerais são considerados nos Capítulos 7 a 9. O Capítulo 7 se concentra na modelagem dos sistemas NGL, o Capítulo 8, na resposta à vibração livre dos sistemas amortecidos e não amortecidos, e o Capítulo 9 na resposta forçada dos sistemas NGL.

## 1.5 ANÁLISE DIMENSIONAL

Um engenheiro deseja executar testes para encontrar a correlação entre uma única variável dependente e quatro variáveis independentes,

$$y = f(x_1, x_2, x_3, x_4) \tag{1.3}$$

Existem dez valores de cada variável independente. Alterar uma variável de cada vez requer 10.000 testes. O gasto e o tempo necessários para executar esses testes são muito altos.

Um método melhor para organizar os testes é usar as variáveis adimensionais. O teorema de Buckingham Pi afirma que se deve contar o número de variáveis, incluindo a variável dependente: suponha-se que sejam $n$. Então, conte o número de dimensões básicas envolvidas nas variáveis; chame este número de $r$. Então, você precisa de variáveis adimensionais $n - r$ ou grupos $\pi$. Se $n = 6$ e $r = 3$, existem três grupos $\pi$, e a relação possui uma forma adimensional de

$$\pi_1 = f(\pi_2, \pi_3) \tag{1.4}$$

onde $\pi_1$ é um grupo de parâmetros adimensional envolvendo a variável dependente, e $\pi_2$ e $\pi_3$ são grupos adimensionais que envolvem apenas os parâmetros independentes.

Geralmente, os parâmetros adimensionais possuem um significado físico. Por exemplo, na mecânica dos fluidos, quando se deseja encontrar a força de arrasto que atua sobre um aerofólio, propõe-se que

$$D = f(v, L, \rho, \mu, c) \tag{1.5}$$

onde $D$ é a força de arrasto, $v$ é a velocidade do fluxo, $L$ é o comprimento do aerofólio, $\rho$ é a densidade de massa do fluido, $\mu$ é a viscosidade do fluido, e $c$ é a velocidade do som no fluido. Existem seis variáveis que envolvem três dimensões. Portanto, o teorema de Buckingham Pi produz uma formulação envolvendo três grupos $\pi$. O resultado é

$$C_D = f(Re, M) \tag{1.6}$$

onde o coeficiente de arrasto é

$$C_D = \frac{D}{\frac{1}{2}\rho v^2 L} \tag{1.7}$$

o número de Reynolds é

$$Re = \frac{\rho v L}{\mu} \tag{1.8}$$

e o número de Mach é

$$M = \frac{v}{c} \tag{1.9}$$

O coeficiente de arrasto é a relação entre a força de arrasto e a força de inércia; o número de Reynolds é a relação entre a força de inércia e a força viscosa; e o número de Mach é a relação entre a velocidade do fluxo e a velocidade do som.

A análise dimensional também pode ser utilizada quando há uma relação conhecida entre uma única variável dependente e diversas variáveis dimensionais. A álgebra leva a uma relação entre uma variável adimensional envolvendo o parâmetro dependente e as variáveis não dimensionais envolvendo os parâmetros independentes.

# EXEMPLO 1.2

Um absorvedor dinâmico de vibração é adicionado a um sistema primário para reduzir sua amplitude. O absorvedor é ilustrado na Figura 1.9 e estudado no Capítulo 6. A amplitude um regime permanente do sistema primário é dependente de seis parâmetros:

- $m_1$, a massa do sistema primário
- $m_2$, a massa absorvente
- $k_1$, a rigidez do sistema primário
- $k_2$, a rigidez do absorvedor
- $F_0$, a amplitude de excitação
- $\omega$, a frequência de excitação

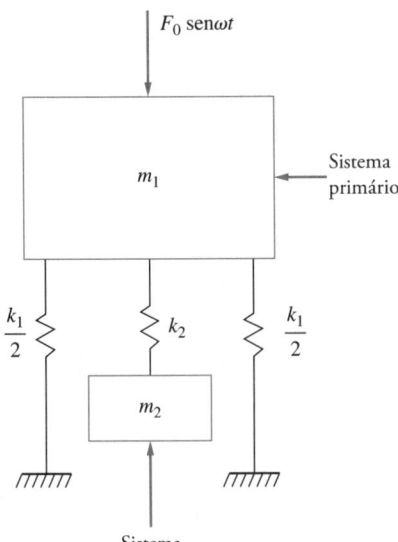

**FIGURA 1.9**
O Exemplo 1.2 é para determinar a forma não dimensional da amplitude do estado estacionário do sistema primário quando é adicionado um sistema absorvedor.

A equação para a amplitude dimensional é

$$X_1 = F_0 \left| \frac{k_2 - m_2\omega^2}{m_1 m_2 \omega^2 - (k_2 m_1 + k_1 m_2 + k_2 m_2)\omega^2 + k_1 k_2} \right| \quad \text{(a)}$$

Não dimensionalize essa relação.

## SOLUÇÃO

As variáveis dimensionais envolvem três dimensões básicas independentes: massa, comprimento e tempo. O teorema de Buckingham Pi prevê que a relação não dimensional entre $X_1$ e os parâmetros envolvem $7 - 3 = 4$ parâmetros não dimensionais. Colocando $k_2$ em evidência no numerador e $k_1 k_2$ no denominador, resulta em

$$X_1 = \frac{F_0}{k_1} \left| \frac{1 - \dfrac{m_2 \omega^2}{k_2}}{\dfrac{m_1 m_2 \omega^4}{k_1 k_2} - \left(\dfrac{m_1}{k_1} + \dfrac{m_2}{k_2} + \dfrac{m_2}{k_1}\right)\omega^2 + 1} \right| \quad \text{(b)}$$

Multiplique ambos os lados por $\dfrac{k_1}{F_0}$, tornando ambos os lados adimensionais. Defina $\pi_1 = \dfrac{k_1 x_1}{F_0}$ e $\pi_2 = \dfrac{m_2 \omega^2}{k_2}$, levando a

$$\pi_1 = \left| \dfrac{1 - \pi_2}{\dfrac{m_1 \omega^2}{k_1}\pi_2 - \pi_2 + \left(\dfrac{m_1}{k_1} + \dfrac{m_2}{k_1}\right)\omega^2 + 1} \right| \tag{c}$$

Defina $\pi_3 = \dfrac{m_1 \omega^2}{k_1}$. O termo dimensional final na Equação (c) torna-se

$$\left(\dfrac{m_1}{k_1} + \dfrac{m_2}{k_1}\right)\omega_2 = \pi_3\left(1 + \dfrac{m_2}{m_1}\right) = \pi_3(1 + \pi_4) \tag{d}$$

A forma não dimensional da Equação (a) é

$$\pi_1 = \left| \dfrac{1 - \pi_2}{\pi_3 \pi_2 - \pi_2 + (1 + \pi_4)\pi_3 + 1} \right| \tag{e}$$

## 1.6 MOVIMENTO HARMÔNICO SIMPLES

Considere um movimento representado por

$$x(t) = A\cos\omega t + B\,\text{sen}\,\omega t \tag{1.10}$$

Tal movimento é referido como movimento harmônico simples. Utilizando a identidade trigonométrica

$$\text{sen}(\omega t + \phi) = \text{sen}\,\omega t \cos\phi + \cos\omega t\,\text{sen}\,\phi \tag{1.11}$$

a Equação (1.10) se torna

$$x(t) = A\,\text{sen}(\omega t + \phi) \tag{1.12}$$

sendo

$$X = \sqrt{A^2 + B^2} \tag{1.13}$$

e

$$\phi = \tan^{-1}\left(\dfrac{A}{B}\right) \tag{1.14}$$

A Equação (1.12) é ilustrada na Figura 1.10. A amplitude, $X$, é o deslocamento máximo a partir do equilíbrio. A resposta é cíclica. O período é o tempo necessário para executar um ciclo, determinado por

$$T = \dfrac{2\pi}{\omega} \tag{1.15}$$

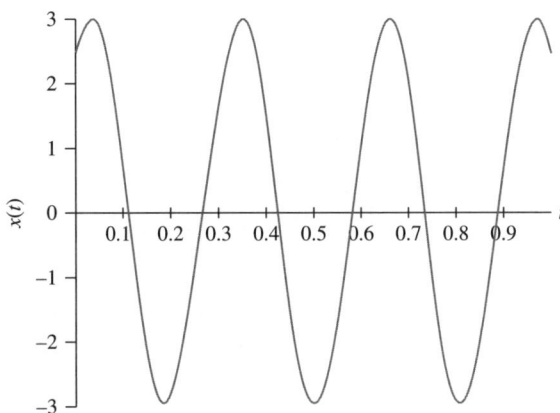

**FIGURA 1.10**
Ilustração do movimento harmônico simples em que $\phi > 0$ e a resposta é atrasada em relação a uma senoide pura.

e, geralmente, é medido em segundos (s). O recíproco do período é o número de ciclos executados em um segundo, denominado frequência

$$f = \frac{\omega}{2\pi} \tag{1.16}$$

A unidade de ciclos/segundos é designada como um hertz (Hz). À medida que o sistema executa um ciclo, o argumento da função trigonométrica avança em $2\pi$ radianos. Portanto,

1 ciclo = $2\pi$ radianos e a frequência torna-se

$$f = \left(\frac{\omega}{2\pi} \text{ ciclo/s}\right)(2\pi \text{ rad/ciclo}) = \omega \text{ rad/s} \tag{1.17}$$

Portanto, $\omega$ é a frequência circular medida em rad/s. A frequência também pode ser expressa em termos de rotações por minuto (rpm), observando que uma rotação é o mesmo que um ciclo, e há 60 s em um minuto,

$$\omega \text{ rpm/s} = (\omega \text{ rad/s})\left(\frac{1 \text{ rot}}{2\pi \text{ rad}}\right)\left(\frac{60 \text{ s}}{1 \text{ min}}\right) \tag{1.18}$$

O ângulo de fase $\phi$ representa o avanço ou atraso entre a resposta e uma resposta puramente senoidal. Se, $\phi > 0$, a resposta é considerada como "atrasada" em relação a uma senoide pura, e se $\phi < 0$, a resposta é considerada como "adiantada" em relação a uma senoide pura.

### ■ EXEMPLO 1.3

A resposta de um sistema é dada por

$$x(t) = 0{,}003 \cos(30t) + 0{,}004 \text{ sen}(30t) \text{ m} \tag{a}$$

Determine (a) a amplitude de movimento, (b) o período de movimento, (c) a frequência em Hz, (d) a frequência em rad/s, (e) a frequência em rpm, (f) o ângulo de fase, e (g) a resposta na forma da Equação (1.12).

#### SOLUÇÃO

(a) A amplitude é dada pela Equação (1.13) que resulta em

$$X = \sqrt{0{,}003^2 + 0{,}004^2} \text{ m} = 0{,}005 \text{ m} \tag{b}$$

(b) O período de movimento é

$$T = \frac{2\pi}{30} \text{ s} = 0{,}209 \text{ s} \tag{c}$$

(c) A frequência em hertz é

$$f = \frac{1}{T} = \frac{1}{0{,}209 \text{ s}} = 4{,}77 \text{ Hz} \tag{d}$$

(d) A frequência em rad/s é

$$\omega = 2\pi f = 30 \text{ rad/s} \tag{e}$$

(e) A frequência em rotações por minuto é

$$\omega = \left(20\frac{\text{rad}}{\text{s}}\right)\left(\frac{1 \text{ rot}}{2\pi \text{ rad}}\right)\left(\frac{60 \text{ s}}{1 \text{ min}}\right) = 191{,}0 \text{ rpm} \tag{f}$$

(f) O ângulo de fase é

$$\phi = \tan^{-1}\left(\frac{0{,}003}{0{,}004}\right) = 0{,}643 \text{ rad} \tag{g}$$

(g) Escrito na forma da Equação (1.12), a resposta é

$$x(t) = 0{,}005 \operatorname{sen}(30t + 0{,}643) \text{ m} \tag{h}$$

## 1.7 REVISÃO DA DINÂMICA

Uma breve revisão da dinâmica é apresentada para familiarizar o leitor com a notação e os métodos utilizados neste livro. A revisão começa com a cinemática das partículas e avança para a cinemática dos corpos rígidos. A cinética das partículas é apresentada, seguida pela cinética dos corpos rígidos submetidos ao movimento plano.

### 1.7.1 CINEMÁTICA

A localização de uma partícula em um corpo rígido em qualquer instante de tempo pode ser descrita em relação a um sistema referencial cartesiano fixo, como mostrado na Figura 1.11. Supomos que $\mathbf{i}$, $\mathbf{j}$, e $\mathbf{k}$ sejam vetores unitários paralelos aos eixos $x$, $y$ e $z$, respectivamente. O vetor de posição da partícula é dado por

$$\mathbf{r} = x(t)\mathbf{i} + y(t)\mathbf{j} + z(t)\mathbf{k} \tag{1.19}$$

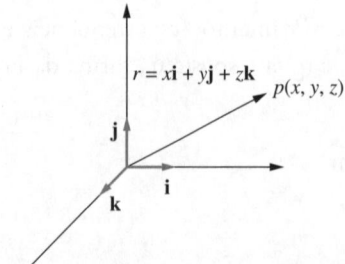

**FIGURA 1.11**
Ilustração do vetor de posição para uma partícula no espaço tridimensional.

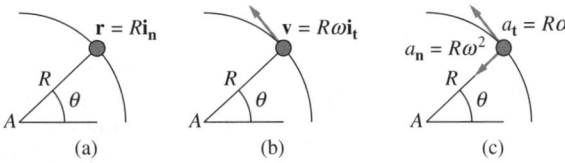

**FIGURA 1.12**
(a) O vetor de posição para uma partícula movendo-se em uma trajetória circular. (b) A velocidade para tal partícula é instantaneamente tangente à trajetória do movimento. (c) A partícula possui dois componentes de aceleração. Um componente é instantaneamente tangente à trajetória, enquanto o outro é direcionado a partir da partícula para o centro da rotação.

a partir do qual a velocidade e a aceleração da partícula são determinadas

$$\mathbf{v} = \frac{d\mathbf{r}}{dt} = \dot{x}(t)\mathbf{i} + \dot{y}(t)\mathbf{j} + \dot{z}(t)\mathbf{k} \tag{1.20}$$

$$\mathbf{a} = \frac{d\mathbf{v}}{dt} = \ddot{x}(t)\mathbf{i} + \ddot{y}(t)\mathbf{j} + \ddot{z}(t)\mathbf{k} \tag{1.21}$$

sendo que um ponto acima de uma quantidade representa diferenciação dessa quantidade em relação ao tempo conforme a notação de Newton.

O movimento de uma partícula movendo-se em uma trajetória circular centrada em $A$ é ilustrado na Figura 1.12. O movimento é caracterizado por uma coordenada angular $\theta$ medida positiva no sentido anti-horário. A taxa de rotação

$$\dot{\theta} = \omega \tag{1.22}$$

é denominada velocidade angular e possui unidades de rad/s, assumindo que a unidade de tempo é em segundos. A aceleração angular é definida por

$$\alpha = \ddot{\theta} \tag{1.23}$$

e tem unidade de rad/s².

O vetor de posição da partícula é

$$r = R\mathbf{i}_n \tag{1.24}$$

onde $R$ é o raio do círculo e $\mathbf{i}_n$ é um vetor unitário instantaneamente dirigido para a partícula a partir do centro da rotação. Defina $\mathbf{i}_t$ como o vetor unitário instantaneamente tangente ao círculo na direção $\theta$ crescente e instantaneamente perpendicular a $\mathbf{i}_n$.

Observando que $\frac{d\mathbf{i}_t}{dt} = -\omega \mathbf{i}_n$ e $\frac{d\mathbf{i}_n}{dt} = -\omega \mathbf{i}_n$, a velocidade é dada por

$$\mathbf{v} = \dot{\mathbf{r}} = R\frac{d\mathbf{i}_n}{dt} = R\omega \mathbf{i}_t \tag{1.25}$$

A aceleração da partícula é

$$\mathbf{a} = \dot{\mathbf{v}} = \frac{d(R\omega \mathbf{i}_t)}{dt} = R\frac{d\omega}{dt}\mathbf{i}_t + R\omega \frac{d\mathbf{i}_t}{dt} = R\alpha \mathbf{i}_t - R\omega^2 \mathbf{i}_n \tag{1.26}$$

Agora, considere um corpo rígido submetido a um movimento planar. Isto é, (1) o centro de massa se move em um plano, digamos o plano $x$-$y$, e (2) a rotação ocorre somente em torno de um eixo perpendicular ao plano (o eixo

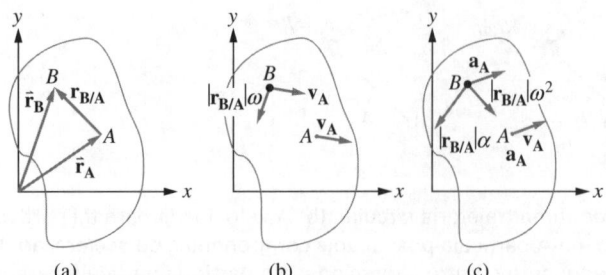

**FIGURA 1.13**
(a) A regra do triângulo para a adição de vetor é usada para definir o vetor de posição relativa.
(b) Para um corpo rígido submetido ao movimento planar, a velocidade de B vista a partir de A é a de uma partícula movendo-se em uma trajetória circular centrada em A. (c) A aceleração relativa é a de uma partícula movendo-se em uma trajetória circular centrada em A.

$z$), como ilustrado na Figura 1.13. Considere duas partículas no corpo rígido, $A$ e $B$, e localize seus vetores de posição $r_A$ e $r_B$. O vetor de posição relativa $r_{B/A}$ localiza-se no plano $x$-$y$. A regra do triângulo para a adição de vetores produz

$$\mathbf{r}_B = \mathbf{r}_A + \mathbf{r}_{B/A} \qquad (1.27)$$

A diferenciação da Equação (1.27) com relação ao tempo, tem-se

$$\mathbf{v}_B = \mathbf{v}_A + \mathbf{v}_{B/A} \qquad (1.28)$$

Como a rotação ocorre somente em torno do eixo $z$, o movimento de $B$ (como visto a partir de $A$) é o de uma partícula movendo-se em um trajeto circular de raio $|\mathbf{r}_{B/A}|$ Assim, a magnitude da velocidade relativa é dada pela Equação (1.25) como

$$v_{B/A} = |\mathbf{r}_{B/A}|\omega \qquad (1.29)$$

e sua direção é tangente ao círculo formado pelo movimento da partícula $B$, que é perpendicular a $\mathbf{r}_{B/A}$. A velocidade total da partícula $B$ é dada pela Equação (1.28) e localiza-se no plano $x$-$y$.

Diferenciando a Equação (1.28) com relação ao tempo, tem-se

$$\mathbf{a}_B = \mathbf{a}_A + \mathbf{a}_{B/A} \qquad (1.30)$$

A aceleração da partícula $B$ vista a partir da partícula $A$ é a aceleração de uma partícula movendo-se em uma trajetória circular centrado em $A$ conforme

$$\mathbf{a}_{B/A} = |\mathbf{r}_{B/A}|\alpha \mathbf{i}_t - r\omega^2 \mathbf{i}_n \qquad (1.31)$$

As Equações (1.28) e (1.30) são conhecidas como equações de velocidade relativa e aceleração relativa, respectivamente. Elas e as equações (1.29) e (1.31) são as únicas equações necessárias para o estudo da cinemática de corpo rígido de corpos submetidos ao movimento planar.

## 1.7.2 CINÉTICA

A lei básica para a cinética das partículas é a segunda lei de Newton do movimento

$$\sum \mathbf{F} = m\mathbf{a} \qquad (1.32)$$

em que a soma das forças é aplicada a um diagrama de corpo livre da partícula. Um corpo rígido é um conjunto de partículas. Escrevendo uma equação semelhante à Equação (1.32) para cada partícula no corpo rígido e adicionando as equações se obtém:

$$\sum \mathbf{F} = m\bar{\mathbf{a}} \qquad (1.33)$$

onde $\bar{\mathbf{a}}$ é a aceleração do centro de massa do corpo e as forças são somadas em um diagrama de corpo livre do corpo rígido. A Equação (1.33) aplica-se a todos os corpos rígidos.

Muitos problemas requerem também a aplicação de equações para o momento. A equação de momento para um corpo rígido submetido ao movimento planar é

$$\sum M_G = \bar{I}\alpha \tag{1.34}$$

onde $G$ é o centro de massa do corpo rígido e $\bar{I}$ é o momento de inércia de massa em torno de um eixo paralelo ao eixo $z$ que passa pelo centro de massa.

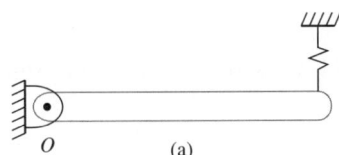

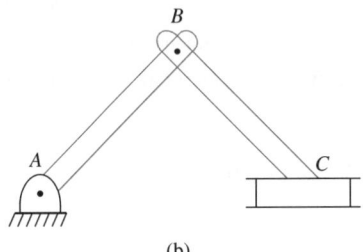

**FIGURA 1.14**
(a) Rotação em torno de um eixo $O$. (b) $AB$ tem um eixo de rotação fixo em $A$, mas $BC$ não tem um eixo de rotação fixo.

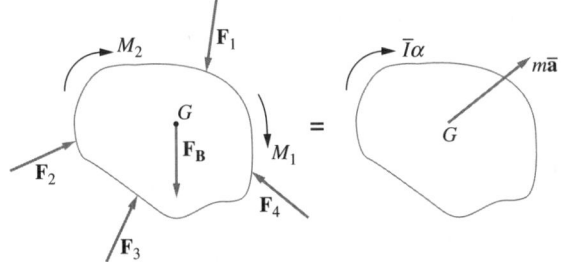

**FIGURA 1.15**
O sistema de forças e momentos externos atuando sobre um corpo rígido submetido ao movimento planar é equivalente ao sistema de forças efetivas, uma força igual a $m\bar{a}$ aplicada no centro de massa, e um momento igual a $\bar{I}\alpha$.

As Equações (1.33) e (1.34) podem ser utilizadas para resolver problemas de corpo rígido para o movimento plano. Em geral, a equação de força da Equação (1.33) produz duas equações independentes, e a equação de momento da Equação (1.35) produz uma. Se o eixo de rotação for fixo, a Equação (1.33) pode ser substituída por

$$\sum M_O = I_O \alpha \tag{1.35}$$

sendo $I_O$ é o momento de inércia em torno do eixo de rotação. Na Figura 1.14 (a), $O$ é um eixo de rotação fixo, e a Equação (1.35) é aplicável. Na Figura 1.14 (b), a ligação $BC$ não possui um eixo de rotação fixo, e a Equação (1.35) não é aplicável.

Lembre-se de que um sistema de forças e momentos atuando em um corpo rígido podem ser substituídos por uma força igual à resultante do sistema de forças aplicadas em qualquer ponto do corpo, e um momento igual ao momento resultante do sistema em torno do ponto onde a força resultante é aplicada. A força e o momento resultantes atuam de forma equivalente ao sistema original de forças e momentos. Portanto, as Equações (1.33) e (1.34) implicam que o sistema de forças e momentos externos atuando em um corpo rígido é equivalente a uma força igual a $m\bar{a}$ aplicada no centro de massa do corpo e um momento resultante igual a $\bar{I}\alpha$. Este último sistema resultante é denominado sistema de forças efetivas. A equivalência das forças externas e das forças efetivas é ilustrada na Figura 1.15.

A discussão anterior sugere um procedimento de solução para problemas de cinética de corpo rígido. Dois diagramas de corpo livre são esboçados para um corpo rígido. Um diagrama de corpo livre mostra todas as forças e momentos externos atuando sobre o corpo rígido. O segundo diagrama de corpo livre mostra as forças efetivas. Se o problema envolver um sistema de corpos rígidos, pode ser possível esboçar um único diagrama de corpo livre mostrando as forças externas atuando sobre o sistema de corpos rígidos e um diagrama de corpo livre mostrando as forças efetivas de todos os corpos rígidos. As Equações (1.33) e (1.34) são equivalentes a

$$\sum \mathbf{F}_{ext} = \sum \mathbf{F}_{ef} \tag{1.36}$$

e

$$\sum M_{O_{ext}} = \sum M_{O_{ef}} \tag{1.37}$$

tomadas sobre qualquer ponto $O$ no corpo rígido. As Equações (1.36) e (1.37) são afirmações do princípio de D' Alembert aplicado a um corpo rígido submetido ao movimento planar.

## EXEMPLO 1.4

A barra delgada ($\bar{I} = \frac{1}{12}mL^2$) $AC$ da Figura 1.16(a) de massa $m$ é fixada em $B$ e mantida em posição horizontal por um cabo em $C$. Determine a aceleração angular da barra imediatamente após o cabo ser cortado.

### SOLUÇÃO

Imediatamente após o corte do cabo, a velocidade angular é zero. A barra possui um eixo de rotação fixo em $B$. Aplicando a Equação (1.35)

$$\sum M_B = \sum I_B \alpha \tag{a}$$

para o DCL da Figura 1.16(b) e tendo os momentos como positivos no sentido horário, temos

$$mg\frac{L}{4} = I_B \alpha \tag{b}$$

O teorema dos eixos paralelos é utilizado para calcular $I_B$ como

$$I_B = \bar{I} + md^2 = \frac{1}{12}mL^2 + m\left(\frac{L}{4}\right)^2 = \frac{7}{48}mL^2 \tag{c}$$

Substituindo na Equação (b) e resolvendo $\alpha$ resulta em

$$\alpha = \frac{12g}{7L} \tag{d}$$

### MÉTODO ALTERNATIVO

Os diagramas de corpo livre mostrando forças efetivas e externas são mostrados na Figura 1.16(c). A equação de momento apropriada é

$$\left(\sum M_B\right)_{ext} = \left(\sum M_B\right)_{ef} \tag{e}$$

levando a

$$mg\frac{L}{4} = \frac{1}{12}mL^2 + \left(m\frac{L}{4}\alpha\right)\left(\frac{L}{4}\right) \tag{f}$$

e $\alpha = \frac{12g}{7L}$.

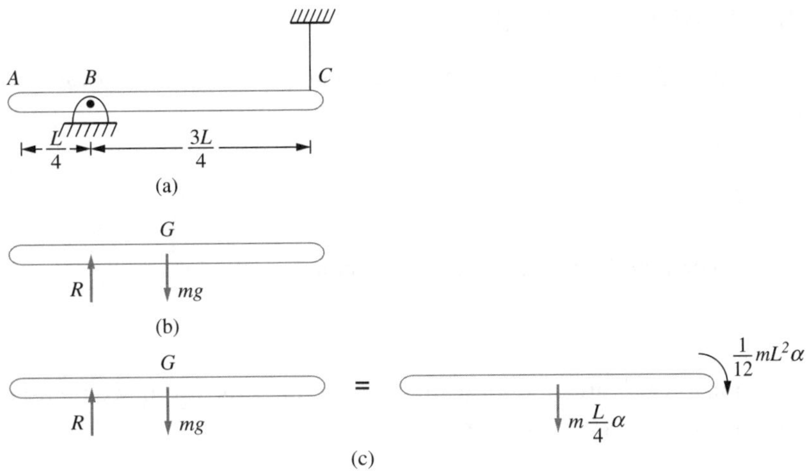

**FIGURA 1.16**
(a) O sistema do Exemplo 1.4 em que a barra delgada é fixada em B e presa pelo cabo em C. (b) DCL da barra imediatamente após o cabo ser cortado. O problema envolve a rotação em torno de um eixo fixo em B, portanto $\sum M_B = I_B \alpha$. (c) DCLs mostrando forças externas e forças efetivas imediatamente após o cabo ser cortado.

## EXEMPLO 1.5

Determine a aceleração angular da polia da Figura 1.17.

### SOLUÇÃO

Considere o sistema de corpos rígidos compostos pela polia e os dois blocos. Se $\alpha$ é a aceleração angular no sentido anti-horário da polia, então assumindo que não há deslizamento entre a polia e os cabos, o bloco A possui uma aceleração descendente de $r_A \alpha$ e o bloco B possui uma aceleração ascendente de $r_B \alpha$.

Somando os momentos em torno do centro da polia, negligenciando o atrito do eixo na polia e utilizando os diagramas de corpo livre da Figura 1.17(b) assumindo que os momentos são positivos no sentido anti-horário produzem

$$\sum M_{O_{ext}} = \sum M_{O_{ef}}$$

$$m_A g r_A - m_B g r_B = I_P \alpha + m_B r_A^2 \alpha + m_B r_B^2 \alpha$$

Substituindo os valores dados leva a $\alpha = 7{,}55$ rad/s².

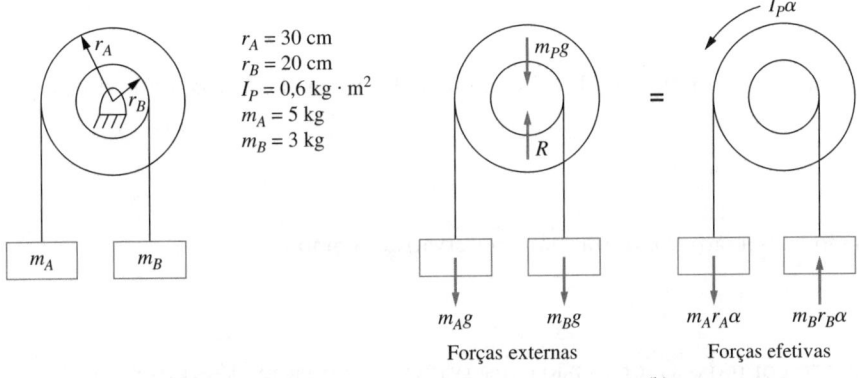

**FIGURA 1.17**
(a) Sistema do Exemplo 1.5.
(b) DCLs mostrando forças externas e forças efetivas.

### 1.7.3 PRINCÍPIO DO TRABALHO-ENERGIA

A energia cinética de um corpo rígido submetido ao movimento no plano é a soma da energia cinética de translação e da energia cinética de rotação

$$T = \frac{1}{2}m\bar{v}^2 + \frac{1}{2}\bar{I}\omega^2 \tag{1.38}$$

Se o corpo tiver um eixo de rotação fixo em $O$, a energia cinética é

$$T = I_O \omega^2 \tag{1.39}$$

O trabalho feito por uma força, $F$, atuando sobre um corpo rígido à medida que o ponto de aplicação se desloca entre dois pontos descritos pelos vetores de posição $\mathbf{r}_A$ e $\mathbf{r}_B$ é

$$U_{A \to B} = \int_{\mathbf{r}_A}^{\mathbf{r}_B} \mathbf{F} \cdot d\mathbf{r} \tag{1.40}$$

onde $d\mathbf{r}$ é um vetor de posição diferencial na direção do movimento. O trabalho feito por um momento atuando sobre um corpo rígido em movimento plano é

$$U_{A \to B} = \int_{\theta_A}^{\theta_B} M \, d\theta \tag{1.41}$$

Se o trabalho de uma força é independente da trajetória percorrida de $A$ a $B$, a força é denominada *conservativa*. Exemplos de forças conservativas são forças de mola, forças da gravidade e forças normais. Uma função de energia potencial, $V(\mathbf{r})$, pode ser definida para as forças conservativas. O trabalho feito por uma força conservativa pode ser expresso como uma diferença de energias potenciais

$$U_{A \to B} = V_A - V_B \tag{1.42}$$

Uma vez que o sistema de forças externas é equivalente ao sistema de forças efetivas, o trabalho total realizado em um corpo rígido em movimento planar é

$$U_{A \to B} = \int_{\mathbf{r}_A}^{\mathbf{r}_B} m\bar{\mathbf{a}} \cdot d\mathbf{r} + \int_{\theta_A}^{\theta_B} \bar{I}\alpha \, d\theta \tag{1.43}$$

Quando integrado, o lado direito da Equação (1.43) é igual à diferença da energia cinética do corpo rígido entre $A$ e $B$. Portanto, a Equação (1.43) produz o princípio do trabalho-energia,

$$T_B - T_A = U_{A \to B} \tag{1.44}$$

Se todas as forças forem conservativas, a Equação (1.42) é usada na Equação (1.44) e o resultado é o princípio da conservação da energia

$$T_A + V_A = T_B + V_B \tag{1.45}$$

Se algumas forças externas são conservativas e outras não conservativas, então

$$U_{A \to B} = V_A - V_B + U_{A \to B_{NC}} \tag{1.46}$$

onde $U_{A \to B_{NC}}$ é o trabalho realizado por todas as forças não conservativas. A Equação (1.44) torna-se

$$T_A + V_A + U_{A \to B_{NC}} = T_B + V_B \tag{1.47}$$

A Equação (1.47) é a forma mais genérica do princípio do trabalho-energia.

## EXEMPLO 1.6

Expresse a energia cinética de cada um dos sistemas da Figura 1.18 em termos das coordenadas generalizadas especificadas em um instante arbitrário.

### SOLUÇÃO

(a) O sistema é um sistema de 1GL. A velocidade angular da barra é $\dot{\theta}$. A velocidade do centro de massa da barra está relacionado com a velocidade angular da barra usando a equação de restrição de velocidade $\bar{v} = \frac{L}{6}\dot{\theta}$. A energia cinética do sistema é calculada utilizando a Equação (1.38) como

$$T = \frac{1}{2}m\left(\frac{L}{6}\dot{\theta}\right)^2 + \frac{1}{2}\left(\frac{1}{12}mL^2\right)\dot{\theta}^2 = \frac{1}{18}mL^2\dot{\theta}^2 \tag{a}$$

(b) O sistema possui dois graus de liberdade. A energia cinética é calculada utilizando a Equação (1.38) como

$$T = \frac{1}{2}m\dot{x}^2 + \frac{1}{2}\left(\frac{1}{12}mL^2\right)\dot{\theta}^2 \tag{b}$$

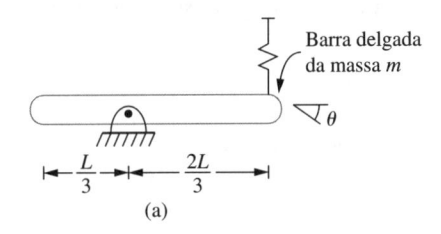

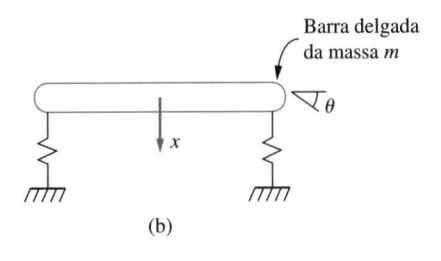

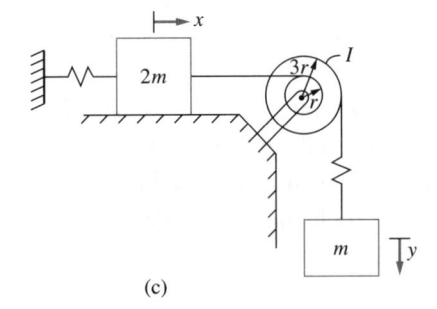

**FIGURA 1.18**
Sistemas do Exemplo 1.6: (a) sistema 1GL; (b) sistema de dois graus de liberdade com um corpo rígido; e (c) sistema de dois graus de liberdade composto por três corpos rígidos.

(c) O sistema possui dois graus de liberdade. A rotação angular da polia está relacionada ao deslocamento do bloco deslizante por $\theta = \frac{x}{r}$. O deslocamento da massa suspensa é independente de $x$. A energia cinética é a soma das energias cinéticas da massa deslizante, da polia e da massa suspensa:

$$T = \frac{1}{2}(2m)\dot{x}^2 + \frac{1}{2}I\left(\frac{\dot{x}}{r}\right)^2 + \frac{1}{2}m\dot{y}^2 = \frac{1}{2}\left(2m + \frac{I}{r^2}\right)\dot{x}^2 + \frac{1}{2}m\dot{y}^2 \qquad (c)$$

## 1.7.4 PRINCÍPIO DO IMPULSO E MOMENTO

O impulso da força **F** entre $t_1$ e $t_2$ é definido como

$$\mathbf{I}_{1 \to 2} = \int_{t_1}^{t_2} \mathbf{F} dt \qquad (1.48)$$

O impulso angular total de um sistema de forças e momentos em torno de um ponto $O$ é

$$J_{O_{1 \to 2}} = \int_{t_1}^{t_2} \sum M_O \, dt \qquad (1.49)$$

A quantidade de movimento do sistema em determinado tempo é composta pelo momento linear do sistema

$$L = m\bar{\mathbf{v}} \qquad (1.50)$$

e seu momento angular em torno de seu centro de massa para um corpo rígido submetido ao movimento no plano

$$H_G = \bar{I}\omega \qquad (1.51)$$

Integrando as Equações (1.33) e (1.34) entre tempos arbitrários $t_1$ e $t_2$ leva a

$$\mathbf{L}_1 + \mathbf{I}_{1 \to 2} = \mathbf{L}_2 \qquad (1.52)$$

e

$$H_{G_1} + J_{G_{1 \to 2}} = H_{G_2} \qquad (1.53)$$

As Equações (1.52) e (1.53) resumem o princípio do impulso e momento de um sistema. Para uma aplicação de partículas, a Equação (1.52) é geralmente suficiente. Para um corpo rígido submetido ao movimento planar, a Equação (1.52) pode ser escrita (em geral) na forma de componente como duas equações escalares. A Equação (1.53) não é uma equação vetorial e representa apenas uma equação.

Usando um argumento de sistema de força equivalente semelhante ao utilizado para obter as Equações (1.36) e (1.37), deduz-se a partir das Equações (1.52) e (1.53) que o sistema de impulsos aplicados é equivalente à diferença entre a quantidade de movimento do sistema em $t_1$ e a quantidade de movimento do sistema $t_2$. Esta forma do princípio do impulso e momento, conveniente para a solução do problema, é ilustrada na Figura 1.19 para um corpo rígido submetido ao movimento no plano.

# Capítulo 1

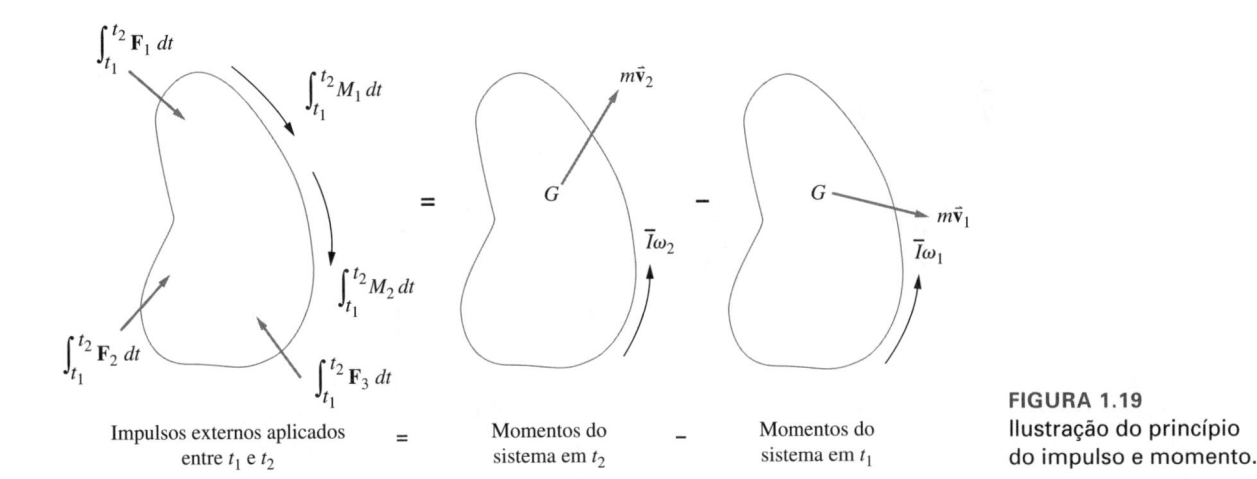

**FIGURA 1.19**
Ilustração do princípio do impulso e momento.

Impulsos externos aplicados entre $t_1$ e $t_2$ = Momentos do sistema em $t_2$ − Momentos do sistema em $t_1$

## EXEMPLO 1.7

A barra delgada de massa $m$ da Figura 1.20 balança através de uma posição vertical com velocidade angular $\omega_1$ quando é atingida em $A$ por uma partícula de massa $m/4$ movendo-se com uma velocidade $v_p$. Após o impacto, a partícula adere à barra. Determine (a) a velocidade angular da barra e da partícula imediatamente após o impacto, (b) o ângulo máximo pelo qual a barra e a partícula balançarão após o impacto, e (c) a aceleração angular da barra e da partícula quando atingem o ângulo máximo.

### SOLUÇÃO

(a) Suponha que $t_1$ ocorra imediatamente antes do impacto e $t_2$ ocorra imediatamente após o impacto. Considere a barra e a partícula como um sistema. Durante o tempo de impacto, os únicos impulsos externos são em função da gravidade e as reações no suporte do pino. O princípio do impulso e momento é utilizado na seguinte forma:

$$\begin{pmatrix}\text{Impulsos angulares}\\ \text{externos em torno}\\ \text{de } O \text{ entre } t_1 \text{ e } t_2\end{pmatrix} = \begin{pmatrix}\text{Momento angular}\\ \text{em torno de}\\ O \text{ em } t_2\end{pmatrix} - \begin{pmatrix}\text{Momento angular}\\ \text{em torno de}\\ O \text{ em } t_1\end{pmatrix}$$

Utilizando os diagramas de momento da Figura 1.20(b), isto se torna

$$0 = \left(m\frac{L}{2}\omega_2\right)\left(\frac{L}{2}\right) + \left(\frac{m}{4}a\omega_2\right)(a) + \frac{1}{12}mL^2\omega_2$$
$$- \left[\left(m\frac{L}{2}\omega_1\right)\left(\frac{L}{2}\right) - \left(\frac{m}{4}v_p\right)(a) + \frac{1}{12}mL^2\omega_1\right]$$

(a)

que é resolvido para produzir

$$\omega_2 = \frac{4L^2\omega_1 - 3v_p a}{4L^2 + 3a^2}$$

(b)

**24** VIBRAÇÕES MECÂNICAS: teoria e aplicações

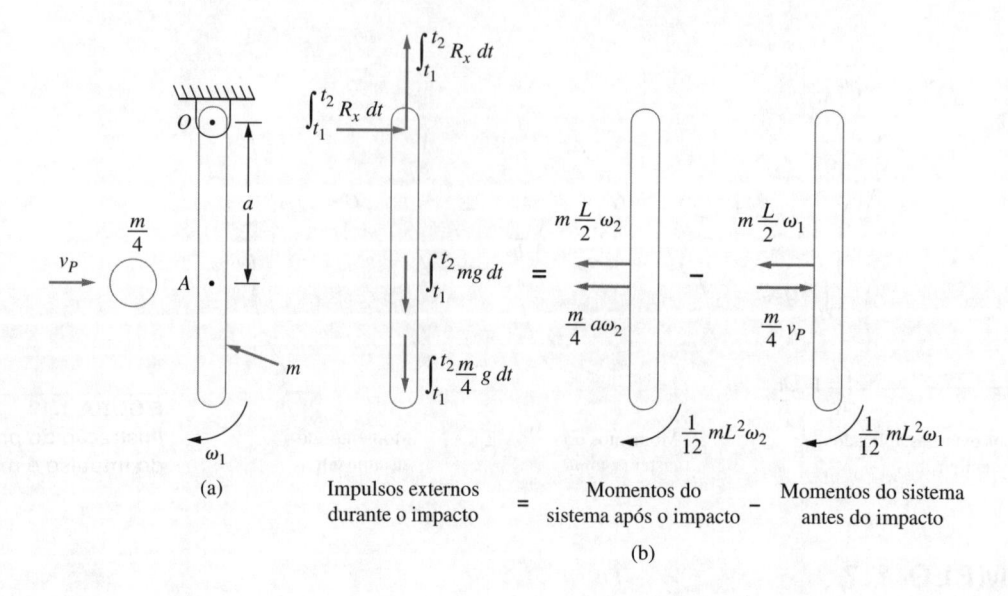

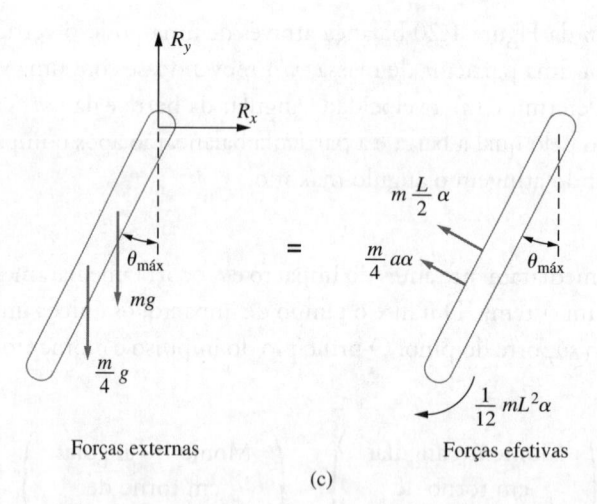

**FIGURA 1.20**
(a) A barra delgada do Exemplo 1.7 balança através da posição vertical com velocidade angular $\omega_1$ quando é atingida por uma partícula movendo-se com uma velocidade $v_p$ a uma distância $a$ a partir do suporte do pino. (b) Os diagramas de impulso e momento para o período imediatamente anterior ao impacto e o período imediatamente posterior ao impacto. (c) DCLs quando a barra balança através de seu ângulo máximo.

(b) Suponha que $t_3$ seja o período quando o conjunto de barra e partícula atinge o seu ângulo máximo. As forças de gravidade são as únicas forças externas que fazem o trabalho; logo, a conservação de energia aplica-se entre $t_2$ e $t_3$. Portanto, da Equação (1.45),

$$T_2 + V_2 = T_3 + V_3 \tag{c}$$

A energia potencial de uma força de gravidade é a magnitude da força vezes a distância do ponto de aplicação acima de um plano de referência horizontal. Escolhendo a referência como o plano horizontal através do suporte, utilizando a Equação (1.38) para a energia cinética de um corpo rígido, e observando $T_3 = 0$ produz

$$\frac{1}{2}m\left(\frac{L}{2}\omega_2\right)^2 + \frac{1}{2}\frac{1}{12}mL^2\omega_2^2 + \frac{1}{2}\frac{m}{4}(a\omega_2)^2 - mg\frac{L}{2} - \frac{mg}{4}a$$

$$= -mg\frac{L}{2}\cos\theta_{máx} - \frac{m}{4}ga\cos\theta_{máx} \tag{d}$$

que é resolvido para produzir

$$\theta_{máx} = \cos^{-1}\left[1 - \frac{(4L^2 + 3a^2)\omega_2^2}{g(12L + 6a)}\right] \qquad \text{(e)}$$

(c) A barra atinge seu ângulo máximo em $t_3$, $\omega_3 = 0$. Somando os momentos em torno de $O$ usando os diagramas de corpo livre da Figura 1.20(c) assumindo os momentos e positivos no sentido horário, é dado

$$\left(\sum M_O\right)_{ext} = \left(\sum M_O\right)_{ef} \qquad \text{(f)}$$

$$-(mg)\left(\frac{L}{2}\operatorname{sen}\theta_{máx}\right) - \left(\frac{mg}{4}\right)(a\operatorname{sen}\theta_{máx})$$
$$= \left(m\frac{L}{2}\alpha\right)\left(\frac{L}{2}\right) + \left(\frac{m}{4}a\alpha\right)(a) + \frac{1}{12}mL^2\alpha \qquad \text{(g)}$$

que é resolvido para produzir

$$\alpha = -\frac{(6L + 3a)g\operatorname{sen}\theta_{máx}}{4L^2 + 3a^2} \qquad \text{(h)} \quad \blacksquare$$

## 1.8 DOIS EXEMPLOS DE REFERÊNCIA

Dois exemplos de referência serão seguidos em todo o livro. Os problemas básicos são introduzidos aqui. Seus modelos matemáticos, assumindo um sistema de 1GL, são construídos no Capítulo 2 e analisados sob várias condições de excitação nos Capítulos 3 a 5. Os modelos de 2GL são introduzidos no Capítulo 6, e os modelos mais genéricos do sistema NGL são introduzidos no Capítulo 7 e analisados nos Capítulos 8 e 9.

### 1.8.1 MÁQUINA NO CHÃO DE UMA PLANTA INDUSTRIAL

Um máquina 4500-N é instalada no chão de uma planta industrial, como mostrado na Figura 1.21(a). O piso é apoiado por uma viga de aço W14 × 30. A viga possui 6 m de comprimento, fixada em uma extremidade e articulada em outra. A máquina é instalada a 3,6 m a partir da extremidade fixa, como mostrado na Figura 1.21(b). A viga possui uma área de seção transversal de 57 cm$^2$ e um momento de inércia de seção transversal de 12.112 cm$^4$. O peso da viga por metro é 438 N. O aço possui módulo de elasticidade de 210 GPa. O modelo básico é o de uma máquina em uma viga elástica.

Inicialmente, a viga é modelada como uma mola sem massa cuja rigidez é calculada a partir da teoria da deflexão para viga estática. A inércia da mola é então levada em conta pelo cálculo de uma massa equivalente para a viga de forma que sua energia cinética seja aproximadamente a da energia cinética de uma partícula aglomerada no local da máquina. Esse modelo é mostrado na Figura 1.21(c). No Capítulo 3 é calculada a frequência natural do sistema, e a resposta livre do sistema é examinada quando sujeita a uma carga impulsiva.

Primeiro, a viga é modelada sem amortecimento. Então, o amortecimento histerético é modelado por um modelo de amortecimento viscoso equivalente. A máquina desenvolve uma força harmônica enquanto está em operação e são examinadas as vibrações em regime permanente da viga. Então, assume-se que a viga seja rígida, e um isolador

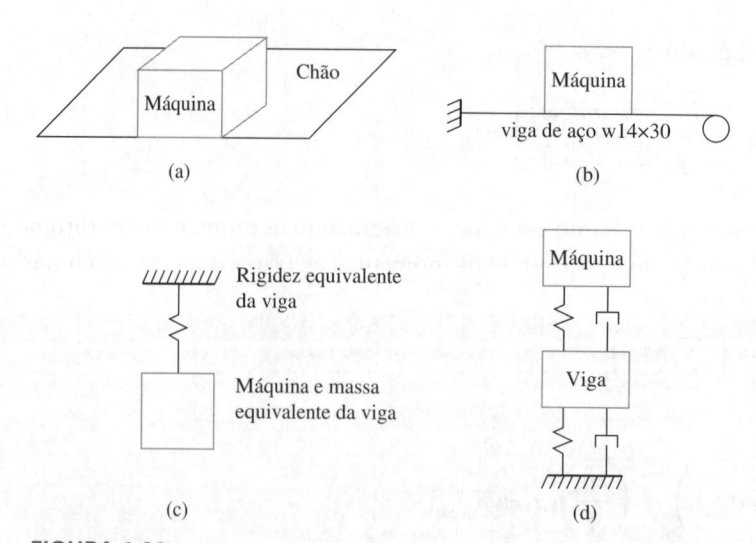

**FIGURA 1.21**
(a) A análise de uma máquina colocada no chão em uma planta industrial é um dos problemas de referência. (b) O problema foi idealizado como uma máquina montada em uma viga fixa--articulada. (c) Modelo 1GL de massa na viga constitui os efeitos da inércia da viga. (d) Um modelo de dois graus de liberdade da máquina quando um isolador de vibração é colocado entre a máquina e a viga.

de vibração é projetado para proteger a viga de forças intensas geradas durante a operação da máquina. A máquina pode estar sujeita à excitação harmônica (Capítulo 4) ou a um carregamento impulsivo (Capítulo 5).

A inércia da viga é adicionada à massa do sistema, e é previsto um sistema de dois graus de liberdade como mostrado na Figura 1.21(d). São determinadas as frequências naturais do sistema de dois graus de liberdade, e é calculada a resposta forçada (Capítulo 6). O mesmo isolador de vibração projetado para a viga rígida é posicionado entre a máquina e a viga, é previsto um modelo com múltiplos graus de liberdade (Capítulo 7), e são calculadas as frequências naturais e os modos de vibração (Capítulo 8). Em seguida, é avaliado o desempenho do isolador de vibração (Capítulo 9).

## 1.8.2 SISTEMA DE SUSPENSÃO DE UM CARRINHO DE GOLFE

O projeto de um sistema de suspensão para um automóvel é complicado. Alguns modelos exigem até dezoito graus de liberdade. O sistema de suspensão deve ser capaz de lidar com grande variedade de contornos das estradas. O desempenho do sistema de suspensão geralmente é analisado utilizando a teoria das vibrações aleatórias. Assim, uma análise completa está além do âmbito deste livro. Em vez disso, o enfoque é um modelo simplificado do sistema de suspensão, como mostrado na Figura 1.22, em que ele poderia servir como modelo de um sistema de suspensão para um carrinho de golfe.

A massa do carrinho de golfe vazio é 300 kg. Dois jogadores de golfe e seus tacos poderiam acrescentar 300 kg à massa do veículo.

É desenvolvido um modelo simplificado para o sistema de suspensão no Capítulo 2. A análise do carrinho de golfe quando se defronta com uma mudança repentina no contorno do terreno é analisada no Capítulo 3, enquanto seu desempenho sob um terreno contínuo e acidentado é considerado no Capítulo 4. Seu desempenho quando se defronta com um buraco na estrada é considerado no Capítulo 5. Um modelo de dois graus de liberdade (que inclui a massa do eixo e rodas) é utilizado no Capítulo 6. No Capítulo 7, um modelo com múltiplos graus de liberdade é desenvolvido para o veículo supondo que as rodas dianteiras sejam independentes das rodas traseiras e que o corpo possua uma distribuição de massa, como mostrado na Figura 1.22(c). As frequências naturais do modelo NGL são calculadas no Capítulo 8, enquanto a resposta forçada é considerada no Capítulo 9.

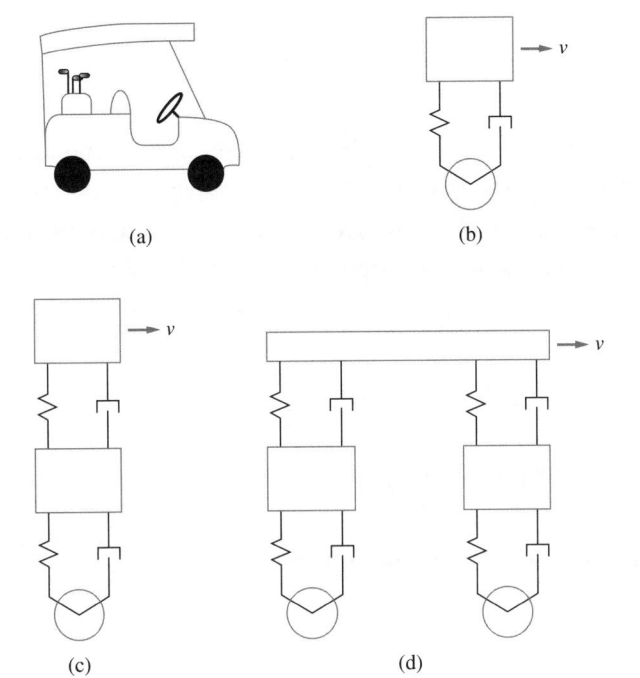

**FIGURA 1.22**
(a) Um sistema de suspensão para um veículo pequeno, como um carrinho de golfe, é o segundo problema de referência. (b) Nos primeiros capítulos, o carrinho de golfe é modelado como um sistema de 1GL. (c) A análise se torna cada vez mais complexa à medida que os capítulos avançam. Nos capítulos posteriores a massa da roda é levada em consideração. (d) É considerada a distribuição de massa no corpo.

## 1.9 EXEMPLOS ADICIONAIS

### EXEMPLO 1.8

A barra delgada do Exemplo 1.4 e Figura 1.16 é articulada em $A$ e mantida na posição horizontal por um cabo. O cabo é cortado em $t = 0$.
(a) Qual é a velocidade angular da barra após ser girada a 10°?
(b) Quais são as reações no suporte do pino após ser girado a 10°?

**SOLUÇÃO**
(a) Suponha que a posição 1 se refira à barra imediatamente após o cabo ser cortado. Suponha que a posição 2 se refira à barra após ser girada a 10°. Todas as forças externas são conservativas; portanto, a conservação da energia aplica-se entre as posições 1 e 2 como

$$T_1 + V_1 = T_2 + V_2 \qquad \text{(a)}$$

Assuma a referência para os cálculos de energia potencial para que a força da gravidade esteja na posição 1, então $V_1 = 0$, e $V_2 = -\frac{mgL}{3} \operatorname{sen} 10°$. A energia cinética na posição 1 é zero, e

$$T_2 = \frac{1}{2} m \bar{v}_2^2 + \frac{1}{2}\left(\frac{1}{12} mL^2\right) \omega_2^2 \qquad \text{(b)}$$

A cinemática (a equação de restrição de velocidade) é utilizada para relacionar a velocidade do centro da massa à velocidade angular da barra de modo que $\bar{v} = \frac{L}{3}\omega$. Substituindo na Equação (a), temos

$$0 = \frac{1}{2} m \left(\frac{L}{3}\omega\right)^2 + \frac{1}{2}\left(\frac{1}{12} mL^2\right) \omega_2^2 - \frac{mgL}{3} \operatorname{sen} 10° \qquad \text{(c)}$$

que é resolvido para produzir

$$\omega = \sqrt{\frac{24g}{7L}\operatorname{sen}10°} = 0{,}818\sqrt{\frac{g}{L}} \tag{d}$$

(b) Somando os momentos em torno do suporte do pino nos diagramas de corpo livre após o corpo ter girado 10° são ilustrados na Figura 1.23. Utilizando a somatória dos momentos em torno do suporte do pino se obtém $\alpha = \frac{12g}{7L}$, que é o valor inicial. Isso é esperado, à medida que as forças externas são constantes, o que implica o movimento uniformemente acelerado. Somando as forças usando diagramas de corpo livre de acordo com $(\Sigma\mathbf{F})_{\text{ext}} = (\Sigma\mathbf{F})_{\text{ef}}$ resulta em

$$R_x\mathbf{i} + (R_y - mg)\mathbf{j} = m\frac{L}{3}\left(\frac{12g}{7L}\right)(-\operatorname{sen}10°\mathbf{i} - \cos10°\mathbf{j})$$
$$+ m\frac{L}{3}\left(\frac{24g}{7L}\operatorname{sen}10°\right)(-\cos10°\mathbf{i} + \operatorname{sen}10°\mathbf{j}) \tag{e}$$

Igualando os coeficientes dos vetores unitários, as reações são determinadas na formas

$$R_x = -\frac{4mg}{7}\operatorname{sen}10°(1 + 2\cos10°) = -0{,}295\,mg \tag{f}$$

$$R_y = mg\left(1 - \frac{4}{7}\cos10° + \frac{8}{7}\operatorname{sen}^210°\right) = 0{,}472\,mg \tag{g}$$

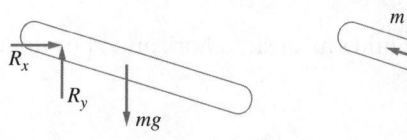

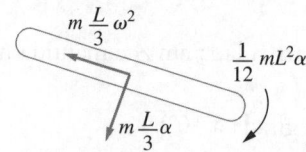

**FIGURA 1.23**
DCLs após a barra do Exemplo 1.8 ser girada a 10°. ∎

## EXEMPLO 1.9

Determine a aceleração da bloco da Figura 1.24(a).

### SOLUÇÃO

Supõe-se que a aceleração do bloco seja ascendente, o que é consistente com a direção prevista da aceleração angular do disco. O ponto no disco onde o cabo está em contato com ele tem a mesma aceleração ($r\alpha$) que o cabo. Supondo-se que o cabo seja inextensível, ele tem a mesma aceleração do bloco. Somando os momentos em torno do centro de massa aplicando-se $(\Sigma M_O)_{\text{ext}} = (\Sigma M_O)_{\text{ef}}$ aos DCLs mostrados na Figura 1.24(b) leva a

$$M - mgr = mr\alpha(r) + I\alpha \tag{a}$$

Resolvendo $\alpha$ se obtém

$$\alpha = \frac{M - mgr}{I + mr^2} = \frac{(18\text{ N}\cdot\text{m}) - (1{,}3\text{ kg})(9{,}81\text{ m/s}^2)(0{,}3\text{ m})}{0{,}09\text{ kg}\cdot\text{m}^2 + (1{,}3\text{ kg})(0{,}3\text{ m})^2} = 68{,}5\text{ rad/s}^2 \tag{b}$$

A aceleração do bloco é

$$a = r\alpha = (0{,}3\text{ m})(68{,}5\text{ rad/s}^2) = 20{,}5\text{ m/s}^2 \tag{c}$$

**FIGURA 1.24**
(a) Sistema do Exemplo 1.9. (b) DCLs esboçados em um instante arbitrário mostrando as forças externas e as forças efetivas.

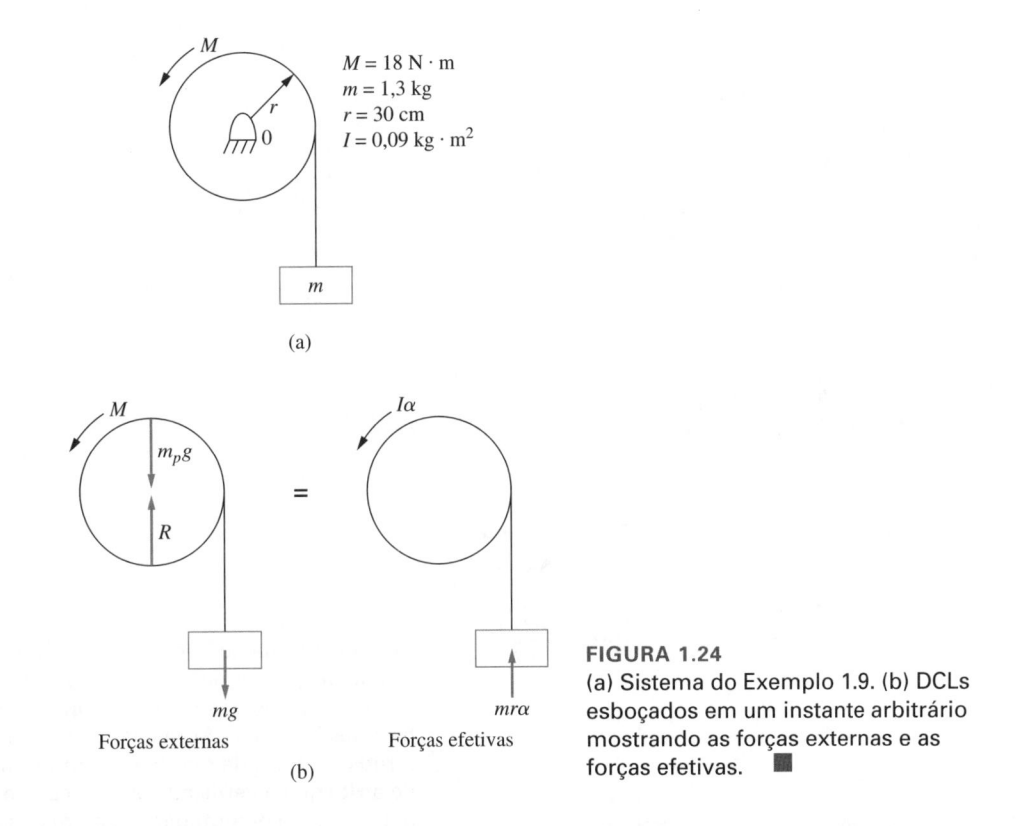

## EXEMPLO 1.10

Um disco fino de massa com 5 kg, raio de 20 cm, e fixado a uma mola com rigidez de 2.000 N/m está em equilíbrio quando está sujeito a uma força aplicada $P = 10$ N. O coeficiente de atrito entre o disco e a superfície é 0,1.
(a) Qual é o deslocamento máximo do disco a partir de sua posição de equilíbrio, supondo que não haja deslizamento entre o disco e a superfície?
(b) Qual é a aceleração angular do disco imediatamente após atingir seu deslocamento máximo?
(c) A hipótese de não deslizamento está correta?

### SOLUÇÃO

(a) Supondo que a posição 1 refere-se à posição quando o disco está em equilíbrio, e supondo que a posição 2 refere-se à posição quando o disco atinge seu deslocamento máximo. A aplicação do princípio do trabalho-energia entre a posição 1 e a posição 2 para o disco é dada

$$T_1 + V_1 + U_{1 \to 2_{NC}} = T_2 + V_2 \qquad \text{(a)}$$

A energia cinética do disco na posição 1 é zero, porque o disco está em repouso. A energia cinética do disco na posição 2 é zero, porque o disco atinge seu deslocamento máximo. A única fonte de energia potencial é a força da mola. A energia potencial na mola na posição 1 é zero, pois a mola não está esticada. Supondo-se que $x$ seja o deslocamento máximo, a energia potencial na posição 2 é

$$V_2 = \frac{1}{2}kx^2 \qquad \text{(b)}$$

A força de atrito exerce trabalho, uma vez que o disco gira sem escorregar. Assim, a velocidade do ponto onde a força de atrito é aplicada é zero. A única força não conservativa é a força aplicada $P$. Seu trabalho é

$$U_{1\to 2_{NC}} = \int_0^x P\,dx = Px \tag{c}$$

Substituindo na Equação (a),

$$Px = \frac{1}{2}kx^2 \tag{d}$$

ou

$$x = \frac{2P}{k} = \frac{2(10\text{ N})}{2000\text{ N/m}} = 0{,}01\text{ m} \tag{e}$$

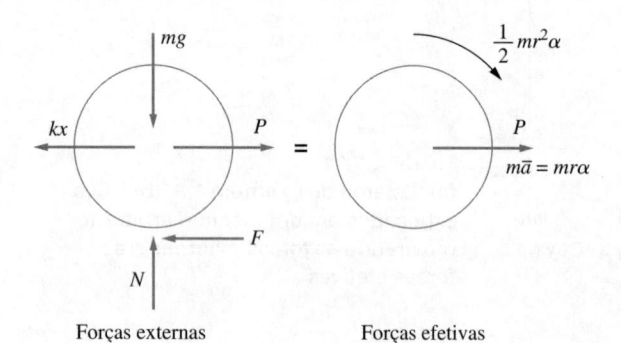

**FIGURA 1.25**
DCL do sistema no Exemplo 1.10. Somando os momentos em torno do ponto de contato ajuda a resolver a aceleração angular supondo que não haja deslizamento. Somando os momentos em torno do centro de massa encontra-se a força de atrito que é verificada em relação ao valor máximo para determinar se ocorre deslizamento.

(b) Somando os momentos em torno do ponto de contato como $(\Sigma M_O)_{\text{ext}} = (\Sigma M_O)_{\text{ef}}$ e usando os diagramas de corpo livre esboçados imediatamente após o disco atingir seu deslocamento máximo (ilustrado na Figura 1.25) produz

$$-kxr + Pr = \frac{1}{2}mr^2\alpha + m\bar{a}r \tag{f}$$

Se o disco gira sem escorregar, a velocidade do ponto de contato é igualmente zero, e sua aceleração possui somente um componente ascendente de $r\omega^2$. A aplicação do componente horizontal da equação de aceleração relativa entre o ponto de contato e o centro de massa produz $\bar{a} = r\alpha$. Substituindo esse resultado na Equação (b) leva a

$$\alpha = \frac{2(P-kx)}{3mr} = \frac{2[10\text{ N} - (2000\text{ N/m})(0{,}01\text{ m})]}{3(5\text{ kg})(0{,}2\text{ m})} = 6{,}67\text{ rad/s}^2 \tag{g}$$

(c) Somando os momentos em torno do centro de massa como $(\Sigma M_C)_{\text{ext}} = (\Sigma M_C)_{\text{ef}}$ e usando os diagramas de corpo livre da Figura 1.25 produz

$$Fr = \frac{1}{2}mr^2\alpha \Rightarrow F = \frac{1}{2}mr\alpha \tag{h}$$

Deve ser usado no cálculo o valor máximo de $\alpha$ a partir de quando o movimento é iniciado até quando o disco atinge seu deslocamento máximo. O valor máximo ocorre na posição 1 quando

$$\alpha = \frac{2P}{3mr} = \frac{2(10\text{ N})}{3(5\text{ kg})(0{,}2\text{ m})} = 6{,}67\text{ rad/s}^2 \tag{i}$$

e

$$F = \frac{1}{2}mr\alpha = \frac{1}{2}(5 \text{ kg})(0,2 \text{ m})(6,67 \text{ rad/s}^2) = 3,33 \text{ N}$$ (j)

A força de atrito máxima disponível é $\mu mg$ = 0,1(5 kg) (9,81 m/s²) = 4,91 N. Como a força de atrito é menor que a força de atrito máxima permitida, o disco gira sem escorregar. ∎

## EXEMPLO 1.11

Um jogador de basebol segura um taco com um momento de inércia ao redor de seu centro de massa $\bar{I}$ a uma distância $a$ a partir do centro de massa do taco. Sua "velocidade de taco" é a velocidade angular com a qual ele balança o taco. A bola arremessada é uma bola rápida que alcança o batedor com uma velocidade $v$. Supondo que seu balanço seja uma rotação de corpo rígido em torno de um eixo perpendicular às suas mãos, onde o batedor deveria atingir a bola para minimizar o impulso sentido pelas suas mãos?

### SOLUÇÃO

Quando o batedor bate a bola, ele exerce um impulso no taco: denominado $B$. Como o batedor está segurando o taco, ele sente um impulso quando bate na bola: denominado $P$. O efeito de bater na bola é alterar a velocidade do taco de $\omega_1$ para $\omega_2$. Os diagramas do momento de impulso do taco durante o período são mostrados na Figura 1.26.

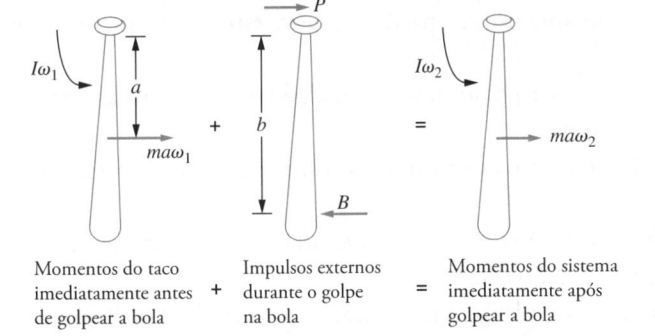

**FIGURA 1.26**
Diagramas do momento de impulso para o Exemplo 1.11 à medida que o batedor bate na bola.

Momentos do taco imediatamente antes de golpear a bola + Impulsos externos durante o golpe na bola = Momentos do sistema imediatamente após golpear a bola

Aplicando o princípio do impulso linear e do momento à Figura 1.26 leva a

$$ma\omega_1 + P - B = ma\omega_2$$ (a)

A aplicação do princípio do impulso angular e do momento angular em torno de um eixo passando pela mão do batedor produz

$$\bar{I}\omega_1 + ma\omega_1(a) - B(b) = \bar{I}\omega_2 + ma\omega_2(a)$$ (b)

Resolvendo a Equação (b) para $B$, temos

$$B = \frac{(\bar{I} + ma^2)}{b}(\omega_2 - \omega_1)$$ (c)

Substituindo a Equação (c) na Equação (a) e resolvendo para $P$ leva a

$$P = (\omega_1 - \omega_2)\left(\frac{\bar{I} + ma^2}{b} - ma\right)$$ (d)

Então, $P = 0$ se

$$b = a + \frac{\bar{I}}{ma} \tag{e}$$

Portanto, o impulso angular sentido pelo batedor é zero se $b$ responde à Equação (e). A localização de $b$ é denominada o centro de percussão. ■

## 1.10 RESUMO DO CAPÍTULO

### 1.10.1 CONCEITOS IMPORTANTES

- Vibrações são oscilações em torno de uma posição de equilíbrio.
- As hipóteses podem ser implícitas (tal como a hipótese do contínuo) ou explícitas (tal como a negligência de todas as formas de atrito).
- O número de graus de liberdade usado em um modelo de sistema é o número de coordenadas cinematicamente independentes necessárias para descrever o movimento de cada partícula no sistema.
- As vibrações são classificadas como livres ou forçadas, amortecidas ou não amortecidas, lineares ou não lineares, contínuas ou discretas, e determinísticas ou aleatórias.
- O teorema de Buckingham Pi permite calcular o número de parâmetros adimensionais envolvidos na formulação não dimensional de uma equação derivada de uma lei física.
- A cinemática das partículas monitora o movimento das partículas pelo espaço por meio do seu vetor de posição, vetor de velocidade e aceleração.
- Uma partícula movendo-se em trajetória circular possui uma velocidade que é instantaneamente tangente ao círculo no ponto onde a partícula está localizada.
- Uma partícula movendo-se em uma trajetória circular possui dois componentes de aceleração: um componente tangencial e um componente normal.
- Um corpo rígido submetido ao movimento no plano $x$-$y$ na trajetória do centro de massa localiza-se no plano $x$-$y$, e a rotação ocorre somente em torno do eixo $z$.
- As equações de velocidade relativa e aceleração relativa são utilizadas para analisar a dinâmica dos corpos rígidos.
- Um diagrama de corpo livre (DCL) é um diagrama do corpo, que foi abstraído do seu ambiente, mostrando o efeito do ambiente na forma de forças.
- Forças de corpo são forças aplicadas dentro do corpo e decorrentes de um campo de força externa, tal como a gravidade.
- As forças de superfície são aplicadas no limite do corpo como resultado do contato entre o corpo e seu ambiente.
- A segunda lei de Newton é uma lei básica da natureza descrita para uma partícula.
- O princípio de D'Alembert aplicado a um corpo rígido submetido ao movimento no plano revela que o sistema de forças externas é equivalente ao sistema de forças efetivas. As forças efetivas são uma força igual a $m\bar{a}$ aplicada no centro de massa e um momento igual a $\bar{I}\alpha$.
- O princípio do trabalho-energia é uma forma pré-integrada da segunda lei de Newton. A integração ocorre ao longo da trajetória do movimento.
- As forças conservativas são forças cujo trabalho é independente da trajetória. Uma função de energia potencial, que é uma função da posição, é definida para forças conservativas de modo que o trabalho feito pela força seja a diferença em energias potenciais.
- O princípio do impulso e do momento são formas pré-integradas da segunda lei de Newton. A integração ocorre ao longo do tempo.

## 1.10.2 EQUAÇÕES IMPORTANTES

Movimento harmônico simples

$$x(t) = A\operatorname{sen}(\omega t + \phi) \tag{1.12}$$

Velocidade e aceleração de uma partícula

$$\mathbf{v} = \frac{d\mathbf{r}}{dt} = \dot{x}(t)\mathbf{i} + \dot{y}(t)\mathbf{j} + \dot{z}(t)\mathbf{k} \tag{1.20}$$

$$\mathbf{a} = \frac{d\mathbf{v}}{dt} = \ddot{x}(t)\mathbf{i} + \ddot{y}(t)\mathbf{j} + \ddot{z}(t)\mathbf{k} \tag{1.21}$$

Velocidade e aceleração de uma partícula movendo-se em uma trajetória circular

$$\mathbf{v} = \dot{\mathbf{r}} = R\frac{d\mathbf{i}_n}{dt} = R\omega\mathbf{i}_t \tag{1.25}$$

$$\mathbf{a} = \dot{\mathbf{v}} = \frac{d(R\omega\mathbf{i}_t)}{dt} = R\frac{d\omega}{dt}\mathbf{i}_t + R\omega\frac{d\mathbf{i}_t}{dt} = R\alpha\mathbf{i}_t - R\omega^2\mathbf{i}_n \tag{1.26}$$

Equações de velocidade relativa

$$\mathbf{v}_B = \mathbf{v}_A + \mathbf{v}_{B/A} \tag{1.28}$$

$$v_{B/A} = |\mathbf{r}_{B/A}|\omega \tag{1.29}$$

Equações de aceleração relativa

$$\mathbf{a}_B = \mathbf{a}_A + \mathbf{a}_{B/A} \tag{1.30}$$

$$\mathbf{a}_{B/A} = |\mathbf{r}_{B/A}|\alpha\mathbf{i}_t - r\omega^2\mathbf{i}_n \tag{1.31}$$

Segunda lei de Newton aplicada a uma partícula

$$\sum \mathbf{F} = m\mathbf{a} \tag{1.32}$$

Segunda lei de Newton para um corpo rígido

$$\sum \mathbf{F} = m\overline{\mathbf{a}} \tag{1.33}$$

Equação de momento para um corpo rígido submetido ao movimento planar

$$\sum M_G = \bar{I}\alpha \tag{1.34}$$

Princípio de D'Alembert para corpos rígidos submetidos ao movimento planar

$$\sum \mathbf{F}_{ext} = \sum \mathbf{F}_{ef} \tag{1.36}$$

$$\sum M_{O_{ext}} = \sum M_{O_{ef}} \tag{1.37}$$

Trabalho feito por uma força

$$U_{A \to B} = \int_{\mathbf{r}_A}^{\mathbf{r}_B} \mathbf{F} \cdot d\mathbf{r} \tag{1.40}$$

Princípio do trabalho-energia

$$T_A + V_A + U_{A \to B_{NC}} = T_B + V_B \tag{1.47}$$

Impulso decorrente de uma força

$$\mathbf{I}_{1 \to 2} = \int_{t_1}^{t_2} \mathbf{F} dt \tag{1.48}$$

Princípio do impulso e momento

$$\mathbf{L}_1 + \mathbf{I}_{1 \to 2} = \mathbf{L}_2 \tag{1.52}$$

Princípio do impulso angular e do momento angular

$$H_{G_1} + J_{G_{1 \to 2}} = H_{G_2} \tag{1.53}$$

## PROBLEMAS

### PROBLEMAS DE RESPOSTA CURTA

Para as questões 1.1 a 1.10, indique se a afirmação apresentada é verdadeira ou falsa.
Se for verdadeira, justifique sua resposta. Se for falsa, reescreva a afirmação para torná-la verdadeira.

1.1  A Terra pode ser considerada como um sistema referencial inercial.
1.2  "Os sistemas submetidos às vibrações mecânicas não estão sujeitos às reações nucleares" é um exemplo de uma hipótese explícita.
1.3  Uma lei básica da natureza é comprovada apenas de forma empírica.
1.4  O ponto de aplicação das forças de superfície está em qualquer parte do corpo.
1.5  O número de graus de liberdade necessário para modelar um sistema mecânico não é único.
1.6  Os sistemas de parâmetros distribuídos são outro nome para sistemas discretos.
1.7  O teorema de Buckingham Pi é usado para prever quantas variáveis não dimensionais são usadas em uma formulação adimensional de uma relação dimensional.
1.8  Um corpo rígido submetido ao movimento plano possui no máximo três graus de liberdade.
1.9  Uma partícula deslocando-se em uma trajetória circular possui uma velocidade que está na direção do raio.
1.10 O princípio do trabalho-energia é derivado da segunda lei de Newton integrada ao longo do tempo.

As questões 1.11 a 1.25 exigem uma resposta curta.
1.11  Qual é a hipótese do contínuo, e o que isto implica?
1.12  Qual é a diferença entre hipóteses explícitas e implícitas?
1.13  Como as equações constitutivas são usadas na modelagem de um problema de vibrações?
1.14  O que é um diagrama de corpo livre (DCL)? Como ele é usado na modelagem de sistemas mecânicos?
1.15  O que a seguinte equação representa
$x(t) = X \operatorname{sen}(\omega t + \phi)$
1.16  Na equação do Problema 1.15 defina (a) $X$, (b) $\omega$, e (c) $\phi$.

# Capítulo 1

1.17  O ângulo de fase para um sistema mecânico é calculado como 26°. A resposta avança ou atrasa uma sinusoide pura?
1.18  Qual é a distinção entre uma partícula e um corpo rígido?
1.19  Quais são os critérios para um corpo rígido se submeter ao movimento plano?
1.20  A aceleração de uma partícula deslocando-se em uma trajetória circular possui dois componentes. Quais são eles?
1.21  As partículas $A$ e $B$ são fixadas em um corpo rígido submetido ao movimento planar. Descreva o movimento da partícula $B$ por um observador fixado na partícula $A$.
1.22  Como a equação $\Sigma \mathbf{F} = \mathbf{ma}$ é aplicada a uma partícula vibratória?
1.23  Quais são as forças efetivas para um corpo rígido submetido ao movimento plano?
1.24  A energia cinética de um corpo rígido submetido ao movimento plano consiste em dois termos. Quais são eles? O que cada um representa?
1.25  Indique o princípio do impulso e momento.
1.26–1.33 Quantos graus de liberdade são necessários para modelar o sistema de Figuras P 1.26 a 1.33? Identifique um conjunto de coordenadas generalizadas que pode ser utilizado para analisar o movimento do sistema para cada sistema.

As questões 1.34 a 1.43 exigem cálculos curtos.

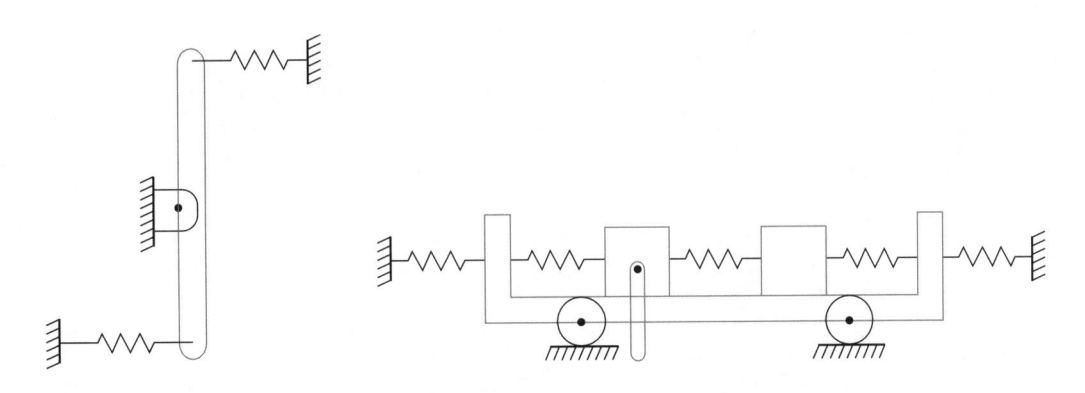

**FIGURA P 1.26**

**FIGURA P 1.27**

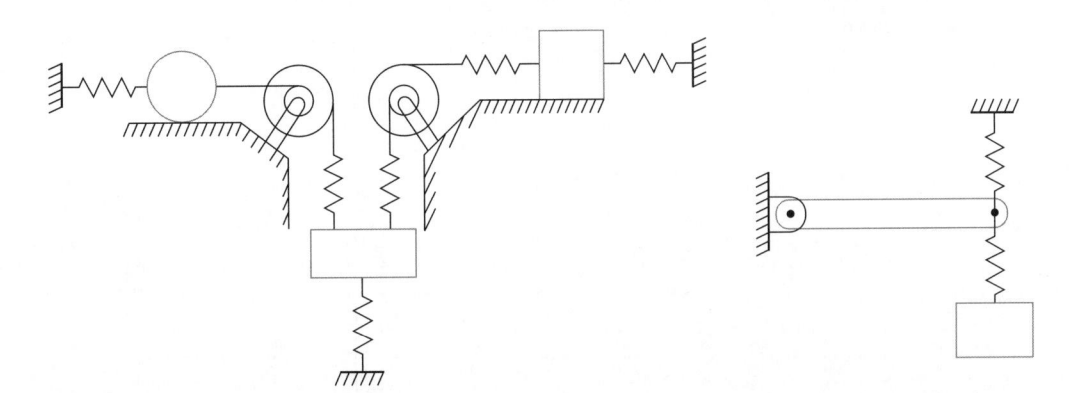

**FIGURA P 1.28**

**FIGURA P 1.29**

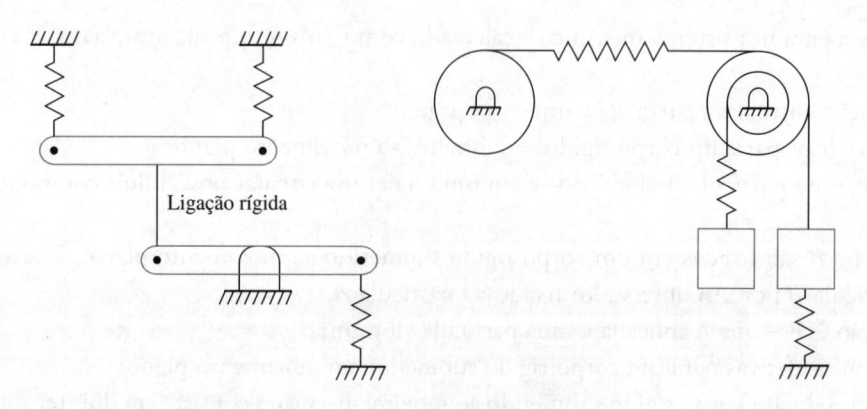

**FIGURA P 1.30**

**FIGURA P 1.31**

Ligação rígida

Viga

**FIGURA P 1.32**

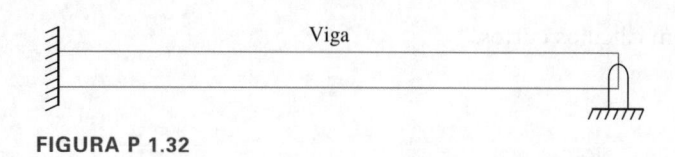

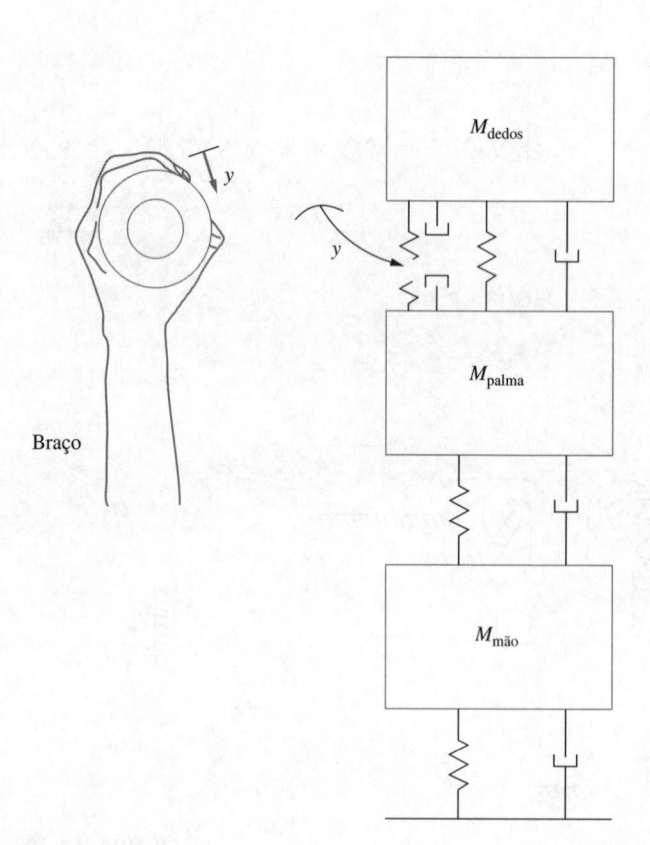

Braço

$M_{dedos}$

$M_{palma}$

$M_{mão}$

**FIGURA P 1.33**

1.34 Uma partícula possui uma aceleração uniforme de 2 m/s². Se a partícula partir do repouso em $t = 0$.
(a) Determine a velocidade da partícula em $t = 5$ s.
(b) Determine a distância que a partícula se desloca em 5 s.

1.35 O movimento de uma partícula se inicia na origem de um sistema de coordenadas cartesianas e se move com um vetor de velocidade $v = 2\cos 2t\,\mathbf{i} + 3\,\text{sen}\,2t\,\mathbf{j} + 0{,}4\,\mathbf{k}$ m/s.
(a) Determine a magnitude e a direção da aceleração da partícula em $t = \pi$ s.
(b) Determine a posição da partícula em $t = \pi$ s.

1.36 Uma partícula está se deslocando em uma trajetória circular de raio 3 m. A partícula inicia em $\theta = 0$ em $t = 0$ e possui uma velocidade constante de 2 m/s.
(a) Onde está a partícula em $t = 2$ s?
(b) Qual é a aceleração da partícula em $t = 2$ s?

1.37 Um corpo rígido de massa 2 kg submete-se ao movimento planar. Em um dado instante, a aceleração de seu centro de massa é $(5\mathbf{i} + 3\mathbf{j})$ m/s², e gira em torno do eixo $z$, com uma aceleração angular em sentido horário de 10 rad/s². Quais são as forças efetivas neste instante? Em que local do corpo elas são aplicadas?

1.38 A velocidade de uma partícula de massa 0,1 kg é $(9\mathbf{i} + 11\mathbf{j})$ m/s. Calcule a energia cinética da partícula.

1.39 A velocidade do centro de massa de um corpo rígido de massa 3 kg submetido ao movimento planar é $(3\mathbf{i} + 4\mathbf{j})$ m/s. O centro de massa está a 20 cm do eixo de rotação fixo. Calcule a velocidade angular do corpo neste instante.

1.40 A energia cinética de um corpo que gira em torno de seu eixo centroide é 100 J. O momento de inércia de massa centroide é 0,03 kg • m². Calcule a velocidade angular do corpo.

1.41 A velocidade do centro de massa de um corpo rígido submetido ao movimento plano de massa 5 kg é 4 m/s. Ele gira em torno do eixo $z$ com uma velocidade angular em sentido horário de 20 rad/s. O momento de inércia do corpo em torno de seu centro de massa é 0,08 kg • m². Calcule a energia cinética do corpo.

1.42 Uma força impulsiva de magnitude 12.000 N é aplicada em um partícula por 0,03 s. Qual é o impulso total transmitido por essa força?

1.43 A força da Figura P 1.43 é aplicada a uma partícula de massa 3 kg em repouso em equilíbrio.
(a) Qual é o impulso total transmitido à partícula?
(b) Qual é a velocidade da partícula em $t = 2$ s?
(c) Qual é a velocidade da partícula em 5 s?

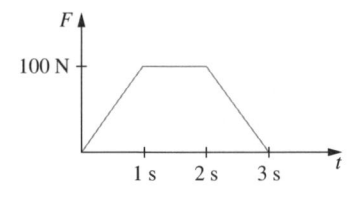

**FIGURA P 1.43**

1.44 Uma partícula de massa de 2 kg está sujeita à força constante de 6 N, como mostrado na Figura P 1.44. Quanto a partícula se deslocou após 10 s se a sua velocidade é inicialmente de 4 m/s?

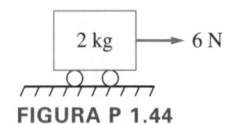

**FIGURA P 1.44**

1.45 Combine a quantidade com as unidades adequadas (as unidades podem ser usadas mais de uma vez, mas algumas não serão).

(a) aceleração, $a$
(b) velocidade, $v$
(c) impulso, $I$
(d) energia cinética, $T$
(e) momento linear, **L**
(f) trabalho feito por uma força, $W_{1 \to 2}$
(g) velocidade angular, $\omega$
(h) aceleração angular, $\alpha$
(i) força, $F$

(i) N • s
(ii) m/s$^2$
(iii) rad/s$^2$
(iv) m/s
(v) J
(vi) rad/s
(vii) m
(viii) rad
(ix) N

# CAPÍTULO 2

# MODELAMENTOS DOS SISTEMAS DE UM GRAU DE LIBERDADE (1GL)

## 2.1 INTRODUÇÃO

Os componentes básicos de um sistema mecânico são inércia, rigidez, amortecimento e uma fonte de trabalho ou energia. Os *componentes de inércia* armazenam energia cinética. Os *componentes de rigidez* armazenam energia potencial. Os *componentes de amortecimento* dissipam energia. As *fontes de energia* fornecem energia para o sistema.

Este capítulo começa com uma discussão sobre as fontes de energia potencial, sobretudo as molas. As molas armazenam energia potencial, mas elas não precisam de movimento para fazer isso. As molas helicoidais servem como exemplo para todas as molas lineares. Componentes estruturais, como barras sofrendo um movimento longitudinal, eixos sob um movimento rotatório e vigas sendo submetidas a vibrações transversais, armazenam energia potencial e podem ser modelados como molas. As combinações das molas podem ser substituídas por uma única mola de rigidez equivalente. Molas suspensas agindo sob gravidade armazenam energia potencial quando estão em equilíbrio estático. No entanto, a energia potencial armazenada na mola em função da deflexão de sua posição de equilíbrio cancela a energia potencial em função da gravidade para um sistema linear durante o modelamento de um sistema linear.

*Amortecimento viscoso* refere-se a qualquer forma de amortecimento no qual a força de atrito é proporcional à velocidade. Os amortecedores viscosos são inseridos nos sistemas mecânicos porque acrescentam um termo linear na equação diferencial. A energia dissipada devido à força de amortecimento viscoso é considerada, e um coeficiente de amortecimento viscoso equivalente é calculado para uma combinação de amortecedores viscosos.

Um *elemento de inércia* é qualquer coisa que tenha massa ou armazene energia cinética. Os princípios da dinâmica revisados no Capítulo 1 regem o movimento dos elementos de inércia. Uma massa equivalente pode ser calculada para um sistema de 1GL quando inclui diversos elementos de inércia. Os efeitos da inércia das molas e dos fluidos arrastados são levados em consideração com um modelo de massa equivalente.

A fonte de energia pode ser uma energia inicial presente no sistema, ou pode ser uma entrada ao sistema nos termos de uma força externa ou um movimento imposto.

A dedução de equações diferenciais que regem o movimento de um sistema de 1GL é considerada. O método do diagrama de corpo livre aplica a segunda lei de Newton ou o princípio de D'Alembert para os diagramas de corpo livre desenhados em um instante arbitrário. As equações diferenciais não lineares são linearizadas por meio da aplicação de um pequeno ângulo ou suposição de um pequeno deslocamento.

O método de sistemas equivalentes aplica-se apenas para os sistemas lineares. Ele utiliza o modelo de um sistema de massa-mola e amortecedor viscoso linear para qualquer sistema de 1GL linear. A energia cinética calculada em um instante arbitrário é usada para determinar uma massa equivalente. A energia potencial é usada para determinar uma rigidez equivalente. O trabalho feito por forças do amortecimento viscoso é usado para calcular um coeficiente de amortecimento viscoso equivalente. O trabalho feito por forças externas é usado para calcular uma força equivalente.

Uma equação diferencial ordinária linear de segunda ordem que rege o movimento de um sistema de 1GL resulta de qualquer um dos métodos. A equação pode ser homogênea* (no caso de vibrações livres) ou não homogênea (no caso de vibrações forçadas).

## 2.2 MOLAS

### 2.2.1 INTRODUÇÃO

*Mola* é uma conexão mecânica flexível entre duas partículas em um sistema mecânico. Na realidade, uma mola em si é um sistema contínuo. No entanto, a inércia da mola normalmente é pequena se comparada a outros elementos no sistema mecânico e é desprezada. Sob essa hipótese, a força aplicada em cada extremidade da mola é a mesma.

O comprimento de uma mola quando não está sujeita a forças externas é chamado de *comprimento inicial (não deformado)*. Desde que a mola seja feita de um material flexível, a força $F$ que deve ser aplicada à mola para alterar seu comprimento por $x$ é alguma função contínua de $x$,

$$F = f(x) \tag{2.1}$$

A forma apropriada de $f(x)$ é determinada ao usar a equação constitutiva para o material da mola. Desde que $f(x)$ e todas as suas derivadas sejam contínuas em $x = 0$, ela pode ser representada por uma série de Taylor centrada em $x = 0$ (uma expansão de MacLaurin):

$$F = k_0 + k_1 x + k_2 x^2 + k_3 x^3 + \cdots \tag{2.2}$$

Como $x$ é a alteração do comprimento da mola a partir de seu comprimento inicial, quando $x = 0$, $F = 0$. Assim $k_0 = 0$. Quando $x$ é positivo, a mola está em tração. Quando $x$ é negativo, a mola está em compressão. Muitos materiais têm as mesmas propriedades na tração e na compressão. Ou seja, se a resistência à tração $F$ for necessária para alongar a mola por $\delta$, então é necessária uma força compressora da mesma grandeza $F$ para encurtar a mola por $\delta$. Para esses materiais, $f(-x) = -f(x)$, ou $f$ é uma função ímpar de $x$. A expansão da série de Taylor de uma função ímpar não pode conter potências pares. Assim, a Equação (2.2) torna-se

$$F = k_1 x + k_3 x^3 + k_5 x^5 + \cdots \tag{2.3}$$

Todas as molas são inerentemente não lineares. Entretanto, em muitas situações $x$ é suficientemente menor do que os termos não lineares da Equação (2.3) que devem ser menores em comparação a $k_1 x$. Uma *mola linear* obedece a uma lei de deslocamento de força de

$$F = kx \tag{2.4}$$

em que $k$ é chamado de *rigidez da mola* ou *constante de mola* e tem dimensões de força por comprimento. Assim, para uma mola linear, $k = \left.\frac{df}{dx}\right|_{x=0}$,** que está ilustrada na Figura 2.1.

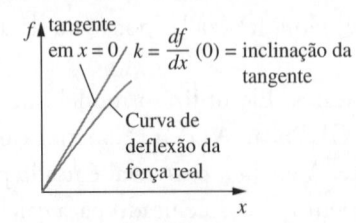

**FIGURA 2.1**
A rigidez da mola é a derivada da expressão da força ou função do deslocamento em $x = 0$.

---
* Uma equação é dita homogênea quando um dos membros de igualdade é zero. No caso de vibrações livres, o termo de força externa não aparece e por isso normalmente o lado direito da equação de movimento é nulo, por isso a nomenclatura. (N.R.T.)
** Ou seja, o coeficiente de rigidez que representa a parcela linear de uma mola é a inclinação da curva Força × Deslocamento quando o deslocamento é zero. (N.R.T.)

# Capítulo 2     MODELAMENTOS DOS SISTEMAS DE UM GRAU DE LIBERDADE (1GL)

O trabalho feito por uma força é calculado de acordo com a Equação (1.40). Para um sistema linear em que a força da mola é aplicada a uma partícula cujo deslocamento é $x$, na direção horizontal, a força é representada por $-k x \mathbf{i}$, e o vetor de deslocamento diferencial é $dx\mathbf{i}$. O trabalho feito pela força da mola conforme seu ponto de aplicação move-se de uma posição descrita por $x_1$ para uma posição descrita por $x_2$ e é

$$U_{1\to 2} = \int_{x_1}^{x_2} (-kx)dx = k\frac{x_1^2}{2} - k\frac{x_2^2}{2} \tag{2.5}$$

Como o trabalho depende da posição inicial e final do ponto de aplicação da força da mola e não da trajetória do sistema, a força da mola é conservativa. Uma *função de energia potencial* pode ser definida para uma mola como

$$V(x) = \frac{1}{2}kx^2 \tag{2.6}$$

em que $x$ é a alteração do comprimento da mola a partir de seu comprimento inicial.

Uma *mola torcional* é uma conexão em um sistema mecânico em que a aplicação de um torque leva a um deslocamento angular entre as extremidades da mola torcional. Uma mola torcional linear tem uma relação entre um momento aplicado $M$ e o deslocamento angular $\theta$ de

$$M = k_t \theta \tag{2.7}$$

onde a *rigidez torcional* $k_t$ tem dimensões de força vezes o comprimento por unidade de ângulo. A função de energia potencial para uma mola torcional é

$$V = \frac{1}{2}k_t \theta^2 \tag{2.8}$$

## 2.2.2 MOLAS HELICOIDAIS

A mola helicoidal é usada em aplicações como máquinas industriais e sistemas de suspensão de veículos. Considere uma mola fabricada a partir de uma haste de seção transversal circular de diâmetro $D$. O módulo de cisalhamento da haste é $G$. A haste é transformada em uma bobina de $N$ voltas de raio $r$. Assume-se que o raio da bobina seja bem maior que o raio da haste e que vetor normal ao plano de uma bobina quase coincide com o eixo da mola.

Considere uma mola helicoidal quando sujeita a uma carga axial $F$. Imagine cortar a haste com uma faca em um local arbitrário em uma bobina, fatiando a mola em duas partes. O corte expõe uma força de cisalhamento interna $F$ e um torque de resistência interna $Fr$, como ilustrado na Figura 2.2. Assumindo o comportamento elástico, a tensão de cisalhamento em função do torque de resistência varia linearmente com a distância do centro da haste a um máximo de

$$\tau_{máx} = \frac{FrD}{2J} = \frac{16Fr}{\pi D^3} \tag{2.9}$$

onde $J = (\pi D^4)/32$ é o momento de inércia polar ou de área da haste. A tensão de cisalhamento em função da força de cisalhamento varia não linearmente com a distância do eixo neutro. Para $r/D \gg 1$ a tensão de cisalhamento máxima em função da força de cisalhamento interna é bem menor que a tensão de cisalhamento máxima em função do torque de resistência, e seu efeito é desprezado.

**FIGURA 2.2**
Uma mola é sujeita a uma força $F$ ao longo de seu eixo. Um corte da seção da mola revela que sua seção transversal tem uma força de cisalhamento $F$ e um torque $Fr$, onde $r$ é o raio da bobina.

Os princípios da resistências dos materiais podem ser usados para mostrar que a alteração total do comprimento da mola em função de uma força aplicada $F$ é

$$x = \frac{64Fr^3N}{GD^4} \qquad (2.10)$$

Comparar a Equação (2.10) com a Equação (2.4) leva à conclusão de que, sob as hipóteses declaradas, uma mola helicoidal pode ser modelada como uma mola linear de rigidez

$$k = \frac{GD^4}{64Nr^3} \qquad (2.11)$$

## EXEMPLO 2.1

Uma mola firmemente enrolada é composta por uma barra de 20 mm de diâmetro de 0,2% aço carbono endurecido ($G = 80 \times 10^9$ N/m²). O diâmetro da bobina é 20 cm. A mola tem 30 bobinas. Qual é a maior força que pode ser aplicada de modo que a tensão de cisalhamento de $220 \times 10^6$ N/m² não seja excedida? Qual é a alteração do comprimento da mola quando essa força é aplicada?

### SOLUÇÃO

Assumindo que a tensão de cisalhamento em função da força de cisalhamento seja insignificante, a tensão máxima de cisalhamento na mola quando uma força $F$ é aplicada é

$$\tau = \frac{FrD}{2J} = F\frac{(0,1 \text{ m})(0,02 \text{ m})}{\frac{2\pi}{32}(0,02 \text{ m})^4} = 6,37 \times 10^4 F$$

Assim, a força máxima admissível é

$$F_{máx} = \frac{220 \times 10^6 \text{ N/m}^2}{6,37 \times 10^4} = 3,45 \times 10^3 \text{ N}$$

A rigidez dessa mola é calculada ao usar a Equação (2.11):

$$k = \frac{(80 \times 10^9 \text{ N/m}^2)(0,02\text{m})^4}{(64)(30)(0,1\text{m}^3)} = 6,67 \times 10^3 \frac{\text{N}}{\text{m}}$$

As alterações totais no comprimento da mola em função da aplicação da força máxima admissível são

$$\Delta = \frac{F}{k} = 0,518 \text{ m} \quad \blacksquare$$

## 2.2.3 ELEMENTOS ELÁSTICOS COMO MOLAS

A aplicação de uma força $F$ ao bloco de massa $m$ da Figura 2.3 resulta em um deslocamento $x$. O bloco é anexado a uma haste fina uniforme de módulo de elasticidade $E$, comprimento inicial $L$ e área transversal $A$. A aplicação da força resulta em uma tensão normal uniforme na haste de

$$\varepsilon = \frac{F}{AE} = \frac{x}{L}$$

$$(2.12)$$

Capítulo 2    MODELAMENTOS DOS SISTEMAS DE UM GRAU DE LIBERDADE (1GL)    43

A energia de deformação por volume é a área sob a curva de tensão-deformação, que para uma barra elástica:

$$s = \frac{1}{2}\sigma\varepsilon = \frac{1}{2}E\varepsilon^2 \tag{2.13}$$

A energia de deformação total é

$$S = sV = \frac{1}{2}E\varepsilon^2 AL = \frac{1}{2}(EA/L)x^2 \tag{2.14}$$

Se a força for subitamente removida, o bloco oscilará em torno da sua posição de equilíbrio. A energia de deformação inicial é convertida em energia cinética e vice-versa, um processo que continua indefinidamente. Se a massa da haste for pequena em comparação à massa do bloco, então a inércia da haste é insignificante e a haste comporta-se como uma mola discreta. Da força dos materiais, a força $F$ exigida para alterar o comprimento da haste por $x$ é

$$F = \frac{AE}{L}x \tag{2.15}$$

Uma comparação da Equação (2.15) com a Equação (2.4) implica que a rigidez da haste é

$$k = \frac{AE}{L} \tag{2.16}$$

O movimento de uma partícula anexada a um elemento elástico pode ser modelado como uma partícula anexada a uma mola linear, contanto que a massa do elemento de rigidez seja pequena em comparação à massa da partícula e uma relação linear entre a força e o deslocamento exista para o elemento. Na Figura 2.4, uma partícula de massa $m$ é anexada ao centro de uma viga simplesmente apoiada de comprimento $L$, módulo elástico $E$ e momento de inércia de área $I$. O deslocamento transversal do centro da viga em função de uma carga estática aplicada $F$ é

$$x = \frac{L^3}{48EI}F \tag{2.17}$$

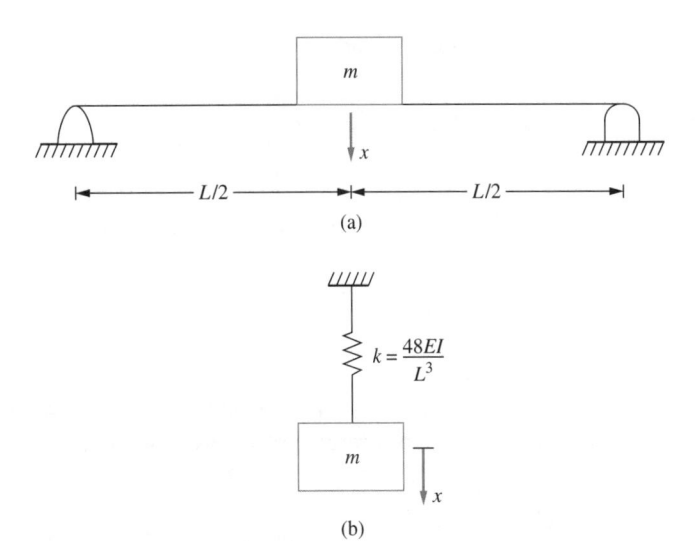

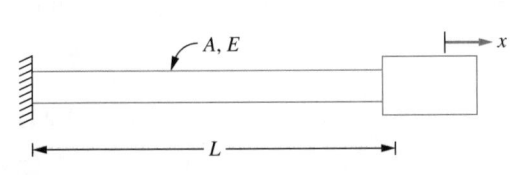

**FIGURA 2.3**
As vibrações longitudinais de uma massa anexada à extremidade de uma haste fina uniforme podem ser modeladas como um sistema de massa linear-mola com $k = AE/L$.

**FIGURA 2.4**
As vibrações transversais de uma máquina anexada ao centro de uma viga simplesmente apoiada (a) modelada por um sistema de massa-mola e a rigidez da mola é $48 EI/L^3$. (b) Desde que a massa da viga seja pequena em comparação à massa da máquina.

Desse modo, uma relação linear existe entre o deslocamento transversal e a carga estática. Logo, se a massa da viga for pequena, as vibrações da partícula podem ser modeladas como o movimento vertical de uma partícula anexada a uma mola de rigidez

$$k = \frac{48EI}{L^3} \tag{2.18}$$

No geral, as vibrações transversais de uma partícula anexada a uma viga podem ser modeladas como aquelas de uma partícula anexada a uma mola linear. Seja $w(z)$ a função de deslocamento da viga em função de uma carga unitária concentrada aplicada em $z = a$. Então, o deslocamento em $z = a$ em função de uma carga $F$ aplicada em $z = a$ é

$$x = \omega(a)F \tag{2.19}$$

Então, a rigidez da mola para uma partícula colocada em $z = a$ é

$$k = \frac{1}{\omega(a)} \tag{2.20}$$

## EXEMPLO 2.2

Uma máquina de 200 kg é anexada à extremidade de uma viga em balanço de comprimento $L = 2,5$ m, módulo elástico $E = 200 \times 10^9$ N/m$^2$ e momento de inércia de área da seção transversal $1,8 \times 10^{-6}$ m$^4$. Assumindo que a massa da viga seja pequena em comparação à massa da máquina, qual é a rigidez da viga?

### SOLUÇÃO

Na Tabela D.2, a equação de deflexão para uma viga em balanço com uma carga unitária concentrada em $z = L$ é

$$\omega(z) = \frac{1}{EI}\left(-\frac{1}{6}z^3 + \frac{L}{2}z^2\right) \tag{a}$$

A deflexão na extremidade da viga é

$$\omega(L) = \frac{1}{EI}\left(-\frac{L^3}{6} + \frac{L}{2}L^2\right) = \frac{L^3}{3EI} \tag{b}$$

A rigidez da viga cantiléver em sua extremidade é

$$k = \frac{3EI}{L^3} = \frac{3\,(200 \times 10^9 \text{ N/m}^2)\,(1,8 \times 10^{-6} \text{ m}^4)}{(2,5 \text{ m})^3} = 6,91 \times 10^4 \text{ N/m} \tag{c}$$

A Equação (2.18) é usada para a rigidez de uma viga apoiada em seu centro. A equação para a rigidez de uma viga em balanço, com carga em sua extremidade, é

$$k = \frac{3EI}{L^3} \tag{2.21}$$

A rigidez equivalente de uma viga biengastada em sua meia distância é

$$k = \frac{192EI}{L^3} \tag{2.22}$$

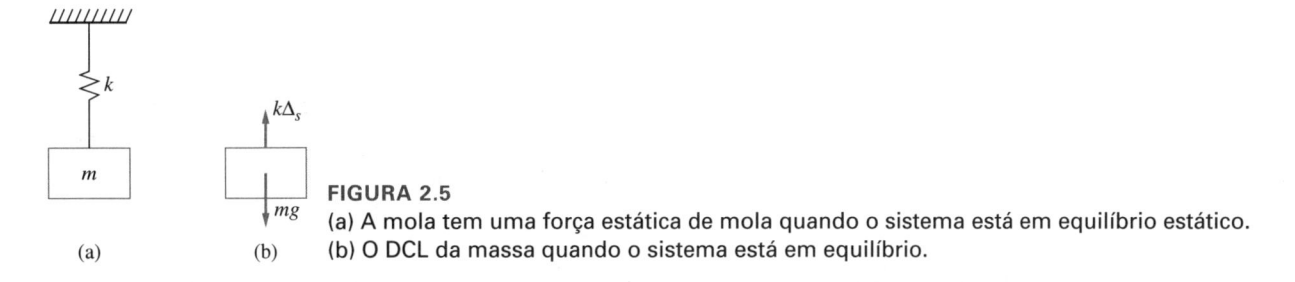

**FIGURA 2.5**
(a) A mola tem uma força estática de mola quando o sistema está em equilíbrio estático.
(b) O DCL da massa quando o sistema está em equilíbrio.

## 2.2.4 DEFLEXÃO ESTÁTICA

Quando uma mola não está em seu comprimento inicial no momento em que seu sistema está em equilíbrio, ela possui uma deflexão estática. Quando o sistema da Figura 2.5(b) está em equilíbrio, é necessária uma força estática na mola para equilibrar a força da gravidade. Do DCL da Figura 2.5(b), a força da mola é $F_s = mg$. Já que a força é a rigidez vezes a alteração no comprimento de seu comprimento inicial, a deflexão estática é calculada como

$$\Delta_s = \frac{mg}{k} \tag{2.23}$$

### EXEMPLO 2.3

Determine a deflexão estática da mola no sistema da Figura 2.6(a).

#### SOLUÇÃO

Os DCLs do sistema em suas posições de equilíbrio são mostrados na Figura 2.6(b). Igualando a somatória das forças a zero no DCL do bloco da esquerda ($\Sigma F = 0$) leva a

$$T_1 = m_1 g - k\Delta_s \tag{a}$$

A soma dos momentos em torno do centro do disco leva a $\Sigma M_O = 0$, sendo

$$m_2 g r_2 - (m_1 g - k\Delta_s) r_1 = 0 \tag{b}$$

de onde a deflexão estática é determinada como

$$\Delta_s = \frac{m_1 g r_1 - m_2 g r_2}{k r_1} \tag{c}$$

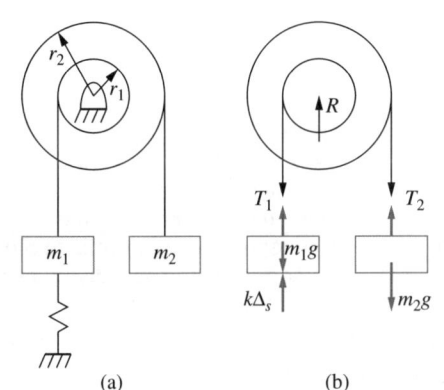

**FIGURA 2.6**
(a) Sistema do Exemplo 2.3. (b) DCL do sistema quando está em equilíbrio.

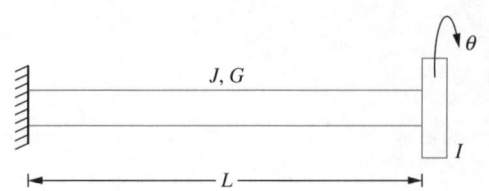

**FIGURA 2.7**
O movimento rotatório do disco fino anexado ao eixo é modelado por oscilações torcionais de um disco anexado a uma mola torcional de rigidez $k_t = \frac{JG}{L}$.

As oscilações torcionais ocorrem no sistema da Figura 2.7. Um disco fino de momento de inércia de massa $I$ é anexado a um eixo circular de comprimento $L$, módulo de cisalhamento $G$ e momento de inércia de área $J$. Quando o disco é girado em um ângulo $\theta$ de sua posição de equilíbrio, um momento

$$M = \frac{JG}{L}\theta \tag{2.24}$$

desenvolve-se entre o disco e o eixo. Assim, se o momento de inércia de massa do eixo for pequeno em comparação a $I$, então o eixo age como uma mola torcional de rigidez

$$k_t = \frac{JG}{L} \tag{2.25}$$

## 2.3 ASSOCIAÇÃO DE MOLAS

Muitas vezes, nas aplicações as molas são colocadas em associação. É conveniente, para fins de modelamento e análise, substituir a associação de molas por uma única mola de uma rigidez equivalente, $k_{eq}$. A rigidez equivalente é determinada de modo que o sistema com uma associação de molas possua o mesmo deslocamento, $x$, como sistema equivalente quando ambos os sistemas são sujeitos à mesma força, $F$. Um sistema de 1GL formado por um bloco anexado a uma mola de rigidez equivalente é ilustrado na Figura 2.8. A força resultante agindo sobre o bloco é

$$F = k_{eq}x \tag{2.26}$$

### 2.3.1 ASSOCIAÇÃO EM PARALELO

As molas no sistema da Figura 2.9 estão em *paralelo*. O deslocamento de cada mola no sistema é o mesmo, mas a força resultante agindo no bloco é a soma das forças desenvolvidas nas molas em paralelo. Se $x$ é o deslocamento do bloco, então a força desenvolvida na $i$-ésima mola é $k_i x$ e a resultante é

$$F = k_1 x + k_2 x + \cdots + k_n x = \left(\sum_{i=1}^{n} k_i\right) x \tag{2.27}$$

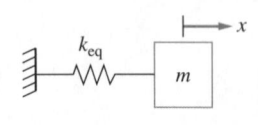

**FIGURA 2.8**
Associação de molas substituída por uma única mola de modo que o sistema se comporte de maneira idêntica ao sistema original.

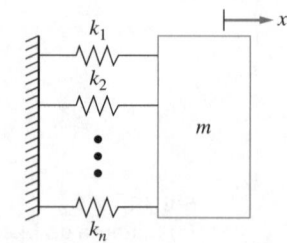

**FIGURA 2.9**
Cada uma das $n$ molas na associação em paralelo tem o mesmo deslocamento, mas a força resultante agindo no DCL do bloco é a soma das forças individuais em cada mola.

Igualar as forças das Equações (2.26) e (2.27) leva a

$$k_{eq} = \sum_{i=1}^{n} k_i \qquad (2.28)$$

## 2.3.2 ASSOCIAÇÃO EM SÉRIE

As molas da Figura 2.10 estão em *série*. A força desenvolvida em cada mola é a mesma e é igual à força agindo no bloco. O deslocamento do bloco é a soma das alterações no comprimento das molas na combinação em série. Se $x_i$ é a alteração no comprimento da *i*-ésima mola, então

$$x = x_1 + x_2 + \cdots + x_n = \sum_{i=1}^{n} x_i \qquad (2.29)$$

Já que a força é a mesma em cada mola, $x_i = F/k$ e a Equação (2.29) se torna

$$x = \sum_{i=1}^{n} \frac{F}{k_i} \qquad (2.30)$$

Já que a combinação em série deve ser substituída por uma mola de rigidez equivalente, a Equação (2.26) é usada na Equação (2.30), levando a

$$k_{eq} = \frac{1}{\sum_{i=1}^{n} \frac{1}{k_i}} \qquad (2.31)$$

Os componentes de um circuito elétrico também podem ser colocados em série e paralelos, e o efeito da combinação é substituído por um único componente com um valor equivalente. A capacitância equivalente dos capacitores paralelos ou em série é calculada como a das molas paralelas ou em série. A resistência equivalente dos resistores em série é a soma das resistências, ao passo que a resistência equivalente dos resistores em paralelo é calculada com o uso de uma equação semelhante à Equação (2.31).

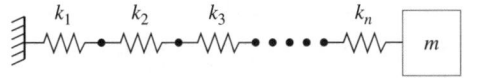

**FIGURA 2.10**
Cada mola na combinação em série desenvolve a mesma força, mas o deslocamento total da associação é a soma dos deslocamentos individuais no comprimento.

## ■ EXEMPLO 2.4

Modele cada um dos sistemas da Figura 2.11 por uma massa anexada a uma única mola de rigidez equivalente. O sistema da Figura 2.11(c) deve ser modelado por um disco anexado a uma mola torcional de rigidez equivalente.

### SOLUÇÃO

(a) As etapas envolvidas no modelamento do sistema da Figura 2.11(a) pelo sistema da Figura 2.8 são mostradas na Figura 2.12. A Equação (2.28) é usada para substituir as duas molas paralelas por uma mola equivalente de rigidez $3k$. As três molas à esquerda da massa estão, portanto, em série, e a Equação (2.31) é usada para obter uma rigidez equivalente.

Se a massa na Figura 2.11(a) recebe um deslocamento $x$ para a direita, então a mola à esquerda da massa aumentará de comprimento por $x$, enquanto a mola diminuirá em comprimento por $x$. Assim, cada mola exercerá uma força para a esquerda da massa. As forças da mola acrescentam; as molas comportam-se como se estivessem em paralelo. Logo, a Equação (2.28) é usada para substituir essas molas pela mola equivalente mostrada na Figura 2.12(c).

(b) A deflexão da viga simplesmente suportada em função de uma carga unitária em $x = 2$ m é calculada usando a Tabela D.2:

$$\omega(z = 2\text{ m}) = \omega\left(\frac{2L}{3}\right) = \frac{4L^3}{243EI} \tag{a}$$

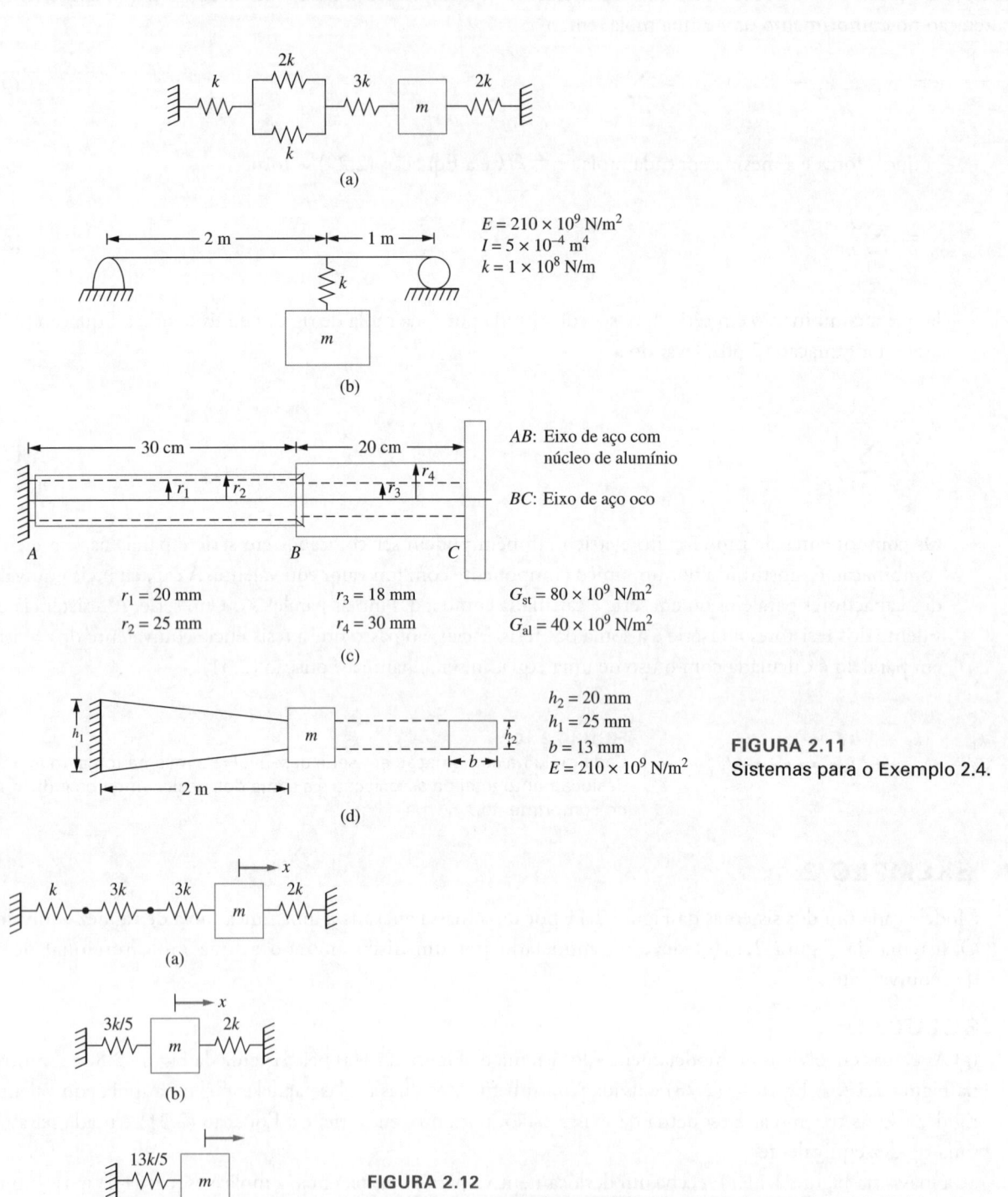

$E = 210 \times 10^9$ N/m$^2$
$I = 5 \times 10^{-4}$ m$^4$
$k = 1 \times 10^8$ N/m

$r_1 = 20$ mm
$r_2 = 25$ mm
$r_3 = 18$ mm
$r_4 = 30$ mm
$G_{st} = 80 \times 10^9$ N/m$^2$
$G_{al} = 40 \times 10^9$ N/m$^2$

$AB$: Eixo de aço com núcleo de alumínio
$BC$: Eixo de aço oco

$h_2 = 20$ mm
$h_1 = 25$ mm
$b = 13$ mm
$E = 210 \times 10^9$ N/m$^2$

**FIGURA 2.11**
Sistemas para o Exemplo 2.4.

**FIGURA 2.12**
Etapas para substituir a combinação de molas na Figura 2.11 (a) usando uma única mola de rigidez equivalente.

de onde é obtida a rigidez equivalente

$$k_1 = \frac{243EI}{4L^3} = \frac{243(210 \times 10^9 \text{ N/m}^2)(5 \times 10^{-4} \text{ m}^4)}{4(3 \text{ m})^3} = 2{,}36 \times 10^8 \text{ N/m} \tag{b}$$

O deslocamento do bloco de massa $m$ é igual ao deslocamento da viga no local onde a mola está anexada mais a alteração no comprimento da mola. Logo, a viga e a mola agem como uma associação em série. A Equação (2.31) é usada para calcular sua rigidez equivalente

$$k_{eq} = \frac{1}{\dfrac{1}{2{,}36 \times 10^8 \text{ N/m}} + \dfrac{1}{1 \times 10^8 \text{ N/m}}} = 7{,}03 \times 10^7 \text{ N/m} \tag{c}$$

(c) O núcleo de alumínio do eixo $AB$ é rigidamente ligado à casca de aço. Assim, a rotação angular em $B$ é a mesma para ambos os materiais. O torque de resistência total transmitido à seção $BC$ é a soma do torque desenvolvido no núcleo de alumínio e o torque desenvolvido na casca de aço. Assim, o núcleo de alumínio e a casca de aço do eixo $AB$ comportam-se como duas molas torcionais em paralelo. O torque de resistência no eixo $AB$ é o mesmo que o torque de resistência no eixo $BC$. O deslocamento angular em $C$ é o deslocamento angular de $B$ mais o deslocamento angular de $C$ em relação a $B$. Assim, os eixos $AB$ e $BC$ comportam-se como duas molas torcionais em série. Em vista da discussão anterior e usando as Equações (2.28) e (2.31), a rigidez equivalente do eixo $AC$ é

$$k_{t_{eq}} = \frac{1}{\dfrac{1}{k_{t_{AB_{al}}} + k_{t_{AB_{st}}}} + \dfrac{1}{k_{t_{BC}}}} \tag{d}$$

onde a rigidez torcional de um eixo é $k_t = JG/L$ e

$$k_{t_{AB_{al}}} = \frac{\dfrac{\pi}{32}(0{,}04 \text{ m})^4 \left(40 \times 10^9 \dfrac{\text{N}}{\text{m}^2}\right)}{0{,}3 \text{ m}} = 3{,}35 \times 10^4 \dfrac{\text{N} \cdot \text{m}}{\text{rad}} \tag{e}$$

$$k_{t_{AB_{st}}} = \frac{\dfrac{\pi}{32}[(0{,}05 \text{ m})^4 - (0{,}04 \text{ m})^4]\left(80 \times 10^9 \dfrac{\text{N}}{\text{m}^2}\right)}{0{,}3 \text{ m}} = 9{,}66 \times 10^4 \dfrac{\text{N} \cdot \text{m}}{\text{rad}} \tag{f}$$

$$k_{t_{BC}} = \frac{\dfrac{\pi}{32}[(0{,}06 \text{ m})^4 - (0{,}036 \text{ m})^4]\left(80 \times 10^9 \dfrac{\text{N}}{\text{m}^2}\right)}{0{,}2 \text{ m}} = 4{,}43 \times 10^5 \dfrac{\text{N} \cdot \text{m}}{\text{rad}} \tag{g}$$

A substituição desses valores na equação por $k_{eq}$ dá

$$k_{t,eq} = 1{,}01 \times 10^5 \text{ N} \cdot \text{m/rad} \tag{h}$$

(d) Sob a hipótese de que a taxa de afunilamento da barra seja pequena, a equação da mecânica de materiais a seguir é usada para calcular a alteração no comprimento da barra em função de uma carga unitária aplicada a sua extremidade:

$$\Delta = \int_0^L \frac{dz}{AE}$$

(i)

A área varia linearmente sobre o comprimento da barra $A = \left(h_1 - \frac{h_1 - h_2}{L}z\right)b$. A alteração no comprimento é

$$\Delta = \frac{1}{bE}\int_0^L \frac{dz}{h_1 - \frac{h_1-h_2}{L}z} = \frac{1}{bE}\left(\frac{-L}{h_1-h_2}\right)\ln\left(h_1 - \frac{h_1-h_2}{L}z\right)\Bigg|_0^L = \frac{L}{bE(h_1-h_2)}\ln\left(\frac{h_1}{h_2}\right)$$

$$= \frac{2\,\text{m}}{(0{,}013\,\text{m})(210 \times 10^9\,\text{N/m}^2)(0{,}025\,\text{m} - 0{,}02\,\text{m})}\ln\frac{0{,}025\,\text{m}}{0{,}02\,\text{m}}$$

$$= 3{,}27 \times 10^{-8}\,\text{m/N}$$

(j)

Assim, a rigidez equivalente do eixo é

$$k_{eq} = \frac{1}{\Delta} = \frac{1}{3{,}27 \times 10^{-8}\,\text{m/N}} = 3{,}06 \times 10^7\,\text{N/m}$$

(k) ∎

### 2.3.3 ASSOCIAÇÃO GENÉRICA DE MOLAS

Um único sistema de um grau de liberdade (1GL) é definido de modo que todas as partículas sejam cinematicamente relacionadas entre si. Considere um sistema com $n$ molas de rigidez $k_1, k_2, \ldots, k_n$. Assuma que a $j$-ésima mola esteja anexada em um ponto onde a relação entre o deslocamento do ponto de ligação e a coordenada generalizada $x$ seja $x_j = \gamma_j x$ para $j = 1, 2, \ldots, n$. A energia potencial em uma mola é $V = \frac{1}{2}kx^2$, onde $x$ é a alteração do comprimento da mola a partir de seu comprimento inicial. A energia potencial total nas $n$ molas é

$$V = \sum_{i=2}^n \left[\frac{1}{2}k_i(\gamma_i x)^2\right]$$

$$= \frac{1}{2}\left(\sum_{i=1}^n k_i \alpha_i^2\right)x^2 \qquad (2.32)$$

$$= \frac{1}{2}k_{eq}x^2$$

A Equação (2.32) mostra que (para fins de análise) é possível substituir uma combinação de molas em um sistema de 1GL linear por uma única mola de rigidez equivalente no local descrito pela coordenada generalizada $x$. O critério para a rigidez equivalente é que a energia potencial da mola equivalente e a energia potencial do sistema original sejam equivalentes em todos os momentos.

Ao usar uma coordenada angular como a coordenada generalizada, a energia potencial de um sistema de 1GL linear é

$$V = \frac{1}{2}k_{t,eq}\theta^2 \qquad (2.33)$$

onde $k_{t,eq}$ é um coeficiente de amortecimento viscoso torcional equivalente.

# EXEMPLO 2.5

O sistema da Figura 2.13 move-se em um plano horizontal. Substitua o sistema das molas por (a) uma única mola de rigidez equivalente quando $x$ é o deslocamento do bloco de massa de 2 kg e é usado como a coordenada generalizada e (b) uma mola de rigidez torcional equivalente quando a rotação angular em sentido horário do disco é usada como a coordenada generalizada.

## SOLUÇÃO

(a) Quando o bloco de massa de 2 kg se desloca de $x$, como mostrado na Figura 2.13, e supondo que o cabo que conecta o bloco ao disco não seja flexível, o ponto de contato entre o disco e o cabo têm a mesma velocidade. A velocidade do cabo é $\dot{x}$, e a velocidade de um ponto na extremidade mais externa do disco interno é $r\dot{\theta}$. Assim,

$$\dot{x} = r\dot{\theta} \tag{a}$$

Seja $y$ o deslocamento do cabo anexado ao bloco de 1 kg. Sua direção é oposta à do outro bloco. Supondo que o cabo não seja extensível, a velocidade do cabo $\dot{y}$ é a mesma que a velocidade do ponto no disco em contato com o cabo que é $\frac{3}{2}r\dot{\theta}$ levando a

$$\dot{y} = \frac{3}{2}r\dot{\theta} \tag{b}$$

As Equações (a) e (b) são combinadas, levando a

$$\dot{y} = \frac{3}{2}\dot{x} \tag{c}$$

que é verdadeiro o tempo todo. Integrar e definir $y(0) = x(0) = 0$ leva a

$$y = \frac{3}{2}x \tag{d}$$

A energia potencial total desenvolvida no sistema em um momento arbitrário em termos de $x$ é a soma das energias potenciais nas molas

$$V = \frac{1}{2}(3000 \text{ N/m})x^2 + \frac{1}{2}(1000 \text{ N/m})\left(\frac{3}{2}x\right)^2$$
$$= \frac{1}{2}(5250 \text{ N/m})x^2 \tag{e}$$

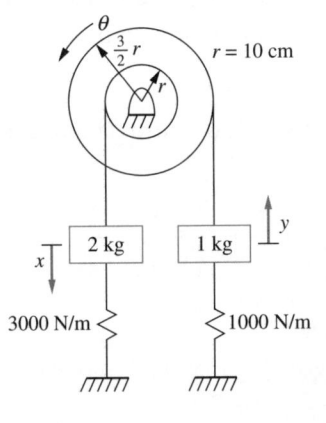

**FIGURA 2.13**
O sistema da Figura 2.5 está em um plano horizontal. A combinação de molas é substituída por uma única mola de rigidez equivalente; portanto, a energia potencial do sistema original é igual à energia potencial da mola equivalente em qualquer instante.

A rigidez equivalente de uma mola colocada no bloco de 2 kg para modelar a energia potencial do sistema é 5250 N/m.

(b) Usar as Equações (a) e (b) para dar relações entre $x$ e $\theta$ e $y$ e $\theta$ leva à energia potencial total no sistema, que é escrita usando a coordenada $\theta$ generalizada como

$$V = \frac{1}{2}(3000\,\text{N/m})(r\theta)^2 + \frac{1}{2}(1000\,\text{N/m})\left(\frac{3}{2}r\theta\right)^2 \tag{f}$$

Substituir $r = 0,1$ m resulta em

$$V = \frac{1}{2}\left(52,5\,\frac{\text{N}\cdot\text{m}}{r}\right)\theta^2 \tag{g}$$

Assim, a rigidez torcional equivalente do sistema ao usar $\theta$ como a coordenada generalizada é 52,5 N·m/rad, o que implica que as molas podem ser substituídas por uma única mola torcional de rigidez 52,5 N·m/rad anexada à polia. ∎

## 2.4 OUTRAS FONTES DE ENERGIA POTENCIAL

Qualquer força conservativa tem uma função associada de energia potencial. Além da força da mola, isso inclui a gravidade, o empuxo e um capacitor de placas paralelas. A gravidade e o empuxo são considerados.

### 2.4.1 GRAVIDADE

A força em função da presença de um corpo de massa $m$ em um campo gravitacional é $mg$ direcionado para o centro da terra aplicada no centro da massa do corpo. *Gravidade* é uma força conservativa com uma energia potencial de

$$V = mgh \tag{2.34}$$

onde $h$ é a distância do centro de massa acima de uma posição de referência (o ponto de referência). A energia potencial é uma função apenas da posição vertical do centro de massa.

### EXEMPLO 2.6

Uma barra está pendurada em equilíbrio na posição mostrada na Figura 2.14(a). Determine a energia potencial da barra em termos da posição angular $\theta$ no sentido anti-horário a partir da sua posição de equilíbrio quando (a) o ponto de referência é tido como o plano horizontal na parte inferior da barra quando está em equilíbrio, (b) o ponto de referência é tido como o plano horizontal que passa pelo centro da massa quando a barra está em equilíbrio, e (c) o ponto de referência é tido como o plano horizontal que passa pelo suporte do pino.

#### SOLUÇÃO

(a) À medida que a barra balança por um ângulo $\theta$, como ilustrado na Figura 2.14(b), o centro da massa é uma distância

$$h = \frac{L}{2} + \frac{L}{2}(1 - \cos\theta) \tag{a}$$

e tem uma energia potencial com relação ao ponto de referência de

$$V = mg\frac{L}{2}(2 - \cos\theta) \tag{b}$$

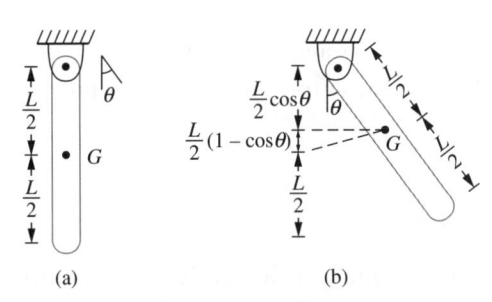

Capítulo 2   MODELAMENTOS DOS SISTEMAS DE UM GRAU DE LIBERDADE (1GL)   53

**FIGURA 2.14**
(a) O ponto de aplicação da força gravitacional *mg* está no centro da massa da barra. (b) O DCL de uma barra para um valor arbitrário de $\theta$, ilustrando a geometria usada no cálculo da energia potencial.

(b) Usando um plano horizontal que passa por $G$ como ponto de referência, temos

$$V = mg\frac{L}{2}(1 - \cos\theta) \tag{c}$$

(c) Usando um plano horizontal que passa por $O$ como ponto de referência, temos

$$V = -mg\frac{L}{2}\cos\theta \tag{d}$$ ■

## EXEMPLO 2.7

Calcule a energia potencial do sistema da Figura 2.15 à medida que a massa é deslocada a uma distância $x$ para baixo para formar a posição de equilíbrio do sistema. Use um plano horizontal que passa pela massa quando o sistema está em equilíbrio como o ponto de referência.

### SOLUÇÃO

Quando o sistema está em equilíbrio, a mola tem uma deflexão estática, $\Delta = \frac{mg}{k}$. Assim, à medida que a massa se move a uma distância $x$ da posição de equilíbrio, a energia potencial na mola é

$$V = \frac{1}{2}k(x + \Delta)^2 \tag{a}$$

Além disso, a energia potencial em função da gravidade $Vg = -mgx$ produz

$$\begin{aligned}V &= \frac{1}{2}k(x + \Delta)^2 - mgx \\ &= \frac{1}{2}k\left(x + \frac{mg}{k}\right)^2 - mgx \\ &= \frac{1}{2}\left(kx^2 - 2mgx + \frac{m^2g^2}{k}\right) - mgx \\ &= \frac{1}{2}kx^2 + V_0\end{aligned} \tag{b}$$

**FIGURA 2.15**
A energia potencial em função da gravidade cancela com a energia potencial da força estática da mola à medida que a massa se move do equilíbrio.

onde $V_0 = \frac{m^2g^2}{2k}$ é a energia potencial na mola quando o sistema está em equilíbrio. Assim, a energia potencial é expressa como a energia potencial da mola com relação à posição de equilíbrio mais a energia potencial do sistema quando ele está em equilíbrio. ∎

## 2.4.2 EMPUXO

Quando um corpo sólido é submergido em um líquido ou está flutuando na interface de um líquido e ar, uma força age verticalmente para cima no corpo por causa da variação da pressão hidrostática. Essa força é chamada de *força de empuxo*. O princípio de Arquimedes afirma que a força de empuxo que age em um corpo flutuante ou submerso é igual ao peso do líquido deslocado pelo corpo.

### EXEMPLO 2.8

Uma esfera de massa de 2,5 kg e raio de 10 cm está pendurada em uma mola de rigidez 1000 N/m em um fluido de densidade de massa de 1200 kg/m³. Qual é a deflexão estática da mola?

#### SOLUÇÃO

A força da mola deve equilibrar-se com a força da gravidade e a força de empuxo como mostrado no diagrama de corpo livre na Figura 2.16.

$$k\Delta_{st} + F_B - mg = 0$$

O princípio de Arquimedes é usado para calcular a força de empuxo como

$$F_B = \frac{4}{3}\rho g \pi r^3 = \frac{4}{3}(1200 \text{ kg/m}^3)\pi(9,81 \text{ m/s}^2)(0,1 \text{ m})^3 = 49,3 \text{ N}$$

A deflexão estática é calculada na forma

$$\Delta_{st} = \frac{mg - F_B}{k} = \frac{(2,5 \text{ kg})(9,81 \text{ m/s}^2) - 49,3 \text{ N}}{1000 \text{ N/m}} = -0,0185 \text{ m}$$

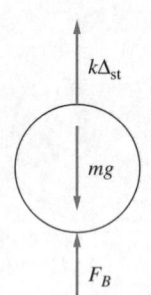

∎

**FIGURA 2.16**
O DCL de uma esfera anexada a uma mola e submersa em um líquido.

Considere um corpo flutuando estavelmente em uma interface líquido-ar. A força de empuxo equilibra-se com a força de gravidade. Se o corpo for empurrado para mais longe no líquido, a força de empuxo aumenta. Se, então, o corpo for liberado, ele procura voltar para sua configuração de equilíbrio. A força de empuxo exerce trabalho, o que é convertido em energia cinética e oscilações em torno da posição de equilíbrio ocorrem.

O cilindro circular da Figura 2.17 tem uma área transversal $A$ e flutua estavelmente na superfície de um fluido de densidade $\rho$. Quando o cilindro está em equilíbrio, está sujeito a uma força de empuxo $mg$ e seu centro de gravi-

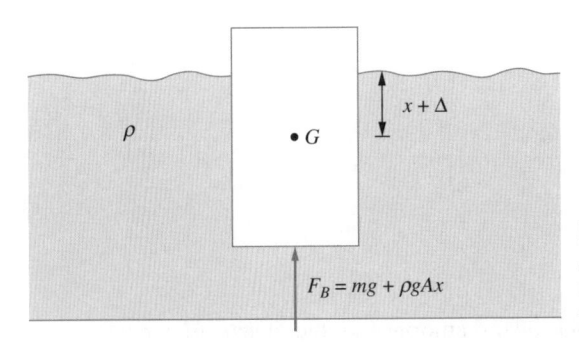

**Capítulo 2**  CAPÍTULO MODELAMENTOS DOS SISTEMAS DE UM GRAU DE LIBERDADE (1GL)

**FIGURA 2.17**
As oscilações de um cilindro em uma superfície livre podem ser modeladas por um sistema de 1GL em que a força de empuxo é a fonte de energia potencial.

dade está a uma distância $\Delta$ da superfície. Seja $x$ o deslocamento vertical do centro de gravidade do cilindro de sua posição de equilíbrio. O volume adicional deslocado pelo cilindro é $xA$. De acordo com o princípio de Arquimedes, a força de empuxo é

$$F_B = mg + \rho g A x \tag{2.35}$$

Os cálculos mostram que o trabalho feito pela força de empuxo à medida que o centro de gravidade do cilindro se move entre as posições $x_1$ e $x_2$ é

$$U_{1 \to 2} = \frac{1}{2}\rho g A x_1^2 - \frac{1}{2}\rho g A x_2^2 \tag{2.36}$$

e é independente da trajetória. Logo, a força de empuxo é conservativa. Seu efeito no cilindro é o mesmo que o de uma mola linear de rigidez $\rho g A$. As oscilações do cilindro na interface líquido-gás podem ser modeladas por um sistema massa-mola de 1GL.

## 2.5 AMORTECIMENTO VISCOSO

O amortecimento viscoso ocorre em um sistema mecânico quando um componente do sistema está em contato com um fluido viscoso. A *força de amortecimento* normalmente é proporcional à velocidade

$$F = cv \tag{2.37}$$

onde $c$ é chamado de *coeficiente de amortecimento viscoso* e tem dimensões de (força)(tempo)/ (comprimento).

O amortecimento viscoso muitas vezes é acrescentado aos sistemas mecânicos como um meio de controle de vibração. O amortecimento viscoso leva a um decaimento exponencial na amplitude de vibrações livres e, em geral, uma redução na amplitude em vibrações forçadas causadas pela excitação harmônica. Além disso, a presença do amortecimento viscoso gera um termo linear na equação diferencial regente e, desse modo, não complica significativamente o modelamento matemático do sistema. Um dispositivo mecânico chamado *amortecedor hidráulico* é acrescentado aos sistemas mecânicos para fornecer amortecimento viscoso. Um esquema de um amortecedor hidráulico em um sistema de um grau de liberdade é mostrado na Figura 2.18(a). O diagrama de corpo livre do corpo rígido, a Figura 2.18(b), mostra a força viscosa na direção oposta da velocidade positiva.

A configuração simples de um amortecedor hidráulico é mostrada na Figura 2.19(a). A placa superior do amortecedor hidráulico é conectada a um corpo rígido. À medida que o corpo se move, a placa desliza sobre

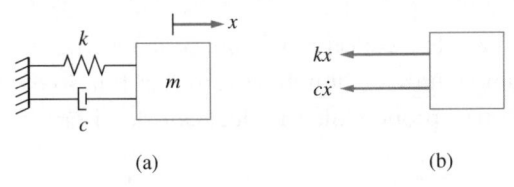

**FIGURA 2.18**
(a) Esquema do sistema massa-mola de 1GL com amortecedor hidráulico. (b) A força do amortecedor hidráulico é $c\dot{x}$ e se opõe à direção da velocidade positiva.

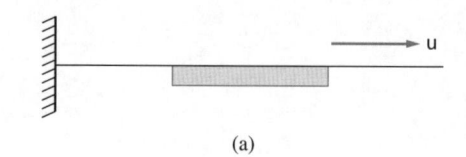

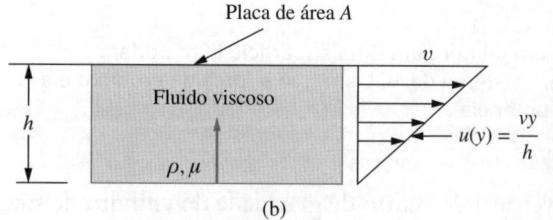

**FIGURA 2.19**
(a) Modelo simples de um amortecedor hidráulico em que a placa desliza sobre um reservatório fixo contendo fluido viscoso.
(b) Como *h* é pequeno, um perfil de velocidade linear é assumido no líquido.

um reservatório de fluido viscoso de viscosidade dinâmica $\mu$. A área da placa em contato com o líquido é $A$. A tensão de cisalhamento desenvolvida entre o fluido e a placa cria uma força de atrito resultante agindo sobre a placa. Assuma que o reservatório seja fixo e que a placa superior desliza sobre o líquido com uma velocidade $v$. A profundidade do reservatório $h$ é pequena o suficiente para que o perfil da velocidade no líquido e possa ser aproximado como linear, como ilustrado na Figura 2.19(b). Se $y$ é uma coordenada medida para cima da parte inferior do reservatório,

$$u(y) = v\frac{y}{h} \tag{2.38}$$

A tensão de cisalhamento desenvolvida na placa é determinada a partir da lei de Newton da viscosidade

$$\tau = \mu\frac{du}{dy} = \mu\frac{v}{h} \tag{2.39}$$

A força viscosa agindo na placa é

$$F = \tau A = \frac{\mu A}{h}v \tag{2.40}$$

A comparação da Equação (2.40) com a Equação (2.37) mostra que o coeficiente de amortecimento para esse amortecedor hidráulico é

$$c = \frac{\mu A}{h} \tag{2.41}$$

A Equação (2.41) mostra que uma força de amortecimento grande é obtida com um fluido muito viscoso, uma altura $h$ pequena e uma área $A$ grande. O conceito de um amortecedor hidráulico com esses parâmetros muitas vezes não é prático e, desse modo, o dispositivo da Figura 2.19(a) raramente é realmente usado como um amortecedor hidráulico.

Essa análise assume que a placa se move com uma velocidade constante. Durante o movimento de um sistema mecânico, o amortecedor hidráulico está conectado a uma partícula que tem uma velocidade dependente do tempo. A velocidade da placa em mudança leva a efeitos instáveis no líquido. Se a profundidade do reservatório $h$ for pequena, os efeitos instáveis são pequenos e podem ser insignificantes.

Um conceito mais prático de amortecedor hidráulico é obtido utilizando a concepção de um pistão deslizante em um cilindro, como mostrado na Figura 2.20. O pistão desliza em um cilindro de líquido viscoso. Em função do movimento, uma diferença de pressão é formada pela cabeça do pistão que é proporcional à velocidade do pistão. A pressão vezes a área da cabeça é a força de amortecimento.

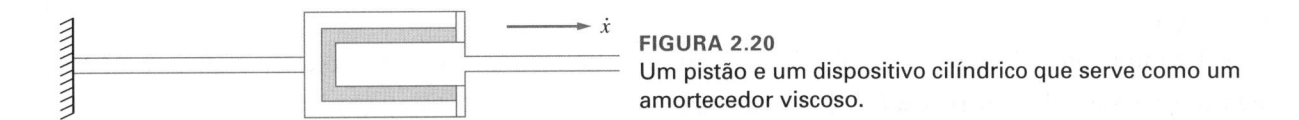

# Capítulo 2 — MODELAMENTOS DOS SISTEMAS DE UM GRAU DE LIBERDADE (1GL)

**FIGURA 2.20**
Um pistão e um dispositivo cilíndrico que serve como um amortecedor viscoso.

Um amortecedor viscoso torcional é ilustrado na Figura 2.21. O eixo é rigidamente conectado a um ponto em um corpo passando por oscilações torcionais. À medida que o disco gira em um prato de líquido viscoso, um momento resultante decorrente de tensões de cisalhamento desenvolvidas na face do disco age em torno do eixo de rotação. O momento é proporcional à velocidade angular do eixo

$$M = c_t \dot{\theta} \tag{2.42}$$

onde $c_t$ é chamado de coeficiente de amortecimento viscoso e tem dimensões de força-tempo-comprimento por unidade de ângulo.

Qualquer forma de amortecimento em que a força de amortecimento seja proporcional à velocidade é chamada de *amortecimento viscoso*. O amortecimento viscoso pode ser produzido por um corpo movendo-se por um campo magnético, um corpo oscilando na superfície de um lago ou pelas oscilações de uma coluna de líquido em um manômetro em U.

A representação esquemática para o amortecimento viscoso quando presente nos sistemas mecânicos é mostrada na Figura 2.22. A força desenvolvida no mancal hidráulico é igual e oposta à força do amortecedor no corpo. A força resiste ao movimento do sistema e é desenhada para mostrá-la agindo na direção oposta da velocidade. A direção da força cuida de si mesma. Se a velocidade for negativa, a força de amortecimento real está agindo na direção da velocidade positiva. No entanto, é desenhada no DCL na direção da velocidade negativa e tem um valor negativo, estando assim na direção positiva.

A força de amortecimento viscoso é o coeficiente de amortecimento vezes a velocidade do ponto onde o amortecedor hidráulico está vinculado agindo na direção oposta da velocidade positiva daquele ponto.

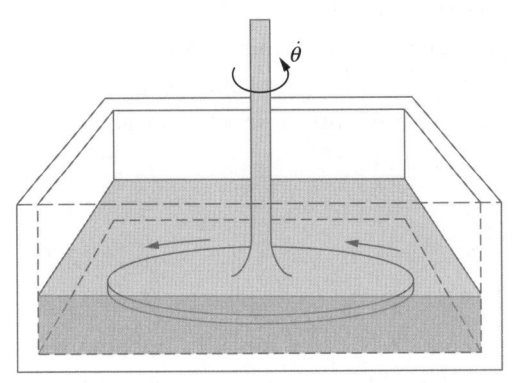

**FIGURA 2.21**
Um disco gira em um prato de líquido viscoso, produzindo um momento em torno do eixo e agindo como um amortecedor viscoso torcional.

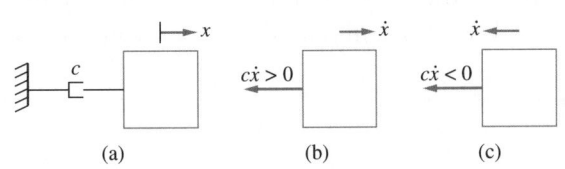

**FIGURA 2.22**
(a) Esquema de um amortecedor viscoso em um sistema mecânico. (b) A força de amortecimento viscoso sempre é desenhada como oposta da direção da velocidade positiva. (c) Quando a velocidade é negativa, a força de amortecimento viscoso ainda é desenhada para a esquerda, mas como é negativa, ela vai para a direita.

## EXEMPLO 2.9

Desenhe um DCL para o sistema da Figura 2.23(a) em um instante arbitrário usando $\theta$ como a variável dependente e rotulando as forças em termos de $\dot{\theta}$.

## SOLUÇÃO

O DCL é mostrado na Figura 2.23(b). A velocidade da partícula A em um instante arbitrário é $\frac{L}{4}\dot{\theta}$ ascendente, enquanto a velocidade da partícula B é $\frac{3L}{4}\dot{\theta}$ descendente.

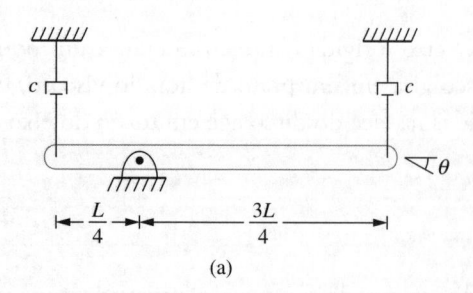

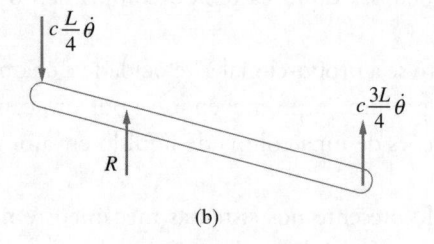

**FIGURA 2.23**
(a) Sistema do Exemplo 2.9. (b) DCL do sistema. A força de amortecedor viscoso no corpo é igual e oposta à força do corpo no amortecedor viscoso. A força sempre é desenhada oposta à velocidade positiva do ponto em que ela está anexada. ■

## 2.6 ENERGIA DISSIPADA POR AMORTECIMENTO VISCOSO

Reescrevendo o princípio de trabalho e energia, a Equação (1.47) aplicada a um sistema é

$$U_{1\to 2_{NC}} = T_2 + V_2 - (T_1 + V_1) \tag{2.43}$$

e mostra que o trabalho feito por forças não conservativas é a diferença nas energias totais.

O amortecimento viscoso é uma força não conservativa. Após a aplicação do amortecimento viscoso, $T_2 + V_2 < T_1 + V_1$, e o trabalho feito pelo amortecimento viscoso é negativo. A força de amortecimento viscoso sempre se opõe à direção do movimento. O trabalho feito por um amortecedor viscoso entre a posição inicial, descrita por $x = 0$, e uma posição arbitrária é dado por

$$U_{1\to 2} = -\int_0^x c\dot{x}\,dx \tag{2.44}$$

O trabalho feito por amortecedores viscosos discretos em um sistema de 1GL é a soma do trabalho feito por cada amortecedor individualmente. Para um sistema de 1GL, o deslocamento de todas as partículas está cinematicamente relacionado. Em um sistema com $n$ amortecedores viscosos, o deslocamento do $i$-ésimo amortecedor viscoso está relacionado à coordenada generalizada por $x_i = \gamma_i x$. O trabalho total feito pelos amortecedores viscosos é

$$U_{1\to 2} = -\sum_{i=1}^{n}\int_0^{x_i} c_i \dot{x}_i\,dx_i \tag{2.45}$$

A Equação (2.45) é reescrita ao introduzir a relação entre $x_i$ e $x$ como

$$U_{1\to 2} = -\sum_{i=1}^{n} \int_{0}^{x} c_i(\gamma_i \dot{x}) d(\gamma_i x)$$
$$= -\sum_{i=1}^{n} \int_{0}^{x} c_i(\gamma_i^2 \dot{x}) dx \quad (2.46)$$

Agora que as integrais têm a mesma variável de integração e limites, a ordem da soma e da integração é invertida* para produzir

$$U_{1\to 2} = -\int_{0}^{x} \left( \sum_{i=1}^{n} c_i \gamma^2_i \right) \dot{x} dx$$
$$= -\int_{0}^{x} c_{eq} \dot{x} dx \quad (2.47)$$

Logo, um coeficiente de amortecimento viscoso equivalente pode ser determinado para qualquer sistema de 1GL.

Se uma coordenada angular $\theta$ for usada como coordenada generalizada, a Equação (2.47) é modificada como

$$U_{1\to 2} = -\int_{0}^{x} c_{t,eq} \dot{\theta} d\theta \quad (2.48)$$

onde $c_{t,eq}$ é um coeficiente de amortecimento viscoso torcional equivalente.

## EXEMPLO 2.10

O sistema da Figura 2.24 se move em um plano horizontal.
(a) Determine o coeficiente de amortecimento viscoso equivalente para o sistema se $x$ for o deslocamento do bloco de 2 kg e for usado como a coordenada generalizada.
(b) Determine o coeficiente de amortecimento viscoso torcional equivalente se o deslocamento angular $\theta$ no sentido horário do disco for usado como a coordenada generalizada.

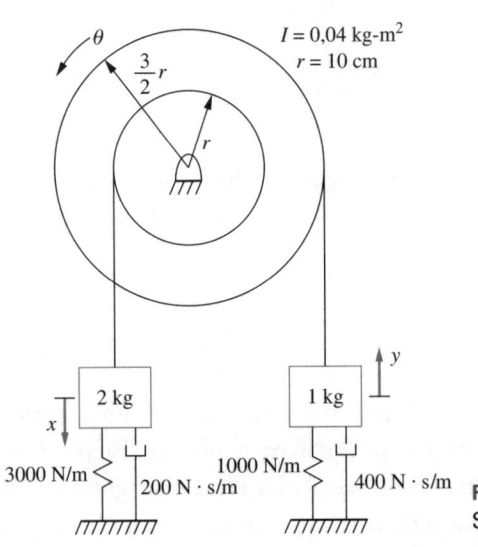

**FIGURA 2.24**
Sistema para os Exemplos 2.10 e 2.11.

---

* Esta troca equivale à propriedade distributiva. (N.R.T.)

## SOLUÇÃO

(a) Usando a cinemática, descobriu-se que a relação entre o deslocamento descendente do bloco de 2 kg, $x$, e o deslocamento ascendente do bloco de 1 kg, $y$, é $y = \frac{3}{2}x$. Ao calcular o trabalho feito pelos amortecedores viscosos à medida que o sistema se move entre a posição inicial e uma posição arbitrária, temos

$$U_{1\to2} = -\int_0^x (200 \text{ N}\cdot\text{s/m})\, \dot{x}\, dx - \int_0^x (400\text{ N}\cdot\text{s/m})\left(\frac{3}{2}\dot{x}\right)d\left(\frac{3}{2}x\right)$$
$$= -\int_0^x (1100 \text{ N}\cdot\text{s/m})\, \dot{x}\, dx$$ (a)

Assim, $c_{eq} = 1100$ N·s/n

(b) A cinemática é usada para determinar que $x = r\theta$ e $y = \frac{3}{2}r\theta$ onde $r = 0,1$ m.
Ao calcular o trabalho feito pelos amortecedores viscosos à medida que o sistema se move a partir de uma posição inicial para uma posição arbitrária, temos

$$U_{1\to2} = -\int_0^\theta (200 \text{ N}\cdot\text{s/m})[(0,1\text{m})\dot\theta]\, d[(0,1\text{ m})\theta] - \int_0^\theta (400\text{ N}\cdot\text{s/m})\left[\frac{3}{2}(0,1\text{ m})\dot\theta\right]$$
$$\times d\left[\frac{3}{2}(0,1\text{ m})\theta\right] = -\int_0^\theta \left(11\frac{\text{N}\cdot\text{m}\cdot\text{s}}{\text{rad}}\right)\dot\theta\, d\theta$$ (b)

Assim, $c_{t,eq} = 11$ N·m·s/rad ∎

## 2.7 ELEMENTOS DE INÉRCIA

A massa de uma partícula é apenas a propriedade de inércia para a partícula. A distribuição da massa em torno do centro da massa também é importante para um corpo rígido em um movimento planar. Isso é descrito por uma propriedade do corpo rígido chamada *momento de inércia*, definido por

$$\bar{I} = \int_m [(x - \bar{x})^2 + (y - \bar{y})]^2\, dm$$ (2.49)

em que as coordenadas do centro de massa do corpo rígido são $(\bar{x}, \bar{y})$. A integração é realizada sobre toda a massa do corpo rígido. O momento de inércia foi calculado para formas geométricas comuns, e os resultados são mostrados na Tabela 2.1.

### 2.7.1 MASSA EQUIVALENTE

A energia cinética de uma partícula é $\frac{1}{2}mv^2$. A energia cinética de um corpo rígido em movimento planar é $\frac{1}{2}m\bar{v}^2 + \frac{1}{2}\bar{I}\omega^2$. Para um sistema de 1GL linear, o deslocamento de qualquer partícula no sistema é cinematicamente dependente de $x$. Considere um sistema composto de $n$ corpos, partículas e corpos rígidos executando movimento planar. Há um $\beta_i$, de modo que o deslocamento do centro da massa do $i$-ésimo corpo é $\bar{x}_i = \beta_i x$, e há um $v_i$ de modo que a rotação angular do $i$-ésimo corpo é $\theta_i = v_i x$. Se o $i$-ésimo corpo for uma partícula, então $v_i = 0$. A energia cinética total do sistema é a soma das energias cinéticas de todos os corpos no sistema:

## TABELA 2.1  Momentos de inércia de corpos tridimensionais

| Corpo | Formato Geral | Momentos de Inércia Centroidal |
|---|---|---|
| Formato geral | | $\bar{I}_x = \int (y^2 + z^2)\,dm$ <br> $\bar{I}_y = \int (x^2 + z^2)\,dm$ <br> $\bar{I}_z = \int (x^2 + y^2)\,dm$ |
| Barra delgada | | $\bar{I}_x \approx 0$ <br> $\bar{I}_y = \dfrac{1}{12}mL^2$ <br> $\bar{I}_z = \dfrac{1}{12}mL^2$ |
| Disco fino | | $\bar{I}_x = \dfrac{1}{2}mr^2$ <br> $\bar{I}_y = \dfrac{1}{4}mr^2$ <br> $\bar{I}_z = \dfrac{1}{4}mr^2$ |
| Placa fina | | $\bar{I}_x = \dfrac{1}{12}m(w^2 + h^2)$ <br> $\bar{I}_y = \dfrac{1}{12}mw^2$ <br> $\bar{I}_z = \dfrac{1}{12}mh^2$ |
| Cilindro circular | | $\bar{I}_x = \dfrac{1}{12}mr^2$ <br> $\bar{I}_y = \dfrac{1}{12}m(3r^2 + L^2)$ <br> $\bar{I}_z = \dfrac{1}{12}m(3r^2 + L^2)$ |
| Esfera | | $\bar{I}_x = \dfrac{2}{5}mr^2$ <br> $\bar{I}_y = \dfrac{2}{5}mr^2$ <br> $\bar{I}_z = \dfrac{2}{5}mr^2$ |

$$T = \sum_{i=1}^{n}\left(\frac{1}{2}m_i v_i^2 + \frac{1}{2}\bar{I}_i \omega_i^2\right)$$

$$\sum_{i=1}^{n}\left[\frac{1}{2}m_i(\beta_i \dot{x})^2 + \frac{1}{2}\bar{I}_i(\nu_i \dot{x})^2\right] \quad (2.50)$$

$$= \frac{1}{2}\left[\sum_{i=1}^{n}(m_i \beta_i^2 + \bar{I}_i \nu_i^2)\right]\dot{x}^2$$

$$= \frac{1}{2}m_{eq}\dot{x}^2$$

Assim, qualquer sistema de um grau de liberdade tem uma massa equivalente definida pela Equação (2.50). Se uma coordenada angular for usada como a coordenada generalizada, a energia cinética é escrita como

$$T = \frac{1}{2}I_{eq}\dot{\theta}^2 \quad (2.51)$$

onde $I_{eq}$ é um momento de inércia equivalente.

## EXEMPLO 2.11

O sistema da Figura 2.24 se move em um plano horizontal.
(a) Determine a massa equivalente quando $x$ (o deslocamento do bloco de 2 kg) for usado como a coordenada generalizada.
(b) Determine o momento de inércia equivalente quando $\theta$ (a rotação angular no sentido horário do disco) for usada como a coordenada generalizada.

### SOLUÇÃO

Durante a solução do Exemplo 2.10, é determinado que se $y$ for o deslocamento ascendente do bloco de 1 kg, então $y = \frac{3}{2}x$ e $\theta = \frac{x}{r} = \frac{x}{0,1\ m} = 10x$. A energia cinética total é a energia cinética dos blocos mais a energia cinética do disco:

$$T = \frac{1}{2}(2\ \text{kg})\dot{x}^2 + \frac{1}{2}(1\ \text{kg})\dot{y}^2 + \frac{1}{2}(0{,}04\ \text{kg}\cdot\text{m}^2)\dot{\theta}^2$$

$$= \frac{1}{2}(2\ \text{kg})\dot{x}^2 + \frac{1}{2}(1\ \text{kg})\left(\frac{3}{2}\dot{x}\right)^2 + \frac{1}{2}(0{,}04\ \text{kg}\cdot\text{m}^2)(10\dot{x}\ \text{m}^{-1})^2 \quad \text{(a)}$$

$$= \frac{1}{2}(8{,}25\ \text{kg})\dot{x}^2$$

Assim, a massa equivalente é 8,25 kg.

(b) Durante a solução do Exemplo 2.10, é mostrado que $y = \frac{3}{2}r\theta = \frac{3}{2}(0.1\ \text{m})\theta$

$$T = \frac{1}{2}(2\ \text{kg})\dot{x}^2 + \frac{1}{2}(1\ \text{kg})\dot{y}^2 + \frac{1}{2}(0{,}04\ \text{kg}\cdot\text{m}^2)\dot{\theta}^2$$

$$= \frac{1}{2}(2\ \text{kg})[(0{,}1\text{m})\dot{\theta}]^2 + \frac{1}{2}(1\text{kg})\left[\frac{3}{2}(0{,}1\ \text{m})\dot{\theta}\right]^2 + \frac{1}{2}(0{,}04\ \text{kg}\cdot\text{m}^2)\dot{\theta}^2 \quad \text{(b)}$$

$$= \frac{1}{2}(0{,}0825\ \text{kg}\cdot\text{m}^2)\dot{\theta}^2$$

Assim, se toda a inércia estiver concentrada no disco, o disco teria um momento de inércia de 0,0825 kg·m². ∎

## 2.7.2 EFEITOS DA INÉRCIA DAS MOLAS

Quando uma força é aplicada para deslocar o bloco da Figura 2.25(a) de sua posição de equilíbrio, o trabalho feito pela força é convertido na energia de deformação armazenada na mola. Se o bloco é mantido nessa posição e depois é liberado, a energia de deformação é convertida em energia cinética tanto do bloco quanto da mola. Se a massa da mola for bem menor que a massa do bloco, sua energia cinética é insignificante. Neste caso, a inércia da mola tem efeito insignificante no movimento do bloco, e o sistema é modelado usando um grau de liberdade. A coordenada generalizada normalmente é escolhida como o deslocamento do bloco.

Se a massa da mola for comparável à massa do bloco, a suposição de um único grau de liberdade não é válida. As partículas ao longo do eixo da mola são cinematicamente independentes entre si e do bloco. A mola deve ser modelada como um sistema contínuo.

Se a massa da mola for muito menor que a massa do bloco, mas não for insignificante, uma aproximação razoável de um grau de liberdade pode ser feita ao aproximar os efeitos de inércia da mola. O sistema real da Figura 2.25(a) é modelado pelo sistema ideal da Figura 2.25(b) em que a mola não possui massa. A massa do bloco na Figura 2.25(a) é maior que a massa do bloco real para representar os efeitos de inércia da mola. O valor de $m_{eq}$ é calculado de modo que a energia cinética do sistema da Figura 2.25(b) seja a mesma que a energia cinética do sistema da Figura 2.25(a), incluindo a energia cinética da mola, quando as velocidades de ambos os blocos são iguais. Infelizmente, o cálculo da energia cinética exata da mola exige uma análise de sistema contínuo. Assim, é usada uma aproximação à energia cinética da mola.

Seja $x(t)$ a coordenada generalizada que descreve o movimento do bloco da Figura 2.25(a) e o bloco da Figura 2.25(b). A energia cinética do sistema da Figura 2.25(a) é

$$T = T_s + \frac{1}{2}m\dot{x}^2 \qquad (2.52)$$

onde $T_s$ é a energia cinética da mola. A energia cinética do sistema da Figura 2.25(b) é

$$T = \frac{1}{2}m_{eq}\dot{x}^2 \qquad (2.53)$$

A mola na Figura 2.25(a) é uniforme, tem comprimento inicial $l$ e massa total $m_s$. Defina a coordenada $z$ ao longo do eixo da mola, medido a partir de sua extremidade fixa, como definido na Figura 2.26. A coordenada $z$ mede a distância de uma partícula a partir da extremidade fixa no estado inicial da mola. O deslocamento de uma partícula na mola, $u(z)$, é assumido como explicitamente independente do tempo e de uma função linear de $z$ de modo que $u(0) = 0$ e $u(l) = x$,

$$u(z) = \frac{x}{l}z \qquad (2.54)$$

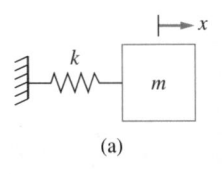

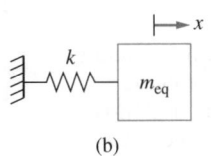

**FIGURA 2.25**
(a) A energia potencial desenvolvida na mola é convertida em energia cinética tanto para o bloco quanto para a mola. (b) Uma massa equivalente é usada para aproximar os efeitos da inércia da mola.

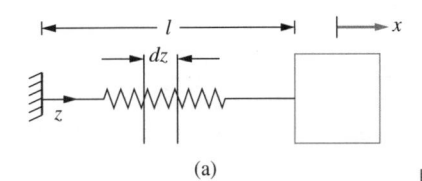

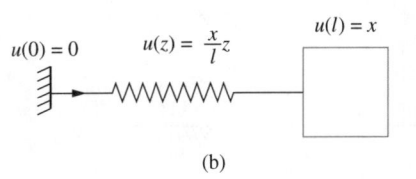

**FIGURA 2.26**
(a) A coordenada $z$ é medida ao longo do eixo da mola a partir de sua extremidade fixa quando o sistema está em equilíbrio, $0 \leq z \leq \ell$. (b) O deslocamento da mola é assumido como uma função linear de $z$.

A Equação (2.54) representa a função de deslocamento de uma mola uniforme quando ela está estaticamente esticada. Considere um elemento diferencial de comprimento $dz$, localizado a uma distância $z$ a partir da extremidade fixa da mola. A energia cinética do elemento diferencial é

$$dT_s = \frac{1}{2}\dot{u}^2(z)\,dm = \frac{1}{2}\dot{u}^2(z)\frac{m_s}{l}dz \qquad (2.55)$$

A energia cinética total da mola é

$$T_s = \int dT_s = \int_0^l \frac{1}{2}\frac{m_s}{l}\left(\frac{\dot{x}z}{l}\right)^2 dz = \frac{1}{2}\frac{m_s}{l^3}\dot{x}^2\frac{z^3}{3}\Big|_0^l = \frac{1}{2}\left(\frac{m_s}{3}\right)\dot{x}^2 \qquad (2.56)$$

Igualar $T$ das Equações (2.52) e (2.53), e usar $T_s$ da Equação (2.56) resulta em

$$m_{eq} = m + \frac{m_s}{3} \qquad (2.57)$$

A Equação (2.57) pode ser interpretada da seguinte forma: Os efeitos da inércia de uma mola linear com uma extremidade fixa e outra extremidade conectada a um corpo em movimento podem ser aproximados ao colocar uma partícula cuja massa é um terço da massa da mola no ponto em que a mola está conectada ao corpo.

A afirmação anterior é verdadeira para todas as molas em que o uso de uma função de deslocamento linear da forma da Equação (2.54) é justificado. Isso é válido para as molas helicoidais, as barras que são modeladas como molas para as vibrações longitudinais e os eixos que agem como molas torcionais.

## EXEMPLO 2.12

As molas no sistema da Figura 2.27(a) são todas idênticas, com rigidez $k$ e massa $m_s$. Calcule a energia cinética do sistema em termos de $\theta$ (t), incluindo os efeitos de inércia das molas.

### SOLUÇÃO

Cada mola é substituída por uma mola sem massa e uma partícula de massa $m_s/3$ no ponto na barra em que a mola está conectada, como mostrado na Figura 2.27(b). A energia cinética total do sistema da Figura 2.27(b) é a energia cinética da barra mais a energia cinética de cada uma das partículas.

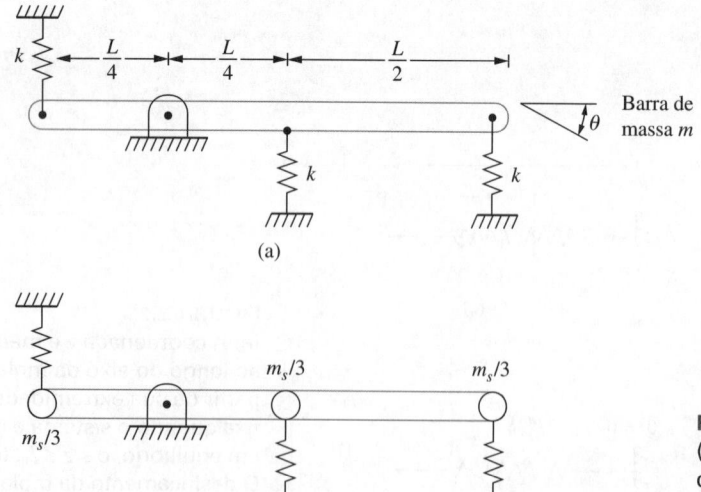

**FIGURA 2.27**
(a) Sistema do Exemplo 2.12. (b) Os efeitos da inércia das molas são aproximados ao colocar uma partícula de massa $m_s/3$ nos locais em que as molas estão conectadas.

$$T = \frac{1}{2}m\bar{v}^2 + \frac{1}{2}\bar{I}\dot\theta^2 + T_1 + T_2 + T_3$$

$$= \frac{1}{2}m\left(\frac{L}{4}\dot\theta\right)^2 + \frac{1}{2}\frac{1}{12}mL^2\dot\theta^2 + \frac{1}{2}\frac{m_s}{3}\left(\frac{L}{4}\right)^2 + \frac{1}{2}\frac{m_s}{3}\left(\frac{L}{4}\dot\theta\right)^2 + \frac{1}{2}\frac{m_s}{3}\left(\frac{3L}{4}\dot\theta\right)^2$$

$$= \frac{1}{2}\left(\frac{7m + 11m_s}{48}\right)L^2\dot\theta^2$$

■

## EXEMPLO 2.13

A viga simplesmente apoiada da Figura 2.28 é uniforme e tem uma massa total de 100 kg. Uma máquina de massa 350 kg está conectada em $B$, como mostrado. Qual é a massa de uma partícula que deve ser colocada em $B$ para aproximar os efeitos da inércia da viga?

### SOLUÇÃO

Já que a expressão exata para a deflexão dinâmica da viga é difícil de ser obtida, uma função aproximada de deslocamento é usada no cálculo da energia cinética da viga. Seja $z$ a coordenada ao longo da linha neutra da viga. Assuma que o deslocamento dependente do tempo de qualquer partícula ao longo da linha neutra da viga possa ser expresso como

$$y(z, t) = x(t)\omega(z) \tag{a}$$

onde $x(t)$ é a deflexão de $B$. Uma aproximação apropriada para $w(z)$ é a deflexão estática da viga em função de uma carga concentrada, $P$, aplicada em $B$, de modo que $B$ tenha uma deflexão unitária.

Ao usar os métodos do Apêndice D, descobre-se que a deflexão estática em função de uma carga concentrada em $B$ é

$$[w(z) = \begin{cases} \dfrac{P}{18EI}z\left(\dfrac{8L^2}{9} - z^2\right) & 0 \le z \le \dfrac{2L}{3} \\ \dfrac{P}{18EI}\left(2z^3 - 6z^2L + \dfrac{44}{9}zL^2 - \dfrac{8}{9}L^3\right) & \dfrac{2L}{3} \le z \le L \end{cases} \tag{b}$$

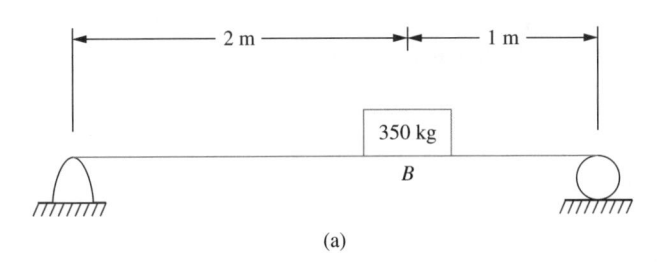

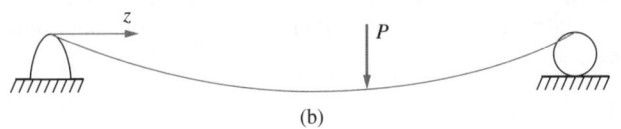

**FIGURA 2.28**
(a) Sistema do Exemplo 2.13. (b) Deflexão estática da viga em função da carga concentrada em $B$.

A carga exigida para causar uma deflexão unitária em $z = 2L/3$

$$P = \frac{243EI}{4L^3} \qquad \text{(c)}$$

Considere um elemento diferencial de comprimento $dz$, localizado a uma distância $z$ a partir do suporte esquerdo. A energia cinética do elemento é

$$dT = \frac{1}{2}\dot{y}^2(z,t)\,dm = \frac{1}{2}\dot{y}^2(z,t)\rho A\, dm \qquad \text{(d)}$$

onde $\rho$ é a densidade de massa da viga e $A$ é sua área transversal. A energia cinética total da viga é calculada ao integrar $dT$ sobre toda a viga. Substituir os resultados anteriores por $w(x,t)$ nessa integral leva a

$$T = \frac{1}{2}\rho A \left[\frac{1}{18EI}\left(\frac{243EI}{4L^3}\right)\right]^2 \dot{x}^2 \left[\int_0^{2L/3} z^2\left(\frac{8L^2}{9} - z^2\right)^2 dz \right.$$
$$\left. + \int_{2L/3}^{L}\left(2z^3 - 6z^2 L + \frac{44}{9}zL^2 - \frac{8}{9}L^3\right)^2 dz\right] \qquad \text{(e)}$$

A integral é avaliada produzindo

$$T = \frac{1}{2}\,0{,}586\rho AL\,\dot{x}^2 \qquad \text{(f)}$$

Observando que a massa total da viga é $\rho AL$, uma partícula de massa 58,6 kg deve ser acrescentada em $B$ para aproximar os efeitos da inércia da viga. O sistema da Figura 2.28(a) é modelado como um sistema de 1GL com uma partícula de 408,6 kg localizada em $B$. ∎

## 2.7.3 MASSA ACRESCENTADA

Considere um sistema massa-mola imerso em um fluido invíscido,* como mostrado na Figura 2.29. A mola é esticada a partir de sua configuração de equilíbrio e da massa liberada. O movimento subsequente da massa provoca o movimento no fluido circundante. A energia de deformação inicialmente armazenada na mola é convertida em energia cinética tanto para a massa quanto para o fluido. Como o fluido é invíscido, a energia é conservada

$$T_m + T_f + V = C \qquad (2.58)$$

Os efeitos da inércia do fluido podem ser incluídos em uma análise usando um método semelhante ao usado na Seção 2.7.2 para representar os efeitos da inércia das molas. Uma partícula imaginária é anexada à massa de modo

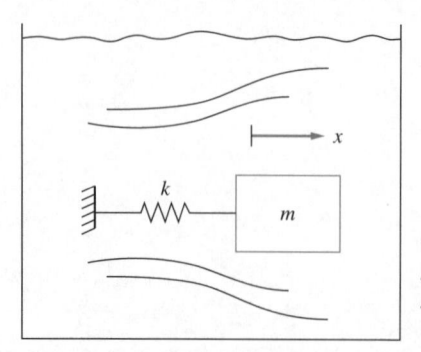

**FIGURA 2.29**
As oscilações de um corpo submerso transferem energia cinética ao fluido. A inércia do fluido pode ser aproximada por uma partícula acrescentada à massa do corpo.

---
* Com viscosidade desprezível. (N.R.T.)

que a energia cinética da partícula seja igual à energia cinética total do fluido. Se $x$ for o deslocamento da massa, a energia cinética total do sistema é $\frac{1}{2}m_{eq}\dot{x}^2$, onde

$$m_{eq} = m + m_a \tag{2.59}$$

A massa da partícula é chamada de *massa acrescentada*.

A energia cinética do fluido é difícil de quantificar. O movimento do corpo, teoricamente, arrasta o fluido infinitamente para longe em todas as direções. A energia cinética total do fluido é calculada a partir de

$$T_f = \frac{1}{2}\int\int\int \rho v^2 \, dV \tag{2.60}$$

onde $v$ é a velocidade do fluido definida no movimento pelo movimento do corpo. A integração é realizada na superfície do corpo até o infinito em todas as direções. Se a integração da Equação (2.60) for realizada, a massa acrescentada é calculada a partir de

$$m_a = \frac{T_f}{\frac{1}{2}\dot{x}^2} \tag{2.61}$$

A teoria do fluxo potencial pode ser usada para desenvolver a distribuição da velocidade em um fluido para um corpo se movendo por um fluido em uma velocidade constante. Essa distribuição de velocidade é usada nas Equações (2.60) e (2.61) para calcular a massa acrescentada. A Tabela 2.2 é adaptada de Wendel (1956) e Patton (1965) e apresenta a massa acrescentada para os formatos de corpo comuns.

■ **TABELA 2.2** Massa acrescentada para corpos bi e tridimensionais comuns ($\rho$ é a densidade de massa do fluido)

| Corpo | Massa Acrescentada |
|---|---|
| Esfera de diâmetro $D$ | $\frac{1}{12}\pi\rho D^3$ |
| Disco circular fino de diâmetro $D$ | $\frac{1}{3}\rho D^3$ |
| Placa quadrada fina de lado $h$ | $0{,}1195\pi\rho h^3$ |
| Cilindro circular de comprimento $L$, diâmetro $D$ | $\frac{1}{4}\pi\rho D^2 L$ |
| Placa plana fina de comprimento $L$, largura $w$ | $\frac{1}{4}\pi\rho w^3 L$ |
| Cilindro quadrado de lado $h$, comprimento $L$ | $0{,}3775\rho\pi h^2 L$ |
| Cubo de lado $h$ | $2{,}33\rho h^3$ |

■ **TABELA 2.3** Momentos de inércia acrescentados para corpos comuns ($\rho$ é a densidade de massa do fluido)

| Corpo | Momento de inércia acrescentado |
|---|---|
| Esfera | 0 |
| Cilindro circular | 0 |
| Qualquer corpo girando em torno do eixo de simetria | 0 |
| Placa fina de comprimento $L$, girando em torno do eixo no plano da área de superfície da placa, perpendicular à direção para qual $L$ é definido | $0{,}0078125\pi\rho L^4$ |
| Disco de diâmetro $D$ girando em torno de um diâmetro | $\frac{1}{90}\rho D^5$ |

O movimento rotacional de um corpo em um fluido também liga o movimento ao fluido resultando na energia cinética rotacional do fluido. Os efeitos de inércia do fluido são levados em consideração ao acrescentar um disco de um momento de inércia apropriado ao corpo giratório. Se $\omega$ for a velocidade angular do corpo, o momento de inércia de massa acrescentada é calculado a partir de

$$I_a = \frac{T_f}{\frac{1}{2}\omega^2} \tag{2.62}$$

Observe que o momento de inércia de massa acrescentada é zero se o corpo estiver girando em torno de um eixo de simetria. Tanto os termos de massa acrescentada quanto o de momento de inércia acrescentado são insignificantes para os corpos movendo-se em gases. A Tabela 2.3 apresenta momentos de inércia acrescentados para alguns corpos comuns. Isto foi adaptado de Wendel (1956).

## 2.8 FONTES EXTERNAS

Uma *força não conservativa* é aquela cujo trabalho depende da trajetória percorrida pela partícula sobre a qual a força age. O amortecimento viscoso e as forças aplicadas externamente são exemplos de forças não conservativas. O trabalho feito por uma força externa é

$$U_{1 \to 2} = \int_{x_1}^{x_2} F(t) dx = \int_{t_1}^{t_2} F(t) \dot{x}\, dt \tag{2.63}$$

onde $x(t_1) = x_1$ e $x(t_2) = x_2$.

Seja $x$ a coordenada generalizada definida para um sistema de 1GL. Suponha que $n$ forças externas sejam aplicadas ao sistema cujos pontos de aplicação são $x_i = \varepsilon_i x, i = 1, 2, \cdots, n$. O trabalho total realizado pelas forças externas é

$$\begin{aligned} U_{1 \to 2} &= \sum_{i=1}^{n} \int_{t_1}^{t_2} F_i(t) \dot{x}_i\, dt = \sum_{i=1}^{n} \int_{t_2}^{t_2} F_i(t) \varepsilon_i\, \dot{x} dt = \int_{t_1}^{t_2} \left( \sum_{i=1}^{n} \varepsilon_i F_i(t) \right) \dot{x}\, dt \\ &= \int_{t_1}^{t_2} F_{eq}(t) \dot{x} dt \end{aligned} \tag{2.64}$$

A potência injetada por uma força externa $F(t)$ é

$$P = \frac{dU}{dt} = F(t)\dot{x} \tag{2.65}$$

O trabalho é um efeito cumulativo, ao passo que a potência é instantânea.

As *forças senoidais* são fáceis de gerar por um atuador. Às vezes, a dinâmica do sistema fornece forças harmônicas, como os motores alternativos ou qualquer tipo de máquina giratória. As *forças impulsivas* são grandes forças geradas em um curto período de tempo, como a ação de um martelo. As *forças transitórias* são geradas ao longo de um período de tempo.

Capítulo 2  MODELAMENTOS DOS SISTEMAS DE UM GRAU DE LIBERDADE (1GL)  69

## EXEMPLO 2.14

Uma força aplicada tem a forma $F(t) = 100 \text{ sen}(50t)$ N.
(a) Determine o trabalho feito pela força entre o tempo 0 e um tempo arbitrário $t$ se $x(t) = 0,002 \text{ sen}(50t - 0,15)$ m.
(b) Determine o trabalho feito pela força entre 0 s e 0,01 s.
(c) Determine a potência injetada pela força em 0,01 s.

### SOLUÇÃO
(a) O trabalho feito pela força é

$$W(t) = \int_0^t (100 \text{ sen} 50t \text{ N})(0,002 \text{ m})(50 \text{ rad/s}) \cos(50t - 0,15) dt$$

$$= 10 \int_0^t \text{sen}(50t) \cos(50t - 0,15) dt$$

$$= -\frac{1}{20} \cos(100t - 0,15) + \frac{1}{20} \cos(0,15) + 5 \text{ sen}(0,15) t$$

$$= 0,049 + 0,747t - 0,05 \cos(100t - 0,15)$$

(b) O trabalho entre 0 s e 0,01 s é $W(0,01)$

$$W(0,01) = -\frac{1}{20} \cos(0,85) + \frac{1}{20} \cos(0,15) + \frac{1}{20} \text{sen}(0,15) = 0,0239 \text{ N} \cdot \text{m}$$

(c) A potência distribuída ao sistema em $t = 0,01$ s é

$$P = F(t)\dot{x} = \left[100 \text{ sen}(0,5) \text{ N}\right]\left[(0,002 \text{ m})(50 \text{ rad/s}) \cos(0,5 - 0,15)\right]$$

$$= 4,50 \text{ N} \cdot \text{m/s}$$

A *excitação pela base* é gerada pelo mecanismo cinemático, como um sistema de came e seguidor ou um jugo escocês. A excitação pela base também ocorre pelas rodas do carro após um contorno na estrada. O trabalho feito pela base depende do sistema. Considere o sistema de massa-mola e amortecedor viscoso da Figura 2.30. A mola e o amortecedor viscoso estão conectados a um suporte móvel que tem um deslocamento prescrito $y(t)$. O movimento provoca o trabalho na mola e no amortecedor viscoso. Se $x$ for a coordenada generalizada escolhida e representar o deslocamento da massa, a alteração no comprimento da mola será $y - x$ e a velocidade desenvolvida no amortecedor viscoso será $\dot{y} - \dot{x}$. O trabalho feito pela combinação em paralelo da mola e do amortecedor viscoso no corpo é

$$\begin{aligned} U_{1 \to 2} &= \int_{x_1}^{x_2} [k(y-x) + c(\dot{y} - \dot{x})] dx \\ &= \int_{x_1}^{x_2} (-kx - c\dot{x}) dx + \int_{x_1}^{x_2} (ky + c\dot{y}) dx \\ &= V_1 - V_2 + U_{1 \to 2_{NC,d}} + \int_{x_1}^{x_2} (ky + c\dot{y}) dx \end{aligned} \quad (2.66)$$

onde $U_{1 \to 2_{NC,d}}$ é o trabalho feito pela força de amortecimento não conservativa. Logo, a força equivalente em função da entrada de movimento é

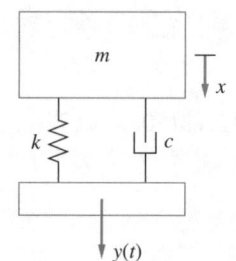

**FIGURA 2.30**
Um sistema de massa-mola e amortecedor viscoso com a mola e o amortecedor viscoso anexados a uma base móvel. O movimento da base induz tanto a força da mola quanto a força do amortecimento viscoso a realizar trabalho no sistema.

$$F_{eq} = ky + c\dot{y} \tag{2.67}$$

## EXEMPLO 2.15

Um carro está viajando por uma estrada acidentada que é aproximada por

$$y(z) = 0,002 \operatorname{sen}(2\pi z) \, \text{m} \tag{a}$$

O carro tem uma velocidade horizontal constante de 60 m/s. O carro é modelado usando um sistema de suspensão simplificado consistindo em uma massa anexada a uma mola em paralelo com um amortecedor viscoso. A combinação de mola e amortecedor viscoso é anexada ao eixo das rodas que seguem o contorno da estrada.
(a) Qual é o deslocamento dependente do tempo comunicado para o sistema de suspensão?
(b) Qual é a aceleração transferida para o sistema de suspensão?
(c) Qual é a força equivalente sentida pelo automóvel por meio de um sistema de suspensão de rigidez 20.000 N/m e constante de amortecimento de 1000 N · s/m?

### SOLUÇÃO
(a) O carro está viajando a uma velocidade constante de 60 m/s; assim, no momento $t$, ele viaja a $z = 60t$. O deslocamento transmitido ao automóvel é

$$y(t) = 0,002 \operatorname{sen}[2\pi(60t)] = 0,002 \operatorname{sen}(120\pi t) \tag{b}$$

(b) A aceleração transmitida para o sistema de suspensão é

$$\ddot{y} = -(0,002)(120\pi)^2 \operatorname{sen}(120\pi t) = -2,84 \times 10^2 \operatorname{sen}(120\pi t) \, \text{m/s}^2 \tag{c}$$

(c) A força equivalente é dada pela Equação (2.65) como

$$F_{eq} = (20000 \, \text{N/m})[0,002 \operatorname{sen}(120t) \, \text{m}] + (1000 \, \text{N} \cdot \text{s/m})(120)[0,002\cos(120t)\text{m/s}]$$

$$= [40\operatorname{sen}(120t) + 240\cos(120t)] \, \text{N} \tag{d}$$

## 2.9 MÉTODO DO DIAGRAMA DE CORPO LIVRE

As leis de Newton, como formulado no Capítulo 1, são aplicadas aos diagramas de corpo livre dos sistemas vibratórios para formular a equação diferencial regente. As etapas a seguir são usadas na aplicação de um sistema de 1GL.
   1. É escolhida uma coordenada generalizada. Essa variável pode representar o deslocamento de uma partícula no sistema. Se o movimento rotatório estiver envolvido, a coordenada generalizada pode representar um deslocamento angular.

2. Os diagramas de corpo livre são desenhados mostrando o sistema em um instante de tempo arbitrário. Alinhados com os métodos da Seção 1.7, são desenhados dois diagramas de corpo livre. Um diagrama de corpo livre mostra todas as forças externas agindo no sistema. O segundo diagrama de corpo livre mostra todas as forças efetivas agindo no sistema. Lembre-se de que as forças efetivas são uma força igual a $m\bar{\mathbf{a}}$, aplicada no centro da massa e um momento igual a $\bar{I}\alpha$.

   As forças desenhadas em cada diagrama de corpo livre são anotadas para um instante arbitrário. A direção de cada força e o momento são desenhados consistentemente com a direção positiva da coordenada generalizada. Geometria, cinemática, equações constitutivas e outras leis válidas para os sistemas específicos podem ser usadas para especificar as forças externas e efetivas.

3. A forma apropriada da lei de Newton é aplicada ao DCL. Se o DCL for de uma partícula, a lei de conservação apropriada será $\Sigma\mathbf{F} = m\mathbf{a}$. Se o DCL for de um corpo rígido sendo submetido a um movimento planar, as leis de conservação serão $\Sigma\mathbf{F} = m\bar{\mathbf{a}}$ e $\Sigma M_G = \bar{I}\alpha$. Se o método da força externa e efetiva for usado, as equações apropriadas são $(\Sigma\mathbf{F})_{ext} = (\Sigma\mathbf{F})_{ef}$.

4. As suposições aplicáveis são usadas juntamente com a manipulação algébrica. O resultado é uma equação diferencial regente.

As forças são desenhadas nos DCLs em um instante arbitrário. A força da mola no DCL (da terceira lei de Newton) é igual e oposta à força do corpo sobre a mola. Se a mola estiver esticada, ela está em tração e a força na mola puxa a mola, como mostrado na Figura 2.31(a). Igual e oposta a ela está a força da mola agindo *saindo* do corpo. Se a mola estiver em compressão, a força na mola empurra a mola, como mostrado na Figura 2.31(b). Igual e oposta novamente, a força da mola está agindo *contra* o corpo. Seja $x$ o deslocamento da partícula à qual a mola está anexada. Se a força da mola estiver desenhada para um valor positivo de $x$, ela é chamada de $kx$ e é desenhada agindo para fora do corpo. Agora, se a mola estiver em compressão, $x$ recebe um valor negativo. Se a força da mola for desenhada *para fora* do corpo e $x$ for negativo, ela na verdade está agindo *contra* o corpo, como mostrado na Figura 2.31(c). Assim, a força sempre é desenhada na direção oposta àquela do deslocamento positivo do ponto em que ela está anexada. A direção da força da mola sempre corrige a si mesma.

A força de um amortecedor viscoso sempre se opõe à direção do movimento do ponto em que ela está anexada em um DCL de um sistema de 1GL. Se $x$ representa o deslocamento da partícula para a qual um amortecedor viscoso está anexado, então sua velocidade é $\dot{x}$. A força do amortecedor viscoso desenhada no DCL se opõe à direção do $\dot{x}$ positivo. Se a velocidade da partícula estiver na direção oposta e $\dot{x}$ for negativa, é a mesma situação mostrada na Figura 2.32(c) em que uma força negativa em um DCL, na verdade, está na direção oposta. Assim, a força de um amortecedor viscoso sempre se opõe à direção do movimento positivo da partícula à qual ela está anexada. Como a força da mola, a direção sempre corrige a si mesma.

Quando o diagrama da força efetiva é desenhado, as forças efetivas são desenhadas para serem consistentes com a direção positiva das coordenadas generalizadas.

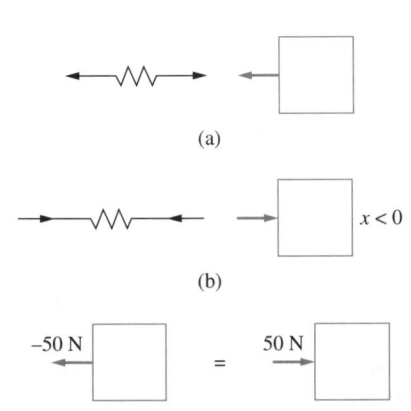

**FIGURA 2.31**
(a) A mola está em tração onde a força de uma mola em um bloco está para fora do bloco. (b) A mola está em compressão onde a força de uma mola em um bloco empurra o bloco. (c) Uma força de – 50 N puxando o bloco é equivalente a uma força de 50 N empurrando o bloco.

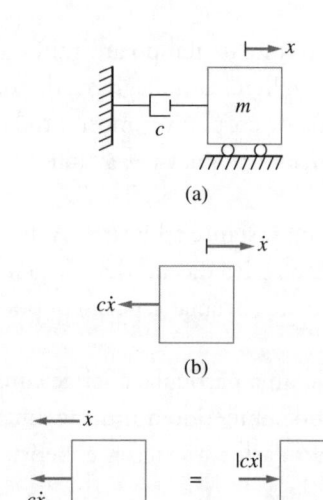

**FIGURA 2.32**
O sinal da força do amortecimento viscoso se corrige automaticamente se for desenhado em oposição ao movimento positivo do ponto ao qual o amortecedor viscoso está anexado.

## EXEMPLO 2.16

O bloco da Figura 2.33(a) desliza em uma superfície sem atrito. Monte a equação de movimento do sistema usando $x$ como o deslocamento do sistema a partir de sua posição de equilíbrio e como a coordenada generalizada.

### SOLUÇÃO

O diagrama de corpo livre da Figura 2.33(b) mostra as forças agindo no bloco em um instante arbitrário. A força da mola é $kx$ e é desenhada para fora do bloco, indicando que a mola está em tração para um $x$ positivo. A força de amortecimento é nomeada e desenhada oposta à direção positiva do movimento.

Aplicar a lei de Newton ao diagrama de corpo livre na direção $x$ leva a

$$-kx - c\dot{x} + F(t) = m\ddot{x} \qquad (a)$$

Rearranjar a equação de modo que todos os termos envolvendo a coordenada generalizada fiquem do mesmo lado produz

$$m\ddot{x} + c\dot{x} + kx = F(t) \qquad (b)$$

A Equação (b) é a equação diferencial regente. Os valores de $x(0)$ e $\dot{x}(0)$ devem ser especificados antes da solução.

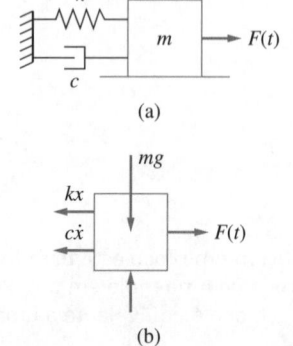

**FIGURA 2.33**
(a) Sistema do Exemplo 2.16. O sistema de massa-mola e amortecedor viscoso deslizando em uma superfície sem atrito com uma força externa.

# Capítulo 2 — MODELAMENTOS DOS SISTEMAS DE UM GRAU DE LIBERDADE (1GL)

## EXEMPLO 2.17

Um disco fino de momento de inércia de massa $I$ é anexado a um eixo fixo de comprimento $L$. O momento de inércia polar do eixo é $J$ e é composto por um material de módulo de cisalhamento $G$, como mostrado na Figura 2.34(a). Um momento $M(t)$ é aplicado ao disco. Calcule a equação diferencial regendo o deslocamento angular em sentido horário do disco $\theta$.

### SOLUÇÃO
O efeito do eixo é produzir um momento de resistência

$$M = \frac{JG}{L}\theta \tag{a}$$

no disco. O disco é submetido a um movimento rotacional puro em torno do centro do eixo. Um DCL do disco em um instante arbitrário é mostrado na Figura 2.34(b). Aplicar $\Sigma M_G = \bar{I}\alpha$ ao disco e observar que $\alpha = \ddot{\theta}$ leva a

$$-\frac{JG}{L}\theta + M(t) = \bar{I}\ddot{\theta} \tag{b}$$

$$\bar{I}\ddot{\theta} + \frac{JG}{L}\theta = M(t) \tag{c}$$

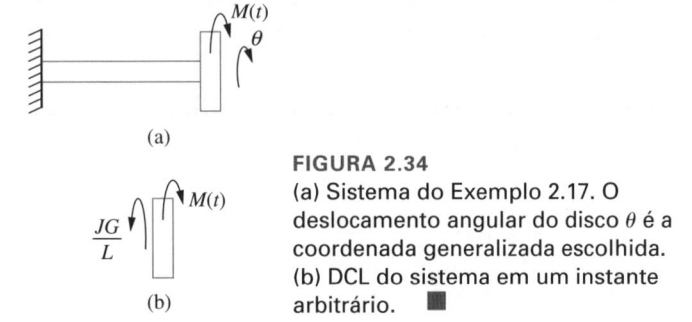

**FIGURA 2.34**
(a) Sistema do Exemplo 2.17. O deslocamento angular do disco $\theta$ é a coordenada generalizada escolhida.
(b) DCL do sistema em um instante arbitrário.

## EXEMPLO 2.18

O sistema da Figura 2.35 está em um plano horizontal em uma superfície sem atrito. Calcule a equação diferencial regendo o deslocamento da massa.

### SOLUÇÃO
Seja $x$ o representante do deslocamento da massa. O disco se move junto. Assumindo que o cabo conectando o bloco ao disco não é flexível, a alteração no comprimento do cabo é $x$, o que deve ser a quantidade de cabo enrolado ou solto pelo disco. Se $\theta$ representa a rotação angular em sentido horário do disco, a quantidade do cabo solto é igual ao comprimento do arco desenvolvido por $\theta$ como

$$x = r\theta \tag{a}$$

A Equação (a) é válida para todos os instantes de tempo. Pode ser diferenciada levando a $\dot{x} = r\dot{\theta}$ e $\ddot{x} = r\ddot{\theta}$. Isso é consistente com o uso das equações de velocidade relativa e aceleração relativa aplicadas entre o centro do

**74** VIBRAÇÕES MECÂNICAS: teoria e aplicações

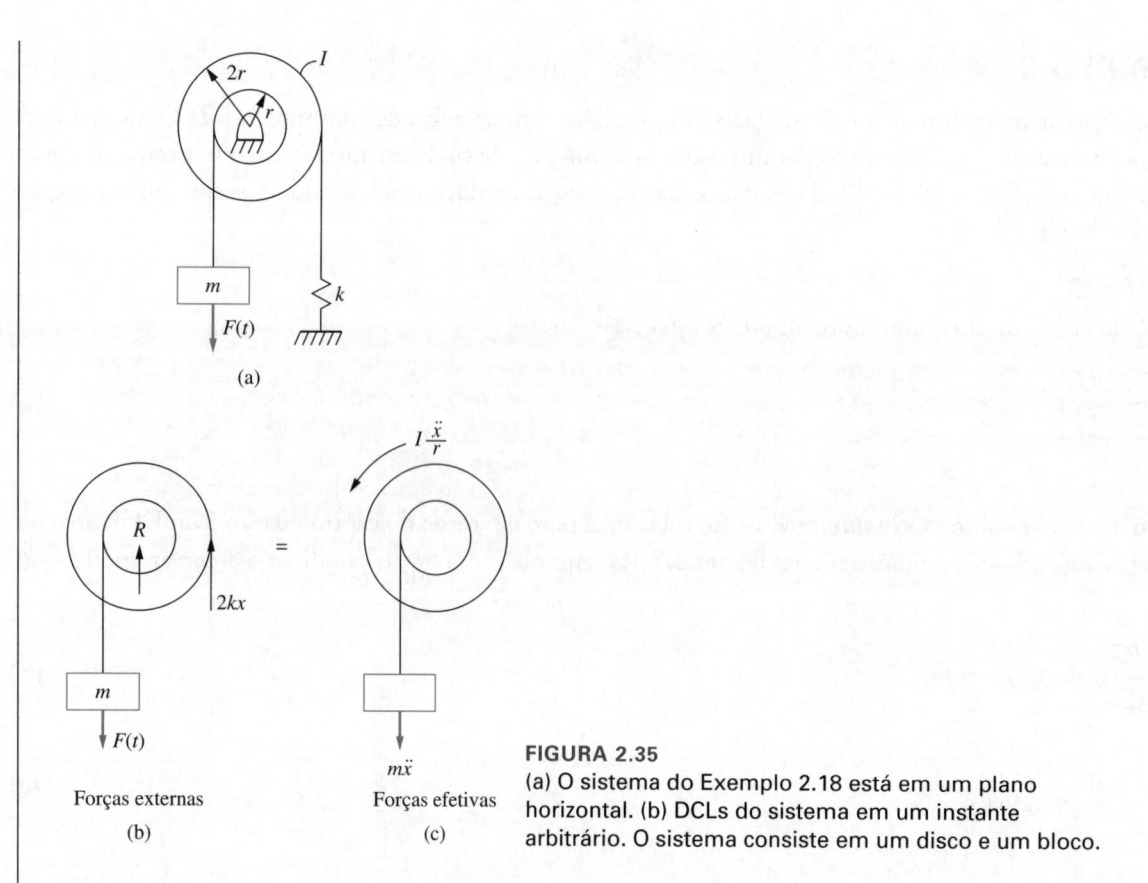

**FIGURA 2.35**
(a) O sistema do Exemplo 2.18 está em um plano horizontal. (b) DCLs do sistema em um instante arbitrário. O sistema consiste em um disco e um bloco.

(b) Forças externas
(c) Forças efetivas

disco e o ponto liberando instantaneamente o cabo. A aceleração do ponto também tem um componente igual a $r\dot{\theta}^2$ direcionado para o centro da rotação. Usando o mesmo princípio, a mola é esticada por $2x$.

Os DCLs ilustrando as forças externas para o sistema e as forças efetivas são mostrados na Figura 2.35(b). Aplicar $(\Sigma M_O)_{\text{ext}} = (\Sigma M_O)_{\text{ef}}$ a esses DCLs produz

$$-k(2x)(2r) + rF(t) = I\left(\frac{\ddot{x}}{r}\right) + m\ddot{x}(r) \tag{b}$$

que é rearranjado para

$$\left(\frac{I}{r} + mr\right)\ddot{x} + 4krx = rF(t) \tag{c}$$

## EXEMPLO 2.19

Um disco fino de massa $m$ e raio $r$, $\bar{I} = \frac{1}{2}mr^2$, tem uma mola de rigidez $k$, e tem um amortecedor viscoso de coeficiente de amortecimento $c$ anexado ao centro da massa, como mostrado na Figura 2.36(a). O disco rola sem deslizar. Calcule a equação diferencial regendo o deslocamento do centro da massa.

### SOLUÇÃO

Seja $x$ o representante do deslocamento do centro da massa do disco. Quando o disco rola sem deslizar, a força de atrito é menor do que a força de atrito máxima disponível $\mu N$ onde $N$ é a força normal. O ponto de contato entre o disco e a superfície tem velocidade zero. O uso da equação da velocidade relativa entre o ponto de contato e o centro da massa produz

Capítulo 2 — MODELAMENTOS DOS SISTEMAS DE UM GRAU DE LIBERDADE (1GL)

$$\bar{v} = v_C + v_{G/C} = r\omega i \tag{a}$$

O centro da massa apenas tem uma velocidade e uma aceleração na direção horizontal; assim, a Equação (a) pode ser diferenciada para produzir*

$$\bar{a} = r\alpha \tag{b}$$

Quando o disco rola sem deslizar, a condição cinemática da Equação (b) existe entre a aceleração angular do disco e a aceleração do centro da massa. Observando que $\bar{a} = \ddot{x}$, os DCLs do disco em um instante arbitrário são mostrados na Figura 2.36(b). Somar os momentos desses DCLs de acordo com $(\Sigma M_C)_{\text{ext}} = (\Sigma M_C)_{\text{ef}}$ leva a

$$-kx(r) - c\dot{x}(r) = \frac{1}{2}mr^2\left(\frac{\ddot{x}}{r}\right) + m\ddot{x}(r) \tag{c}$$

$$\frac{3}{2}m\ddot{x} + c\dot{x} + kx = 0 \tag{d}$$

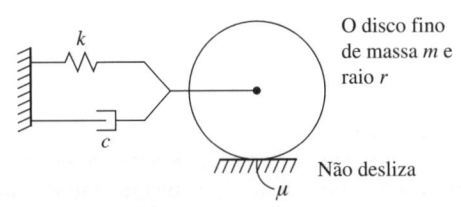

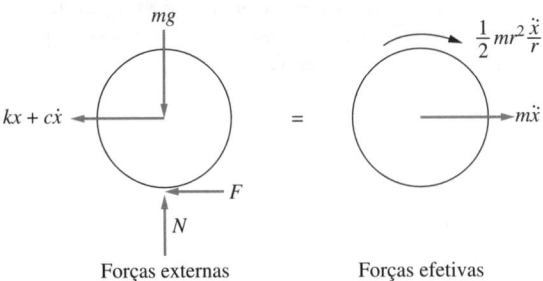

**FIGURA 2.36**
(a) Sistema do Exemplo 2.19. O disco rola sem deslizar. (b) DCLs do sistema em um instante arbitrário. A força de atrito é menor que o atrito máximo disponível, e uma relação cinemática existe entre a aceleração angular e a aceleração do centro da massa.

## EXEMPLO 2.20

Um acelerômetro usado nos sistemas microeletromecânicos (MEMS) é mostrado na Figura 2.37(a). O acelerômetro consiste em uma barra rígida entre duas vigas biengastadas sem massa que estão agindo como molas.** A barra é livre para vibrar no meio circundante, o que fornece um amortecimento viscoso. Formule uma equação diferencial para as vibrações livres do acelerômetro usando um modelo de um grau de liberdade.

### SOLUÇÃO

O sistema é modelado, como na Figura 2.37(b), como uma barra rígida anexada a duas molas idênticas. A massa da barra é

$$\begin{aligned}
m_{\text{eq}} &= \rho dtL \\
&= \left(2{,}3\,\frac{\text{g}}{\text{cm}^3}\right)\left(\frac{100\,\text{cm}}{\text{m}}\right)^3\left(\frac{1\,\text{kg}}{1000\,\text{g}}\right)(20 \times 10^{-6}\,\text{m})(0{,}5 \times 10^{-6}) \\
&\quad \times (200 \times 10^{-6}\,\text{m}) = 4{,}6 \times 10^{-12}\,\text{kg}
\end{aligned} \tag{a}$$

---
\* A aceleração na equação (*b*) está no sentido horizontal (**i**). (N.R.T.)
\*\* A vibração ocorre na direção horizontal. (N.R.T.)

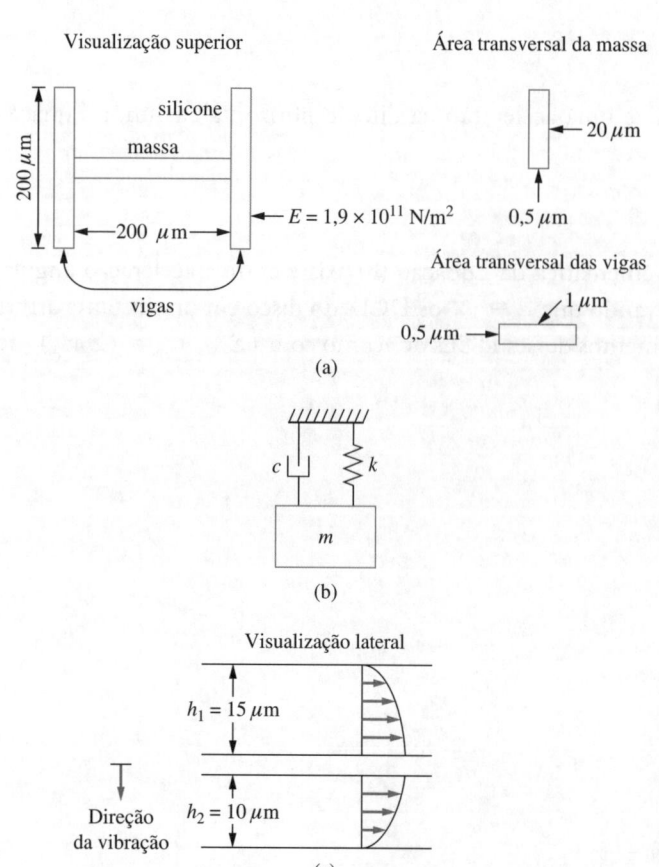

**FIGURA 2.37**
(a) O acelerômetro dos MEMS consiste em uma barra rígida entre duas vigas biengastadas que vibra em um líquido viscoso. (b) Modelo de 1GL do sistema. (c) Cálculo do coeficiente de amortecimento viscoso.

O momento de inércia da área transversal de uma viga é

$$I = \frac{1}{12}th^3 = \frac{1}{12}(0,5 \times 10^{-6})(1,0 \times 10^{-6}\text{m})^3 = 4,17 \times 10^{-26} \text{ m}^4 \tag{b}$$

A rigidez equivalente é duas vezes a rigidez de uma viga biengastada em seu centro. Do Apêndice D, ela é calculada como

$$k_{eq} = 2\left(\frac{192EI}{L^3}\right)$$

$$= 2\frac{192(1,9 \times 10^{11}\text{N/m}^2)(4,17 \times 10^{-26}\text{m}^4)}{(200 \times 10^{-6} \text{ m})^3} = 0,380 \, \text{N/m} \tag{c}$$

Um coeficiente de amortecimento viscoso equivalente é calculado usando um perfil de velocidade linear aproximada no fluido circundante. O fluido na parte superior e inferior da viga está em movimento em função das vibrações da viga como mostrado na Figura 2.37(c). O fluido acima da viga tem um perfil de velocidade de

$$u(y) = \frac{v}{h_1}y \tag{d}$$

onde $y$ é uma coordenada para o fluido da superfície fixa. A tensão de cisalhamento agindo na viga é calculada usando a lei de Newton da viscosidade como

$$\tau = \mu \frac{du}{dy} = \mu \frac{v}{h_1} \tag{e}$$

a força resultante na superfície da viga é

$$F_1 = \tau L d = \mu L d \frac{v}{h_1} \tag{f}$$

Usando uma análise semelhante, a força na superfície inferior da viga é

$$F_2 = \mu L d \frac{v}{h_2} \tag{g}$$

A força de amortecimento total é expressa como

$$F = \mu L d \left( \frac{1}{h_1} + \frac{1}{h_2} \right) v \tag{h}$$

da qual o coeficiente do amortecimento equivalente é calculado como

$$\begin{aligned} c_{eq} &= \mu L d \left( \frac{1}{h_1} + \frac{1}{h_2} \right) \\ &= (740 \times 10^{-6} \text{N} \cdot \text{s/m})(200 \times 10^{-6}\text{m})(20 \times 10^{-6}\text{m}) \\ &\quad \left( \frac{1}{15 \times 10^{-6}\text{m}} + \frac{1}{10 \times 10^{-6}\text{m}} \right) \\ &= 4{,}93 \times 10^{-7} \text{N} \cdot \text{s/m} \end{aligned} \tag{i}$$

O modelo matemático para a resposta livre do sistema é

$$4{,}6 \times 10^{-12} \ddot{x} + 4{,}93 \times 10^{-7} \dot{x} + 0{,}380 x = 0 \tag{j}$$

## 2.10 DEFLEXÕES ESTÁTICAS E GRAVIDADE

As *deflexões estáticas* estão presentes nas molas em função de uma fonte inicial da energia potencial, normalmente a gravidade. A *força estática* desenvolvida nas molas forma uma condição de equilíbrio com as forças de gravidade. A coordenada generalizada geralmente é medida a partir da posição de equilíbrio do sistema. Para um sistema linear, quando a equação diferencial regendo o movimento é calculada, a condição de equilíbrio aparece na equação diferencial. É, naturalmente, definido igual a zero. As forças estáticas da mola cancelam com as forças de gravidade que as provocam na equação diferencial. Assim, nenhuma nelas é desenhada no DCL mostrando as forças externas.*

### ■ EXEMPLO 2.21

Um sistema de massa-mola e de amortecedor viscoso em suspensão é ilustrado na Figura 2.38(a). Calcule a equação diferencial regendo o movimento do sistema.

---

* Contudo, é necessário ter muita cautela ao se assumir esta suposição, que nem sempre é válida. Em caso de dúvida, vale sempre considerar a força peso no DCL e assumir que os graus de liberdade são medidos a partir da condição de equilíbrio estático. (N.R.T.)

## SOLUÇÃO

Seja $x$ a medida do deslocamento da massa (positivo para baixo) da posição de equilíbrio do sistema. Quando o sistema está em equilíbrio, uma força estática é exercida pela mola em função da gravidade. Igualar a soma das forças a zero no DCL (desenhadas quando o sistema está em equilíbrio, como mostrado na Figura 2.38(b)) leva à condição de equilíbrio

$$mg - k\Delta_s = 0 \tag{a}$$

onde $\Delta_s$ é a deflexão estática da mola.

Quando a massa se desloca uma distância $x$ para baixo, a força da mola é a força da mola que está presente no equilíbrio $k\Delta_s$ mais a força adicional desenvolvida a partir do equilíbrio $kx$. Aplicar $\Sigma \mathbf{F} = m\mathbf{a}$ na direção descendente ao DCL da partícula (desenhado em um instante arbitrário, como mostrado na Figura 2.38(c)) leva a

$$mg - k(x + \Delta_s) - c\dot{x} + F(t) = m\ddot{x} \tag{b}$$

que pode ser rearranjado na forma

$$m\ddot{x} + c\dot{x} + kx = F(t) + mg - k\Delta_s \tag{c}$$

Aplicando a condição de equilíbrio da Equação (a) na Equação (c) resulta em

$$m\ddot{x} + c\dot{x} + kx = F(t) \tag{d}$$

A equação regendo o deslocamento do sistema de massa-mola e amortecedor viscoso de suspensão (vertical) é a mesma que a do sistema massa-mola e amortecedor viscoso de deslizamento (horizontal).

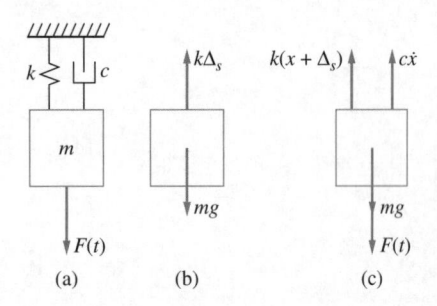

**FIGURA 2.38**
(a) Sistema do Exemplo 2.21. (b) O DCL do sistema quando ele está em equilíbrio. (c) DCL desenhado em um instante arbitrário. A equação diferencial regendo o movimento do sistema é a mesma que a do sistema de massa-mola-viscoso de deslizamento (horizontal). ∎

O sistema de massa-mola e amortecedor viscoso de suspensão pode ser analisado ao considerar o DCL, mostrado novamente na Figura 2.39. O DCL pode ser quebrado ao desenhar um DCL mostrando a mola, o amortecedor viscoso e as forças externas mais um DCL mostrando a gravidade e a força estática da mola. O resultante da gravidade e da força estática da mola é zero, então só se precisa do primeiro DCL. Não é necessário mostrar a força estática da mola ou a gravidade neste DCL.

O resultado acima, não precisando mostrar a força de gravidade ou a força estática da mola no DCL, é válido apenas para calcular a equação diferencial do movimento. Se for desejado outro objetivo (como obter uma reação), as forças estáticas da mola e a gravidade devem ser incluídas no DCL.

**FIGURA 2.39**
(a) O DCL do sistema massa-mola e amortecedor viscoso de suspensão pode ser desenhado de modo que seja o mesmo que o DCL do sistema massa-mola e amortecedor viscoso de deslizamento.

# Capítulo 2 — MODELAMENTOS DOS SISTEMAS DE UM GRAU DE LIBERDADE (1GL)

## EXEMPLO 2.22

Considere o sistema da Figura 2.40(a). Seja $x$ o deslocamento descendente de $m_1$ da posição de equilíbrio do sistema.
(a) Calcule a equação diferencial regendo $x(t)$.
(b) Determine a reação no centro do disco no pino de suporte em termos de $x$, $\dot{x}$ e $\ddot{x}$.

### SOLUÇÃO

Um DCL do disco em equilíbrio é mostrado na Figura 2.40(b). Igualar a soma dos momentos em torno do pino de suporte a zero com os momentos positivos no sentido anti-horário leva a

$$m_1 g(2r) - k\Delta_{s1}(2r) - m_2 g(r) + k\Delta_{s2}(r) = 0 \tag{a}$$

Os DCLs que ilustram as forças externas e as forças efetivas em um instante arbitrário são mostrados na Figura 2.40(c). Usar $(\Sigma M_O)_{\text{ext}} = (\Sigma M_O)_{\text{ef}}$ nesses DCLs leva a

$$-k(x + \Delta_{s1})(2r) + m_1 g(2r) - k\left(\frac{x}{2} - \Delta_{s2}\right)(r) - m_2 g(r)$$

$$= m_1 \ddot{x}(2r) + m_2 \frac{\ddot{x}}{2}(r) + I\frac{\ddot{x}}{2r} \tag{b}$$

que é rearranjada na forma

$$\left(\frac{I}{2r} + 2rm_1 + \frac{r}{2}m_2\right)\ddot{x} + \frac{5}{2}krx = m_1 g(2r) - k\Delta_{s1}(2r) - m_2 g(r) + k\Delta_Q(r) \tag{c}$$

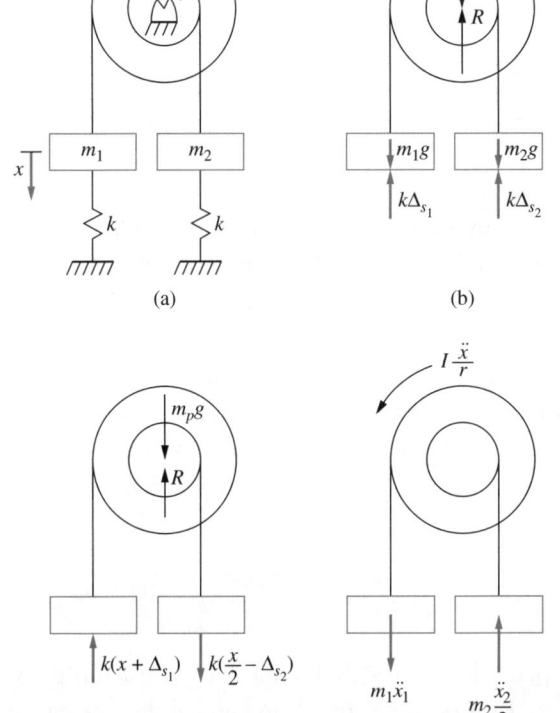

**FIGURA 2.40**
(a) Sistema do Exemplo 2.22. (b) DCL da posição de equilíbrio estático. (c) DCLs do sistema em um instante arbitrário.

Substituir a Equação (a) na Equação (c) dá

$$\left(\frac{I}{2r} + 2rm_1 + rm_2\right)\ddot{x} + \frac{5}{2}krx = 0 \tag{d}$$

(b) Aplicar $(\Sigma F)_{ext} = (\Sigma F)_{ef}$ na direção vertical ao DCL das forças externas, o positivo descendente produz

$$m_p g + m_1 g + m_2 g - k(x + \Delta_{s1}) + k\left(\frac{x}{2} - \Delta_{s2}\right) - R = m_1\ddot{x} - m_2\frac{\ddot{x}}{2} \tag{e}$$

que é solucionado para $R$ como

$$R = m_p g + m_1 g + m_2 g - \frac{1}{2}kx - k(\Delta_{s1} - \Delta_{s2}) + \left(\frac{1}{2}m_2 - m_1\right)\ddot{x} \tag{f} \blacksquare$$

A partir desse ponto, assume-se que para todos os sistemas lineares a coordenada generalizada será medida a partir da posição de equilíbrio do sistema, e o único objetivo é derivar a equação diferencial. Então, a força estática da mola e a força de gravidade que a provoca não serão desenhadas em um DCL que mostre forças externas.

## 2.11 ÂNGULOS PEQUENOS OU SUPOSIÇÃO DE DESLOCAMENTO

As *equações diferenciais não lineares* ocorrem quando a coordenada generalizada aparece não linearmente na equação diferencial. Os exemplos de equações diferenciais não lineares são

$$m\ddot{x} + c\dot{x} + k_1 x + k_3 x^3 = 0 \tag{2.68a}$$

$$m\ddot{x} + a\dot{x}^2 + k_1 x = 0 \tag{2.68b}$$

$$\ddot{\theta} + 3\ddot{\theta}\cos\theta + 200\cos\theta\,\text{sen}\theta = 0 \tag{2.68c}$$

A Equação (2.68a) ocorre para um sistema de massa-mola e amortecedor viscoso quando a mola tem uma não linearidade cúbica. A Equação (2.68b) ocorre para um sistema quando a resistência do ar está incluída no modelamento. Uma equação como a Equação (2.68c) pode ocorrer no modelamento das vibrações de uma barra em torno da posição de equilíbrio.

A solução exata de poucas equações não lineares é conhecida. Um método de linearização é buscado para as equações diferenciais. Fica claro que a linearização das Equações (2.68a) ou (2.68b) simplesmente exige negligenciar os termos não lineares em comparação aos termos lineares. A linearização da Equação (2.68c) não é tão simples assim.

## EXEMPLO 2.23

Derive a equação diferencial regendo o movimento do pêndulo simples da Figura 2.41(a) usando $\theta$ como o deslocamento angular no sentido anti-horário do pêndulo da posição de equilíbrio vertical do sistema e como a coordenada generalizada.

## SOLUÇÃO

Um DCL do sistema em um tempo arbitrário é ilustrado na Figura 2.41(b). Somar os momentos em torno do eixo fixo da rotação $O$ usando $\Sigma M_0 = I_O \alpha$ leva a

$$-mgL \operatorname{sen}\theta = mL^2\ddot{\theta} \tag{a}$$

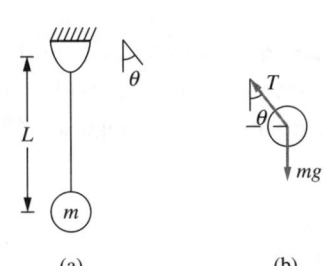

**FIGURA 2.41**
(a) Sistema do Exemplo 2.23. (b) DCL da partícula no instante arbitrário.

A Equação (a) é arranjada para

$$\ddot{\theta} + \frac{g}{L} \operatorname{sen}\theta = 0 \tag{b}$$

A equação diferencial derivada no Exemplo 2.23 é não linear porque sen $\theta$ é uma função transcendental,[*] não linear, de $\theta$. Considere a expansão da série de Taylor para sen $\theta$ em torno de $\theta = 0$ como

$$\operatorname{sen}\theta = \theta - \frac{\theta^3}{6} + \frac{\theta^5}{120} - \cdots \tag{2.69}$$

Suponha $\theta = 0{,}1$ rad. Assim,

$$\begin{aligned}\operatorname{sen}(0{,}1) &= 0{,}1 - \frac{(0{,}1)^3}{6} + \frac{(0{,}1)^5}{120} - \cdots \\ &= 0{,}1 - 1{,}67 \times 10^{-4} + 8{,}33 \times 10^{-8} - \cdots \\ &= 0{,}099833 + \cdots\end{aligned} \tag{2.70}$$

Assim, a aproximação para um $\theta$ pequeno de

$$\operatorname{sen}\theta \approx \theta \tag{2.71}$$

para $\theta = 0{,}1$ rad $= 5{,}1°$ (tem um erro de 1,167%). Isso dá confiança na *aproximação para ângulos pequenos*. Usar essa aproximação na equação diferencial do Exemplo 2.23 dá

$$\ddot{\theta} + \frac{g}{L}\theta = 0 \tag{2.72}$$

que é uma equação diferencial linear.

Consistente com a aproximação para ângulos pequenos, o truncamento das expansões série de Taylor em torno de $\theta = 0$ para as funções trigonométricas produz

$$\cos\theta \approx 1 \tag{2.73}$$

$$\tan\theta \approx 0 \tag{2.74}$$

$$1 - \cos\theta \approx \frac{1}{2}\theta^2 \tag{2.75}$$

---

[*] Uma função transcendental é aquela que não se pode calcular o valor analiticamente. Ao contrário de $x^2$, que podemos calcular manualmente para qualquer valor, não existe uma função analítica finita para o cáculo de sen $\theta$. (N.R.T.)

A suposição para ângulos pequenos pode ser feita *a priori*, antes de a equação diferencial ser montada. Considere a mola no sistema da Figura 2.42(a). Ela tem um comprimento não deformado de $\ell$. Quando a barra gira por um ângulo $\theta$, a mola se move para uma nova posição, como mostrado na Figura 2.42(b). A alteração no comprimento da mola é

$$\delta = \sqrt{(\ell + L\,\mathrm{sen}\,\theta)^2 + (L - L\cos\theta)^2} - \ell \qquad (2.76)$$

É consistente com a suposição para ângulos pequenos para aproximar a alteração no comprimento da mola por $L\theta$. A força da mola estaria em um ângulo $\theta$ para a vertical. No entanto, também é consistente com a suposição para ângulos pequenos desenhar a força da mola verticalmente e nomeá-la como $kL\,\theta$, como mostrado na Figura 2.42(c). O braço dos momentos em torno do pino de suporte é $L\cos\theta \approx L$.

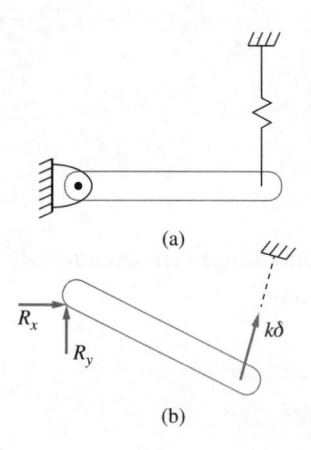

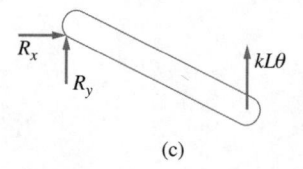

**FIGURA 2.42**
(a) A mola tem um comprimento não deformado $\ell$. (b) Quando o sistema se move para uma nova posição descrita pela coordenada generalizada $\theta$, a alteração no comprimento da mola é uma função não linear $\theta$. (c) Consistente com a suposição para ângulos pequenos, a força da mola é desenhada verticalmente e nomeada $kL\theta$.

## ■ EXEMPLO 2.24

Calcule a equação diferencial regendo o movimento da barra da Figura 2.43(a). Use $\theta$ como o deslocamento angular em sentido horário da barra a partir da posição de equilíbrio do sistema e como a coordenada generalizada escolhida. Assuma um $\theta$ pequeno.

### SOLUÇÃO

A suposição para ângulos pequenos será usada; assim, a equação diferencial será linearizada. A deflexão estática existe nas molas em função da gravidade. A posição de equilíbrio estático é definida por um ângulo $\theta_s$, e $\theta$ é medida em relação a esse ângulo. Assume-se que $\theta_s$ é pequeno e não afeta os braços exigidos para os momentos. Na verdade, sob essas condições, $\theta_s$ é tido como zero sem perda de generalidade.

Os DCLs que mostram as forças externas e as forças efetivas em um instante arbitrário são mostrados na Figura 2.42(b). As forças são desenhadas no DCL com a suposição para ângulos pequenos já feita. As forças da mola são nomeadas assumindo deslocamentos pequenos com sen $\theta \approx \theta$. Elas também permanecem verticais, o que é consistente com a suposição para ângulos pequenos. A força de amortecimento é nomeada como $c\frac{L}{6}\dot{\theta}$, o que é calculado a partir da equação da velocidade relativa, mas é desenhado na vertical para ser consistente com a suposição para ângulos pequenos.

Esse problema envolve a rotação em torno de um eixo fixo em $O$, portanto, $\Sigma M_O = I_O \alpha$ ou $(\Sigma M_O)_{\text{ext}} = (\Sigma M_O)_{\text{ef}}$ é aplicável. O último é usado aqui, aplicando $(\Sigma M_O)_{\text{ext}} = (\Sigma M_O)_{\text{ef}}$ aos DCLs da Figura 2.43(b) levando a

$$-k\frac{L}{3}\theta\left(\frac{L}{3}\right) - k\frac{2}{3}L\theta\left(\frac{2L}{3}\right) - c\frac{L}{6}\dot\theta\left(\frac{L}{6}\right) = \frac{1}{12}mL^2\ddot\theta + m\frac{L}{6}\ddot\theta\left(\frac{L}{6}\right) \quad \text{(a)}$$

Rearranjar a Equação (a) dá

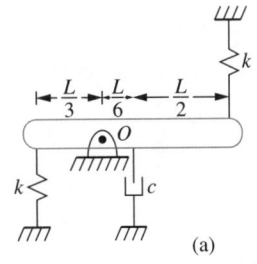

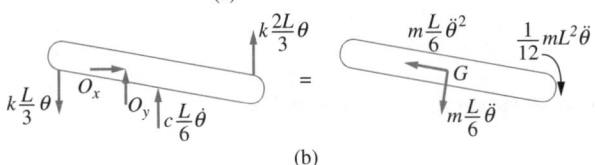

$$4m\ddot\theta + c\dot\theta + 20k\theta = 0 \quad \text{(b)}$$

**FIGURA 2.43**
(a) Sistema do Exemplo 2.24. (b) DCLs desenhados em um instante arbitrário usando a suposição para ângulos pequenos, ignorando as forças estáticas da mola e as forças de gravidade que as provocam. ■

## 2.12 MÉTODO DE SISTEMAS EQUIVALENTES

Foi mostrado que a energia potencial para um sistema de 1GL linear com a coordenada generalizada escolhida $x$ pode ser expressa como $V = \frac{1}{2}k_{eq}x^2 + V_0$, onde $V_0$ é a energia potencial em sua posição de equilíbrio, a energia cinética é expressa como $T = \frac{1}{2}m_{eq}\dot{x}^2$, o trabalho feito pelas forças de amortecimento viscoso à medida que a coordenada generalizada se move entre $x_1$ e $x_2$ pode ser escrito como $U_{1\to 2} = -\int_{x_1}^{x_2} c_{eq}\dot{x}dx$, e o trabalho feito por todas as outras forças externas entre os tempos $t_1$ e $t_2$ é $\int_{t_1}^{t_2} F_{eq}\dot{x}dt$. A aplicação do princípio do trabalho e energia entre a posição 1 e a posição 2 para o sistema onde $x(t_1) = x_1$ e a posição 2 define uma posição arbitrária do sistema

$$T_1 + V_1 + U_{1\to 2} = T + V + V_0 \quad (2.77)$$

Substituir a expressão dada para a energia cinética e a energia potencial e separar o trabalho feito pelas forças viscosas e as forças externas leva a

$$T_1 + V_1 - \int_{x_1}^{x} c_{eq}\dot{x}dx + \int_{t_1}^{t} F_{eq}\dot{x}dt = \frac{1}{2}m_{eq}\dot{x}^2 + \frac{1}{2}k_{eq}x^2 + V_0 \quad (2.78)$$

Observando que $T_1$, $V_1$ e $V_0$ representam a energia cinética e potencial em um instante de tempo específico e, portanto, são constantes, a diferenciação da Equação (2.78) com relação ao tempo dá

$$-\frac{d}{dt}\left(\int_{x_1}^{x} c_{eq}\dot{x}dx\right) + \frac{d}{dt}\left(\int_{t_1}^{t} F_{eq}\dot{x}dt\right) = \frac{1}{2}m_{eq}\frac{d}{dt}(\dot{x}^2) + \frac{1}{2}k_{eq}\frac{d}{dt}(x^2) \quad (2.79)$$

Observe que

$$\frac{d}{dt}(x^2) = 2x\dot{x} \quad (2.80)$$

$$\frac{d}{dt}(\dot{x}^2) = 2\dot{x}\ddot{x} \quad (2.81)$$

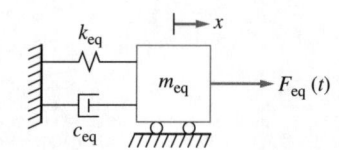

**FIGURA 2.44**
Sistema de massa-mola e amortecedor viscoso equivalente quando um deslocamento linear $x$ é escolhido como a coordenada generalizada.

e

$$\frac{d}{dt}\left(\int_{x_1}^{x} c_{eq}\dot{x}dx\right) = \frac{d}{dt}\left(\int_{t_1}^{t} c_{eq}\dot{x}^2 dt\right) = c_{eq}\dot{x}^2 \tag{2.82}$$

A Equação (2.79) torna-se

$$F_{eq}\dot{x} - c_{eq}\dot{x} = m_{eq}\ddot{x}\dot{x} + k_{eq}x\dot{x} \tag{2.83}$$

A Equação (2.80) tem duas soluções: $\dot{x} = 0$ (o caso estático) e $x$. Isso satisfaz

$$m_{eq}\ddot{x} + c_{eq}\dot{x} + k_{eq}x = F_{eq}(t) \tag{2.84}$$

A Equação (2.84) é a equação diferencial para qualquer sistema de um único grau de liberdade linear. É preciso apenas da identificação de $m_{eq}$, $c_{eq}$, $k_{eq}$ e $F_{eq}(t)$. Ou seja, qualquer sistema de 1GL linear é modelado por um sistema de massa-mola e amortecedor viscoso com coeficiente equivalente, como na Figura 2.44. A massa equivalente é identificada a partir da forma quadrática da energia cinética em $T = \frac{1}{2}m_{eq}\dot{x}^2$. A rigidez equivalente é identificada a partir da forma quadrática da energia potencial em $V = \frac{1}{2}k_{eq}x^2$. O coeficiente do amortecimento viscoso equivalente é identificado a partir da dissipação da energia em $U_{1\rightarrow 2} = -\int_{x_1}^{x_2} c_{eq}\dot{x}dt$. O trabalho feito por forças externas, mostrado como $\int_{t_1}^{t_2} F_{eq}\dot{x}dt$, é usado para calcular $F_{eq}(t)$.

Se uma coordenada angular é escolhida como a coordenada generalizada, a forma apropriada da Equação (2.84) é

$$I_{eq}\ddot{\theta} + c_{t,eq}\dot{\theta} + k_{t,eq}\theta = M_{eq}(t) \tag{2.85}$$

O modelo de sistemas equivalentes apropriados é um disco fino de momento de inércia $I_{eq}$ anexado a um eixo de rigidez torcional $k_{t,eq}$ paralelo com um coeficiente de amortecedor viscoso torcional $c_{t,eq}$, como mostrado na Figura 2.45.

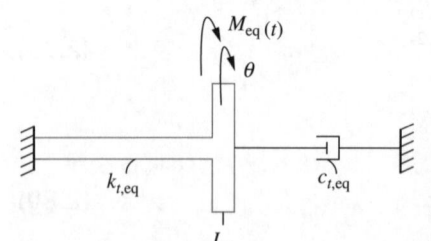

**FIGURA 2.45**
Sistema torcional equivalente usado quando uma coordenada angular $\theta$ é escolhida como a coordenada generalizada.

# EXEMPLO 2.25

Use o método de sistemas equivalentes para derivar a equação diferencial regendo o movimento da barra da Figura 2.43(a) e o Exemplo 2.24 usando $\theta$ como o deslocamento angular no sentido horário da barra da posição de equilíbrio do sistema e como a coordenada generalizada escolhida. Assuma $\theta$ pequeno.

## SOLUÇÃO

A energia cinética da barra em um instante arbitrário é

$$T = \frac{1}{2}m\bar{v}^2 + \frac{1}{2}\bar{I}\omega^2 = \frac{1}{2}m\left(\frac{L}{6}\dot{\theta}\right)^2 + \frac{1}{2}\left(\frac{1}{12}mL^2\right)\dot{\theta}^2 = \frac{1}{2}\left(\frac{1}{9}mL^2\right)\dot{\theta}^2 \tag{a}$$

Assim, $I_{eq} = \frac{1}{9}mL^2$. A energia potencial do sistema em um instante arbitrário é

$$V = \frac{1}{2}k\left(\frac{L}{3}\theta\right)^2 + \frac{1}{2}k\left(\frac{2L}{3}\theta\right)^2 = \frac{1}{2}\left(\frac{5}{9}kL^2\right)\theta^2 \tag{b}$$

A rigidez torcional equivalente é $k_{t,eq} = \frac{5}{9}kL^2$. O trabalho feito pelo amortecedor viscoso entre uma posição inicial e uma posição arbitrária é

$$W_{1\rightarrow 2} = -\int_{\theta_1}^{\theta}\left(c\frac{L}{6}\dot{\theta}\right)d\left(\frac{L}{6}\theta\right) = -\int_{\theta_1}^{\theta}\left(c\frac{L^2}{36}\dot{\theta}\right)d\theta \tag{c}$$

Logo, a rigidez torcional equivalente é $c_{t,eq} = c\frac{L^2}{36}$. A equação diferencial regendo $\theta$ é

$$\frac{1}{9}mL^2\ddot{\theta} + c\frac{L^2}{36}\dot{\theta} + \frac{5}{9}kL^2\theta = 0 \tag{d}$$

A Equação (d) reduz-se à Equação (b) do Exemplo 2.24. ■

# EXEMPLO 2.26

Use o método do sistema equivalente para derivar a equação diferencial regendo as vibrações livres do sistema da Figura 2.46. Use $x$, o deslocamento do centro da massa do disco a partir da posição de equilíbrio do sistema, como a coordenada generalizada. O disco rola sem deslizar, nenhum deslizamento ocorre na polia e a polia não tem atrito. Inclua uma aproximação para os efeitos de inércia das molas. Cada mola tem uma massa $m_s$.

## SOLUÇÃO

Seja $\theta$ a rotação angular no sentido horário da polia a partir da posição de equilíbrio do sistema e $x_B$ o deslocamento descendente do bloco, também medido a partir do equilíbrio. Então

$$x = r\theta \quad x_B = 2r\theta \tag{a}$$

A comparação entre essas equações leva a $x_B = 2x$. Como o disco rola sem deslizar, sua velocidade angular é $\omega_D = \dot{x}/r_D$. O efeito de inércia de cada mola é aproximado ao colocar uma partícula de massa $m_s/3$ no local onde a mola está anexada ao sistema.

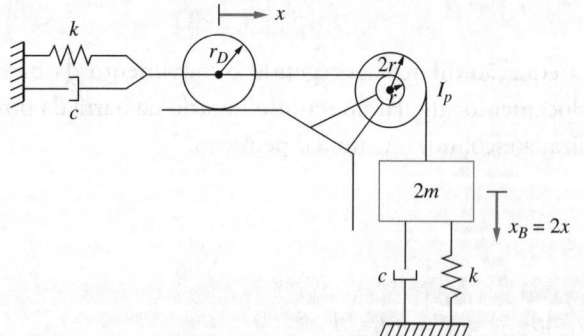

**FIGURA 2.46**
O sistema do Exemplo 2.26 é modelado pelo sistema equivalente da Figura 2.44.

Para esse fim, imagina-se que uma partícula de massa $m_s/3$ esteja anexada ao centro do disco e uma partícula de massa $m_s/3$ esteja anexada ao bloco. A energia cinética total do sistema, incluindo as energias cinéticas das partículas anexadas imaginadas, é

$$T = \frac{1}{2}m\dot{x}^2 + \frac{1}{2}I_D\omega_D^2 + \frac{1}{2}I_P\dot{\theta}^2 + \frac{1}{2}(2m)\dot{x}_B^2 + T_{s_1} + T_{s_2}$$

$$= \frac{1}{2}m\dot{x}^2 + \frac{1}{2}\left(\frac{1}{2}mr_D^2\right)\left(\frac{\dot{x}}{r_D}\right)^2 + \frac{1}{2}I_P\left(\frac{\dot{x}}{r}\right)^2 + \frac{1}{2}(2m)(2\dot{x})^2 + \frac{1}{2}\frac{m_s}{3}\dot{x}^2 + \frac{1}{2}\frac{m_s}{3}(2\dot{x})^2 \quad \text{(b)}$$

$$= \frac{1}{2}\left(\frac{19}{2}m + \frac{I_P}{r^2} + \frac{5}{3}m_s\right)\dot{x}^2$$

A massa equivalente é

$$m_{eq} = \frac{19}{2}m + \frac{I_P}{r^2} + \frac{5}{3}m_s \quad \text{(c)}$$

A energia potencial do sistema em um instante arbitrário é

$$V = \tfrac{1}{2}kx^2 + \tfrac{1}{2}k(2x)^2 = \tfrac{1}{2}(5k)x^2 \quad \text{(d)}$$

A comparação à forma quadrática da energia potencial leva a $k_{eq} = 5k$.
O trabalho feito pelos amortecedores viscosos entre dois instantes arbitrários é

$$U_{1\to 2} = -\int_{x_1}^{x_2} c\dot{x}\, dx - \int_{x_1}^{x_2} c(2\dot{x})\, d(2x) = -\int_{x_1}^{x_2} 5c\dot{x}\, dx$$

A comparação com a forma geral do trabalho feito por um amortecedor viscoso leva a $c_{eq} = 5c$.
A equação diferencial regendo a vibração livre do sistema é

$$\left(\frac{19}{2}m + \frac{I_P}{r^2} + \frac{5}{3}m_s\right)\ddot{x} + 5c\dot{x} + 5kx = 0 \quad \blacksquare$$

## EXEMPLO 2.27

A barra delgada da Figura 2.47 será sujeita apenas a pequenos deslocamentos a partir do equilíbrio. Use o método de sistemas equivalentes para calcular a equação diferencial regendo o movimento da barra usando o deslocamento angular $\theta$, no sentido anti-horário da barra a partir de sua posição de equilíbrio, como a coordenada generalizada.

**FIGURA 2.47**
O pêndulo composto é modelado pelo sistema torcional equivalente da Figura 2.45.

### SOLUÇÃO
A energia cinética da barra em um instante arbitrário é

$$T = \frac{1}{2}m\left(\frac{L}{6}\dot{\theta}\right)^2 + \frac{1}{2}\left(\frac{1}{12}mL^2\right)\dot{\theta}^2 = \frac{1}{2}\left(\frac{1}{9}mL^2\right)\dot{\theta}^2 \qquad \text{(a)}$$

A comparação com a forma quadrática da energia cinética leva a $I_{eq} = mL^2/9$.

A energia potencial no sistema ocorre em função da gravidade. Escolhendo o plano do pino de suporte como o ponto de referência*, a energia potencial do sistema em um instante arbitrário é

$$V = -mg\frac{L}{6}\cos\theta \qquad \text{(b)}$$

Para o $\theta$ pequeno, a expansão da série de Taylor para $\cos\theta$ truncado após o segundo termo leva a uma aproximação para a energia potencial como

$$V = -mg\frac{L}{6}\left(1 - \frac{1}{2}\theta^2\right) = \frac{1}{2}mg\frac{L}{6}\theta^2 - mg\frac{L}{6} \qquad \text{(c)}$$

A comparação com a forma quadrática da energia potencial leva a $k_{t,eq} = mgL/6$. Como o ponto de referência foi escolhido como o plano do pino de suporte, o sistema tem uma energia potencial de $V_0 = -mgL/6$ quando está em equilíbrio.

A Equação (2.84) é usada para escrever a equação diferencial regendo o movimento do sistema como

$$\frac{1}{9}mL^2\ddot{\theta} + \frac{1}{6}mgL\theta = 0 \qquad \text{(d)} \quad \blacksquare$$

### EXEMPLO 2.28

Um modelo simplificado de um sistema de direção do tipo pinhão e cremalheira é mostrado na Figura 2.48. Uma engrenagem de raio $r$ e momento de inércia polar da massa $J$ é anexada a um eixo de rigidez torcional $k_t$. A engrenagem rola sem deslizar em uma cremalheira de massa $m$. A cremalheira é anexada a uma mola de rigidez $k$. Calcule a equação diferencial regendo o movimento do sistema usando $x$, o deslocamento horizontal da cremalheira a partir da posição de equilíbrio do sistema, como a coordenada generalizada.

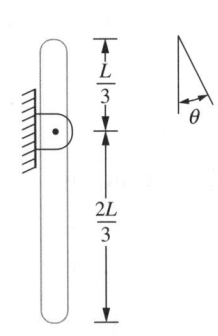

### SOLUÇÃO
Como não há deslizamento entre a cremalheira e a engrenagem, $\theta = x/r$, onde $\theta$ é o deslocamento angular da engrenagem a partir do equilíbrio. A energia cinética do sistema em um instante arbitrário é

---

* Se outro ponto fosse escolhido, a expressão da energia potencial teria um turno constante referente à própria escolha da posição de equilíbrio, que é denominado na Equação (2.78) de $V_0$, e não alteraria a análise feita. (N.R.T.)

$$T = \frac{1}{2}m\dot{x}^2 + \frac{1}{2}J\left(\frac{\dot{x}}{r}\right)^2 = \frac{1}{2}\left(m + \frac{J}{r^2}\right)\dot{x}^2 \qquad \text{(a)}$$

do qual a massa equivalente é determinada como $m_{eq} = m + J/r^2$. A energia potencial do sistema em um instante arbitrário é

$$V = \frac{1}{2}kx^2 + \frac{1}{2}k_t\left(\frac{x}{r^2}\right) = \frac{1}{2}\left(k + \frac{k_t}{r^2}\right)x^2 \qquad \text{(b)}$$

do qual a rigidez equivalente é determinada como $k_{eq} = k + k_t/r^2$. A equação diferencial é

$$\left(m + \frac{J}{r^2}\right)\ddot{x} + \left(k_t + \frac{k_t}{r^2}\right)x = 0 \qquad \text{(c)}$$

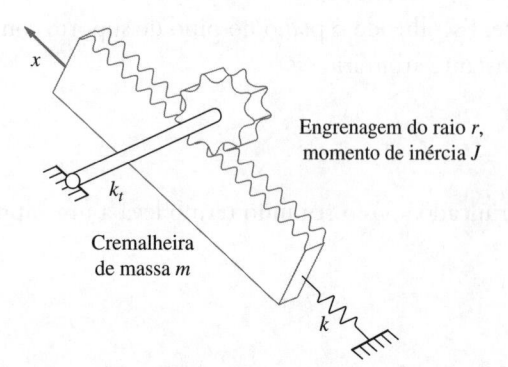

**FIGURA 2.48**
Modelo do sistema de pinhão e cremalheira do Exemplo 2.28.

## ■ EXEMPLO 2.29

Um sistema de transmissão simplificada é mostrado na Figura 2.49. Um motor fornece um torque, o que gira um eixo. O eixo possui uma engrenagem que faz funcionar uma segunda engrenagem de modo que a velocidade do segundo eixo seja maior que a do primeiro. Os eixos são montados em rolamentos idênticos, cada um com um coeficiente de amortecimento torcional $c_t$. Seja $\dot{\theta}_1$ a velocidade angular do eixo diretamente conectado ao motor. Derive a equação diferencial regendo $\theta_1$, que é o deslocamento angular do eixo diretamente conectado ao motor.

### SOLUÇÃO

Os engrenamentos implicam uma relação entre as velocidades angulares dos eixos. A equação da engrenagem dá

$$n_1\omega_1 = n_2\omega_2 \qquad \text{(a)}$$

A energia cinética total dos eixos é

$$T = \frac{1}{2}J_1\omega_1^2 + \frac{1}{2}J_2\omega_2^2 = \frac{1}{2}J_1\dot{\theta}_1^2 + \frac{1}{2}J_2\left(\frac{n_1}{n_2}\dot{\theta}_1\right)^2 = \frac{1}{2}\left[J_1 + \left(\frac{n_1}{n_2}\right)^2 J_2\right]\dot{\theta}_1^2 \qquad \text{(b)}$$

Assim, o momento de inércia equivalente é $I_{eq} = J_1 + \left(\frac{n_1}{n_2}\right)^2 J_2$. O trabalho total feito pelos amortecedores viscosos torcionais é

$$W_{1\to 2} = -\int_{\theta_1}^{\theta} c_t \dot{\theta}_1 d\theta_1 - \int_{\theta_1}^{\theta} c_t\left(\frac{n_1}{n_2}\dot{\theta}_1\right) d\left(\frac{n_1}{n_2}\theta_1\right) = -\int_{\theta_1}^{\theta} c_t\left[1 + \left(\frac{n_1}{n_2}\right)^2\right]\dot{\theta}_1 d\theta_1 \quad \text{(c)}$$

O coeficiente do amortecimento viscoso equivalente é $c_{t,eq} = c_t\left[1 + \left(\frac{n_1}{n_2}\right)^2\right]$.

O trabalho feito pelo momento externo fornecido pelo motor é

$$W_{1\to 2} = \int_{t_1}^{t} M(t)\dot{\theta}_1 dt \quad \text{(d)}$$

O momento equivalente é $M_{eq}(t) = M(t)$.

Assim, a equação diferencial regendo o deslocamento angular do eixo é

$$\left[J_1 + \left(\frac{n_1}{n_2}\right)^2 J_2\right]\ddot{\theta}_1 + c_t\left[1 + \left(\frac{n_1}{n_2}\right)^2\right]\dot{\theta}_1 + M(t) \quad \text{(e)}$$

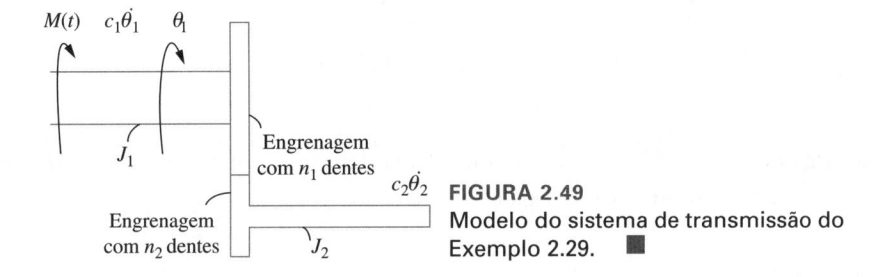

**FIGURA 2.49** Modelo do sistema de transmissão do Exemplo 2.29.

## 2.13 EXEMPLOS DE BENCHMARK

Nesta seção, são considerados os exemplos de benchmark introduzidos na Seção 1.8. O método do diagrama de corpo livre é usado para derivar as equações diferenciais para a máquina montada em uma viga e para o sistema de suspensão simplificado de veículos.

### 2.13.1 MÁQUINA EM UM ASSOALHO DE UMA FÁBRICA

Uma máquina é montada no assoalho de uma fábrica. O assoalho é modelado como uma viga engastada-apoiada de aço W14×30. O modelo de 1GL apropriado é o de uma massa suspensa de uma mola de rigidez apropriada, como mostrado na Figura 2.50(a). A rigidez é calculada usando o Apêndice D. A equação para a deflexão de uma viga em balanço em função de uma carga unitária concentrada em $x = a$ avaliada para $x < a$ é

$$w(x) = \frac{1}{2EI}\left(1 - \frac{a}{L}\right)\left[\left(\frac{a^2}{L^2} - 2\frac{a}{L} - 2\right)\frac{x^3}{6} + a\left(2 - \frac{a}{L}\right)\frac{x^2}{2}\right] \quad \text{(a)}$$

A máquina está localizada em $a = 0{,}6L$. Substituir esse valor na Equação (a) leva a

$$w(0{,}6L) = 0{,}00979\frac{L^3}{EI} \quad \text{(b)}$$

A rigidez é o inverso de $w(0{,}6L)$

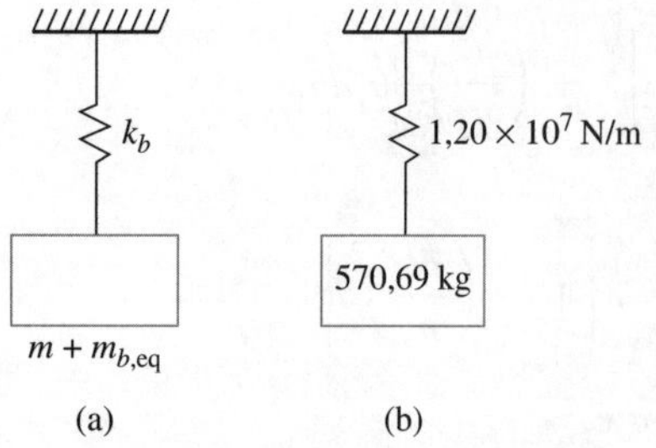

**FIGURA 2.50**
(a) Modelo de 1GL para o sistema do primeiro problema de benchmark. (b) A massa equivalente e a rigidez equivalente são calculadas para o modelo.

$$k = \frac{EI}{0{,}00979 L^3} = \frac{(210\text{ GPa})(1{,}21 \times 10^{-4}\text{ m}^4)}{0{,}00979(6\text{ m})^3} = 1{,}20 \times 10^7 \text{ N/m} \tag{c}$$

Um modelo tem uma massa de 458,72 kg (a massa da máquina) anexada a uma mola de rigidez $1{,}20 \times 10^7$ N/m. A inércia da viga é incluída no modelo ao adicionar uma partícula de uma massa apropriada à massa da máquina. A expressão para o deslocamento da viga em função de uma carga concentrada $P$ aplicada em $x = 0{,}6\,L$ é obtida do Apêndice D como

$$w(z) = \frac{P}{EI} \begin{cases} 0{,}84 Lz - 0{,}0946 t^3 & z < 0{,}6L \\ \dfrac{1}{6}(z - 0{,}6L) + 0{,}84 Lz^2 - 0{,}0946 z^3 & 0{,}6L < z \end{cases} \tag{d}$$

É necessária uma carga de $P = \frac{102{,}14 L^3}{EI}$ para provocar uma deflexão unitária em $z = 0{,}6L$. Se $x$ é a deflexão onde a máquina é suportada, a energia cinética da viga é

$$T = \frac{1}{2}\dot{x}^2 \left(\frac{102{,}14 EI}{L^3}\right)^2 \left\{ \int_0^{0{,}6L} \rho A \left[\frac{1}{EI}(0{,}84 Lz - 0{,}0946 z^3)\right]^2 dz \right.$$

$$\left. + \int_{0{,}6L}^{L} \left(\frac{1}{EI}\right)^2 \rho A \left[\frac{1}{6}(z - 0{,}6L)^3 + 0{,}84 Lz^2 - 0{,}0946 z^3\right]^2 dz \right\} \tag{e}$$

$$= \frac{1}{2}(0{,}418)\rho A L \dot{x}^2$$

Desta forma, o peso equivalente da viga (observando que o peso por metro de uma viga de aço W14×30 é 438 N/m) é

$$W_{eq} = 0{,}418 W_b = 0{,}418 (438\text{ N/m})(6\text{ m}) = 1098{,}5 \text{ N} \tag{f}$$

Assim, o peso equivalente da máquina e da viga é 5598,5 N. A massa da máquina deve ser expressa em kg como

$$m = \frac{W}{g} = \frac{5598{,}5\text{ N}}{9{,}81\text{ m/s}^2} = 570{,}69 \text{ kg} \tag{g}$$

O sistema é modelado por uma máquina de peso 5598,5 N anexada a uma mola de rigidez $1{,}20 \times 10^7$ N/m, como mostrado na Figura 2.50(b). A equação diferencial modelando o sistema é

$$570{,}69\,\ddot{x} + 1{,}20 \times 10^7 x = F(t) \tag{h}$$

Capítulo 2   MODELAMENTOS DOS SISTEMAS DE UM GRAU DE LIBERDADE (1GL)   91

## 2.13.2 SISTEMA SIMPLIFICADO DE SUSPENSÃO

Um modelo de um único grau de liberdade de um sistema simplificado de suspensão é mostrado na Figura 2.51(a).

A "massa suspensa", que é a massa do veículo principal, é modelada como uma partícula conectada ao eixo pelo sistema de suspensão. O sistema de suspensão é modelado como uma mola paralela com um amortecedor viscoso. Assume-se que a roda seja rígida (uma suposição para ser examinada posteriormente) e acompanhe o contorno da estrada. Seja $m$ a massa do veículo, $k$ a rigidez da mola e $c$ o coeficiente de amortecimento do amortecedor viscoso. Seja $y(\xi)$ o contorno da roda. Se um veículo viaja com uma velocidade horizontal constante $v$, então o veículo viaja a uma distância $\xi = vt$ no momento $t$. Assim, a roda vivencia $y(vt)$.

Aplicando a lei de Newton a um diagrama de corpo livre do veículo desenhado em um instante arbitrário na Figura 2.51(b), temos

$$-k(x - y) - c(\dot{x} - \dot{y}) = m\ddot{x} \qquad \text{(a)}$$

que é rearranjada para

$$m\ddot{x} + c\dot{x} + kx = c\dot{y} + ky \qquad \text{(b)}$$

O modelo do sistema de suspensão é o de um sistema de massa-mola e amortecedor viscoso sujeito à entrada de movimento.

Os parâmetros para o sistema de suspensão podem ser $m = 300$ kg, $c = 1200$ N · s/m e $k = 12.000$ N/m. Assim, o modelo para esse sistema de suspensão é

$$300\ddot{x} + 1200\dot{x} + 12.000x = 1200\dot{y} + 12.000y \qquad \text{(c)}$$

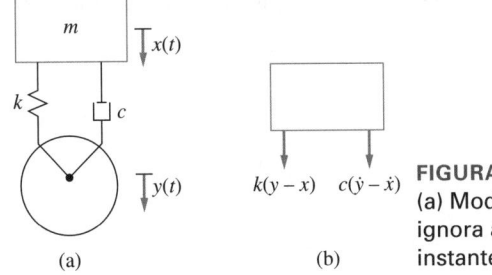

**FIGURA 2.51**
(a) Modelo de 1GL para o sistema simplificado de suspensão. O modelo ignora a rigidez dos pneus e a massa do eixo. (b) DCL do sistema em um instante arbitrário.

## 2.14 OUTROS EXEMPLOS

A suposição para ângulos pequenos é feita nestes problemas sempre que for apropriado. Supondo que todos os sistemas sejam lineares, a coordenada generalizada é medida a partir da posição de equilíbrio do sistema. Assim, as forças estáticas na mola são canceladas com as forças de gravidade, que as provocam, e nenhuma delas está incluída nos DCLs.

### EXEMPLO 2.30

Uma massa de 30 kg (mostrada na Figura 2.52(a)) está pendurada por uma mola de rigidez $k = 2,5 \times 10^5$ N/m, que é anexada a uma viga de alumínio ($E = 71 \times 10^9$ N/m², $\rho = 2,7 \times 10^3$ kg/m³) de momento de inércia de área $I = 3,5 \times 10^{-8}$ m⁴ e comprimento de 35 cm. A viga é suportada em sua extremidade livre e por um cabo de alumínio circular de 1 mm de diâmetro e 30 cm de comprimento.
(a) Determine a rigidez equivalente da montagem.
(b) Escreva a equação diferencial regendo o movimento da massa.

## SOLUÇÃO

A rigidez da viga é

$$k_b = \frac{3EI}{L^3} = \frac{3(71 \times 10^9 \text{ N/m}^2)(3{,}5 \times 10^{-8} \text{ m}^4)}{(0{,}35 \text{ m})^3} = 1{,}74 \times 10^5 \text{ N/m} \qquad (a)$$

A rigidez equivalente do cabo é

$$k_c = \frac{EA}{L} = \frac{(71 \times 10^9 \text{ N/m}^2)\pi(5 \times 10^{-4})^2}{0{,}30 \text{ m}} = 1{,}86 \times 10^5 \text{ N/m} \qquad (b)$$

A viga e o cabo comportam-se como duas molas paralelas, porque eles possuem os mesmos deslocamentos na extremidade. A mola discreta está em série com a combinação paralela, porque o deslocamento da massa é a soma do deslocamento da mola e do deslocamento da extremidade da viga. O modelo equivalente é mostrado na Figura 2.52(b). A rigidez equivalente da combinação é

$$\begin{aligned} k_{eq} &= \frac{1}{\dfrac{1}{k} + \dfrac{1}{k_b + k_c}} \\ &= \frac{1}{\dfrac{1}{2{,}5 \times 10^5 \text{ N/m}} + \dfrac{1}{(1{,}74 \times 10^5 \text{ N/m}) + (1{,}86 \times 10^5 \text{ N/m})}} \\ &= 1{,}48 \times 10^5 \text{ N/m} \end{aligned} \qquad (c)$$

(b) A equação diferencial para um modelo de 1GL do movimento da massa (supondo que a viga e o cabo não tenham massa) é

$$30\ddot{x} + 1{,}48 \times 10^5 x = 0 \qquad (d)$$

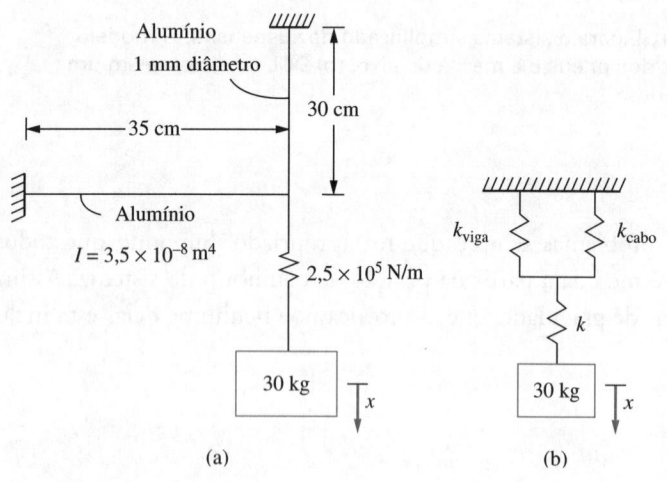

**FIGURA 2.52**
(a) Sistema do Exemplo 2.30. A massa é suspensa por uma viga suportada por um cabo. (b) A viga e o cabo são modelados por molas, o que resulta no modelo de sistemas equivalentes mostrado. ∎

## EXEMPLO 2.31

Um diagrama esquemático de um compactador é mostrado na Figura 2.53(a). O compactador é um cilindro de massa 35 kg, raio 0,9 m e comprimento 1,5 m. Para cada extremidade do cilindro, um amortecedor viscoso

# Capítulo 2  MODELAMENTOS DOS SISTEMAS DE UM GRAU DE LIBERDADE (1GL)

de coeficiente de amortecimento $c = 1000$ N · s/m é conectado ao centro, enquanto uma mola de rigidez $k = 1,4 \times 10^5$ N/m está conectada a um ponto 0,2 m do centro.

(a) Obtenha um modelo matemático para o movimento não forçado do cilindro se ele rolar sem deslizar.

(b) Obtenha um modelo matemático para o movimento não forçado do cilindro quando ele rola e desliza com um coeficiente de atrito de 0,25.

## SOLUÇÃO

(a) O método do diagrama de corpo livre é usado com projeções dos diagramas mostrando as forças equivalentes e efetivas na Figura 2.53(b). Quando o cilindro rola sem deslizar, há uma força de atrito entre o cilindro e o solo. Além disso, existe uma relação cinemática entre o deslocamento do centro da massa e a aceleração angular $\bar{\alpha} = R\alpha$. Quando o centro da massa do disco se move uma distância $x$ do equilíbrio, a mola também altera seu comprimento em $r\theta$, onde $r = 0,2$ m e $\theta$ é a rotação angular do disco. Como $x = R\theta$, a alteração do comprimento da mola é $\left(1 + \frac{r}{R}\right)x$. Somar os momentos nesses DCLs usando $(\Sigma Mc)_{\text{ext}} = (\Sigma Mc)_{\text{ef}}$ dá

$$-(2c\dot{x})R - \left[2k\left(1 + \frac{r}{R}\right)x\right](r + R)x = I\left(\frac{\ddot{x}}{R}\right) + (m\ddot{x})R \tag{a}$$

$$\left(\frac{I}{R^2} + m\right)\ddot{x} + 2c\dot{x} + 2k\left(1 + \frac{r}{R}\right)^2 x = 0 \tag{b}$$

Substituir os determinados valores, observando que o momento de inércia de um cilindro circular em torno do eixo de rotação é $I = \frac{1}{2}mR^2$ leva a

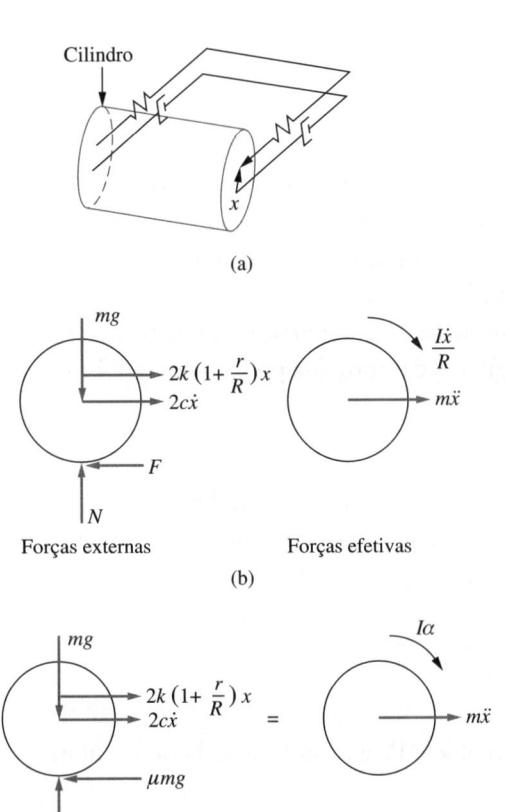

**FIGURA 2.53**
(a) Sistema do Exemplo 2.31. Um compactador é modelado como um cilindro com amortecedores viscosos anexados ao centro e molas anexadas a um ponto acima do centro. (b) DCLs do compactador, assumindo que ele rola sem deslizar. (c) DCLs do compactador no caso de deslizamento.

$$52{,}5\ddot{x} + 2000\dot{x} + 4{,}18 \times 10^5 x = 0 \tag{c}$$

(b) Se o disco rolar e deslizar, a força de atrito é igual à força de atrito máxima admissível igual a $\mu N$, e não há relação cinemática entre a aceleração angular e a aceleração do centro da massa. Os DCLs apropriados são mostrados na Figura 2.53(c). Somando os momentos em torno do ponto de contato usando os DCLs e $(\Sigma Mc)_{ext} = (\Sigma Mc)_{ef}$, temos

$$-(2c\dot{x})R - \left[2k\left(1 + \frac{r}{R}\right)x\right](r+R)x = I\alpha + (m\ddot{x})R \tag{d}$$

Somando os momentos em torno do centro do disco usando esses DCLs e $(\Sigma M_G)_{ext} = (\Sigma M_G)_{ef}$, temos

$$-\left[2k\left(1 + \frac{r}{R}\right)x\right]r + \mu mg\, R = I\alpha \tag{e}$$

Substituir a Equação (e) na Equação (d) leva a

$$m\ddot{x} + 2c\dot{x} + 2k\left(1 + \frac{r}{R}\right)R = -\mu mgR \tag{f}$$

A Equação (f) é obtida assumindo $\dot{x} > 0$. O lado direito é positivo se $\dot{x} < 0$. Mediante a substituição dos valores fornecidos e levando em conta o sinal de dependência do lado direito em $\dot{x}$ a Equação (f) se torna

$$35\ddot{x} + 2000\dot{x} + 3{,}08 \times 10^5 = \begin{cases} -77{,}25 & \dot{x} > 0 \\ 77{,}25 & \dot{x} < 0 \end{cases} \tag{g}$$

■

## ■ EXEMPLO 2.32

Considere o sistema mostrado na Figura 2.54(a). Uma haste fina de massa $m$ está apoiada em $O$ a uma distância de $\frac{3L}{10}$ da sua extremidade esquerda anexada a um amortecedor viscoso de coeficiente de amortecimento $c$ em sua extremidade esquerda. Anexado à sua extremidade direita está um bloco cúbico de lado $d$ e massa $m$ que inicialmente fica meio submerso em um líquido de densidade de massa $\rho$.
(a) Determine o valor de $d$ de modo que a posição de equilíbrio seja a configuração horizontal da barra.
(b) Determine a equação do movimento para oscilações pequenas em torno da posição de equilíbrio horizontal. Use $\theta$ como a coordenada generalizada escolhida.

### SOLUÇÃO

Quando o sistema está em equilíbrio, o momento da força de gravidade deve se equilibrar com o momento da força de empuxo agindo no bloco. Para a configuração horizontal cujo diagrama de corpo livre é mostrado na Figura 2.54(b), somar os momentos em torno do pino de suporte $\Sigma M_O = 0$ leva a

$$-mg\left(\frac{2L}{10}\right) + F_B\left(\frac{7L}{10}\right) = 0 \tag{a}$$

A força de empuxo é igual ao peso do fluido deslocado pelo bloco. Para metade do cubo a ser submergido,

$$F_B = \rho d^2\left(\frac{d}{2}\right) = \rho\frac{d^3}{2} \tag{b}$$

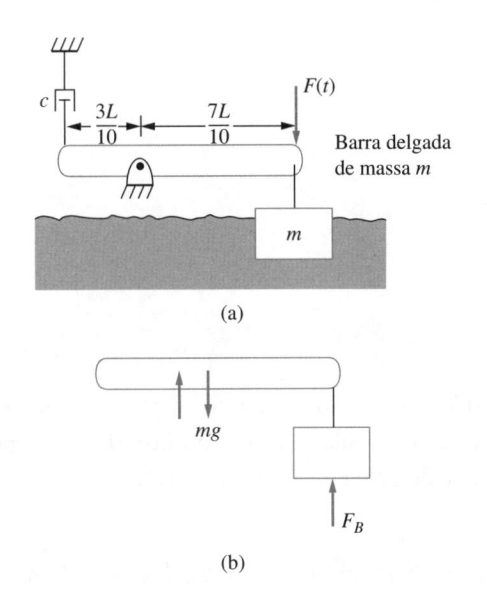

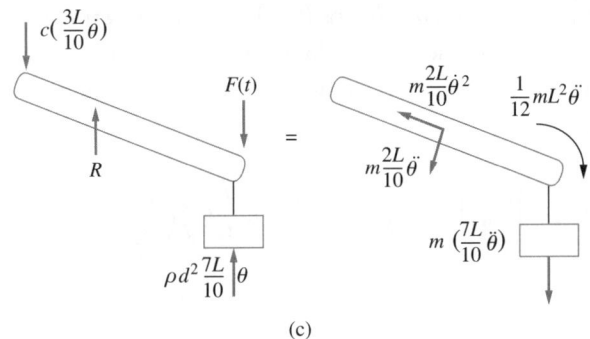

# Capítulo 2 — MODELAMENTOS DOS SISTEMAS DE UM GRAU DE LIBERDADE (1GL)

**FIGURA 2.54**
(a) Sistema do Exemplo 2.32. Um cubo está na extremidade de uma barra fina e está parcialmente submerso em um líquido quando acionado por uma força dependente de tempo. (b) DCL da posição de equilíbrio. (c) DCLs em um instante arbitrário. A força de gravidade e a força estática de empuxo cancelam-se entre si ao derivar a equação diferencial.

Usar a Equação (b) na Equação (a) leva a

$$\left(\frac{7}{10}\right)\rho\frac{d^3}{2} = \frac{2}{10}mg \Rightarrow d = \left(\frac{4mg}{7\rho}\right)^{\frac{1}{3}} \tag{c}$$

(b) Quando a barra tem um deslocamento angular $\theta$ a partir de sua posição de equilíbrio, a força de empuxo agindo no bloco (assumindo um $\theta$ pequeno) se torna

$$F_B = \rho d^2\left(\frac{d}{2} + \frac{7}{10}L\theta\right) \tag{d}$$

Somar os momentos em torno do ponto de suporte usando os diagramas de corpo livre da Figura 2.54(c) $(\Sigma M_O)_{\text{ext}} = (\Sigma M_O)_{\text{ef}}$ leva a

$$F(t)\frac{7L}{10} - \frac{3}{10}Lc\dot{\theta}\left(\frac{3}{10}L\right) + \frac{2}{10}mgL - \frac{7}{10}L\left[\rho d^2\left(\frac{d}{2} + \frac{7}{10}L\theta\right)\right]$$
$$= \frac{1}{12}mL^2\ddot{\theta} + \frac{2}{10}mL\ddot{\theta}\left(\frac{2}{10}L\right) + \frac{7}{10}mL\ddot{\theta}\left(\frac{7}{10}L\right) \tag{e}$$

Após subtrair a condição de equilíbrio da Equação (a), a Equação (d) se torna

$$\frac{184}{300}mL^2\ddot{\theta} + \frac{9}{100}cL^2\dot{\theta} + \frac{49}{100}\rho d^2 L^2 \theta = \frac{7L}{10}F(t).$$ (f)

$$184\ m\ddot{\theta} + 27c\dot{\theta} + 147\ \rho d^2 \theta = \frac{210}{L}F(t)$$ (g) ∎

## EXEMPLO 2.33

Use o método do diagrama de corpo livre para derivar a equação diferencial regendo o movimento do sistema mostrado na Figura 2.55(a). Use $\theta$ como o deslocamento angular em sentido horário da barra medido a partir da posição de equilíbrio do sistema e como a coordenada generalizada escolhida. Assuma o $\theta$ pequeno.

### SOLUÇÃO

Os DCLs que mostram as forças externas e as forças efetivas em um instante arbitrário são mostrados na Figura 2.55(b). A suposição para ângulos pequenos implica que sen $\theta \approx \theta$, cos $\theta \approx 1$ e as molas permanecem verticais. Assim, uma equação diferencial linear será derivada e pode ser assumido que as forças estáticas da mola se cancelam com a gravidade ao derivar a equação diferencial. Somando os momentos em torno do ponto de suporte $(\Sigma M_O)_{\text{ext}} = (\Sigma M_O)_{\text{ef}}$ e usando os DCLs, temos

$$-c\left(\frac{2L}{3}\dot{\theta}\right)\left(\frac{2L}{3}\right) - k\left(\frac{L}{3}\theta\right)\left(\frac{L}{3}\right) - 2k\left(\frac{L}{3}\theta\right)\left(\frac{L}{3}\right) = \frac{1}{12}mL^2\ddot{\theta} + m\left(\frac{L}{6}\ddot{\theta}\right)\left(\frac{L}{6}\right)$$ (a)

que reduz para

$$m\ddot{\theta} + 4c\dot{\theta} + 3k\theta = 0$$ (b)

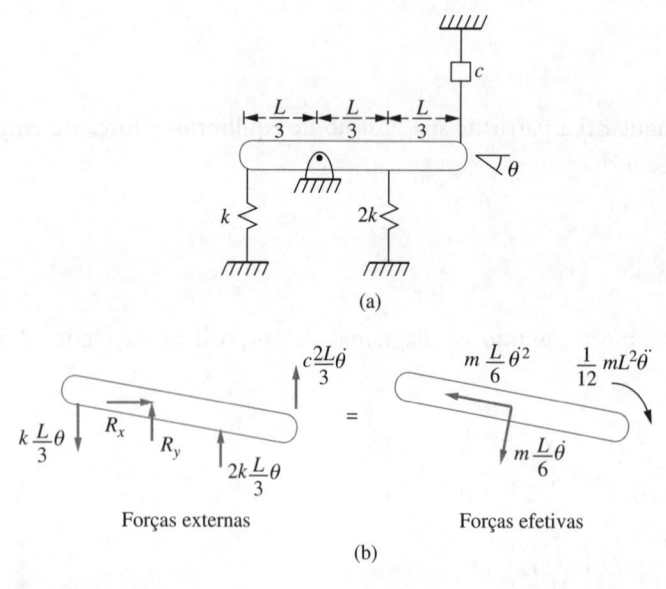

**FIGURA 2.55**
(a) Sistema do Exemplo 2.33. A suposição para ângulos pequenos é usada para linearizar a equação diferencial *a priori*. (b) DCLs do sistema em um instante arbitrário. ∎

Capítulo 2    MODELAMENTOS DOS SISTEMAS DE UM GRAU DE LIBERDADE (1GL)

## EXEMPLO 2.34

Obtenha a equação diferencial regendo o movimento do sistema da Figura 2.56. O sistema está em equilíbrio quando a barra está na posição vertical. Use o método de sistemas equivalentes usando a coordenada angular $\theta$ como o deslocamento angular no sentido anti-horário da barra quando está em equilíbrio e como a coordenada generalizada. Assumindo um $\theta$ pequeno, o disco rola sem deslizar e não há atrito entre o carrinho e a superfície.

### SOLUÇÃO

O deslocamento do centro do disco é $x = a\theta$, e o deslocamento do carrinho é $y = b\theta$, com ambos assumindo um $\theta$ pequeno. O modelo de sistemas equivalentes apropriado é o sistema torcional cuja equação é

$$I_{eq}\ddot{\theta} + c_{t,eq}\dot{\theta} + k_{t,eq}\theta = 0 \tag{a}$$

O momento de inércia equivalente é obtido usando energia cinética. A energia cinética do sistema em um instante arbitrário é

$$T = \frac{1}{2}m_d \dot{x}^2 + \frac{1}{2}I_d \omega^2 + \frac{1}{2}I_b \dot{\theta}^2 + \frac{1}{2}m_c \dot{y}^2 \tag{b}$$

Observando que, se o disco rolar sem deslizar, então $\omega = \frac{\dot{x}}{r}$, o momento de inércia do disco fino é $I_d = \frac{1}{2}m_d r^2$, e o momento de inércia da barra delgada é $I_b = \frac{1}{12}mL^2$. A Equação (b) se torna

$$T = \frac{1}{2}m_d(a\dot{\theta})^2 + \frac{1}{2}\left(\frac{1}{2}m_d r^2\right)\left(\frac{a\dot{\theta}}{r}\right)^2 + \frac{1}{2}\left(\frac{1}{12}mL^2\right)\dot{\theta}^2 + \frac{1}{2}m_c(b\dot{\theta})^2$$

$$= \frac{1}{2}\left(\frac{3}{2}m_d a^2 + \frac{1}{12}mL^2 + m_c b^2\right)\dot{\theta}^2 \tag{c}$$

Logo, $I_{eq} = \frac{3}{2}m_d a^2 + \frac{1}{12}mL^2 + m_c b^2$.

A energia potencial em um instante arbitrário é

$$V = \frac{1}{2}kx^2 + \frac{1}{2}ky^2 = \frac{1}{2}k(a^2 + b^2)\theta \tag{d}$$

Assim, $k_{t,eq} = k(a^2 + b^2)$. O trabalho feito pela força de um amortecedor viscoso é

$$U = -\int c\dot{x}\,dx = -\int c(a\dot{\theta})d(a\theta) = -\int ca^2\dot{\theta}\,d\theta \tag{e}$$

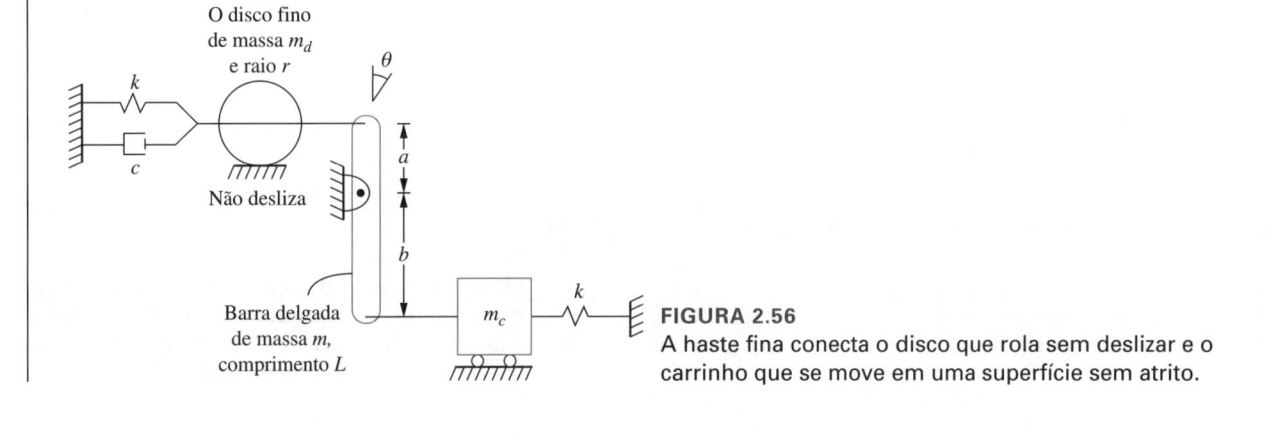

**FIGURA 2.56**
A haste fina conecta o disco que rola sem deslizar e o carrinho que se move em uma superfície sem atrito.

O coeficiente do amortecedor viscoso equivalente é $c_{t,eq} = ca^2$. Logo, a equação diferencial regente é

$$\left(\frac{3}{2}m_d a^2 + \frac{1}{12}mL^2 + m_c b^2\right)\ddot{\theta} + ca^2\dot{\theta} + k(a^2 + b^2)\theta = 0 \tag{f}$$

## EXEMPLO 2.35

A barra da Figura 2.57(a) está anexada a uma mola e um amortecedor viscoso que está anexado a um came e um seguidor. O came está desenhado de modo que se comunica com um deslocamento $y(t)$ para a mola e o amortecedor viscoso. A barra está desenhada para se comunicar com um movimento linear para o carrinho. Obtenha a equação diferencial regendo o movimento usando $x$ como o deslocamento do carrinho e como a coordenada generalizada. O movimento ocorre no plano horizontal.

### SOLUÇÃO

Assuma que o deslocamento do carrinho seja pequeno. A rotação angular da barra está relacionada ao deslocamento do carrinho por $x = a\theta$. O deslocamento da extremidade da barra onde a mola está anexada é $y = b\theta = \frac{b}{a}x$. Os DCLs que mostram as forças externas e as forças efetivas agindo na barra são mostrados na Figura 2.57(b). Somar os momentos em torno do centro da barra $(\Sigma M_G)_{ext} = (\Sigma M_G)_{eff}$ e usar os DCLs leva a

$$k\left(y - \frac{b}{a}x\right)b + c\left(\dot{y} - \frac{b}{a}\dot{x}\right)b - (kx)a = \frac{1}{12}m_2 L^2\left(\frac{\ddot{x}}{a}\right)$$
$$+ (m_1\ddot{x})a + m_2\left(\frac{b-a}{2}\right)\frac{\ddot{x}}{a}\left(\frac{b-a}{2}\right)$$ (a)

que é rearranjado para

$$\left(m_1 a + \frac{m_2 L^2}{12a} + \frac{m_2}{4a}(b-a)^2\right)\ddot{x} + c\frac{b^2}{a}\dot{x} + k\left(a + \frac{b^2}{a}\right)x = c\frac{b^2}{a}\dot{y} + k\frac{b^2}{a}y \tag{b}$$

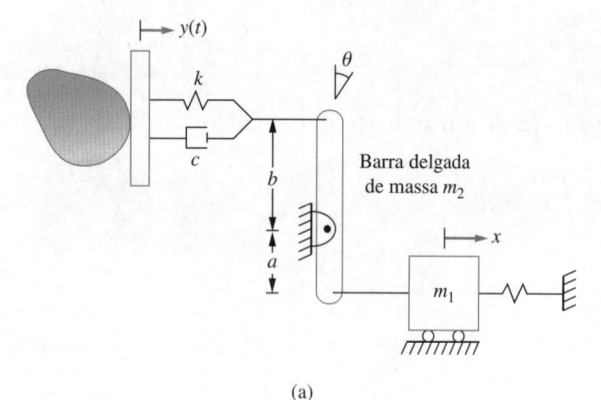

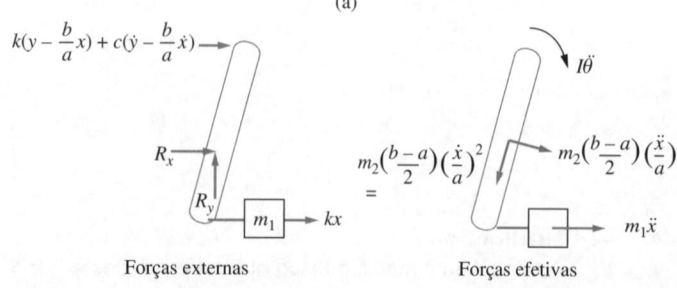

**FIGURA 2.57**
(a) A extremidade da barra está conectada a uma mola e a um amortecedor viscoso que recebe a entrada do movimento, de um came. (b) DCLs da barra em um instante arbitrário. ∎

## 2.15 RESUMO DO CAPÍTULO

### 2.15.1 CONCEITOS IMPORTANTES

- Mola é uma conexão flexível entre duas partículas em um sistema mecânico.
- Os elementos estruturais podem ser usados como molas.
- A combinação de molas pode ser substituída por uma única mola de rigidez equivalente para fins de análise.
- A grandeza da força de uma mola (desenhada em um instante arbitrário em um DCL) é a rigidez da mola vezes a alteração no comprimento da mola. Se uma extremidade da mola for fixa, a alteração no comprimento da mola é simplesmente o deslocamento da partícula na qual a mola está anexada.
- A direção da força de uma mola (desenhada em um DCL em um instante arbitrário) é consistente com o estado da mola para um valor positivo da coordenada generalizada. Se a mola estiver esticada, a força é desenhada agindo para longe do corpo. Se a mola estiver comprimida, a força é desenhada agindo na direção do corpo. A direção da força da mola se corrige automaticamente à medida que o movimento continua.
- O amortecedor viscoso muitas vezes é usado em sistemas mecânicos porque a adição do amortecedor viscoso leva a um termo linear na equação diferencial regente.
- A força de um amortecedor viscoso (desenhada em um DCL em um instante arbitrário) é igual ao coeficiente do amortecimento viscoso vezes a velocidade da partícula em que ela está anexada e oposta à direção da velocidade positiva da partícula.
- Os amortecedores viscosos em um sistema podem ser substituídos (para fins de análise) por um único amortecedor viscoso, de modo que o trabalho feito pelo amortecedor individual seja equivalente ao trabalho feito por todos os amortecedores viscosos.
- Todos os elementos de inércia em um sistema podem ser substituídos por uma partícula (para fins de análise) de modo que a energia cinética da partícula seja igual à energia cinética de todos os elementos de inércia.
- A inércia de uma mola pode ser aproximada ao adicionar uma partícula de um terço da massa da mola no local do sistema em que a mola está anexada.
- Quando uma massa está vibrando em um líquido, o movimento do líquido arrastado pode ser aproximado pela massa adicionada. Ou seja, uma partícula de uma massa apropriada é adicionada à massa do corpo vibrante.
- Todas as forças externas agindo em um sistema podem ser substituídas (para fins de análise) por uma única força cujo trabalho é igual ao trabalho feito por todas as forças externas.
- O método do diagrama de corpo livre pode ser usado para obter a equação diferencial de qualquer sistema de 1GL. O método consiste em desenhar os DCLs do sistema em um instante arbitrário. Se o sistema puder ser modelado como uma partícula, a lei de conservação apropriada será $\Sigma \mathbf{F} = m\mathbf{a}$. Se o sistema puder ser modelado como um corpo rígido sendo submetido a um movimento planar com rotação em torno de um eixo fixo através de $O$, as equações apropriadas serão $\Sigma \mathbf{F} = m\bar{\mathbf{a}}$ e $\Sigma M_O = I_0 \alpha$. Se o sistema for composto por mais de um corpo ou envolver um movimento planar de um corpo rígido, as equações de conservação serão $(\Sigma \mathbf{F})_{ext} = (\Sigma \mathbf{F})_{ef}$ e $(\Sigma \mathbf{M}_A)_{ext} = (\Sigma \mathbf{M}_A)_{ef}$ onde $A$ está em qualquer eixo.
- Para um sistema linear, se a coordenada generalizada for medida a partir da posição de equilíbrio do sistema, as forças estáticas desenvolvidas nas molas cancelam-se com a força da gravidade que as provocam quando a equação diferencial regendo o movimento é derivada. Assim, nenhuma delas está incluída em um DCL ou na formulação da energia potencial.
- A suposição para ângulos pequenos pode ser usada para linearizar uma equação diferencial não linear. Ela pode ser aplicada *a priori* para obter a equação diferencial regendo o movimento do sistema.
- O método de sistemas equivalentes pode ser aplicado para qualquer sistema linear. Uma coordenada generalizada é selecionada. Uma massa equivalente é calculada usando a energia cinética do sistema, uma rigidez equivalente é calculada usando a energia potencial do sistema, um coeficiente de amortecedor viscoso equivalente é calculado usando o trabalho feito pelas forças do amortecedor viscoso e uma força equivalente é

calculada usando o trabalho feito por forças externas. A equação diferencial regendo o movimento é a de um sistema de massa-mola e amortecedor viscoso usando os coeficientes equivalentes.

## 2.15.2 EQUAÇÕES IMPORTANTES

Relação de força e deslocamento para uma mola linear

$$F = kx \tag{2.4}$$

Energia potencial desenvolvida em uma mola linear

$$V = \frac{1}{2} kx^2 \tag{2.6}$$

Rigidez de uma mola helicoidal

$$k = \frac{GD^4}{64Nr^3} \tag{2.11}$$

Rigidez da barra longitudinal

$$k = \frac{AE}{L} \tag{2.16}$$

Rigidez de uma viga simplesmente suportada em seu centro

$$k = \frac{48EI}{L^3} \tag{2.18}$$

Rigidez de uma viga em balanço em sua extremidade

$$k = \frac{3EI}{L^3} \tag{2.21}$$

Rigidez torcional do eixo

$$k_t = \frac{JG}{L} \tag{2.25}$$

Rigidez equivalente de $n$ molas paralelas

$$k_{eq} = \sum_{i=1}^{n} k_i \tag{2.28}$$

Rigidez equivalente de $n$ molas em série

$$k_{eq} = \frac{1}{\sum_{i=1}^{n} \frac{1}{k_i}} \tag{2.31}$$

Determinação da rigidez equivalente para a combinação arbitrária de molas

$$V = \frac{1}{2}k_{eq}x^2 \qquad (2.32)$$

Energia potencial em função da gravidade

$$V = mgh \qquad (2.34)$$

Força desenvolvida no amortecedor viscoso

$$F = cv \qquad (2.37)$$

Trabalho feito pelas forças de um amortecedor viscoso

$$U_{1\to 2} = -\int_0^x c_{eq}\dot{x}\, dx \qquad (2.47)$$

Massa equivalente quando o deslocamento linear é usado como coordenada generalizada

$$T = \frac{1}{2}m_{eq}\dot{x}^2 \qquad (2.50)$$

Momento de inércia equivalente quando a coordenada angular é usada como coordenada generalizada

$$T = \frac{1}{2}I_{eq}\dot{\theta}^2 \qquad (2.51)$$

Massa equivalente de um sistema incluindo aproximação dos efeitos da inércia nas molas

$$m_{eq} = m + \frac{m_s}{3} \qquad (2.57)$$

Trabalho feito por fontes externas

$$U_{1\to 2} = -\int_{t_1}^{t_2} F_{eq}\dot{x}\, dt \qquad (2.64)$$

Suposição para ângulos pequenos

$$\operatorname{sen}\theta \approx \theta \qquad (2.71)$$

$$\cos\theta \approx 1 \qquad (2.73)$$

$$\tan\theta \approx \theta \qquad (2.74)$$

Equação diferencial regendo o sistema de massa-mola e amortecedor viscoso

$$m_{eq}\ddot{x} + c_{eq}\dot{x} + k_{eq}x = F_{eq}(t) \tag{2.84}$$

Equação diferencial regendo o sistema equivalente quando a coordenada generalizada escolhida é uma coordenada angular

$$I_{eq}\ddot{\theta} + c_{t,eq}\dot{\theta} + k_{t,eq}\theta = M_{eq}(t) \tag{2.85}$$

## PROBLEMAS

## PROBLEMAS DE RESPOSTA CURTA

Para os Problemas 2.1 a 2.15, indique se a afirmação apresentada é verdadeira ou falsa.
Se for verdadeira, explique por quê. Se for falsa, reescreva a afirmação para torná-la verdadeira.

2.1 A equação diferencial regendo as vibrações livres de um sistema de massa-mola e amortecedor viscoso de deslizamento (sem atrito) é a mesma que a equação diferencial para um sistema massa-mola e amortecedor viscoso em suspensão.
2.2 A equação diferencial regendo o movimento de um sistema de 1GL linear é de quarta ordem.
2.3 As molas em série têm uma rigidez equivalente que é a soma da rigidez individual dessas molas.
2.4 A rigidez equivalente de uma viga uniforme simplesmente suportada em seu meio é $3EI/L^3$.
2.5 O termo que representa o amortecimento viscoso na equação diferencial regente para um sistema é linear.
2.6 Quando o método de sistemas equivalentes é usado para derivar a equação diferencial para um sistema com uma coordenada angular usada como coordenada generalizada, a energia cinética é usada para obter a massa equivalente do sistema.
2.7 O método de sistemas equivalentes pode ser usado para obter a equação diferencial para os sistemas 1GL lineares com amortecimento viscoso.
2.8 Os efeitos da inércia de uma viga simplesmente suportada podem ser aproximados ao colocar uma partícula de um terço de massa da massa da viga no centro da viga.
2.9 A deflexão estática da mola no sistema da Figura P 2.9 é $mg/k$.
2.10 As molas no sistema da Figura P 2.10 estão em série.
2.11 Um eixo pode ser usado como uma mola de rigidez torcional $JG/L$.
2.12 A dissipação de energia é usada para calcular o coeficiente de amortecimento viscoso equivalente para uma combinação de amortecedores viscosos.
2.13 A massa acrescentada de um fluido arrastado por um sistema vibratório é determinada ao calcular a energia potencial desenvolvida no fluido.

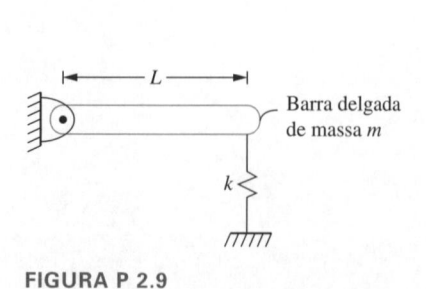

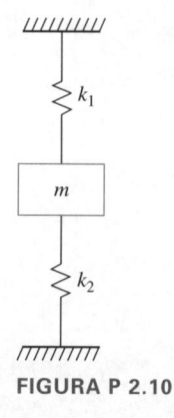

FIGURA P 2.9

FIGURA P 2.10

# Capítulo 2 — MODELAMENTOS DOS SISTEMAS DE UM GRAU DE LIBERDADE (1GL)

2.14 Se for desejado calcular as reações no suporte da Figura P 2.14, os efeitos da força estática e da gravidade da mola cancelam-se e não precisam ser incluídos no DCL ou na soma das forças no DCL.

2.15 A gravidade cancela-se com a força estática da mola; logo, a energia potencial de nenhuma delas está incluída nos cálculos da energia potencial para o sistema da Figura P 2.15.

Os Problemas 2.16 a 2.25 exigem uma resposta curta.

**FIGURA P 2.14**

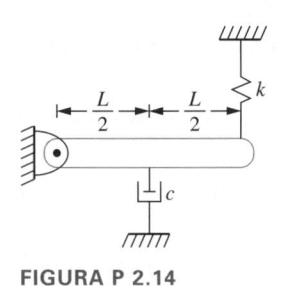

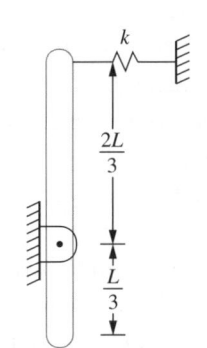

**FIGURA P 2.15**

2.16 Qual é a suposição para ângulos pequenos e como ela é usada?

2.17 Quando os diagramas de corpo livre de um sistema são desenhados e quando são usados para derivar a equação diferencial de um sistema de 1GL linear?

2.18 O que significa "formas quadráticas"?

2.19 Os efeitos da inércia da mola em um sistema de massa-mola e amortecedor viscoso podem ser aproximados ao acrescentar uma partícula de qual grandeza à massa?

2.20 O que é o mesmo em cada mola para uma combinação de molas paralelas?

2.21 No geral, qual é a rigidez equivalente de uma combinação de molas calculadas?

2.22 Desenhe um DCL mostrando as forças da mola aplicadas ao sistema da Figura P 2.22 em um instante arbitrário. Nomeie as forças em termos de $\dot{\theta}$.

2.23 Desenhe um DCL mostrando as forças desenvolvidas nos amortecedores viscosos agindo na barra da Figura P 2.23 em um instante arbitrário. Nomeie as forças em termos de $\dot{\theta}$.

2.24 Descreva o método de sistemas equivalentes.

2.25 Quando as forças estáticas da mola não são desenhadas no DCL de forças externas?

2.26 O método de sistemas equivalentes pode ser usado para obter a equação diferencial de um sistema de 1GL não linear? Explique.

Os Problemas 2.27 a 2.44 exigem cálculos breves.

2.27 Qual é a rigidez equivalente das molas de rigidez individual $k_1$ e $k_2$ colocadas em série?

2.28 Qual é a rigidez equivalente das molas no sistema da Figura P 2.28?

2.29 Qual é a rigidez torcional equivalente dos eixos na Figura P 2.29?

**FIGURA P 2.22**

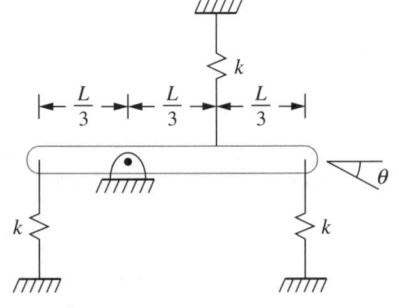

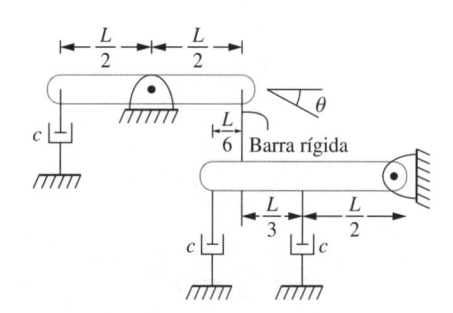

**FIGURA P 2.23**

**104** VIBRAÇÕES MECÂNICAS: teoria e aplicações

2.30 Quando uma resistência à tração de 300 N é aplicada a um elemento elástico, ele possui um alongamento de 1 mm. Qual é a rigidez do elemento?

2.31 Qual é a energia potencial desenvolvida no elemento elástico do Problema de resposta curta 2.30 quando uma resistência à tração de 300 N é aplicada?

2.32 Qual é a energia potencial desenvolvida no elemento elástico do Problema de resposta curta 2.30 quando uma força compressora de 300 N é aplicada?

2.33 Uma mola de rigidez torcional de 250 N · m/rad tem uma rotação de 2° quando o momento é aplicado. Calcule a energia potencial desenvolvida na mola.

2.34 Qual é a rigidez torcional de um eixo de aço anular ($G = 80 \times 10^9$ N/m$^2$) com um comprimento de 2,5 m, raio interno de 10 cm e raio externo de 15 cm?

2.35 Qual é a rigidez torcional de um eixo de alumínio sólido ($G = 40 \times 10^9$ N/m$^2$) com um comprimento de 1,8 m e um raio de 25 cm?

2.36 Qual é a rigidez longitudinal de um eixo de uma barra de aço ($E = 200 \times 10^9$ N/m$^2$) com um comprimento de 2,3 m e uma área transversal retangular de 5 cm $\times$ 6 cm?

2.37 Qual é a rigidez transversal de uma viga em balanço de aço ($E = 200 \times 10^9$ N/m$^2$) com um comprimento de 10$\mu$m e uma área transversal retangular com uma largura de 1$\mu$m e altura de 0,5 $\mu$m?

2.38 Calcule a deflexão estática em uma mola linear de rigidez 4000 N/m quando uma massa de 20 kg está suspensa nela.

2.39 Uma mola de comprimento inicial de 10 cm tem uma densidade linear de 2,3 g/cm. A mola está anexada entre um suporte fixo e um bloco de massa de 150 g. Qual massa deve ser acrescentada ao bloco para aproximar os efeitos da inércia da mola?

2.40 Qual é a energia cinética do sistema da Figura P 2.40 em um instante arbitrário em termos de $x$, que é o deslocamento descendente do bloco de massa $m_1$? Inclua uma aproximação dos efeitos da inércia das molas. A massa de cada mola é $m_s$.

2.41 Calcule um coeficiente de amortecimento torcional equivalente para o sistema da Figura P 2.41 quando $\theta$, que é a rotação angular em sentido horário da barra, for usado como a coordenada generalizada.

2.42 Avalie sem usar uma calculadora. O argumento da função trigonométrica está em radianos.
   (a) sen 0,05
   (b) cos 0,05

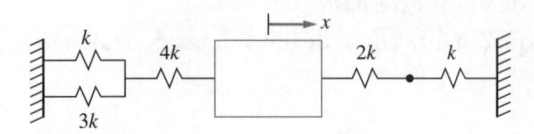

**FIGURA P 2.28**

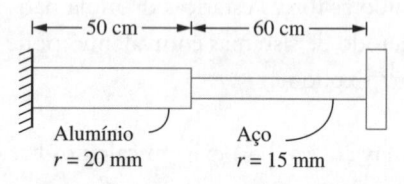

**FIGURA P 2.29**

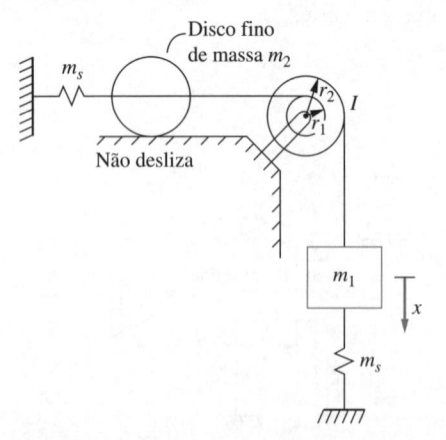

**FIGURA P 2.40**

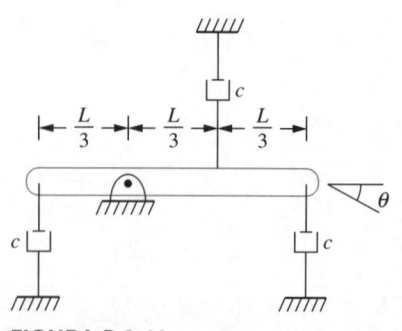

**FIGURA P 2.41**

(c) 1−cos 0,05
(d) tan 0,05
(e) cot* 0,05
(f) sec 0,05
(g) csc** 0,05

2.43 Avalie sem usar uma calculadora.
(a) sen 3°
(b) cos 3°
(c) 1−cos 3°
(d) tan 3°

2.44 Calcule o momento de inércia equivalente dos três eixos da Figura P 2.44 quando $\theta_2$ é usado como a coordenada generalizada. Assuma que as engrenagens funcionam perfeitamente e seus momentos de inércia são insignificantes.

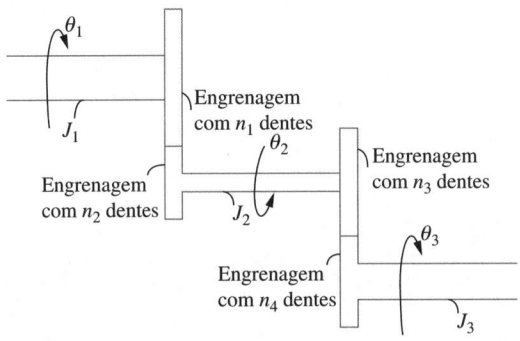

**FIGURA P 2.44**

2.45 Combine a quantidade com as unidades apropriadas
(a) rigidez da mola, $k$              (i)   N · m
(b) rigidez torcional, $k_t$          (ii)  rad
(c) coeficiente de amortecimento, $c$ (iii) N · m/rad
(d) coeficiente de amortecimento torcional, $c_t$ (iv) N · m/s
(e) energia potencial, $V$            (v)   kg · m²
(f) potência distribuída pela força externa, $P$ (vi) N/m
(g) momento de inércia, $I$           (vii) N · m · s/rad
(h) deslocamento angular $\theta$     (viii) N · s/m

---

* $\cot(x) = \dfrac{1}{\tan(x)}$ (N.R.T.)

** $\csc(x) = \dfrac{1}{\sec(x)}$ (N.R.T.)

# CAPÍTULO 3

# VIBRAÇÕES LIVRES DOS SISTEMAS DE 1GL

## 3.1 INTRODUÇÃO

As vibrações livres são oscilações em torno da posição de equilíbrio de um sistema que ocorre na ausência de excitação externa. As vibrações livres são resultado de uma energia cinética aplicada ao sistema ou de um deslocamento da posição de equilíbrio que leva a uma diferença na energia potencial da posição de equilíbrio do sistema.

Considere o modelo do sistema de um grau de liberdade (1GL) da Figura 3.1. Quando o bloco é deslocado a uma distância $x_0$ de sua posição de equilíbrio, uma energia potencial $kx_0^2/2$ é desenvolvida na mola. Quando o sistema é liberado do equilíbrio, a força da mola atrai o bloco para a posição de equilíbrio do sistema, com a energia potencial sendo convertida para energia cinética. Quando o bloco atinge a posição de equilíbrio, a energia cinética atinge um máximo e o movimento continua. A energia cinética é convertida para energia potencial até que a mola seja comprimida de uma distância $x_0$. Esse processo de transferência de energia potencial para energia cinética e vice-versa é contínuo na ausência de forças não conservadoras. Em um sistema físico, esse movimento perpétuo é impossível. Atrito seco, atrito interno na mola, arrasto aerodinâmico e outros mecanismos não conservadores eventualmente dissipam a energia.

Os exemplos de vibrações livres de sistemas que podem ser modelados usando um grau de liberdade incluem as oscilações de um pêndulo em torno de uma posição de equilíbrio vertical, o movimento de um mecanismo de recuo de uma arma de fogo após seu disparo e o movimento de um sistema de suspensão automotiva após o veículo se deparar com um buraco.

As vibrações livres de um sistema de 1GL são descritas por uma equação diferencial ordinária de segunda ordem homogênea. A variável independente é o tempo, enquanto a variável dependente é a coordenada generalizada escolhida. A coordenada generalizada escolhida representa o deslocamento de uma partícula no sistema ou um deslocamento angular, e é medida a partir da posição de equilíbrio do sistema.

A equação diferencial regendo as vibrações livres de um sistema linear é demonstrada no Capítulo 2 e tem a forma

$$m_{eq}\ddot{x} + c_{eq}\dot{x} + k_{eq}x = F_{eq} \tag{3.1}$$

quando um deslocamento linear $x$ é escolhido como a coordenada generalizada. O segundo termo derivativo é devido às forças da inércia (forças efetivas) do sistema, o primeiro termo derivativo está presente se houver amortecimento viscoso no sistema, e o termo sem derivadas vem das forças elásticas. Se o método de energia for usado para derivar a equação diferencial, o segundo termo derivativo é um resultado da energia cinética do sistema, o primeiro termo derivativo é um resultado do trabalho feito pelas forças de atrito viscoso, e o termo derivadas é um resultado da energia potencial do sistema.

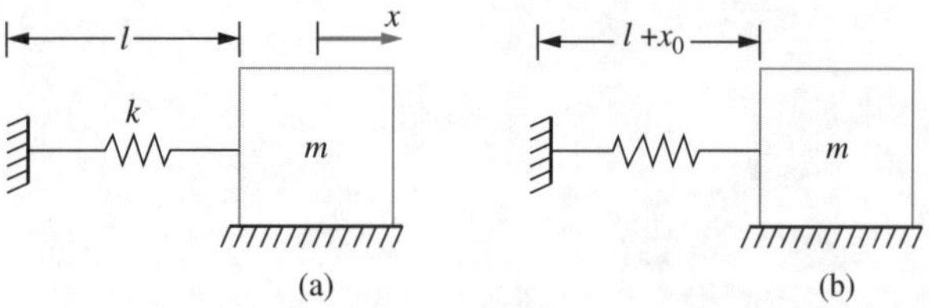

**FIGURA 3.1**
Quando a massa é deslocada, uma distância $x_0$, uma força $kx_0$ e uma energia potencial $\frac{1}{2}kx_0^2$ se desenvolvem na mola. Quando liberado do repouso, ocorre um movimento cíclico. Na ausência de quaisquer mecanismos dissipativos, o sistema retorna para a mesma posição ao final de cada ciclo.

A solução geral da equação diferencial de segunda ordem é uma combinação linear de duas soluções linearmente independentes. As constantes arbitrárias, chamadas *constantes de integração*, são unicamente determinadas mediante aplicação de duas condições iniciais. Estas condições necessárias são valores da coordenada generalizada e sua primeira derivada temporal em um tempo especificado, normalmente $t = 0$.

A equação diferencial regendo a vibração livre de um sistema de 1GL é escrita em uma forma-padrão em termos de dois parâmetros. A forma da solução da equação diferencial depende dos parâmetros. Por exemplo, a forma matemática da solução para um sistema não amortecido é o movimento harmônico simples. A forma matemática da solução para um sistema amortecido varia com um parâmetro chamado *razão de amortecimento*.

A resposta de um sistema sob outras formas de amortecimento também é considerada. *Atrito seco de deslizamento*, ou *amortecimento de Coulomb*, leva a duas equações diferenciais que regem o movimento: uma para velocidade positiva e outra para velocidade negativa. Isso leva a um sistema não linear, mas um cuja solução está disponível. A resposta de um sistema com *amortecimento histerético* (o amortecimento devido à perda de energia dentro de um material) é caracterizada por um coeficiente de amortecimento viscoso equivalente sob certas condições.

## 3.2 FORMA-PADRÃO DA EQUAÇÃO DIFERENCIAL

A equação diferencial regendo qualquer sistema de 1GL que foi mostrada no Capítulo 2 tem forma

$$m_{eq}\ddot{x} + c_{eq}\dot{x} + k_{eq}x = F_{eq} \quad (3.2)$$

Se a coordenada generalizada for uma coordenada angular, então

$$I_{eq}\ddot{\theta} + c_{t,eq}\dot{\theta} + k_{t,eq}\theta = M_{eq}(t) \quad (3.3)$$

As vibrações livres ocorrem na ausência de qualquer força e como resultado de uma energia potencial ou cinética presente no sistema $t = 0$. Assim, para este capítulo, $F_{eq} = 0$ ou $M_{eq} = 0$. Sem perda de generalidade, assuma que a coordenada generalizada é um deslocamento linear e a equação diferencial é escrita na forma da Equação (3.1).

Dividir a Equação (3.1) por $m_{eq}$ leva a

$$\ddot{x} + \frac{c_{eq}}{m_{eq}}\dot{x} + \frac{k_{eq}}{m_{eq}}x = 0 \quad (3.4)$$

A Equação (3.4) é escrita em termos de dois parâmetros, $\frac{c_{eq}}{m_{eq}}$ e $\frac{k_{eq}}{m_{eq}}$, que tem um efeito na solução. Eles são definidos como

$$\omega_n = \sqrt{\frac{k_{eq}}{m_{eq}}} \quad (3.5)$$

que é a *frequência natural* do movimento e

$$\zeta = \frac{c_{eq}}{2\sqrt{k_{eq}m_{eq}}} \quad (3.6)$$

que é a *razão de amortecimento*. Os motivos para os nomes desses parâmetros ficarão aparentes posteriormente. A equação diferencial é escrita em termos desses parâmetros como

$$\ddot{x} + 2\zeta\omega_n \dot{x} + \omega_n^2 x = 0 \tag{3.7}$$

A Equação (3.7) é chamada de forma-padrão da equação diferencial para os sistemas de 1GL. Ela é suplementada por duas condições iniciais:

$$x(0) = x_0 \tag{3.8}$$

e

$$\dot{x}(0) = \dot{x}_0 \tag{3.9}$$

A Equação (3.7) é uma equação diferencial homogênea ordinária linear com coeficientes constantes. A solução da Equação (3.7) é assumida na forma

$$x(t) = Ae^{\alpha t} \tag{3.10}$$

A substituição da Equação (3.10) pela Equação (3.7) leva a

$$\left(\alpha^2 + 2\zeta\omega_n \alpha + \omega_n^2\right)Ae^{\alpha t} = 0 \tag{3.11}$$

A solução é obtida ao definir $\alpha^2 + 2\zeta\omega_n\alpha + \omega_n^2 = 0$. Usando a fórmula quadrática para obter uma solução, temos

$$\alpha = \frac{-2\zeta\omega_n \pm \sqrt{(2\zeta\omega_n)^2 - 4\omega_n^2}}{2} \tag{3.12}$$

ou

$$\alpha = \omega_n(-\zeta \pm \sqrt{\zeta^2 - 1}) \tag{3.13}$$

A forma da solução dessa equação diferencial depende dos valores de $\alpha$, as raízes da equação característica. Definindo $i = \sqrt{-1}$, há quatro casos.

1. Quando $\zeta = 0$, as raízes são puramente imaginárias, como $\alpha = \pm i\omega_n$. As vibrações livres *não são amortecidas*.
2. Quando $0 < \zeta < 1$, as raízes são conjugados complexos, $\alpha = \omega_n(-\zeta \pm i\sqrt{1 - \zeta^2})$. As vibrações livres são *subamortecidas*.
3. Quando $\zeta = 1$, a equação característica tem apenas uma raiz real, $\alpha = -\zeta\omega_n$. As vibrações livres são *criticamente amortecidas*.
4. Quando $\zeta > 1$, a equação característica tem duas raízes reais, $\alpha = \omega_n(-\zeta \pm \sqrt{\zeta^2 - 1})$. As vibrações livres são *superamortecidas*.

A solução varia com $\zeta$. A forma matemática da solução é diferente para cada caso.

## 3.3 VIBRAÇÕES LIVRES DE UM SISTEMA NÃO AMORTECIDO

Quando o sistema não é amortecido, as raízes da equação característica dada pela Equação (3.12) são puramente imaginárias, como $\pm\omega_n i$. A solução geral é uma combinação linear de todas as soluções possíveis, desse modo

$$x(t) = B_1 e^{i\omega_n t} + B_2 e^{-i\omega_n t} \tag{3.14}$$

onde $B_1$ e $B_2$ são constantes de integração.

Dada a identidade de Euler

$$e^{i\theta} = \cos\theta + i\,\text{sen}\,\theta \tag{3.15}$$

A aplicação da identidade de Euler para a Equação (3.14) leva a

$$x(t) = B_1(\cos\omega_n t + i\,\text{sen}\,\omega_n t) + B_2(\cos\omega_n t - i\,\text{sen}\,\omega_n t) \tag{3.16}$$

ou

$$x(t) = C_1 \cos\omega_n t + C_2 \,\text{sen}\,\omega_n t \tag{3.17}$$

onde $C_1 = B_1 + B_2$ e $C_2 = i(B_1 - B_2)$ são constantes redefinidas de integração. Como definido, $C_1$ e $C_2$ são reais, enquanto $B_1$ e $B_2$ são conjugados complexos. Substituir as condições iniciais, as Equações (3.8) e (3.9), pela Equação (3.17) leva a

$$x(t) = x_0 \cos\omega_n t + \frac{\dot{x}_0}{\omega_n}\,\text{sen}\,\omega_n t \tag{3.18}$$

Uma forma alternativa e mais instrutiva da Equação (3.18) é

$$x(t) = A\,\text{sen}(\omega_n t + \phi) \tag{3.19}$$

Expandir a Equação (3.19) usando a identidade trigonométrica para o seno da soma dos ângulos

$$\text{sen}(a + b) = \text{sen}\,a\cos b + \cos a\,\text{sen}\,b \tag{3.20}$$

dá

$$x(t) = A\cos\phi\,\text{sen}\,\omega_n t + A\,\text{sen}\,\phi\cos\omega_n t \tag{3.21}$$

Igualar os coeficientes dos termos trigonométricos semelhantes das Equações (3.18) e (3.21) leva a

$$A = \sqrt{x_0^2 + \left(\frac{\dot{x}_0}{\omega_n}\right)^2} \tag{3.22}$$

e

$$\phi = \tan^{-1}\left(\frac{\omega_n x_0}{\dot{x}_0}\right) \tag{3.23}$$

A Equação (3.19) é um exemplo de movimento harmônico simples discutido na Seção 1.6. A amplitude do movimento é $A$, a frequência é $\omega_n$, sua fase é $\phi$, e seu período é $\frac{2\pi}{\omega_n}$. O parâmetro $\omega_n$ é chamado *frequência natural*, porque é a frequência em que a resposta livre não amortecida ocorre naturalmente.

O movimento não amortecido de um sistema de 1GL é o movimento harmônico simples. As condições iniciais determinam a energia inicialmente presente no sistema. A energia potencial é convertida para energia cinética e vice-versa sem dissipação. Como a energia é conservada, o sistema eventualmente retorna para o seu estado inicial com as energias potencial e cinética originais, completando um ciclo completo de movimento. O ciclo subsequente replica o primeiro. O sistema leva a mesma quantidade de tempo para executar o segundo ciclo que o primeiro. Como nenhuma energia é dissipada, ele executa ciclos subsequentes na mesma quantidade de tempo. Assim, o movimento é *cíclico* e *periódico*. A Figura 3.2 ilustra o movimento harmônico simples de um sistema de 1GL não amortecido. A amplitude A, definida pela Equação (3.22), é o deslocamento máximo do equilíbrio. A amplitude é uma medida de energia transmitida ao sistema por meio das condições iniciais. Para um sistema linear

$$A = \sqrt{\frac{2E}{k_{eq}}} \tag{3.24}$$

onde $E$ é a soma das energias cinética e potencial.

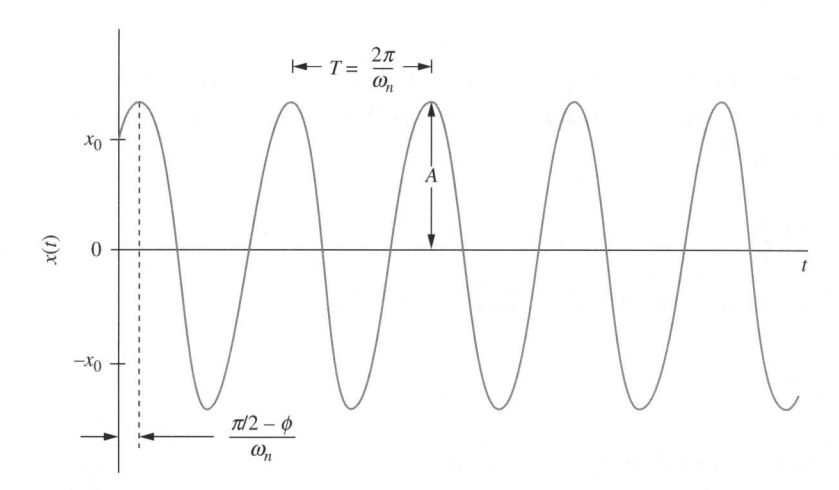

Capítulo 3                                        VIBRAÇÕES LIVRES DOS SISTEMAS DE 1GL   111

**FIGURA 3.2**
Ilustração da resposta livre de um sistema não amortecido. O movimento é cíclico e periódico.

O ângulo da fase $\phi$ calculado da Equação (3.23) é uma indicação da vantagem ou do atraso entre a resposta e uma resposta sinusoidal pura. A resposta é puramente sinusoidal com $\phi = 0$ se $x_0 = 0$. A resposta leva a uma resposta sinusoidal pura por $\pi/2$ rad se $\dot{x}_0 = 0$. O sistema leva um tempo de

$$t = \begin{cases} \dfrac{\pi - \phi}{\omega_n} & \phi > 0 \\ -\dfrac{\phi}{\omega_n} & \phi \leq 0 \end{cases} \qquad (3.25)$$

para atingir sua posição de equilíbrio a partir de sua posição inicial.

## ■ EXEMPLO 3.1

Um motor de massa 500 kg é montado em uma fundação elástica de rigidez equivalente $7 \times 10^5$ N/m. Determine a frequência natural do sistema.

### SOLUÇÃO

O sistema é modelado como um sistema de massa-mola em suspensão. A Equação (3.3) com $c_{eq} = 0$ rege o deslocamento do motor de sua posição de equilíbrio estático. A frequência natural é determinada ao usar a Equação (3.5)

$$\omega_n = \sqrt{\dfrac{k}{m}} = \sqrt{\dfrac{7 \times 10^5\,\text{N/m}}{500\,\text{kg}}} = 37{,}4\,\text{rad/s} \qquad \textbf{(a)}$$

ou expressa em Hz

$$f = \dfrac{\omega_n}{2\pi} = \dfrac{37{,}4\,\text{rad/s}}{2\pi\,\text{rad/ciclo}} = 5{,}96\,\text{Hz} \qquad \textbf{(b)} \quad ■$$

## ■ EXEMPLO 3.2

Uma roda é montada em um eixo de aço ($G = 83 \times 10^9$ N/m$^2$) de comprimento 1,5 m e raio 0,80 cm. A roda é girada 5° e liberada. O período de oscilação é observado como 2,3 s. Determine o momento de inércia da massa da roda.

## SOLUÇÃO

As oscilações da roda em torno de sua posição de equilíbrio são modeladas como oscilações torcionais de um disco em um eixo sem massa, como ilustrado na Figura 3.3. A equação diferencial para tal sistema é derivada no Exemplo 2.17 como

$$I\ddot{\theta} + \frac{JG}{L}\theta = 0 \tag{a}$$

A Equação (a) é escrita na forma-padrão ao dividir por $I$, dando

$$\ddot{\theta} + \frac{JG}{IL}\theta = 0 \tag{b}$$

A frequência natural é obtida da Equação (b) como

$$\omega_n = \sqrt{\frac{JG}{IL}} \tag{c}$$

A frequência natural é calculada do período observado por

$$\omega_n = \frac{2\pi}{T} = \frac{2\pi \text{ rad/ciclo}}{2{,}3 \text{ s/ciclo}} = 2{,}73 \text{ rad/s} \tag{d}$$

O momento de inércia da roda é calculado usando a Equação (c) como

$$I = \frac{JG}{L\omega_n^2} = \frac{\frac{\pi}{2}(0{,}008 \text{ m})^4 (83 \times 10^9 \text{ N/m}^2)}{(1{,}5 \text{ m})(2{,}73 \text{ rad/s})^2} = 47{,}7 \text{ kg} \cdot \text{m}^2 \tag{e}$$

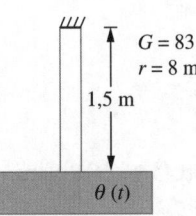

**FIGURA 3.3**
Sistema do Exemplo 3.2. Uma roda é montada em um eixo, e o período de oscilações é observado, o que é usado para calcular o momento de inércia da roda. ∎

## EXEMPLO 3.3

Uma massa de 5 kg é jogada na extremidade de uma viga em balanço com velocidade de 0,5 m/s, como mostrado na Figura 3.4(a). O impacto causa vibrações da massa, que gruda na viga. A viga é feita de aço ($E = 210 \times 10^9$ N/m²), tem 2,1 m de comprimento e um momento de inércia de $I = 3 \times 10^{-6}$ m⁴. Ignore a inércia da viga e determine a resposta da massa.

### SOLUÇÃO

Seja $x(t)$ o representante do deslocamento da massa, que é medido como descendente positivo da posição de equilíbrio da massa após ter sido anexado à viga. Como mostrado na Figura 3.4(b), o sistema é modelado como uma massa de 5 kg suspensa de uma mola rígida

$$k_{eq} = \frac{3EI}{L^3} = \frac{3(210 \times 10^9 \text{ N/m}^2)(3 \times 10^{-6} \text{ m}^4)}{(2{,}1 \text{ m})^3} = 2{,}04 \times 10^5 \text{ N/m} \tag{a}$$

A frequência natural da vibração livre é

Capítulo 3    VIBRAÇÕES LIVRES DOS SISTEMAS DE 1GL    113

$$\omega_n = \sqrt{\frac{k_{eq}}{m}} = \sqrt{\frac{2{,}04 \times 10^5 \text{N/m}}{5 \text{ kg}}} = 202{,}0 \text{ rad/s} \quad \text{(b)}$$

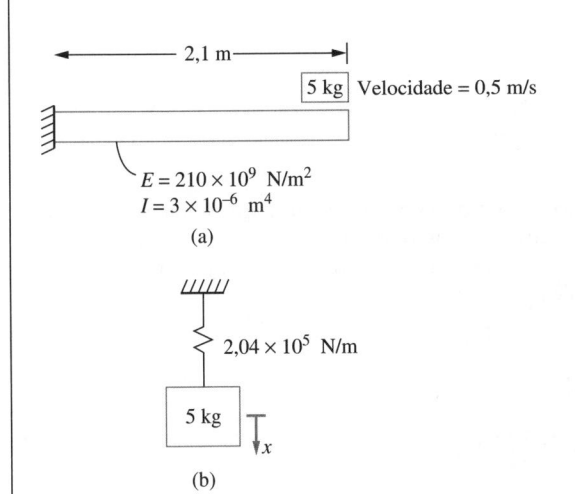

**FIGURA 3.4**
(a) Sistema do Exemplo 3.3. Uma massa é jogada em uma viga em balanço. (b) O sistema é modelado como uma massa suspensa de uma mola de rigidez equivalente. Como x é medido da posição de equilíbrio do sistema, o deslocamento inicial é o negativo da deflexão estática da viga.

A viga está em equilíbrio em $t = 0$ quando a partícula atinge. No entanto, $x$ é medido da posição de equilíbrio do sistema com a partícula anexada. Assim,

$$x(0) = -\Delta_{st} = -\frac{mg}{k_{eq}} = -\frac{(5 \text{ kg})(9{,}81 \text{ m/s}^2)}{2{,}04 \times 10^5 \text{N/m}} = -2{,}40 \times 10^{-4} \text{ m} \quad \text{(c)}$$

A velocidade inicial é $\dot{x}(0) = 0{,}5$ m/s. O histórico no tempo do movimento é calculado usando a Equação (3.19) como

$$x(t) = A \operatorname{sen}(202{,}0t + \phi) \quad \text{(d)}$$

onde a amplitude $A$ e a fase $\phi$ são determinadas usando as Equações (3.22) e (3.23), respectivamente:

$$A = \sqrt{(-2{,}40 \times 10^{-4} \text{ m})^2 + \left(\frac{0{,}5 \text{ m/s}}{202{,}2 \text{ rad/s}}\right)^2} = 2{,}48 \text{ mm} \quad \text{(e)}$$

$$\phi = \tan^{-1}\left[\frac{(202{,}0 \text{ rad/s})(-2{,}40 \times 10^{-4} \text{ m})}{0{,}5 \text{ m/s}}\right] = -0{,}0968 \text{ rad} = -5{,}59° \quad \text{(f)} \quad ■$$

## EXEMPLO 3.4

Uma oficina de montagem usa um guindaste para içar e manobrar objetos grandes. O guindaste mostrado na Figura 3.5 é um guincho anexado a uma viga que pode se mover ao longo de um trilho. Determine a frequência natural do sistema quando o guindaste é usado para içar a peça de uma máquina de 800 kg em um cabo de 9 m de comprimento.

### SOLUÇÃO

A viga está modelada como uma viga biapoiada. Se o guindaste estiver em sua meia distância, sua rigidez será

$$k_b = \frac{48EI}{L^3} = \frac{48(200 \times 10^9 \text{ N/m}^2)(3{,}5 \times 10^{-4} \text{ m}^4)}{(3{,}1 \text{ m})^3} = 1{,}13 \times 10^8 \text{N/m} \quad \text{(a)}$$

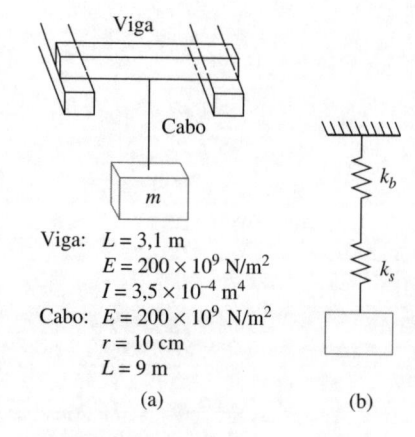

**Viga:** $L = 3{,}1$ m
$E = 200 \times 10^9$ N/m²
$I = 3{,}5 \times 10^{-4}$ m⁴
**Cabo:** $E = 200 \times 10^9$ N/m²
$r = 10$ cm
$L = 9$ m

**FIGURA 3.5**
(a) Sistema do Exemplo 3.4 em que um mecanismo de elevação consiste em um cabo anexado a uma viga de ponte rolante. (b) O sistema é modelado como um sistema de 1GL com a rigidez da viga e a rigidez do cabo agindo como molas em série.

A rigidez do cabo é

$$k_c = \frac{AE}{L} = \frac{\pi(0{,}1 \text{ m})^2(200 \times 10^9 \text{ N/m}^2)}{9 \text{ m}} = 6{,}98 \times 10^8 \text{ N/m} \tag{b}$$

A viga e o cabo agem como molas em série com uma rigidez equivalente de

$$k_{eq} = \frac{1}{\dfrac{1}{k_b} + \dfrac{1}{k_c}} = \frac{1}{\dfrac{1}{1{,}13 \times 10^8 \text{ N/m}} + \dfrac{1}{6{,}98 \times 10^8 \text{ N/m}}} = 9{,}71 \times 10^7 \text{ N/m} \tag{c}$$

A frequência natural do sistema é

$$\omega_n = \sqrt{\frac{k_{eq}}{m}} = \sqrt{\frac{9{,}71 \times 10^7 \text{ N/m}}{800 \text{ kg}}} = 3{,}48 \times 10^2 \text{ rad/s} \tag{d}$$

## EXEMPLO 3.5

O pêndulo do relógio cuco consiste em uma barra delgada em que uma massa esteticamente projetada desliza. Se o relógio adianta, a massa deve ser movida para mais perto ou mais longe do suporte para corrigir a sintonização?

### SOLUÇÃO

O pêndulo é modelado como uma partícula de massa $m$ em uma barra rígida e sem massa. A partícula é assumida estar a uma distância $l$ de seu eixo de rotação. Somar os momentos em torno do ponto de apoio nos diagramas de corpo livre da Figura 3.6 leva a

$$\ddot{\theta} + \frac{g}{l}\operatorname{sen}\theta = 0 \tag{a}$$

A aplicação da suposição para ângulos pequenos produz a equação linearizada de movimento

$$\ddot{\theta} + \frac{g}{l}\theta = 0 \tag{b}$$

do qual a frequência natural é calculada como

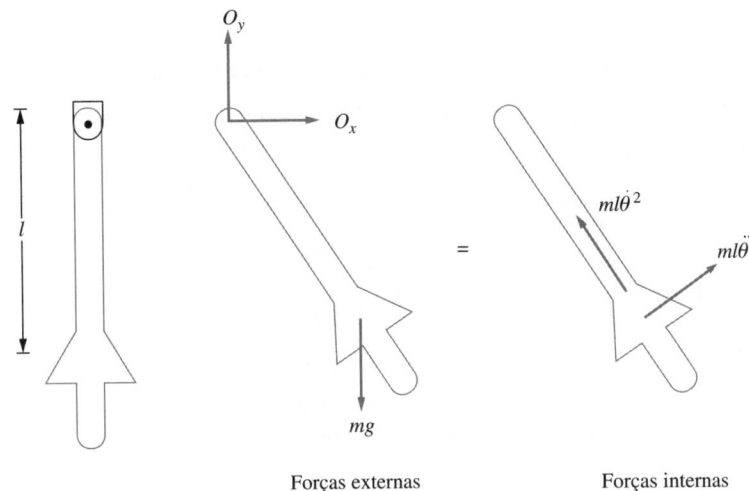

Capítulo 3    VIBRAÇÕES LIVRES DOS SISTEMAS DE 1GL  115

**FIGURA 3.6**
(a) Sistema do Exemplo 3.5 em que o pêndulo de um relógio cuco é uma barra sem massa com uma partícula anexada. (b) DCLs em um instante arbitrário.

$$\omega_n = \sqrt{\frac{g}{l}}$$

O período de oscilação é

$$T = 2\pi\sqrt{\frac{l}{g}}$$

Como o relógio está rápido, o período do pêndulo precisa ser aumentado. Assim, $l$ deve ser aumentado e a massa movida mais para longe do eixo de rotação. ∎

A equação diferencial não linear derivada no Exemplo 3.5 é linearizada ao assumir um pequeno $\theta$ e substituir o sen $\theta$ por $\theta$. A equação exata do pêndulo não linear, a Equação (a) do Exemplo 3.5, é uma das poucas equações não lineares para a qual uma solução exata é conhecida. A solução sujeita a $\theta(0) = \theta_0$ e $\dot{\theta}(0)$ é desenvolvida em termos de integrais elípticas, que são funções tabuladas bem conhecidas.

O período do movimento de um sistema não linear é dependente das condições iniciais, enquanto o período de um sistema linear é independente de condições iniciais. Um método para avaliar a validade da aproximação para ângulos pequenos para determinada amplitude é comparar o período simulado usando a solução exata com o período calculado utilizando as equações diferenciais linearizadas para deslocamentos iniciais diferentes. Essa comparação é dada na Tabela 3.1, que mostra que a aproximação para ângulos pequenos leva à previsão precisa do período para amplitudes tão grandes quanto 40º. Para um deslocamento angular inicial de 40º, o erro no período de uso da aproximação para ângulos pequenos é de apenas 3,1%.

O sucesso do uso da aproximação para ângulos pequenos no exemplo do pêndulo deve dar confiança para seu uso em outros problemas, em que uma solução exata não está disponível.

## TABELA 3.1

Razão do período do pêndulo simples, T, calculado da solução não linear exata para o período calculado da equação linearizada como uma função do ângulo inicial, $\theta_0, \frac{2\pi}{\sqrt{g/l}}$. O período não linear é $4K$, onde $K$ é a integral elíptica completa do primeiro tipo com um parâmetro do sen $(\theta_0/2)$.

| $\theta_0(°)$ | $\frac{T}{2\pi}\sqrt{g/l}$ | $\theta_0(°)$ | $\frac{T}{2\pi}\sqrt{g/l}$ |
|---|---|---|---|
| 2 | 1,00007 | 48 | 1,04571 |
| 4 | 1,00032 | 50 | 1,04978 |
| 6 | 1,00070 | 52 | 1,05405 |
| 8 | 1,00120 | 54 | 1,05851 |
| 10 | 1,00191 | 56 | 1,06328 |
| 12 | 1,00274 | 58 | 1,06806 |
| 14 | 1,00376 | 60 | 1,07321 |
| 16 | 1,00490 | 62 | 1,07850 |
| 18 | 1,00618 | 64 | 1,08404 |
| 20 | 1,00764 | 66 | 1,08982 |
| 22 | 1,00930 | 68 | 1,09588 |
| 24 | 1,01108 | 70 | 1,10211 |
| 26 | 1,01305 | 72 | 1,10867 |
| 28 | 1,01515 | 74 | 1,11548 |
| 30 | 1,01738 | 76 | 1,12255 |
| 32 | 1,01987 | 78 | 1,12987 |
| 34 | 1,02248 | 80 | 1,13751 |
| 36 | 1,02528 | 82 | 1,14540 |
| 38 | 1,02821 | 84 | 1,15368 |
| 40 | 1,03132 | 86 | 1,16221 |
| 42 | 1,03463 | 88 | 1,17112 |
| 44 | 1,03814 | 90 | 1,18035 |
| 46 | 1,04183 | | |

## 3.4 VIBRAÇÕES LIVRES SUBAMORTECIDAS

Quando $0 < \zeta < 1$, as raízes da equação para $\alpha$ são conjugadas complexas, e diz-se que o sistema é subamortecido. A solução geral da equação regente é

$$x(t) = B_1 e^{(-\zeta\omega_n - i\omega_n\sqrt{1-\zeta^2})t} + B_2 e^{(-\zeta\omega_n + i\omega_n\sqrt{1-\zeta^2})t} \tag{3.26}$$

que pode ser reescrita usando a identidade de Euler como

$$x(t) = e^{-\zeta\omega_n t}\left[C_1 \cos(\omega_n\sqrt{1-\zeta^2})t + C_2 \operatorname{sen}(\omega_n\sqrt{1-\zeta^2})t\right] \tag{3.27}$$

As constantes de integração são determinadas ao aplicar as condições iniciais, a Equações (3.8) e (3.9), resultando em

# Capítulo 3 — VIBRAÇÕES LIVRES DOS SISTEMAS DE 1GL

$$x(t) = e^{-\zeta\omega_n t}\left[x_0 \cos(\omega_n\sqrt{1-\zeta^2}\,t) + \frac{\dot{x}_0 + \zeta\omega_n x_0}{\omega_n\sqrt{1-\zeta^2}}\mathrm{sen}(\omega_n\sqrt{1-\zeta^2}\,t)\right] \quad (3.28)$$

Uma forma alternativa de solução é desenvolvida ao usar a identidade trigonométrica, a Equação (3.20)

$$x(t) = Ae^{-\zeta\omega_n t}\mathrm{sen}(\omega_d t + \phi_d) \quad (3.29)$$

onde

$$A = \sqrt{x_0^2 + \left(\frac{\dot{x}_0 + \zeta\omega_n x_0}{\omega_d}\right)^2} \quad (3.30)$$

$$\phi_d = \tan^{-1}\left(\frac{x_0 \omega_d}{\dot{x}_0 + \zeta\omega_n x_0}\right) \quad (3.31)$$

e

$$\omega_d = \omega_n\sqrt{1-\zeta^2} \quad (3.32)$$

A Equação (3.29) está representada na Figura 3.7. Uma vez que iniciam as oscilações livres de um sistema viscosamente amortecido, a força de amortecimento viscoso não conservadora dissipa continuamente a energia. Como nenhum trabalho está sendo feito no sistema, isso leva à diminuição contínua na soma das energias potencial e cinética. Para as vibrações livres subamortecidas, o sistema oscila em torno de uma posição de equilíbrio. Entretanto, cada vez que atinge o equilíbrio, o nível de energia total do sistema é menor que o da vez anterior. O deslocamento máximo em cada ciclo de movimento está continuamente diminuindo. A Equação (3.29) e a Figura 3.7 mostram que a amplitude diminui exponencialmente com o tempo.

As vibrações livres de um sistema subamortecido são cíclicas, mas não periódicas. Apesar de a amplitude diminuir entre os ciclos, o sistema leva a mesma quantidade de tempo para executar cada ciclo. Esse tempo é chamado de *período de vibrações livres subamortecidas* ou *período amortecido* e é dado por

$$T_d = \frac{2\pi}{\omega_d} \quad (3.33)$$

Assim, $\omega_d$ é chamado de *frequência natural amortecida*. Observe que $\omega_d < \omega_n$ e $T_d > T$. Isso ocorre em decorrência do atrito viscoso que resiste ao movimento do sistema e o reduz.

Considere um sistema de massa-mola e amortecedor viscoso com $x(0) = x_0$ e $\dot{x}(0) = 0$. Então

$$\phi_d = \tan^{-1}\left(\frac{\sqrt{1-\zeta^2}}{\zeta}\right) \quad (3.34)$$

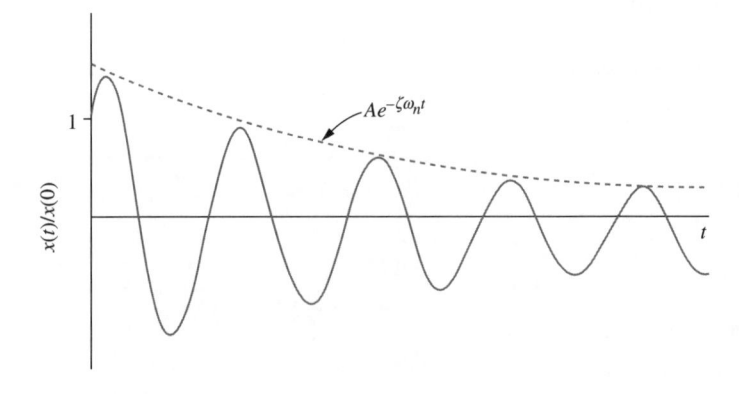

**FIGURA 3.7**
As vibrações livres de um sistema de 1GL subamortecido decaem exponencialmente.

Logo, $\text{sen}\phi_d = \sqrt{1-\zeta^2}$, $\cos\phi_d = \zeta$, e

$$A = \frac{x_0}{\sqrt{1-\zeta^2}} \tag{3.35}$$

A energia total presente em um sistema subamortecido no tempo $t$ é

$$\begin{aligned} E &= \frac{1}{2}kx^2 + \frac{1}{2}m\dot{x}^2 \\ &= \frac{1}{2}\frac{kx_0^2 e^{-2\zeta\omega_n t}}{(1-\zeta^2)}\left[(1+\zeta^2)\text{sen}^2(\omega_d t + \phi_d) - 2\zeta\sqrt{1-\zeta^2}\,\text{sen}(\omega_d t + \phi_d)\right. \\ &\quad \left. \cos(\omega_d t + \phi_d) + (1-\zeta^2)\cos^2(\omega_d t + \phi_d)\right] \end{aligned} \tag{3.36}$$

A energia total no sistema ao final do $n$-ésimo ciclo, $t = \frac{2n\pi}{\omega_d}$, é

$$E_n = E(nT_d) = \frac{1}{2}kx_0^2 e^{-4n\zeta\pi/\sqrt{1-\zeta^2}} \tag{3.37}$$

A energia dissipada à medida que o sistema executa um ciclo de movimento é

$$\begin{aligned} \Delta E_n &= E_n - E_{n+1} \\ &= \frac{1}{2}kx_0^2 e^{-4n\zeta\pi/\sqrt{1-\zeta^2}}(1 - e^{-4\pi\zeta/\sqrt{1-\zeta^2}}) \end{aligned} \tag{3.38}$$

A razão da energia dissipada sobre um ciclo comparada à energia total no início do ciclo é

$$\frac{\Delta E_n}{E_n} = 1 - e^{4\pi\zeta/\sqrt{1-\zeta^2}} \tag{3.39}$$

As Equações (3.38) e (3.39) mostram que a energia dissipada por ciclo de movimento é constante e, desse modo, possui uma razão constante. A sequência de energias no início de cada ciclo é uma sequência geométrica com razão $1 - e^{-4\pi\zeta/\sqrt{1-\zeta^2}}$. Por exemplo, se $\zeta = 0,1$ $\frac{\Delta E_n}{E_n} = 0,717$. O percentual de energia ao final do $n$-ésimo ciclo é $(0,717)_n$ vezes a energia inicial. Quanto maior a razão de amortecimento, menor a razão, mais energia é dissipada por ciclo. Como a sequência de energias é uma progressão geométrica, a energia nunca é completamente dissipada, indicando assim que as vibrações livres de um sistema subamortecido continuam indefinidamente com a amplitude diminuindo exponencialmente.

Assumir o limite da razão de energia como a razão de amortecimento aproxima um, $\lim_{\zeta \to 1} \frac{\Delta E_n}{E_n} = 1$. Toda energia seria dissipada no primeiro ciclo. Essa é a origem do tempo subamortecido; a força de amortecimento não é grande o suficiente para dissipar toda a energia.

O *decremento logarítmico*, $\delta$, é definido para as vibrações livres subamortecidas como o logaritmo natural da razão das amplitudes da vibração em ciclos sucessivos.

$$\begin{aligned} \delta &= \ln\left(\frac{x(t)}{x(t+T_d)}\right) = \ln\left(\frac{Ae^{-\zeta\omega_n t}\text{sen}(\omega_d t + \phi_d)}{Ae^{-\zeta\omega_n(t+T_d)}\text{sen}[\omega_d(t+T_d) + \phi_d]}\right) \\ &= \zeta\omega_n T_d = \frac{2\pi\zeta}{\sqrt{1-\zeta^2}} \end{aligned} \tag{3.40}$$

Para o $\zeta$ pequeno,

$$\delta = 2\pi\zeta \tag{3.41}$$

O decremento logarítmico frequentemente é medido por experimento e a razão de amortecimento é determinada em

$$\zeta = \frac{\delta}{\sqrt{4\pi^2 + \delta^2}} \qquad (3.42)$$

Pode ser mostrado que as equações a seguir também podem ser usadas para calcular o decremento logarítmico:

$$\delta = \frac{1}{n}\ln\left(\frac{x(t)}{x(t + nT_d)}\right) \qquad (3.43)$$

para qualquer número inteiro $n$ e

$$\delta = \ln\left(\frac{\dot{x}(t)}{\dot{x}(t + T_d)}\right) \qquad (3.44)$$

$$\delta = \ln\left(\frac{\ddot{x}(t)}{\ddot{x}(t + T_d)}\right) \qquad (3.45)$$

A Equação (3.43) implica que o decremento logarítmico pode ser determinado a partir de amplitudes medidas em ciclos não sucessivos, enquanto as Equações (3.44) e (3.45) implicam que os dados de velocidade e aceleração também podem ser usados para determinar o decremento logarítmico.

As vibrações livres de um sistema subamortecido decaem exponencialmente com o tempo. Quando as condições iniciais são $x(0) = x_0$ e $\dot{x}(0) = 0$, a resposta do sistema é mostrada na Figura 3.8.

O valor absoluto do deslocamento após o primeiro meio ciclo é chamado de sobressinal. O sobressinal é calculado por

$$\eta = -x\left(\frac{T_d}{2}\right) = -\frac{x_0}{\sqrt{1 - \zeta^2}} e^{-\zeta\pi/\sqrt{1-\zeta^2}} \operatorname{sen}(\pi + \phi_d) \qquad (3.46)$$

$$= x_0 e^{-\zeta\pi/\sqrt{1-\zeta^2}}$$

O percentual do sobressinal é $100\frac{\eta}{x_0} = 100\, e^{-\zeta\pi/\sqrt{1-\zeta^2}}$.

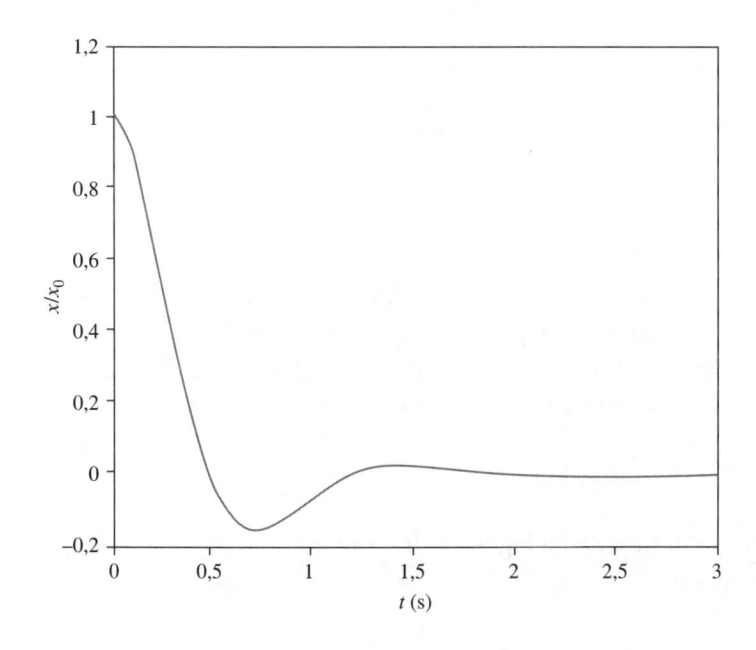

**FIGURA 3.8**
A resposta subamortecida em razão das condições iniciais $x(0) = x_0$ e $\dot{x}(0) = 0$. O sobressinal é a amplitude ao final do primeiro meio período.

# EXEMPLO 3.6

Determine (a) a resposta do acelerômetro do Exemplo 2.20 se ela tiver uma velocidade inicial de 30 m/s e um deslocamento inicial de 0 m. (b) Qual é o valor do deslocamento em $t = 1\,\mu\text{s}$?

## SOLUÇÃO

(a) A equação diferencial regendo a resposta livre do acelerômetro é

$$4{,}6 \times 10^{-12}\ddot{x} + 4{,}93 \times 10^{-7}\dot{x} + 0{,}380x = 0 \tag{a}$$

Colocar a equação na forma-padrão, temos

$$\ddot{x} + 1{,}07 \times 10^{5}\dot{x} + 8{,}26 \times 10^{10}x = 0 \tag{b}$$

A frequência natural é

$$\omega_n = \sqrt{8{,}26 \times 10^{10}} = 2{,}87 \times 10^{5}\,\text{rad/s} \tag{c}$$

e a razão de amortecimento é determinada como

$$\zeta = \frac{1{,}07 \times 10^{5}}{2(2{,}87 \times 10^{5})} = 0{,}186 \tag{d}$$

O sistema é subamortecido e a resposta para as determinadas condições iniciais é

$$x(t) = \frac{\dot{x}_0}{\omega_d} e^{-\zeta\omega_n t} \operatorname{sen}\omega_d t \tag{e}$$

onde

$$\omega_d = \omega_n\sqrt{1 - \zeta^2} = 2{,}87 \times 10^{5}\,\text{rad/s}\,\sqrt{1 - (0{,}187)^2} = 2{,}82 \times 10^{5}\,\text{rad/s} \tag{f}$$

Assim,

$$x(t) = \frac{30\,\text{m/s}}{2{,}82 \times 10^{5}\,\text{rad/s}} e^{-0{,}187(2{,}87\times 10^{5})t}\operatorname{sen}(2{,}82 \times 10^{5}t)$$

$$= 1{,}04 \times 10^{-4} e^{-5{,}36\times 10^{4}t}(\operatorname{sen} 2{,}82 \times 10^{5}t)\,\text{m} \tag{g}$$

(b) Em $t = 1\,\mu\text{s}$,

$$x(10^{-6}\,\text{s}) = 1{,}04 \times 10^{-4} e^{-5{,}36\times 10^{4}(10^{-6})}\operatorname{sen}[2{,}82 \times 10^{5}(10^{-6})] = 3{,}07 \times 10^{-5}\,\text{m} \tag{h}$$

# EXEMPLO 3.7

A barra delgada da Figura 3.9(a) tem uma massa de 31 kg e comprimento de 2,6 m. Uma força de 50 N é estaticamente aplicada à barra em $P$ e então removida. As oscilações seguintes de $P$ são monitoradas, e os dados de aceleração são mostrados na Figura 3.9(b) onde a balança de tempo é calibrada, mas a balança de aceleração não.
(a) Use os dados para encontrar a rigidez da mola $k$ e o coeficiente de amortecimento $c$.
(b) Calibre a balança de aceleração.

## SOLUÇÃO

Os DCLs do sistema em um instante arbitrário são mostrados na Figura 3.9(c). Aplicar $(\Sigma M_O)_{\text{ext}} = (\Sigma M_O)_{\text{ef}}$ a esses DCLs leva à equação diferencial de movimento:

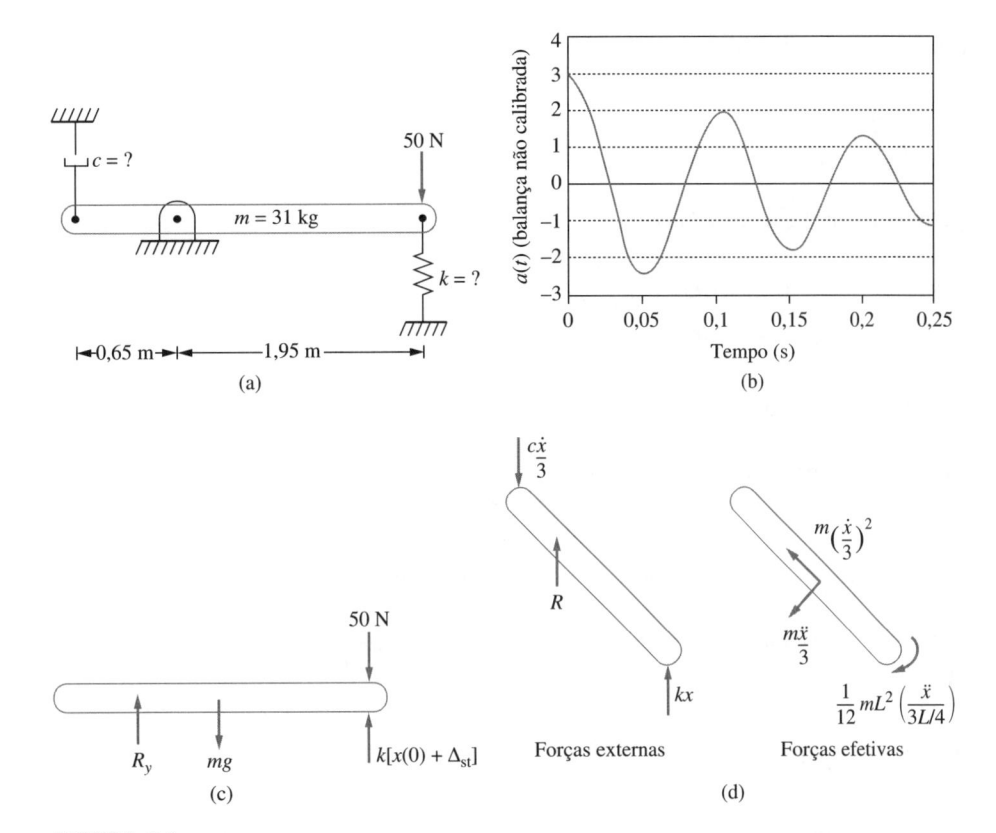

**FIGURA 3.9**
(a) Sistema do Exemplo 3.7. (b) Dados do acelerômetro para a resposta da vibração livre. (c) DCL quando o sistema está em equilíbrio. (d) DCLs do sistema em um instante arbitrário.

$$\ddot{x} + \frac{3c}{7m}\dot{x} + \frac{27k}{7m}x = 0 \qquad \text{(a)}$$

A frequência natural e a razão de amortecimento são determinadas ao comparar a equação anterior com a forma-padrão da equação diferencial para as vibrações livres amortecidas como

$$\omega_n = \sqrt{\frac{27k}{7m}} \qquad \text{(b)}$$

$$2\zeta\omega_n = \frac{3c}{7m} \Rightarrow \zeta = \frac{3c}{14m\omega_n} \qquad \text{(c)}$$

O período das vibrações livres amortecidas é determinado a partir dos dados do acelerômetro como 0,1 s. O valor do decremento logarítmico é determinado a partir dos dados do acelerômetro e da Equação (3.45) como

$$\delta = \ln\left[\frac{\dot{x}(0)}{\dot{x}(0,1\,\text{s})}\right] = \ln\frac{3}{2} = 0{,}406 \qquad \text{(d)}$$

A razão de amortecimento é calculada usando a Equação (3.42) como

$$\zeta = \frac{0{,}406}{\sqrt{4\pi^2 + (0{,}406)^2}} = 0{,}0644 \qquad \text{(e)}$$

A frequência natural amortecida é

$$\omega_d = \frac{2\pi}{T} = \frac{2\pi}{0,1\ s} = 62,8\ rad/s \tag{f}$$

da qual a frequência natural é calculada como

$$\omega_n = \frac{\omega_d}{\sqrt{1-\zeta^2}} = \frac{62,8\ rad/s}{\sqrt{1-(0,0644)^2}} = 63,0\ rad/s \tag{g}$$

(a) A rigidez é calculada da Equação (b) como

$$k = \frac{7m\omega_n^2}{27} = \frac{7(31\ kg)(63,0\ rad/s)^2}{27} = 3,19 \times 10^4\ N/m \tag{h}$$

e o coeficiente de amortecimento é calculado da Equação (c) como

$$c = \frac{14m\omega_n\zeta}{3} = \frac{14(31\ kg)(63,0\ rad/s)(0,0643)}{3} = 585,7\ N \cdot s/m \tag{i}$$

(b) Uma análise estática da posição de equilíbrio na Figura 3.9(c) fornece o deslocamento inicial do equilíbrio como

$$x(0) = \frac{F}{k} = \frac{50\ N}{3,19 \times 10^4\ N/m} = 1,6\ mm \tag{j}$$

A aceleração inicial é calculada usando a equação diferencial regente como

$$\ddot{x}(0) = -2\zeta\omega_n\dot{x}(0) - \omega_n^2 x(0) = -(63,0)^2(0,0016\ m) = -6,22\ m/s^2 \tag{k}$$

A balança de aceleração é então calibrada como

$$1\ unidade = \frac{6,22\ m/s^2}{3} = 2,07\ m/s^2 \tag{l} \blacksquare$$

## 3.5 VIBRAÇÕES LIVRES CRITICAMENTE AMORTECIDAS

Quando $\zeta = 1$, diz-se que as vibrações livres estão *criticamente amortecidas*. Nesse caso, há apenas uma raiz da equação quadrática definindo $\alpha$. A raiz é $-\omega_n$; assim, uma solução da equação diferencial é $e^{-\omega_n t}$. A segunda solução linearmente independente é obtida ao multiplicar a primeira por $t$. Assim, a solução geral é

$$x(t) = e^{-\omega_n t}(C_1 + C_2 t) \tag{3.47}$$

A aplicação das condições iniciais leva a

$$x(t) = e^{-\omega_n t}[x_0 + (\dot{x}_0 + \omega_n x_0)t] \tag{3.48}$$

A resposta de um sistema de 1GL sujeito ao amortecimento viscoso crítico está plotada na Figura 3.10 para as condições iniciais diferentes. Se as condições iniciais são de sinal oposto ou se $\dot{x}_0 = 0$, o movimento decair ime-

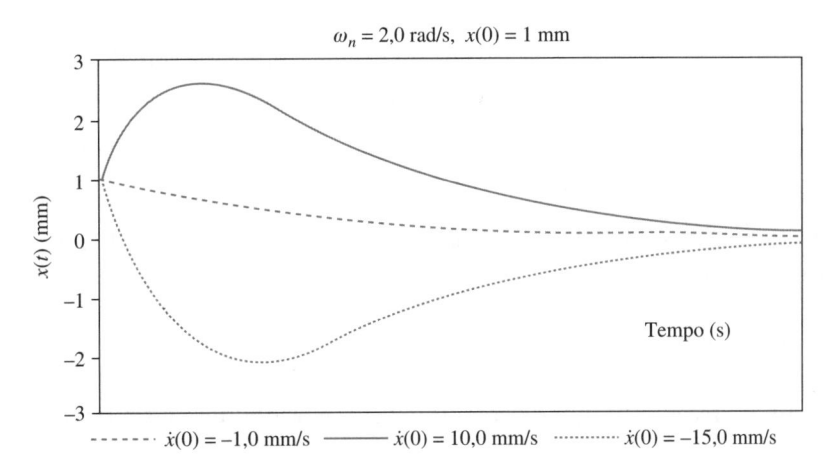

**FIGURA 3.10**
Resposta da vibração livre para um sistema com amortecimento crítico. O amortecimento é suficiente para dissipar a energia dentro de um ciclo. Dependendo das condições iniciais, a resposta pode superar a posição de equilíbrio.

diatamente. Se ambas as condições iniciais tiverem o mesmo sinal ou se $x_0 = 0$, o valor absoluto de $x$ inicialmente aumenta e atinge um máximo de

$$x_{máx} = e^{-\dot{x}_0/(\dot{x}_0 + \omega_n x_0)}\left(x_0 + \frac{\dot{x}_0}{\omega_n}\right) \tag{3.49}$$

em

$$t = \frac{\dot{x}_0}{\omega_n(\dot{x}_0 + \omega_n x_0)} \tag{3.50}$$

Se os sinais das condições iniciais são opostos e

$$\frac{x_0}{\dot{x}_0 + \omega_n x_0} < 0 \tag{3.51}$$

então a resposta é o sobressinal da posição de equilíbrio antes de eventualmente decair e aproximar o equilíbrio da direção oposta a da posição inicial. A Equação (3.51) é equivalente a especificar que as condições iniciais são opostas e a energia cinética inicial é maior que a energia potencial inicial.

As vibrações livres com $\zeta = 1$ são chamadas criticamente amortecidas, porque a força de amortecimento é suficiente para dissipar a energia em um ciclo de movimento. O sistema nunca executa um ciclo completo; ele aproxima o equilíbrio com deslocamento exponencialmente decadente.

Um sistema com amortecimento crítico retorna ao equilíbrio mais rápido sem oscilação. Um sistema superamortecido tem um coeficiente de amortecimento maior e oferece mais resistência ao movimento.

## EXEMPLO 3.8

Os mecanismos de recuo de grandes armas de fogo são projetados com amortecimento crítico para ter a vantagem do retorno mais rápido à posição de disparo sem oscilação. Um canhão de 52 kg deve retornar 50 mm de sua posição de disparo 0,1 s após o recuo máximo. A velocidade inicial de recuo do canhão é 2,5 m/s. Determine (a) a rigidez do mecanismo de recuo, (b) o coeficiente de amortecimento do mecanismo de recuo e (c) o recuo máximo.

## SOLUÇÃO

O recuo máximo de um sistema criticamente amortecido com velocidade inicial de $v = 2,5$ m/s e um deslocamento inicial de zero é dado pela Equação (3.49) como

$$x_{máx} = \frac{2,5 \text{ m/s}}{e\omega_n} \tag{a}$$

Assuma que $t = 0$ ocorre na velocidade máxima do mecanismo quando $\dot{x}(0) = 0$ e $x(0) = \frac{2,5}{e\omega_n}$. A resposta do sistema é dada pela Equação (3.48) como

$$x(t) = \frac{2,5}{e\omega_n} e^{-\omega_n t}(1 + \omega_n t) \text{ m} \tag{b}$$

Exigir que o mecanismo retorne 50 mm do equilíbrio 0,1 s após o recuo máximo leva a

$$0,050 = \frac{2,5}{e\omega_n} e^{-\omega_n(0,1)}\left[1 + 0,1\omega_n\right] \tag{c}$$

Uma solução iterativa é usada para resolver a Equação (c), para $\omega_n = 12,1$ rad/s.

(a) A rigidez do mecanismo de recuo é

$$k = m\omega_n^2 = (52 \text{ kg})(12,1 \text{ rad/s})^2 = 7,61 \times 10^3 \text{ N/m} \tag{d}$$

(b) Como o mecanismo é criticamente amortecido, temos

$$c = 2m\omega_n = 2(52 \text{ kg})(12,1 \text{ rad/s}) = 1,26 \times 10^3 \text{ N} \cdot \text{s/m} \tag{e}$$

(c) O recuo máximo dado pela Equação (a) é

$$x_{máx} = \frac{2,5 \text{ m/s}}{e\omega_n} = \frac{2,5 \text{ m/s}}{e(12,1 \text{ rad/s})} = 76,0 \text{ mm} \tag{f} \quad \blacksquare$$

## 3.6 VIBRAÇÕES LIVRES SUPERAMORTECIDAS

Quando $\zeta > 1$, a equação característica tem duas raízes reais como $\omega_{1,2} = \omega_n(-\zeta \pm \sqrt{\zeta^2 - 1})$. A solução geral da equação diferencial regente, a Equação (3.7) é

$$x(t) = C_1 e^{-\omega_n(\zeta + \sqrt{\zeta^2 - 1})t} + C_2 e^{-\omega_n(\zeta - \sqrt{\zeta^2 - 1})t} \tag{3.52}$$

A aplicação das condições iniciais das Equações (3.8) e (3.9) para a Equação (3.52) leva a

$$x(t) = \frac{e^{-\zeta\omega_n t}}{2\sqrt{\zeta^2 - 1}} \left\{ \left[\frac{\dot{x}_0}{\omega_n} + x_0(\zeta + \sqrt{\zeta^2 - 1})\right] e^{\omega_n \sqrt{\zeta^2 - 1} t} \right.$$

$$\left. + \left[-\frac{\dot{x}_0}{\omega_n} + x_0(-\zeta + \sqrt{\zeta^2 - 1})\right] e^{-\omega_n \sqrt{\zeta^2 - 1} t} \right\} \tag{3.53}$$

A Equação (3.53) está plotada na Figura 3.11. A resposta de um sistema de 1GL superamortecido não é periódica. Ela atinge seu máximo em $t = 0$ ou em

$$t = -\frac{1}{2\omega_n \sqrt{\zeta^2 - 1}} \ln\left[\frac{\zeta - \sqrt{\zeta^2 - 1}}{\zeta + \sqrt{\zeta^2 - 1}} \frac{\frac{\dot{x}_0}{\omega_n} + x_0(\zeta + \sqrt{\zeta^2 - 1})}{\frac{\dot{x}_0}{\omega_n} + x_0(\zeta - \sqrt{\zeta^2 - 1})}\right] \tag{3.54}$$

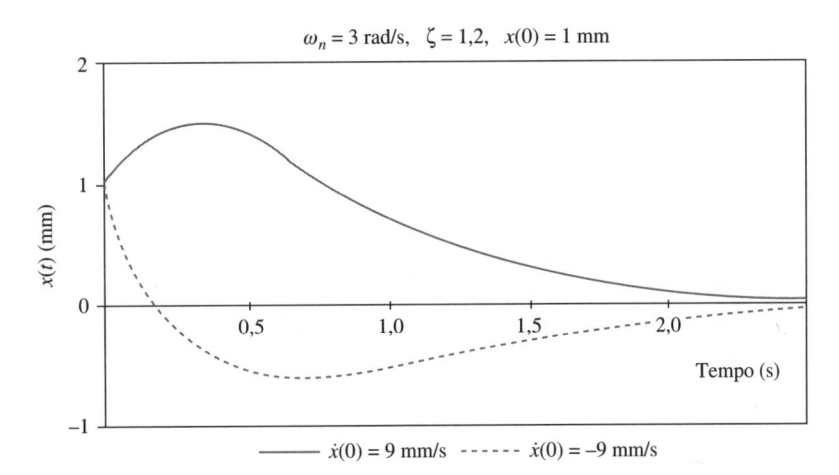

**FIGURA 3.11**
Resposta da vibração livre para um sistema superamortecido. A força de amortecimento é suficiente para dissipar a energia em um ciclo completo.

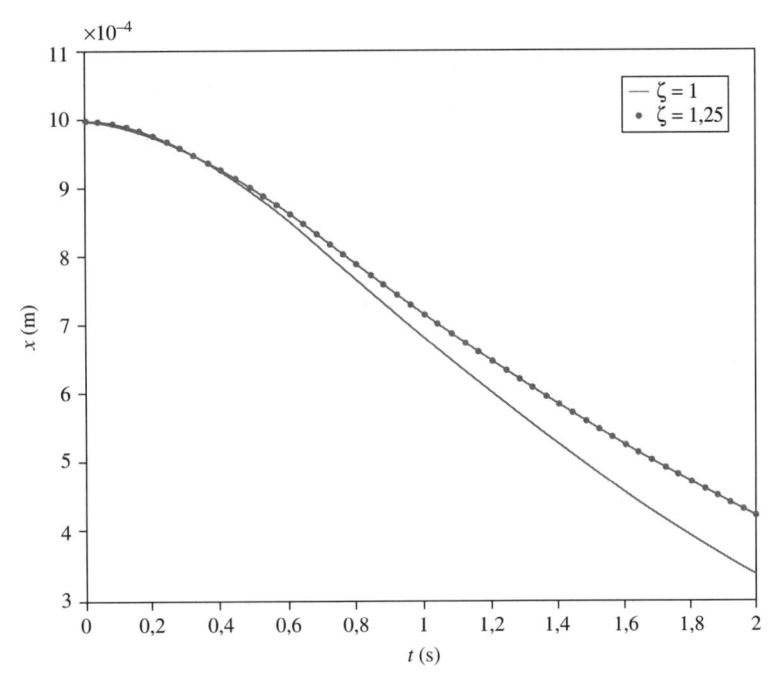

**FIGURA 3.12**
Comparação entre a resposta livre de um sistema criticamente amortecido e um sistema superamortecido.

A resposta de um sistema superamortecido é semelhante à de um sistema criticamente amortecido. Um sistema *superamortecido* tem mais resistência ao movimento do que os sistemas criticamente amortecidos. Portanto, leva mais tempo para atingir o máximo do que um sistema criticamente amortecido, porém o máximo é menor. Um sistema superamortecido também demora mais do que um sistema criticamente amortecido para retornar ao equilíbrio. Dois sistemas com as mesmas condições iniciais são mostrados na Figura 3.12. Um sistema tem uma razão de amortecimento de 1 e o outro, de 1,25. É óbvio que o sistema superamortecido é mais lento.

## EXEMPLO 3.9

A porta do banheiro da Figura 3.13 está equipada com uma mola torcional e um amortecedor viscoso torcional, de modo que ela retorna automaticamente à posição fechada após ter sido aberta. A porta tem uma massa de 60 kg e um momento de inércia de massa em torno de um eixo paralelo ao eixo da rotação da porta de 7,2 kg · m². A mola torcional tem rigidez de 25 N · m/rad.

a) Qual é o coeficiente de amortecimento tal que o sistema seja criticamente amortecido?
b) Um homem carregando diversos pacotes, porém com pressa, chuta a porta para fazê-la abrir. Qual velocidade angular seu chute deve comunicar para fazer a porta abrir a 70º?
c) Quanto tempo após seu chute a porta retornará para 5º de fechamento completo?
d) Repita os itens *a* a *c* se a porta for desenhada com uma razão de amortecimento, $\zeta = 1,3$.

### SOLUÇÃO

A equação diferencial é derivada a partir dos diagramas de corpo livre da Figura 3.13(b),

$$(\bar{I} + md^2)\ddot{\theta} + c_t\dot{\theta} + k_t\theta = 0 \tag{a}$$

A Equação (a) é colocada na forma-padrão da Equação (3.7) ao ser dividida por $\bar{I} + md^2$. Então, fica evidente que

$$\omega_n = \sqrt{\frac{k_t}{\bar{I} + md^2}} = \sqrt{\frac{25 \text{ N} \cdot \text{m/rad}}{7,2 \text{ Kg} \cdot \text{m}^2 + (60 \text{ kg})(0,45 \text{ m})^2}} = 1,14 \text{ rad/s} \tag{b}$$

e

$$\zeta = \frac{c_t}{2\omega_n(\bar{I} + md^2)} \tag{c}$$

(a) Para o amortecimento crítico, a razão de amortecimento é 1. Assim,

$$c_t = 2\omega_n(\bar{I} + md^2) = 44,0 \text{ N} \cdot \text{m} \cdot \text{s} \tag{d}$$

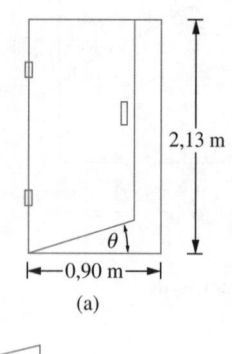

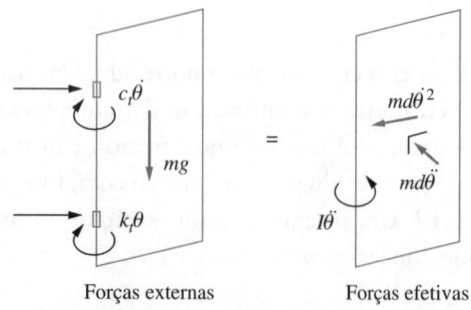

**FIGURA 3.13**
(a) A porta do banheiro do Exemplo 3.9 é modelada como um sistema de 1GL com uma mola de torção e um amortecedor viscoso torsional. (b) DCLs em um instante arbitrário.

Capítulo 3    VIBRAÇÕES LIVRES DOS SISTEMAS DE 1GL   127

(b) Se o chute for dado quando a porta estiver fechada, $\theta(0) = 0$, o tempo que o deslocamento máximo ocorre é dado pela Equação (3.50)

$$t = \frac{1}{\omega_n} = 0{,}88 \text{ s} \tag{e}$$

e da Equação (3.49) é

$$\theta_{máx} = \frac{\dot{\theta}_0}{e\omega_n} \tag{f}$$

Exigir $\theta_{máx} = 70°$ produz

$$\dot{\theta}_0 = 70°\left(\frac{2\pi \text{ rad}}{360°}\right)(1{,}14 \text{ rad/s})\, e = 3{,}78 \text{ rad/s} \tag{g}$$

(c) Aplicar a Equação (3.48) com $\theta = 5°$ dá

$$5°\left(\frac{2\pi \text{ rad}}{360°}\right) = e^{-(1{,}14 \text{ rad/s})t}(3{,}78 \text{ rad/s})\, t \tag{h}$$

que é solucionada por teste e erro para produzir $t = 4{,}658$ s.

(d) Definir $\zeta = 1{,}3$ produz

$$c_t = 2\zeta(\bar{I} + md^2)\omega_n = 57{,}2 \text{ N} \cdot \text{m} \cdot \text{s} \tag{i}$$

A partir da Equação (3.54) o deslocamento máximo ocorre em

$$t = -\frac{1}{2(1{,}14 \text{ rad/s})\sqrt{(1{,}3)^2 - 1}} \ln\left(\frac{1{,}3 - \sqrt{(1{,}3)^2 - 1}}{1{,}3 + \sqrt{(1{,}3)^2 - 1}}\right) = 0{,}80 \text{ s} \tag{j}$$

Substituir o resultado anterior na Equação (3.53) e definir $\theta = 70°$ produz

$$70°\left(\frac{2\pi \text{ rad}}{360°}\right) = \left(\frac{\dot{\theta}_0}{1{,}14 \text{ rad/s}}\right)\frac{1}{2\sqrt{(1{,}3)^2 - 1}}\, e^{-1{,}3(1{,}14 \text{ rad/s})(0{,}8 \text{ s})}$$

$$\times \left(e^{1{,}14 \text{ rad/s}\sqrt{(1{,}3)^2 - 1}(0{,}8 \text{ s})} - e^{-1{,}14 \text{ rad/s}\sqrt{(1{,}3)^2 - 1}(0{,}8 \text{ s})}\right) \tag{k}$$

que dá

$$\dot{\theta}_0 = 4{,}54 \text{ rad/s} \tag{l}$$

Aplicar a Equação (3.53) com $\theta = 5°$ produz

$$5°\left(\frac{2\pi \text{ rad}}{360°}\right) = \left(\frac{e^{-1{,}14(1{,}3)t}}{2\sqrt{(1{,}3)^2 - 1}}\right)\left(\frac{4{,}54 \text{ rad/s}}{1{,}14 \text{ rad/s}}\right)$$

$$\times \left(e^{1{,}14\sqrt{(1{,}3)^2 - 1}\, t} - e^{-1{,}14\sqrt{(1{,}3)^2 - 1}\, t}\right) \tag{m}$$

Essa equação pode ser solucionada por teste e erro. No entanto, uma boa aproximação é obtida ao negligenciar o menor exponencial para dar $t = 6{,}2$ s. O termo negligenciado neste tempo é 0,00081 rad que é apenas 0,9% do deslocamento angular total.

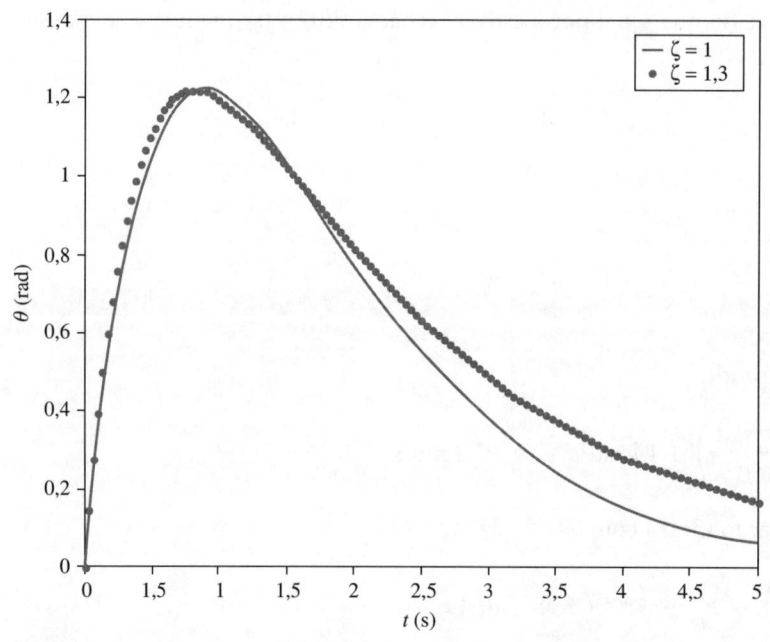

**FIGURA 3.14**
Gráfico de respostas MATLAB do sistema do Exemplo 3.8 para um sistema criticamente amortecido e um sistema superamortecido.

Observe que é necessário um chute mais forte para abrir a porta quando o sistema é superamortecido do que quando o sistema é criticamente amortecido, mesmo que o tempo necessário para abrir a porta seja aproximadamente o mesmo. Isso reflete o aumento no momento de resistência viscosa. A resposta do sistema criticamente amortecido em comparação à resposta de um sistema superamortecido com $\zeta = 1,3$ está plotada na Figura 3.14.

## 3.7 AMORTECIMENTO DE COULOMB

O amortecimento de Coulomb é aquele que ocorre em função do atrito seco quando duas superfícies deslizam uma contra a outra. O amortecimento de Coulomb pode ser o resultado de uma massa deslizando em uma superfície seca, o atrito de um eixo em um mancal, atrito da correia ou resistência ao rolamento. O caso de uma massa deslizando em uma superfície seca é analisado aqui, mas os resultados qualitativos se aplicam a todas as formas do amortecimento de Coulomb.

Como a massa da Figura 3.15 (a) desliza em uma superfície seca, uma força de atrito que resiste ao movimento se desenvolve entre a massa e a superfície. A lei de Coulomb afirma que a força de atrito é proporcional à força normal desenvolvida entre a massa e a superfície. A constante da proporcionalidade $\mu$ é chamada de *coeficiente cinético de atrito*. Como a força de atrito sempre resiste ao movimento, sua direção depende do sinal da velocidade.

A aplicação da lei de Newton aos diagramas de corpo livre da Figura 3.15(b) e (c) produz as equações diferenciais a seguir:

$$m\ddot{x} + kx = \begin{cases} -\mu mg & \dot{x} > 0 \\ \mu mg & \dot{x} < 0 \end{cases} \quad (3.55)$$

As Equações (3.55) são generalizadas pelo uso de uma única equação

$$m\ddot{x} + kx = -\mu mg \frac{|\dot{x}|}{\dot{x}} \quad (3.56)$$

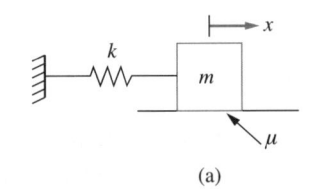

**FIGURA 3.15**
(a) Uma massa desliza em uma superfície com um coeficiente de atrito $\mu$. (b) DCLs em um instante arbitrário para $\dot{x} > 0$. (c) DCLs em um instante arbitrário para $\dot{x} < 0$.

O lado direito da Equação (3.56) é uma função não linear da coordenada generalizada. Assim, as vibrações livres de um sistema de um grau de liberdade com o amortecimento de Coulomb são regidas por uma equação diferencial não linear. Entretanto, uma solução analítica existe e é obtida com a resolução da Equação (3.55).

Sem perda de generalidade, assuma que as vibrações livres do sistema da Figura 3.15 são iniciadas ao deslocar a massa a uma distância $\delta$ para a direita, a partir do equilíbrio e liberando-a do restante. A força da mola atrai a massa em direção ao equilíbrio; assim, a velocidade é inicialmente negativa. A Equação (3.55) aplica-se sobre o primeiro meio-ciclo de movimento, até que a velocidade se torne zero novamente.

A solução da Equação (3.55) sujeita a $x(0) = \delta$ e $\dot{x}(0) = 0$ com $\mu mg$ do lado direito é

$$x(t) = \left(\delta - \frac{\mu mg}{k}\right) \cos \omega_n t + \frac{\mu mg}{k} \qquad (3.57)$$

A Equação (3.57) descreve o movimento até que a velocidade altere o sinal em $t = \pi/\omega_n$ quando

$$x\left(\frac{\pi}{\omega_n}\right) = -\delta + \frac{2\mu mg}{k} \qquad (3.58)$$

A Equação (3.55) com $-\mu mg$ do lado direito rege o movimento até que a próxima velocidade altere o sinal. A solução da Equação (3.55) usando a Equação (3.58) e $\dot{x}\left(\frac{\pi}{\omega_n}\right) = 0$ como condições iniciais é

$$x(t) = \left(\delta - \frac{3\mu mg}{k}\right) \cos \omega_n t - \frac{\mu mg}{k} \qquad \frac{\pi}{\omega_n} \leq t \leq \frac{2\pi}{\omega_n} \qquad (3.59)$$

A velocidade altera novamente o sinal em $t = 2\pi/\omega_n$ quando

$$x\left(\frac{2\pi}{\omega_n}\right) = \delta - \frac{4\mu mg}{k} \qquad (3.60)$$

O movimento durante o primeiro ciclo completo é descrito pelas Equações (3.57) e (3.59). A alteração de amplitude entre o início e o fim do ciclo é

$$x(0) - x\left(\frac{2\pi}{\omega_n}\right) = \frac{4\mu mg}{k} \tag{3.61}$$

O movimento é cíclico. A análise do ciclo subsequente e de cada ciclo sucessivo continua do mesmo modo. As condições iniciais usadas para solucionar o deslocamento durante um meio-ciclo são a de que a velocidade é zero e o deslocamento é aquele calculado ao final do meio-ciclo anterior.

O período de cada ciclo é

$$T = \frac{2\pi}{\omega_n} \tag{3.62}$$

Assim, o amortecimento de Coulomb não tem nenhum efeito na frequência natural.

A indução matemática é usada para desenvolver as expressões a seguir para o deslocamento da massa durante cada meio-ciclo:

$$x(t) = \left[\delta - (4n - 3)\frac{\mu mg}{k}\right]\cos\omega_n t + \frac{\mu mg}{k}$$

$$2(n-1)\frac{\pi}{\omega_n} \leq t \leq 2\left(n - \frac{1}{2}\right)\frac{\pi}{\omega_n} \tag{3.63}$$

$$x(t) = \left[\delta - (4n - 1)\frac{\mu mg}{k}\right]\cos\omega_n t - \frac{\mu mg}{k}$$

$$2\left(n - \frac{1}{2}\right)\frac{\pi}{\omega_n} \leq t \leq 2n\frac{\pi}{\omega_n} \tag{3.64}$$

$$x\left(2n\frac{\pi}{\omega_n}\right) = \delta - \left(\frac{4\mu mg}{k}\right)n \tag{3.65}$$

A Equação (3.65) mostra que o deslocamento ao final de cada ciclo é $4\mu mg/k$ menor que o deslocamento ao final do ciclo anterior. Assim, a amplitude de vibração livre decai linearmente, como mostrado, quando as Equações (3.63) e (3.64) são plotadas na Figura 3.16.

As amplitudes nos ciclos sucessivos formam uma progressão aritmética. Se $x_n$ é a amplitude ao final do $n$-ésimo ciclo, então

$$x_n - x_{n-1} = \frac{4\mu mg}{k} \tag{3.66}$$

com $x_0 = \delta$. A solução dessa diferença na equação é a Equação (3.65).

O movimento continua com essa constante redução na amplitude contanto que a força restauradora seja suficiente para superar a força resistente de atrito. No entanto, como o atrito causa uma redução na amplitude, a força restauradora eventualmente se torna menor que a força de atrito. Isso ocorre quando

$$k\left|x\left(2n\frac{\pi}{\omega_n}\right)\right| \leq \mu mg \tag{3.67}$$

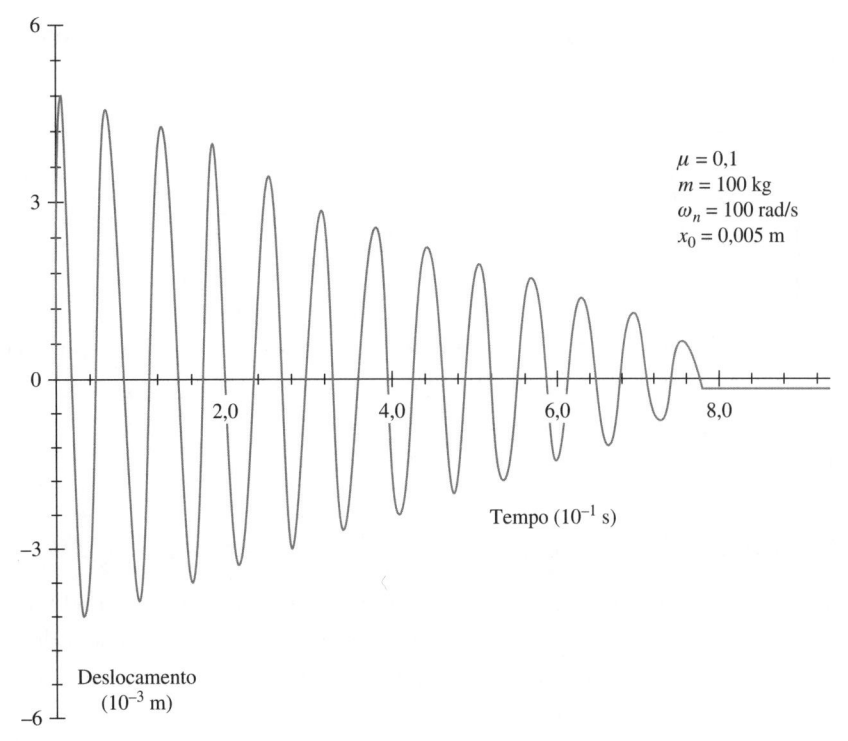

**FIGURA 3.16**
Resposta livre de um sistema com amortecimento de Coulomb. O movimento é cíclico com um decaimento linear da amplitude. O período é o mesmo que aquele natural com a cessação do movimento com um deslocamento permanente.

Parâmetros: $\mu = 0{,}1$; $m = 100$ kg; $\omega_n = 100$ rad/s; $x_0 = 0{,}005$ m.

O movimento cessa durante o $n$-ésimo ciclo, onde $n$ é o menor número inteiro, tal que

$$n > \frac{k\delta}{4\mu mg} - \frac{1}{4} \tag{3.68}$$

Quando o movimento cessa, um deslocamento constante a partir do equilíbrio de $\mu mg/k$ é mantido.

O efeito do amortecimento de Coulomb difere do efeito do amortecimento viscoso nesses aspectos:

1. O amortecimento viscoso provoca um termo linear proporcional à velocidade na equação diferencial regente, enquanto o amortecimento Coulomb dá vazão a outro termo não linear.
2. A frequência natural de um sistema subamortecido fica inalterada quando o amortecimento de Coulomb é acrescentado, mas é reduzida quando o amortecimento viscoso é acrescentado.
3. O movimento não é cíclico se o coeficiente de amortecimento viscoso for grande o suficiente, ao passo que o movimento sempre é cíclico quando o amortecimento de Coulomb for a única fonte de amortecimento.
4. A amplitude reduz linearmente em função do amortecimento de Coulomb e exponencialmente em função do amortecimento viscoso.
5. O amortecimento de Coulomb leva à cessação de movimento com um deslocamento permanente resultante a partir do equilíbrio, enquanto o movimento de um sistema com apenas o amortecimento viscoso continua indefinidamente com uma amplitude decadente.

Como o movimento de todos os sistemas físicos cessa na ausência de excitação externa contínua, o amortecimento de Coulomb sempre está presente. O amortecimento de Coulomb aparece de muitas formas, como o atrito do eixo em mancais e o atrito em decorrência de correias em contato com polias ou volantes. A resposta dos sistemas a essas e outras formas de amortecimento de Coulomb pode ser obtida da mesma maneira que a resposta para o atrito de deslizamento seco.

A forma geral da equação diferencial regendo as vibrações livres de um sistema linear onde o amortecimento de Coulomb é a única fonte de amortecimento é

$$\ddot{x} + \omega_n^2 x = \begin{cases} \dfrac{F_f}{m_{eq}} & \dot{x} < 0 \\ -\dfrac{F_f}{m_{eq}} & \dot{x} > 0 \end{cases} \quad (3.69)$$

onde $F_f$ é a grandeza da força do amortecimento de Coulomb. A redução na amplitude por ciclo de movimento é

$$\Delta A = \frac{4 F_f}{m_{eq} \omega_n^2} \quad (3.70)$$

## EXEMPLO 3.10

Um experimento é realizado para determinar o coeficiente cinético do atrito entre um bloco e uma superfície. O bloco é anexado a uma mola e deslocado 150 mm do equilíbrio. Observa-se que o período de movimento é 0,5 s e que a amplitude reduz em 10 mm em ciclos sucessivos. Determine o coeficiente de atrito e quantos ciclos de movimento o bloco executa antes de o movimento cessar.

### SOLUÇÃO
A frequência natural é calculada como

$$\omega_n = \frac{2\pi}{T} = \frac{2\pi}{0,5 \text{ s}} = 12{,}57 \text{ rad/s} \quad \text{(a)}$$

A redução na amplitude é expressa como

$$\Delta A = \frac{4\mu mg}{k} = \frac{4\mu g}{\omega_n^2} \quad \text{(b)}$$

que é rearranjada para produzir

$$\mu = \frac{\Delta A}{4g}\omega_n^2 = \frac{(0{,}01 \text{ m})(12{,}57 \text{ rad/s})^2}{4(9{,}81 \text{ m/s}^2)} = 0{,}04 \quad \text{(c)}$$

Na Equação (3.68), o movimento cessa durante o 15º ciclo. A massa tem um deslocamento permanente de 2,5 mm a partir de sua posição de equilíbrio original. ∎

## EXEMPLO 3.11

Um pai constrói um balanço para seus filhos. O balanço consiste em uma placa presa a duas cordas, como mostrado na Figura 3.17. O balanço é montado em um galho de árvore, com a placa a 3,5 m abaixo do galho. O diâmetro do galho é de 8,2 cm e o coeficiente cinético de atrito entre as cordas e o galho é 0,1. Após o balanço ser instalado e seu filho se sentar, o pai puxa o balanço para trás 10º e solta. Qual é a redução no ângulo de cada balançada e quantas balançadas a criança receberá antes de o pai precisar dar outro empurrão?

### SOLUÇÃO
Por causa do atrito entre o galho da árvore e as cordas, a tensão nos lados opostos de uma corda serão diferentes. Essas tensões podem ser relacionadas usando os princípios do atrito da correia. Quando o balanço está balançando no sentido horário,

$$T_2 = T_1 e^{\mu \beta} \quad \text{(a)}$$

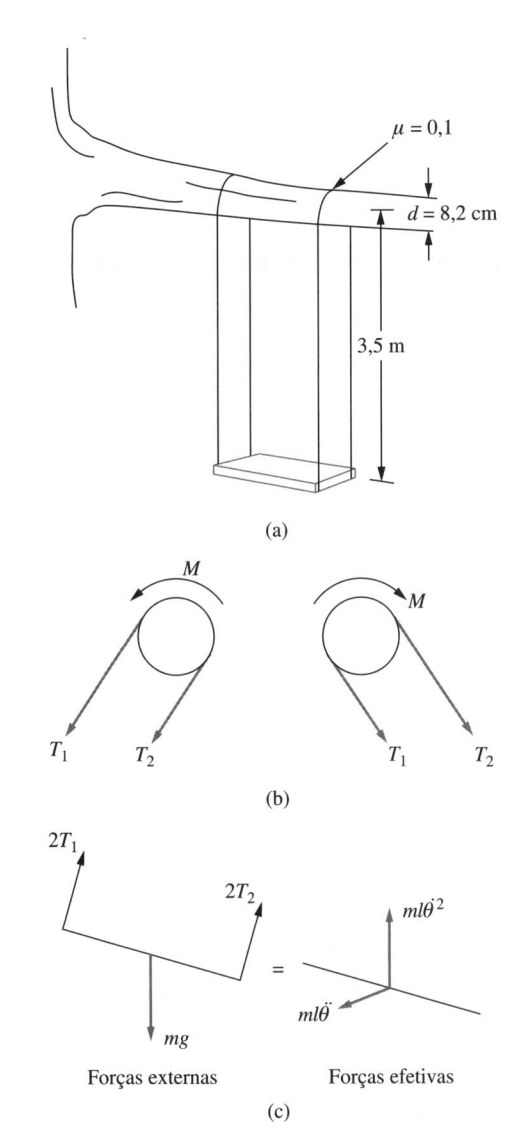

**Capítulo 3**  VIBRAÇÕES LIVRES DOS SISTEMAS DE 1GL  **133**

**FIGURA 3.17**
(a) Balanço da árvore no Exemplo 3.11. (b) A tensão desenvolvida nos lados opostos da corda é desigual em decorrência do atrito. (c) DCLs do balanço em um instante arbitrário.

onde $\beta$ é o ângulo de contato entre o galho da árvore e a corda. À medida que a criança balança, o ângulo de contato pode variar. No entanto, essa complicação é excessiva para lidar com uma análise simplificada. Uma boa aproximação é assumir que $\beta$ é a constante e $\beta = \pi$ rad. Quando o balanço está balançando no sentido anti-horário

$$T_1 = T_2 e^{\mu\beta} \tag{b}$$

Seja $\theta$ o deslocamento angular no sentido horário do balanço a partir do equilíbrio. Somar as forças na direção das tensões dá  $\sum F_{ext} = \sum F_{eff}$

$$2T_1 + 2T_2 - mg \cos\theta = ml\dot\theta^2 \tag{c}$$

O balanço é puxado de volta apenas 10°. Assim, a aproximação comum para ângulos pequenos é válida, com $\cos\theta \approx 1$ e o termo de inércia não linear ignorado em comparação às tensões e à gravidade. As relações do atrito da correia e da equação da força normal são solucionadas simultaneamente para produzir

$$\dot\theta > 0, \qquad T_1 = \frac{mg}{2(1 + e^{\mu\pi})}$$

$$T_2 = \frac{mg e^{\mu\pi}}{2(1 + e^{\mu\pi})} \tag{d}$$

$$\dot{\theta} > 0, \qquad T_1 = \frac{mge^{\mu\pi}}{2(1 + e^{\mu\pi})}$$

$$T_2 = \frac{mg}{2(1 + e^{\mu\pi})}$$

(e)

Somar os momentos em torno do centro do galho da árvore usando os diagramas de corpo livre da Figura 3.17(c) e a suposição para ângulos pequenos produz

$$\left(\sum M_O\right)_{ext} = \left(\sum M_O\right)_{ef}$$

$$(2T_1 - 2T_2)\frac{d}{2} - mgl\theta = ml^2\ddot{\theta}$$

(f)

Substituir pelas tensões na equação anterior e rearranjar leva a

$$\ddot{\theta} + \frac{g}{l}\theta = \begin{cases} \dfrac{gd}{2l^2}\dfrac{1 - e^{\mu\pi}}{1 + e^{\mu\pi}} & \dot{\theta} > 0 \\ -\dfrac{gd}{2l^2}\dfrac{1 - e^{\mu\pi}}{1 + e^{\mu\pi}} & \dot{\theta} < 0 \end{cases}$$

(g)

A frequência do balanço é

$$\omega_n = \sqrt{\frac{g}{l}} = 1{,}67 \text{ rad/s}$$

(h)

que é a mesma que seria na ausência de atrito.

A equação diferencial regente tem a mesma forma que a da Equação (3.69). Assim, na Equação (3.70), a redução na amplitude por balanço é

$$\frac{2d}{l}\frac{e^{\mu\pi} - 1}{e^{\mu\pi} + 1} = 2\left(\frac{0{,}082 \text{ m}}{3{,}5 \text{ m}}\right)\frac{e^{0{,}1\pi} - 1}{e^{0{,}1\pi} + 1} = 0{,}0073 \text{ rad} = 0{,}42°$$

O movimento cessa quando, ao final do ciclo, o momento da força de gravidade em torno do centro do galho é insuficiente para superar o momento de atrito. Isso ocorre quando

$$mgl\theta < |T_2 - T_1|d$$

ou

$$\theta < \frac{d}{2l}\frac{e^{\mu\pi} - 1}{e^{\mu\pi} + 1} = 0{,}10°$$

Assim, se o pai não der mais um empurrão no balanço após 23 balançadas, o balanço vai entrar em repouso com um ângulo de resposta de 0,1°. ■

## 3.8 AMORTECIMENTO HISTERÉTICO

O diagrama de tensão-deformação para um material elástico tipicamente linear é mostrado na Figura 3.18. O ideal é que, se o material estiver tensionado abaixo de seu ponto de produção e depois descarregado, a curva de tensão-

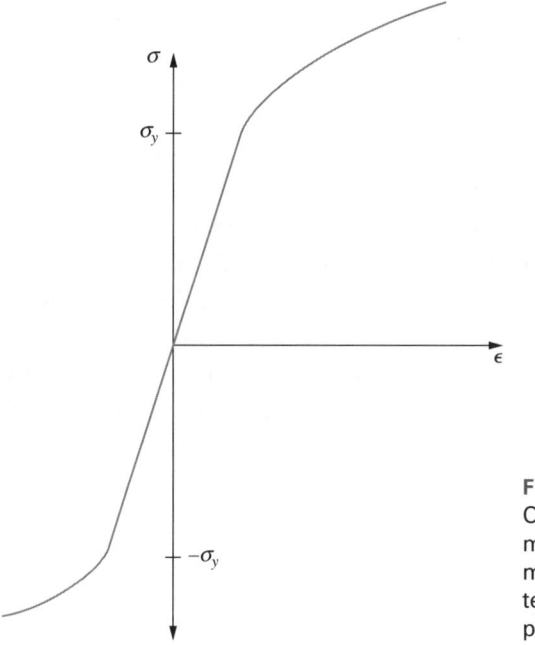

**FIGURA 3.18**
O diagrama de tensão-deformação para um material isotrópico linearmente elástico com o mesmo comportamento na compressão e na tensão. O comportamento do material é linear para $|\sigma| < \sigma_y$.

-deformação para o descarregamento segue a mesma curva para o carregamento. No entanto, em um material de engenharia real, os planos internos deslizam um em relação ao outro e as ligações moleculares são quebradas, causando a conversão da energia de deformação em energia térmica e tornando o processo irreversível. Uma curva de tensão-deformação mais realista para o processo de carregamento-descarregamento é mostrado na Figura 3.19 quando $|\sigma| < \sigma_y$.

A curva na Figura 3.19 é um ciclo de histerese. A área delimitada pelo ciclo de histerese de uma curva de força-deslocamento é a energia de deformação total dissipada durante um ciclo de carregamento-descarregamento. No geral, a área sob uma curva de histerese é independente da taxa do ciclo de carregamento-descarregamento.

Em um sistema mecânico vibratório, um membro elástico passa por uma relação de carga cíclica-deslocamento como mostrado na Figura 3.19. O carregamento é repetido em cada ciclo. A existência do ciclo de histerese leva à dissipação de energia do sistema durante cada ciclo, que causa o amortecimento natural, chamado *amortecimento histerético*. Foi mostrado experimentalmente que a energia dissipada por ciclo de movimento é independente da frequência e proporcional ao quadrado da amplitude. Uma relação empírica é

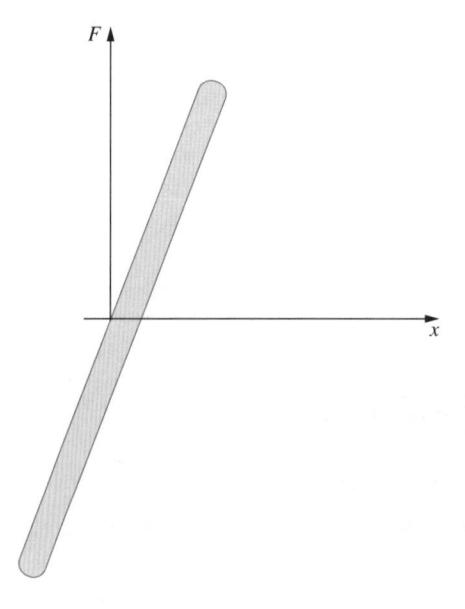

**FIGURA 3.19**
O comportamento de um material de engenharia real como um sistema executa um ciclo de movimento. A área delimitada pela curva é a energia de deformação dissipada para cada volume específico. Essa energia dissipada é a base para o amortecimento histerético.

$$\Delta E = \pi k h X^2 \tag{3.71}$$

onde $X$ é a amplitude do movimento durante o ciclo e $h$ é uma constante, chamada *coeficiente de amortecimento histerético*.

O coeficiente de amortecimento histerético não pode ser simplesmente simplificado por determinado material. É dependente de outras considerações, como o modo como o material é preparado e a geometria da estrutura sob consideração. Os dados existentes não podem ser estendidos para ser aplicados a todas as situações. Assim, normalmente é necessário determinar empiricamente o coeficiente de amortecimento histerético.

O modelamento matemático do amortecimento histerético é desenvolvido a partir de uma análise de trabalho-energia. Considere um sistema de massa-mola simples com amortecimento histerético. Seja $X_1$ a amplitude em um tempo onde a velocidade é zero e toda energia é a energia potencial armazenada na mola. O amortecimento histerético dissipa parte dessa energia no próximo ciclo de movimento. Seja $X_2$ o deslocamento da massa no próximo tempo quando a velocidade for zero, após o sistema executar um meio-ciclo de movimento. Seja $X_3$ o deslocamento no tempo subsequente quando a velocidade é zero, um ciclo completo depois. A aplicação do princípio de trabalho-energia no primeiro meio-ciclo de movimento dá

$$T_1 + V_1 = T_2 + V_2 + \frac{\Delta E}{2} \tag{3.72}$$

A energia dissipada pelo amortecimento histerético é aproximada pela Equação (3.71) com $X$ como a amplitude no início do meio-ciclo.

$$\frac{1}{2}kX_1^2 = \frac{1}{2}kX_2^2 + \frac{1}{2}\pi k h X_1^2 \tag{3.73}$$

Isso produz

$$X_2 = \sqrt{1 - \pi h}\, X_1 \tag{3.74}$$

Uma análise de trabalho-energia no segundo meio-ciclo leva a

$$X_3 = \sqrt{1 - \pi h}\, X_2 = (1 - \pi h) X_1 \tag{3.75}$$

Assim, a taxa de redução da amplitude em ciclos sucessivos é constante, assim como para o amortecimento viscoso. Por analogia, um decremento logarítmico é definido por amortecimento histerético como

$$\delta = \ln \frac{X_1}{X_3} = -\ln(1 - \pi h) \tag{3.76}$$

que para o $h$ pequeno é aproximado como

$$\delta = \pi h \tag{3.77}$$

Por analogia, com o amortecimento viscoso uma razão de amortecimento para o amortecimento histerético é definida como

$$\zeta = \frac{\delta}{2\pi} = \frac{h}{2} \tag{3.78}$$

e um coeficiente de amortecimento viscoso equivalente é definido como

$$c_{eq} = 2\zeta \sqrt{mk} = \frac{hk}{\omega_n} \tag{3.79}$$

A resposta de vibrações livres de um sistema sujeito ao amortecimento histerético é a mesma que a do sistema quando sujeito ao amortecimento viscoso com um coeficiente de amortecimento viscoso equivalente dado pela Equação (3.79). Isso é verdade apenas para o amortecimento histerético pequeno, já que o comportamento plástico subsequente leva a um sistema altamente não linear. A analogia entre o amortecimento viscoso e o amortecimento histerético também é apenas verdade para os materiais linearmente elásticos e para os materiais nos quais a energia dissipada por ciclo específico é proporcional ao quadrado da amplitude. Além disso, o coeficiente de amortecimento histerético é uma função da geometria assim como o material.

A resposta de um sistema sujeito ao amortecimento histerético ou ao amortecimento viscoso continua indefinidamente com a amplitude exponencialmente decadente. Entretanto, o amortecimento histerético é significativamente diferente do amortecimento viscoso, em que a energia dissipada por ciclo para o amortecimento histerético é independente da frequência, ao passo que a energia dissipada por ciclo aumenta com a frequência para o amortecimento viscoso. Assim, enquanto os tratamentos matemáticos do amortecimento viscoso e o amortecimento histerético são os mesmos, eles têm diferenças físicas significativas.

### EXEMPLO 3.12

A curva de força-deslocamento para a estrutura da Figura 3.20(a) modelada pelo sistema da Figura 3.20(b) é mostrada na Figura 3.20(c). A estrutura é modelada como um sistema de um grau de liberdade com uma massa equivalente de 500 kg localizada na posição onde as medidas são feitas. Descreva a resposta dessa estrutura quando um choque comunica uma velocidade de 20 m/s nesse ponto da estrutura.

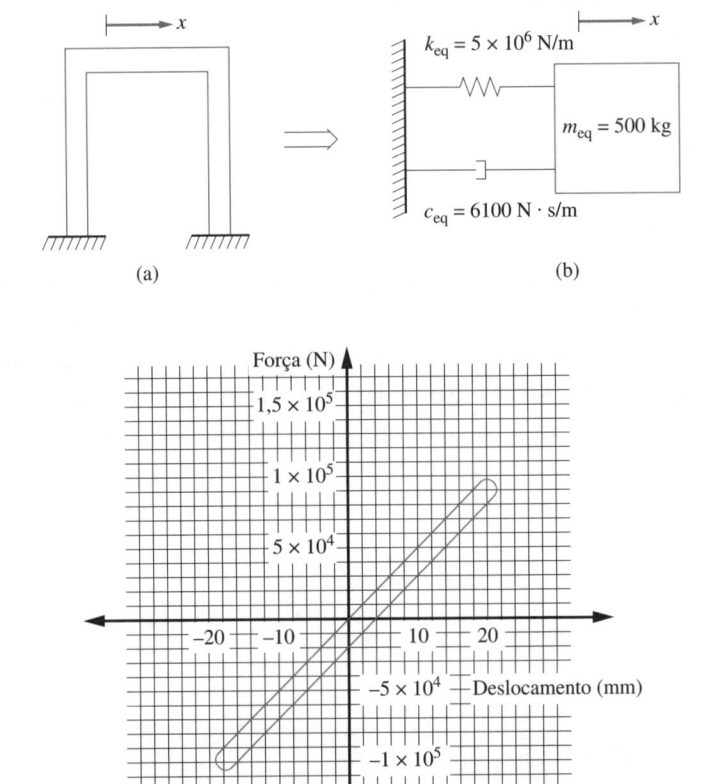

**FIGURA 3.20**
(a) Estrutura de um andar modelada como um sistema de 1GL. (b) O amortecimento histerético leva a um coeficiente de amortecimento viscoso equivalente de 6100 N · s/m. (c) Curva de força-deslocamento em um ciclo para o sistema do Exemplo 3.12.

## SOLUÇÃO

A área sob uma curva de histerese é aproximada ao contar os quadrados dentro do ciclo de histerese. Cada quadrado representa $(1 \times 10^4 \text{ N})(0{,}002 \text{ m})$ 20 N · m da energia dissipada. Há aproximadamente 38,5 quadrados dentro do ciclo de histerese resultando em 770 N · m dissipado em um ciclo de movimento com uma amplitude de 20 mm.

A rigidez equivalente é a inclinação da curva de deflexão da força, determinada como $5 \times 10^6$ N/m. A aplicação da Equação (3.71) leva a

$$h = \frac{\Delta E}{\pi k X^2} = \frac{770 \text{ N} \cdot \text{m}}{\pi (5 \times 10^6 \text{ N/m})(0{,}02 \text{ m})^2} = 0{,}123 \tag{a}$$

O decremento logarítmico, a razão de amortecimento e a frequência natural são calculados ao usar as Equações (3.77) e (3.78)

$$\delta = \pi h = 0{,}385 \tag{b}$$

$$\zeta = \frac{h}{2} = 0{,}0613 \tag{c}$$

$$\omega_n = \sqrt{\frac{k}{m}} = \sqrt{\frac{5 \times 10^6 \text{ N/m}}{500 \text{ kg}}} = 100 \text{ rad/s} \tag{d}$$

A resposta dessa estrutura com amortecimento histerético é aproximadamente a mesma que a de um sistema simples de massa-mola-amortecedor hidráulico com uma razão de amortecimento de 0,0615 e uma frequência natural de 100 rad/s. Então, na Equação (3.28) com $\dot{x}_0 = 20$ m/s e $x_0 = 0$, a resposta é

$$x(t) = 0{,}20 e^{-6{,}13 t} \text{sen}(99{,}81 t) \text{ m} \tag{e}$$ ∎

## 3.9 OUTRAS FORMAS DE AMORTECIMENTO

Um sistema mecânico ou estrutural pode ser sujeito a outras formas de amortecimento, como arrasto aerodinâmico, amortecimento radiativo ou amortecimento anelástico. No entanto, eles dão vazão a termos não lineares nas equações diferenciais regentes. As soluções exatas não existem para essas formas de amortecimento. O movimento periódico de sistemas sujeitos a essas formas de amortecimento pode ser aproximado pelo desenvolvimento de um coeficiente de amortecimento viscoso equivalente. O coeficiente de amortecimento viscoso equivalente é obtido ao igualar a energia dissipada em um ciclo de movimento, assumindo o movimento harmônico em uma amplitude específica e frequência, para a forma particular de amortecimento com a energia dissipada em um ciclo de movimento em função da força em um amortecedor hidráulico do coeficiente de amortecimento viscoso equivalente.

Para um movimento harmônico da forma $x(t) = X \text{sen } \omega t$, a energia dissipada em um ciclo de movimento em função de uma força de amortecimento $F_D$ é

$$\Delta E = \int_0^{2\pi/\omega} F_D \dot{x}\, dt = \int_0^{2\pi/\omega} F_D X \omega \cos \omega t\, dt \tag{3.80}$$

Para o amortecimento viscoso, a Equação (3.80) produz

$$\Delta E = \int_0^{2\pi/\omega} c \dot{x}^2\, dt = \int_0^{2\pi/\omega} c \omega^2 X^2 \cos^2 \omega t\, dt = c \omega \pi X^2 \tag{3.81}$$

Assim, por analogia, o coeficiente de amortecimento viscoso para outra forma de amortecimento é

$$c_{eq} = \frac{\Delta E}{\pi \omega X^2} \qquad (3.82)$$

O arrasto aerodinâmico está presente em todos os problemas reais. Entretanto, seu efeito geralmente é ignorado. A determinação da forma correta da força de arrasto é um problema da mecânica de fluidos. Nos coeficientes de Reynolds altos, o arrasto é quase proporcional ao quadrado da velocidade e pode ser escrito como

$$F_D = C_D \dot{x}|\dot{x}| \qquad (3.83)$$

onde $C_D$ é um coeficiente que é uma função da geometria do corpo e propriedades do ar. Para os coeficientes de Reynolds moderados, as formas apropriadas da força de arrasto foram propostas como

$$F_D = C_D |\dot{x}|^\alpha \dot{x} \qquad (3.84)$$

onde $0 < \alpha \leq 1$. Em qualquer um dos casos, a equação diferencial resultante é não linear.

Alguns materiais (p. ex., borracha) são viscoelásticos e obedecem a uma equação constitutiva em que a tensão está relacionada à deformação e à taxa de deformação. É mostrado no Capítulo 4 que, para um sistema não amortecido, a resposta forçada está na fase com uma excitação harmônica, ao passo que uma dissipação ocorre para um sistema amortecido. Essa dissipação na fase também ocorre para muitos materiais viscoelásticos. Na verdade, muitos materiais viscoelásticos têm equações constitutivas derivadas por modelamento do material como uma mola paralela com um amortecedor hidráulico. Isso é chamado de modelo de Kelvin. A dissipação resulta em dissipação de energia e o amortecimento resultante é chamado de amortecimento anelástico.

O amortecimento ocorre quando a energia é dissipada de um corpo vibratório por qualquer meio. Outro exemplo é o amortecimento radioativo que ocorre para um corpo vibrando na superfície livre entre dois fluidos. O corpo vibratório provoca ondas de pressão para ser radiadas para fora, causando transferência de energia do corpo para os fluidos circundantes.

A maioria dos sistemas físicos está sujeita à combinação de formas de amortecimento. Na verdade, um sistema simples de massa-mola-amortecedor hidráulico está sujeito ao amortecimento viscoso do amortecedor hidráulico, amortecimento de Coulomb do atrito seco deslizantes, amortecimento histerético da mola e arrasto aerodinâmico. A presença do amortecimento de Coulomb leva à cessação de vibrações livres após um tempo finito. O arrasto aerodinâmico normalmente é negligenciado em uma análise, já que seu efeito é insignificante e leva a uma equação diferencial não linear. O amortecimento histerético age paralelamente com o amortecimento viscoso. O coeficiente do amortecimento equivalente é a soma do coeficiente do amortecimento viscoso para o amortecedor hidráulico e o coeficiente do amortecimento viscoso equivalente para o amortecimento histerético. Para pequenas amplitudes, o efeito do amortecimento viscoso é bem maior que o efeito do amortecimento histerético. Para grandes amplitudes, o amortecimento histerético pode ser dominante.

### EXEMPLO 3.13

Um bloco de massa 1 kg é anexado a uma mola de rigidez 3 X 10⁵ N/m. O bloco é deslocado 20 mm do equilíbrio e liberado do repouso. O bloco está em um fluido em que a força de arrasto é dada pela Equação (3.83) com $C_D = 0{,}86$ N · s²/m. Aproxime o número de ciclos antes de a amplitude ser reduzida para 15 mm.

### SOLUÇÃO

A energia perdida por ciclo de movimento em função do arrasto aerodinâmico é calculada a partir da Equação (3.80)

$$\Delta E = \int_0^{2\pi/\omega} C_D X^3 \omega^3 \cos^2\omega t |\cos \omega t| dt$$

$$= 4\int_0^{\pi/2\omega} C_D X^3 \omega^3 \cos^3\omega t\, dt = \frac{8}{3} C_D \omega^2 X^3 \qquad \text{(a)}$$

Na Equação (3.82), o coeficiente de amortecimento viscoso equivalente é calculado como

$$c_{eq} = 0{,}730\omega X \qquad \text{(b)}$$

Se o amortecimento viscoso equivalente for pequeno, a frequência é aproximadamente igual à frequência natural das vibrações não amortecidas livres

$$\omega = \sqrt{\frac{k}{m}} = 547{,}7\,\text{rad/s} \qquad \text{(c)}$$

A razão de amortecimento em determinado ciclo é

$$\zeta = \frac{c_{eq}}{2\sqrt{km}} = \frac{0{,}73(547{,}7\,\text{rad/s})X}{2\sqrt{(1\,\text{kg})(3\times 10^5\,\text{N/m})}} \qquad \text{(d)}$$

Na Equação (3.41), o decremento logarítmico é

$$\delta = 2\pi\zeta = 2{,}29\,X \qquad \text{(e)}$$

Como o coeficiente de amortecimento viscoso equivalente e, logo, a razão de amortecimento e o decremento logarítmico dependem da amplitude, a redução na amplitude não é constante em cada ciclo. Usando uma amplitude de 20 mm para o primeiro ciclo, a amplitude no início do segundo ciclo é obtida usando o decremento logarítmico, que, por sua vez, é usado para prever a amplitude no início do terceiro ciclo. A Tabela 3.2 é desenvolvida deste modo. A amplitude da vibração é reduzida para 15 mm em sete ciclos.

### TABELA 3.2

Aproximação viscosa usada para prever o decaimento na amplitude para o Exemplo 3.13

| Ciclo | Amplitude no início do ciclo $X_n = X_{n-1}\,e^{-2{,}32X_{n-1}}$ |
|---|---|
| 1 | 20,0 |
| 2 | 19,09 |
| 3 | 18,26 |
| 4 | 17,50 |
| 5 | 16,81 |
| 6 | 16,16 |
| 7 | 15,56 |
| 8 | 15,00 |

# Capítulo 3     VIBRAÇÕES LIVRES DOS SISTEMAS DE 1GL

## 3.10 EXEMPLOS DE REFERÊNCIA

### 3.10.1 MÁQUINA NO ASSOALHO DE UMA FÁBRICA INDUSTRIAL

Durante a operação, a máquina está sujeita a um impulso de grandeza 220 N · s. O efeito do impulso na máquina é dar-lhe uma velocidade inicial usando a massa equivalente da máquina. A aplicação do princípio do impulso e do momento linear à máquina leva a

$$v = \frac{I}{m} = \frac{220\,\text{N}\cdot\text{s}}{570{,}69\,\text{kg}} = 0{,}39\,\text{m/s} \tag{a}$$

As vibrações livres subsequentes da máquina, representando a inércia da viga, são modeladas por

$$570{,}69\ddot{x} + 1{,}20 \times 10^7 x = 0 \tag{b}$$

com $x(0) = 0$ e $\dot{x}(0) = 0{,}39$ m/s. Colocar a equação diferencial na forma-padrão leva a

$$\ddot{x} + 2{,}10 \times 10^4 x = 0 \tag{c}$$

do qual a frequência natural é calculada como

$$\omega_n = \sqrt{2{,}10 \times 10^4} = 144{,}9\,\text{rad/s} \tag{d}$$

A resposta do sistema em função das condições iniciais é

$$x(t) = \frac{\dot{x}(0)}{\omega_n}\operatorname{sen}\omega_n t = \frac{0{,}39\,\text{m/s}}{144{,}9\,\text{rad/s}}\operatorname{sen}(144{,}9t) = 2{,}69 \times 10^{-3}\operatorname{sen}(144{,}9t)\,\text{m} \tag{e}$$

A Equação (e) prevê que o movimento continuará indefinidamente sem decaimento da amplitude. Isto é falso, mas prevê de perto a frequência das vibrações e sua amplitude máxima. Para explorar os possíveis efeitos da dissipação de energia por um amortecimento histerético, as vibrações transversais do assoalho são iniciadas e o histórico da resposta é registrado usando um acelerômetro colocado no local onde a máquina deve ficar posicionada. A amplitude da vibração decai pela metade de seu valor inicial em 10 ciclos. O decremento logarítmico é calculado como

$$\delta = \frac{1}{10}\ln\!\left(\frac{2}{1}\right) = 0{,}0693 \tag{f}$$

do qual um coeficiente do amortecimento histerético é determinado como

$$h = \frac{\delta}{2} = 0{,}0347 \tag{g}$$

Assim, a resposta é modelada com o amortecimento histerético como um sistema com uma razão de amortecimento viscoso equivalente

$$\zeta = \frac{\delta}{2\pi} = 0{,}0110 \tag{h}$$

A resposta do sistema com amortecimento histerético é

$$\begin{aligned}
x(t) &= \frac{\dot{x}(0)}{\omega_n\sqrt{1-\zeta^2}}e^{-\zeta\omega_n t}\operatorname{sen}\!\left(\omega_n\sqrt{1-\zeta^2}\,t\right) \\
&= \frac{0{,}39\,\text{m/s}}{(144{,}9\,\text{rad/s})\sqrt{1-(0{,}0110)^2}}e^{-(0{,}0110)(141{,}4)t}\operatorname{sen}\!\left(141{,}4\sqrt{1-(0{,}0110)^2}\,t\right) \\
&= 2{,}69 \times 10^{-3}e^{-1{,}59 t}\operatorname{sen}(144{,}9t)\,\text{m}
\end{aligned} \tag{i}$$

A Equação (i) está ilustrada na Figura 3.21.

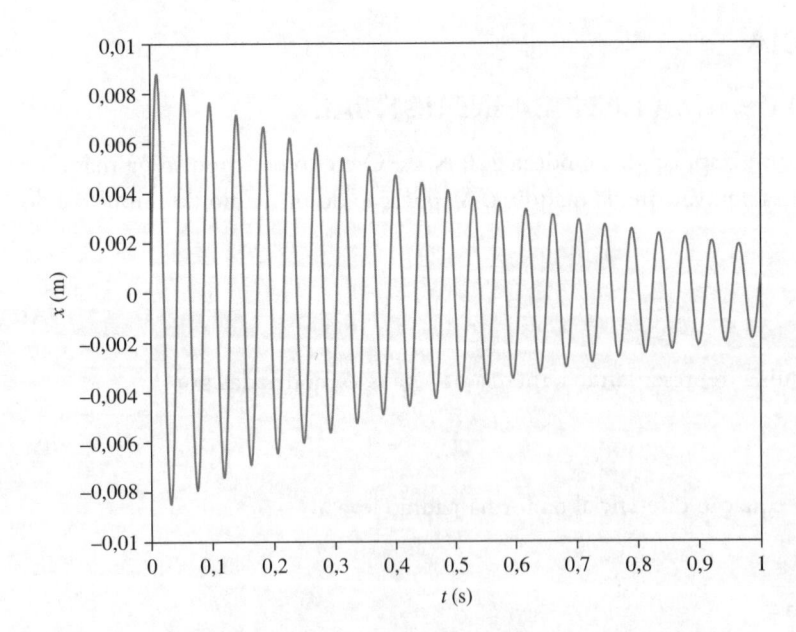

**FIGURA 3.21** Gráfico da resposta livre de uma máquina anexada a uma viga em balanço quando o amortecimento histerético é incluído.

## 3.10.2 SISTEMA DE SUSPENSÃO SIMPLIFICADO

O modelo para as vibrações livres do sistema de suspensão automotivo com um veículo vazio é

$$300\ddot{x} + 1200\dot{x} + 12000x = 0 \tag{a}$$

Ao colocar a equação diferencial na forma-padrão, ela se torna

$$\ddot{x} + 4\dot{x} + 40x = 0 \tag{b}$$

O veículo tem uma frequência natural de

$$\omega_n = \sqrt{\frac{k}{m}} = \sqrt{\frac{12000 \text{ N/m}}{300 \text{ kg}}} = \sqrt{40\frac{1}{s^2}} = 6{,}32 \text{ rad/s} \tag{c}$$

e uma razão de amortecimento de

$$\zeta = \frac{c}{2\sqrt{mk}} = \frac{1200 \text{ N} \cdot \text{s/m}}{2\sqrt{(300 \text{ kg})(12000 \text{ N/m})}} = 0{,}316 \tag{d}$$

O veículo encontra uma mudança repentina no contorno da estrada de uma queda da distância $h$. O sistema é modelado com a posição de equilíbrio tomada após a queda, o que implica que as condições iniciais são $x(0) = -h$ e $\dot{x}(0) = 0$. A solução de um sistema subamortecido sujeito a essas condições iniciais é

$$x(t) = h\sqrt{1 + \left(\frac{\zeta}{\sqrt{1-\zeta^2}}\right)^2} e^{-\zeta\omega_n t} \text{sen}(\omega_n \sqrt{1-\zeta^2}\, t + \phi_d) \tag{e}$$

onde

$$\phi_d = \tan^{-1}\left(\frac{-h\sqrt{1-\zeta^2}}{-h\zeta}\right) = \tan^{-1}\left(\frac{-\sqrt{1-(0{,}316)^2}}{-0{,}316}\right) = 4{,}39 \tag{f}$$

## Capítulo 3 — VIBRAÇÕES LIVRES DOS SISTEMAS DE 1GL

Observe que o numerador e o denominador no argumento da tangente inversa são ambos negativos. O sinal negativo não é cancelado; em vez disso, é usada uma avaliação de quatro quadrantes da tangente inversa. Substituir os números em $x(t)$ leva a

$$x(t) = 1{,}054 h e^{-2{,}00t} \operatorname{sen}(6{,}00t + 4{,}39) \tag{g}$$

Um conceito associado à resposta livre de um veículo quando ele encontra uma mudança repentina de contorno é um sobressinal, em que o valor absoluto do deslocamento máximo ao final do primeiro meio-ciclo é

$$\gamma = \left| x\left(\frac{T_d}{2}\right) \right| = h e^{-\zeta \pi / \sqrt{1-\zeta^2}} \tag{h}$$

Expresso como uma porcentagem, o sobressinal é

$$\eta = 100 \frac{\gamma}{h} = 100 e^{-\zeta \pi / \sqrt{1-\zeta^2}} \tag{i}$$

A massa do veículo varia com os passageiros e a carga, de um valor vazio de 300 kg para um valor completamente carregado de 600 kg. A razão de amortecimento é inversamente proporcional à raiz quadrada da massa e, portanto, o sobressinal aumenta com o aumento da massa. A variação do sobressinal com a massa é mostrado na Figura 3.22.

Outro conceito importante é o tempo de estabilização de 2% $t_{2\%}$, que é quanto tempo demora para a resposta do sistema ser permanentemente reduzida para 2% do deslocamento inicial do equilíbrio. É calculado a partir do último tempo $x(t) = |0{,}02h|$, que é calculado em termos da massa do veículo usando a Equação (e). O valor de sen $(\omega_n \sqrt{1-\zeta^2}\, t + \phi_d)$ varia entre $-1$ e $1$ e não tem muito efeito na solução para o tempo de estabilização de 2%. Ignorar esse termo e eliminar o valor absoluto (já que o restante dos termos são positivos) leva a

$$0{,}02 h = h \sqrt{1 + \frac{\zeta}{\sqrt{1-\zeta^2}}}\, e^{-\zeta \omega_n t_{2\%}} \tag{j}$$

que é solucionado, levando a

$$t_{2\%} = \frac{1}{\zeta \omega_n} \left[ 3{,}912 + \frac{1}{2} \ln\left(1 + \frac{\zeta}{\sqrt{1-\zeta^2}}\right) \right] \tag{k}$$

A Equação (j) está plotada na Figura 3.23 de um veículo vazio para um veículo completamente carregado.

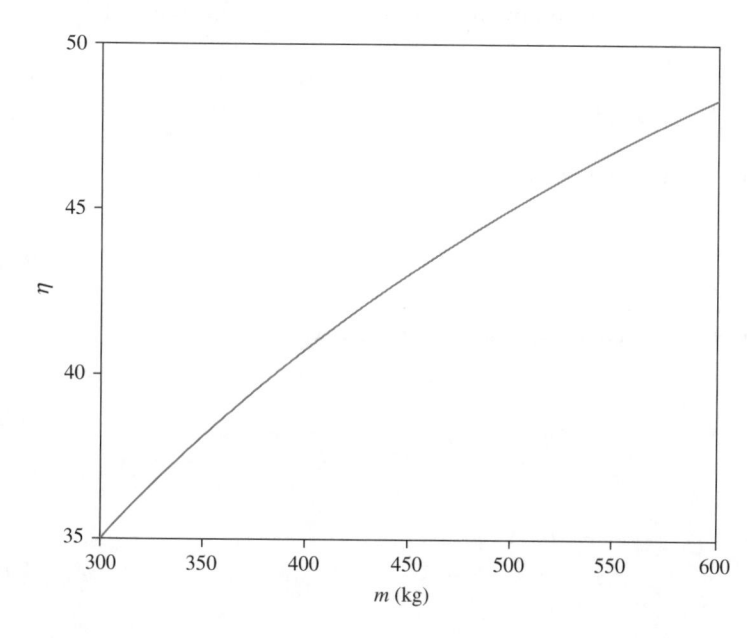

**FIGURA 3.22** Sobressinal percentual como uma função de massa do veículo para o modelo simplificado do sistema de suspensão automotiva.

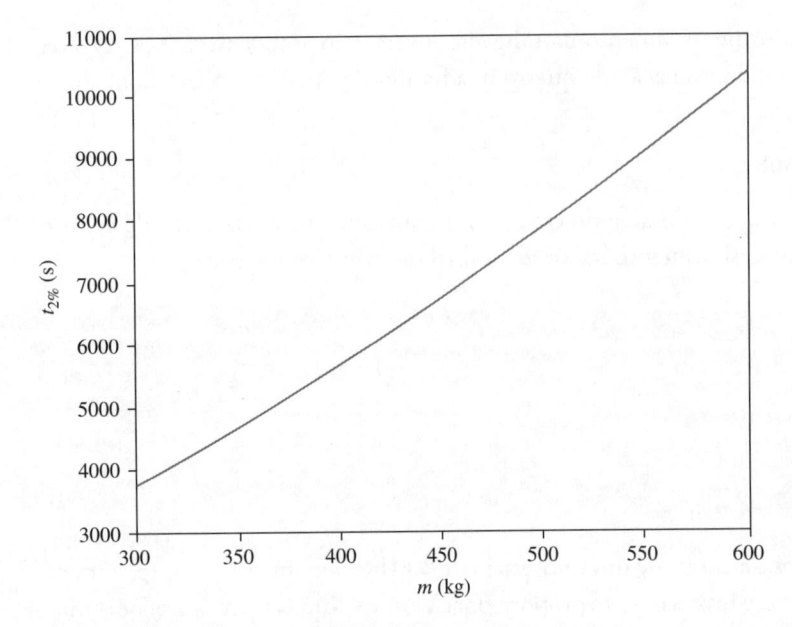

**FIGURA 3.23**
Tempo de estabilização de 2% como uma função da massa do veículo para o modelo simplificado do sistema de suspensão automotiva.

## 3.11 OUTROS EXEMPLOS

### EXEMPLO 3.14

Uma partícula de massa 50 g deve ser anexada ao longo do comprimento de uma barra fina com um comprimento de 25 cm, massa de 200 g e momento de inércia de massa de $9{,}0 \times 10^{-3}$ kg · m². A montagem é suspensa de um pino de suporte anexado em uma extremidade da barra. O centro de gravidade da barra está a 15 cm do pino de suporte. A montagem deve ser ajustada de modo que tenha um período de 1,25 s. Determine o comprimento ao longo da barra onde a partícula deve ser colocada.

### SOLUÇÃO

A montagem mostrada na Figura 3.24(a) é modelada como um pêndulo composto com uma partícula anexada. A coordenada generalizada usada no modelamento é $\theta$, que é o deslocamento angular no sentido anti-horário do pêndulo a partir do equilíbrio. Assume-se que $\theta$ é pequeno, de modo que se aplica a suposição para ângulos pequenos. Os diagramas de corpo livre desenhados para um valor arbitrário de $\theta$ são mostrados na Figura 3.24(b). Usar esses diagramas de corpo livre para somar os momentos em torno de um eixo através do pino de suporte, $(\sum M_O)_{\text{ext}} = (\sum M_O)_{\text{eff}}$, produz

$$-m_1 g a \theta - m_2 g b \theta = \bar{I}\ddot{\theta} + (m_1 a \ddot{\theta})a + (m_2 b \ddot{\theta})b \tag{a}$$

onde $a$ é a distância do pino de suporte para o centro da massa da barra.
A Equação (a) é rearranjada para

$$(\bar{I} + m_1 a^2 + m_2 b^2)\ddot{\theta} + (m_1 a + m_2 b)g\theta = 0 \tag{b}$$

A Equação (b) é colocada na forma-padrão, e a frequência natural é identificada como

$$\omega_n = \sqrt{\frac{(m_1 a + m_2 b)g}{\bar{I} + m_1 a^2 + m_2 b^2}} \tag{c}$$

O período de oscilação livre é

$$T = \frac{2\pi}{\omega_n} = 2\pi\sqrt{\frac{\bar{I} + m_1 a^2 + m_2 b^2}{(m_1 a + m_2 b)g}} \tag{d}$$

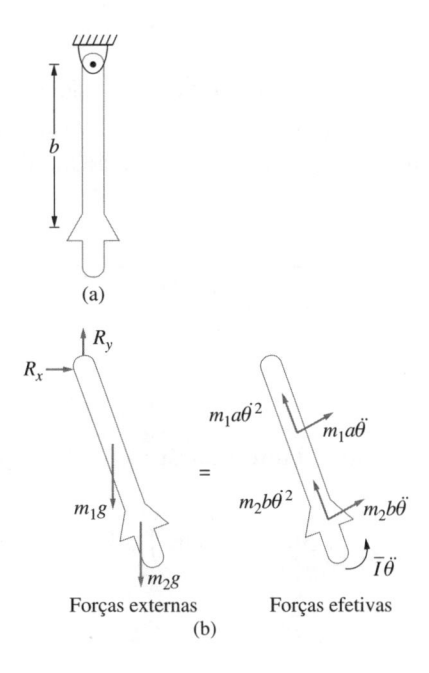

## FIGURA 3.24
Pêndulo composto de uma massa que pode deslizar ao longo da haste. (b) DCLs em um instante arbitrário onde é a coordenada generalizada escolhida.

Exigir que o período seja 1,25 s e substituir nos determinados valores leva a

$$1,25 \text{ s} = 2\pi \sqrt{\frac{9 \times 10^{-3} \text{ kg} \cdot \text{m}^2 + (0,2 \text{ kg})(0,15 \text{ m})^2 + (0,05 \text{ kg})b^2}{[(0,2 \text{ kg})(0,15 \text{ m}) + (0,05 \text{ kg})b](9,81 \text{ m/s}^2)}} \tag{e}$$

Dividir por $2\pi$, fazer a quadratura, multiplicar pelo denominador e rearranjar leva a

$$b^2 - 0,3882b + 0,03709 = 0 \tag{f}$$

A solução da equação quadrática é $b = 0,169, 0,219$ m. A massa pode ser colocada em qualquer local. ■

## ■ EXEMPLO 3.15

Os parâmetros no sistema da Figura 3.25 têm os seguintes valores: $I_D = 0,002$ kg · m², $r = 100$ mm, $m = 1,2$ kg e $k = 3 \times 10^4$ N/m.

(a) Seja $x$ o deslocamento do centro da massa do carrinho como a coordenada generalizada. Derive a equação diferencial para o sistema usando o método de sistemas equivalentes. Assuma que não há atrito entre o carrinho e a superfície.
(b) Para qual valor de $c$ o sistema é criticamente amortecido? Chame esse valor de $c_c$.
(c) Suponha que o carrinho é deslocado 3 cm do equilíbrio e liberado. Determine $x(t)$ se (i) $c = 0,25c_c$, (ii) $c = c_c$ e (iii) $c = 1,25c_c$.
(d) Quanto tempo vai levar para a resposta ficar permanentemente dentro de 1 mm da posição de equilíbrio se (i) $c = 0,25c_c$, (ii) $c = c_c$ e (iii) $c = 1,25c_c$?

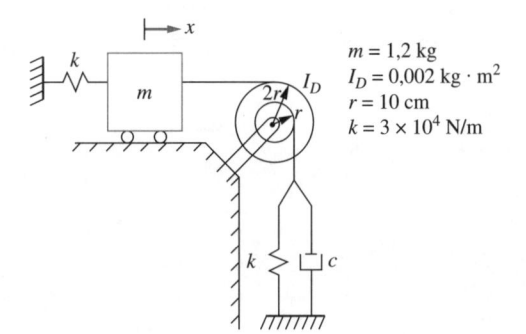

**FIGURA 3.25**
Sistema do Exemplo 3.15.

## SOLUÇÃO

(a) A energia cinética do sistema em um instante arbitrário é $T = \frac{1}{2}m\dot{x}^2 + \frac{1}{2}I_D\omega^2$, onde $\omega$ é a velocidade angular do disco. Assumindo que os cabos não são extensíveis, a velocidade do ponto no disco onde o cabo está sendo puxado ou solto é a mesma que a velocidade do cabo, que também é a mesma que a velocidade do carrinho. Assim, $\dot{x} = 2r\dot{\theta}$. A energia cinética se torna

$$T = \frac{1}{2}m\dot{x}^2 + \frac{1}{2}I_D\left(\frac{\dot{x}}{2r}\right)^2 = \frac{1}{2}\left(m + \frac{I_D}{4r^2}\right)\dot{x}^2 = \frac{1}{2}\left(1{,}2 \text{ kg} + \frac{0{,}002 \text{ kg} \cdot \text{m}^2}{4(0{,}01 \text{ m})^2}\right)\dot{x}^2 \quad \text{(a)}$$

$$= \frac{1}{2}(6{,}2 \text{ kg})\dot{x}^2$$

Assim, a massa equivalente é $m_{eq} = 6{,}2$ kg. A energia potencial em um instante arbitrário é

$$V = \frac{1}{2}kx^2 + \frac{1}{2}k(r\theta)^2 = \frac{1}{2}kx^2 + \frac{1}{2}k\left(\frac{x}{2}\right)^2 = \frac{1}{2}\left(\frac{5k}{4}\right)x^2 = \frac{1}{2}\left[\frac{5}{4}\left(3 \times 10^4 \text{ N/m}\right)\right]x^2$$

$$= \frac{1}{2}(3{,}75 \times 10^4 \text{ N/m})x^2 \quad \text{(b)}$$

que leva a $k_{eq} = 3{,}75 \times 10^4$ N/m. O trabalho feito pelo amortecedor viscoso entre $t = 0$ e um instante arbitrário é

$$U_{1 \to 2} = -\int c\frac{\dot{x}}{2}d\left(\frac{x}{2}\right) = -\int \frac{c}{4}\dot{x}\,dx \quad \text{(c)}$$

Logo, o coeficiente de amortecimento viscoso equivalente é $c_{eq} = c/4$. A equação diferencial regendo o sistema é

$$6{,}2\ddot{x} + \frac{1}{4}c\dot{x} + 3{,}75 \times 10^4 x = 0 \quad \text{(d)}$$

(b) A frequência natural do sistema é

$$\omega_n = \sqrt{\frac{3{,}75 \times 10^4 \text{ N/m}}{6{,}2 \text{ kg}}} = 77{,}8 \text{ rad/s} \quad \text{(e)}$$

A forma da razão de amortecimento é

$$\zeta = \frac{c}{8(6{,}2 \text{ kg})(77{,}8 \text{ rad/s})} = \frac{c}{3860 \text{ N} \cdot \text{s/m}} \quad \text{(f)}$$

Para o amortecimento crítico, a razão de amortecimento é 1, que leva a $c_c = 3860$ N · s/m.

(c) As condições iniciais são $x(0) = 0{,}03$ m e $\dot{x}(0) = 0$ m/s. (i) Se $c_c = 0{,}25$, o sistema é subamortecido com $\zeta = 0{,}25$. A solução para um sistema subamortecido é dada pela Equação 3.28 e é aplicada a esse problema como

$$x(t) = \sqrt{(0{,}03 \text{ m})^2 + \left[\frac{0 \text{ m/s} + (0{,}25)(77{,}8 \text{ rad/s})(0{,}03 \text{ m})}{(77{,}8 \text{ rad/s})\sqrt{1-(0{,}25)^2}}\right]^2} \quad \text{(g)}$$

$$\text{sen}\left\{(77{,}8 \text{ rad/s})\sqrt{1-(0{,}25)^2}\,t\right.$$

$$\left. + \tan^{-1}\left[\frac{(0{,}03 \text{ m})(77{,}8 \text{ rad/s})\sqrt{1-(0{,}25)^2}}{0 \text{ m/s} + (0{,}25)(77{,}8 \text{ rad/s})(0{,}03 \text{ m})}\right]\right\}$$

$$= 0{,}0310 \text{ sen }(75{,}3t + 1{,}32) \text{ m}$$

Capítulo 3  VIBRAÇÕES LIVRES DOS SISTEMAS DE 1GL  147

(ii) Para $c = c_c$, o sistema é criticamente amortecido, e $\zeta = 1$. A resposta livre de um sistema criticamente amortecido é dada pela Equação 3.48, que é aplicada para produzir

$$x(t) = e^{-(77,8 \text{ rad/s})t}\{0,03 \text{ m} + [0 \text{ m/s} + (77,8 \text{ rad/s})(0,03 \text{ m})t]\}$$
$$= e^{-(77,8 \text{ rad/s})t}(0,03 + 2,33t) \text{ m}$$
(h)

(iii) Para $c = 1,25 c_c$, o sistema é superamortecido com $\zeta = 1,25$. A resposta livre de um sistema superamortecido é dada pela Equação 3.53, que é aplicada para produzir

$$x(t) = \frac{e^{-(1,25)(77,8 \text{ rad/s})t}}{2\sqrt{(1,25)^2 - 1}}\left\{\left[\frac{0 \text{ m/s}}{77,8 \text{ rad/s}} + (0,03 \text{ m})(1,25 + \sqrt{(1,25)^2 - 1})\right]e^{(77,8 \text{ rad/s})\sqrt{(1,25)^2 - 1}\,t}\right.$$
$$\left. + \left[\frac{0 \text{ m/s}}{77,8 \text{ rad/s}} + (0,03 \text{ m})(-1,25 + \sqrt{(1,25)^2 - 1})\right]e^{-(77,8 \text{ rad/s})\sqrt{(1,25)^2 - 1}\,t}\right\}$$
$$= (0,04e^{-38,9t} - 0,01e^{-155,6t})\text{m}$$
(i)

(d)
(i) Para um sistema subamortecido, o decremento logarítmico pode ser usado para determinar quanto tempo levará para o sistema ficar permanentemente dentro de 1 mm do equilíbrio. Para essa extremidade,

$$\delta = \frac{2\pi\zeta}{\sqrt{1 - \zeta^2}} = \frac{2\pi(0,25)}{\sqrt{1 - (0,25)^2}} = 1,622$$
(j)

A partir dessas exigências, o número de ciclos é determinado por

$$1,622 = \frac{1}{n}\ln\left(\frac{0,03 \text{ m}}{0,001 \text{ m}}\right) = \frac{3,410}{n} \Rightarrow n = \frac{3,410}{1,622} \Rightarrow 2,10$$
(k)

O sistema irá retornar para dentro de 1 mm do equilíbrio em 3 ciclos. Assim,

$$t = 3T_d = 3\frac{2\pi}{\omega_n\sqrt{1 - \zeta^2}} = 3\frac{2\pi}{(77,8 \text{ rad/s})\sqrt{(1,25)^2 - 1}} = 0,250 \text{ s}$$
(l)

(ii) Para $\zeta = 1$, uma iteração é realizada em

$$0,001 \text{ m} = e^{-(77,8 \text{ rad/s})t}(0,03 + 2,33t) \text{ m}$$
(m)

levando a $t = 0,067$ s.

(iii) Para $\zeta = 1,25$, a solução é composta por dois termos exponenciais com expoentes negativos. A solução simplesmente decai sem cruzar o eixo. Quando a resposta está dentro de 0,001 m do equilíbrio, o termo com o maior expoente (menor valor absoluto) deve ser bem maior que o termo com o menor expoente. Assim, uma boa aproximação para o tempo ficar permanentemente dentro de 1 mm do equilíbrio é aproximado por

$$0,001 \text{ m} = 0,04e^{-38,9t}\text{m}$$
(n)

que leva a $t = 0,0948$ s. O termo negligenciado é $0,01e^{-155,6(0,0948)} = 3,92 \times 10^{-9}$, que é bem menor que 0,001 e, portanto, $t = 0,0948$ é uma boa aproximação. ∎

## EXEMPLO 3.16

Um pêndulo torcional mostrado na Figura 3.26(a) é composto por um disco fino com um momento de inércia *I* que é apoiado em seu centro de massa e tem permissão para girar em torno do pino de suporte. O pêndulo é anexado a uma mola torcional de rigidez $k_t = 1{,}8$ N · m/rad. À medida que o disco gira, ele se move por um eletroímã. Um corpo movendo-se por um campo magnético gera uma força cuja grandeza é $qvB$ se o campo magnético for perpendicular à velocidade, onde *q* é a carga do corpo, *B* é a grandeza do campo magnético e *v* é a velocidade do corpo. Como a força é proporcional à velocidade, o pêndulo se comporta como se tivesse amortecimento viscoso. O resultado líquido do pêndulo passando por um campo magnético é para gerar um momento resistente ao movimento em torno do centro do disco. O campo magnético age como um amortecedor viscoso torcional.

(a) Quando o campo magnético está desligado, o pêndulo torcional é girado a 40° da sua posição de equilíbrio e liberado. Leva 2 s para concluir um ciclo de movimento. Determine o momento de inércia do pêndulo.
(b) Quando o campo magnético é ligado, a amplitude de ciclos sucessivos de movimento é observado como 30°, 25°, 20,8° etc. Qual é a razão de amortecimento do sistema?
(c) Quando o campo magnético é ligado e o pêndulo recebe uma amplitude inicial de 30°, descreva o movimento resultante do sistema.
(d) Se o eletroímã é desligado e a amplitude de oscilações livres observadas em ciclos sucessivos for 30°, 28° e 26°, qual momento de atrito é gerado no pino de suporte?

### SOLUÇÃO

(a) Somar os momentos em um DCL do pêndulo desenhado em um instante arbitrário na Figura 3.26(b) produz

$$I\ddot{\theta} + c_t\dot{\theta} + k_t\theta = 0 \tag{a}$$

A equação diferencial é dividida por *I* chegando à forma-padrão de

$$\ddot{\theta} + \frac{c_t}{I}\dot{\theta} + \frac{k_t}{I}\theta = 0 \tag{b}$$

da qual a frequência natural é obtida como

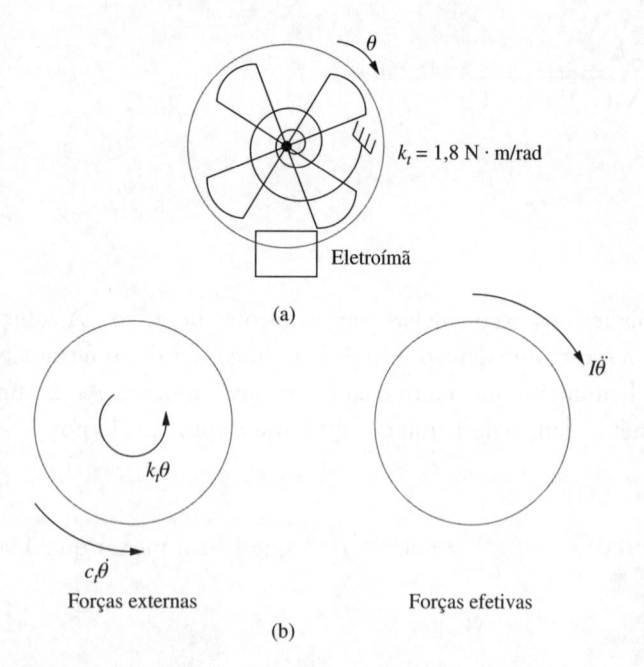

**FIGURA 3.26**
(a) Um pêndulo torcional consiste em um disco fino apoiado em seu centro. O disco é anexado a uma mola torcional e gira por um campo magnético que serve como um amortecedor torcional. (b) DCLs do pêndulo em um instante arbitrário, supondo o amortecimento viscoso e ignorando o amortecimento de Coulomb.

$$\omega_n = \sqrt{\frac{k_t}{I}} \tag{c}$$

O período de oscilações livres $T$ é observado como 2 s. A frequência natural do pêndulo é

$$\omega_n = \frac{2\pi}{T} = \frac{2\pi}{2\text{ s}} = 3{,}14 \text{ rad/s} \tag{d}$$

Igualar as Equações (c) e (d) leva a

$$\sqrt{\frac{k_t}{I}} = 3{,}14 \Rightarrow I = \frac{1{,}8 \text{ N} \cdot \text{m/rad}}{(3{,}14 \text{ rad/s})^2} = 0{,}183 \text{ kg} \cdot \text{m}^2 \tag{e}$$

(b) As amplitudes em ciclos sucessivos estão em uma razão constante. O decremento logarítmico é

$$\delta = \ln \frac{30°}{28°} = 0{,}690 \tag{f}$$

do qual a razão de amortecimento é calculada de

$$\zeta = \frac{\delta}{\sqrt{4\pi^4 + \delta^2}} = \frac{0{,}690}{\sqrt{4\pi^4 + (0{,}690)^2}} = 0{,}011 \tag{g}$$

(c) A frequência natural amortecida é

$$\omega_d = (3{,}14 \text{ rad/s})\sqrt{1 - (0{,}011)^2} = 2{,}85 \text{ rad/s}$$

O movimento de um sistema subamortecido com $\theta(0) = 30°$ e $\dot\theta(0) = 0$ rad/s é

$$\theta(t) = (30°)\sqrt{1 + \left(\frac{0{,}011}{\sqrt{1-(0{,}011)^2}}\right)^2} e^{-(0{,}011)(3{,}14)t}$$

$$\text{sen}\left[3{,}14t + \tan^{-1}\left(\frac{\sqrt{1-(0{,}11)^2}}{0{,}11}\right)\right]$$

$$= 30{,}16° e^{-0{,}0345t} \text{sen}(3{,}14t + 89{,}4°) \tag{h}$$

(d) O sistema está passando por um amortecimento de Coulomb. A equação diferencial regendo o movimento quando o sistema está sob efeito do amortecimento de Coulomb é

$$I\ddot\theta + k_t\theta = \begin{cases} -M_f & \dot\theta > 0 \\ M_f & \dot\theta < 0 \end{cases} \tag{i}$$

onde $M_f$ é o momento de inércia resistente em função do atrito no pino de suporte. O sistema perde 2° de amplitude a cada ciclo de movimento, que é dado por

$$\Delta A = \frac{4M_f}{I\omega_n^2} \tag{j}$$

Assim,

$$\frac{4M_f}{I\omega_n^2} = (2°)\left(\frac{2\pi \text{ rad}}{360°}\right) = 0{,}0349 \text{ rad} \tag{k}$$

A Equação (k) é solucionada para produzir

$$M_f = \frac{0{,}0349(0{,}183 \text{ kg} \cdot \text{m}^2)(3{,}14 \text{ rad/s})^2}{4} = 0{,}0157 \text{ N} \cdot \text{m} \tag{l}$$

## EXEMPLO 3.17

Um sistema MEMS consiste em uma massa de 50 $\mu$g suspensa de um cabo de silicone ($E = 73 \times 10^9$ N/m²) com 0,2 $\mu$m de diâmetro e 120 $\mu$m de comprimento. O cabo está suspenso de uma viga de silicone, circular, suportada simplesmente com 1,6 $\mu$m de diâmetro e 50 $\mu$m de comprimento, como mostrado na Figura 3.27. A massa vibra em óleo de silicone de modo que o coeficiente de amortecimento é $1{,}2 \times 10^{-6}$ N· s/m. A massa recebe um deslocamento inicial de 2 $\mu$m e é liberada. Determine a resposta do sistema.

### SOLUÇÃO

A rigidez da viga é

$$k_b = \frac{48EI}{L^3} = \frac{48(73 \times 10^9 \text{ N/m}^2)(0{,}8\,\mu\text{m})^4 \pi/4}{(50\,\mu\text{m})^3} = 9{,}018 \text{ N/m} \tag{a}$$

A rigidez do cabo é

$$k_c = \frac{AE}{L} = \frac{\pi(0{,}1\mu\text{m})^2(73 \times 10^9 \text{ N/m}^2)}{120\,\mu\text{m}} = 19{,}11 \text{ N/m} \tag{b}$$

As molas estão em série com uma rigidez equivalente como

$$k_{eq} = \frac{1}{\dfrac{1}{9{,}08 \text{ N/m}} + \dfrac{1}{19{,}11 \text{ N/m}}} = 6{,}13 \text{ N/m} \tag{c}$$

A frequência natural não amortecida é

$$\omega_n = \sqrt{\frac{k_{eq}}{m}} = \sqrt{\frac{6{,}14 \text{ N/m}}{50\,\mu\text{g}}} = 1{,}10 \times 10^4 \text{ rad/s} \tag{d}$$

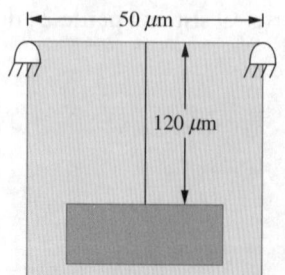

**FIGURA 3.27**
O sistema do Exemplo 3.17 é do tipo MEMS. O amortecimento é fornecido por um fluido circundante.

A razão de amortecimento é

$$\zeta = \frac{c}{2m\omega_n} = \frac{1{,}2 \times 10^{-6}\,\text{N}\cdot\text{s/m}}{2(50\,\mu\text{g})(1{,}10 \times 10^4\,\text{rad/s})} = 0{,}0011 \tag{e}$$

A frequência natural amortecida é

$$\omega_d = (1{,}10 \times 10^4\,\text{rad/s})\sqrt{1 - (0{,}0011)^2} = 1{,}10 \times 10^4\,\text{rad/s} \tag{f}$$

A resposta de um sistema não amortecido com um deslocamento inicial é

$$x(t) = (2\,\mu\text{m})\sqrt{1 + \left[\frac{0{,}0011}{\sqrt{1 - (0{,}0011)^2}}\right]^2}\, e^{-(0{,}0011)(1{,}10 \times 10^4\,\text{rad/s})t}$$

$$\text{sen}(1{,}10 \times 10^4 t + 1{,}57)$$

$$= 2e^{-12t}\text{sen}(1{,}10 \times 10^4 t + 1{,}57)\,\mu\text{m} \tag{g} \blacksquare$$

## 3.12 RESUMO DO CAPÍTULO

### 3.12.1 CONCEITOS IMPORTANTES

Os seguintes referem-se às vibrações livres de um sistema de 1GL linear.

- A frequência natural de um sistema de um grau de liberdade é a frequência em que ocorrem as vibrações livres não amortecidas.
- A expressão para a frequência natural é determinada a partir da equação diferencial do movimento. É uma função da rigidez e das propriedades da inércia do sistema.
- A razão de amortecimento é uma medida da grandeza da força de amortecimento no sistema. Se a razão de amortecimento estiver entre zero e um, o sistema é subamortecido. Se a razão de amortecimento for exatamente igual a um, o sistema é criticamente amortecido. Se a razão de amortecimento for maior que um, o sistema é superamortecido.
- As vibrações livres não amortecidas de um sistema de um grau de liberdade são cíclicas e periódicas.
- Um sistema com vibrações livres não amortecidas passa por um movimento harmônico simples. Para um sistema linear, o período de movimento é independente das condições iniciais. A frequência do movimento é a frequência natural do sistema.
- Um sistema não amortecido passa por um movimento cíclico que não é periódico.
- A amplitude de um sistema não amortecido é exponencialmente decadente.
- A energia mecânica presente em um sistema não amortecido ao final de um ciclo é um atrito constante da energia mecânica no início do ciclo. O atrito é dependente da razão de amortecimento.
- O decremento logarítmico, que é uma medida do logaritmo natural da razão de amplitudes em ciclos sucessivos, pode ser usado para determinar a razão de amortecimento.
- Quando um sistema é criticamente amortecido, a força de amortecimento é apenas suficiente para dissipar toda a energia inicial em um ciclo de movimento.
- A resposta de um sistema criticamente amortecido é exponencialmente decadente. A resposta é o sobressinal da posição de equilíbrio se as condições iniciais forem sinais opostos e a energia cinética inicial for maior que a energia potencial inicial.
- A resposta de um sistema superamortecido decai exponencialmente.
- Dadas as mesmas condições iniciais, um sistema criticamente amortecido retorna para uma fração de equilíbrio mais rápido que um sistema superamortecido.

- O amortecimento de Coulomb resulta de duas superfícies que se movem uma em relação à outra.
- Um sistema sujeito ao amortecimento de Coulomb tem a mesma frequência natural que um sistema não amortecido.
- Os sistemas amortecidos de Coulomb têm uma redução constante na amplitude por ciclo de movimento.
- O movimento eventualmente cessa para um sistema com amortecimento de Coulomb com um deslocamento permanente do equilíbrio.
- O amortecimento histerético é a perda de energia experimentada pelos materiais de engenharia em função de ligações que se quebram entre os átomos e as imperfeições no material.
- A perda de energia por ciclo de movimento para um sistema com amortecimento histerético é proporcional ao quadrado de amplitude no início do ciclo e é independente da frequência do movimento.
- A razão de amplitudes em ciclos sucessivos é constante para o amortecimento histerético, levando a um modelo de amortecimento viscoso equivalente.
- Um coeficiente de amortecimento viscoso equivalente pode ser calculado para qualquer forma de amortecimento ao igualar a energia dissipada por amortecimento viscoso em um ciclo de movimento para a energia dissipada pelo amortecimento real em um ciclo de movimento, assumindo que o movimento é harmônico.

## 3.12.2 EQUAÇÕES IMPORTANTES

Frequência natural do sistema de 1GL

$$\omega_n = \sqrt{\frac{k_{eq}}{m_{eq}}} \tag{3.5}$$

Razão de amortecimento do sistema de 1GL

$$\zeta = \frac{c_{eq}}{2\sqrt{k_{eq}m_{eq}}} \tag{3.6}$$

Forma-padrão da equação diferencial para vibrações livres de um sistema de 1GL linear com coordenada generalizada $x$

$$\ddot{x} + 2\zeta\omega_n\dot{x} + \omega_n^2 x = 0 \tag{3.7}$$

Raízes da equação característica

$$\alpha = \omega_n(-\zeta \pm \sqrt{\zeta^2 - 1}) \tag{3.13}$$

Resposta livre do sistema não amortecido

$$x(t) = A\,\text{sen}(\omega_n t + \phi) \tag{3.19}$$

$$A = \sqrt{x_0^2 + \left(\frac{\dot{x}_0}{\omega_n}\right)^2} \tag{3.22}$$

$$\phi = \tan^{-1}\left(\frac{\omega_n x_0}{\dot{x}_0}\right) \tag{3.23}$$

Resposta livre do sistema subamortecido

$$x(t) = Ae^{-\zeta\omega_n t}\,\text{sen}(\omega_d t + \phi_d) \tag{3.29}$$

## Capítulo 3

$$A = \sqrt{x_0^2 + \left(\frac{\dot{x}_0 + \zeta\omega_n x_0}{\omega_d}\right)^2} \qquad (3.30)$$

$$\phi_d = \tan^{-1}\left(\frac{\omega_d x_0}{\dot{x}_0 + \zeta\omega_n x_0}\right) \qquad (3.31)$$

Frequência natural amortecida

$$\omega_d = \omega_n\sqrt{1 - \zeta^2} \qquad (3.32)$$

Período amortecido

$$T_d = \frac{2\pi}{\omega_d} \qquad (3.33)$$

Decremento logarítmico

$$\delta = \ln\left(\frac{x(t)}{x(t + T_d)}\right) = \frac{2\pi\zeta}{\sqrt{1 - \zeta^2}} \qquad (3.40)$$

Decremento logarítmico em $n$ ciclos

$$\delta = \frac{1}{n}\ln\left(\frac{x(t)}{x(t + nT_d)}\right) \qquad (3.43)$$

Resposta do sistema criticamente amortecido

$$x(t) = e^{-\omega_n t}\left[x_0 + (\dot{x}_0 + \omega_n x_0)t\right] \qquad (3.48)$$

Resposta do sistema superamortecido

$$x(t) = \frac{e^{-\zeta\omega_n t}}{2\sqrt{\zeta^2 - 1}}\left\{\left[\frac{\dot{x}_0}{\omega_n} + x_0(\zeta + \sqrt{\zeta^2 - 1})\right]e^{\omega_n\sqrt{\zeta^2-1}\,t} \right.$$
$$\left. + \left[-\frac{\dot{x}_0}{\omega_n} + x_0(-\zeta + \sqrt{\zeta^2 - 1})\right]e^{-\omega_n\sqrt{\zeta^2-1}\,t}\right\} \qquad (3.53)$$

Equação diferencial para a massa deslizando em uma superfície com atrito

$$m\ddot{x} + kx = \begin{cases} -\mu mg & \dot{x} > 0 \\ \mu mg & \dot{x} > 0 \end{cases} \qquad (3.55)$$

O movimento cessa em função do amortecimento de Coulomb no $n$-ésimo ciclo

$$n > \frac{k\delta}{4\mu mg} - \frac{1}{4} \qquad (3.68)$$

Alteração na amplitude por ciclo de movimento para o sistema com amortecimento de Coulomb

$$\Delta A = \frac{4F_t}{m_{eq}\omega_n^2} \qquad (3.70)$$

Perda de energia por ciclo em função do amortecimento histerético

$$\Delta E = \pi k h X^2 \tag{3.71}$$

Razão de amortecimento viscoso equivalente para o amortecimento histerético

$$\zeta = \frac{h}{2} \tag{3.78}$$

Coeficiente de amortecimento viscoso equivalente para qualquer forma de amortecimento

$$c_{eq} = \frac{\Delta E}{\pi \omega X^2} \tag{3.82}$$

# PROBLEMAS

## PROBLEMAS DE RESPOSTA CURTA

Para os Problemas 3.1 a 3.15, indique se a afirmação apresentada é verdadeira ou falsa.
Se for verdadeira, diga por quê. Se for falsa, reescreva a afirmação para torná-la verdadeira.

3.1 O período da vibração livre de um sistema linear é independente das condições iniciais.

3.2 A frequência natural determinada diretamente da equação diferencial do movimento tem unidades de Hertz.

3.3 Um sistema com frequência natural de 10 rad/s tem um período mais curto do que um sistema de frequência natural de 100 rad/s.

3.4 As vibrações livres de um sistema de 1GL superamortecido são cíclicas.

3.5 Um sistema de 1GL subamortecido tem vibrações livres que são periódicas.

3.6 Um sistema com uma razão de amortecimento de 1,2 é superamortecido.

3.7 A energia perdida por ciclo de movimento para o amortecimento histerético é independente da amplitude do movimento, mas depende do quadrado da frequência.

3.8 A energia perdida por ciclo de movimento para as vibrações livres subamortecidas é uma fração constante da energia presente no início do ciclo.

3.9 O movimento eventualmente cessa em função do amortecimento viscoso para um sistema com vibrações livres subamortecidas.

3.10 Um sistema que tem amortecimento viscoso com um coeficiente de amortecimento, tal que é superamortecido, é regido por duas equações diferenciais: uma para a velocidade positiva e outra para a velocidade negativa.

3.11 Há um deslocamento permanente do equilíbrio quando o movimento cessa para um sistema com amortecimento de Coulomb.

3.12 O período, medido em s, é recíproco da frequência natural, medido em rad/s.

3.13 A equação diferencial regendo as vibrações livres de um sistema de 1GL com amortecimento viscoso como a única forma de atrito é uma equação diferencial homogênea de segunda ordem.

3.14 A razão de amortecimento para um sistema de 1GL com amortecimento viscoso sempre é positiva.

3.15 A amplitude de um sistema de 1GL não amortecido é dependente do tempo.

Os Problemas 3.16 a 3.35 exigem uma resposta curta.

3.16 Considere a equação diferencial

$$\ddot{x} + 2\zeta\omega_n \dot{x} + \omega_n^2 x = 0$$

Defina em palavras e em termos dos parâmetros do sistema $m$, $c$ e $k$ para (a) $\omega_n$ e (b) $\zeta$.

3.17 Um sistema criticamente amortecido tem uma frequência natural de 10 rad/s. Qual dos conjuntos a seguir de condições iniciais leva o sistema a ultrapassar a posição de equilíbrio?
(a) $x_0 = 1$ mm, $\dot{x}_0 = 0$ m/s
(b) $x_0 = 0$ mm, $\dot{x}_0 = 1$ m/s
(c) $x_0 = 1$ mm, $\dot{x}_0 = 1$ m/s
(d) $x_0 = 1$ mm, $\dot{x} = -1$ m/s
(e) $x_0 =$ mm, $\dot{x}_0 = -0,2$ m/s

3.18 Os sistemas com uma massa de 1 kg e rigidez de 100 N/m recebem um deslocamento inicial de 1 mm e são liberados do repouso. Combine o gráfico do deslocamento do sistema, mostrado na Figura P 3.18, com o sistema que é (a) não amortecido, (b) subamortecido, (c) criticamente amortecido e (d) superamortecido.

3.19 Liste quatro diferenças entre as vibrações livres de um sistema subamortecido e um sistema com amortecimento de Coulomb.

3.20 Um sistema subamortecido recebe um deslocamento inicial e é liberado do repouso. As amplitudes de movimento em ciclos sucessivos formam um(a) _____ em série.

3.21 Um sistema com amortecimento de Coulomb recebe um deslocamento inicial e é liberado do repouso. As amplitudes de movimento em ciclos sucessivos formam um(a) _____ em série.

3.22 Identifique a equação a seguir e todos os parâmetros

$$x(t) = A \operatorname{sen}(\omega_n t + \phi)$$

3.23 Explique o conceito de histerese. Qual é a área sob um ciclo histerético?

3.24 Por que o conceito de decremento logarítmico não pode ser usado para medir as razões de amortecimento viscoso maiores ou iguais a um?

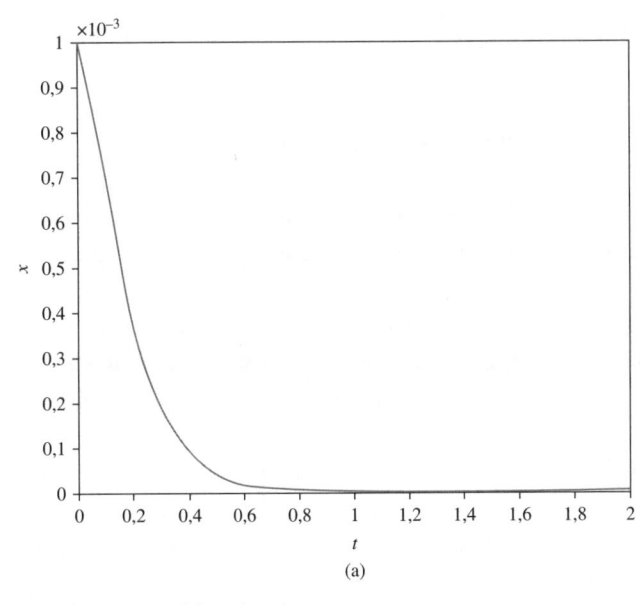

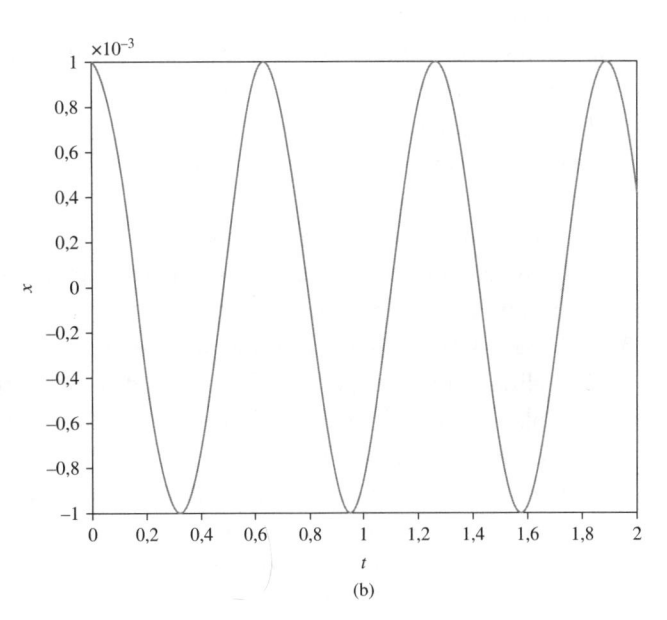

**FIGURA P 3.18** (*Continua*)

3.25 Quando recebe a mesma condição inicial, um sistema criticamente amortecido retorna ao equilíbrio mais rápido do que o mesmo sistema que é superamortecido. Por quê?

3.26 Dois sistemas têm a mesma rigidez e coeficiente de amortecimento viscoso, porém um tem massa equivalente de 2 kg, e o outro, uma massa equivalente de 3 kg. Qual sistema tem uma razão de amortecimento maior? Por quê?

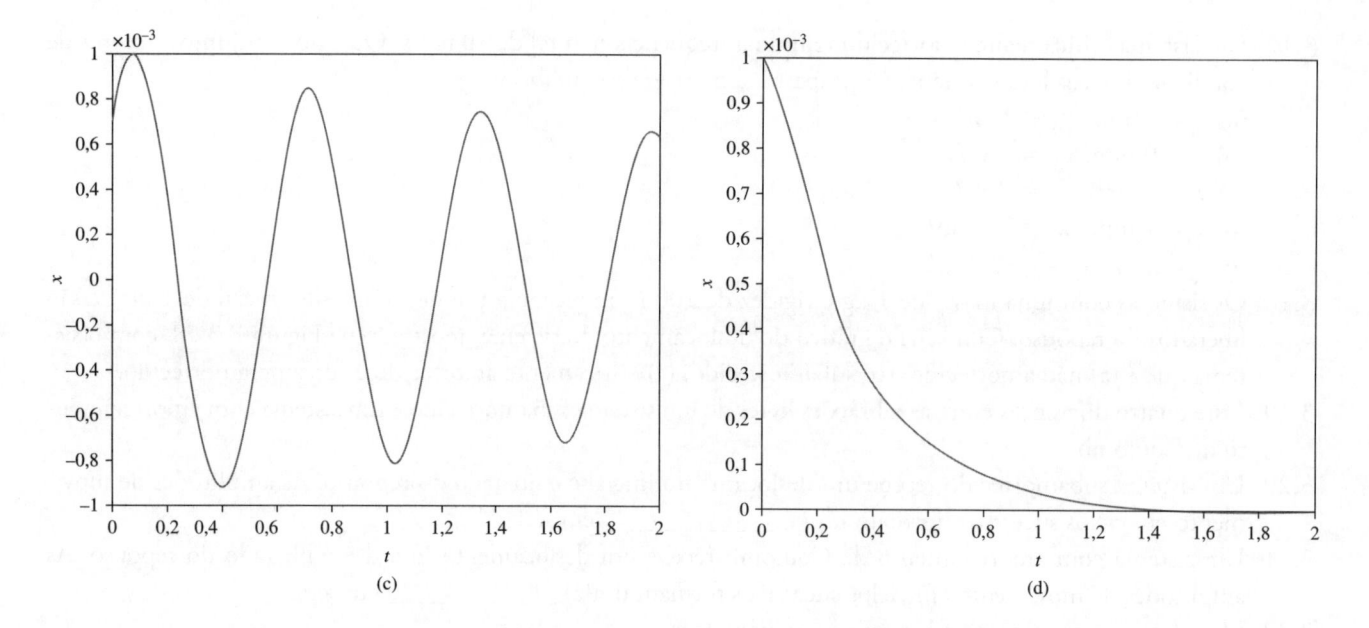

**FIGURA P 3.18** (*Continua*)

3.27 Um sistema com amortecimento viscoso tem um período de vibração livre (maior ou menor) do que o sistema não amortecido correspondente. Por quê?

3.28 Quais são as duas condições iniciais que devem ser formuladas para um sistema de 1GL?

3.29 Quais são as condições iniciais para um sistema de massa-mola e amortecedor viscoso que é liberado do repouso com um deslocamento inicial $\delta$?

3.30 Quais são as condições iniciais para um sistema de massa-mola e amortecedor viscoso sujeito a um impulso de grandeza $I$ quando está em equilíbrio?

3.31 O que significa o termo energia total?

3.32 Descreva o processo pelo qual o arrasto aerodinâmico é modelado por amortecimento viscoso com um coeficiente de amortecimento equivalente.

3.33 Um pêndulo consiste em uma partícula de massa $m$ ao longo de uma barra sem massa que é apoiada na extremidade superior da barra. Para alongar o período do pêndulo, a massa deve ser movida para mais perto do suporte do pino mais afastado?

3.34 Uma massa $m$ é anexada a uma mola de rigidez $k_1$ que recebeu um deslocamento inicial e foi liberada para deslizar em uma superfície. O número de ciclos executados é registrado. A mesma massa $m$ é anexada a uma mola de rigidez $k_2 > k_1$. Você prevê que o número de ciclos executados pela massa irá aumentar, permanecer o mesmo ou diminuir? Por quê?

3.35 Uma massa $m$ é anexada a uma mola de rigidez $k_1$ e amortecedor viscoso de coeficiente de amortecimento $c_1$ em paralelo. A massa recebe um deslocamento inicial e é liberada. A frequência natural da vibração é observada. A mesma massa é anexada a outra mola de rigidez $k_2 > k_1$ e amortecedor viscoso de coeficiente de amortecimento $c_2 > c_1$ em paralelo. Quando recebe o mesmo deslocamento inicial, o movimento ainda é cíclico, porém com uma frequência menor. Explique.

Cálculos curtos são exigidos para os Problemas 3.36 a 3.48.

3.36 As vibrações livres de um sistema são regidas pela equação diferencial

$$2\ddot{x} + 40\dot{x} + 1800x = 0$$

com as condições iniciais $x(0) = 0{,}001$ m e $\dot{x}(0) = 3$ m/s. Calcule ou especifique o que segue.

(a) A frequência natural, $\omega_n$
(b) A razão de amortecimento, $\zeta$
(c) Se o sistema é não amortecido, subamortecido, criticamente amortecido ou superamortecido
(d) O período não amortecido, T
(e) A frequência em Hz, $f$
(f) A frequência natural amortecida (se apropriado), $\omega_d$
(g) O decremento logarítmico (se apropriado), $\delta$
(h) A amplitude, $A$
(i) A fase entre a resposta e um sinusoide puro (se apropriado), $\phi$
(j) A resposta livre do sistema

3.37 Repita o Problema 3.36 para a equação diferencial

$$2\ddot{x} + 600\dot{x} + 9800x = 0$$

sujeito a $x(0) = 0,001$ m e $\dot{x}(0) = 3$ m/s.

3.38 As vibrações livres de um sistema são regidas por

$$2\ddot{x} + 1800x = \begin{cases} 3 & \dot{x} < 0 \\ -3 & \dot{x} > 0 \end{cases}$$

com $x(0) = 0,02$ m e $\dot{x}(0) = 0$. Calcule ou especifique o que segue.
(a) O período do movimento
(b) A redução na amplitude por ciclo de movimento
(c) O deslocamento permanente quando o movimento cessa
(d) O número de ciclos antes de o movimento cessar

3.39–43 Qual é a frequência natural do sistema mostrado quando um modelo de 1GL é usado?

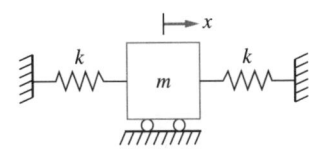

**FIGURA P 3.39**

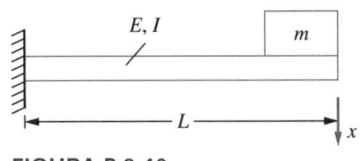

**FIGURA P 3.40**

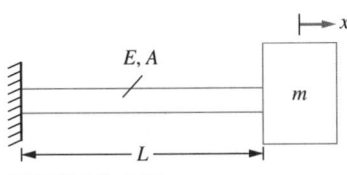

**FIGURA P 3.41**

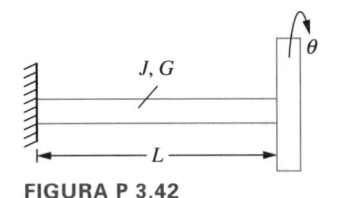

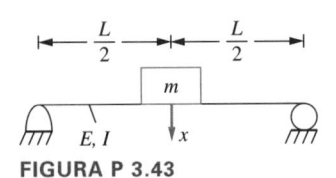

**FIGURA P 3.42**

**FIGURA P 3.43**

3.44 Uma massa de 12 kg é anexada a duas molas de 4000 N/m de rigidez cada e montadas paralelamente. Qual é a frequência natural do sistema?

3.45 Uma massa de 30 g é anexada a uma mola de rigidez 150 N/m em paralelo com um amortecedor viscoso. Qual é o coeficiente de amortecimento tal que o sistema seja criticamente amortecido?

3.46 Quando um motor com uma massa de 400 kg é montado em uma fundação elástica, a fundação desvia 5 mm. Qual é a frequência natural do sistema?

3.47 Uma massa de 2 kg é conectada a uma mola com uma rigidez de 1000 N/m. Quando recebe um deslocamento inicial de 25 mm, a área sob a curva de histerese da mola é medida como 0,06 N · m. Qual é a razão de amortecimento viscoso equivalente do movimento?

3.48 Qual é a resposta de um sistema com uma massa equivalente de 0,5 kg e uma frequência natural de 100 rad/s que tem um coeficiente de amortecimento histerético de 0,06 para uma velocidade inicial de 2 m/s?

3.49 Combine a quantidade com as unidades apropriadas (as unidades podem ser usadas mais de uma vez; algumas unidades podem não ser usadas).

(a) Frequência natural, $\omega_n$
(b) Razão de amortecimento, $\zeta$
(c) Frequência natural amortecida, $\omega_d$
(d) Decremento logarítmico, $\delta$
(e) Ângulo de fase, $\phi$
(f) Alteração na amplitude por ciclo, $\Delta A$
(g) Perda de energia em um ciclo de histerese, $\Delta E$
(h) Coeficiente de amortecimento histerético, $h$
(i) Velocidade angular inicial do sistema torcional, $\dot{\theta}(0)$

(i) N · m
(ii) rad
(iii) Nenhuma
(iv) rad/s
(v) Hz
(vi) m
(vii) N · s
(viii) m/s
(ix) N/s

# CAPÍTULO 4

# EXCITAÇÃO HARMÔNICA DOS SISTEMAS DE 1GL

## 4.1 INTRODUÇÃO

As vibrações forçadas do sistema de um grau de liberdade (de 1GL) ocorrem quando o trabalho está sendo feito no sistema enquanto as vibrações ocorrem. Exemplos de vibrações forçadas incluem o movimento do solo durante um terremoto, o movimento causado por máquinas recíprocas não balanceadas, ou o movimento do solo transmitido a um veículo à medida que sua roda atravessa o contorno da estrada. A Figura 4.1 ilustra um modelo de sistemas equivalentes para as vibrações forçadas de um sistema de 1GL quando um deslocamento linear é escolhido como a coordenada generalizada. A equação diferencial regente é

$$m_{eq}\ddot{x} + c_{eq}\dot{x} + k_{eq}x = F_{eq}(t) \tag{4.1}$$

Apesar disso, as deduções que seguem o uso de um deslocamento linear como uma coordenada generalizada também são válidas se um deslocamento angular for usado como coordenada generalizada. A forma da equação diferencial, a Equação (4.1), é usada como equação modelo.

Dividir a Equação (4.1), por $m_{eq}$ leva a

$$\ddot{x} + 2\zeta\omega_n\dot{x} + \omega_n^2 x = \frac{1}{m_{eq}}F_{eq}(t) \tag{4.2}$$

A Equação (4.2) é a forma-padrão da equação diferencial regendo as vibrações forçadas lineares de um sistema de 1GL com amortecimento viscoso.

A solução geral da Equação (4.2) é

$$x(t) = x_h(t) + x_p(t) \tag{4.3}$$

onde $x_h(t)$ é a solução homogênea, a solução obtida se $F_{eq}(t) = 0$ e $x_p(t)$, a solução particular, uma solução que é específica para $F_{eq}(t)$. A solução homogênea está em termos de duas constantes de integração. No entanto, as condições iniciais não são impostas até a solução geral da Equação (4.3) ser desenvolvida. Para um sistema subamortecido

$$x_h(t) = e^{-\zeta\omega_n t}[C_1 \cos(\omega_d t) + C_1 \operatorname{sen}(\omega_d t)] \tag{4.4}$$

**FIGURA 4.1**
Modelo de 1GL para um sistema linear com força.

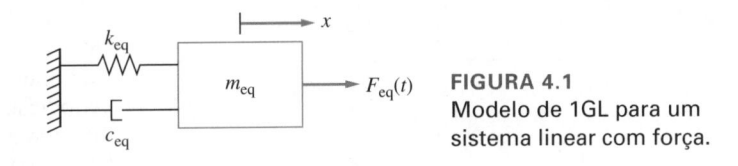

Existem muitas maneiras de encontrar a solução particular. Estas incluem o método de coeficientes indeterminados, variação de parâmetros, métodos dos aniquiladores, métodos da transformada de Laplace e métodos numéricos.

Este capítulo trata da solução da Equação (4.2) sujeita às excitações periódicas. Uma excitação é periódica do período $T$ se

$$F_{eq}(t + T) = F_{eq}(t) \tag{4.5}$$

para todos $t$. A Figura 4.2 periódica mostra exemplos de excitações periódicas. Uma excitação periódica de frequência única é definida como

$$F_{eq}(t) = F_0 \operatorname{sen}(\omega t + \psi) \tag{4.6}$$

onde $F_0$ é a amplitude da excitação, $\omega$ é sua frequência, de modo que $\omega = \frac{2\pi}{T}$, e $\psi$ é sua fase. Observe que $\omega$ é independente de $\omega_n$, a frequência natural que é uma função das propriedades de rigidez e massa do sistema. Elas são independentes, mas as frequências podem coincidir.

A resposta em regime permanente para uma excitação periódica é definida como

$$x_{ss} = \lim_{t \to \infty} x(t) = \lim_{t \to \infty} \left[ x_h(t) + x_p(t) \right] \tag{4.7}$$

para a qual os sistemas com amortecimento viscoso se tornam

$$x_{ss} = \lim_{t \to \infty} x_p(t) \tag{4.8}$$

Começando com a Seção 4.3, o "regime transiente" será descartado da resposta em regime permanente, e será compreendido que uma resposta se refere ao regime permanente.

Para um sistema não amortecido, o limite da solução homogênea como $t$ que se aproxima do infinito não é zero. A resposta homogênea é importante se a frequência da excitação coincidir com ou se aproximar da frequência natural. Se não, assume-se que alguma forma de amortecimento realmente ocorre e a resposta livre não decai, deixando apenas a resposta forçada como a resposta a longo prazo.

Quando o sistema não for amortecido e a frequência da excitação coincidir com a frequência natural, existe uma condição de ressonância. Quando o sistema não for amortecido e a frequência de excitação for próxima à frequência natural, porém não igual, ocorre um fenômeno chamado batimento.

Quando o sistema não for amortecido com a frequência de excitação longe o suficiente da frequência natural, ou o sistema tiver amortecimento viscoso, a solução particular da Equação (4.2) sujeita à excitação da Equação (4.6) é determinada no limite dos termos dos parâmetros do sistema. A solução é caracterizada de acordo com uma amplitude em regime permanente e de uma fase em regime permanente. As relações para esses termos não são dimensionadas, o que resulta em um fator de ampliação não dimensional como uma função da razão de amortecimento e da razão de frequência não dimensional. A fase é escrita como uma função das razões de frequência e de amortecimento. O conceito da resposta da frequência envolve o estudo do comportamento dessas funções com a razão de frequência para valores diferentes da de amortecimento. A resposta da frequência é estudada a partir das equações que definem as funções e seus gráficos.

Considera-se um caso especial de excitação quadrática da frequência quando a amplitude da excitação for proporcional ao quadrado de sua frequência. Uma nova função não dimensional representando a resposta da frequência

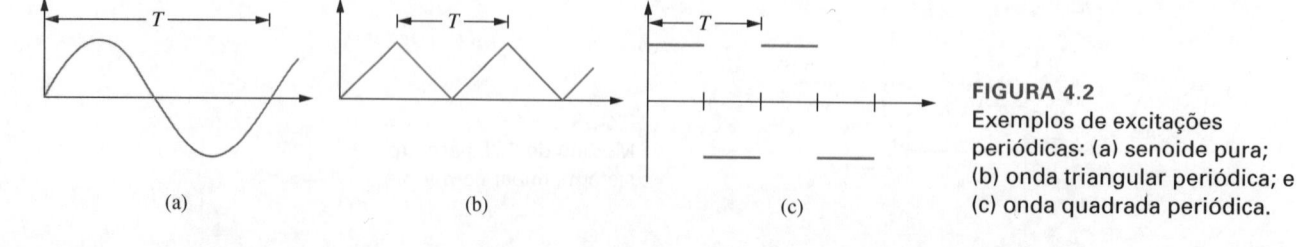

**FIGURA 4.2**
Exemplos de excitações periódicas: (a) senoide pura; (b) onda triangular periódica; e (c) onda quadrada periódica.

# Capítulo 4

## EXCITAÇÃO HARMÔNICA DOS SISTEMAS DE 1GL

destes sistemas é introduzida. A teoria geral é aplicada a diversos problemas físicos que incluem vibrações de máquinas recíprocas com um componente rotatório não balanceado e vibrações induzidas pela emissão de vórtices de um cilindro circular.

Duas quantidades importantes no estudo da resposta de um sistema em função do movimento harmônico de sua base são a aceleração absoluta do sistema e o deslocamento do sistema em relação à sua base. Este é mostrado como uma aplicação da teoria das excitações quadráticas da frequência, enquanto aquele é uma aplicação da teoria de isolamento de vibrações.

O isolamento de vibrações é a inserção de um membro elástico entre um objeto, digamos uma máquina, e sua fundação para protegê-la de grandes forças geradas durante a operação da máquina, ou para proteger a máquina de grandes acelerações geradas por meio do movimento da fundação. Um sistema de suspensão fornece o isolamento de vibrações para um veículo à medida que o protege das acelerações geradas pelas rodas. A teoria do isolamento de vibrações é desenvolvida para um sistema de 1GL sujeito à entrada harmônica.

Série de Fourier é a representação de uma função periódica por uma série infinita de termos seno e cosseno. A série converge para uma função periódica pontual em qualquer ponto onde a função é contínua. A representação da série de Fourier e o método de superposição linear são usados para solucionar a resposta em regime permanente de um sistema em função de uma excitação periódica geral.

Os instrumentos de medição de vibrações sísmicas usam as vibrações de uma massa sísmica para medir as vibrações de um corpo. Como a massa sísmica está anexada ao instrumento, que está rigidamente anexado ao corpo cujas vibrações estão sendo medidas, as vibrações da massa sísmica relativas ao corpo são realmente medidas. Um sismógrafo mede esse movimento relativo e exige uma razão de frequência maior para precisão. O acelerômetro converge a saída de modo que ele mede a aceleração e exige uma pequena razão de frequência para precisão.

A resposta de um sistema com amortecimento de Coulomb em função da força harmônica é complicada pela possibilidade de *stick-slip* em que o movimento cessa durante um período quando a força da mola e a força de entrada são insuficientes para superar a força de atrito. Isso torna a resposta do sistema altamente não linear. É possível sob certas suposições assumir uma resposta em regime permanente sobre a mesma frequência que a da entrada e usar os métodos do Capítulo 3 para determinar um coeficiente de amortecimento viscoso equivalente. A resposta da frequência é, então, estudada. O mesmo método é usado para aproximar a resposta da frequência para um sistema com amortecimento histerético.

## 4.2 RESPOSTA FORÇADA DE SISTEMA NÃO AMORTECIDO EM FUNÇÃO DE EXCITAÇÃO DE FREQUÊNCIA ÚNICA

A equação diferencial para as vibrações forçadas não amortecidas do sistema de 1GL sujeito à excitação harmônica de frequência única da forma da Equação (4.2) é

$$\ddot{x} + \omega_n^2 x = \frac{F_0}{m_{eq}} \text{sen}(\omega t + \psi) \tag{4.9}$$

O método de coeficientes indeterminados é usado para encontrar a solução particular da Equação (4.9). Assuma uma solução de

$$x_p(t) = U\cos(\omega t + \psi) + V\text{sen}(\omega t + \psi) \tag{4.10}$$

A substituição da Equação (4.10) pela Equação (4.9) leva a

$$(\omega_n^2 - \omega^2) U\cos(\omega t + \psi) + (\omega_n^2 - \omega^2) V\text{sen}(\omega t + \psi) = \frac{F_0}{m_{eq}} \text{sen}(\omega t + \psi) \tag{4.11}$$

As funções $\cos(\omega t + \psi)$ e $\text{sen}(\omega t + \psi)$ são linearmente independentes. Assim, a Equação (4.11) implica que

$$(\omega_n^2 - \omega^2)U = 0 \tag{4.12}$$

e

$$(\omega_n^2 - \omega^2)V = \frac{F_0}{m_{eq}} \tag{4.13}$$

Se $\omega \neq \omega_n$, a Equação (4.12) implica $U = 0$, e então, a partir da Equação (4.13)

$$V = \frac{F_0}{m_{eq}(\omega_n^2 - \omega^2)} \tag{4.14}$$

A solução particular para $\omega \neq \omega_n$ se torna

$$x_p(t) = \frac{F_0}{m_{eq}(\omega_n^2 - \omega^2)}\,\text{sen}(\omega t + \psi) \tag{4.15}$$

ou, alternativamente,

$$x_p(t) = \left|\frac{F_0}{m_{eq}(\omega_n^2 - \omega^2)}\right|\,\text{sen}(\omega t + \psi - \phi) \tag{4.16}$$

onde a amplitude da solução particular é positiva e

$$\phi = \begin{cases} 0 & \omega_n > \omega \\ \pi & \omega_n < \omega \end{cases} \tag{4.17}$$

A resposta está na fase com a excitação se $\omega_n > \omega$ e 180° fora da fase se $\omega_n < \omega$.

A solução geral é formada ao adicionar a solução homogênea à particular. Então, as condições iniciais são aplicadas produzindo

$$x(t) = \left[x_0 - \frac{F_0\,\text{sen}\psi}{m_{eq}(\omega_n^2 - \omega^2)}\right]\cos(\omega_n t) + \frac{1}{\omega_n}\left[\dot{x}_0 - \frac{F_0\omega\cos\psi}{m_{eq}(\omega_n^2 - \omega^2)}\right]\text{sen}(\omega_n t)$$
$$+ \left|\frac{F_0}{m_{eq}(\omega_n^2 - \omega^2)}\right|\text{sen}(\omega t + \psi - \phi) \tag{4.18}$$

A resposta, representada graficamente na Figura 4.3, é a soma de dois termos trigonométricos de frequências diferentes.

O caso quando $\omega = \omega_n$ é especial. O termo não homogêneo na Equação (4.9) e a solução homogênea não são linearmente independentes. Assim, quando o método de coeficientes indeterminados é usado para determinar a solução particular, a Equação (4.12) é identicamente satisfeita e a Equação (4.13) não pode ser satisfeita a menos que $V = \infty$. Uma solução particular é assumida nesse caso como

$$x_p(t) = Ut\,\text{sen}(\omega_n t + \psi) + Vt\cos(\omega_n t + \psi) \tag{4.19}$$

A substituição da Equação (4.19) pela Equação (4.9) leva a

$$x_p(t) = -\frac{F_0}{2m_{eq}\omega_n}t\cos(\omega_n t + \psi) \tag{4.20}$$

# Capítulo 4     EXCITAÇÃO HARMÔNICA DOS SISTEMAS DE 1GL

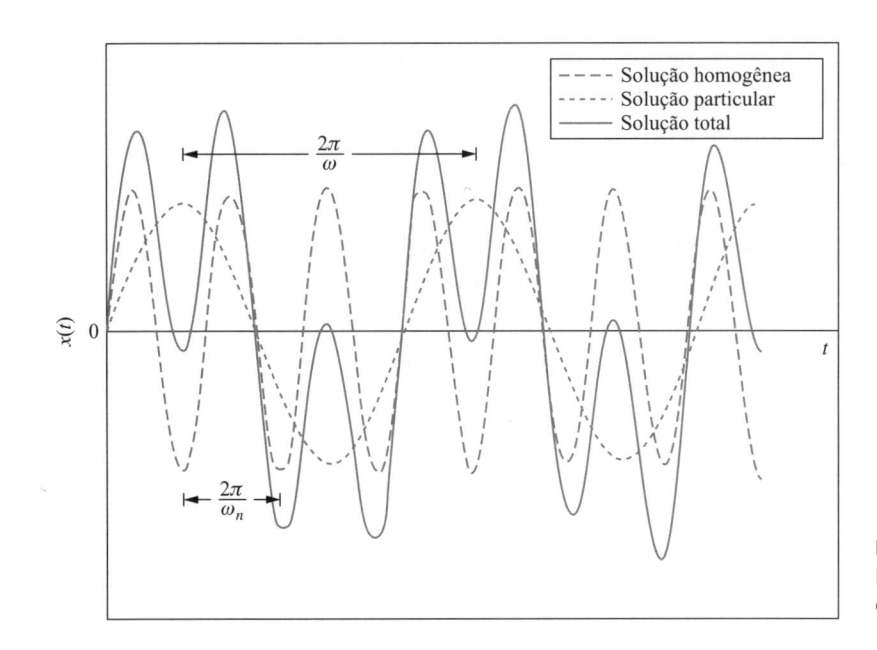

**FIGURA 4.3**
Resposta de um sistema de 1GL quando $\omega < \omega_n$.

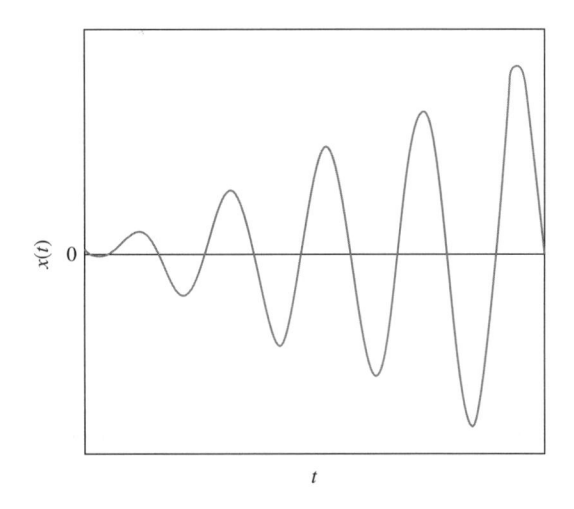

**FIGURA 4.4**
Resposta não amortecida quando a frequência de excitação é igual à frequência natural. A resposta cresce sem limite produzindo ressonância.

A aplicação das condições iniciais à soma da solução homogênea e da solução particular produz

$$x(t) = x_0 \cos(\omega_n t) + \left(\frac{\dot{x}_0}{\omega_n} + \frac{F_0 \cos\psi}{2 m_{eq} \omega_n^2}\right) \operatorname{sen}(\omega_n t) - \frac{F_0}{2 m_{eq} \omega_n} t \cos(\omega_n t + \psi) \quad (4.21)$$

A resposta de um sistema para o qual a frequência de excitação é igual à frequência natural é ilustrada na Figura 4.4. Como a amplitude da resposta é proporcional a $t$ ela cresce sem limite produzindo uma condição chamada *ressonância*. A ressonância leva ao aumento de amplitude para um valor em que as suposições usadas no modelamento do sistema físico não são mais válidas. Por exemplo, em um sistema com mola helicoidal, o limite proporcional do material da mola é excedido à medida que a amplitude aumenta. Após esse tempo, o movimento é regido por uma equação diferencial não linear.

A ressonância é uma condição perigosa em um sistema mecânico ou estrutural e produzirá grandes deslocamentos indesejados ou levará à falha. As oscilações torcionais ressonantes foram parcialmente a causa do famoso desastre da Ponte de Tacoma Narrows. Suspeita-se que a frequência em que os vórtices foram emitidos da ponte coincidiu com a frequência natural torcional, levando a oscilações que cresceram sem limite.

Quando as vibrações de um sistema conservativo são iniciadas, o movimento é sustentado na frequência natural do sistema sem entrada de energia adicional. Assim, quando a frequência de excitação é a mesma que a frequência natural, o trabalho feito pela força externa não é necessário para sustentar o movimento. A energia total aumenta porque o trabalho entra e leva ao aumento contínuo da amplitude. Quando a frequência de excitação é diferente da frequência natural, o trabalho feito pela força externa é necessário para sustentar o movimento na frequência de excitação.

Quando a frequência de excitação é próxima, mas não exatamente igual, ocorre um curioso fenômeno chamado *batimento*. Batimento é o acúmulo e redução contínuos da amplitude, como mostrado na Figura 4.5. Quando $\omega$ está muito próximo de $\omega_n$ e $x_0 = \dot{x}_0 = 0$ e $\psi = 0$, a Equação (4.18) pode ser escrita como

$$x(t) = \frac{2F_0}{m_{eq}(\omega_n^2 - \omega^2)} \operatorname{sen}\left[\left(\frac{\omega - \omega_n}{2}\right)t\right] \cos\left[\left(\frac{\omega + \omega_n}{2}\right)t\right] \qquad (4.22)$$

Como $|\omega - \omega_n|$ é uma solução pequena, a Equação (4.22) é vista como uma onda cosseno com amplitude ligeiramente variante

$$x(t) = A(\varepsilon t) \cos \beta t \qquad (4.23)$$

onde

$$\beta = \frac{1}{2}(\omega + \omega_n) \qquad (4.24)$$

é a frequência da vibração e

$$\varepsilon = \frac{1}{2}|\omega - \omega_n| \qquad (4.25)$$

é a frequência do batimento e

$$A(\varepsilon t) = \frac{2F_0}{m_{eq}\varepsilon\beta} \operatorname{sen}\varepsilon t \qquad (4.26)$$

A amplitude atinge um valor máximo de $\frac{2F_0}{m_{eq}\varepsilon\beta}$ quando $\varepsilon t = \frac{1}{2}(2n - 1)\pi$ para qualquer número inteiro $n$ = 1, 2,...

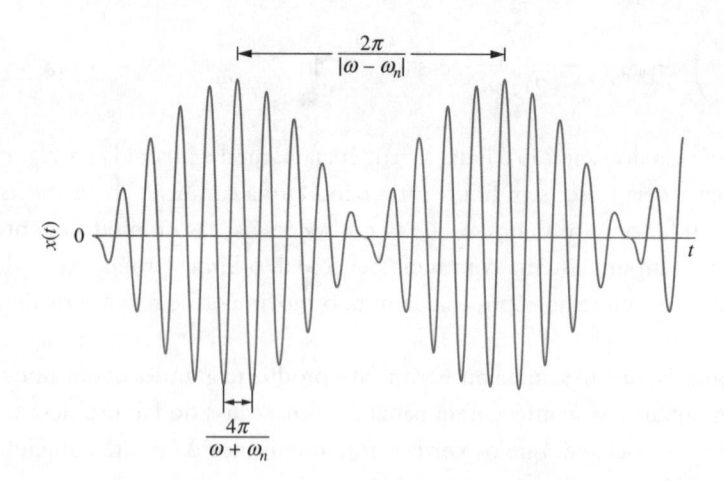

**FIGURA 4.5**
O batimento, que ocorre em um sistema não amortecido quando $\omega \approx \omega_n$, é caracterizado por um acúmulo e decaimento contínuos de amplitude.

Capítulo 4 — EXCITAÇÃO HARMÔNICA DOS SISTEMAS DE 1GL

## EXEMPLO 4.1

A massa equivalente de 1GL de 10 kg. O sistema tem uma frequência natural de 80 rad/s. O sistema fica em repouso em equilíbrio quando é sujeito a uma força dependente do tempo. Determine e represente graficamente a resposta do sistema se ele for sujeito a uma força de (a) 10 sen(40$t$)N, (b) 10 sen(80$t$) N e (c) 10 sen(82$t$) N.

### SOLUÇÃO

(a) A entrada é uma excitação de frequência única de frequência 40 r/s com $\psi = \theta$. Como a frequência de excitação não é igual ou próxima à frequência natural, a resposta do sistema é dada pela Equação (4.18) que leva a

$$x(t) = \frac{(10\ \text{N})}{(10\ \text{kg})[(80\ \text{rad/s})^2 - (40\ \text{rad/s})^2]}\left[\text{sen}(40t) - \frac{40\ \text{rad/s}}{80\ \text{rad/s}}\text{sen}(80t)\right] \quad \textbf{(a)}$$

$$= 2{,}08 \times 10^{-4}[\text{sen}(40t) - 0{,}5\,\text{sen}(80t)]\ \text{m}$$

A Equação (a) está representada graficamente na Figura 4.6(a). Duas frequências distintas são mostradas.

(b) A frequência natural é igual à frequência de excitação, logo a ressonância ocorre. A solução para esse caso é dada pela Equação (4.21)

$$x(t) = \frac{10\ \text{N}}{2(10\ \text{kg})(80\ \text{rad/s})}\left[\left[\frac{1}{80\ \text{rad/s}}\text{sen}(80t) - t\cos(80t)\right]\right] \quad \textbf{(b)}$$

$$= 6{,}25 \times 10^{-3}[0{,}125\,\text{sen}(80t) - t\cos(80t)]\ \text{m}$$

A Equação (b) é mostrada na Figura 4.6(b). O crescimento sem limite na amplitude é evidente.

(c) A frequência de excitação é próxima, mas não igual à frequência natural. Assim, a Equação (4.22) é a solução aplicável

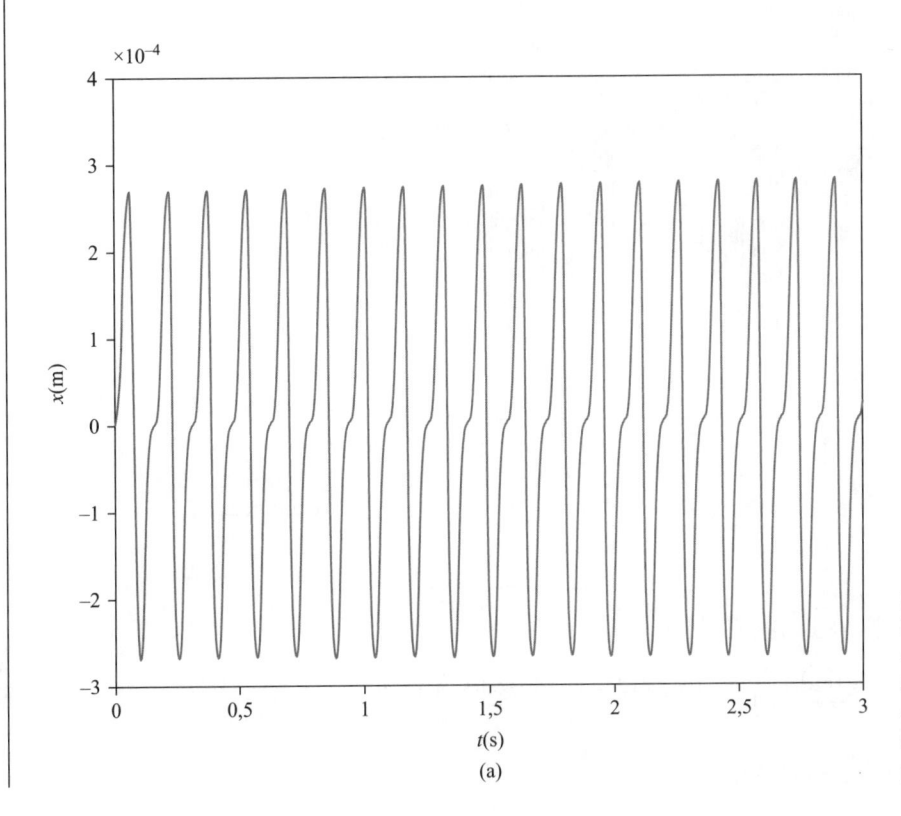

**FIGURA 4.6**
Resposta do sistema do Exemplo 4.1 para (a) $\omega$ = 40 rad/s; (b) $\omega$ = 80 rad/s para o qual a ressonância ocorre; e (c) $\omega$ = 82 rad/s para o qual o batimento corre com um período de $T$ = 6,28 s (*Continua*).

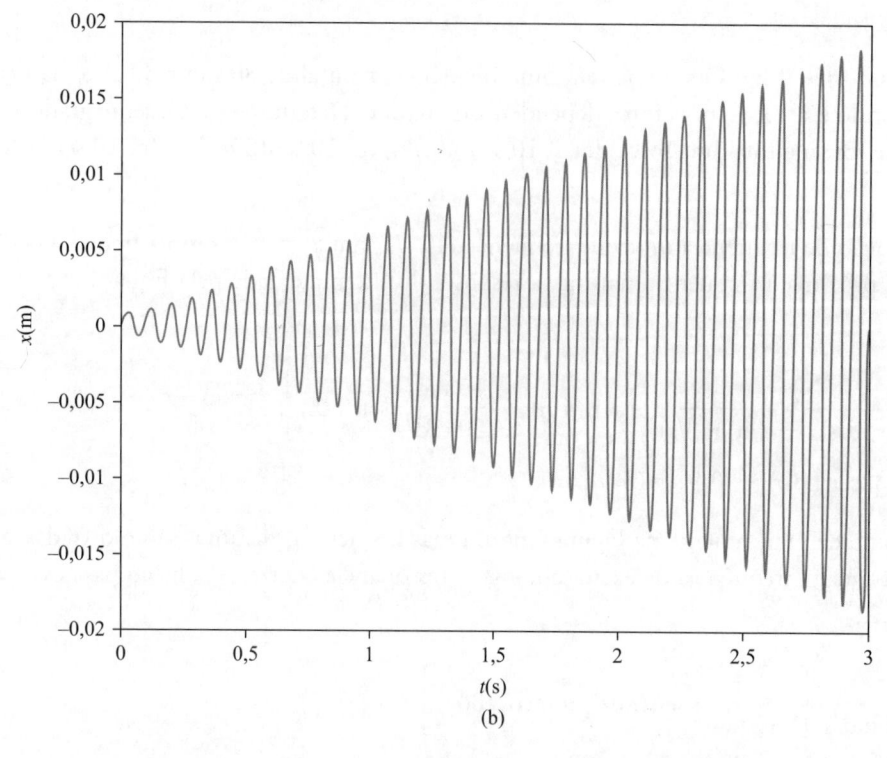

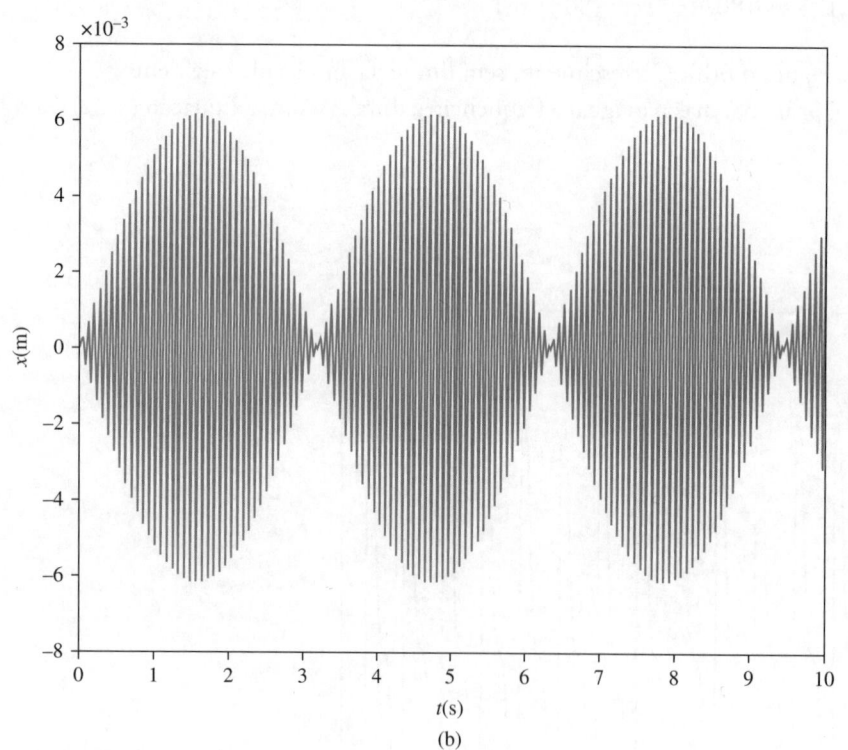

FIGURA 4.6
(Continuação)

$$x(t) = \frac{2(10\,\text{N})}{(10\,\text{kg})[\,(80\,\text{rad/s})^2 - (82\,\text{rad/s})^2\,]}$$
$$\times \left[\,\text{sen}\!\left(\frac{82\,\text{rad/s} - 80\,\text{rad/s}}{2}t\right) \cos\!\left(\frac{82\,\text{rad/s} + 80\,\text{rad/s}}{2}t\right)\right]$$
$$= -6{,}17 \times 10^{-3} \,\text{sen}\,t \cos(81t)\ \text{m}$$

(c)

# Capítulo 4

EXCITAÇÃO HARMÔNICA DOS SISTEMAS DE 1GL 167

A Equação (c) está representada graficamente na Figura 4.6(c), onde o acúmulo e o decaimento da amplitude são óbvios. O período de vibração é

$$T = \frac{2\pi}{81} = 00776 \text{ s} \tag{d}$$

e o período de batimento é

$$T_b = 2\pi = 6{,}28 \text{ s} \tag{e} \blacksquare$$

## 4.3 RESPOSTA FORÇADA DO SISTEMA AMORTECIDO VISCOSAMENTE SUJEITO À EXCITAÇÃO HARMÔNICA DE FREQUÊNCIA ÚNICA

A forma-padrão da equação diferencial regendo o movimento de um sistema de 1GL viscosamente amortecido com a excitação de frequência única da Equação (4.9) é

$$\ddot{x} + 2\zeta\omega_n\dot{x} + \omega_n^2 x = \frac{F_0}{m_{eq}}\text{sen}(\omega t + \psi) \tag{4.27}$$

Uma solução particular é assumida como

$$x_p(t) = U\cos(\omega t + \psi) + V\text{sen}(\omega t + \psi) \tag{4.28}$$

A substituição da Equação (4.28) pela Equação (4.27) leva às seguintes equações simultâneas para $U$ e $V$

$$(\omega_n^2 - \omega^2)U + 2\zeta\omega\omega_n V = 0 \tag{4.29}$$

$$-2\zeta\omega\omega_n U + (\omega_n^2 - \omega^2)V = \frac{F_0}{m_{eq}} \tag{4.30}$$

Solucionar essas equações e substituir os resultados pela Equação (4.28) leva a

$$x_p(t) = \frac{F_0}{m_{eq}[(\omega_n^2 - \omega^2)^2 + (2\zeta\omega\omega_n)^2]}[-2\zeta\omega\omega_n\cos(\omega t + \psi) + (\omega_n^2 - \omega_2)\text{sen}(\omega t + \psi)] \tag{4.31}$$

O uso da identidade trigonométrica para o seno da diferença dos ângulos e manipulação algébrica leva à forma alternativa seguinte da Equação (4.31)

$$x_p(t) = X\text{sen}(\omega t + \psi - \phi) \tag{4.32}$$

onde

$$X = \frac{F_0}{m_{eq}[(\omega_n^2 - \omega^2)^2 + (2\zeta\omega\omega_n)^2]^{1/2}} \tag{4.33}$$

e

$$\phi = \tan^{-1}\left(\frac{2\zeta\omega\omega_n}{\omega_n^2 - \omega^2}\right) \tag{4.34}$$

$X$ é a amplitude da resposta forçada e $\phi$ é o ângulo de fase entre a resposta e a excitação.

A amplitude e o ângulo de fase fornecem informações importantes sobre a resposta forçada. A formulação das Equações (4.33) e (4.34) na forma não dimensional permite uma melhor interpretação qualitativa da resposta. Com essas equações, observa-se que

$$X = f(F_0, m_{eq}, \omega, \omega_n, \zeta) \tag{4.35}$$

e

$$\phi = g(\omega, \omega_n, \zeta) \tag{4.36}$$

Os parâmetros usam três dimensões básicas: massa, comprimento e tempo. O teorema de Buckingham-PI (Seção 1.5) implica que a formulação da relação de amplitude, é uma função de $6 - 3 = 3$, parâmetros não dimensionais. Um é um parâmetro dependente envolvendo a amplitude, e o outro são dois parâmetros independentes

Multiplicar a Equação (4.33) por $m_{eq}\omega_n^2/F_0$ dá

$$\frac{m_{eq}\omega_n^2 X}{F_0} = \frac{1}{[(1-r^2)^2 + (2\zeta r)^2]^{1/2}} \tag{4.37}$$

onde $\quad r = \dfrac{\omega}{\omega_n} \tag{4.38}$

é a razão de frequência. A razão

$$M = \frac{m_{eq}\omega_n^2 X}{F_0} \tag{4.39}$$

não possui dimensão e geralmente é chamada de *razão de amplitude* ou *fator de ampliação*. O fator de ampliação tem a interpretação que é a razão da amplitude da resposta à deflexão estática de uma mola de rigidez $k$ em função de uma força constante $F_0$,

$$M = \frac{X}{\Delta_{st}} \tag{4.40}$$

Uma interpretação alternativa é que a força máxima desenvolvida na mola de um sistema de massa-mola e amortecedor viscoso $F_{máx} = kX = m\omega_n^2 X$, para o máximo da excitação. Ela representa quanto de força é ampliada pelo sistema. O fator de ampliação é realmente uma razão de força necessária para a similitude dinâmica

$$M = \frac{F_{máx}}{F_0} \tag{4.41}$$

Assim, a forma não dimensional da Equação (4.33) é

$$M(r, \zeta) = \frac{1}{\sqrt{(1-r^2)^2 - (2\zeta r)^2}} \tag{4.42}$$

O fator de ampliação como uma função da razão de frequência para valores diferentes da razão de amortecimento é mostrado na Figura 4.7. Essas curvas são chamadas de curvas da resposta de frequência. O que segue é observado na Equação 4.42 e na Figura 4.7.

1. $M = 1$ quando $r = 0$. Nesse caso, a força de excitação é uma constante e a força máxima desenvolvida na mola de um sistema de massa-mola-amortecedor hidráulico é igual ao valor da força de excitação.
2. $\lim_{r \to \infty} M(r, \zeta) = \frac{1}{r^2}$. A amplitude da resposta forçada é muito pequena para as excitações de alta frequência.

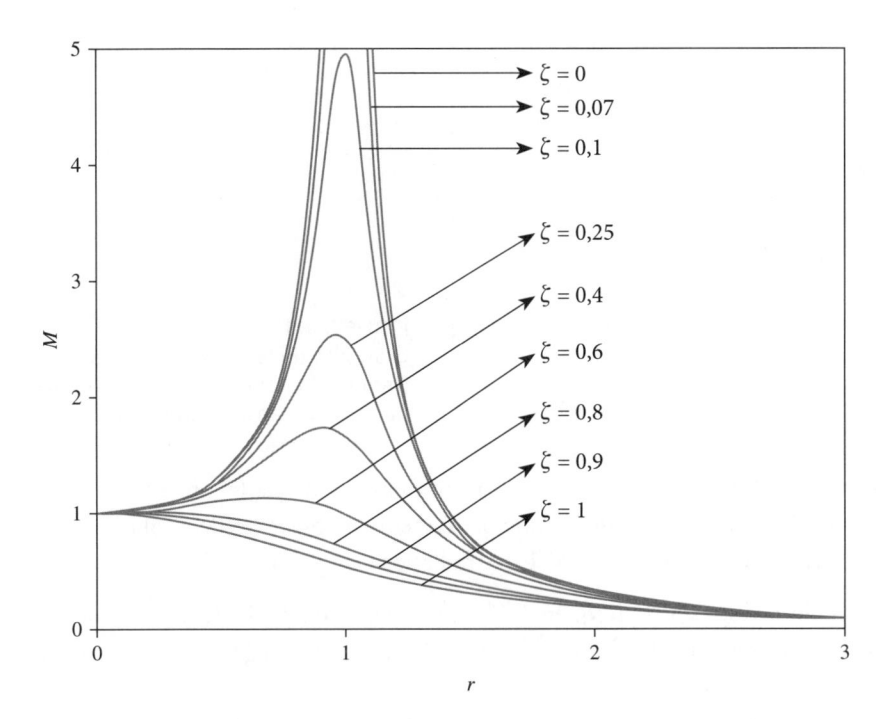

**FIGURA 4.7**
O fator de ampliação *versus* a razão de frequência para os valores diferentes da razão de amortecimento.

3. Para determinado valor de $r$, $M$ reduz com o aumento de $\zeta$.
4. O fator de ampliação cresce sem limite somente para $\zeta = 0$. Para $0 < \zeta \leq 1/\sqrt{2}$, o fator de ampliação tem um máximo para algum valor de $\zeta$.
5. Para $0 < \zeta \leq 1/\sqrt{2}$, o valor máximo do fator de ampliação ocorre para uma razão de frequência de

$$r_m = \sqrt{1 - 2\zeta^2} \tag{4.43}$$

A Equação (4.43) é obtida da Equação (4.42) ao determinar o valor de $r$, de modo que $dM/dr = 0$.
6. O valor máximo correspondente de $M$ é

$$M_{máx} = \frac{1}{2\zeta(1 - \zeta^2)^{1/2}} \tag{4.44}$$

7. Para $\zeta = 1/\sqrt{2}$, $dM/dr = 0$ para $r = 0$. Para $\zeta \geq 1/\sqrt{2}$, não há valor real de $r$ que satisfaça a Equação (4.43). $M(r, \zeta)$ não atinge um máximo. Reduz monotonicamente com o aumento de $r$ e se aproxima de zero como $1/r^2$ para um $r$ maior.

A forma não dimensional da Equação (4.34) é

$$\phi = \tan^{-1}\left(\frac{2\zeta r}{1 - r^2}\right) \tag{4.45}$$

O ângulo de fase da Equação (4.45) é representado graficamente como uma função da razão de frequência para valores diferentes da razão de amortecimento na Figura 4.8. O que segue é observado na Equação 4.45 e na Figura 4.8:

1. A resposta forçada e a força de excitação estão na fase para $\zeta = 0$. Para $\zeta > 0$, a resposta e a excitação estão na fase apenas para $r = 0$.
2. Se $\zeta = 0$ e $0 < r < 1$, então $0 < \phi < \pi/2$. A resposta retarda a excitação.
3. Se $\zeta < 0$ e $r = 1$, então $\phi = \pi/2$. Se $\psi = 0$, então a excitação é uma onda seno pura, enquanto a resposta em regime permanente é uma onda cosseno pura. A excitação está na fase com a velocidade. A direção da excitação sempre é a mesma que a direção do movimento.

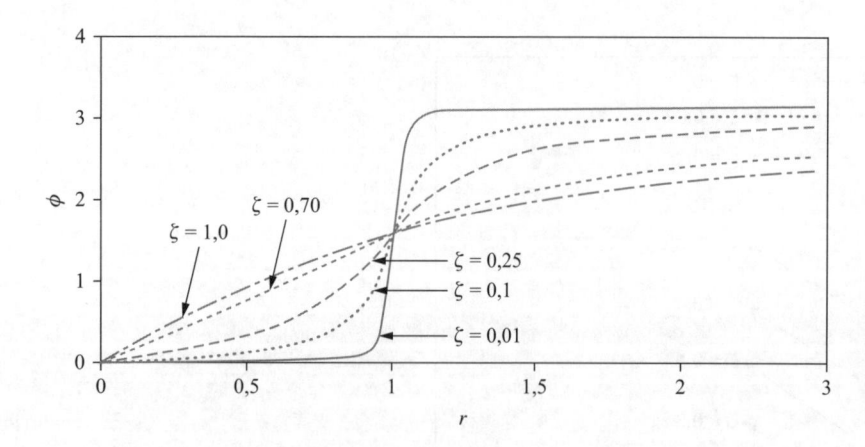

**FIGURA 4.8**
O ângulo de fase *versus* a razão de frequência para os valores diferentes da razão de amortecimento.

4. Se ζ > 0 e r > 1, então π/2 < φ < π. A resposta leva à excitação, como mostrado na Figura 4.9.
5. Se ζ > 0 e r >> 1, então φ ≈ π O sinal da resposta em regime permanente é oposto ao da excitação.
6. Para ζ = 0, a resposta está na fase com a excitação para r < 1 e π radianos (180°) fora da fase para r > 1.

As Equações (4.42) e (4.45) constituem a resposta da frequência de um sistema de 1GL. A resposta da frequência é a variação da amplitude em regime permanente e a fase estacionária. A representação gráfica da resposta da frequência é ilustrada nas Figuras 4.7 e 4.8.

Se a rigidez ou a razão de amortecimento de um sistema não for conhecida, a resposta da frequência pode ser determinada experimentalmente e usada para identificar os parâmetros do sistema.

A resposta em regime permanente de um sistema de 1GL em função da excitação harmônica de frequência única é

$$x(t) = \frac{F_0}{m_{eq}\omega_n^2} M(r,\zeta)\,\text{sen}(\omega t + \psi - \phi) \tag{4.46}$$

onde $M(r, \zeta)$ é dado pela Equação (4.42) e φ é dado pela Equação (4.45). A teoria pode lidar com a resposta não amortecida vista na Seção 4.2 ao assumir ζ = 0 que essas equações produzem

$$M(r,0) = \frac{1}{\sqrt{(1-r^2)^2}} = \frac{1}{|1-r^2|} \tag{4.47}$$

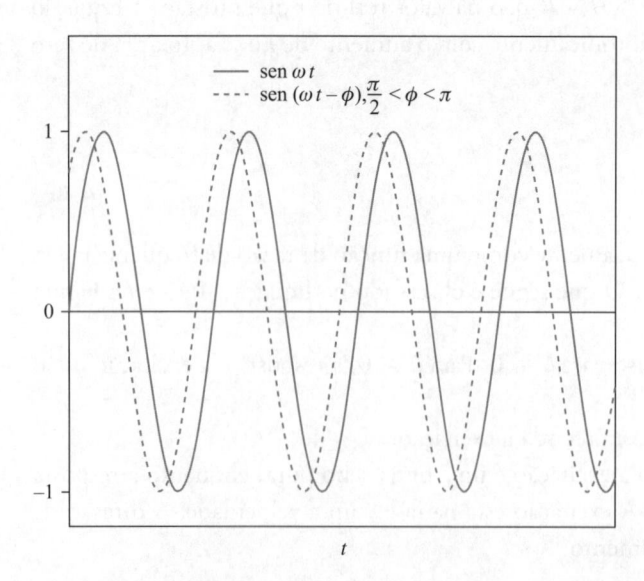

**FIGURA 4.9**
A resposta leva à excitação quando r > 1.

e

$$\phi = \tan^{-1}\left(\frac{0}{1-r^2}\right) = \begin{cases} 0 & r < 1 \\ \pi & r > 1 \end{cases}$$ (4.48)

O valor do fator de ampliação $M(1, 0)$ não existe, já que não há regime permanente no caso de um sistema de 1GL não amortecido sob condições ressonantes.

## ■ EXEMPLO 4.2

Um momento, $M_0 \, \text{sen} \, \omega t$, é aplicado ao final da barra da Figura 4.10. Determine o valor máximo de $M_0$ de modo que a amplitude em regime permanente da oscilação angular não exceda 10° se $\omega = 500$ rpm, $k = 7000$ N/m, $c = 650$ N· s/m, $L = 1,2$ m, e a massa da barra tiver 15 kg.

### SOLUÇÃO

A equação diferencial obtida pela soma dos momentos em torno de 0 usando os diagramas de corpo livre da Figura 4.10(b) é

$$\frac{7}{48}mL^2\ddot{\theta} + \frac{1}{16}cL^2\dot{\theta} + \frac{19}{16}kL^2\theta = M_0\text{sen}\omega t$$ (a)

Usando a notação da Equação (4.1)

$$I_{eq} = \frac{7}{48}mL^2 = \frac{7}{48}(15\,\text{kg})(1{,}2\,\text{m})^2 = 3{,}15\,\text{kg}\cdot\text{m}^2$$ (b)

A equação diferencial é reescrita na forma da Equação (4.2) ao dividir por $I_{eq}$:

$$\ddot{\theta} + \frac{3}{7}\frac{c}{m}\dot{\theta} + \frac{57}{7}\frac{k}{m}\theta = \frac{M_0}{I_{eq}}\text{sen}\omega t$$ (c)

A equação precedente tem uma solução em regime permanente da forma

$$\theta(t) = \Theta \, \text{sen}\,(\omega t - \phi)$$ (d)

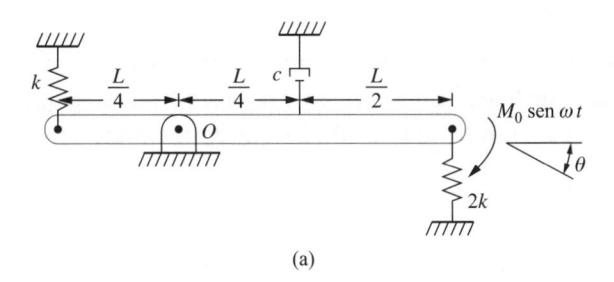

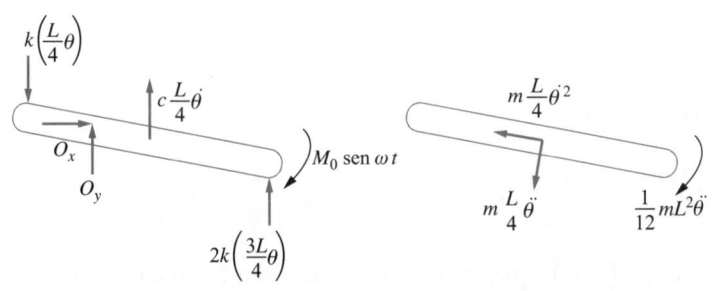

**FIGURA 4.10**
(a) Sistema do Exemplo 4.2. (b) DCLs em um instante arbitrário.

A frequência natural e a razão de amortecimento são obtidas pela comparação com a Equação (4.2)

$$\omega_n = \sqrt{\frac{57}{7}\frac{k}{m}} = \sqrt{\frac{(57)(7000 \text{ N/m})}{(7)(15 \text{ kg})}} = 61{,}6 \frac{\text{rad}}{\text{s}} \qquad \text{(e)}$$

$$\zeta = \frac{3}{14}\frac{c}{m\omega_n} = \frac{(3)(650 \text{ N} \cdot \text{s/m})}{(14)(15 \text{ kg})(61{,}6 \text{ rad/s})} = 0{,}15 \qquad \text{(f)}$$

A razão de frequência é

$$r = \frac{\omega}{\omega_n} = \frac{(500 \text{ rev/min})(2\pi \text{ rad/rev})(1 \text{ min/60 s})}{61{,}6 \text{ rad/s}} = 0{,}85 \qquad \text{(g)}$$

O fator de ampliação é calculado a partir da Equação (4.42)

$$M(0{,}85.\ 0{,}15) = \frac{1}{\sqrt{[1-(0{,}85)^2]^2 + [2(0{,}15)(0{,}85)]^2}} = 2{,}64 \qquad \text{(h)}$$

A grandeza máxima permissível do momento aplicado é calculada usando a Equação (4.37),

$$\frac{I_{eq}\omega_n^2 \Theta}{M_0} = M(0{,}85.\ 0{,}15) = 2{,}64 \qquad \text{(i)}$$

Exigir $\Theta < 10°$ leva a

$$M_0 < \frac{(3{,}15 \text{ kg} \cdot \text{m}^2)(61{,}6 \text{ rad/s})^2 (10°)(2\pi \text{ rad}/360°)}{2{,}64} = 790{,}2 \text{ N} \cdot \text{m} \qquad \text{(j)} \blacksquare$$

## EXEMPLO 4.3

Uma máquina de massa 25,0 kg é colocada em uma fundação elástica. Uma força senoidal de grandeza 25 N é aplicada à máquina. Uma varredura de frequência revela que a amplitude em regime permanente máxima de 1,3 mm ocorre quando o período de resposta é 0,22 s. Determine a rigidez equivalente e a razão de amortecimento da fundação.

### SOLUÇÃO

O sistema é modelado como uma massa anexada a uma mola paralela com um amortecedor viscoso com força senoidal aplicada de amplitude 25 N. Para um sistema linear, a frequência de resposta é a mesma que a frequência de excitação. Assim, a resposta máxima ocorre para um período de 0,22 s que corresponde à frequência de

$$\omega = \frac{2\pi}{T} = \frac{2\pi}{0{,}22 \text{ s}} = 28{,}6 \text{ rad/s} \qquad \text{(a)}$$

A razão de frequência em que a resposta máxima ocorre é dada pela Equação (4.43)

$$r = \frac{\omega}{\omega_n} = \sqrt{1 - 2\zeta^2} \qquad \text{(b)}$$

Solucionando a Equação (b) para a frequência natural

$$\omega_n = \frac{\omega}{\sqrt{1-2\zeta^2}} = \frac{28{,}6 \text{ rad/s}}{\sqrt{1-2\zeta^2}} \qquad \text{(c)}$$

O valor máximo da resposta é dado pela Equação (4.44), que, mediante substituição e uso da Equação (4.39) se torna

$$\frac{(25{,}0 \text{ kg}) (0{,}0013 \text{ m})(28{,}6 \text{ rad/s})^2}{(25 \text{ N}) (1-2\zeta^2)} = \frac{1}{2\zeta\sqrt{1-\zeta^2}} \tag{d}$$

Fazer a quadratura da Equação (d) e rearranjá-la leva a

$$\zeta^4 - \zeta^2 + 0{,}118 = 0 \tag{e}$$

que é uma equação quadrática para $\zeta^2$. Usar a fórmula quadrática leva a $\zeta = 0{,}369, 0{,}929$. O valor maior é descartado porque uma varredura de frequência somente produziria um máximo para um valor de $\zeta < \frac{1}{\sqrt{2}}$. Assim, $\zeta = 0{,}369$. A frequência natural é calculada da Equação (c) como

$$\omega_n = \frac{28{,}6 \text{ rad/s}}{\sqrt{1-2(0{,}369)^2}} = 33{,}5 \text{ rad/s} \tag{f}$$

A rigidez da fundação é

$$k = m\omega_n^2 = (25{,}0 \text{ kg}) (33{,}5 \text{ rad/s})^2 = 2{,}80 \times 10^4 \text{ N/m} \tag{g} \blacksquare$$

## 4.4 EXCITAÇÕES QUADRÁTICAS EM FREQUÊNCIA

### 4.4.1 TEORIA GERAL

Muitos sistemas de 1GL estão sujeitos à excitação harmônica de frequência única cuja amplitude é proporcional ao quadrado de sua frequência

$$F_{eq}(t) = A\omega^2 \text{ sen}(\omega t + \psi) \tag{4.49}$$

onde $A$ é uma constante de proporcionalidade com $F \cdot T^2$ ou $M \cdot L$. Quando $F_{eq}(t)$ representa um momento $A$ ele tem dimensões de $F \cdot L \cdot T^2$ ou $M \cdot L^2$. A resposta em regime permanente decorrente desse tipo de excitação é desenvolvida ao aplicar as equações desenvolvidas na Seção 4.3 com

$$F_0 = A\omega^2 \tag{4.50}$$

A substituição da Equação (4.50) pela Equação (4.37) produz

$$\left(\frac{m_{eq}X}{A}\right)\left(\frac{\omega_n}{\omega}\right)^2 = \frac{1}{\sqrt{\left[1 - \left(\frac{\omega}{\omega_n}\right)^2\right]^2 + \left(2\zeta\frac{\omega}{\omega_n}\right)^2}}$$

ou $\quad m_{eq}\dfrac{X}{A} = \Lambda(r, \zeta) \tag{4.51}$

onde $\quad \Lambda(r, \zeta) = \dfrac{r^2}{\sqrt{(1 - r^2) + (2\zeta r)^2}} \tag{4.52}$

$\Lambda$ é, como $M$, uma função não dimensional da razão de frequência e da razão de amortecimento. $\Lambda$ está relacionado a $M$ por

$$\Lambda(r, \zeta) = r^2 M(r, \zeta) \tag{4.53}$$

A resposta em regime permanente é dada pela Equação (4.32), onde $X$ é determinado a partir das Equações (4.51) e (4.52) e $\phi$ é determinado usando a Equação (4.45).

$\Lambda$ é representado graficamente como uma função de $r$ para vários valores de $\zeta$ na Figura 4.11. O que segue é observado na Equação (4.52) e na Figura 4.11.

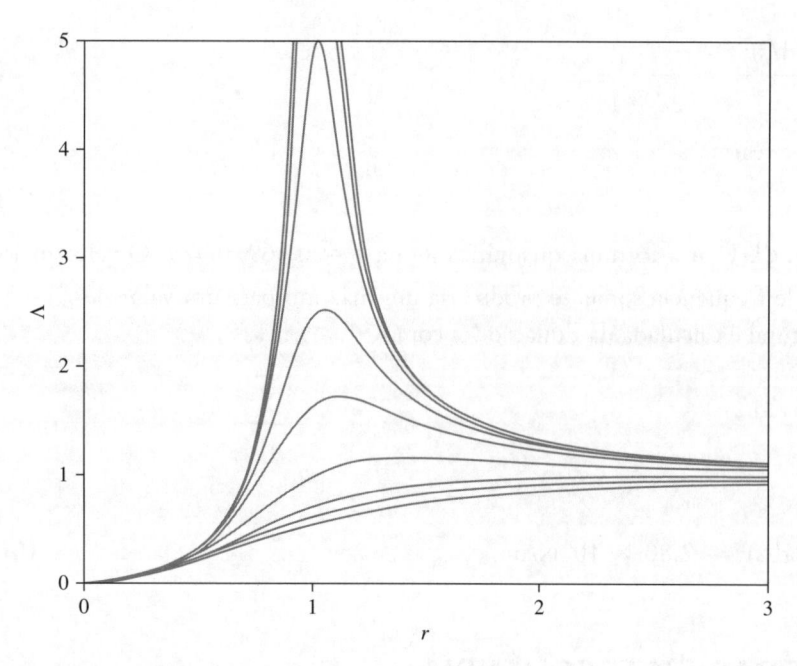

**FIGURA 4.11** Λ(r, ζ) *versus r* para valores diferentes de ζ.

1. $\Lambda = 0$ se, e apenas se, $r = 0$ para todos os valores de $\zeta$.
2. $\lim_{r \to \infty} \Lambda(r, \zeta) = 1$ para todos os valores de $\zeta$.
3. $\Lambda$ cresce sem limite próximo de $r = 1$ para $\zeta = 0$.
4. Para $0 < \zeta < 1/\sqrt{2}$, $\Lambda$ tem um máximo para uma razão de frequência de

$$r_m = \frac{1}{\sqrt{1 - 2\zeta^2}} \tag{4.54}$$

A Equação (4.54) é derivada ao encontrar o valor de $r$ de modo que $d\Lambda/dr = 0$

5. Para determinado $0 < \zeta < 1/\sqrt{2}$, o valor máximo de $\Lambda$ corresponde à razão de frequência da Equação (4.54) e é dado por

$$\Lambda_{máx} = \frac{1}{2\zeta\sqrt{1 - \zeta^2}} \tag{4.55}$$

6. Para $\zeta > 1/\sqrt{2}$, $\Lambda$ não atinge um máximo. $\Lambda$ cresce lentamente de zero próximo de $r = 0$, aumenta monotonicamente e aproxima assintoticamente um de baixo.

## EXEMPLO 4.4

Um sistema de um grau de liberdade está sujeito à excitação harmônica cuja grandeza é proporcional ao quadrado de sua frequência. A frequência da excitação é variada, e a amplitude em regime permanente é observada. Uma amplitude máxima de 8,5 mm ocorre em uma frequência de 200 Hz. Quando a frequência é bem maior que 200 Hz, a amplitude em regime permanente é 1,5 mm. Determine a razão de amortecimento para o sistema.

### SOLUÇÃO
Da Figura 4.11, $\Lambda \to 1$ como $r \to \infty$. Assim, da Equação (4.51) e das informações determinadas,

$$\frac{m_{eq}}{A} = \frac{1}{1,5\,\text{mm}} \tag{a}$$

Substituir a Equação (a) pela Equação (4.55) produz

$$\Lambda_{\text{máx}} = \frac{m}{A}X_{\text{máx}} = \frac{8,5\,\text{mm}}{1,5\,\text{mm}} = \frac{1}{2\zeta\sqrt{1-\zeta^2}} \tag{b}$$

Inverter, fazer a quadratura e rearranjar leva a

$$\zeta^4 - \zeta^2 + 0,00778 = 0 \tag{c}$$

As raízes da Equação (c) são $\zeta = \pm 0,089, \pm 0,996$. Como o valor máximo foi atingido, $0 < \zeta < \frac{1}{\sqrt{2}}$, o valor apropriado de $\zeta$ é 0,089. ∎

## 4.4.2 DESBALANCEAMENTO ROTATIVO

A máquina da Figura 4.12(a) possui um componente que gira a uma velocidade constante, $\omega$. Seu centro de massa está localizado a uma distância $e$, chamada de excentricidade, a partir do eixo de rotação. A massa do componente rotativo é $m_0$, enquanto a massa total da máquina, incluindo o componente rotativo, é $m$. A máquina é forçada a mover-se verticalmente.

Seja $x$ o representante do movimento descendente da máquina. A aceleração do componente rotativo é obtida usando a equação de aceleração relativa

$$\mathbf{a}_r = \mathbf{a}_c + \mathbf{a}_{r/c} \tag{4.56}$$

onde $|\mathbf{a}_c| = \ddot{x}$ e é direcionado para baixo e $|\mathbf{a}_{r/c}| = e\omega^2$, direcionado para o centro da rotação. O centro da massa do componente rotativo se move em trajetória circular em torno do centro de rotação em velocidade constante. Seja $\theta$ o representante do ângulo feito pelo segmento linear entre o centro de rotação e o centro da massa em um instante arbitrário. Ao solucionar a aceleração relativa em componentes horizontais e verticais, o componente vertical da aceleração absoluta do centro da massa do componente rotativo é

$$a_{r,x} = \ddot{x} + e\omega^2 \operatorname{sen}\theta \tag{4.57}$$

A soma das forças, $\sum F_{\text{ext}} = \sum F_{\text{ef}}$ aplicada na direção vertical, a descendente positiva aos DCLs da Figura 4.12(b) produz

$$-kx - c\dot{x} = m\ddot{x} + m_0 e\omega^2 \operatorname{sen}\theta \tag{4.58}$$

Para a constante $\omega$,

$$\theta = \omega t + \theta_0 \tag{4.59}$$

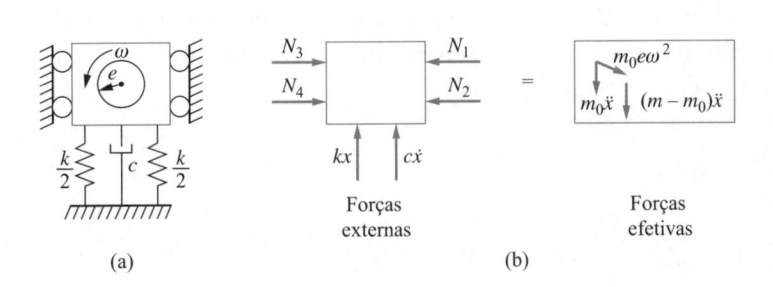

**FIGURA 4.12**
(a) A máquina com desbalanceamento rotativo produz excitação harmônica cuja amplitude é proporcional ao quadrado de sua frequência. (b) DCLs da máquina em um instante arbitrário.

onde $\theta_0$ é um ângulo entre a posição inicial do centro da massa do componente rotativo e da horizontal. Usar a Equação (4.59) na Equação (4.58) e rearranjá-la produz

$$m\ddot{x} + c\dot{x} + kx = -m_0 e \omega^2 \text{sen}(\omega t + \theta_0) \tag{4.60}$$

O sinal negativo é incorporado na função seno pela definição de $\psi = \theta_0 + \pi$. Então, a Equação (4.60) torna-se

$$m\ddot{x} + c\dot{x} + kx = m_0 e \omega^2 \text{sen}(\omega t + \psi) \tag{4.61}$$

É aparente na Equação (4.61) que o componente rotativo desbalanceado leva a uma excitação harmônica cuja amplitude é proporcional ao quadrado de sua frequência. A constante de proporcionalidade é

$$A = m_0 e^* \tag{4.62}$$

Usar a Equação (4.51) dá

$$\frac{mX}{m_0 e} = \Lambda(r, \zeta) \tag{4.63}$$

## EXEMPLO 4.5

Um motor elétrico de 150 kg tem um desbalanceamento rotativo de 0,5 kg, 0,2 m do centro de rotação. O motor deve ser montado na extremidade de uma viga em balanço de aço ($E = 210 \times 10^9$ N/m²) de 1 m de comprimento. O intervalo operacional do motor é de 500 a 1200 rpm. Para quais valores de $I$, o momento transversal de inércia da viga, a amplitude em regime permanente da vibração será menor que 1 mm? Assuma que a razão de amortecimento é 0,1.

### SOLUÇÃO

O valor máximo permissível de $\Lambda$ é

$$\Lambda_{\text{perm}} = \frac{mX_{\text{perm}}}{m_0 e} = \frac{(150 \text{ kg})(0,001 \text{ m})}{(0,5 \text{ kg})(0,2 \text{ m})} = 1,5 \tag{a}$$

Como $\Lambda_{\text{perm}} > 1$ e $\zeta < 1/\sqrt{2}$, a Figura 4.11 mostra que dois valores de $r$ correspondem a $\Lambda = \Lambda_{\text{perm}}$. Estes são determinados usando a Equação (4.52)

$$1,5 = \frac{r^2}{\sqrt{(1 - r^2) + (0,2r)^2}} \tag{b}$$

O rearranjo leva à seguinte equação:

$$0,556r^4 - 1,96r^2 + 1 = 0 \tag{c}$$

cujas raízes positivas são

$$r = 0,787, \; 1,71 \tag{d}$$

No entanto, se $r = 0,787$ corresponde a $\omega = 1200$ rpm, então $\Lambda < \Lambda_{\text{perm}}$ para todos $r$ no intervalo operacional. Ao passo que se $r = 0,787$ corresponde a $\omega = 500$ rpm, então $\Lambda > \Lambda_{\text{perm}}$ para $r$ sobre parte do intervalo operacional. Assim, exigir $r < 0,787$ sobre todo o intervalo operacional produz

$$\frac{(1200 \text{ rev/min})(2\pi \text{ rad/rev})(1 \text{ min}/60 \text{ s})}{\omega_n} < 0,787 \tag{e}$$

---

* Este produto é normalmente chamado de momento de desbalanceamento. (N.R.T.)

ou $\omega_n > 159,7$ rad/s. A aproximação de um grau de liberdade para a frequência natural do motor ligado à extremidade de uma viga em balanço de massa insignificante é

$$\omega_n = \sqrt{\frac{3EI}{mL^3}} \tag{f}$$

Assim,

$$I > \frac{(159,7 \text{ rad/s})^2 L^3 m}{3E} = \frac{(159,7 \text{ rad/s})^2 (1 \text{ m})^3 (150 \text{ kg})}{3(210 \times 10^9 \text{ N/m}^2)} = 6,07 \times 10^{-6} \text{ m}^4 \tag{g}$$

Usar um raciocínio semelhante $r = 1,71$ deve corresponder a $\omega = 500$ rpm. Assim,

$$\frac{(500 \text{ rev/min})(2\pi \text{ rad/rev})(1 \text{ min/60 s})}{\omega_n} > 1,71 \tag{h}$$

ou $\omega_n < 30,6$ rad/s. Essa exigência leva a $I < 2,23 \times 10^{-7}$ m$^4$.

Assim, a amplitude de vibração será limitada a 1 mm se $I > 6,08 \times 10^{-6}$ m$^4$ ou $I < 2,23 \times 10^{-7}$ m$^4$. Entretanto, outras considerações limitam o desenho da viga. Quanto menor o momento de inércia, maior a tensão de flexão nas fibras externas da viga no suporte. ∎

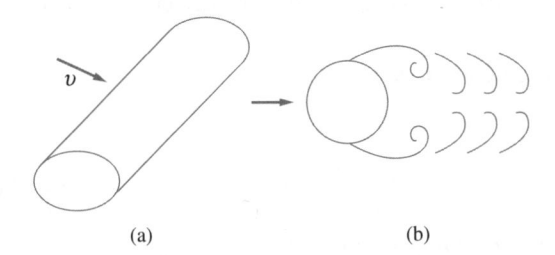

**FIGURA 4.13**
(a) Cilindro circular no fluxo estável. (b) Seção transversal do cilindro mostrando a emissão de vórtices alternadamente de cada superfície do cilindro, resultando em um rastro atrás do cilindro e uma força harmônica agindo no cilindro.

## 4.4.3 EMISSÃO DE VÓRTICES A PARTIR DE CILINDROS CIRCULARES

Quando um cilindro circular é colocado em um fluxo uniforme estável em velocidade suficiente, a separação do fluxo ocorre na superfície do cilindro, como ilustrado na Figura 4.13. A separação leva à emissão de vórtices do cilindro e à formação de um rastro atrás do cilindro. Os vórtices são emitidos alternadamente das superfícies superiores e inferiores do cilindro em frequência constante. A emissão alternativa de vórtices provoca correntes oscilantes no rastro que, por sua vez, levam à distribuição de pressão oscilante. A distribuição de pressão oscilante, por sua vez, dá vazão a uma força oscilante que age normalmente no cilindro,

$$F(t) = F_0 \operatorname{sen}(\omega t) \tag{4.64}$$

onde $F_0$ é a grandeza da força e $\omega$ é a frequência da emissão de vórtices.

Esses parâmetros são dependentes das propriedades do fluido e da geometria do cilindro. Isto é,

$$F_0 = F_0(v, \rho, \mu, D, L) \tag{4.65}$$

e $\quad \omega = \omega(v, \rho, \mu, D, L) \tag{4.66}$

onde $v$ = a grandeza da velocidade do fluido, $[L]/[T]$
$\rho$ = a densidade do fluido, $[M]/[L]^3$
$\mu$ = a viscosidade dinâmica do fluido, $[M]/([L][T])$
$D$ = o diâmetro do cilindro, $[L]$
$L$ = o comprimento do cilindro, $[L]$

Os parâmetros dependentes $F_0$ e $\omega$ são ambos funções dos cinco parâmetros independentes. A teoria da análise dimensional implica que as Equações (4.65) e (4.66) podem ser reescritas como relações entre três parâmetros sem dimensão. Na verdade, as formas não dimensionais das Equações (4.65) e (4.66) são

$$C_D = f\left(\text{Re}, \frac{D}{L}\right) \tag{4.67}$$

$$S = f\left(\text{Re}, \frac{D}{L}\right) \tag{4.68}$$

Os parâmetros dependentes sem dimensão são o coeficiente de arrasto

$$C_D = \frac{F_0}{\frac{1}{2}\rho v^2 DL} \tag{4.69}$$

que é a razão da força de arrasto para a força de inércia, e o número de Strouhal

$$S = \frac{\omega D}{2\pi v} \tag{4.70}$$

que é a razão da força de inércia em função da aceleração local da força de inércia decorrente da aceleração convectiva da força de inércia.

Os parâmetros independentes sem dimensão são o coeficiente de Reynolds

$$R = \frac{\rho v D}{\mu} \tag{4.71}$$

que é a razão da força de inércia para a força viscosa e a razão diâmetro-comprimento $D/L$.

Para os cilindros longos ($D/L \ll 1$), uma aproximação bidimensional é usada. Então o efeito de $D/L$ no coeficiente de arrasto e no número de Strouhal é insignificante. Os dados empíricos são usados para determinar as formas das Equações (4.67) e (4.68), assumindo que tanto o coeficiente de arrasto quanto o número de Strouhal são independentes de $D/L$.

A densidade e a viscosidade dinâmica do ar a 20°C são 1,204 kg/m³ e 1,82 × 10⁻⁵ N · s/m, respectivamente. Assim, para o ar a 20°C, o coeficiente de Reynolds para o fluxo sobre um cilindro circular de 10 cm de diâmetro em 20 m/s é

$$\text{Re} = \frac{(1{,}204 \text{ kg/m}^3)(20 \text{ m/s})(0{,}1 \text{ m})}{1{,}82 \times 10^{-5} \text{ N} \cdot \text{s/m}} = 1{,}3 \times 10^5$$

O coeficiente de Reynolds para muitas situações envolvendo as oscilações induzidas pelo vento fica entre $1 \times 10^3$ e $2 \times 10^5$. Sobre esse regime do coeficiente de Reynolds, tanto o coeficiente de arrasto quanto o número de Strouhal são aproximadamente constantes. Para os cilindros longos ($D/L \ll 1$), a evidência empírica sugere que

$$C_D \approx 1 \qquad 1 \times 10^3 < \text{Re} < 2 \times 10^5 \tag{4.72}$$

$$S \approx 0{,}2 \qquad 1 \times 10^3 < \text{Re} < 2 \times 10^5 \tag{4.73}$$

Na Equação (4.73) e a definição do número de Strouhal, a Equação (4.70),

$$v = \frac{\omega D}{0{,}4\pi} \tag{4.74}$$

Então, nas Equações (4.69), (4.72) e (4.74),

$$F_0 = 0{,}317\,\rho D^3 L\omega^2 \tag{4.75}$$

Logo, a excitação harmônica para um cilindro circular fornecida pela emissão de vórtices quando o coeficiente de Reynolds está entre $1 \times 10^3$ e $2 \times 10^5$ tem uma grandeza proporcional ao quadrado de sua frequência. Usar a notação das Equações (4.50) e (4.51) dá

$$A = 0{,}317\rho D^3 L \tag{4.76}$$

e

$$\frac{3{,}16\,mX}{\rho D^3 L} = \Lambda(r, \zeta) \tag{4.77}$$

A teoria é apresentada pela emissão de vórtices dos cilindros circulares. Se a frequência em que os vórtices são emitidos for próxima da frequência natural da estrutura, então há grandes vibrações da amplitude. Os efeitos da emissão de vórtices devem ser levados em consideração ao desenhar estruturas, como um poste de luz, torres de transmissão, chaminés e edifícios altos. A emissão de vórtices também ocorre a partir de estruturas não circulares, como edifícios e pontes.

## EXEMPLO 4.6

O poste de luz consiste em uma luminária de 60 kg anexada à extremidade de um cilindro de aço sólido de 3 m de altura ($E = 210 \times 10^9$ N/m$^2$) com diâmetro de 20 cm. Use o modelo de um grau de liberdade consistindo em uma viga em balanço com massa concentrada em sua extremidade para analisar a resposta da luminária à excitação do vento. Assuma que a viga tem uma razão de amortecimento viscoso equivalente de 0,2.
(a) Em qual velocidade do vento ocorrerá a amplitude máxima em regime permanente da vibração em função da emissão de vórtices?
(b) Qual é a amplitude máxima correspondente?
(c) Redesenhe a luminária ao alterar seu diâmetro de modo que a amplitude máxima da vibração não exceda 0,10 mm para nenhuma velocidade do vento.

### SOLUÇÃO

Antes de continuar com a análise, devem ser abordadas diversas questões associadas ao modelamento. Os vórtices são emitidos ao longo de todo o comprimento do cilindro. A suposição bidimensional implica que a força por comprimento específico é constante ao longo de todo o comprimento do poste de luz. Assim, a força dada pela Equação (4.64) é realmente resultante dessa força por distribuição do comprimento específico. Seu ponto de aplicação deve ser o ponto intermediário do poste de luz. No entanto, o problema não é realmente bidimensional em função, dentre outras coisas, da camada limite da Terra. A presença de uma camada limite causa uma velocidade variante do vento sobre o comprimento do poste de luz, que, por sua vez, causa uma força não uniforme por distribuição do comprimento específico, como mostrado na Figura 4.14(a). Assim, o ponto real de aplicação da força resultante será de algum modo mais alto que o ponto intermediário do ponto de luz. Além disso, assume-se que a massa está aglomerada na extremidade da viga, enquanto o ponto de aplicação da força aplicada está em outro lugar. A força resultante pode ser substituída por uma força da mesma grandeza localizada na extremidade da viga e em um momento. No entanto, o momento causa efeitos rotatórios que não são adequadamente levados em consideração em um modelo de um grau de liberdade. Pelo menos um modelo de dois graus de liberdade deve ser usado. A fim de obter um resultado aproximado, esses efeitos são negligenciados. Um modelo de um grau de liberdade é usado onde a excitação é fornecida por uma carga harmônica concentrada localizada na luz da luminária, como mostrado na Figura 4.14(b).

Assuma o ar a 20°C. O coeficiente de Rynolds para uma velocidade de 20 m/s é

$$\text{Re} = \frac{(1{,}204\,\text{kg/m}^3)(20\,\text{m/s})(0{,}20\,\text{m})}{(1{,}82 \times 10^{-5}\,\text{N} \cdot \text{s/m})} = 2{,}6 \times 10^5 \tag{a}$$

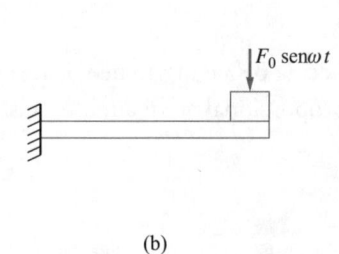

**FIGURA 4.14**
(a) O poste de luz no vento estável está sujeito à excitação harmônica cuja amplitude é proporcional ao quadrado da frequência em decorrência da emissão de vórtices. (b) O modelo do sistema é uma massa anexada à extremidade de uma viga em balanço.

Esse coeficiente de Reynolds é mais alto que o limite superior de $2 \times 10^5$ no intervalo da aplicabilidade rigorosa da teoria apresentada anteriormente. Entretanto, o número de Strouhal é apenas ligeiramente mais alto que 0,2. Usando 0,2 como uma aproximação para o número de Strouhal está de acordo com outras aproximações feitas no modelamento.

(a) Usando um modelo de um grau de liberdade, a frequência natural da viga em balanço é

$$\omega_n = \sqrt{\frac{3EI}{mL^3}} = \sqrt{\frac{3(210 \times 10^9 \text{ N/m}^2)(\pi/64)(0,2 \text{ m})^4}{(60 \text{ kg})(3 \text{ m})^3}} = 174,8 \text{ rad/s} \tag{b}$$

A grandeza da força de excitação é proporcional ao quadrado de sua frequência. Assim, na Equação (4.54), a amplitude máxima em regime permanente ocorre para uma razão de frequência de

$$r_{máx} = \frac{1}{\sqrt{1 - 2\zeta^2}} = 1,043 \tag{c}$$

Assim, a frequência em que a amplitude máxima ocorre é

$$\omega = 1,043(174,8 \text{ rad/s}) = 182,2 \text{ rad/s} \tag{d}$$

A velocidade do vento que dá vazão a essa frequência é calculada usando a definição do número de Strouhal

$$v = \frac{\omega D}{2\pi S} = \frac{(182,2 \text{ rad/s})(0,2 \text{ m})}{2\pi(0,2)} = 29,0 \text{ m/s} \tag{e}$$

(b) O valor de $\Lambda$ correspondente à razão dessa frequência é calculado a partir da Equação (4.55)

$$\Lambda_{máx} = \frac{1}{2\zeta\sqrt{1-\zeta^2}} = 2,55 \tag{f}$$

A amplitude máxima correspondente é calculada ao usar a Equação (4.77)

$$X = \frac{\rho D^3 L \Lambda}{3,16 m} = \frac{(1,204 \text{ kg/m}^3)(0,2 \text{ m})^3(3 \text{ m})(2,55)}{3,16(60 \text{ kg})} = 3,9 \times 10^{-4} \text{ m} \tag{g}$$

(c) O valor máximo de $\Lambda$ é uma função de $\zeta$ apenas e não muda com $\omega_n$. A amplitude em regime permanente pode ser limitada a 0,1 mm para todas as velocidades do vento ao exigir que $\Lambda = 2,55$ para $X = 0,1$ mm. Isso leva a

$$D = \left(\frac{3,16 \, mX}{\rho L \Lambda}\right)^{1/3} = 12,7 \text{ cm} \tag{h}$$

Assim, o diâmetro máximo do poste de luz deve ser 12,7 cm. ■

## 4.5 RESPOSTA EM FUNÇÃO DA EXCITAÇÃO HARMÔNICA DA BASE

Considere o sistema de massa-mola-amortecedor hidráulico da Figura 4.15. A mola e o amortecedor hidráulico estão paralelos com uma extremidade de cada um conectada à massa e a outra extremidade de cada um conectada ao suporte móvel. Seja $y(t)$ a denotação do deslocamento conhecido do suporte e seja $x(t)$ a denotação do deslocamento absoluto da massa. A aplicação da lei de Newton aos diagramas de corpo livre da Figura 4.15(b) produz

$$-k(x-y) - c(\dot{x}-\dot{y}) = m\ddot{x} \tag{4.78}$$

ou $\quad m\ddot{x} + c\dot{x} + kx = c\dot{y} + ky \tag{4.79}$

Defina

$$z(t) = x(t) - y(t) \tag{4.80}$$

como o deslocamento da massa em relação ao deslocamento de seu suporte. A Equação (4.79) é reescrita usando $z$ como a variável dependente

$$m\ddot{z} + c\dot{z} + kz = -m\ddot{y} \tag{4.81}$$

Dividir as Equações (4.79) e (4.81) por $m$ produz

$$\ddot{x} + 2\zeta\omega_n \dot{x} + \omega_n^2 x = 2\zeta\omega_n \dot{y} + \omega_n^2 y \tag{4.82}$$

e $\quad \ddot{z} + 2\zeta\omega_n \dot{z} + \omega_n^2 z = -\ddot{y} \tag{4.83}$

Se o deslocamento da base for dado por uma harmônica de frequência única da forma

$$y(t) = Y \operatorname{sen} \omega t \tag{4.84}$$

então as Equações (4.82) e (4.83) se tornam

$$\ddot{x} + 2\zeta\omega_n \dot{x} + \omega_n^2 x = 2\zeta\omega_n \omega Y \cos \omega t + \omega_n^2 Y \operatorname{sen} \omega t \tag{4.85}$$

e $\quad \ddot{z} + 2\zeta\omega_n \dot{z} + \omega_n^2 z = \omega^2 Y \operatorname{sen} \omega t \tag{4.86}$

A Equação (4.86) mostra que um sistema de massa-mola-amortecedor hidráulico sujeito ao movimento harmônico da base ainda é outro exemplo em que a grandeza de uma excitação harmônica é proporcional ao quadrado de sua frequência. Usando a teoria da Seção 4.4,

$$z(t) = Z \operatorname{sen}(\omega t - \phi) \tag{4.87}$$

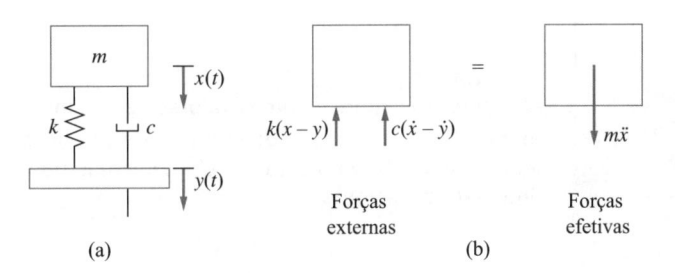

onde $\quad Z = Y \Lambda(r, \zeta) \tag{4.88}$

**FIGURA 4.15**
(a) O bloco está conectado por meio da combinação paralela da mola e do amortecedor viscoso a um suporte móvel. (b) DCLs em um instante arbitrário. As forças da mola e do amortecedor viscoso incluem os efeitos do movimento da base.

onde $\Lambda$ é definido pela Equação (4.52) e $\phi$ é definido pela Equação (4.45).

Quando as Equações (4.87) e (4.88) são substituídas pela Equação (4.80), o deslocamento absoluto se torna

$$x(t) = Y[\Lambda \operatorname{sen}(\omega t - \phi) + \operatorname{sen} \omega t] \tag{4.89}$$

Usando a relação trigonométrica para o seno da diferença de dois ângulos, é possível expressar a Equação (4.89) na forma

$$x(t) = X \operatorname{sen}(\omega t - \lambda) \tag{4.90}$$

onde $\quad \dfrac{X}{Y} = T(r, \zeta) \tag{4.91}$

e $\quad \lambda = \tan^{-1} \left[ \dfrac{2\zeta r^3}{1 + (4\zeta^2 - 1)r^2} \right] \tag{4.92}$

onde $T(r, \zeta)$ é ainda outra função não dimensional da razão de frequência e da razão de amortecimento definida por

$$T(r, \zeta) = \sqrt{\dfrac{1 + (2\zeta r)^2}{(1 - r^2)^2 + (2\zeta r)^2}} \tag{4.93}$$

$X/Y$ é a amplitude do deslocamento absoluto da massa para a amplitude do deslocamento da base. Multiplicar o denominador e o numerador por $\omega^2$ leva a

$$\dfrac{\omega^2 X}{\omega^2 Y} = T(r, \zeta) \tag{4.94}$$

Assim $T(r, \zeta)$ também é a razão da amplitude de aceleração do corpo para a amplitude de aceleração da base. A Equação (4.93) está plotada na Figura 4.16. O que segue é observado em torno de $T(r, \zeta)$:

1. $T(r, \zeta)$ está próximo de um para o $r$ pequeno.

2. $\lim_{r \to \infty} T(r, \zeta) = \dfrac{2\zeta}{r} \tag{4.95}$

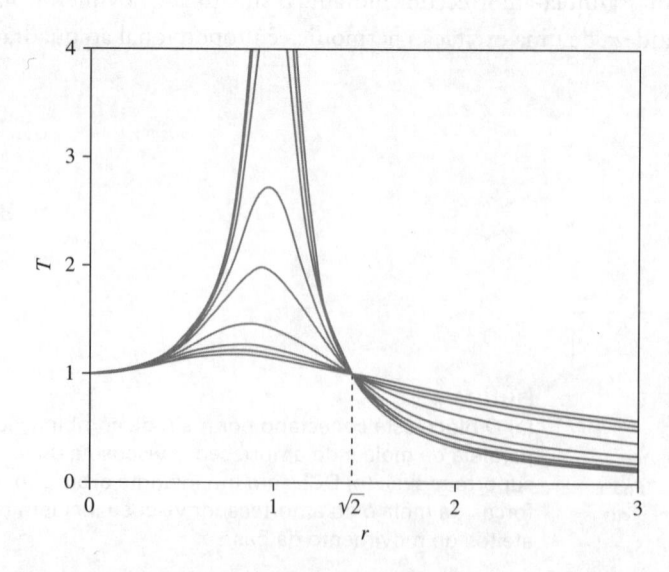

**FIGURA 4.16**
$T(r, \zeta)$ *versus* $r$ para diversos valores de $\zeta$. O intervalo para $r < \sqrt{2}$ é chamado de intervalo de amplificação, enquanto o intervalo para $r > \sqrt{2}$ é chamado de intervalo de isolamento.

3. Para todos ζ, $T(r, \zeta)$ cresce até que atinge um máximo para a razão de frequência de

$$r_{máx} = \frac{1}{2\zeta}(\sqrt{1 + 8\zeta^2} - 1)^{1/2} \qquad (4.96)$$

4. O máximo $T(r, \zeta)$ correspondente à razão de frequência da Equação (4.96)

$$T_{máx} = 4\zeta^2\left[\frac{\sqrt{1 + 8\zeta^2}}{2 + 16\zeta^2 + (16\zeta^4 - 8\zeta^2 - 2)\sqrt{1 + 8\zeta^2}}\right]^{1/2} \qquad (4.97)$$

5. $(T(\sqrt{2}, \zeta) = 1)$, independente do valor de ζ.
6. Para $r < \sqrt{2}, T(r, \zeta)$ é maior para os valores menores de ζ. No entanto, para $r > \sqrt{2}, T(r, \zeta)$ é menor para os valores menores de ζ.
7. Para todos os valores de ζ, $T(r, \zeta)$ é menor que um quando e somente quando $r > \sqrt{2}$.

O corpo é isolado de grandes acelerações da base somente se $T(r, \zeta) < 1$. Isso ocorre quando $r > \sqrt{2}$. Por essa razão, o intervalo $r > \sqrt{2}$ é chamado de intervalo de isolamento e $r < \sqrt{2}$ é chamado de intervalo de amplificação. Quando o isolamento ocorre, um aumento em ζ prejudica o isolamento. O melhor isolamento ocorre para as menores razões de amortecimento. Algum amortecimento ainda é necessário para limitar a amplitude de vibração durante o início.

A função $T(r, \zeta)$ é chamada de razão de transmissibilidade. É a razão da aceleração transmitida à aceleração da base. Quando $T > 1$, a presença de um elemento elástico entre a base e o corpo realmente amplifica a aceleração que é transmitida ao corpo. Somente quando $T < 1$ é a aceleração transmitida menor que a aceleração do corpo.

A amplitude do movimento relativo, $Z = Y\Lambda(r, \zeta)$, é a amplitude do deslocamento máximo do elemento elástico.

### EXEMPLO 4.7

Um experimento laboratorial de 50 kg deve ser montado em uma mesa em um laboratório. A mesa, que está rigidamente atada ao chão, está vibrando em função da operação de outras máquinas. As medições indicam que a amplitude de aceleração do chão é 1,2 m/s² e ele vibra a 100 Hz. O uso preciso do equipamento exige que sua amplitude de aceleração seja limitada a 0,6 m/s².

(a) Qual é a maior rigidez equivalente de uma montagem da razão de amortecimento 0,1 que pode ser usada para limitar a amplitude de aceleração para 0,6 m/s²?
(b) Qual é a deflexão máxima da montagem?

#### SOLUÇÃO
(a) A razão de transmissibilidade é

$$T = \frac{\omega^2 X}{\omega^2 Y} = \frac{0,6 \text{ m/s}^2}{1,2 \text{ m/s}^2} = 0,5 \qquad \text{(a)}$$

Exigir $T(r, 0,1) = 0,5$ leva a

$$T(r, 0,1) = 0,5 = \sqrt{\frac{1 + [2(0,1)r]^2}{(1 - r^2)^2 + [2(0,1)r]^2}} \qquad \text{(b)}$$

Fazer a quadratura da Equação (b), multiplicando a equação resultante pelo denominador da direita e rearranjando dá

$$r^4 - 2{,}12r^2 - 3 = 0 \tag{c}$$

A Equação (c) é solucionada levando a $r = 1{,}76$. Recuperar $r = \dfrac{\omega}{\omega_n}$ e $\omega = 100$ Hz $= (100 \text{ ciclos/s})(2\pi$ rad/ciclo$) = 6{,}28 \times 10^2$ rad/s dá

$$\omega_n = \frac{\omega}{r} = \frac{6{,}28 \times 10^2 \text{ rad/s}}{1{,}76} = 3{,}57 \times 10^2 \text{ rad/s} \tag{d}$$

A rigidez máxima para uma montagem elástica é

$$k = m\omega_n^2 = (50 \text{ kg})(3{,}57 \times 10^2 \text{rad/s}) = 6{,}39 \times 10^6 \text{ N/m} \tag{f}$$

(b) O deslocamento da montagem é o deslocamento relativo entre o experimento e a mesa $z(t)$. O deslocamento máximo é a amplitude em regime permanente que é

$$Z = Y\Lambda(1{,}76.\,0{,}1) \tag{g}$$

A amplitude em regime permanente da mesa é

$$Y = \frac{\omega^2 Y}{\omega^2} = \frac{1{,}2 \text{ m/s}^2}{(6{,}28 \times 10^2 \text{ rad/s})^2} = 3{,}04 \times 10^{-6} \text{ m} \tag{h}$$

e $$\Lambda(1{,}76.\,0{,}1) = \frac{(1{,}76)^2}{\sqrt{[1-(1{,}76)^2]^2 + [2(0{,}1)(1{,}76)]^2}} = 1{,}46 \tag{i}$$

O deslocamento máximo da montagem é obtido ao substituir a Equação (h) e a Equação (i) pela Equação (g), resultando em

$$Z = (3{,}04 \times 10^{-6} \text{ m})(1{,}46) = 4{,}43 \times 10^{-6} \text{ m} \tag{j} \blacksquare$$

Os mecanismos podem ser usados para produzir excitações harmônicas da base. Um exemplo simples é o came circular excêntrico da Figura 4.17. Quando gira em velocidade constante, o came produz um deslocamento de $e$ sen $\omega t$ ao seu seguidor, que, por sua vez, produz uma excitação harmônica da base no arranjo mostrado. O jugo escocês da Figura 4.18 é outro mecanismo que produz um movimento harmônico simples. Quando a manivela está girando em velocidade constante, a base recebe um deslocamento de $l$ sen $\omega t$.

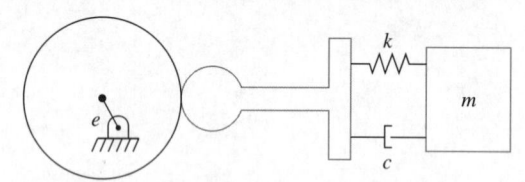

**FIGURA 4.17**
O came circular excêntrico produz um movimento harmônico do seguidor que fornece movimento de suporte ao sistema de massa-mola e amortecedor viscoso.

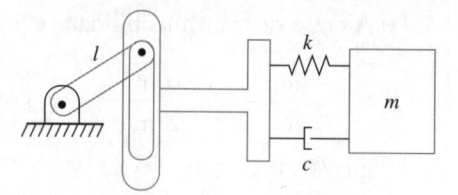

**FIGURA 4.18**
O mecanismo do jugo escocês produz um movimento harmônico simples e fornece excitação de suporte ao sistema de massa-mola e amortecedor viscoso.

# Capítulo 4

**EXCITAÇÃO HARMÔNICA DOS SISTEMAS DE 1GL** 185

## ■ EXEMPLO 4.8

O mecanismo de um jugo escocês fornece uma excitação harmônica de base para o sistema de massa-mola--amortecedor hidráulico da Figura 4.18. O braço da manivela tem 80 mm de comprimento. A velocidade de rotação do braço da manivela é variada, e a amplitude em regime permanente resultante é registrada em cada velocidade. A amplitude máxima registrada do bloco de 14,73 kg tem 13 cm a 1000 rpm. Determine a rigidez da mola e a razão de amortecimento.

### SOLUÇÃO

A amplitude do deslocamento da base tem 0,08 m. O deslocamento máximo da massa é 0,13 m. Assim,

$$T_{máx} = \frac{X_{máx}}{Y} = \frac{0,13 \text{ m}}{0,08 \text{ m}} = 1,625$$

O valor de $\zeta$ que corresponde a esse $T_{máx}$ é determinado pela solução da Equação (4.97). No entanto, uma manipulação algébrica da Equação (4.97) produz uma equação polinomial de quinta ordem para $\zeta^2$. Um método numérico deve ser usado para encontrar $\zeta$. Uma abordagem de teste e erro é destacada na discussão a seguir e, então, usada para encontrar o valor de $\zeta$ para esse exemplo.

A Equação (4.96) é rearranjada como

$$\zeta = \sqrt{\frac{1 - r_{máx}^2}{2r_{máx}^4}}$$

Um valor de $r_{máx} < 1$ é suposto, e seu valor correspondente de $\zeta$ calculado a partir da equação anterior. A Equação (4.93) ou (4.97) é então usada para calcular o valor de $T_{máx}$ correspondente ao valor suposto de $r_{máx}$. Entretanto, pequenas mudanças na precisão de um cálculo intermediário usando a Equação (4.97) levam a grandes mudanças no resultado. Assim, a Equação (4.93) normalmente é usada. O valor calculado de $T_{máx}$ é comparado ao valor desejado de 1,625. Se $T_{máx} > 1,625$ outra suposição para $r_{máx}$, menor do que a anterior, deve ser feita. Outros esquemas de iteração são possíveis, porém o método apresentado é o mais direto usando as equações apresentadas. O esquema de teste e erro é ilustrado na tabela a seguir:

| $r_{máx}$ (suposição) | $\zeta$ | $T_{máx}$ [da Equação (4.93)] |
|---|---|---|
| 0,98 | 0,147 | 3,180 |
| 0,90 | 0,381 | 1,702 |
| 0,89 | 0,407 | 1,640 |
| 0,88 | 0,437 | 1,573 |

Então, para $r_{máx} = 0,89$,

$$\omega_n = \frac{\omega}{r_{máx}} = \left(1000 \frac{\text{rev}}{\text{min}}\right)\left(2\pi \frac{\text{rad}}{\text{rev}}\right)\left(\frac{1 \text{ min}}{60 \text{ s}}\right)\frac{1}{0,89} = 117,7 \text{ rad/s}$$

e $k = m\omega_n^2 = 2,04 \times 10^5$ N/m. ■

## 4.6 ISOLAMENTO DE VIBRAÇÕES

Considere uma máquina aparafusada à sua fundação. Durante a operação, a máquina produz ou é sujeita a grandes forças harmônicas de amplitude. A força é diretamente passada para a fundação. Isso pode levar a problemas como fadiga da fundação e propagação da onda acústica na fundação.

A solução para essa situação é montar a máquina em um isolador de vibrações, que pode ser molas discretas ou pads elásticos, como mostrado na Figura 4.19. O isolador de vibrações age para reduzir a amplitude da força harmônica transmitida para a fundação. Com uma força de excitação de $F(t) = F_0 \text{sen}(\omega t)$, a força transmitida é

$$F_{TM} = kx + c\dot{x} \tag{4.98}$$

A resposta em regime permanente do sistema é $x(t) = X \text{sen}(\omega t - \phi)$, assim

$$F_{TM} = kX\text{sen}(\omega t - \phi) + c\omega \cos(\omega t - \phi) \tag{4.99}$$

Seja $F_T$ o representante da amplitude da força transmitida

$$F_{TM} = F_T \text{sen}(\omega t - \lambda) \tag{4.100}$$

e $F_0$ o representante da amplitude da força de excitação. Pode ser mostrado que

$$\frac{F_T}{F_0} = T(r, \zeta) \tag{4.101}$$

e $\lambda$ é como dado na Equação (4.92).

A teoria do isolamento de vibrações para proteger contra grandes forças transmitidas é a mesma que a teoria para proteger contra grandes acelerações transmitidas. Para ver isso, considere a equação diferencial para o deslocamento relativo, $z = x - y$, de uma massa anexada a um suporte móvel,

$$m\ddot{z} + c\dot{z} + kz = -m\ddot{y} \tag{4.102}$$

A aceleração da base é dada por $\ddot{x} = \ddot{z} + \ddot{y}$ ou usando a Equação (4.97)

$$m\ddot{x} = -(c\dot{z} + kz) \tag{4.103}$$

onde $F = c\dot{z} + kz$ é a força desenvolvida no elemento elástico conectando a massa e a base.

O isolamento de vibrações ocorre apenas para $r > \sqrt{2}$. Quando o isolamento ocorre, ele é negativamente afetado pelo amortecimento. O amortecimento está presente para proteger contra grandes oscilações de amplitude durante o início necessário para atingir um valor $r > \sqrt{2}$.

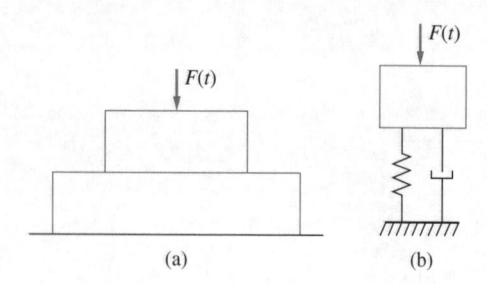

**FIGURA 4.19**
(a) A montagem elástica é usada como isolador de vibrações para proteger a fundação de grandes forças geradas durante a operação da máquina. (b) Modelo de 1GL da máquina montada no isolador.

## ■ EXEMPLO 4.9

Um ar-condicionado pesa 1 kN e é movido por um motor a 500 rpm. Qual é a deflexão estática necessária de um isolador não amortecido para atingir 80% de isolamento (a) se $\zeta = 0$, (b) se $\zeta = 0,1$?

### SOLUÇÃO

(a) Um isolamento de 80% significa que a força transmitida é reduzida em 80% da força se a máquina estivesse aparafusada diretamente ao chão. Isto é 20% do valor da força de excitação,

$$\frac{F_T}{F_0} = 0,2 \tag{a}$$

Para um isolador não amortecido

$$T(r, 0) = 0,2 \tag{b}$$

ou

$$0,2 = \sqrt{\frac{1}{(1 - r^2)^2}} \tag{c}$$

Como $r > \sqrt{2}$ para atingir o isolamento, e um resultado positivo é necessário a partir da raiz quadrada, a forma apropriada da equação anterior após a raiz quadrada é assumida como

$$0,2 = \frac{1}{r^2 - 1} \tag{d}$$

que produz $r = 2,45$. A frequência natural máxima para o sistema de ar-condicionado-isolador para atingir 80% de isolamento é calculada como

$$\omega_n = \frac{\omega}{r} = \frac{(500 \text{ rev/min})(2\pi \text{ rad/rev})(1 \text{ min}/60 \text{ s})}{2,45} = 21,4 \text{ rad/s} \tag{e}$$

A deflexão estática é obtida de

$$\omega_n = \sqrt{\frac{k}{m}} = \sqrt{\frac{g}{\Delta_{st}}} \tag{f}$$

ou

$$\Delta_{st} = \frac{g}{\omega_n^2} = \frac{9,81 \text{ m/s}^2}{(21,4 \text{ rad/s})^2} = 0,02 \text{ m} \tag{g}$$

(b) É necessário encontrar $r$ de modo que

$$T(r, 0,1) = 0,2 \tag{h}$$

ou

$$\sqrt{\frac{1 + [2(0,1)r]^2}{(1 - r^2)^2 + [2(0,1)r]^2}} = 0,2 \tag{i}$$

Fazer a quadratura de ambos os lados da Equação (g), multiplicando pelo denominador da esquerda e rearranjando leva a

$$r^4 - 2,96r^2 - 24 = 0 \tag{j}$$

A Equação (h) é uma equação quadrática em $r^2$. A solução usando a fórmula quadrática produz $r^2 = -3,64$, $6,60$. Escolher o valor positivo e assumir a raiz quadrada leva a $r = 2,57$. Observe que esse valor é maior que o valor obtido para $\zeta = 0$. Assim

$$\omega_n < \frac{\omega}{2,56} = \frac{52,4 \text{ rad/s}}{2,57} = 20,4 \text{ rad/s} \tag{k}$$

A deflexão estática mínima é

$$\Delta_{st} = \frac{g}{\omega_n^2} = \frac{9{,}81 \text{ m/s}^2}{(20{,}4 \text{ rad/s})^2} = 0{,}0236 \text{ m} = 2{,}36 \text{ cm} \qquad \text{(l)} \blacksquare$$

## EXEMPLO 4.10

Uma máquina de costura industrial tem uma massa de 430 kg e opera a 1500 rpm (157 rad/s). Parece ter um desbalanceamento rotativo de grandeza $m_0 e = 0{,}8$ kg · m. Os engenheiros industriais sugerem que a força máxima repetida transmitida ao chão seja de 10.000 N. O único isolador disponível tem rigidez de $7 \times 10^6$ N/m e razão de amortecimento de 0,1. Se o isolador for colocado entre a máquina e o chão a força transmitida será reduzida a um nível aceitável? Se não, o que pode ser feito?

### SOLUÇÃO

A razão de transmissibilidade máxima permissível é

$$T_{máx} = \frac{F_{T_{máx}}}{m_0 e \omega^2} = \frac{10.000 \text{ N}}{(0{,}8 \text{ kg} \cdot \text{m})(157 \text{ rad/s})^2} = 0{,}507 \qquad \text{(a)}$$

A frequência natural com o isolador no local é

$$\omega_n = \sqrt{\frac{7 \times 10^6 \text{ N/m}}{430 \text{ kg}}} = 127{,}6 \text{ rad/s} \qquad \text{(b)}$$

que leva a uma razão de frequência de $1{,}24 < \sqrt{2}$. O uso do isolador realmente amplifica a força transmitida ao chão.

O isolamento adequado é atingido apenas ao aumentar a razão de frequência, diminuindo assim a frequência natural. A frequência natural máxima permissível é obtida solucionando $r$ de

$$T(r, 0{,}1) = 0{,}507 = \sqrt{\frac{1 + (0{,}2r)^2}{(1 - r^2)^2 + (0{,}2r)^2}} \qquad \text{(c)}$$

A quadratura da Equação (c) é feita e ela é rearranjada para produzir a seguinte equação quadrática para $r^2$:

$$r^4 - 2{,}12 r^2 - 2{,}89 = 0 \qquad \text{(d)}$$

A solução apropriada é $r = 1{,}75$. Assim, a frequência natural máxima é

$$\omega_n = \frac{157 \text{ rad/s}}{1{,}75} = 89{,}7 \text{ rad/s} \qquad \text{(e)}$$

Se mais de um isolador descrito estiver disponível, a frequência natural do sistema pode ser diminuída ao colocar isoladores em série. A rigidez equivalente para $n$ isoladores em série é $k/n$. Outros cálculos mostram que são necessários pelo menos dois pads isoladores em série para reduzir a frequência natural abaixo de 89,7 rad/s.

Se apenas um pad isolador estiver disponível, a frequência natural é diminuída ao acrescentar massa à máquina. Uma massa de pelo menos 440 kg deve ser rigidamente anexada à máquina e a montagem colocada no isolador existente. ■

## EXEMPLO 4.11

Um dispositivo de monitoramento de fluxo de massa 10 kg deve ser instalado no monitor de fluxo de um gás em um processo de manufatura. Em decorrência da operação de bombas e compressores, o chão da fábrica vibra com amplitude de 4 mm à frequência de 2500 rpm. A operação eficaz do dispositivo de monitoramento de fluxo exige que sua amplitude de aceleração seja limitada a 5g. Qual é a rigidez equivalente de um isolador com uma razão de amortecimento de 0,05 para limitar a aceleração transmitida a um nível aceitável? Qual é o deslocamento máximo do dispositivo de monitoramento de fluxo e qual é a deformação máxima do isolador?

### SOLUÇÃO

A amplitude de aceleração do chão é

$$\omega^2 Y = \left[\left(2500\,\frac{\text{rev}}{\text{min}}\right)\left(2\pi\,\frac{\text{rad}}{\text{rev}}\right)\left(1\,\frac{\text{min}}{60\,\text{s}}\right)^2\right](0{,}004\,\text{m}) = 274{,}1\,\text{m/s}^2 = 27{,}95\,g \tag{a}$$

A razão de transmissibilidade máxima permissível é

$$T_{\text{máx}} = \frac{\omega^2 X}{\omega^2 Y} = \frac{5g}{27{,}95\,g} = 0{,}179 \tag{b}$$

Ao exigir $T(r, 0{,}05) = 0{,}179$, temos

$$0{,}179 < \sqrt{\frac{1 + 0{,}01 r^2}{1 - 1{,}99 r^2 + r^4}} \tag{c}$$

A solução da equação anterior dá a razão de frequência mínima para a qual as vibrações são suficientemente isoladas. Ela produz $r > 2{,}60$. Assim

$$\omega_n < \frac{\omega}{2{,}60} = 100{,}6\,\text{rad/s} \tag{d}$$

A rigidez máxima do isolador é

$$k = m\omega_n^2 = 1{,}01 \times 10^5\,\text{N/m} \tag{e}$$

Quando $T = 0{,}179$, a Equação (4.91) é usada para calcular a amplitude em regime permanente do dispositivo de monitoramento de fluxo como

$$X = YT = (0{,}004\,\text{m})(0{,}179) = 0{,}72\,\text{mm} \tag{f}$$

Como o isolador é colocado entre o chão e o dispositivo de monitoramento de fluxo, sua deformação é igual ao deslocamento relativo entre o chão e o dispositivo.

A amplitude em regime permanente do deslocamento relativo é calculada ao usar a Equação (4.88).

$$Z = \Lambda Y = \frac{r^2 Y}{\sqrt{(1 - r^2)^2 + (2\zeta r)^2}} = 4{,}69\,\text{mm} \tag{g} \blacksquare$$

## 4.7 ISOLAMENTO DE VIBRAÇÕES A PARTIR DAS EXCITAÇÕES DE FREQUÊNCIA QUADRÁTICA

Um caso especial ocorre quando a amplitude da força de excitação é proporcional ao quadrado da frequência de excitação, como para a excitação harmônica em função de um desbalanceamento rotativo. Como a força máxima permissível transmitida à fundação é independente da frequência de excitação, o percentual de isolamento exigido varia com a frequência. Quando a excitação é provocada por um desbalanceamento rotativo, a Equação (4.101) se torna

$$\frac{F_T}{m_0 e \omega^2} = T(r, \zeta)$$

ou

$$\frac{F_T}{m_0 e \omega^2} = r^2 T(r, \zeta) = R(r, \zeta) \tag{4.104}$$

A função não dimensional $R(r, \zeta)$ é definida como

$$R(r, \zeta) = r^2 \sqrt{\frac{1 + (2\zeta r)^2}{(1 - r^2)^2 + (2\zeta r)^2}} \tag{4.105}$$

$R(r, \zeta)$ é representado graficamente na Figura 4.20. O que segue é observado sobre seu comportamento

1. $R(r, \zeta)$ é assintótico à linha $f(r) = 2\zeta r$ para $r$ grande. Isto é,

$$\lim_{x \to \infty} R(r, \zeta) = 2\zeta r \tag{4.106}$$

2. Para $\zeta < \sqrt{2}/4 = 0{,}354$, $R(r, \zeta)$ aumenta com o aumento de $r$, de 0 em $r = 0$, e atinge um valor máximo. $R$ então diminui e atinge um mínimo relativo. À medida que $r$ aumenta a partir do valor onde o mínimo ocorre, $R$ cresce sem limite e se aproxima do limite assintótico dado pela Equação (4.106). Os valores de $r$ onde o máximo e o mínimo relativo ocorrem são obtidos ao definir $dR/dr = 0$, produzindo

$$1 + (8\zeta^2 - 1)r^2 + 8\zeta^2(2\zeta^2 - 1)r^4 + 2\zeta^2 r^6 = 0 \tag{4.107}$$

A Equação (4.107) é um polinomial cúbico em $r^2$. Ela possui três raízes. Uma raiz é o valor de $r$ onde o máximo ocorre, outra é o valor de $r$ onde o mínimo relativo ocorre e a outra raiz é negativa e irrelevante. A Figura 4.21 mostra o valor de $r$ para o qual o mínimo ocorre como uma função de $\zeta$. A Figura 4.22 mostra o valor correspondente de $R$ em seu mínimo relativo.

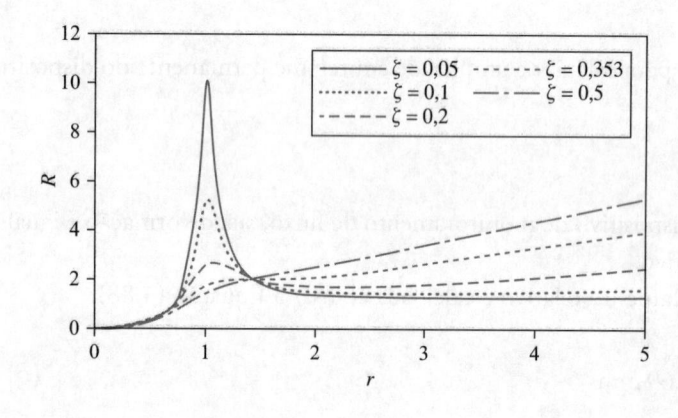

**FIGURA 4.20**
$R(r, \zeta)$ versus $r$ para diversos valores de $\zeta$.

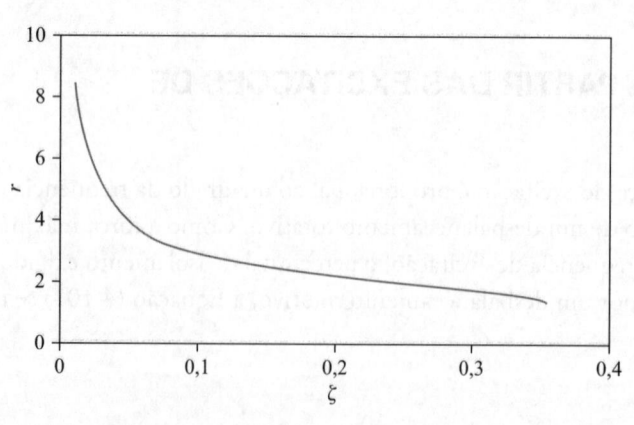

**FIGURA 4.21**
Valor de $r$ para o qual o mínimo $R(r, \zeta)$ ocorre como uma função de $\zeta$.

**FIGURA 4.22**
$R_{mín}(\zeta)$.

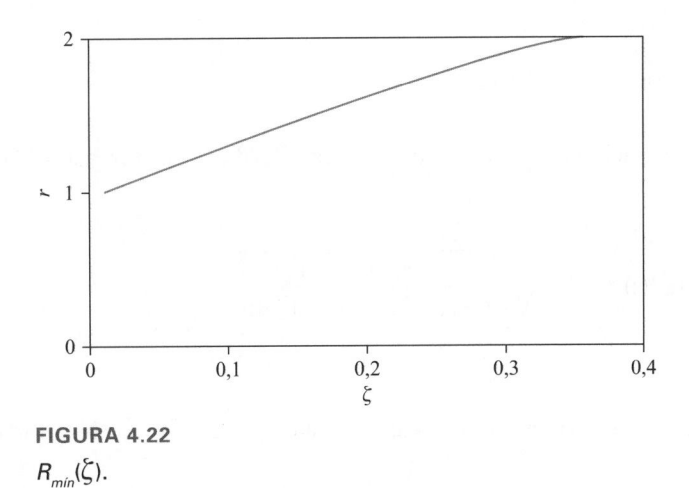

3. $R = 2$ para $r = \sqrt{2}$ para todos os valores de $\zeta$.
4. A Equação (4.107) tem uma raiz dupla de $r = \sqrt{2}$ para $\zeta = \sqrt{2}/4 = 0,354$. O máximo e o mínimo coalescem para esse valor de $\zeta$. Para **z** = 0,354, $r = \sqrt{2}$ é um ponto de inflexão.
5. Para $\zeta > \sqrt{2}/4$, a Equação (4.107) não tem raízes positivas. Assim, $R$ não atinge um máximo, mas cresce sem limite de $R = 0$ em $r = 0$.

Se a frequência natural de um sistema cujas vibrações ocorrem em função de um desbalanceamento rotativo for fixa, a Figura 4.20 mostra que a força transmitida tem um mínimo para algum valor de $r$. Se $r$ exceder esse valor, a força aumenta sem limite à medida que $r$ aumenta. Se $\zeta$ for pequeno, a curva na proximidade do mínimo relativo é plana. A força transmitida varia um pouco sobre um intervalo de $r$. Isso sugere que para situações em que as vibrações devem ser isoladas sobre um intervalo de frequências de excitação, é melhor escolher $\omega_n$ de modo que o valor de $r$ no centro do intervalo operacional fique próximo do valor de $r$ para o qual o mínimo relativo ocorre.

O processo limite usado para desenvolver a Equação (4.106) é realizado para um valor fixo de $\omega_n$ conforme $\omega$ é aumentado. Assim, para um $\omega_n$ fixo, a força transmitida se aproxima de $m_0 \omega \omega_n$.

O limite de $F_T$ à medida que $\omega_n$ vai de zero para um $\omega$ fixo é zero. Assim, reduzir a frequência natural reduz a grandeza da força transmitida para uma frequência de excitação específica. Reduzir a frequência natural de modo que o mínimo fique à esquerda do intervalo operacional reduz a grandeza do componente de repetição da força transmitida sobre uma porção do intervalo operacional. No entanto, a força transmitida pode variar muito sobre o intervalo operacional.

### EXEMPLO 4.12

Uma bomba de 250 kg opera a velocidades entre 1000 e 2400 rpm e tem um desbalanceamento rotativo de 2,5 kg · m. A bomba é colocada em um local em uma fábrica onde foi determinado que a força máxima repetida que deveria ser aplicada ao chão fosse de $F_{máx}$. Especifique a rigidez de um isolador da razão de amortecimento 0,1 que pode ser usado para reduzir o componente de repetição da força transmitida para um nível aceitável. Solucione para (a) $F_{máx} = 15.000$ N; (b) $F_{máx} = 10.000$ N.

#### SOLUÇÃO

Se a bomba for colocada diretamente no chão, o componente de repetição da força transmitida é 27.400 N a 1000 rpm e 157.800 N a 2400 rpm. Assim, o isolamento é necessário.

(a) Na Figura 4.22, para $\zeta = 0,1$ o valor mínimo de $R$ ocorre para $r = 2,94$. Se $\omega_n$ for escolhido de modo que $r = 2,94$ está no centro do intervalo operacional, então

$$\omega_n = \frac{1700 \text{ rpm}}{2,94} = 578,2 \text{ rpm} = 60,55 \text{ rad/s} \tag{a}$$

Na parte inferior do intervalo operacional, a razão de frequência é 1,73 e a força transmitida é

$$F_T = m_0 e \omega_n^2 R(1,73.\ 0,1)$$

$$= 2,5 \text{ kg} \cdot \text{m } (60,55 \text{ rad/s})^2 (1,73)^2 \sqrt{\frac{1 + (0,346)^2}{[1-(1,73)^2]^2 + (0,346)^2}} \tag{b}$$

$$= 14.350 \text{ N}$$

Na parte superior do intervalo operacional, a razão de frequência é 4,15 e a força transmitida é

$$F_T = m_0 e \omega_n^2 R(4,15.\ 0,1)$$

$$= (2,5 \text{ kg} \cdot \text{m}) (60,55 \text{ rad/s})^2 (4,15)^2 \sqrt{\frac{1 + (0,830)^2}{[1 - (4,15)^2]^2 + (0,830)^2}} \tag{c}$$

$$= 12.630 \text{ N}$$

Assim, escolher um isolador de modo que $r = 2,94$ corresponda a 1200 rpm reduzirá a força transmitida para menos de 15.000 N em todas as velocidades entre 1000 e 2400 rpm. A rigidez deste isolador é

$$k = m\omega_n^2 = (250 \text{ kg})(60,55 \text{ rad/s})^2 = 9,17 \times 10^5 \text{ N/m} \tag{d}$$

(b) A análise acima funciona para $FT_{máx} = 15.000$ N, mas não funciona para $FT_{máx} = 10.000$ N, porque a força transmitida em ambas as extremidades do intervalo operacional é maior do que 10.000 N quando o centro do intervalo operacional corresponde ao valor mínimo de $R$. Definir $FT_{máx} = 10.000$ N para $\omega = 1000$ rpm leva a

$$T(r, 0,1) = \frac{F_{T_{máx}}}{m_0 e \omega^2} = \frac{10.000 \text{ N}}{(2,5 \text{ kg} \cdot \text{m}) (104,7 \text{ rad/s})^2} = 0,365 \tag{e}$$

que leva a $r = 2,012$. Então

$$\omega_n = \frac{104,7 \text{ rad/s}}{2,102} = 52,02 \text{ rad/s} \tag{f}$$

Então para $\omega = 2400$ rpm, $r = 4,83$ e

$$F_T = m_0 e \omega_n^2 R(4,83.\ 0,1) = 9810 \text{ N} \tag{g}$$

Assim, a força transmitida é menor que 10.000 em todas as velocidades dentro do intervalo operacional e

$$k = m\omega_n^2 = (250 \text{ kg}) (52,02 \text{ rad/s})^2 = 6,77 \times 10^5 \text{ N/m} \tag{h} \blacksquare$$

## 4.8 ASPECTOS PRÁTICOS DO ISOLAMENTO DE VIBRAÇÕES

O isolamento de vibrações é exigido em diversas aplicações militares e industriais. O isolamento é necessário para reduzir a força transmitida entre uma máquina e sua fundação durante a operação comum ou para isolar uma máquina das vibrações de seus arredores. Os motores geralmente são isolados para proteger as montagens das forças que surgem da variação harmônica do torque e de rotores desbalanceados. Componentes elétricos, como transformadores e disjuntores, são isolados para proteger os arredores das forças eletromagnéticas geradas em solenoides ou como resultado da corrente alternada. Grandes forças de inércia harmônica são desenvolvidas por componentes rotativos de motores alternativos de um único cilindro. O isolamento é necessário para proteger a montagem do motor dessas forças. Outras máquinas com componentes rotativos, como ventiladores, bombas e prensas, geralmente são isoladas para ser protegidas contra o desbalanceamento rotativo inerente.

A rigidez máxima de um isolador necessário para determinada aplicação é calculada utilizando a teoria da Seção 4.6. Um sistema de 1GL usando um isolador é modelado como um sistema simples de massa-mola-amortecedor hidráulico da Figura 4.19(b).

As especificações fornecidas nos catálogos de isoladores disponíveis comercialmente incluem as deflexões estáticas permissíveis. Se o sistema isolado da Figura 4.19 tiver uma frequência natural mínima necessária $\omega_n$, a deflexão estática mínima necessária do isolador é

$$\Delta_{st} = \frac{g}{\omega_n^2} \tag{4.108}$$

O isolamento de vibrações de baixa frequência exige uma frequência natural pequena, que leva a uma deflexão estática maior do isolador.

A amplitude da vibração de uma máquina durante a operação é calculada a partir da Equação (4.39)

$$\frac{m\omega_n^2 X}{F_0} = M(r, \zeta) \tag{4.109}$$

Multiplicar ambos os lados da equação anterior por $r^2$ leva a

$$\frac{m\omega^2 X}{F_0} = r^2 M(r, \zeta) = \Lambda(r, \zeta) \tag{4.110}$$

onde $\Lambda(r, \zeta)$ é definido na Equação (4.52). Como o isolamento de vibrações exige $r > \sqrt{2}$ e $\Lambda(r, \zeta)$ reduz e se aproxima de 1 à medida que $r$ aumenta, a amplitude em regime permanente diminui à medida que o isolamento é melhorado. No entanto, para $m$, $F_0$ fixo, e $\omega$ a amplitude em regime permanente tem um limite menor dado por

$$X > \frac{F_0}{m\omega^2} \tag{4.111}$$

As Equações (4.110) e (4.111) mostram que, se um isolador está sendo desenhado para fornecer isolamento sobre um intervalo de frequências, a amplitude em regime permanente é maior na menor velocidade operacional.

Como o isolamento de vibrações exige $r > \sqrt{2}$, as velocidades em que a amplitude de vibração máxima ocorre devem ser passadas durante o início e o término. A amplitude de vibração máxima para um $\omega_n$ fixo é obtida usando a Equação (4.44) como

$$X_{máx} = \frac{F_0}{m\omega_n^2 2\zeta\sqrt{1-\zeta^2}} \tag{4.112}$$

Quanto menor a frequência natural, maior a amplitude máxima. Além disso, quanto maior a razão de amortecimento, menor a amplitude máxima.

Uma amplitude de vibração grande pode levar à operação ineficaz da máquina. As grandes vibrações de amplitude das máquinas que devem ser adequadamente alinhadas aos dispositivos que alimentam os materiais para a máquina podem levar ao alinhamento inadequado e à operação imprópria. Muitas ferramentas da máquina exigem uma fundação rígida para a operação eficaz. A Equação (4.110) mostra que uma maneira de reduzir a amplitude da vibração durante a operação e a amplitude máxima é aumentar a massa do sistema isolado. A Equação (4.111) mostra que a única maneira de reduzir a amplitude abaixo de um valor calculado em determinada velocidade operacional é aumentar a massa do sistema. Aumentar a massa permite o aumento proporcional da rigidez exigida para atingir um isolamento suficiente.

A massa de um sistema pode ser aumentada ao montar rigidamente a máquina em um bloco de concreto. Uma máquina pequena pode ser montada acima do solo, enquanto uma máquina grande normalmente é montada em um local especialmente designado. A carga estática aplicada ao isolador e a montagem são aumentados quando a massa do sistema é aumentada.

Há três considerações importantes no desenho do isolador de vibrações: a amplitude máxima durante o início, a amplitude em regime permanente e a amplitude da força transmitida. Há três parâmetros que podem ser controlados: $m$, $\omega_n$ (ou $\Delta_{st}$) e $\zeta$. Os três parâmetros podem ser ajustados para fornecer o isolamento necessário.

## EXEMPLO 4.13

Uma fresadora de massa 450 kg opera a 1800 rpm e tem um desbalanceamento que causa uma força harmônica repetida de grandeza 20.000 N. Desenhe um sistema de isolamento para limitar a força transmitida para 4000 N, a amplitude da vibração durante a operação para 1 mm e a amplitude da vibração durante o início para 10 mm. Especifique a rigidez necessária do isolador e a massa mínima que deve ser acrescentada à máquina. Assuma uma razão de amortecimento de 0,05.

### SOLUÇÃO

A transmissibilidade máxima permissível é

$$T = \frac{4000 \text{ N}}{20.000 \text{ N}} = 0,2 \tag{a}$$

A razão de frequência mínima é determinada pela solução de

$$0,2 = \sqrt{\frac{1 + 0,01\ r^2}{1 - 1,99r^2 + r^4}} \tag{b}$$

que produz $r = 2,48$ e uma frequência natural máxima de

$$\omega_n = \frac{\omega}{2,48} = 76,0 \text{ rad/s} \tag{c}$$

A amplitude máxima durante o início para a máquina de 450 kg montada em um isolador de modo que a frequência natural do sistema seja 76,0 rad/s é

$$X_{máx} = \frac{200.000 \text{ N}}{(450 \text{ kg})(76,0 \text{ rad/s})^2} \frac{1}{2(0,05)\sqrt{1 - (0,05)^2}} = 76,9 \text{ mm} \tag{d}$$

A amplitude ressonante pode ser reduzida para 10 mm apenas pelo aumento da massa para

$$m = \frac{20.000 \text{ N}}{(0,01 \text{ m})(76,0 \text{ rad/s})^2} \frac{1}{2(0,05)\sqrt{1 - (0,05)^2}} = 3460 \text{ kg} \tag{e}$$

Quando a massa é aumentada para 3460 kg, a amplitude da vibração da fresadora durante a operação a 1800 rpm é

$$X = \frac{20.000 \text{ N}}{(3460 \text{ kg})(76,0 \text{ rad/s})^2} \frac{1}{\sqrt{[1-(2,48)^2]^2 + [2(0,05)(2,48)]^2}} = 0,19 \text{ mm} \tag{f}$$

A rigidez do isolador é calculada por

$$k = m\omega_n^2 = (3460 \text{ kg})(76{,}0 \text{ rad/s})^2 = 2{,}0 \times 10^7 \text{ N/m} \qquad (g)\ \blacksquare$$

A fresadora deve ser montada em um bloco de concreto de massa 3010 kg e o sistema isolado por molas com uma rigidez equivalente de $2 \times 10^7$ N/m.

Há três classes de isoladores tem uso geral. A escolha de um isolador para determinada aplicação depende das restrições observadas anteriormente, assim como de outros fatores como custo, limitações de peso, limitações de espaço, quantidade de amortecimento exigida e condições ambientais.

As molas helicoidais de aço são usadas como isoladores quando a deflexão estática grande (> 3 cm) é necessária e uma fundação flexível é aceitável. Isso ocorre quando o bom isolamento é necessário a velocidades operacionais baixas. A histerese nas molas de aço é baixa, portanto os amortecedores viscosos discretos são usados paralelamente com as molas para fornecer o amortecimento adequado. As molas de aço podem ser usadas em combinação com outros métodos de isolamento quando uma máquina deve ser montada em um bloco de concreto. Esses isoladores podem ser desenhados para o uso específico ou podem ser obtidos comercialmente.

Os isoladores feitos de elastômeros são usados em aplicações em que as deflexões estáticas pequenas são exigidas. Se usados para cargas estáticas maiores, os elastômeros estão sujeitos à fluência, reduzindo a sua eficácia após um período de tempo. Deve-se tomar cuidado ao usar esses isoladores em temperaturas extremas. O amortecimento histerético inerente nos isoladores normalmente é suficiente.

No entanto, os amortecedores discretos podem ser empregados em conjunto com esses isoladores. A razão de amortecimento de um isolador depende do material elastomérico do qual ele é feito, da frequência em regime permanente e da amplitude. A razão de amortecimento para os isoladores feitos de borracha natural varia pouco com a amplitude, mas é altamente dependente da frequência. A razão de amortecimento de um isolador de borracha natural a 200 Hz é $\zeta = 0{,}03$, enquanto $\zeta = 0{,}09$ a 1200 Hz.

Pads feitos de materiais como cortiça, feltro ou resina elastomérica muitas vezes são usados para isolar máquinas grandes. Os pads usados para isolar uma máquina específica podem ser cortados de pads grandes. Os pads de espessuras prescritas podem ser colocados uns sobre os outros, agindo como molas em séries, para fornecer a flexibilidade aumentada.

## 4.9 EXCITAÇÕES MULTIFREQUENCIAIS

Uma excitação multifrequencial tem a forma

$$F(t) = \sum_{i=1}^{n} F_i \operatorname{sen}(\omega_i t + \psi_i) \qquad (4.113)$$

Sem perda de generalidade, assume-se que $F_i > 0$ para cada $i$. A resposta em regime permanente em função de uma excitação multifrequencial é obtida usando a resposta para uma excitação de frequência única e o princípio da superposição linear. A resposta total é a soma das respostas em função de cada um dos termos da frequência individual. Assim, a solução da Equação (4.2) com a excitação da Equação (4.113) é

$$x(t) = \sum_{i=1}^{n} X_i \operatorname{sen}(\omega_i t + \psi_i - \phi_i) \qquad (4.114)$$

onde $\quad X_i = \dfrac{M_i F_i}{m_{eq} \omega_n^2} \qquad (4.115)$

$$\phi_i = \tan^{-1}\left(\dfrac{2\zeta r_i}{1 - r_i^2}\right) \qquad (4.116)$$

$$r_i = \frac{\omega_i}{\omega_n} \tag{4.117}$$

e
$$M_i = M(r_i, \zeta) = \frac{1}{\sqrt{(1-r_i^2)^2 + (2\zeta r_i)^2}} \tag{4.118}$$

O deslocamento máximo do equilíbrio é difícil de obter. O máximo de termos trigonométricos na Equação (4.114) não ocorre simultaneamente. Um limite superior no máximo é

$$X_{\text{máx}} \leq \sum_{i=1}^{n} X_i \tag{4.119}$$

## EXEMPLO 4.14

Um mecanismo de biela-manivela é usado para fornecer um movimento base para o bloco mostrado na Figura 4.23. Represente graficamente o deslocamento máximo absoluto do bloco como uma função da razão de frequência para uma razão de amortecimento de 0,05. A manivela gira com uma velocidade constante, $\omega$.

### SOLUÇÃO

A posição instantânea do bloco em relação a $O$ é

$$y(t) = \hat{r} \cos \omega t + l \cos \alpha \tag{a}$$

A aplicação da lei dos senos dá

$$\operatorname{sen} \alpha = \frac{\hat{r}}{l} \operatorname{sen} \omega t \tag{b}$$

Assim,

$$y(t) = \hat{r} \cos \omega t + l \sqrt{1 - \left(\frac{\hat{r}}{l} \operatorname{sen} \omega t\right)^2} \tag{c}$$

Assumindo que $\hat{r}/l$ é pequeno, a expansão binomial é usada para expandir a raiz quadrada

$$y(t) = l - \frac{l}{4}\left(\frac{\hat{r}}{l}\right)^2 + \hat{r} \cos \omega t + \frac{l}{4}\left(\frac{\hat{r}}{l}\right)^2 \cos 2\omega t + \cdots \tag{d}$$

onde a expansão foi terminada após o termo proporcional para $\operatorname{sen}^2 \omega t$ e a fórmula de ângulo duplo é usada para substituir $\operatorname{sen}^2 \omega t$. O princípio da superposição linear e a teoria da Seção 4.6 são usados para solucionar o deslocamento absoluto da massa

$$x(t) = l\left[1 - \frac{1}{4}\left(\frac{\hat{r}}{l}\right)^2\right] + \hat{r} T_1 \operatorname{sen}\left(\omega t - \lambda_1 + \frac{\pi}{2}\right)$$
$$+ \frac{l}{4}\left(\frac{\hat{r}}{l}\right)^2 T_2 \operatorname{sen}\left(2\omega t - \lambda_2 + \frac{\pi}{2}\right) \tag{e}$$

onde $\quad T_i = T(r_i, \zeta) = \sqrt{\dfrac{1 + (2\zeta r_i)^2}{(1-r_i^2)^2 + (2\zeta r_i)^2}}$ \hfill (f)

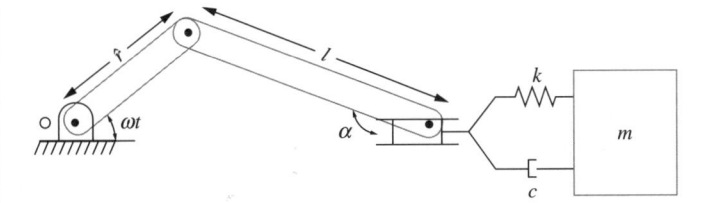

**FIGURA 4.23**
O mecanismo de biela-manivela produz um movimento base multifrequencial para o sistema de 1GL.

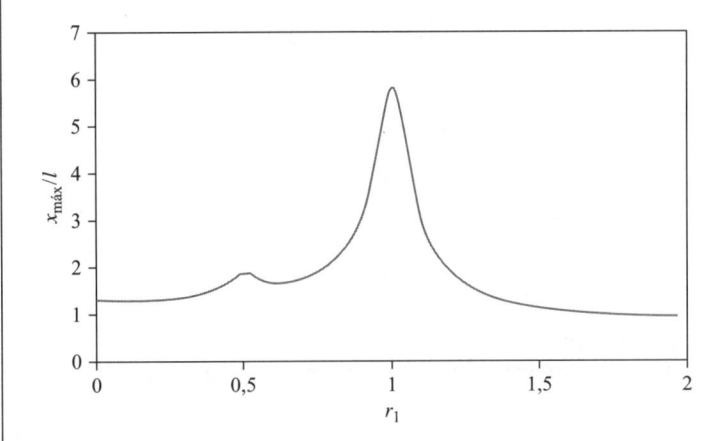

**FIGURA 4.24**
Limite superior no deslocamento absoluto como uma função da razão de frequência para o sistema com o movimento base fornecido pelo mecanismo de biela-manivela.

e
$$\lambda_i = \tan^{-1}\left[\frac{2\zeta r_i^3}{1 + (4\zeta^2 - 1)r_i^2}\right] \tag{g}$$

com $\quad r_1 = \dfrac{\omega}{\omega_n}$ (h)

e $\quad r_2 = \dfrac{2\omega}{\omega_n}$ (i)

A resposta é a soma das respostas em função de cada termo de frequência mais a resposta em função do termo constante. O deslocamento máximo é difícil de ser obtido. Em vez de um limite superior ser calculado

$$x_{\text{máx}} < l\left[1 - \frac{1}{4}\left(\frac{\hat{r}}{l}\right)^2\right] + \hat{r}T_1 + \frac{1}{4}\left(\frac{\hat{r}}{l}\right)^2 T_2 \tag{j}$$

$x_{\text{máx}}/l$ versus $\omega/\omega_n$ é representado graficamente na Figura 4.24 para $\hat{r}/l = \frac{1}{2}$ e $\zeta = 0{,}05$. O gráfico tem dois picos. O primeiro pico próximo de $\omega/\omega_n = \frac{1}{2}$ é menor que o segundo pico próximo de $\omega/\omega_n = 1$. Se fossem usados os termos adicionais da expansão binomial, a harmônica maior apareceria na solução. Pequenos picos na curva de resposta da frequência aparecerão próximos dos valores de $\omega/\omega_n = 1/i$, onde $i$ é um número inteiro par. A grandeza dos picos crescem com o aumento de $i$. ∎

## 4.10 EXCITAÇÕES PERIÓDICAS GERAIS

### 4.10.1 REPRESENTAÇÃO EM SÉRIE DE FOURIER

Considere a função $H(t)$ da Figura 4.25. Ela é periódica do período $T$. A função é construída de modo que seja uma função ímpar; isto é, se uma extensão periódica da função fosse executada de trás para frente (Figura 4.26) e existisse em um tempo negativo, então

$$H(-t) = -H(t) \tag{4.120}$$

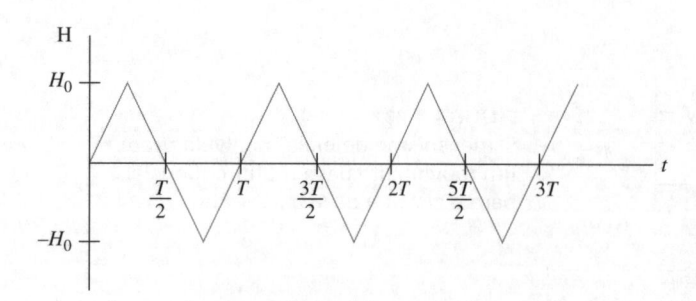

**FIGURA 4.25**
Função periódica ímpar.

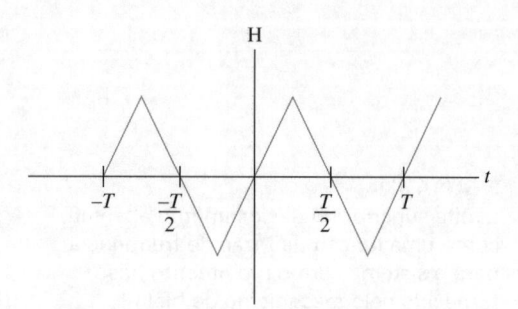

**FIGURA 4.26**
Extensão periódica de $F(t)$ um período em tempo negativo.

para todos $t$, $0 \leq t \leq T$. Agora considere a função

$$H_1(t) = \text{sen}\left(\frac{2\pi}{T}t\right) = \text{sen}(\omega_1 t) \tag{4.121}$$

$H_1(t)$ também é uma função periódica do período $T$. Agora considere a função

$$H_2(t) = \text{sen}\left(\frac{4\pi}{T}t\right) = \text{sen}(2\omega_1 t) \tag{4.122}$$

$H_2(t)$ também é uma função periódica do período $T/2$. No entanto, uma função do período $T_2 = T/2$ também é periódica do período $T$, como

$$H_2(t + T) = H_2\left(t + 2\frac{T}{2}\right) = H_2(t + 2T_2) = H_2(t) \tag{4.123}$$

Considere a sequência das funções $H_i(t)$ onde

$$H_i(t) = \text{sen}\left(\frac{2\pi i}{T}t\right) = \text{sen}(i\omega_1 t) \tag{4.124}$$

A $i$-ésima função na sequência $H_i(t)$ é uma função periódica do período $T_i = T/i$. Mas, uma função do período $T/i$ também é periódica do período $T$, como

$$H_i(t + T) = H_i\left(t + i\frac{T}{i}\right) = H_i(t + iT_i) = H_i(t) \tag{4.125}$$

Diz-se que a sequência de funções $Hi(t)$, para $i = 1, 2, 3,...$ ficará completa no conjunto de funções ímpares periódicas, o que significa que qualquer função ímpar periódica pode ser escrita como uma combinação linear de elementos da sequência. Isto é, há constantes $b_i$ de modo que

$$H(t) = \sum_{i=1}^{\infty} b_i \, \text{sen}(i\omega_1 t) \tag{4.126}$$

A sequência das somas parciais $z_n = \sum_{i=1}^{n} b_i \,\text{sen}(i\omega_1 t)$ (com constantes apropriadas) converge para a função da Figura 4.25.

Uma função par $G(t)$, ilustrada na Figura 4.27, é aquela em que se uma extensão periódica fosse transformada em um tempo negativo

$$G(-t) = G(t) \tag{4.127}$$

para todos $t$, $0 \leq t \leq T$. A função $G_0(t) = 1$ é uma função par que é periódica de qualquer período. A função $G_1(t) = \cos\left(\frac{2\pi}{T}t\right) = \cos(\omega t)$ é uma função periódica par de período $T$. Defina a sequência das funções $G_i(t) = \cos(i\omega t)$, $i = 1, 2, 3,\ldots$. A função $G_i(t)$ é uma função par que é periódica de período $T/i$ e, desse modo, também é periódica de período $T$. A sequência é completa no conjunto de funções periódicas pares, o que implica que há constantes $a_i$ de modo que

$$G(t) = \frac{a_0}{2} + \sum_{i=1}^{\infty} a_i \cos(i\omega_i t) \tag{4.128}$$

Uma função periódica geral é composta por uma função ímpar e uma função par, como na Figura 4.28:

$$F(t) = G(t) + H(t) \tag{4.129}$$

o que implica que $F(t)$ pode ser escrito como

$$F(t) = \frac{a_0}{2} + \sum_{t=1}^{\infty}[a_i \cos(\omega_i t) + b_i \,\text{sen}(\omega_i t)] \tag{4.130}$$

onde

$$\omega_i = i\omega_1 = \frac{2\pi i}{T} \tag{4.131}$$

A Equação (4.130) é chamada de *representação em série de Fourier* de $F(t)$. Os coeficientes na expansão são chamados de *coeficientes de Fourier*. São eles

$$a_0 = \frac{2}{T}\int_0^T F(t)\,dt \tag{4.132}$$

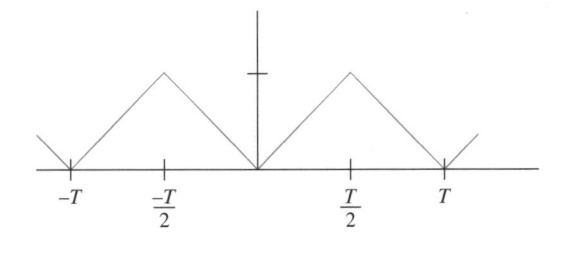

**FIGURA 4.27**
Uma função par.

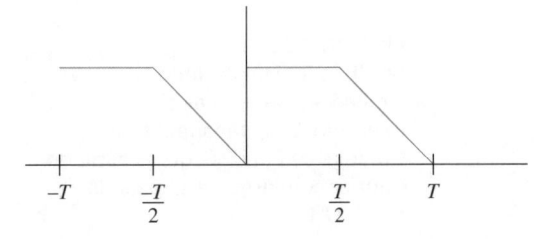

**FIGURA 4.28**
Uma função que não é par nem ímpar.

$$a_i = \frac{2}{T}\int_0^T F(t)\cos(\omega_i t)dt \quad i = 1, 2, \ldots \tag{4.133}$$

$$b_i = \frac{2}{T}\int_0^T F(t)\,\text{sen}(\omega_i t)dt \quad i = 1, 2, \ldots \tag{4.134}$$

A série de Fourier para $F(t)$ tem as seguintes propriedades:

1. A representação em série de Fourier converge para $F(t)$ em todos $t$ onde $F(t)$ é contínuo para $0 \leq t \leq T$.
2. Se $F(t)$ tem uma descontinuidade de salto finito em $t$, a representação em série de Fourier converge para $\frac{1}{2}[F(t^-) + F(t^+)]$, que é o valor médio de $F(t)$.
3. A representação em série de Fourier converge para a extensão periódica de $F(t)$ para $t > T$.
4. Se $F(t)$ é uma função ímpar definida pela Equação (4.120), então os coeficientes de Fourier $a_i = 0$ para $i = 0, 1, 2,\ldots$
5. Se $F(t)$ é uma função par definida pelas Equações (4.127), então os coeficientes de Fourier $b_i = 0$ para $i = 1, 2,\ldots$

## EXEMPLO 4.15

Um período de uma excitação periódica é mostrado nas Figuras 4.29(a) a (c). Desenhe a função em que as representações em série de Fourier para cada uma dessas excitações convergem para o intervalo $[-2T, 2T]$.

### SOLUÇÃO

(a) A função para a convergência da representação em série de Fourier é mostrada na Figura 4.29(d). A excitação é par e contínua em todo lugar.

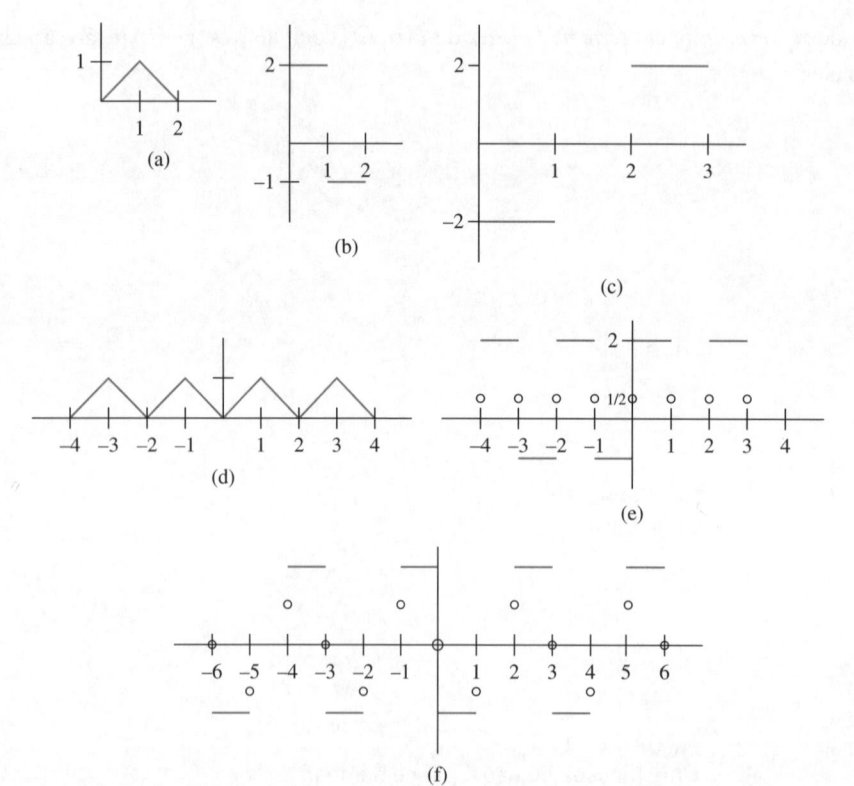

**FIGURA 4.29**
(a), (b) e (c) Um período de excitações periódicas para o Exemplo 4.15, itens (a), (b) e (c).
(d), (e) e (f) Funções que a série de Fourier converge para mais de $[-2T, 2T]$.

(b) A função para a convergência da representação em série de Fourier para a Figura 4.29(b) é mostrada na Figura 4.29(e). A função não é par nem ímpar. Ela converge para $[2 + (-1)]/2 = 1/2$ em $t = -2, -1, 0, 1$ e $2$.

(c) A função para a convergência da representação em série de Fourier para a Figura 4.29(c) é mostrada na Figura 4.29(f). A função é ímpar. Ela converge para $[2 + (-2)]/2 = 0$ em $t = -6, -3, 0, 3$ e $6$. Em $t = -4, -1, 2$ e $5$, a série de Fourier converge para $[0 + 2]/2 = 1$. Em $t = -5, -2, 1$ e $4$, a série de Fourier converge para $[0 + (-2)]/2 = -1$. ∎

O uso da identidade trigonométrica para o seno da soma de dois ângulos e manipulação algébrica leva à forma alternativa para a representação em série de Fourier

$$F(t) = \frac{a_0}{2} + \sum_{i=1}^{\infty} c_i \operatorname{sen}(\omega_i t + \kappa_i) \qquad (4.135)$$

onde $\quad c_i = \sqrt{a_i^2 + b_i^2} \qquad (4.136)$

e $\quad \kappa_i = \tan^{-1} \dfrac{a_i}{b_i} \qquad (4.137)$

Observe que $\tan^{-1}\left(\frac{-0,5}{0,866}\right) = \frac{2\pi}{3}$, porém $\tan^{-1}\left(\frac{0,5}{-0,866}\right) = -\frac{\pi}{6}$, ou $\frac{11\pi}{6}$. A função da tangente inversa tem o mesmo argumento, mas tem múltiplos valores. Uma calculadora normalmente avalia a tangente inversa entre $-\pi/2$ e $\pi/2$. O cálculo para $\kappa_i$ deve ser realizado usando a avaliação de quatro quadrantes da tangente inversa. Usando o MATLAB, isso envolve o uso da função `atan2(a, b)`, onde a é o numerador da função da tangente inversa e b é o denominador.

### 4.10.2 RESPOSTA DOS SISTEMAS EM FUNÇÃO DA EXCITAÇÃO PERIÓDICA GERAL

Se $F(t)$ é uma excitação periódica para um sistema de 1GL com amortecimento viscoso, a equação diferencial regendo a resposta do sistema é

$$\ddot{x} + 2\zeta\omega_n \dot{x} + \omega_n^2 x = \frac{1}{m_{eq}}\left[\frac{a_0}{2} + \sum_{i=1}^{\infty} c_i \operatorname{sen}(\omega_i t + \kappa_i)\right] \qquad (4.138)$$

O princípio da superposição linear é usado para determinar a resposta como

$$x(t) = \frac{1}{m_{eq}\omega_n^2}\left[\frac{a_0}{2} + \sum_{i=1}^{\infty} c_i M_i \operatorname{sen}(\omega_i t + \kappa_i - \phi_i)\right] \qquad (4.139)$$

onde $M_i$ e $\phi_i$ são definidos nas Equações (4.118) e (4.116), respectivamente.

O princípio da superposição linear usado para encontrar a solução em regime permanente da Equação (4.139) se aplica, porque a série de Fourier converge para algo em cada valor de $t$. Sob essa condição, o método se aplica e a resposta converge. Enquanto a excitação pode ser descontínua, a resposta do sistema deve ser contínua.

### ∎ EXEMPLO 4.16

Uma puncionadeira de massa de 500 kg encontra-se sobre uma fundação elástica de rigidez de $k = 1,25 \times 10^6$ N/m e razão de amortecimento de $\zeta = 0,1$. A puncionadeira opera a uma velocidade de 120 rpm. A operação da puncionadeira ocorre sobre 40% de cada ciclo e fornece uma força de 5000 N à máquina. A força de excitação é aproximada conforme a função periódica da Figura 4.30. Estime o deslocamento máximo da fundação elástica.

## SOLUÇÃO

A partir de determinadas informações, o período de um ciclo é 0,5 s e a frequência natural do sistema é 50 rad/s. A força de excitação é periódica, mas não é uma função par nem uma função ímpar. Sua representação matemática é

$$F(t) = \begin{cases} 5000 \text{ N} & 0 < t < 0,2\,s \\ 0 & 0,2\,s < t < 0,5\,s \end{cases} \tag{a}$$

Os coeficientes de Fourier para a representação em série de Fourier para $F(t)$ são

$$a_0 = \frac{2}{0,5\,s}\left(\int_0^{0,2\,s} 5000 \text{ N } dt + \int_{0,2\,s}^{0,5\,s} (0)\, dt\right) = 4000 \text{ N} \tag{b}$$

$$a_i = \frac{2}{0,5\,s}\left(\int_0^{0,2\,s} 5000 \text{ N } \cos 4\pi i t\, dt\right)$$

$$= \frac{5000}{\pi i}\, \text{sen}\, 4\pi i t \Big|_0^{0,2\,s} \text{ N} = \frac{5000}{\pi i}\, \text{sen}\, 0{,}8\pi i \text{ N} \tag{c}$$

e  $b_i = \frac{2}{0,5\,s}\left(\int_0^{0,2\,s} 5000 \text{ N } \text{sen}\, 4\pi i t\, dt\right)$ \hfill (d)

$$= \frac{5000}{\pi i}\cos 4\pi i t \Big|_0^{0,2\,s} \text{ N} = \frac{5000}{\pi i}(1 - \cos 0{,}8\pi i) \text{ N} \tag{e}$$

A representação em série de Fourier da força de excitação é

$$F(t) = \frac{a_0}{2} + \sum_{i=1}^{\infty} c_i \,\text{sen}(4\pi i t + \kappa_i) \tag{f}$$

onde  $\kappa_i = \dfrac{5000}{\pi i}\sqrt{2(1 - \cos 0{,}8\pi i)} \text{ N}$ \hfill (g)

e  $\kappa_i = \tan^{-1}\left(\dfrac{\text{sen}\, 0{,}8\,\pi i}{1 - \cos 0{,}8\,\pi i}\right)$ \hfill (h)

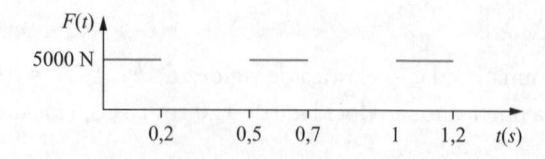

**FIGURA 4.30**
A força desenvolvida durante a operação de perfuração do Exemplo 4.16 é periódica.

Um limite superior no deslocamento é

$$x_{máx} < \frac{1}{m\omega_n^2}\left(\frac{a_0}{2} + \sum_{i=1}^{\infty} c_i M_i\right) \quad \text{(i)}$$

Um programa MATLAB foi escrito para desenvolver a representação em série de Fourier para $F(t)$ e a resposta do sistema, $x(t)$. A Figura 4.31 mostra os gráficos gerados pelo MATLAB dos quais o deslocamento máximo é determinado.

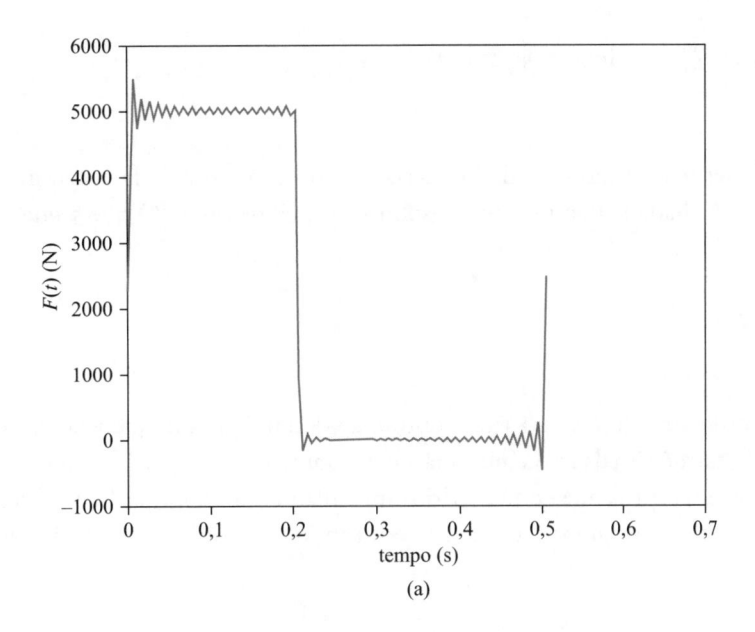

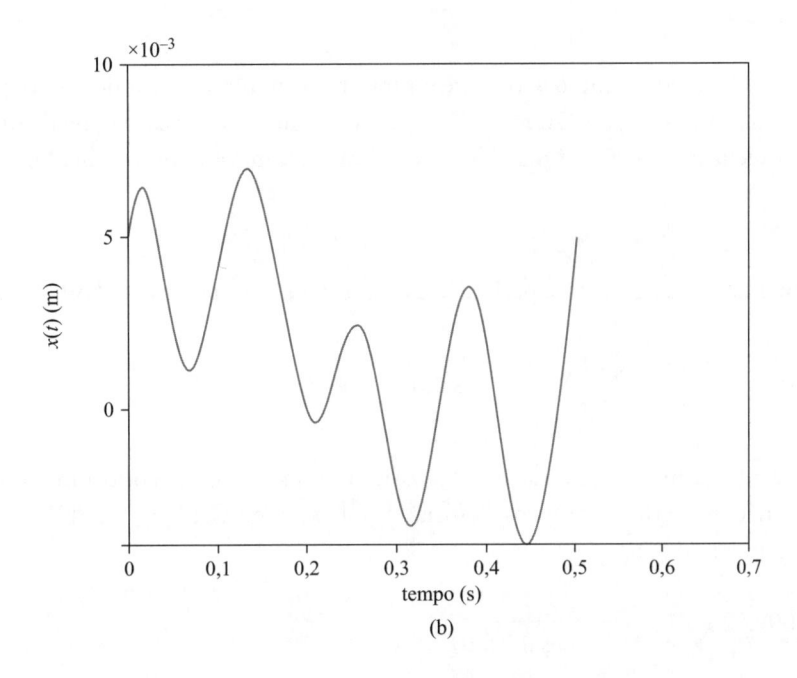

**FIGURA 4.31**
(a) Representação em série de Fourier para $F(t)$ com 50 termos. (b) $x(t)$ em um período de 50 termos na representação em série de Fourier. ■

## 4.10.3 ISOLAMENTO DE VIBRAÇÕES PARA AS EXCITAÇÕES MULTIFREQUENCIAIS E PERIÓDICAS

O isolamento de vibrações de um sistema sujeito a uma excitação multifrequencial pode ser difícil, sobretudo se a menor frequência for muito baixa. Considere um sistema sujeito a uma excitação composta por $n$ harmônicas

$$F(t) = \sum_{i=1}^{n} F_i \operatorname{sen}(\omega_i t + \psi_i) \tag{4.140}$$

O princípio da superposição linear é usado para calcular a resposta total do sistema em função dessa excitação. O princípio da superposição linear também é usado para calcular a força transmitida levando a

$$F_T(t) = \sum_{i=1}^{n} T(r_i, \zeta) F_i \operatorname{sen}(\omega_i t + \psi_i - \lambda_i) \tag{4.141}$$

onde $r_i = \frac{\omega_i}{\omega_n}$. Como os termos harmônicos da Equação (4.141) estão fora de fase, seu máximo ocorre em tempos diferentes. Uma expressão fechada para o máximo absoluto é difícil de obter. O que segue é usado como um limite superior:

$$F_{T_{máx}} < \sum_{i=1}^{n} F_i T(r_i, \zeta) \tag{4.142}$$

Uma suposição inicial para o limite superior é obtido ao determinar a frequência natural de modo que a força transmitida em função da harmônica da frequência mais baixa somente seja reduzida para $F_T$. Como forças adicionais em frequências mais altas estão presentes, é necessário um isolamento maior. A frequência natural pode ser sistematicamente reduzida a partir dessa suposição inicial, verificando a Equação (4.142), até que seja obtido um limite superior.

### EXEMPLO 4.17

A puncionadeira de 500 kg do Exemplo 4.16 deve ser montada em um isolador de modo que o máximo da força oscilatória transmitida ao chão seja de 1000 N. Determine a deflexão estática exigida de um isolador assumindo uma razão de amortecimento de 0,1. Qual é a deflexão máxima resultante do isolador durante a operação de punção?

**SOLUÇÃO**

No Exemplo 4.16, a força de excitação é periódica e é expressa por uma série de Fourier como

$$F(t) = 2000 + \frac{5000\sqrt{2}}{\pi} \sum_{i=1}^{\infty} \frac{1}{i} \sqrt{1 - \cos 0{,}8\pi i} \operatorname{sen}(4\pi i t + \kappa_i) \text{ N} \tag{a}$$

O termo 2000 N é a força média aplicada à punção durante um ciclo. Ele contribui com a carga estática total aplicada ao chão e não faz parte da carga oscilatória. A aplicação da Equação (4.142) para os componentes de repetição de carregamento dá

$$1000 > \frac{5000\sqrt{2}}{\pi} \sum_{i=1}^{\infty} \frac{1}{i} \sqrt{1 - \cos 0{,}8\pi i}\, T(r_i, \zeta) \tag{b}$$

Capítulo 4      EXCITAÇÃO HARMÔNICA DOS SISTEMAS DE 1GL    205

onde $\quad r_i = \dfrac{4\pi i}{\omega_n} = ir_1$      (c)

Uma suposição inicial para um limite superior para a frequência natural é obtida ao calcular $r_1$ de modo que a força transmitida em função da harmônica de menor frequência seja menor que 1000 N. Isso leva a

$$1000 = \frac{5000}{\pi}\sqrt{2(1 - \cos 0{,}8\pi)}\sqrt{\frac{1 + (0{,}2r_1)^2}{(1 - r_1^2)^2 + (0{,}2r_1)^2}} \quad (d)$$

que dá $r_1 = 2{,}06$. Definir

$$f(r_1) = \frac{5000\sqrt{2}}{\pi}\sum_{i=1}^{\infty}\frac{1}{i}\sqrt{1 - \cos 0{,}8\pi i}\ T(ir_1, \zeta) \quad (e)$$

é desejado para solucionar

$$f(r_1) = 1000 \quad (f)$$

Um limite menor no valor de $r_1$ que soluciona a equação anterior é 2,06. Uma solução de teste e erro usando dez termos na soma é usada para determinar $r_1$, levando a $r_1 = 2{,}19$. Para $r_1 = 2{,}19$, um limite superior para a frequência natural é calculado como

$$\omega_n = \frac{\omega_1}{2{,}19} = \frac{4\pi}{2{,}19} = 5{,}74 \text{ rad/s} \quad (g)$$

A deflexão estática exigida do isolador é $\Delta_{st} = g/\omega_n^2 = 298$ mm. A deflexão estática é excessiva e uma fundação flexível é necessária. A carga estática total no isolador é o peso da máquina mais o valor médio da força de excitação, $a_0/2 = 2000$ N. Assim, a carga estática total a ser suportada é

$$F_{estática} = (500 \text{ kg})(9{,}81 \text{ m/s}^2) + 2000 \text{ N} = 6905 \text{ N} \quad (h) \ \blacksquare$$

## 4.11 INSTRUMENTOS PARA MEDIÇÃO DE VIBRAÇÃO SÍSMICA

Os históricos do tempo das vibrações são detectados usando transdutores sísmicos. *Transdutor* é um dispositivo que converte movimento mecânico em tensão. Um diagrama esquemático de um transdutor piezoelétrico é mostrado na Figura 4.32. O transdutor é montado em um corpo cujas vibrações devem ser medidas. À medida que as vibrações ocorrem, a massa sísmica se move em relação ao transdutor, causando deformação no cristal piezoelétrico. A carga é produzida no cristal piezoelétrico que é proporcional à sua deformação. A carga é amplificada e exibida em um dispositivo de saída. O sinal medido é o movimento da massa sísmica com relação ao alojamento do transdutor.

### 4.11.1 SISMÓGRAFOS

Um modelo de transdutor é mostrado na Figura 4.33. Assume-se que o cristal piezoelétrico fornece um amortecimento viscoso. A finalidade do transdutor é medir o movimento do corpo, $y(t)$. Entretanto, ele na verdade mede $z(t)$, que é o deslocamento da massa sísmica com relação ao corpo. Assuma que as vibrações do corpo são uma harmônica de frequência única de forma

$$y(t) = Y\,\text{sen}\,\omega t \quad (4.143)$$

O deslocamento da massa sísmica em relação ao corpo vibrante é

$$z(t) = Z\,\text{sen}\,(\omega t - \phi) \tag{4.144}$$

onde $\quad Z = Y\Lambda(r, \zeta) \qquad \phi = \tan^{-1}\left(\dfrac{2\zeta r}{1 - r^2}\right)$

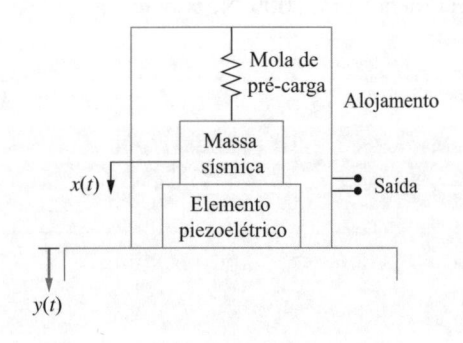

**FIGURA 4.32**
Diagrama de um transdutor de cristal piezoelétrico. À medida que a massa sísmica se move, uma carga é produzida no elemento piezoelétrico que é proporcional à sua deflexão. O transdutor na verdade mede $z(t) = x(t) - y(t)$.

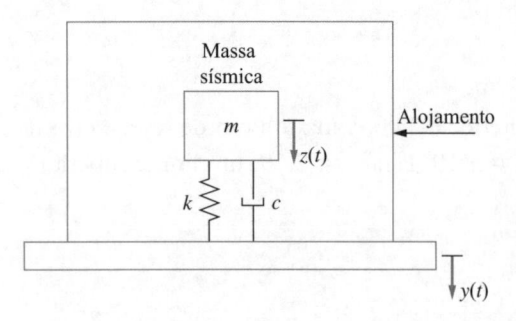

**FIGURA 4.33**
Representação esquemática do transdutor. O cristal piezoelétrico fornece amortecimento viscoso e rigidez.

e $\Lambda(r, \zeta)$ é definido pela Equação (4.53) e $r = \omega/\omega_n$, onde $\omega_n$ e $\zeta$ são a frequência natural e a razão de amortecimento do transdutor.

A Figura 4.11 mostra que $\Lambda$ é aproximadamente 1 para o $r(r > 3)$ grande. Nesse caso, a amplitude do deslocamento relativo que é monitorada pelo transdutor é aproximadamente a mesma que a amplitude de vibração do corpo. Na Figura 4.8, observa-se que, para o $r$ grande, $\phi$ é aproximadamente $\pi$. Assim, para o $r$ grande a resposta do transdutor é aproximadamente a resposta a ser medida, porém fora da fase por $\pi$ radianos.

Um transdutor sísmico que exige uma grande razão de frequência para a medição precisa é chamado de *sismógrafo*. Uma grande razão de frequência exige uma pequena frequência natural para o transdutor. Este, por sua vez, exige uma grande massa sísmica e uma mola muito flexível. Por causa do tamanho exigido para a medição precisa, os sismógrafos não são práticos para muitas aplicações.

O percentual de erro na utilização de um transdutor sísmico é

$$E = 100\left|\dfrac{Y_{real} - Y_{medido}}{Y_{real}}\right| \tag{4.145}$$

Ao usar um sismógrafo, o percentual de erro é

$$E = 100\left|\dfrac{Y - Z}{Y}\right| = 100|1 - \Lambda| \tag{4.146}$$

## 4.11.2 ACELERÔMETROS

A aceleração do corpo é

$$\ddot{y}(t) = -\omega^2 Y \text{sen}\,\omega t \tag{4.147}$$

Observando que $Z/Y = \Lambda(r, \zeta)$ e $\Lambda = r^2 M(r, \zeta)$ leva a

$$\ddot{y}(t) = -\omega^2 \frac{Z}{\Lambda(r,\zeta)} \operatorname{sen}\omega t = -\omega^2 \frac{Z}{r^2 M(r,\zeta)} \operatorname{sen}\omega t = -\omega_n^2 \frac{Z}{M} \operatorname{sen}\omega t \qquad (4.148)$$

Comparando a Equação (4.144) à Equação (4.148) torna-se aparente que

$$\ddot{y}(t) = \frac{\omega_n^2}{M(r,\zeta)} z\left(t - \frac{\phi}{\omega} - \frac{\pi}{\omega}\right) \qquad (4.149)$$

O sinal negativo na Equação (4.148) é levado em consideração na Equação (4.149) ao subtrair $\pi$ da fase. Para o $r$ pequeno, $M(r, \zeta)$ é aproximadamente 1 e

$$\ddot{y}(t) \approx \omega_n^2 z\left(t - \frac{\phi}{\omega} - \frac{\pi}{\omega}\right) \qquad (4.150)$$

Assim, para o $r$ pequeno, a aceleração da partícula para a qual o instrumento sísmico está anexado é aproximadamente proporcional ao deslocamento relativo entre a partícula e a massa sísmica, porém em uma escala de tempo deslocada. Um instrumento para medição de vibrações que funciona neste princípio é chamado de *acelerômetro*. O transdutor em um acelerômetro registra o deslocamento relativo, que é multiplicado eletronicamente por $\omega_n^2$, que é o quadrado da frequência natural do acelerômetro. A aceleração é integrada duas vezes para produzir o deslocamento.

A frequência natural de um acelerômetro deve ser alta para medir as vibrações precisamente ao longo de um intervalo amplo de frequências. A massa sísmica deve ser pequena e a rigidez da mola deve ser grande. O erro ao usar um acelerômetro é

$$E = 100\left|\frac{\omega^2 Y - \omega_n^2 Z}{\omega^2 Y}\right| = 100\left|1 - \frac{1}{r^2}\Lambda(r,\zeta)\right| = 100|1 - M(r,\zeta)| \qquad (4.151)$$

Considere a medição da vibração de uma vibração multifrequencial,

$$y(t) = \sum_{i=1}^{n} Y_i \operatorname{sen}(\omega_i t + \psi_i) \qquad (4.152)$$

De acordo com a teoria da Seção 4.9 (o princípio da superposição linear), o deslocamento de uma massa sísmica em relação ao alojamento de um instrumento sísmico é

$$\begin{aligned} z(t) &= \sum_{i=1}^{n} \Lambda(r_i, \zeta) Y_i \operatorname{sen}(\omega_i t + \psi_i - \phi_i) \\ &= \frac{1}{\omega_n^2} \sum_{i=1}^{n} \omega_i^2 M(r_i, \zeta) Y_i \operatorname{sen}(\omega_i t + \psi_i - \phi_i) \end{aligned} \qquad (4.153)$$

O acelerômetro mede $-\omega_n^2 z(t)$. Observe que cada termo da soma da Equação (4.153) tem uma defasagem diferente. Quando somada, a saída do acelerômetro será distorcida da medição verdadeira. Essa distorção de fase é ilustrada na Figura 4.34(a), que compara a saída do acelerômetro ao sinal a ser medido para uma vibração de 10 frequências. A razão de amortecimento do acelerômetro é 0,25, e a maior razão de frequência na medição é 0,66.

Os acelerômetros são usados apenas quando $r < 1$. Nesse intervalo de frequência, a defasagem é aproximadamente linear com $r$ para $\zeta = 0{,}7$ (Figura 4.8). Então

$$\phi_i = \alpha \frac{\omega_i}{\omega_n} \qquad (4.154)$$

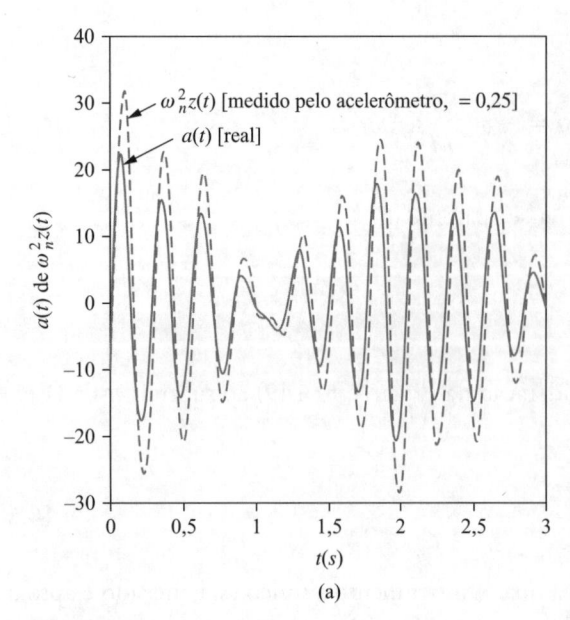

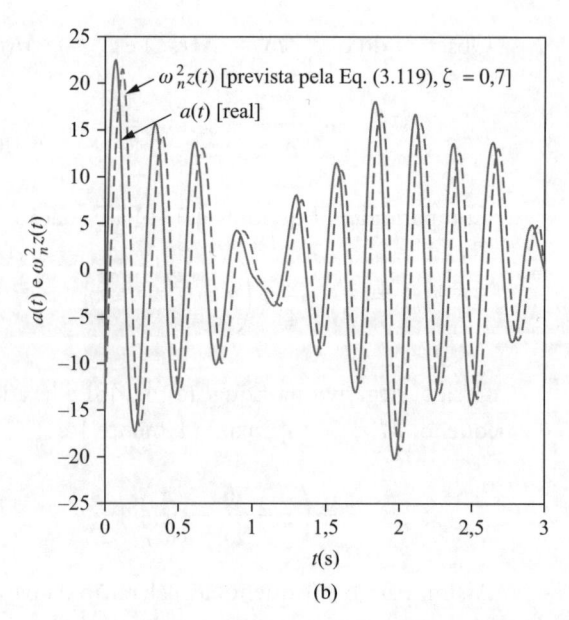

**FIGURA 4.34**
Comparação de $a(t)$, que é a aceleração a ser medida, e $\omega_n^2 z(t)$, que é a aceleração realmente medida ou prevista, para uma vibração composta por 10 frequências diferentes. (a) A distorção da fase é óbvia com a razão de amortecimento de um acelerômetro de 0,25. (b) A razão de amortecimento do acelerômetro é 0,7, o que elimina a distorção da fase, dando uma defasagem.

onde $\alpha$ é a constante de proporcionalidade. Usar a Equação (4.154) na Equação (4.153) leva a

$$z(t) = -\frac{1}{\omega_n^2} \sum_{i=1}^n M(r_i, \zeta) Y_i \operatorname{sen}\left[\omega_i\left(t - \frac{\alpha}{\omega_n}\right) + \psi_i\right] \tag{4.155}$$

Se $r_i \ll 1$, então $M(r_i, \zeta) \approx 1$ para $i = 1, 2, \ldots, n$ e

$$z(t) \approx -\frac{1}{\omega_n^2} \ddot{y}\left(t - \frac{\alpha}{\omega_n}\right) \tag{4.156}$$

Assim, quando um acelerômetro com $\zeta = 0,7$ é usado, seu dispositivo de saída reproduz a aceleração real, mas em uma escala de tempo deslocada. Isso está ilustrado na Figura 4.34(b), que compara o uso da Equação (4.153) com $\zeta = 0,7$ à aceleração real para o exemplo da Figura 4.34(a).

## EXEMPLO 4.18

Qual é a menor frequência natural de um acelerômetro de razão de amortecimento 0,2 que mede as vibrações de um corpo vibrante a 200 Hz com 2% de erro?

### SOLUÇÃO

Exigir que o erro na medição seja menor que 2% é equivalente a exigir que

$$100|1 - M(r, 0,2)| < 2 \tag{a}$$

Já que a razão de amortecimento é 0,2, que é menor que $1/\sqrt{2}$, $M(r, 0,2) > 1$ próximo a $r = 0$. Assim, a Equação (a) é equivalente a

$$M(r, 0{,}2) < 1{,}02 \tag{b}$$

ou

$$\frac{1}{\sqrt{(1 - r^2)^2 + [2(0{,}2)r]^2}} < 1{,}02 \tag{c}$$

A Equação (c) é solucionada levando a $r = 0{,}146$ ou $r > 1{,}349$. No entanto, o acelerômetro funciona sobre o princípio do $r$ pequeno, portanto a segunda solução é rejeitada. Ela também é rejeitada porque para algum $r > 1{,}349$, $M(r, 0{,}2) < 0{,}98$ e quando o erro na medição do acelerômetro é maior que 2%. Assim, é necessário que $r < 0{,}146$, levando a

$$\frac{\omega}{\omega_n} < 0{,}146 \Rightarrow \omega_n > \frac{\omega}{0{,}146} = \frac{\left(200\frac{\text{ciclos}}{\text{s}}\right)\left(\frac{2\pi \text{ rad}}{\text{ciclo}}\right)}{0{,}146} = 8{,}60 \times 10^3 \frac{\text{rad}}{\text{s}} \tag{d} \blacksquare$$

## 4.12 REPRESENTAÇÕES COMPLEXAS

O uso da álgebra complexa proporciona um método alternativo à solução das equações diferenciais regendo a resposta forçada dos sistemas sujeitos à excitação harmônica. Isso pode ser comprovado ser menos tedioso que o uso de soluções trigonométricas. Lembre-se de que se $Q$ for um número complexo, ele tem a representação

$$Q = Q_r + iQ_i \tag{4.157}$$

onde $Q_r = \text{Re}(Q)$ é a parte real de $Q$ e $Q_i = \text{Im}(Q)$ é a parte imaginária de $Q$. O número complexo também tem a forma polar

$$Q = Ae^{i\phi} \tag{4.158}$$

onde $A$ é a grandeza de $Q$ e $\phi$ é a fase de $Q$. A identidade de Euler

$$e^{i\phi} = \cos\phi + i\text{sen}\,\phi \tag{4.159}$$

leva a

$$A = \sqrt{Q_r^2 + Q_i^2} \tag{4.160}$$

e

$$\phi = \tan^{-1}\left(\frac{Q_i}{Q_r}\right) \tag{4.161}$$

Em vista da identidade de Euler, observa-se que

$$\cos(\omega t) = \text{Re}(e^{i\omega t}) \qquad \text{sen}(\omega t) = \text{Im}(e^{i\omega t}) \tag{4.162}$$

Assim, a forma-padrão da equação diferencial regendo o movimento de um sistema de um grau de liberdade linear sujeito à excitação senoidal de frequência única pode ser escrita como

$$\ddot{x} + 2\zeta\omega_n\dot{x} + \omega_n^2 x = \frac{F_0}{m}\text{Im}(e^{i\omega t}) \tag{4.163}$$

Então, a solução da Equação (4.163) é a parte imaginária da solução de

$$\ddot{x} + 2\zeta\omega_n\dot{x} + \omega_n^2 x = \frac{F_0}{m}e^{i\omega t} \qquad (4.164)$$

A solução da Equação (4.164) é assumida como

$$x(t) = He^{i\omega t} \qquad (4.165)$$

onde $H$ é complexo. A substituição da Equação (4.165) pela Equação (4.164) leva a

$$H = \frac{F_0}{m(\omega_n^2 - \omega^2 + 2i\zeta\omega\omega_n)} \qquad (4.166)$$

A Equação (4.166) pode ser reescrita utilizando a definição da razão de frequência $r = \omega/\omega_n$:

$$H = \frac{F_0}{m\omega_n^2(1 - r^2 + 2i\zeta r)} \qquad (4.167)$$

Multiplicar o numerador e o denominador pelos conjugados complexos do denominador coloca $H$ em sua forma adequada como

$$H = \frac{F_0}{m\omega_n^2[(1 - r^2)^2 + (2\zeta r)^2]}(1 - r^2 - 2i\zeta r) \qquad (4.168)$$

Então, nas Equações (4.160) e (4.161), $H$ pode ser escrito como

$$H = Xe^{-i\phi} \qquad (4.169)$$

onde $X = \dfrac{F_0}{m\omega_n^2}\dfrac{1}{\sqrt{(1 - r^2)^2 + (2\zeta r)^2}} \qquad (4.170)$

e $\phi = \tan^{-1}\left(\dfrac{2\zeta r}{1 - r^2}\right) \qquad (4.171)$

As Equações (4.170) e (4.171) são as mesmas que aquelas obtidas utilizando uma solução trigonométrica. A resposta do sistema é

$$x(t) = \text{Im}(Xe^{-i\phi}e^{i\omega t}) = X\,\text{sen}(\omega t - \phi) \qquad (4.172)$$

Uma interpretação gráfica da representação complexa da excitação e da resposta é mostrada na Figura 4.35.

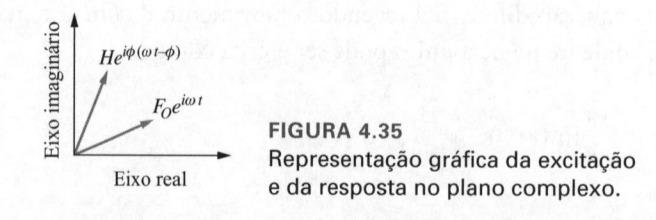

**FIGURA 4.35**
Representação gráfica da excitação e da resposta no plano complexo.

## 4.13 SISTEMAS COM AMORTECIMENTO DE COULOMB

As equações diferenciais obtidas usando o diagrama de corpos livres da Figura 4.36 regendo a resposta de um sistema de um grau de liberdade com amortecimento de Coulomb em função de excitação harmônica são

$$m\ddot{x} + kx = F_0 \operatorname{sen}(\omega t + \psi) - F_f \quad \dot{x} > 0 \tag{4.173a}$$

$$m\ddot{x} + kx = F_0 \operatorname{sen}(\omega t + \psi) + F_f \quad \dot{x} < 0 \tag{4.173b}$$

onde $F_f = \mu mg$ é a grandeza da força de atrito.

Se o deslocamento inicial e a velocidade forem zero, o movimento começa apenas quando a força de excitação for tão grande quanto a força de atrito. O movimento continuará até o resultante da força da mola e da força de excitação ser menor que a força de atrito,

$$|kx - F_0 \operatorname{sen} \omega t| < F_f \Rightarrow \dot{x} = 0 \tag{4.174}$$

O resultante eventualmente fica grande o suficiente de modo que a desigualdade na Equação (4.174) não é mais satisfeita, quando o movimento começa novamente. Esse processo é conhecido como *stick-slip* e pode ocorrer diversas vezes durante um ciclo de movimento.

A Equação (4.173) não é linear. Assim, os princípios que orientam a solução das equações diferenciais lineares não são aplicáveis. Especificamente, a solução geral não pode ser escrita como uma solução homogênea independente da excitação mais uma solução particular. Assim, apesar de as vibrações livres de um sistema com amortecimento de Coulomb descaírem linearmente e eventualmente cessarem, não é possível prever a solução particular como uma solução em regime permanente. Na verdade, na discussão anterior, o processo de *stick-slip* deve ocorrer por um grande tempo e não pode ser previsto por uma solução particular.

A solução analítica para a Equação (4.173) pode ser obtida usando um procedimento semelhante ao da Seção 3.7 usado para obter a resposta de vibrações livres de um sistema sujeito ao amortecimento de Coulomb. A solução das Equações (4.173a e b) está prontamente disponível ao longo do tempo que a equação rege. As constantes de integração são determinadas ao observar que a velocidade é zero e o deslocamento é contínuo no tempo quando a equação começa a reger primeiro. A Equação (4.174) deve ser verificada ao longo de cada meio-ciclo para determinar se e quando a massa desliza.

A solução analítica é bem complexa e difícil de usar para prever o comportamento a longo prazo. Em muitas aplicações apenas o deslocamento máximo é de interesse. É uma função de cinco parâmetros:

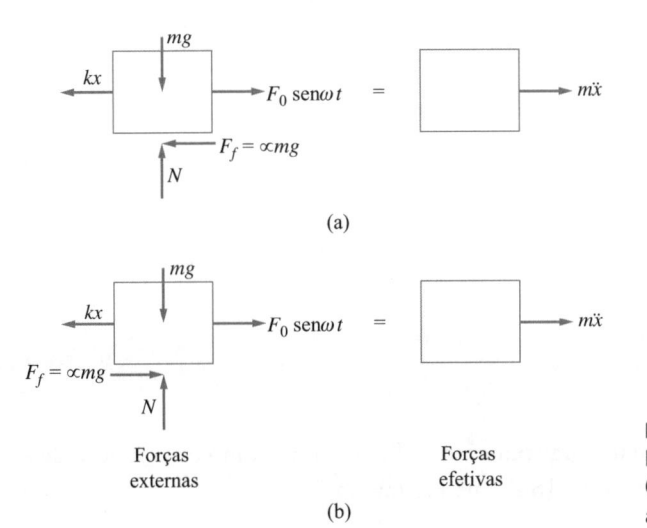

**FIGURA 4.36**
DCLs para os sistemas sujeitos ao amortecimento de Coulomb e a uma excitação harmônica em um instante arbitrário para (a) $\dot{x} > 0$ e (b) $\dot{x} < 0$.

$$X = f(m, \omega, \omega_n, F_0, F_f) \tag{4.175}$$

Usar [M], [L] e [T] como dimensões básicas, o teorema de Buckingham-PI implica que a formulação não dimensional envolve $6 - 3 = 3$ grupos sem dimensão. A formulação não dimensional da Equação (4.176) é

$$\frac{m\omega_n^2 X}{F_0} = f(r, \iota) \tag{4.176}$$

onde

$$\iota = \frac{F_f}{F_0} \tag{4.177}$$

Para o $\iota$ pequeno, a força de atrito é bem menor que a grandeza da força de excitação, e espera-se que a solução transiente diminua à medida que $t$ aumenta e um estado estável harmônico de forma

$$x(t) = X_c \operatorname{sen}(\omega t - \phi_c) \tag{4.178}$$

exista para o $t$ grande. Nesse caso, os efeitos do amortecimento de Coulomb podem ser razoavelmente aproximados por um modelo de amortecimento viscoso equivalente, como discutido na Seção 3.9. O coeficiente de amortecimento viscoso equivalente para o amortecimento de Coulomb é

$$c_{eq} = \frac{4F_f}{\pi \omega X_c} \tag{4.179}$$

Uma relação de amortecimento equivalente é definida por

$$\zeta_{eq} = \frac{c_{eq}}{2m\omega_n} = \frac{2F_f}{\pi m \omega \omega_n X_c} \tag{4.180}$$

Rearranjar a Equação (4.180) leva a

$$\zeta_{eq} = \frac{2\iota F_0}{\pi r m \omega_n^2 X} = \frac{2\iota}{\pi r M_c} \tag{4.181}$$

onde $M_c$, o fator de ampliação para o amortecimento de Coulomb, é

$$M_c = \frac{m\omega_n^2 X}{F_0} \tag{4.182}$$

Usar $\zeta_{eq}$ no lugar de $\zeta$ na Equação (4.42) leva a

$$M_c(r, \iota) = \frac{1}{\sqrt{(1 - r^2)^2 + \left(\dfrac{4\iota}{\pi M_c}\right)^2}} \tag{4.183}$$

que é solucionada para $M_c$, produzindo

$$M_c(r, \iota) = \sqrt{\frac{1 - \left(\dfrac{4\iota}{\pi}\right)^2}{(1 - r^2)^2}} \tag{4.184}$$

O fator para o amortecimento de Coulomb é representado graficamente na Figura 4.37 como uma função de $r$ para diversos valores de $\iota$. O que segue é observado na Equação (4.184) e na Figura 4.37.

## Capítulo 4 — EXCITAÇÃO HARMÔNICA DOS SISTEMAS DE 1GL

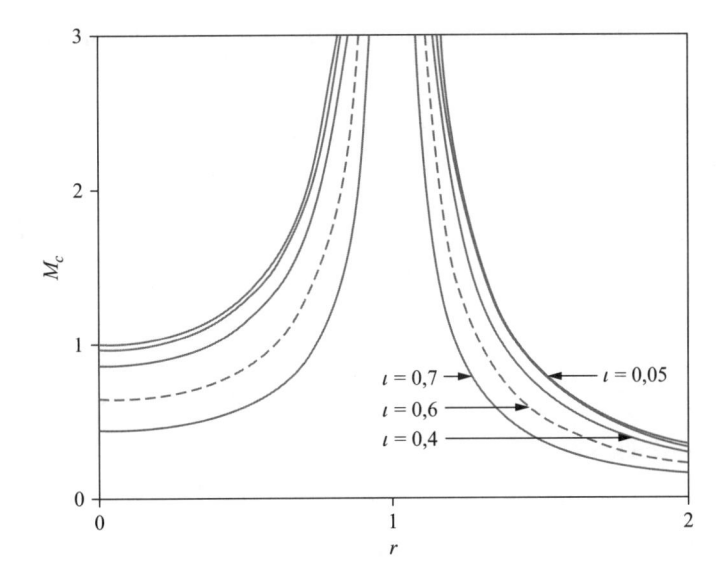

**FIGURA 4.37**
$M_c(r, \iota)$ versus $r$ para os valores diferentes de $\iota$ usando um coeficiente de amortecimento viscoso equivalente.

1. A teoria para o $\iota$ pequeno prevê que $M_c(r, \iota)$ existe apenas para $\iota < \pi/4$. A teoria do amortecimento viscoso equivalente não pode ser usada para prever o deslocamento máximo para $\iota < \pi/4$.

2. $\lim_{r \to \infty} M_c(r, \iota) = \dfrac{1}{r^2}$  (4.185)

3. A ressonância ocorre para os sistemas com amortecimento de Coulomb com o $\iota$ pequeno quando $r = 1$. A ressonância ocorre porque, para o $\iota$ pequeno, a excitação fornece mais energia por ciclo de movimento do que é dissipada pelo atrito. Como as vibrações livres sustentam a si mesmas na frequência natural, a energia extra leva a um acúmulo de amplitude.

4. Para todos os valores de $r$, $M_c$ é menor para o $\iota$ maior.

Quando a Equação (4.181) é substituída pela Equação (4.45) e a equação resultante é manipulada, o resultado a seguir para o ângulo de fase ocorre:

$$\phi_c = \tan^{-1}\left[\dfrac{\dfrac{4\iota}{\pi}}{\sqrt{1 - \left(\dfrac{4\iota}{\pi}\right)^2}}\right] \quad r < 1 \quad (4.185a)$$

$$\phi_c = -\tan^{-1}\left[\dfrac{\dfrac{46}{\pi}}{\sqrt{1 - \left(\dfrac{4\iota}{\pi}\right)^2}}\right] \quad r > 1 \quad (4.185b)$$

O ângulo de fase é constante com $r$, exceto que ele é positivo para $r < 1$ e negativo para $r > 1$.

A teoria anterior é suficiente para o $\iota$ pequeno. Para o $\iota$ maior, a equação é verdadeiramente não linear e os resultados são mais complexos. No entanto, espera-se que o $\iota$ maior leve a vibrações de amplitude menores e menos problemas sérios. Na ausência da energia inicial, as vibrações não serão iniciadas para $\iota > 1$.

## EXEMPLO 4.19

Um mecanismo de jugo escocês operando a 30 rad/s é usado para fornecer excitação base para um bloco como mostrado na Figura 4.38. O bloco tem uma massa de 1,5 kg e está conectado ao jugo escocês por meio de uma mola de rigidez 500 N/m. O coeficiente de atrito entre o bloco e a superfície é 0,13. Aproxime a resposta em regime permanente do bloco.

## SOLUÇÃO

A equação diferencial de movimento do bloco é

$$m\ddot{x} + kx = kl\,\text{sen}\,\omega t \mp \mu mg \tag{a}$$

A amplitude da excitação é $kl$. Assim

$$\iota = \frac{\mu mg}{kl} = \frac{(0,13)(1,5\text{ kg})(9,81\text{ m/s}^2)}{(500\text{ N/m})(0,1\text{ m})} = 0,038 \tag{b}$$

A frequência natural do sistema e a razão de frequência são

$$\omega_n = \sqrt{\frac{k}{m}} = 18,26\text{ rad/s} \qquad r = \frac{\omega}{\omega_n} = 1,64 \tag{c}$$

O fator de ampliação do amortecimento de Coulomb é

$$M_c(1,64;\ 0,038) = \sqrt{\frac{1 - \left[\dfrac{4(0,038)}{\pi}\right]^2}{[1 - (1,64)^2]^2}} = 0,587 \tag{d}$$

A resposta em regime permanente é calculada a partir de

$$\frac{m\omega_n^2 X}{kl} = \frac{X}{l} = M_c(1,64;\ 0,038) \tag{e}$$

$$X = (0,1\text{ m})(0,587) = 0,0588\text{ m} \tag{f}$$

O ângulo de fase é calculado a partir da Equação (4.185b) como

$$\phi_c = -\tan^{-1}\left[\frac{\dfrac{4(0,038)}{\pi}}{1 - \left(\dfrac{4(0,038)}{\pi}\right)^2}\right] = -0,0488 \tag{g}$$

A resposta do sistema é

$$x(t) = 0,0588\,\text{sen}\,(18,26t + 0,0488)\,m \tag{h}$$

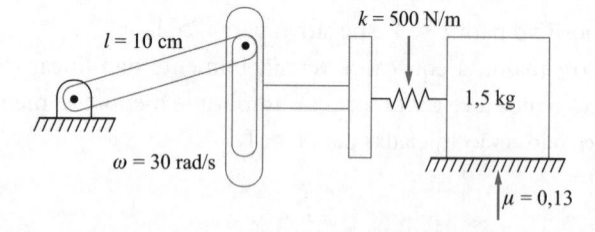

**FIGURA 4.38**
Mecanismo do jogo escocês fornecendo um deslocamento base para o sistema com amortecimento de Coulomb. ■

## 4.14 SISTEMAS COM AMORTECIMENTO HISTERÉTICO

Lembre-se da Seção 3.8 que a energia dissipada por ciclo de movimento para um sistema com amortecimento histerético é independente da frequência, mas proporcional ao quadrado da amplitude. Isso leva à analogia direta entre o amortecimento viscoso e o amortecimento histerético e o desenvolvimento de um coeficiente de amortecimento viscoso equivalente

$$c_{eq} = \frac{hk}{\omega} \tag{4.186}$$

A resposta forçada verdadeira de um sistema de massa-mola com amortecimento histerético não é linear. O coeficiente de amortecimento viscoso equivalente da Equação (4.186) é válido apenas quando a excitação consiste em uma harmônica de frequência única. Durante a parte inicial da resposta, a solução transiente e a solução particular têm termos harmônicos com frequências diferentes. Com base na analogia do amortecimento viscoso, suspeita-se de que a solução transiente decai deixando apenas a solução em regime permanente após um longo tempo. Assume-se que a equação diferencial regendo a resposta em regime permanente de um sistema de massa-mola com amortecimento histerético em função de uma excitação harmônica de frequência única seja

$$m\ddot{x} + \frac{kh}{\omega}\dot{x} + kx = F_0 \operatorname{sen}(\omega t + \psi) \tag{4.187}$$

Observa-se que a generalização da Equação (4.187) para uma excitação mais geral não é permissível porque a aproximação do amortecimento só é válida para uma excitação harmônica de frequência única. A equação também não é linear, de modo que o método de superposição não é aplicável para determinar soluções particulares para excitações multifrequenciais.

A solução em regime permanente da Equação (4.187) é obtida pela comparação com a Equação (4.2). A razão de amortecimento equivalente é

$$\zeta_{eq} = \frac{h}{2r} \tag{4.188}$$

A resposta em regime permanente é

$$x(t) = X_h \operatorname{sen}(\omega t - \phi_h) \tag{4.189}$$

onde $X_h$ e $\phi_h$ são obtidos pela analogia com as Equações (4.37), (4.42) e (4.45)

$$\frac{m\omega_n^2 X_h}{F_0} = M_h(r, h) \tag{4.190}$$

$$M_h(r, h) = \frac{1}{\sqrt{(1 - r^2)^2 + h^2}} \tag{4.191}$$

$$\phi_h = \tan^{-1}\left(\frac{h}{1 - r^2}\right) \tag{4.192}$$

As Equações (4.191) e (4.192) estão representadas graficamente nas Figuras 4.39 e 4.40. O que segue é observado a partir dessas equações e figuras:

1. $M_h(0, h) = \dfrac{1}{\sqrt{1 + h^2}}$ \hfill (4.193)

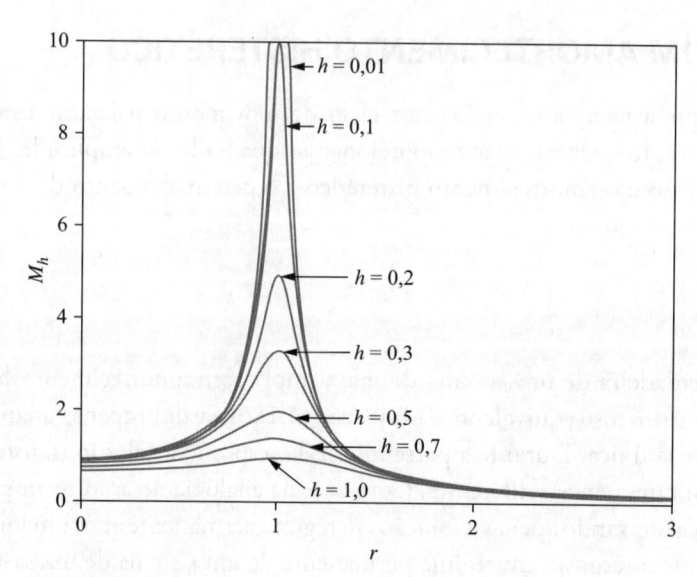

**FIGURA 4.39**
Fator de ampliação para o amortecimento histerético para valores diferentes de h.

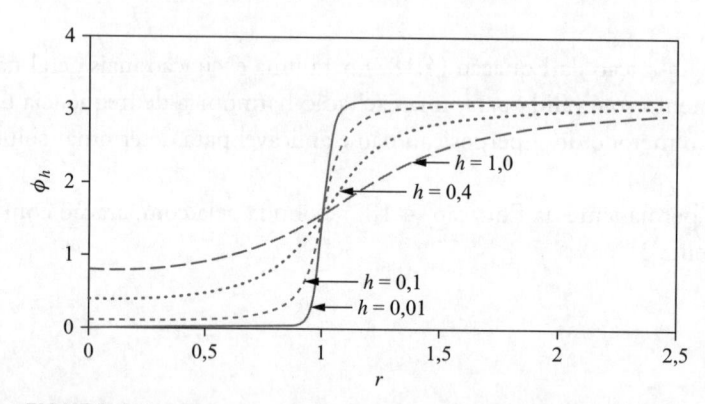

**FIGURA 4.40**
$\phi_h$ versus r para valores diferentes de h. A resposta de um sistema com amortecimento histerético nunca está na fase com a excitação.

2. $\lim_{r \to \infty} M_h(r, h) = \dfrac{1}{r^2}$. (4.194)

3. Para determinado $h$, $\dfrac{dM_h}{dr} = 0$ quando $r = 1$ e o valor máximo de $M_h(r, h) = \dfrac{1}{r^2}$.
4. O ângulo de fase é não zero para $r = 0$. A resposta nunca está na fase com a excitação.
5. $\lim_{r \to \infty} \phi_h = \pi$

A maior parte do amortecimento não é viscosa, e sim histerética. As diferenças são sutis, porém notáveis. O amortecimento viscoso geralmente é assumido, mesmo quando o amortecimento histerético está presente. A suposição do amortecimento viscoso é mais fácil de usar porque a razão de amortecimento é independente da frequência. Para o amortecimento histerético, a razão de amortecimento é mais alta para as frequências mais baixas.

Se for usado o conceito da frequência complexa da Seção 4.13, a equação diferencial para a resposta forçada com amortecimento histerético se torna

$$m\ddot{x} + \dfrac{hk}{\omega}\dot{x} + kx = F_0 e^{i\omega t}$$ (4.195)

Assumindo uma solução da forma, $x(t) = He^{i\omega t}$ resulta em

$$H = \frac{F_0}{-m\omega^2 + k(1 + ih)} \tag{4.196}$$

que é a mesma resposta obtida a partir da equação diferencial como

$$m\ddot{x} + k(1 + ih)x = F_0 e^{i\omega t} \tag{4.197}$$

Assim, a resposta forçada de um sistema com amortecimento histerético pode ser modelada por um sistema com rigidez complexa de $k(1 + ih)$.

## EXEMPLO 4.20

Um torno mecânico de 100 kg é montado no centro de uma viga simplesmente suportada de 1,8 m ($E = 200 \times 10^9$ N/m, $I = 4,3 \times 10^{-6}$ m$^4$). O torno mecânico tem desbalanceamento rotativo de 0,43 kg · m e opera a 2000 rpm. Quando um teste de vibrações livres é realizado no sistema, descobre-se que a razão de amplitudes nos ciclos sucessivos é de 1,8:1. Determine a amplitude em regime permanente das vibrações induzidas pelo desbalanceamento rotativo. Assuma que o amortecimento é histerético.

### SOLUÇÃO

A rigidez da viga é

$$k = \frac{48EI}{L^3} = \frac{48(200 \times 10^9 \text{ N/m}^2)(4,3 \times 10^{-6} \text{ m}^4)}{(1,8 \text{ m})^3} = 7,08 \times 10^6 \text{ N/m} \tag{a}$$

A frequência natural e a razão de frequência são

$$\omega_n = \sqrt{\frac{k}{m}} = \sqrt{\frac{7,08 \times 10^6 \text{ N/m}}{100 \text{ kg}}} = 266,1 \text{ rad/s} \tag{b}$$

$$r = \frac{\omega}{\omega_n} = \frac{(2000 \text{ rev/min})(2\pi \text{ rad/rev})(1 \text{ min }/60 \text{ s})}{266,1 \text{ rad/s}} = 0,787 \tag{c}$$

O decremento logarítmico e o coeficiente de amortecimento histerético são calculados como

$$\delta = \ln 1,8 = 0,588 \qquad h = \frac{\delta}{\pi} = 0,187 \tag{d}$$

A forma apropriada de $\Lambda$ para o amortecimento histerético é

$$\Lambda_h(r, h) = \frac{r^2}{\sqrt{(1 - r^2)^2 + h^2}} \tag{e}$$

$$\Lambda_h(0,787.\ 0,187) = \frac{(0,787)^2}{\sqrt{[1 - (0,787)^2]^2 + (0,187)^2}} = 1,46 \tag{f}$$

A amplitude em regime permanente do torno mecânico é

$$X = \frac{m_0 e}{m}\Lambda_h(0,787.\ 0,187) = \frac{0,43 \text{ kg} \cdot \text{m}}{100 \text{ kg}}(1,46) = 6,3 \text{ mm} \tag{g}$$

## 4.15 COLHEITA DE ENERGIA

Em sistemas MEMS, o desejo é colher energia da vibração, ou seja, capturar energia das vibrações indesejadas. Uma colheitadeira de energia bruta, mostrada na Figura 4.41, consiste em uma massa sísmica anexada por meio de um elemento elástico ao corpo cujas vibrações serão colhidas (uma máquina, por exemplo). Além da rigidez necessária para gerar as vibrações da colheitadeira, deve estar presente um elemento de amortecimento. O amortecimento serve para facilitar a transferência de energia da colheitadeira e converter a energia em energia elétrica.

A colheitadeira está sujeita às vibrações da sua base, que excitam a colheitadeira. A vibração relativa entre a colheitadeira e a máquina é

$$z(t) = Z \operatorname{sen}(\omega t - \phi) \tag{4.198}$$

A energia colhida pelo amortecimento viscoso em um ciclo de movimento é o trabalho feito pela força no amortecedor viscoso como $c\dot{z} = c\omega Z \cos(\omega t - \phi)$, levando a

$$E = \int_0^T c\dot{z}^2 \, dt = \int_0^{\frac{2\pi}{\omega}} c\omega^2 Z^2 \cos^2(\omega t - \phi) \, dt = \pi c \omega Z^2 \tag{4.199}$$

A energia média é

$$\overline{P} = \frac{\omega E}{2\pi} = \frac{\omega}{2\pi}(\pi c \omega Z^2) = \frac{1}{2} c \omega^2 Z^2 \tag{4.200}$$

Substituir $Z = Y\Lambda(r, \zeta)$, $c = 2\zeta \omega m_n$ e $r = \frac{\omega}{\omega_n}$ produz

$$\overline{P} = \zeta m \omega_n^3 r^2 \Lambda^2(r, \zeta) Y^2 \tag{4.201}$$

Uma energia média não dimensional é definida como

$$\frac{\overline{P}}{m \omega_n^3 Y^2} = \zeta r^2 \Lambda^2(r, \zeta) = \Psi(r, \zeta) \tag{4.202}$$

A Equação (4.202) é uma relação não dimensional para a energia média gerada por uma colheitadeira de energia específica em um intervalo de frequências. A função não dimensional $\Psi(r, \zeta)$ está representada graficamente na Figura 4.42 para diversos valores de $\zeta$.

A energia média máxima é obtida de

$$\frac{d\Psi}{dr} = 0 = \frac{d}{dr}\left[\frac{\zeta r^6}{(1 - r^2)^2 + (2\zeta r)^2}\right]$$

$$= \frac{\zeta}{[(1 - r^2)^2 + (2\zeta r)^2]^2} \{5r^5[(1 - r^2)^2 + (2\zeta r)^2] + r^6[4r^3 - 2(2 - 4\zeta^2)r]\} \tag{4.203}$$

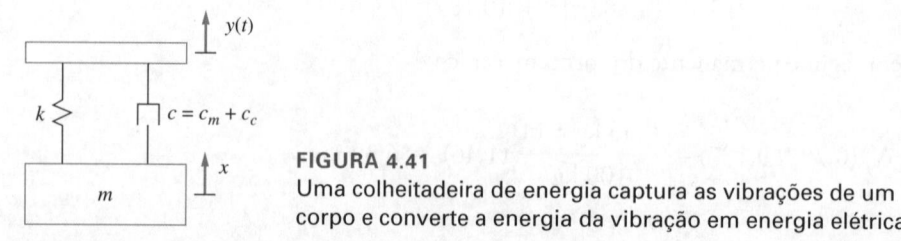

**FIGURA 4.41**
Uma colheitadeira de energia captura as vibrações de um corpo e converte a energia da vibração em energia elétrica.

## Capítulo 4

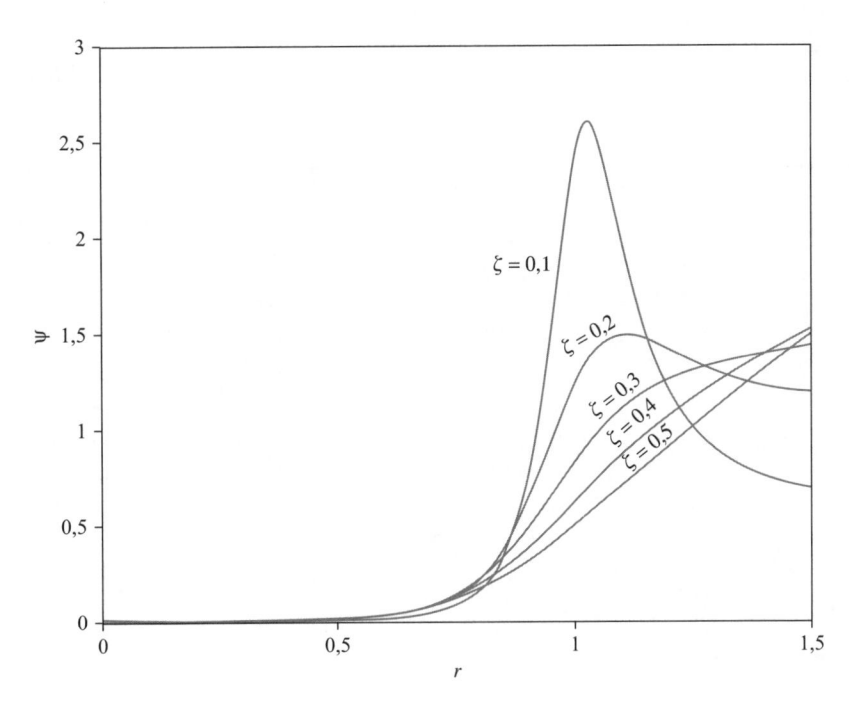

**FIGURA 4.42**
$\Psi(r, \zeta)$ versus $r$ para diversos valores de $\zeta$. Para $\zeta < 0{,}577$, a função tem um máximo.

A avaliação da Equação (f) leva a

$$r^4 - 3(2 - 4\zeta^2)r^2 + 1 = 0 \tag{4.204}$$

As soluções para a Equação (g) são

$$r = \pm \left[ \frac{3}{2}(2 - 4\zeta^2) \pm \frac{1}{2}\sqrt{32 - 144\zeta^2 + 144\zeta^4} \right]^{0,5} \tag{4.205}$$

A energia média máxima é obtida pela substituição da Equação (4.205) pela Equação (4.205). A Equação (4.205), que está representada graficamente na Figura 4.43, mostra, que para $\zeta > \frac{\sqrt{3}}{3} = 0{,}577$, um valor real de $r$ que soluciona a Equação (4.204) não existe. O valor de $r$ para o qual a energia tem um máximo só existe para $\zeta = 0{,}577$. O gráfico da energia média máxima no intervalo $0 < \zeta < 0{,}577$ está representado na Figura 4.44. A energia média máxima atinge um máximo em torno de $\zeta = 0{,}45$.

A Figura 4.44 é o gráfico da energia máxima *versus* $\zeta$ para uma colheitadeira de energia de determinada frequência natural; a frequência natural aparece na não dimensionalização de $\Psi$. Na colheita de energia, a tarefa é decidir qual é a melhor frequência natural $\omega_n$ para colher energia na frequência das vibrações $\omega$. Uma reformulação produz a energia média dissipada pelo amortecedor viscoso de modo que $\omega$ é um parâmetro na não dimensionalização de $\overline{P}$ e produz

$$\frac{\overline{P}}{m\omega^3 Y^2} = \frac{\zeta}{r}\Lambda^2(r, \zeta) = \Phi(r, \zeta) \tag{4.206}$$

A Figura 4.45 mostra $\Phi(r, \zeta)$ *versus* $r$ para diversos valores de $\zeta$. O máximo de $\Phi(r, \zeta)$ em todos $r$ é obtido de

$$\frac{d\Phi}{dr} = \frac{d}{dr}\left[ \frac{\zeta r}{(1 - r^2)^2 + (2\zeta r)^2} \right] = \frac{\zeta\left[ -3r^4 + (2 - 4\zeta^2)r^2 + 1 \right]}{\left[ (1 - r^2)^2 + (2\zeta r)^2 \right]^2} = 0 \tag{4.207}$$

que produz

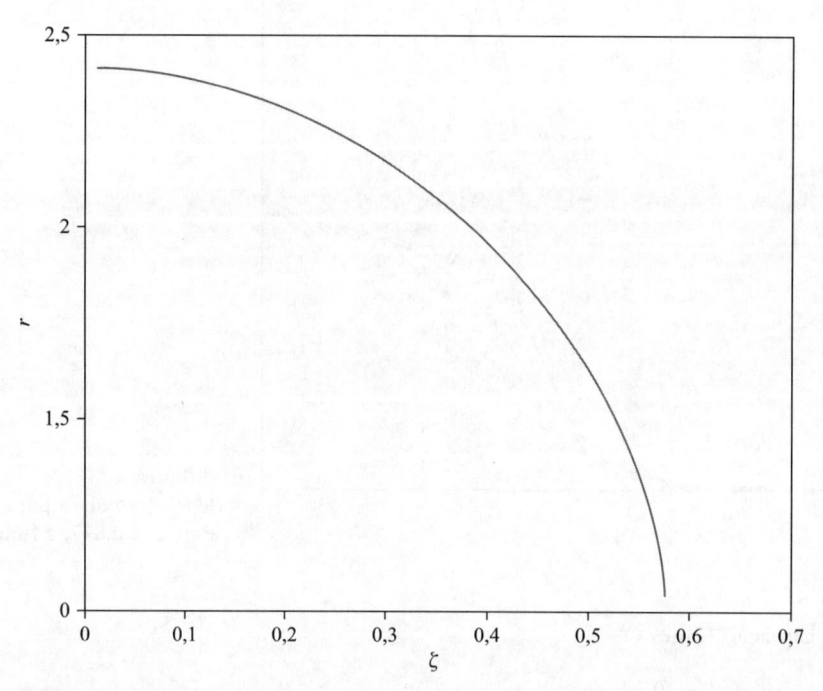

$$r = \left[\frac{1}{3}\left(1 - 2\zeta^2 \pm \sqrt{4 - \zeta^2 + \zeta^4}\right)\right]^{0,5} \tag{4.208}$$

**FIGURA 4.43**
Solução da Equação (4.204) como uma função de ζ. Ψ (r, 0,577) tem um valor máximo em r = 1.

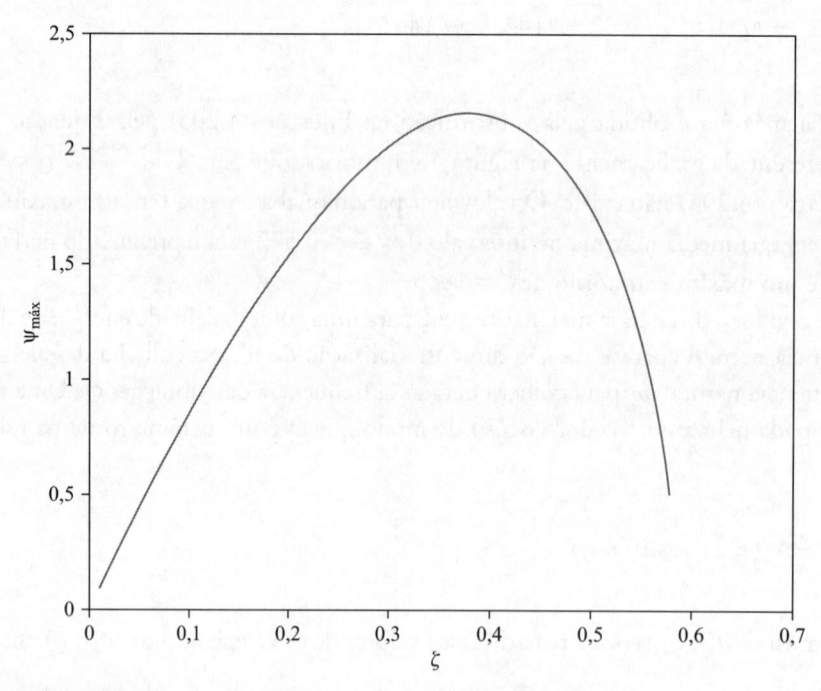

**FIGURA 4.44**
$\Psi_{máx}$ versus ζ.

A solução real da Equação (4.208) está representada graficamente na Figura 4.46, e a energia média máxima da Equação (4.206) está representada graficamente na Figura 4.47.

A energia máxima é prevista para se aproximar do infinito para $\zeta = 0$, porém essa é a condição de ressonância. Não é atingido um regime permanente, portanto, a solução não é aplicável. A Figura 4.47 sugere que a razão de amortecimento ideal é pequena. No entanto, parte da razão de amortecimento vem do circuito elétrico que captura a energia. Assim, o amortecimento é necessário. Entretanto, na Figura 4.45, fica claro que uma razão de amortecimento maior dá um intervalo de frequências mais amplo no qual a colheitadeira pode ser usada.

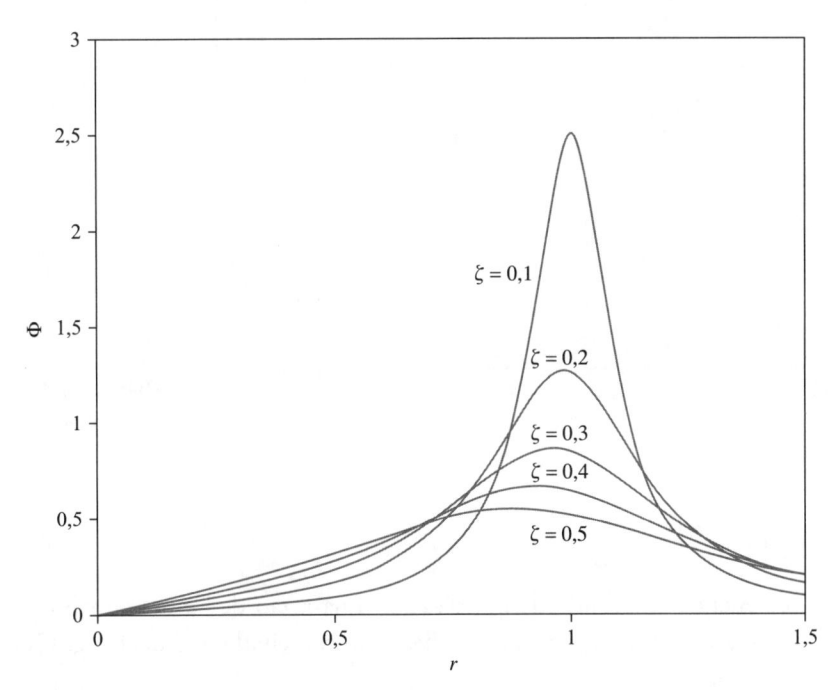

**FIGURA 4.45**
$\Phi(r, \zeta)$ *versus* $r$ para diversos valores de $\zeta$.

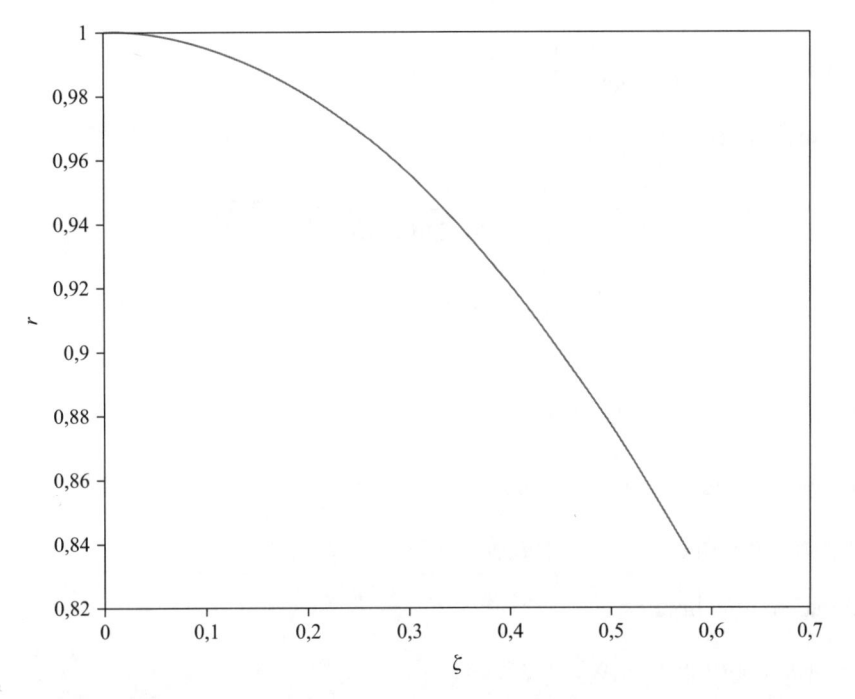

**FIGURA 4.46**
Solução da Equação (4.207) como uma função de $\zeta$.

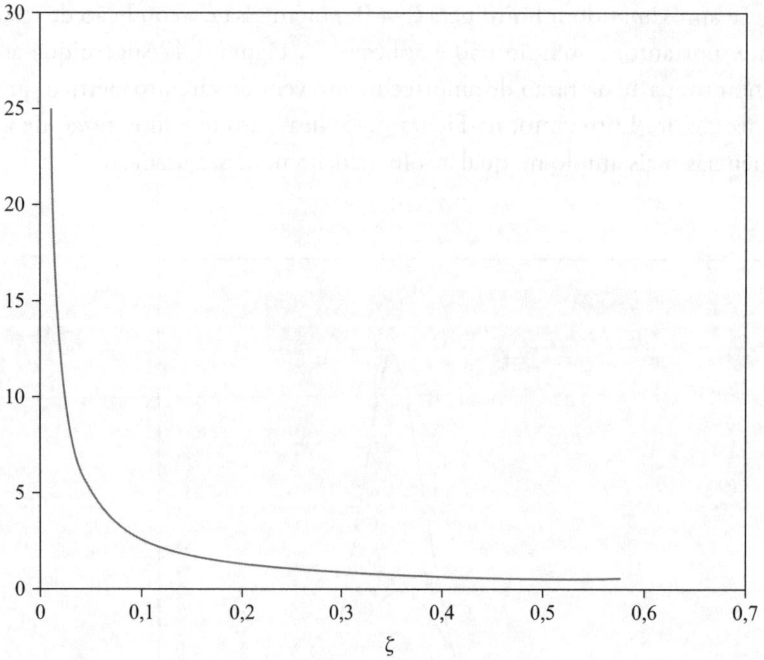

**FIGURA 4.47**
$\Phi_{máx}$ versus $\zeta$.

## ■ EXEMPLO 4.21

Uma colheitadeira de energia está sendo designada com uma razão de amortecimento de 0,1 para colher vibrações em uma amplitude de 0,1 mm 30 Hz. A massa da colheitadeira é de 1,5 g. Qual é a energia teórica colhida em uma hora de operação?

### SOLUÇÃO

A Equação (4.208) implica que $r = 0,9962$, e a frequência natural da colheitadeira deve ser

$$\omega_n = 0,9962\left(30\frac{ciclos}{s}\right)\left(\frac{2\pi \, rad}{ciclo}\right) = 187,8 \, rad/s \quad \text{(a)}$$

A função não dimensional $\Phi$ é

$$\Phi(0,9962.\ 0,1) = \frac{(0,1)(0,9962)}{[1 - (0,9962)^2] + [2(0,1)(0,9962)]^2} = 2,50 \quad \text{(b)}$$

A energia média colhida em um ciclo é obtida da Equação (4.206) como

$$\bar{P} = m\omega^3 Y^2 \Phi(0,9962.\ 0,1) = (0,0015 \, kg)(188,5 \, rad/s)^3$$
$$(0,0001m)^2(2,50) = 0,2517 \, mW \quad \text{(c)}$$

O número de ciclos executados em uma hora é

$$n = (1 \, h)(3600 \, s/h)(30 \, ciclos/s) = 108.000 \, ciclos \quad \text{(d)}$$

A energia colhida em uma hora é

$$P = n\bar{P} = 108.000(0,2511 \, mW) = 27,2 \, W \quad \text{(e)} \, ■$$

Capítulo 4  EXCITAÇÃO HARMÔNICA DOS SISTEMAS DE 1GL 223

## 4.16 EXEMPLOS DE REFERÊNCIA

### 4.16.1 MÁQUINA NO CHÃO DA FÁBRICA

Durante a operação, a máquina desenvolve uma força de amplitude senoidal de 90 kN a uma velocidade de 80 rad/s. A razão da frequência de excitação para a frequência natural é

$$r = \frac{\omega}{\omega_n} = \frac{80 \text{ rad/s}}{144,9 \text{ rad/s}} = 0,552 \tag{a}$$

Assumindo que o sistema não é amortecido, a amplitude em regime permanente da máquina é

$$X = \frac{F_0}{m\omega_n^2} M(0,552) = \frac{90.000 \text{ N}}{(570,69 \text{ kg})(144,9 \text{ rad/s})^2} \frac{1}{1 - (0,552)^2} = 0,0108 \text{ m} \tag{b}$$

Assumindo o amortecimento viscoso com uma razão de amortecimento de 0,0110, a amplitude em regime permanente é

$$\begin{aligned} X &= \frac{F_0}{m\omega_n^2} M(0,552.\,0,0110) \\ &= \frac{90.000 \text{ N}}{(570,69 \text{ kg})(144,9 \text{ rad/s})^2} \frac{1}{\sqrt{[1 - (0,552)^2]^2 + [2(0,0110)(0,552)]^2}} \\ &= 0,0108 \text{ m} \end{aligned} \tag{c}$$

A amplitude da máquina assumindo o coeficiente de amortecimento histerético 0,0347 é

$$\begin{aligned} X &= \frac{F_0}{m\omega_n^2} M_h(0,552.\,0,0347) \\ &= \frac{90.000 \text{ N}}{(570,69 \text{ kg})(144,9 \text{ rad/s})^2} \frac{1}{\sqrt{[1 - (0,552)^2]^2 + (0,0347)^2}} \\ &= 0,0108 \text{ m} \end{aligned} \tag{d}$$

A força transmitida ao chão é muito grande. Um isolador de vibrações é designado para proteger o chão das grandes forças transmitidas geradas durante a operação da máquina. Um isolador modelado como uma mola paralela com um amortecedor viscoso é colocado entre a máquina e a fundação. Se a massa da viga for ignorada, o isolador está em série com a viga, como ilustrado na Figura 4.48(a), mas a rigidez da viga é bem maior que a rigidez do isolador. A rigidez equivalente é aproximadamente a do isolador. Assim, a flexibilidade da viga é ignorada, e o isolador é designado com base em um modelo de 1GL, como ilustrado na Figura 4.48(b).

Para limitar a força transmitida para 22.500 N,

$$T(r,\zeta) = \frac{F_T}{F_0} = \frac{22.500 \text{ N}}{90.000 \text{ N}} = 0,25 \tag{e}$$

que é equivalente a

$$0,25 = \sqrt{\frac{1 + (2\zeta r)^2}{(1 - r^2)^2 + (2\zeta r)^2}} \tag{f}$$

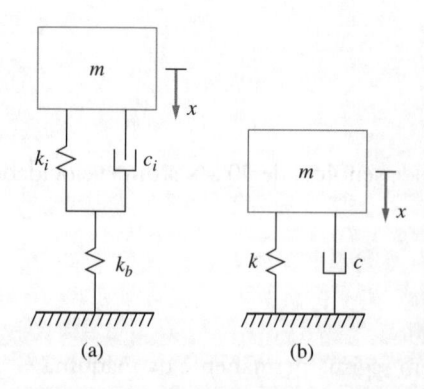

**FIGURA 4.48**
(a) Quando a massa da viga é ignorada, a viga fica em série com o isolador. Como uma aproximação, quando uma combinação em série é usada para calcular a rigidez equivalente do isolador e da viga, a rigidez da viga é bem maior do que a rigidez do isolador e pode ser ignorada. (b) Modelo de 1GL do isolador entre a máquina e a viga.

O valor exigido de $r$ é obtido ao solucionar a Equação (f) para um valor específico de $\zeta$. A frequência natural máxima é $\omega_n = \frac{\omega}{r}$ com $\omega = 80$ rad/s. A rigidez máxima é determinada de $k = m\omega_n^2$, lembrando que o peso da máquina é 4500 N. Os resultados do cálculo para $\zeta = 0$ são $r = 2,24$, $\omega_n = 35,6$ rads/s e $k = 5,81 \times 10^5$ N/m.

A massa da máquina sem os efeitos de inércia acrescentados da viga foi usada no cálculo da rigidez.

A suposição de que a rigidez da viga é bem maior que a rigidez do isolador é verificada. A rigidez máxima do isolador é $5,81 \times 10^5$ N/m, ao passo que a rigidez da viga é $1,20 \times 10^7$ N/m, que é 20,7 vezes a rigidez do isolador. Assim, a suposição é válida.

Permitindo que a força máxima transmitida varie, a Figura 4.49 mostra a rigidez máxima como função da força máxima transmitida para $\zeta = 0$ e $\zeta = 0,1$.

## 4.16.2 SISTEMA DE SUSPENSÃO SIMPLIFICADO

A equação diferencial do veículo à medida que ele atravessa uma estrada é

$$m\ddot{x} + c\dot{x} + kx = c\dot{y} + ky \tag{a}$$

O deslocamento do veículo em relação à estrada é $z = x - y$ e é regido pela equação

$$m\ddot{z} + c\dot{z} + kz = m\ddot{y} \tag{b}$$

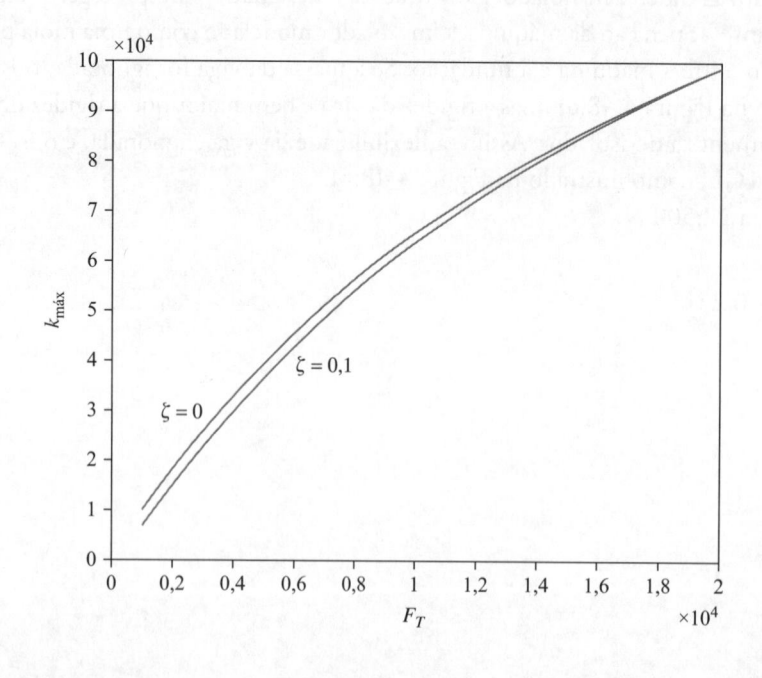

**FIGURA 4.49**
Rigidez máxima do isolador em função da força transmitida máxima para $\zeta = 0$ e $\zeta = 0,1$.

ou

$$\ddot{z} + 2\zeta\omega_n\dot{z} + \omega_n^2 z = \ddot{y} \tag{c}$$

Considere que o veículo tem velocidade horizontal constante $v$ à medida que atravessa uma estrada com um contorno senoidal $y(\xi) = Y\text{sen}(\frac{2\pi\xi}{d})$. Como o veículo está viajando a uma velocidade horizontal constante, ele percorre uma distância $\zeta$ no tempo $vt$. Assim, o deslocamento dependente do tempo transmitido ao veículo é $y(t) = Y\text{sen}\left(\frac{2\pi v}{d}t\right)$. Assim, a entrada é uma entrada senoidal de frequência $\omega = \frac{2\pi v}{d}$. A entrada para a equação do deslocamento relativo é uma excitação ao quadrado da frequência de amplitude $m\omega^2 Y$. As quantidades-chave do regime permanente são a amplitude em regime permanente do deslocamento relativo

$$Z = Y\Lambda(r, \zeta) \tag{d}$$

e a amplitude da aceleração absoluta

$$A = \omega^2 X = \omega^e Y T(r, \zeta) \tag{e}$$

A amplitude da aceleração absoluta pode ser escrita como

$$\frac{A}{\omega_n^2 Y} = r^2 T(r,\zeta) = R(r, \zeta) \tag{f}$$

Os gráficos de $Z$ versus a velocidade do veículo e de $A$ versus a velocidade do veículo vazio (para um veículo meio carregado e um veículo completamente carregado para $d = 5$ m e $Y = 0,02$) são dados nas Figuras 4.50 e 4.51, respectivamente. Os gráficos são feitos para um veículo com $\omega_n = 6,32$ rad/s e uma razão de amortecimento de 0,316.

Em seguida, considere o veículo enquanto atravessa uma estrada periódica cujo contorno é mostrado na Figura 4.52, que modela uma estrada com juntas de dilatação a cada 3 m. A série de Fourier para o contorno da estrada é

$$y(\xi) = \frac{a_0}{2} + \sum_{i=1}^{\infty}(a_i\cos\beta_i\xi + b_i\text{sen}\beta_i\xi) \tag{g}$$

onde

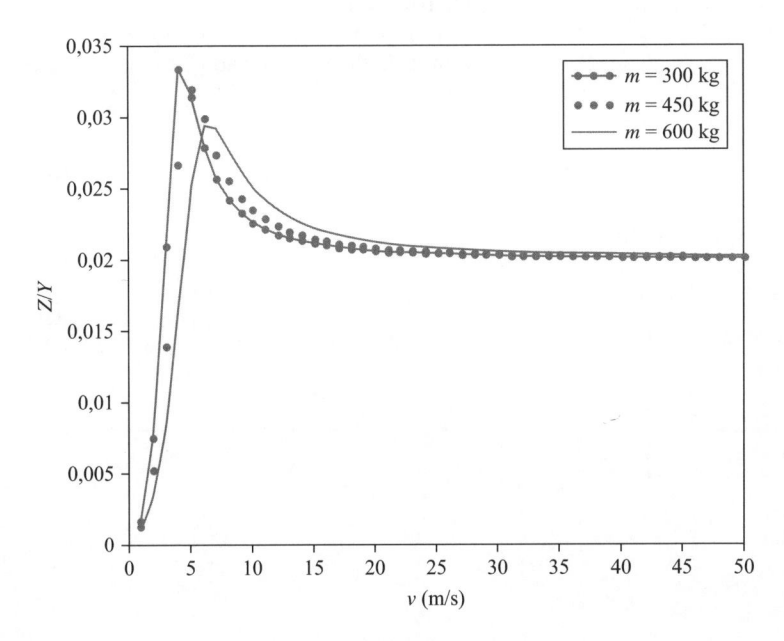

**FIGURA 4.50**
$Z/Y$ versus a velocidade para um veículo vazio, meio carregado e completamente carregado.

**FIGURA 4.51**
$A/w^2Y$ *versus* a velocidade para o veículo vazio, veículo meio carregado e veículo completamente carregado.

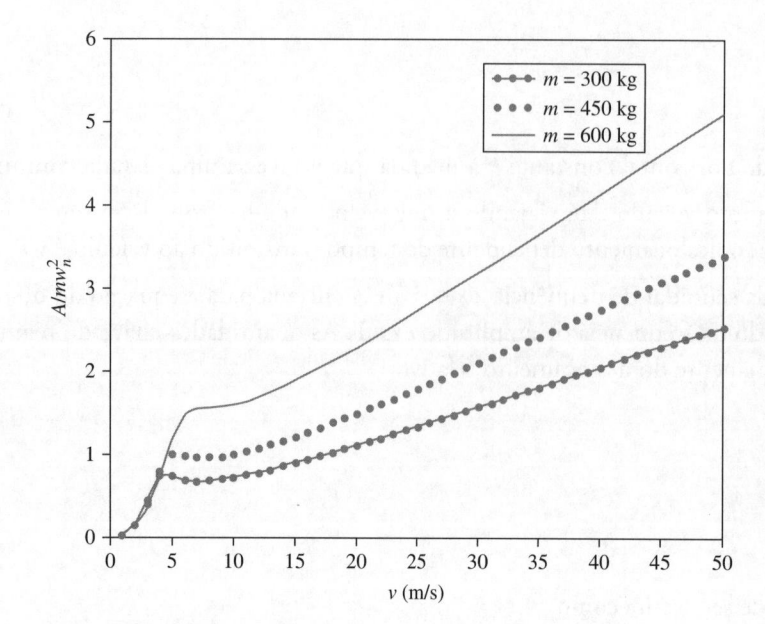

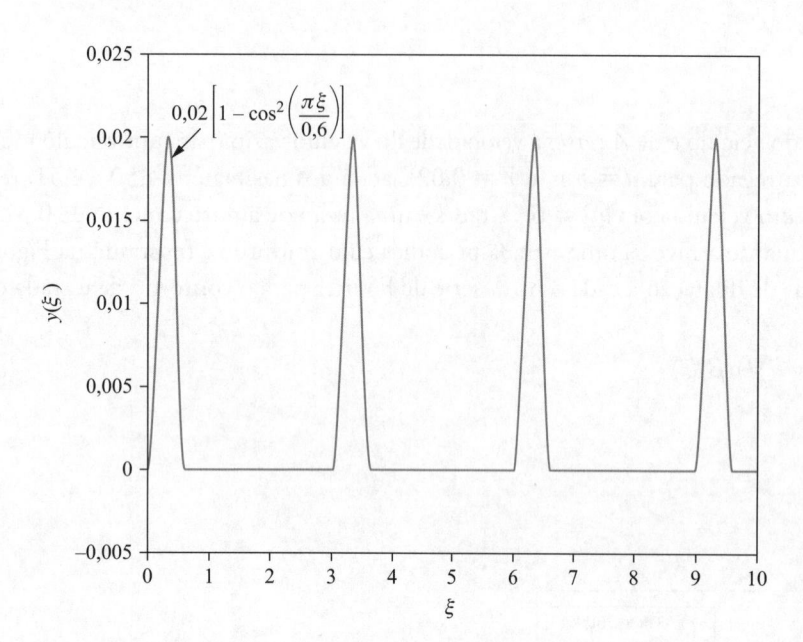

**FIGURA 4.52**
Contorno periódico da estrada com juntas de dilatação a cada 3 m.

$$\lambda_i = \frac{2\pi i}{3} \tag{h}$$

A função que define as juntas de dilatação é expressa como

$$y(\xi) = \begin{cases} 0{,}02\left(1 - \cos^2 \frac{\pi}{0{,}6}\xi\right) & 0 \leq \xi \leq 0{,}6 \text{ m} \\ 0 & 0{,}6 \leq \xi \leq 3 \text{ m} \end{cases} \tag{i}$$

Os coeficientes de Fourier são

$$a_0 = \frac{2}{3\,\mathrm{m}} \int_0^T y(\xi)\, d\xi = \frac{2}{3} \int_0^{0,6} 0,02\left(1 - \cos^2 \frac{\pi}{0,6}\xi\right) d\xi = 0,004 \tag{j}$$

$$a_i = \frac{2}{3\,\mathrm{m}} \int_0^T y(\xi) \cos(\beta_i \xi)\, dt = \frac{2}{3} \int_0^{0,6} 0,02\left(1 - \cos^2 \frac{\pi}{0,6}\xi\right) \cos\left(\frac{2}{3}\pi i \xi\right) d\xi$$

$$= \begin{cases} \dfrac{0,01}{\pi i}\left\{1 + \dfrac{i^2}{25[1-(0,2i)^2]}\right\} \operatorname{sen}(0,4\pi i) & i \ne 5 \\ 0,0020 & i = 5 \end{cases} \tag{k}$$

e

$$b_i = \frac{2}{3\,\mathrm{m}} \int_0^T y(\xi) \operatorname{sen}(\beta_i \xi)\, dt = \frac{2}{3} \int_0^{0,6} 0,02\left(1 - \cos^2 \frac{\pi}{0,6}\xi\right) \operatorname{sen}\left(\frac{2}{3}\pi i \xi\right) d\xi$$

$$= \begin{cases} -\dfrac{0,01}{\pi i}\left\{\left[1 + \dfrac{i^2}{25[1-(0,2i)^2]}\right][\cos(0,4\pi i) - 1]\right\} & i \ne 5 \\ 0 & i = 5 \end{cases} \tag{l}$$

A série de Fourier converge $y(\zeta)$, como ilustrado na Figura 4.53. Reescrever a série de Fourier como

$$y(\xi) = \frac{a_0}{2} + \sum_{t=1}^{\infty} c_i \operatorname{sen}(\beta_i \xi + \kappa_i) \tag{m}$$

onde

$$c_i = (a_i^2 + b_i^2)^{1/2} = \begin{cases} \dfrac{0,01}{\pi i}\left\{1 + \dfrac{i^2}{25[1-(0,2i)^2]}\right\} \sqrt{2(1 - \cos 0,4\pi i)} & i \ne 5 \\ 0,02 & i = 5 \end{cases} \tag{n}$$

e

$$\kappa_i = \tan^{-1} \frac{a_i}{b_i} = \begin{cases} \tan^{-1}\left[\dfrac{\operatorname{sen} 0,4\pi i}{-(\cos 0,4\pi i - 1)}\right] & i \ne 0 \\ -\dfrac{\pi}{2} & i = 5 \end{cases} \tag{o}$$

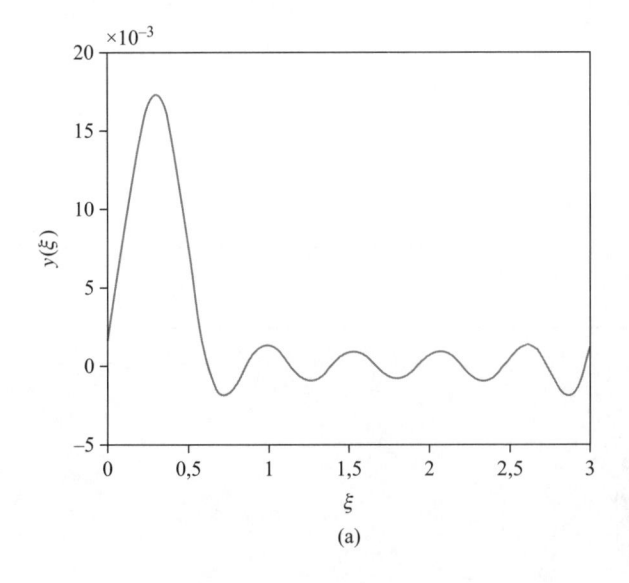

**FIGURA 4.53**
Convergência da representação da série de Fourier para $y(\zeta)$ com (a) 5 termos, (b) 8 termos, (c) 15 termos e (d) 25 termos. (*Continua*)

(b)

(c)

(d)

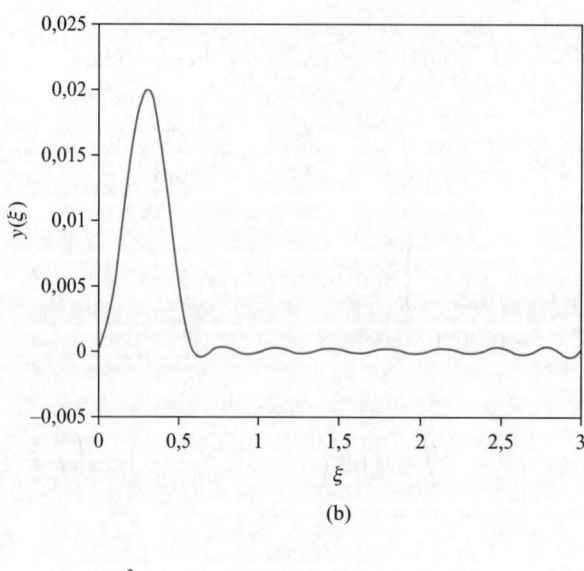

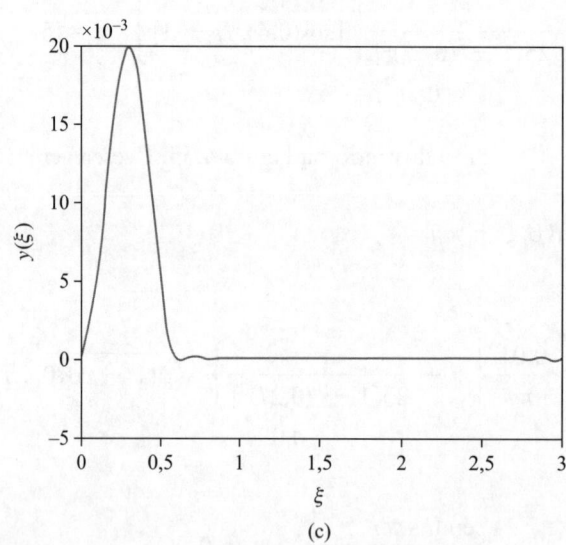

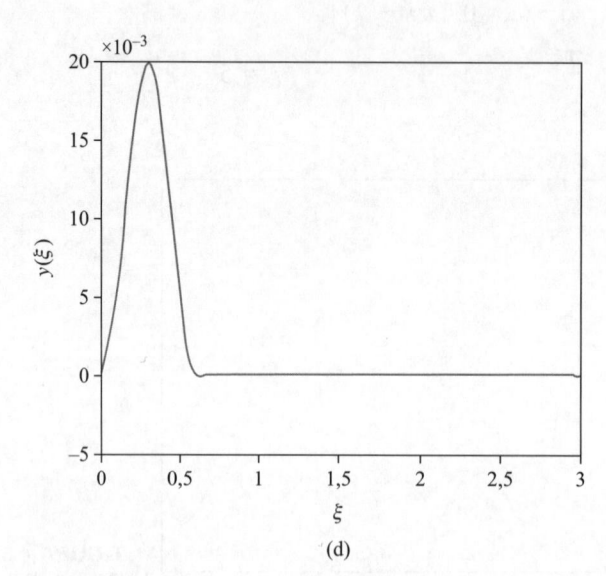

**FIGURA 4.53**
(*Continuação*)

Como o veículo está viajando a uma velocidade horizontal constante, ele percorre uma distância $\zeta$ no tempo $vt$. Assim, a excitação do movimento aplicada às rodas é $y(vt)$ ou

$$y(t) = \frac{a_0}{2} + \sum_{t=1}^{\infty} c_i \,\text{sen}(\beta_i vt + \kappa_i) \tag{p}$$

A equação diferencial regendo o deslocamento do corpo do veículo é

$$\ddot{x} + 2\zeta\omega_n\dot{x} + \omega_n^2 x = 2\zeta\omega_n\dot{y} + \omega_n^2 y \tag{q}$$

ou

$$\begin{aligned}\ddot{x} + 2\zeta\omega_n\dot{x} + \omega_n^2 x &= 2\zeta\sum_{t=1}^{\infty} c_i\beta_i v \cos(\beta_i vt + \kappa_i) \\ &\quad + \omega_n^2\left[\frac{a_0}{2} + \sum_{i=1}^{\infty} c_i \,\text{sen}(\beta_i vt + \kappa_i)\right]\end{aligned} \tag{r}$$

Ao observar que a solução da Equação (q) com um termo de frequência única à direita da grandeza $Y$ é $y(t) = YT(r, \zeta)\,\text{sen}(\omega t + \lambda)$, o princípio da superposição linear é aplicado produzindo

$$x(t) = \frac{a_0}{2} + \sum_{i=1}^{\infty} T(r_i, \zeta) c_i \,\text{sen}(\beta_i vt + \kappa_i - \lambda_i) \tag{s}$$

onde

$$r_i = \frac{vB_i}{\omega_n} \tag{t}$$

O gráfico da resposta em regime permanente ao longo de um período é dado na Figura 4.54 para $v = 30$ m/s. A aceleração é

$$a(t) = \sum_{i=1}^{\infty} (\lambda_i v)^2 T(r_i, \zeta) c_i \,\text{sen}(\lambda_i vt + \kappa_i - \lambda_i) \tag{u}$$

A aceleração em regime permanente é representada graficamente na Figura 4.55 para $v = 30$ m/s.

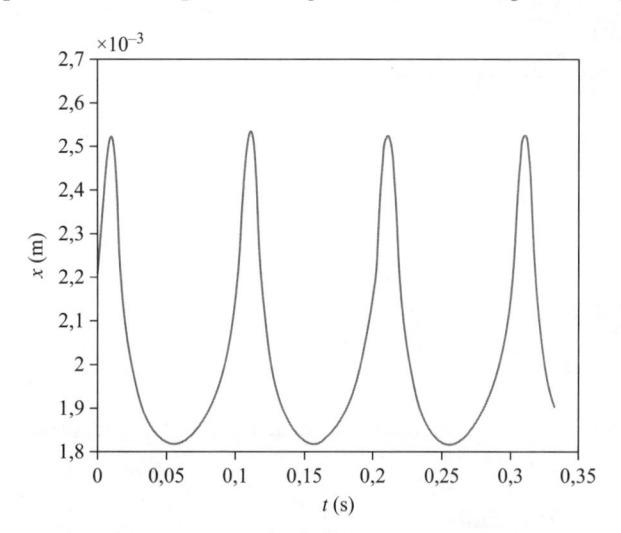

**FIGURA 4.54**
Deslocamento do veículo como uma função de tempo para $v = 30$ m/s.

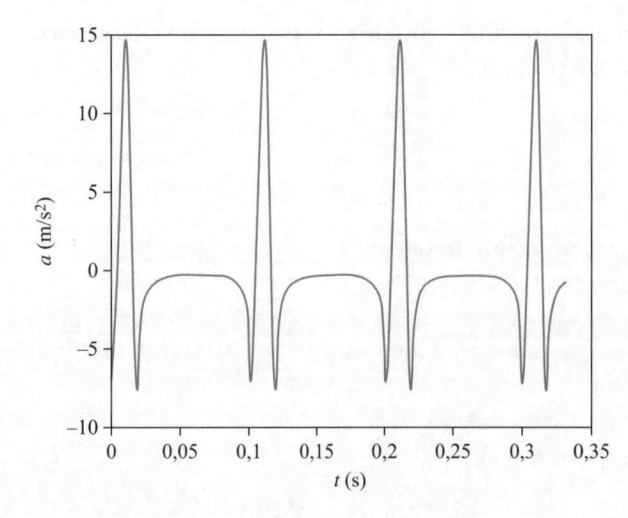

**FIGURA 4.55**
Aceleração do veículo como uma função de tempo para $v = 30$ m/s.

## 4.17 OUTROS EXEMPLOS

### EXEMPLO 4.22

Uma máquina-ferramenta de 50 kg está montada em uma fundação elástica modelada como uma mola e um amortecedor viscoso paralelo. Para determinar as propriedades da fundação, uma força com grandeza de 8000 N é aplicada à máquina-ferramenta em diversas velocidades. Observa-se que a amplitude máxima em regime permanente é 2,5 mm, que ocorre a 35 Hz. Determine a rigidez equivalente e o coeficiente de amortecimento equivalente da fundação.

### SOLUÇÃO

A amplitude máxima em regime permanente ocorre para uma razão de frequência de $r_m = \omega_m/\omega_n = \sqrt{1 - 2\zeta^2}$ e corresponde a um fator de ampliação $M_{máx} = \dfrac{m\omega_n^2 X_{máx}}{F_0} = \dfrac{1}{2\zeta\sqrt{1-\zeta^2}}$. Substituir os números dados leva a

$$\frac{(35 \text{ ciclos/s})(2\pi \text{ rad/ciclo})}{\omega_n} = \sqrt{1 - 2\zeta^2} \tag{a}$$

e

$$\frac{(50 \text{ kg}) \, \omega_n^2 (0,0025 \text{ m})}{8000 \text{ N}} = \frac{1}{2\zeta\sqrt{1 - \zeta^2}} \tag{b}$$

Eliminar $\omega_n$ entre as Equações (a) e (b) produz

$$0,756 = \frac{1 - 2\zeta^2}{2\zeta\sqrt{1 - \zeta^2}} \tag{c}$$

Rearranjar a Equação (c) leva a

$$6,286\zeta^4 - 6,286\zeta^2 + 1 = 0 \tag{d}$$

cujas soluções são $\zeta = 0,446$. $0,895$. O menor valor de $\zeta$ é a solução apropriada, que é menor que $1/\sqrt{2}$ para qual $M$ atinge um máximo. Assim,

$$\omega_n = \frac{\omega}{\sqrt{1 - 2\zeta^2}} = \frac{70\pi \text{ rad/s}}{\sqrt{1 - 2(0,446)^2}} = 283,2 \text{ rad/s} \tag{e}$$

A rigidez calculada é

$$k = m\omega_n^2 = (50 \text{ kg})(245,7 \text{ rad/s})^2 = 4,0 \times 10^6 \text{ N/m} \tag{f}$$

e o coeficiente de amortecimento é

$$c = 2\zeta m\omega_n = 2(0,446)(50 \text{ kg})(245,7 \text{ rad/s}) = 1,26 \times 10^4 \text{ N} \cdot \text{s/m} \tag{g}\blacksquare$$

## ■ EXEMPLO 4.23

Uma máquina de costura industrial de 65 kg opera a 125 Hz e tem um desbalanceamento rotativo de 0,15 kg · m. A máquina é montada em uma fundação com rigidez de $2 \times 10^6$ N/m e razão de amortecimento de 0,12. Determine a amplitude estável da máquina.

### SOLUÇÃO
A frequência natural do sistema é

$$\omega_n = \sqrt{\frac{k}{m}} = \sqrt{\frac{2 \times 10^6 \text{ N/m}}{65 \text{ kg}}} = 175,4 \text{ r/s} \tag{a}$$

A razão de frequência para a excitação é

$$r = \frac{\omega}{\omega_n} = \frac{(125 \text{ ciclos/s})(2\pi \text{ rad/ciclo})}{175,5 \text{ rad/s}} = 4,48 \tag{b}$$

A amplitude em regime permanente é encontrada em

$$\frac{mX}{m_0 e} = \Lambda(4,48.\ 0,12) = \frac{(4,48)^2}{\sqrt{(1 - 4,48^2)^2 + [2(0,12)(4,48)]^2}} = 1,051 \tag{c}$$

A Equação (c) é solucionada, produzindo

$$X = \frac{m_0 e}{m}\Lambda(4,48.\ 0,12) = \left(\frac{0,15 \text{ kg} \cdot \text{m}}{65 \text{ kg}}\right)1,051 = 2,43 \text{ mm} \tag{d}\blacksquare$$

## ■ EXEMPLO 4.24

Um *tumbler* a vácuo de 500 kg tem um desbalanceamento rotativo de 12,6 kg, que tem 5 cm de seu eixo de rotação. Para quais rigidezes de uma montagem elástica de razão de amortecimento 0,06 a amplitude em regime permanente do *tumbler* será menor que 2 mm para todas as velocidades de operação entre 200 rpm e 600 rpm?

### SOLUÇÃO
A partir das informações dadas, o valor permissível do parâmetro não dimensional $\Lambda$ é

$$\Lambda_{\text{perm}} = \frac{mX_{\text{perm}}}{m_0 e} = \frac{(500 \text{ kg})(0,002 \text{ m})}{(12,6 \text{ kg})(0,05 \text{ m})} = 1,587 \tag{a}$$

A curva de $\Lambda(r, 0,06)$ *versus* $r$ é mostrada na Figura 4.56. Como $\Lambda_{\text{perm}} > 1$ há dois valores de $r$ para os quais $\Lambda(r, 0,06) = \Lambda_{\text{perm}}$. Eles podem ser encontrados pela solução de

$$\frac{r^2}{\sqrt{(1 - r^2)^2 + [2(0,06)r]^2}} = 1,587 \tag{b}$$

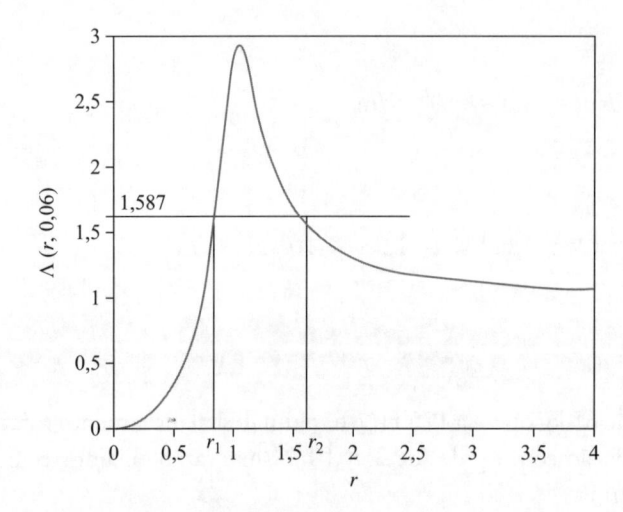

**FIGURA 4.56**
$\Lambda(r, 0{,}06)$ versus $r$.

As soluções são $r = 0{,}788$, $1{,}635$. Considere primeiro o menor valor de $r$, $\Lambda < 1{,}587$ para $r < 0{,}788$. Assim, se $r = 0{,}788$ corresponde a $\omega = 600$ rpm, a amplitude em regime permanente é menor que 2 mm para todas as velocidades menores que 600 rpm. Assim, exigir $r < 0{,}788$ ou o equivalente $\frac{600 \text{ rpm}}{\omega_n} < 0{,}788$, implica em $\omega_n > 761{,}4$ rpm ou $\omega_n > \left(761{,}4 \frac{\text{rev}}{\text{min}}\right)\left(\frac{2\pi \text{ rad}}{\text{rev}}\right)\left(\frac{1 \text{ min}}{60 \text{ s}}\right) = 79{,}73$ rad/s. Isso leva a

$$k > (500 \text{ kg})\left(79{,}73 \frac{r}{s}\right)^2 = 3{,}18 \times 10^6 \text{ N/m} \tag{c}$$

Se $r = 1{,}635$ corresponde a $\omega = 200$ rpm, então $\Lambda < 1{,}537$ ou $X < 2$ mm para todos $\omega > 200$ rpm. Assim, $r > 1{,}635$ implica que $\frac{200 \text{ rpm}}{\omega_n} > 1{,}635$, o que leva a $\omega_n < 122{,}3$ rpm ou $\omega_n < 12{,}81$ rad/s. As rigidezes permissíveis são

$$k > (500 \text{ kg})(12{,}81 \text{ rad/s})^2 = 8{,}21 \times 10^4 \text{ N/m} \tag{d}$$

Assim, a amplitude em regime permanente da máquina é menor que 2 mm em todas as velocidades entre 200 rpm e 600 rpm se $k > 3{,}18 \times 10^6$ N/m ou $k < 8{,}21 \times 10^4$ N/m. ∎

## ■ EXEMPLO 4.25

Qual é a deflexão estática mínima de um isolador para fornecer 85% de isolamento a um ventilador que opera a velocidades entre 1500 rpm e 2200 rpm se (a) o isolador não for amortecido, e (b) o isolador tiver uma razão de amortecimento $\zeta = 0{,}1$?

### SOLUÇÃO

O isolamento de 85% leva a uma razão de transmissibilidade de $T = 0{,}15$.
(a) Se o isolador não for amortecido, a equação apropriada a ser usada é

$$T(r, 0) = \frac{1}{r^2 - 1} \tag{a}$$

que leva a $0{,}15 = \frac{1}{r^2 - 1}$ e $r = 2{,}77$. Como $T(r, 0) < 0{,}15$ para $r > 2{,}77$, é necessário que $r = 2{,}77$ corresponda à menor frequência permissível a $\omega = 1500$ rpm $= 157{,}1$ rad/s. Para essa extremidade,

$$\frac{157{,}1 \text{ rad/s}}{\omega_n} = 2{,}77 \tag{b}$$

que dá $\omega_n = 56{,}7$ rad/s. A deflexão estática necessária é

$$\Delta_s = \frac{mg}{k} = \frac{g}{\omega_n^2} = \frac{9{,}81 \text{ m/s}^2}{(56{,}7 \text{ rad/s})^2} = 3{,}1 \text{ mm} \tag{c}$$

(b) Se o isolador tiver uma razão de amortecimento de 0,1, então

$$T(r,\, 0{,}1) = 0{,}15 = \sqrt{\frac{1 + [2(0{,}1)r]^2}{(1 - r^2)^2 + [2(0{,}1)r]^2}} \tag{d}$$

Fazer a quadratura de ambos os lados e rearranjá-los leva a

$$r^4 - 3{,}737r^2 - 43{,}44 = 0 \tag{e}$$

cuja solução é $r = 2{,}953$. Seguindo o procedimento do item (a), a frequência natural necessária é calculada como $\omega_n = 53{,}2$ rad/s e $\Delta_s = 3{,}5$ mm. A razão de amortecimento aumentada leva a uma frequência natural menor e uma deflexão estática necessária maior. ∎

## EXEMPLO 4.26

Uma máquina de 50 kg tem um desbalanceamento rotativo. A máquina é montada em uma fundação elástica com rigidez de $1{,}3 \times 10^5$ N/m, razão de amortecimento de 0,04 e opera a 1500 rpm. Um acelerômetro é montado na máquina para monitorar suas vibrações em regime permanente.

(a) Qual é a frequência natural mínima de um acelerômetro de razão de amortecimento 0,2 de modo que ele meça as vibrações da máquina com não mais que 2% de erro?
(b) Quando o acelerômetro do item (a) é usado, ele mede uma amplitude em regime permanente de 14,8 m/s². Qual é a amplitude do desbalanceamento rotativo?
(c) Qual é a saída do acelerômetro se a máquina operar a 1200 rpm?

### SOLUÇÃO

(a) O percentual de erro na medição do acelerômetro é $E = 100|1 - M(r, \zeta)|$, onde a razão de frequência refere-se à razão de frequência de excitação para a frequência natural do acelerômetro. O acelerômetro trabalha no intervalo do $r$ pequeno e $\zeta < \frac{1}{\sqrt{2}}$. Assim, $M(r, \zeta) > 1$. Para o erro ser menor que 2%,

$$100\,[M(r, 0{,}2) - 1] < 2 \tag{a}$$

ou $M(r, 0{,}2) < 1{,}02$, que implica que

$$\frac{1}{\sqrt{(1 - r^2)^2 + [2(0{,}2)r]^2}} < 1{,}02 \tag{b}$$

As soluções da Equação (a) são $r < 0{,}146$ e $r > 1{,}35$. No entanto, exigir $r > 1{,}35$ levará ao erro sendo maior que 2% para quando $100[1 - M(r, 0{,}2)] < 0{,}98$.

Assim, para a frequência natural mínima para o erro ser menor que 2% é necessário que $r = 1{,}46$ corresponda a $\omega = 1500$ rpm. Para essa finalidade

$$\frac{\left(1500\,\dfrac{\text{rev}}{\text{min}}\right)\left(2\pi\,\dfrac{\text{rad}}{\text{rev}}\right)\left(\dfrac{1 \text{ min}}{60 \text{ s}}\right)}{\omega_n} = 0{,}146 \tag{c}$$

que leva a $\omega_n = 1076$ rad/s.

(b) O erro na medição é de 2%. Assim, se $A$ é a aceleração real e $B$ é a medição, então $B = 1{,}02A$. Com $B = 14{,}8$ m/s$^2$, isso dá $A = 14{,}5$ m/s$^2$. Então a amplitude da vibração em regime permanente está relacionada à amplitude da aceleração por $A = \omega^2 X$. Com $\omega = 1500$ rpm = 157,1 rad/s, a amplitude em regime permanente é $X = 5{,}87 \times 10^{-4}$ m. Para a máquina com um desbalanceamento rotativo,

$$\frac{mX}{m_0 e} = \Lambda(r_m, 0{,}04)$$

onde $r_m$ é a razão da frequência de excitação para a frequência natural da máquina. Ao realizar os cálculos necessários, a frequência natural da máquina será

$$\omega_n = \sqrt{\frac{k}{m_m}} = \sqrt{\frac{1{,}3 \times 10^5 \frac{\text{N}}{\text{m}}}{50 \text{ kg}}} = 51{,}0 \text{ rad/s} \tag{d}$$

A razão de frequência é

$$r = \frac{\omega}{\omega_n} = \frac{157{,}1 \text{ rad/s}}{51{,}0 \text{ rad/s}} = 3{,}08 \tag{e}$$

Então

$$\Lambda(3{,}08{,}0{,}04) = \frac{(3{,}08)^2}{\sqrt{[1 - (3{,}08)^2]^2 + [2(0{,}04)(3{,}08)]^2}} = 1{,}12 \tag{f}$$

e a grandeza do desbalanceamento rotativo é

$$m_0 e = \frac{mX}{\Lambda(3{,}08.\ 0{,}04)} = \frac{(50 \text{ kg})(5{,}9 \times 10^{-4}\text{m})}{1{,}12} = 0{,}0264 \text{ kg} \cdot \text{m} \tag{g}$$

(c) A máquina agora gira a $\omega = 1200$ rpm = 125,7 rad/s. Assim, $r = \frac{125{,}7 \text{ rad/s}}{51{,}0 \text{ rad/s}} = 2{,}46$ e $\Lambda(2{,}46.\ 0{,}04) = 1{,}197$. A resposta em regime permanente da máquina é $x(t) = X \operatorname{sen}(\omega t - \phi)$ onde

$$X = \frac{m_0 e}{m_m}\Lambda(r, 0{,}04) = \frac{0{,}0264 \text{ kg} \cdot \text{m}}{50 \text{ kg}}(1{,}197) = 6{,}32 \times 10^{-4} \text{ m} \tag{h}$$

e

$$\phi = \tan^{-1}\left[\frac{2(0{,}04)r}{1 - r^2}\right] = \tan^{-1}\left[\frac{(0{,}08)(2{,}46)}{1 - (2{,}46)^2}\right] = -0{,}0389 \text{ rad} \tag{i}$$

Assim, a resposta em regime permanente da máquina é

$$x(t) = 6{,}32 \times 10^{-4} \operatorname{sen}(125{,}7t + 0{,}0389) \text{ m} \tag{j}$$

A saída do acelerômetro é $-\frac{\omega_n^2}{M(r_a, 0{,}2)}z(t)$ onde, $r_a = \frac{125{,}7 \text{ rad/s}}{1076 \text{ rad/s}} = 0{,}117$ e $M(0{,}117, 0{,}2) = 1{,}013$. O erro na medição do acelerômetro é 1,3%. $z(t)$ é o deslocamento da massa sísmica relativa à máquina e é dado como

$$z(t) = Z_a \operatorname{sen}(125{,}7t + 0{,}0389 - \phi_a) \tag{k}$$

onde

$$Z_a = X\Lambda(0{,}117,\ 0{,}2) = (6{,}32 \times 10^{-4}\ \text{m})(0{,}013) = 8{,}78 \times 10^{-6}\ \text{m} \qquad \text{(l)}$$

e

$$\phi_a = \tan^{-1}\left[\frac{2(0{,}2)(0{,}117)}{1 - (0{,}117)^2}\right] = 0{,}0461\ \text{rad} \qquad \text{(m)}$$

Assim, a saída do acelerômetro é

$$a(t) = -\frac{(1076\ \text{rad/s})^2}{1{,}013}(8{,}78 \times 10^{-6}\ \text{m})\ \text{sen}(125{,}7t + 0{,}0389 - 0{,}0461)$$

$$= 10{,}03\ \text{sen}(125{,}7t - 0{,}0072)\ \text{m/s}^2 \qquad \text{(n)} \blacksquare$$

## ■ EXEMPLO 4.27

Uma colheitadeira de energia está sendo designada para colher a energia de um sistema MEMS, cujas vibrações são dadas por

$$y(t) = (10\ \text{sen}\ 400t + 15\ \text{sen}\ 500t)\ \mu\text{m} \qquad \text{(a)}$$

A colheitadeira deve ter uma razão de amortecimento 0,2 e uma massa de 0,002 g.
(a) Qual é a melhor frequência natural para a colheitadeira?
(b) Quanta energia é colhida em uma hora?

### SOLUÇÃO

(a) Como os períodos de ambos os termos na vibração não são os mesmos, é difícil definir a energia média em um ciclo. O período ao longo do qual ambas as vibrações se repetem é

$$T_c = \frac{2\pi(900)}{(400)(500)} = 0{,}0282\ \text{s} \qquad \text{(b)}$$

A resposta relativa entre a colheitadeira e a máquina é

$$z(t) = 10\Lambda(r_1, \zeta)\ \text{sen}(400t - \phi_1) + 15\Lambda(r_2, \zeta)\ \text{sen}(500t - \phi_2) \qquad \text{(c)}$$

A energia dissipada pelo amortecedor viscoso ao longo desse período é

$$\begin{aligned}
P &= 10^{-12} \int_0^{0{,}0282} c[(10)(400)\Lambda(r_1,\zeta)\cos(400t - \phi_1) \\
&\quad + (15)(500)\Lambda(r_1,\zeta)\cos(500t - \phi_2)]^2\ dt \\
&= 2\zeta m\omega_n 10^{-6}\{0{,}226\Lambda^2(r_1,\zeta) + 0{,}763\Lambda^2(r_1,\zeta) \\
&\quad + 0{,}3\Lambda(r_1,\zeta)\Lambda(r_2,\zeta)[\text{sen}(\phi_2 - \phi_1) - \text{sen}(2{,}821 + \phi_2 - \phi_1)]\}
\end{aligned} \qquad \text{(d)}$$

A Equação (d) está representada graficamente em comparação a $\omega_n$ na Figura 4.57. A maior energia colhida é 0,277 $\mu$W e ocorre para $\omega_n = 468$ rad/s.
(b) O número de ciclos em uma hora é

$$n = \left(\frac{3600\ \text{s/h}}{0{,}0282\ \text{s/ciclo}}\right)(1\ \text{h}) = 1{,}27 \times 10^5\ \text{ciclos} \qquad \text{(e)}$$

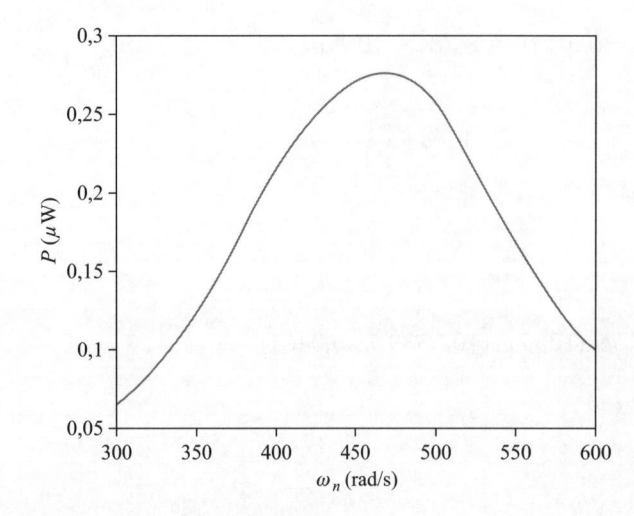

**FIGURA 4.57**
Parcela da energia colhida *versus* $\omega_n$ para o sistema do Exemplo 4.27.

A energia capturada em uma hora é

$$P = \left(0{,}277 \frac{\mu W}{\text{ciclo}}\right)(1{,}27 \times 10^5 \text{ ciclos}) = 3{,}52 \times 10^{-2} \text{ W} \tag{f}$$

## EXEMPLO 4.28

A mola torcional do sistema do Exemplo 3.16 está anexada a um atuador que fornece um deslocamento harmônico de $\Phi \,\text{sen}\, \omega t$ para o sistema, como mostrado na Figura 4.58. Assuma $\Phi = 10°$.

(a) Se o eletroímã estiver desligado, determine a forma do fator de ampliação para o pêndulo ($M_c$), assumindo o amortecimento de Coulomb. Qual é a amplitude em regime permanente do pêndulo se $\omega = 4$ rad/s?

(b) Se o eletroímã estiver ligado, preveja a amplitude em regime permanente do pêndulo se $\omega = 4$ rad/s.

### SOLUÇÃO

Se o eletroímã estiver desligado, o pêndulo é sujeito ao amortecimento de Coulomb com um momento resistente de 0,0629 N · m (Exemplo 3.16). A equação diferencial regendo as oscilações forçadas do pêndulo é

$$I\ddot{\theta} + k_t \theta = k_t \Phi \,\text{sen}\, \omega t + \begin{cases} -M_f & \dot{\theta} > 0 \\ M_f & \dot{\theta} < 0 \end{cases} \tag{a}$$

onde $I = 0{,}183$ kg · m2 e $k_t = 1{,}8$ N · m/rad. A teoria referente à vibração em regime permanente dos sistemas com amortecimento de Coulomb se aplica com (no Exemplo 3.16 se foi descoberto que $M_f = 0{,}0157$ N · M)

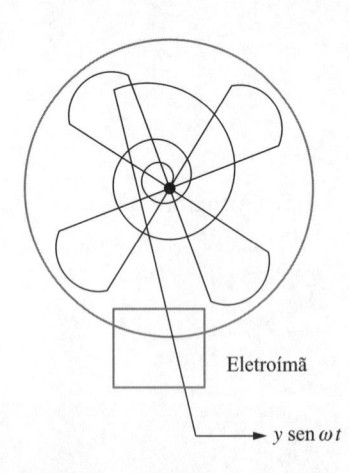

**FIGURA 4.58**
Sistema do Exemplo 4.28.

$$\iota = \frac{M_f}{k_t\Phi} = \frac{0{,}0157 \text{ N} \cdot \text{m}}{\left(1{,}8\frac{\text{N} \cdot \text{m}}{\text{rad}}\right)(10°)\left(\frac{2\pi \text{ rad}}{360°}\right)} = 0{,}050 \quad \text{(b)}$$

O fator de ampliação é

$$M_c(r, 0{,}2) = \sqrt{\frac{1 - \left[\frac{4(0{,}05)}{\pi}\right]^2}{(1 - r^2)^2}} = \sqrt{\frac{0{,}996}{(1 - r^2)^2}} = \frac{0{,}998}{|1 - r^2|} \quad \text{(c)}$$

Para $\omega = 4$ rad/s, $r = \frac{4 \text{ rad/s}}{3{,}14 \text{ rad/s}} = 1{,}27$ e $M_c(1{,}27.\,0{,}2) = 1{,}63$. A amplitude em regime permanente é

$$\Theta = \frac{k_t\Phi}{I\omega_n^2} M_c(1{,}27.0{,}2) = \frac{(1{,}8 \text{ N} \cdot \text{m/rad})(10°)}{(0{,}183 \text{ kg} \cdot \text{m}^2)(3{,}14 \text{ rad/s})^2}(1{,}63) = 16{,}26° \quad \text{(d)}$$

(b) Se o eletroímã estiver ligado, o sistema tem amortecimento viscoso que domina o amortecimento de Coulomb. A equação diferencial regendo o movimento do sistema é

$$I\ddot{\theta} + c_t\dot{\theta} + k_t\theta = k_t\Phi \operatorname{sen}\omega t \quad \text{(e)}$$

que é escrito na forma padrão como

$$\ddot{\theta} + 2\zeta\omega_n\dot{\theta} + \omega_n^2\theta = \omega_n^2\Phi \operatorname{sen}\omega t \quad \text{(f)}$$

A amplitude em regime permanente é dada por

$$\Theta = \frac{k_t\Phi}{k_t} M(r, \zeta) = \Phi M(r, \zeta) \quad \text{(g)}$$

A razão de amortecimento é 0,011 (Exemplo 3.16) e para $\omega = 4$ rad/s, $r = \frac{4 \text{ rad/s}}{3{,}14 \text{ rad/s}} = 1{,}27$. Assim,

$$\Theta = (10°)M(1{,}27.0{,}011) = (10°)\frac{1}{\sqrt{[1 - (1{,}27)^2]^2 + [2(0{,}011)(1{,}27)]^2}} = 16{,}29° \quad \text{(h)} \blacksquare$$

## 4.18 RESUMO DO CAPÍTULO

### 4.18.1 CONCEITOS IMPORTANTES

Os tópicos abordados neste capítulo incluem as vibrações em regime permanente dos sistemas de 1GL. O que segue refere-se a esses tópicos.

- Ressonância, que é caracterizada pelo crescimento sem limite na amplitude, ocorre em um sistema não amortecido quando a frequência de entrada coincide com a frequência natural.
- A ressonância ocorre porque o trabalho feito pela força externa não é necessário para sustentar as vibrações na frequência natural.
- Batimento, que ocorre em um sistema não amortecido quando a frequência de entrada é próxima, mas não igual à frequência natural, é caracterizada por um acúmulo contínuo e um decaimento da amplitude.
- As vibrações livres de um sistema amortecido desaparecem após um período de tempo deixando apenas a solução particular, que é a solução em regime permanente.

- A resposta em regime permanente de um sistema com amortecimento viscoso em função de uma excitação harmônica de frequência única está na mesma frequência que a entrada, mas em uma fase de ângulo diferente.
- A amplitude da resposta é afetada por rigidez, inércia e propriedades de amortecimento do sistema.
- O fator de ampliação não dimensional, que é a razão da força máxima desenvolvida na mola para o máximo da força de excitação, é uma função da razão de frequência e da razão de amortecimento $M(r, \zeta)$.
- A resposta da frequência é estudada ao considerar o comportamento de $M(r, \zeta)$ para variar $r$ para os valores diferentes de $\zeta$ onde $M(0, \zeta) = 1$ e $\lim_{r \to \infty} M(r, \zeta) = 0$. Para $\zeta < \frac{1}{\sqrt{2}}$, $M(r, \zeta)$ aumenta à medida que $r$ aumenta de zero e atinge um máximo antes de começar a diminuir. Para $\zeta < \frac{1}{\sqrt{2}}$, $M(r, \zeta)$ diminui monotonicamente com o aumento de $r$.
- As excitações de amplitude quadrática em frequência ocorrem quando a amplitude da excitação é proporcional ao quadrado da frequência. Uma máquina com desbalanceamento rotativo é um exemplo de sistema com excitação da frequência ao quadrado.
- A resposta da frequência para as excitações da frequência ao quadrado é dada por uma função não dimensional $\Lambda(r, \zeta)$ onde $\Lambda(r, 0) = 0$ e $\lim_{r \to \infty} \Lambda(r, \zeta) = 1$. Para $\zeta < \frac{1}{\sqrt{2}}$, $\Lambda(r, \zeta)$ atinge um máximo e, então, se aproxima de 1 de cima. Para $\zeta < \frac{1}{\sqrt{2}}$, $\Lambda(r, \zeta)$ não tem um máximo e se aproxima de 1 de baixo.
- O movimento harmônico é analisado ao considerar o deslocamento da massa com relação à base. O deslocamento relativo é regido pela equação diferencial padrão em que a massa vezes a aceleração da base substitui o termo excitador. A amplitude em regime permanente do deslocamento relativo é dado pela amplitude do movimento base vezes $\Lambda(r, \zeta)$.
- A razão de amplitude da aceleração da massa para a amplitude da aceleração da base é dada por uma função não dimensional $T(r, \zeta)$, que é menor que 1 apenas para $r > \sqrt{2}$.
- O intervalo $r > \sqrt{2}$ é chamado de intervalo de isolamento; $r < \sqrt{2}$ é chamado de intervalo de amplificação.
- Um aumento na razão de amortecimento leva a um aumento em $T(r, \zeta)$ no intervalo de isolamento. O amortecimento prejudica o isolamento.
- A teoria do isolamento de vibrações inclui a proteção das máquinas contra as acelerações de grande amplitude de suas bases e a proteção das fundações das grandes forças de amplitude desenvolvidas nas máquinas.
- A resposta em regime permanente em função de excitações multifrequenciais é obtida usando o princípio da superposição linear.
- Qualquer excitação periódica tem uma representação da série de Fourier que converge o pontual para a função em todos os tempos onde ela é contínua.
- Todos os coeficientes cosseno de Fourier são zero para uma função ímpar. Todos os coeficientes seno de Fourier são zero para uma função par.
- Os instrumentos de medição das vibrações sísmicas têm uma massa sísmica que se move em relação ao corpo cujas vibrações estão sendo medidas.
- Os sismógrafos medem o movimento da massa sísmica relativa ao seu alojamento e operam com grande razão de frequência onde $\Lambda(r, \zeta)$ está próximo de 1.
- Os acelerômetros medem a aceleração do corpo cujas vibrações devem ser medidas e operam com pequena razão de frequência, onde $M(r, \zeta)$ está próximo de 1.
- Uma razão de amortecimento viscoso equivalente é usada para formular um fator de ampliação para o amortecimento de Coulomb.
- O comportamento em regime permanente de um sistema com amortecimento histerético pode ser obtido usando uma rigidez complexa.
- Uma colheitadeira de energia tem uma massa sísmica que vibra em relação ao corpo cujas vibrações estão sendo colhidas. A energia média colhida por ciclo de movimento em regime permanente aumenta com a redução da razão de amortecimento da colheitadeira.

## 4.18.2 EQUAÇÕES IMPORTANTES

Forma padrão da equação diferencial regendo as vibrações forçadas dos sistemas lineares de um grau de liberdade

$$\ddot{x} + 2\zeta\omega_n \dot{x} + \omega_n^2 x = \frac{1}{m_{eq}} F_{eq}(t) \tag{4.2}$$

Solução particular para o sistema não amortecido quando a frequência de excitação coincide com a frequência natural

$$x_p(t) = -\frac{F_0}{2 m_{eq} \omega_n} t \cos(\omega_n t + \psi) \tag{4.20}$$

Resposta quando o batimento ocorre

$$x(t) = \frac{2F_0}{m_{eq}(\omega_n^2 - \omega^2)} \operatorname{sen}\left[\left(\frac{\omega - \omega_n}{2}\right)t\right] \cos\left[\left(\frac{\omega + \omega_n}{2}\right)t\right] \tag{4.22}$$

Resposta em regime permanente do sistema com amortecimento viscoso

$$x_p(t) = X \operatorname{sen}(\omega t + \psi - \phi) \tag{4.32}$$

Razão de frequência

$$r = \frac{\omega}{\omega_n} \tag{4.38}$$

Fator de ampliação

$$M = \frac{m_{eq} \omega_n^2 X}{F_0} \tag{4.39}$$

Forma funcional do fator de ampliação

$$M(r, \zeta) = \frac{1}{\sqrt{(1 - r^2)^2 + (2\zeta r)^2}} \tag{4.42}$$

Ângulo de fase

$$\phi = \tan^{-1}\left(\frac{2\zeta r}{1 - r^2}\right) \tag{4.45}$$

Excitação da frequência ao quadrado

$$F_0 = A\omega^2 \tag{4.50}$$

Amplitude da resposta em função da excitação da frequência ao quadrado

$$\frac{m_{eq} X}{A} = \Lambda(r, \zeta) \tag{4.51}$$

Forma funcional de $\Lambda(r, \zeta)$

$$\Lambda(r, \zeta) = \frac{r^2}{\sqrt{(1 - r^2)^2 + (2\zeta r)^2}} \tag{4.52}$$

Desbalanceamento rotativo como excitação da frequência ao quadrado

$$A = m_0 e \qquad (4.62)$$

Resposta da frequência em função do desbalanceamento rotativo

$$\frac{mX}{m_0 e} = \Lambda(r, \zeta) \qquad (4.63)$$

Deslocamento da massa relativa à base

$$z(t) = x(t) - y(t) \qquad (4.80)$$

Equação diferencial para o movimento relativo da massa para a base em função da excitação harmônica base

$$\ddot{z} + 2\zeta\omega_n \dot{z} + \omega_n^2 z = \omega^2 Y \operatorname{sen} \omega t \qquad (4.86)$$

Amplitude do movimento da massa relativa à base

$$Z = Y\Lambda(r, \zeta) \qquad (4.88)$$

Resposta em regime permanente do deslocamento absoluto

$$x(t) = X \operatorname{sen}(\omega t - \lambda) \qquad (4.90)$$

Amplitude do deslocamento absoluto

$$\frac{X}{Y} = T(r, \zeta) \qquad (4.91)$$

Forma funcional de $T(r, \zeta)$

$$T(r, \zeta) = \sqrt{\frac{1 + (2\zeta r)^2}{(1 - r^2)^2 + (2\zeta r)^2}} \qquad (4.93)$$

Razão das amplitudes de aceleração

$$\frac{\omega^2 X}{\omega^2 Y} = T(r, \zeta) \qquad (4.94)$$

Razão da amplitude da força transmitida para a amplitude da excitação

$$\frac{F_T}{F_0} = T(r, \zeta) \qquad (4.101)$$

Isolamento de vibrações em função do desbalanceamento rotativo

$$\frac{F_T}{m_0 e \omega_n^2} = r^2 T(r, \zeta) = R(r, \zeta) \qquad (4.104)$$

Forma funcional de $R(r, \zeta)$

$$R(r, \zeta) = r^2 \sqrt{\frac{1 + (2\zeta r)^2}{(1 - r^2)^2 + (2\zeta r)^2}} \qquad (4.105)$$

# Capítulo 4

Representação da série de Fourier das funções periódicas

$$F(t) = \frac{a_0}{2} + \sum_{i=1}^{\infty} (a_i \cos \omega_i t + b_i \operatorname{sen} \omega_i t) \tag{4.130}$$

$$\omega_i = \frac{2\pi i}{T} \tag{4.131}$$

$$a_0 = \frac{2}{T} \int_0^T F(t)\, dt \tag{4.132}$$

$$a_i = \frac{2}{T} \int_0^T F(t) \cos \omega_i t\, dt \qquad i = 1, 2, \ldots \tag{4.133}$$

$$b_i = \frac{2}{T} \int_0^T F(t) \operatorname{sen} \omega_i t\, dt \qquad i = 1, 2, \ldots \tag{4.134}$$

Forma alternativa da série de Fourier

$$F(t) = \frac{a_0}{2} + \sum_{i=1}^{\infty} c_i \operatorname{sen}(\omega_i t + \kappa_i) \tag{4.135}$$

Resposta em função da excitação periódica geral

$$x(t) = \frac{1}{m_{eq} \omega_n^2} \left[ \frac{a_0}{2} + \sum_{i=1}^{\infty} c_i M_i \operatorname{sen}(\omega_i t + \kappa_i - \phi_i) \right] \tag{4.139}$$

Percentual de erro no uso do sismógrafo

$$E = 100|1 - \Lambda| \tag{4.146}$$

Percentual de erro no uso do acelerômetro

$$E = 100|1 - M(r, \zeta)| \tag{4.151}$$

Fator de ampliação para o amortecimento de Coulomb

$$M_c(r, \iota) = \sqrt{\frac{1 - (\frac{4\iota}{\pi})^2}{(1 - r^2)^2}} \tag{4.184}$$

Fator de ampliação para o amortecimento histerético

$$M_h(r, h) = \frac{1}{\sqrt{(1 - r^2)^2 + h^2}} \tag{4.191}$$

Energia média colhida durante o ciclo

$$\frac{\bar{P}}{m\omega^3 Y^2} = \frac{\zeta}{r} \Lambda^2(r, \zeta) = \Phi(r, \zeta) \tag{4.206}$$

# PROBLEMAS

## PROBLEMAS DE RESPOSTA CURTA

Para os Problemas 4.1 a 4.16, indique se a afirmação apresentada é verdadeira ou falsa. Se for verdadeira, justifique sua resposta. Se for falsa, reescreva a afirmação para torná-la verdadeira.

4.1 A resposta em regime permanente de um sistema de 1GL linear ocorre na mesma frequência que a excitação.

4.2 O batimento é caracterizado por um acúmulo contínuo da amplitude.

4.3 A amplitude de uma máquina sujeita a desbalanceamento rotativo se aproxima de um para frequências grandes.

4.4 Um aumento no amortecimento leva a um aumento no percentual de isolamento.

4.5 O ângulo de fase para um sistema não amortecido é sempre $\pi$.

4.6 O ângulo de fase depende de $F_0$, que é a amplitude de excitação.

4.7 Se $\phi$ for positivo na equação $x(t) = X\,\text{sen}(\omega t - \phi)$, a resposta retarda a excitação.

4.8 $M(r, \zeta)$ se aproxima de 0 para o $r$ grande para todos os valores de $\zeta$.

4.9 $\Lambda(r, \zeta)$ se aproxima de 0 para o $r$ grande para todos os valores de $\zeta$.

4.10 $T(r, \zeta)$ se aproxima de 1 para o $r$ grande para todos os valores de $\zeta$.

4.11 A amplitude da resposta de um sistema relativo ao movimento de sua base é dada por $R(r, \zeta)$ se a base for sujeita à excitação harmônica de frequência única.

4.12 O ângulo de fase para a resposta de um sistema com amortecimento de Coulomb é independente da frequência da excitação.

4.13 A equação para a resposta de um sistema com amortecimento histerético não é linear no geral, mas é linear quando o sistema é sujeito a uma excitação de frequência única.

4.14 Um sismógrafo na verdade mede o deslocamento da massa sísmica relativa ao deslocamento do corpo quando o instrumento é configurado para a medição.

4.15 O amortecimento histerético pode ser modelado usando uma equação diferencial com uma rigidez complexa.

4.16 $M(r, \zeta)$ tem um máximo quando $\zeta < \frac{1}{\sqrt{2}}$.

Os Problemas 4.17 a 4.38 exigem uma resposta curta.

4.17 Explique por que a ressonância ocorre para os sistemas não amortecidos quando a frequência natural coincide com a frequência da excitação.

4.18 Por que a amplitude não cresce sem limite quando a frequência da excitação coincide com a frequência natural para os sistemas com amortecimento viscoso?

4.19 Para um sistema não amortecido, quando é a resposta fora de fase com a excitação?

4.20 Na equação $x(t) = X\,\text{sen}(\omega t - \phi)$, quando $\phi$ é negativo?

4.21 Quantos valores positivos reais de $r$ satisfazem o seguinte?
(a) $M(r, 0{,}3) > 3$
(b) $M(r, 0{,}8) = 1{,}2$
(c) $M(r, 0{,}1) = 1{,}3$

4.22 Quantos valores positivos reais de $r$ satisfazem o que segue?
(a) $\Lambda(r, 0) = 1$
(b) $\Lambda(r, 0{,}1) = 1{,}5$
(c) $\Lambda(r, 0{,}9) = 1{,}3$
(d) $\Lambda(r, 0{,}3) < 3$

4.23 Quantos valores positivos reais de $r$ satisfazem o que segue?
(a) $T(r, 0{,}1) = 1$
(b) $T(r, 0{,}5) = 0{,}5$
(c) $T(r, 0) = 3$

4.24 Quantos valores positivos reais de $r$ satisfazem o que segue?
  (a) $\frac{dR}{dr}(r, 0{,}5) = 0$
  (b) $\frac{dR}{dr}(r, 0{,}4) = 0$
  (c) $\frac{dR}{dr}(r, 0{,}8) = 0$
4.25 Explique o conceito de resposta da frequência.
4.26 Como a resposta da frequência é determinada para uma máquina com desbalanceamento rotativo?
4.27 Como a resposta da frequência é determinada para o movimento de uma máquina com fundação móvel?
4.28 Explique por que o isolamento de vibrações é difícil em velocidades baixas.
4.29 Qual é o percentual de isolamento?
4.30 Explique por que proteger uma fundação das grandes forças geradas por uma máquina é semelhante a proteger um corpo das grandes acelerações de sua base.
4.31 Os sismógrafos têm um(a) _____ de frequência natural e, desse modo, operam somente para _____ razões de frequência.
4.32 Explique o conceito de distorção de fase. Por que isso é um problema para os acelerômetros e não para os sismógrafos?
4.33 Explique o princípio da superposição linear e como ele se aplica aos sistemas com entrada multifrequencial.
4.34 Por que o princípio da superposição linear se aplica à entrada periódica geral?
4.35 Explique o conceito de *stick-slip*.
4.36 Quais são as limitações em $\iota$, que é o valor não dimensional da razão da força que causa o atrito de Coulomb, à amplitude da força de excitação?
4.37 Por que o amortecimento viscoso é usado no isolamento de vibrações, já que ele tem um efeito negativo no isolamento de vibrações?
4.38 Há alguma resposta em regime permanente da equação diferencial para o que segue?
  (a) $3\ddot{x} + 2700x = 20\,\mathrm{sen}\,30t$
  (b) $3\ddot{x} + 40\dot{x} + 2700x = 20\,\mathrm{sen}\,30t$
  (c) $3\ddot{x} + 2700x = 20\,\mathrm{sen}\,10t$

Os Problemas 4.39 a 4.59 exigem cálculos curtos.

4.39 Encontre os valores positivos reais de $r$ que satisfazem o que segue.
  (a) $M(r, 0) = 1{,}4$
  (b) $M(r, 0{,}4) > 3$
  (c) $M(r, 0{,}8) < 1{,}2$
4.40 Encontre todos os valores positivos de $r$ que satisfazem o que segue.
  (a) $T(r, 0{,}1) < 1$
  (b) $T(r, 0{,}8) > 1$
  (c) $T(r, 0{,}4) > T(r, 0{,}3)$
4.41 Uma máquina com massa de 30 kg está operando em uma frequência de 60 rad/s. Qual rigidez equivalente da montagem da máquina leva à ressonância?
4.42 Um sistema de 1GL não amortecido com uma frequência natural de 98 rad/s está sujeito a uma excitação de frequência 100 rad/s.
  (a) Qual é o período da resposta?
  (b) Qual é o período do batimento?
4.43 Uma máquina opera a 100 rad/s e tem um componente rotativo de massa 5 kg cujo centro da massa está a 3 cm do eixo de rotação. Qual é a amplitude da excitação harmônica experimentada pela máquina?
4.44 Converta 1000 rpm para rad/s.
4.45 Uma máquina está sujeita à excitação harmônica com amplitude de 15.000 N. A força transmitida ao chão por meio de um isolador tem uma amplitude de 3000 N. Qual percentual de isolamento é atingido pelo isolador?

4.46 Uma máquina de 50 kg é montada em um isolador com uma rigidez de $6 \times 10^5$ N/m. Durante a operação, a máquina é sujeita a uma excitação harmônica com uma frequência de 140 rad/s.
(a) Qual é a razão da frequência?
(b) O isolador realmente isola as vibrações?

4.47 Lembre-se de que a representação da série de Fourier de uma função periódica é

$$F = \frac{a_0}{2} + \sum_{i=1}^{\infty} (a_i \cos \omega_i t + b_i \mathrm{sen}\, \omega_i t)$$

Descreva quais dos coeficientes de Fourier ($a_0$, $a_i$, $b_i$ ou nenhum) são zero para cada uma das funções (ilustradas em um período) mostradas na Figura P 4.46.

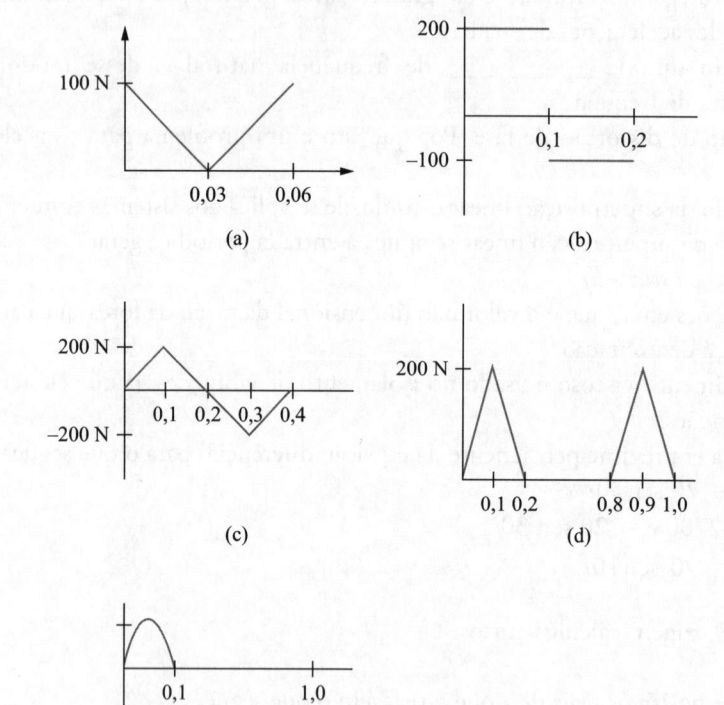

**FIGURA P 4.46**

4.48 Desenhe a função em que a representação da série de Fourier da função mostrada na Figura P 4.47 converge no intervalo $[-5, 5]$.

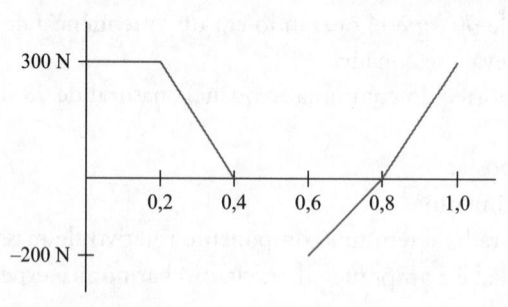

**FIGURA P 4.47**

**4.49** Qual é a maior frequência cujas vibrações podem ser medidas por um acelerômetro de frequência natural 200 rad/s se o erro não for maior que 1%?

**4.50** Qual é a menor frequência cujas vibrações podem ser medidas por um sismógrafo de frequência natural 20 rad/s se o erro não for maior que 1,5%?

Encontre a solução em regime permanente da equação diferencial para os Problemas 4.51 a 4.59.

**4.51** $3\ddot{x} + 2700x = 20 \operatorname{sen} 10t$

**4.52** $3\ddot{x} + 2700x = 20 \operatorname{sen} 60t$

**4.53** $3\ddot{x} + 30\dot{x} + 2700x = 20 \operatorname{sen} 10t$

**4.54** $3\ddot{x} + 30\dot{x} + 2700x = 0{,}01\omega^2 \operatorname{sen} \omega t$

**4.55** $3\ddot{x} + 30\dot{x} + 2700x = 30(0{,}002)(40) \cos 40t + 2700(0{,}002) \operatorname{sen} 40t$

**4.56** $3\ddot{x} + \dfrac{2700(0{,}002)}{\omega}\dot{x} + 2700x = 20 \operatorname{sen} \omega t$

**4.57** $3\ddot{x} + 30\dot{x} + 2700x = 30 \operatorname{sen} 50t + 20 \operatorname{sen} 20t$

**4.58** $3\ddot{x} + 2700x = \begin{cases} 50 \operatorname{sen} 20t - 5 & \dot{x} > 0 \\ 50 \operatorname{sen} 20t + 5 & \dot{x} < 0 \end{cases}$

**4.59** Combine a quantidade com as unidades apropriadas (as unidades podem ser usadas mais de uma vez; algumas podem não ser usadas).

(a) Amplitude em regime permanente, $X$

(b) Amplitude em regime permanente das oscilações torcionais, $\Theta$

(c) Fator de ampliação, $M(r, \zeta)$

(d) Razão de transmissibilidade, $T(r, \zeta)$

(e) Amplitude da aceleração, $\omega^2 X$

(f) Amplitude relativa do deslocamento, $Z$

(g) Razão de frequência, $r$

(h) Coeficiente de amortecimento viscoso equivalente para o amortecimento de Coulomb, $c_{eq}$

(i) Razão da força de atrito para a força de excitação, $\iota$

(j) Coeficiente de amortecimento histerético, $h$

(k) Energia capturada pela colheitadeira de energia, $E$

(l) Energia média capturada pela colheitadeira de energia, $\overline{P}$

(i) m
(ii) nenhum
(iii) N
(iv) N/m$^2$
(v) rad
(vi) N · s/m
(vii) N · s · m/rad
(viii) N · s
(ix) N · m
(x) m/s$^2$
(xi) W/ciclo
(xii) N/m

# CAPÍTULO 5

# VIBRAÇÕES TRANSIENTES DOS SISTEMAS DE 1GL

## 5.1 INTRODUÇÃO

Quando as vibrações de um sistema mecânico ou estrutural são iniciadas por excitação periódica, ocorre um período transiente inicial em que a resposta de vibrações livres é tão grande quanto a resposta forçada. A resposta de vibrações livres decai rapidamente, resultando em um movimento em regime permanente. Em muitos casos, quando um sistema está sujeito à excitação periódica, a resposta de vibrações livres interage com a resposta forçada e é importante em toda a duração do movimento do sistema. Esse é o caso de quando um sistema está sujeito a um pulso de duração finita em que o período de vibração livre é maior que a duração do pulso.

Um exemplo de excitação não periódica é o movimento de um terremoto no solo. A resposta das estruturas em função do movimento do solo é obtida ao utilizar os métodos deste capítulo. Um terremoto normalmente tem duração curta, mas os deslocamentos máximos e as tensões ocorrem enquanto acontece o terremoto. O terreno percorrido por um veículo geralmente não é periódico. Os sistemas de suspensão devem ser projetados para proteger os passageiros de mudanças bruscas no contorno da estrada. As forças produzidas pela operação das máquinas nos processos de fabricação geralmente não são periódicas. As mudanças repentinas nas forças ocorrem em prensas e máquinas fresadoras.

As vibrações forçadas dos sistemas de 1GL são descritas pela equação diferencial

$$\ddot{x} + 2\zeta\omega_n\dot{x} + \omega_n^2 x = \frac{F_{eq}(t)}{m_{eq}} \tag{5.1}$$

As condições iniciais, os valores de $x(0)$ e $\dot{x}(0)$, completam a formulação do problema. A solução da Equação (5.1) para as formas periódicas de $F_{eq}(t)$ é discutida no Capítulo 4.

A finalidade deste capítulo é analisar o movimento dos sistemas sendo submetidos a vibrações transientes. A Equação (5.1) é uma equação diferencial ordinária não homogênea linear de segunda ordem. Para certas formas de $F_{eq}(t)$, o método de coeficientes indeterminados, como aplicado no Capítulo 4, pode ser usado para determinar a solução particular. A solução homogênea é acrescentada à solução particular, resultando em uma solução geral envolvendo duas constantes de integração. As condições iniciais são aplicadas para avaliar as constantes de integração. Se houver amortecimento, a solução homogênea desaparece, deixando a solução particular como uma solução em regime permanente. O método de coeficientes indeterminados é mais bem adaptado para as excitações harmônicas, polinomiais ou exponenciais, e não é útil para a maioria das excitações estudadas neste capítulo.

As condições iniciais e a solução homogênea têm um efeito importante no movimento transiente em curto prazo dos sistemas vibratórios. Para esses problemas, é conveniente usar um método de solução em que a solução homogênea e a solução particular são obtidas simultaneamente e as condições iniciais são incorporadas na solução.

Muitas excitações são de curta duração. Para as respostas de curta duração, a resposta máxima pode ocorrer após a excitação ter cessado. Assim, é necessário desenvolver um método de solução que determine a resposta de um sistema para o tempo todo, mesmo após a excitação ter sido removida. Além disso, muitas excitações mudam a forma em tempos discretos. Para essas excitações, um método de solução em que uma forma matemática unificada da resposta é determinada é uma grande conveniência.

O método primário de solução apresentado neste capítulo é o uso da integral de convolução. A integral de convolução é demonstrada usando o princípio do impulso e do momento linear e a superposição linear. Também pode ser demonstrada pela aplicação do método da variação dos parâmetros. A integral de convolução fornece a solução de forma fechada mais geral da Equação (5.1). As condições iniciais são aplicadas na solução da integral, e não precisam ser aplicadas durante todas as aplicações. A integral de convolução pode ser usada para gerar uma resposta matemática unificada para as excitações cujas formas mudam em tempos discretos. Como ela exige apenas a avaliação de uma integral, é fácil de aplicar.

Um segundo método apresentado neste capítulo é o método da transformada de Laplace. As condições iniciais são aplicadas durante o procedimento da transformada e a transformada de Laplace pode ser usada para desenvolver uma resposta matemática unificada para as excitações cujas formas mudam em tempos discretos. O uso de tabelas de transformadas torna a aplicação do método conveniente. O esforço algébrico pode ser menor que aquele que usa a integral de convolução para sistemas amortecidos, se as transformadas apropriadas estiverem disponíveis na tabela. No entanto, se as transformadas apropriadas não estiverem disponíveis em uma tabela, a determinação da resposta é difícil.

A *função de transferência* do sistema é a razão da transformada de Laplace de sua saída para a transformada de Laplace de sua entrada. Assim, a função de transferência é independente da entrada. É uma propriedade do sistema em si e contém informações a respeito da dinâmica do sistema. Se a função de transferência para um sistema for conhecida, a multiplicação pela transformada da entrada leva à transformada da resposta do sistema, que pode ser invertida. A função de transferência também é a transformada de Laplace de sua resposta impulsiva, que é a resposta em função de um impulso específico.

Há algumas excitações em que não existe uma solução da forma fechada da Equação (5.1). Nesses casos, a integral de convolução não tem uma avaliação de forma fechada, e a aplicação do método da transformada de Laplace leva apenas à integral de convolução. Além disso, as situações existem quando a excitação não é conhecida explicitamente em todos os valores de tempo. A excitação pode ser obtida empiricamente. Nessas situações, os métodos numéricos devem ser usados para desenvolver aproximações para a resposta em tempos discretos. Esses métodos numéricos incluem a avaliação numérica da integral de convolução e a solução numérica direta da Equação (5.1).

Se a solução é obtida usando a integral de convolução, as transformadas de Laplace ou os métodos numéricos, as questões surgem com relação ao deslocamento máximo, a força máxima transmitida e o projeto usado para reduzir a vibração máxima. Essas questões são respondidas para os pulsos de duração finita. O *espectro da resposta*, que é um gráfico não dimensional do deslocamento máximo *versus* a duração do pulso, é desenhado quando o formato do pulso importa. Para os pulsos de curta duração, o formato do pulso não importa (apenas o impulso total transmitido ao sistema importa), e o projeto do sistema para minimizar o deslocamento máximo é fundamentado no conceito da eficiência do isolador.

## 5.2 DEMONSTRAÇÃO DA INTEGRAL DE CONVOLUÇÃO

### 5.2.1 RESPOSTA EM FUNÇÃO DE IMPULSO ESPECÍFICO

O impulso transmitido a um sistema por uma força $F(t)$ entre os tempos $t_1$ e $t_2$ é definido como

$$I = \int_{t_1}^{t_2} F(\tau)d\tau \tag{5.2}$$

Uma *força impulsiva* é uma força muito grande aplicada em um intervalo de tempo muito curto. O princípio do impulso e do momento linear (uma forma integrada da segunda lei de Newton ao longo do tempo) é

$$mv(t_1) + I = mv(t_2) \tag{5.3}$$

onde $v(t)$ é a velocidade do sistema no tempo $t$. Se o limite do tempo sobre o qual a força é aplicada se aproximar de zero e o impulso continuar finito, diz-se que um impulso é aplicado ao sistema. Nesse contexto, *impulso* refere-se a uma força impulsiva aplicada instantaneamente.

# Capítulo 5

## VIBRAÇÕES TRANSIENTES DOS SISTEMAS DE 1GL

Considere um sistema de 1GL em repouso em equilíbrio. Seja $x(t)$ uma coordenada generalizada representando o deslocamento de uma partícula. Um sistema de 1GL linear tem o modelo de sistemas equivalentes da Figura 5.1(a). Um impulso de grandeza $I$ é aplicado a um sistema em repouso em $t = 0$, como mostrado na Figura 5.1(b). O princípio do impulso e do momento linear é usado para calcular a velocidade da partícula imediatamente após a aplicação do impulso como

$$v = \frac{I}{m_{eq}} \tag{5.4}$$

A aplicação de um impulso leva a uma mudança discreta na velocidade. A velocidade imediatamente após a aplicação do impulso é $I/m$. Assim, a resposta do sistema é a mesma que a solução do valor inicial do problema

$$\ddot{x} + 2\zeta\omega_n\dot{x} + \omega_n^2 x = 0 \tag{5.5}$$

com

$$x(0) = 0 \tag{5.6}$$

e

$$\dot{x}(0) = \frac{I}{m} \tag{5.7}$$

Para um sistema cujas vibrações livres são subamortecidas, a solução das Equações (5.5) a (5.7) é

$$x(t) = \frac{I}{m_{eq}\omega_d} e^{-\zeta\omega_n t} \operatorname{sen}\omega_d t \tag{5.8}$$

A Equação (5.8) pode ser escrita como

$$x(t) = Ih(t) \tag{5.9}$$

onde

$$h(t) = \frac{1}{m_{eq}\omega_d} e^{-\zeta\omega_n t} \operatorname{sen}\omega_d t \tag{5.10}$$

é a resposta em função de um impulso específico aplicado em $t = 0$.

Para um sistema que é *criticamente amortecido*,

$$h(t) = \frac{1}{m_{eq}} t e^{-\omega_n t} \tag{5.11}$$

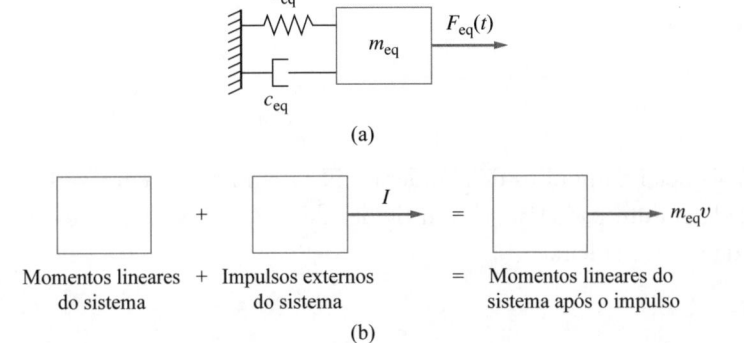

**FIGURA 5.1**
(a) Modelo do sistema equivalente de um sistema de 1GL linear. (b) Diagramas do impulso e do momento linear usados para obter a velocidade imediatamente após a aplicação de um impulso.

e para um sistema *superamortecido*,

$$h(t) = \frac{e^{-\zeta\omega_n t}}{2m_{eq}\omega_n\sqrt{\zeta^2-1}}\left(e^{\omega_d\sqrt{\zeta^2-1}\,t} - e^{-\omega_d\sqrt{\zeta^2-1}\,t}\right)$$

$$= \frac{e^{-\zeta\omega_n t}}{m_{eq}\omega_n\sqrt{\zeta^2-1}}\sinh\left(\omega_d\sqrt{\zeta^2-1}\,t\right)$$

(5.12)

Se o impulso específico não for aplicado em $t = 0$, mas $t_0$, a resposta no tempo $t$ é alternada para $t_0$ de modo que

$$x(t) = h(t - t_0)u(t - t_0)$$

(5.13)

onde $u(t - t_0)$ é a função degrau específica do argumento $t - t_0$ que assume um valor de 0 para $t < t_0$ e um valor de 1 para $t > t_0$. A presença da função degrau específica na Equação (5.13) garante que a resposta não ocorra até que o impulso tenha sido aplicado. Na verdade, a resposta para um impulso aplicado em $t = 0$ deve ser multiplicada por $u(t)$, mas $t$ é medida de 0. Para um sistema *subamortecido*,

$$h(t - t_0) = \frac{1}{m_{eq}\omega_d}e^{-\zeta\omega_n(t-t_0)}\text{sen}[\omega_d(t - t_0)]$$

(5.14)

Uma alternativa para usar uma velocidade inicial não zero para determinar a resposta de um sistema a um impulso específico é usar a função de um impulso específico como a função excitadora na equação diferencial. A *função do impulso específico* $\delta(t)$ é a representação matemática de uma força necessária para fornecer um impulso específico a um sistema. Ela possui as propriedades de uma força impulsiva. É zero exceto em $t = 0$, onde é infinita; ainda assim, sua integral no tempo é igual a 1. O uso da função do impulso específico como a função excitadora na equação diferencial dá

$$\ddot{x} + 2\zeta\omega_n\dot{x} + \omega_n^2 x = \frac{1}{m}\delta(t)$$

(5.15)

A solução da equação diferencial é $h(t)$, que é chamada de *resposta impulsiva*.

Se o impulso for aplicado em um outro tempo que não zero (digamos, $t_0$), a força necessária para causar o impulso é $\delta(t - t_0)$ e a equação diferencial regendo a resposta do sistema é

$$\ddot{x} + 2\zeta\omega_n\dot{x} + \omega_n^2 x = \frac{1}{m}\delta(t - t_0)$$

(5.16)

A solução da Equação (5.16) é $h(t - t_0)u(t - t_0)$. Se uma grandeza do impulso aplicado for outra que não um (digamos, $I$), a equação diferencial se torna

$$\ddot{x} + 2\zeta\omega_n\dot{x} + \omega_n^2 x = \frac{I}{m}\delta(t - t_0)$$

(5.17)

A solução para a Equação (5.17) é $Ih(t - t_0)u(t - t_0)$.

## EXEMPLO 5.1

Durante sua operação, uma puncionadeira está sujeita a impulsos de grandeza 5 N · s em $t = 0$ e em $t = 1,5$ s. A massa da máquina é 10 kg, e ela é montada em um pad elástico com rigidez de $2 \times 10^4$ N/m e razão de amortecimento de 0,1. Determine a resposta da puncionadeira.

## SOLUÇÃO

A frequência natural do sistema é

$$\omega_n = \sqrt{\frac{k}{m}} = \sqrt{\frac{2 \times 10^4 \text{ N/m}}{10 \text{ kg}}} = 44,7 \text{ rad/s} \qquad \text{(a)}$$

A frequência natural amortecida é

$$\omega_d = \omega_n\sqrt{1 - \zeta^2} = 44,7 \text{ rad/s}\sqrt{1 - (0,1)^2} = 44,5 \text{ rad/s} \qquad \text{(b)}$$

A equação diferencial regendo a resposta da puncionadeira é

$$\ddot{x} + 8,94\dot{x} + 2000x = \frac{1}{10}[5\delta(t) + 5\delta(t - 1,5)] \qquad \text{(c)}$$

O princípio da superposição linear é usado para encontrar a resposta do sistema como

$$\begin{aligned}
x(t) &= \frac{5 \text{ N} \cdot \text{s}}{(10 \text{ kg})(44,5 \text{ rad/s})} e^{-4,47t} \text{sen}(44,5t)u(t) \\
&\quad + \frac{5 \text{ N} \cdot \text{s}}{(10 \text{ kg})(44,5 \text{ rad/s})} e^{-4,47(t - 1,5)} \text{sen}[44,5(t - 1,5)]u(t - 1,5) \\
&= 0,0112[e^{-4,47t}\text{sen}(44,5t)u(t) \\
&\quad + e^{-4,47t + 6,705} \text{sen}(44,5t - 66,75)u(t - 1,5)] \text{ m}
\end{aligned} \qquad \text{(d)}$$

O gráfico da resposta do tempo é mostrado na Figura 5.2.

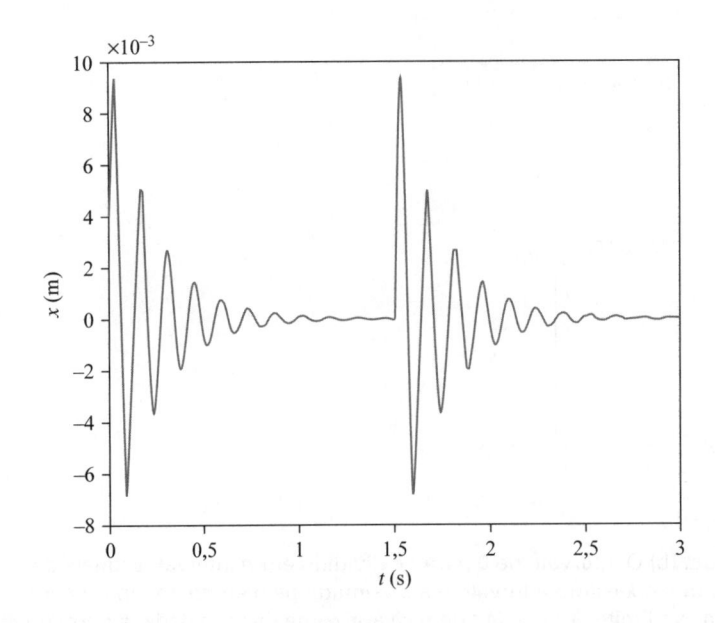

**FIGURA 5.2** Resposta dependente do tempo de uma puncionadeira sujeita a dois impulsos.

## 5.3 RESPOSTA EM FUNÇÃO DE EXCITAÇÃO GERAL

Considere um sistema de 1GL sujeito à força externa arbitrária, como ilustrado na Figura 5.3(a). A escala de tempo é escrita como $\tau$, porque $t$ é reservado para o tempo em que a resposta deve ser calculada. O intervalo de 0 a $t$ é quebrado em $n$ subintervalos, cada um com duração $\Delta\tau$, como ilustrado na Figura 5.3(b). Um efeito da força no intervalo de $k\Delta\tau$ para $(k+1)\Delta\tau$ deve fornecer um impulso com uma grandeza de

$$I_k^n = \int_{k\Delta\tau}^{(k+1)\Delta\tau} F(\tau)d\tau \qquad (5.18)$$

para o sistema, como mostrado na Figura 5.3(c). O teorema do valor médio do cálculo da integral implica que há um $\tau_k^*$ onde $k\Delta\tau \leq \tau_k^* \leq (k+1)\Delta\tau$ de modo que

$$I_k^n = F(\tau_k^*)\Delta\tau \qquad (5.19)$$

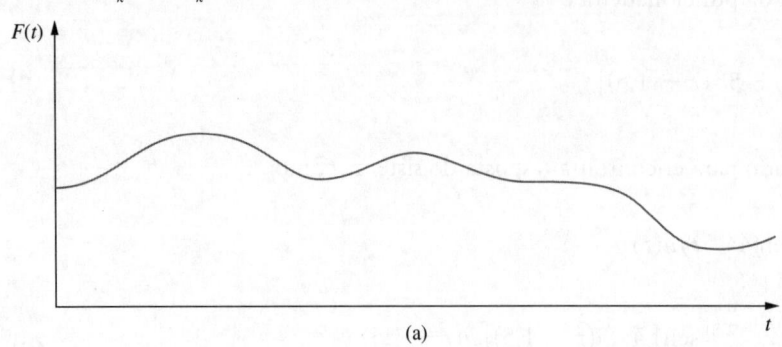

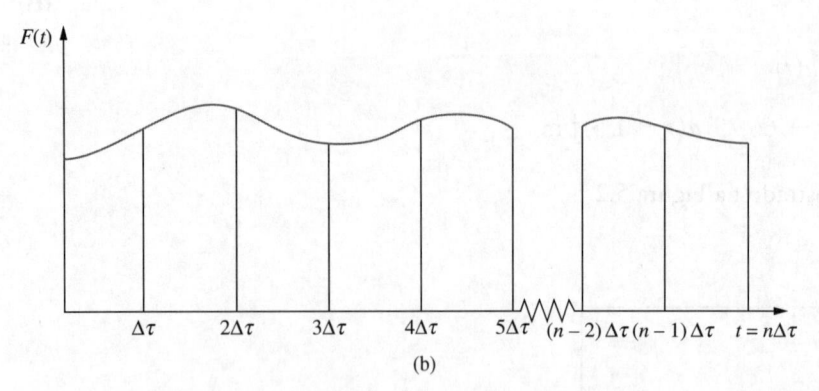

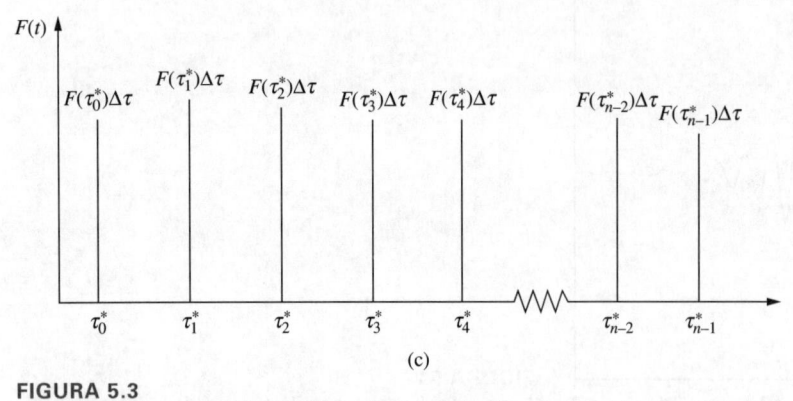

**FIGURA 5.3**
(a) Excitação arbitrária aplicada a um sistema de 1GL. (b) O intervalo de 0 para $t$ é dividido em $n$ intervalos iguais de duração $\Delta\tau = t/n$. (c) O efeito da força aplicada durante o $k$-ésimo intervalo é aproximado pelo efeito no tempo $t$ em função de um impulso de uma grandeza apropriada. No limite, à medida que $n$ se aproxima da infinidade, a aproximação se torna exata.

Se $\Delta\tau$ for pequeno, o efeito da força aplicada entre $k\Delta\tau$ e $(k+1)\Delta\tau$ pode ser aproximado por um impulso de grandeza $I_k^n$ aplicado em $\tau_k = (k+1/2)\Delta\tau$. Assim, como ilustrado na Figura 5.2(b), a excitação $F(t)$ aplicada entre 0 e $t$ é aproximada pela sequência de impulsos $I_k^n$, $k = 0, 1, 2, ..., n-1$.

# Capítulo 5

A resposta do sistema no momento $t$ em função de um impulso com grandeza de $I_k^n$ aplicada no tempo $\tau_k$ é obtida usando as Equações (5.8) e (5.13):

$$x_k^n(t) = I_k^n h(t - \tau_k) u(t - \tau_k) \tag{5.20}$$

A força $F(\tau)$ de 0 para $t$ é aproximada por

$$F(\tau) = \sum_{k=1}^{n} I_k^n \delta(\tau - \tau_k) \tag{5.21}$$

O sistema está ciente do histórico de tempo da força aplicada, mas não pode prever o futuro. Assim, como a Equação (5.1) é linear e tem $F(\tau)$, como expresso na Equação (5.21) do lado direito, o princípio da superposição linear é aplicado para determinar a resposta no tempo $t$ como

$$x^n(t) = \sum_{k=0}^{n-1} x_k^n(t) = \sum_{k=0}^{n-1} F(\tau_k^*) h(t - \tau_k) u(t - \tau_k) \Delta\tau \tag{5.22}$$

A aproximação da Equação (5.21) se torna exata no limite como $n \to \infty$ ou $\Delta\tau \to 0$. Para essa finalidade,

$$x(t) = \lim_{\substack{n \to \infty \\ \Delta\tau \to 0}} x^n(t) = \lim_{\substack{n \to \infty \\ \Delta\tau \to 0}} \sum_{k=0}^{n-1} F(\tau_k^*) h(t - \tau_k) u(t - \tau_k) \Delta\tau \tag{5.23}$$

No limite como $n \to \infty$, $\tau_k$ e $\tau_k^*$ se tornam uma variável contínua $\tau$. Do mesmo modo, no limite, a soma se torna uma soma de Riemann e

$$x(t) = \int_0^t F(\tau) h(t - \tau) d\tau \tag{5.24}$$

Para um sistema cujas vibrações livres são subamortecidas, a Equação (5.10) é usada na Equação (5.24), levando a

$$x(t) = \frac{1}{m_{eq}\omega_d} \int_0^t F(\tau) e^{-\zeta\omega_n(t-\tau)} \sen\omega_d(t - \tau) d\tau \tag{5.25}$$

A representação da integral na Equação (5.24) é chamada de *integral de convolução*. Ela pode ser usada para determinar a resposta de um sistema de 1GL inicialmente em repouso no equilíbrio sujeito a qualquer forma de excitação. A solução da integral de convolução é válida para todos os sistemas lineares, onde $h(t)$ é visto como a resposta do sistema em função de um impulso específico em $t = 0$. É a solução da equação diferencial da Equação (5.1) que está sujeita a $x(0) = 0$ e $\dot{x}(0) = 0$.

A resposta de um sistema com velocidade inicial não zero é obtida ao acrescentar à integral de convolução da Equação (5.24) a resposta do sistema em função de um impulso específico em $t = 0$ necessário para causar a velocidade inicial. A resposta de um sistema que não está na posição de equilíbrio em $t = 0$ é obtida ao definir uma nova variável independente como $y = x - x(0)$. A equação diferencial regendo $y(t)$ é

$$\ddot{y} + 2\zeta\omega_n \dot{y} + \omega_n^2 y = -\frac{k_{eq}}{m_{eq}} x(0) + \frac{F_{eq}(t)}{m_{eq}} \tag{5.26}$$

A integral de convolução é usada para obter

$$y(t) = \int_0^t \left[ -k_{eq} x(0) + F_{eq}(\tau) \right] h(t - \tau) d\tau \tag{5.27}$$

A solução geral resultante para um sistema cujas vibrações livres são subamortecidas é

$$x(t) = x(0)\, e^{-\zeta\omega_n t} \cos\omega_d t + \frac{\dot{x}(0) + \zeta\omega_n x(0)}{\omega_d}\, e^{-\zeta\omega_n t} \operatorname{sen}\omega_d t$$

$$+ \frac{1}{m_{eq}\omega_d} \int_0^t F(\tau)\, e^{-\zeta\omega_n(t-\tau)} \operatorname{sen}\omega_d(t-\tau)\, d\tau \tag{5.28}$$

## EXEMPLO 5.2

Encontre a resposta de um sistema de 1GL de massa-mola-amortecedor hidráulico subamortecido inicialmente em repouso no equilíbrio quando a força

$$F(t) = F_0 e^{-\alpha t} \tag{a}$$

é aplicada.

### SOLUÇÃO

A aplicação da Equação (5.25) para essa determinada forma de $F(t)$ dá

$$\begin{aligned} x(t) &= \int_0^t \frac{F_0 e^{-\alpha t}}{m_{eq}\omega_d}\, e^{-\zeta\omega_n(t-\tau)} \operatorname{sen}\omega_d(t-\tau)\, d\tau \\ &= \frac{F_0}{m_{eq}\omega_d(\omega_n^2 - 2\zeta\omega_n\alpha + \alpha^2)} \\ &\times \left\{ e^{-\zeta\omega_n t}[(\alpha - \zeta\omega_n)\operatorname{sen}\omega_d t - \omega_d \cos\omega_d t] - \omega_d e^{-\alpha t} \right\} \end{aligned} \tag{b}$$

## EXEMPLO 5.3

Uma prensa de massa $m$ é montada em uma fundação elástica de rigidez $k$. Durante a operação, a força aplicada à prensa se acumula ao seu valor final $F_0$ em um tempo $t_0$, como ilustrado na Figura 5.4. Determine a resposta da prensa para (a) $t < t_0$, e (b) $t > t_0$.

### SOLUÇÃO

A força aplicada à prensa pode ser expressa como

$$F(t) = \begin{cases} F_0 \dfrac{t}{t_0} & t < t_0 \\ F_0 & t \geq t_0 \end{cases} \tag{a}$$

Para um sistema não amortecido, a integral de convolução da Equação (5.25) se torna

$$x(t) = \frac{1}{m\omega_n} \int_0^t F(\tau) \operatorname{sen}\omega_n(t-\tau)\, d\tau \tag{b}$$

(a) Para $t < t_0$, a integral de convolução produz

$$x(t) = \frac{1}{m\omega_n} \int_0^t F_0 \frac{\tau}{t_0} \operatorname{sen}\omega_n(t-\tau) d\tau$$

$$= \frac{F_0}{m\omega_n t_0} \left[ \frac{\tau}{\omega_n} \cos\omega_n(t-\tau) + \frac{1}{\omega_n^2} \operatorname{sen}\omega_n(t-\tau) \right]_{\tau=0}^{\tau=t} \quad \text{(c)}$$

$$= \frac{F_0}{m\omega_n^2 t_0} \left( t - \frac{1}{\omega_n} \operatorname{sen}\omega_n t \right)$$

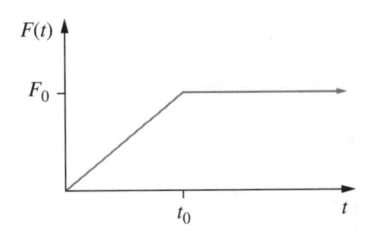

**FIGURA 5.4**
Excitação do Exemplo 5.3.

(b) Para $t > t_0$, a aplicação da integral de convolução leva a

$$x(t) = \frac{1}{m\omega_n} \left[ \int_0^{t_0} F_0 \frac{\tau}{t_0} \operatorname{sen}\omega_n(t-\tau) d\tau + \int_{t_0}^t F_0 \operatorname{sen}\omega_n(t-\tau) d\tau \right]$$

$$= \frac{F_0}{m\omega_n} \left\{ \left[ \frac{\tau}{\omega_n} \cos\omega_n(t-\tau) + \frac{1}{\omega_n^2} \operatorname{sen}\omega_n(t-\tau) \right]_{\tau=0}^{\tau=t_0} \right.$$

$$\left. + \left[ \frac{1}{\omega_n} \cos\omega_n(t-\tau) \right]_{\tau=t_0}^{\tau=t} \right\}$$

$$= \frac{F_0}{m\omega_n^2 t_0} \left[ t_0 \cos\omega_n(t-t_0) + \frac{1}{\omega_n} \operatorname{sen}\omega_n(t-t_0) - \frac{1}{\omega_n} \operatorname{sen}\omega_n t + \frac{1}{\omega_n} \right.$$

$$\left. - \frac{1}{\omega_n} \cos\omega_n(t-t_0) \right] \quad \text{(d)}$$

## EXEMPLO 5.4

A porta do banheiro do Exemplo 3.9 é desenhada de modo que fique criticamente amortecida. A porta é fechada quando um homem aplica uma força de 10 N por uma duração de 2 s na maçaneta. Qual é a resposta dependente do tempo da porta?

### SOLUÇÃO

Usando os dados do Exemplo 3.9, a força aplicada à maçaneta resulta em um momento aplicado à porta de

$$M = (10 \text{ N})(0{,}90 \text{ m}) = 9{,}0 \text{ N} \cdot \text{m} \quad \text{(a)}$$

A equação diferencial regendo o movimento da porta é

$$19{,}35\ddot{\theta} + 44{,}1\dot{\theta} + 25\theta = \begin{cases} 9{,}0 & t < 2 \\ 0 & t > 2 \end{cases} \quad \text{(b)}$$

A solução da integral da convolução da Equação (b) sujeita a $\theta(0) = 0$ e é

$$\theta(t) = \int_0^t M(\tau)\frac{1}{I_{eq}}(t-\tau)e^{-\omega_n(t-\tau)}\,d\tau \qquad (c)$$

Para $t < 2$ s, a integral se torna

$$\theta(t) = \frac{9,0}{19,35}\int_0^t (t-\tau)e^{-1,14(t-\tau)}d\tau \qquad (d)$$

A integral é avaliada ao deixar $u = t - \tau$, levando a

$$\begin{aligned}\theta(t) &= 0,465\int_t^0 ue^{-1,14u}(-du) = 0,465\int_0^t ue^{-1,14u}du \\ &= -0,465\left[\frac{u}{1,14}e^{-1,14u} + \frac{1}{(1,14)^2}e^{-1,14u}\right]_{u=0}^{u=t} \\ &= 0,357 - 0,357e^{-1,14t} - 0,408te - 1,14t\end{aligned} \qquad (e)$$

Para $t > 2$ s, a aplicação da integral de convolução leva a

$$\theta(t) = \frac{9,0}{19,35}\int_0^2 (t-\tau)e^{-1,14(t-\tau)}d\tau \qquad (f)$$

Seja $u = t - \tau$, então

$$\begin{aligned}\theta(t) &= 0,470\int_{t-2}^t ue^{-1,14u}du \\ &= 0,357e^{-1,14(t-2)} + 0,408(t-2)e^{-1,14(t-2)} - 0,357e^{-1,14t} - 0,408te^{-1,14t} \\ &= 3,58te^{-1,14t} - 4,84e^{-1,14t}\end{aligned} \qquad (g)$$

Assim,

$$\theta(t) = \begin{cases} 0,361 - 0,361e^{-1,14t} - 0,412te^{-1,14t} & t < 2\text{ s} \\ 3,58te^{-1,14t} - 4,84e^{-1,14t} & t > 2\text{ s}\end{cases} \qquad (h)\ \blacksquare$$

## 5.4 EXCITAÇÕES CUJAS FORMAS MUDAM EM TEMPOS DISCRETOS

Muitos sistemas de engenharia estão sujeitos a uma força cuja forma matemática muda em valores discretos de tempo. Este é o caso da força aplicada à prensa no Exemplo 5.3. A força aumenta linearmente ao seu valor máximo em um tempo $t_0$. A forma matemática da resposta da prensa é diferente para $t < t_0$ e para $t > t_0$. É mais conveniente ter formas matemáticas unificadas para a excitação e a resposta. Para essa finalidade, é usada a função degrau específica, introduzida no Apêndice A.

Se uma força constante $F_0$ não for aplicada até o tempo $t_0$, ela pode ser representada usando uma função degrau específica atrasada

$$F(t) = \begin{cases} 0 & t \le t_0 \\ F_0 & t > t_0 \end{cases} = F_0 u(t - t_0) \qquad (5.29)$$

Capítulo 5  VIBRAÇÕES TRANSIENTES DOS SISTEMAS DE 1GL **257**

## EXEMPLO 5.5

Use a função degrau específica para escrever uma expressão matemática unificada para cada uma das forças da Figura 5.5.

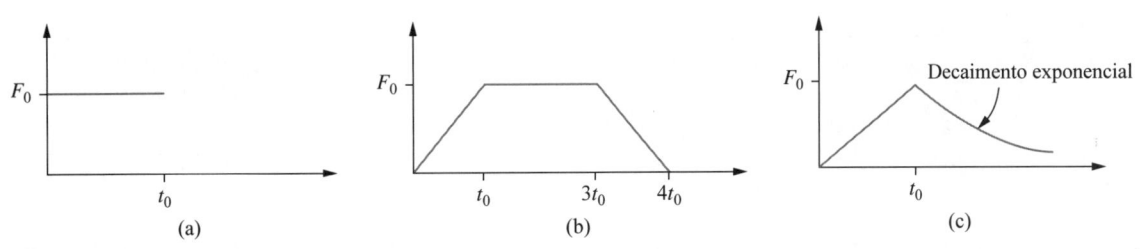

**FIGURA 5.5**
Excitações do Exemplo 5.5.

## SOLUÇÃO

Cada uma das forças da Figura 5.5 pode ser escrita como a soma e/ou a diferença das funções não zero apenas após um tempo discreto. A quebra gráfica para cada função é mostrada na Figura 5.6. A função degrau específica é usada para escrever uma expressão matemática para cada termo nas funções excitadoras, levando a

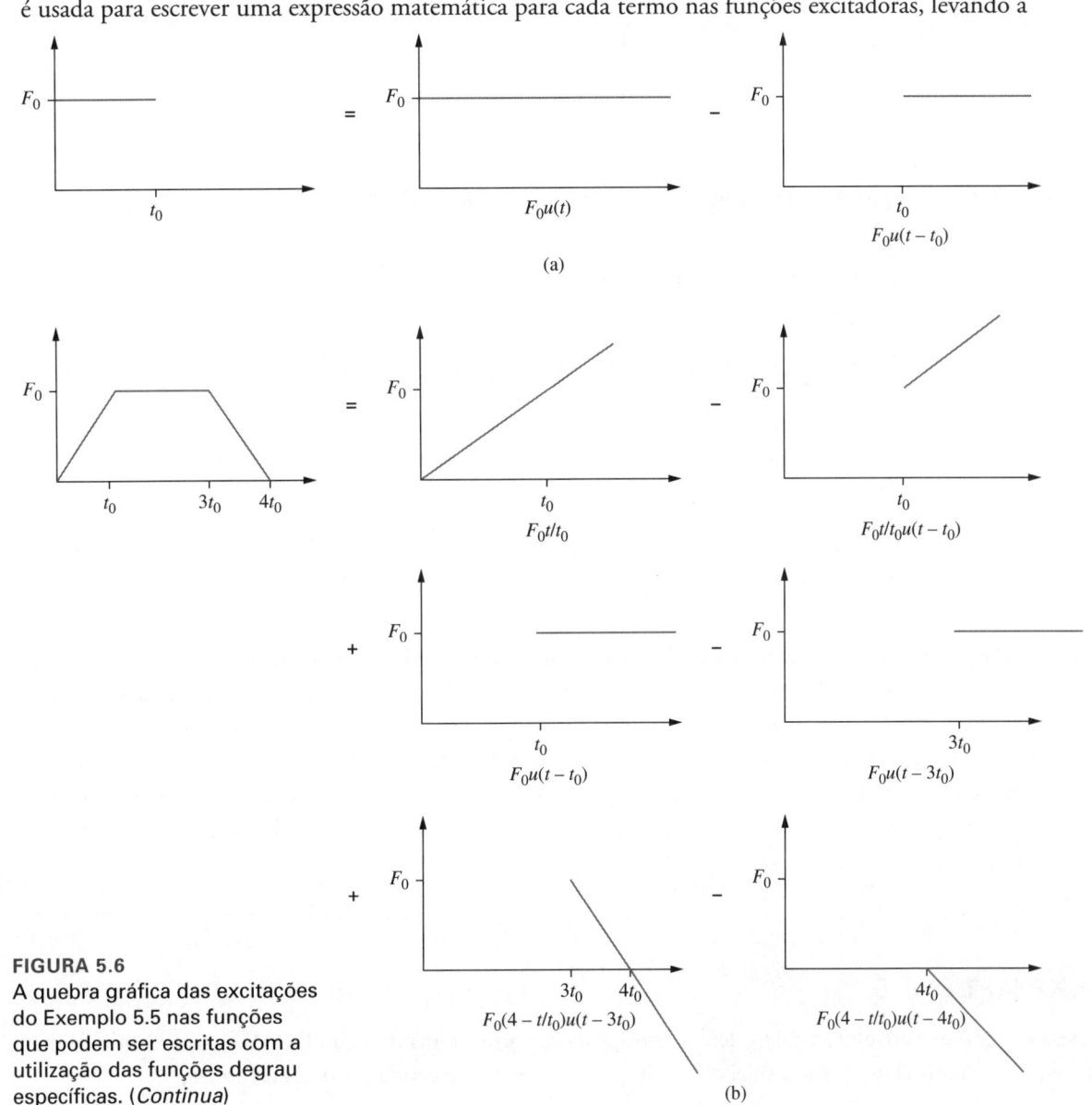

**FIGURA 5.6**
A quebra gráfica das excitações do Exemplo 5.5 nas funções que podem ser escritas com a utilização das funções degrau específicas. (*Continua*)

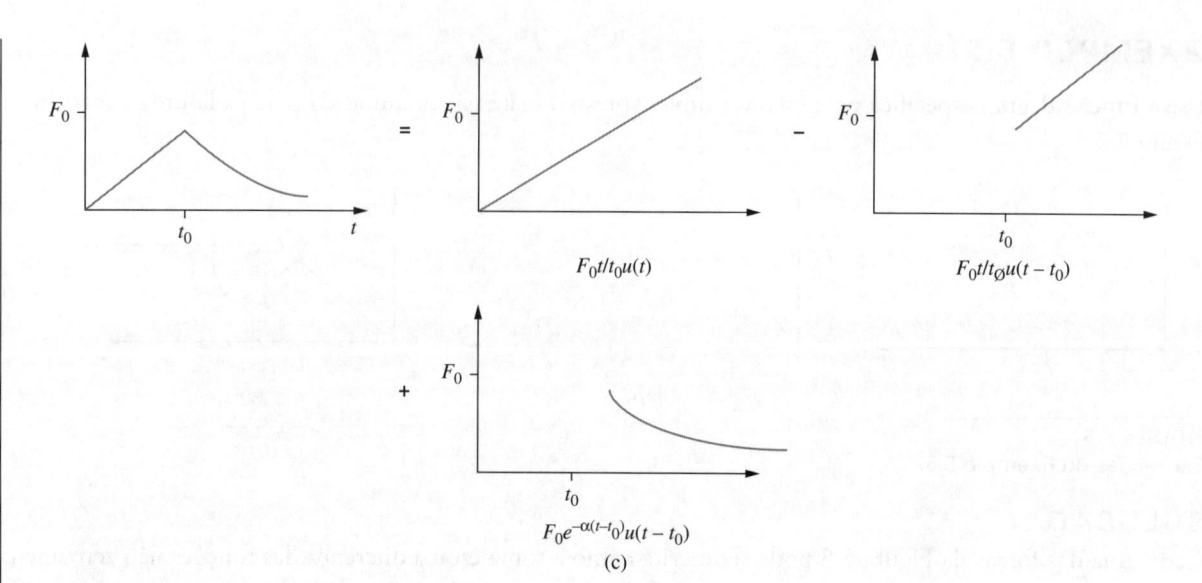

**FIGURA 5.6**
(*Continuação*)

(a) $F(t) = F_0[u(t) - u(t - t_0)]$ (a)

(b) $F(t) = \dfrac{F_0 t}{t_0}[u(t) - u(t - t_0)] + F_0[u(t - t_0) - u(t - 3t_0)]$

$\qquad + F_0\left(4 - \dfrac{t}{t_0}\right)[u(t - 3t_0) - u(t - 4t_0)]$

$\quad = \dfrac{F_0}{t_0}tu(t) - \dfrac{F_0}{t_0}(t - t_0)u(t - t_0) - \dfrac{F_0}{t_0}(t - 3t_0)u(t - 3t_0)$

$\qquad + \dfrac{F_0}{t_0}(t - 4t_0)u(t - 4t_0)$ (b)

(c) $F(t) = \dfrac{F_0 t}{t_0}[u(t) - u(t - t_0)] + F_0 e^{-\alpha(t - t_0)}u(t - t_0)$ (c) ■

Muitas funções descobertas na prática podem ser escritas como combinações de impulsos, funções degrau, funções rampa, funções exponencialmente decadentes e pulsos sinusoidais. Muitas funções que não podem ser matematicamente definidas em termos dessas funções geralmente são aproximadas por essas funções para fins de estimativa.

A Tabela 5.1 fornece a resposta de um sistema de 1GL não amortecido para termos de excitação comuns atrasados por um tempo $t_0$. As respostas são calculadas a partir da integral de convolução fazendo uso da seguinte fórmula:

$$\int_0^t F(\tau)u(\tau - t_0)d\tau = u(t - t_0)\int_{t_0}^t F(\tau)d\tau \qquad (5.30)$$

## ■ EXEMPLO 5.6

Use a integral de convolução para calcular as respostas de um sistema de 1GL linear não amortecido de massa $m$ e frequência natural $\omega_n$ quando sujeito à excitação exponencial atrasada ilustrada na Tabela 5.1.

## ■ TABELA 5.1

Resposta de um sistema de 1GL não amortecido para as formas comuns da excitação

Impulso atrasado
Excitação: $F(t) = A\delta(t - t_0)$
Resposta: $m_{eq}\omega_n^2 x(t)/A = \omega_n \,\text{sen}\, \omega_n (t - t_0) u(t - t_0)$

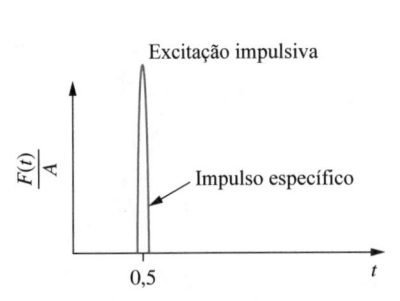

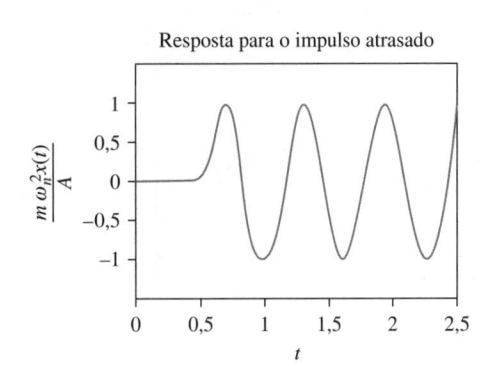

Função degrau atrasada
Excitação: $F(t) = Au(t - t_0)$
Resposta: $m_{eq}\omega_n^2 x(t)/A = [1 - \cos \omega_n (t - t_0)] u(t - t_0)$

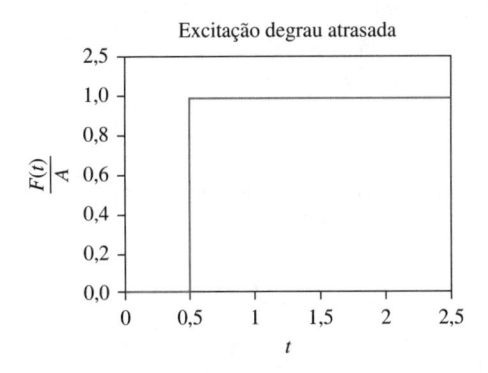

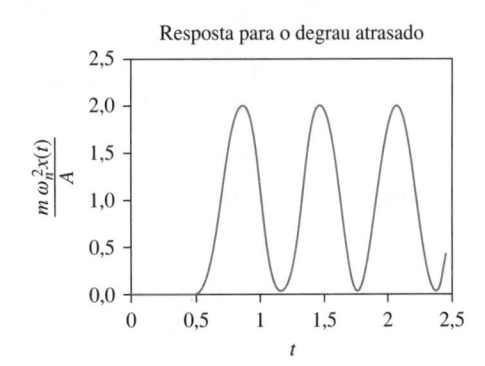

Função rampa atrasada
Excitação: $F(t) = (At + B) u(t - t_0)$

Resposta: $m_{eq}\omega_n^2 x(t)/A = \left[ t + B/A - (t_0 + B/A) \cos \omega_n (t - t_0) - \dfrac{1}{\omega_n} \,\text{sen}\, \omega_n (t - t_0) \right] u(t - t_0)$

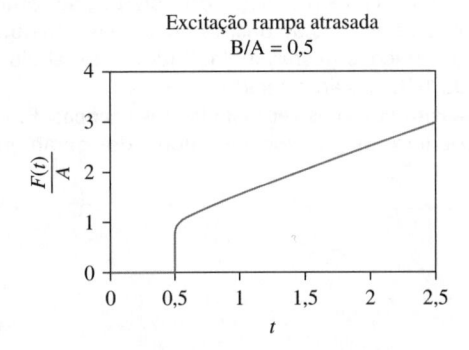

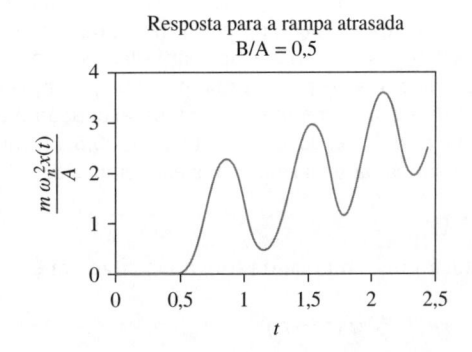

(*Continua*)

## TABELA 5.1 (continuação)

Função exponencial atrasada

Excitação: $F(t) = Ae^{-\alpha(t-t_0)}u(t-t_0)$

Resposta: $m_{eq}\omega_n^2 x(t)/A = [e^{-\alpha(t-t_0)} + \alpha/\omega_n \operatorname{sen}\omega_n(t-t_0)$
$- \cos\omega_n(t-t_0)]/(1+\alpha^2/\omega_n^2)u(t-t_0)$

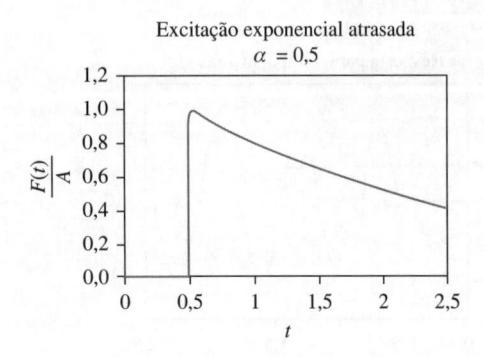

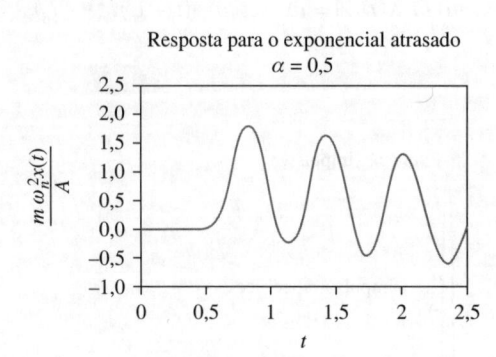

Excitação exponencial atrasada
$\alpha = 0,5$

Resposta para o exponencial atrasado
$\alpha = 0,5$

Função seno atrasada:

Excitação: $F(t) = A\operatorname{sen}[\omega(t-t_0)]u(t-t_0)$

Resposta: $\dfrac{m_{eq}\omega_n^2 x(t)}{A} = \dfrac{1}{2}\left\{\left(\dfrac{1}{\omega/\omega_n - 1}\right)[\operatorname{sen}\omega(t-t_0) - \operatorname{sen}\omega_n(t-t_0)]\right.$
$\left. - \left(\dfrac{1}{\omega/\omega_n + 1}\right)[\operatorname{sen}\omega(t-t_0) + \operatorname{sen}\omega_n(t-t_0)]\right\}u(t-t_0)$

Excitação sinusoidal atrasada
$\omega = 4,0$

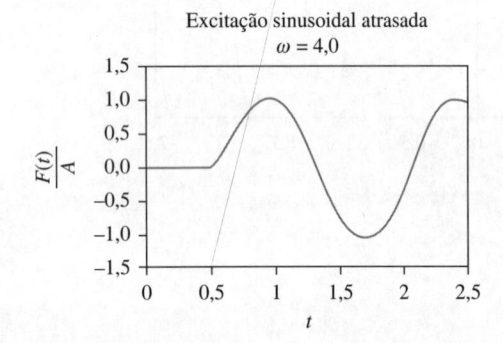

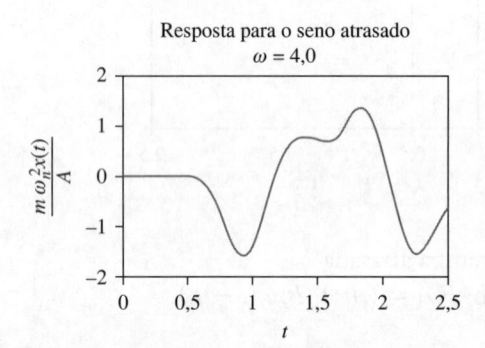

Resposta para o seno atrasado
$\omega = 4,0$

Esta tabela fornece a resposta de um sistema de 1GL não amortecido para as formas comuns da excitação. Muitas formas de excitação podem ser escritas como combinações das excitações cujas respostas do sistema são fornecidas na tabela. A superposição pode ser usada para determinar as respostas em função dessas excitações. Em outros casos, as excitações podem ser aproximadas por combinações das excitações nesta tabela. Então, esta tabela e a superposição são usadas para aproximar a resposta de um sistema de 1GL não amortecido.

A tabela fornece a forma matemática da excitação e da resposta, assim como as representações gráficas. Em todos os casos, os valores de $\omega_n = 10$ rad/s e $r_0 = 0,5$ s foram usados para gerar os gráficos. Os valores dos parâmetros específicos usados para as excitações específicas são dados.

## SOLUÇÃO

A representação matemática da função excitadora é

$$F(t) = F_0 e^{-\alpha(t-t_0)}u(t-t_0) \tag{a}$$

A integral de convolução da Equação (5.25) é usada para escrever a solução como

$$x(t) = \frac{F_0}{m_{eq}\omega_n} \int_0^t e^{-\alpha(\tau - t_0)} u(\tau - t_0) \operatorname{sen}\omega_n(t - \tau) d\tau \qquad \text{(b)}$$

que, com o uso da Equação (5.30), é rearranjada como

$$\begin{aligned}
x(t) &= u(t - t_0) \frac{F_0}{m_{eq}\omega_n} \int_0^t e^{-\alpha(\tau - t_0)} \operatorname{sen}\omega_n(t - t_\tau) d\tau \\
&= u(t - t_0) \frac{F_0}{m_{eq}\omega_n(\alpha^2 + \omega_n^2)} [\omega_n e^{-\alpha(t - t_0)} + \alpha \operatorname{sen}\omega_n(t - t_0) \\
&\qquad - \omega_n \cos \omega_n(t - t_0)]
\end{aligned} \qquad \text{(c)} \quad \blacksquare$$

Muitas vezes, as excitações são combinações lineares da função cujas respostas são apresentadas na Tabela 5.1. A forma geral de uma excitação que muda a forma em tempos discretos $t_1, t_2, \ldots, t_n$ é

$$F(t) = \sum_{i=1}^n f_i(t) u(t - t_i) \qquad (5.31)$$

A aplicação da integral de convolução à excitação da Equação (5.31), usando a Equação (5.30), produz

$$x(t) = \sum_{i=1}^n u(t - t_i) \int_{t_i}^t f_i(\tau) h(t - \tau) d\tau \qquad (5.32)$$

A Equação (5.32) mostra que a resposta total é a soma das respostas em função dos termos individuais da excitação. Esse resultado ocorre em função da linearidade da Equação (5.1). Os efeitos de qualquer condição inicial não zero são incluídos com a resposta em função de $f_1(t)$.

### ■ EXEMPLO 5.7

Use a Tabela 5.1 para desenvolver a resposta de um sistema de 1GL linear de massa $m$ e frequência natural $\omega_n$ quando sujeito à excitação pulso triangular da Figura 5.7.

#### SOLUÇÃO

O pulso triangular pode ser escrito como a soma e a diferença das funções rampa como mostrado. A resposta em função do pulso triangular é obtida ao adicionar e subtrair as respostas conforme cada função rampa de acordo com

$$x(t) = x_a(t) - x_b(t) + x_c(t) - x_d(t) \qquad \text{(a)}$$

onde as respostas individuais são determinadas na Tabela 5.1.

Para $x_a(t)$, a entrada da função rampa na Tabela 5.1 é usada com $A = F_0/t_1$, $B = 0$ e $t_0 = 0$ levando a

$$x_a(t) = \frac{F_0}{m\omega_n^2}\left[\frac{t}{t_1} - \frac{1}{\omega_n t_1} \operatorname{sen}\omega_n t\right] \qquad \text{(b)}$$

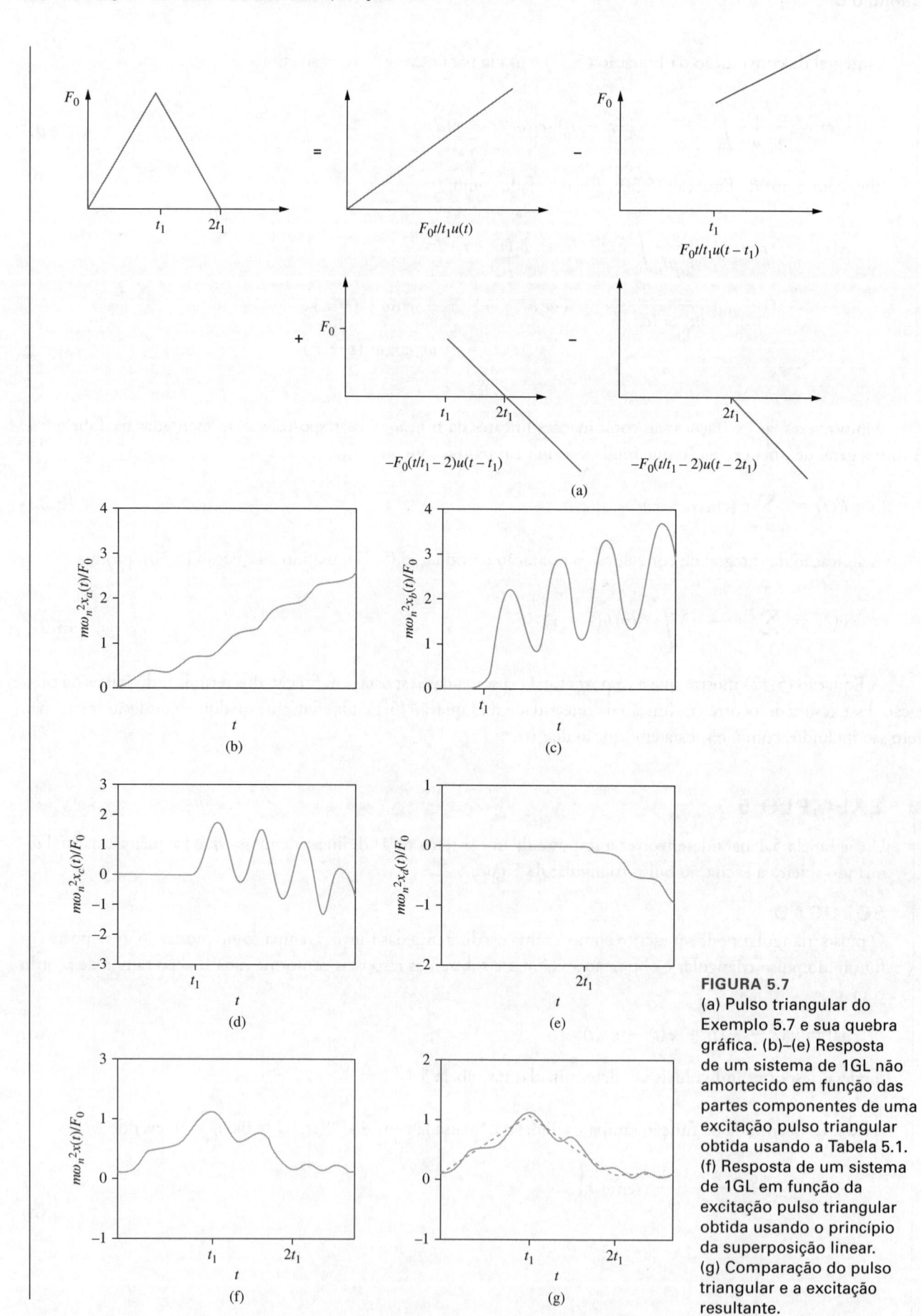

**FIGURA 5.7**
(a) Pulso triangular do Exemplo 5.7 e sua quebra gráfica. (b)–(e) Resposta de um sistema de 1GL não amortecido em função das partes componentes de uma excitação pulso triangular obtida usando a Tabela 5.1. (f) Resposta de um sistema de 1GL em função da excitação pulso triangular obtida usando o princípio da superposição linear. (g) Comparação do pulso triangular e a excitação resultante.

$x_b(t)$ é determinado a partir da entrada da função rampa da Tabela 5.1 com $A = F_0/t_1$, $B = 0$, $t_0 = t_1$. Isso dá

$$x_b(t) = \frac{F_0}{m\omega_n^2}\left[\frac{t}{t_1} - \cos\omega_n(t - t_1) - \frac{1}{\omega_n t_1}\text{sen}\,\omega_n(t - t_1)\right]u(t - t_1) \quad \text{(c)}$$

Para $x_c(t)$, a entrada da função rampa na Tabela 5.1 é usada com $A = -F_0/t_1$, $B = 2F_0$ e $t_0 = t_1$. Isso leva a

$$x_c(t) = \frac{F_0}{m\omega_n^2}\left[\left(2 - \frac{t}{t_1}\right) - \cos\omega_n(t - t_1) + \frac{1}{\omega_n t_1}\text{sen}\,\omega_n(t - t_1)\right]u(t - t_1) \quad \text{(d)}$$

$x_d(t)$ é determinado usando a entrada da função rampa da Tabela 5.1 com $A = -F_0/t_1$, $B = 2F_0$ e $t_0 = 2t_1$. Isso dá

$$x_d(t) = \frac{F_0}{m\omega_n^2}\left[\left(2 - \frac{t}{t_1}\right) + \frac{1}{\omega_n t_1}\text{sen}\,\omega_n(t - 2t_1)\right]u(t - 2t_1) \quad \text{(e)}$$

Simplificar a expressão resultante em cada intervalo de tempo produz

$$x(t) = \frac{F_0}{m\omega_n^2}\begin{cases}\dfrac{t}{t_1} - \dfrac{1}{\omega_n t_1}\text{sen}\,\omega_n t & 0 \leq t \leq t_1 \\[6pt] 2 - \dfrac{t}{t_1} + \dfrac{1}{\omega_n t_1}[2\,\text{sen}\,\omega_n(t - t_1) - \text{sen}\,\omega_n t] & t_1 \leq t \leq 2t_1 \\[6pt] \dfrac{1}{\omega_n t_1}[2\,\text{sen}\,\omega_n(t - t_1) - \text{sen}\,\omega_n t - \text{sen}\,\omega_n(t - 2t_1)] & t_1 > 2t_1\end{cases} \quad \text{(f)}$$

A resposta de cada parte componente e da resposta total é mostrada na Figura 5.7(b) a (g). ∎

## 5.5 MOVIMENTO TRANSIENTE EM FUNÇÃO DA EXCITAÇÃO DA BASE

Muitos sistemas mecânicos e estruturas estão sujeitos à excitação não periódica da base. Uma roda rígida viajando ao longo do contorno de uma estrada excita o movimento de um veículo por meio do sistema de suspensão. Os terremotos excitam as estruturas por meio do movimento da base.

Lembre-se da equação regente para o deslocamento relativo entre uma massa e sua base quando a massa está conectada à base por meio de uma mola e um amortecedor viscoso em paralelo

$$\ddot{z} + 2\zeta\omega_n\dot{z} + \omega_n^2 z = -\ddot{y} \quad (5.33)$$

onde $y$ é o movimento prescrito da base. Se $z(0) = 0$ e $\dot{z}(0) = 0$, a integral de convolução é usada para solucionar a Equação (5.33), produzindo

$$z(t) = -m_{eq}\int_0^t \ddot{y}(\tau)h(t - \tau)d\tau \quad (5.34)$$

A Equação (5.34) é integrada por partes para escrever a solução em termos da velocidade da base

$$z(t) = m_{eq}\left[\dot{y}(0)h(t) - \int_0^t \dot{y}(\tau)\dot{h}(t - \tau)d\tau\right] \quad (5.35)$$

onde

$$\dot{h}(t) = -\frac{e^{-\zeta\omega_n t}}{m_{eq}\sqrt{1-\zeta^2}}\,\text{sen}(\omega_d t - \chi) \tag{5.36}$$

$$\chi = \tan^{-1}\left(\frac{\sqrt{1-\zeta^2}}{\zeta}\right) \tag{5.37}$$

Se o deslocamento da base for conhecido, ele pode ser derivado para calcular a velocidade, e a Equação (5.35) pode ser usada para determinar o deslocamento relativo. Em contrapartida, o deslocamento absoluto da base pode ser obtido ao solucionar

$$\ddot{x} + 2\zeta\omega_n \dot{x} + \omega_n^2 x = -2\zeta\omega_n \dot{y} - \omega_n^2 y \tag{5.38}$$

Quando aplicada à Equação (5.38), a integral de convolução produz

$$x(t) = -m_{eq}\int_0^t \left[2\zeta\omega_n \dot{y}(\tau) + \omega_n^2 y(\tau)\right] h(t-\tau)\,d\tau \tag{5.39}$$

## EXEMPLO 5.8

Determine a resposta de um bloco de massa $m$ conectado por meio de uma mola de rigidez $k$ a uma base quando a base é sujeita ao pulso retangular de velocidade da Figura 5.8. Use a (a) Equação (5.35) e a (b) Equação (5.34).

### SOLUÇÃO

A expressão matemática para o pulso de velocidade é

$$\dot{y}(t) = v[u(t) - u(t-t_0)]$$

(a) Por definição $u(0) = 0$, assim $\dot{y}(0) = 0$. Ao usar a Equação (5.35) para um sistema não amortecido, observe que $\chi = \pi/2$ e sen$(\omega_n t - \pi/2) = \cos\omega_n t$. Então, a aplicação da Equação (5.35) produz

$$z(t) = -v\int^t [u(\tau) - u(\tau - t_0)]\cos\omega_n(t-\tau)\,d\tau \tag{a}$$

Usando a Equação (5.30) para avaliar a integral leva a

$$z(t) = -v\left[u(t)\int_0^t \cos\omega_n(t-\tau)\,d\tau - u(t-t_0)\int_{t_0}^t \cos\omega_n(t-\tau)\,d\tau\right]$$

$$= \frac{v}{\omega_n}\left[\text{sen}\,\omega_n(t-t_0)u(t-t_0) - \text{sen}(\omega_n t)u(t)\right] \tag{b}$$

(b) A aceleração da base é obtida ao derivar a velocidade da base com relação ao tempo. Ao observar que a derivativa da função degrau específica é a função do impulso específico, a derivada dá

$$\ddot{y}(t) = v[\delta(t) - \delta(t-t_0)] \tag{c}$$

**FIGURA 5.8**
Pulso de velocidade para o Exemplo 5.8.

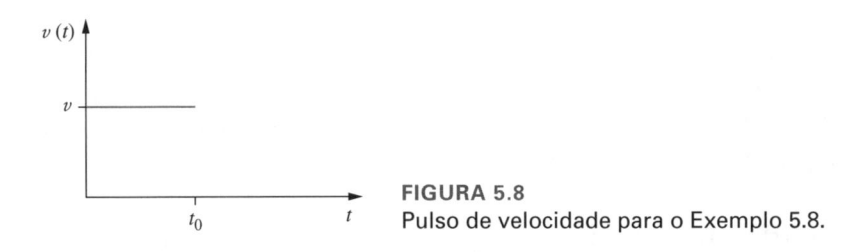

A velocidade da base muda instantaneamente em $t = 0$ e $t = t_0$. A velocidade instantânea muda o resultado somente dos impulsos aplicados.

Substituir a aceleração da base pela Equação (5.34) dá

$$z(t) = -\frac{v}{\omega_n}\int_0^t [\delta(\tau) - \delta(\tau - t_0)]\operatorname{sen}\omega_n(t - \tau)d\tau \qquad (d)$$

As integrais são avaliadas após observar

$$\int_0^t \delta(\tau - t_0)f(\tau)d\tau = f(t_0)u(t - t_0) \qquad (e)$$

O deslocamento relativo é determinado como

$$z(t) = \frac{v}{\omega_n}[\operatorname{sen}\omega_n(t - t_0)u(t - t_0) - \operatorname{sen}(\omega_n t)u(t)] \qquad (f) \quad \blacksquare$$

## 5.6 SOLUÇÕES DA TRANSFORMADA DE LAPLACE

O método da transformada de Laplace é conveniente para encontrar a resposta de um sistema em função de qualquer excitação. O método básico é usar as propriedades conhecidas da transformada e transformar uma equação diferencial ordinária em uma equação algébrica usando as condições iniciais. A equação algébrica é solucionada para encontrar a transformada da solução. Essa transformada é invertida ao usar as propriedades da transformada e uma tabela de pares de transformadas conhecidos.

A transformada de Laplace pode ser usada para solucionar as equações diferenciais ordinárias lineares com coeficientes constantes ou polinomiais. O método facilmente lida com as excitações cujas formas mudam com o tempo. Essas excitações são escritas em uma expressão matemática unificada ao usar as funções degrau específicas. Os teoremas do deslocamento ajudam a realizar a transformada e avaliar as inversões.

A transformada de Laplace não é tão fácil de aplicar quanto a integral de convolução, a menos que a pessoa tenha extensa experiência em seu uso. A principal desvantagem do método é a dificuldade em inverter a transformada. Um teorema de inversão formal, envolvendo a integração do contorno no plano complexo, está disponível, mas está além do escopo deste livro.

Os pares da transformada e as propriedades usadas na discussão a seguir são resumidos e explicados no Apêndice B.

Seja $X(s)$ a transformada de Laplace da coordenada generalizada para um sistema de 1GL. Ou seja,

$$X(s) = \int_0^\infty x(t)e^{-st}dt \qquad (5.40)$$

Seja $F(s)$ a transformada de Laplace da função excitadora conhecida que, para uma forma específica de $F_{eq}(t)$, é calculada a partir da definição da transformada, referindo-se a uma tabela de pares da transformada ou usando as propriedades básicas juntamente com a tabela.

Assumindo a transformada de Laplace da Equação (5.1) e usando a linearidade da transformada,

$$\mathcal{L}\{\ddot{x}\} + 2\zeta\omega_n \mathcal{L}\{\dot{x}\} + \omega_n^2 X(s) = \frac{F(s)}{m_{eq}} \qquad (5.41)$$

A propriedade para a transformada dos derivativos permite a transformação da equação diferencial para $x(t)$ na equação algébrica para $X(s)$. Sua aplicação na Equação (5.41) dá

$$s^2 X(s) - sx(0) - \dot{x}(0) + 2\zeta\omega_n[sX(s) - x(0)] + \omega_n^2 X(s) = \frac{F(s)}{m_{eq}}$$

que é rearranjada para

$$X(s) = \frac{\dfrac{F(s)}{m_{eq}} + (s + 2\zeta\omega_n)x(0) + \dot{x}(0)}{s^2 + 2\zeta\omega_n s + \omega_n^2} \qquad (5.42)$$

A definição e a linearidade da transformada inversa são usadas para encontrar $x(t)$:

$$x(t) = \frac{1}{m_{eq}} \mathcal{L}^{-1}\left\{\frac{F(s)}{s^2 + 2\zeta\omega_n s + \omega_n^2}\right\} + \mathcal{L}^{-1}\left\{\frac{(s + 2\zeta\omega_n)x(0) + \dot{x}(0)}{s^2 + 2\zeta\omega_n s + \omega_n^2}\right\} \qquad (5.43)$$

A transformada inversa de cada termo da Equação (5.43) depende dos tipos de raízes no denominador que, por sua vez, dependem do valor de $\zeta$. Para determinado $\zeta$, a transformada inversa do último termo da Equação (5.43) é diretamente determinada. A transformada inversa do primeiro termo é determinada apenas após especificar $F_{eq}(t)$ e assumir sua transformada de Laplace.

Se o sistema é não amortecido, $\zeta = 0$, a transformada inversa do segundo termo se torna

$$\begin{aligned}\mathcal{L}^{-1}\left\{\frac{(s + 2\zeta\omega_n)x(0) + \dot{x}(0)}{s^2 + 2\zeta\omega_n s + \omega_n^2}\right\} &= \mathcal{L}^{-1}\left\{\frac{sx(0) + \dot{x}(0)}{s^2 + \omega_n^2}\right\} \\ &= x(0)\,\mathcal{L}^{-1}\left\{\frac{s}{s^2 + \omega_n^2}\right\} + \dot{x}(0)\,\mathcal{L}^{-1}\left\{\frac{1}{s^2 + \omega_n^2}\right\}\end{aligned} \qquad (5.44)$$

Usar os pares da transformada $B4$ e $B5$ para inverter as transformadas para um sistema não amortecido

$$\mathcal{L}^{-1}\left\{\frac{(s + 2\zeta\omega_n)x(0) + \dot{x}(0)}{s^2 + 2\zeta\omega_n s + \omega_n^2}\right\} = x(0)\cos\omega_n t + \frac{\dot{x}(0)}{\omega_n}\operatorname{sen}\omega_n t \qquad (5.45)$$

Se as vibrações livres forem subamortecidas, então o denominador tem duas raízes complexas. Nesse caso, é conveniente completar o quadrado do denominador como

$$s^2 + 2\zeta\omega_n s + \omega_n^2 = (s + \zeta\omega_n)^2 + \omega_n^2(1 - \zeta^2) \qquad (5.46)$$

Substituir a Equação (5.46) no último termo da Equação (5.43) produz

$$\mathcal{L}^{-1}\left\{\frac{(s + 2\zeta\omega_n)x(0) + \dot{x}(0)}{s^2 + 2\zeta\omega_n s + \omega_n^2}\right\} = \mathcal{L}^{-1}\left\{\frac{(s + 2\zeta\omega_n)x(0) + \dot{x}(0)}{(s + \zeta\omega_n)^2 + \omega_n^2(1 - \zeta^2)}\right\} \qquad (5.47)$$

A Equação (5.47) é escrita em uma forma para o uso no primeiro teorema do deslocamento (ou seja, sempre que $s$ aparece como $s + \zeta\omega_n$, como no denominador). Ao usar a linearidade da transformada inversa, temos

$$\mathcal{L}^{-1}\left\{\frac{(s+2\zeta\omega_n)x(0)+\dot{x}(0)}{s^2+2\zeta\omega_n s+\omega_n^2}\right\}$$
$$= x(0)\,\mathcal{L}^{-1}\left\{\frac{(s+\zeta\omega_n)}{(s+\zeta\omega_n)^2+\omega_n^2(1-\zeta^2)}\right\} \quad (5.48)$$
$$+ (\dot{x}(0)+\zeta\omega_n x(0))\mathcal{L}^{-1}\left\{\frac{1}{(s+\zeta\omega_n)^2+\omega_n^2(1-\zeta^2)}\right\}$$

O primeiro teorema do deslocamento junto com o par da transformada B5 são usados para inverter o primeiro termo, enquanto este primeiro teorema e o par da transformada B4 são usados para inverter o segundo termo, produzindo um sistema subamortecido:

$$\mathcal{L}^{-1}\left\{\frac{(s+2\zeta\omega_n)x(0)+\dot{x}(0)}{s^2+2\zeta\omega_n s+\omega_n^2}\right\}$$
$$= x(0)e^{-\zeta\omega_n t}\cos(\omega_n\sqrt{1-\zeta^2}\,t) \quad (5.49)$$
$$+ [\dot{x}(0)+\zeta\omega_n x(0)]e^{-\zeta\omega_n t}\mathrm{sen}(\omega_n\sqrt{1-\zeta^2}\,t)$$

Se as vibrações livres forem criticamente amortecidas, o denominador da Equação (5.43) é um quadrado perfeito como $(s+\omega_n)^2$ e produz

$$\mathcal{L}^{-1}\left\{\frac{(s+2\zeta\omega_n)x(0)+\dot{x}(0)}{s^2+2\zeta\omega_n s+\omega_n^2}\right\} = \mathcal{L}^{-1}\left\{\frac{(s+2\omega_n)x(0)+\dot{x}(0)}{(s+\omega_n)^2}\right\} \quad (5.50)$$

Usando a linearidade da transformada inversa, o lado direito da Equação (5.50) é reescrito como

$$\mathcal{L}^{-1}\left\{\frac{(s+2\zeta\omega_n)x(0)+\dot{x}(0)}{s^2+2\zeta\omega_n s+\omega_n^2}\right\}$$
$$= x(0)\,\mathcal{L}^{-1}\left\{\frac{1}{s+\omega_n}\right\} + (\omega_n x(0)+\dot{x}(0))\mathcal{L}^{-1}\left\{\frac{1}{(s+\omega_n)^2}\right\} \quad (5.51)$$

A inversão usando os pares da transformada B3 no primeiro termo e o primeiro teorema do deslocamento e o par da transformada B2 no segundo termo leva a:

$$\mathcal{L}^{-1}\left\{\frac{(s+2\zeta\omega_n)x(0)+\dot{x}(0)}{s^2+2\zeta\omega_n s+\omega_n^2}\right\} = x(0)e^{-\omega_n t} + (\omega_n x(0)+\dot{x}(0))te^{-\omega_n t} \quad (5.52)$$

Quando as vibrações livres são superamortecidas, o denominador da Equação (5.43) pode ser fatorado em dois fatores lineares $(s-s_1)(s-s_2)$, onde $s_1 = -\omega_n(\zeta+\sqrt{\zeta^2-1})$ e $s_1 = -\omega_n(\zeta-\sqrt{\zeta^2-1})$. A decomposição em frações parciais da transformada leva a

$$\mathcal{L}^{-1}\left\{\frac{(s+2\zeta\omega_n)x(0)+\dot{x}(0)}{s^2+2\zeta\omega_n s+\omega_n^2}\right\}$$
$$=\frac{[(s_1+2\zeta\omega_n)x(0)+\dot{x}(0)]}{s_1-s_2}\mathcal{L}^{-1}\left\{\frac{1}{s-s_1}\right\} \qquad (5.53)$$
$$+\frac{[(s_2+2\zeta\omega_n)x(0)+\dot{x}(0)]}{s_2-s_1}\mathcal{L}^{-1}\left\{\frac{1}{s-s_2}\right\}$$

A transformada é invertida usando o par da transformada B3, o que produz

$$\mathcal{L}^{-1}\left\{\frac{(s+2\zeta\omega_n)x(0)+\dot{x}(0)}{s^2+2\zeta\omega_n s+\omega_n^2}\right\}$$
$$=\frac{[(s_1+2\zeta\omega_n)x(0)+\dot{x}(0)]}{s_1-s_2}e^{s_1 t}+\frac{[(s_2+2\zeta\omega_n)x(0)+\dot{x}(0)]}{s_2-s_1}e^{s_2 t} \qquad (5.54)$$

A transformada inversa do primeiro termo da Equação (5.43) é encontrada pela localização de $F(s)$ para a forma particular de F($t$), formando $F(s)/(s^2+2\zeta\omega_n s+\omega_n^2)$, e invertendo usando manipulações algébricas, propriedades da transformada e uma tabela de pares da transformada conhecidos.

## EXEMPLO 5.9

Uma máquina de 200 kg deve ser montada em uma superfície elástica de rigidez equivalente $2\times 10^5$ N/m sem amortecimento. Durante a operação, a máquina está sujeita a uma força constante de 2000 N para 3 s. As vibrações podem ser eliminadas sem acrescentar o amortecimento? Se sim, qual é a deflexão máxima da máquina?

### SOLUÇÃO

A equação de movimento da máquina é

$$\ddot{x}+\omega_n^2 x = F_0[u(t)-u(t-3)] \qquad \text{(a)}$$

onde $F_0 = 2000$ N e $\omega_n = 31,63$ rad/s. A transformada de Laplace de $F(t)$ é obtida ao usar o segundo teorema do deslocamento

$$\mathcal{L}\{F_0[u(t)-u(t-3)]\}=\frac{F_0}{s}(1-e^{-3s}) \qquad \text{(b)}$$

Então, a partir da Equação (5.43) com $x(0)=0$ e $\dot{x}(0)=0$,

$$X(s)=\frac{F_0}{m}\mathcal{L}^{-1}\left\{\frac{1-e^{-3s}}{s(s^2+\omega_n^2)}\right\} \qquad \text{(c)}$$

A decomposição em frações parciais produz

$$X(s)=\frac{F_0}{m\omega_n^2}\left(\frac{1}{s}-\frac{s}{s^2+\omega_n^2}\right)(1-e^{-3s}) \qquad \text{(d)}$$

O segundo teorema do deslocamento é usado para ajudar a inverter a transformada

$$x(t)=\frac{F_0}{m\omega_n^2}[1-\cos\omega_n t - u(t-3)(1-\cos\omega_n(t-3))] \qquad \text{(e)}$$

A solução para $t > 3$ s é

$$x(t) = \frac{F_0}{m\omega_n^2}[\cos\omega_n(t-3) - \cos\omega_n t] \qquad t > 3 \text{ s} \tag{f}$$

Para o movimento que não está em regime permanente,

$$\cos\omega_n t = \cos\omega_n(t-3) \tag{g}$$

que é satisfeito se $3\omega_n = 2n\pi$ para qualquer número inteiro positivo $n$. Assim, as vibrações em regime permanente são eliminadas ao exigir

$$\omega_n = \frac{2n\pi}{3} = 2{,}09n \text{ rad/s} \tag{h}$$

Para $n = 15$, $\omega_n = 31{,}35$ rad/s, que é obtido se $m = 203{,}5$ kg. Assim, as vibrações em regime permanente são eliminadas se 3,5 kg forem rigidamente acrescentados à máquina.

A máquina é submetida a 15 ciclos enquanto a força é aplicada, e o movimento cessa quando a força é removida. O deslocamento máximo durante a operação é

$$x_{\text{máx}} = \frac{2F_0}{m\omega_n^2} = \frac{2F_0}{k} = 0{,}02 \text{ m} \tag{i}$$

## EXEMPLO 5.10

Use o método da transformada de Laplace para determinar a resposta de um sistema de 1GL subamortecido para o pulso retangular da velocidade da Figura 5.8.

### SOLUÇÃO

Com a análise do Exemplo 5.8, a equação diferencial regendo o deslocamento da massa relativa à sua base quando a base é sujeita ao pulso retangular da velocidade é

$$\ddot{z} + 2\zeta\omega_n \dot{z} + \omega_n^2 z = -v[\delta(t) - \delta(t - t_0)]$$

Usando o par da transformada $B1$, e assumindo $z(0) = 0$ e $\dot{z}(0) = 0$, a Equação (5.42) se torna

$$Z(s) = \frac{-v(1 - e^{-st_0})}{s^2 + 2\zeta\omega_n s + \omega_n^2}$$

A transformada é invertida ao concluir o quadrado no denominador e usar o primeiro e o segundo teoremas do deslocamento para obter

$$z(t) = \frac{-v}{\omega_n}[e^{-\zeta\omega_n t}\text{sen}\,\omega_d t - e^{-\zeta\omega_n(t-t_0)}\text{sen}\,\omega_d(t-t_0)u(t-t_0)] \blacksquare$$

## 5.7 FUNÇÕES DE TRANSFERÊNCIA

Tomar a transformada de Laplace da Equação (5.1), assumindo $x(0) = 0$ e $\dot{x}(0) = 0$, leva a uma equação da forma

$$X(s) = F(s)G(s) \tag{5.55}$$

onde $X(s)$ é a transformada de Laplace de $x(t)$, $F(s)$ é a transformada de Laplace de $F(t)$ e $G(s)$ é chamado de função de transferência. A *função de transferência* sempre é definida assumindo que as condições iniciais são zero.

$$G(s) = \frac{X(s)}{F(s)} \tag{5.56}$$

A função de transferência é independente da entrada para o sistema. É uma função apenas do sistema e de seus parâmetros. Para um sistema de 1GL, a função de transferência é dependente da massa, razão de amortecimento e frequência natural.

## EXEMPLO 5.11

(a) Determine a função de transferência para um sistema de 1GL de frequência natural 10 rad/s e uma razão de amortecimento de 1,5 em função da entrada de uma força. A massa do sistema é 2 kg.
(b) Encontre a resposta do sistema em função de uma força $F(t) = 10e^{-3t}$.

### SOLUÇÃO

(a) A equação diferencial de movimento do sistema é

$$\ddot{x} + 30\dot{x} + 100x = \frac{1}{2}F(t) \tag{a}$$

Assumir a transformada de Laplace da Equação (a) e definir ambas as condições iniciais para zero leva a

$$(s^2 + 30s + 100)X(s) = \frac{1}{2}F(s) \tag{b}$$

Rearranjar a Equação (b) leva a

$$G(s) = \frac{X(s)}{F(s)} = \frac{1}{2(s^2 + 30s + 100)} \tag{c}$$

(b) A transformada de Laplace de $F(t) = 10e^{-3t}$ é $F(s) = \dfrac{10}{s + 3}$. A partir da Equação (5.49),

$$X(s) = F(s)G(s) = \frac{10}{2(s^2 + 30s + 100)(s + 3)} \tag{d}$$

O sistema é superamortecido, portanto, o denominador de sua função de transferência é fatorável com fatores reais como

$$X(s) = \frac{5}{(s + 3,82)(s + 26,18)(s + 3)} \tag{e}$$

Ao realizar uma decomposição em frações parciais do lado direito da Equação (e), temos

$$X(s) = \frac{-0,244}{s + 3,82} + \frac{9,69 \times 10^{-3}}{s + 26,18} + \frac{0,234}{s + 3} \tag{f}$$

Inverter a Equação (f) leva a

$$x(t) = 0,234e^{-3t} + 9,69 \times 10^{-3}e^{-26,18t} - 0,244e^{-3,82t} \tag{g}$$

## EXEMPLO 5.12

Determine a função de transferência para o sistema da Figura 5.9, que tem uma entrada de movimento.

**FIGURA 5.9**
Sistema mecânico com entrada de movimento.

## SOLUÇÃO

A equação diferencial é demonstrada na Seção 4.5 como

$$\ddot{x} + 2\zeta\omega_n \dot{x} + \omega_n^2 x = 2\zeta\omega_n \dot{y} + \omega_n^2 y \quad \text{(a)}$$

A função de transferência para esse sistema é definida como

$$G(s) = \frac{X(s)}{Y(s)} \quad \text{(b)}$$

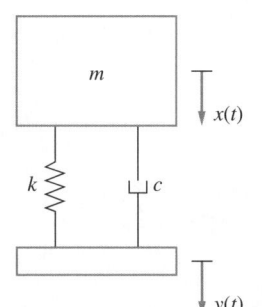

onde $X(s) = \mathcal{L}\{x(t)\}$ e $Y(s) = \mathcal{L}\{y(t)\}$. Assumindo a transformada de Laplace da Equação (a) temos

$$\mathcal{L}\{\ddot{x} + 2\zeta\omega_n \dot{x} + \omega_n^2 x\} = \mathcal{L}\{2\zeta\omega_n \dot{y} + \omega_n^2 y\} \quad \text{(c)}$$

Usar as propriedades de linearidade da transformada e a transformada de derivativos com as condições iniciais assumidas como zero leva a

$$s^2 X(s) + 2\zeta\omega_n s X(s) + \omega_n^2 X(s) = 2\zeta\omega_n s Y(s) + \omega_n^2 Y(s) \quad \text{(d)}$$

Rearranjar a Equação (d) e solucioná-la para a função de transferência leva a

$$G(s) = \frac{2\zeta\omega_n s + \omega_n^2}{s^2 + 2\zeta\omega_n s + \omega_n^2} \quad \text{(e)} \quad \blacksquare$$

As funções de transferência para os sistemas de 1GL são as seguintes:

- Sistema com entrada de força

$$G(s) = \frac{\frac{1}{m}}{s^2 + 2\zeta\omega_n s + \omega_n^2} \quad (5.57)$$

- Sistema com entrada de movimento

$$G(s) = \frac{2\zeta\omega_n s + \omega_n^2}{s^2 + 2\zeta\omega_n s + \omega_n^2} \quad (5.58)$$

A resposta impulsiva de um sistema $x_I(t)$ é a resposta devida a uma função de impulso específico:

$$\ddot{x}_I + 2\zeta\omega_n \dot{x}_I + \omega_n^2 x_I = \frac{1}{m}\delta(t) \quad (5.59)$$

Ao observar que $\mathcal{L}\{\delta(t)\} = 1$, a transformada de Laplace da resposta impulsiva $H(s)$ obtida da Equação (5.55) é

$$H(s) = G(s) \quad (5.60)$$

Assim, a função de transferência é a transformada da resposta impulsiva do sistema. Ao usar a notação das seções anteriores, temos

$$h(t) = \mathcal{L}^{-1}G\{(s)\} \tag{5.61}$$

O uso do teorema da convolução na Equação (5.55) e notar a Equação (5.61) produz

$$x(t) = \int_0^t F(\tau)h(t-\tau)d\tau \tag{5.62}$$

A resposta de um sistema em razão de uma função degrau específica é dada por

$$\ddot{x}_s + 2\zeta\omega_n\dot{x}_s + \omega_n^2 x_s = \frac{1}{m}u(t) \tag{5.63}$$

Ao observar que $\mathcal{L}\{u(t)\} = 1/s$, a transformada de Laplace da resposta degrau é

$$X_s(s) = \frac{1}{s}G(s) \tag{5.64}$$

Assumir o inverso da Equação (5.64) e usar a propriedade das transformadas das integrais produz

$$x_s(t) = \int_0^t u(\tau)h(t-\tau)d\tau = \int_0^t h(t-\tau)d\tau \tag{5.65}$$

Mudar a variável de integração na Equação (5.58) ao permitir $v = t - \tau$ leva a

$$x_s(t) = \int_0^t h(v)dv \tag{5.66}$$

Escrever a Equação (5.66) como

$$X(s) = [sF(s)]\left[\frac{1}{s}G(s)\right] \tag{5.67}$$

leva a uma solução da integral de convolução na forma

$$x(t) = \int_0^t [\dot{F}(\tau) + F(0)]x_s(t-\tau)d\tau \tag{5.68}$$

## ■ EXEMPLO 5.13

Encontre a resposta degrau de um sistema de 1GL criticamente amortecido.

### SOLUÇÃO

A resposta impulsiva de um sistema de 1GL criticamente amortecido é

$$h(t) = \frac{1}{m}te^{-\omega_n t} \tag{a}$$

O uso da Equação (5.66) dá

$$x_s(t) = \frac{1}{m}\int_0^t ve^{-\omega_n v}dv$$

$$= \frac{1}{m\omega_n^2}(1 - e^{-\omega_n t} - \omega_n te^{-\omega_n t}) \tag{b}$$

## 5.8 MÉTODOS NUMÉRICOS

Os métodos da integral de convolução e da transformada de Laplace são métodos fáceis de solucionar a Equação (5.1) para qualquer excitação. No entanto, as soluções de forma fechada usando esses métodos são limitadas a casos em que a função excitadora tem uma formulação matemática e a avaliação de forma fechada da integral de convolução é possível. Além disso, há funções excitadoras explicitamente definidas, como aquelas proporcionais às potências não integrais de tempo em que uma avaliação de forma fechada da integral de convolução ou avaliação da transformada inversa de Laplace é muito difícil. Onde essas situações ocorrem, os métodos numéricos devem ser usados para obter uma solução aproximada para a equação diferencial em valores de tempo discretos.

As soluções numéricas dos problemas das vibrações de 1GL pertencem a duas classes: avaliação numérica da integral de convolução e avaliação numérica direta da Equação (5.1).

### 5.8.1 AVALIAÇÃO NUMÉRICA DA INTEGRAL DE CONVOLUÇÃO

Muitas técnicas de integração numérica estão disponíveis para a avaliação das integrais. A maioria das técnicas de integração numérica utilizam funções definidas por partes para interpolar o integrando. Uma integração de forma fechada do integrando interpolado é realizada. O método descrito aqui utiliza uma interpolação para $F_{eq}(t)$ da qual é obtida uma aproximação para a integral de convolução. A discretização de um intervalo de tempo e as possíveis interpolações para $F_{eq}(t)$ são mostradas na Figura 5.10.

Sejam $t_1, t_2, \ldots$ os valores de tempo em que uma solução aproximada deve ser obtida. Sejam $F_1(t), F_2(t), \ldots$ as funções interpolantes de modo que $F_k(t)$ interpola $F_{eq}(t)$ no intervalo $t_{k-1} < t < t_k$. Seja $x_k$ a aproximação numérica para $x(t_k)$. Define também

$$\Delta j = t_j - t_{j-1}$$

A integral de convolução é usada para obter a resposta de um sistema de 1GL subamortecido como

$$x(t) = x(0)e^{-\zeta\omega_n t}\cos\omega_d t + \frac{\dot{x}(0) + \zeta\omega_n x(0)}{\omega_d}e^{-\zeta\omega_n t}\operatorname{sen}\omega_d t \\ + \int_0^t \frac{F_{eq}(\tau)}{m_{eq}\omega_d}e^{-\zeta\omega_n(t-\tau)}\operatorname{sen}\omega_d(t-\tau)d\tau \quad (5.69)$$

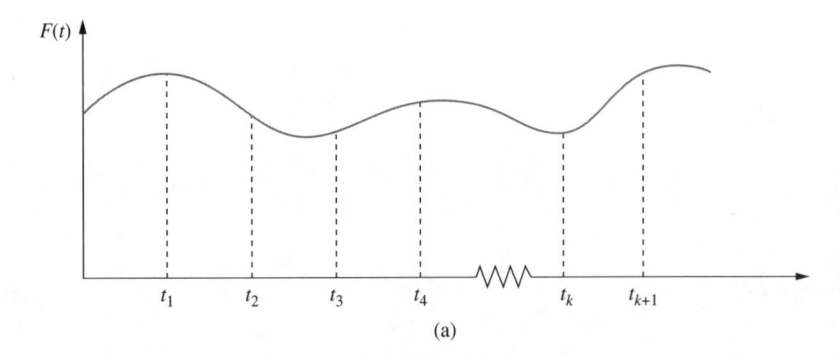

**FIGURA 5.10**
(a) Discretização do tempo para a integração numérica da integral de convolução. (b) Interpolação de $F(t)$ por uma série de impulsos. (c) Interpolação de $F(t)$ por constantes por partes. (d) Interpolação linear por partes para $F(t)$. (*Continua*)

**FIGURA 5.10**
(*Continuação*)

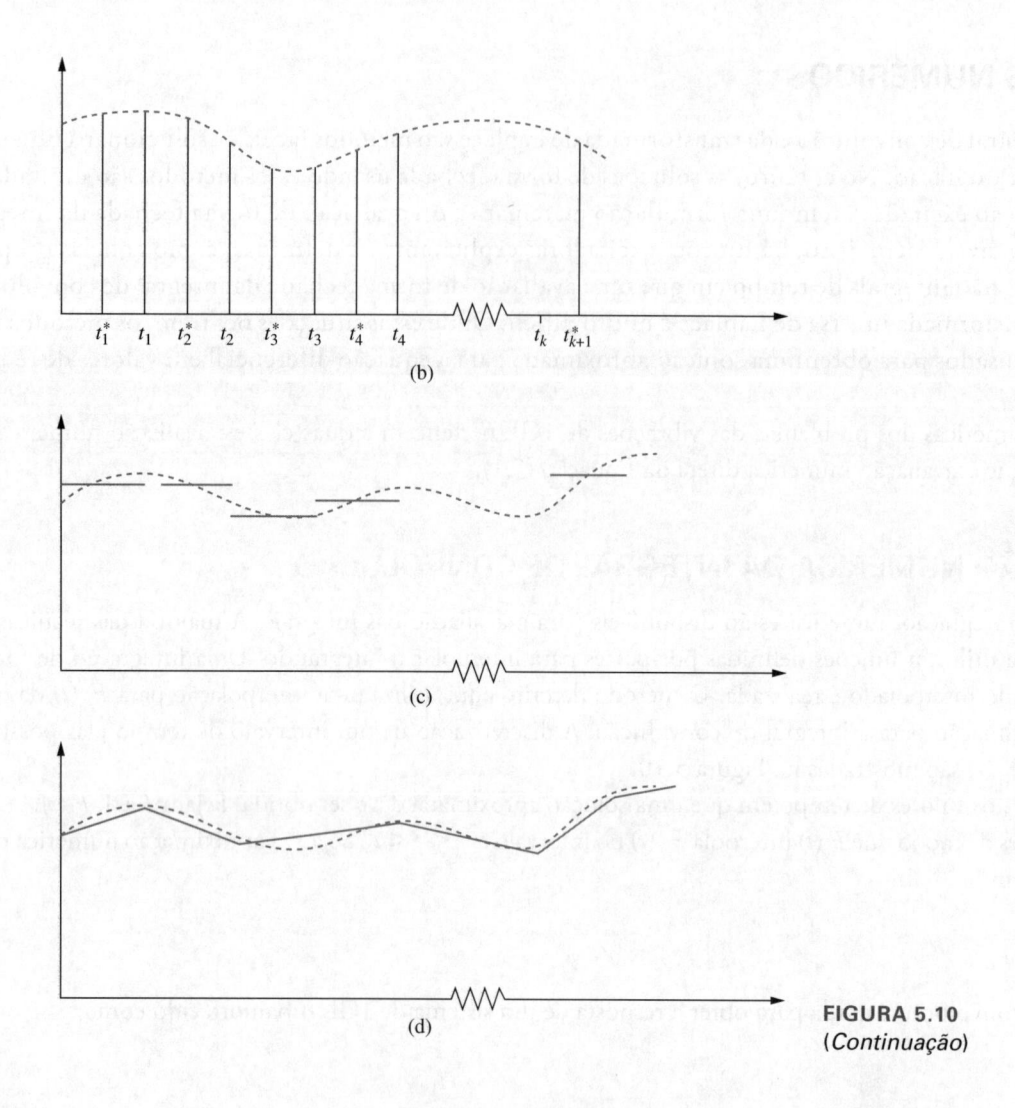

A identidade trigonométrica para o seno da diferença dos ângulos é usada para reescrever a Equação (5.69) como

$$x(t) = e^{-\zeta\omega_n t}\left[x(0)\cos\omega_d t + \frac{\dot{x}(0) + \zeta\omega_n x(0)}{\omega_d}\operatorname{sen}\omega_d t\right]$$
$$+ \frac{1}{m_{eq}\omega_d}e^{-\zeta\omega_n t}\left[\operatorname{sen}\omega_d t\int_0^t F_{eq}(\tau)e^{\zeta\omega_n\tau}\cos\omega_d\tau\right. \quad (5.70)$$
$$\left. - \cos\omega_d t\int_0^t F_{eq}(\tau)e^{\zeta\omega_n\tau}\cos\omega_d\tau d\tau\right]$$

Definindo

$$G_{1j} = \int_{t_{j-1}}^{t_j} F_{eq}(\tau)e^{\zeta\omega_n\tau}\cos\omega_d\tau d\tau \quad (5.71)$$

e

$$G_{2j} = \int_{t_{j-1}}^{t_j} F_{eq}(\tau)e^{\zeta\omega_n\tau}\cos\omega_d\tau d\tau \quad (5.72)$$

Usar as definições das Equações (5.71) e (5.72) na Equação (5.69) leva a

$$x_k = e^{-\zeta\omega_n t_k}\left[x(0)\cos\omega_d t_k + \frac{\zeta\omega_n x(0) + \dot{x}(0)}{\omega_d}\operatorname{sen}\omega_d t_k\right]$$
$$+ \frac{1}{m_{eq}\omega_d}e^{-\zeta\omega_n t_k}\left[\operatorname{sen}\omega_d t_k \sum_{j=1}^{k} G_{1j} - \cos\omega_d t_k \sum_{j=1}^{k} G_{2j}\right] \quad (5.73)$$

As funções interpoladoras são escolhidas para $F_{eq}(t)$ de modo que as Equações (5.71) e (5.72) tenham avaliações de forma fechada quando a função interpoladora for usada no lugar de $F_{eq}(t)$. Então, a Equação (5.73) é usada para calcular as aproximações para a solução em tempos discretos.

Primeiro, considere o caso onde $F_{eq}(t)$ é interpolado por uma série de impulsos, como ilustrado na Figura 5.10(b). Durante o intervalo entre $t_{j-1}$ e $t_j$, a aplicação de $F_{eq}(t)$ resulta em um impulso de grandeza

$$I_j = \int_{t_{j-1}}^{t_j} F_{eq}(\tau)d\tau \quad (5.74)$$

O teorema do valor médio do cálculo da integral implica que há um $t_j^*$, $t_{j-1} < t_j^* < t_j$, de modo que

$$I_j = F_{eq}(t_j^*)\Delta_j \quad (5.75)$$

Para fins de interpolação, aproxime $t_j^*$ por

$$t_j^* \approx \frac{t_j + t_{j-1}}{2} \quad (5.76)$$

Assim, no intervalo $t_{j-1} < t < t_j$, $F(t)$ é interpolado por um impulso de grandeza $I_j$ aplicado no ponto médio do intervalo. Com essa escolha de interpolação, as Equações (5.71) e (5.72) são avaliadas como

$$G_{1j} = F_{eq}(t_j^*)\Delta_j e^{\zeta\omega_n t_j^*}\cos\omega_d t_j^* \quad (5.77)$$

$$G_{2j} = F_{eq}(t_j^*)\Delta_j e^{\zeta\omega_n t_j^*}\operatorname{sen}\omega_d t_j^* \quad (5.78)$$

Também é possível interpolar $F_{eq}(t)$ com constantes por partes. No intervalo de $t_{j-1}$ a $t_j$, a interpolação para $F_{eq}(t)$ assume o valor de $F_{eq}(t)$ no ponto médio do intervalo, como ilustrado na Figura 5.10(c). Chame o valor da interpolação de $f_j$. Então

$$G_{1j} = f_j C_j \quad (5.79)$$

$$G_{2j} = f_j D_j \quad (5.80)$$

onde

$$C_j = \frac{1-\zeta^2}{\omega_d}\left[e^{\zeta\omega_n t_j}\left(\operatorname{sen}\omega_d t_j + \frac{\zeta\omega_n}{\omega_d}\cos\omega_d t_j\right)\right.$$
$$\left. - e^{\zeta\omega_n t_{j-1}}\left(\operatorname{sen}\omega_d t_{j-1} + \frac{\zeta\omega_n}{\omega_d}\cos\omega_d t_{j-1}\right)\right] \quad (5.81)$$

$$D_j = \frac{1-\zeta^2}{\omega_d} \left[ e^{\zeta\omega_n t_j}\left(-\cos\omega_d t_j + \frac{\zeta\omega_n}{\omega_d}\operatorname{sen}\omega_d t_j\right) \right.$$
$$\left. - e^{\zeta\omega_n t_{j-1}}\left(-\cos\omega_d t_{j-1} + \frac{\zeta\omega_n}{\omega_d}\operatorname{sen}\omega_d t_{j-1}\right)\right] \quad (5.82)$$

Por fim, considere o caso onde $F_{eq}(t)$ é interpolado linearmente entre $t_{j-1}$ e $t_j$, como ilustrado na Figura 5.10(d). Então, se $g_j = f(t_j)$,

$$G_{1j} = \frac{1}{\Delta_j}\left[(g_j - g_{j-1})A_j + (g_{j-1}t_j - g_j t_{j-1})C_j\right] \quad (5.83)$$

$$G_{2j} = \frac{1}{\Delta_j}\left[(g_j - g_{j-1})B_j + (g_{j-1}t_j - g_j t_{j-1})D_j\right] \quad (5.84)$$

onde $C_j$ e $D_j$ são dados pelas Equações (5.81) e (5.82), respectivamente, e

$$A_j = \frac{1-\zeta^2}{\omega_d}\left[ t_j e^{\zeta\omega_n t_j}\left(\operatorname{sen}\omega_d t_j + \frac{\zeta\omega_n}{\omega_d}\cos\omega_d t_j\right) \right.$$
$$\left. - t_{j-1}e^{\zeta\omega_n t_{j-1}}\left(\operatorname{sen}\omega_d t_{j-1} + \frac{\zeta\omega_n}{\omega_d}\cos\omega_d t_{j-1}\right) - \left(D_j + \frac{\zeta\omega_n}{\omega_d}C_j\right)\right] \quad (5.85)$$

$$B_j = \frac{1-\zeta^2}{\omega_d}\left[ t_j e^{\zeta\omega_n t_j}\left(\frac{\zeta\omega_n}{\omega_d}\operatorname{sen}\omega_d t_j - \cos\omega_d t_j\right) \right.$$
$$\left. - t_{j-1}e^{\zeta\omega_n t_j - 1}\left(\frac{\zeta\omega_n}{\omega_d}\operatorname{sen}\omega_d t_{j-1} - \cos\omega_d t_{j-1}\right) + \left(C_j - \frac{\zeta\omega_n}{\omega_d}D_j\right)\right] \quad (5.86)$$

Outras escolhas para as funções interpolantes para $F_{eq}(t)$ são possíveis. Os polinomiais por partes de alta ordem podem ser usados, assim como as interpolações que exigem mais suavidade em cada $t_j$, como as splines. Qualquer forma de função interpolante pode ser escolhida, contanto que as Equações (5.71) e (5.72) tenham avaliações de forma fechada. No entanto, quanto mais complicada a função interpolante, mais a álgebra está envolvida na avaliação de $G1_j$ e $G2_j$. A avaliação numérica da integral de convolução também exige mais computações para as funções interpolantes mais complicadas.

Se $F_{eq}(t)$ for conhecido empiricamente, qualquer um dos métodos apresentados pode ser usado para avaliar a integral da convolução. Se os impulsos por partes ou as constantes por partes forem usados, os tempos onde $F_{eq}(t)$ é conhecido são assumidos como pontos médios dos intervalos. Se as interpolações lineares por partes forem usadas, os tempos onde $F_{eq}(t)$ é conhecido são assumidos como $t_j$'s.

A análise de erro dos métodos precedentes está além do escopo deste livro. A melhor precisão da resposta é, certamente, obtida com a melhor precisão da interpolação. A análise de erro normalmente envolve a comparação da interpolação com uma expansão da série de Taylor para estimar o erro na interpolação. O erro geralmente é expresso como sendo a ordem de alguma potência de $\Delta_j$. Os limites no erro ao usar a integral de convolução são obtidos. A integração tende a erros suaves.

A determinação da resposta usando esses métodos exige a avaliação da integral de convolução nos valores de tempo discretos. Como os erros são introduzidos na avaliação de $G_j^1$ e $G_j^2$, quanto mais desses termos forem usados na avaliação, maior é o erro. Logo, o erro na aproximação cresce com o aumento de $t$. A redução do erro pode ser atingida com o uso de intervalos de tempo menores, se possível, ou com o uso de interpolações mais precisas.

## 5.8.2 RESOLUÇÃO NUMÉRICA DAS EQUAÇÕES DIFERENCIAIS

Uma alternativa para a avaliação numérica da integral de convolução é aproximar a solução da Equação (5.1) pela integração numérica direta. Muitos métodos estão disponíveis para a solução numérica das equações diferenciais ordinárias.

Como as vibrações dos sistemas discretos são regidas por problemas do valor inicial, é melhor usar um método numérico com início automático. Ou seja, é necessário o conhecimento anterior da solução em apenas um tempo para iniciar o procedimento.

A melhor aplicação dos métodos de integração numérica exige reescrever a equação diferencial de $n$-ésima ordem como $n$ equações diferenciais de primeira ordem. Isso é feito para a Equação (5.1) ao definir

$$y_1(t) = x(t) \tag{5.87a}$$
$$y_2(t) = \dot{x}(t) \tag{5.87b}$$

Assim,

$$\dot{y}_1(t) = y_2(t) \tag{5.88a}$$

e da Equação (5.1)

$$\dot{y}_2(t) = \frac{F_{eq}}{m_{eq}} - 2\zeta\omega_n y_2(t) - \omega_n^2 y_1(t) \tag{5.88b}$$

As Equações (5.88a) e (5.88b) são duas equações diferenciais ordinárias lineares simultâneas de primeira ordem cuja solução numérica produz os valores do deslocamento e da velocidade em tempos discretos.

No que segue, sejam $t_i$, $i = 1, 2, \ldots$, os tempos discretos em que a solução é obtida, e sejam $y_{1,i}$ e $y_{2,i}$ os deslocamentos e as velocidades nesses tempos, e defina

$$\Delta_j = t_{j+1} - t_j \tag{5.89}$$

As relações de recorrência para o método de início automático mais simples, chamado de método de Euler, são obtidas a partir das expansões truncadas da série de Taylor para $y_{k,i+1}$ em torno de $y_{k,i}$ após os termos lineares. Essas relações de recorrência são

$$y_{1,i+1} = y_{1,i} + (t_{i+1} - t_i)y_{2,i} \tag{5.90a}$$

$$y_{2,i+1} = y_{2,i} + (t_{i+1} - t_i)\left[\frac{F_{eq}(t_i)}{m_{eq}} - 2\zeta\omega_n y_{2,i} - \omega_n^2 y_{1,i}\right] \tag{5.90b}$$

Dados os valores iniciais de $y_1$ e $y_2$, as Equações (5.90a) e (5.90b) são usadas para calcular recursivamente o deslocamento e a velocidade em tempos crescentes. O método de Euler é o significado preciso de primeira ordem de que o erro é da ordem de $\Delta_j$.

Os métodos de Runge-Kutta são mais populares que o método de Euler por sua melhor precisão, e também continuam sendo fáceis de usar. Uma fórmula de Runge-Kutta para a solução da equação diferencial de primeira ordem

$$\dot{y} = f(y, t) \tag{5.91}$$

é da forma

$$y_{i+1} = y_i + \sum_{j=1}^{n} a_j k_j \tag{5.92}$$

onde

$$k_1 = (t_{i+1} - t_i)f(y_i, t_i)$$
$$k_2 = (t_{i+1} - t_i)f(y_1 + q_{1,1}k_1, t_i + p_1)$$
$$k_3 = (t_{i+1} - t_i)f(y_i + q_{2,1}k_1 + q_{2,2}k_2, t_i + p_2)$$
$$\vdots$$
$$k_n = (t_{i+1} - t_i)f(y_i + q_{n-1,1}k_1 + q_{n-2,2}k_2 + \cdots$$
$$+ q_{n-1,n-1}k_{n-1}, t_i + p_{n-1})$$
(5.93)

e os coeficientes *a*, *q* e *p* são escolhidos para usar as expansões da série de Taylor para aproximar a equação diferencial para a precisão desejada.

O erro para a fórmula de Runge-Kutta de quarta ordem é proporcional a $\Delta^4_j$. Uma fórmula de Runge-Kutta de quarta ordem é

$$y_{i+1} = y_i + \frac{1}{6}(k_1 + 2k_2 + 2k_3 + k_4) \tag{5.94}$$

onde

$$k_1 = (t_{i+1} - t_i)f(y_i, t_i)$$
$$k_2 = (t_{i+1} - t_i)f\left(y_i + \frac{1}{2}k_1, \frac{1}{2}(t_i + t_{i+1})\right)$$
$$k_3 = (t_{i+1} - t_i)f\left(y_i + \frac{1}{2}k_2, \frac{1}{2}(t_i + t_{i+1})\right)$$
$$k_4 = (t_{i+1} - t_i)f(y_i + k_3, t_{i+1})$$
(5.95)

A Equação (5.94) pode ser usada para as equações diferenciais de ordem mais alta ao reescrevê-la como um sistema de equações de primeira ordem, como foi feito na Equação (5.90) para um sistema de 1GL. O resultado é

$$y_{1,i+1} = y_{1,i} + \frac{1}{6}(k_{1,1} + 2k_{1,2} + 2k_{1,3} + 2k_{1,4}) \tag{5.96a}$$

$$y_{2,i+1} = y_{2,i} + \frac{1}{6}(k_{2,1} + 2k_{2,2} + 2k_{2,3} + 2k_{2,4}) \tag{5.96b}$$

onde

$$k_{1,1} = (t_{i+1} - t_i)y_{2,i} \tag{5.97a}$$

$$k_{1,2} = (t_{i+1} - t_i)\left(y_{2,i} + \frac{1}{2}k_{2,1}\right) \tag{5.97b}$$

$$k_{1,3} = (t_{i+1} - t_i)\left(y_{2,i} + \frac{1}{2}k_{2,2}\right) \tag{5.97c}$$

$$k_{1,4} = (t_{i+1} - t_i)(y_{2,i} + k_{2,3}) \tag{5.97d}$$

$$k_{2,1} = (t_{i+1} - t_i)\left[\frac{F_{eq}(t_i)}{m_{eq}} - 2\zeta\omega_n y_{2,i} - \omega_n^2 y_{1,i}\right] \tag{5.97e}$$

$$k_{2,2} = (t_{i+1} - t_i) \left[ \frac{F_{eq}\left(\frac{1}{2}(t_i + t_{i+1})\right)}{m_{eq}} \right.$$

$$\left. - 2\zeta\omega_n\left(y_{2,i} + \frac{1}{2}k_{2,1}\right) - \omega_n^2\left(y_{1,i} + \frac{1}{2}k_{1,1}\right) \right] \quad (5.97\text{f})$$

$$k_{2,3} = (t_{i+1} - t_i) \left[ \frac{F_{eq}\left(\frac{1}{2}(t_i + t_{i+1})\right)}{m_{eq}} \right.$$

$$\left. - 2\zeta\omega_n\left(y_{2,i} + \frac{1}{2}k_{2,2}\right) - \omega_n^2\left(y_{1,i} + \frac{1}{2}k_{1,2}\right) \right] \quad (5.97\text{g})$$

$$k_{2,4} = (t_{i+1} - t_i) \left[ \frac{F_{eq}(t_{i+1})}{m_{eq}} - 2\zeta\omega_n(y_{2,i} + k_{2,3}) - \omega_n^2(y_{1,i} + k_{1,3}) \right] \quad (5.97\text{h})$$

O método de Runge-Kutta é usado muitas vezes porque é fácil de programar em um computador digital. Sua limitação mais restritiva é que a extensão da aproximação entre dois tempos discretos exige avaliação da excitação em tempo intermediário. Se a função excitadora for conhecida apenas nos tempos discretos, a avaliação nos tempos intermediários apropriados geralmente é impossível. Além disso, um grande número de avaliações da função pode levar a grandes tempos computacionais.

As fórmulas de Adams fornecem aproximações precisas das equações diferenciais ordinárias. Uma fórmula de Adams explícita exige conhecimento das funções em dois instantes de tempo anteriores para calcular a aproximação no tempo desejado. Uma fórmula de Adams implícita exige conhecimento da função em apenas um passo de tempo anterior, porém a fórmula envolve a avaliação da função no passo de tempo de interesse. Desse modo, uma fórmula de Adams implícita exige uma solução iterativa em cada passo de tempo. A fórmula de Adams fechada é bem mais precisa do que uma fórmula aberta da mesma ordem. A fórmula fechada tem início automático, ao passo que a fórmula aberta não.

Um método preditor-corretor é um compromisso que usa a fórmula implícita para aumentar a precisão, mas usa a fórmula explícita para reduzir o tempo computacional. A fórmula explícita é usada para "prever" a solução no tempo desejado, então a fórmula implícita é usada para "corrigir" usando o valor previsto como um palpite inicial. As iterações não são necessárias, já que a primeira correção é muito precisa. Como as fórmulas explícitas de Adams não têm início automático, um método de início automático, como o método de Runge-Kutta, da mesma ordem é usado para calcular a solução no primeiro tempo. O método preditor-corretor é usado para o restante dos cálculos.

### ■ EXEMPLO 5.14

Uma máquina fresadora de 200 kg é sujeita ao pulso do seno versado da Figura 5.11 durante a operação. A máquina é montada em uma fundação elástica de rigidez $1 \times 10^6$ N/m e uma razão de amortecimento de 0,2. Escreva um *script* no MATLAB que utilize as constantes por partes como funções interpolantes para integrar numericamente a integral de convolução para obter a resposta da máquina até $t = 0,5$ s.

#### SOLUÇÃO

O *script* do MATLAB e o gráfico resultante do deslocamento estão ilustrados na Figura 5.12. O *script* do MATLAB é escrito em uma forma geral. Quando o *script* é executado pelo MATLAB, o usuário será solicitado para a entrada. A forma de excitação é fornecida em um arquivo m separado do MATLAB.

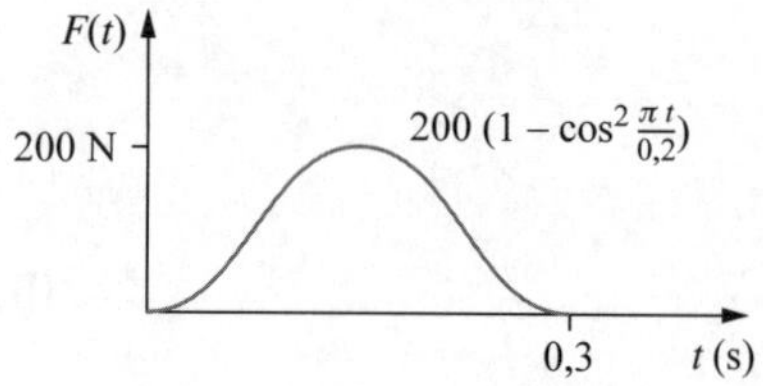

**FIGURA 5.11**
Pulso do seno versado dos Exemplos 5.14 e 5.15.

```
% Exemplo 5.14
% Integral numérica da integral de convolução usando
% constantes por partes para interpolar a excitação
m=200;                                  % Massa do sistema
k=1.*10^6;                              % Rigidez
zeta=0,06;                              % Razão de amortecimento
omega_n=sqrt (k/m);                     % Frequência natural
omega_d=omega_n*sqrt (1-zeta^2);        % Frequência natural amortecida
F0=200;                                 % Grandeza do pulso
t0=0,2;                                 % Duração do pulso
x0=0;                                   % Deslocamento inicial
xdot0=0;                                % Velocidade inicial
t=linspace(0, .5, 1001);                % Discretização da escala de tempo
sum1=0;                                 % Inicialização da soma para G1
sum2=0;                                 % Inicialização da soma para G2
x(1)=x0;                                % Inicialização de x
C1=(1-zeta^2)/omega_d;
C2=zeta*omega_n;
C3=C2/omega_d;
for k=2: 1001
% Calculando F(t)
if t(k) < = t0
   F=F0*(1-(cos(pi*t(k)/t0)^2));  % F(t)
else
   F=0
end
% Fórmula da integração numérica das Eqs. (5.79) - (5.82)
EK=exp (C2*t(k));
EK1=exp(C2*t(k-1));
SK=sin(omega_d*t(k));
SK1=sin(omega_d*t(k-1));
CK=cos(omega_d*t(k));
CK1=cos(omega_d*t(k-1));
G1=F*C1*(EK*(SK+C3*CK)-EK1*(SK1+C3*CK1));
G2=F*C1*(EK*(-CK+C3*SK)-EK1*(-CK1+C3*SK1));
sum1=sum1+G1;
sum2=sum2+G2;
% Eq.(5.73)
xK=(x0*CK+(C2*x0+xdot0)/omega_d/*SK)/EK;
x(k)=xK+(SK*sum1-CK*sum2)/(EK*m*omega_d);
end
plot(t,x)
xlabel('t (s)')
ylabel('x(t)(m)')
```

(a)

*(Continua)*

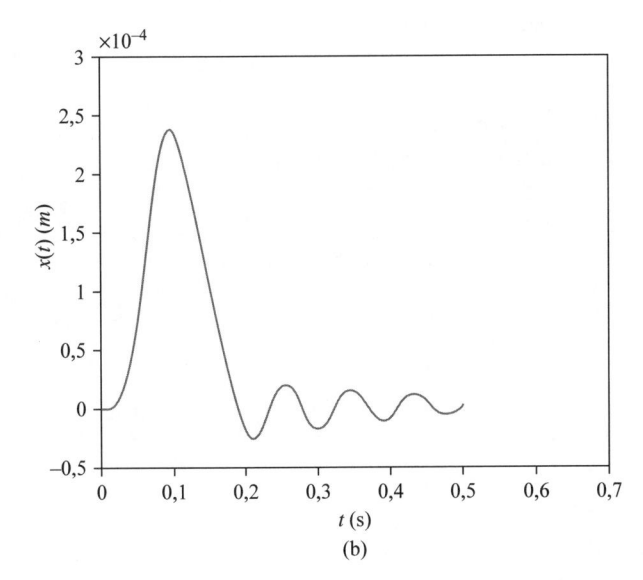

**FIGURA 5.12**
(a) *Script* do MATLAB para o Exemplo 5.14, integração numérica da integral de convolução usando as constantes por partes para a interpolação da força de excitação. (b) Gráfico do deslocamento *versus* o tempo obtido pela execução do *script*. ∎

## EXEMPLO 5.15

Escreva um *script* do MATLAB usando o programa ODE45 para determinar a resposta do sistema do Exemplo 5.14.

### SOLUÇÃO

O *script* do MATLAB para o desenvolvimento da resposta é dado na Figura 5.13(a). O *script* usa a função do ODE45 MATLAB, que usa um método de Runge-Kutta-Fehlberg para aproximar numericamente a resposta. A resposta resultante gerada do MATLAB é mostrada na Figura 5.13(b). A resposta é bem próxima daquela gerada no Exemplo 5.14 pela integração numérica da integral de convolução.

```
% Solução de Runge-Kutta para o Exemplo 5.15 usando
o programa ODE45 do MATLAB
% Condições iniciais
x0=0;
xdot0=0;
% y(1)=x;                              y(2)=xdot
y0(1)=x0;
y0(2)=xdot0;
y0=[y0(1);y0(2)];
TSPAN=[0 0,5];
[T,Y]=ode45('fun412',TSPAN,y0);
plot(T,Y(:,1))
xlabel('tempo (s)')
ylabel('x(t) (m)')
```

(a)

```
% Definindo o arquivo para a função do Exemplo 5.15
função F=fun412 (T,Y)
m=200;                          % Massa do sistema
k=1.*10^6;                      % Rigidez
zeta=0,06;                      % Razão de amortecimento
omega_n=sqrt (k/m);             % Frequência natural
F0=200;                         % Grandeza do pulso
t0=0.2;                         % Duração do pulso
F(1)=Y(2);
% Calculando F(T)
if t<=t0
    f1=F0/m*(1-(cos(pi*T/t0))^2);
else
    f1=0;
end
% xdot=F(1), xddot=F(2)
F(2)-2*zeta*Y(2)-omega_n^2*Y(1)+f1;
F=[F(1); F(2)];
```

(b)

**FIGURA 5.13**
(a) *Script* do MATLAB para solucionar a equação diferencial para o Exemplo 5.15 usando ODE45, uma solução de Runge-Kutta. (b) O usuário forneceu uma função para o Exemplo 5.15. ■

## 5.9 ESPECTRO DE CHOQUE

A criação de problemas geralmente exige a determinação dos parâmetros do sistema de modo que as restrições sejam satisfeitas. Em muitos problemas, os critérios de criação envolvem limitar os deslocamentos máximos e/ou as tensões para determinado tipo de excitação. Por exemplo, se for determinado que todos os terremotos em determinada área têm formas similares de excitações, apenas com níveis diferentes de gravidade, então o conhecimento do deslocamento máximo como uma função dos parâmetros do sistema é útil na criação de uma estrutura para resistir a determinado nível de terremoto. A capacidade da estrutura em resistir ao terremoto depende do deslocamento máximo desenvolvido na estrutura durante o terremoto e das tensões máximas desenvolvidas. Uma estrutura na Califórnia perto da falha de San Andreas normalmente seria projetada para resistir a um terremoto mais grave do que uma estrutura em Ohio. Isso, é claro, depende do uso da estrutura.

Dessa forma, é útil para o designer conhecer a resposta máxima de uma estrutura como uma função dos parâmetros do sistema. As curvas de transmissibilidade apresentadas no Capítulo 4 realmente fazem isso para a resposta em regime permanente em função das excitações harmônicas. Para determinado valor da razão de amortecimento, a curva de transmissibilidade representa graficamente a razão não dimensional da amplitude da força transmitida para a amplitude máxima da força de excitação contra a razão da frequência não dimensional.

# Capítulo 5

Curvas similares são úteis para análise e criação de sistemas que são sujeitos a excitações de choque. Um choque é uma grande força aplicada em um intervalo curto resultando em vibração transiente. A resposta máxima é uma função do tipo dos parâmetros do choque e do sistema.

Um *espectro de choque* (*espectro de resposta*) é um gráfico não dimensional da resposta máxima de um sistema de 1GL para uma excitação especificada como uma função de uma razão de tempo não dimensional. O eixo vertical do gráfico é o valor máximo da força desenvolvida na mola dividido pelo máximo da força de excitação. O eixo horizontal é a razão de um tempo característico para a excitação dividido pelo período natural. Para uma excitação de choque, o tempo característico normalmente é assumido como a duração do choque.

Os espectros de choque costumam ser representados graficamente apenas para os sistemas não amortecidos, já que o amortecimento tende a agir de maneira favorável para reduzir a resposta máxima. O espectro de choque também é bastante entediante de calcular e representar graficamente. A inclusão do amortecimento no desenvolvimento de um espectro de choque aumenta muito a quantidade de álgebra realizada. A complexidade resultante pode obscurecer a utilidade dos resultados.

## EXEMPLO 5.16

Uma estrutura de um andar deve ser construída para alojar um laboratório químico. Os experimentos realizados no laboratório envolvem substâncias químicas altamente voláteis e a possibilidade de explosão é grande. Estima-se que a pior explosão irá gerar uma força de $5 \times 10^6$ N com duração de 0,5 s. A estrutura deve ser desenhada de modo que o deslocamento máximo em função desta explosão seja 10 mm. A massa equivalente da estrutura é 500.000 kg. Desenhe o espectro de choque para a estrutura sujeita a um pulso retangular e determine a rigidez máxima permissível para a estrutura.

### SOLUÇÃO

A estrutura do laboratório da Figura 5.14 é modelada como um sistema de 1GL não amortecido com $x(t)$ representando o deslocamento na viga. A excitação é modelada como um pulso retangular de grandeza $F_0 = 5 \times 10^6$ N e duração $t_0 = 0,5$ s. A resposta de um sistema de 1GL não amortecido para um pulso retangular com condições iniciais zero é calculado usando a superposição e a Tabela 5.1 como

$$x(t) = \frac{F_0}{k}\{1 - \cos \omega_n t - u(t - t_0)[1 - \cos \omega_n(t - t_0)]\} \tag{a}$$

Para $t < t_0$, a razão da força não dimensional é

$$\frac{kx}{F_0} = 1 - \cos \omega_n t \tag{b}$$

A função anterior aumenta até $t = \pi/\omega_n$ quando atinge um valor máximo de 2. Se $t_0 < \pi/\omega_n$, a razão de força não dimensional máxima neste intervalo é

$$\frac{kx_{máx}}{F} = 1 - \cos \omega_n t_0 \tag{c}$$

No entanto, como a resposta é contínua, a resposta máxima para $t > \pi/\omega_n$ deve ter pelo menos esse tamanho. Para $t > t_0$, a razão da força não dimensional é

$$\frac{kx}{F_0} = \cos \omega_n(t - t_0) - \cos \omega_n t \tag{d}$$

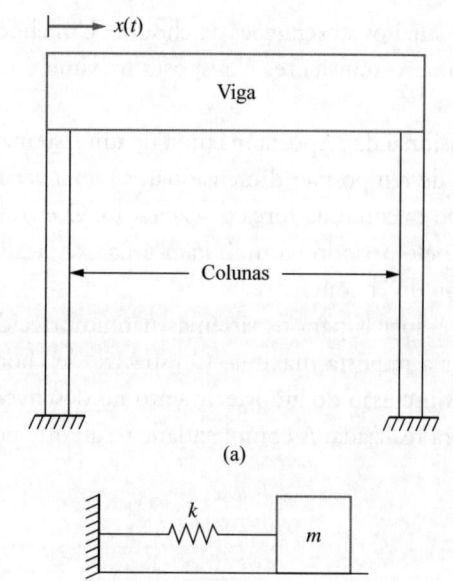

**FIGURA 5.14**
(a) O laboratório químico de um andar do Exemplo 5.16 é modelado como uma estrutura. (b) A estrutura é modelada como um sistema de 1GL de massa-mola, assumindo que a viga é bem rígida em comparação às colunas.

As identidades trigonométricas são usadas na equação (d) para obter

$$\frac{kx}{F_0} = 2\,\text{sen}\frac{\omega_n t_0}{2}\,\text{sen}(\omega_n t - \alpha) \tag{e}$$

onde

$$\tan \alpha = \frac{\cos \omega_n t_0 - 1}{\text{sen}\,\omega_n t_0} \tag{f}$$

Assim,

$$\frac{kx_{\text{máx}}}{F_0} = 2\,\text{sen}\frac{\omega_n t_0}{2} \qquad t_0 < \frac{\pi}{\omega_n} \tag{g}$$

Em suma,

$$\frac{kx_{\text{máx}}}{F_0} = \begin{cases} 2\,\text{sen}\dfrac{\omega_n t_0}{2} & t_0 < \dfrac{\pi}{\omega_n} \quad \left(\dfrac{t_0}{\tau} \le \dfrac{1}{2}\right) \\ 2 & t_0 > \dfrac{\pi}{\omega_n} \quad \left(\dfrac{t_0}{\tau} > \dfrac{1}{2}\right) \end{cases} \tag{h}$$

O espectro de choque é representado graficamente na Figura 5.15.

Voltando ao problema específico, $t_0 = 0{,}5$ s, $F_0 = 5 \times 10^6$ N, $x_{\text{máx}} = 0{,}01$ m e $m = 500.000$ kg. A frequência natural é $\omega_n = \sqrt{k/m}$, e o problema deve determinar os valores apropriados de $k$. O período natural é $T = 2\pi/\omega_n$. Primeiro, assuma $t_0/T < 0{,}5$, que é equivalente a

$$\frac{\omega_n t_0}{2\pi} < 0{,}5 \tag{i}$$

ou

$$\omega_n < 2\pi \text{ rad/s} \quad \text{(j)}$$

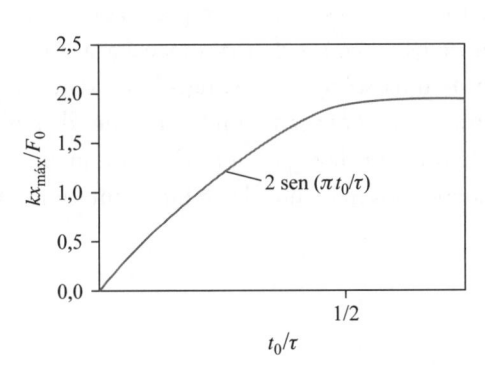

**FIGURA 5.15**
Espectro de choque de um sistema de 1GL não amortecido para um pulso retangular.

A equação para solucionar $k$ é

$$\frac{k(0.01 \text{ m})}{5 \times 10^6 \text{ N}} = 2 \operatorname{sen}\left(\sqrt{\frac{k}{500.000 \text{ kg}}} \frac{0,5 \text{ s}}{2}\right) \quad \text{(k)}$$

A Equação (k) se torna

$$1 \times 10^{-8} k = \operatorname{sen}\left(3,54 \times 10^{-4} \sqrt{k}\right) \quad \text{(l)}$$

A Equação (l) é uma equação transcendental para solucionar $k$ com a menor solução possível, sendo $k = 5,33 \times 10^7$ N/m. A frequência natural com esse valor de $k$ é

$$\omega_n = \sqrt{\frac{5,33 \times 10^7 \text{ N/m}}{500.000 \text{ kg}}} = 10,32 \text{ rad/s} > 2\pi \text{ rad/s} \quad \text{(m)}$$

Assim, não há solução para $\frac{\omega_n t_0}{2\pi} < 0,5$. Logo, $\omega_n > 2\pi$ rad/s e $\frac{k x_{\text{máx}}}{F_0} = 2$, que leva a

$$\frac{k(0,01 \text{ m})}{5 \times 10^6 \text{ N}} = 2 \quad \text{(n)}$$

que é solucionado produzindo

$$k = 1 \times 10^9 \text{ N/m} \quad \text{(o)}$$

Se $k > 1 \times 10^9$ N/m, o deslocamento máximo será menor que 0,01 m. ∎

A questão importante no Exemplo 5.16 é se a duração do pulso é longa o suficiente para que a resposta máxima ocorra quando a excitação está ocorrendo. Se o pulso for muito curto, o deslocamento máximo ocorre após o pulso ser removido. O pulso retangular é o pulso mais simples para a análise da resposta de um sistema de 1GL. Seu espectro de resposta também é o mais simples de desenhar.

Os espectros de choque geralmente são calculados apenas para os sistemas não amortecidos. A complexidade algébrica costuma impedir a determinação analítica dos espectros de choque para os sistemas amortecidos. A resposta máxima é obtida pela avaliação numérica da expressão exata para o deslocamento ou pela solução numérica da equação diferencial. O amortecimento não tem tanto efeito na resposta transiente em função de um pulso de duração mais longa como faz na resposta em regime permanente em função de uma excitação harmônica ou na resposta em função de um pulso de duração curta.

Como o isolamento do choque geralmente envolve minimizar a força transmitida entre um sistema e seu suporte, um gráfico semelhante ao espectro de choque, porém envolvendo o valor máximo da força transmitida, é útil. A coordenada vertical do espectro da força é a razão do valor máximo da força transmitida para o valor máximo da força de excitação. Quando o sistema não é amortecido, o espectro de força é o mesmo que o espectro de choque.

As Figuras 5.16 a 5.21 apresentam os espectros de deslocamento e os espectros de força (aceleração) para os pulsos de formato comum. Esses espectros foram obtidos com o uso de uma solução de Runge-Kutta da equação diferencial regente. Um sistema com $\omega_n = 1$ e $m = 1$ foi usado arbitrariamente. Foi usado um incremento de tempo do menor de $t_0/50$ e $T/50$. A solução de Runge-Kutta foi realizada até o maior de $4t_0$ ou $4T$. O deslocamento e a força transmitida foram calculados em cada degrau de tempo e comparados aos máximos dos tempos anteriores. Os espectros foram desenvolvidos para diversos valores de $\zeta$.

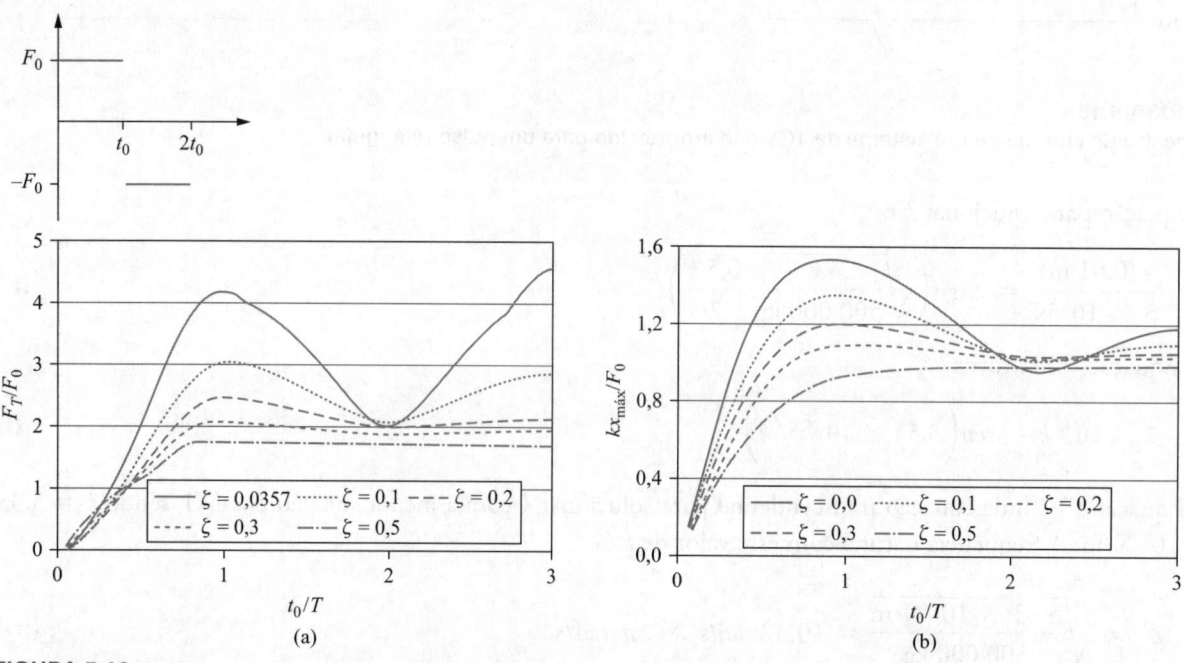

**FIGURA 5.16**
(a) Espectro da força para um pulso triangular. (b) Espectro da resposta para um pulso triangular.

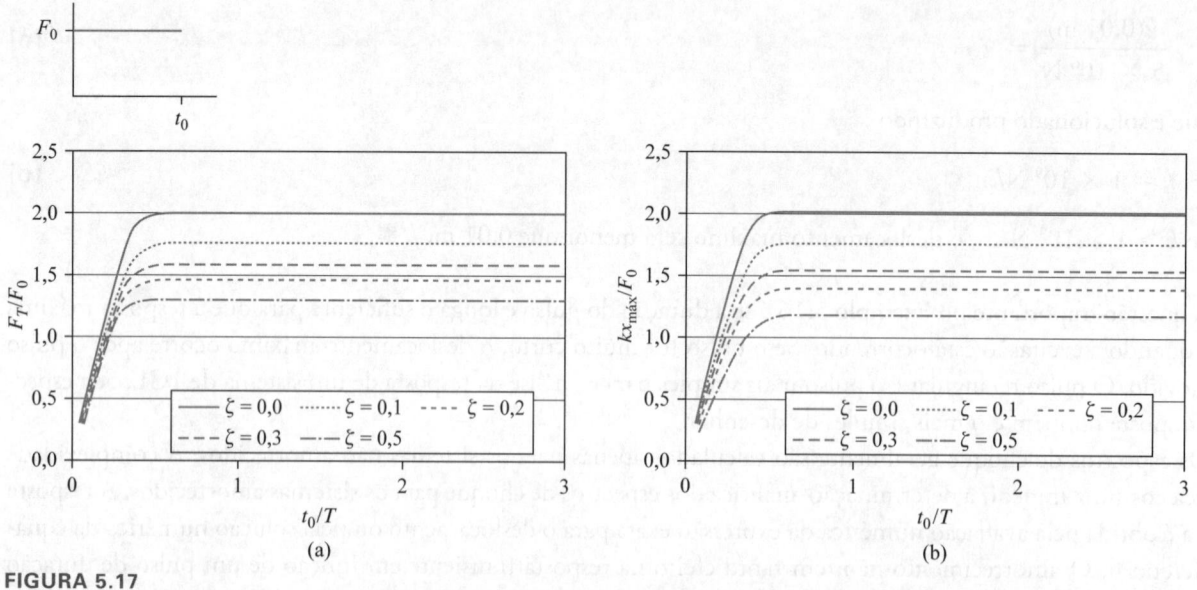

**FIGURA 5.17**
(a) Espectro da força para um pulso retangular. (b) Espectro da resposta para um pulso retangular.

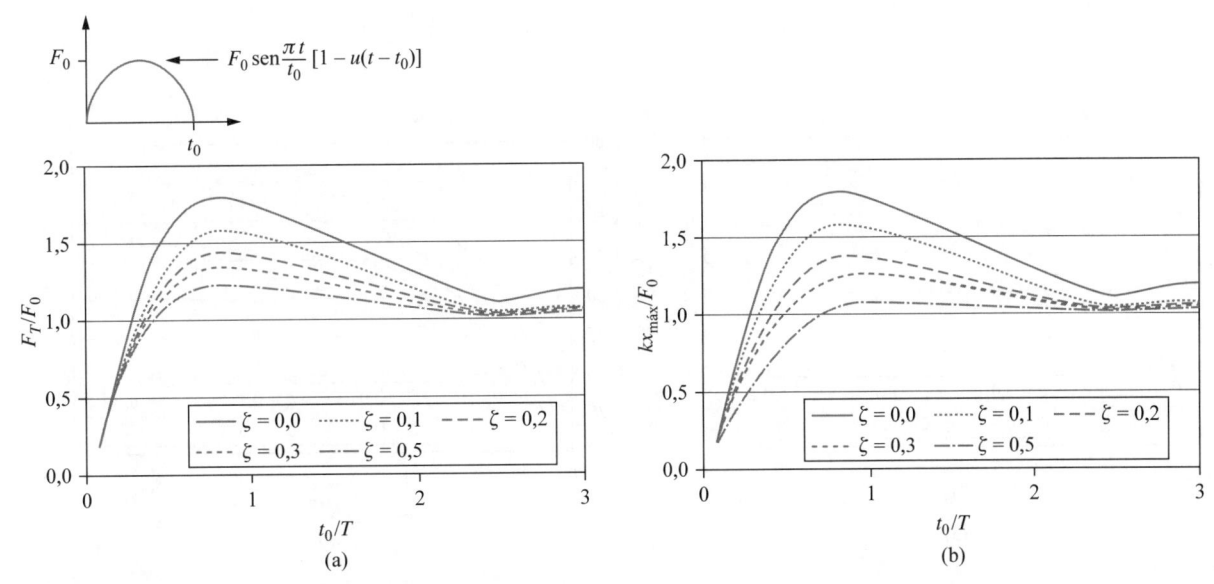

**FIGURA 5.18**
(a) Espectro da força para um pulso senoidal. (b) Espectro da resposta para um pulso senoidal.

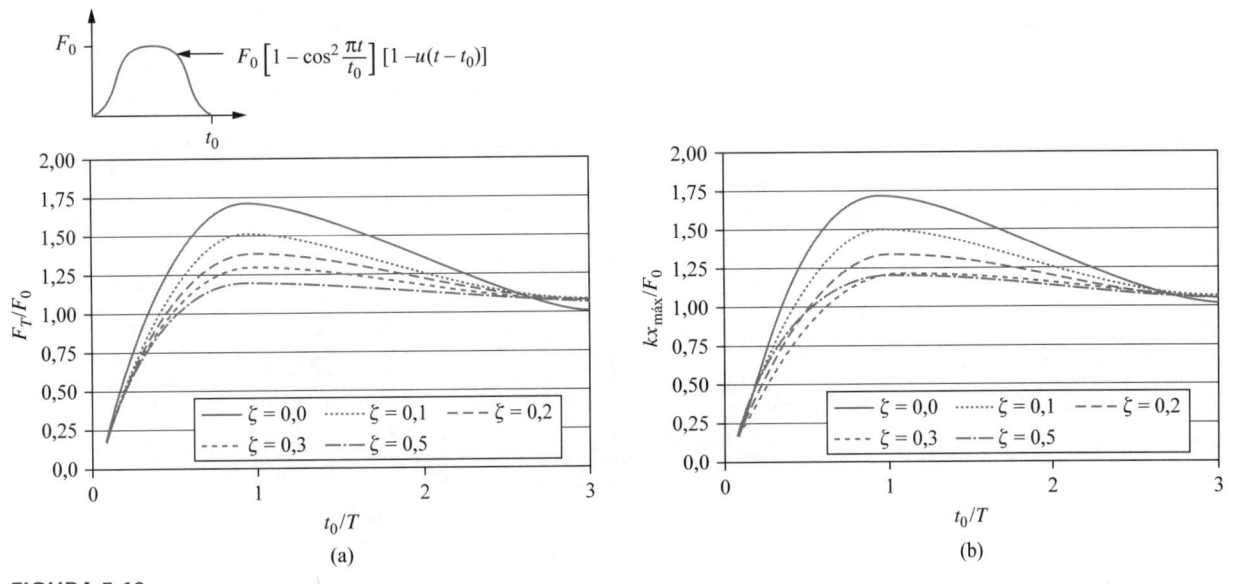

**FIGURA 5.19**
(a) Espectro da força para um pulso do seno versado. (b) Espectro da resposta para um pulso do seno versado.

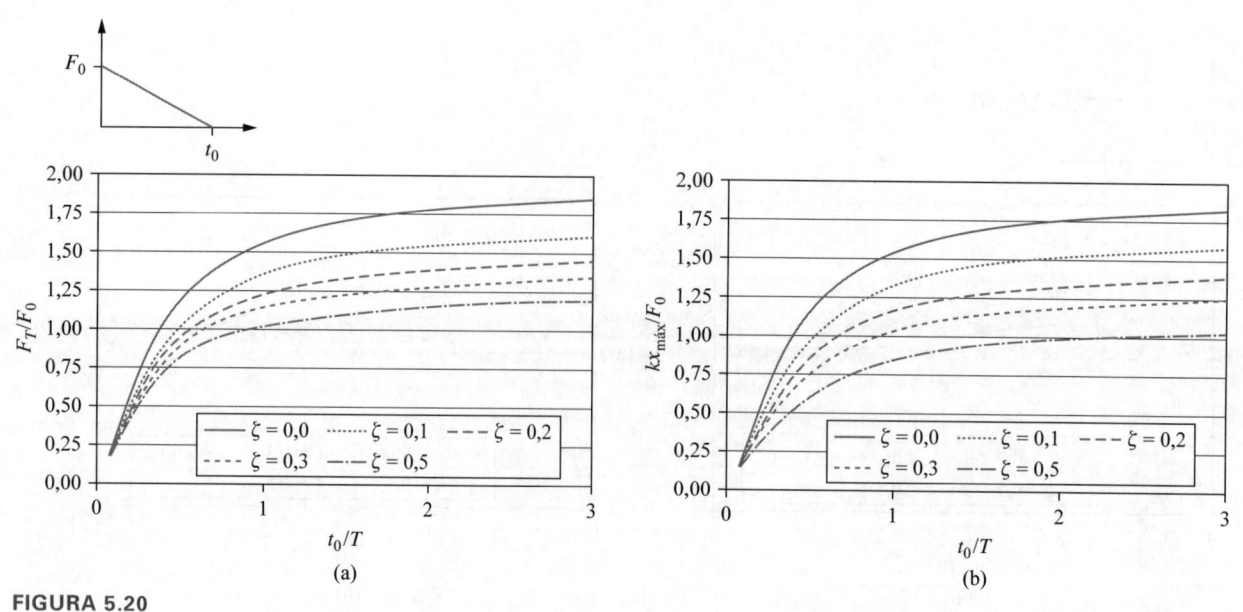

**FIGURA 5.20**
(a) Espectro da força para um pulso de inclinação negativa. (b) Espectro da resposta para um pulso de inclinação negativa.

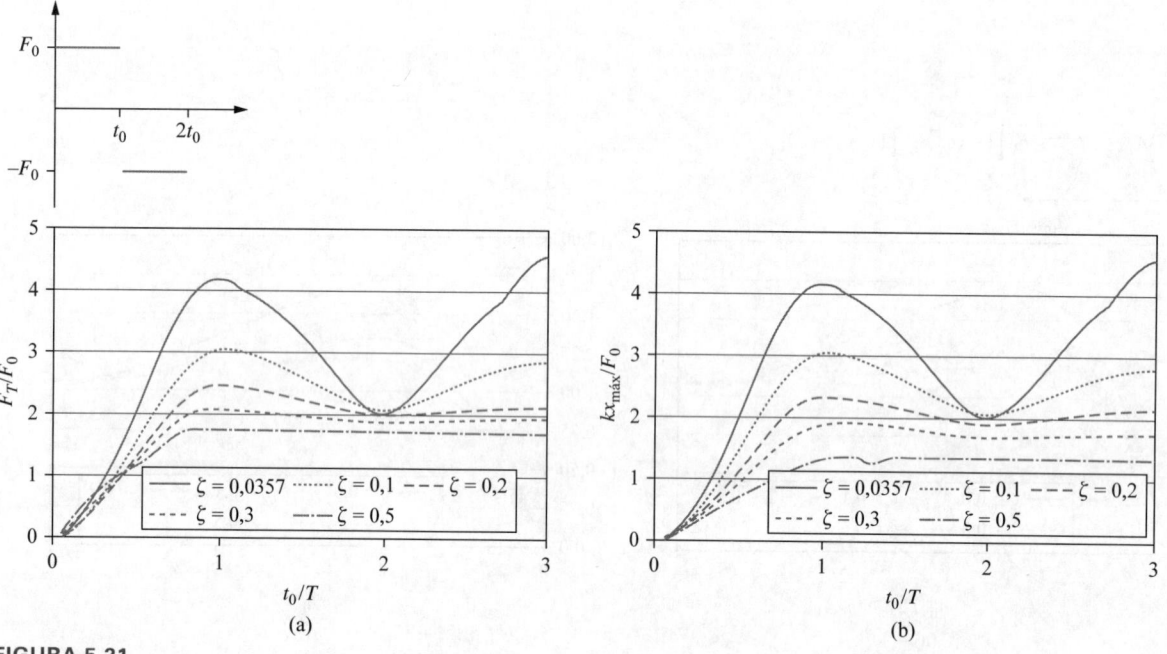

**FIGURA 5.21**
(a) Espectro da força para um pulso de carga reversa. (b) Espectro da resposta para um pulso de carga reversa.

Os espectros da força para o pulso retangular, o pulso triangular, o pulso senoidal, o pulso do seno versado, o pulso da rampa de inclinação negativa e o pulso de carga reversa mostram que o isolamento do choque é atingido apenas para as frequências naturais pequenas. Os espectros de choque para essas excitações mostram que o deslocamento não dimensional é pequeno para as frequências naturais pequenas. No entanto, o deslocamento dimensional é calculado pela utilização do deslocamento não dimensional de

$$x_{máx} = \frac{F_0}{m\omega_n^2}\left(\frac{m\omega_n^2 x_{máx}}{F_0}\right) \tag{5.98}$$

Assim, a frequência natural pequena leva a um deslocamento grande.

## EXEMPLO 5.17

Uma máquina de 1000 kg está sujeita a um pulso triangular de 0,05 s de duração e pico de 20.000 N. Qual é o intervalo da rigidez do isolador para um isolador não amortecido de modo que a força máxima transmitida seja menor que 8000 N e o deslocamento máximo seja menor que 2,8 cm?

### SOLUÇÃO

O espectro da força para o pulso triangular mostra que para $F_T/F_0 < 0,4$, $\omega_n t_0/(2\pi) < 0,16$, que dá

$$\omega_n < \frac{2\pi(0,16)}{0,05 \text{ s}} = 20,1 \text{ rad/s}$$

O limite inferior na frequência natural é obtido por teste e erro, usando o espectro do deslocamento para o pulso triangular. Para um valor suspeito de $\omega_n$, $\omega_n t_0/(2\pi)$ é calculado, e o valor correspondente do deslocamento não dimensional máximo é encontrado a partir do espectro do deslocamento. O deslocamento dimensional máximo é calculado a partir da Equação (5.98). Se o deslocamento for maior que o deslocamento permissível, o palpite para o limite inferior deve ser aumentado. Os cálculos para esse exemplo são dados na Tabela 5.2. O limite inferior é calculado como 17 rad/s. Assim, o intervalo da rigidez permissível é

$$2,89 \times 10^5 \text{ N/m} < k < 4,04 \times 10^5 \text{ N/m}$$

### TABELA 5.2

| $\omega_n$, rad/s | $\dfrac{\omega_n t_0}{2\pi}$ | $\dfrac{m\omega_n^2 x_{máx}}{F_o}$ | $x_{máx}$, cm |
|---|---|---|---|
| 10 | 0,08 | 0,25 | 5,0 |
| 15 | 0,12 | 0,38 | 3,4 |
| 18 | 0,14 | 0,42 | 2,6 |
| 17 | 0,135 | 0,40 | 2,8 |

## 5.10 ISOLAMENTO DE VIBRAÇÕES PARA OS PULSOS DE DURAÇÃO CURTA

Se o martelo de forja da Figura 5.22 é rigidamente montado na fundação, a fundação está sujeita a uma força impulsiva quando o martelo atinge a bigorna. Um sistema de isolamento modelado, como uma mola e um amortecedor viscoso paralelo, pode ser desenhado para reduzir a grandeza da forma para qual a fundação está sujeita. Os princípios usados no desenho de um sistema de isolamento de choque são semelhantes aos princípios usados para desenhar um sistema de isolamento para proteger contra a excitação harmônica, porém as equações são diferentes.

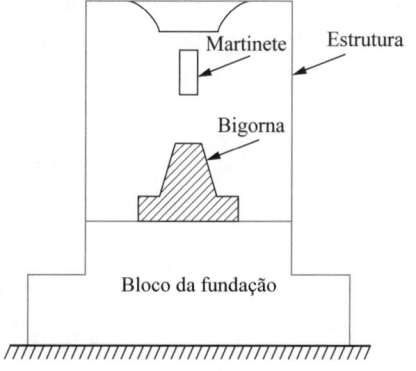

**FIGURA 5.22**
Esquema de um martelo de forja. Quando o martinete atinge a bigorna, uma força impulsiva é desenvolvida.

Se a duração $t_0$ de uma excitação transiente $F(t)$ é pequena, digamos, $t_0 < T/5$, onde $T$ é o período natural do sistema, então a resposta do sistema pode ser aproximada de maneira adequada pela resposta em função de um impulso de grandeza

$$I = \int_0^{t_0} F(t)dt \tag{5.99}$$

Se o sistema estiver em repouso no equilíbrio quando um pulso de curta duração for aplicado, o princípio do momento linear do impulso é usado para calcular a velocidade transmitida à massa como

$$v = \frac{I}{m} \tag{5.100}$$

O impulso fornece a energia externa para iniciar as vibrações. O tempo é medido começando imediatamente após a excitação ser removida. A resposta subsequente é a resposta de vibrações livres em função de um impulso dando à massa uma velocidade inicial $v$:

$$x(t) = \frac{v}{\omega_d} e^{-\zeta\omega_n t} \operatorname{sen}\omega_d t \tag{5.101}$$

O deslocamento máximo ocorre em um tempo

$$t_m = \tan^{-1}\left(\frac{\sqrt{1-\zeta^2}}{\zeta}\right) \tag{5.102}$$

e é igual a

$$x_{máx} = \frac{v}{\omega_n} \exp\left[-\frac{\zeta}{\sqrt{1-\zeta^2}} \tan^{-1}\left(\frac{\sqrt{1-\zeta^2}}{\zeta}\right)\right] \tag{5.103}$$

A Equação 5.101 e as identidades trigonométricas são usadas para calcular a força transmitida à fundação por meio do isolador como

$$F_T(t) = \widetilde{F} e^{-\zeta\omega_n t} \operatorname{sen}(\omega_d t - \beta) \tag{5.104}$$

onde

$$\widetilde{F} = \frac{m\omega_n v}{\sqrt{1-\zeta^2}} \tag{5.105}$$

e

$$\beta = -\tan^{-1}\left(\frac{2\zeta\sqrt{1-\zeta^2}}{1-2\zeta^2}\right) \tag{5.106}$$

O valor máximo da força transmitida é obtido ao derivar a Equação (5.104) com relação ao tempo, solucionando o menor tempo para o qual a derivada é zero e descobrindo a força transmitida nesse tempo. O tempo para o qual a força máxima transmitida ocorre é

$$t_{m_F} = \frac{1}{\omega_d} \tan^{-1}\left[\frac{\sqrt{1-\zeta^2}(1-4\zeta^2)}{\zeta(3-4\zeta^2)}\right] \tag{5.107}$$

A força máxima transmitida correspondente é

$$F_{T_{máx}} = mv\omega_n \exp\left(-\frac{\zeta}{\sqrt{1-\zeta^2}} \tan^{-1}\left[\frac{\sqrt{1-\zeta^2}(1-4\zeta^2)}{\zeta(3-4\zeta^2)}\right]\right) \tag{5.108}$$

A Equação (5.107) mostra que a força máxima transmitida ocorre a $t = 0$ para $\zeta = 0{,}5$. Para $\zeta > 0{,}5$, o primeiro tempo onde $dF/dt = 0$ corresponde a um mínimo. Assim, para $\zeta \geq 0{,}5$, a força máxima transmitida ocorre em $t = 0$ e é dada por

$$F_T(0) = cv = 2\zeta m\omega_n v \tag{5.109}$$

A Equações (5.108) e (5.109) são combinadas para desenvolver uma função não dimensional $Q(\zeta)$, que é uma medida da força máxima transmitida, que é definida por

$$Q(\zeta) = \frac{F_{T_{\text{máx}}}}{mv\omega_n}$$
$$= \begin{cases} \exp\left(-\dfrac{\zeta}{\sqrt{1-\zeta^2}}\tan^{-1}\left[\dfrac{\sqrt{1-\zeta^2}(1-4\zeta^2)}{\zeta(3-4\zeta^2)}\right]\right) & \zeta < 0{,}5 \\ 2\zeta & 0{,}5 \leq \zeta < 1 \end{cases} \tag{5.110}$$

A Figura 5.23 mostra que $Q(\zeta)$ é plano e aproximadamente igual a 0,81 para $0{,}23 < \zeta < 0{,}30$. Se a minimização da força transmitida for o único critério para o desenho do isolador, este deve ter uma razão de amortecimento perto de 0,25.

A Equação (5.110) mostra que, para determinado $\zeta$, a força transmitida é a força proporcional à frequência natural. Assim, uma frequência natural baixa e um período natural grande são necessários, e a suposição de curta duração costuma ser válida.

A Equação (5.103) mostra que o deslocamento máximo varia inversamente com a frequência natural. Assim, exigir uma força transmitida pequena leva a um deslocamento grande. A frequência natural é eliminada entre as Equações (5.103) e (5.110), produzindo

$$\frac{F_{T_{\text{máx}}} x_{\text{máx}}}{\frac{1}{2}mv^2} = S(\zeta) \tag{5.111}$$

onde

$$S(\zeta) = \begin{cases} 2\exp\left(-\dfrac{\zeta}{\sqrt{1-\zeta^2}}\tan^{-1}\left[\dfrac{\zeta\sqrt{1-\zeta^2}(4-8\zeta^2)}{8\zeta^2-8\zeta^4-1}\right]\right) & \zeta < 0{,}5 \\ 4\zeta\exp\left[-\dfrac{\zeta}{\sqrt{1-\zeta^2}}\tan^{-1}\left(\dfrac{\sqrt{1-\zeta^2}}{\zeta}\right)\right] & 0{,}5 \leq \zeta < 1 \end{cases} \tag{5.112}$$

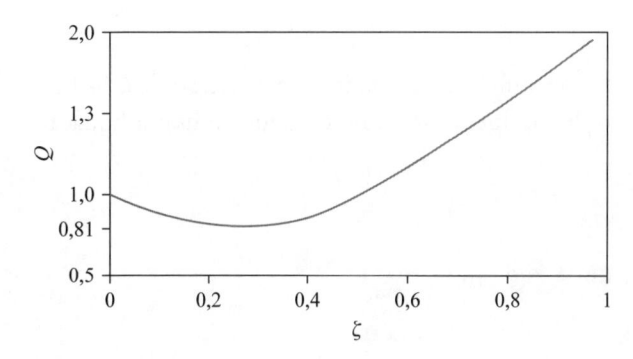

**FIGURA 5.23**
$Q(\zeta)$ tem um mínimo de 0,81 para $\zeta \approx 0{,}25$.

O denominador da razão não dimensional da Equação (5.111) é a energia cinética inicial do sistema. O numerador é uma medida do trabalho feito pela força transmitida. O inverso dessa razão é a fração da energia absorvida pelo isolador, a eficiência do isolador. A Figura 5.24 mostra que a eficiência máxima do isolador ocorre para $\zeta = 0{,}40$, onde $S = 1{,}04$.

Se a ideia de projeto de um isolador é definir a força máxima transmitida para determinado valor enquanto minimiza o deslocamento máximo, a razão de amortecimento deve ser definida em $\zeta = 0{,}4$, e a frequência natural deve ser calculada usando $Q(\zeta)$ com $Q(0{,}4) = 0{,}886$. O deslocamento máximo é calculado em $S(\zeta)$. Isso maximiza a eficiência do isolador.

No cálculo de $Q(\zeta)$ a partir da Equação (5.111) e $S(\zeta)$ a partir da Equação (5.112), o exponente deve ser negativo. Portanto, o argumento das funções da tangente inversa deve ser positivo. Ou seja, o intervalo da avaliação das funções da tangente inversa deve ficar entre 0 e $\pi$ rad. Se a avaliação leva a um argumento negativo, lembre-se de que a função da tangente se repete a cada $\pi$ rad, então simplesmente acrescenta $\pi$ rad à avaliação.

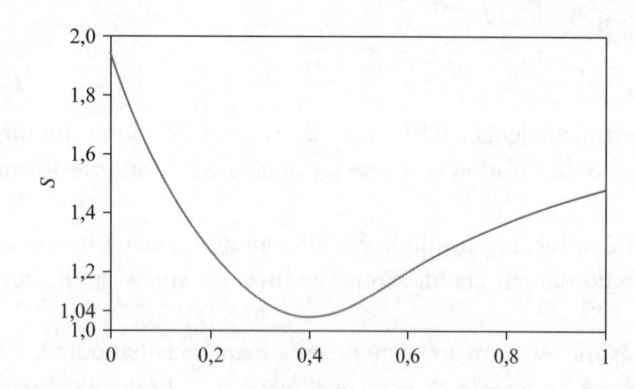

**FIGURA 5.24**
$S(\zeta)$ tem um mínimo de 1,04 para $\zeta = 0{,}4$.

## EXEMPLO 5.18

O martelo de 200 kg de um martelo de forja de 1000 kg é jogado de uma altura de 1 m. Desenhe um isolador para minimizar o deslocamento máximo quando a força máxima transmitida para a fundação é 20.000 N. Qual é o deslocamento máximo do martelo quando colocado no isolador?

### SOLUÇÃO

A excitação é um resultado do impacto do martelo com a bigorna e, desse modo, tem curta duração. A velocidade da bigorna no momento do impacto é

$$v = \sqrt{2(9{,}81 \text{ m/s}^2)(1 \text{ m})} = 4{,}43 \text{ m/s}$$

A velocidade da máquina após o impacto é determinada pelo uso do princípio do impulso e do momento linear

$$v = \frac{(200 \text{ kg})(4{,}43 \text{ m/s})}{1000 \text{ kg}} = 0{,}886 \text{ m/s}$$

O produto da força máxima transmitida e do deslocamento máximo é minimizado com a seleção de $\zeta = 0{,}4$. Então, se a força transmitida for limitada para 20.000 N, o deslocamento máximo é obtido ao usar a Equação (5.111)

$$x_{\text{máx}} = \frac{\frac{1}{2}mv^2}{F_{T_{\text{máx}}}} S(0{,}4) = \frac{\frac{1}{2}(1000 \text{ kg})(0{,}886 \text{ m/s})^2}{20.000 \text{ N}} 1{,}04 = 0{,}02 \text{ m}$$

A frequência natural do isolador é calculada ao usar a Equação (5.110)

$$\omega_n = \frac{F_{T_{máx}}}{mvQ(0,4)} = \frac{20.000 \text{ N}}{(1000 \text{ kg})(0,886 \text{ m/s})(0,88)} = 25,65 \text{ rad/s}$$

e a rigidez máxima do isolador é calculada como

$$k = m\varpi_n^2 = (1000 \text{ kg})(25,65 \text{ rad/s})^2 = 6,58 \times 10^5 \text{ N/m} \quad\blacksquare$$

## 5.11 EXEMPLOS DE REFERÊNCIA

### 5.11.1 MÁQUINA NO ASSOALHO DE FÁBRICA INDUSTRIAL

A máquina está sujeita a um pulso senoidal com grandeza de 90 kN e duração de 0,1 s, como mostrado na Figura 5.25(a). É desejado desenhar um isolador para proteger a viga da grande força que é transmitida à fundação. As especificações são aquelas que a força transmitida é limitada a 4,5 kN e o deslocamento máximo é 0,03 m.

A razão do valor máximo da força permissível transmitida para a grandeza da força de excitação é

$$\frac{F_T}{F_0} = \frac{4,5\text{kN}}{90 \text{ kN}} = 0,5 \tag{a}$$

O espectro da resposta para um pulso senoidal é dado na Figura 5.18. Para $F_T/F_0 = 0,5$, o valor de $t_0/T$ é lido como 0,2, portanto

$$\frac{t_0}{T} = \frac{\omega_n t_0}{2\pi} = 0,2 \tag{b}$$

A frequência natural é calculada a partir da Equação (b) como

$$\omega_n = \frac{(0,2)(2\pi)}{0,1 \text{ s}} = 12,6 \text{ rad/s} \tag{c}$$

Para $t_0/T = 0,2$, o valor de $\frac{m\omega_n^2}{F_0} x_{máx}$ é lido como 0,5, que implica

$$x_{máx} = \frac{0,5gF_0}{W\omega_n^2} = \frac{(0,5)(9,81 \text{ m/s}^2)(90.000 \text{ N})}{(4500 \text{ N})(12,6 \text{ rad/s})^2} = 0,618 \text{ m} \tag{d}$$

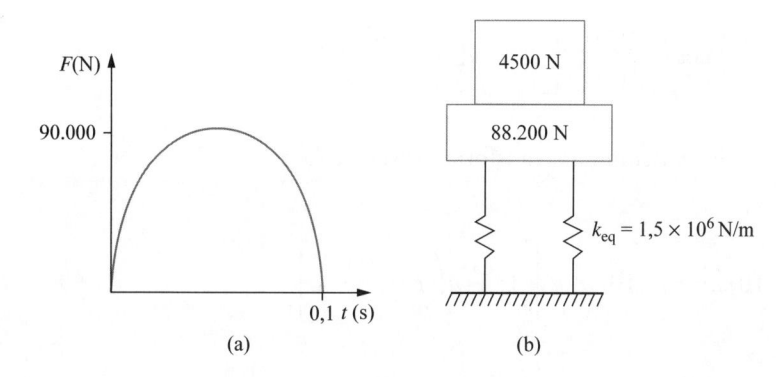

**FIGURA 5.25**
(a) Excitação do pulso senoidal para a máquina do problema de referência. (b) O sistema de isolamento para a máquina consiste na massa anexada a um bloco de concreto de 88.200 N e a um pad elástico com rigidez equivalente de $1,5 \times 10^6$ N/m.

O deslocamento máximo é muito grande. A única forma de reduzir o deslocamento máximo a um valor aceitável é acrescentar massa à máquina. A massa acrescentada deve ser suficiente para reduzir o deslocamento máximo para 0,03 m:

$$W = \frac{0{,}5gF_0}{x_{máx}\omega_n^2} = \frac{(0{,}5)(9{,}81\text{ m/s}^2)(90.000\text{ N})}{(0{,}03\text{ m})(12{,}6\text{ rad/s})^2} = 9{,}27 \times 10^4 \tag{e}$$

Monte a máquina em um bloco de concreto de peso:

$$W_c = W - W_m = 9{,}27 \times 10^4\text{ N} - 4{,}5 \times 10^3\text{ N} = 8{,}82 \times 10^4\text{ N} \tag{f}$$

A rigidez da montagem é

$$k = \frac{W}{g}\omega_n^2 = \left(\frac{9{,}27 \times 10^4\text{ N}}{9{,}81\text{ m/s}^2}\right)(12{,}6\text{ rad/s})^2 = 1{,}5 \times 10^6\text{ N/m} \tag{g}$$

Um modelo de 1GL da máquina com esse sistema de isolamento é ilustrado na Figura 5.25(b).

## 5.11.2 SISTEMA DE SUSPENSÃO SIMPLIFICADO

O veículo sofre um solavanco na estrada que é modelado como um pulso do seno versado, como mostrado na Figura 5.26. A altura do pulso é 0,02 m e o comprimento do pulso é 0,6 m. Assim, a equação para o pulso do seno versado é

$$y(\xi) = 0{,}02\left[1 - \cos^2\left(\frac{10\pi}{6}\xi\right)\right][1 - u(\xi - 0{,}6)] \tag{a}$$

O veículo atravessa o solavanco em velocidade horizontal constante $v$, que leva a $\xi = vt$.
A equação diferencial modelando o sistema é

$$m\ddot{x} + 1200\dot{x} + 12.000x = 1200\dot{y} + 12.000y$$

$$= \left[1200\left(\frac{10\pi v}{6}\right)[0{,}02]\,\text{sen}\left(\frac{20\pi v}{6}t\right)\right.$$

$$\left. + 12.000\left\{0{,}02\left[1 - \cos^2\left(\frac{10\pi v}{6}t\right)\right]\right\}\right]\left[1 - u\left(t - \frac{0{,}6}{v}\right)\right] \tag{b}$$

Seja $z = x - y$ o deslocamento relativo do veículo com relação à roda. A equação diferencial para o deslocamento relativo é

$$m\ddot{z} + 1200\dot{z} + 12.000z =$$

$$-m\ddot{y} = 0{,}02\left(\frac{10\pi v}{6}\right)\left(\frac{20\pi v}{6}\right)\cos\left(\frac{20\pi v}{6}t\right)\left[1 - u\left(t - \frac{0{,}6}{v}\right)\right] \tag{c}$$

A Equação (c) pode ser solucionada usando o método da transformada de Laplace.
A Equação (c) é rearranjada para

$$m\ddot{z} + 1200\dot{z} + 12.000z = -1{,}10mv^2\cos(10{,}48vt)\left[1 - u\left(t - \frac{0{,}6}{v}\right)\right] \tag{d}$$

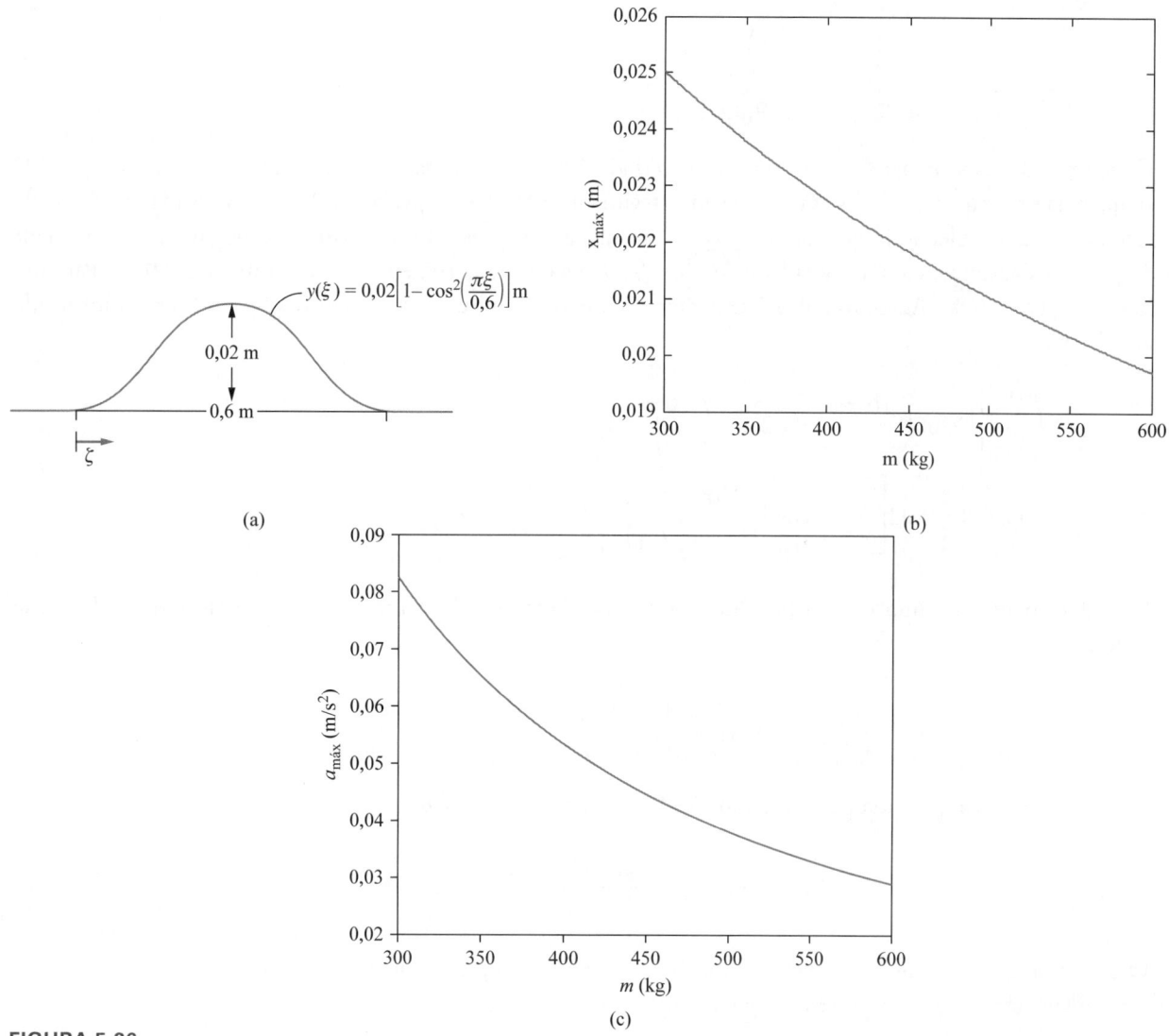

**FIGURA 5.26**
(a) O solavanco na estrada é modelado como um pulso do seno versado. (b) $x_{máx}$ versus m. (c) $a_{máx}$ versus m.

O método da transformada de Laplace ou a integral de convolução pode ser aplicado para solucionar a Equação (d) para um valor específico de $m$. Para um veículo completamente carregado ($m = 600$ kg), a Equação (d) se torna

$$\ddot{z} + 2\dot{z} + 20z = -1{,}10v^2 \cos(10{,}48vt)\left[1 - u\left(t - \frac{0{,}6}{v}\right)\right] \tag{e}$$

A frequência natural para um veículo completamente carregado é $\omega_n = 4{,}47$ rad/s, e o sistema tem uma razão de amortecimento de $\zeta = 0{,}224$. A frequência natural amortecida é $\omega_d = 4{,}36$ rad/s. A aplicação da integral de convolução leva a

$$z(t) = \frac{-1{,}10v^2}{10}\int_0^t \cos(10{,}48vt)\left[1 - u\left(\tau - \frac{0{,}6}{v}\right)\right]e^{-10(t-\tau)}\operatorname{sen}[10(t-\tau)]d\tau \tag{f}$$

A aplicação do método da transformada de Laplace leva a

$$Z(s) = \frac{-1{,}10v^2 s\left(1 - e^{-\frac{0{,}6}{v}s}\right)}{(s^2 + 2s + 20)(s^2 + 109{,}8v^2)} \tag{g}$$

O espectro da resposta para um pulso do seno versado é dado na Figura 5.19. Para um veículo vazio, $m = 300$ kg, a frequência natural é 6,32 rad/s, a razão de amortecimento é 0,316 e o período é 1,0 s. A velocidade do veículo é importante neste problema, já que define $t_0$, que é a duração do pulso. O motorista, é claro, reduz a velocidade quando prevê o solavanco. Para a velocidade de 15 m/s, o veículo percorre, em 0,6 m, 15 m/s ou 0,04 s. Para um veículo vazio, $t_0/T = 0{,}04$. Assim, o pulso é verdadeiramente um pulso de curta duração. O impulso total fornecido pelo solavanco é

$$I = \int_0^{0{,}6/v} \left[ 1200\left(\frac{10\pi v}{6}\right)[0{,}02]\,\text{sen}\left(\frac{20\pi v}{6}t\right) \right.$$
$$\left. + 12{,}000\left\{0{,}02\left[1 - \cos^2\left(\frac{10\pi v}{6}t\right)\right]\right\} \right] dt = \frac{72}{v}\,\text{N}\cdot\text{s} \tag{h}$$

O deslocamento máximo em função deste impulso é dado pela Equação (5.103). A aplicação da Equação (5.103) leva a

$$x_{máx} = \frac{72}{m\omega_n}\exp\left(-\frac{\zeta}{\sqrt{1-\zeta^2}}\tan^{-1}\frac{\sqrt{1-\zeta^2}}{\zeta}\right) \tag{i}$$

A aceleração máxima é dada pela Equação (5.110) com $a_{máx} = F_{Tmáx}/m$

$$a_{máx} = \frac{72\omega_n}{mv}\exp\left(-\frac{\zeta}{\sqrt{1-\zeta^2}}\tan^{-1}\frac{[1 - 4\zeta^2\sqrt{1-\zeta^2}]}{\zeta[3 - 4\zeta^2]}\right) \tag{j}$$

O deslocamento máximo e a aceleração máxima representados graficamente contra a massa são ilustrados na Figura 5.26(b) e na Figura 5.26(c), respectivamente.

## 5.12 OUTROS EXEMPLOS

### EXEMPLO 5.19

Uma estrutura de um andar serve como laboratório. A estrutura é composta por duas vigas e uma viga. A estrutura é modelada como um sistema de 1GL com $m = 1000$ kg e $k = 9 \times 10^6$ N/m ($\omega_n = 94{,}9$ rad/s). A força de uma explosão é modelada pelo pulso mostrado na Figura 5.27(a). Infelizmente, ocorre uma explosão, e esta desencadeia uma segunda explosão em $t = 0{,}07$ s, posteriormente, que dura duas vezes mais. A força é aproximada à da Figura 5.27(b). Qual é o deslocamento máximo da estrutura?

### SOLUÇÃO
O modelo matemático para as explosões duplas é

$$F(t) = 50{,}000(1 - 20t)[u(t) - u(t - 0{,}05)]$$
$$+ 50{,}000(1{,}7 - 10t)[u(t - 0{,}07) - u(t - 0{,}17)] \tag{a}$$

A resposta do sistema pode ser obtida usando a integral de convolução ou a Tabela 5.1 e a fórmula de superposição

$$x(t) = F_0[x_a(t) - x_b(t) + x_c(t) - x_d(t)] \tag{b}$$

onde $F_0 = 50.000$ N e $x_a(t)$ é a resposta devido a $(1 - 20t)u(t)$ ou a resposta em razão de uma função rampa atrasada com $A = -20$, $B = 1$ e $t_0 = 0$.

$$x_a(t) = \frac{-20}{m\omega_n^2}\left(t - \frac{1}{20} + \frac{1}{20}\cos\omega_n t - \frac{1}{\omega_n}\sen\omega_n t\right) \tag{c}$$

- $x_b(t)$ é a resposta em função de $(1 - 20t)u(t - 0,05)$ ou a resposta devida a uma função rampa atrasada com $A = -20$, $B = 1$ e $t_0 = 0,05$.

$$x_b(t) = \frac{-20}{m\omega_n^2}\left[t - \frac{1}{20} - \frac{1}{\omega_n}\sen\omega_n(t - 0,05)\right]u(t - 0,05) \tag{d}$$

- $xc(t)$ é a resposta em função de $(1,7 - 10t)u(t - 0,07)$ ou a resposta em razão de uma função rampa atrasada com $A = -10$, $B = 1,7$ e $t_0 = 0,07$:

$$x_c(t) = \frac{-10}{m\omega_n^2}\left[t - \frac{1,7}{10} - (0,07 - 0,17)\cos\omega_n(t - 0,07) \right.$$

$$\left. - \frac{1}{\omega_n}\sen\omega_n(t - 0,07)\right]u(t - 0,07) \tag{e}$$

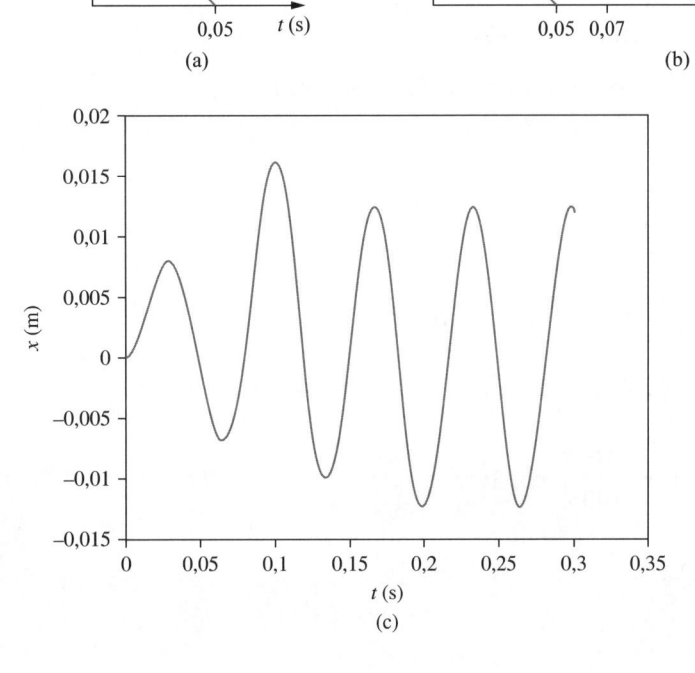

**FIGURA 5.27**
(a) Modelo da força fornecida a um laboratório químico durante a explosão. (b) A primeira explosão desencadeia a segunda explosão, resultando na excitação aplicada ao sistema do Exemplo 5.19. (c) Resposta da estrutura como uma função do tempo.

- $x_d(t)$ é a resposta em função de $(1{,}7 - 10t)u(t - 0{,}17)$ ou a resposta em razão de uma função rampa atrasada com $A = -10$, $B = 1{,}7$ e $t_0 = 0{,}17$:

$$x_d(t) = \frac{-10}{m\omega_n^2}\left[t - \frac{1{,}7}{10} - \frac{1}{\omega_n}\,\mathrm{sen}\,\omega_n(t - 0{,}17)\right]u(t - 0{,}17) \tag{f}$$

Assim,

$$\begin{aligned}x(t) = -\,0{,}0555\{&2(t - 0{,}05 + 0{,}05\cos 94{,}9t - 0{,}0105\,\mathrm{sen}\,94{,}9t\,)u\,(t) \\ &- 2[t - 0{,}05 - 0{,}0105\,\mathrm{sen}\,(94{,}9t - 4{,}745)] \\ &+ [t - 0{,}17 + 0{,}1\cos(94{,}9t - 6{,}643) \\ &- 0{,}0105\,\mathrm{sen}(94{,}9t - 6{,}643)]\,u(t - 0{,}07) \\ &- [t - 0{,}17 - 0{,}0105\,\mathrm{sen}\,(94{,}9t - 16{,}133)]\,u(t - 0{,}17)\}\end{aligned} \tag{g}$$

O máximo do valor absoluto do deslocamento é determinado como 16,0 mm, como mostrado na Figura 5.27(c). ∎

## EXEMPLO 5.20

Determine a resposta de um sistema de 1GL com massa de 10 kg e frequência natural de $\omega_n = 10$ rad/s para a excitação da Figura 5.28(a).

### SOLUÇÃO

A excitação da Figura 5.28(a) pode ser quebrada como mostrado na Figura 5.28(b). Matematicamente, a função pode ser escrita como

$$\begin{aligned}F(t) = &100tu(t) - 100tu(t - 0{,}1) + 10u(t - 0{,}1) - 10u(t - 0{,}5) \\ &+ (35 - 50t)u(t - 0{,}5) - (35 - 50t)u(t - 0{,}7)\end{aligned} \tag{a}$$

que é simplificada para

$$\begin{aligned}F(t) = &100tu(t) + 10(1 - 10t)u(t - 0{,}1) \\ &+ 25(1 - 2t)\,u(t - 0{,}5) + 5(7 - 10t)\,u(t - 0{,}7)\end{aligned} \tag{b}$$

A solução é uma superposição de quatro funções, todas elas representadas na Tabela 5.1,

$$x(t) = x_a(t) + x_b(t) + x_c(t) + x_d(t) \tag{c}$$

- $x_a(t)$: Função rampa, $A = 100$, $B = 0$ e $t_0 = 0$:

$$x_a(t) = \left(\frac{100\ \mathrm{N}}{1000\ \mathrm{N/m}}\right)\left(t - \frac{1}{10}\,\mathrm{sen}\,10t\right) = 0{,}1(t - 0{,}1\,\mathrm{sen}\,10t) \tag{d}$$

- $x_b(t)$: Função rampa atrasada, $A = -100$, $B = 10$ e $t_0 = 0{,}1$:

$$x_b(t) = \left(\frac{-100\ \mathrm{N}}{1000\ \mathrm{N/m}}\right)\left[t - \frac{10}{100} - \left(0{,}1 - \frac{10}{100}\right)\cos 10(t - 0{,}1)\right.$$

$$\left. - \frac{1}{10}\,\mathrm{sen}\,10(t - 0{,}1)\right]u(t - 0{,}1) \tag{e}$$

$$= -0,1[t - 0,1 - 0,1\operatorname{sen}(10t - 1)]u(t - 0,1)$$

- $x_c(t)$: Função rampa atrasada, $A = -50$, $B = 25$ e $t_0 = 0,5$:

$$x_c(t) = \left(\frac{-50 \text{ N}}{1000 \text{ N/m}}\right)\left[t - \frac{25}{50} - \left(0,5 - \frac{25}{50}\right)\cos 10(t - 0,5)\right.$$

$$\left. - \frac{1}{10}\operatorname{sen} 10(t - 0,5)\right]u(t - 0.5) \qquad \text{(f)}$$

$$= -0,05[t - 0,5 - 0,1\operatorname{sen}(10t - 5)]u(t - 0,5)$$

- $x_d(t)$: Função rampa atrasada, $A = -50$, $B = 35$ e $t_0 = 0,7$:

$$x_d(t) = \left(\frac{-50 \text{ N}}{1000 \text{ N/m}}\right)\left[t - \frac{35}{50} - \left(0,7 - \frac{35}{50}\right)\cos 10(t - 0,7)\right.$$

$$\left. - \frac{1}{10}\operatorname{sen} 10(t - 0,7)\right]u(t - 0,7) \qquad \text{(g)}$$

$$= -0,05\,[t - 0,7 - 0,1\operatorname{sen}(10t - 7)]u(t - 0,7)$$

A resposta é representada graficamente na Figura 5.28(c). O máximo da resposta é 1,96 cm.

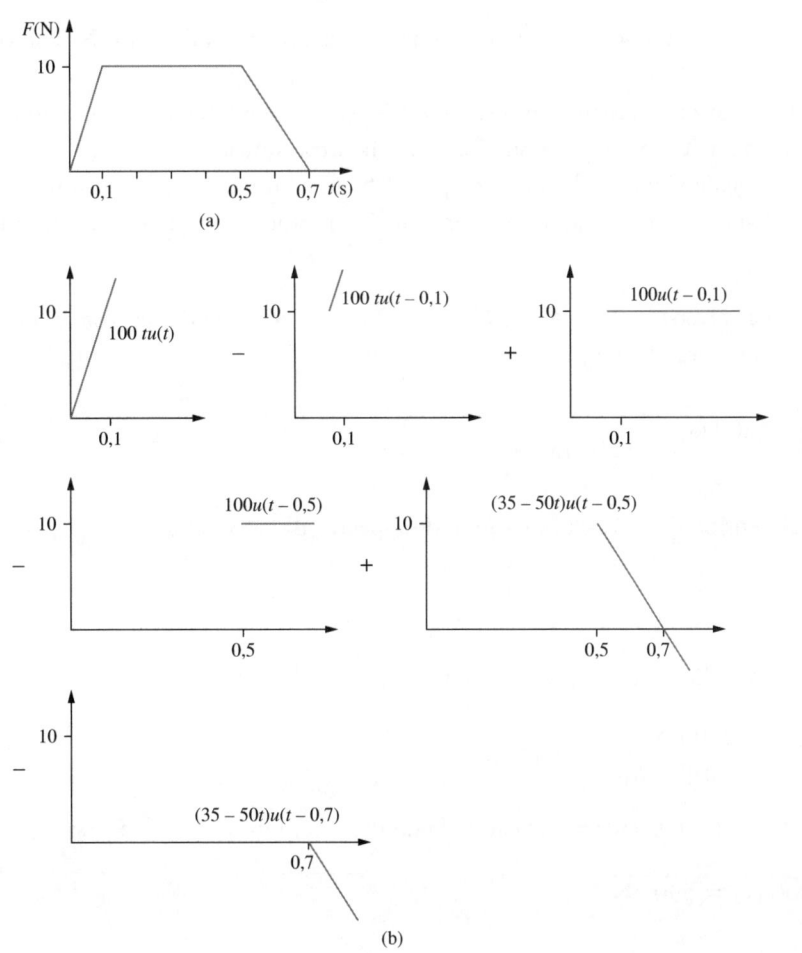

**FIGURA 5.28**
(a) Excitação aplicada ao Exemplo 5.20. (b) Quebra gráfica da excitação. (c) Resposta do sistema. (*Continua*)

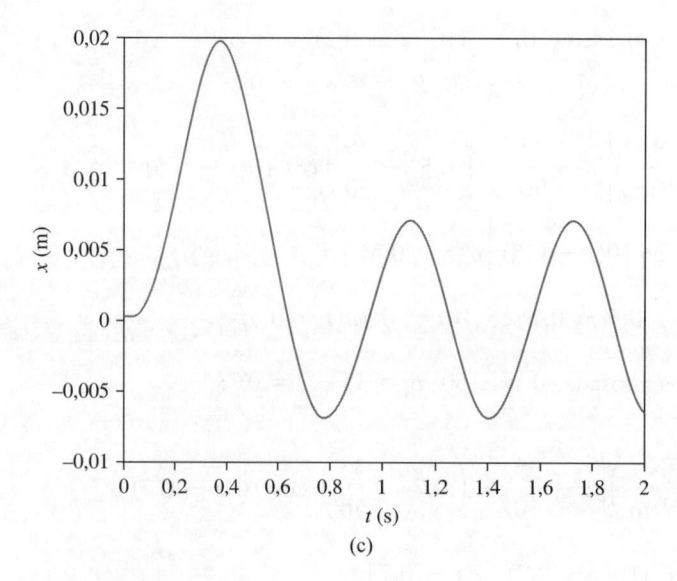

**FIGURA 5.28**
(*Continuação*)

## EXEMPLO 5.21

Durante a operação, uma máquina de 200 kg está sujeita a uma reversão de carga de 1000 N, como mostrado na Figura 5.29.
(a) Se a máquina for montada em um pad elástico com rigidez $3 \times 10^5$ N/m e razão de amortecimento de 0,1, qual é o deslocamento máximo da máquina? Qual é sua força máxima transmitida?
(b) É desejado manter a amplitude da vibração da máquina para 1,5 cm e limitar a força transmitida para 5000 N. Desenhe um sistema de isolamento com uma razão de amortecimento de 0,1 para atingir essas metas.

### SOLUÇÃO
(a) A carga é um pulso retangular reverso com $F_0 = 2000$ N e $t_0 = 0,2$ s. O espectro da resposta para essa força é dado na Figura 5.21. O período natural da máquina é

$$T = 2\pi\sqrt{\frac{m}{k}} = 2\pi\sqrt{\frac{200 \text{ kg}}{3 \times 10^5 \text{ N/m}}} = 0,162 \text{ s} \qquad \text{(a)}$$

O valor do parâmetro não dimensional na escala horizontal do espectro da resposta é

$$\frac{t_0}{T} = \frac{0,2 \text{ s}}{0,162 \text{ s}} = 1,23 \qquad \text{(b)}$$

O valor correspondente de $\frac{kx_{\text{máx}}}{F_0}$ lido na escala vertical da Figura 5.21(b) é 2,95. Assim,

$$x_{\text{máx}} = 2,95\frac{F_0}{k} = 2,95\frac{2000 \text{ N}}{3 \times 10^5 \text{ N/m}} = 0,020 \text{ m} \qquad \text{(c)}$$

O valor correspondente de $\frac{F_{T,\text{máx}}}{F_0}$ lido na escala vertical da Figura 5.21(a) também é 2,95. Assim,

$$F_{T,\text{máx}} = 2,95 F_0 = 2,95(2000 \text{ N}) = 5900 \text{ N}$$

(b) O limite superior na frequência natural é determinado de

$$\frac{F_{T,\text{máx}}}{F_0} < \frac{5000 \text{ N}}{2000 \text{ N}} = 2,5 \qquad (d)$$

que na Figura 5.21(a) ocorre para

$$\frac{t_0}{T} = \frac{\omega_n t_0}{2\pi} < 0,8 \Rightarrow \omega_n < \frac{2\pi(0,8)}{(0,2 \text{ s})} = 25,1 \text{ rad/s} \qquad (e)$$

$$k = m\omega_n^2 \Rightarrow k < (200 \text{ kg})(2,51 \text{ rad/s})^2 = 1,26 \times 10^5 \text{ N/m} \qquad (f)$$

Para esse valor de $t_0/T$, $\frac{kx_{\text{máx}}}{F} = 2,5 \Rightarrow x_{\text{máx}} = \frac{2,5(2000 \text{ N})}{1,26 \times 10^5 \text{ N/m}} = 0,040$ m. Assim, não é possível desenhar um isolador de modo que a força máxima seja menor que 5000 N e o deslocamento máximo seja menor que 0,040 m. No entanto, a massa da máquina pode ser aumentada sem mudar a frequência natural. Definir $x_{\text{máx}} = 0,015$ leva a

$$m = \frac{2,5(2000 \text{ N})}{(25,1 \text{ rad/s})^2(0,015 \text{ m})} = 527,7 \text{ kg} \qquad (g)$$

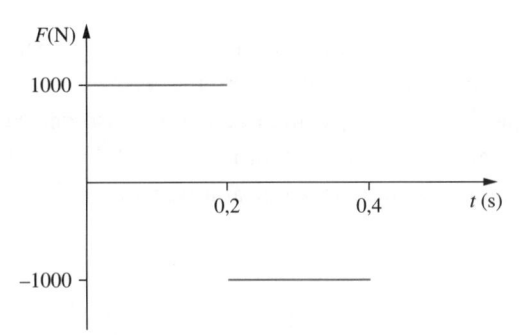

**FIGURA 5.29**
Pulso de carga para o Exemplo 5.19.

Assim, para atingir um deslocamento máximo de 1,5 cm e uma força máxima transmitida de 5000 N, monte a máquina em um bloco de concreto com uma massa de 327,7 kg e um pad elástico com uma rigidez de 3,33 $\times 10^5$ N/m. ∎

## 5.13 RESUMO DO CAPÍTULO

### 5.13.1 CONCEITOS IMPORTANTES

- A resposta de um sistema em função de um impulso específico pode ser determinada como a resposta livre com deslocamento inicial zero e velocidade inicial igual à velocidade transmitida pelo impulso.
- A solução da integral de convolução é calculada com o uso do princípio da superposição linear e da resposta devido a um impulso aplicado em um tempo anterior.
- A integral de convolução fornece a resposta de um sistema de 1GL linear em função de qualquer forma de excitação.
- O uso da função degrau específica permite que as excitações cujas formas matemáticas mudam em valores discretos de tempo sejam representadas por uma função matemática unificada.
- O princípio da superposição linear e a representação das excitações que mudam em valores discretos de tempo pelas funções degrau específicas permitem uma resposta matemática unificada para todos os sistemas.

- O movimento arbitrário da base pode ser manipulado pela integral de convolução.
- O método da transformada de Laplace pode ser usado para determinar a resposta de um sistema de 1GL linear em função de uma entrada arbitrária.
- A função de transferência para um sistema é a transformada de Laplace de sua saída dividida pela transformada de Laplace de sua entrada. A função de transferência é dependente da razão de inércia, amortecimento e das propriedades de rigidez de um sistema.
- A função de transferência para um sistema é a transformada de Laplace da resposta impulsiva do sistema.
- As soluções numéricas para a resposta de um sistema de 1GL são desenvolvidas pela integração numérica da integral de convolução ou da simulação numérica direta da equação diferencial regente.
- A integração numérica da integral de convolução é obtida por interpolação da força de excitação e, em seguida, pela integração exata da interpolação vezes a função trigonométrica. As funções interpolantes são impulsos por partes, constantes por partes ou funções lineares por partes.
- A simulação numérica da equação diferencial regente é mais bem realizada com o uso de um método de início automático, como o Runge-Kutta.
- O espectro da resposta (espectro do choque) para o formato de uma excitação transiente é um gráfico não dimensional da razão da força máxima na mola para o deslocamento máximo *versus* a razão da *duração* da força (ou um tempo característico para a excitação) para o período não amortecido natural do sistema. A simulação numérica da equação regente é usada para desenvolver o espectro da resposta para as razões de amortecimento.
- O isolamento de vibrações protege as fundações das grandes forças transientes geradas durante a operação de uma máquina e é analisado com o uso do espectro da resposta para a forma da excitação.
- O isolamento de vibrações para os pulsos de curta duração $[t_0/T < 0{,}2]$ é analisado com o uso de $Q(\zeta)$ e $S(\zeta)$. Para minimizar a força máxima transmitida, use uma razão de amortecimento de $0{,}23 < \zeta < 0{,}3$. Para minimizar o deslocamento máximo para uma força transmitida use uma razão de amortecimento, $\zeta = 0{,}4$.

## 5.13.2 EQUAÇÕES IMPORTANTES

Impulso transmitido por uma força

$$I = \int_{t_1}^{t_2} F(\tau)d\tau \tag{5.2}$$

Resposta impulsiva de um sistema subamortecido

$$h(t) = \frac{1}{m_{eq}\omega_d}e^{-\zeta\omega_n t}\operatorname{sen}\omega_d t \tag{5.10}$$

Solução da integral de convolução para a equação diferencial

$$x(t) = \int_0^t F(\tau)h(t-\tau)d\tau \tag{5.24}$$

Resposta da integral de convolução para um sistema subamortecido

$$x(t) = \frac{1}{m_{eq}\omega_d}\int_0^t F(\tau)e^{-\zeta\omega_n(t-\tau)}\operatorname{sen}\omega_d(t-\tau)d\tau \tag{5.25}$$

Integral de convolução para o deslocamento relativo nos problemas da excitação pela base

$$z(t) = -m_{eq}\int_0^t \ddot{y}(\tau)h(t-\tau)d\tau \tag{5.34}$$

Transformada de Laplace de uma função

$$X(s) = \int_0^\infty x(t)e^{-st}dt \tag{5.40}$$

Solução da transformada de Laplace para a equação diferencial

$$x(t) = \frac{1}{m_{eq}}\mathcal{L}^{-1}\left\{\frac{F(s)}{s^2 + 2\zeta\omega_n s + \omega_n^2}\right\} + \mathcal{L}^{-1}\left\{\frac{(s + 2\zeta\omega_n)x(0) + \dot{x}(0)}{s^2 + 2\zeta\omega_n s + \omega_n^2}\right\} \tag{5.43}$$

Função de transferência

$$G(s) = \frac{X(s)}{F(s)} \tag{5.56}$$

Resposta impulsiva

$$h(t) = \mathcal{L}^{-1}\{G(s)\} \tag{5.61}$$

Integral de convolução para a resposta degrau

$$x(t) = \int_0^t [\dot{F}(\tau) + F(0)]x_s(t - \tau)d\tau \tag{5.68}$$

Avaliação numérica da integral de convolução

$$x_k = e^{-\zeta\omega_n t_k}\left[x(0)\cos\omega_d t_k + \frac{\zeta\omega_n x(0) + \dot{x}(0)}{\omega_d}\operatorname{sen}\omega_d t_k\right]$$
$$+ \frac{1}{m_{eq}\omega_d}\left[\operatorname{sen}\omega_d t_k \sum_{j=1}^n G_{1j} - \cos\omega_d t_k \sum_{j=1}^n G_{2j}\right] \tag{5.73}$$

Força máxima transmitida para o pulso de curta duração

$$Q(\zeta) = \frac{F_{T_{máx}}}{mv\omega_n} \tag{5.110}$$

Recíproco da eficiência do isolador para os pulsos de curta duração

$$\frac{F_{T_{máx}} x_{máx}}{\frac{1}{2}mv^2} = S(\zeta) \tag{5.111}$$

# PROBLEMAS

## PROBLEMAS DE RESPOSTA CURTA

Para os Problemas 5.1 a 5.10, indique se a afirmação apresentada é verdadeira ou falsa. Se for verdadeira, justifique sua resposta. Se for falsa, reescreva a afirmação para torná-la verdadeira.

5.1 A integral de convolução é a solução para a equação diferencial regendo o movimento de um sistema de 1GL com condições iniciais iguais a zero.

5.2 A integral de convolução pode ser demonstrada usando as transformadas de Laplace ou a variação dos parâmetros.

5.3 O efeito de um impulso aplicado a um sistema de 1GL é provocar uma mudança discreta no deslocamento.

5.4 O método da transformada de Laplace mostra uma solução em termos de constantes de integração e a determinação das constantes é obtida por meio da aplicação das condições inicias.

5.5 A integração numérica da integral de convolução pode ser obtida ao interpolar a função excitadora e fazer a integração exata da interpolação vezes $h(t - \tau)$.

5.6 Os métodos de início automático são melhores para a integração numérica da equação do movimento.

5.7 A função de transferência para um sistema de 1GL é a razão da transformada de Laplace de sua entrada para a transformada de Laplace de sua saída.

5.8 A função de transferência é a transformada de Laplace da resposta degrau de um sistema.

5.9 O deslocamento máximo de uma máquina montada em um isolador em função de uma força impulsiva é minimizado pela seleção da razão de amortecimento do sistema sendo 0,25.

5.10 A força máxima transmitida de uma máquina montada em um isolador em função de uma força impulsiva é minimizada pela seleção da razão de amortecimento do sistema sendo 0,25.

Os Problemas 5.11 a 5.17 exigem uma resposta curta.

5.11 Qual é o significado físico da função $h(t)$?

5.12 Qual forma pré-integrada da segunda lei de Newton é usada na demonstração de $h(t)$?

5.13 O que a integral de convolução representa?

5.14 Explique o significado de

$$x(1) = \int_0^1 F(\tau)h(1 - \tau)d\tau$$

5.15 O que a aproximação em curta duração de um pulso significa?

5.16 Qual é o espectro da resposta de um pulso?

5.17 Por que a resposta impulsiva de um sistema com entrada de movimento não é definida?

Os Problemas 5.18 a 5.23 exigem um cálculo curto.

5.18 Um sistema de massa-mola com $m = 2$ kg e $k = 1000$ N/m está sujeito a um impulso de grandeza 12 N · s. Qual é a velocidade transmitida ao sistema?

5.19 Um sistema de massa-mola e amortecedor viscoso é mostrado na Figura P 5.19. Qual é a função de transferência para o sistema?

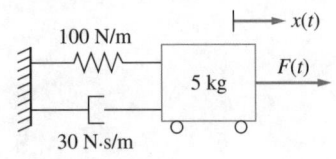

**FIGURA P 5.19**

5.20 Um sistema de massa-mola e amortecedor viscoso com entrada de movimento é mostrado na Figura P 5.20. Qual é a função de transferência para o sistema?

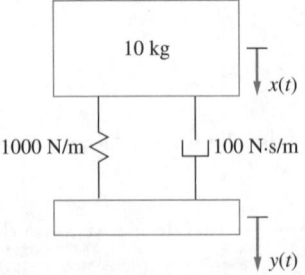

**FIGURA P 5.20**

5.21 Um sistema de massa-mola e amortecedor viscoso é mostrado na Figura P 5.21. Qual é a transformada de Laplace da resposta impulsiva do sistema?

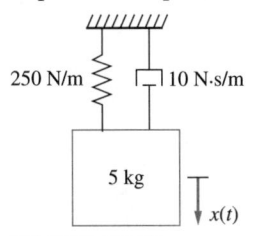

250 N/m    10 N·s/m

5 kg    $x(t)$

**FIGURA P 5.21**

5.22 Determine a resposta impulsiva de um sistema não amortecido de massa-mola com uma massa de 5 kg e rigidez de 1000 N/m.

5.23 Um impulso com uma grandeza de 15 N · s é aplicado a um sistema de massa-mola e é removido. A massa do sistema é 0,5 kg, e a rigidez é 200 N/m.

Determine a resposta do sistema.

5.24 Combine a quantidade com as unidades apropriadas (as unidades podem ser usadas mais de uma vez; algumas unidades podem não ser usadas).

(a) Impulso, $I$
(b) Deslocamento máximo, $x_{máx}$
(c) Energia cinética inicial, $\frac{1}{2} mv^2$
(d) Energia absorvida pelo isolador, $F_{T,máx} x_{máx}$
(e) Resposta impulsiva, $h(t)$
(f) Frequência natural amortecida, $\omega_d$

(i) N · m
(ii) rad/s
(iii) m
(iv) kg/s
(v) s/kg
(vi) N · s

# CAPÍTULO 6

# SISTEMAS COM DOIS GRAUS DE LIBERDADE (2GL)

## 6.1 INTRODUÇÃO

Os sistemas com dois graus de liberdade necessitam de duas coordenadas generalizadas para descrever o movimento de cada partícula dentro do sistema. O sistema necessita de duas (em geral) equações diferenciais acopladas que controlam o movimento do sistema. A fórmula geral das equações diferenciais de um sistema linear com amortecimento viscoso é

$$\mathbf{M}\ddot{\mathbf{x}} + \mathbf{C}\dot{\mathbf{x}} + \mathbf{K}\mathbf{x} = \mathbf{F} \tag{6.1}$$

ou

$$\begin{bmatrix} m_{1,1} & m_{1,2} \\ m_{2,1} & m_{2,2} \end{bmatrix}\begin{bmatrix} \ddot{x}_1 \\ \ddot{x}_2 \end{bmatrix} + \begin{bmatrix} c_{1,1} & c_{1,2} \\ c_{2,1} & c_{2,2} \end{bmatrix}\begin{bmatrix} \dot{x}_1 \\ \dot{x}_2 \end{bmatrix} + \begin{bmatrix} k_{1,1} & k_{1,2} \\ k_{2,1} & k_{2,2} \end{bmatrix}\begin{bmatrix} x_1 \\ x_2 \end{bmatrix} = \begin{bmatrix} F_1 \\ F_2 \end{bmatrix} \tag{6.2}$$

A matriz $\mathbf{M}$ é uma matriz de massa $2 \times 2$, $\mathbf{C}$ é uma matriz de amortecimento $2 \times 2$, $\mathbf{K}$ é uma matriz de rigidez $2 \times 2$, $\mathbf{F}$ é um vetor de força $2 \times 1$ e $\mathbf{x}$ é um vetor $2 \times 1$ de coordenadas generalizadas. As formas da matriz são determinadas pela obtenção das equações diferenciais de movimento.

Os sistemas com dois graus de liberdade são considerados antes de sistemas com $n$ graus de liberdade porque

- Muitos sistemas exigem apenas dois graus de liberdade ao modelá-los.
- Enquanto as equações são formuladas em uma forma de matriz, a álgebra matricial não é necessária para obter uma solução.
- A percepção física é adquirida quando se estudam sistemas com dois graus de liberdade.
- O amortecimento viscoso pode ser mais facilmente manuseado.

As equações diferenciais que controlam os sistemas com dois graus de liberdade são obtidas. Uma solução na base modal com resposta livre para sistemas sem amortecimento é considerada quando ambas as coordenadas generalizadas são consideradas para vibrarem de forma sincronizada com amplitudes diferentes. A solução na base modal é utilizada para obter as frequências naturais e formas naturais, que são as amplitudes de vibração relativas, do sistema de dois graus de liberdade. Os dois modos naturais são combinados para formular a resposta livre para sistemas sem amortecimento. A solução está em termos de quatro constantes de integração, que são determinadas pela aplicação de condições iniciais.

Uma solução exponencial é considerada para sistemas com amortecimento viscoso. Isso leva a uma equação algébrica de quarta ordem para um parâmetro. A equação de quarta ordem inclui potências ímpares, assim ela não pode ser reduzida a uma quadrática e deve ser resolvida numericamente. Os modos de vibração podem ser sem amortecimento, criticamente amortecidos, ou superamortecidos. A resposta livre é obtida em termos de constantes de integração. As condições iniciais são aplicadas para a determinação das constantes.

Quando as equações diferenciais são escritas usando coordenadas principais como as variáveis dependentes, elas estão desacopladas. Contudo, as coordenadas principais não são óbvias; às vezes uma coordenada principal não representa o deslocamento de uma partícula no sistema.

A resposta forçada de sistemas com excitações harmônicas é criada. Tanto os sistemas não amortecidos quanto os sistemas amortecidos são considerados. As funções de transferência senoidais são desenvolvidas como meio para determinar a resposta harmônica. O conceito de resposta em frequência é considerado.

Uma aplicação de resposta harmônica de sistemas com dois graus de liberdade é o absorvedor de vibrações. *Absorvedor de vibração* é um sistema mola/massa auxiliar ligado a uma máquina que experimenta vibrações de grandes amplitudes devido a condições quase ressonantes. A adição de um absorvedor de vibração transforma um sistema de 1GL em um sistema de dois graus de liberdade. Quando o absorvedor de vibração está adequadamente "sintonizado", as vibrações em estado estacionário da máquina são eliminadas. Um problema com absorvedores de vibração é que a frequência natural mais baixa do sistema de dois graus de liberdade é menor do que a frequência sintonizada. Assim, a frequência natural mais baixa é passada durante a fase inicial, o que leva a vibrações com grande amplitude. Quando o amortecimento é adicionado ao absorvedor de vibração para controlar as vibrações durante a fase inicial, a capacidade de total eliminação das vibrações do estado estacionário da máquina é perdida. Um absorvedor de vibrações ideal é determinado.

## 6.2 OBTENÇÃO DAS EQUAÇÕES DE MOVIMENTO

As equações de movimento de um sistema de dois graus de liberdade são obtidas usando-se o método de diagrama de corpo livre ou um método de energia. Contudo, o método de energia é adiado até o Capítulo 7. O método de diagrama de corpo livre é o mesmo dos sistemas de 1GL, exceto que podem ser utilizados múltiplos diagramas de corpo livre ou equações. A lei de Newton ($\sum F = ma$) é aplicada ao diagrama de corpo livre de uma partícula. As equações $\sum F = m\bar{a}$ e $\sum M_0 = I_0 \alpha$ são aplicadas a um diagrama de corpo livre de um corpo rígido submetido a movimento plano com rotação em torno de um eixo fixo 0. A um corpo rígido submetido a um movimento plano, o princípio de D'Alembert pode ser aplicado como $\sum F_{ext} = \sum F_{ef}$ e $(\sum M_A)_{ext} = (\sum M_A)_{ef}$ onde $A$ é qualquer ponto. O sistema de forças efetivas é uma força igual a $m\bar{a}$ aplicada ao centro de massa e um momento igual a $\bar{I}\alpha$.

### EXEMPLO 6.1

Monte as equações diferenciais que controlam o movimento do sistema de dois graus de liberdade da Figura 6.1 usando $x_1$ e $x_2$ a como coordenadas generalizadas. Ambas são medidas a partir da posição de equilíbrio do sistema.

### SOLUÇÃO

Os diagramas de corpo livre dos blocos desenhados em um instante aleatório são mostrados na Figura 6.1(b). As forças de gravidade dos blocos cancelam com as forças estáticas sobre mola, como em sistemas com um grau de liberdade. A extremidade inferior da mola que liga os dois blocos tem um deslocamento de $x_2$ do equilíbrio, enquanto a extremidade superior da mola tem um deslocamento de $x_1$. Desta forma, a variação no comprimento da mola é $x_2 - x_1$, e a força desenvolvida na mola é $k(x_2 - x_1)$. Se $x_2 > x_1$, a mola está esticada, e a força da mola é desenhada agindo para longe dos corpos.

Aplicando-se a segunda lei de Newton ($\sum F = ma$) ao primeiro bloco resulta

$$-kx_1 - c\dot{x}_1 + k(x_2 - x_1) + c(\dot{x}_2 - \dot{x}_1) = m\ddot{x}_1 \qquad \text{(a)}$$

ou

## Capítulo 6

$$m\ddot{x}_1 + 2c\dot{x}_1 + 2kx_1 - c\dot{x}_2 - kx_2 = 0 \qquad (b)$$

A aplicação da segunda lei de Newton ao bloco inferior leva a

$$-2kx_2 - 2c\dot{x}_2 - k(x_2 - x_1) - c(\dot{x}_2 - \dot{x}_1) + F(t) = 2m\ddot{x}_2 \qquad (c)$$

ou

$$2m\ddot{x}_2 + 3c\dot{x}_2 + 3kx_2 - c\dot{x}_1 - kx_1 = F(t) \qquad (d)$$

Reescrevendo-se as equações (b) e (d) em uma matriz dá

$$\begin{bmatrix} m & 0 \\ 0 & 2m \end{bmatrix} \begin{bmatrix} \ddot{x}_1 \\ \ddot{x}_2 \end{bmatrix} + \begin{bmatrix} 2c & -c \\ -c & 3c \end{bmatrix} \begin{bmatrix} \dot{x}_1 \\ \dot{x}_2 \end{bmatrix} + \begin{bmatrix} 2k & -k \\ -k & 3k \end{bmatrix} \begin{bmatrix} x_1 \\ x_2 \end{bmatrix} = \begin{bmatrix} 0 \\ F(t) \end{bmatrix} \qquad (e)$$

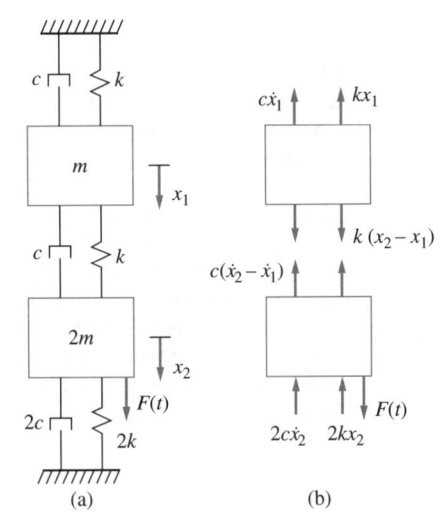

**FIGURA 6.1**
(a) Sistema do Exemplo 6.1 mostrando as coordenadas generalizadas escolhidas.
(b) DCLs em um instante aleatório. As forças de mola estáticas se anulam com a gravidade. ■

## EXEMPLO 6.2

Considere o sistema mostrado na Figura 6.2, no qual a barra fina de massa $m$ e o momento de inércia $1/12(mL^2)$ estão ligados em molas de rigidez $k$ na extremidade esquerda e três quartos do caminho através da barra. Obtenha as equações diferenciais para o sistema da Figura 6.2 usando o seguinte.
(a) $x$ é como coordenadas generalizadas: o deslocamento do equilíbrio do centro de massa da barra, e $\theta$ é o deslocamento angular no sentido horário da barra.
(b) $x_1$ e $x_2$ são os deslocamentos verticais das partículas onde as molas são ligadas e medidas a partir do equilíbrio. Considere $\theta$ pequeno.

### SOLUÇÃO

(a) Um diagrama de corpo livre da barra desenhada em um instante aleatório usando $x$ e $\theta$ e como coordenadas generalizadas é mostrado na Figura 6.2(b). A rotação não ocorre em torno de um eixo fixo; assim, o método da força efetiva é utilizado. A aplicação de $\sum F_{ext} = \sum F_{ef}$ leva a

$$-k\left(x - \frac{L}{2}\theta\right) - k\left(x + \frac{L}{4}\theta\right) = m\ddot{x} \qquad (a)$$

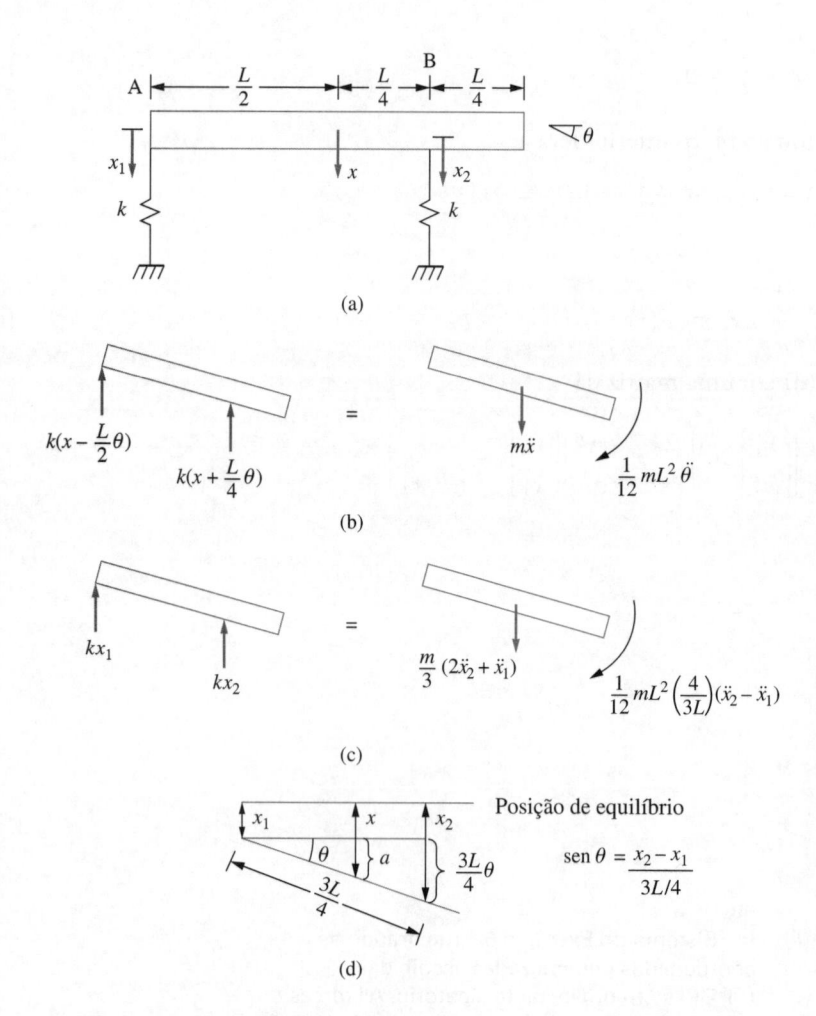

**FIGURA 6.2**
(a) Sistema do Exemplo 6.2. Uma escolha de coordenadas generalizadas é o deslocamento do centro de massa $x$ e a rotação angular da barra $\theta$. Outra opção é $x_1$ e $x_2$, que são os pontos onde as molas estão ligadas. (b) Os DCLs do sistema em um instante aleatório usando $x$ e $\theta$ como coordenadas generalizadas. (c) Os DCLs do sistema em um instante aleatório usando $x_1$ e $x_2$ como coordenadas generalizadas. (d) Geometria usada para determinar $x$ e $\theta$ em termos de $x_1$ e $x_2$.

A aplicação da equação de momento $(\sum M_G)_{ext} = (\sum M_G)_{ef}$ leva a

$$k\left(x - \frac{L}{2}\theta\right)\frac{L}{2} - k\left(x + \frac{L}{4}\theta\right)\frac{L}{4} = \frac{1}{12}mL^2\ddot{\theta}$$ (b)

Rearranjando as Equações (a) e (b) e escrevendo-as em forma de matriz leva a

$$\begin{bmatrix} m & 0 \\ 0 & \frac{1}{12}mL^2 \end{bmatrix}\begin{bmatrix} \dot{x} \\ \dot{\theta} \end{bmatrix} + \begin{bmatrix} 2k & -k\frac{L}{4} \\ -k\frac{L}{4} & k\frac{5L^2}{16} \end{bmatrix}\begin{bmatrix} x \\ \theta \end{bmatrix} = \begin{bmatrix} 0 \\ 0 \end{bmatrix}$$ (c)

(b) Diagramas de corpo livre desenhados num instante aleatório quando $x_1$ e $x_2$ são usados como coordenadas generalizadas, conforme mostrado na Figura 6.2(c). A geometria usada para calcular o deslocamento do centro de massa e a rotação angular da barra, como ilustrado na Figura 6.2(d), são consistentes com a suposição de ângulo pequeno. A rotação angular da barra é

$$\theta = \frac{x_2 - x_1}{\frac{3L}{4}} = \frac{4(x_2 - x_1)}{3L}$$ (d)

$$x = x_1 + a = x_1 + \frac{L}{2}\theta = x_1 + \left(\frac{L}{2}\right)\frac{4(x_2 - x_1)}{3L} = \frac{2x_2 + x_1}{3}$$ (e)

A soma dos momentos em torno de um eixo através de $B$, $(\sum M_B)_{ext} = (\sum M_B)_{ef}$ leva a

$$(kx_1)\left(\frac{3L}{4}\right) = \frac{1}{12}mL^2\left(\frac{4}{3L}\right)(\ddot{x}_2 - \ddot{x}_1) - m\left(\frac{2\ddot{x}_2 + \ddot{x}_1}{3}\right)\left(\frac{L}{4}\right) \qquad (f)$$

A soma dos momentos sobre um eixo através de $A$, $(\sum M_A)_{ext} = (\sum M_A)_{ef}$, resulta

$$-kx_2\left(\frac{3L}{4}\right) = \frac{1}{12}mL^2\left(\frac{4}{3L}\right)(\ddot{x}_2 - \ddot{x}_1) + m\left(\frac{2\ddot{x}_2 + \ddot{x}_1}{3}\right)\left(\frac{L}{2}\right) \qquad (g)$$

Reescrevendo as Equações (f) e (g) e escrevendo-as em forma de matriz leva a

$$\begin{bmatrix} \frac{7}{36}mL & \frac{1}{18}mL \\ \frac{1}{18}mL & \frac{4}{9}mL \end{bmatrix}\begin{bmatrix} \ddot{x}_1 \\ \ddot{x}_2 \end{bmatrix} + \begin{bmatrix} \frac{3L}{4}k & 0 \\ 0 & \frac{3L}{4}k \end{bmatrix}\begin{bmatrix} x_1 \\ x_2 \end{bmatrix} = \begin{bmatrix} 0 \\ 0 \end{bmatrix} \qquad (h) \blacksquare$$

## 6.3 FREQUÊNCIAS E MODOS NATURAIS

Frequências naturais de um sistema com dois graus de liberdade são as frequências em que as vibrações sem amortecimento naturalmente ocorrem. Elas são determinadas presumindo-se que a resposta livre seja periódica com uma frequência especificada. Recordando que $e^{i\omega t} = \cos(\omega t) + i \operatorname{sen}(\omega t)$, a resposta livre de um sistema com dois graus de liberdade com $\mathbf{C} = 0$ é presumida como

$$\begin{bmatrix} x_1 \\ x_2 \end{bmatrix} = \mathbf{X} e^{i\omega t} \qquad (6.3)$$

onde $\mathbf{X} = [\chi_1 \ \chi_2]^T$ é o vetor de modo natural. A Equação (6.3) é chamada de *solução de modo natural*. A solução na base modal assume que as coordenadas generalizadas são síncronas, ou seja, vibram na mesma frequência. Substituindo a Equação (6.3) pela Equação (6.2) com $\mathbf{C} = 0$, leva a

$$-\omega^2 \begin{bmatrix} m_{1,1} & m_{1,2} \\ m_{2,1} & m_{2,2} \end{bmatrix}\begin{bmatrix} \chi_1 \\ \chi_2 \end{bmatrix} + \begin{bmatrix} k_{1,1} & k_{1,2} \\ k_{2,1} & k_{2,2} \end{bmatrix}\begin{bmatrix} \chi_1 \\ \chi_2 \end{bmatrix} = \begin{bmatrix} 0 \\ 0 \end{bmatrix} \qquad (6.4)$$

que pode ser escrito como

$$-\omega^2 \mathbf{MX} + \mathbf{KX} = 0 \qquad (6.5)$$

A Equação (6.5) representa um sistema de equações para $\mathbf{X}$, mas é homogênea. Usando a regra de Cramer para determinar os componentes do vetor solução leva a

$$\chi_1 = \frac{\begin{vmatrix} 0 & -\omega^2 m_{1.2} + k_{1.2} \\ 0 & -\omega^2 m_{2.2} + k_{2.2} \end{vmatrix}}{\det(-\omega^2 \mathbf{M} + \mathbf{K})} \qquad (6.6)$$

$$\chi_2 = \frac{\begin{vmatrix} -\omega^2 m_{1.1} + k_{1.1} & 0 \\ -\omega^2 m_{2.1} + k_{2.1} & 0 \end{vmatrix}}{\det(-\omega^2 \mathbf{M} + \mathbf{K})} \qquad (6.7)$$

O determinante de uma matriz com uma coluna de zeros é zero. Desta forma, a solução para a Equação (6.5) é a solução trivial $\chi_1 = 0$ e $\chi_2 = 0$, a menos que o denominador seja zero. Assim, para se obter uma solução não trivial,

$$\det(-\omega^2 \mathbf{M} + \mathbf{K}) = 0 \tag{6.8}$$

A Equação (6.8) leva a uma equação quadrática com duas frequências naturais possíveis, tanto reais quanto não negativas. As frequências naturais são ordenadas $\omega_1 \leq \omega_2$.

O vetor de modo natural correspondente a uma frequência natural $\omega$ é a solução não trivial da Equação (6.4) com o valor de $\omega$, como

$$\begin{bmatrix} -\omega^2 m_{1,1} + k_{1,1} & -\omega^2 m_{1,2} + k_{1,2} \\ -\omega^2 m_{2,1} + k_{2,1} & -\omega^2 m_{2,2} + k_{2,2} \end{bmatrix} \begin{bmatrix} \chi_1 \\ \chi_2 \end{bmatrix} = \begin{bmatrix} 0 \\ 0 \end{bmatrix} \tag{6.9}$$

Se $\omega$ satisfaz a Equação (6.8), então $-\omega^2 \mathbf{M} + \mathbf{K}$ é de grau 1, e as equações na Equação (6.9) são múltiplas uma da outra. Existe uma solução, mas ela não é única. Usando a primeira da Equação (6.9), a solução tem

$$\chi_2 = \frac{\omega^2 m_{1,1} - k_{1,1}}{-\omega^2 m_{1,2} + k_{1,2}} \chi_1 \tag{6.10}$$

Tradicionalmente, $\chi_1 = 1$ para determinar $\chi_2$, e a Equação (6.8) se torna

$$\chi_2 = \frac{\omega^2 m_{1,1} - k_{1,1}}{-\omega^2 m_{1,2} + k_{1,2}} \tag{6.11}$$

O valor de $\chi_2$, calculado pela Equação (6.11), é chamado de *fração modal* para a frequência. Existem duas frações modais, uma para o primeiro modo natural, que chamaremos de $\chi_1$, e outra para o segundo modo natural, que chamaremos $\chi_2$. Em geral, nós nos referiremos ao modo natural como $[1 \chi]^T$.*

Os nós são as partículas em um sistema que têm deslocamento zero quando o sistema está vibrando em uma das frequências naturais. Eles podem ser determinados a partir dos modos naturais. Em um sistema com dois graus de liberdade, não há nós associados com a frequência natural mais baixa e um nó associado com a frequência natural mais elevada.

## EXEMPLO 6.3

Considere o sistema com dois graus de liberdade mostrado na Figura 6.3(a). Determine (a) as frequências naturais, (b) os modos naturais e (c) os nós do sistema.

### SOLUÇÃO

As equações diferenciais que controlam o sistema são

$$\begin{bmatrix} m & 0 \\ 0 & 3m \end{bmatrix} \begin{bmatrix} \ddot{x}_1 \\ \ddot{x}_2 \end{bmatrix} + \begin{bmatrix} 2k & -k \\ -k & k \end{bmatrix} \begin{bmatrix} x_1 \\ x_2 \end{bmatrix} = \begin{bmatrix} 0 \\ 0 \end{bmatrix} \tag{a}$$

(a) As frequências naturais e modo natural são determinadas usando a Equação (6.7),

$$-\omega^2 \begin{bmatrix} m & 0 \\ 0 & 3m \end{bmatrix} \begin{bmatrix} 1 \\ \chi \end{bmatrix} + \begin{bmatrix} 2k & -k \\ -k & k \end{bmatrix} \begin{bmatrix} 1 \\ \chi \end{bmatrix} = \begin{bmatrix} 0 \\ 0 \end{bmatrix} \tag{b}$$

---

* Um modo de vibração é um vetor (autovetor), e a informação importante contida neste vetor é apenas a sua direção. Por isso, a fração modal é um tipo de normalização possível, e nem sempre conveniente. Existem outras normalizações possíveis. (N.R.T.)

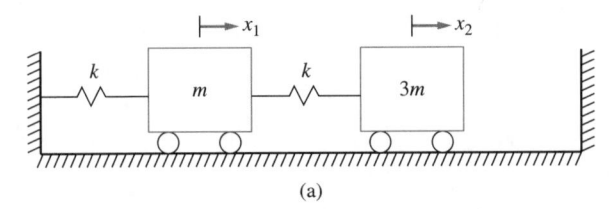

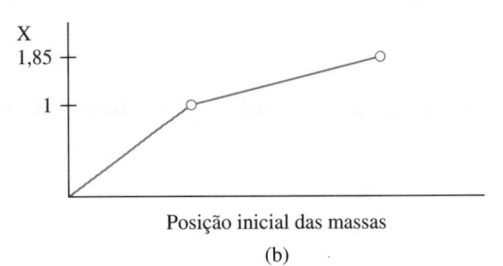

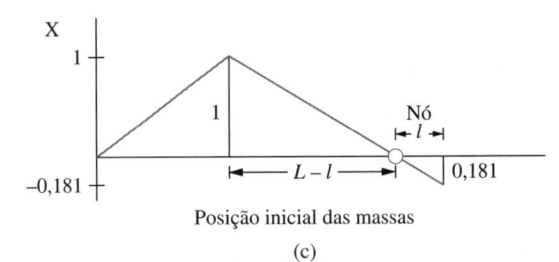

**FIGURA 6.3**
(a) Sistema do Exemplo 6.3. (b) Modo natural correspondente ao primeiro modo. (c) Modo natural correspondente ao segundo modo.

Estabelecendo $\det(-\omega^2 \mathbf{M} + \mathbf{K}) = 0$ como na Equação (6.6) leva a

$$\begin{bmatrix} -\omega^2 m + 2k & -k \\ -k & -\omega^2 3m + k \end{bmatrix} = 0 \tag{c}$$

A avaliação da Equação (c) leva a

$$(-\omega^2 m + 2k)(-\omega^2 3m + k) - (-k)(-k) = 0 \tag{d}$$

Quando expandida, a Equação (d) fica

$$(3m)\omega^4 - (7mk)\omega^2 + (k^2) = 0 \tag{e}$$

Dividindo-se a Equação (e) por $m$ e definindo $\phi = k/m$ e $\lambda = \omega^2$, a Equação (e) fica

$$3\lambda^2 - 7\phi\lambda + \phi^2 = 0 \tag{f}$$

Usando a fórmula quadrática $\lambda = \dfrac{-b \pm \sqrt{b^2 - 4ac}}{2a}$ para resolver a Equação (f) leva a

$$\lambda = \frac{7\phi \pm \sqrt{(7\phi)^2 - 4(3)(\phi)^2}}{2(3)} \tag{g}$$

ou

$$\lambda_1 = \left(\frac{7 - \sqrt{37}}{6}\right)\phi \qquad \lambda_2 = \left(\frac{7 + \sqrt{37}}{6}\right)\phi \tag{h}$$

Percebendo-se que $\omega = \sqrt{\lambda}$ and $\phi = k/m$, as frequências naturais são

$$\omega_1 = \sqrt{\left(\frac{7-\sqrt{37}}{6}\right)\phi} = 0{,}391\sqrt{\frac{k}{m}} \quad \text{(i)}$$

e

$$\omega_2 = \sqrt{\left(\frac{7+\sqrt{37}}{6}\right)\phi} = 1{,}47\sqrt{\frac{k}{m}} \quad \text{(j)}$$

(b) Os modos naturais são determinados usando a Equação (6.9). Para $\omega_1^2 = 0{,}153\frac{k}{m}$, a substituição na Equação (6.9) leva a uma fração modal de

$$\chi_1 = \frac{-0{,}153\frac{k}{m}(m) + 2k}{k} = 1{,}85 \quad \text{(k)}$$

A aplicação da Equação (6.9) ao segundo modo leva à fração modal de

$$\chi_2 = \frac{-2{,}16\frac{k}{m}(m) + 2k}{k} = -0{,}181 \quad \text{(l)}$$

Os modos naturais do primeiro modo e o segundo modo são

$$\mathbf{X}_1 = \begin{bmatrix} 1 \\ 1{,}85 \end{bmatrix} \quad \mathbf{X}_2 = \begin{bmatrix} 1 \\ -0{,}181 \end{bmatrix} \quad \text{(m)}$$

(c) Os diagramas de modo natural, que são gráficos de deslocamentos relativos para cada modo desenhado horizontalmente, são dados nas Figuras 6.3(b) e 6.3(c). O diagrama de modo natural do primeiro modo não mostra nenhum ponto em que o deslocamento é negativo. Assim, o modo natural do primeiro modo não tem nós. O diagrama de modo natural do segundo modo tem um nó. Assumindo que a mola é linear, triângulos semelhantes aplicados ao modo natural mostrados na Figura 6.3(c) levam a

$$\frac{\ell}{0{,}181} = \frac{L-\ell}{1} \quad \text{(n)}$$

ou

$$\ell = 0{,}153L \quad \text{(o)} \quad \blacksquare$$

onde $L$ é o comprimento da mola.

## EXEMPLO 6.4

Determine as frequências naturais e modos para a barra da Figura 6.2. Identifique todos os nós.

### SOLUÇÃO

A equação diferencial de tal sistema é obtida no Exemplo 6.2. As frequências naturais não dependem da escolha de coordenadas generalizadas, mas os vetores de modo natural são específicos para a escolha de coordenadas generalizadas. A presença de nós não depende da escolha de coordenadas generalizadas. Usando $x$ e $\theta$ como coordenadas generalizadas, as frequências naturais são determinadas pela aplicação da Equação (6.7).

$$\begin{vmatrix} -\omega^2 m + 2k & -k\dfrac{L}{4} \\ -k\dfrac{L}{4} & -\omega^2 \dfrac{1}{12}mL^2 + k\dfrac{5L^2}{16} \end{vmatrix} = 0 \qquad \text{(a)}$$

A avaliação da determinante leva a

$$(-\omega^2 m + 2k)\left(-\omega^2 \dfrac{1}{12}mL^2 + k\dfrac{5L^2}{16}\right) - \left(-k\dfrac{L}{4}\right)\left(-k\dfrac{L}{4}\right) = 0 \qquad \text{(b)}$$

A expansão da equação acima dá

$$\dfrac{1}{12}m^2 L^2 \omega^4 - \dfrac{46}{96}mkL^2 \omega^2 + \dfrac{9}{16}k^2 L^2 = 0 \qquad \text{(c)}$$

Multiplicando-se a Equação (c) por $12/(m^2 L^2)$ e definindo $\phi = k/m$ e $\lambda = \omega^2$ leva a

$$\lambda^2 - \dfrac{23}{4}\phi\lambda + \dfrac{27}{4}\phi = 0 \qquad \text{(d)}$$

Usando a fórmula quadrática para resolver a Equação (d) dá

$$\lambda = \left(\dfrac{\dfrac{23}{4} \pm \sqrt{\left(\dfrac{23}{4}\right)^2 - 4\left(\dfrac{27}{4}\right)}}{2}\right)\phi = 1{,}64\phi,\ 4{,}11\phi \qquad \text{(e)}$$

Lembrando que $\omega = \sqrt{\lambda}$ e $\phi = k/m$ resulta

$$\omega_1 = 1{,}28\sqrt{\dfrac{k}{m}} \qquad \omega_2 = 2{,}02\sqrt{\dfrac{k}{m}} \qquad \text{(f)}$$

Os modos naturais são calculados utilizando-se a Equação (6.9). Para $\omega_1 = 1{,}28\sqrt{\phi}$, isso resulta

$$\chi_1 = \dfrac{\left(1{,}64\dfrac{k}{m}\right)m - 2k}{-k\dfrac{L}{4}} = \dfrac{1{,}42}{L} \qquad \text{(g)}$$

Para $\omega_2 = 2{,}07\sqrt{\phi}$, a Equação (6.9) dá

$$\chi_2 = \dfrac{\left(4{,}11\dfrac{k}{m}\right)m - 2k}{-k\dfrac{L}{4}} = -\dfrac{8{,}42}{L} \qquad \text{(h)}$$

Os vetores do modo natural são

$$\mathbf{X}_1 = \begin{bmatrix} 1 \\ \dfrac{1{,}42}{L} \end{bmatrix} \qquad \mathbf{X}_2 = \begin{bmatrix} 1 \\ -\dfrac{8{,}42}{L} \end{bmatrix} \qquad \text{(i)}$$

Os modos naturais são ilustrados na Figura 6.4. O primeiro modo não tem nós na barra, mas representa movimento de corpo rígido em torno de um eixo através do ponto $O$, que não está na barra. O ponto $O$ está a uma distância de 0,19L da extremidade da barra. O segundo modo tem um nó e representa um movimento de corpo rígido sobre um eixo através do ponto P, que está a uma distância de 0,118 à direita do centro de massa.

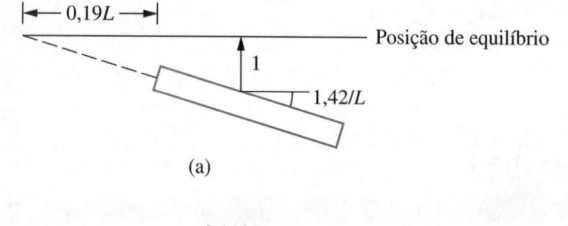

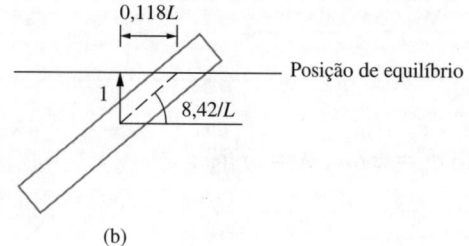

**FIGURA 6.4**
Modos naturais do Exemplo 6.4.
(a) O primeiro modo é uma rotação do corpo rígido em torno do ponto O, que é um ponto a uma distância de 0,19L da extremidade esquerda da barra. (b) O segundo modo é uma rotação do corpo rígido sobre o ponto P, que está a uma distância de 0,118L à direita do centro de massa. ■

## 6.4 RESPOSTA LIVRE DOS SISTEMAS SEM AMORTECIMENTO

A solução mais geral de um problema linear homogêneo é a combinação linear de todas as soluções possíveis. A resposta livre de um sistema linear com dois graus de liberdade sem amortecimento, em geral, tem duas frequências naturais e dois modos naturais. Contudo, cada frequência natural satisfaz uma equação de quarta ordem que contém apenas potências de $\omega$. Ela pode ser convertida em uma equação quadrática em $\omega^2$. Assim, $+\omega$ e $-\omega$ são soluções de equação de quarta ordem. Todavia, $-\omega$ tem o mesmo modo natural de $+\omega$. Assim, existem quatro soluções para a equação homogênea: $e^{i\omega_1 t}X_1$, $e^{-i\omega_1 t}X_1$, $e^{i\omega_2 t}X_2$, e $e^{-i\omega_2 t}X_2$ onde $\omega_1$ e $\omega_2$ são as frequências naturais e $X_1$ e $X_2$ são os seus vetores correspondentes de modo natural. Assim, a solução geral é

$$x(t) = C_1 e^{i\omega_1 t}X_1 + C_2 e^{-i\omega_1 t}X_1 + C_3 e^{i\omega_2 t}X_2 + C_4 e^{-i\omega_2 t}X_2 \tag{6.12}$$

A identidade de Euler é usada na equação acima para substituir as exponenciais com expoentes complexos por funções trigonométricas

$$x(t) = [C_1 \cos(\omega_1 t) + C_2 \operatorname{sen}(\omega_1 t)]X_1 + [C_3 \cos(\omega_2 t) + C_4 \operatorname{sen}(\omega_2 t)]X_2 \tag{6.13}$$

O sistema tem quatro condições iniciais para satisfazer $x_1(0) = x_{1,0}$, $x_2(0) = x_{2,0}$, $\dot{x}_1(0) = \dot{x}_{1,0}$, e $\dot{x}_2(0) = \dot{x}_{2,0}$. A aplicação delas resulta

$$x_{1,0} = C_1 + C_3 \tag{6.14a}$$

$$x_{2,0} = C_1 \chi_1 + C_3 \chi_2 \tag{6.14b}$$

$$\dot{x}_{1,0} = \omega_1 C_2 + \omega_2 C_4 \tag{6.14c}$$

$$\dot{x}_{2,0} = \omega_1 C_2 \chi_1 + \omega_2 C_4 \chi_2 \tag{6.14d}$$

As equações são dois conjuntos de duas equações simultâneas cujas soluções são

$$C_1 = \frac{x_{1,0} \chi_2 - x_{2,0}}{\chi_2 - \chi_1} \tag{6.15a}$$

$$C_2 = \frac{\dot{x}_{1,0}\omega_2 X_2 - \dot{x}_{2,0}\omega_1}{\omega_1\omega_2(X_2 - X_1)} \tag{6.15b}$$

$$C_3 = \frac{x_{2,0} - x_{1,0}X_2}{X_2 - X_1} \tag{6.15c}$$

$$C_4 = \frac{\dot{x}_{2,0}\omega_1 - \dot{x}_{1,0}\omega_2 X_2}{\omega_1\omega_2(X_2 - X_1)} \tag{6.15d}$$

As identidades trigonométricas podem ser usadas para escrever a Equação (6.13) da seguinte forma

$$\mathbf{x}(t) = A_1\mathbf{X}_1 \operatorname{sen}(\omega_1 t + \phi_1) + A_2\mathbf{X}_2 \operatorname{sen}(\omega_2 t + \phi_2) \tag{6.16}$$

onde

$$A_1 = (C_2^1 + C_2^2)^{1/2} \tag{6.17a}$$

$$A_2 = (C_3^2 + C_4^2)^{1/2} \tag{6.17b}$$

$$\phi_1 = \tan^{-1}(C_2 \backslash C_1) \tag{6.17c}$$

$$\phi_2 = \tan^{-1}(C_4 \backslash C_3) \tag{6.17d}$$

### ■ EXEMPLO 6.5

O sistema do Exemplo 6.3 recebe deslocamentos iniciais de $x_1(0) = \delta$ e $x_2(0) = -\delta$ e é liberado do repouso. Determine a resposta resultante do sistema.

### SOLUÇÃO

As frequências naturais são determinadas na solução do Exemplo 6.3 como $\omega_1 = 0{,}391\sqrt{\frac{k}{m}}$ e $\omega_2 = 1{,}47\sqrt{\frac{k}{m}}$. Os modos naturais são $\mathbf{X}_1 = \begin{bmatrix} 1 \\ 1{,}85 \end{bmatrix}$ e $\mathbf{X}_2 = \begin{bmatrix} 1 \\ -0{,}181 \end{bmatrix}$. A forma geral da resposta é dada pela Equação (6.16) como

$$\mathbf{x}(t) = A_1\begin{bmatrix} 1 \\ 1{,}85 \end{bmatrix}\operatorname{sen}\left(0{,}391\sqrt{\frac{k}{m}}t + \phi_1\right) + A_2\begin{bmatrix} 1 \\ -0{,}181 \end{bmatrix}\operatorname{sen}\left(1{,}47\sqrt{\frac{k}{m}}t + \phi_2\right) \tag{a}$$

A aplicação das condições iniciais leva a

$$x_1(0) = \delta = A_1 \operatorname{sen}\phi_1 + A_2 \operatorname{sen}\phi_2 \tag{b}$$

$$x_2(0) = -\delta = 1{,}85 A_1 \operatorname{sen}\phi_1 - 0{,}181 A_2 \operatorname{sen}\phi_2 \tag{c}$$

$$\dot{x}_1(0) = 0 = 0{,}391 A_1 \cos\phi_1 + 1{,}47 A_2 \cos\phi_2 \tag{d}$$

$$\dot{x}(0) = 0 = (1{,}85)(0{,}391) A_1 \cos\phi_1 + (-0{,}181)(1{,}47) A_2 \cos\phi_2 \tag{e}$$

As Equações (d) e (e) são satisfeitas se $\cos \phi_1 = \cos \phi_2 = 0$, o que implica $\phi_1 = \phi_2 = \frac{\pi}{2}$.
Então as equações (b) e (c) ficam

$$A_1 + A_2 = \delta \tag{f}$$

$$1{,}85 A_1 - 0{,}181 A_2 = -\delta \tag{g}$$

As Equações (f) e (g) são solucionadas para resultar $A_1 = -0{,}4038$ e $A_2 = 1{,}4038$, levando à resposta de

$$\mathbf{x}(t) = -\delta \begin{bmatrix} 0{,}403 \\ 0{,}746 \end{bmatrix} \text{sen}\left(0{,}391 \sqrt{\frac{k}{m}} t + \frac{\pi}{2}\right) + \delta \begin{bmatrix} 1{,}403 \\ -0{,}254 \end{bmatrix} \text{sen}\left(1{,}47 \sqrt{\frac{k}{m}} t + \frac{\pi}{2}\right) \tag{h}$$ ∎

## EXEMPLO 6.6

Para quais condições iniciais o sistema do Exemplo 6.4 vibrará como se fosse uma rotação de corpo rígido em torno do ponto $P$, que está a uma distância de $0{,}118L$ à direita do centro de massa?

### SOLUÇÃO

O ponto $P$ é determinado como sendo um nó do segundo modo. Assim, apenas o primeiro modo é representado na solução

$$\begin{bmatrix} x_1(t) \\ x_2(t) \end{bmatrix} = \begin{bmatrix} 1 \\ \frac{1{,}42}{L} \end{bmatrix} \left\{ C_1 \cos\left(1{,}28 \sqrt{\frac{k}{m}} t\right) + C_2 \text{sen}\left(1{,}28 \sqrt{\frac{k}{m}} t\right) \right\} \tag{a}$$

A aplicação das condições iniciais leva a

$$x_{1,0} = C_1 \tag{b}$$

$$x_{2,0} = \frac{1{,}42}{L} C_1 \tag{c}$$

$$\dot{x}_{1,0} = 1{,}28 C_2 \tag{d}$$

$$\dot{x}_{2,0} = (1{,}28)\left(\frac{1{,}42}{L}\right) C_2 \tag{e}$$

Dividindo-se a Equação (a) pela Equação (b) resulta

$$\frac{x_{1,0}}{x_{2,0}} = 0{,}694 L \tag{f}$$

Dividindo-se a Equação (d) pela Equação (e) resulta

$$\frac{\dot{x}_{1,0}}{\dot{x}_{2,0}} = 0{,}694 L \tag{g}$$

Qualquer condição de limite que satisfaça a Equação (f) e a Equação (g) eliminará o segundo modo da resposta. ∎

## 6.5 VIBRAÇÕES LIVRES DE UM SISTEMA COM AMORTECIMENTO VISCOSO

As vibrações livres de um sistema com amortecimento viscoso não podem ser qualitativamente definidas como dos sistemas de 1GL. Supondo-se que uma solução na base modal de $\mathbf{x} = \mathbf{X}e^{iwt}$ leva a uma equação algébrica com coeficientes complexos para determinar $\omega$. Em vez disso, uma solução da forma

$$\begin{bmatrix} x_1(t) \\ x_2(t) \end{bmatrix} = \begin{bmatrix} 1 \\ \chi \end{bmatrix} e^{\lambda t} \tag{6.18}$$

é assumida. A substituição da Equação (6.18) pela Equação (6.1) leva a

$$\lambda^2 MX + \lambda CX + KX = 0 \tag{6.19}$$

A Equação (6.19) é vista como um sistema de equações algébricas simultâneas para resolver $\chi$. A Equação (6.19) tem uma solução não trivial se e somente se

$$\det(\lambda^2 MX + \lambda CX + KX) = 0 \tag{6.20}$$

A expansão do determinante leva a uma equação polinomial de quarta ordem de $\lambda$. As quatro raízes de $\lambda$ podem ser todas reais, duas reais e um par de conjugados complexos ou dois pares de conjugados complexos. As raízes reais correspondem a modos de vibração superamortecidos. As raízes complexas correspondem a modos de vibração subamortecidos. As raízes reais podem ser repetidas, quando correspondem a vibrações criticamente amortecidas.

Para valores reais específicos de $\lambda$, a substituição na Equação (6.20) leva a vetores de forma de modo real. Assim, a solução dos quatro valores reais de $\lambda$ é

$$\mathbf{x}(t) = C_1 \mathbf{X}_1 e^{\lambda_1 t} + C_2 \mathbf{X}_2 e^{\lambda_2 t} + C_3 \mathbf{X}_3 e^{\lambda_3 t} + C_4 \mathbf{X}_4 e^{\lambda_4 t} \tag{6.21}$$

Para valores conjugados complexos de $\lambda$, a Equação (6.20) leva a formas complexas de modo natural. A solução correspondente a um par de valores conjugados complexos de $\lambda$ é

$$\mathbf{x}(t) = C_1 \mathbf{X} e^{\lambda t} + C_2 \overline{\mathbf{X}} e^{\overline{\lambda} t} \tag{6.22}$$

Escrevendo $\lambda = \lambda_r + i\lambda_i$ e $\mathbf{X} = \mathbf{X}_r + i\mathbf{X}_i$ e utilizando-se a identidade de Euler nas equações exponenciais com expoentes complexos leva a

$$\begin{aligned} \mathbf{x}(t) &= e^{\lambda_r t}[C_1(\mathbf{X}_r + \mathbf{X}_i)(\cos\lambda_i t + i\,\text{sen}\lambda_i t) + C_2(\mathbf{X}_r - i\mathbf{X}_i)(\cos\lambda_i t - i\,\text{sen}\lambda_i t)] \\ &= e^{\lambda_r t}[A_1(\mathbf{X}_r \cos\lambda_i t - \mathbf{X}_i \text{sen}\lambda_i t) + A_2(\mathbf{X}_r \text{sen}\lambda_i t + \mathbf{X}_i \cos\lambda_i t)] \end{aligned} \tag{6.23}$$

onde $A_1 = C_1 + C_2$ e $A_2 = i(C_1 - C_2)$ são constantes de integração redefinidas.

### EXEMPLO 6.7

Determine a resposta do sistema da Figura 6.5 ao usar $x_1$ e $x_2$ como coordenadas generalizadas quando $\dot{x}_2(0) = 2$ m/s e todas as outras condições iniciais são zero.

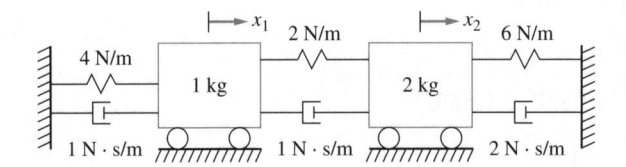

**FIGURA 6.5**
Sistema do Exemplo 6.7. O movimento é iniciado dando-se a segunda massa na velocidade inicial de 2 m/s.

## SOLUÇÃO

As equações diferenciais de movimento do sistema são

$$\begin{bmatrix} 1 & 0 \\ 0 & 2 \end{bmatrix}\begin{bmatrix} \ddot{x}_1 \\ \ddot{x}_2 \end{bmatrix} + \begin{bmatrix} 2 & -1 \\ -1 & 3 \end{bmatrix}\begin{bmatrix} \dot{x}_1 \\ \dot{x}_2 \end{bmatrix} + \begin{bmatrix} 6 & -2 \\ -2 & 8 \end{bmatrix}\begin{bmatrix} x_1 \\ x_2 \end{bmatrix} = \begin{bmatrix} 0 \\ 0 \end{bmatrix} \qquad (a)$$

Assuma uma solução de

$$\begin{bmatrix} x_1(t) \\ x_2(t) \end{bmatrix} = \begin{bmatrix} 1 \\ \chi \end{bmatrix} e^{\lambda t} \qquad (b)$$

Os valores de $\lambda$ que conduzem a uma solução não trivial da Equação (b) são as raízes de

$$\begin{vmatrix} \lambda^2 + 2\lambda + 6 & -\lambda - 2 \\ -\lambda - 2 & 2\lambda^2 + 3\lambda + 8 \end{vmatrix} = 0 \qquad (c)$$

A avaliação da determinante leva a

$$(\lambda^2 + 2\lambda + 6)(2\lambda^2 + 3\lambda + 8) - (\lambda + 2)^2 = 0 \qquad (d)$$

As raízes da equação de quarta ordem são $\lambda = -0{,}5122 \pm 1{,}7436i, -1{,}2378 \pm 2{,}2648i$. O sistema vibra em frequências $\omega_1 = 1{,}7436$ e $\omega_2 = 2{,}2468$. A fração modal complexa é determinada a partir de

$$\begin{bmatrix} \lambda^2 + 2\lambda + 6 & -\lambda - 2 \\ -\lambda - 2 & 2\lambda^2 + 3\lambda + 8 \end{bmatrix}\begin{bmatrix} 1 \\ \chi \end{bmatrix} = \begin{bmatrix} 0 \\ 0 \end{bmatrix} \qquad (e)$$

As duas equações representadas pela Equação (e) dos valores de $\lambda$ obtidos anteriormente são dependentes. Assim, apenas a primeira equação é usada, como

$$(\lambda^2 + 2\lambda + 6) - (\lambda + 2)\chi = 0 \qquad (f)$$

ou

$$\chi = \frac{\lambda^2 + 2\lambda + 6}{\lambda + 2} \qquad (g)$$

Para $\lambda = -0{,}5122 - 1{,}7436i$, a avaliação da Equação (g) fica

$$\chi = \frac{(-0{,}5122 - 1{,}7436i)^2 + 2(-0{,}5122 - 1{,}7436i) + 6}{2 - 0{,}5122 - 1{,}7436i} \qquad (h)$$

$$= (1{,}817 + 0{,}248i)$$

Para $\lambda = -0{,}5122 + 1{,}7436i$, a avaliação leva a $\chi = (1{,}817 - 0{,}248i)$. Para $-1{,}2378 \pm 2{,}2648i$, a avaliação da Equação (g) leva a $\chi = (-0{,}435 \mp 0{,}115i)$.

Usando-se a Equação (6.21), a resposta pode ser escrita como

$$\begin{bmatrix} x_1(t) \\ x_2(t) \end{bmatrix} = e^{-0{,}5122t}\left(C_1\begin{bmatrix} 1 \\ 1{,}817 - 0{,}248i \end{bmatrix}e^{i1{,}7436t} + C_2\begin{bmatrix} 1 \\ 1{,}817 + 0{,}248i \end{bmatrix}e^{-i1{,}7436t}\right)$$

$$+ e^{-1{,}2378t}\left(C_3\begin{bmatrix} 1 \\ -0{,}435 - 0{,}115i \end{bmatrix}e^{i2{,}2468t}C_4\begin{bmatrix} 1 \\ -0{,}435 + 0{,}115i \end{bmatrix}e^{-i2{,}2468t}\right) \qquad (i)$$

ou

$$\begin{bmatrix} x_1(t) \\ x_2(t) \end{bmatrix} = e^{-0,5122t}\left\{ A_1\left( \begin{bmatrix} 1 \\ 1,817 \end{bmatrix} \cos 1,744t - \begin{bmatrix} 0 \\ 0,248 \end{bmatrix} \operatorname{sen} 1,744t \right) \right.$$

$$\left. + A_2\left( \begin{bmatrix} 1 \\ 1,817 \end{bmatrix} \operatorname{sen} 1,744t + \begin{bmatrix} 0 \\ 0,248 \end{bmatrix} \cos 1,744t \right) \right\}$$

$$+ e^{-1,2378t}\left\{ A_3\left( \begin{bmatrix} 1 \\ -0,435 \end{bmatrix} \cos 2,247t - \begin{bmatrix} 0 \\ -0,115 \end{bmatrix} \operatorname{sen} 2,247t \right) \right.$$

$$\left. + A_4\left( \begin{bmatrix} 1 \\ -0,435 \end{bmatrix} \operatorname{sen} 2,247t + \begin{bmatrix} 0 \\ -0,115 \end{bmatrix} \cos 2,247t \right) \right\} \quad \text{(j)}$$

A aplicação das condições iniciais leva a

$$\begin{bmatrix} x_1(0) \\ x_2(0) \\ \dot{x}_1(0) \\ \dot{x}_2(0) \end{bmatrix} = \begin{bmatrix} 0 \\ 0 \\ 0 \\ 2 \end{bmatrix} = \begin{bmatrix} 1 & 0 & 1 & 0 \\ 1,817 & 0,248 & -0,435 & -0,115 \\ -0,5122 & 1,744 & -1,238 & 2,247 \\ -1,390 & 3,295 & 0,871 & -0,258 \end{bmatrix} \begin{bmatrix} A_1 \\ A_2 \\ A_3 \\ A_4 \end{bmatrix} \quad \text{(k)}$$

A solução da Equação (k) leva a $A_1 = 4,49$, $A_2 = -1,95$, $A_3 = -2,12$ e $A_4 = 3,29$. A substituição destes resultados na Equação (j) leva a

$$\begin{bmatrix} x_1(t) \\ x_2(t) \end{bmatrix} = e^{-0,512t}\left( \begin{bmatrix} 4,49 \\ 7,68 \end{bmatrix} \cos 1,74t + \begin{bmatrix} -1,95 \\ -4,66 \end{bmatrix} \operatorname{sen} 1,74t \right)$$

$$+ e^{-1,237t}\left( \begin{bmatrix} -2,13 \\ 0,54 \end{bmatrix} \cos 2,25t + \begin{bmatrix} 3,29 \\ -1,67 \end{bmatrix} \operatorname{sen} 2,25t \right) \quad \text{(l)} \quad \blacksquare$$

## 6.6 COORDENADAS PRINCIPAIS

Seria mais fácil resolver equações diferenciais desacopladas, mas o acoplamento entre coordenadas na maioria dos sistemas é inevitável. A escolha de coordenadas generalizadas para obter as equações diferenciais afeta o acoplamento. Se o acoplamento for através da matriz de rigidez como no Exemplo 6.1, diz-se que o sistema está estaticamente acoplado. Se o acoplamento for através da matriz de massa como no Exemplo 6.2(b), diz-se que o sistema está dinamicamente acoplado. Utilizando-se as coordenadas $x$ e $\theta$, o sistema do Exemplo 6.2 está estaticamente acoplado e não acoplado dinamicamente. Usando as coordenadas $x_1$ e $x_2$, as equações diferenciais estão dinamicamente acopladas, mas não acopladas estaticamente. Um sistema pode estar estaticamente acoplado, dinamicamente acoplado, ou ambos, dependendo da escolha de coordenadas generalizadas. A escolha de coordenadas generalizadas não afeta as frequências naturais.

Suponha que as equações diferenciais não estejam estaticamente acopladas nem dinamicamente acopladas usando um conjunto de coordenadas $p_1$ e $p_2$, chamadas coordenadas principais. Então as equações diferenciais são escritas como

$$\ddot{p}_1 + \omega_1^2 p_1 = 0 \quad \text{(6.24)}$$

$$\ddot{p}_2 + \omega_2^2 p_2 = 0 \quad \text{(6.25)}$$

As soluções das Equações (6.24) e (6.25) são simplesmente

$$p_1(t) = P_1 \operatorname{sen}(\omega_1 t + \phi_1) \tag{6.26}$$

$$p_2(t) = P_2 \operatorname{sen}(\omega_2 t + \phi_2) \tag{6.27}$$

O sistema desacoplado comporta-se como dois sistemas de 1GL. Desde que a escolha de coordenadas generalizadas não afeta as frequências naturais do sistema, $\omega_1$ e $\omega_2$ são propriedades do sistema. Quando escrito utilizando-se as coordenadas $x_1$ e $x_2$,

$$\begin{aligned}\mathbf{x}(t) &= A_1 \mathbf{X}_1 \operatorname{sen}(\omega_1 t + \phi_1) + A_2 \mathbf{X}_2 \operatorname{sen}(\omega_2 t + \phi_2) \\ &= \frac{A_1}{P_1} \mathbf{X}_1 p_1(t) + \frac{A_1}{P_2} \mathbf{X}_2 p_2(t)\end{aligned} \tag{6.28}$$

Tomando-se $\frac{A_1}{P_1} = \frac{A_1}{P_2} = 1$, a Equação (6.28) fica

$$\mathbf{x}(t) = \mathbf{X}_1 p_1(t) + \mathbf{X}_2 p_2(t) \tag{6.29}$$

ou

$$\begin{bmatrix} x_1 \\ x_2 \end{bmatrix} = \begin{bmatrix} 1 \\ \chi_1 \end{bmatrix} p_1 + \begin{bmatrix} 1 \\ \chi_2 \end{bmatrix} p_2 \tag{6.30}$$

A Equação (6.30) é resolvida para as coordenadas principais em termos das coordenadas originais resultando

$$p_1 = \frac{1}{\chi_2 - \chi_1}(\chi_2 x_1 - x_2) \tag{6.31}$$

$$p_2 = \frac{1}{\chi_2 - \chi_1}(x_2 - \chi_1 x_1) \tag{6.32}$$

Sem perda de generalidade, desde que as coordenadas generalizadas possam representar pontos que têm deslocamento zero para $z$, o modo $\chi_2 - \chi_1$ pode ser ignorado e

$$p_1 = \chi_2 x_1 - x_2 \tag{6.33}$$

$$p_2 = x_2 - \chi_1 x_1 \tag{6.34}$$

As coordenadas principais de um sistema com dois graus de liberdade podem ser examinadas observando-se os nós de um sistema. O segundo modo natural tem um nó que está no sistema. Este é um ponto de deslocamento zero para esse nó, e a resposta desse ponto só inclui o primeiro modo. Este ponto pode ser considerado uma coordenada principal representando o primeiro modo. O primeiro modo não tem um nó que seja uma partícula no sistema. Assim, o segundo modo não representa o movimento de uma partícula no sistema.

## ■ EXEMPLO 6.8

Descreva as coordenadas principais do sistema do Exemplo 6.4. Escreva as equações diferenciais das coordenadas principais.

## SOLUÇÃO

Lembre-se de que a frequência natural e a fração modal do primeiro modo usando $x$ e $\theta$ como coordenadas generalizadas são $\omega_1 = 1{,}28\sqrt{\frac{k}{m}}$ e $\chi_1 = \frac{1{,}42}{L}$. A frequência natural e a fração modal do segundo modo são $\omega_2 = 2{,}07\sqrt{\frac{k}{m}}$ e $\chi_2 = -\frac{8{,}44}{L}$. Usando as Equações (6.33) e (6.34), as coordenadas principais são

$$p_1(t) = -\frac{8{,}44}{L}x(t) - \theta(t) \tag{a}$$

$$p_2(t) = \theta(t) - \frac{1{,}42}{L}x(t) \tag{b}$$

A Equação (a) é o deslocamento negativo do nó para o segundo modo, o qual, como observado no Exemplo 6.4, representa uma rotação de corpo rígido em torno de um ponto de $0{,}118L$ à direita do centro da barra. A Equação (b) representa a rotação negativa do corpo rígido $0{,}19L$ a partir da extremidade esquerda da barra.

As equações diferenciais que as coordenadas principais satisfazem são

$$\ddot{p}_1 + 1{,}64\frac{k}{m}p_1 = 0 \tag{c}$$

$$\ddot{p}_2 + 4{,}28\frac{k}{m}p_2 = 0 \tag{d} \quad \blacksquare$$

Não é possível encontrar coordenadas principais em um sistema com forma geral de amortecimento viscoso. Contudo, se a matriz de amortecimento for proporcional à combinação linear da matriz de rigidez e da matriz de amortecimento, as coordenadas principais do sistema sem amortecimento desacoplam o sistema. As equações diferenciais que regem as coordenadas principais tornam-se

$$\ddot{p}_1 + 2\zeta_1\omega_1\dot{p}_1 + \omega_1^2 p_1 = 0 \tag{6.35}$$

$$\ddot{p}_2 + 2\zeta_2\omega_2\dot{p}_2 + \omega_2^2 p_2 = 0 \tag{6.36}$$

onde $\zeta_1$ e $\zeta_2$ são chamados taxas de amortecimento modal. Isso é explicado mais detalhadamente no Capítulo 8.

## 6.7 RESPOSTA HARMÔNICA DOS SISTEMAS COM 2GL

A resposta harmônica dos sistemas com dois graus de liberdade é determinada utilizando-se o método dos *coeficientes indeterminados*. Primeiro, considere os sistemas sem amortecimento cujas equações são

$$\mathbf{M\ddot{x}} + \mathbf{Kx} = \mathbf{F}\,\text{sen}(\omega t) \tag{6.37}$$

onde $\mathbf{F} = [f_1\ f_2]^T$ é um vetor de constantes.

O método dos coeficientes indeterminados pode ser usado para encontrar a solução em regime permanente. Assuma uma resposta em regime permanente

$$\mathbf{x} = \mathbf{U}\,\text{sen}(\omega t) \tag{6.38}$$

onde $\mathbf{U} = [u_1\ u_2]^T$. A substituição da Equação (6.38) pela Equação (6.37) leva a

$$-\omega^2\mathbf{MU}\,\text{sen}(\omega t) + \mathbf{KU}\,\text{sen}(\omega t) = \mathbf{F}\,\text{sen}(\omega t) \tag{6.39}$$

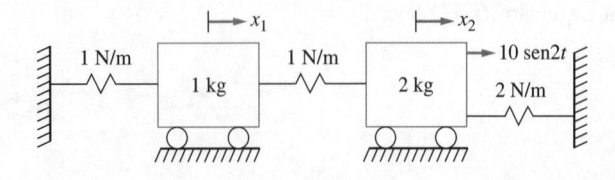

a partir da qual a equação para resolver os componentes de **U** é

$$(-\omega^2 \mathbf{M} + \mathbf{K})\mathbf{U} = \mathbf{F} \tag{6.40}$$

As equações componentes representadas pela Equação (6.40) são

$$(-\omega^2 m_{1.1} + k_{1.1})u_1 + (-\omega^2 m_{1.2} + k_{1.2})u_2 = f_1 \tag{6.41}$$

$$(-\omega^2 m_{2.1} + k_{2.1})u_1 + (-\omega^2 m_{2.2} + k_{2.2})u_2 = f_2 \tag{6.42}$$

A solução da Equação (6.41) e da Equação (6.42) fornece os valores de $u_1$ e $u_2$. Escolhe-se que as amplitudes em regime permanente sejam positivas. Se for obtido um valor negativo (diga-se $u_2 < 0$), a resposta do sistema é escrita da seguinte forma: $|u_2| \operatorname{sen}(\omega t - [\pi])$.

## EXEMPLO 6.9

Considere o sistema com dois graus de liberdade da Figura 6.6. Determine a resposta permanente do sistema.

### SOLUÇÃO

As equações diferenciais que regem o movimento do sistema são

$$\ddot{x}_1 + 2x_1 - x_2 = 0 \tag{a}$$

$$2\ddot{x}_2 - x_1 + 3x_2 = 10 \operatorname{sen}(2t) \tag{b}$$

A resposta em regime permanente é determinada assumindo-se

$$x_1 = u_1 \operatorname{sen}(2t) \tag{c}$$

$$x_2 = u_2 \operatorname{sen}(2t) \tag{d}$$

A substituição da solução pelas equações diferenciais leva a

$$-4u_1 + 2u_1 - u_2 = 0 \tag{e}$$

$$-8u_2 - u_1 + 3u_2 = 10 \tag{f}$$

ou

$$-2u_1 - u_2 = 0 \tag{g}$$

$$-u_1 - 5u_2 = 10 \tag{h}$$

**FIGURA 6.6**
Sistema do Exemplo 6.9.

A solução da Equação (g) e a Equação (h) é $u_1 = \frac{10}{9}$ e $u_2 = -\frac{20}{9}$. As respostas em regime permanente das duas massas são

$$u_1(t) = \frac{10}{9} \text{sen}(2t) \tag{i}$$

$$u_2(t) = \frac{20}{9} \text{sen}(2t - \pi) \tag{j}$$ ∎

Agora considere as respostas em regime permanente dos sistemas com amortecimento viscoso. A fórmula geral das equações de sistemas com amortecimento viscoso é

$$\mathbf{M\ddot{x} + C\dot{x} + Kx = F}\,\text{sen}(\omega t) \tag{6.43}$$

ou

$$\begin{bmatrix} m_{1.1} & m_{1.2} \\ m_{2.1} & m_{2.2} \end{bmatrix}\begin{bmatrix} \ddot{x}_1 \\ \ddot{x} \end{bmatrix} + \begin{bmatrix} c_{1.1} & c_{1.2} \\ c_{2.1} & c_{2.2} \end{bmatrix}\begin{bmatrix} \dot{x}_1 \\ \dot{x} \end{bmatrix} + \begin{bmatrix} k_{1.1} & k_{1.2} \\ k_{2.1} & k_{2.2} \end{bmatrix}\begin{bmatrix} x_1 \\ x \end{bmatrix} = \begin{bmatrix} f_1 \\ f_2 \end{bmatrix}\text{sen}(\omega t) \tag{6.44}$$

Assuma que uma resposta em regime permanente de

$$x_1 = u_1 \text{sen}(\omega t) + v_1 \cos(\omega t) \tag{6.45}$$

$$x_2 = u_2 \text{sen}(\omega t) + v_2 \cos(\omega t) \tag{6.46}$$

é assumida. Substituindo na Equação (6.43) temos quatro equações de quatro incógnitas. As respostas em regime permanente de $x_1$ e $x_2$ são escritas como

$$x_1 = X_1 \text{sen}(\omega t - \phi_1) \tag{6.47}$$

e

$$x_2 = X_2 \text{sen}(\omega t - \phi_2) \tag{6.48}$$

onde

$$X_i = \sqrt{u_i^2 + v_i^2} \tag{6.49}$$

e

$$\phi_i = \tan^{-1}\left(\frac{v_i}{u_i}\right) \tag{6.50}$$

## ■ EXEMPLO 6.10

Encontre a resposta do estado estacionário do sistema da Figura 6.7.

### SOLUÇÃO

As equações diferenciais que regem o movimento do sistema com dois graus de liberdade são

$$\begin{bmatrix} 2 & 0 \\ 0 & 1 \end{bmatrix}\begin{bmatrix} \ddot{x}_1 \\ \ddot{x}_2 \end{bmatrix} + \begin{bmatrix} 30 & -20 \\ -20 & 20 \end{bmatrix}\begin{bmatrix} \dot{x}_1 \\ \dot{x}_2 \end{bmatrix} + \begin{bmatrix} 300 & -200 \\ -200 & 400 \end{bmatrix}\begin{bmatrix} x_1 \\ x_2 \end{bmatrix} = \begin{bmatrix} 2 \\ 3 \end{bmatrix}\text{sen}\,5t \tag{a}$$

Assuma uma resposta em regime permanente de

$$\begin{bmatrix} x_1 \\ x_2 \end{bmatrix} = \begin{bmatrix} u_1 \\ u_2 \end{bmatrix} \operatorname{sen} 5t + \begin{bmatrix} v_1 \\ v_2 \end{bmatrix} \cos 5t \qquad \text{(b)}$$

A substituição da Equação (b) na Equação (a) dá

$$\begin{bmatrix} -50 & 0 \\ 0 & -25 \end{bmatrix} \begin{bmatrix} u_1 \\ u_2 \end{bmatrix} \operatorname{sen} 5t + \begin{bmatrix} -50 & 0 \\ 0 & -25 \end{bmatrix} \begin{bmatrix} v_1 \\ v_2 \end{bmatrix} \cos 5t$$

$$+ \begin{bmatrix} 150 & -100 \\ -100 & 100 \end{bmatrix} \begin{bmatrix} u_1 \\ u_2 \end{bmatrix} \cos 5t + \begin{bmatrix} -150 & 100 \\ 100 & -100 \end{bmatrix} \begin{bmatrix} v_1 \\ v_2 \end{bmatrix} \operatorname{sen} 5t \qquad \text{(c)}$$

$$+ \begin{bmatrix} 300 & -200 \\ -200 & 400 \end{bmatrix} \begin{bmatrix} u_1 \\ u_2 \end{bmatrix} \operatorname{sen} 5t + \begin{bmatrix} 300 & -200 \\ -200 & 400 \end{bmatrix} \begin{bmatrix} v_1 \\ v_2 \end{bmatrix} \cos 5t$$

$$= \begin{bmatrix} 2 \\ 3 \end{bmatrix} \operatorname{sen} 5t$$

Obtendo-se coeficientes de sen $5t$ e cos $5t$ de cada equação leva a

$$\begin{bmatrix} 250 & -200 & -150 & 100 \\ -200 & 375 & 100 & -100 \\ 150 & -100 & 250 & -200 \\ -100 & 100 & -200 & 375 \end{bmatrix} \begin{bmatrix} u_1 \\ u_2 \\ v_1 \\ v_2 \end{bmatrix} = \begin{bmatrix} 2 \\ 3 \\ 0 \\ 0 \end{bmatrix} \qquad \text{(d)}$$

A solução da Equação (c) é $u_1 = 0{,}0212$, $u_2 = 0{,}0203$, $v_1 = -0{,}0077$, e $v_2 = -0{,}0039$. A substituição na Equação (b) dá

$$\begin{bmatrix} x_1 \\ x_2 \end{bmatrix} = \begin{bmatrix} 0{,}0212 \\ 0{,}0203 \end{bmatrix} \operatorname{sen} 5t + \begin{bmatrix} -0{,}0077 \\ -0{,}0039 \end{bmatrix} \cos 5t \qquad \text{(e)}$$

ou

$$x_1(t) = 0{,}0225 \operatorname{sen}(5t + 0{,}348) \qquad \text{(f)}$$

$$x_2(t) = 0{,}0207 \operatorname{sen}(5t + 0{,}188) \qquad \text{(g)}$$

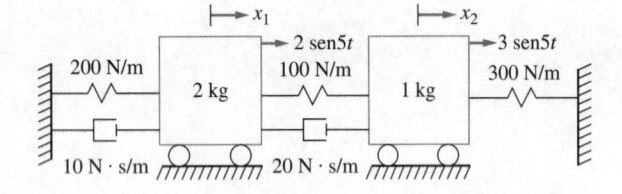

**FIGURA 6.7**
Sistema do Exemplo 6.10. ■

## 6.8 FUNÇÕES DE TRANSFERÊNCIA

As funções de transferência são a relação do cálculo da transformada de Laplace da saída e entrada de um sistema. Quando o sistema tem múltiplas entradas e saídas, é definida uma matriz de funções de transferência. Um sistema com dois graus de liberdade tem duas saídas e a possibilidade de duas entradas, conforme ilustrado na Figura 6.8. A matriz da função de transferência deste sistema é

# Capítulo 6

$$\mathbf{G}(s) = \begin{bmatrix} G_{1.1}(s) & G_{1.2}(s) \\ G_{2.1}(s) & G_{2.2}(s) \end{bmatrix} \tag{6.51}$$

onde $G_{i,j}(s)$ é a função de transferência de $x_i$ devido a uma força aplicada em $x_j$. Lembrando-se do significado físico da função de transferência apresentado no Capítulo 5, ela também representa a resposta do cálculo da transformada devido a um único impulso. Assim, $G_{i,j}(s)$ também é o cálculo da transformada de Laplace da resposta de $x_i$ devido a um impulso unitário aplicado no local descrito por $x_j$.

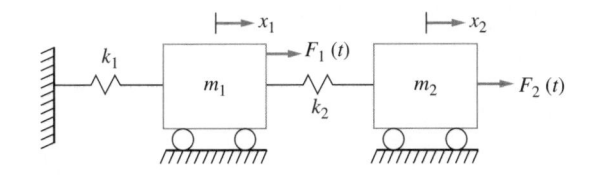

**FIGURA 6.8**
Um sistema com dois graus de liberdade com duas saídas.

## EXEMPLO 6.11

O sistema da Figura 6.9 está em repouso em equilíbrio quando um impulso unitário é aplicado ao bloco de 2 kg. Determine a resposta resultante do sistema do bloco de 1kg.

### SOLUÇÃO

As equações diferenciais que regem o movimento do sistema são

$$\ddot{x}_1 + 1000x_1 - 500x_2 = 0 \tag{a}$$

$$2\ddot{x}_2 - 500x_1 + 1000x_2 = F(t) \tag{b}$$

Tomando a transformada de Laplace das Equações (a) e (b) e usando o princípio da linearidade

$$\mathcal{L}\{\ddot{x}_1\} + 1000\mathcal{L}\{x_1\} - 500\mathcal{L}\{x_2\} = 0 \tag{c}$$

$$2\mathcal{L}\{\ddot{x}_2\} - 500\mathcal{L}\{x_1\} + 1000\mathcal{L}\{x_2\} = \mathcal{L}\{F(t)\} \tag{d}$$

Deixando $X_1(s) = \mathcal{L}\{x_1(t)\}$, $X_2(s) = \mathcal{L}\{x_2(t)\}$, e $F(s) = \mathcal{L}\{F(t)\}$ e usando a propriedade de transformada de derivados leva a

$$(s^2 + 1000)X_1(s) - 500X_2(s) = 0 \tag{e}$$

$$-500X_1(s) + (2s^2 + 1000)X_2(s) = F(s) \tag{f}$$

Escrevendo as Equações (e) e (f) em forma de matriz, temos

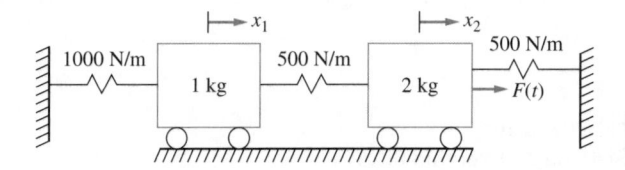

**FIGURA 6.9**
Sistema do Exemplo 6.11.

$$\begin{bmatrix} s^2 + 1000 & -500 \\ -500 & 2s^2 + 1000 \end{bmatrix} \begin{bmatrix} X_1(s) \\ X_2(s) \end{bmatrix} = \begin{bmatrix} 0 \\ F(s) \end{bmatrix} \quad \text{(g)}$$

A regra de Cramer é usada para resolver $X_1(s)$, levando a

$$X_1(s) = \frac{\begin{vmatrix} 0 & -500 \\ F(s) & 2s^2 + 1000 \end{vmatrix}}{\begin{vmatrix} s^2 + 1000 & -500 \\ -500 & 2s^2 + 1000 \end{vmatrix}} \quad \text{(h)}$$

A avaliação dos determinantes leva a

$$X_1(s) = \frac{500 F(s)}{2s^4 + 3000 s^2 + 750.000} \quad \text{(i)}$$

A função de transferência apropriada é

$$G_{1,2}(s) = \frac{X_1(s)}{F(s)} = \frac{250}{s^4 + 1500 s^2 + 375.000} \quad \text{(j)}$$

A resposta impulsiva é obtida pela inversão da função de transferência. Para este fim, a função de transferência é

$$G_{1,2}(s) = \frac{250}{(s^2 + 1183)(s^2 + 317)} \quad \text{(k)}$$

Uma decomposição da fração parcial da Equação (k) leva a

$$G_{1,2}(s) = \frac{0,2887}{s^2 + 317} - \frac{0,2887}{s^2 + 1183} \quad \text{(l)}$$

A inversão da transformada leva a

$$x_{i_{1,2}} = 0,0162 \operatorname{sen} 17,8t - 0,0084 \operatorname{sen} 34,4t \quad \text{(m)} \quad \blacksquare$$

## EXEMPLO 6.12

Determine a função de transferência do bloco 20 kg do sistema na Figura 6.10 de uma força aplicada ao bloco de 20 kg.

### SOLUÇÃO

As equações diferenciais que controlam o sistema são

$$20\ddot{x}_1 + 2000\dot{x}_1 - 2000\dot{x}_2 + 60.000 x_1 - 20.000 x_2 = 0 \quad \text{(a)}$$

$$40\ddot{x}_2 - 2000\dot{x}_1 + 2000\dot{x}_2 - 20.000 x_1 + 20.000 x_2 = F(t) \quad \text{(b)}$$

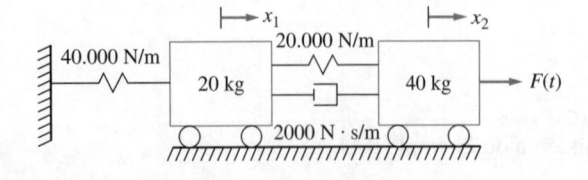

**FIGURA 6.10** Sistema do Exemplo 6.12.

Tomando a transformada de Laplace de ambas as equações e usando as propriedades da transformada de derivadas e rendimentos de linearidade resulta

$$(20s^2 + 2000s + 60.000)X_1(s) - (2000s + 20.000)X_2(s) = 0 \tag{c}$$

$$-(2000s + 20.000)X_1(s) + (40s^2 + 2000s + 20.000)X_2(s) = F(s) \tag{d}$$

Reescrevendo as Equações (c) e (d) em forma de matriz

$$\begin{bmatrix} 20s^2 + 2000s + 60.000 & -2000s - 20.000 \\ -2000s - 20.000 & 40s^2 + 2000s + 20.000 \end{bmatrix} \begin{bmatrix} X_1(s) \\ X_2(s) \end{bmatrix} = \begin{bmatrix} 0 \\ F(s) \end{bmatrix} \tag{e}$$

A regra de Cramer é usada para resolver $X_2(s)$, levando a

$$X_1(s) = \frac{\begin{vmatrix} 20s^2 + 2000s + 60.000 & 0 \\ -2000s + 20.000 & F(s) \end{vmatrix}}{\begin{vmatrix} 20s^2 + 2000s + 60.000 & -2000s - 20.000 \\ -2000s - 20.000 & 40s^2 + 2000s + 20.000 \end{vmatrix}} \tag{f}$$

A avaliação das determinantes leva a

$$X_2(s) = \frac{(20s^2 + 2000s + 60.000)F(s)}{800s^4 + 1{,}2 \times 10^5 s^3 + 2{,}8 \times 10^6 s^2 + 8 \times 10^7 s + 8 \times 10^8} \tag{g}$$

A função de transferência apropriada é

$$G_{22}(s) = \frac{20s^2 + 2000s + 60.000}{800s^4 + 1{,}2 \times 10^5 s^3 + 2{,}8 \times 10^6 s^2 + 8 \times 10^7 s + 8 \times 10^8} \tag{h}$$ ■

A função de transferência pode ser utilizada para calcular uma resposta integral de convolução do sistema. Observe que

$$X_i(s) = F_j(s)G_{i,j}(s) \tag{6.52}$$

onde $X_{i,j}(s)$ é a resposta do sistema para $x_i(t)$ de uma força $Fj(t)$ aplicada no local especificado por $x_j(t)$. Usando a propriedade B7 (transformada de convolução), temos

$$x_i(s) = \int_0^t F_j(\tau) h_{i,j}(t - \tau) d\tau \tag{6.53}$$

onde $h_{i,j}(t)$ é a resposta ao impulso $h_{i,j}(t) = \mathcal{L}^{-1}\{G_{i,j}(s)\}$.

A Equação (6.53) é a solução da integral de convolução do sistema com dois graus de liberdade. Ela é similar a do sistema com um grau de liberdade.

## ■ EXEMPLO 6.13

Determine a resposta da massa de 1 kg da Figura 6.9 quando a força dependente do tempo da Figura 6.11 for aplicada ao bloco de 2 kg.

## SOLUÇÃO

A fórmula matemática da força mostrada na Figura 6.11 é

$$F(t) = 10(1 - 10t)[u(t) - u(t - 0,1)] \qquad \text{(a)}$$

A resposta ao impulso do bloco de 1 kg de um impulso unitário aplicado ao bloco de 2 kg é calculada no Exemplo 6.11. A integral de convolução da Equação (6.53) é usada para determinar a resposta do sistema mostrada na Figura 6.10 como

$$x_1(t) = \int_0^t 10(1 - 10\tau)[u(\tau) - u(\tau - 0,1)][0,0162\,\text{sen}\,17,8(t - \tau) \\ - 0,0084\,\text{sen}\,34,4(t - \tau)]d\tau \qquad \text{(b)}$$

A Equação (b) é escrita como

$$x_1(t) = 10\left\{0,0162\left[\int_0^t (1 - 10\tau)\,\text{sen}\,17,8(t - \tau)u(\tau)d\tau \right.\right.\\
\left. - \int_0^t (1 - 10\tau)\,\text{sen}\,17,8(t - \tau)u(\tau - 0,1)d\tau\right] \\
- 0,0084\left[\int_0^t (1 - 10\tau)\,\text{sen}\,34,4(t - \tau)u(\tau)d\tau \right.\\
\left.\left. - \int_0^t (1 - 10\tau)\,\text{sen}\,34,4(t - \tau)u(\tau - 0,1)d\tau\right]\right\} \qquad \text{(c)}$$

As integrais da Equação (c) são avaliadas usando os dados constantes na Tabela 5.1. Use a tabela da força de excitação na função rampa com tempo em atraso com $A = -10$ e $B = 1$ com $\omega_n = 17,8$ das duas primeiras integrais. Use $t_0 = 0$ para a primeira integral e $t_0 = 0,1$ para a segunda. A terceira e quarta integrais são calculadas usando-se $\omega_n = 34,4$. Use $m_{eq} = 1$ no cálculo das integrais. Por exemplo, a segunda integral é calculada como

$$\int_0^t (1 - 10\tau)\,\text{sen}\,17,8(t - \tau)u(\tau - 0,1)d\tau$$

$$= \frac{-10}{317}\left[t + \frac{1}{-10} - \left(0,1 + \frac{1}{-10}\right)\cos 17,8(t - 0,1) \right.\\
\left. - \frac{1}{17,8}\,\text{sen}\,17,8(t - 0,1)\right]u(t - 0,1) \qquad \text{(d)}$$

$$= 0,0315[t - 0,1 - 0,0562\,\text{sen}\,17,8(t - 0,1)]u(t - 0,1)$$

**FIGURA 6.11** Excitação do Exemplo 6.13.

A solução resultante é

$$x_1(t) = 10\{(0,0162)(0,0315)[t - 0,1 - 0,1\cos 17,8t - 0,0562\,\text{sen}\,17,8t]u(t)$$
$$- (0,0162)(0,0315)[t - 0,1 - 0,0562\,\text{sen}\,17,8(t - 0,1)]u(t - 0,1)$$
$$- (0,0084)(0,0085)[t - 0,1 - 0,1\cos 34,8t - 0,0287\,\text{sen}\,17,8t]u(t)$$
$$+ (0,0084)(0,0085)[t - 0,1 - 0,0287\,\text{sen}\,34,88(t - 0,1)]u(t - 0,1)\}$$

(e)

A simplificação resulta em

$$x_1(t) = (0,0044t - 0,00044 - 0,0051\cos 17,8t + 7,14 \times 10^{-4}\cos 34,8t$$
$$- 2,87 \times 10^{-4}\,\text{sen}\,17,8t + 2,05 \times 10^{-5}\,\text{sen}\,34,8t)u(t)$$
$$- [0,0044t - 0,00044 - 2,87 \times 10^{-4}\,\text{sen}\,17,8(t - 0,1)$$
$$+ 2,05 \times 10^{-5}\,\text{sen}\,34,8(t - 0,1)]u(t - 0,1)$$

(f) ∎

## 6.9 FUNÇÃO DE TRANSFERÊNCIA SENOIDAL

O uso do método dos coeficientes indeterminados é bom para o cálculo das amplitudes em regime permanente para uma frequência específica, mas a resposta em frequência usando este método nos leva a muita álgebra desnecessária. Um método alternativo é o uso do *método da transformada de Laplace*.

Considere a transformada de Laplace de um sistema sujeito à entrada senoidal de $F(t) = F_0\,\text{sen}\,\omega t$:

$$X(s) = G(s)F(s) = \frac{F_0\omega}{s^2 + \omega^2}G(s) \tag{6.54}$$

onde $G(s)$ é uma função de transferência. Para um sistema de enésima ordem, o denominador de $G(s)$ é de ordem $n$. Deixe $s_1, s_2, \ldots, s_n$ onde $Re(s_j) < 0$ for $j = 1, 2, \ldots, n$ é os zeros do denominador da função de transferência. Uma decomposição por frações parciais leva a

$$X(s) = \frac{A_1}{s + i\omega} + \frac{A_2}{s - i\omega} + \frac{B_1}{s - s_1} + \frac{B_2}{s - s_2} + \cdots + \frac{B_n}{s - s_n} \tag{6.55}$$

A resposta em estado estacionário é obtida pela inversão dos dois primeiros termos de $X(s)$ como

$$\lim_{t \to \infty} \mathcal{L}^{-1}\left\{\frac{B_1}{s - s_1} + \frac{B_2}{s - s_2} + \cdots + \frac{B_n}{s - s_n}\right\}$$
$$= \lim_{t \to \infty}(B_1 e^{s_1 t} + B_2 e^{s_2 t} + \cdots B_n e^{s_n t}) = 0 \tag{6.56}$$

A resposta em regime permanente é

$$x(t) = \mathcal{L}^{-1}\left\{\frac{A_1}{s+i\omega} + \frac{A_2}{s-i\omega}\right\} \tag{6.57}$$

onde

$$A_1 = \lim_{s \to -i\omega} \frac{F_0 \omega G(s)(s+i\omega)}{s^2 + \omega^2} = \frac{F_0}{-2i} G(-i\omega) \tag{6.58}$$

e

$$A_2 = \lim_{s \to i\omega} \frac{F_0 \omega G(s)(s+i\omega)}{s^2 + \omega^2} = \frac{F_0}{2i} G(i\omega) \tag{6.59}$$

A resposta em regime permanente fica

$$\begin{aligned} x(t) &= A_1 e^{-i\omega t} + A_2 e^{i\omega t} \\ &= \frac{F_0[G(-i\omega)e^{-i\omega t} - G(i\omega)e^{i\omega t}]}{-2i} \end{aligned} \tag{6.60}$$

Como $G(i\omega)$ é um número complexo, ele pode ser expresso como

$$G(i\omega) = |G(i\omega)| e^{i\phi} \tag{6.61}$$

onde

$$|G(i\omega)| = \sqrt{\text{Re}[G(i\omega)]^2 + \text{Im}[G(i\omega)]^2} \tag{6.62}$$

e

$$\phi = \tan^{-1}\left\{\frac{\text{Im}[G(i\omega)]}{\text{Re}[G(i\omega)]}\right\} \tag{6.63}$$

Substituindo a Equação (6.61) na Equação (6.60) e observando que $G(-i\omega) = \overline{G(i\omega)} = |G(i\omega)|e^{-i\phi}$ resulta

$$x(t) = F_0 |G(i\omega)| \frac{e^{i(\omega t + \phi)} - e^{-i(\omega t + \phi)}}{2i} \tag{6.64}$$

ou

$$x(t) = F_0 |G(i\omega)| \operatorname{sen}(\omega t + \phi) \tag{6.65}$$

A amplitude em estado estacionário de qualquer sistema é a magnitude dos tempos de excitação da magnitude da *função de transferência senoidal* $G(i\omega)$. Esta é a resposta em frequência do sistema. A potência total da função de transferência senoidal não é necessária para os sistemas de 1GL porque existe apenas uma amplitude em estado estacionário. A amplitude em estado estacionário na Equação (6.65) é adimensionada por

$$\frac{k_1 X_1}{F_0} = k_1 |G(i\omega)| \tag{6.66}$$

## EXEMPLO 6.14

Determine a resposta em estado estacionário da massa de 40 kg da Figura 6.12 quando sujeita a uma força senoidal de magnitude 200 N a uma frequência de 50 rad/s.

### SOLUÇÃO

A função de transferência do sistema é determinada no Exemplo 6.12 como

$$G(s) = \frac{20s^2 + 2 \times 10^3 s + 6 \times 10^4}{8 \times 10^2 s^4 + 1{,}2 \times 10^5 s^3 + 2{,}8 \times 10^6 s^2 + 8 \times 10^7 s + 8 \times 10^8} \quad \text{(a)}$$

que fica

$$G(s) = \frac{0{,}025 s^2 + 2{,}5 s + 75}{s^4 + 1{,}5 \times 10^2 s^3 + 3500 s^2 + 1 \times 10^5 s + 1 \times 10^6} \quad \text{(b)}$$

quando o numerador e o denominador são divididos por $8 \times 10^2$.
A utilização da função de transferência senoidal resulta

$$x(t) = 200|G(50i)|\operatorname{sen}(\omega t + \phi) \quad \text{(c)}$$

onde

$$\phi = \tan^{-1}\left(\frac{\operatorname{Im}(50i)}{\operatorname{Re}(50i)}\right) \quad \text{(d)}$$

Fazendo os cálculos

$$G(50i) = \frac{0{,}025(50i)^2 + 2{,}5(50i) + 75}{(50i)^4 + 1{,}5 \times 10^2 (50i)^3 + 3500(50i)^2 + 1 \times 10^5 (50i) + 1 \times 10^6} \quad \text{(e)}$$

$$= \frac{12{,}5 - 125i}{-(1{,}5 + 1{,}375i)10^6} = -(9{,}08 + 0{,}00817i)10^6 = 9{,}08 e^{-3{,}13i}$$

Assim, a resposta em estado estacionário do sistema é

$$x(t) = 200(9{,}08 \times 10^6)\operatorname{sen}(50t - 3{,}13)$$
$$= 0{,}0018 \operatorname{sen}(50t - 3{,}13) \text{ m} \quad \text{(f)}$$

**FIGURA 6.12**
Sistema do Exemplo 6.14.

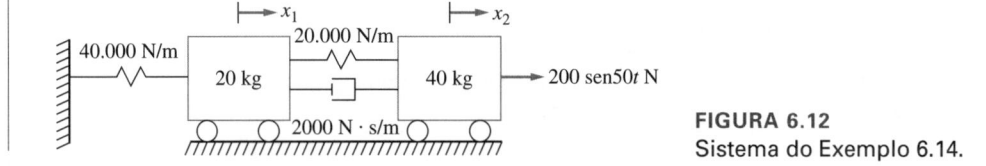

## 6.10 RESPOSTA EM FREQUÊNCIA

Resposta em frequência refere-se à variação da amplitude em regime permanente com frequência de excitação. Ela é muitas vezes descrita de forma não dimensional. Um sistema geral com dois graus de liberdade é ilustrado na Figura 6.13. As amplitudes em estado estacionário são funções dos onze parâmetros mostrados como

$$X_1 = X_1(m_1, m_2, k_1, k_2, k_3, c_1, c_2, c_3, F_{01}, F_{02}, \omega) \tag{6.67}$$

$$X_2 = X_2(m_1, m_2, k_1, k_2, k_3, c_1, c_2, c_3, F_{01}, F_{02}, \omega) \tag{6.68}$$

O teorema de Buckingham-PI implica que uma formulação não dimensional da relação entre uma amplitude em regime permanente e todos os parâmetros envolve doze parâmetros (11 independentes + 1 dependente) menos três dimensões de nove parâmetros não dimensionais. Muitos parâmetros seriam simplesmente proporções de massa, rigidez e coeficiente de amortecimento. Diferente de um sistema com um grau de liberdade (de 1GL) em que a relação não dimensional pode ser resumida em um conjunto de eixos de coordenadas (*M versus r* para diferentes valores de $\zeta$), é quase impossível determinar o efeito independente de cada parâmetro. O sistema possui dois parâmetros: as frequências naturais, que são determinadas a partir de uma equação quadrática. As frações modais são determinadas a partir da solução da equação resultante quando a solução na base modal é proposta a uma frequência natural.

Em vez de uma equação geral para a resposta em frequência, cada configuração do sistema é estudada individualmente. Considere o sistema da Figura 6.14. As equações diferenciais que regem o movimento do sistema são

$$m_1 \ddot{x}_1 + (k_1 + k_2)x_1 - k_2 x_2 = F_1(t) \tag{6.69}$$

$$m_2 \ddot{x}_2 - k_2 x_1 + k_2 x_2 = F_2(t) \tag{6.70}$$

A matriz de funções de transferência é determinada como

$$\mathbf{G}(s) = \frac{1}{m_1 m_2 s^4 + (m_1 k_2 + m_2 k_1 + m_2 k_2)s^2 + k_1 k_2} \times \begin{bmatrix} m_2 s^2 + k_2 & k_2 \\ k_2 & m_1 s^2 + k_1 + k_2 \end{bmatrix} \tag{6.71}$$

As funções de transferência senoidais são determinadas pela substituição de $s = i\omega$,

$$\mathbf{G}(i\omega) = \frac{1}{m_1 m_2 \omega^4 - (m_1 k_2 + m_2 k_1 + m_2 k_2)\omega^2 + k_1 k_2} \times \begin{bmatrix} -m_2 \omega^2 + k_2 & k_2 \\ k_2 & -m_1 \omega^2 + k_1 + k_2 \end{bmatrix} \tag{6.72}$$

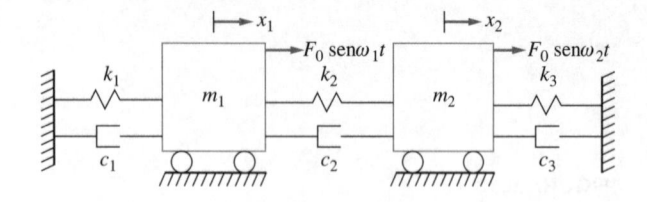

**FIGURA 6.13**
Um sistema geral com dois graus de liberdade.

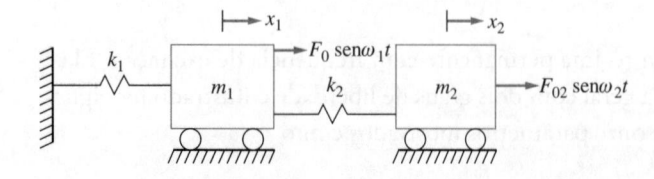

**FIGURA 6.14**
Sistema com dois graus de liberdade com parâmetros $m_1$, $m_2$, $k_1$, $k_2$, $F_{01}$, $F_{02}$ e $\omega$.

As amplitudes em estado estacionário devido à força harmônica $F_1(t) = F_0 \text{ sen } \omega t$ é determinada usando as funções de transferência senoidais como

$$X_1 = F_0|G_{1,1}(i\omega)| = \left|\frac{F_0(-m_2\omega^2 + k_2)}{m_1 m_2 \omega^4 - (m_1 k_2 + m_2 k_1 + m_2 k_2)\omega^2 + k_1 k_2}\right| \quad (6.73)$$

$$X_2 = F_0|G_{2,1}(i\omega)| = \left|\frac{F_0 k_2}{m_1 m_2 \omega^4 - (m_1 k_2 + m_2 k_1 + m_2 k_2)\omega^2 + k_1 k_2}\right| \quad (6.74)$$

Há sete parâmetros, seis parâmetros independentes ($m_1$, $m_2$, $k_1$, $k_2$, $F_0$, $\omega$) e um dependente ($X_1$), na Equação (6.73) que envolvem três dimensões independentes ($M, L, T$). O *teorema de Buckingham-PI* sugere que existem parâmetros independentes adimensionais, $7 - 3 = 4$, envolvidos em uma formulação não dimensional. As Equações (6.73) e (6.74) são não dimensionadas através da divisão $F_0$ e multiplicando por algo que tenha dimensões de rigidez (digamos $k_1$) como

$$\frac{k_1 X_1}{F_0} = \left|\frac{-m_2\omega^2 + k_2}{\frac{m_1}{k_1}m_2\omega^4 - \left(\frac{m_1}{k_1}k_2 + m_2 + \frac{m_2 k_2}{k_1}\right)\omega^2 + k_2}\right| \quad (6.75)$$

Definindo

$$\omega_{1,1} = \sqrt{\frac{k_1}{m_1}} \quad (6.76)$$

$$\omega_{2,2} = \sqrt{\frac{k_2}{m_2}} \quad (6.77)$$

como parâmetros com dimensões de $1/T$. Observe que estas não são as frequências naturais do sistema com dois graus de liberdade, elas são definidas apenas por conveniência. Fatorando $k_2$ do numerador e denominador da Equação (6.75) e reescrevendo a equação resultante em termos de $\omega_{1,1}$ e $\omega_{2,2}$ leva a

$$\frac{k_1 X_1}{F_0} = \left|\frac{-\frac{\omega^2}{\omega_{2,2}^2} + 1}{\frac{\omega^4}{\omega_{1,1}^2 \omega_{2,2}^2} - \left(\frac{1}{\omega_{1,1}^2} + \frac{1}{\omega_{2,2}^2} + \frac{m_2}{m_1 \omega_{1,1}^2}\right)\omega^2 + 1}\right| \quad (6.78)$$

Definindo

$$\mu = \frac{m_2}{m_1} \quad (6.79)$$

$$r_1 = \frac{\omega}{\omega_{1,1}} \quad (6.80)$$

$$r_2 = \frac{\omega}{\omega_{2,2}} \quad (6.81)$$

o lado direito da Equação (6.78) é escrito como

$$M_{1,1}(r_1, r_2, \mu) = \left| \frac{1 - r_2^2}{r_1^2 r_2^2 - r_2^2 - (1 + \mu)r_1^2 + 1} \right| \tag{6.82}$$

De um modo semelhante, é mostrado que

$$\frac{k_1 X_2}{F_0} = M_{2,1}(r_1, r_2, \mu) = \left| \frac{1}{r_1^2 r_2^2 - r_2^2 - (1 + \mu)r_1^2 + 1} \right| \tag{6.83}$$

As respostas em frequência são representadas graficamente contra $r_1$ para $r_2 = 0,5$ e $\mu = 0,5$. Ambas são mostradas na Figura 6.15.

As equações de resposta em frequência da força aplicada à massa $m_2$ são

$$\frac{k_1 X_1}{F_0} = M_{1,2}(r_1, r_2, \mu) = \left| \frac{1}{r_1^2 r_2^2 - r_2^2 - (1 + \mu)r_1^2 + 1} \right| \tag{6.84}$$

e

$$\frac{k_1 X_2}{F_0} = M_{2,2}(r_1, r_2, \mu) = \left| \frac{r_1^2\left(1 + \dfrac{\mu}{r_2^2}\right) + 1}{r_1^2 r_2^2 - r_2^2 - (1 + \mu)r_1^2 + 1} \right| \tag{6.85}$$

As equações (6.84) e (6.85) *versus* $r_1$ para valores específicos de $r_2$, $\mu$, e $v$ são representadas na Figura 6.16.

A resposta em frequência de um sistema com dois graus de liberdade não amortecido tem duas assíntotas correspondentes às frequências naturais do sistema. Estes são os valores de $\omega$ para os quais o denominador da resposta de frequência é zero. Da Equação (6.73), temos

$$m_1 m_2 \omega^4 - (m_1 k_2 + m_2 k_1 + m_2 k_2)\omega^2 + k_1 k_2 = 0 \tag{6.86}$$

cujas soluções são

$$\omega = \left( \frac{m_1 k_2 + m_2 k_1 + m_2 k_2 \pm \sqrt{(m_1 k_2 + m_2 k_1 + m_2 k_2)^2 - 4 m_1 m_2 k_1 k_2}}{2} \right)^{1/2} \tag{6.87}$$

A Equação (6.87) é escrita como

$$\omega = \frac{\omega_{1,1}}{\sqrt{2}} \sqrt{1 + \left(\frac{\omega_{2,2}}{\omega_{1,1}}\right)^2 (1 + \mu) \pm \sqrt{\left(\frac{\omega_{2,2}}{\omega_{1,1}}\right)^4 (1 + \mu)^2 + 2\left(\frac{\omega_{2,2}}{\omega_{1,1}}\right)^2 (\mu - 1) + 1}} \tag{6.88}$$

ou em forma não dimensional como

$$r_1 = \frac{1}{\sqrt{2}} \sqrt{1 + \left(\frac{r_1}{r_2}\right)^2 (1 + \mu) \pm \sqrt{\left(\frac{r_1}{r_2}\right)^4 (1 + \mu)^2 + 2\left(\frac{r_1}{r_2}\right)^2 (\mu - 1) + 1}} \tag{6.89}$$

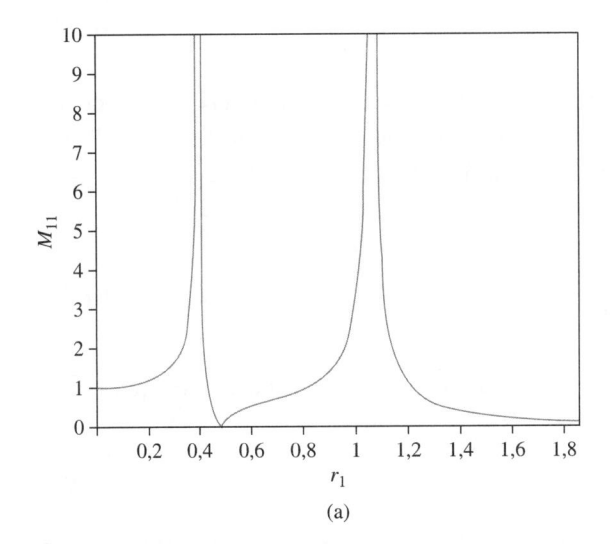

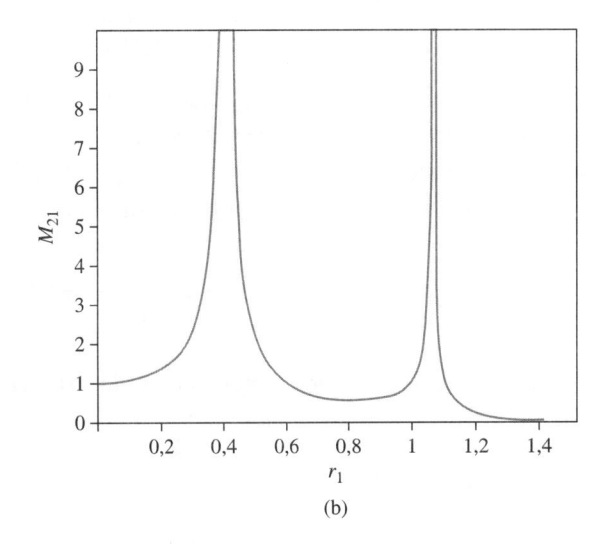

**FIGURA 6.15**
Curvas da resposta em frequência: (a) $M_{1,1}$ versus $r_1$ para $r_2 = 0{,}5$ e $\mu = 0{,}5$. (b) $M_{2,1}$ versus $r_1$ para $r_2 = 0{,}5$ e $\mu = 0{,}5$.

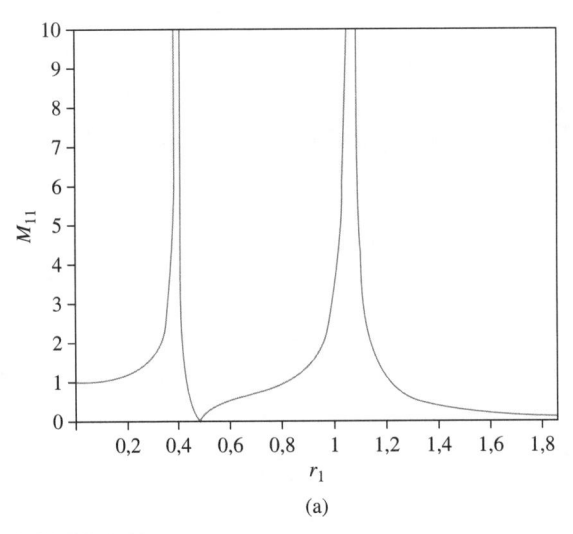

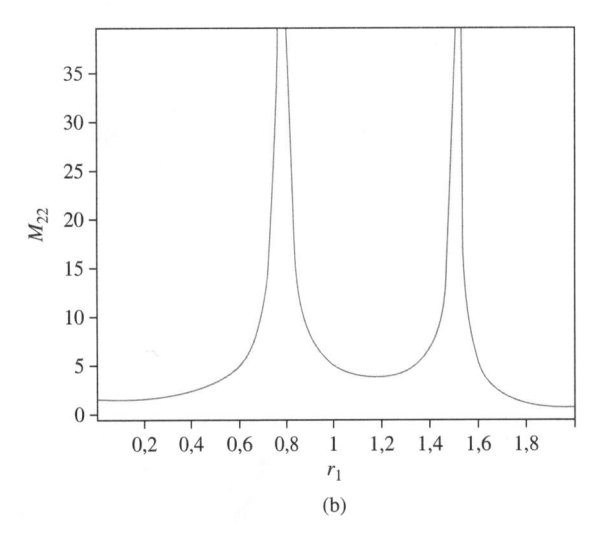

**FIGURA 6.16**
Curvas de resposta em frequência quando uma força é aplicada à massa $m_1$: (a) $M_{1,2}$ versus $r_1$ para $r_2 = 0{,}5$ e $\mu = 0{,}75$. (b) $M_{2,2}$ versus $r_1$ para $r_2 = 0{,}5$ e $\mu = 0{,}75$.

## 6.11 ABSORVEDORES DINÂMICOS DE VIBRAÇÃO

Quando a máquina da Figura 6.17 está sujeita à excitação harmônica a uma frequência próxima da sua frequência natural, vibrações em regime permanente de grande amplitude são produzidas. Uma solução é alterar as propriedades do sistema de modo que a frequência natural esteja longe da frequência de excitação. Um recurso alternativo é adicionar um sistema de mola de massa auxiliar de modo que o sistema tenha duas frequências naturais, ambas afastadas da frequência de excitação.

Um absorvedor de vibrações é o sistema auxiliar. A máquina original é denominada sistema primário. Um sistema resultante com dois graus de liberdade é ilustrado na Figura 6.18. Esta é a configuração analisada na Seção 6.10, e sua resposta em frequência é

$$\frac{k_1 X_1}{F_0} = \left| \frac{1 - r_2^2}{r_1^2 r_2^2 - r_2^2 - (1 + \mu) r_1^2 + 1} \right| \qquad (6.90)$$

O parâmetro $\omega_{1,1}$ é a frequência natural do sistema primário e o parâmetro $\omega_{2,2}$ é a frequência natural do absorvedor se for aterrado (ou seja, diretamente conectado ao solo). O sistema composto pelo sistema primário ligado ao sistema auxiliar é um sistema com dois graus de liberdade com frequências naturais dadas pela Equação (6.88).

A amplitude do absorvedor em estado estacionário é dada por

$$\frac{k_1 X_2}{F_0} = \left| \frac{1}{r_1^2 r_2^2 - r_2^2 - (1 + \mu) r_1^2 + 1} \right| \qquad (6.91)$$

A amplitude em estado estacionário do sistema primário é zero quando o absorvedor é ajustado tal que $r_2 = 1$ ou que

$$k_2 = m_2 \omega^2 \qquad (6.92)$$

Quando $r_2 = 1$, as vibrações em estado estacionário do sistema primário são zero. Assim, a força de excitação é diretamente transmitida ao sistema absorvedor. Usando o DCL da Figura 6.19, o comportamento do sistema auxiliar em estado estacionário é

$$x_2(t) = -\frac{F_0}{k_2} \operatorname{sen} \omega t \qquad (6.93)$$

Assim, a amplitude em regime permanente da massa do absorvedor quando ela é ajustada de modo que $k_2 = m_2 \omega^2$ é

$$X_2 = \frac{F_0}{k_2} \qquad (6.94)$$

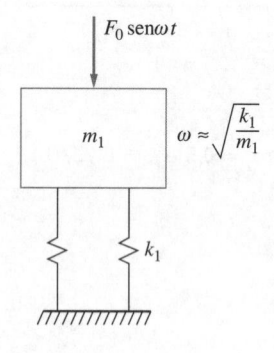

**FIGURA 6.17**
Vibrações de grande amplitude em estado estacionário ocorrem quando a frequência de excitação está próxima da frequência natural da máquina.

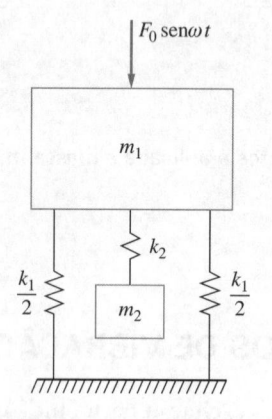

**FIGURA 6.18**
Um absorvedor de vibrações é um sistema auxiliar de mola-massa que é somado ao sistema primário (a máquina) para adicionar um grau de liberdade ao sistema e alterar suas frequências naturais.

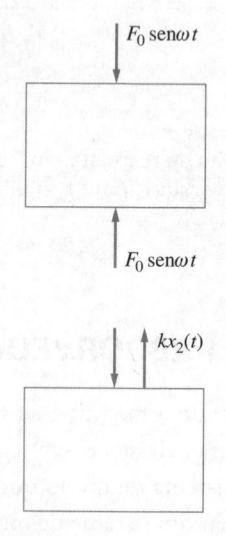

**FIGURA 6.19**
O DCL do sistema primário e do sistema auxiliar quando o absorvedor é ajustado para a frequência de excitação.

A resposta em frequência do sistema primário de uma função de $r_2$ para $\omega_{2,2} = \omega$ está ilustrada na Figura 6.20. Observe que uma das frequências naturais do sistema é menor que a frequência ajustada enquanto a outra é maior.

Se a frequência da excitação varia levemente da frequência ajustada, quanto maior a separação nas frequências naturais, menor é a amplitude em estado estacionário do sistema primário. Definindo

$$q = \frac{\omega_{22}}{\omega_{11}} \qquad (6.95)$$

a separação nas frequências naturais é uma função de $\mu$, conforme mostrado na Figura 6.21, e pela equação

$$\omega_2^2 - \omega_1^2 = \omega_{1.1}^2 \sqrt{q^4(1+\mu)^2 + 2(\mu-1)q^2 + 1} \qquad (6.96)$$

Em situações onde os absorvedores são empregados, $q \approx 1$. Estabelecendo-se $q = 1$ na Equação (6.96) leva a

$$\omega_2^2 - \omega_1^2 = \omega_{1.1}^2 \sqrt{\mu(4+\mu)} \qquad (6.97)$$

A separação nas frequências naturais é maior para $\mu$ maior. Para $\mu = 0{,}25$, $\omega_2^2 - \omega_1^2 \approx \omega_{1,1}$.

O denominador na Equação (6.90) é positivo para $\omega < \omega_1$ e $\omega > \omega_2$. Ele é negativo na variação $\omega_1 < \omega < \omega_2$. O numerador é positivo para $\omega < \omega_{2,2}$ e negativo de outra forma. Quando a razão entre o numerador e o denominador é negativa, a resposta do sistema primário está a 180° fora da fase com a excitação. Quando o denominador é negativo, resposta do sistema auxiliar está a 180° com a excitação.

Um absorvedor com vibração dinâmica é usado para eliminar vibrações em estado estacionário de uma partícula em que o absorvedor é anexado se a frequência natural do absorvedor é ajustada à frequência de excitação. O absorvedor possui muitas aplicações em processos industriais. Quando o absorvedor é usado em um sistema de 1GL, ele converte o sistema para dois graus de liberdade. Quando usamos um absorvedor, devemos ter em mente:

- A amplitude em estado estacionário do sistema primário é zero quando o sistema auxiliar (o absorvedor) é ajustado de forma que $\omega_{2.2} = \omega$.
- Uma das frequências naturais do sistema resultante com dois graus de liberdade é menor que a frequência ajustada, enquanto a outra é maior. A frequência natural mais baixa deve ser alcançada no início e na parada conduzindo a vibrações de grande amplitude durante estes períodos transientes.

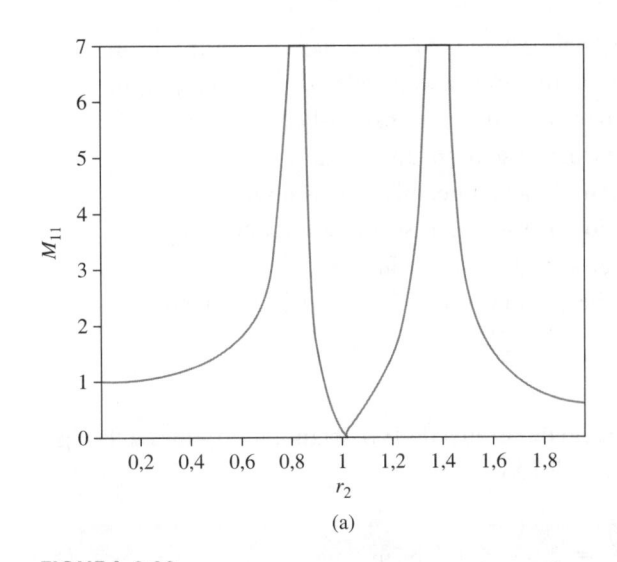

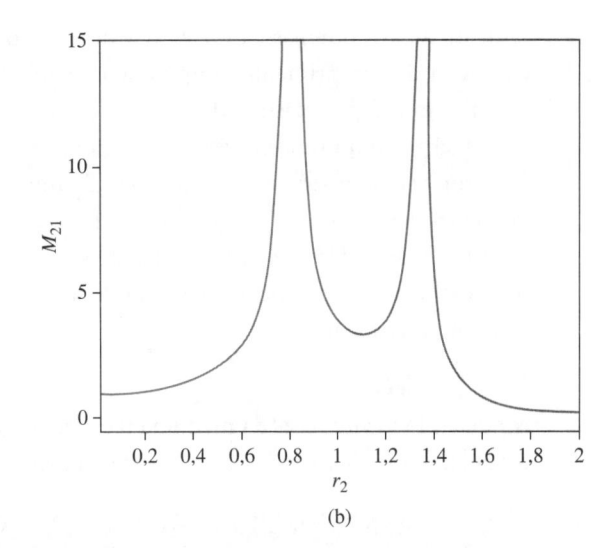

**FIGURA 6.20**
(a) Curva de resposta em frequência do sistema primário com absorvedor sintonizado à frequência de excitação e $\mu = 0{,}25$. (b) A resposta em frequência do sistema auxiliar nas mesmas condições.
$\mu = 0{,}3$
$q = 1{,}1$

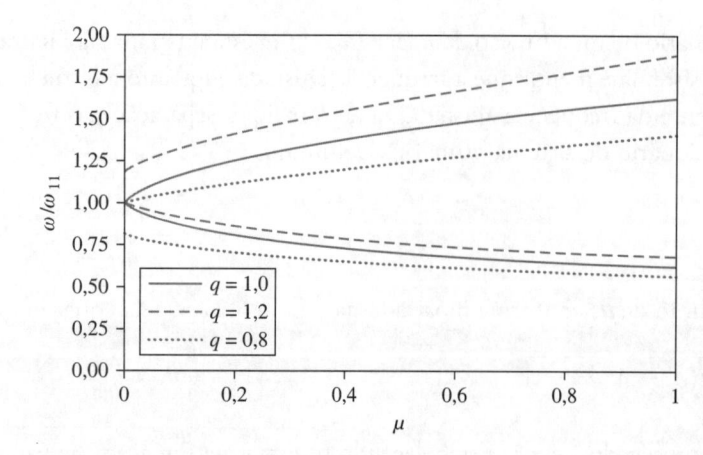

**FIGURA 6.21**
As frequências naturais do sistema com dois graus de liberdade em função da razão da massa $\mu$.

- As vibrações no estado estacionário do sistema primário são eliminadas em apenas uma única frequência. Se o sistema opera em ampla faixa de frequências, as amplitudes em regime permanente em frequências afastadas da frequência ajustada podem ser amplas. Para cada aplicação uma variação de alcance de funcionamento deve ser definida limitando-se a amplitude das vibrações a um alcance aceitável.
- Se o absorvedor é ajustado para a frequência de excitação e uma dada proporção de massa $\mu$ não for excedida, o valor máximo de rigidez do absorvedor será

$$k_{2\,\text{máx}} = \mu m_1 \omega^2 \qquad (6.98)$$

e a amplitude mínima em estado estacionário da massa do absorvedor é

$$X_{2\,\text{min}} = \frac{F_0}{\mu m_1 \omega^2} \qquad (6.99)$$

- A análise só é válida para sistemas não amortecidos. Se o amortecimento estiver presente no sistema primário ou no absorvedor, não é possível eliminar as vibrações do sistema primário em estado estacionário.

## EXEMPLO 6.15

Uma máquina com massa de 150 kg e desequilíbrio de rotação de 0,5 kg · m é estimulada no centro de uma viga com 2 m de comprimento simplesmente apoiada. A máquina funciona a uma velocidade de 1200 rpm. A viga tem um módulo elástico de $210 \times 10^9$ N/m² e um momento de inércia transversal de $2,1 \times 10^{-6}$ m⁴.
(a) Qual é a amplitude em estado estacionário do sistema primário sem um absorvedor?
(b) Projete o amortecedor de vibrações dinâmicas de massa mínima tal que, quando ligado no centro da viga, as vibrações desta cessarão e a amplitude em estado estacionário do absorvedor será inferior a 20 mm.
(c) Quais são as frequências naturais do sistema quando o absorvedor está no lugar?
(d) Qual é a faixa de operação efetiva de tal forma que a deflexão no centro não exceda 5 mm quando o absorvedor está no lugar?

### SOLUÇÃO
Modelando as vibrações da máquina na viga usando um modelo de sistema de 1GL e ignorando a massa da viga, a rigidez e a frequência natural do sistema primário são calculadas como

$$k_1 = \frac{48EI}{L^3} = \frac{48(210 \times 10^9 \text{ N/m}^2)(2,1 \times 10^{-6} \text{ m}^4)}{(2 \text{ m})^3} = 2,65 \times 10^6 \text{ N/m} \qquad \textbf{(a)}$$

e

$$\omega_{11} = \sqrt{\frac{k_1}{m_1}} = \sqrt{\frac{2{,}65 \times 10^6 \text{ N/m}}{150 \text{ kg}}} = 132{,}9 \text{ rad/s} \tag{b}$$

A frequência de operação é

$$\omega = (1200 \text{ rpm})\left(2\pi \frac{\text{rad}}{\text{rev}}\right)\left(\frac{1 \text{ min}}{60 \text{ s}}\right) = 125{,}7 \text{ rad/s} \tag{c}$$

(a) Como a frequência de excitação está próxima da frequência natural do sistema primário, ela terá amplas vibrações de amplitude sem um absorvedor. A razão de frequência é

$$r = \frac{\omega}{\omega_{11}} = \frac{125{,}7 \text{ rad/s}}{132{,}9 \text{ rad/s}} = 0{,}945 \tag{d}$$

A amplitude em estado estacionário da máquina é

$$X_1 = \frac{m_0 e}{m}\Lambda(0{,}945,\ 0) = \left(\frac{0{,}5 \text{ kg} \cdot \text{m}}{150 \text{ kg}}\right)\frac{(0{,}945)^2}{1 - (0{,}945)^2} = 0{,}285 \text{ m} \tag{e}$$

(b) As vibrações do sistema primário em estado estacionário são eliminadas quando o absorvedor é ajustado para a frequência de excitação usando

$$\omega_{22} = \sqrt{\frac{k_2}{m_2}} = 125{,}7 \text{ rad/s} \tag{f}$$

Uma vez que a relação entre a rigidez e a massa do absorvedor é fixa, o absorvedor com a massa mínima também é o absorvedor com a rigidez mínima. A amplitude do absorvedor deve ser limitada a 20 mm, o que pela Equação (6.94) leva a

$$X_2 = \frac{F_0}{k_2} \Rightarrow k_2 \geq \frac{F_0}{X_2} = \frac{(0{,}5 \text{ kg} \cdot \text{m})(125{,}7 \text{ rad/s})^2}{0{,}002 \text{ m}} = 3{,}95 \times 10^5 \text{ N/m} \tag{g}$$

A rigidez mínima do absorvedor é $3{,}95 \times 10^5$ N/m, levando a uma massa de

$$m_2 = \frac{k_2}{\omega_{22}^2} = \frac{3{,}95 \times 10^5 \text{ N/m}}{(125{,}7 \text{ rad/s})^2} = 25 \text{ kg} \tag{h}$$

(c) As frequências naturais do sistema com dois graus de liberdade são calculadas a partir da Equação (6.88) usando $\mu = \frac{25 \text{ kg}}{150 \text{ kg}} = 0{,}167$ como

$$\omega_1 = 105{,}8 \text{ rad/s} \quad \omega_2 = 157{,}6 \text{ rad/s} \tag{i}$$

(d) A faixa de operação efetiva é obtida determinando-se $F_0 = 0{,}5\omega^2$ e usando a Equação (6.90). O denominador é negativo entre as duas frequências naturais e o numerador é positivo para $r_2 < 1$. Retire o símbolo de valor absoluto e defina $X_1 = -0{,}005$ m neste caso. Rearranje a equação para

$$\omega^4 - 7{,}63 \times 10^4 \omega^2 + 8{,}28 \times 10^8 = 0 \tag{j}$$

que (quando resolvido para $\omega$) leva a um limite inferior na faixa de operação de 114,8 rad/s. Para $r_2 > 1$, defina $X_1 = 0{,}005$ m, levando a

$$\omega^4 - 2{,}79 \times 10^4 \omega^2 + 1{,}67 \times 10^8 = 0 \tag{k}$$

e um limite superior na faixa de operação de 138,5 rad/s. Assim, o alcance de operação é

$$114{,}8 \text{ rad/s} < \omega < 138{,}5 \text{ rad/s} \tag{I}$$ ■

## 6.12 ABSORVEDORES DE VIBRAÇÃO AMORTECIDOS

Existem dois problemas quando a vibração do absorvedor é utilizada. A frequência natural mais baixa do sistema com dois graus de liberdade deve ser ultrapassada para aumentar a frequência de operação. Se o absorvedor estiver ligeiramente desajustado, a amplitude de vibração do sistema primário pode ser grande. Talvez a adição de amortecimento do absorvedor possa ajudar com estas questões.

Considere a configuração do sistema da Figura 6.22 em que é adicionado amortecimento viscoso paralelo com a rigidez no sistema auxiliar. Isso é conhecido como absorvedor de vibração amortecido. A amplitude em estado estacionário do sistema primário é dada por

$$\frac{k_1 X_1}{F_0} = M_{1d}(r_1, q, \mu, \zeta)$$
$$= \sqrt{\frac{(2\zeta r_1 q)^2 + (r_1^2 - q^2)^2}{\{r_1^4 - [1 + (1+\mu)q^2 r_1^2] + q^2\}^2 + (2\zeta r_1 q)^2 [1 - r_1^2(1+\mu)]^2}} \tag{6.100}$$

A amplitude em estado estacionário do sistema auxiliar é

$$\frac{k_1 X_2}{F_0} = M_{2d}(r_1, q, \mu, \zeta)$$
$$= \sqrt{\frac{q^4 + (2\zeta q)^2}{\{r_1^4 - [1 + (1+\mu)q^2 r_1^2] + q^2\}^2 + (2\zeta r_1 q)^2 [1 - r_1^2(1+\mu)]^2}} \tag{6.101}$$

onde

$$\zeta = \frac{c}{2\sqrt{m_2 k_2}} \tag{6.102}$$

é a relação de amortecimento do sistema auxiliar se ele foi aterrado. A amplitude não dimensional em estado estacionário do sistema primário, dada pela Equação (6.100), é ilustrada na Figura 6.23 para $\mu = 0{,}25$ e $q = 1$ para vários valores de $\zeta$. A amplitude em estado estacionário do sistema primário não é zero para qualquer valor de $r_1$. Uma amplitude mínima próxima a um de $r_1$ é alcançada entre os picos. O absorvedor teve sucesso em reduzir significativamente o pico próximo da segunda frequência natural, mas teve pouco sucesso na redução da amplitude de pico perto da primeira frequência natural. É necessária uma investigação dos parâmetros que afetam o absorvedor de vibração amortecido. Percebe-se que cada curva, de diferentes $\zeta$, passa através destes dois pontos.

$M_{1d}$ está representado na Figura 6.24 para de $\mu = 0{,}25$ e $q = 0{,}8$. O pico na frequência em ressonância mais baixa é menor que o pico na mais elevada. Contudo, o pico mais alto ocorre próximo a $r_1 = 1$, que é a região onde o absorvedor geralmente é mais necessário. Da mesma forma, o alcance de operação ainda é pequeno. Também percebe-se novamente que existem dois pontos fixos através dos quais cada curva passa. Estes pontos fixos são diferentes daqueles na Figura 6.23.

Como não é possível eliminar o movimento em estado estacionário do sistema original quando o amortecimento está presente, um absorvedor de vibração amortecido deve ser feito para reduzir o pico na frequência de ressonância mais baixa e aumentar a extensão de funcionamento eficaz. Os absorvedores que utilizam os parâmetros usados para gerar as Figuras 6.23 e 6.24 não são adequados para esses objetivos.

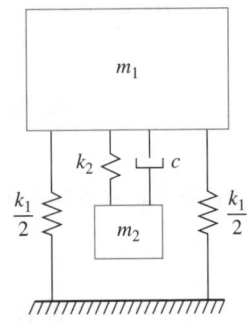

**FIGURA 6.22**
O sistema auxiliar de um absorvedor de vibração amortecido consiste de uma massa anexada a uma mola paralela com um amortecedor viscoso.

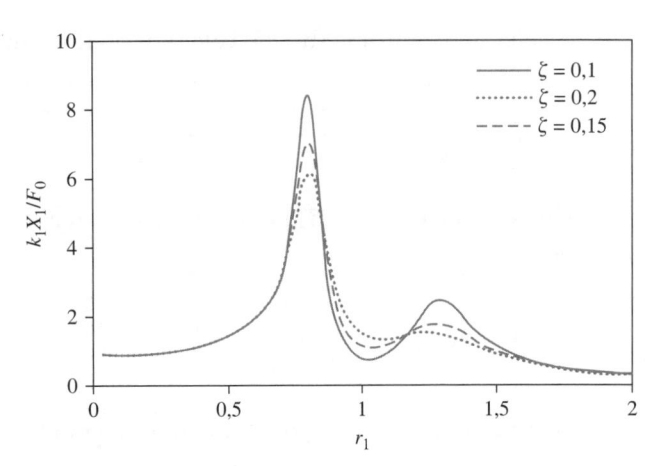

**FIGURA 6.23**
Resposta do sistema primário quando um absorvedor de vibração amortecido é usado com $\mu = 0{,}25$ e $q = 1$ para vários valores de $\zeta$.

A ampliação da extensão de funcionamento requer que os dois picos tenham aproximadamente a mesma magnitude. Como os locais dos pontos fixos são dependentes de $q$, deve ser possível ajustar o absorvedor de tal modo que os valores de $M_{1d}$ nos pontos fixos sejam os mesmos. Como as curvas para todos os valores de $\zeta$ passam pelos pontos fixos, deve ser possível encontrar um valor de $\zeta$ tal que os pontos fixos estejam próximos dos picos.

Para valores fixos de $\mu$ e $q$, existem dois valores de $r_1$ que produzem um valor de $M_{1d}$ independente de $\zeta$. Este valor de $M_{1d}$ nestes dois pontos é escrito como

$$M_{1d} = \sqrt{\frac{A(\mu, q)\zeta^2 + B(\mu, q)}{C(\mu, q)\zeta^2 + D(\mu, q)}} \tag{6.103}$$

Como a Equação (6.103) é válida para todos os $\zeta$ e as potências de $\zeta$ são linearmente independentes,

$$\frac{A}{C} = \frac{B}{D} \tag{6.104}$$

Usando a Equação (6.100) para determinar as formas de $A$, $B$, $C$ e $D$, substituindo na Equação (6.104) e rearranjando leva a

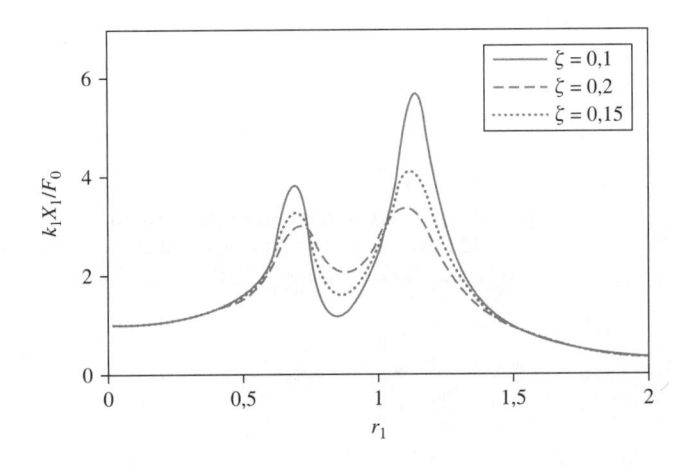

$$r_1^4\left(1 + \frac{\mu}{2}\right) - [1 + q^2(1 + \mu)]r_1^2 + q^2 = 0 \tag{6.105}$$

**FIGURA 6.24**
Resposta do sistema primário quando um absorvedor de vibração amortecido otimizado é usado com $\mu = 0{,}25$ e $q = 0{,}8$.

A solução da Equação (6.105) coloca os pontos fixos em

$$r_1 = \sqrt{\frac{1 + (1 + \mu)q^2 \pm \sqrt{1 - 2q^2 + (1 + \mu)^2 q^4}}{2 + \mu}} \qquad (6.106)$$

Como a Equação (6.103) produz o mesmo valor de $M_{1d}$, independente de $\zeta$ para $r_1$ dada pela Equação (6.106), deixando $\zeta \to \infty$ dá

$$M_{1d} = \sqrt{\frac{1}{[1 - r_1^2(1 + \mu)]^2}} \qquad (6.107)$$

Necessitando-se que $M_{1d}$ seja o mesmo em ambos os pontos fixos leva a

$$q = \frac{1}{1 + \mu} \qquad (6.108)$$

Um absorvedor ideal poderia ser projetado com um valor apropriado de $\zeta$ tal que o menor $r_1$ dado pela Equação (6.106) corresponda tanto a um ponto fixo quanto a um pico na curva de resposta em frequência. O valor apropriado de $\zeta$ é obtido estabelecendo-se $dM_{1d}/d\zeta = 0$, usando $q$ da Equação (6.108). O mesmo procedimento pode ser seguido para produzir o valor de $\zeta$ tal que o maior valor de $r_1$ dado pela Equação (6.106) corresponda a um ponto e um pico fixo. Como os valores de $\zeta$ não são iguais, a média deles é geralmente utilizada para definir a razão de amortecimento otimizada

$$\zeta_{otim} = \sqrt{\frac{3\mu}{8(1 + \mu)}} \qquad (6.109)$$

Em resumo, o projeto otimizado de um aborvedor de vibração amortecido requer que o absorvedor seja ajustado à frequência calculada a partir da Equação (6.108) com a razão de amortecimento da Equação (6.109). Para $\mu = 0{,}25$, a Equação (6.109) dá uma relação de ideal de amortecimento $\zeta = 0{,}2379$ e de $q = 0{,}80$. A Figura 6.25 mostra $M_{1d}$ para estes valores como função de $r_1$. Esta figura também mostra $M_{1d}$ para o mesmo $\mu$ e $\zeta$ mas com valores de $q$, um em cada lado do ideal. A curva correspondente ao valor ideal de $q$ tem picos de ressonância menores e o valor de $M_{1d}$ não varia muito entre os picos.

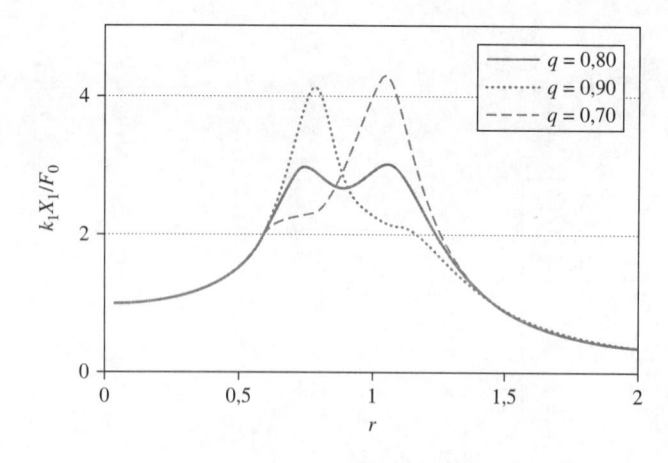

**FIGURA 6.25**
A amplitude em estado estacionário do sistema primário para $\mu = 0{,}25$, $\zeta_{otim} = 0{,}2739$, e $q_{otim} = 0{,}80$.

## EXEMPLO 6.16

Uma máquina de fresar com massa de 250 kg e frequência natural de 120 rad/s está sujeita a uma excitação harmônica de magnitude 10.000 N a frequência entre 95 rad/s e 120 rad/s. Projete um absorvedor de vibração amortecido com massa de 50 kg de modo que a amplitude em estado estacionário não seja superior a 15 mm em todas as velocidades de funcionamento.

### SOLUÇÃO

A razão da massa é

$$\mu = \frac{50 \text{ kg}}{250 \text{ kg}} = 0,2 \tag{a}$$

Como é necessária uma ampla faixa de operação, o projeto de absorção ideal é experimentado. Das Equações (6.108) e (6.109),

$$q = \frac{1}{1,2} = 0,833 \qquad \zeta = \sqrt{\frac{3(0,2)}{8(1,2)}} = 0,25 \tag{b}$$

A amplitude em estado estacionário a qualquer velocidade de operação deste projeto de absorção é calculada pelas Equações (6.100) e (6.101). Os resultados são utilizados para gerar a curva de resposta em frequência da Figura 6.26.

Os pontos fixos são calculados pela Equação (6.106) como

$$r_1 = \sqrt{\frac{1 + (1 + 0,2)(0,833)^2 \pm \sqrt{1 - 2(0,833)^2 + (1 + 0,2)^2(0,833)^4}}{2 + 0,2}} \tag{c}$$

$$= 0,7629.\ 1,0414$$

que leva a $\omega = 91,5$ rad/s, $125,0$ rad/s.

Como os extremos da faixa de operação situam-se entre os picos e as amplitudes em estado estacionário nos extremos são

$$X(\omega = 95 \text{ rad/s}) = 10,1 \text{ mm} \qquad X(\omega = 120 \text{ rad/s}) = 12,7 \text{ mm} \tag{d}$$

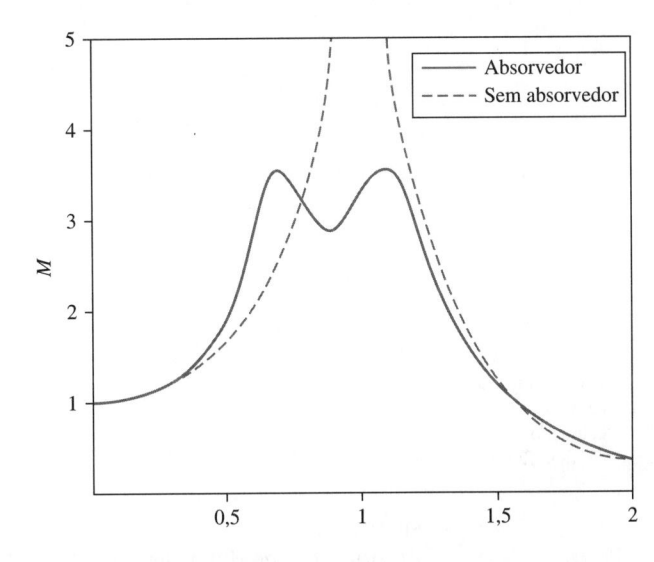

**FIGURA 6.26**
A resposta de frequência do sistema primário do Exemplo 6.16 com absorvedor amortecido ideal com $\mu = 0,25$ ligado.

e ambos são inferiores a 15 mm, o design ideal é aceitável. A rigidez do absorvedor e a razão de amortecimento são calculadas

$$k_2 = m_2\omega_{22}^2 = \mu q^2 k_1 = (0{,}2)(0{,}833)^2(3{,}6 \times 10^6 \text{ N/m}) = 5{,}08 \times 10^5 \text{ N/m} \tag{e}$$

$$c = 2\zeta\sqrt{k_2 m_2} = 2500 \text{ N} \cdot \text{s/m} \tag{f}$$ ∎

## 6.13 AMORTECEDORES DE VIBRAÇÃO

*Amortecedor de vibração*[*] é um sistema auxiliar composto por um elemento de inércia e um amortecedor viscoso conectado a um sistema primário como um meio de controle de vibração. Os amortecedores de vibração são usados em situações em que o controle de vibração é necessário em uma faixa de frequências.

O amortecedor Houdaille da Figura 6.27 é um exemplo de amortecedor de vibração usado para o controle de vibração de dispositivos giratórios, tais como virabrequins do motor. O amortecedor está dentro de uma caixa presa à extremidade do eixo. O invólucro contém um fluido viscoso e uma massa livre para rodar no invólucro. As equações diferenciais que regem o movimento do sistema de torção com dois graus de liberdade são

$$\begin{bmatrix} J_1 & 0 \\ 0 & J_2 \end{bmatrix}\begin{bmatrix} \ddot{\theta}_1 \\ \ddot{\theta}_2 \end{bmatrix} + \begin{bmatrix} c & -c \\ -c & c \end{bmatrix}\begin{bmatrix} \dot{\theta}_1 \\ \dot{\theta}_2 \end{bmatrix} + \begin{bmatrix} k & 0 \\ 0 & k \end{bmatrix}\begin{bmatrix} \theta_1 \\ \theta_2 \end{bmatrix} = \begin{bmatrix} M_0 \text{sen}\omega t \\ 0 \end{bmatrix} \tag{6.110}$$

A amplitude em estado estacionário do sistema primário é obtida pelos métodos da Seção 6.10 como

$$\Theta_1 = \frac{M_0}{k}\sqrt{\frac{4\zeta^2 + r^2}{4\zeta^2(r^2 + \mu r^2 - 1)^2 + (r^2 - 1)^2 r^2}} \tag{6.111}$$

onde

$$r = \frac{\omega}{\sqrt{\dfrac{k}{J_1}}} \qquad \zeta = \frac{c}{2J_2\sqrt{\dfrac{k}{J_1}}} \qquad \mu = \frac{J_2}{J_1} \tag{6.112}$$

A razão de amortecimento ideal é definida como a razão de amortecimento para a qual o valor máximo de $\Theta_1$ é menor. A amplitude do pico, $\Theta_{1p}(\zeta)$ é o valor de $\Theta_1(r_m)$ onde $r_m$ é o valor de $r$ que resulta $d\Theta_1/dr = 0$. A razão de amortecimento ideal é o valor de $\zeta$ tal que $d\Theta_{1p}/d\zeta = 0$. A álgebra profunda leva a

$$\zeta_{\text{otim}} = \frac{1}{\sqrt{2(\mu + 1)(\mu + 2)}} \tag{6.113}$$

Se a razão de amortecimento ideal é utilizada no design de um amortecedor de Houdaille, então

$$r_m = \sqrt{\frac{2}{2 + \mu}} \tag{6.114}$$

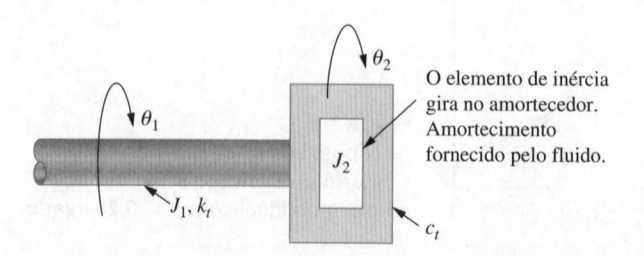

**FIGURA 6.27**
Amortecedor de Houdaille.

---
[*] Também conhecido como absorvedor não sintonizado. (N.R.T.)

e

$$\Theta_{1p} = \frac{M_0}{k} \frac{2 + \mu}{\mu}$$

(6.115)

## 6.14 EXEMPLOS DE REFERÊNCIA

### 6.14.1 MÁQUINA NO CHÃO DA FÁBRICA

No Capítulo 4, o isolamento das vibrações da máquina foi considerado ignorando a massa e a flexibilidade da viga. Eles são levados em conta usando o modelo da Figura 6.28. A massa da viga está agrupada no centro usando a massa equivalente da viga. A rigidez da viga é a rigidez utilizada no modelo de 1GL. A força transmitida pelo isolador para a viga é $k(x_2 - x_1)$.

As equações diferenciais que controlam o sistema com dois graus de liberdade são

$$458{,}72\,\ddot{x}_1 + kx_1 - kx_2 = F_0 \operatorname{sen}\omega t \tag{a}$$

$$111{,}97\,\ddot{x}_2 - kx_1 + (k + 1{,}20 \times 10^7)x_2 = 0 \tag{b}$$

que estão escritas em forma de matriz como

$$\begin{bmatrix} 458{,}72 & 0 \\ 0 & 111{,}97 \end{bmatrix} \begin{bmatrix} \ddot{x}_1 \\ \ddot{x}_2 \end{bmatrix} + \begin{bmatrix} k & -k \\ -k & k + 1{,}20 \times 10^7 \end{bmatrix} \begin{bmatrix} x_1 \\ x_2 \end{bmatrix} = \begin{bmatrix} F_0 \operatorname{sen}\omega t \\ 0 \end{bmatrix} \tag{c}$$

Considere o sistema com um isolador projetado de modo que a força transmitida seja 22.500 N. A rigidez do isolador é $5{,}81 \times 10^5$ N/m, e as equações tornam-se

$$\begin{bmatrix} 458{,}72 & 0 \\ 0 & 111{,}97 \end{bmatrix} \begin{bmatrix} \ddot{x}_1 \\ \ddot{x}_2 \end{bmatrix} + \begin{bmatrix} 5{,}81 \times 10^5 & -5{,}81 \times 10^5 \\ -5{,}81 \times 10^5 & 1{,}258 \times 10^7 \end{bmatrix} \begin{bmatrix} x_1 \\ x_2 \end{bmatrix} = \begin{bmatrix} F_0 \operatorname{sen}\omega t \\ 0 \end{bmatrix} \tag{d}$$

Uma solução na base modal é usada para calcular as frequências naturais e modo natural que resulta em

$$\begin{vmatrix} -458{,}72\omega^2 + 5{,}81 \times 10^5 & -5{,}81 \times 10^5 \\ -5{,}81 \times 10^5 & -111{,}97\omega^2 + 1{,}258 \times 10^7 \end{vmatrix} = 0 \tag{e}$$

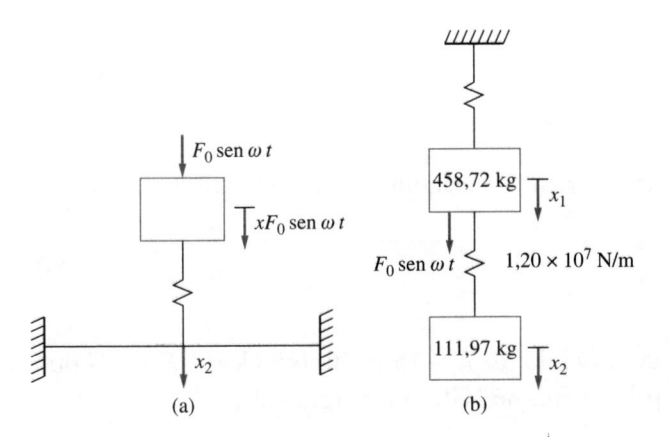

**FIGURA 6.28**
(a) Máquina ligada pelo isolador à viga. (b) Modelo de dois graus de liberdade com inércia da viga incluída.

que leva a

$$\omega_1 = 34{,}73 \text{ rad/s} \qquad \omega_2 = 335{,}28 \text{ rad/s} \tag{f}$$

Para fins de comparação, a frequência natural da máquina em uma viga rígida é de 35,6 rad/s, e a frequência natural da máquina montada diretamente na viga flexível é de 144,9 rad/s.

Como a força transmitida na viga é $k(x_2 - x_1)$, defina uma nova variável $z = x_2 - x_1$. As equações diferenciais escritas usando $x_1$ e $z$ como coordenadas generalizadas ficam

$$\begin{bmatrix} 458{,}72 & 0 \\ 111{,}97 & 111{,}97 \end{bmatrix} \begin{bmatrix} \ddot{x}_1 \\ \ddot{z} \end{bmatrix} + \begin{bmatrix} 0 & -k \\ 1{,}20 \times 10^7 & 1{,}20 \times 10^7 + k \end{bmatrix} \begin{bmatrix} x_1 \\ z \end{bmatrix} = \begin{bmatrix} F_0 \operatorname{sen}\omega t \\ 0 \end{bmatrix} \tag{g}$$

A amplitude em estado estacionário de $z$ é determinada usando a função de transferência senoidal. Para este fim, determine a função de transferência $G(s) = \frac{z(s)}{F(s)}$. Usando a transformada de Laplace das duas equações com um $F(t)$ arbitrário no lugar de $F_0 \operatorname{sen} \omega t$, temos

$$\begin{bmatrix} 458{,}72 s^2 & -k \\ 111{,}97 s^2 + 1{,}20 \times 10^7 & 111{,}97 s^2 + 1{,}20 \times 10^7 + k \end{bmatrix} \begin{bmatrix} X_1(s) \\ Z(s) \end{bmatrix} = \begin{bmatrix} F(s) \\ 0 \end{bmatrix} \tag{h}$$

Usando a regra de Cramer para resolver $Z(s)$, temos

$$Z(s) = \frac{\begin{vmatrix} 458{,}72 s^2 & F(s) \\ 111{,}97 s^2 + 1{,}20 \times 10^7 & 0 \end{vmatrix}}{\begin{vmatrix} 458{,}72 s^2 & -k \\ 111{,}97 s^2 + (1{,}20 \times 10^7) & 111{,}97 s^2 + (1{,}20 \times 10^7) + k \end{vmatrix}}$$

$$= \frac{-(111{,}97 s^2 + 1{,}20 \times 10^7) F(s)}{(458{,}72 s^2)(111{,}97 s^2 + 1{,}20 \times 10^7 + k) - (-k)(111{,}97 s^2 + 1{,}20 \times 10^7)} \tag{i}$$

A função de transferência é

$$G(s) = \frac{-(111{,}97 s^2 + 1{,}20 \times 10^7)}{5{,}14 \times 10 s^4 + (5{,}5 \times 10^9 + 570{,}69 k) s^2 + 1{,}20 \times 10^7 k} \tag{j}$$

A função de transferência senoidal $G(80i)$ é

$$G(80i) = \frac{-(111{,}97(80i)^2 + 1{,}20 \times 10^7)}{5{,}14 \times 10^4 (80i)^4 + (5{,}5 \times 10^9 + 570{,}69 k)(80i)^2 + 1{,}20 \times 10^7 k} \tag{k}$$

A magnitude da função de transferência senoidal é

$$|G(80i)| = \left| \frac{1{,}128 \times 10^7}{8{,}35 \times 10^6 k - 3{,}3095 \times 10^{13}} \right| \tag{l}$$

Assim, a amplitude de $kz$ ou a amplitude da força transmitida entre a máquina e a viga é $kF_0|G(80i)|$, assim

$$kZ = \left| \frac{1{,}015 \times 10^{12} k}{8{,}35 \times 10^6 k - 3{,}3095 \times 10^{13}} \right| \tag{m}$$

A Figura 6.29 mostra a força transmitida em função de $k$. O valor de $k = 15 \times 10^5$ N/m leva a $F_T = 74.000$ N, que é ligeiramente inferior ao valor de 90.000 previsto pelo sistema de 1GL com a viga rígida.

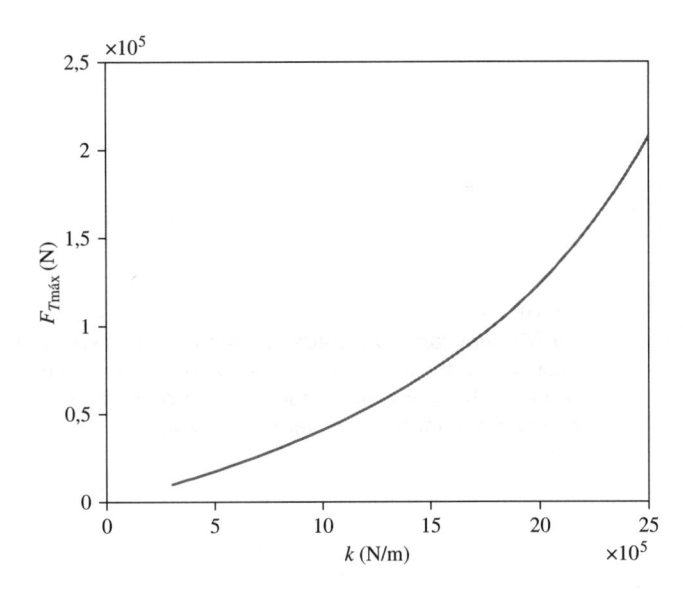

**FIGURA 6.29** Amplitude da força transmitida como função do absorvedor de rigidez.

## 6.14.2 SISTEMA DE SUSPENSÃO SIMPLIFICADO

O modelo com dois graus de liberdade mostrado na Figura 6.30(a) é utilizado para o sistema de suspensão do veículo. A massa "não suspensa" representa a massa do eixo e da roda, e a rigidez adicional representa o pneu. A massa não suspensa é de 50 kg, que é muito menor do que a massa do veículo, enquanto a rigidez do pneu é 200.000 N/m, que é muito maior do que a rigidez da mola da suspensão. Um cálculo rápido revela que, alinhando-se as massas não suspensas e suspensas e assumindo que as duas molas estão em série, como mostrado na Figura 6.30(b), se obtém uma frequência natural de

$$\omega_{n,\ell} = \sqrt{\frac{1}{\frac{1}{\frac{1}{200.000 \text{ N/m}} + \frac{1}{12.000 \text{ N/m}}}{350 \text{ kg}}}} = 5{,}69 \text{ rad/s} \tag{a}$$

As equações diferenciais que regem o modelo com dois graus de liberdade (assumindo que a massa suspensa pode variar) são

$$m_s \ddot{x}_1 + 1200\dot{x}_1 - 1200\dot{x}_2 + 12.000x_1 - 12{,}000x_2 = 0 \tag{b}$$

$$50\ddot{x}_2 - 1200\dot{x}_1 + 1200\dot{x}_2 + 12.000x_1 - 212.000x_2 = 200.000y \tag{c}$$

Considere vibrações livres de um veículo vazio como $m_s = 300$ kg. As equações diferenciais estão resumidas em forma de matriz como

$$\begin{bmatrix} 300 & 0 \\ 0 & 50 \end{bmatrix} \begin{bmatrix} \ddot{x}_1 \\ \ddot{x}_2 \end{bmatrix} + \begin{bmatrix} 1200 & -1200 \\ -1200 & 1200 \end{bmatrix} \begin{bmatrix} \dot{x}_1 \\ \dot{x}_2 \end{bmatrix} + \begin{bmatrix} 12{,}000 & -12.000 \\ -12.000 & 212.000 \end{bmatrix} \begin{bmatrix} x_1 \\ x_2 \end{bmatrix} = \begin{bmatrix} 0 \\ 0 \end{bmatrix} \tag{d}$$

Assume-se a resposta livre como

$$\begin{bmatrix} x_1 \\ x_2 \end{bmatrix} = \begin{bmatrix} 1 \\ \chi \end{bmatrix} e^{\lambda t} \tag{e}$$

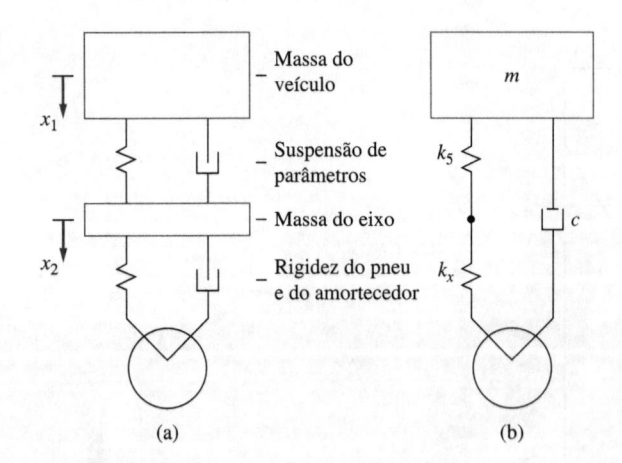

**FIGURA 6.30**
(a) Modelo com dois graus de liberdade do sistema de suspensão do veículo. A massa do eixo está incluída no modelo. (b) Imaginamos que a rigidez da roda esteja em série com a rigidez do sistema de suspensão.

Substituir a Equação (e) na Equação (d) leva a

$$\begin{vmatrix} 300\lambda^2 + 1200\lambda + 12.000 & -1200\lambda - 12.000 \\ -1200\lambda - 12.000 & 50\lambda^2 + 1200\lambda + 212.000 \end{vmatrix} = 0 \tag{f}$$

A avaliação da determinante leva a

$$15.000\lambda^4 + 4,2 \times 10^5 \lambda^3 + 6,42 \times 10^7 \lambda^2 + 2,40 \times 10^8 \lambda + 2,4 \times 10^9 = 0 \tag{g}$$

cujas raízes são

$$\lambda_{1,2} = 1,88 \pm 5,94i. - 12,2 \pm 63,28i \tag{h}$$

As frações modais são dadas por

$$\chi = \frac{300\lambda^2 + 1200\lambda + 12.000}{1200\lambda + 12.000} \tag{i}$$

das quais

$$\chi_1 = 0,0481 \pm 0,0328i \qquad \chi_2 = -4,56 \pm 15,43i \tag{j}$$

A solução geral das equações diferenciais é calculada utilizando a Equação (6.21) como

$$\begin{bmatrix} x_1(t) \\ x_2(t) \end{bmatrix} = e^{-1,88t} \left\{ A_1 \left( \begin{bmatrix} 1 \\ -0,0481 \end{bmatrix} \cos 5,94t - \begin{bmatrix} 0 \\ -0,0328 \end{bmatrix} \operatorname{sen} 5,94t \right) \right.$$

$$+ A_2 \left( \begin{bmatrix} 1 \\ -0,0481 \end{bmatrix} \operatorname{sen} 5,94t + \begin{bmatrix} 0 \\ -0,0328 \end{bmatrix} \cos 5,94t \right) \right\}$$

$$+ e^{-12,2t} \left\{ A_3 \left( \begin{bmatrix} 1 \\ -4,56 \end{bmatrix} \cos 63,28t - \begin{bmatrix} 0 \\ -15,43 \end{bmatrix} \operatorname{sen} 63,28t \right) \right.$$

$$+ A_4 \left( \begin{bmatrix} 1 \\ -4,56 \end{bmatrix} \operatorname{sen} 63,28t + \begin{bmatrix} 0 \\ -15,43 \end{bmatrix} \cos 63,28t \right) \right\} \tag{k}$$

Determinamos as condições iniciais como

# Capítulo 6

$$\mathbf{x}(0) = \begin{bmatrix} h \\ h \end{bmatrix} \quad \text{e} \quad \dot{\mathbf{x}}(0) = \begin{bmatrix} 0 \\ 0 \end{bmatrix} \tag{l}$$

A substituição das condições iniciais na solução resulta

$$\begin{bmatrix} 1 & 0 & 1 & 0 \\ -0,0481 & -0,0328 & -4,56 & 15,43 \\ -1,88 & 5,94 & -12,2 & 63,28 \\ 0,2853 & -0,2241 & -920,77 & -476,81 \end{bmatrix} \begin{bmatrix} A_1 \\ A_2 \\ A_3 \\ A_4 \end{bmatrix} = \begin{bmatrix} h \\ h \\ 0 \\ 0 \end{bmatrix} \tag{m}$$

As constantes de integração são obtidas como $A_1 = 1,029h$, $A_2 = -0,3579h$, $A_3 = -0,029h$ e $A_4 = 0,0584h$. A solução obtida através da substituição dos valores das constantes de integração na Equação (k) é

$$\begin{bmatrix} x_1(t) \\ x_2(t) \end{bmatrix} = h \left\{ e^{-1,88t} \left( \begin{bmatrix} 1,029 \\ -0,0378 \end{bmatrix} \cos 5,94t + \begin{bmatrix} -0,3579 \\ 0,0510 \end{bmatrix} \operatorname{sen} 5,94t \right) \right.$$

$$\left. + e^{-12,2t} \left( \begin{bmatrix} -0,029 \\ 1,0378 \end{bmatrix} \cos 63,28t + \begin{bmatrix} 0,0584 \\ 0,1942 \end{bmatrix} \operatorname{sen} 63,28t \right) \right\} \tag{n}$$

A resposta dependente do tempo do sistema é representada na Figura 6.31.

Agora, considere a resposta do veículo devido a um contorno senoidal da estrada como $y(\xi) = Y \operatorname{sen}\left(\frac{2\pi \xi}{d}\right)$. O veículo viaja a uma velocidade horizontal constante $v$. As equações diferenciais que expressam o movimento do veículo são

$$\begin{bmatrix} m_s & 0 \\ 0 & 50 \end{bmatrix} \begin{bmatrix} \ddot{x}_1 \\ \ddot{x}_2 \end{bmatrix} + \begin{bmatrix} 1200 & -1200 \\ -1200 & 1200 \end{bmatrix} \begin{bmatrix} \dot{x}_1 \\ \dot{x}_2 \end{bmatrix} + \begin{bmatrix} 12.000 & -12.000 \\ -12.000 & 212.000 \end{bmatrix} \begin{bmatrix} x_1 \\ x_2 \end{bmatrix}$$

$$= \begin{bmatrix} 0 \\ 200.000 y(t) \operatorname{sen}\left(\frac{2\pi v}{d} t\right) \end{bmatrix} \tag{o}$$

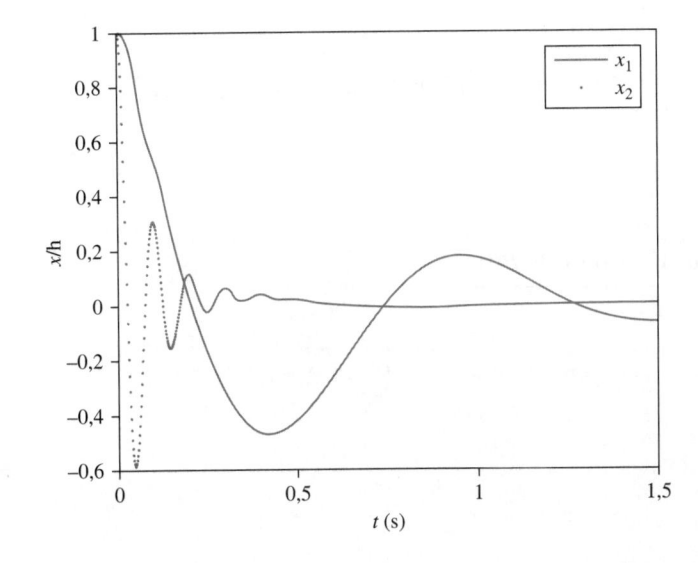

**FIGURA 6.31**
A resposta dependente do tempo do sistema de suspensão do veículo quando ele está sujeito a um impacto na estrada.

As respostas de frequência de $x_1$ e $x_2$ são obtidas usando as funções de transferência senoidais. A determinação de $x_2(t)$ está detalhada, e a função de transferência de $x_1(t)$ é simplesmente apresentada. Usando a transformada de Laplace de cada uma das equações diferenciais com um $y(t)$ aleatório no lado direito resulta

$$\begin{bmatrix} m_s s^2 + 1200s + 12.000 & -1200s - 12.000 \\ -1200s - 12.000 & 50s^2 + 1200s + 212.000 \end{bmatrix} \begin{bmatrix} X_1(s) \\ X_2(s) \end{bmatrix} = \begin{bmatrix} 0 \\ 200.000\, Y(s) \end{bmatrix} \quad \text{(p)}$$

A função de transferência $G_2(s) = \frac{X_2(s)}{Y(s)}$ é determinada a partir de

$$X_2(s) = \frac{\begin{vmatrix} m_s s^2 + 1200s + 12.000 & 0 \\ -1200s + 12.000 & Y(s) \end{vmatrix}}{\begin{vmatrix} m_s s^2 + 1200s + 12.000 & -1200s - 12.000 \\ -1200s - 12.000 & 50s^2 + 1200s + 212.000 \end{vmatrix}} \quad \text{(q)}$$

do qual a função de frequência é calculada como

$$G(s) = \frac{m_s s^2 + 1200s + 12.000}{50 m_s s^4 + (1200 m_s + 60.000)s^3 + (212.000 m_s + 600.000)s^2 + 2{,}4 \times 10^8 s + 2{,}4 \times 10^9} \quad \text{(r)}$$

A função de transferência senoidal é

$$G(i\omega) = \frac{(12.000 - m_s \omega^2) + 1200 \omega i}{[50 m_s \omega^4 - (212.000 m_s + 600.000)\omega^2 + 2{,}4 \times 10^9] + [2{,}4 \times 10^8 \omega - (1200 m_s + 60.000)\omega^3] i} \quad \text{(s)}$$

Definir

$$A = 50 m_s \omega^4 - (212.000 m_s + 60.000)\omega^2 + 2{,}4 \times 10^9 \quad \text{(t)}$$

$$B = (2{,}4 \times 10^8)\omega - (1200 m_s + 60.000)\omega^3 \quad \text{(u)}$$

A amplitude em regime permanente é

$$X_2 = 200.000\, Y\, |G(i\omega)|$$
$$= 200.000\, Y\, \frac{\sqrt{[(12.000 - m_s \omega^2)A - 1200\omega B]^2 + [(12.000 - m_s \omega^2)B + 1200\omega A]^2}}{A^2 + B^2} \quad \text{(v)}$$

A amplitude de $x_1(t)$ é

$$X_1 = 200.000\, Y\, \frac{\sqrt{(1200)^2 [(A + \omega B)^2 + (\omega A + B)^2]}}{A^2 + B^2} \quad \text{(w)}$$

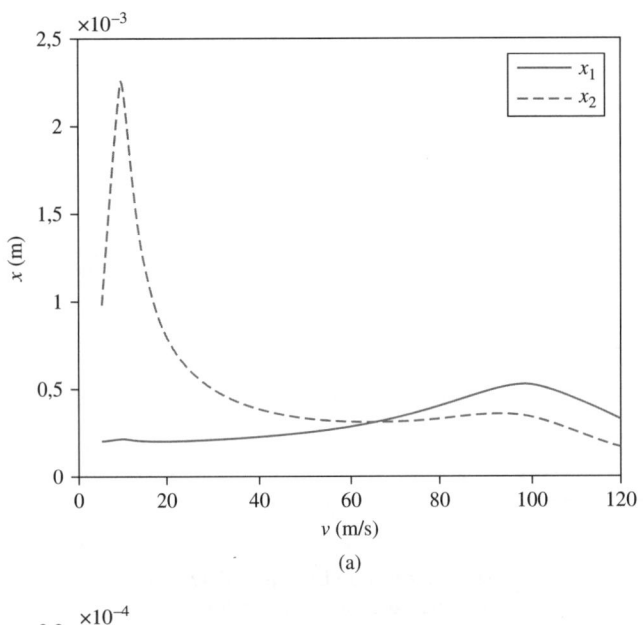

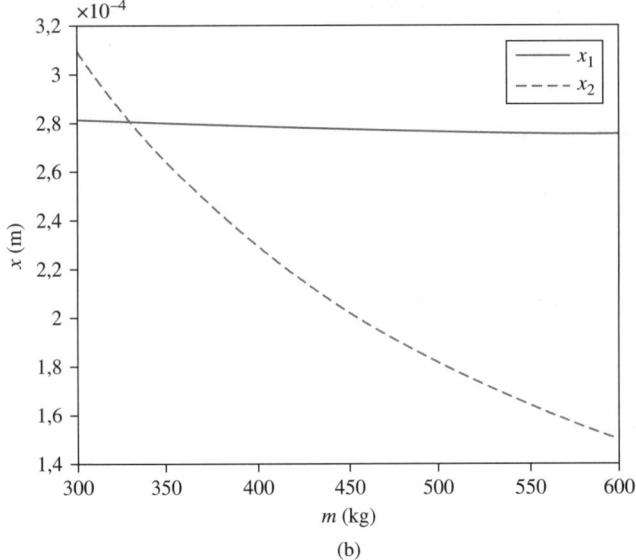

**FIGURA 6.32**
(a) A amplitude em estado estacionário do veículo e do eixo *versus* a velocidade de veículos vazios ($m_s$ = 300 kg). (b) A amplitude em estado estacionário do veículo e do eixo *versus* massa para $v$ = 60 m/s.

As equações (v) e (w) são ilustradas na Figura 6.32(a) representando as amplitudes em estado estacionário *versus* a velocidade de um veículo vazio ($m_s$ = 300 kg) e na Figura 6.32(b) através da representação de amplitude em estado estacionário *versus* m para $v$ = 60 m/s. A frequência é substituída como $\omega = \frac{2\pi v}{d}$, a velocidade do veículo é o eixo horizontal, $d$ é considerado como 10 m, e $Y$ é 0,002 m.

## 6.15 OUTROS EXEMPLOS

### EXEMPLO 6.17

Determine as frequências naturais e o modo natural do sistema com dois graus de liberdade mostrado na Figura 6.33.

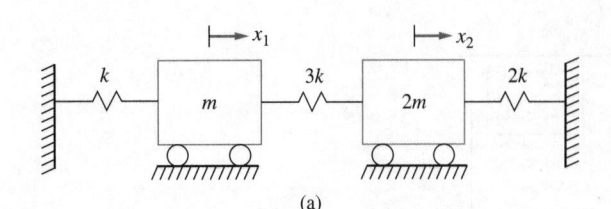

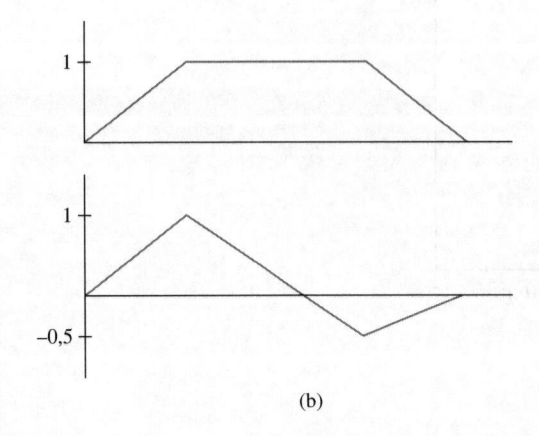

**FIGURA 6.33**
(a) Sistema do Exemplo 6.17. (b) Modos naturais do sistema.

## SOLUÇÃO

As equações diferenciais que regem o movimento do sistema são

$$\begin{bmatrix} m & 0 \\ 0 & 2m \end{bmatrix} \begin{bmatrix} \ddot{x}_1 \\ \ddot{x}_2 \end{bmatrix} + \begin{bmatrix} 4k & -3k \\ -3k & 5k \end{bmatrix} \begin{bmatrix} x_1 \\ x_2 \end{bmatrix} = \begin{bmatrix} 0 \\ 0 \end{bmatrix} \qquad (a)$$

Assumindo uma solução na base modal $\mathbf{x} = \mathbf{X}e^{i\omega t}$ e substituindo nas equações diferenciais leva a

$$\begin{bmatrix} -\omega^2 m + 4k & -3k \\ -3k & -\omega^2 2m + 5k \end{bmatrix} \begin{bmatrix} 1 \\ \chi \end{bmatrix} = \begin{bmatrix} 0 \\ 0 \end{bmatrix} \qquad (b)$$

Uma solução não trivial da Equação (b) existe somente se

$$\begin{vmatrix} -\omega^2 m + 4k & -3k \\ -3k & -\omega^2 2m + 5k \end{vmatrix} = 0 \qquad (c)$$

A expansão da Equação (c) resulta

$$(-\omega^2 m + 4k)(-\omega^2 2m + 5k) - (-3k)(-3k) = 0 \qquad (d)$$

que é simplificado para

$$2m^2\omega^4 - 13km\omega^2 + 11k^2 = 0 \qquad (e)$$

Dividindo-se a Equação (e) por $m^2$ e deixando $\phi = \frac{k}{m}$ temos

$$2\omega^4 - 13\phi\omega^2 + 11\phi^2 = 0 \qquad (f)$$

A fórmula quadrática é usada para determinar as raízes da equação quadrática como $\omega^2 = \phi, -5,5\phi$, que leva a

$$\omega_1 = \sqrt{\frac{k}{m}} \qquad \omega_2 = 2,35\sqrt{\frac{k}{m}} \qquad (g)$$

Os vetores do modo natural são as soluções da Equação (b) de cada valor de $\omega$ dado na Equação (f). Para $\omega_1$, as equações ficam

$$\begin{bmatrix} -\phi m + 4k & -3k \\ -3k & -\phi 2m + 5k \end{bmatrix} \begin{bmatrix} 1 \\ \chi \end{bmatrix} = \begin{bmatrix} 0 \\ 0 \end{bmatrix} \qquad \text{(h)}$$

A primeira das equações na Equação (g) dá

$$(-\phi m + 4k) - 3k\chi = 0 \qquad \text{(i)}$$

Dividindo a Equação (h) por $m$ e rearranjando temos $\chi = 1$. A segunda equação só confirma a primeira e não produz novas informações. Assim, o vetor do modo natural que corresponde ao primeiro modo é qualquer vetor proporcional a

$$\mathbf{X}_1 = \begin{bmatrix} 1 \\ 1 \end{bmatrix} \qquad \text{(j)}$$

O segundo vetor de modo natural é determinado pela substituição de $\omega^2$ na Equação (b), que resulta

$$\begin{bmatrix} -5{,}5\phi m + 4k & -3k \\ -3k & -(5{,}5\phi)2m + 5k \end{bmatrix} \begin{bmatrix} 1 \\ \chi \end{bmatrix} = \begin{bmatrix} 0 \\ 0 \end{bmatrix} \qquad \text{(k)}$$

A primeira equação representada pela Equação (j) é dividida por $m$ e rearranjada para $\chi = -\tfrac{1}{2}$.
O segundo vetor de modo natural é qualquer vetor proporcional a

$$\mathbf{X}_2 = \begin{bmatrix} 1 \\ -0{,}5 \end{bmatrix} \qquad \text{(l)}$$

Os vetores de modo natural são ilustrados na Figura 6.33(b). Existe um nó para o segundo modo localizado na mola. ■

## EXEMPLO 6.18

O sistema com dois graus de liberdade mostrado na Figura 6.34 está sujeito à força periódica mostrada. Determine a resposta do sistema estacionário do sistema.

### SOLUÇÃO

As equações diferenciais de movimento são

$$\begin{bmatrix} 1 & 0 \\ 0 & 2 \end{bmatrix} \begin{bmatrix} \ddot{x}_1 \\ \ddot{x}_2 \end{bmatrix} + \begin{bmatrix} 1 & -1 \\ -1 & 2 \end{bmatrix} \begin{bmatrix} \dot{x}_1 \\ \dot{x}_2 \end{bmatrix} + \begin{bmatrix} 4 & -3 \\ -3 & 5 \end{bmatrix} \begin{bmatrix} x_1 \\ x_2 \end{bmatrix} = \begin{bmatrix} 0 \\ 2\,\text{sen}\,2t \end{bmatrix} \qquad \text{(a)}$$

A solução da equação diferencial é considerada como

$$\begin{bmatrix} x_1(t) \\ x_2(t) \end{bmatrix} = \begin{bmatrix} U_1 \\ U_2 \end{bmatrix} \cos(2t) + \begin{bmatrix} V_1 \\ V_2 \end{bmatrix} \text{sen}(2t) \qquad \text{(b)}$$

Substituindo-se a Equação (b) na Equação (a) temos

$$\begin{bmatrix} -4 & 0 \\ 0 & -8 \end{bmatrix}\begin{bmatrix} U_1 \\ U_2 \end{bmatrix}\cos(2t) + \begin{bmatrix} -4 & 0 \\ 0 & -8 \end{bmatrix}\begin{bmatrix} V_1 \\ V_2 \end{bmatrix}\text{sen}(2t)$$

$$+ \begin{bmatrix} -1 & 1 \\ 1 & -2 \end{bmatrix}\begin{bmatrix} U_1 \\ U_2 \end{bmatrix}\text{sen}(2t) + \begin{bmatrix} 1 & -1 \\ -1 & 2 \end{bmatrix}\begin{bmatrix} V_1 \\ V_2 \end{bmatrix}\cos(2t) \quad \text{(c)}$$

$$+ \begin{bmatrix} 4 & -3 \\ -3 & 5 \end{bmatrix}\begin{bmatrix} U_1 \\ U_2 \end{bmatrix}\cos(2t) + \begin{bmatrix} 4 & -3 \\ -3 & 5 \end{bmatrix}\begin{bmatrix} V_1 \\ V_2 \end{bmatrix}\text{sen}(2t) = \begin{bmatrix} 0 \\ 2\,\text{sen}2t \end{bmatrix}$$

que é rearranjado para

$$\left(\begin{bmatrix} 0 & -3 \\ -3 & -3 \end{bmatrix}\begin{bmatrix} U_1 \\ U_2 \end{bmatrix} + \begin{bmatrix} 1 & -1 \\ -1 & 2 \end{bmatrix}\begin{bmatrix} V_1 \\ V_2 \end{bmatrix}\right)\cos 2t$$

$$+ \left(\begin{bmatrix} -1 & 1 \\ 1 & -2 \end{bmatrix}\begin{bmatrix} U_1 \\ U_2 \end{bmatrix} + \begin{bmatrix} 0 & -3 \\ -3 & -3 \end{bmatrix}\begin{bmatrix} V_1 \\ V_2 \end{bmatrix}\right)\text{sen}2t \quad \text{(d)}$$

$$= \begin{bmatrix} 0 \\ 2 \end{bmatrix}\text{sen}2t$$

dos coeficientes da Equação sen $2t$ e cos $2t$, quatro equações e quatro incógnitas são obtidas

$$\begin{bmatrix} 0 & -3 & 1 & -1 \\ -3 & -3 & -1 & 2 \\ -1 & 1 & 0 & -3 \\ 1 & -2 & -3 & -3 \end{bmatrix}\begin{bmatrix} U_1 \\ U_2 \\ V_1 \\ V_2 \end{bmatrix} = \begin{bmatrix} 0 \\ 0 \\ 0 \\ 2 \end{bmatrix} \quad \text{(e)}$$

A solução da Equação (e) é $U_1 = 0{,}188$, $U_2 = -0{,}110$, $V_1 = -0{,}431$, e $V_2 = -0{,}094$. Assim,

$$\begin{bmatrix} x_1(t) \\ x_2(t) \end{bmatrix} = \begin{bmatrix} 0{,}188 \\ -0{,}110 \end{bmatrix}\cos(2t) + \begin{bmatrix} -0{,}431 \\ -0{,}094 \end{bmatrix}\text{sen}(2t) \quad \text{(f)}$$

As respostas em regime permanente podem ser convertidas a uma forma de amplitude e uma fase pelo uso de uma identidade trigonométrica que leva a

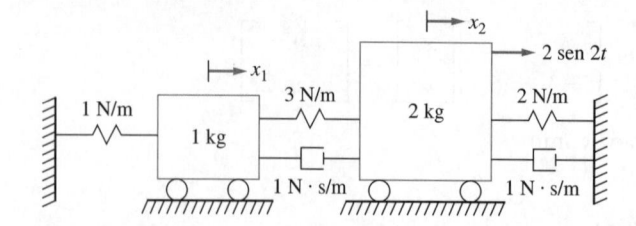

$$x_1(t) = 0{,}470\,\text{sen}(2t + 2{,}70) \quad \text{(g)}$$

$$x_2(t) = 0{,}149\,\text{sen}(2t - 2{,}31) \quad \text{(h)}$$

**FIGURA 6.34** Sistema do Exemplo 6.18. ∎

## EXEMPLO 6.19

Uma estrutura de dois andares, mostrada na Figura 6.35(a), pode ser modelada como o sistema com dois graus de liberdade, mostrado na Figura 6.35(b). O segundo andar da estrutura está sujeito a uma explosão que leva a uma força da forma da Figura 6.35(c). Qual é o deslocamento máximo de cada andar decorrente da explosão?

## SOLUÇÃO

As equações diferenciais que modelam as vibrações de cada andar após a explosão no segundo andar são

$$m\ddot{x}_1 + 2kx_1 - kx_2 = 0 \tag{a}$$

$$m\ddot{x}_2 - kx_1 + kx_2 = F(t) \tag{b}$$

Usando a transformada de Laplace das duas equações e resumindo os resultados em forma de matriz temos

$$\begin{bmatrix} ms^2 + 2k & -k \\ -k & ms^2 + k \end{bmatrix} \begin{bmatrix} X_1(s) \\ X_2(s) \end{bmatrix} = \begin{bmatrix} 0 \\ F(s) \end{bmatrix} \tag{c}$$

As funções de transferência decorrentes de uma força aplicada ao segundo andar são

$$G_{12}(s) = \frac{\begin{vmatrix} 0 & -k \\ 1 & ms^2 + k \end{vmatrix}}{\begin{vmatrix} ms^2 + 2k & -k \\ -k & ms^2 + k \end{vmatrix}} = \frac{k}{m^2 s^4 + 3km + k^2} = \frac{\dfrac{k}{m^2}}{s^4 + 3\dfrac{k}{m}s^2 + \dfrac{k^2}{m^2}}$$

$$= \frac{\dfrac{k}{m^2}}{\left(s^2 + 0{,}382\dfrac{k}{m}\right)\left(s^2 + 2{,}618\dfrac{k}{m}\right)} \tag{d}$$

$$= \frac{0{,}447}{m}\left(\frac{1}{s^2 + 0{,}382\dfrac{k}{m}} - \frac{1}{s^2 + 2{,}618\dfrac{k}{m}}\right)$$

$$G_{22}(s) = \frac{\begin{vmatrix} ms^2 + 2k & 0 \\ -k & 1 \end{vmatrix}}{\begin{vmatrix} ms^2 + 2k & -k \\ -k & ms^2 + k \end{vmatrix}} = \frac{ms^2 + 2k}{m^2 s^4 + 3km + k^2} = \frac{\dfrac{1}{m}\left(s^2 + 2\dfrac{k}{m}\right)}{s^4 + 3\dfrac{k}{m}s^2 + \dfrac{k^2}{m^2}}$$

$$= \frac{\dfrac{1}{m}\left(s^2 + 2\dfrac{k}{m}\right)}{\left(s^2 + 0{,}382\dfrac{k}{m}\right)\left(s^2 + 2{,}618\dfrac{k}{m}\right)} \tag{e}$$

$$= \frac{1}{m}\left(\frac{0{,}724}{s^2 + 0{,}382\dfrac{k}{m}} + \frac{0{,}276}{s^2 + 2{,}618\dfrac{k}{m}}\right)$$

As respostas em impulso são as inversas das funções de transferência dadas aqui como

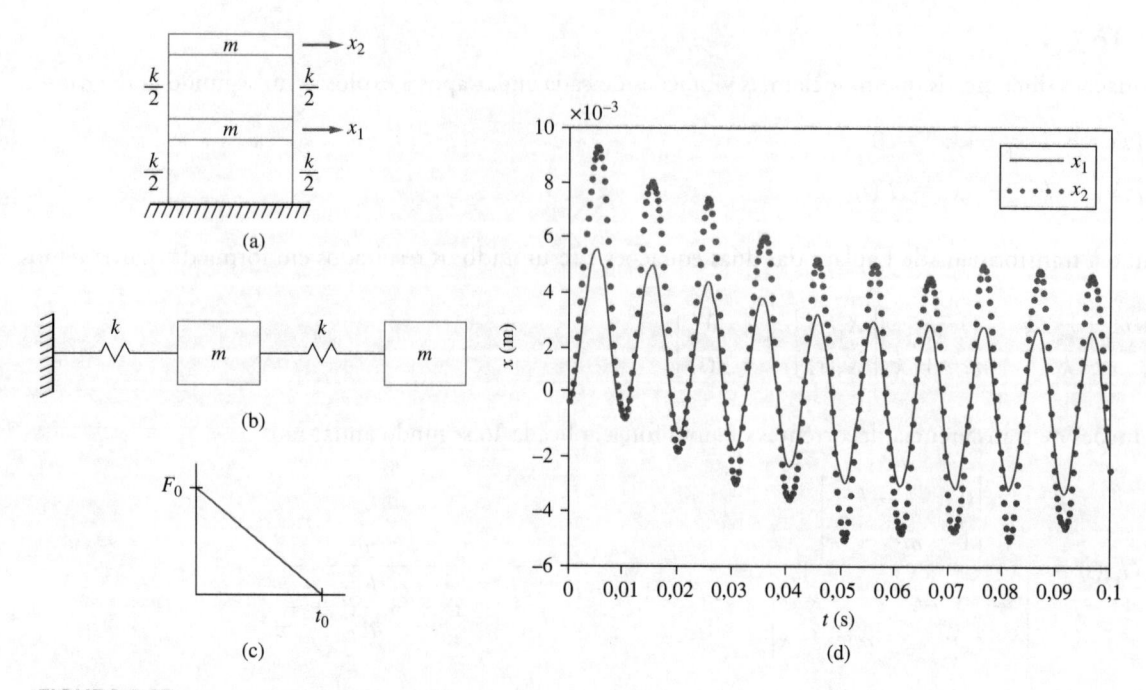

**FIGURA 6.35**
(a) A estrutura com dois andares do Exemplo 6.19. (b) Modelo com dois graus de liberdade da estrutura. (c) Força aplicada ao segundo andar da estrutura. (d) Resposta da estrutura.

$$h_{12}(t) = \mathcal{L}^{-1}\{G_{12}(s)\} = \mathcal{L}^{-1}\left\{\frac{0{,}447}{m}\left(\frac{1}{s^2 + 0{,}382\frac{k}{m}} - \frac{1}{s^2 + 2{,}618\frac{k}{m}}\right)\right\}$$

$$= \frac{0{,}447}{m}\left[\frac{1}{0{,}618\sqrt{\frac{k}{m}}}\operatorname{sen}\left(0{,}618\sqrt{\frac{k}{m}}t\right) - \frac{1}{1{,}618\sqrt{\frac{k}{m}}}\operatorname{sen}\left(1{,}618\sqrt{\frac{k}{m}}t\right)\right]$$

(f)

$$h_{22}(t) = \mathcal{L}^{-1}\{G_{22}(s)\} = \mathcal{L}^{-1}\left\{\frac{1}{m}\left(\frac{0{,}724}{s^2 + 0{,}382\frac{k}{m}} + \frac{0{,}276}{s^2 + 2{,}618\frac{k}{m}}\right)\right\}$$

$$= \frac{1}{m}\left[\frac{0{,}724}{0{,}618\sqrt{\frac{k}{m}}}\operatorname{sen}\left(0{,}618\sqrt{\frac{k}{m}}t\right) + \frac{0{,}276}{1{,}618\sqrt{\frac{k}{m}}}\operatorname{sen}\left(1{,}618\sqrt{\frac{k}{m}}t\right)\right]$$

(g)

A resposta forçada é a integral de convolução da resposta em impulso e a função da força, dada como

# Capítulo 6 SISTEMAS COM DOIS GRAUS DE LIBERDADE (2GL)

$$x_1(t) = \int_0^t F_0\left(1 - \frac{\tau}{t_0}\right)[u(\tau) - u(\tau - t_0)]\frac{0{,}447}{m}\left\{\frac{1}{0{,}618\sqrt{\frac{k}{m}}}\text{sen}\left[0{,}618\sqrt{\frac{k}{m}}(t-\tau)\right]\right.$$

$$\left. - \frac{1}{1{,}618\sqrt{\frac{k}{m}}}\text{sen}\left[1{,}618\sqrt{\frac{k}{m}}(t-\tau)\right]\right\}d\tau \tag{h}$$

A Tabela 5.1 pode ajudar na avaliação integral de convolução. Use a função rampa com $A = -1/t_0$, $B = 1$, e $t_0$ igual a 0 ou $t_0$ para calcular a integral. O resultado de $x_1(t)$ é

$$x_1(t) = -\frac{0{,}447 F_0}{m}\left\{\frac{1}{0{,}382\frac{k}{m}}\left[t - t_0 + t_0\cos\left(0{,}618\sqrt{\frac{k}{m}}t\right)\right.\right.$$

$$\left.\left. - \frac{1}{0{,}618\sqrt{\frac{k}{m}}}\text{sen}\left(0{,}618\sqrt{\frac{k}{m}}t\right)\right]u(t)\right.$$

$$\left. - \frac{1}{0{,}382\frac{k}{m}}\left[t - t_0 - \frac{1}{0{,}618\sqrt{\frac{k}{m}}}\text{sen}\left(0{,}618\sqrt{\frac{k}{m}}(t-t_0)\right)\right]u(t-t_0)\right. \tag{i}$$

$$\left. - \frac{1}{2{,}618\frac{k}{m}}\left[t - t_0 + t_0\cos\left(1{,}618\sqrt{\frac{k}{m}}t\right) - \frac{1}{1{,}618\sqrt{\frac{k}{m}}}\text{sen}\left(1{,}618\sqrt{\frac{k}{m}}t\right)\right]u(t)\right.$$

$$\left. + \frac{1}{2{,}618\frac{k}{m}}\left[t - t_0 - \frac{1}{1{,}618\sqrt{\frac{k}{m}}}\text{sen}\left(1{,}618\sqrt{\frac{k}{m}}(t-t_0)\right)\right]u(t-t_0)\right\}$$

A solução de $x_2(t)$ é

$$x_2(t) = \int_0^t F_0\left(1 - \frac{\tau}{t_0}\right)[u(\tau) - u(\tau - t_0)]\frac{1}{m}\left[\frac{0{,}724}{0{,}618\sqrt{\frac{k}{m}}}\text{sen}\left(0{,}618\sqrt{\frac{k}{m}}t\right)\right.$$

$$\left. + \frac{0{,}276}{1{,}618\sqrt{\frac{k}{m}}}\text{sen}\left(1{,}618\sqrt{\frac{k}{m}}t\right)\right]d\tau \tag{j}$$

Utilizando o mesmo método para calcular a integral de convolução para $x_2(t)$, temos

$$x_2(t) = -\frac{F_0}{m}\left\{\frac{0{,}724}{0{,}382\frac{k}{m}}\left[t - t_0 + t_0\cos\left(0{,}618\sqrt{\frac{k}{m}}t\right)\right.\right.$$

$$\left.- \frac{1}{0{,}618\sqrt{\frac{k}{m}}}\operatorname{sen}\left(0{,}618\sqrt{\frac{k}{m}}t\right)\right]u(t)$$

$$- \frac{0{,}724}{0{,}382\frac{k}{m}}\left[t - t_0 - \frac{1}{0{,}618\sqrt{\frac{k}{m}}}\operatorname{sen}\left(0{,}618\sqrt{\frac{k}{m}}(t - t_0)\right)\right]u(t - t_0) \qquad \text{(k)}$$

$$+ \frac{0{,}276}{2{,}618\frac{k}{m}}\left[t - t_0 + t_0\cos\left(1{,}618\sqrt{\frac{k}{m}}t\right) - \frac{1}{1{,}618\sqrt{\frac{k}{m}}}\operatorname{sen}\left(1{,}618\sqrt{\frac{k}{m}}t\right)\right]u(t)$$

$$\left.- \frac{0{,}276}{2{,}618\frac{k}{m}}\left[t - t_0 - \frac{1}{1{,}618\sqrt{\frac{k}{m}}}\operatorname{sen}\left(1{,}618\sqrt{\frac{k}{m}}(t - t_0)\right)\right]u(t - t_0)\right\}$$

As Equações (j) e (k) são ilustradas na Figura 6.35(d) para $m = 1000$ kg, $k = 1 \times 10^6$ N/m, $t_0 = 0{,}05$ s e $F_0 = 50.000$ N. ∎

## EXEMPLO 6.20

Uma grande máquina de massa 200 kg é montada sobre uma base elástica não amortecida com rigidez $2{,}5 \times 10^6$ N/m conforme mostrado na Figura 6.36(a). Durante a operação a 110 rad/s, a máquina está sujeita à força harmônica de magnitude 2200 N.

(a) Determine a amplitude em regime permanente da máquina enquanto ela opera.
(b) Determine a rigidez necessária de um amortecedor de vibração não amortecido com massa 20 kg de modo que as vibrações em regime permanente da máquina sejam eliminadas durante a operação.
(c) Determine a amplitude da massa do absorvedor quando o absorvedor de vibrações da parte (b) é utilizado.
(d) Quais são as frequências naturais do sistema com dois graus de liberdade resultante?
(e) Quando este absorvedor é usado, qual é a faixa de frequência tal que a amplitude em estado estacionário da máquina é menor que 1,2 mm?

### SOLUÇÃO

(a) A frequência natural da máquina montada sobre a base elástica é

$$\omega_n = \sqrt{\frac{k}{m}} = \sqrt{\frac{2{,}5 \times 10^6 \text{ N/m}}{200 \text{ kg}}} = 111{,}8 \text{ rad/s} \qquad \text{(a)}$$

A razão de frequência é

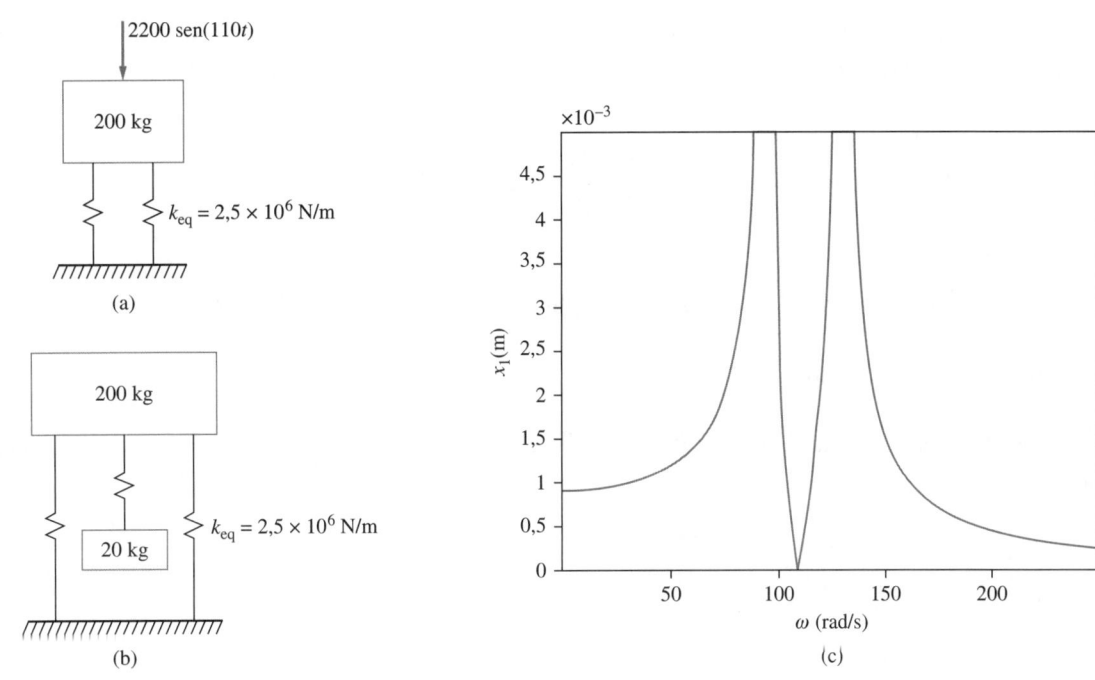

**FIGURA 6.36**
(a) A máquina está montada numa base elástica com uma frequência de excitação de 110 rad/s. (b) O absorvedor de vibrações de massa 20 kg é projetado para eliminar vibrações em estado estacionário da máquina. (c) A resposta em frequência da máquina com absorvedor no lugar.

$$r = \frac{\omega}{\omega_n} = \frac{110 \text{ rad/s}}{111,8 \text{ rad/s}} = 0,984 \tag{b}$$

A amplitude em estado estacionário da máquina é

$$X = \frac{F_0}{m\omega_n^2} M(0,984, 0) = \frac{2200 \text{ N}}{2,5 \times 10^6 \text{ N/m}} \frac{1}{1 - (0,984)^2} = 2,75 \text{ cm} \tag{c}$$

(b) Para eliminar as vibrações em estado estacionário à frequência de excitação, o absorvedor é ajustado à frequência de excitação

$$\omega_{22} = \sqrt{\frac{k_2}{m_2}} = \omega \tag{d}$$

Assim

$$k_2 = m_2 \omega^2 = (20 \text{ kg})(110 \text{ rad/s})^2 = 2,42 \times 10^5 \text{ N/m} \tag{e}$$

(c) A amplitude em estado estacionário do absorvedor quando o sistema opera na frequência em que o absorvedor está ajustado é

$$X_2 = \frac{F_0}{k_2} = \frac{2200 \text{ N}}{2,42 \times 10^5 \text{ N/m}} = 9,1 \text{ mm} \tag{f}$$

O absorvedor ligado à máquina é ilustrado na Figura 6.36(b).
(d) A razão entre a massa do absorvedor e a massa da máquina é $\mu = (20 \text{ kg}) / (200 \text{ kg}) = 0,1$.

A relação entre a frequência ajustada e a frequência natural da máquina é a mesma que a taxa de frequência original $q = 0,984$. As frequências naturais do sistema com dois graus de liberdade com o absorvedor no lugar são

$$\omega_{1,2} = \frac{\omega_{11}}{\sqrt{2}}\sqrt{1 + q^2(1 + \mu) \pm \sqrt{q^4(1 + \mu^2) + 2(\mu - 1)q^2 + 1}}$$

$$= \frac{111,8\,\frac{r}{s}}{\sqrt{2}}\sqrt{1+(0,984)^2(1+0,1) \pm \sqrt{(0,984)^4(1+0,1)^2+2(0,1-1)(0,984)^2+1}} \quad \text{(g)}$$

$$= 94,8 \text{ rad/s}, 129,7 \text{ rad/s}$$

(e) Seja $\omega$ uma frequência variável. Defina $r_1 = \frac{\omega}{111,8 \text{ rad/s}}$ e $r_2 = \frac{\omega}{110 \text{ rad/s}}$. A resposta em frequência da máquina é dada por

$$X_1 = \frac{F_0}{k_1}\left|\frac{1 - r_2^2}{r_1^2 r_2^2 - r_2^2 - (1 + \mu)r_1^2 + 1}\right|$$

$$= \frac{2200 \text{ N}}{2,5\times 10^6 \text{ N/m}}\left|\frac{1 - \left(\frac{\omega}{110 \text{ rad/s}}\right)^2}{\left(\frac{\omega}{111,8 \text{ rad/s}}\right)^2\left(\frac{\omega}{110 \text{ rad/s}}\right)^2 - \left(\frac{\omega}{110 \text{ rad/s}}\right)^2 - (1+0,1)\left(\frac{\omega}{111,8 \text{ rad/s}}\right)^2 + 1}\right| \quad \text{(h)}$$

Os valores de $\omega$ para os quais a amplitude em estado estacionário da máquina é menor que 1,2 mm são obtidos ajustando $X_1 < 0,0012$ m na Equação (h) e resolvendo para $\omega$. Existem dois valores de $\omega$ que satisfazem $X_1 < 0,0012$ m: um valor menor que $\omega_{22}$ e outro maior que $\omega_{22}$. Ao realizar os cálculos, repare que o numerador é positivo para $\omega < \omega_{22}$ e negativo para $\omega > \omega_{22}$, mas o denominador é sempre positivo na faixa de operação. A equação pode ser rearranjada em uma equação quadrática em $\omega^2$, resultando em uma faixa operacional de

$$104,3 \text{ rad/s} < \omega < 117,0 \text{ rad/s} \quad \text{(i)}$$

A resposta em frequência do tempo da bomba é representada na Figura 6.36(c). ∎

## EXEMPLO 6.21

Decide-se colocar um absorvedor de vibração amortecido na máquina do Exemplo 6.21. Além de alterar a curva da resposta em frequência do sistema primário, ela pode servir como um coletor de energia (veja Seção 4.15). Assuma que seja utilizado um absorvedor de vibração amortecido ideal de massa 20 kg. Qual é a potência média colhida pelo absorvedor ao longo de um ciclo?

### SOLUÇÃO

A proporção da massa do absorvedor é $\mu = \frac{m_2}{m_1} = 0,1$. A proporção de amortecimento ideal do absorvedor é

$$\zeta_{\text{otim}} = \sqrt{\frac{3\mu}{8(1 + \mu)}} = \sqrt{\frac{3(0,1)}{8(1,1)}} = 0,184 \quad \text{(a)}$$

O absorvedor é ajustado de tal forma que

$$q = \frac{1}{1+\mu} = 0,909 \qquad \text{(b)}$$

ou

$$\omega_{22} = 0,909\omega_{11} = 0,909(110 \text{ rad/s}) = 100,0 \text{ rad/s} \qquad \text{(c)}$$

A potência média colhida pelo absorvedor é

$$\overline{P} = \frac{c\omega^2 Z^2}{2} = \zeta m_2 \omega_{22}^4 r_2^2 Z^2 \qquad \text{(d)}$$

onde $Z$ é a amplitude do deslocamento relativo entre o absorvedor e o sistema primário. Se $x_1(t) = X_1 \text{sen}(\omega t - \phi_1)$ e $x_2(t) = X_2 \text{sen}(\omega t - \phi_2)$, então

$$z(t) = X_2 \text{sen}(\omega t - \phi_2) - X_1 \text{sen}(\omega t - \phi_1) = Z \text{sen}(\omega t - \phi_3) \qquad \text{(e)}$$

onde

$$Z = \sqrt{X_1^2 - 2X_1 X_2 \text{sen}(\phi_1 + \phi_2) + X_2^2} \qquad \text{(f)}$$

Definindo

$$M = r_1^4 - [1 + (1+\mu)q^2 r_1^2] + q^2 \qquad \text{(g)}$$

e

$$N = 2\zeta r_1 q [1 - r_1^2(1+\mu)] \qquad \text{(h)}$$

a análise do sistema com dois graus de liberdade dá

$$X_1 = \frac{F_0}{k_1}\sqrt{\frac{(2\zeta r_1 q)^2 + (r_1^2 - q^2)^2}{\{r_1^4 - [1+(1+\mu)q^2 r_1^2] + q^2\}^2 + (2\zeta r_1 q)^2 [1 - r_1^2(1+\mu)]^2}} = 0,0057 \text{ m} \qquad \text{(i)}$$

$$\phi_1 = \tan^{-1}\left[\frac{2\zeta r_2 M - (1 - r_2^2)N}{(1 - r_2^2)q^2 \mu M + 2\zeta N r_2 \sqrt{\mu}}\right] = -1,784 \qquad \text{(j)}$$

$$X_2 = \frac{F_0}{k_1}\sqrt{\frac{q^4 + (2\zeta q)^2}{\{r_1^4 - [1+(1+\mu)q^2 r_1^2] + q^2\}^2 + (2\zeta r_1 q)^2 [1 - r_1^2(1+\mu)]^2}} = 0,0027 \text{ m} \qquad \text{(k)}$$

$$\phi_2 = \tan^{-1}\left[\frac{M - 2\zeta r_2 N}{2\zeta r_2 M + N}\right] = -2,278 \qquad \text{(l)}$$

O valor de $Z$ usando a Equação (f) é $Z = 0,0039$ m. Assim, da Equação (d), a potência média colhida ao longo de um ciclo é

$$\overline{P} = (0,184)(10 \text{ kg})(100 \text{ rad/s})^4 (0,909)^2 (0,0039 \text{ m})^2 = 4,64 \text{ kW} \qquad \text{(m)} \blacksquare$$

## 6.16 RESUMO DO CAPÍTULO

### 6.16.1 CONCEITOS IMPORTANTES

- Os sistemas com 2GL são controlados por duas equações diferenciais acopladas.
- O método DCL é usado para obter uma equação diferencial que regula o movimento dos sistemas com dois graus de liberdade.
- Uma solução na base modal em que um movimento sincrônico ocorre é considerada como resposta livre de sistemas não amortecidos.
- As frequências naturais são obtidas pela solução de uma equação algébrica de quarta ordem para $\omega$ com apenas potências pares de $\omega$.
- A fração modal de cada modo é o segundo elemento do vetor de modo natural quando o primeiro elemento é definido igual a um.
- Os modos de vibrar podem ser ilustrados graficamente.
- Um nó é um ponto de deslocamento zero de um modo.
- A resposta livre geral é uma combinação linear dos modos. As constantes na combinação linear são determinadas a partir da aplicação das condições iniciais.
- Uma solução exponencial é assumida para a resposta livre do sistema com amortecimento viscoso. Os expoentes são obtidos pela solução de uma equação algébrica de quarta ordem com potências ímpares.
- Todo sistema não amortecido tem um conjunto de coordenadas principais que, quando as equações diferenciais são escritas em termos das coordenadas principais, estão desacopladas.
- A resposta harmônica dos sistemas com dois graus de liberdade é obtida pelo método de coeficientes indeterminados ou uso da função de transferência senoidal.
- Uma matriz de função de transferência pode ser definida quando seus elementos são $G_{i,j}(s)$ onde $G_{i,j}(s)$ é a transformada da resposta em $x_i$ devido a um impulso unitário aplicado a $x_j$.
- Uma solução da integral de convolução fornece a resposta do sistema devido a qualquer função de força.
- A resposta em frequência refere-se à variação da amplitude em estado estacionário com uma frequência.
- Um absorvedor de vibração, quando ajustado na frequência de excitação, pode ser usado para eliminar as vibrações no estado estacionário do sistema primário.
- O absorvedor de vibração funciona transformando um sistema de 1GL em um sistema com dois graus de liberdade. As frequências naturais do sistema com dois graus de liberdade resultante estão afastadas da frequência de excitação.
- Os absorvedores amortecidos são projetados para reduzir a amplitude durante a inicialização e ampliar a faixa de operação do absorvedor.

### 6.16.2 EQUAÇÕES IMPORTANTES

Formulação de matriz de equações diferenciais

$$\mathbf{M}\ddot{\mathbf{x}} + \mathbf{C}\dot{\mathbf{x}} + \mathbf{K}\mathbf{x} = \mathbf{F} \tag{6.1}$$

Solução na base modal

$$\begin{bmatrix} x_1 \\ x_2 \end{bmatrix} = \mathbf{X}e^{i\omega t} \tag{6.3}$$

Determinação das frequências naturais do sistema não amortecido

$$\det(-\omega^2 \mathbf{M} + \mathbf{K}) = 0 \tag{6.8}$$

Fração modal

$$\chi_2 = \frac{-\omega^2 m_{1,1} - k_{1,1}}{-\omega^2 m_{1,2} + k_{1,2}} \tag{6.11}$$

Resposta livre de um sistema não amortecido

$$\boldsymbol{x}(t) = [\,C_1\cos(\omega_1 t) + C_2\operatorname{sen}(\omega_1 t)]\boldsymbol{X}_1 + [C_3\cos(\omega_2 t) + C_4\operatorname{sen}(\omega_2 t)]\boldsymbol{X}_2 \tag{6.13}$$

$$\mathbf{x}(t) = A_1\mathbf{X}_1\operatorname{sen}(\omega_1 t + \phi_1) + A_2\mathbf{X}_2\operatorname{sen}(\omega_2 t + \phi_2) \tag{6.16}$$

Solução para sistema com amortecimento viscoso

$$\begin{bmatrix} x_1(t) \\ x_2(t) \end{bmatrix} = \begin{bmatrix} 1 \\ \chi \end{bmatrix} e^{\lambda t} \tag{6.18}$$

Determinação da resposta livre para o sistema amortecido

$$\det(\lambda^2 \boldsymbol{MX} + \lambda \boldsymbol{CX} + \boldsymbol{KX}) = 0 \tag{6.20}$$

Equações diferenciais das coordenadas principais

$$\ddot{p}_1 + \omega_1^2 p_1 = 0 \tag{6.24}$$

$$\ddot{p}_2 + \omega_2^2 p_2 = 0 \tag{6.25}$$

Vibrações em estado estacionário de um sistema não amortecido devido à excitação de uma única frequência

$$\mathbf{x} = \mathbf{U}\operatorname{sen}(\omega t) \tag{6.38}$$

Resposta em estado estacionário de sistema com amortecimento viscoso devido à excitação de uma única frequência

$$x_1 = u_1\operatorname{sen}(\omega t) + v_1\cos(\omega t) \tag{6.45}$$

$$x_2 = u_2\operatorname{sen}(\omega t) + v_2\cos(\omega t) \tag{6.46}$$

Amplitudes em estado estacionário e fases

$$x_1 = X_1\operatorname{sen}(\omega t - \phi_1) \tag{6.47}$$

$$x_2 = X_2\operatorname{sen}(\omega t - \phi_2) \tag{6.48}$$

$$X_i = \sqrt{u_i^2 + v_i^2} \tag{6.49}$$

$$\phi_i = \tan^{-1}\left(\frac{v_i}{u_i}\right) \tag{6.50}$$

Solução integral de convolução para $x_i$ devido a uma força aplicada em $x_j$

$$x_i(t) = \int_0^t F_j(\tau) h_{i,j}(t - \tau) d\tau \tag{6.53}$$

Resposta forçada do sistema

$$x(t) = F_0|G(i\omega)| \text{sen}(\omega t + \phi) \tag{6.65}$$

Resposta em frequência do sistema primário quando o absorvedor de vibrações é utilizado

$$\frac{k_1 X_1}{F_0} = \left| \frac{1 - r_2^2}{r_1^2 r_2^2 - r_2^2 - (1 + \mu) r_1^2 + 1} \right| \tag{6.90}$$

Ajuste do absorvedor

$$k_2 = m_2 \omega^2 \tag{6.92}$$

Amplitude em estado estacionário do absorvedor ajustado

$$X_2 = \frac{F_0}{k_2} \tag{6.94}$$

Absorvedor otimamente amortecido

$$q = \frac{1}{1 + \mu} \tag{6.108}$$

$$\zeta_{\text{otim}} = \sqrt{\frac{3\mu}{8(1 + \mu)}} \tag{6.109}$$

## PROBLEMAS

## PROBLEMAS DE RESPOSTA CURTA

Para os Problemas 6.1 a 6.15, indique se a afirmação apresentada é verdadeira ou falsa. Se for verdadeira, diga por quê. Se for falsa, reescreva a afirmação para torná-la verdadeira.

6.1  Um sistema com dois graus de liberdade possui duas frequências naturais.
6.2  As frequências naturais são determinadas estabelecendo $|\omega^2 \mathbf{K} - \mathbf{M}| = 0$.
6.3  As frequências naturais de um sistema com dois graus de liberdade dependem da escolha de coordenadas generalizadas usadas para modelar o sistema.
6.4  As frequências naturais de um sistema não amortecido com dois graus de liberdade são determinadas resolvendo as raízes de um polinômio de quarta ordem que só tem potências pares na frequência.
6.5  A fração modal representa o amortecimento de cada modo.
6.6  As coordenadas principais são as coordenadas generalizadas para as quais a matriz de massa e a matriz de rigidez são matrizes simétricas.
6.7  A resposta livre de um sistema amortecido com dois graus de liberdade tem dois modos de vibração que estão subamortecidos.
6.8  Um deslocamento de um nó para um modo de um sistema com dois graus de liberdade pode servir como uma coordenada principal.
6.9  As frações modais de um sistema com dois graus de liberdade dependem da escolha de coordenadas generalizadas usadas para modelar o sistema.

6.10 A função de transferência senoidal pode ser usada para determinar a resposta em estado estacionário de um sistema com dois graus de liberdade.

6.11 A adição de um absorvedor de vibração não amortecido transforma um sistema de 1GL em um sistema com dois graus de liberdade.

6.12 O absorvedor de vibração não amortecido é ajustado para a frequência natural do sistema primário para eliminar as vibrações em estado estacionário do absorvedor.

6.13 Um absorvedor de vibração amortecido de forma otimizada é ajustado de forma que apenas a amplitude de vibração durante a inicialização é minimizada.

6.14 A adição de um absorvedor de vibração dinâmico a um sistema primário amortecido eliminará as vibrações em estado estacionário do sistema primário se o absorvedor estiver ajustado na frequência de excitação.

6.15 Um amortecedor de Houdaille é usado para o controle da vibração em virabrequins de motor.

Os Problemas 6.16 a 6.37 exigem resposta curta.

6.16 Desenhe um DCL do bloco cujo deslocamento é $x^1$ da Figura P 6.16 em um instante aleatório de tempo, rotulando as forças adequadamente.

6.17 Desenhe um DCL do bloco cujo deslocamento da Figura P 6.16 é $x^2$ em um instante aleatório de tempo, rotulando as forças adequadamente.

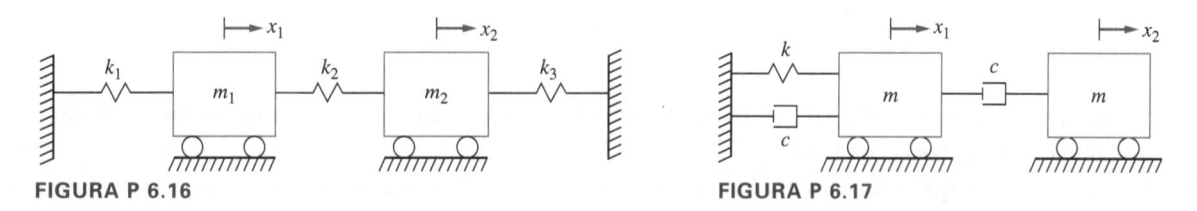

**FIGURA P 6.16**

**FIGURA P 6.17**

6.18 Qual é a solução na base modal e como ela é usada?

6.19 Discuta a diferença entre a solução presumida das vibrações livres de um sistema com dois graus de liberdade não amortecido e um com amortecimento viscoso.

6.20 O que significa uma solução real da equação de quarta ordem para um sistema com amortecimento viscoso para solucionar $\lambda$ em relação ao modo de vibração?

6.21 O que significa uma solução complexa da equação de quarta ordem para um sistema com amortecimento viscoso para solucionar $\lambda$ em relação ao modo de vibração?

6.22 Qual é o significado da função de transferência $G_{1,2}(s)$?

6.23 Defina a função de transferência senoidal.

6.24 Escreva as equações diferenciais das coordenadas principais das vibrações livres não amortecidas de um sistema com dois graus de liberdade com frequências naturais $\omega_1$ e $\omega_2$.

6.25 Um sistema com dois graus de liberdade tem um modo com uma fração modal igual a zero. O que isto implica?

6.26 Um sistema com dois graus de liberdade tem um modo com uma fração modal igual a um. O que isto implica?

6.27 Quantos nós do modo correspondente existem à frequência natural mais baixa de um sistema com dois graus de liberdade?

6.28 Se as equações diferenciais que controlam um sistema com dois graus de liberdade são desacopladas quando um certo conjunto de coordenadas generalizadas é usado, as coordenadas devem ser _____ coordenadas do sistema.

6.29 A fórmula geral da função de transferência é

$$G(s) = \frac{N(s)}{D(s)}$$

As funções de transferência $G_{1,1}(s)$ e $G_{2,1}(s)$, definidas de um sistema para com dois graus de liberdade, têm em comum (escolha uma):

(a) O numerador $N(s)$
(b) O denominador $D(s)$
(c) Nem o numerador nem o denominador
(d) Tanto o numerador quanto o denominador

6.30 Indique a solução integral de convolução da resposta forçada da coordenada generalizada $x_1(t)$ quando ocorre, devido a uma força $F(t)$ aplicada no local onde a segunda coordenada generalizada $x_2(t)$ é definida.

6.31 Como as amplitudes e fases são determinadas para as vibrações livres de um sistema com dois graus de liberdade?

6.32 Como $G(i\omega)$ é resolvido em coordenadas polares?

6.33 Qual é a amplitude de vibração do sistema primário quando um absorvedor de vibração dinâmico ajustado para a frequência de excitação é adicionado ao sistema?

6.34 Como funciona um absorvedor dinâmico de vibrações?

6.35 Quando um amortecedor de vibrações é utilizado?

6.36 Quais os dois problemas da adição de amortecimento quando adicionado a um absorvedor de vibração?

6.37 Como é definida a razão de amortecimento ideal de um amortecedor Houdaille?

Os Problemas 6.38 a 6.47 exigem cálculos curtos.

6.38 A equação

$$6\omega^4 - 27\omega^2 + 21 = 0$$

é uma equação desenvolvida para determinar as frequências naturais de um sistema. Resolva a equação para determinar as frequências naturais.

6.39 As equações das frequências naturais e vetores de modo natural de um sistema com dois graus de liberdade são

$$\begin{bmatrix} -\omega^2 + 3 & -2 \\ -2 & -\omega^2 + 2 \end{bmatrix} \begin{bmatrix} 1 \\ \chi \end{bmatrix} = \begin{bmatrix} 0 \\ 0 \end{bmatrix}$$

(a) Defina um sistema que produziria esta equação.
(b) Calcule as frequências naturais do sistema.
(c) Calcule o modo natural correspondente à frequência natural mais baixa.
(d) Desenhe um diagrama ilustrando o vetor de modo natural.

6.40 Um sistema com dois graus de liberdade tem uma fração modal de um de seus modos naturais de $-1$. (a) Desenhe o diagrama do modo natural correspondente a esse modo. (b) O modo natural corresponde à frequência natural mais baixa ou mais alta?

6.41 A função de transferência de uma coordenada generalizada de um sistema com dois graus de liberdade é

$$G(s) = \frac{1}{s^4 + 3s^2 + 2}$$

(a) Calcule $G(3i)$.
(b) Quais são as frequências naturais do sistema?
(c) Se este sistema fosse excitado por uma força igual a 5 sen $3t$, qual seria a resposta em estado estacionário da coordenada generalizada?

6.42 A função de transferência de uma coordenada generalizada, $x_1$, de um sistema com dois graus de liberdade, devido a uma força na outra coordenada generalizada, $x_2$, é

$$G(s) = \frac{1}{s^4 + 2s^3 + 4s^2 + 10s + 25}$$

Se $x_2$ estiver sujeito a uma força 2,5 sen $4t$, qual é a resposta em estado estacionário de $x_1$?

## Capítulo 6

6.43 Uma máquina vibra com uma razão de frequência de 1,05. Um absorvedor de vibrações ajustado à frequência de excitação é adicionado à máquina. Qual é o valor de (a) $r_2$, (b) $r_1$, (c) $q$?

6.44 Se a razão da massa do absorvedor do Problema Curto 6.43 é 0,2 e a frequência natural do sistema primário é 100 rad/s, quais são as frequências naturais com o absorvedor no lugar?

6.45 Uma máquina é excitada a uma frequência de 30 Hz por uma força com uma amplitude de 200 N. É desejável eliminar as vibrações em estado estacionário da máquina pela adição de um absorvedor de vibração.
   (a) Para qual frequência o absorvedor deveria ser ajustado?
   (b) Se a massa do absorvedor for 3 kg, qual é a rigidez do absorvedor?
   (c) Quando a máquina é excitada a 30 Hz, qual é a amplitude de vibração do absorvedor?
   (d) Qual é a frequência das vibrações do absorvedor?

6.46 Um absorvedor de vibração otimamente amortecido está sendo projetado para um sistema primário de frequência natural 100 rad/s. A massa da máquina é 50 kg, e a massa do absorvedor é 10 kg.
   (a) Qual é a frequência natural do absorvedor?
   (b) Qual razão de amortecimento deve ser utilizada para o absorvedor?

6.47 Um amortecedor de Houdaille projetado otimamente deve ser usado para absorver as vibrações de um sistema de rotação. O momento de inércia do sistema primário é 0,1 kg · m², e o momento de inércia do amortecedor é 0,01 kg · m².
   (a) Qual é a taxa de amortecimento ideal?
   (b) Qual é a amplitude em estado estacionário do sistema primário se $\frac{M_0}{k} = 0{,}002$?

# CAPÍTULO 7

# MODELAMENTO DOS SISTEMAS DE NGL

## 7.1 INTRODUÇÃO

O número de graus de liberdade usado para analisar um sistema é o número de coordenadas cinematicamente independentes necessárias para descrever o movimento de cada partícula no sistema. O sistema da Figura 7.1(a) tem apenas um grau de liberdade. Se $\theta$ for escolhido como a coordenada generalizada, usando a aproximação de ângulos pequenos, $x = a\theta$, onde $x$ é o deslocamento de uma partícula localizada a uma distância $a$ do suporte do pino. Se o suporte do pino for removido como na Figura 7.1(b), usando a aproximação de deslocamentos pequenos, a análise do sistema exige duas coordenadas. Elas podem ser escolhidas como $x$, como o deslocamento do centro da massa, e $\theta$ como a rotação angular em sentido horário da barra, todas sendo medidas a partir da posição de equilíbrio do sistema. Se um sistema de massa-mola estiver suspenso do centro da massa da barra, como ilustrado na Figura 7.1(c), o sistema tem três graus de liberdade. Uma escolha adequada para as coordenadas generalizadas é $x_1$ (deslocamento da extremidade esquerda da barra), $x_2$ (deslocamento da extremidade direita da barra) e $x_3$ (deslocamento da massa). Todas são medidas do equilíbrio.

    Lembre-se de que, para os sistemas lineares com forças da mola estática, as forças da mola estática são canceladas com a fonte das forças da mola quando a equação diferencial é calculada. Nenhuma está incluída em um DCL quando o objetivo é obter a equação diferencial de movimento. A energia potencial das molas com as forças estáticas é calculada a partir da energia calculada da posição de equilíbrio do sistema. A energia potencial total é expressa como $V + V_0$, onde $V_0$ é a energia potencial na mola quando o sistema está em equilíbrio. Como $V_0$ é uma constante, ela não é considerada no cálculo da rigidez equivalente. O mesmo vale para os sistemas de múltiplos graus de liberdade (de NGL). As forças estáticas nas molas são canceladas com a fonte das forças dessas molas e não estão incluídas nos DCLs ou nos termos de energia potencial.

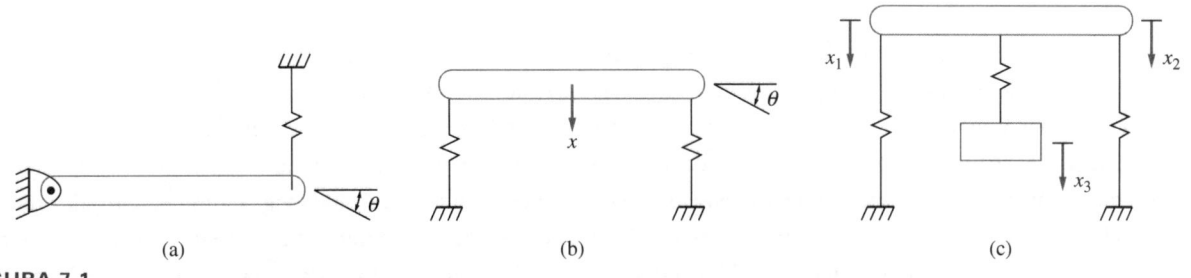

**FIGURA 7.1**
(a) O sistema é um sistema de 1GL com $\theta$ como a coordenada generalizada escolhida. (b) O sistema tem dois graus de liberdade com $x$ e $\theta$ escolhidas como as coordenadas generalizadas. (c) Um sistema de três graus de liberdade com $x_1$, $x_2$ e $x_3$ como coordenadas generalizadas.

A análise de um sistema de $n$ graus de liberdade ($n$GL) exige $n$ equações diferenciais independentes. As equações diferenciais para os sistemas com dois graus de liberdade, discutidos no Capítulo 6, foram obtidas usando o método do diagrama de corpo livre. O método é usado novamente neste capítulo para os sistemas com mais de dois graus de liberdade, porém o método de energia é o preferido. As equações de Lagrange, que são um resultado de um método de energia, são especificadas e usadas para calcular as equações diferenciais regendo as vibrações dos sistemas de NGL. A vantagem do uso das equações de Lagrange é que, quando as equações diferenciais são lineares e devem ser expressas na forma de matriz, a matriz de massa e a matriz de rigidez são simétricas. Isso impõe condições apropriadas de ortogonalidade nos formatos do modo (Capítulo 8) e leva à dedução do método da análise modal (Capítulo 9) para determinar a resposta forçada. Quando o amortecimento viscoso está presente, a aplicação das equações de Lagrange também leva a uma matriz de amortecimento simétrico que é crucial para o desenvolvimento da resposta forçada para os sistemas com o amortecimento viscoso.

A aplicação das equações de Lagrange exige que a energia cinética seja calculada em termos das coordenadas generalizadas e suas derivadas de tempo em um instante arbitrário. A energia potencial é calculada em termos das coordenadas generalizadas em um instante arbitrário. As equações de Lagrange podem ser usadas para obter as equações diferenciais para os sistemas lineares e os sistemas não lineares. Quando há amortecimento viscoso, a função de dissipação de Rayleigh é usada para determinar a energia dissipada pelas forças de amortecimento. As equações lineares podem ser expressas em uma forma matricial semelhante às da Equação (6.1), como

$$\mathbf{M\ddot{x} + C\dot{x} + Kx = F} \tag{7.1}$$

Quando as equações são lineares, a energia cinética, a energia potencial e a função de dissipação de Rayleigh podem ser escritas em sua *forma quadrática*. A forma quadrática da energia cinética é usada para determinar diretamente os elementos da matriz de massa. A forma quadrática da função de dissipação de Rayleigh é usada para determinar diretamente os elementos da matriz de amortecimento. A forma quadrática da energia potencial é usada para determinar diretamente os elementos da matriz de rigidez. O vetor da força é determinado pelo uso do método do trabalho virtual.

Como a *energia potencial* de um sistema depende apenas das forças e da posição do sistema (e não do histórico de tempo do movimento), ela pode ser calculada por qualquer método que leva à posição instantânea. Essa é a base dos coeficientes de influência da rigidez. Uma deflexão específica para uma coordenada generalizada é assumida, e a deflexão de todas as outras coordenadas generalizadas é assumida como zero. As forças necessárias para manter isso como uma posição de equilíbrio, que são os *coeficientes de influência da rigidez*, são calculadas. É mostrado que esses são os coeficientes na forma quadrática da energia potencial e dos elementos da matriz de rigidez. É desenvolvido um método semelhante com coeficientes de influência da inércia e os elementos da matriz de massa.

O inverso da matriz de rigidez, quando ela existe, é a *matriz de flexibilidade* $\mathbf{A}$. Pré-multiplicar a Equação (6.1) por $\mathbf{A}$ leva a

$$\mathbf{AM\ddot{x} + AC\dot{x} + x = AF} \tag{7.2}$$

Assim, $\mathbf{A}$ pode ser usado para formular as equações diferenciais. Uma coluna dos *coeficientes de influência da flexibilidade* são as deflexões das coordenadas generalizadas quando uma força específica é colocada no local descrito por uma coordenada generalizada. Os coeficientes de influência da flexibilidade são os elementos de $\mathbf{A}$.

Os *sistemas contínuos* são muitas vezes modelados como sistemas discretos. Lembre-se de que um modelo de 1GL de uma máquina na extremidade de uma viga em balanço negligencia a massa da viga e modela a rigidez da viga como $3EI/L^3$. Porém, isso apenas leva a uma aproximação da menor frequência natural do sistema contínuo, que tem um número infinito de frequências naturais. Um modelo de NGL da viga leva a aproximações de frequências naturais mais altas. O método dos elementos finitos, fornece um modelo do sistema discreto de um sistema contínuo. A introdução do modelamento discreto dos sistemas contínuos é desenvolvida com o uso dos coeficientes de influência da flexibilidade.

Este capítulo está concentrado na obtenção das equações diferenciais para os sistemas discretos. O Capítulo 8 é voltado para a resposta livre dos sistemas discretos, e o Capítulo 9 trata da resposta forçada.

## 7.2 OBTENÇÃO DAS EQUAÇÕES DIFERENCIAIS UTILIZANDO O MÉTODO DO DIAGRAMA DE CORPO LIVRE

As equações diferenciais regentes para os sistemas de 1GL obtidas com o uso do método do diagrama de corpo livre exigem o desenho de um diagrama de corpo livre do sistema em um instante arbitrário de tempo e a aplicação das leis básicas de conservação para os diagramas de corpo livre. A segunda lei de Newton ($\sum \mathbf{F} = m\mathbf{a}$) é aplicada a uma partícula, enquanto os corpos rígidos submetidos ao movimento planar também exigem $\sum M_0 = I_o \alpha$], onde 0 é um eixo de rotação fixa. Se o corpo rígido não tem um eixo de rotação fixo, é melhor desenhar dois diagramas de corpo livre do sistema em um instante arbitrário: um mostrando as forças externas e outro mostrando as forças efetivas. Lembre-se de que as *forças efetivas* são definidas como uma força igual a $m\bar{a}$ aplicada no centro da massa, e duas iguais a $\bar{I}\alpha$. Então, as leis de conservação são escritas como $(\sum F)_{ext} = (\sum F)_{ef}$ e $(\sum M_Q)_{ext} = (\sum M_Q)_{ef}$, onde $Q$ é qualquer eixo.

O primeiro exemplo ilustra o procedimento anterior, enquanto o segundo e o terceiro ilustram o posterior.

### EXEMPLO 7.1

Três blocos deslizam em uma superfície sem atrito, como mostrado na Figura 7.2(a). Obtenha a equação diferencial regendo o movimento do sistema usando $x_1$, $x_2$ e $x_3$ como coordenadas generalizadas.

#### SOLUÇÃO

Os diagramas de corpo livre ilustrando as forças agindo nos blocos em um instante arbitrário são mostrados na Figura 7.2(b). Considere a força na mola conectando os blocos cujos deslocamentos são $x_1$ e $x_2$. A força da mola é a rigidez $2k$ vezes a mudança no comprimento da mola, que é $x_2 - x_1$, desenhada em uma direção de modo que quando $x_2 - x_1$ a força é tênsil. Portanto, a força da mola está agindo longe dos blocos. A mola é assumida como sem massa. Assim, a força na mola é a mesma em ambas as extremidades, e a força agindo no bloco a partir da mola cujo deslocamento é $x_2$ é igual e oposta à força agindo no bloco cujo deslocamento é $x_1$. A determinação das outras forças da mola é feita da mesma maneira.

Aplicar $\sum \mathbf{F} = m\mathbf{a}$ na direção horizontal para os DCLs de cada um dos blocos leva a

$$-kx_1 + 2k(x_2 - x_1) = m\ddot{x}_1 \tag{a}$$

$$-2k(x_2 - x_1) + k(x_3 - x_2) = 2m\ddot{x}_2 \tag{b}$$

$$-k(x_3 - x_2) - 3kx_3 + F(t) = m\ddot{x}_3 \tag{c}$$

Levar tudo que envolve as coordenadas generalizadas para um lado das equações, tudo que não envolve as coordenadas generalizadas para o outro lado e reescrever as equações em uma forma matricial leva a

$$\begin{bmatrix} m & 0 & 0 \\ 0 & 2m & 0 \\ 0 & 0 & m \end{bmatrix} \begin{bmatrix} \ddot{x}_1 \\ \ddot{x}_2 \\ \ddot{x}_3 \end{bmatrix} + \begin{bmatrix} 3k & -2k & 0 \\ -2k & 3k & -k \\ 0 & -k & 4k \end{bmatrix} \begin{bmatrix} x_1 \\ x_2 \\ x_3 \end{bmatrix} = \begin{bmatrix} 0 \\ 0 \\ F(t) \end{bmatrix} \tag{d}$$

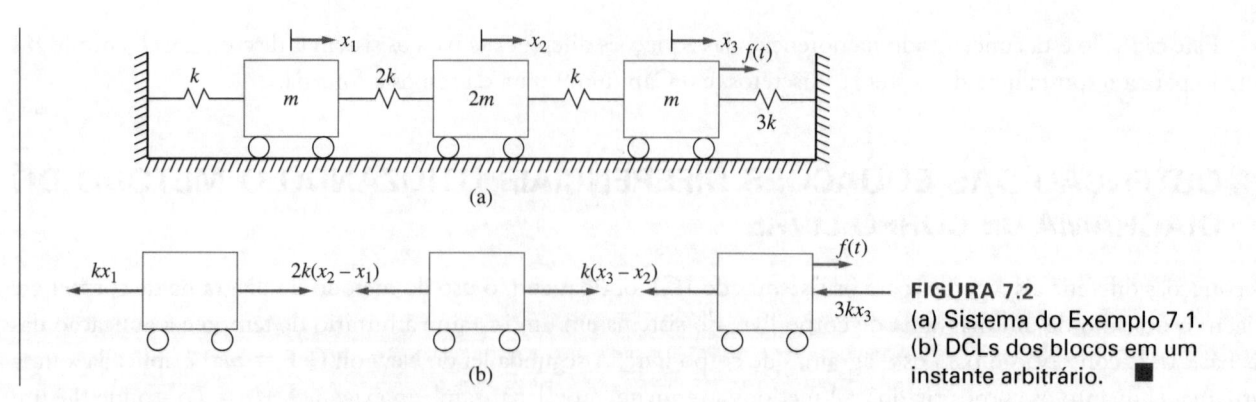

**FIGURA 7.2**
(a) Sistema do Exemplo 7.1.
(b) DCLs dos blocos em um instante arbitrário.

## EXEMPLO 7.2

Um modelo de três graus de liberdade de um sistema de suspensão automotiva é ilustrado na Figura 7.3(a). A barra de massa $m$ tem seu centro de massa em $G$, que é a distância $a$ das molas frontais. A massa-mola conectada modela um assento com um passageiro preso dentro do veículo. As rodas fornecem deslocamentos de $y_1(t)$ e $y_2(t)$, como ilustrado. Usando $x_1$, $\theta$ e $x_2$ como coordenadas generalizadas, calcule as equações de movimento para o sistema. Assuma $\theta$ pequeno.

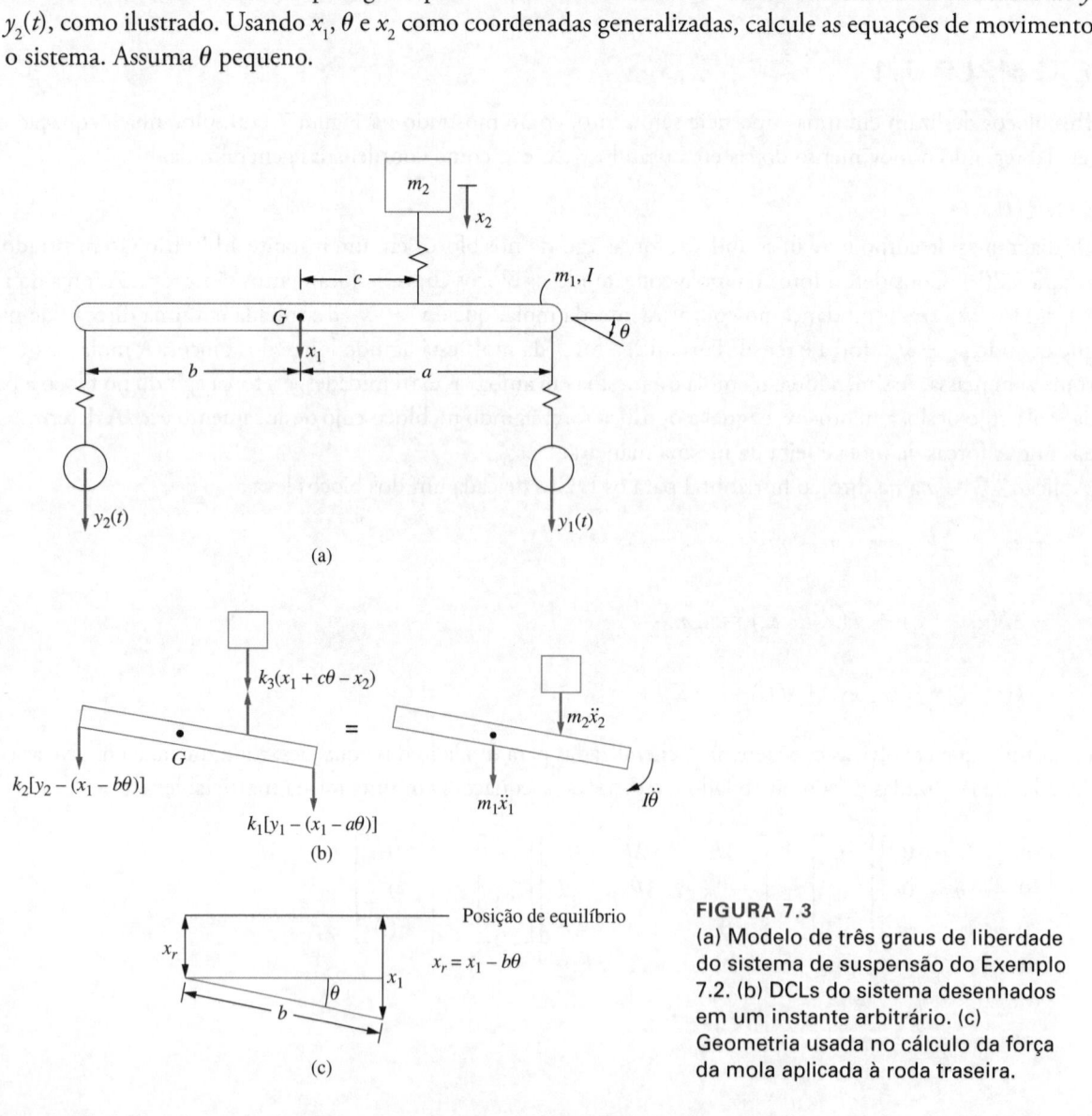

**FIGURA 7.3**
(a) Modelo de três graus de liberdade do sistema de suspensão do Exemplo 7.2. (b) DCLs do sistema desenhados em um instante arbitrário. (c) Geometria usada no cálculo da força da mola aplicada à roda traseira.

## SOLUÇÃO

Os diagramas de corpo livre do corpo do veículo e do assento desenhado em um instante arbitrário são mostrados na Figura 7.3(b). A geometria usada para escrever a força aplicada à roda traseira é ilustrada na Figura 7.3(c). A força da mola é a rigidez vezes a mudança no comprimento da mola. Uma extremidade da mola é deslocada em $y_2(t)$; a outra extremidade é deslocada em $x_1 - b\theta$. Assim, a mudança no comprimento da mola é $y_2(t) - (x_1 - b\theta)$. Aplicar $(F)_{ext} = (\Sigma F)_{ef}$ ao DCL do veículo produz

$$k_1[y_1(t) - (x_1 + a\theta)] + k_2[y_2(t) - (x_1 - b\theta)] - k_3[x_1 + c\theta - x_2] = m_1\ddot{x}_1 \qquad \textbf{(a)}$$

A aplicação da equação de momento $(\Sigma M_G)_{ext} = (\Sigma M_G)_{ef}$ ao DCL do veículo dá

$$k_1[y_1(t) - (x_1 + a\theta)](a) - k_2[y_2(t) - (x_1 - b\theta)](b) - k_3[x_1 + c\theta - x_2](c) = I\ddot{\theta} \qquad \textbf{(b)}$$

A aplicação de $(\Sigma F)_{ext} = (\Sigma F)_{ef}$ ao DCL do assento produz

$$k_3[x_1 + c\theta - x_2] = m_2\ddot{x}_2 \qquad \textbf{(c)}$$

Rearranjar as equações de modo que tudo que envolve as coordenadas generalizadas fique de um lado e todo o resto fique do outro, e escrever as equações em uma força matricial leva a

$$\begin{bmatrix} m_1 & 0 & 0 \\ 0 & I & 0 \\ 0 & 0 & m_2 \end{bmatrix} \begin{bmatrix} \ddot{x}_1 \\ \ddot{\theta} \\ \ddot{x}_2 \end{bmatrix} + \begin{bmatrix} k_1 + k_2 + k_3 & k_1 a - k_2 b + k_3 c & -k_3 \\ k_1 a - k_2 b + k_3 c & k_1 a^2 + k_2 b^2 + k_3 c^2 & -k_3 c \\ -k_3 & -k_3 c & k_3 \end{bmatrix} \begin{bmatrix} x_1 \\ \theta \\ x_2 \end{bmatrix}$$
$$= \begin{bmatrix} k_1 y_1(t) + k_2 y_2(t) \\ k_1 a y_1(t) - k_2 b y_2(t) \\ 0 \end{bmatrix} \qquad \textbf{(d)} \quad \blacksquare$$

## EXEMPLO 7.3

O carrinho da Figura 7.4(a) rola em uma superfície sem atrito. Um pêndulo duplo consistindo de duas barras delgadas que podem se mover livremente está apoiado no carrinho. Usando $x$, $\theta_1$ e $\theta_2$ como coordenadas generalizadas, monte as equações de movimento. Assuma $\theta_1$ e $\theta_2$ pequenos.

### SOLUÇÃO

Primeiro, considere a cinemática e a aceleração do centro da massa da barra $AB$.

$$\bar{\mathbf{a}}_{AB} = \mathbf{a}_A + \boldsymbol{\alpha} \times \mathbf{r}_{G/A} + \boldsymbol{\omega} \times (\boldsymbol{\omega} \times \mathbf{r}_{G/A})$$
$$= \ddot{x}\mathbf{i} + \ddot{\theta}_1 \mathbf{k} \times \left(\frac{L}{2}\operatorname{sen}\theta_1 \mathbf{i} - \frac{L}{2}\cos\theta_1 \mathbf{j}\right) + \dot{\theta}_1 \mathbf{k} \times \left[\dot{\theta}_1 \mathbf{k} \times \left(\frac{L}{2}\operatorname{sen}\theta_1 \mathbf{i} - \frac{L}{2}\cos\theta_1 \mathbf{j}\right)\right] \qquad \textbf{(a)}$$
$$= \left(\ddot{x} + \frac{L}{2}\ddot{\theta}_1 \cos\theta_1 - \frac{L}{2}\dot{\theta}_1^2 \operatorname{sen}\theta_1\right)\mathbf{i} + \left(\frac{L}{2}\ddot{\theta}_1 \operatorname{sen}\theta_1 + \frac{L}{2}\dot{\theta}_1^2 \cos\theta_1\right)\mathbf{j}$$

De modo semelhante, é determinado que

$$\mathbf{a}_B = (\ddot{x} + L\ddot{\theta}_1 \cos\theta_1 - L\dot{\theta}_1^2 \operatorname{sen}\theta_1)\mathbf{i} + (L\ddot{\theta}_1 \operatorname{sen}\theta_1 + L\dot{\theta}_1^2 \cos\theta_1)\mathbf{j} \qquad \textbf{(b)}$$

A equação da aceleração relativa é aplicada entre $B$ e o centro de massa da barra $BC$:

$$\bar{\mathbf{a}}_{BC} = \mathbf{a}_B + \boldsymbol{\alpha} \times \mathbf{r}_{G/B} + \boldsymbol{\omega} \times (\boldsymbol{\omega} \times \mathbf{r}_{G/B})$$

$$= (\ddot{x} + L\ddot{\theta}_1 \cos\theta_1 - L\dot{\theta}_1^2 \sin\theta_1)\mathbf{i}$$

$$+ (L\ddot{\theta}_1 \sin\theta_1 + L\dot{\theta}_1^2 \cos\theta_1)\mathbf{j} + \ddot{\theta}_2 \mathbf{k} \times \left(\frac{L}{2}\sin\theta_2 \mathbf{i} - \frac{L}{2}\cos\theta_2 \mathbf{j}\right)$$

(a)

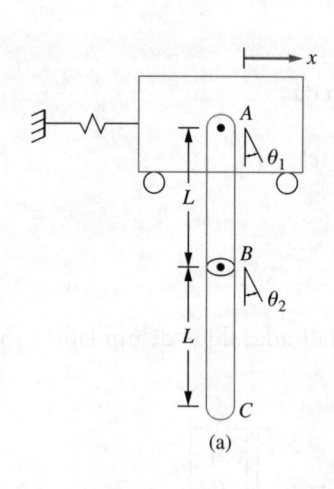

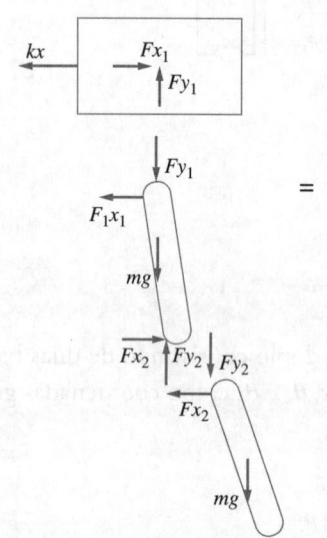

Forças externas          Forças efetivas

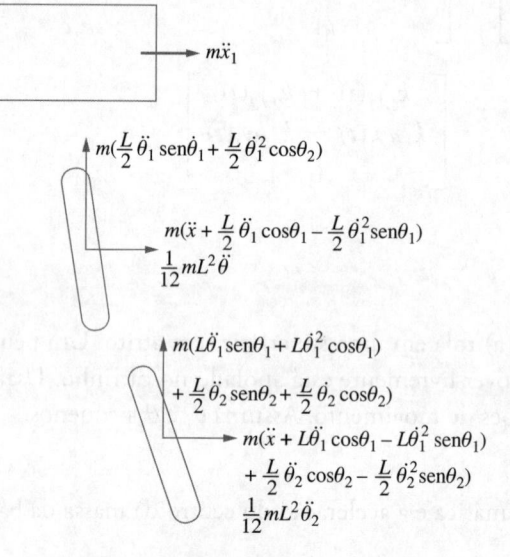

(b)

**FIGURA 7.4**
Sistema do Exemplo 7.3.
(a) O carrinho rola em uma superfície sem atrito e o pêndulo duplo está livre para girar em torno do centro do carrinho. (b) DCLs em um instante arbitrário.

$$+ \dot{\theta}_2 \mathbf{k} \times \left[\dot{\theta}_2 \mathbf{k} \times \left(\frac{L}{2}\sin\theta_2 \mathbf{i} - \frac{L}{2}\cos\theta_2 \mathbf{j}\right)\right]$$

$$= \left(\ddot{x} + L\ddot{\theta}_1 \cos\theta_1 - L\dot{\theta}_1^2 \sin\theta_1 + \frac{L}{2}\ddot{\theta}_2 \cos\theta_2 - \frac{L}{2}\dot{\theta}_2^2 \sin\theta_2\right)\mathbf{i}$$

$$+ \left(L\ddot{\theta}_1 \sin\theta_1 + L\dot{\theta}_1^2 \cos\theta_1 + \frac{L}{2}\ddot{\theta}_2 \sin\theta_2 + \frac{L}{2}\dot{\theta}_2^2 \cos\theta_2\right)\mathbf{j}$$

(c)

Os DCLs do carrinho e as duas barras, desenhados em um instante arbitrário, são mostrados na Figura 7.4(b). A aplicação de $(\sum F_x)_{ext} = (\sum F_x)_{ef}$ ao diagrama de corpo livre do carrinho leva a

$$-kx + F_{x1} = m\ddot{x}_1 \tag{d}$$

Somar os momentos $(\sum M_B)_{ext} = (\sum M_B)_{ef}$ usando os DCLs da barra $AB$ leva a

$$F_{x_1}(L\cos\theta_1) + F_{y_1}(L\,\text{sen}\,\theta_1) + mg\frac{L}{2}\,\text{sen}\,\theta_1$$

$$= m\left(\ddot{x} + \frac{L}{2}\ddot{\theta}_1\cos\theta_1 - \frac{L}{2}\dot{\theta}_1^2\,\text{sen}\,\theta_1\right)\left(-\frac{L}{2}\cos\theta_1\right) \tag{e}$$

$$+ m\left(\frac{L}{2}\ddot{\theta}_1\,\text{sen}\,\theta_1 + \frac{L}{2}\dot{\theta}_1^2\cos\theta_1\right)\left(-\frac{L}{2}\,\text{sen}\,\theta_1\right) + \frac{1}{12}mL^2\ddot{\theta}_1$$

Somar os momentos $(\sum M_B)_{ext} = (\sum M_B)_{ef}$ usando os DCLs da barra $BC$ leva a

$$-mg\frac{L}{2}\,\text{sen}\,\theta_2 = m\left(\ddot{x} + L\ddot{\theta}_1\cos\theta_1 - L\dot{\theta}_1^2\,\text{sen}\,\theta_1 + \frac{L}{2}\ddot{\theta}_2\cos\theta_2 - \frac{L}{2}\dot{\theta}_2^2\,\text{sen}\,\theta_2\right)\left(\frac{L}{2}\cos\theta_2\right)$$

$$+ m\left(L\ddot{\theta}_1\,\text{sen}\,\theta_1 + L\dot{\theta}_1^2\cos\theta_1 + \frac{L}{2}\ddot{\theta}_2\,\text{sen}\,\theta_2 + \frac{L}{2}\dot{\theta}_2^2\cos\theta_2\right)\left(\frac{L}{2}\,\text{sen}\,\theta_2\right) + \frac{1}{12}mL^2\ddot{\theta}_2 \tag{f}$$

O somatório das forças $(\sum F_x)_{ext} = (\sum F_x)_{ef}$ nos DCLs das barras dá

$$-F_{x1} + F_{x2} = m\left(\ddot{x} + \frac{L}{2}\ddot{\theta}_1\cos\theta_1 - \frac{L}{2}\dot{\theta}_1^2\,\text{sen}\,\theta_1\right) \tag{g}$$

e

$$-F_{x2} = m\left(\ddot{x} + L\ddot{\theta}_1\cos\theta_1 - L\dot{\theta}_1^2\,\text{sen}\,\theta_1 + \frac{L}{2}\ddot{\theta}_2\cos\theta_2 - \frac{L}{2}\dot{\theta}_2^2\,\text{sen}\,\theta_2\right) \tag{h}$$

O somatório das forças $(\sum F_y)_{ext} = (\sum F_y)_{ef}$ aplicadas aos DCLs das barras dá

$$-F_{y1} + F_{y2} - mg = m\left(\frac{L}{2}\ddot{\theta}_1\,\text{sen}\,\theta_1 + \frac{L}{2}\dot{\theta}_1^2\cos\theta_1\right) \tag{i}$$

e

$$-F_{y2} - mg = m\left(L\ddot{\theta}_1\,\text{sen}\,\theta_1 + L\dot{\theta}_1^2\cos\theta_1 + \frac{L}{2}\ddot{\theta}_2\,\text{sen}\,\theta_2 + \frac{L}{2}\dot{\theta}_2^2\cos\theta_2\right) \tag{j}$$

O uso das Equações (g) a (j) nas Equações (d) a (g) leva a

$$3m\ddot{x} + \frac{3}{2}mL\ddot{\theta}_1\cos\theta_1 - \frac{3m}{2}L\dot{\theta}_1^2\,\text{sen}\,\theta_1 + m\frac{L}{2}\ddot{\theta}_2\cos\theta_2 - m\frac{L}{2}\dot{\theta}_2^2\,\text{sen}\,\theta_2 + kx = 0 \tag{k}$$

$$\frac{3}{2}mL\cos\theta_1\ddot{x} + \frac{13}{12}mL^2\ddot{\theta}_1 + m\frac{L^2}{4}\ddot{\theta}_2(\cos\theta_1\cos\theta_2 + \text{sen}\,\theta_1\,\text{sen}\,\theta_2)$$

$$+ m\frac{L^2}{2}\dot{\theta}_2^2(\cos\theta_1\,\text{sen}\,\theta_2 + \text{sen}\,\theta_1\cos\theta_2) + \frac{5}{2}mgL\,\text{sen}\,\theta_1 = 0 \tag{l}$$

$$m\ddot{x} + m\frac{L^2}{2}\ddot{\theta}_1(\cos\theta_1\cos\theta_2 + \sin\theta_1\sin\theta_2) + m\frac{L^2}{4}\dot{\theta}_1^2(\cos\theta_1\sin\theta_2 - \sin\theta_1\cos\theta_2)$$

$$+ m\frac{L^2}{3}\ddot{\theta}_2 + mg\frac{L}{2}\sin\theta_2 = 0 \tag{m}$$

Assumindo $\theta_1$ e $\theta_2$ pequenos (que implica que sen $\theta_1 \approx \theta_1$, $\cos\theta_1 \approx 1$, sen $\theta_2 \approx \theta_2$ e $\cos\theta_2 \approx 1$, com os produtos das coordenadas generalizadas sendo pequenos), as Equações (k) a (m) são escritas (respectivamente) como

$$3m\ddot{x} + \frac{3}{2}mL\ddot{\theta}_1 + m\frac{L}{2}\ddot{\theta}_2 + kx = 0 \tag{n}$$

$$\frac{3}{2}mL\ddot{x} + \frac{13}{12}mL^2\ddot{\theta}_1 + m\frac{L^2}{4}\ddot{\theta}_2 + \frac{5}{2}mgL\theta_1 = 0 \tag{o}$$

$$m\ddot{x} + m\frac{L^2}{2}\ddot{\theta}_1 + m\frac{L^2}{3}\ddot{\theta}_2 + mg\frac{L}{2}\theta_2 = 0 \tag{p} \blacksquare$$

## 7.3 EQUAÇÕES DE LAGRANGE

Os métodos de energia são mais úteis do que o método do diagrama do corpo livre para obter as equações diferenciais regendo os sistemas de NGL. A equações de Lagrange são deduzidas usando os métodos de energia. O método dos sistemas equivalentes, discutido no Capítulo 2, é, na verdade, as equações de Lagrange escritas para o sistema de 1GL linear. As equações de Lagrange podem ser aplicadas aos sistemas de NGL lineares e não lineares para calcular as equações diferenciais regentes. Quando aplicadas aos sistemas lineares, as equações de Lagrange levam à massa simétrica e às matrizes de rigidez.

No entanto, a obtenção das equações de Lagrange exige o cálculo das variações, e uma dedução formal está além do escopo deste livro. A base para a dedução da equação de Lagrange é o princípio do trabalho e energia. Em vez de pegar o produto escalar da lei de Newton com um vetor de deslocamento diferencial, o produto escalar é assumido com uma variação do vetor de deslocamento. Considerando que um *diferencial*, $dx$, é uma mudança na variável dependente em função de uma mudança na variável independente (uma variação escrita como $\delta x$ é em função de uma mudança na variável dependente, como mostrado na Figura 7.5).

A variável independente é o tempo $t$ e a variável independente é $y$. Imagine acompanhar uma partícula enquanto ela viaja por todo o espaço ao longo da trajetória $y(t)$. A trajetória real que a partícula segue entre o tempo $t_1$ e o tempo $t_2$ é $y(t)$. A trajetória variada é $y(t) + \delta y$, como mostrado na Figura 7.5(a). A variação é uma função arbitrária que a trajetória variada pode seguir. A variação deve ser a mesma que a trajetória real em $t_1$ e $t_2$. Ou seja, $\delta y(t_1) = 0$ e $\delta y(t_2) = 0$. A Figura 7.5(b) ilustra a diferença entre uma variação e uma diferencial ao examinar tanto a função $y(t)$ quanto a variação $y(t) + \delta y$ durante o tempo $dt$. A geometria dessa ilustração mostra que $\delta(dy) = d(\delta y)$.

A trajetória real que a partícula segue não é conhecida. É trabalho do cálculo das variações especificar a trajetória real (ou para calcular uma equação que especifique a trajetória real) ao considerar todas as possíveis variações. Esta é a finalidade das equações de Lagrange, cuja aplicação especifica as equações para a trajetória real.

A discussão até agora foi sobre uma partícula com movimento unidimensional. A partícula tem um vetor de posição $\mathbf{r}(t)$ e a variação do vetor de posição é $\delta\mathbf{r}(t)$.

A expressão $\sum \mathbf{F} \cdot \delta\mathbf{r}$ é conhecida como *trabalho virtual* $\delta W$. Considere um sistema com $n$GL com coordenadas generalizadas de $x_1, x_2, \ldots, x_n$. O trabalho virtual $\delta W$ é o trabalho feito pelas forças externas à medida que a posição do sistema muda de $(x_1, x_2, \ldots, x_n)$ para $(x_1 + \delta x_1, x_2 + \delta x_2, \ldots, x_n + \delta x_n)$. O trabalho virtual é

$$\delta W = \sum \mathbf{F} \cdot \delta\mathbf{r} \tag{7.3}$$

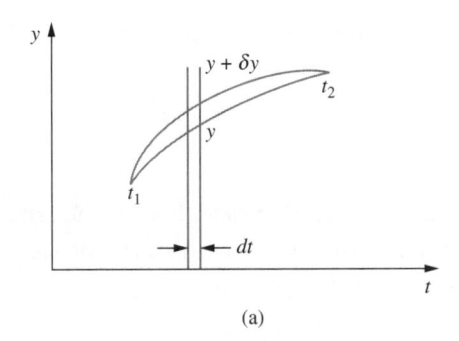

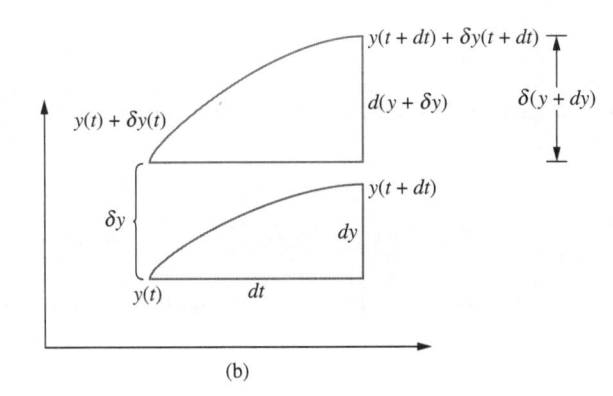

**FIGURA 7.5**
(a) Ilustração de y(t) e y + δy. (b) Aumento da seção da curva no item (a) mostrando o detalhe da variação.

onde

$$\delta \mathbf{r} = \frac{\partial \mathbf{r}}{\partial x_1} \delta x_1 + \frac{\partial \mathbf{r}}{\partial x_2} \delta x_2 + \cdots \frac{\partial \mathbf{r}}{\partial x_n} \delta x_n \tag{7.4}$$

O trabalho virtual é quebrado no trabalho feito por forças conservativas $\delta W_c$ e no trabalho feito por forças não conservativas $\delta W_{nc}$. O trabalho feito por forças conservativas é escrito como

$$\delta W_c = -\delta V \tag{7.5}$$

onde $\delta V$ é a variação da energia potencial.

O termo $m\mathbf{a} \cdot \delta \mathbf{r}$ é manipulado para a variação da energia cinética $\delta T$. Assim como o princípio do trabalho e da energia, o resultado é integrado entre os dois tempos $t_1$ e $t_2$ com as exigências de que a variação do vetor de posição seja zero nesses tempos. O resultado é o princípio de Hamilton, que é declarado como

$$\delta \int_{t_1}^{t_2} (T - V + \delta W_{nc}) dt = 0 \tag{7.6}$$

A mecânica de Lagrange é definida como

$$L = T - V \tag{7.7}$$

e se todas as forças forem conservativas, o princípio de Hamilton se torna

$$\delta \int_{t_1}^{t_2} L \, dt = 0 \tag{7.8}$$

Para um sistema $n$GL com coordenadas generalizadas $x_1, x_2, \ldots, x_n$, a mecânica de Lagrange $L$ é uma função de $2n$ variáveis. A energia potencial é escrita em um instante arbitrário e é uma função de $n$ variáveis, que são as coordenadas generalizadas. A energia cinética é escrita em um instante arbitrário e é uma função de $2n$ variáveis: as coordenadas generalizadas e suas derivadas no tempo. No geral,

$$L = L(x_1, x_2, \ldots, x_n, \dot{x}_1, \dot{x}_2, \ldots, \dot{x}_n) \tag{7.9}$$

A integral $\int_{t_1}^{t_2} L\, dt$ é uma função ou uma função de variáveis cujo resultado é escalar. Ela assume uma variedade de valores para escolhas arbitrárias das coordenadas generalizadas e suas derivadas no tempo, mas apenas para a escolha exata é a variação zero. Ao usar um teorema do cálculo das variações, $\delta \int_{t_1}^{t_2} L\, dt = 0$ se

$$\frac{d}{dx}\left(\frac{\partial L}{\partial \dot{x}_i}\right) - \frac{\partial L}{\partial x_i} = 0 \qquad i = 1, 2, \ldots, n \tag{7.10}$$

A Equação (7.10) é chamada de equação de Lagrange e pode ser usada para obter a equação diferencial para os sistemas $n$GL conservativos.

## EXEMPLO 7.4

Use a equação de Lagrange para obter as equações diferenciais regendo o movimento do sistema do Exemplo 7.1 usando $x_1$, $x_2$ e $x_3$ como coordenadas generalizadas.

### SOLUÇÃO

A energia cinética do sistema em um instante arbitrário é

$$T = \frac{1}{2} m\dot{x}_1^2 + \frac{1}{2} 2m\dot{x}_2^2 + \frac{1}{2} m\dot{x}_3^2 \tag{a}$$

A energia potencial do sistema em um instante arbitrário é

$$V = \frac{1}{2} kx_1^2 + \frac{1}{2} 2k(x_2 - x_1)^2 + \frac{1}{2} k(x_3 - x_2)^2 + \frac{1}{2} 3kx_3^2 \tag{b}$$

A mecânica de Lagrange é

$$L + \frac{1}{2}[m\dot{x}_1^2 + 2m\dot{x}_2^2 + m\dot{x}_3^2 - kx_1^2 - 2k(x_2 - x_1)^2 - k(x_3 - x_2)^2 - 3kx_3^2] \tag{c}$$

A aplicação das equações de Lagrange leva a

$$\frac{d}{dx}\left(\frac{\partial L}{\partial \dot{x}_1}\right) - \frac{\partial L}{\partial x_1} = 0 \tag{d}$$

$$\frac{d}{dt}(m\dot{x}_1) - [-kx_1 - 2k(x_2 - x_1)(-1)] = 0 \tag{e}$$

$$m\ddot{x}_1 + 3kx_1 - 2kx_2 = 0 \tag{f}$$

$$\frac{d}{dt}\left(\frac{\partial L}{\partial \dot{x}_2}\right) - \frac{\partial L}{\partial x_2} = 0 \tag{g}$$

$$\frac{d}{dt}(2m\dot{x}_2) - [-2k(x_2 - x_1) - k(x_3 - x_2)(-1)] = 0 \tag{h}$$

# Capítulo 7

$$2m\ddot{x}_2 - 2kx_1 + 3kx_2 - kx_3 = 0 \tag{i}$$

$$\frac{d}{dt}\left(\frac{\partial L}{\partial \dot{x}_3}\right) - \frac{\partial L}{\partial x_3} = 0 \tag{j}$$

$$\frac{d}{dt}(m\dot{x}_3) - [-k(x_3 - x_2) - 3kx_3] = 0 \tag{k}$$

$$m\ddot{x}_3 - kx_2 + 4kx_3 = 0 \tag{l}$$

As equações diferenciais derivadas das equações de Lagrange são idênticas às obtidas no Exemplo 7.1 pelo método do diagrama de corpo livre. ∎

## EXEMPLO 7.5

Use as equações de Lagrange para obter as equações diferenciais regendo o movimento do sistema da Figura 7.3(a) e do Exemplo 7.2.

### SOLUÇÃO

A energia cinética total do sistema da Figura 7.3 é a soma das energias cinéticas do corpo do veículo e do assento. A energia cinética do sistema é

$$T = \frac{1}{2}m\bar{v}^2 + \frac{1}{2}I\omega^2 + T_{\text{assento}}$$
$$= \frac{1}{2}m_1\dot{x}_1^2 + \frac{1}{2}I\dot{\theta}^2 + \frac{1}{2}m_2\dot{x}_2^2 \tag{a}$$

A energia potencial é a soma das energias potenciais nas três molas. A mudança nos comprimentos das molas é medida a partir da posição de equilíbrio do sistema e é determinada na solução do Exemplo 7.2, resultando em

$$V = \frac{1}{2}k_1[y_1(t) - (x_1 + a\theta)]^2 + \frac{1}{2}k_2[y_2(t) - (x_1 - b\theta)]^2 + \frac{1}{2}k_3[x_1 + c\theta - x_2]^2 \tag{b}$$

A mecânica de Lagrange é

$$L = \frac{1}{2}m_1\dot{x}_1^2 + \frac{1}{2}I\dot{\theta}^2 + \frac{1}{2}m_2\dot{x}_2^2 - \frac{1}{2}k_1[y_1(t) - (x_1 + a\theta)]^2 - \frac{1}{2}k_2[y_2(t) - (x_1 - b\theta)]^2$$
$$-\frac{1}{2}k_3[x_1 + c\theta - x_2]^2 \tag{c}$$

A aplicação da equação de Lagrange para $x_1$ leva a

$$\frac{d}{dt}\left(\frac{\partial L}{\partial \dot{x}_1}\right) - \frac{\partial L}{\partial x_1} = 0$$

$$\frac{d}{dt}\left[\frac{1}{2}m_1(2\dot{x}_1)\right] - \left\{\frac{1}{2}k_1(2)[y_1(t) - (x_1 + a\theta)](-1) - \frac{1}{2}k_2(2)[y_2(t) - (x_1 - b\theta)](-1)\right.$$
$$\left. -\frac{1}{2}k_3(2)[x_1 + c\theta - x_2](1)\right\} = 0 \tag{d}$$

A aplicação das equações de Lagrange para $\theta$ leva a

$$\frac{d}{dt}\left(\frac{\partial L}{\partial \dot{\theta}}\right) - \frac{\partial L}{\partial \theta} = 0$$

$$\frac{d}{dt}\left[\frac{1}{2} I(2\dot{\theta})\right] - \left\{-\frac{1}{2} k_1(2)[y_1(t) - (x_1 + a\theta)](-a) - \frac{1}{2} k_2(2)[y_2(t) - (x_1 - b\theta)](b)\right.$$

$$\left. - \frac{1}{2} k_3(2)[x_1 + c\theta - x_2](c)\right\} = 0 \quad \text{(e)}$$

A aplicação das equações de Lagrange para $x_2$ leva a

$$\frac{d}{dt}\left(\frac{\partial L}{\partial \dot{x}_2}\right) - \frac{\partial L}{\partial x_2} = 0$$

$$\frac{d}{dt}\left[\frac{1}{2} m_2(2\dot{x}_2)\right] - \left\{-\frac{1}{2} k_3(2)[x_1 + c\theta - x_2](1)\right\} = 0 \quad \text{(f)}$$

As Equações (d) a (f) são rearranjadas e escritas em uma forma matricial levando a

$$\begin{bmatrix} m_1 & 0 & 0 \\ 0 & I & 0 \\ 0 & 0 & m_2 \end{bmatrix} \begin{bmatrix} \ddot{x}_1 \\ \ddot{\theta} \\ \ddot{x}_2 \end{bmatrix} + \begin{bmatrix} k_1 + k_2 + k_3 & k_1 a - k_2 b + k_3 c & -k_3 \\ k_1 a - k_2 b + k_3 b & k_1 a^2 + k_2 b^2 + k_3 c^2 & -k_3 c \\ -k_3 & -k_3 c & k_3 \end{bmatrix} \begin{bmatrix} x_1 \\ \theta \\ x_2 \end{bmatrix}$$

$$= \begin{bmatrix} k_1 y_1(t) + k_2 y_2(t) \\ k_1 a y_1(t) - k_2 b y_2(t) \\ 0 \end{bmatrix} \quad \text{(g)} \quad \blacksquare$$

## ■ EXEMPLO 7.6

Obtenha as equações não lineares regendo o movimento do Exemplo 7.3 e da Figura 7.4.

### SOLUÇÃO

A velocidade do centro da massa da barra $AB$ é dada por

$$\bar{\mathbf{v}}_{AB} = \mathbf{v}_A + \omega \times \mathbf{r}_{G/A}$$

$$= \dot{x}\mathbf{i} + \dot{\theta}_1 \mathbf{k} \times \left(\frac{L}{2} \operatorname{sen}\theta_1 \mathbf{i} - \frac{L}{2} \cos\theta_1 \mathbf{j}\right) \quad \text{(a)}$$

$$= \left(\dot{x} + \frac{L}{2} \dot{\theta}_1 \cos\theta_1\right)\mathbf{i} + \frac{L}{2} \dot{\theta}_1 \operatorname{sen}\theta_1 \mathbf{j}$$

Usando uma análise semelhante, a velocidade da partícula $B$ é

$$v_B = (\dot{x} + L\dot{\theta}_1 \cos\theta_1)\mathbf{i} + L\dot{\theta}_1 \operatorname{sen}\theta_1 \mathbf{j} \quad \text{(b)}$$

A velocidade do centro da massa da barra $BC$ é

Capítulo 7     MODELAMENTO DOS SISTEMAS DE NGL

$$\bar{\mathbf{v}}_{BC} = \mathbf{v}_B + \omega \times \mathbf{r}_{G/B}$$

$$= (\dot{x} + L\dot{\theta}_1 \cos\theta_1)\mathbf{i} + L\dot{\theta}_1 \sen\theta_1 \mathbf{j} + \dot{\theta}_2 \mathbf{k} \times \left(\frac{L}{2} \sen\theta_2 \mathbf{i} - \frac{L}{2} \cos\theta_2 \mathbf{j}\right)$$

$$= \left(\dot{x} + L\dot{\theta}_1 \cos\theta_1 + \frac{L}{2}\dot{\theta}_2 \cos\theta_2\right)\mathbf{i} + \left(L\dot{\theta}_1 \sen\theta_1 + \frac{L}{2}\dot{\theta}_2 \sen\theta_2\right)\mathbf{j} \qquad \text{(c)}$$

A energia cinética do sistema em uma posição arbitrária é

$$T = \frac{1}{2} m\dot{x}^2 + \frac{1}{2} m\left[\left(\dot{x} + \frac{L}{2}\dot{\theta}_1 \cos\theta_1\right)^2 + \left(\frac{L}{2}\dot{\theta}_1 \sen\theta_1\right)^2\right] + \frac{1}{12} mL^2\dot{\theta}_1^2$$

$$+ \frac{1}{2} m\left[\left(\dot{x} + L\dot{\theta}_1 \cos\theta_1 + \frac{L}{2}\dot{\theta}_2 \cos\theta_2\right)^2 + \left(L\dot{\theta}_1 \sen\theta_1 + \frac{L}{2}\dot{\theta}_2 \sen\theta_2\right)^2\right] \qquad \text{(d)}$$

$$+ \frac{1}{12} mL^2 \dot{\theta}_2^2$$

A energia potencial do sistema em um instante arbitrário, usando o plano do carrinho como o ponto de referência, é

$$V = \frac{1}{2} kx^2 + mg\frac{L}{2}\cos\theta_1 + mg\left(L\cos\theta_1 + \frac{L}{2}\cos\theta_2\right) \qquad \text{(e)}$$

A mecânica de Lagrange para o sistema é

$$L = \frac{1}{2} m\dot{x}^2 + \frac{1}{2} m\left[\left(\dot{x} + \frac{L}{2}\dot{\theta}_1\cos\theta_1\right)^2 + \left(\frac{L}{2}\dot{\theta}_1\sen\theta_1\right)^2\right] + \frac{1}{12} mL^2 \dot{\theta}_1^2$$

$$+ \frac{1}{2} m\left[\left(\dot{x} + L\dot{\theta}_1\cos\theta_1 + \frac{L}{2}\dot{\theta}_2\cos\theta_2\right)^2 + \left(L\dot{\theta}_1\sen\theta_1 + \frac{L}{2}\dot{\theta}_2\sen\theta_2\right)^2\right] + \frac{1}{12} mL^2 \dot{\theta}_2^2 \qquad \text{(f)}$$

$$- \left[\frac{1}{2} kx^2 + mg\frac{3L}{2}\cos\theta_1 + mg\frac{L}{2}\cos\theta_2\right]$$

A aplicação das equações de Lagrange para $x$ leva a

$$\frac{d}{dt}\left(\frac{\partial L}{\partial \dot{x}}\right) - \frac{\partial L}{\partial x} = 0$$

$$\frac{d}{dt}\left[\frac{1}{2} m(2)\dot{x} + \frac{1}{2} m(2)\left(\dot{x} + \frac{L}{2}\dot{\theta}_1\cos\theta_1\right) + \frac{1}{2} m(2)\left(\dot{x} + L\dot{\theta}_1\cos\theta_1 + \frac{L}{2}\dot{\theta}_2\cos\theta_2\right)\right] \qquad \text{(g)}$$

$$- \left[-\frac{1}{2} k(2)x\right] = 0$$

$$3m\ddot{x} + m\frac{3L}{2}\ddot{\theta}_1\cos\theta_1 - m\frac{3L}{2}\dot{\theta}_1^2\sen\theta_1 + m\frac{L}{2}\ddot{\theta}_2\cos\theta_2 - m\frac{L}{2}\dot{\theta}_2^2\sen\theta_2 + kx = 0 \qquad \text{(h)}$$

A aplicação das equações de Lagrange para $\theta_1$ produz

$$\frac{d}{dt}\left(\frac{\partial L}{\partial \dot{\theta}_1}\right) - \frac{\partial L}{\partial \theta_1} = 0$$

$$\frac{d}{dt}\left\{\frac{1}{2}m\left[(2)\left(\dot{x}+\frac{L}{2}\dot{\theta}_1\cos\theta_1\right)\left(\frac{L}{2}\cos\theta_1\right)+(2)\left(\frac{L}{2}\dot{\theta}_1\sen\theta_1\right)\left(\frac{L}{2}\sen\theta_1\right)\right]\right.$$

$$+\frac{1}{12}mL^2(2)\dot{\theta}_1+\frac{1}{2}m\left[(2)\left(\dot{x}+L\dot{\theta}_1\cos\theta_1+\frac{L}{2}\dot{\theta}_2\cos\theta_2\right)(L\cos\theta_1)\right.$$

$$\left.\left.+(2)\left(L\dot{\theta}_1\sen\theta_1+\frac{L}{2}\dot{\theta}_2\sen\theta_2\right)(L\sen\theta_1)\right]\right\}-\left[-mg\frac{3L}{2}\sen\theta_1\right]=0 \quad\text{(i)}$$

e

$$2m\ddot{x}+\frac{4}{3}mL^2\ddot{\theta}_1-\frac{3}{2}mL\dot{x}\dot{\theta}_1\sen\theta_1+m\frac{L}{2}\ddot{\theta}_2\cos(\theta_1-\theta_2)$$

$$-m\frac{L}{2}\dot{\theta}_2(\dot{\theta}_1-\dot{\theta}_2)\sen(\theta_1-\theta_2)+mg\frac{3L}{2}\sen\theta_1=0 \quad\text{(j)}$$

A aplicação das equações de Lagrange para $\theta_2$ produz

$$\frac{d}{dt}\left(\frac{\partial L}{\partial \dot{\theta}_2}\right)-\frac{\partial L}{\partial \theta_2}=0$$

$$\frac{d}{dt}\left\{\frac{1}{2}m\left[(2)\left(\dot{x}+L\dot{\theta}_1\cos\theta_1+\frac{L}{2}\dot{\theta}_2\cos\theta_2\right)\left(\frac{L}{2}\cos\theta_2\right)\right.\right. \quad\text{(k)}$$

$$\left.\left.+(2)\left(L\dot{\theta}_1\sen\theta_1+\frac{L}{2}\dot{\theta}_2\sen\theta_2\right)\left(\frac{L}{2}\sen\theta_2\right)\right]+\frac{1}{12}mL^2(2)\dot{\theta}_2\right\}-\left[-mg\frac{L}{2}\sen\theta_2\right]=0$$

e

$$\left(m\ddot{x}+mL\ddot{\theta}_1\cos\theta_1-mL\dot{\theta}_1^2\sen\theta_1+m\frac{L}{2}\ddot{\theta}_2\cos\theta_2-m\frac{L}{2}\dot{\theta}_2^2\sen\theta_2\right)\left(\frac{L}{2}\cos\theta_2\right)$$

$$-m\frac{L}{2}\left(\dot{x}+L\dot{\theta}_1\cos\theta_1+\frac{L}{2}\dot{\theta}_2\cos\theta_2\right)\dot{\theta}_2\sen\theta_2$$

$$+m\left(L\ddot{\theta}_1\sen\theta_1+L\dot{\theta}_1^2\cos\theta_1+\frac{L}{2}\ddot{\theta}_2\sen\theta_2+m\frac{L}{2}\dot{\theta}_2^2\cos\theta_2\right)\left(\frac{L}{2}\sen\theta_2\right)$$

$$+m\frac{L}{2}\left(L\dot{\theta}_1\sen\theta_1+\frac{L}{2}\dot{\theta}_2\sen\theta_2\right)\dot{\theta}_2\cos\theta_2+\frac{1}{12}mL^2\ddot{\theta}_2+mg\frac{L}{2}\sen\theta_2=0 \quad\text{(l)}$$

As Equações (g), (h) e (i) são as equações diferenciais não lineares que regem o movimento do sistema. Ao usar a suposição para ângulos pequenos (sen $\theta_1 \approx \theta_1$, cos $\theta_1 \approx 1$, sen $\theta_2 \approx \theta_2$ e cos $\theta_2 \approx 1$, e ao assumir que os termos que envolvem as potências mais altas ou produtos de $\theta_1$ e $\theta_2$ são pequenos), a Equação (k) reduz para a Equação (n) do Exemplo 7.3, enquanto as Equações (l) e (m) são múltiplos das Equações (o) e (p) do Exemplo 7.3. ∎

Se o sistema não for conservativo, as equações de Lagrange são modificadas para levar as forças não conservativas em consideração e são escritas como

$$\frac{d}{dx}\left(\frac{\partial L}{\partial \dot{x}_i}\right)-\frac{\partial L}{\partial x_i}=Q_i \quad i=1,2,\ldots,n \quad\text{(7.11)}$$

onde as $Q_i$ são chamadas de *forças generalizadas*. O trabalho virtual feito por todas as forças não conservativas $\delta W_{nc}$ é escrito como

# Capítulo 7

$$\delta W_{nc} = \sum_{i=1}^{n} Q_i \delta x_i \tag{7.12}$$

A energia dissipada por um amortecedor viscoso é a força no amortecedor viscoso vezes o deslocamento da partícula à qual o amortecedor está anexado. A função de dissipação de Rayleigh $\Im$ é a metade negativa da energia total dissipada em todos os amortecedores viscosos.

$$\Im = -\frac{1}{2}P \tag{7.13}$$

Lembre-se de que o trabalho feito pela força do amortecimento viscoso à medida que a partícula à qual ele está anexado se move de $x_1$ para $x_2$ é $W = -\int_{x_1}^{x_2} c\dot{x}\, dx$, onde $c$ é o coeficiente de amortecimento viscoso e $\dot{x}$ é a velocidade da partícula na qual ele está anexado. A energia dissipada é

$$\begin{aligned} P &= \frac{dW}{dt} = -\frac{d}{dt}\int_{x_1}^{x_2} c\dot{x}\, dx \\ &= -\frac{d}{dt}\int_{t_1}^{t_2} c\dot{x}^2\, dt \\ &= -c\dot{x}^2 \end{aligned} \tag{7.14}$$

Agora considere um amortecedor viscoso conectado entre duas massas com deslocamentos $x_1$ e $x_2$. A força no amortecedor viscoso é $c(\dot{x}_2 - \dot{x}_1)$. O trabalho feito pela força do amortecimento viscoso é

$$W = -\int_{x_{2a}}^{x_{2b}} c(\dot{x}_2 - \dot{x}_1)\, dx_2 + \int_{x_{1a}}^{x_{1b}} c(\dot{x}_2 - \dot{x}_1)\, dx_1 \tag{7.15}$$

A energia dissipada durante esse tempo é

$$P = -\frac{dW}{dt} = \frac{d}{dt}\left[\int_{x_{2a}}^{x_{2b}} c(\dot{x}_2 - \dot{x}_1)\, dx_2\right] - \frac{d}{dt}\left[\int_{x_{1a}}^{x_{1b}} c(\dot{x}_2 - \dot{x}_1)\, dx_1\right] \tag{7.16}$$

Alterar as variáveis de integração para o tempo leva a

$$\begin{aligned} P &= \frac{d}{dt}\left[\int_{t_1}^{t_2} c(\dot{x}_2 - \dot{x}_1)\dot{x}_2\, dt\right] - \frac{d}{dt}\left[\int_{t_1}^{t_2} c(\dot{x}_2 - \dot{x}_1)\dot{x}_1\, dt\right] \\ &= c(\dot{x}_2 - \dot{x}_1)^2 \end{aligned} \tag{7.17}$$

A força generalizada em função do amortecimento viscoso é

$$Q_i = \frac{\partial \Im}{\partial \dot{x}_i} \tag{7.18}$$

Então

$$Q_i = \frac{\partial \Im}{\partial \dot{x}_i} + Q_{i,\text{nv}} \tag{7.19}$$

onde $Q_{i,\text{nv}}$ é a força generalizada em função das forças não viscosas. Então, as equações de Lagrange se tornam

$$\frac{d}{dx}\left(\frac{\partial L}{\partial \dot{x}_i}\right) - \frac{\partial L}{\partial x_i} - \frac{\partial \Im}{\partial \dot{x}_i} = Q_{i,\text{nv}} \qquad i = 1, 2, \ldots, n \tag{7.20}$$

## EXEMPLO 7.7

Obtenha as equações diferenciais para o sistema da Figura 7.6 usando $x_1$, $x_2$ e $x_3$ como coordenadas generalizadas.

### SOLUÇÃO

A mecânica de Lagrange para esse sistema é desenvolvida na Equação (c) do Exemplo 7.4. A função de dissipação de Rayleigh é

$$\Im = -\frac{1}{2}c\dot{x}_1^2 - \frac{1}{2}2c(\dot{x}_2 - \dot{x}_1)^2 - \frac{1}{2}c(\dot{x}_3 - \dot{x}_2)^2 - \frac{1}{2}3c\dot{x}_3^2 \tag{a}$$

O trabalho feito pelas forças externas é

$$\delta W = F_1(t)\,\delta x_1 + F_2(t)\,\delta x_2 \tag{b}$$

Assim, $Q_{1,nv} = F_1(t)$, $Q_{2,nv} = F_2(t)$ e $Q_{3,nv} = 0$. A aplicação da equação de Lagrange para $x_1$ leva a

$$\frac{d}{dt}\left(\frac{\partial L}{\partial \dot{x}_1}\right) - \frac{\partial L}{\partial x_1} - \frac{\partial \Im}{\partial \dot{x}_1} = Q_{1,nv}$$

$$\frac{d}{dt}\left[\frac{1}{2}m(2)\dot{x}_1\right] - \left[-\frac{1}{2}k(2)x_2 - \frac{1}{2}2k(2)(x_2 - x_1)(-1)\right] \tag{c}$$

$$-\left[-\frac{1}{2}c(2)\dot{x}_2 - \frac{1}{2}2c(2)(\dot{x}_2 - \dot{x}_1)(-1)\right] = F_1(t)$$

A aplicação da equação de Lagrange para $x_2$ leva a

$$\frac{d}{dt}\left(\frac{\partial L}{\partial \dot{x}_2}\right) - \frac{\partial L}{\partial x_2} - \frac{\partial \Im}{\partial \dot{x}_2} = Q_{2,nv}$$

$$\frac{d}{dt}\left[\frac{1}{2}2m(2)\dot{x}_2\right] - \left[-\frac{1}{2}2k(2)(x_2 - x_1) - \frac{1}{2}k(2)(x_3 - x_2)(-1)\right] \tag{d}$$

$$-\left[-\frac{1}{2}2c(2)(\dot{x}_2 - \dot{x}_1) - \frac{1}{2}c(2)(\dot{x}_3 - \dot{x}_2)(-1)\right] = F_2(t)$$

A aplicação da equação de Lagrange para $x_3$ leva a

$$\frac{d}{dt}\left(\frac{\partial L}{\partial \dot{x}_3}\right) - \frac{\partial L}{\partial x_3} - \frac{\partial \Im}{\partial \dot{x}_3} = Q_{3,nv}$$

$$\frac{d}{dt}\left[\frac{1}{2}m(2)\dot{x}_3\right] - \left[-\frac{1}{2}k(2)(x_3 - x_2) - \frac{1}{2}3k(2)x_3\right] \tag{e}$$

$$-\left[-\frac{1}{2}c(2)(\dot{x}_3 - \dot{x}_2) - \frac{1}{2}3c(2)\dot{x}_3\right] = 0$$

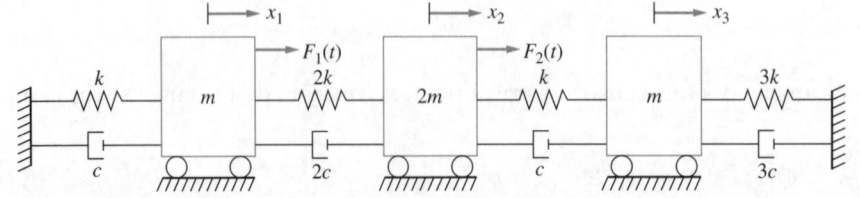

**FIGURA 7.6**
Sistema do Exemplo 7.7

Rearranjar as Equações (c), (d) e (e) e resumi-las na forma matricial leva a

$$\begin{bmatrix} m & 0 & 0 \\ 0 & 2m & 0 \\ 0 & 0 & m \end{bmatrix} \begin{bmatrix} \ddot{x}_1 \\ \ddot{x}_2 \\ \ddot{x}_3 \end{bmatrix} + \begin{bmatrix} 3c & -2c & 0 \\ -2c & 3c & -c \\ 0 & -c & 4c \end{bmatrix} \begin{bmatrix} \dot{x}_1 \\ \dot{x}_2 \\ \dot{x}_3 \end{bmatrix}$$

$$+ \begin{bmatrix} 3k & -2k & 0 \\ -2k & 3k & -k \\ 0 & -k & 4k \end{bmatrix} \begin{bmatrix} x_1 \\ x_2 \\ x \end{bmatrix} = \begin{bmatrix} F_1(t) \\ F_2(t) \\ 0 \end{bmatrix} \qquad \text{(f)} \quad \blacksquare$$

## EXEMPLO 7.8

Obtenha as equações diferenciais do amortecimento do veículo como ilustrado na Figura 7.7. Observe esse sistema usado no Exemplo 7.5 sem amortecimento.

### SOLUÇÃO

As formas da energia cinética e da energia potencial são como no Exemplo 7.5. A forma das funções de dissipação de Rayleigh para este exemplo é

$$\Im = -\frac{1}{2} c_1 [\dot{y}_1 - (\dot{x}_1 + a\dot{\theta})]^2 - \frac{1}{2} c_2 [\dot{y}_2 - (\dot{x}_1 - b\dot{\theta})]^2 - \frac{1}{2} c_3 [(\dot{x}_1 - c\dot{\theta}) - \dot{x}_2]^2 \qquad \text{(a)}$$

Usando a mecânica de Lagrange da Equação (c) do Exemplo 7.5, a aplicação da forma não conservativa das equações de Lagrange na Equação (7.19) produz

$$\frac{d}{dt}\left(\frac{\partial L}{\partial \dot{x}_1}\right) - \frac{\partial L}{\partial x_1} - \frac{\partial \Im}{\partial \dot{x}_1} = 0$$

$$\frac{d}{dt}\left[\frac{1}{2} m_1(2\dot{x}_1)\right] - \left\{\frac{1}{2} k_1(2)[y_1(t) - (x_1 + a\theta)](-1) - \frac{1}{2} k_2(2)[y_2(t) - (x_1 - b\theta)](-1)\right.$$

$$\left. - \frac{1}{2} k_3(2)[x_1 + c\theta - x_2](1)\right\}$$

$$- \left\{-\frac{1}{2} c_1(2)[\dot{y}_1 - (\dot{x}_1 + a\dot{\theta})](-1) - \frac{1}{2} c_2(2)[\dot{y}_2 - (\dot{x}_1 - b\dot{\theta})](-1)\right.$$

$$\left. - \frac{1}{2} c_3(2)[(\dot{x}_1 + c\dot{\theta}) - \dot{x}_2]\right\} = 0 \qquad \text{(b)}$$

A aplicação das equações de Lagrange para $\theta$ leva a

$$\frac{d}{dt}\left(\frac{\partial L}{\partial \dot{\theta}}\right) - \frac{\partial L}{\partial \theta} - \frac{\partial \Im}{\partial \dot{\theta}} = 0$$

$$\frac{d}{dt}\left[\frac{1}{2} I(2\dot{\theta})\right] - \left\{-\frac{1}{2} k_1(2)[y_1(t) - (x_1 + a\theta)](-a) - \frac{1}{2} k_2(2)[y_2(t) - (x_1 - b\theta)](b)\right.$$

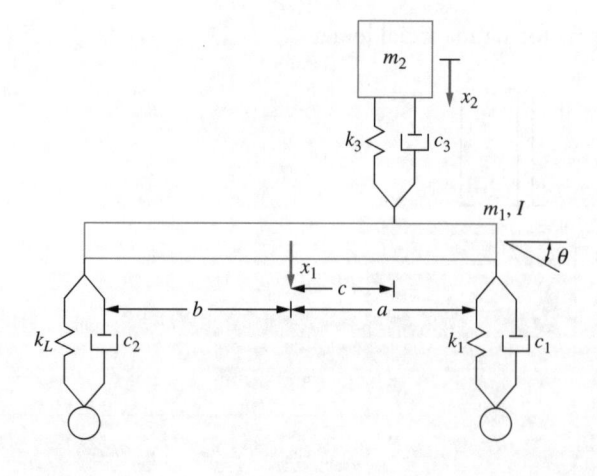

**FIGURA 7.7**
Sistema de dois graus de liberdade do Exemplo 7.8. A natureza do acoplamento depende da escolha das coordenadas generalizadas.

$$-\frac{1}{2}k_3(2)x_1 + c\theta - x_2](c) \bigg\} - \bigg\{ -\frac{1}{2}c_1(2)[\dot{y}_1 - (\dot{x}_1 + a\dot{\theta})](-a)$$

$$-\frac{1}{2}c_2(2)[\dot{y}_2 - (\dot{x}_1 - b\dot{\theta})](b) \bigg\} = 0 \tag{c}$$

A aplicação das equações de Lagrange para $x_2$ leva a

$$\frac{d}{dt}\left(\frac{\partial L}{\partial \dot{x}_2}\right) - \frac{\partial L}{\partial x_2} - \frac{\partial \Im}{\partial \dot{x}_2} = 0$$

$$\frac{d}{dt}\left[\frac{1}{2}m_2(2\dot{x}_2)\right] - \left\{-\frac{1}{2}k_3(2)[x_1 + c\theta - x_2](1)\right\} \tag{d}$$

$$-\left[-\frac{1}{2}c_3(2)(\dot{x}_1 + c\dot{\theta} - \dot{x}_2(-1)\right] = 0$$

As Equações (b) a (d) são rearranjadas e escritas em forma matricial levando a

$$\begin{bmatrix} m_1 & 0 & 0 \\ 0 & I & 0 \\ 0 & 0 & m_2 \end{bmatrix} \begin{bmatrix} \ddot{x}_1 \\ \ddot{\theta} \\ \ddot{x}_2 \end{bmatrix} + \begin{bmatrix} c_1 + c_2 + c_3 & c_1a - c_2b + c_3c & -c_3 \\ c_1a - c_2b + c_3c & c_1a^2 + c_2b^2 + c_3c^2 & -c_3c \\ -c_3 & -c_3c & c_3 \end{bmatrix} \begin{bmatrix} \dot{x}_1 \\ \dot{\theta} \\ \dot{x}_2 \end{bmatrix}$$

$$+ \begin{bmatrix} k_1 + k_2 + k_3 & k_1a - k_2b + k_3c & -k_3 \\ k_1a - k_2b + k_3c & k_1a^2 + k_2b^2 + k_3c^2 & -k_3c \\ -k_3 & -k_3c & k_3 \end{bmatrix} \begin{bmatrix} x_1 \\ \theta \\ x_2 \end{bmatrix}$$

$$= \begin{bmatrix} k_1y_1(t) + k_2y_2(t) + c_1\dot{y}_1(t) + c_2\dot{y}_2(t) \\ k_1ay_1(t) - k_2by_2(t) + c_1a\dot{y}_1(t) + c_2b\dot{y}_2(t) \\ 0 \end{bmatrix} \tag{e} \blacksquare$$

## 7.4 FORMULAÇÃO MATRICIAL DAS EQUAÇÕES DIFERENCIAIS PARA OS SISTEMAS LINEARES

Pode ser mostrado que para um sistema $n$GL linear as energias potencial e cinética precisam ter as formas quadráticas

$$V = \frac{1}{2} \sum_{i=1}^{n} \sum_{j=1}^{n} k_{ij} x_i x_j \tag{7.21}$$

$$T = \frac{1}{2} \sum_{i=1}^{n} \sum_{j=1}^{n} m_{ij} \dot{x}_i \dot{x}_j \tag{7.22}$$

A mecânica de Lagrange para um sistema linear se torna

$$L = \frac{1}{2} \left[ \sum_{i=1}^{n} \sum_{j=1}^{n} (m_{ij} \dot{x}_i \dot{x}_j - k_{ij} x_i x_j) \right] \tag{7.23}$$

A aplicação das equações de Lagrange para um sistema não conservativo sem amortecimento viscoso para a coordenada generalizada $x_l$ leva a

$$Q_l = \frac{d}{dt}\left(\frac{\partial L}{\partial \dot{x}_l}\right) - \frac{\partial L}{\partial x_l} \qquad l = 1, 2, \ldots, n$$

$$Q_l = \frac{1}{2} \sum_{i=1}^{n} \sum_{j=1}^{n} \left\{ m_{ij} \frac{d}{dt}\left[\frac{\partial}{\partial \dot{x}_l}(\dot{x}_i \dot{x}_j)\right] + k_{ij} \frac{\partial}{\partial x_l}(x_i x_j) \right\} \tag{7.24}$$

$$= \frac{1}{2} \sum_{i=1}^{n} \sum_{j=1}^{n} \left\{ m_{ij} \frac{d}{dt}\left[\dot{x}_i \frac{\partial \dot{x}_j}{\partial \dot{x}_l} + \dot{x}_j \frac{\partial \dot{x}_i}{\partial \dot{x}_l}\right] + k_{ij}\left(x_i \frac{\partial x_j}{\partial x_l} + x_j \frac{\partial x_i}{\partial x_l}\right) \right\}$$

Como

$$\frac{\partial x_i}{\partial x_l} = \delta_{il} = \begin{cases} 0 & i \neq l \\ 1 & i = l \end{cases} \tag{7.25}$$

A Equação (7.24) torna-se

$$Q_l = \frac{1}{2} \sum_{i=1}^{n} \sum_{j=1}^{n} \left[ m_{ij} \frac{d}{dt}(\dot{x}_i \delta_{jl} + \dot{x}_j \delta_{il}) + k_{ij}(x_i \delta_{jl} + x_j \delta_{il}) \right] \tag{7.26}$$

O lado direito da equação anterior está quebrado em quatro termos, e a ordem do somatório trocada no segundo e no quarto termos. Então, em decorrência da presença de δ's, o valor do termo no somatório interno não é zero apenas para um valor do índice do somatório. Assim, a equação anterior pode ser reescrita usando os somatórios únicos como

$$Q_l = \frac{1}{2} \left( \sum_{i=1}^{n} m_{il} \ddot{x}_i + \sum_{j=1}^{n} m_{lj} \ddot{x}_j + \sum_{i=1}^{n} k_{il} x_i + \sum_{j=1}^{n} k_{lj} x_j \right) \tag{7.27}$$

O nome de um índice do somatório é arbitrário. Assim, esses somatórios são combinados, produzindo

$$Q_l = \frac{1}{2} \left[ \sum_{i=1}^{n} (m_{il} + m_{li}) \ddot{x}_i + \sum_{i=1}^{n} (k_{il} + k_{li}) x_i \right] \tag{7.28}$$

Observe que, na Equação (7.21), tanto $k_{il}$ como $k_{li}$ multiplicam $x_i x_l$. Parece razoável que, sem perda de generalidade, eles podem ser deixados uns iguais aos outros (a prova formal desse fato será dada na Seção 7.5). O mesmo raciocínio leva a $m_{il} = m_{li}$. Assim,

$$\sum_{i=1}^{n} m_{li}\ddot{x}_i + \sum_{i=1}^{n} k_{li}x_i = Q_l \qquad l = 1, \ldots, n \qquad (7.29)$$

A Equação (7.29) representa um sistema de $n$ equações diferenciais lineares simultâneas. A formulação matricial da Equação (7.29) é

$$\mathbf{M}\ddot{\mathbf{x}} + \mathbf{K}\mathbf{x} = \mathbf{F} \qquad (7.30)$$

onde $\mathbf{M}$ é a *matriz de massa* $n \times n$, $\mathbf{K}$ é a *matriz de rigidez* $n \times n$, $\mathbf{F}$ é o *vetor da força* $n \times 1$, $\mathbf{x}$ é o *vetor do deslocamento* $n \times 1$ e $\ddot{\mathbf{x}}$ é o *vetor da aceleração* $n \times 1$. Observe na Equação (7.28) que, para a $l$-ésima equação, o coeficiente que multiplica $\ddot{x}_1$ é $(m_{il} + m_{li})/2$, que é $m_{li}$, o elemento na $l$-ésima fileira e $i$-ésima coluna de $\mathbf{M}$. Do mesmo modo, $m_{il}$, o elemento na $i$-ésima fileira e $l$-ésima coluna é determinado como $(m_{li} + m_{il})/2$. Logo, $m_{il} = m_{li}$ para cada $i, l = 1, 2, \ldots, n$. Assim, a matriz de massa é *simétrica*. O elemento na $i$-ésima fileira e $j$-ésima coluna da matriz de massa é $m_{ij}$, o mesmo coeficiente que multiplica $\dot{x}_i \dot{x}_j$ na forma quadrática da energia cinética, a Equação (7.22).

Um argumento semelhante pode ser usado para mostrar que a matriz de rigidez é simétrica e que o elemento na $i$-ésima fileira e na $j$-ésima coluna de $\mathbf{K}$ é o coeficiente que multiplica $x_i x_j$ na forma quadrática da energia potencial, a Equação (7.21). O $i$-ésimo elemento do vetor da força é a força generalizada $Q_i$, como determinado pelo método do trabalho virtual.

A formulação matricial das equações diferenciais regendo o movimento de um sistema linear de $n$ graus de liberdade é usada para obter as respostas livres e forçadas do sistema. Se as matrizes de massa e rigidez e o vetor de força forem conhecidos para um grupo escolhido de coordenadas generalizadas, as equações diferenciais da forma da Equação (7.30) podem ser escritas diretamente. Assim, se as formas quadráticas das energias cinética e potencial puderem ser determinadas, os elementos das matrizes de massa e rigidez são os coeficientes nessas formas quadráticas. A aplicação formal das equações de Lagrange para calcular as equações regendo o movimento de um sistema linear não é necessária.

O acoplamento de um sistema relativo à escolha da coordenada generalizada é especificado de acordo com o modo em que as matrizes de massa e rigidez são preenchidas. Uma *matriz diagonal* é uma matriz em que apenas os elementos não zero estão juntos da diagonal principal da matriz. Se a matriz de rigidez não for uma matriz diagonal, diz-se que o sistema é *estaticamente acoplado* relativo à escolha das coordenadas generalizadas. Se o sistema for estaticamente acoplado com relação a um conjunto de coordenadas generalizadas $x_i, i = 1, 2, \ldots, n$, então há pelo menos um $i$ de modo que a aplicação de uma força estática para a partícula cujo deslocamento é $x_i$ resulta em um deslocamento estático da partícula cujo deslocamento é $x_j$, para alguns $j \neq i$.

Se a matriz de massa não for uma matriz diagonal, diz-se que o sistema é *dinamicamente acoplado*. Se o sistema for dinamicamente acoplado, então há pelo menos um $i$ de modo que a aplicação de um impulso para a partícula cujo deslocamento é $x_i$ reduz instantaneamente uma velocidade $\dot{x}_j$, para alguns $j \neq i$.

## EXEMPLO 7.9

Use as formas quadráticas da energia cinética e potencial para obter as equações diferenciais regendo a vibração livre do sistema da Figura 7.8 e discuta o acoplamento usando (a) $x$ e $\theta$ como coordenadas generalizadas, e (b) $x_A$, o deslocamento vertical da partícula $A$, e $x_B$, o deslocamento vertical da partícula $B$, como coordenadas generalizadas.

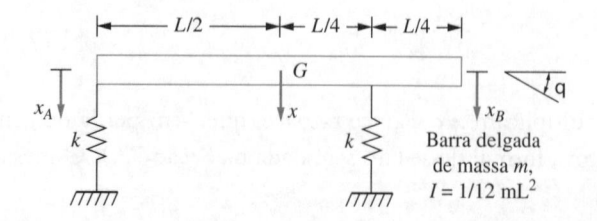

**FIGURA 7.8**
Sistema do Exemplo 7.9

# Capítulo 7 — MODELAMENTO DOS SISTEMAS DE NGL

## SOLUÇÃO

(a) Com $x$ e $\theta$ como coordenadas generalizadas, as energias cinética e potencial do sistema em um instante arbitrário são

$$T = \frac{1}{2} m \dot{x}^2 + \frac{1}{2}\left(\frac{1}{12} mL^2\right)\dot{\theta}^2 \tag{a}$$

$$V = \frac{1}{2} k\left(x - \frac{L}{2}\theta\right)^2 + \frac{1}{2} k\left(x + \frac{L}{4}\theta\right)^2 = \frac{1}{2}\left(2kx^2 - k\frac{L}{2} x\theta + \frac{5}{16} kL^2\theta^2\right) \tag{b}$$

Comparar as equações acima com as formas quadráticas das energias cinética e potencial, as Equações (7.22) e (7.21), respectivamente, usando $x$ para $x_1$ e $\theta$ para $x_2$ leva a

$$m_{11} = m \qquad m_{12} = m_{21} = 0 \qquad m_{22} = \frac{1}{12} mL^2 \tag{c}$$

$$k_{11} = 2k \qquad k_{12} = k_{21} = -k\frac{L}{4} \qquad k_{22} = \frac{5}{16} kL^2 \tag{d}$$

Observe que o termo que multiplica $x\theta$ na forma quadrática da energia potencial é $2k_{12} = 2k_{21}$. Assim, as equações diferenciais regentes são

$$\begin{bmatrix} m & 0 \\ 0 & \frac{1}{12} mL^2 \end{bmatrix} \begin{bmatrix} \ddot{x} \\ \ddot{\theta} \end{bmatrix} + \begin{bmatrix} 2k & -k\frac{L}{4} \\ -k\frac{L}{4} & \frac{5}{16} kL^2 \end{bmatrix} \begin{bmatrix} x \\ \theta \end{bmatrix} = \begin{bmatrix} 0 \\ 0 \end{bmatrix} \tag{e}$$

Como a matriz de rigidez não é uma matriz diagonal e a matriz de massa é uma matriz diagonal, o sistema é estaticamente acoplado, mas não dinamicamente acoplado.

(b) Com $x_A$ e $x_B$ como coordenadas generalizadas, as formas quadráticas das energias cinética e potencial em um instante arbitrário são

$$T = \frac{1}{2} m \left(\frac{\ddot{x}_A}{3} + \frac{2\ddot{x}_B}{3}\right)^2 + \frac{1}{2}\left(\frac{1}{12} mL^2\right)\left(\frac{\ddot{x}_B - \ddot{x}_A}{\frac{3L}{4}}\right)^2$$

$$= \frac{1}{2}\left(\frac{7}{27} \dot{x}_A^2 + \frac{4}{27} \dot{x}_A \dot{x}_B + \frac{16}{27} \dot{x}_B^2\right) \tag{f}$$

$$V = \frac{1}{2} kx_A^2 + \frac{1}{2} kx_B^2 \tag{g}$$

Os elementos das matrizes da massa e da rigidez são obtidos ao comparar as equações acima às Equações (7.22) e (7.21) respectivamente, levando às seguintes equações diferenciais

$$\begin{bmatrix} \frac{7}{27} m & \frac{2}{27} m \\ \frac{2}{27} m & \frac{16}{27} m \end{bmatrix} \begin{bmatrix} \ddot{x}_A \\ \ddot{x}_B \end{bmatrix} + \begin{bmatrix} k & 0 \\ 0 & k \end{bmatrix} \begin{bmatrix} x_A \\ x_B \end{bmatrix} = \begin{bmatrix} 0 \\ 0 \end{bmatrix} \tag{h}$$

Assim, o sistema é dinamicamente acoplado, mas não estaticamente acoplado, quando $x_A$ e $x_B$ são usadas como coordenadas generalizadas. ■

O método apresentado nessa seção para determinar as matrizes de massa e rigidez para os sistemas lineares é a analogia de NGL ao método dos sistemas equivalentes apresentados na Seção 2.12 para obter as equações diferenciais regendo o movimento de um sistema de 1GL linear. O método dos sistemas equivalentes usa a energia cinética para determinar uma massa equivalente e a energia potencial para determinar uma rigidez equivalente. As matrizes da massa e da rigidez são análogas à massa equivalente e à rigidez equivalente.

As equações diferenciais regendo o movimento de um sistema $n$GL linear quando o amortecimento viscoso está incluído são

$$\mathbf{M\ddot{x}} + \mathbf{C\dot{x}} + \mathbf{Kx} = \mathbf{F} \qquad (7.31)$$

onde **C** é a matriz de amortecimento n × n. A função de dissipação de Rayleigh pode ser usada para determinar diretamente os elementos da matriz de amortecimento. Lembre-se de que a função de dissipação é o negativo da metade da energia dissipada por todos os amortecedores viscosos. Pode ser mostrado ter uma forma quadrática de

$$\Im = -\frac{1}{2}\sum_{i=1}^{n}\sum_{j=1}^{n} c_{i,j}\dot{x}_i\dot{x}_j \qquad (7.32)$$

A matriz de amortecimento é simétrica; ou seja, $c_{i,j} = c_{j,i}$.

Ao usar a forma quadrática da função de dissipação de Rayleigh para determinar a matriz de amortecimento, lembre-se de que, como a matriz de massa e a matriz de rigidez, os termos diagonais são os termos que multiplicam $-\frac{1}{2}\dot{x}_i^2$, mas que, em razão da função de dissipação, incluindo tanto $c_{i,j}\dot{x}_i\dot{x}_j$ quanto $c_{j,i}\dot{x}_j\dot{x}_i$ o termo fora da diagonal $c_{i,j}$ é o negativo do coeficiente que multiplica $\dot{x}_i\dot{x}_j$. Diferente das formas quadráticas da energia cinética e potencial, a definição da função de dissipação de Rayleigh leva à forma quadrática sendo definida com um sinal negativo.

## ■ EXEMPLO 7.10

Determine a matriz de amortecimento para o sistema de três graus de liberdade mostrado na Figura 7.9.

### SOLUÇÃO

A energia dissipada pelo amortecimento viscoso é

$$P = (c\dot{x}_1)\dot{x}_1 + [2c(\dot{x}_2 - \dot{x}_1)](\dot{x}_2 - \dot{x}_1) + [3c(\dot{x}_3 - \dot{x}_2)](\dot{x}_3 - \dot{x}_2) + (c\dot{x}_3)\dot{x}_3 \qquad \text{(a)}$$

A função de dissipação de energia é calculada como

$$\Im = -\frac{1}{2}c\dot{x}_1^2 - \frac{1}{2}2c(\dot{x}_2 - \dot{x}_1)^2 - \frac{1}{2}3c(\dot{x}_3 - \dot{x}_2)^2 - \frac{1}{2}c\dot{x}_3^2 \qquad \text{(b)}$$

que é rearranjado para

$$\Im = -\frac{3}{2}c\dot{x}_1^2 + 2c\dot{x}_1\dot{x}_2 - \frac{5}{2}c\dot{x}_2^2 + 3c\dot{x}_2\dot{x}_3 - 2c\dot{x}_3^2 \qquad \text{(c)}$$

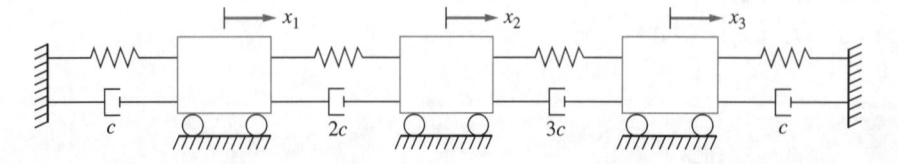

**FIGURA 7.9**
Sistema do Exemplo 7.10.

Capítulo 7    MODELAMENTO DOS SISTEMAS DE NGL    393

O elemento diagonal da matriz de amortecimento $c_{i,i}$ é o negativo de duas vezes o coeficiente de $\dot{x}_i^2$, enquanto um elemento fora da diagonal $m_{i,j}$ para $i \neq j$ é o negativo do coeficiente de $\dot{x}_i \dot{x}_j$. A matriz de amortecimento é

$$\mathbf{C} = \begin{bmatrix} 3c & -2c & 0 \\ -2c & 5c & -3c \\ 0 & -3c & 4c \end{bmatrix} \qquad (d) \quad \blacksquare$$

## 7.5 COEFICIENTES DE INFLUÊNCIA DA RIGIDEZ

Foi mostrado na Seção 7.4 que os elementos da matriz de rigidez para um sistema linear podem ser determinados como os coeficientes na forma quadrática da energia potencial. O trabalho feito por uma força conservativa é independente da trajetória e pode ser expresso como a diferença na energia potencial entre a posição inicial e a posição final do sistema. A energia potencial é uma função apenas da posição do sistema. Assim, ao avaliar a energia potencial para uma configuração específica do sistema, pode-se olhar para qualquer meio de chegar a esta configuração, mesmo se a configuração for obtida estaticamente.

Os coeficientes de influência da rigidez fornecem um meio alternativo para determinar os elementos da matriz de rigidez. Tem como base a determinação da energia potencial para a configuração de um sistema obtido pela aplicação estática de forças concentradas. Para ilustrar o desenvolvimento do método, considere as três partículas ao longo da extensão de uma viga em balanço, como ilustrado na Figura 7.10(a). A viga está inicialmente em sua configuração de equilíbrio estático. Sejam $x_1$, $x_2$ e $x_3$ as coordenadas generalizadas escolhidas que representam os deslocamentos das partículas.

Considere a aplicação estática de um conjunto de cargas concentradas com $f_{11}$ aplicada à partícula 1, $f_{21}$ aplicada à partícula 2 e $f_{31}$ aplicada à partícula 3, de modo que após sua aplicação, $x_1 = x_1$, $x_2 = 0$ e $x_3 = 0$ sejam como ilustrado na Figura 7.10(b). Como as partículas 2 e 3 não mudam de posição durante a aplicação dessas cargas, as forças aplicadas a essas partículas não funcionam. O trabalho total feito pelas cargas externas durante essa aplicação é

$$U_{0 \to 1} = \frac{1}{2} f_{11} x_1 \qquad (7.33)$$

Agora acrescente um segundo conjunto de cargas concentradas com $f_{12}$ aplicada à partícula 1, $f_{22}$ aplicada à partícula 2 e $f_{32}$ aplicada à partícula 3, de modo que, após a aplicação estática dessas cargas, $x_1 = x_1$, $x_2 = x_2$ e $x_3 = 0$ sejam como ilustrado na Figura 7.10(c). Como as partículas 1 e 3 não mudam de posição durante a aplicação dessas cargas, apenas as forças aplicadas à partícula 2 não funcionam. Observe que a força $f_{21}$ já foi completamente aplicada quando o deslocamento ocorreu, e o deslocamento ocorreu quando $f_{22}$ foi aplicada. Logo, o trabalho feito durante a aplicação dessas forças é

$$U_{1 \to 2} = f_{21} x_2 + \frac{1}{2} f_{22} x_2 \qquad (7.34)$$

Agora acrescente um terceiro conjunto de forças $f_{13}$ aplicada à partícula 1, $f_{23}$ aplicada à partícula 2 e $f_{33}$ aplicada à partícula 3, de modo que, após a aplicação estática dessas cargas, $x_1 = x_1$, $x_2 = x_2$ e $x_3 = x_3$ seja como ilustrado na Figura 7.10(d). O trabalho feito durante a aplicação dessas forças é

$$U_{2 \to 3} = f_{31} x_3 + f_{32} x_3 + \frac{1}{2} f_{33} x_3 \qquad (7.35)$$

**FIGURA 7.10**
(a) Viga biengastada com três partículas ao longo do comprimento.
(b) Configuração da viga após o primeiro conjunto de cargas.
(c) Configuração da viga após o segundo conjunto de cargas.
(d) Configuração da viga após o terceiro conjunto de cargas.

Assim, após a aplicação dos três conjuntos de forças, as partículas ganham deslocamentos arbitrários. De acordo com o princípio do trabalho e energia, a energia potencial no sistema é igual ao trabalho feito pelas forças externas entre a configuração 0 e a configuração 3,

$$V = \frac{1}{2}f_{11}x_1 + f_{21}x_2 + \frac{1}{2}f_{22}x_2 + f_{31}x_3 + f_{32}x_3 + \frac{1}{2}f_{33}x_3 \tag{7.36}$$

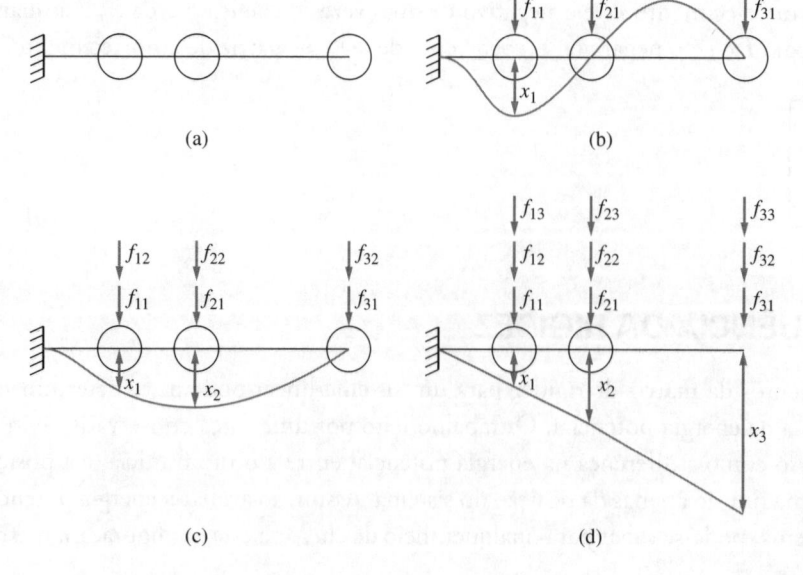

O sistema é linear, assim, uma mudança proporcional no sistema de forças aplicadas em qualquer etapa leva à mudança proporcional nos deslocamentos. Defina $k_{11}$, $k_{21}$ e $k_{31}$ como o conjunto de forças necessárias para causar um deslocamento específico para a primeira partícula. Então, em função da linearidade do sistema

$$f_{11} = k_{11}x_1 \qquad f_{21} = k_{21}x_1 \qquad f_{31} = k_{31}x_1 \tag{7.37}$$

Do mesmo modo, defina $k_{12}$, $k_{22}$ e $k_{32}$ como o conjunto de forças necessárias para causar um deslocamento específico para a partícula 2 e $k_{13}$, $k_{23}$ e $k_{33}$ como o conjunto de forças necessárias para causar um deslocamento específico para a partícula 3. Então, no geral,

$$f_{ij} = k_{ij}x_j \tag{7.38}$$

Usar a Equação (7.38) na Equação (7.36) leva a

$$V = \frac{1}{2}k_{11}x_1x_1 + k_{21}x_1x_2 + \frac{1}{2}k_{22}x_2x_2 + k_{31}x_1x_3 + k_{32}x_2x_3 + \frac{1}{2}k_{33}x_3x_3 \tag{7.39}$$

A energia potencial é uma função somente na configuração da viga, e não de como a configuração é obtida. Assim, a energia potencial seria a mesma caso a ordem da carga fosse invertida. Suponha que as forças $f_{12}$, $f_{22}$ e $f_{32}$ são aplicadas primeiro, resultando em $x_1 = 0$, $x_2 = x_2$ e $x_3 = 0$. Então as forças $f_{21}$, $f_{22}$ e $f_{32}$ são aplicadas de modo que, após sua aplicação estática, a configuração da viga é definida por $x_1 = x_1$, $x_2 = x_2$ e $x_3 = 0$. Então, usando a Equação (7.38), a energia potencial é calculada como

$$V = \frac{1}{2}k_{22}x_2x_2 + k_{12}x_2x_1 + \frac{1}{2}k_{11}x_1x_1 + k_{31}x_3x_1 + k_{32}x_3x_2 + \frac{1}{2}k_{33}x_3x_3 \tag{7.40}$$

já que a energia potencial calculada pela Equação (7.39) deve ser a mesma que aquela calculada pela Equação (7.40) para os valores arbitrários de $x_1$, $x_2$ e $x_3$, $k_{12} = k_{21}$. Outras combinações da ordem de carga podem ser estudadas para mostrar que, no geral,

$$k_{ij} = k_{ji} \qquad (7.41)$$

Esse resultado, que garante que a matriz de rigidez seja simétrica, é conhecido como *teorema de reciprocidade de Maxwell*.

Usar a Equação (7.41) na Equação (7.39) leva a

$$V = \frac{1}{2} \sum_{i=1}^{3} \sum_{j=1}^{3} k_{ij} x_i x_j \qquad (7.42)$$

A Equação (7.42) é idêntica à forma quadrática da energia potencial para esse sistema de três graus de liberdade. Assim, os coeficientes $k_{ij}$, $i, j = 1, 2, 3$ são os elementos da matriz de rigidez. Os $k_{ij}$ calculados desse modo são chamados de *coeficientes de influência de rigidez*. A Equação (7.41) mostra que a matriz de rigidez é simétrica quando os coeficientes de influência da rigidez são usados nesta determinação.

O conceito dos coeficientes de influência da rigidez pode ser generalizado para qualquer sistema linear. Cada coluna da matriz de rigidez tem uma interpretação física. A *j*-ésima coluna da matriz de rigidez é o conjunto de forças que agem nas partículas cujos deslocamentos são descritos pelas coordenadas generalizadas escolhidas, de modo que, após a aplicação estática dessas forças, $x_j = 1$ e $x_i = 0$ para $i \neq j$.

Resumindo, o método do coeficiente de influência para determinar os elementos de um sistema de $n$ graus de liberdade é como segue:

1. Atribuir um deslocamento específico para $x_1$, mantendo $x_2, x_3, \ldots, x_n$ em sua posição de equilíbrio estático. Calcule o sistema das forças exigidas para manter isso como uma posição de equilíbrio. As forças, $k_{i1}$, são aplicadas nos locais cujos deslocamentos definem as coordenadas generalizadas nas direções dos valores positivos das coordenadas generalizadas. Esse conjunto de forças produz a primeira coluna da matriz de rigidez.
2. Continue esse procedimento para encontrar todas as colunas da matriz de rigidez. A *j*-ésima coluna é encontrada ao prescrever $x_j = 1$ e $x_i = 0$, $i \neq j$, e calcular o sistema das forças necessárias para manter isso como uma posição de equilíbrio.
3. Se $x_j$ for uma coordenada angular, então $k_{ji}$ é um momento aplicado. Ao calcular a *j*-ésima coluna da matriz de rigidez, uma rotação específica em radianos deve ser aplicada ao ângulo definido por $x_j$ na direção do valor positivo da coordenada angular. Se for necessária a suposição para ângulos pequenos para atingir um sistema linear, ela também é usada para calcular os coeficientes de influência da rigidez.
4. A reciprocidade implica que a matriz de rigidez deve ser simétrica: $k_{ij} = k_{ji}$. A simetria pode ser usada como uma verificação.
5. Ao obter as equações diferenciais para os sistemas lineares, observe que as deflexões estáticas nas molas são canceladas com as forças de gravidade ou outras forças conservativas que provocam as deflexões estáticas. Assim, as deflexões estáticas e suas fontes não precisam ser consideradas para determinar os coeficientes de influência da rigidez.

## EXEMPLO 7.11

Use o método do coeficiente da influência da rigidez para calcular a matriz de rigidez para o sistema da Figura 7.2 no Exemplo 7.1.

### SOLUÇÃO

A primeira coluna da matriz de rigidez é obtida ao definir $x_1 = 1$, $x_2 = 0$, $x_3 = 0$, e calcular o sistema das forças aplicadas necessárias para manter essa posição em equilíbrio. Os diagramas de corpo livre dos blocos são mostrados na Figura 7.11. Definir $\sum F = 0$ produz

Bloco *a*: $-k - 2k + k_{11} = 0 \Rightarrow k_{11} = 3k$
Bloco *b*: $\quad 2k + k_{21} = 0 \Rightarrow k_{21} = -2k$
Bloco *c*: $\qquad\qquad\qquad \Rightarrow k_{31} = 0$

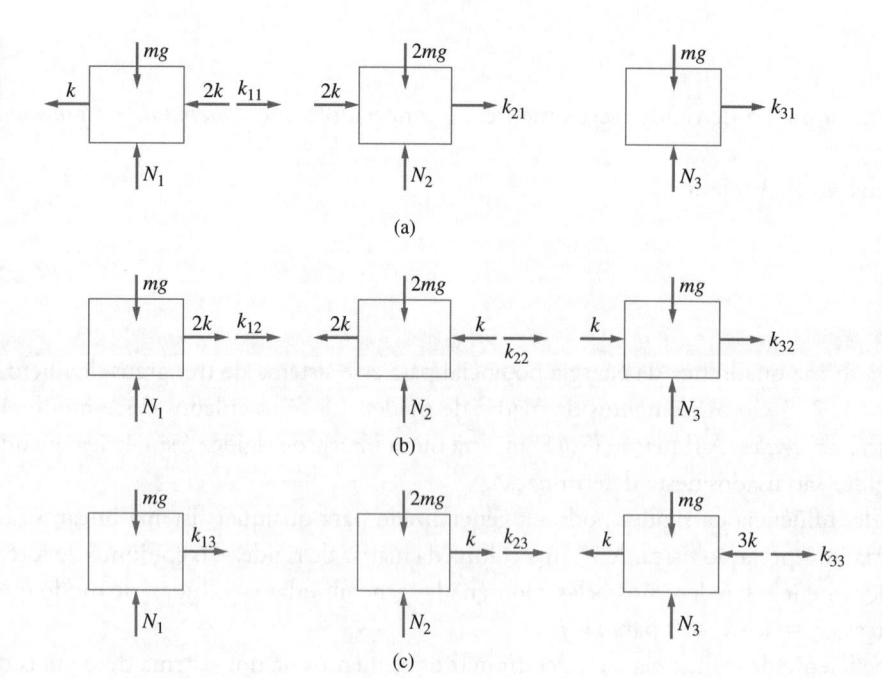

**FIGURA 7.11**
(a) A primeira coluna da matriz de rigidez é calculada ao definir $x_1 = 1$, $x_2 = 0$ e $x_3 = 0$, e determinar as forças mantendo a posição no equilíbrio estático.
(b) A segunda coluna da matriz de rigidez é calculada ao definir $x_1 = 0$, $x_2 = 1$ e $x_3 = 0$, e determinar as forças mantendo a posição no equilíbrio estático.
(c) A terceira coluna da matriz de rigidez é calculada ao definir $x_1 = 0$, $x_2 = 0$ e $x_3 = 1$, e determinar as forças mantendo a posição no equilíbrio estático.

A segunda coluna é obtida ao definir $x_2 = 0$, $x_1 = 1$ e $x_3 = 0$. A soma das forças nos diagramas de corpo livre produz

Bloco $a$: $\quad 2k + k_{12} = 0 \Rightarrow k_{12} = -2k$
Bloco $b$: $\quad -2k - k + k_{22} = 0 \Rightarrow k_{22} = 3k$
Bloco $c$: $\quad k + k_{32} = 0 \quad\Rightarrow k_{32} = -k$

A terceira coluna é obtida ao definir $x_1 = 0$, $x_2 = 0$ e $x_3 = 1$. A soma das forças nos diagramas de corpo livre produz

Bloco $a$: $\quad\Rightarrow k_{13} = 0$
Bloco $b$: $\quad k + k_{23} = 0 \Rightarrow k_{23} = -k$
Bloco $c$: $\quad -k - 3k + k_{33} = 0 \Rightarrow k_{33} = 4k$

A rigidez da matriz é

$$\mathbf{K} = \begin{bmatrix} 3k & -2k & 0 \\ -2k & 3k & -k \\ 0 & -k & 4k \end{bmatrix}$$

## EXEMPLO 7.12

Use o método do coeficiente da influência da rigidez para calcular a matriz de rigidez para o sistema da Figura 7.12. Use $x_A$, o deslocamento descendente do bloco $A$, $x_B$, o deslocamento ascendente do bloco $B$ e $\theta$, a rotação angular em sentido anti-horário da polia como as coordenadas generalizadas.

### SOLUÇÃO

A primeira coluna da matriz de rigidez é obtida ao definir $x_A = 1$, $x_B = 0$ e $\theta = 0$, e encontrar o sistema resultante das forças e momentos para manter essa posição como uma posição de equilíbrio. Observe que, como $\theta$ é uma coordenada angular, $k_{31}$ é um momento.

# Capítulo 7

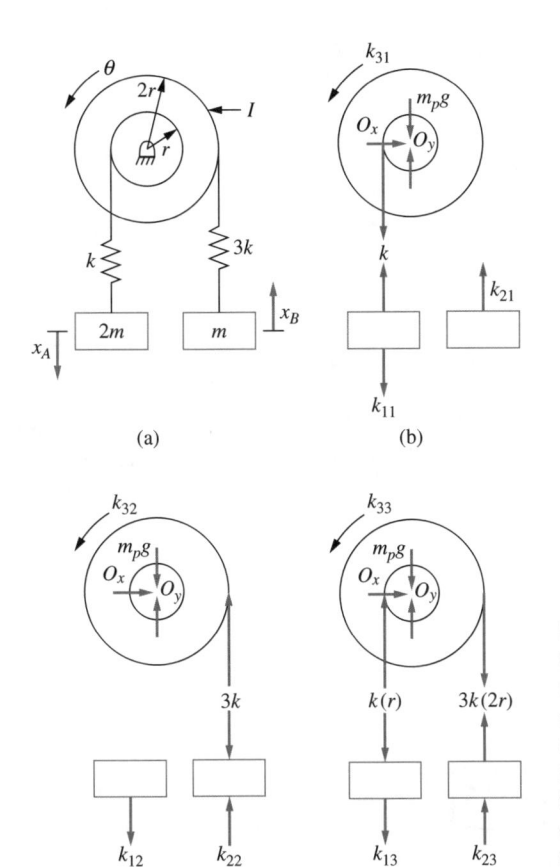

**FIGURA 7.12**
(a) Sistema do Exemplo 7.12. (b) A primeira coluna da matriz de rigidez é obtida ao definir $x_A = 1$, $x_B = 0$ e $\theta = 0$, e calcular as forças e os momentos para manter a posição no equilíbrio estático. (c) A segunda coluna da matriz de rigidez é obtida ao definir $x_A=0$, $x_B=1$ e $\theta=0$, e calcular as forças e os momentos para manter a posição no equilíbrio estático. (d) A terceira coluna da matriz de rigidez é obtida ao definir $x_A=0$, $x_B=0$ e $\theta=1$, e calcular as forças e os momentos para manter a posição no equilíbrio estático.

Bloco *A*: $\quad \sum F = 0 \Rightarrow -k + k_{11} = 0 \Rightarrow k_{11} = k$

Bloco *B*: $\quad \sum F = 0 \Rightarrow k_{21} = 0$

Polia: $\quad \sum M_O = 0 \Rightarrow k(r) + k_{31} = 0 \Rightarrow k_{31} = -kr$

A segunda coluna é obtida ao definir $x_A = 0$, $x_B = 1$ e $\theta = 0$. As equações do equilíbrio produzem

Bloco *A*: $\quad \sum F = 0 \Rightarrow k_{12} = 0$

Bloco *B*: $\quad \sum F = 0 \Rightarrow 3k - k_{22} = 0 \Rightarrow k_{22} = 3k$

Polia: $\quad \sum M_O = 0 \Rightarrow 3k(2r) + k_{32} = 0 \Rightarrow k_{32} = -6kr$

A terceira coluna é obtida ao definir $x_A = 0$, $x_B = 0$ e $\theta = 1$. As equações do equilíbrio produzem

Bloco *A*: $\quad \sum F = 0 \Rightarrow kr + k_{13} = 0 \Rightarrow k_{13} = -kr$

Bloco *B*: $\quad \sum F = 0 \Rightarrow 3k(2r) + k_{23} = 0 \Rightarrow k_{23} = -6kr$

Polia: $\quad \sum M_O = 0 \Rightarrow -k(r)(r) - 3k(2r)(2r) + k_{33} = 0 \Rightarrow k_{33} = 13kr^2$

Assim, a matriz de rigidez para essa escolha de coordenadas generalizadas é

$$\mathbf{K} = \begin{bmatrix} k & 0 & -kr \\ 0 & 3k & -6kr \\ -kr & -6kr & 13kr^2 \end{bmatrix}$$ ■

## EXEMPLO 7.13

Use o método do coeficiente de influência para encontrar a matriz de rigidez para o sistema da Figura 7.13 usando $\theta_1$, o deslocamento angular em sentido horário da barra $AB$, e $\theta_2$, o deslocamento angular em sentido anti-horário da barra $CD$, como coordenadas generalizadas.

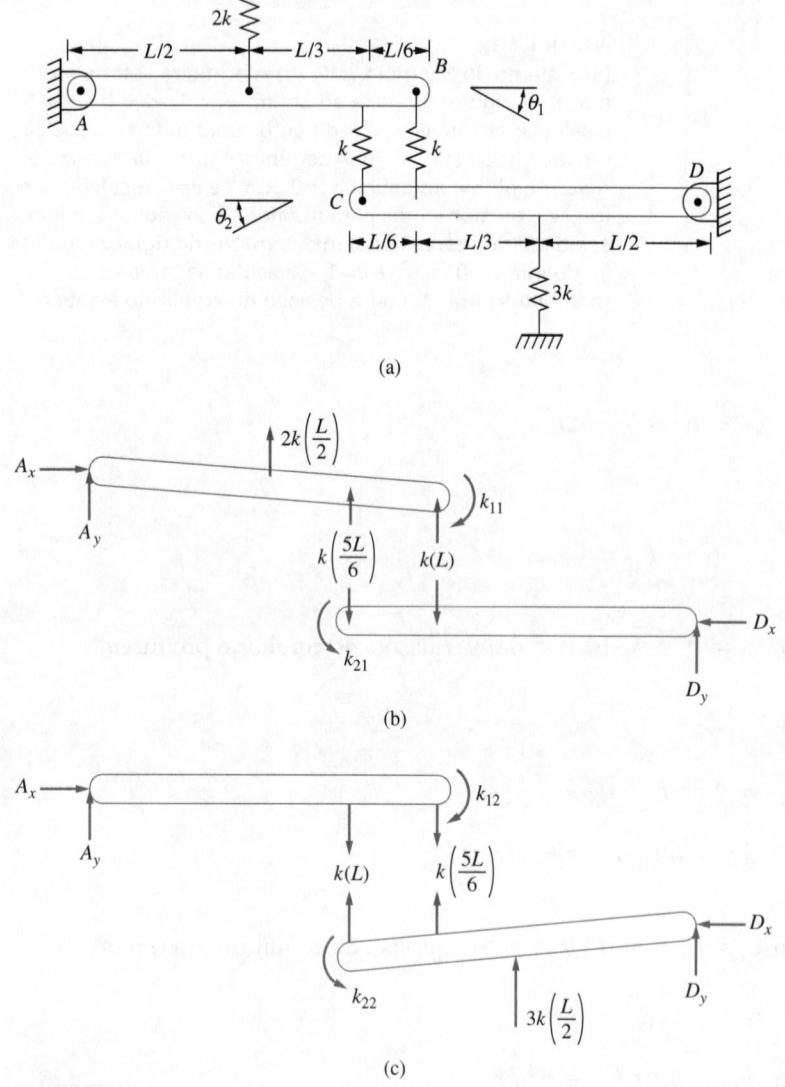

**FIGURA 7.13**
(a) Sistema do Exemplo 7.13. (b) A primeira coluna da matriz de rigidez é determinada ao definir $\theta_1 = 1$ e $\theta_2 = 0$ e calcular os momentos aplicados necessários para manter essa posição em equilíbrio. (c) A segunda coluna da matriz de rigidez é determinada ao definir $\theta_1 = 0$ e $\theta_2 = 1$ e calcular os momentos aplicados necessários para manter essa posição de equilíbrio.

## SOLUÇÃO

A primeira coluna da matriz de rigidez é obtida ao definir $\theta_1 = 1$ e $\theta_2 = 0$ e encontrar os momentos que devem ser aplicados às barras para manter essa posição como uma posição de equilíbrio. A suposição para ângulos pequenos é usada. As equações de equilíbrio são aplicadas aos diagramas de corpo livre da Figura 7.13(b).

Ao assumir os momentos no sentido horário positivo em torno de um eixo em $A$ e os momentos no sentido anti-horário positivo em torno de um eixo em $D$, temos

$$\sum M_A = 0 = -2k\frac{L}{2}\left(\frac{L}{2}\right) - 5k\frac{L}{6}\left(5\frac{L}{6}\right) - kL(L) + k_{11} \Rightarrow k_{11} = \frac{79}{36}kL^2 \tag{a}$$

$$\sum M_D = 0 = 5k\frac{L}{6}(L) + kL\left(5\frac{L}{6}\right) + k_{21} \Rightarrow k_{21} = -5k\frac{L^2}{3} \tag{b}$$

A segunda coluna é obtida ao definir $\theta_1 = 0$ e $\theta_2 = 1$. As equações de equilíbrio são aplicadas aos diagramas de corpo livre para produzir

$$\sum M_A = 0 = kL\left(5\frac{L}{6}\right) + 5k\frac{L}{6}(L) + k_{12} \Rightarrow k_{12} = -5k\frac{L^2}{3} \tag{c}$$

$$\sum M_D = 0 = -kL(L) - 5k\frac{L}{6}\left(5\frac{L}{6}\right) - 3k\frac{L}{2}\left(\frac{L}{2}\right) + k_{22} \Rightarrow k_{22} = 22k\frac{L^2}{9} \tag{d}$$

A rigidez da matriz é

$$\mathbf{K} = \begin{bmatrix} \dfrac{79}{36}kL^2 & -5k\dfrac{L^2}{3} \\ -5k\dfrac{L^2}{3} & \dfrac{22}{9}kL^2 \end{bmatrix} \tag{e}$$

## EXEMPLO 7.14

As vibrações transversais da viga em balanço da Figura 7.14 devem ser aproximadas pelo modelamento da viga como um sistema de dois graus de liberdade. A inércia da viga é modelada ao colocar massas discretas no centro e na extremidade da viga. Calcule a matriz de rigidez para esse modelo de dois graus de liberdade usando os deslocamentos do centro e da extremidade da viga como coordenadas generalizadas.

### SOLUÇÃO

O cálculo da matriz de rigidez exige a avaliação da deflexão da viga em função de uma carga concentrada no centro e de uma carga concentrada na extremidade da viga. Talvez a melhor maneira de lidar com o problema da deflexão da flecha seja usar o método da superposição como mostrado na Figura 7.14(b). Os elementos da $i$-ésima coluna da matriz de rigidez são calculados a partir de

$$y\left(\frac{L}{2}\right) = k_{1i}y_1\left(\frac{L}{2}\right) + k_{2i}y_2\left(\frac{L}{2}\right) \tag{a}$$

$$y(L) = k_{1i}y_1(L) + k_{2i}y_2(L) \tag{b}$$

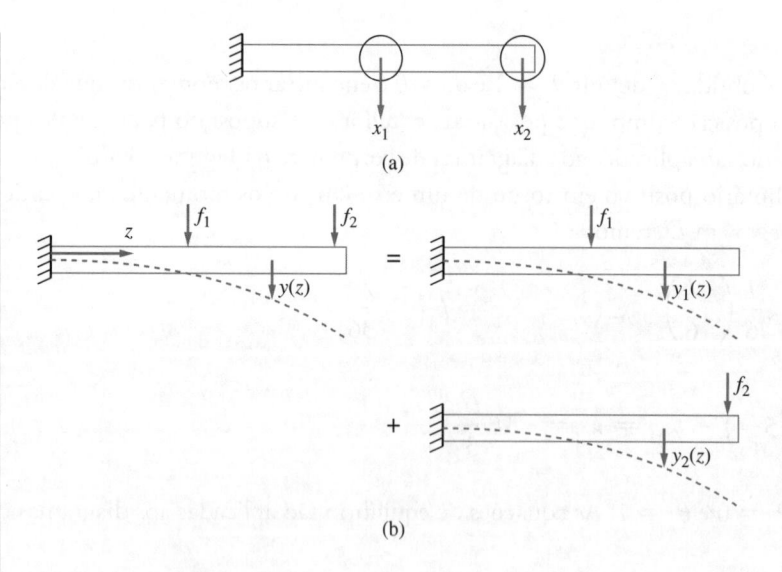

**FIGURA 7.14**
(a) Modelo de dois graus de liberdade da viga em balanço do Exemplo 7.14.
(b) Ilustração do método da superposição usado para calcular a matriz de rigidez.

onde $y(z)$ é o formato defletido total da viga, $y_1(z)$ é o formato defletido da viga em função de uma carga específica concentrada no centro e $y_2(z)$ é o formato defletido da viga em função de uma carga específica concentrada na extremidade da viga. Na Tabela D.2, eles são avaliados como

$$y_1\left(\frac{L}{2}\right) = \frac{L^3}{24EI} \qquad y_2\left(\frac{L}{2}\right) = \frac{5L^3}{48EI} \qquad \text{(c)}$$

$$y_1(L) = \frac{5L^3}{48EI} \qquad y_2(L) = \frac{L^3}{3EI} \qquad \text{(d)}$$

Para determinar a primeira coluna, defina $y(L/2) = 1$ e $y(L) = 0$. As equações são solucionadas simultaneamente, produzindo

$$k_{11} = \frac{768EI}{7L^3} \qquad k_{21} = -\frac{240EI}{7L^3} \qquad \text{(e)}$$

Para determinar a segunda coluna, defina $y(L/2) = 0$ e $y(L) = 1$. As equações são solucionadas simultaneamente, produzindo

$$k_{12} = -\frac{240EI}{7L^3} \qquad k_{22} = \frac{96EI}{7L^3} \qquad \text{(f)} \quad \blacksquare$$

## 7.6 COEFICIENTES DE INFLUÊNCIA DA FLEXIBILIDADE

O desenvolvimento da matriz de rigidez utilizando os coeficientes de influência da rigidez é simples. Para os sistemas mecânicos, o cálculo dos coeficientes de influência da rigidez exige a aplicação do princípio da estática e um pouco de álgebra. No entanto, como mostrado no Exemplo 7.14, o cálculo de uma coluna dos coeficientes de influência da rigidez para um sistema estrutural modelado com $n$ graus de liberdade exige a solução de $n$ equações simultâneas. Isso leva a um tempo de computação significativo para os sistemas com muitos graus de liberdade. Os coeficientes de influência da flexibilidade fornecem uma alternativa conveniente. Eles são mais fáceis de calcular do que os coeficientes de influência da rigidez para os sistemas estruturais e seu conhecimento é suficiente para a solução do problema de vibrações livres.

Se a matriz de rigidez, **K**, não for singular, então seu inverso existe. A matriz de flexibilidade, **A**, é definida por

Capítulo 7                    MODELAMENTO DOS SISTEMAS DE NGL

$$A = K^{-1} \tag{7.43}$$

Pré-multiplicar a Equação (7.1) por **A** dá

$$AM\ddot{x} + AC\dot{x} + x = AF \tag{7.44}$$

A Equação (7.44) mostra que o conhecimento de **A** em vez de **K** é suficiente para a solução de um problema de vibração.

Os elementos de **K** são determinados pelo uso dos coeficientes de influência da rigidez. De maneira análoga, os coeficientes de influência da flexibilidade podem ser usados para determinar **A**. O coeficiente de influência da flexibilidade $a_{ij}$ é definido como o deslocamento da partícula que é representado por $x_i$ quando uma carga específica é aplicada à partícula cujo deslocamento é representado por $x_j$ e nenhuma outra carga é aplicada ao sistema. Se $x_j$ representa uma coordenada angular, então é aplicado um momento específico.

Suponha que um conjunto arbitrário de cargas concentradas $\{f_1, f_2, \ldots, f_n\}$ é aplicado estaticamente a um sistema $n$GL. A carga $f_i$ é aplicada à partícula cujo deslocamento é representado por $x_i$. Usando a definição dos coeficientes de influência da flexibilidade, $x_j$ é calculado a partir de

$$x_j = \sum_{i=1}^{n} a_{ji} f_i \tag{7.45}$$

A Equação (7.45) é resumida em uma forma matricial como

$$x = Af \tag{7.46}$$

Multiplicar a Equação (7.46) por $A^{-1}$ produz

$$f = A^{-1}x = Kx \tag{7.47}$$

o que define a relação estática entre a força e o deslocamento. A Equação (7.47) mostra que os coeficientes de influência da flexibilidade como definidos são os elementos do inverso da matriz de rigidez, chamada de matriz de flexibilidade.

O procedimento para determinar a matriz de flexibilidade usando os coeficientes de influência é o seguinte:

1. Aplicar uma carga específica no local cujo deslocamento é definido por $x_1$. O coeficiente de influência da flexibilidade na primeira coluna, $a_{i1}$, é o deslocamento resultante da partícula cujo deslocamento é $x_i$.
2. Aplicar sucessivamente cargas específicas concentradas às partículas cujos deslocamentos definem o restante das coordenadas generalizadas. Calcular a coluna dos coeficientes de influência da flexibilidade usando o princípio da estática.
3. Se $x_i$ for um deslocamento angular, então um momento específico é aplicado para calcular $a_{ji}, j=1, \ldots, n$. Os deslocamentos calculados para $a_{li}, i = 1, \ldots, n$, são deslocamentos angulares.
4. Como a matriz de rigidez é simétrica, a matriz de flexibilidade também deve ser simétrica. Essa condição serve como uma verificação da análise.

## EXEMPLO 7.15

Determine a matriz de flexibilidade para o sistema na Figura 7.13 do Exemplo 7.13 usando os coeficientes de influência da flexibilidade.

### SOLUÇÃO

Os diagramas de corpo livre da Figura 7.15 mostram as forças externas, em termos dos deslocamentos angulares, agindo em cada barra quando um conjunto arbitrário de momentos é aplicado. As equações do equilíbrio são usadas para calcular as equações relacionadas aos deslocamentos para as forças aplicadas

Barra $AB$: $\quad \sum M_A = 0 \Rightarrow m_1 = \dfrac{79kL^2}{36}\theta_1 - \dfrac{5kL^2}{3}\theta_2$ (a)

Barra $BC$: $\quad \sum M_D = 0 \Rightarrow m_2 = -\dfrac{5kL^2}{3}\theta_1 + \dfrac{22kL^2}{9}\theta_2$ (b)

A primeira coluna da matriz de flexibilidade é obtida ao definir $m_1 = 1$, $m_2 = 0$, $\theta_1 = a_{11}$, $\theta_2 = a_{21}$ e solucionar as equações resultantes simultaneamente. A segunda coluna é obtida ao definir $m_1 = 0$, $m_2 = 1$, $\theta_1 = a_{12}$, $\theta_2 = a_{22}$ e solucionar as equações resultantes simultaneamente. A matriz de flexibilidade é

$$\mathbf{A} = \begin{bmatrix} \dfrac{396}{419kL^2} & \dfrac{270}{419kL^2} \\ \dfrac{270}{419kL^2} & \dfrac{711}{838kL^2} \end{bmatrix}$$ (c)

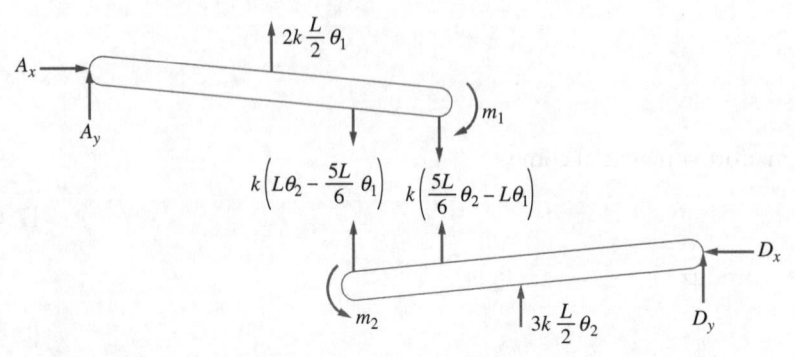

**FIGURA 7.15**
DCLs da posição de equilíbrio estático usados para calcular os coeficientes de influência da flexibilidade para o sistema do Exemplo 7.15. Para a primeira coluna, $m_1 = 1$ e $m_2 = 0$. Para a segunda coluna, $m_1 = 0$ e $m_2 = 1$. ■

## EXEMPLO 7.16

Duas máquinas pequenas devem ser aparafusadas a uma viga em balanço, como mostrado na Figura 7.16. A viga não é uniforme; desse modo, a previsão dos coeficientes de influência a partir dos conceitos da resistência dos materiais é difícil. Em vez disso, o engenheiro de projetos realiza medições estáticas. Após a primeira máquina ser instalada, o engenheiro observa que a deflexão diretamente abaixo da máquina tem 10 mm, e a deflexão da extremidade da viga tem 2 mm. Após a segunda máquina ser instalada, a deflexão da extremidade da viga tem 0,8 mm.
(a) Qual é a deflexão no local onde a primeira máquina foi instalada após a segunda máquina ser instalada?
(b) Qual é a matriz de flexibilidade para esse sistema?

### SOLUÇÃO
(a) Assumindo um sistema linear, o princípio da superposição produz as seguintes relações entre as cargas estáticas, os coeficientes de influência e a deflexão:

$x_1 = a_{11} f_1 + a_{12} f_2$ (a)

$x_2 = a_{21} f_1 + a_{22} f_2$ (b)

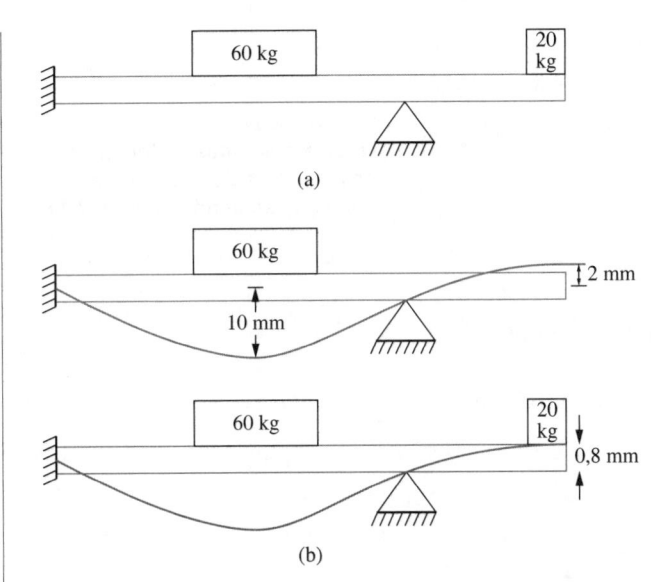

**FIGURA 7.16**
(a) Sistema do Exemplo 7.16. (b) Como cada máquina está aparafusada na viga, são feitas as medições da deflexão estática.

Quando somente a primeira máquina foi instalada, $f_1 = (60 \text{ kg})(9{,}81 \text{ m/s}^2) = 588{,}6 \text{ N}$, $f_2 = 0$, $x_1 = 0{,}01$ m, $x_2 = -0{,}002$ m. A substituição pelas equações anteriores produz $a_{11} = 1{,}7 \times 10^{-5}$ m/N, $a_{21} = -3{,}4 \times 10^{-6}$ m/N. Quando a segunda máquina também foi instalada, $f_1 = 588{,}6$ N, $f_2 = (20 \text{ kg})(9{,}81 \text{ m/s}^2) = 196{,}2$ N e $x_2 = -0{,}0008$ m. Então, como $a_{12} = a_{21}$, o deslocamento no local da primeira máquina quando ambas as máquinas foram instaladas é

$$x_1 = (1{,}7 \times 10^{-5} \text{ m/N})(588{,}6 \text{ N}) + (-3{,}4 \times 10^{-6} \text{ m/N})(196{,}2 \text{ N}) = 9{,}3 \text{ mm} \qquad \text{(c)}$$

(b) A segunda das equações anteriores produz

$$a_{22} = \frac{x_2 - a_{21} f_1}{f_2} = \frac{[-0{,}0008 \text{ m} - (-3{,}4 \times 10^{-6} \text{ m/N})(588{,}6 \text{ N})]}{196{,}2 \text{ N}} = 6{,}1 \times 10^{-6} \text{ m/N} \qquad \text{(d)}$$

A matriz de flexibilidade é

$$\mathbf{A} = \begin{bmatrix} 1{,}7 & -0{,}34 \\ -0{,}34 & 0{,}61 \end{bmatrix} 10^{-5} \text{ m/N} \qquad \text{(e)} \quad \blacksquare$$

## EXEMPLO 7.17

Quatro máquinas são igualmente espaçadas ao longo da viga em balanço de 8 m de comprimento do módulo elástico de $210 \times 10^9$ N/m² e momento de inércia de $1{,}6 \times 10^{-5}$ m⁴, como mostrado na Figura 7.17. Determine a matriz de flexibilidade para um modelo de quatro graus de liberdade do sistema com a localização das máquinas como coordenadas generalizadas.

### SOLUÇÃO

A equação de deflexão para uma viga em balanço tirada do Apêndice D é

$$w(z;\ a) = \frac{1}{EI} \left[ \frac{1}{6}(z-a)^3 u(z-a) - \frac{z^3}{6} + \frac{az^2}{2} \right] \qquad \text{(a)}$$

A matriz de flexibilidade é calculada sequencialmente pela coluna na ordem reversa. Imagine a carga específica colocada em $a = L = 8$ m. Então

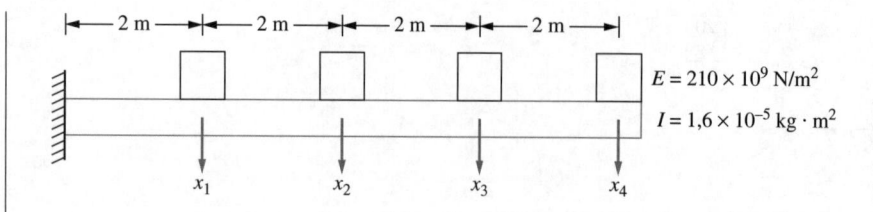

**FIGURA 7.17**
Quatro máquinas ao longo da envergadura de uma viga em balanço usada no Exemplo 7.17.

$$a_{41} = w\left(\frac{L}{4}; L\right) = \frac{1}{EI}\left[-\frac{1}{6}\left(\frac{L}{4}\right)^3 + \frac{1}{2}(L)\left(\frac{L}{4}\right)^2\right] = \frac{11L^3}{384EI}$$

$$= \frac{11(8\,\text{m})^3}{384(210 \times 10^9\,\text{N/m}^2)(1,6 \times 10^{-5}\,\text{m}^4)} = 4,37 \times 10^{-6}\,\text{m/N}$$

(b)

De maneira semelhante,

$$a_{42} = w\left(\frac{L}{2}; L\right) = 1,59 \times 10^{-5}\,\text{m/N},$$

(c)

$$a_{43} = w\left(\frac{3L}{4}; L\right) = 3,21 \times 10^{-5}\,\text{m/N}, \quad a_{44} = w(L; L) = 5,08 \times 10^{-5}\,\text{m/N}$$

A simetria da matriz de flexibilidade é usada para determinar $a_{34} = a_{43}$. Então, uma carga específica é imaginada em $a = 3L/4$ e

$$a_{31} = w\left(\frac{L}{4}; \frac{3L}{4}\right) = 3,17 \times 10^{-6}\,\text{m/N}, \quad a_{32} = w\left(\frac{L}{2}; \frac{3L}{4}\right) = 1,11 \times 10^{-5}\,\text{m/N},$$

$$a_{33} = w\left(\frac{3L}{4}; \frac{3L}{4}\right) = 2,14 \times 10^{-5}\,\text{m/N}$$

(d)

Imagine a carga específica colocada em $a = L/2$

$$a_{21} = w\left(\frac{L}{4}; \frac{L}{2}\right) = 1,98 \times 10^{-6}\,\text{m/N}, \quad a_{22} = w\left(\frac{L}{2}; \frac{L}{2}\right) = 6,35 \times 10^{-6}\,\text{m/N}$$

(e)

Por fim, imagine uma carga específica colocada em $a = L/4$

$$a_{11} = w\left(\frac{L}{4}; \frac{L}{4}\right) = 7,90 \times 10^{-7}\,\text{m/N}$$

(f)

A matriz de flexibilidade é

$$\mathbf{A} = 10^{-7} \begin{bmatrix} 7,90 & 19,8 & 31,7 & 43,7 \\ 19,8 & 63,5 & 111,1 & 158,7 \\ 31,7 & 111,1 & 214,3 & 321,4 \\ 43,7 & 158,7 & 321,4 & 507,9 \end{bmatrix} \text{m/N}$$

(g) ∎

Existem sistemas em que a matriz de rigidez é singular e, portanto, a matriz de flexibilidade não existe. Esses sistemas são chamados de *semidefinidos* ou *irrestritos*. É mostrado no Capítulo 8 que esses sistemas têm uma frequência natural mais baixa nula e um modo correspondente em que o sistema se move como um corpo rígido.

Capítulo 7    MODELAMENTO DOS SISTEMAS DE NGL    **405**

O sistema da Figura 7.18(a) tem dois graus de liberdade e é irrestrito. A matriz de rigidez para esse sistema é calculada como

$$\mathbf{K} = \begin{bmatrix} k & -k \\ -k & k \end{bmatrix} \tag{7.48}$$

A segunda fileira da matriz de rigidez é um múltiplo da primeira fileira, o que implica que a matriz é singular e não existe uma matriz de flexibilidade para o sistema. Na verdade, quando a definição dos coeficientes de influência da flexibilidade é aplicada na tentativa de calcular a matriz de flexibilidade, como mostrado na Figura 7.18(b), nenhuma solução é encontrada. Como o sistema é irrestrito, quando uma força específica é aplicada a qualquer massa o sistema não pode permanecer em equilíbrio. Em vez disso, o sistema se comportará como um corpo rígido com aceleração uniforme.

Outro exemplo de um sistema irrestrito é o sistema da Figura 7.11 no Exemplo 7.10. A matriz de rigidez para esse sistema é repetida aqui

$$\mathbf{K} = \begin{bmatrix} k & 0 & -kr \\ 0 & 3k & -6kr \\ -kr & -6kr & 13kr^2 \end{bmatrix} \tag{7.49}$$

A inspeção dessa matriz revela que a primeira fileira mais duas vezes a segunda fileira é proporcional à terceira fileira. Assim, as três fileiras da matriz de rigidez são dependentes, o que implica que a matriz de rigidez é singular, o que, por sua vez, implica que a matriz de flexibilidade não existe. Se, por exemplo, um momento específico fosse aplicado à polia, então não haveria outras forças externas que desenvolvessem um momento em torno do centro da polia. Logo, o equilíbrio não poderia ser mantido.

Uma viga apoiada em uma extremidade sem outro suporte é um exemplo de sistema estrutural irrestrito. A aplicação de uma força ou momento levará à rotação do corpo rígido em torno do pino de suporte. Uma viga livre-livre é duplamente irrestrita, na medida em que possui dois movimentos independentes do corpo rígido. Uma viga livre-livre é irrestrita do movimento transversal, assim como da rotação do corpo rígido.

Os coeficientes de influência da flexibilidade podem ser usados para calcular a matriz de flexibilidade. A Equação (7.44) mostra que o conhecimento da matriz de flexibilidade, em vez do conhecimento da matriz de rigidez, é suficiente para proceder com a solução do sistema das equações diferenciais regendo as vibrações de um sistema de NGL. A escolha entre determinar a matriz de rigidez ou a matriz de flexibilidade normalmente é fácil.

Para os sistemas estruturais, o cálculo da matriz de flexibilidade é mais fácil do que o cálculo da matriz de rigidez. Para esses sistemas, as equações de deflexão da mecânica dos sólidos são usadas para determinar a deflexão de uma partícula em função de uma carga concentrada aplicada. A equação de deflexão para a estrutura geralmente está disponível em um livro didático ou um manual (p. ex., Apêndice D). Dessa forma, o cálculo da matriz de flexibilidade é direto, ao passo que a solução de um sistema de equações simultâneas é necessária para determinar cada coluna da matriz de rigidez. No entanto, o cálculo da matriz de rigidez é mais fácil do que o cálculo da matriz de flexibilidade para os sistemas mecânicos que compreendem os corpos rígidos conectados por elementos flexíveis. Para esses sistemas, a aplicação das equações do equilíbrio estático para os diagramas de corpo livre apropriados é suficiente para calcular a matriz de rigidez, enquanto o cálculo de uma coluna da matriz de flexibilidade também exige a solução de um sistema de equações simultâneas.

A matriz de rigidez deve ser calculada para os sistemas irrestritos.

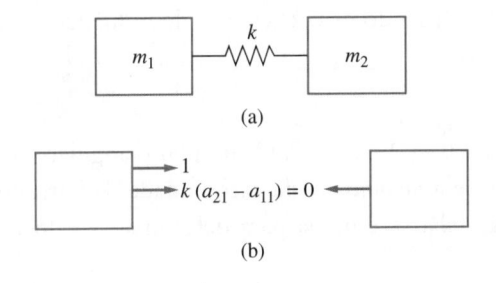

**FIGURA 7.18**
(a) Um sistema irrestrito de dois graus de liberdade.
(b) DCLs de um sistema são usados para mostrar que a matriz de flexibilidade não existe.

## 7.7 COEFICIENTES DE INFLUÊNCIA DA INÉRCIA

A matriz de massa pode ser calculada diretamente da forma quadrática da energia cinética. Também pode ser calculada a partir dos coeficientes de influência calculados a partir de uma análise de impulso e momento linear. Considere um sistema linear inicialmente em repouso no equilíbrio. As vibrações livres ocorrerão se o sistema receber energia cinética ou energia potencial. Os coeficiente de influência da rigidez são desenvolvidos pelo exame da energia potencial induzida por uma aplicação estática de um sistema de forças. Os coeficientes de influência da inércia são desenvolvidos pelo exame da energia cinética induzida pela aplicação de um sistema de impulsos. Uma alteração instantânea na velocidade (e, portanto, uma mudança instantânea na energia cinética) ocorre em função da aplicação de um impulso. Se um sistema for dinamicamente acoplado, então uma mudança instantânea na velocidade associada à coordenada generalizada pode causar uma mudança instantânea nas velocidades associadas a outras coordenadas generalizadas.

Considere um sistema de NGL com coordenadas generalizadas $x_1, x_2, \ldots, x_n$. Assuma que um sistema de impulsos é aplicado de modo que $I_i$ é um impulso aplicado à partícula cuja velocidade é $\dot{x}_i$. O movimento ocorre com velocidades possivelmente não zero nas outras coordenadas generalizadas. Essas velocidades são relacionadas aos impulsos aplicados pela $n$ aplicação do princípio do impulso e do momento linear. Para um sistema linear, estas são

$$I_i = \sum_{i=1}^{n} m_{ij}\dot{x}_j \tag{7.50}$$

onde $m_{ij}$ são os coeficientes de influência da inércia. Considere, em particular, um sistema dos impulsos aplicados de modo que $\dot{x}_k = 1$ e $\dot{x}_j = 0$ para $j \neq k$. Então, a Equação (7.50) reduz para

$$I_i = m_{ik} \tag{7.51}$$

Assim, o coeficiente de influência da inércia $m_{ik}$ é um componente de um sistema dos impulsos aplicados para gerar uma velocidade instantânea $\dot{x}_k = 1$ com $\dot{x}_j = 0$ para $j \neq k$. Especificamente, é o impulso aplicado à partícula cujo deslocamento é representado por $x_i$. Se um sistema de impulsos é aplicado a um sistema linear, de modo que a relação entre os impulsos aplicados e as velocidades induzidas sejam dadas pela Equação (7.50), então o princípio do trabalho e da energia pode ser usado para mostrar que a energia cinética desenvolvida pelo sistema é a forma quadrática da energia cinética dada pela Equação (7.22). Assim, os coeficientes de influência da inércia são os elementos da matriz de massa.

O que segue resume o cálculo dos coeficientes de influência da inércia:

1. Assuma que um sistema de impulsos, $I_i$, $i = 1, 2, \ldots, n$ é aplicado de modo que $\dot{x}_1 = 1$, $\dot{x}_2 = 0$, $\dot{x}_2 = 0, \ldots, \dot{x}_n = 0$. Observe que $I_j$ é o impulso aplicado à partícula cujo deslocamento é descrito pela coordenada generalizada $x_j$. A aplicação repetida do princípio do impulso e do momento linear permite a solução do impulso aplicado. Os coeficientes de influência da inércia são $m_{i1} = I_i$ para $i = 1, 2, \ldots, n$.
2. O procedimento na etapa 1 é repetido com $\dot{x}_k = 1$ e todas as outras velocidades iguais a zero para $k = 2, 3, \ldots, n$. Os coeficientes de influência da inércia são $m_{ik} = I_k$.
3. Se $x_j$ representa uma coordenada angular, então $I_j$ é um impulso angular e $\dot{x}_f$ é uma velocidade angular.
4. A matriz de massa é simétrica, $m_{ij} = m_{ji}$. Isso serve como uma verificação nos cálculos.

### EXEMPLO 7.18

Determine a matriz de massa para o sistema na Figura 7.19(a) usando os coeficientes de influência da inércia. Use $\theta = $ e $x$, como ilustrado, como coordenadas generalizadas.

**SOLUÇÃO**

Para determinar a primeira coluna da matriz de massa, defina $\dot{\theta} = 1$ e $\dot{x} = 0$. O momento angular do sistema é igual a $\bar{I}\dot{\theta} = \frac{1}{12}mL^2$. O momento linear do sistema é $m\bar{v}$. Se a velocidade da extremidade da barra for zero, porém sua velocidade angular é 1, a equação da velocidade relativa é usada para determinar a velocidade do

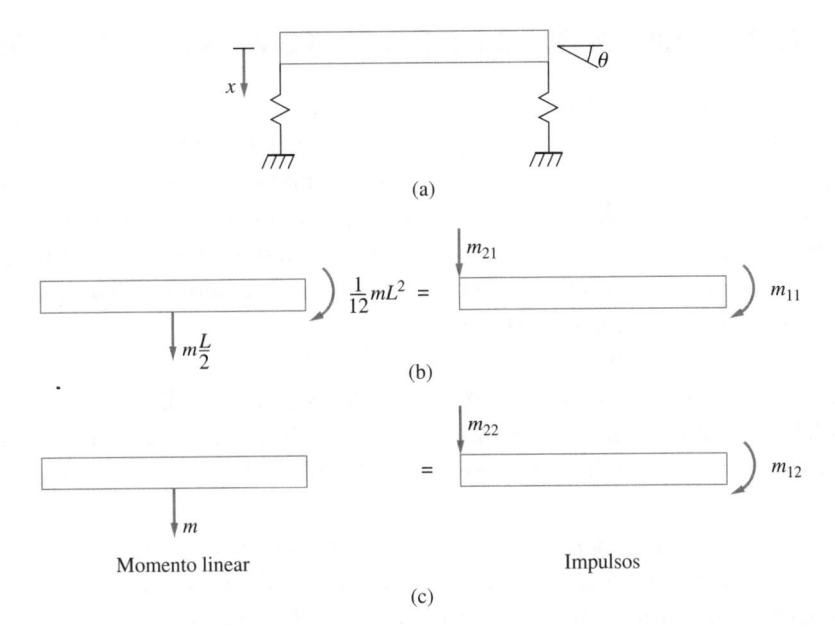

**FIGURA 7.19**
(a) Sistema do Exemplo 7.18 onde $\theta$ e $x$ são usados como coordenadas generalizadas. (b) Diagramas do impulso e momento linear do sistema para definir $\dot{\theta} = 1$ e $\dot{x} = 0$. (c) Diagramas do impulso e momento linear do sistema para definir $\dot{\theta} = 0$ e $\dot{x} = 1$.

centro da massa como $L/2$ a descendente direcionada. Um impulso angular igual a $m_{11}$ é aplicado no sentido horário à barra, e um impulso linear igual a $m_{21}$ é aplicado no sentido descendente na extremidade da barra. Os diagramas de impulso e momento linear são mostrados na Figura 7.19(b). Aplicar o princípio do impulso linear e do momento linear dá

$$m\frac{L}{2} = m_{21} \tag{a}$$

Aplicando o princípio do impulso angular e do momento linear angular em torno da extremidade da barra ao diagrama de impulso da Figura 7.19(b)

$$m\frac{L}{2}\left(\frac{L}{2}\right) + \frac{1}{12}mL^2 = m_{11} \Rightarrow m_{11} = m\frac{L^2}{3} \tag{b}$$

Para determinar a segunda coluna da matriz de massa, defina $\dot{x} = 0$ e $\dot{\theta} = 1$. O momento angular da barra é zero, e o momento linear é simplesmente $m$. Um impulso angular igual a $m_{12}$ é aplicado no sentido horário à barra, e um impulso linear de grandeza $m_{22}$ é aplicado no sentido descendente na extremidade da barra. Aplicar o princípio do impulso linear e momento linear ao diagrama do impulso da Figura 7.19(c) produz

$$m = m_{22} \tag{c}$$

É claro que a matriz de massa é simétrica, portanto $m_{12} = m_{21} = m\frac{L}{2}$. Entretanto, é melhor verificar o resultado. Aplicar o princípio do impulso angular e do momento angular aos diagramas da Figura 7.19(c) em torno de um eixo na extremidade da barra leva a

$$m\frac{L}{2} = m_{12} \tag{d}$$

Assim, a matriz de massa para esse sistema é

$$\mathbf{M} = \begin{bmatrix} m\dfrac{L^2}{3} & m\dfrac{L}{2} \\ m\dfrac{L}{2} & m \end{bmatrix} \tag{e}$$

## 7.8 MODELAGEM DE MASSA CONCENTRADA DOS SISTEMAS CONTÍNUOS

As vibrações dos sistemas contínuos são regidas pelas equações diferenciais parciais. As soluções analíticas para as equações diferenciais são muitas vezes difíceis de obter. Assim, os métodos aproximados e numéricos são frequentemente usados para aproximar as propriedades da vibração e a resposta dos sistemas contínuos. Um método mais simples de aproximação é substituir a inércia distribuída do sistema contínuo por um número finito dos elementos de inércia concentrada. Um ponto onde uma massa concentrada é colocada é chamado *nó*. Todos os efeitos de inércia são concentrados nos nós. Os nós são assumidos como estando conectados por elementos elásticos, porém sem massa. As coordenadas generalizadas são escolhidas como os deslocamentos dos nós.

Um modelo de massa concentrada de um sistema contínuo é um modelo discreto de um sistema contínuo. Um sistema com $n$ nós é modelado como um sistema de $n$ graus de liberdade. As equações diferenciais da forma da Equação (7.1) ou da Equação (7.44) são obtidas para aproximar as vibrações do sistema contínuo. É necessário determinar a matriz de massa, seja a matriz de rigidez, seja a matriz de flexibilidade, e o vetor de força para a aproximação discreta.

A menos que o sistema seja irrestrito, a matriz de flexibilidade é usada no modelamento de massa concentrada de um sistema contínuo. A matriz de flexibilidade é obtida pelo uso dos coeficientes de influência da flexibilidade, como descrito na Seção 7.6. Se o sistema for irrestrito, a matriz de rigidez deve ser determinada.

As aproximações de massa concentrada para o modelamento de um sistema contínuo usando um grau de liberdade foram consideradas no Capítulo 2. Lembre-se de que os efeitos da inércia de uma mola linear são aproximados ao colocar uma partícula de massa igual a um terço da massa da mola em sua extremidade. A aproximação de um terço determinada pelo cálculo da massa da partícula, de modo que a energia cinética do sistema do modelo é igual à energia cinética da mola, assume uma função de deslocamento linear ao longo do eixo da mola. Esse modelo ilustra que é incorreto modelar os efeitos de inércia da mola ao usar a massa total da mola. A energia cinética das partículas próximas de seu suporte fixo é bem menor que a energia cinética das partículas próximas do ponto de conexão ao sistema. As considerações da energia cinética podem ser usadas para determinar a matriz de massa para uma aproximação discreta. No entanto, essa matriz de massa, chamada *matriz de massa consistente*, é difícil de obter e não é uma matriz diagonal. A quantidade de esforço usado para determinar uma matriz de massa consistente seria mais bem usada para desenvolver um modelo de elementos finitos para o sistema.

Por uma questão de simplicidade, é desejável especificar uma matriz de massa diagonal para uma aproximação de massa concentrada de um sistema contínuo. Se uma discretização for usada onde a massa do sistema estiver concentrada em nós, então uma aproximação óbvia à matriz de massa é uma matriz diagonal com as massas nodais ao longo da diagonal. Nessa situação, os valores das massas nodais afetam a precisão da resposta do sistema. Ao usar a aproximação de um grau de liberdade dos efeitos de inércia de uma mola linear como guia, fica claro que o uso da massa inteira do sistema na aproximação leva a erros na aproximação.

Quando uma matriz diagonal é usada para modelar os efeitos de inércia de um sistema contínuo, a massa concentrada em cada nó deve representar a massa de uma região identificável da estrutura. Um bom esquema é definir a massa nodal como a massa de uma região cujos limites são meio caminho entre o nó e os nós vizinhos à direita e à esquerda. Se o nó não tiver nenhum vizinho do seu lado, mas for adjacente a uma extremidade livre, então toda a massa entre o nó e a extremidade livre é usada no cálculo da massa nodal. Se a partícula for adjacente a um suporte que impede o movimento, então é usada apenas metade da massa entre o nó e o suporte. A precisão desse método de aproximação é considerada no Capítulo 8.

O cálculo do vetor de força também pode exigir aproximações adicionais. Como mostrado na Seção 7.3, o vetor de força é obtido pelo cálculo das forças generalizadas, que ocorrem quando o método do trabalho virtual é usado. Se uma carga concentrada for aplicada a um nó, então a força generalizada para a coordenada generalizada do nó é o valor da carga concentrada, e as forças generalizadas para todas as outras coordenadas são zero. Porém, se uma carga concentrada for aplicada em um local que não seja um nó ou a carga for distribuída, o cálculo das forças generalizadas exige aproximações adicionais. O deslocamento dinâmico não está disponível para ser aplicado ao método do trabalho virtual. Nesses casos, sugere-se que a carga seja substituída por uma série de cargas concentradas, calculadas da

# Capítulo 7 — MODELAMENTO DOS SISTEMAS DE NGL

seguinte forma, de modo que o sistema resultante seja aproximadamente equivalente estaticamente à carga aplicada. A equivalência estática não implica na equivalência dinâmica.

Se a carga aplicada for substituída por um sistema de cargas concentradas, é usado o método a seguir. A carga entre quaisquer dois nós é substituída por uma carga concentrada em cada um dos nós. As duas cargas concentradas são estaticamente equivalentes à carga entre os nós. A soma das cargas concentradas é o resultante da carga entre os nós. O momento da carga distribuída em cada um dos nós é o mesmo que o momento das duas cargas concentradas em torno daquele ponto. Assim, a força generalizada total aplicada em um nó é aproximada pela soma da contribuição da carga entre o nó e seu vizinho à esquerda e a contribuição da carga entre o nó e seu vizinho à direita. Se o nó for adjacente à extremidade livre, a contribuição para a carga entre o nó e a extremidade livre é o resultante da carga. Se a partícula for adjacente a um suporte que impede o deslocamento, é usado apenas o resultante da carga entre o nó e o ponto central entre o nó e o suporte. Nesse caso, o trabalho feito pelas partículas próximas dos suportes é ignorado no modelamento do sistema, assim como a energia cinética dessas partículas é ignorada. A carga concentrada não é estaticamente equivalente à carga real se a partícula for adjacente a uma extremidade livre ou a um suporte.

## EXEMPLO 7.19

Monte as equações diferenciais cuja solução se aproxima da resposta forçada da viga em balanço da Figura 7.20. Use quatro graus de liberdade para discretizar o sistema. A viga é composta por um material de módulo elástico $E$ e densidade de massa $\rho$. Possui uma área transversal $A$ e um momento de inércia $I$. Ignore o amortecimento.

### SOLUÇÃO

A viga é discretizada pela concentração de sua massa em quatro partículas, como mostrado na Figura 7.20(b). Os nós são escolhidos para ser igualmente espaçados. As coordenadas generalizadas são os deslocamentos dos nós. A massa de cada partícula modela os efeitos de inércia das regiões mostradas na figura. A carga é substituída pelas cargas concentradas dependentes de tempo nos nós, como mostrado na Figura 7.20(c).

A matriz de flexibilidade para esse sistema discretizado é determinada pelos coeficientes de influência da flexibilidade, como descrito na Seção 7.6. A primeira coluna é obtida ao colocar uma carga específica no primeiro nó e calcular as deflexões resultantes em cada um dos nós. O resultado é

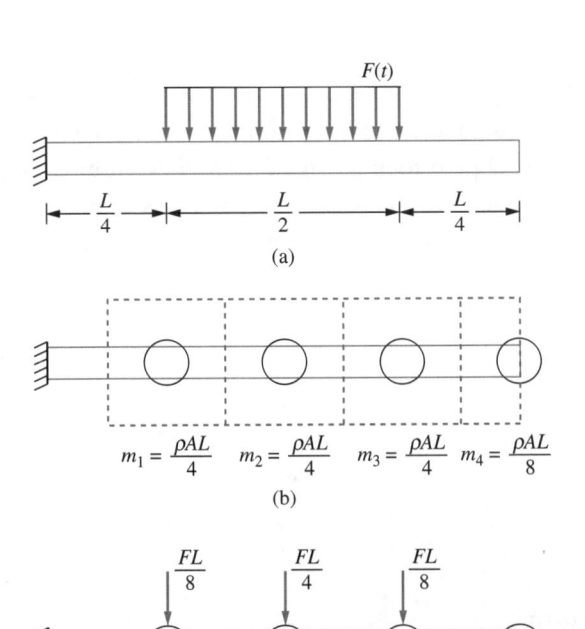

**FIGURA 7.20**
(a) Sistema do Exemplo 7.19. (b) Cálculo das massas nodais. (c) As forças nodais são aplicadas de modo que as forças sejam estaticamente equivalentes à carga distribuída da Figura 7.20(a).

$$\mathbf{A} = \frac{L^3}{384EI} \begin{bmatrix} 2 & 5 & 8 & 11 \\ 5 & 16 & 28 & 40 \\ 8 & 28 & 54 & 81 \\ 11 & 40 & 81 & 128 \end{bmatrix} \quad \text{(a)}$$

A matriz de massa é uma matriz diagonal com as massas nodais ao longo da diagonal. O vetor de força é simplesmente o vetor das cargas concentradas da Figura 7.20(c). Então, a Equação (7.44) torna-se

$$\left(\frac{\rho AL}{4}\right)\left(\frac{L^3}{384EI}\right) \begin{bmatrix} 2 & 5 & 8 & 11 \\ 5 & 16 & 28 & 40 \\ 8 & 28 & 54 & 81 \\ 11 & 40 & 81 & 128 \end{bmatrix} \begin{bmatrix} 1 & 0 & 0 & 0 \\ 0 & 1 & 0 & 0 \\ 0 & 0 & 1 & 0 \\ 0 & 0 & 0 & \frac{1}{2} \end{bmatrix} \begin{bmatrix} \ddot{x}_1 \\ \ddot{x}_2 \\ \ddot{x}_3 \\ \ddot{x}_4 \end{bmatrix} + \begin{bmatrix} x_1 \\ x_2 \\ x_3 \\ x_4 \end{bmatrix}$$

$$= \left(\frac{L^3}{384EI}\right)\left(\frac{FL}{8}\right) \begin{bmatrix} 2 & 5 & 8 & 11 \\ 5 & 16 & 28 & 40 \\ 8 & 28 & 54 & 81 \\ 11 & 40 & 81 & 128 \end{bmatrix} \begin{bmatrix} 1 \\ 2 \\ 1 \\ 0 \end{bmatrix} \quad \text{(b)}$$

que é simplificada para

$$\frac{\rho AL^3}{1536 EI} \begin{bmatrix} 4 & 10 & 16 & 11 \\ 10 & 32 & 56 & 40 \\ 16 & 56 & 108 & 81 \\ 22 & 80 & 162 & 128 \end{bmatrix} \begin{bmatrix} \ddot{x}_1 \\ \ddot{x}_2 \\ \ddot{x}_3 \\ \ddot{x}_4 \end{bmatrix} + \begin{bmatrix} x_1 \\ x_2 \\ x_3 \\ x_4 \end{bmatrix} = \frac{\rho AL^4 F(t)}{3072 EI} \begin{bmatrix} 18 \\ 65 \\ 118 \\ 172 \end{bmatrix} \quad \text{(c)} \blacksquare$$

## 7.9 EXEMPLOS DE REFERÊNCIA

### 7.9.1 MÁQUINA NO CHÃO DA FÁBRICA

Considere a máquina diretamente aparafusada à viga. Quatro massas concentradas, como ilustrado na Figura 7.21, são usadas para representar o movimento da viga, em vez de uma. O peso total da viga é 1098,5 N ou uma massa de 111,97 kg. A matriz de massa é determinada usando os métodos descritos na Seção 7.8. Cada massa concentrada tem um valor de 111,97 kg/5 = 22,39 kg. A massa associada a $x_3$ é a massa da máquina mais a massa concentrada:

$$\mathbf{M} = \begin{bmatrix} 22{,}39 & 0 & 0 & 0 \\ 0 & 22{,}39 & 0 & 0 \\ 0 & 0 & 481{,}11 & 0 \\ 0 & 0 & 0 & 22{,}39 \end{bmatrix} \text{kg} \quad \text{(a)}$$

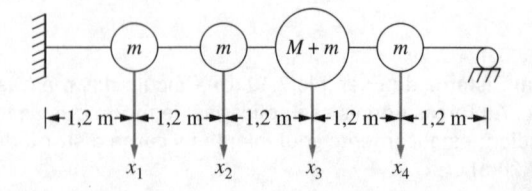

**FIGURA 7.21**
Modelo de quatro graus de liberdade da máquina aparafusada diretamente à viga.

A matriz de flexibilidade é calculada usando o Apêndice D. Por exemplo, o cálculo da quarta coluna da matriz exige uma força específica aplicada em $a = 4,8$ m, e o cálculo da deflexão nos locais das coordenadas generalizadas é

$$a_{44} = \frac{1}{\left(210 \times 10^9 \frac{N}{m^2}\right)(1,21 \times 10^{-4} m^4)} \left\{ \frac{1}{2}\left(1 - \frac{4,8 \text{ m}}{6 \text{ m}}\right) \right.$$
$$\times \left[\left(\frac{4,8 \text{ m}}{6 \text{ m}}\right)^2 - 2\left(\frac{4,8 \text{ m}}{6 \text{ m}}\right) - 2\right]\frac{1}{6}(4,8 \text{ m})^3$$
$$\left. + \frac{1}{2}(4,8 \text{ m})\left(1 - \frac{4,8 \text{ m}}{6 \text{ m}}\right)\left(2 - \frac{4,8 \text{ m}}{6 \text{ m}}\right)\frac{1}{2}(4,8 \text{ m})^2 \right\} = 4,64 \times 10^{-8} \frac{\text{m}}{\text{N}}$$

(b)

$$a_{34} = \frac{1}{\left(210 \times 10^9 \frac{N}{m^2}\right)(1,21 \times 10^{-4} m^4)} \left\{ \frac{1}{2}\left(1 - \frac{4,8 \text{ m}}{6 \text{ m}}\right) \right.$$
$$\times \left[\left(\frac{4,8 \text{ m}}{6 \text{ m}}\right)^2 - 2\left(\frac{4,8 \text{ m}}{6 \text{ m}}\right) - 2\right]\frac{1}{6}(3,6 \text{ m})^3$$
$$\left. + \frac{1}{2}(4,8 \text{ m})\left(1 - \frac{4,8 \text{ m}}{6 \text{ m}}\right)\left(2 - \frac{4,8 \text{ m}}{6 \text{ m}}\right)\frac{1}{2}(3,6 \text{ m})^2 \right\} = 5,63 \times 10^{-8} \frac{\text{m}}{\text{N}}$$

(c)

$$a_{24} = \frac{1}{\left(210 \times 10^9 \frac{N}{m^2}\right)(1,21 \times 10^{-4} m^4)} \left\{ \frac{1}{2}\left(1 - \frac{4,8 \text{ m}}{6 \text{ m}}\right) \right.$$
$$\times \left[\left(\frac{4,8 \text{ m}}{6 \text{ m}}\right)^2 - 2\left(\frac{4,8 \text{ m}}{6 \text{ m}}\right) - 2\right]\frac{1}{6}(2,4 \text{ m})^3$$
$$\left. + \frac{1}{2}(4,8 \text{ m})\left(1 - \frac{4,8 \text{ m}}{6 \text{ m}}\right)\left(2 - \frac{4,8 \text{ m}}{6 \text{ m}}\right)\frac{1}{2}(2,4 \text{ m})^2 \right\} = 3,84 \times 10^{-8} \frac{\text{m}}{\text{N}}$$

(d)

$$a_{14} = \frac{1}{\left(210 \times 10^9 \frac{N}{m^2}\right)(1,21 \times 10^{-4} m^4)} \left\{ \frac{1}{2}\left(1 - \frac{4,8 \text{ m}}{6 \text{ m}}\right) \right.$$
$$\times \left[\left(\frac{4,8 \text{ m}}{6 \text{ m}}\right)^2 - 2\left(\frac{4,8 \text{ m}}{6 \text{ m}}\right) - 2\right]\frac{1}{6}(1,2 \text{ m})^3$$
$$\left. + \frac{1}{2}(4,8 \text{ m})\left(1 - \frac{4,8 \text{ m}}{6 \text{ m}}\right)\left(2 - \frac{4,8 \text{ m}}{6 \text{ m}}\right)\frac{1}{2}(1,2 \text{ m})^2 \right\} = 1,34 \times 10^{-8} \frac{\text{m}}{\text{N}}$$

(e)

$$\mathbf{A} = 10^{-8} \begin{bmatrix} 1,4 & 2,4 & 2,24 & 1,34 \\ 2,4 & 5,97 & 6,37 & 3,84 \\ 2,24 & 6,37 & 8,44 & 5,63 \\ 1,34 & 3,84 & 5,63 & 4,64 \end{bmatrix}$$

(f)

As equações diferenciais que modelam o sistema são:

$$10^{-8}\begin{bmatrix} 1{,}4 & 2{,}4 & 2{,}24 & 1{,}34 \\ 2{,}4 & 5{,}97 & 6{,}37 & 3{,}84 \\ 2{,}24 & 6{,}37 & 8{,}44 & 5{,}63 \\ 1{,}34 & 3{,}84 & 5{,}63 & 4{,}64 \end{bmatrix}\begin{bmatrix} 22{,}39 & 0 & 0 & 0 \\ 0 & 22{,}39 & 0 & 0 \\ 0 & 0 & 481{,}11 & 0 \\ 0 & 0 & 0 & 22{,}39 \end{bmatrix}\begin{bmatrix} \ddot{x}_1 \\ \ddot{x}_2 \\ \ddot{x}_3 \\ \ddot{x}_4 \end{bmatrix} + \begin{bmatrix} x_1 \\ x_2 \\ x_3 \\ x_4 \end{bmatrix}$$

(g)

$$= 10^{-8}\begin{bmatrix} 1{,}4 & 2{,}4 & 2{,}24 & 1{,}34 \\ 2{,}4 & 5{,}97 & 6{,}37 & 3{,}84 \\ 2{,}24 & 6{,}37 & 8{,}44 & 5{,}63 \\ 1{,}34 & 3{,}84 & 5{,}63 & 4{,}64 \end{bmatrix}\begin{bmatrix} 0 \\ 0 \\ F_0 \operatorname{sen}\omega t \\ 0 \end{bmatrix}$$

ou

$$10^{-8}\begin{bmatrix} 31{,}346 & 53{,}736 & 1077{,}686 & 30{,}0026 \\ 53{,}736 & 133{,}6683 & 3064{,}671 & 85{,}9776 \\ 50{,}1536 & 142{,}6243 & 4060{,}568 & 126{,}0557 \\ 30{,}0026 & 85{,}9776 & 2708{,}649 & 103{,}8896 \end{bmatrix}\begin{bmatrix} \ddot{x}_1 \\ \ddot{x}_2 \\ \ddot{x}_3 \\ \ddot{x}_4 \end{bmatrix} + \begin{bmatrix} x_1 \\ x_2 \\ x_3 \\ x_4 \end{bmatrix} = 10^{-8}\begin{bmatrix} 2{,}24 \\ 6{,}37 \\ 8{,}44 \\ 5{,}63 \end{bmatrix} F_0 \operatorname{sen}\omega t$$

(h)

Agora considere um modelo de cinco graus de liberdade incluindo isolador de vibrações de rigidez $5{,}81 \times 10^5$ N/m, como ilustrado na Figura 7.22(a). Seja $x_5$ o deslocamento da máquina. As primeiras quatro colunas e fileiras da matriz de flexibilidade para esse modelo são as mesmas que na Equação (f). A quinta coluna é calculada ao colocar uma carga específica na máquina e nenhuma carga em nenhum outro lugar. No entanto, somar as forças em um diagrama de corpo livre da máquina da Figura 7.22(b) revela

$$k(a_{55} - a_{35}) = 1 \tag{i}$$

e a força desenvolvida no isolador é específica. Assim as deflexões de outros pontos na viga são como se uma carga específica fosse aplicada à massa cujo deslocamento é $x_3$. Esse é o deslocamento como calculado para a terceira coluna da matriz de flexibilidade. Logo, a matriz de flexibilidade para o modelo de cinco graus de liberdade é

$$\mathbf{A} = 10^{-8}\begin{bmatrix} 1{,}4 & 2{,}4 & 2{,}24 & 1{,}34 & 2{,}24 \\ 2{,}4 & 5{,}97 & 6{,}37 & 3{,}84 & 6{,}37 \\ 2{,}24 & 6{,}37 & 8{,}44 & 5{,}63 & 8{,}44 \\ 1{,}34 & 3{,}84 & 5{,}63 & 4{,}64 & 5{,}63 \\ 2{,}24 & 6{,}37 & 8{,}44 & 5{,}63 & 169{,}76 \end{bmatrix} \frac{\text{m}}{\text{N}} \tag{j}$$

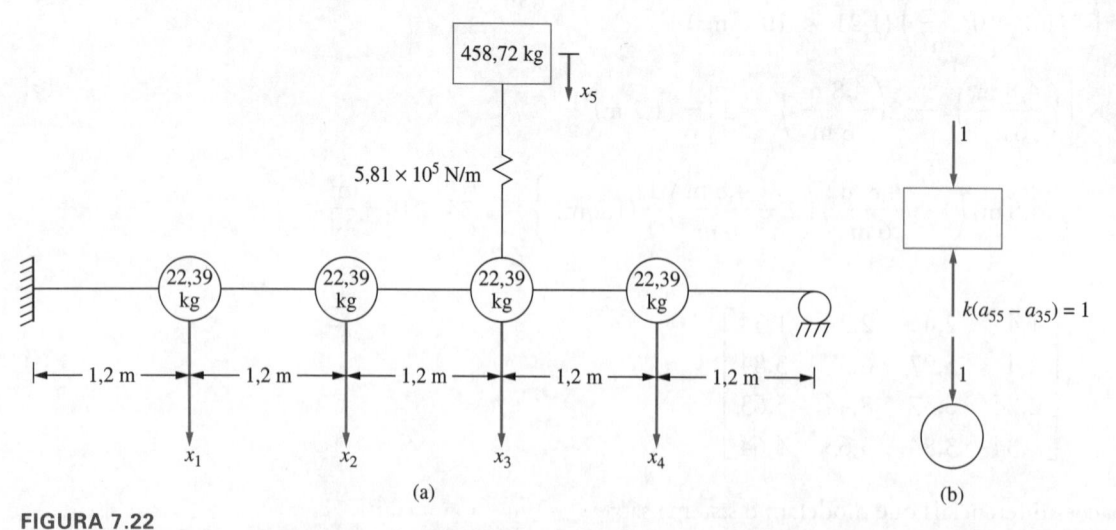

**FIGURA 7.22**
(a) Máquina-modelo de cinco graus de liberdade na viga apoiada. (b) DCL da máquina e partícula na viga.

A matriz de massa é

$$\mathbf{M} = \begin{bmatrix} 22{,}39 & 0 & 0 & 0 & 0 \\ 0 & 22{,}39 & 0 & 0 & 0 \\ 0 & 0 & 22{,}39 & 0 & 0 \\ 0 & 0 & 0 & 22{,}39 & 0 \\ 0 & 0 & 0 & 0 & 458{,}72 \end{bmatrix} \text{kg} \quad \text{(k)}$$

As equações diferenciais modelando o movimento do sistema são

$$10^{-8}\begin{bmatrix} 31{,}346 & 53{,}736 & 49{,}952 & 30{,}0026 & 1027{,}533 \\ 53{,}736 & 133{,}6683 & 142{,}051 & 85{,}9776 & 2922{,}046 \\ 50{,}1536 & 142{,}6243 & 188{,}212 & 126{,}0557 & 3871{,}597 \\ 30{,}0026 & 85{,}9776 & 125{,}549 & 103{,}8896 & 2582{,}594 \\ 50{,}1536 & 142{,}6243 & 188{,}212 & 126{,}0557 & 77872{,}31 \end{bmatrix}\begin{bmatrix} \ddot{x}_1 \\ \ddot{x}_2 \\ \ddot{x}_3 \\ \ddot{x}_4 \\ \ddot{x}_5 \end{bmatrix} + \begin{bmatrix} x_1 \\ x_2 \\ x_3 \\ x_4 \\ x_5 \end{bmatrix} = 10^{-8}\begin{bmatrix} 2{,}24 \\ 6{,}37 \\ 8{,}44 \\ 5{,}63 \\ 169{,}76 \end{bmatrix} F_0 \operatorname{sen}\omega t \quad \text{(l)}$$

## 7.9.2 SISTEMA DE SUSPENSÃO SIMPLIFICADO

A distribuição da massa em torno do centro da massa é considerada importante, de modo que o veículo tem o modelo de quatro graus de liberdade da Figura 7.23. O veículo agora é representado como uma barra não uniforme de massa $m_s = 300$ kg. O comprimento da barra é o comprimento do veículo $l = 3$ m com um centro de massa de 1,3 m a partir do eixo dianteiro. O momento de inércia do veículo $I = 225$ kg · m². Cada eixo tem uma massa $m_a = 25$ kg. A rigidez de cada conjunto de pneus é $k_t = 100.000$ N/m. Estima-se que o coeficiente de amortecimento de cada pneu seja 10.000 N · s/m. A roda dianteira tem um deslocamento $y(t)$, e a roda traseira tem um deslocamento $z = y\left(t - \frac{L}{v}\right)$, onde $v$ é a velocidade horizontal constante do carro. As coordenadas generalizadas são $x_1$ (o deslocamento do centro da massa do veículo forma a posição de equilíbrio do sistema), $\theta$ (o deslocamento angular em sentido horário), $x_2$ (o deslocamento do eixo dianteiro) e $x_3$ (o deslocamento do eixo traseiro), onde todos são medidos a partir da posição de equilíbrio do sistema.

As equações de Lagrange são empregadas para deduzir as equações diferenciais regentes. A energia cinética do carro em um instante arbitrário é

$$T = \frac{1}{2}m_s\dot{x}_1^2 + \frac{1}{2}I\dot{\theta}^2 + \frac{1}{2}m_a\dot{x}_2^2 + \frac{1}{2}m_a\dot{x}_3^2 \quad \text{(a)}$$

A energia potencial do carro em um instante arbitrário é

$$V = \frac{1}{2}k[x_2 - (x_1 + a\theta)]^2 + \frac{1}{2}k\{x_3 - [x_1 - (L-a)\theta]\}^2 + \frac{1}{2}k_t(y - x_2)^2 + \frac{1}{2}k_t(z - x_3)^2 \quad \text{(b)}$$

A mecânica de Lagrange do sistema é

$$\begin{aligned} L = &\frac{1}{2}m_s\dot{x}_1^2 + \frac{1}{2}I\dot{\theta}_2^2 + \frac{1}{2}m_a\dot{x}_2^2 + \frac{1}{2}m_a\dot{x}_3^2 \\ &- \left[\frac{1}{2}k[x_2 - (x_1 + a\theta)]^2 + \frac{1}{2}k\{x_3 - [x_1 - (L-a)\theta]\}^2 \right. \\ &\left. + \frac{1}{2}k_t(y - x_2)^2 + \frac{1}{2}k_t(z - x_3)^2\right] \end{aligned} \quad \text{(c)}$$

**414** VIBRAÇÕES MECÂNICAS: teoria e aplicações

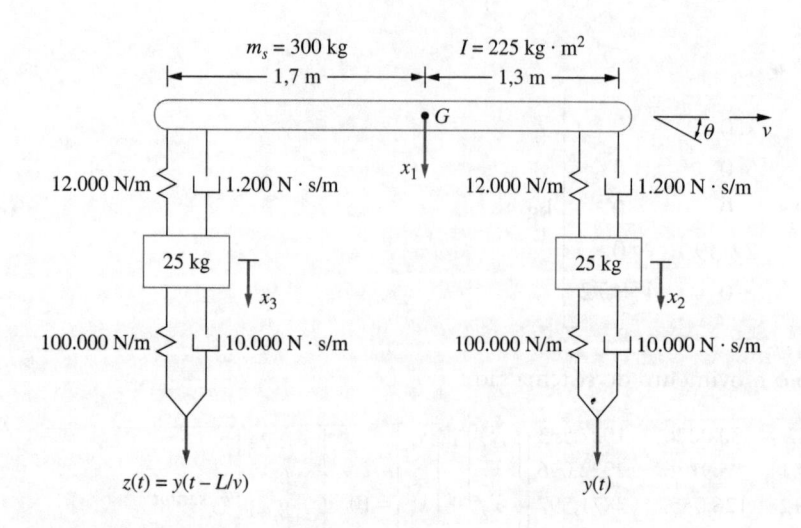

**FIGURA 7.23**
Modelo de quatro graus de liberdade dos sistemas de suspensão automotiva.

A função de dissipação de Rayleigh é

$$\Im = -\frac{1}{2}c[\dot{x}_2 - (\dot{x}_1 + a\dot{\theta})]^2 - \frac{1}{2}c\{\dot{x}_3 - [\dot{x}_1 - (L-a)\dot{\theta}]\}^2 \quad \text{(d)}$$
$$- \frac{1}{2}c_t(\dot{y} - \dot{x}_2)^2 + \frac{1}{2}c_t(\dot{z} - \dot{x}_3)^2$$

A aplicação das equações de Lagrange produz

$$\frac{d}{dt}\left(\frac{\partial L}{\partial \dot{\theta}}\right) - \frac{\partial L}{\partial \theta} - \frac{\partial \Im}{\partial \dot{\theta}} = 0$$

$$I\ddot{\theta} + c[a^2 + (L-a)^2]\dot{\theta} + cL\dot{x}_1 - ca\dot{x}_2 + c(L-a)\dot{x}_3 + k[a^2 + (L-a)^2]\theta \quad \text{(e)}$$
$$+ kLx_1 - kax_2 + k(L-a)x_3 = 0$$

$$\frac{d}{dt}\left(\frac{\partial L}{\partial \dot{x}_1}\right) - \frac{\partial L}{\partial x_1} - \frac{\partial \Im}{\partial \dot{x}_1} = 0$$

$$m_s\ddot{x}_1 + c(L-2a)\dot{\theta} + 2c\dot{x}_1 - c\dot{x}_2 - c\dot{x}_3 + k(L-2a) + 2kx_1 - kx_2 - kx_1 = 0 \quad \text{(f)}$$

$$\frac{d}{dt}\left(\frac{\partial L}{\partial \dot{x}_2}\right) - \frac{\partial L}{\partial x_2} - \frac{\partial \Im}{\partial \dot{x}_2} = 0$$

$$m_a\ddot{x}_2 - ca\dot{\theta} - c\dot{x}_1 + (c + c_t)\dot{x}_2 - ka\theta - kx_1 + (k + k_t)x_2 = c_t\dot{y} + k_t y \quad \text{(g)}$$

e

$$\frac{d}{dt}\left(\frac{\partial L}{\partial \dot{x}_3}\right) - \frac{\partial L}{\partial x_3} - \frac{\partial \Im}{\partial \dot{x}_3} = 0$$

$$m_a\ddot{x}_3 + c(L-a)\dot{\theta} - c\dot{x}_1 + (c + c_t)\dot{x}_3 + k(L-a)\theta - kx_1 + (k + k_t)x_3 = c_t\dot{z} + k_t z \quad \text{(h)}$$

As equações resumidas na forma matricial se tornam

$$\begin{bmatrix} I & 0 & 0 & 0 \\ 0 & m_s & 0 & 0 \\ 0 & 0 & m_a & 0 \\ 0 & 0 & 0 & m_a \end{bmatrix} \begin{bmatrix} \ddot{\theta} \\ \ddot{x}_1 \\ \ddot{x}_2 \\ \ddot{x}_3 \end{bmatrix}$$

$$+ \begin{bmatrix} c[a^2 + (L-a)^2] & cL & -ca & c(L-a) \\ cL & 2c & -c & -c \\ -ca & -c & c+c_t & 0 \\ c(L-a) & -c & 0 & c+c_t \end{bmatrix} \begin{bmatrix} \dot{\theta} \\ \dot{x}_1 \\ \dot{x}_2 \\ \dot{x}_3 \end{bmatrix}$$

$$+ \begin{bmatrix} k[a^2 + (L-a)^2] & kL & -ka & k(L-a) \\ -k(L-2a) & 2k & -k & -k \\ -ka & -k & k+k_t & 0 \\ k(L-a) & -k & 0 & k+k_t \end{bmatrix} \begin{bmatrix} \theta \\ x_1 \\ x_2 \\ x_3 \end{bmatrix} = \begin{bmatrix} 0 \\ 0 \\ c_t \dot{y} + k_t y \\ c_t \dot{z} + k_t z \end{bmatrix} \quad \text{(i)}$$

Substituir os valores determinados pela Equação (i) leva a

$$\begin{bmatrix} 225 & 0 & 0 & 0 \\ 0 & 300 & 0 & 0 \\ 0 & 0 & 25 & 0 \\ 0 & 0 & 0 & 25 \end{bmatrix} \begin{bmatrix} \ddot{\theta} \\ \ddot{x}_1 \\ \ddot{x}_2 \\ \ddot{x}_3 \end{bmatrix} + 10^3 \begin{bmatrix} 5{,}5 & -0{,}48 & -1{,}56 & 2{,}04 \\ -0{,}48 & 2{,}4 & -1{,}2 & -1{,}2 \\ -1{,}56 & -1{,}2 & 11{,}2 & 0 \\ 2{,}04 & -1{,}2 & 0 & 1.12 \end{bmatrix} \begin{bmatrix} \dot{\theta} \\ \dot{x}_1 \\ \dot{x}_2 \\ \dot{x}_3 \end{bmatrix}$$

$$+ 10^4 \begin{bmatrix} 5{,}5 & -3{,}60 & -1{,}56 & 2{,}04 \\ -1{,}08 & 2{,}4 & -1{,}2 & -1{,}2 \\ -1{,}56 & -1{,}2 & 1{,}12 & 0 \\ 2{,}04 & -1{,}2 & 0 & 1{,}2 \end{bmatrix} \begin{bmatrix} \theta \\ x_1 \\ x_2 \\ x_3 \end{bmatrix} = \begin{bmatrix} 0 \\ 0 \\ 1 \times 10^4 \dot{y} + 1 \times 10^5 y \\ 1 \times 10^4 \dot{z} + 1 \times 10^5 z \end{bmatrix} \quad \text{(j)}$$

## 7.10 OUTROS EXEMPLOS

### EXEMPLO 7.20

Consulte o sistema mostrado na Figura 7.24(a).
(a) Use as equações de Lagrange para calcular as equações diferenciais regendo o movimento do sistema de três graus de liberdade mostrado. Use $x_1$, $x_2$ e $\theta$ como coordenadas generalizadas.
   Assuma deslocamentos pequenos.
(b) Use os coeficientes de influência para calcular a matriz de rigidez.
(c) Use os coeficientes de influência da inércia para calcular a matriz de massa.

### SOLUÇÃO
(a) A energia cinética do sistema em um instante arbitrário é

$$T = \frac{1}{2} m (L\dot{\theta})^2 + \frac{1}{2}\left(\frac{1}{12} m L^2\right)\dot{\theta}^2 + \frac{1}{2} m \left(\frac{\dot{x}_1 + \dot{x}_2}{2}\right)^2 + \frac{1}{2}\left(\frac{1}{12} m L^2\right)\left(\frac{\dot{x}_2 - \dot{x}_1}{L}\right)^2 \quad \text{(a)}$$

A energia potencial do sistema no mesmo instante é

$$V = \frac{1}{2} k \left(\frac{L}{2}\theta\right)^2 + \frac{1}{2} k x_1^2 + \frac{1}{2} k \left(\frac{x_1 + 2x_2}{3} - L\theta\right)^2 \quad \text{(b)}$$

**416** VIBRAÇÕES MECÂNICAS: teoria e aplicações

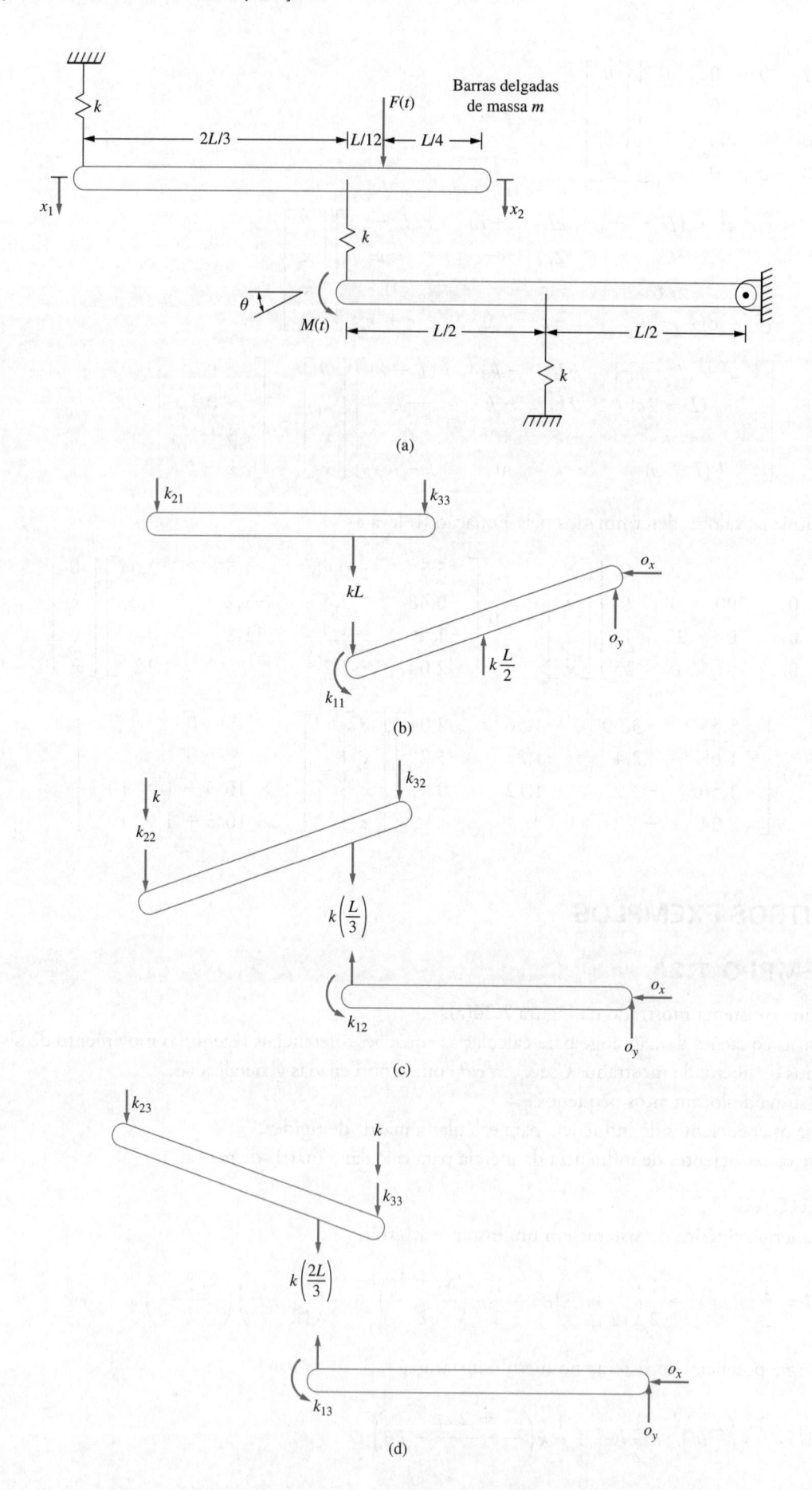

Barras delgadas de massa $m$

(a)

(b)

(c)

(d)

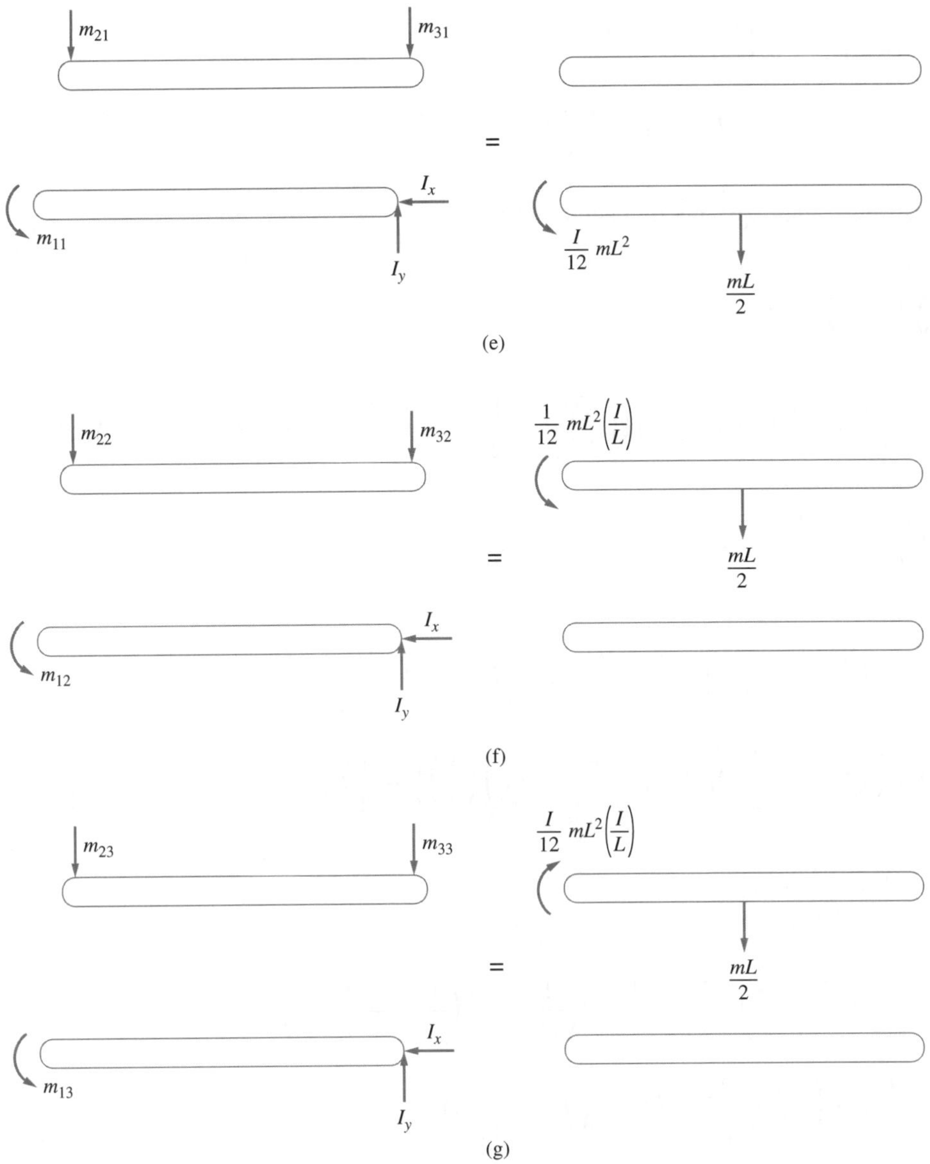

**FIGURA 7.24**
(a) Sistema do Exemplo 7.20. (b) DCLs para cálculo da primeira coluna da matriz de rigidez. (c) DCLs para cálculo da segunda coluna da matriz de rigidez. (d) DCLs para cálculo da terceira coluna da matriz de rigidez. (e) Diagramas de impulso e momento linear para determinar a primeira coluna da matriz de massa. (f) Diagramas de impulso e momento linear para a segunda coluna da matriz de massa. (g) Diagramas de impulso e momento linear para a terceira coluna da matriz de massa.

A mecânica de Lagrange se torna

$$L = T - V = \frac{1}{2}\left(\frac{1}{3}mL^2\right)\dot{\theta}^2 + \frac{1}{2}m\left(\frac{\dot{x}_1 + \dot{x}_2}{2}\right)^2 + \frac{1}{2}\left(\frac{1}{12}mL^2\right)\left(\frac{\dot{x}_2 - \dot{x}_1}{L}\right)^2$$

$$- \left[\frac{1}{2}k\left(\frac{L}{2}\theta\right)^2 + \frac{1}{2}kx_1^2 + \frac{1}{2}k\left(\frac{x_1 + 2x_2}{3} - L\theta\right)^2\right]$$

(c)

O método do trabalho virtual é usado para obter as forças generalizadas. Assuma os deslocamentos virtuais $\delta\theta$, $\delta x_1$ e $\delta x_2$. O trabalho virtual feito pelas forças externas é

$$\delta W = M(t)\delta\theta + F(t)\left(\frac{\delta x_1 + 3\delta x_2}{4}\right)$$ (d)

Assim, $Q_1 = M(t)$, $Q_2 = \dfrac{F(t)}{4}$ e $Q_3 = \dfrac{3F(t)}{4}$.

A aplicação sucessiva das equações de Lagrange leva a

$$\frac{d}{dt}\left(\frac{\partial L}{\partial \dot\theta}\right) - \frac{\partial L}{\partial \theta} = Q_1$$ (e)

$$\frac{d}{dt}\left[\frac{1}{2}(2)\left(\frac{1}{3}mL^2\right)\dot\theta\right] - \left[-\frac{1}{2}(2)k\left(\frac{L}{2}\right)^2\theta - \frac{1}{2}(2)k\left(\frac{x_1+2x_2}{3} - L\theta\right)(-L)\right] = M(t)$$ (f)

$$\frac{d}{dt}\left(\frac{\partial L}{\partial \dot x_1}\right) - \frac{\partial L}{\partial x_1} = Q_2$$

$$\frac{d}{dx}\left[\frac{1}{2}(2)m\left(\frac{\dot x_1+\dot x_2}{2}\right)\left(\frac{1}{2}\right) + \frac{1}{2}(2)\left(\frac{1}{12}mL^2\right)\left(\frac{\dot x_2-\dot x_1}{L}\right)\left(-\frac{1}{L}\right)\right]$$
$$-\left[-\frac{1}{2}(2)kx_1 - \frac{1}{2}(2)k\left(\frac{x_1+2x_2}{3}-L\theta\right)\left(\frac{1}{3}\right)\right] = \frac{1}{4}F(t)$$

$$\frac{d}{dt}\left(\frac{\partial L}{\partial \dot x_2}\right) - \frac{\partial L}{\partial x_2} = Q_3$$ (g)

$$\frac{d}{dt}\left[\frac{1}{2}(2)m\left(\frac{\dot x_1+\dot x_2}{2}\right)\left(\frac{1}{2}\right) + \frac{1}{2}(2)\left(\frac{1}{12}mL^2\right)\left(\frac{\dot x_2-\dot x_1}{L}\right)\left(\frac{1}{L}\right)\right]$$
$$-\left[-\frac{1}{2}(2)k\left(\frac{x_1+2x_2}{3}-L\theta\right)\left(\frac{2}{3}\right)\right] = \frac{3}{4}F(t)$$

Limpar essas equações e escrevê-las em uma forma matricial dá

$$\begin{bmatrix} \frac{1}{3}mL^2 & 0 & 0 \\ 0 & \frac{1}{3}m & \frac{1}{6}m \\ 0 & \frac{1}{6}m & \frac{1}{3}m \end{bmatrix}\begin{bmatrix} \ddot\theta \\ \ddot x_1 \\ \ddot x_2 \end{bmatrix} + \begin{bmatrix} \frac{5}{4}kL^2 & -\frac{1}{3}kL & -\frac{2}{3}kL \\ -\frac{1}{3}kL & \frac{10}{9}k & \frac{2}{9}k \\ -\frac{2}{3}kL & \frac{2}{9}k & \frac{4}{9}k \end{bmatrix}\begin{bmatrix} \theta \\ x_1 \\ x_2 \end{bmatrix} = \begin{bmatrix} M(t) \\ \frac{1}{4}F(t) \\ \frac{3}{4}F(t) \end{bmatrix}$$ (h)

(b) As equações diferenciais são calculadas assumindo o mesmo vetor de deslocamento como no item (a). A primeira coluna da matriz de rigidez é obtida pela definição de $\theta = 1$, $x_1 = 0$ e $x_2 = 0$, como mostrado na Figura 7.24(b). A soma dos momentos usando o DCL da barra mais baixa, $\sum M_o = 0$, produz

$$k_{11} - (kL)(L) - \left(k\frac{L}{2}\right)\left(\frac{L}{2}\right) = 0 \Rightarrow k_{11} = \frac{5kL^2}{4}$$ (i)

A soma dos momentos usando o DCL da barra mais alta, $\sum M_2 = 0$, produz

$$k_{21}(L) + (kL)\left(\frac{L}{3}\right) = 0 \Rightarrow k_{21} = -\frac{kL}{3} \tag{j}$$

A soma dos momentos usando o DCL da barra mais alta usando $\sum M_1 = 0$ produz

$$k_{31}(L) + (kL)\left(\frac{2L}{3}\right) = 0 \Rightarrow k_{31} = -\frac{2kL}{3} \tag{k}$$

A segunda coluna é obtida ao definir $\theta = 0$, $x_1 = 1$ e $x_2 = 0$. A soma dos momentos na barra mais alta usando os DCLs da Figura 7.24(c) produz

$$(k_{22})L - (k)L - \left(\frac{k}{3}\right)\left(\frac{L}{3}\right) = 0 \Rightarrow k_{22} = \frac{10k}{9} \tag{l}$$

e

$$(k_{32})L - \frac{k}{3}\left(\frac{2L}{3}\right) = 0 \Rightarrow k_{32} = \frac{2k}{9} \tag{m}$$

A terceira coluna é obtida ao definir $\theta = 0$, $x_1 = 0$ e $x_2 = 1$. A soma dos momentos na barra mais alta usando os DCLs da Figura 7.24(d) produz

$$(k_{33})L - \frac{2k}{3}\left(\frac{2L}{3}\right) = 0 \Rightarrow k_{33} = \frac{4k}{9} \tag{n}$$

Os elementos remanescentes da matriz de rigidez são determinados usando a simetria da matriz de rigidez.
(c) A matriz de massa é determinada por meio do uso dos coeficientes de influência da inércia. A primeira coluna é calculada ao definir $\dot{\theta} = 1$, $\dot{x}_1 = 0$ e $\dot{x}_2 = 0$. Usando o princípio do impulso angular e do momento linear aplicado à barra mais baixa em torno de $O$, o uso dos diagramas de impulso e momento linear da Figura 7.24(e) leva a

$$m_{11} = \frac{1}{12}mL^2 + \frac{mL}{2}\left(\frac{L}{2}\right) \Rightarrow m_{11} = \frac{mL^2}{3} \tag{o}$$

Aplicar o princípio do impulso e do momento linear à barra mais alta produz

$$m_{21} = m_{31} = 0 \tag{p}$$

A segunda coluna da matriz de massa é calculada ao definir $\dot{\theta} = 0$, $\dot{x}_1 = 1$ e $\dot{x}_2 = 0$. A velocidade induzida do centro da massa da barra mais alta é meio descendente, e a velocidade angular induzida é $1/L$ no sentido anti-horário. Usando o momento linear angular em torno de $O$ da barra mais baixa dos diagramas do momento linear da Figura 7.24(f) leva a

$$m_{12} = 0 \tag{q}$$

A aplicação do princípio do impulso angular e do momento linear angular da barra mais alta em torno de um eixo por meio da partícula cujo deslocamento é $x_2$ leva a

$$m_{22}(L) = \frac{m}{2}\left(\frac{L}{2}\right) + \frac{1}{12}mL \Rightarrow m_{22} = \frac{m}{3} \tag{r}$$

A aplicação do princípio do impulso angular e do momento linear angular da barra mais alta em torno de um eixo por meio da partícula cujo deslocamento é $x_1$ leva a

$$m_{32}(L) = \frac{m}{2}\left(\frac{L}{2}\right) - \frac{1}{12}mL \Rightarrow m_{32} = \frac{m}{6} \tag{s}$$

A terceira coluna da matriz de massa é calculada ao definir $\dot{\theta} = 0$, $\dot{x}_1 = 0$ e $\dot{x}_2 = 1$. A velocidade induzida do centro da massa é descendente, e a velocidade angular induzida é $1/L$ no sentido horário. A aplicação do princípio do impulso angular e do momento linear angular da barra mais alta em torno de um eixo por meio da partícula cujo deslocamento é $x_1$ usando os diagramas da Figura 7.24(g) leva a

$$m_{33}(L) = \frac{m}{2}\left(\frac{L}{2}\right) + \frac{1}{12}mL \Rightarrow m_{33} = \frac{m}{3} \tag{t}$$

Os elementos restantes da matriz de massa são determinados a partir de sua simetria. ∎

## EXEMPLO 7.21

O modelo de três graus de liberdade de uma mão humana e da parte superior do braço ao apertar uma maçaneta foi sugerido pela primeira vez por Dong, Dong, Wu e Rakheja. Está ilustrado na Figura 7.25. Use as equações de Lagrange para desenvolver um modelo matemático para o braço.

### SOLUÇÃO

A energia cinética do sistema em um instante arbitrário usando as coordenadas generalizadas indicadas na Figura 7.25(b) é

$$T = \frac{1}{2}m_1\dot{x}_1^2 + \frac{1}{2}m_2\dot{x}_2^2 + \frac{1}{2}m_3\dot{x}_3^2 + \frac{1}{2}m_4\dot{y}^2 + \frac{1}{2}m_5\dot{y}^2 \tag{a}$$

A energia potencial em um instante arbitrário é

$$V = \frac{1}{2}k_1 x_1^2 + \frac{1}{2}k_2 (x_2 - x_1)^2 + \frac{1}{2}k_3 (x_3 - x_2)^2 + \frac{1}{2}k_4 (y - x_2)^2 + \frac{1}{2}k_5 (y - x_3)^2 \tag{b}$$

A mecânica de Lagrange é

$$L = \frac{1}{2}m_1\dot{x}_1^2 + \frac{1}{2}m_2\dot{x}_2^2 + \frac{1}{2}m_3\dot{x}_3^2 + \frac{1}{2}m_4\dot{y}^2 + \frac{1}{2}m_5\dot{y}^2 - \frac{1}{2}k_1 x_1^2 - \frac{1}{2}k_2(x_2 - x_1)^2$$
$$- \frac{1}{2}k_3(x_3 - x_2)^2 - \frac{1}{2}k_4(y - x_2)^2 - \frac{1}{2}k_5(y - x_3)^2 \tag{c}$$

A função de dissipação de Rayleigh é

$$\mathfrak{I} = -\frac{1}{2}c_1\dot{x}_1^2 - \frac{1}{2}c_2(\dot{x}_2 - \dot{x}_1)^2 - \frac{1}{2}c_3(\dot{x}_3 - \dot{x}_2)^2 - \frac{1}{2}c_4(\dot{y} - \dot{x}_2)^2 - \frac{1}{2}c_5(\dot{y} - \dot{x}_3)^2 \tag{d}$$

A aplicação da equação de Lagrange para $x_1$, $\dfrac{d}{dt}\left(\dfrac{\partial L}{\partial \dot{x}_1}\right) - \dfrac{\partial \mathfrak{I}}{\partial \dot{x}_1} - \dfrac{\partial L}{\partial x_1} = 0$ produz

$$\frac{d}{dx}(m_1\dot{x}_1) - [-c_1\dot{x}_1 - c_2(\dot{x}_2 - \dot{x}_1)(-1)] - [-k_1 x_1 - k_2(x_2 - x_1)(-1)] = 0 \tag{e}$$

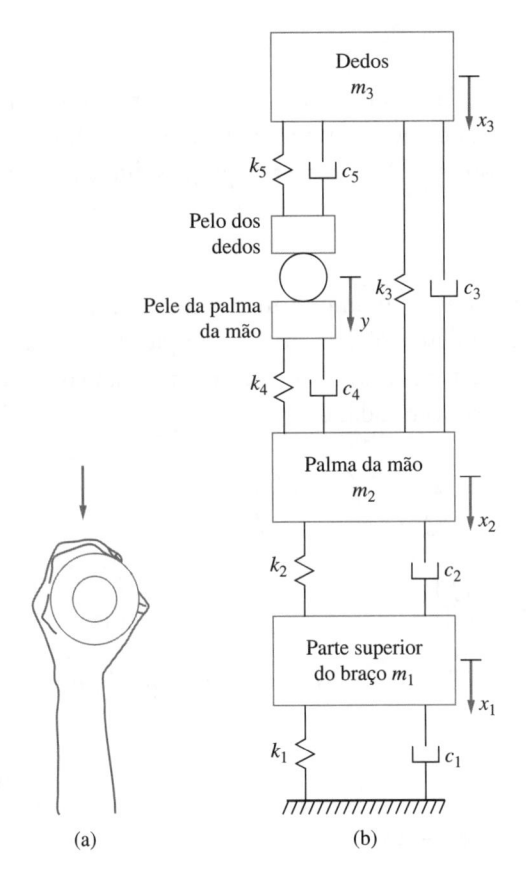

**FIGURA 7.25**
(a) Mão e parte superior do braço pegando um objeto.
(b) Modelo de três graus de liberdade da mão e da parte superior do braço.

A aplicação da equação de Lagrange para $x_2$, $\dfrac{d}{dt}\left(\dfrac{\partial L}{\partial \dot{x}_2}\right) - \dfrac{\partial \Im}{\partial \dot{x}_2} - \dfrac{\partial L}{\partial x_2} = 0$ produz

$$\frac{d}{dx}(m_2 \dot{x}_2) - [-c_2(\dot{x}_2 - \dot{x}_1) - c_3(\dot{x}_3 - \dot{x}_2)(-1)c_4(\dot{y} - \dot{x}_2)(-1)]$$
$$-[-k_2(x_2 - x_1) - k_3(x_3 - x_2)(-1) - k_4(y - x_2)(-1)] = 0 \qquad \textbf{(f)}$$

A aplicação da equação de Lagrange para $x_3$, $\dfrac{d}{dt}\left(\dfrac{\partial L}{\partial \dot{x}_3}\right) - \dfrac{\partial \Im}{\partial \dot{x}_3} - \dfrac{\partial L}{\partial x_3} = 0$ produz

$$\frac{d}{dx}(m_3 \dot{x}_3) - [-c_3(\dot{x}_3 - x_2) - c_5(\dot{y} - \dot{x}_3)(-1)] - [-k_3(x_3 - x_2)$$
$$- k_5(y - x_3)(-1)] = 0 \qquad \textbf{(g)}$$

As equações diferenciais são escritas na forma matricial como

$$\begin{bmatrix} m_1 & 0 & 0 \\ 0 & m_2 & 0 \\ 0 & 0 & m_3 \end{bmatrix} \begin{bmatrix} \ddot{x}_1 \\ \ddot{x}_2 \\ \ddot{x}_3 \end{bmatrix} + \begin{bmatrix} c_1 + c_2 & -c_2 & -0 \\ -c_2 & c_2 + c_3 + c_4 & -c_3 \\ 0 & -c_3 & c_3 + c_5 \end{bmatrix} \begin{bmatrix} \dot{x}_1 \\ \dot{x}_2 \\ \dot{x}_3 \end{bmatrix}$$
$$+ \begin{bmatrix} k_1 + k_2 & -k_2 & 0 \\ -k_2 & k_2 + k_3 + k_4 & -k_3 \\ 0 & -k_3 & k_3 + k_5 \end{bmatrix} \begin{bmatrix} x_1 \\ x_2 \\ x_3 \end{bmatrix} = \begin{bmatrix} 0 \\ c_4 \dot{y} + k_4 y \\ c_5 \dot{y} + k_5 y \end{bmatrix} \qquad \textbf{(h)} \blacksquare$$

## EXEMPLO 7.22

Para estudar a instabilidade de um míssil durante o voo, ele é modelado como uma viga livre-livre. Para facilitar o modelamento, um modelo de quatro graus de liberdade é usado como mostrado na Figura 7.26(a). A viga é dividida como mostrado e as massas são concentradas como mostrado. Determine as equações diferenciais para reger o modelo de quatro graus de liberdade.

### SOLUÇÃO

A matriz de flexibilidade para o sistema irrestrito não existe; portanto, usamos a matriz de rigidez no modelamento. Os coeficientes de influência de rigidez são usados para desenvolver a matriz de rigidez. Considere a deflexão da viga em função das cargas concentradas aplicadas em $z = 0, L/3, 2L/3$ e $L$, como mostrado na Figura 7.26(b). A deflexão de uma viga em função dessa série de cargas concentradas é

$$w(z) = \frac{1}{EI}\left[\frac{1}{6}F_1 z^3 + \frac{1}{6}F_2\left(z - \frac{L}{3}\right)^3 u\left(z - \frac{L}{3}\right) + \frac{1}{6}F_3\left(z - \frac{2L}{3}\right)^3 u\left(z - \frac{2L}{3}\right) \right. \tag{a}$$
$$\left. + \frac{1}{6}F_4(z - L)^3 u(z - L) + C_1\frac{z^3}{6} + C_2\frac{z^2}{2} + C_3 z + C_4\right]$$

Exigir que $\omega''(0) = 0$ dá $C_2 = 0$. Exigir que $\omega'''(0) = \frac{F_1}{EI}$ leva a $C_1 = 0$. O sistema está no equilíbrio estático; assim, $\sum F = 0$, ou o uso do DCL da Figura 7.27(c), produz

$$F_1 + F_2 + F_3 + F_4 = 0 \tag{b}$$

e $\sum M = 0$ em torno de qualquer eixo. Escolha um eixo através de $x = L$,

$$F_1 L + F_2 \frac{2L}{3} + F_3 \frac{L}{3} = 0 \tag{c}$$

Solucionar $F_1$ e $F_4$ das Equações (b) e (c) leva a

$$F_1 = -\frac{2}{3}F_2 - \frac{1}{3}F_3 \tag{d}$$

$$F_4 = -\frac{1}{3}F_2 - \frac{2}{3}F_3 \tag{e}$$

Substituir as Equações (d) e (e) pela Equação (a) leva a

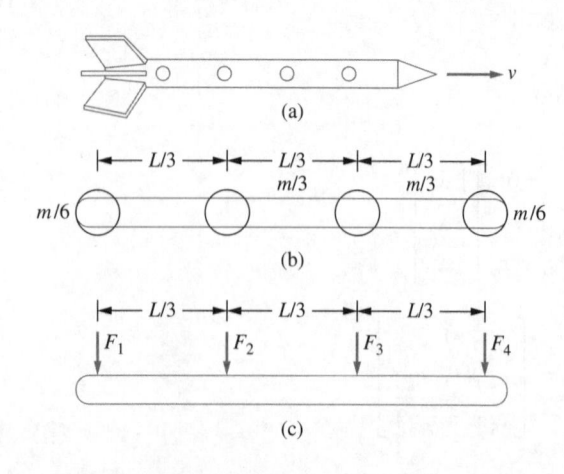

**FIGURA 7.26**
(a) O míssil está modelado como uma viga livre-livre.
(b) Modelo de quatro graus de liberdade do míssil com massas concentradas colocadas ao longo da envergadura da viga. (c) Forças usadas para determinar a matriz de rigidez; como o sistema é irrestrito, a estática deve ser usada primeiro para obter as relações entre as forças.

$$w(z) = \frac{1}{EI}\left[\frac{1}{6}\left(-\frac{2}{3}F_2 - \frac{1}{3}F_3\right)z^3 + \frac{1}{6}F_2\left(z - \frac{L}{3}\right)^3 u\left(z - \frac{L}{3}\right) + \frac{1}{6}F_3\left(z - \frac{2L}{3}\right)^3 u\left(z - \frac{2L}{3}\right)\right.$$
$$\left. + \frac{1}{6}\left(-\frac{5}{3}F_2 - \frac{4}{3}F_3\right)(z-L)^3 u(z-L) + C_3 z + C_4\right] \quad \text{(f)}$$

As constantes $C_3$ e $C_4$ não podem ser solucionadas pela aplicação da estática ou condições limítrofes. As deflexões nos pontos onde as forças são aplicadas são

$$x_1 = w(0) = \frac{1}{EI}[C_4] \quad \text{(g)}$$

$$x_2 = w\left(\frac{L}{3}\right) = \frac{1}{EI}\left[\frac{1}{6}F_1\left(\frac{L^3}{27}\right) + C_3\left(\frac{L}{3}\right) + C_4\right] \quad \text{(h)}$$

$$x_3 = w\left(\frac{2L}{3}\right) = \frac{1}{EI}\left[\frac{1}{6}F_1\left(\frac{8L^3}{27}\right) + \frac{1}{6}F_2\left(\frac{L^3}{27}\right) + C_3\left(\frac{2L}{3}\right) + C_4\right] \quad \text{(i)}$$

e

$$x_4 = w(L) = \frac{1}{EI}\left(\frac{1}{6}F_1(L^3) + \frac{1}{6}F_2\left(\frac{8L^3}{27}\right) + \frac{1}{6}F_3\left(\frac{L^3}{27}\right) + C_3(L) + C_4\right) \quad \text{(j)}$$

A primeira coluna da matriz de rigidez é obtida pela definição de $x_1 = 1$, $x_2 = 0$, $x_3 = 0$ e $x_4 = 0$. Substitua a Equação (e) pelas Equações (h) a (j). Solucione as equações resultantes para $F_2$, $F_3$, $C_3$ e $C_4$. Substitua pelas Equações (d) e (e) para encontrar $F_1$ e $F_4$. A segunda coluna da matriz de rigidez é obtida pela definição de $x_1 = 0$, $x_2 = 1$, $x_3 = 0$ e $x_4 = 0$ e pela repetição do mesmo procedimento. A terceira coluna da matriz de rigidez é obtida pela definição de $x_1 = 0$, $x_2 = 0$, $x_3 = 1$ e $x_4 = 0$ e pela repetição do mesmo procedimento. A quarta coluna da matriz de rigidez é obtida pela definição de $x_1 = 0$, $x_2 = 0$, $x_3 = 0$ e $x_4 = 1$. A matriz de rigidez deve ser simétrica. O resultado é

$$\mathbf{K} = \frac{EI}{L^3}\begin{bmatrix} 43,2 & -97,2 & 64,8 & -10,8 \\ -97,2 & 259,2 & -226,8 & 64,8 \\ 64,8 & -226,8 & 259,2 & -97,2 \\ -10,8 & 64,8 & 259,2 & 43,2 \end{bmatrix} \quad \text{(k)}$$

A matriz de massa é obtida pelos métodos da Seção 7.7, resultando em

$$\mathbf{M} = \frac{m_b}{6}\begin{bmatrix} 1 & 0 & 0 & 0 \\ 0 & 2 & 0 & 0 \\ 0 & 0 & 2 & 0 \\ 0 & 0 & 0 & 1 \end{bmatrix} \quad \text{(l)}$$

onde $m_b$ é a massa total da viga.

As equações diferenciais regendo os deslocamentos das massas concentradas são

$$\frac{m_b}{6}\begin{bmatrix} 1 & 0 & 0 & 0 \\ 0 & 2 & 0 & 0 \\ 0 & 0 & 2 & 0 \\ 0 & 0 & 0 & 1 \end{bmatrix}\begin{bmatrix} \ddot{x}_1 \\ \ddot{x}_2 \\ \ddot{x}_3 \\ \ddot{x}_4 \end{bmatrix} + \frac{EI}{L^3}\begin{bmatrix} 43,2 & -97,2 & 64,8 & -10,8 \\ -97,2 & 259,2 & -226,8 & 64,8 \\ 64,8 & -226,8 & 259,2 & -97,2 \\ -10,8 & 64,8 & 259,2 & 43,2 \end{bmatrix}\begin{bmatrix} x_1 \\ x_2 \\ x_3 \\ x_4 \end{bmatrix} = \begin{bmatrix} 0 \\ 0 \\ 0 \\ 0 \end{bmatrix} \quad \text{(m)} \blacksquare$$

## 7.11 RESUMO

### 7.11.1 CONCEITOS IMPORTANTES

- O método DCL pode ser usado para obter as equações diferenciais de um sistema de NGL.
- As equações de Lagrange fornecem um método alternativo para obter a equação diferencial para um sistema de NGL.
- As equações de Lagrange são baseadas no cálculo das variações. A energia cinética e a energia potencial são calculadas em um instante arbitrário em termos das coordenadas generalizadas.
- A mecânica de Lagrange é a diferença entre as energias cinética e potencial escritas em um instante arbitrário.
- A função de dissipação de Rayleigh é a potência dissipada pelas forças de amortecimento viscoso, escritas em um instante arbitrário.
- O método do trabalho virtual é usado para calcular as forças generalizadas.
- A energia cinética, a energia potencial e a função de dissipação de Rayleigh possuem formas quadráticas para os sistemas lineares.
- A matriz de massa, a matriz de rigidez e a matriz de amortecimento podem ser calculadas diretamente a partir das formas quadráticas.
- A matriz de massa, a matriz de amortecimento e a matriz de rigidez são todas simétricas quando as equações de Lagrange são usadas para obter as equações diferenciais. Quando a matriz de massa não é uma matriz diagonal, diz-se que o sistema é dinamicamente acoplado.
- Quando a matriz de rigidez não é uma matriz diagonal, diz-se que o sistema é estaticamente acoplado.
- A matriz de rigidez também pode ser calculada usando os coeficientes de influência da rigidez. Uma coluna da matriz de rigidez é calculada em um tempo. Se a $i$-ésima coluna estiver sendo calculada, um deslocamento específico é assumido para a partícula cujo deslocamento é representado pela coordenada generalizada $x_i$ com os deslocamentos das partículas cujos deslocamentos são representados por $x_j$ para $j = 1, 2, ..., n$, porém $j \neq i$ definido igual a zero. Os coeficientes de influência da rigidez são as forças exigidas para manter isso no equilíbrio estático.
- A matriz de flexibilidade é o inverso da matriz de rigidez. As equações diferenciais podem ser escritas usando a atriz de flexibilidade.
- A matriz de flexibilidade pode ser calculada usando os coeficientes de influência da flexibilidade. Uma coluna da matriz de flexibilidade é calculada em um tempo. Para calcular a $i$-ésima coluna da matriz de flexibilidade, uma força específica é aplicada no local descrito pela coordenada generalizada $x_i$. Os coeficientes de influência da flexibilidade são os deslocamentos nos locais descritos pelas coordenadas generalizadas.
- A matriz de flexibilidade não existe para os sistemas irrestritos.
- Os coeficientes de influência da inércia podem ser usados para calcular a matriz de massa. Assuma uma velocidade unitária para a $i$-ésima coordenada generalizada $\dot{x}_i = 1$ e todas as outras velocidades zero como $\dot{x}_j = 0$ para $j \neq i$. Calcule o sistema de impulsos que teriam que ser aplicados para atingir essa configuração. Esses impulsos são a $i$-ésima coluna da matriz de massa.
- Os sistemas contínuos podem ser modelados como sistemas de NGL. Os coeficientes de influência da flexibilidade são usados para determinar a matriz de flexibilidade para um modelo de massa concentrada.

### 7.11.2 EQUAÇÕES IMPORTANTES

Princípio de Hamilton

$$\delta \int_{t_1}^{t_2} (T - V + \delta W_{nc}) dt = 0 \tag{7.6}$$

Mecânica de Lagrange

$$L = T - V \tag{7.7}$$

Equações de Lagrange para um sistema conservativo

$$\frac{d}{dx}\left(\frac{\partial L}{\partial \dot{x}_i}\right) - \frac{\partial L}{\partial \dot{x}_i} = 0 \qquad i = 1, 2, \ldots, n \tag{7.10}$$

Equações de Lagrange para um sistema não conservativo

$$\frac{d}{dx}\left(\frac{\partial L}{\partial \dot{x}_i}\right) - \frac{\partial L}{\partial x_i} = Q_i \qquad i = 1, 2, \ldots, n \tag{7.11}$$

Trabalho virtual por forças não conservativas

$$\delta W_{nc} = \sum_{i=1}^{n} Q_i \delta x_i \tag{7.12}$$

Função de dissipação de Rayleigh

$$\Im = -\frac{1}{2} P \tag{7.13}$$

Formas quadráticas das energias potencial e cinética

$$V = \frac{1}{2} \sum_{i=1}^{n} \sum_{j=1}^{n} k_{ij} x_i x_j \tag{7.21}$$

$$T = \frac{1}{2} \sum_{i=1}^{n} \sum_{j=1}^{n} m_{ij} \dot{x}_i \dot{x}_j \tag{7.22}$$

Equações diferenciais para um sistema linear escrito em forma matricial

$$\mathbf{M\ddot{x}} + \mathbf{C\dot{x}} + \mathbf{Kx} = \mathbf{F} \tag{7.31}$$

Forma quadrática da função de dissipação de Rayleigh

$$\Im = -\frac{1}{2} \sum_{i=1}^{n} \sum_{j=1}^{n} c_{i,j} \dot{x}_i \dot{x}_j \tag{7.32}$$

Matriz de flexibilidade

$$\mathbf{A} = \mathbf{K}^{-1} \tag{7.43}$$

# PROBLEMAS

## PROBLEMAS DE RESPOSTA CURTA

Para os Problemas 7.1 a 7.15, indique se a afirmação apresentada é verdadeira ou falsa. Se for verdadeira, justifique sua resposta. Se for falsa, reescreva a afirmação para torná-la verdadeira.

7.1 As equações diferenciais para um sistema de NGL linear podem ser escritas em uma forma matricial.

7.2 As equações de Lagrange podem ser usadas para obter as equações diferenciais regendo o movimento apenas para os sistemas lineares.

7.3 As equações de Lagrange podem ser usadas para os sistemas conservativos e para os sistemas não conservativos.

7.4 O método DCL, quando aplicado a um sistema de NGL linear, sempre leva às matrizes simétricas de massa, rigidez e amortecimento.

7.5 As equações de Lagrange, quando aplicadas a um sistema de NGL linear, sempre levam às matrizes simétricas de massa, rigidez e amortecimento.

7.6 As formas quadráticas da energia potencial podem ser usadas para determinar a matriz de rigidez para um sistema de NGL linear.

7.7 Um sistema é dinamicamente acoplado se a matriz de massa para o sistema não for simétrica.

7.8 A escolha das coordenadas generalizadas é irrelevante na decisão se um sistema é dinamicamente acoplado ou não.

7.9 A matriz de flexibilidade é o inverso da matriz de rigidez.

7.10 Uma matriz de rigidez diagonal significa que $k_{ij} = k_{ji}$ para todos $i, j = 1, 2, \ldots, n$.

7.11 Os elementos da matriz de massa para um sistema de NGL linear podem ter diferentes dimensões.

7.12 A formulação do método do coeficiente de influência de rigidez para determinar a matriz de rigidez para um sistema de NGL linear depende do conceito de que a energia potencial é uma função da posição.

7.13 Quando os coeficientes de influência da flexibilidade são usados para calcular a matriz de flexibilidade para um sistema de NGL, a matriz de flexibilidade é calculada uma coluna por vez.

7.14 A matriz de rigidez para um sistema sempre existe, mas a matriz de flexibilidade nem sempre existe.

7.15 Um sistema não é estaticamente acoplado se sua matriz de flexibilidade for uma matriz diagonal.

7.16 As equações de Lagrange podem ser usadas para calcular as equações regendo as vibrações das três massas ao longo da envergadura de uma viga ignorando a inércia da viga e usando três graus de liberdade no modelo.

Os Problemas 7.17 a 7.28 exigem uma resposta curta.

7.17 Escreva a forma matricial geral das equações diferenciais regendo as vibrações não amortecidas e forçadas de um sistema $n$GL linear.

7.18 Formule as equações de Lagrange para um sistema conservativo.

7.19 O que define se um sistema é dinamicamente acoplado ou não?

7.20 Como é usada a função de dissipação de Rayleigh?

7.21 O que é uma variação?

7.22 Como o método do trabalho virtual é usado na aplicação das equações de Lagrange para um sistema de NGL?

7.23 O que é a relação de reciprocidade de Maxwell e como ela é aplicada?

7.24 Escreva as equações diferenciais regendo um sistema de NGL na forma matricial quando a matriz de massa, a matriz de amortecimento e a matriz de flexibilidade são conhecidas.

Para os Problemas 7.25 a 7.28, as coordenadas generalizadas para modelar um sistema foram selecionadas como $x_1$, $x_2$ e $\theta$, onde $x_1$ e $x_2$ são deslocamentos lineares e $\theta$ é uma coordenada angular.

7.25 Descreva o cálculo do coeficiente de influência da rigidez $k_{13}$.

7.26 Descreva o cálculo do coeficiente de influência da rigidez $a_{13}$.

7.27 Descreva o cálculo do coeficiente de influência da inércia $m_{12}$.

7.28 Descreva o cálculo do coeficiente de influência da inércia $m_{31}$.

Os Problemas 7.29 a 7.41 exigem um cálculo curto.

7.29 Qual é a energia cinética do sistema da Figura P 7.29 em um instante arbitrário?

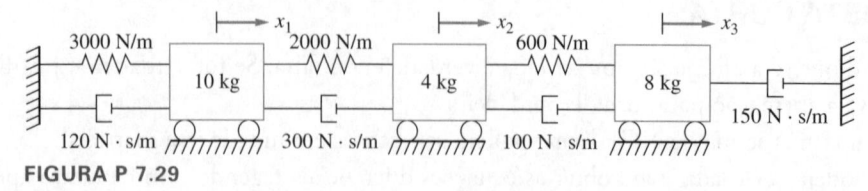

**FIGURA P 7.29**

7.30 Qual é a energia potencial do sistema da Figura P 7.29 em um instante arbitrário?

# Capítulo 7

7.31 Qual é a função de dissipação de Rayleigh para o sistema da Figura P 7.28 em um instante arbitrário?

7.32 Qual é o resultado de

$$\frac{d}{dt}\left[\frac{\partial}{\partial \dot{x}}(2\dot{x}-\dot{y})^2\right]$$

7.33 Qual é o trabalho virtual feito pelas forças externas na Figura P 7.33, assumindo os deslocamentos virtuais $\delta x$ e $\delta y$?

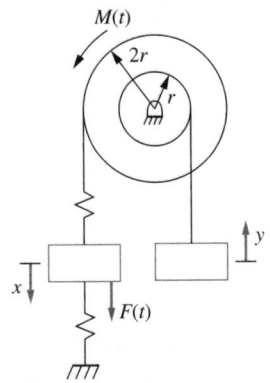

**FIGURA P 7.33**

7.34 Quais são as forças generalizadas para o sistema da Figura P 7.34 usando $x$ e $\theta$ como coordenadas generalizadas?

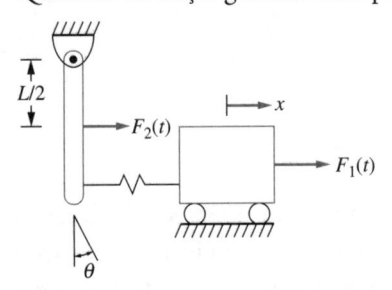

**FIGURA P 7.34**

7.35 A forma quadrática da energia potencial para um sistema de três graus de liberdade é

$$V = 5x_1^2 + 4x_1x_2 + 2x_1x_3 + 8x_2^2 + 3x_2x_2 + 6x_3^2$$

Determine a matriz de rigidez do sistema.

7.36 A energia cinética para um sistema de três graus de liberdade é

$$T = 3\left(\dot{x}_2 - \frac{1}{2}\dot{x}_1\right)^2 + 12\left(\dot{x}_2 + \frac{1}{3}\dot{x}_1\right)^2 + 4\dot{x}_3^2$$

Determine a matriz de massa do sistema.

7.37 Quando uma carga de 50 N é aplicada à massa de 250 kg no sistema da Figura P 7.37, os deslocamentos das massas são $x_1 = 3$ mm, $x_2 = 5$ mm e $x_3 = 2{,}5$ mm. Determine todos os elementos possíveis da matriz de flexibilidade do sistema.

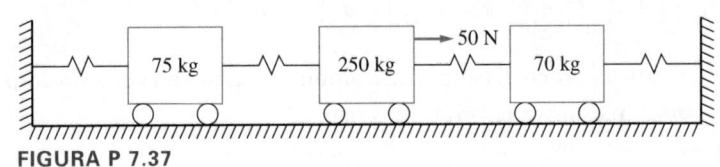

**FIGURA P 7.37**

7.38 Quando o bloco de 10 kg de massa recebe um deslocamento de 3 mm no sistema da Figura P 7.38 e todos os outros blocos são mantidos em suas posições de equilíbrio, descobre-se que as forças nos blocos são $F_1 = 0$, $F_2 = 100$ N e $F_3 = 300$ N. Determine todos os elementos possíveis da matriz de rigidez do sistema.

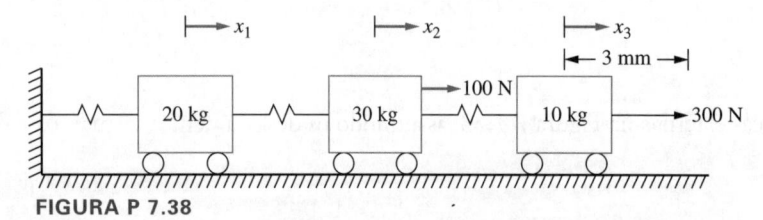

**FIGURA P 7.38**

7.39 Qual é o determinante da matriz de rigidez do sistema da Figura P 7.39?

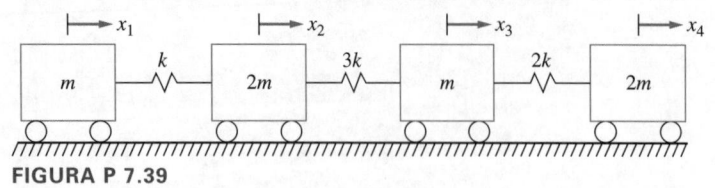

**FIGURA P 7.39**

7.40 Quando o bloco $A$ da Figura P 7.40 recebe uma velocidade de 15 m/s e as velocidades dos blocos $B$ e $C$ permanecem em repouso, é necessário um impulso de 3 N · s aplicado ao bloco $A$. Determine todos os elementos possíveis da matriz de massa do sistema.

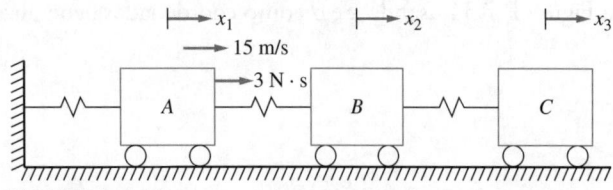

**FIGURA P 7.40**

7.41 Quando o lado direito da barra do sistema da Figura P 7.41 recebe uma velocidade de 3 m/s, porém a velocidade angular da barra é zero, é necessário um impulso de grandeza 6 N · s na extremidade direita da barra e um impulso angular de 10 N · m · s é necessário. Determine todos os elementos possíveis da matriz de massa para esse sistema de dois graus de liberdade usando $x$, que é o deslocamento da extremidade direita da barra, e $\theta$, que é a rotação angular do centro da massa da barra, como coordenadas generalizadas.

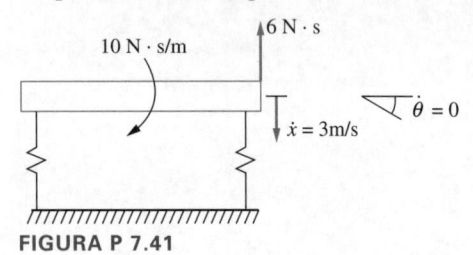

**FIGURA P 7.41**

7.42 As equações de Lagrange são usadas para obter as equações diferenciais para um sistema de três graus de liberdade resultando em

$$\begin{bmatrix} m_{11} & m_{12} & m_{13} \\ m_{21} & m_{22} & m_{23} \\ m_{31} & m_{32} & m_{33} \end{bmatrix} \begin{bmatrix} \ddot{x}_1 \\ \ddot{x}_2 \\ \ddot{\theta} \end{bmatrix} + \begin{bmatrix} c_{11} & c_{12} & c_{13} \\ c_{21} & c_{22} & c_{23} \\ c_{31} & c_{32} & c_{33} \end{bmatrix} \begin{bmatrix} \dot{x}_1 \\ \dot{x}_2 \\ \dot{\theta} \end{bmatrix} + \begin{bmatrix} k_{11} & k_{12} & k_{13} \\ k_{21} & k_{22} & k_{23} \\ k_{31} & k_{32} & k_{33} \end{bmatrix} \begin{bmatrix} x_1 \\ x_2 \\ \theta \end{bmatrix} = \begin{bmatrix} F_1 \\ F_2 \\ F_3 \end{bmatrix}$$

onde $x_1$ e $x_2$ são deslocamentos lineares e $\theta$ é uma coordenada angular. Combine o termo na equação com suas unidades. Algumas unidades podem ser usadas mais de uma vez, outras não.

# Capítulo 7

(a) $m_{11}$    (i) N · s/m
(b) $m_{23}$    (ii) N/m
(c) $m_{33}$    (iii) m
(d) $c_{12}$    (iv) kg
(e) $c_{22}$    (v) N · s · m/rad
(f) $c_{33}$    (vi) N · m/rad
(g) $k_{13}$    (vii) rad/s²
(h) $k_{21}$    (viii) N/rad
(i) $k_{33}$    (ix) N
(j) $F_2$    (x) kg · m²
(k) $F_3$    (xi) N · m
(l) $x_2$    (xii) N · s/rad
(m) $\dot{x}_1$    (xiii) m/s
(n) $\ddot{x}_3$    (xiv) N · s²/m
        (xv) kg · m

# CAPÍTULO 8

# VIBRAÇÕES LIVRES DOS SISTEMAS DE NGL

## 8.1 INTRODUÇÃO

As vibrações livres de um sistema com $n$ graus de liberdade (de NGL) são regidas por um sistema de $n$ equações diferenciais. Se o sistema for linear, as equações diferenciais podem ser resumidas em forma de matriz. Quando as equações diferenciais são obtidas usando as equações de Lagrange as matrizes de massa, rigidez e amortecimento são simétricas. Supõe-se que seja qual for o método usado para obter as equações diferenciais de um sistema linear, elas podem ser representadas na forma de matrizes, que para vibrações livres é

$$\mathbf{M}\ddot{\mathbf{x}} + \mathbf{C}\dot{\mathbf{x}} + \mathbf{K}\mathbf{x} = \mathbf{0} \tag{8.1}$$

ou

$$\mathbf{AM}\ddot{\mathbf{x}} + \mathbf{AC}\dot{\mathbf{x}} + \mathbf{x} = \mathbf{0} \tag{8.2}$$

A resposta livre de um sistema de NGL é mais complicada do que a de um sistema com um ou dois graus de liberdade. O cálculo da resposta requer a álgebra de matrizes. Um leitor não familiarizado com tópicos de álgebra de matrizes (como autovalores e autovetores) é encorajado a ler o Apêndice C antes de prosseguir.

Supõe-se que a resposta de um sistema de NGL não amortecido seja síncrona; as partículas representadas pelas coordenadas generalizadas se movem com a mesma frequência. Isso leva a uma solução na forma modal em que um vetor de modo natural fornece a relação entre as coordenadas generalizadas. A dependência do tempo da resposta é expressa por um exponencial com expoente complexo igual a $i\omega t$. Quando a solução na forma modal é substituída nas equações diferenciais que controlam a resposta livre não amortecida, as frequências naturais são as raízes quadradas dos autovalores de $\mathbf{M}^{-1}\mathbf{K}$ ou os recíprocos das raízes quadradas dos autovalores de $\mathbf{AM}$. Os vetores de modo natural são os autovetores correspondentes. Um sistema de NGL possui $n$ frequências naturais.

A resposta livre geral é uma combinação linear de todos os modos na solução. As constantes na combinação linear são determinadas a partir das condições iniciais, dos valores das coordenadas generalizadas em $t = 0$, e das velocidades em $t = 0$. Há $2n$ condições iniciais necessárias.

Dois casos especiais são considerados. Quando o sistema está sem *restrições*, sua menor frequência natural é igual a zero, o que corresponde a um movimento de corpo rígido do sistema. Em sistemas *degenerados*, as duas frequências naturais do sistema são iguais.

Se as equações são obtidas utilizando as equações de Lagrange ou qualquer método derivado das equações de Lagrange, a matriz de massa e a matriz de rigidez são simétricas. Isso implica que um produto escalar da energia cinética e um produto escalar da energia potencial podem ser definidos. Isso mostra que todos os autovalores de $\mathbf{M}^{-1}\mathbf{K}$

são reais, todos os autovalores não são negativos, e existe uma condição de ortogonalidade para autovetores que correspondem a frequências naturais distintas do mesmo sistema. Além disso, um teorema de expansão é desenvolvido para representar um vetor pelos autovetores de um sistema de NGL.

Qualquer múltiplo de um autovetor também é um autovetor correspondente ao mesmo autovalor. O vetor de modo natural normalizado é definido de tal forma que o produto escalar da energia cinética do vetor com ele próprio é um. Isso tem uma implicação com o produto escalar da energia potencial de um vetor com ele próprio.

As *coordenadas principais* são definidas como coordenadas que se desacoplam das equações diferenciais. Um método é apresentado para a determinação das coordenadas principais de um sistema de NGL.

O *quociente de Rayleigh* fornece um método para aproximação da menor frequência natural de um sistema de NGL. Métodos numéricos são apresentados para a determinação das frequências naturais e seus modos naturais.

O *amortecimento* é direcionado para sistemas de NGL. Os sistemas que têm *amortecimento proporcional* (em que a matriz de amortecimento é uma combinação linear da matriz de rigidez e da matriz de massa) são desacoplados usando as mesmas coordenadas principais que o sistema não amortecido correspondente. As frequências naturais e os índices de amortecimento modal são definidos. O amortecimento viscoso geral é considerado através da reescrita de $n$ equações diferenciais de segunda ordem como $2n$ equações diferenciais de primeira ordem.

## 8.2 SOLUÇÃO NA FORMA MODAL

A formulação geral das equações diferenciais que controlam as vibrações livres de um sistema linear com $n$-graus-de-liberdade não amortecido é

$$\mathbf{M}\ddot{\mathbf{x}} + \mathbf{K}\mathbf{x} = \mathbf{0} \tag{8.3}$$

onde $\mathbf{M}$ e $\mathbf{K}$ são as matrizes simétricas de massa e rigidez $n \times n$, respectivamente, e $\mathbf{x}$ é o vetor de coluna $n$-dimensional de coordenadas generalizadas.

As vibrações livres de um sistema de NGL são iniciadas pela presença de uma energia potencial inicial ou energia cinética. Se o sistema não estiver amortecido, não há mecanismos dissipativos e espera-se que as vibrações livres descritas pela solução da Equação (8.3) sejam periódicas. Assume-se que as vibrações são síncronas no sentido de que todas as variáveis dependentes executam o movimento com o mesmo comportamento dependente do tempo. Dessa forma, quando as vibrações livres de um sistema particular são iniciadas em uma única frequência, a razão de duas variáveis dependentes independe do tempo. Essas premissas levam à hipótese da solução na forma modal da Equação (8.3) na forma

$$\mathbf{x}(t) = \mathbf{X}e^{i\omega t} \tag{8.4}$$

onde $\omega$ é a frequência de vibração e $\mathbf{X}$ é um vetor $n$-dimensional de constantes, chamado *modo natural*. Esta hipótese implica que certas condições iniciais levam a uma solução da forma da Equação (8.4) para valores específicos de $\omega$. Os valores de $\omega$ de tal forma que a Equação (8.4) seja a solução da Equação (8.3) são chamados de *frequências naturais*. Cada frequência natural tem pelo menos um modo natural correspondente. Como as equações diferenciais representadas pela Equação (8.3) são lineares e homogêneas, sua solução geral é uma superposição linear de todos os modos possíveis.

A substituição da Equação (8.4) pela Equação (8.3) leva a

$$(-\omega^2 \mathbf{M}\mathbf{X} + \mathbf{K}\mathbf{X})e^{i\omega t} = \mathbf{0} \tag{8.5}$$

Como $e^{i\omega t} \neq 0$ para qualquer valor real de $t$,

$$-\omega^2 \mathbf{M}\mathbf{X} + \mathbf{K}\mathbf{X} = \mathbf{0} \tag{8.6}$$

A matriz de massa não é singular e, portanto, $\mathbf{M}^{-1}$ existe. Pré-multiplicando a Equação (8.6) por $\mathbf{M}^{-1}$ e rearranjando dá

$$(\mathbf{M}^{-1}\mathbf{K} - \omega^2\mathbf{I})\mathbf{X} = \mathbf{0} \tag{8.7}$$

onde $\mathbf{I}$ é a matriz de identidade $n \times n$. A Equação (8.7) é a representação matricial de um sistema de $n$ equações algébricas lineares simultâneas para os $n$ componentes do vetor de modo natural. O sistema é homogêneo. A aplicação da regra de Cramer dá a solução do $j$-ésimo componente de $\mathbf{X}$, $X_j$, como

$$X_j = \frac{0}{\det|\mathbf{M}^{-1}\mathbf{K} - \omega^2\mathbf{I}|} \tag{8.8}$$

Assim, a solução trivial ($\mathbf{X} = \mathbf{0}$) é obtida, a menos que

$$\det|\mathbf{M}^{-1}\mathbf{K} - \omega^2\mathbf{I}| = 0 \tag{8.9}$$

Dessa forma, aplicando-se as definições do Apêndice C, $\omega^2$ deve ser um autovalor de $\mathbf{M}^{-1}\mathbf{K}$. A raiz quadrada de um autovalor positivo real possui dois valores possíveis, um positivo e um negativo. Embora ambos sejam usados para desenvolver a solução geral, a raiz quadrada positiva é identificada como uma frequência natural. O modo natural é o autovetor correspondente.

É mostrado na Seção 7.6 que quando a matriz de rigidez $\mathbf{K}$ não é singular, sua inversa é a matriz de flexibilidade $\mathbf{A}$. Pré-multiplicando a Equação (8.6) por $\mathbf{A}$, temos

$$(-\omega^2\mathbf{A}\mathbf{M} + \mathbf{I})\mathbf{X} = \mathbf{0} \tag{8.10}$$

Dividindo-se por $\omega^2$ dá

$$\left(\mathbf{A}\mathbf{M} - \frac{1}{\omega^2}\mathbf{I}\right)\mathbf{X} = \mathbf{0} \tag{8.11}$$

Assim, as frequências naturais são os recíprocos das raízes quadradas positivas dos autovalores de $\mathbf{AM}$ e os modos naturais são seus autovetores. A matriz, $\mathbf{AM}$, é geralmente chamada de *matriz dinâmica*.

As frequências naturais dos sistemas de NGL são calculadas como as raízes quadradas dos autovalores de $\mathbf{M}^{-1}\mathbf{K}$ ou como recíprocos das raízes quadradas dos autovalores de $\mathbf{AM}$. Os modos naturais são os respectivos autovetores de ambas as matrizes.

## 8.3 FREQUÊNCIAS E MODOS NATURAIS

Na seção anterior, mostrou-se que as frequências naturais de um sistema de NGL são as raízes quadradas positivas dos autovalores de $\mathbf{M}^{-1}\mathbf{K}$ ou os recíprocos das raízes quadradas positivas dos autovalores de $\mathbf{AM}$. Os vetores de modo natural são os autovetores correspondentes. Conforme mostrado no Apêndice C, o cálculo da Equação (8.9) leva a uma equação polinomial de $n$-ésima ordem, chamada de *equação característica*, cujas raízes são os autovalores. Como todos os elementos das matrizes de massa e rigidez são reais, todos os coeficientes na equação característica são reais e, portanto, se ocorrerem raízes complexas, elas devem ocorrer em pares conjugados complexos. No entanto, pode-se mostrar que em razão da simetria de $\mathbf{M}$ e $\mathbf{K}$, a equação característica tem apenas raízes reais. As raízes negativas são possíveis, mas levam a valores imaginários da frequência natural. Quando a raiz quadrada negativa de um autovalor negativo é multiplicada por $i$ para formar o expoente na solução na forma modal da Equação (8.4), um expoente positivo real é desenvolvido. Este termo cresce sem limites à medida que o tempo aumenta. Este sistema é instável.

Suponha que todos os autovalores de $\mathbf{M}^{-1}\mathbf{K}$ correspondentes à matriz simétrica e matrizes de rigidez não sejam negativos. Então existem $n$ frequências naturais reais que podem ser ordenadas por $\omega_1 \leq \omega_2 \leq \ldots \leq \omega_n$. Cada autovalor distinto $\omega_i^2$, $i = 1,2 \ldots, n$ possui um autovetor não trivial correspondente, $\mathbf{X}_i$, que satisfaz

$$\mathbf{M}^{-1}\mathbf{K}\mathbf{X}_i = \omega_i^2 \mathbf{X}_i \qquad (8.12)$$

Este modo natural, $\mathbf{X}_i$, é um vetor de coluna $n$-dimensional da forma

$$\mathbf{X}_i = \begin{bmatrix} X_{i1} \\ X_{i2} \\ \vdots \\ X_{in} \end{bmatrix} \qquad (8.13)$$

Uma vez que o sistema de equações representado pela Equação (8.12) é homogêneo, o modo natural não é único. No entanto, se $\omega_1^2$ não é uma raiz repetida da equação característica, então existe apenas uma solução não trivial linearmente independente da Equação (8.12). O autovetor é exclusivo apenas de uma constante multiplicativa arbitrária. Os esquemas de normalização existem de tal forma que a constante é escolhida para que o autovetor satisfaça uma condição imposta externamente.

Se $\omega_1^2$ é uma raiz da equação característica de multiplicidade $r$ for repetida, então existe apenas uma solução não trivial linearmente independente da Equação (8.12). Cada um dos modos naturais também é único para um constante de multiplicação.

A solução do problema de autovalor e autovetor é parte importante da análise de vibração dos sistemas de NGL. A fórmula quadrática é usada para encontrar as raízes da equação característica de um sistema com dois graus de liberdade. As frequências naturais de um sistema com três graus de liberdade são obtidas ao encontrar as raízes de um polinômio cúbico, que pode ser feito por tentativa e erro ou por método iterativo. A complexidade algébrica da solução cresce exponencialmente com o número de graus de liberdade. O desenvolvimento de uma equação característica de um sistema de NGL requer a avaliação de um determinante $n \times n$, e as frequências naturais são as $n$ raízes da equação característica. A determinação de cada autovetor requer a solução de $n$ equações algébricas simultâneas homogêneas. Assim, métodos numéricos que não requerem a avaliação da equação característica são usados com sistemas com grande número de graus de liberdade.

## EXEMPLO 8.1

Determine as frequências naturais e modos do sistema da Figura 8.1. Use $\theta$ e $x$ como coordenadas generalizadas.

### SOLUÇÃO

A energia cinética do sistema em um instante arbitrário é

$$T = \frac{1}{2}\left(\frac{1}{12}mL^2\dot{\theta}^2\right) + \frac{1}{2}(2m)\dot{x}^2 \qquad \text{(a)}$$

A energia potencial do sistema em um instante arbitrário é

$$V = \frac{1}{2}k\left(x - \frac{L}{2}\theta\right)^2 + \frac{1}{2}kx^2 \qquad \text{(b)}$$

A aplicação das equações de Lagrange leva a

$$\begin{bmatrix} \frac{1}{12}mL^2 & 0 \\ 0 & 2m \end{bmatrix} \begin{bmatrix} \ddot{\theta} \\ \ddot{x} \end{bmatrix} + \begin{bmatrix} k\frac{L^2}{4} & -k\frac{L}{2} \\ -k\frac{L}{2} & 2k \end{bmatrix} \begin{bmatrix} \theta \\ x \end{bmatrix} = \begin{bmatrix} 0 \\ 0 \end{bmatrix} \quad \text{(c)}$$

Como a matriz de massa é uma matriz diagonal, o inverso também é uma matriz diagonal com os recíprocos dos elementos diagonais de **M** ao longo de sua diagonal. A matriz $\mathbf{M}^{-1}\mathbf{K}$ é

$$\mathbf{M}^{-1}\mathbf{K} = \begin{bmatrix} \frac{12}{mL^2} & 0 \\ 0 & \frac{1}{2m} \end{bmatrix} \begin{bmatrix} k\frac{L^2}{4} & -k\frac{L}{2} \\ -k\frac{L}{2} & 2k \end{bmatrix} = \begin{bmatrix} \frac{3k}{m} & -\frac{6k}{mL} \\ -\frac{kL}{4m} & \frac{k}{m} \end{bmatrix} = \phi \begin{bmatrix} 3 & -\frac{6}{L} \\ -\frac{L}{4} & 1 \end{bmatrix} \quad \text{(d)}$$

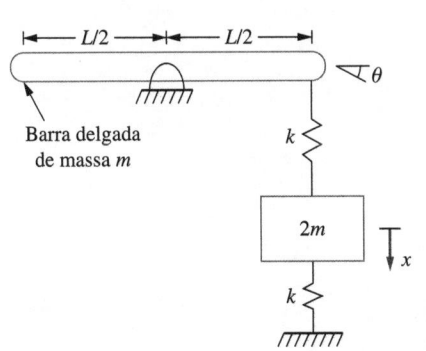

**FIGURA 8.1**
Sistema do Exemplo 8.1.

onde $\phi = \frac{k}{m}$. Calculando os autovalores de $\mathbf{M}^{-1}\mathbf{K}$, temos

$$\det(\mathbf{M}^{-1}\mathbf{K} - \lambda \mathbf{I}) = \begin{vmatrix} 3\phi - \lambda & \frac{-6\phi}{L} \\ \frac{-\phi L}{4} & \phi - \lambda \end{vmatrix} = (3\phi - \lambda)(\phi - \lambda) - \left(\frac{-6\phi}{L}\right)\left(\frac{-\phi L}{4}\right)$$
$$= \lambda^2 - 4\phi\lambda + \frac{3}{2}\phi^2 \quad \text{(e)}$$

Os autovalores são obtidos através da resolução de

$$\beta^2 - 4\beta + \frac{3}{2} = 0 \quad \text{(f)}$$

onde $\beta = \lambda/\phi$. As soluções são

$$\beta = \frac{4 \pm \sqrt{(-4)^2 - 4\left(\frac{3}{2}\right)}}{2} = \frac{1}{2}(4 \pm \sqrt{10}) = 0{,}419.\ 3{,}58 \quad \text{(g)}$$

As frequências naturais são as raízes quadradas dos autovalores

$$\omega_1 = \sqrt{0{,}419\frac{k}{m}} = 0{,}647\sqrt{\frac{k}{m}} \qquad \omega_2 = \sqrt{3{,}58\frac{k}{m}} = 1{,}89\sqrt{\frac{k}{m}} \quad \text{(h)}$$

Os vetores de modo natural são obtidos a partir de

$$\begin{vmatrix} 3\phi - \lambda_i & \dfrac{-6\phi}{L} \\ \dfrac{-\phi L}{4} & \phi - \lambda_i \end{vmatrix} \begin{bmatrix} X_{i1} \\ X_{i2} \end{bmatrix} = \begin{bmatrix} 0 \\ 0 \end{bmatrix} \qquad \text{(i)}$$

para $i = 1,2$. As duas equações são linearmente dependentes quando avaliadas quanto aos autovalores. A primeira equação dá

$$(3\phi - \lambda_i)X_{i1} - \dfrac{6\phi}{L}X_{i2} = 0 \qquad \text{(j)}$$

ou

$$X_{i2} = \dfrac{L(3\phi - \lambda_i)}{6\phi}X_{i1} \qquad \text{(k)}$$

Lembrando-se de que $\lambda = 0{,}419\phi$,

$$X_{12} = \dfrac{L(3\phi - 0{,}419\phi)}{6\phi}X_{11} = 0{,}430 L X_{11} \qquad \text{(l)}$$

e dado que $\lambda_2 = 3{,}58\phi$,

$$X_{22} = \dfrac{L(3\phi - 3{,}58\phi)}{6\phi}X_{21} = -0{,}0977 L X_{21} \qquad \text{(m)}$$

Aleatoriamente tomando $X_{i1} = 1$, os vetores de modo natural são

$$\mathbf{X}_1 = \begin{bmatrix} 1 \\ 0{,}430L \end{bmatrix} \qquad \mathbf{X}_2 = \begin{bmatrix} 1 \\ -0{,}977\ L \end{bmatrix} \qquad \text{(n)}$$

No primeiro modo, quando $x$ é 1, o valor de $\theta$ é $0{,}430L$. A barra e o bloco estão se movendo na mesma direção do primeiro modo. No segundo modo, quando $x$ é 1, o valor de $\theta$ é $-0{,}977L$, que é uma rotação no sentido anti-horário. A barra e o bloco se movem em direções opostas para o segundo modo. Um ponto de deslocamento zero deve existir na mola que conecta a barra ao bloco. ∎

## EXEMPLO 8.2

Determine as frequências naturais e modo natural do sistema com três graus de liberdade mostrado na Figura 8.2(a).

### SOLUÇÃO

As equações diferenciais das vibrações livres que utilizam os deslocamentos das massas em equilíbrio como coordenadas generalizadas são

## Capítulo 8

$$\begin{bmatrix} m & 0 & 0 \\ 0 & m & 0 \\ 0 & 0 & \dfrac{m}{2} \end{bmatrix} \begin{bmatrix} \ddot{x}_1 \\ \ddot{x}_2 \\ \ddot{x}_3 \end{bmatrix} + \begin{bmatrix} 3k & -2k & 0 \\ -2k & 3k & -k \\ 0 & -k & 3k \end{bmatrix} \begin{bmatrix} x_1 \\ x_2 \\ x_3 \end{bmatrix} = \begin{bmatrix} 0 \\ 0 \\ 0 \end{bmatrix} \quad \text{(a)}$$

Calculando $\mathbf{M}^{-1}\mathbf{K}$ dá

$$\mathbf{M}^{-1}\mathbf{K} = \begin{bmatrix} \dfrac{1}{m} & 0 & 0 \\ 0 & \dfrac{1}{m} & 0 \\ 0 & 0 & \dfrac{2}{m} \end{bmatrix} \begin{bmatrix} 3k & -2k & 0 \\ -2k & 3k & -k \\ 0 & -k & 3k \end{bmatrix} = \begin{bmatrix} 3\phi & -2\phi & 0 \\ -2\phi & 3\phi & -\phi \\ 0 & -2\phi & 6\phi \end{bmatrix} \quad \text{(b)}$$

onde $\phi = k/m$. A aplicação da Equação (8.9) dá

$$\det \begin{bmatrix} 3\phi - \lambda & -2\phi & 0 \\ -2\phi & 3\phi - \lambda & -\phi \\ 0 & -2\phi & 6\phi - \lambda \end{bmatrix} = 0 \quad \text{(c)}$$

A expansão do determinante produz a equação característica

$$-\beta^3 + 12\beta^2 - 39\beta + 24 = 0 \quad \text{(d)}$$

onde $\beta = \lambda/\phi$. Um gráfico do polinômio cúbico anterior é dado na Figura 8.2(b). As raízes desta equação são

$$\beta = 0{,}798.\ 4{,}455.\ 6{,}747 \quad \text{(e)}$$

que leva às frequências naturais

$$\omega_1 = 0{,}893\sqrt{\dfrac{k}{m}} \qquad \omega_2 = 2{,}110\sqrt{\dfrac{k}{m}} \qquad \omega_3 = 2{,}597\sqrt{\dfrac{k}{m}} \quad \text{(f)}$$

Os modos naturais são obtidos encontrando-se as soluções não triviais de

$$\begin{bmatrix} 3\phi - \lambda_i & -2\phi & 0 \\ -2\phi & 3\phi - \lambda_i & -\phi \\ 0 & -2\phi & 6\phi - \lambda_i \end{bmatrix} \begin{bmatrix} X_{i1} \\ X_{i2} \\ X_{i3} \end{bmatrix} = \begin{bmatrix} 0 \\ 0 \\ 0 \end{bmatrix} \quad \text{(g)}$$

A primeira equação leva a

$$X_{i1} = \dfrac{2\phi}{3\phi - \lambda_i} X_{i2} \quad \text{(h)}$$

enquanto a terceira equação leva a

$$X_{i3} = \dfrac{2\phi}{6\phi - \lambda_i} X_{i2} \quad \text{(i)}$$

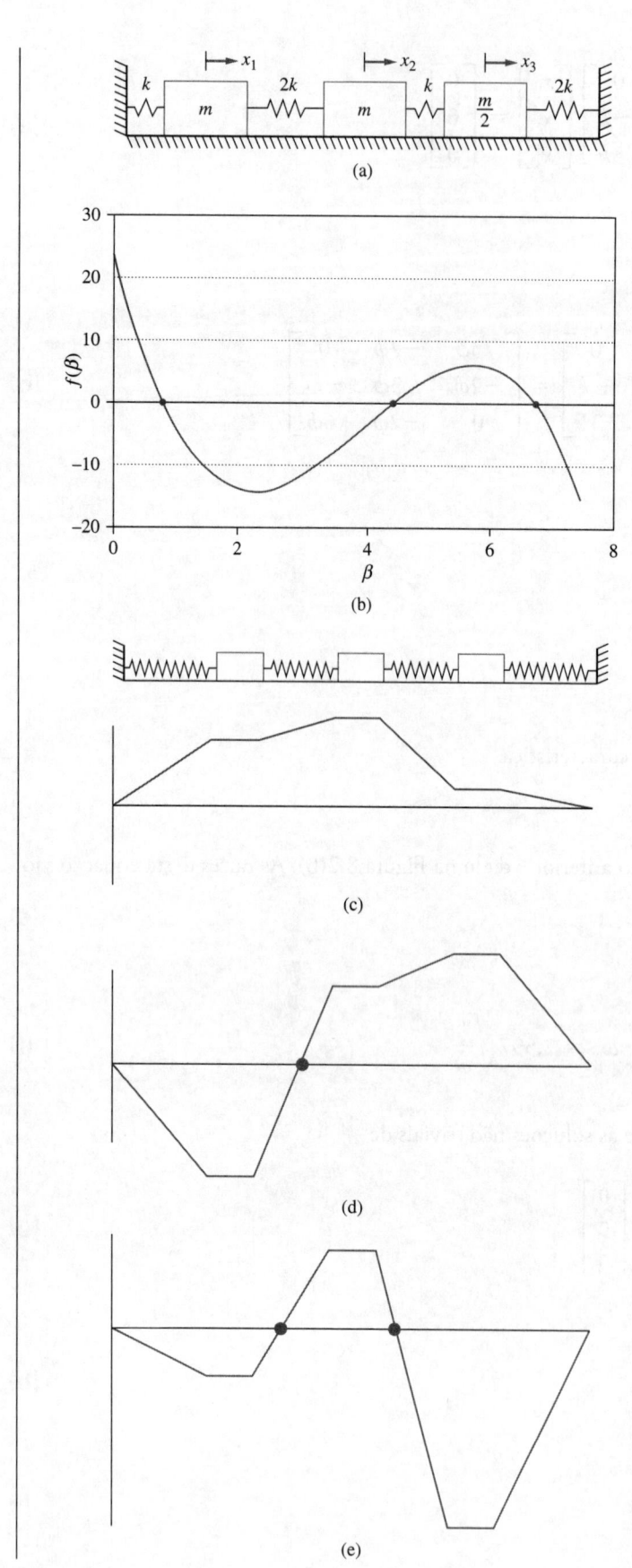

**FIGURA 8.2**
(a) Sistema com três graus de liberdade do Exemplo 8.2. (b) Gráfico da equação característica do Exemplo 8.2 em que as raízes ocorrem em valores de $\beta$ onde a curva cruza com o eixo horizontal. (c) Ilustração do modo natural do primeiro modo. (d) Ilustração do modo natural do segundo modo; o modo tem um nó. (e) Ilustração do modo natural do terceiro modo; o modo tem dois nós.

Escolhendo aleatoriamente $\mathbf{X}_{i2} = 1$ leva aos seguintes vetores de modo natural:

$$\mathbf{X}_1 = \begin{bmatrix} 0{,}908 \\ 1 \\ 0{,}384 \end{bmatrix} \quad \mathbf{X}_2 = \begin{bmatrix} -1{,}375 \\ 1 \\ 1{,}294 \end{bmatrix} \quad \mathbf{X}_3 = \begin{bmatrix} -0{,}534 \\ 1 \\ -2{,}677 \end{bmatrix} \quad \text{(j)}$$

As representações gráficas dos modos naturais na Figura 8.2(c) a (e) baseiam-se no pressuposto de que o deslocamento em cada mola é uma função linear da posição ao longo do comprimento da mola. Não há nós no primeiro modo. O segundo modo tem um nó entre a primeira e a segunda massa da mola. O terceiro modo tem um nó na mola entre a primeira e a segunda massa e um nó na mola entre a segunda e a terceira massas. ∎

## EXEMPLO 8.3

Um engenheiro projeta uma viga fixa de aço com de 6 m de comprimento ($E=210$ GPa, $\gamma=62$ kN/m³) para uso em uma planta industrial. A viga deve suportar uma máquina no seu centro. A máquina pode pesar até 5 toneladas e operará a velocidades entre 1000 rad/s e 2000 rad/s. O engenheiro considera usar uma viga com forma de W: W16 × 100 ($I = 2{,}96 \times 10^{-4}$ m⁴, $A = 0{,}0189$ m²) ou uma viga em forma de W: W27 × 114 ($I = 1{,}7 \times 10^{-3}$ m⁴, $A = 0{,}0216$ m²) no projeto. Use na viga um modelo com três graus de liberdade para ajudar a decidir qual a melhor forma de design.

### SOLUÇÃO

Usando um modelo com três graus de liberdade como mostrado na Figura 8.3(a), a massa da viga é concentrada em três locais igualmente espaçados ao longo da sua extensão. A massa de cada partícula é sua $m_b/4$, onde $m_b$ é a massa total da viga. Se $\beta$ é a massa da máquina, a matriz da massa do modelo com três graus de liberdade é

$$\mathbf{M} = \begin{bmatrix} \dfrac{m_b}{4} & 0 & 0 \\ 0 & \dfrac{m_b}{4} + \beta & 0 \\ 0 & 0 & \dfrac{m_b}{4} \end{bmatrix}$$

A matriz de flexibilidade $\mathbf{A}$ do modelo é determinada no Anexo D.

Um script MATLAB é escrito para determinar simbolicamente os autovalores de $\mathbf{AM}$ como função da massa da máquina. As frequências naturais são as raízes quadradas dos autovalores. O MATLAB gerou gráficos das aproximações de frequência natural, enquanto uma função da massa da máquina de cada uma das vigas consideradas são apresentadas nas Figuras 8.3(b) e (c). Estes gráficos mostram que usar a forma W16 × 100 não é uma boa escolha, já que a segunda frequência natural do sistema está nesta faixa. A forma W27 × 114 é uma escolha melhor, já que a gama de operação especificada de 1000 rad/s a 2000 rad/s está entre as duas frequências naturais mais baixas do sistema para todas as máquinas até 5 toneladas.

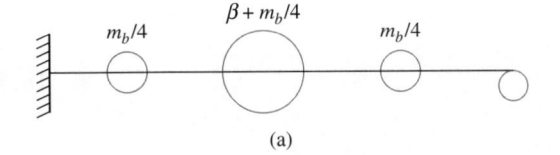

**FIGURA 8.3**
(a) Sistema do Exemplo 8.3, em que a inércia da viga é concentrada em três locais ao longo do eixo da viga. (b) As frequências naturais *versus* massa da máquina da viga W27 × 114. (c) As frequências naturais *versus* massa da viga W27 × 100. (*Continua*)

**FIGURA 8.3**
(*Continuação*)

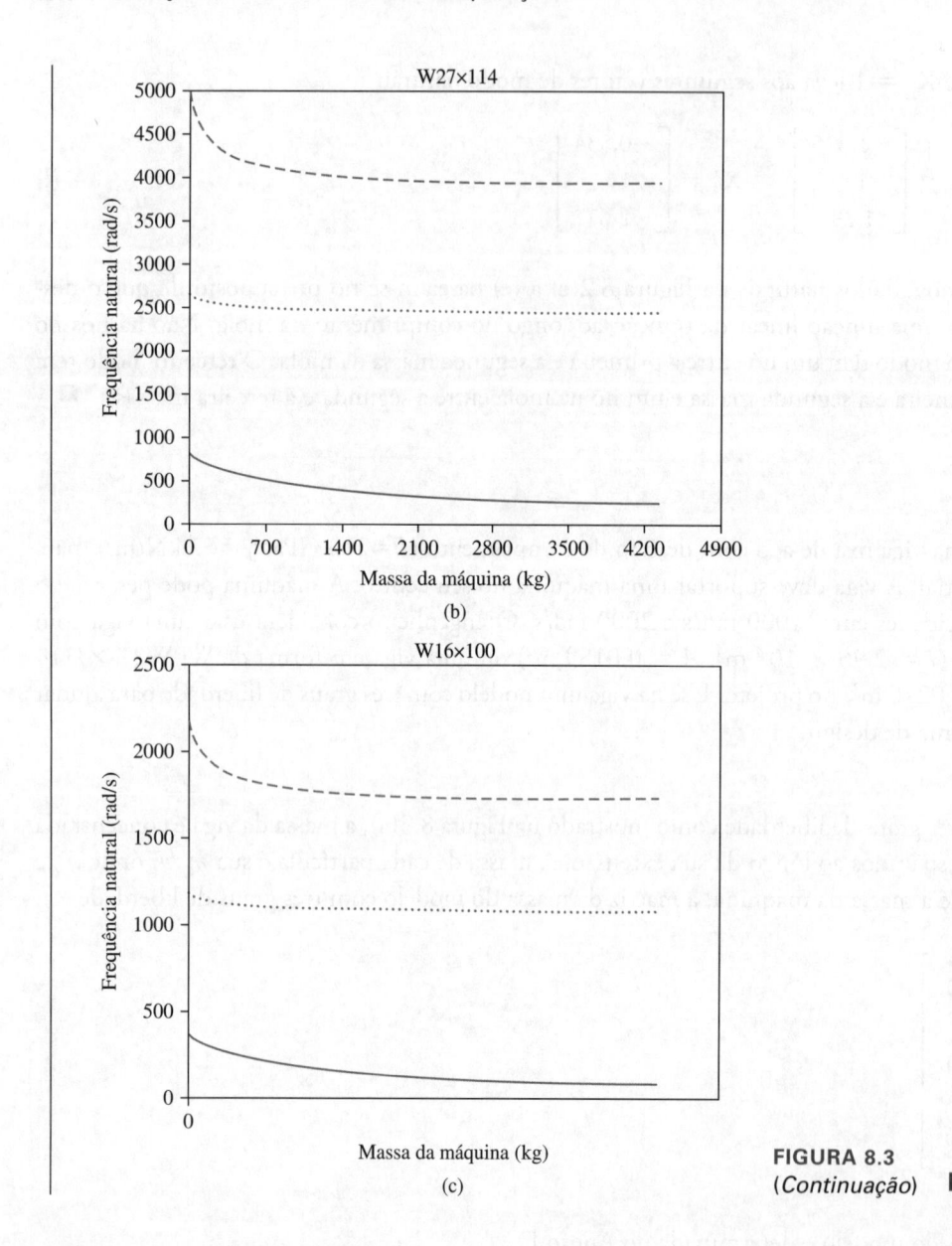

## 8.4 SOLUÇÃO GERAL

A Equação (8.3) é um sistema homogêneo de $n$ equações diferenciais lineares de segunda ordem. A suposição da forma modal, Equação (8.4), leva à determinação de $n$ frequências naturais. Se $\lambda$ é um autovalor de $\mathbf{M}^{-1}\mathbf{K}$, então tanto $\omega = +\sqrt{\lambda}$ quanto $\omega = -\sqrt{\lambda}$ satisfazem a Equação (8.9) e dão origem à mesma solução de $\mathbf{X}$, da Equação (8.7). As funções $e^{i\omega t}$ e $e^{-i\omega t}$ são linearmente independentes entre si e linearmente independentes de outras funções da mesma forma com valores diferentes de $\omega$. Assim, a solução na forma modal gera $2n$ soluções linearmente independentes da Equação (8.3). A solução mais geral de um problema linear homogêneo é a combinação linear de todas as soluções possíveis. Para essa extremidade,

$$\mathbf{x}(t) = \sum_{i=1}^{n} \mathbf{X}_i(\tilde{C}_{i1} e^{i\omega t} + \tilde{C}_{i2} e^{-i\omega t}) \tag{8.14}$$

Usando a identidade de Euler para substituir a exponencial complexa por funções trigonométricas e redefinir as constantes arbitrárias dá

Capítulo 8                  VIBRAÇÕES LIVRES DOS SISTEMAS DE NGL

$$\mathbf{x}(t) = \sum_{i=1}^{n} \mathbf{X}_i (C_{i1} \cos \omega_i t + C_{i2} \operatorname{sen} \omega_i t) \tag{8.15}$$

Identidades trigonométricas são usadas para escrever a Equação (8.15) na forma alternada

$$\mathbf{x}(t) = \sum_{i=1}^{n} \mathbf{X}_i A_i \operatorname{sen}(\omega_i t - \phi_i) \tag{8.16}$$

As condições iniciais devem ser especificadas para cada variável dependente

$$\mathbf{x}(0) = \begin{bmatrix} x_1(0) \\ x_2(0) \\ \vdots \\ x_n(0) \end{bmatrix} \quad \dot{\mathbf{x}}(0) = \begin{bmatrix} \dot{x}_1(0) \\ \dot{x}_2(0) \\ \vdots \\ \dot{x}_n(0) \end{bmatrix} \tag{8.17}$$

A aplicação das $2n$ condições iniciais da Equação (8.16) produz $2n$ equações a serem resolvidas para as constantes de integração $2n$.

$$\mathbf{x}(0) = -\sum_{i=1}^{n} \mathbf{X}_i A_i \operatorname{sen} \phi_i \tag{8.18}$$

e

$$\dot{\mathbf{x}}(0) = \sum_{i=1}^{n} \mathbf{X}_i \omega_i A_i \cos \phi_i \tag{8.19}$$

## EXEMPLO 8.4

O bloco de massa $m/2$ da Figura 8.2(a) tem deslocamento inicial $\delta$ enquanto os outros blocos são mantidos na posição de equilíbrio. Então, o sistema é liberado. Qual é a resposta do sistema?

### SOLUÇÃO

A solução é formada de acordo com a Equação (8.16), resultando em

$$\begin{bmatrix} x_1(t) \\ x_2(t) \\ x_3(t) \end{bmatrix} = A_1 \begin{bmatrix} 0{,}908 \\ 1 \\ 0{,}384 \end{bmatrix} \operatorname{sen}\left(0{,}893\sqrt{\frac{k}{m}}t - \phi_1\right)$$

$$+ A_2 \begin{bmatrix} -1{,}375 \\ 1 \\ 1{,}294 \end{bmatrix} \operatorname{sen}\left(2{,}110\sqrt{\frac{k}{m}}t - \phi_2\right)$$

$$+ A_3 \begin{bmatrix} -0{,}534 \\ 1 \\ -2{,}677 \end{bmatrix} \operatorname{sen}\left(2{,}597\sqrt{\frac{k}{m}}t - \phi_3\right) \tag{a}$$

A aplicação dos deslocamentos iniciais

$$\begin{bmatrix} 0 \\ 0 \\ \delta \end{bmatrix} = A_1 \begin{bmatrix} 0{,}908 \\ 1 \\ 0{,}384 \end{bmatrix} \operatorname{sen}(-\phi_1) + A_2 \begin{bmatrix} -1{,}375 \\ 1 \\ 1{,}294 \end{bmatrix} \operatorname{sen}(-\phi_2) + A_3 \begin{bmatrix} -0{,}534 \\ 1 \\ -2{,}677 \end{bmatrix} \operatorname{sen}(-\phi_3) \tag{b}$$

A aplicação das condições iniciais leva a

$$\begin{bmatrix} 0 \\ 0 \\ 0 \end{bmatrix} = A_1\left(0{,}893\sqrt{\frac{k}{m}}\right)\begin{bmatrix} 0{,}908 \\ 1 \\ 0{,}384 \end{bmatrix}\cos(-\phi_1) + A_2\left(2{,}110\sqrt{\frac{k}{m}}\right)\begin{bmatrix} -1{,}375 \\ 1 \\ 1{,}294 \end{bmatrix}\cos(-\phi_2)$$

$$+ A_3\left(2{,}597\sqrt{\frac{k}{m}}\right)\begin{bmatrix} -0{,}534 \\ 1 \\ -2{,}677 \end{bmatrix}\cos(-\phi_3)$$

(c)

A Equação (c) é satisfeita tomando $\cos(-\phi_1) = \cos(-\phi_2) = \cos(-\phi_3) = 0$ ou $\phi_1 = \phi_2 = \phi_3 = \pi/2$. A Equação (b) se torna

$$\begin{bmatrix} 0 \\ 0 \\ \delta \end{bmatrix} = A_1\begin{bmatrix} 0{,}908 \\ 1 \\ 0{,}384 \end{bmatrix} + A_2\begin{bmatrix} -1{,}375 \\ 1 \\ 1{,}294 \end{bmatrix} + A_3\begin{bmatrix} -0{,}534 \\ 1 \\ -2{,}677 \end{bmatrix}$$

$$= \begin{bmatrix} 0{,}908 & -1{,}375 & -0{,}534 \\ 1 & 1 & 1 \\ 0{,}384 & 1{,}294 & -2{,}677 \end{bmatrix}\begin{bmatrix} A_1 \\ A_2 \\ A_3 \end{bmatrix}$$

(d)

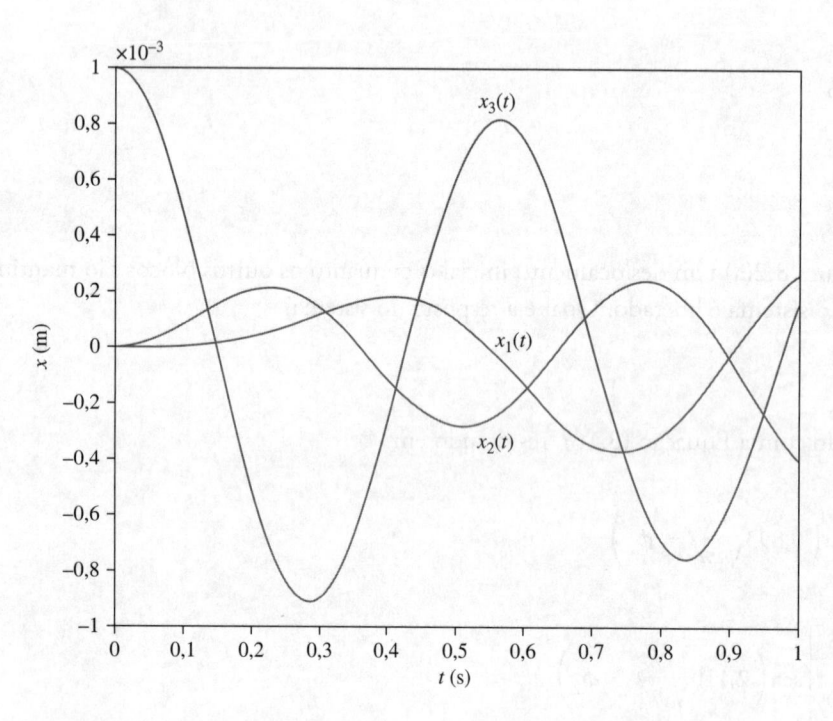

**FIGURA 8.4**
A solução do Exemplo 8.4.

A Equação (d) é resolvida resultando $A_1 = 0{,}101\delta$, $A_2 = 0{,}174\delta$, e $A_3 = -0{,}275\delta$. A resposta do sistema é

$$\begin{bmatrix} x_1(t) \\ x_2(t) \\ x_3(t) \end{bmatrix} = \delta\left\{\begin{bmatrix} 0{,}0920 \\ 0{,}101 \\ 0{,}0389 \end{bmatrix}\text{sen}\left(0{,}893\sqrt{\frac{k}{m}}t + \frac{\pi}{2}\right) + \begin{bmatrix} -0{,}239 \\ 0{,}174 \\ 0{,}224 \end{bmatrix}\text{sen}\left(2{,}110\sqrt{\frac{k}{m}}t + \frac{\pi}{2}\right)\right.$$

$$\left. + \begin{bmatrix} 0{,}147 \\ -0{,}275 \\ 0{,}736 \end{bmatrix}\text{sen}\left(2{,}597\sqrt{\frac{k}{m}}t + \frac{\pi}{2}\right)\right\}$$

(e)

As Equações (e) são traçadas na Figura 8.4 com k = 1000 N/M, m = 10 kg, e $\delta$ = 1 mm. ∎

## 8.5 CASOS ESPECIAIS

### 8.5.1 SISTEMAS DEGENERADOS

**FIGURA 8.5**
Para certas combinações de parâmetros, a frequência natural das vibrações transversais coincide com a frequência natural das oscilações torcionais.

Os autovalores repetidos de $\mathbf{M}^{-1}\mathbf{K}$ e $\mathbf{AM}$ ocorrem quando as frequências naturais de dois modos distintos coincidem. Geralmente, é possível identificar os modos de vibração separados. Por exemplo, considere a viga em balanço circular da Figura 8.5. A viga tem um disco fino inserido na extremidade. Se o disco é deslocado verticalmente e liberado, sofre vibrações transversais livres. Para um modelo de 1GL com efeitos de inércia da viga ignorados, a frequência natural de vibrações transversais livres do disco é

$$\omega_1 = \sqrt{\frac{3EI}{mL^3}} \tag{8.20}$$

onde $E$ é o módulo de elasticidade da viga, $I$ é o momento de inércia transversal da viga, $L$ é o comprimento da viga e $m$ é a massa do disco. Se o disco é torcido e liberado, ele sofreu oscilações torcionais livres. Para um modelo de 1GL com efeitos de inércia da viga ignorados, a frequência natural de vibrações torcionais livres é

$$\omega_2 = \sqrt{\frac{JG}{I_D L}} \tag{8.21}$$

onde $J$ é o momento polar de inércia da seção transversal do feixe, $G$ é o módulo de cisalhamento da viga e $I_D$ é o momento de inércia de massa do disco. Essas duas frequências naturais são iguais para um eixo de aço quando a razão do comprimento da viga para o raio do disco é de 1,40. Os dois modos de vibração são independentes, mas ocorrem com a mesma frequência natural.

Um sistema com frequência natural repetida é chamado de sistema *degenerado*. Se $\omega_i$ é uma frequência natural calculada a partir de um autovalor de multiplicidade $m$, então somente $n - m$ das equações algébricas lineares das quais o modo natural é calculado são independentes. Assim, $m$ elementos de modo natural podem ser aleatoriamente escolhidos. A maioria do modo natural envolve $m$ constantes arbitrárias. Então, $m$ formas de modo linearmente independentes, $\mathbf{X}_i, \mathbf{X}_{i+1}, \ldots, \mathbf{X}_{i+m}$, são especificadas. A solução geral da Equação (8.3) ainda é dada pela Equação (8.16), mas $\omega_i = \omega_{i+1} = \ldots = \omega_{i+m-1}$.

### EXEMPLO 8.5

O sistema com dois graus de liberdade da Figura 8.6 tem uma frequência natural $\sqrt{2k/m}$ correspondente a um modo rotacional e uma frequência natural $\sqrt{6k/m}$ correspondente a um modo de translação. O sistema não está acoplado de forma estática nem dinâmica. Um bloco de massa $m$ está ligado ao centro de massa da barra por uma mola, como mostrado na Figura 8.6(d), adicionando um grau de liberdade e que leva ao acoplamento estático. As equações diferenciais que controlam a vibração livre desta vibração deste sistema com três graus de liberdade são

$$\begin{bmatrix} m & 0 & 0 \\ 0 & m & 0 \\ 0 & 0 & m\frac{L^2}{12} \end{bmatrix} \begin{bmatrix} \ddot{x}_1 \\ \ddot{x}_2 \\ \ddot{\theta} \end{bmatrix} + \begin{bmatrix} 2k + k_1 & -k_1 & 0 \\ -k_1 & k_1 & 0 \\ 0 & 0 & k\frac{L^2}{2} \end{bmatrix} \begin{bmatrix} x_1 \\ x_2 \\ \theta \end{bmatrix} = \begin{bmatrix} 0 \\ 0 \\ 0 \end{bmatrix} \tag{a}$$

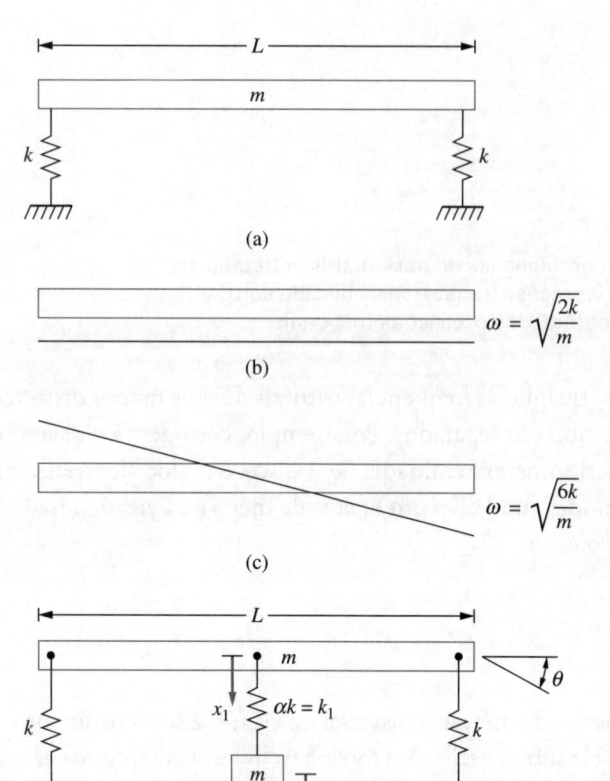

**FIGURA 8.6**
(a) Sistema original do Exemplo 8.5. (b) Modo natural do modo de translação $\omega = \sqrt{2k/m}$. (c) Modo natural do modo rotacional $\omega = \sqrt{6k/m}$. (d) O sistema do Exemplo 8.5 com sistema massa-mola adicionado. O ajuste correto do sistema massa-mola fornece uma raiz dupla da equação característica, resultando em duas formas de modo independente da mesma frequência natural.

O modo rotacional ainda está desacoplado dos outros modos. Encontre um valor de $k1$ de tal forma que outra frequência natural do sistema coincida com a frequência natural do modo rotacional. Encontre os modos naturais correspondentes a todos os modos.

## SOLUÇÃO
O determinante que leva à equação característica é

$$\det \begin{bmatrix} (2+\alpha)\phi - \lambda & -\alpha\phi & 0 \\ -\alpha\phi & \alpha\phi - \lambda & 0 \\ 0 & 0 & 6\phi - \lambda \end{bmatrix} = 0 \qquad \text{(b)}$$

onde

$$\phi = \frac{k}{m}$$

e

$$\alpha = \frac{k_1}{k}$$

A equação característica obtida pela expansão da linha do determinante, usando a terceira linha, é

$$(6 - \beta)[\beta^2 - 2(1 + \alpha)\beta + 2\alpha] = 0 \qquad \text{(c)}$$

onde

$$\beta = \frac{\lambda}{\phi} \qquad \text{(d)}$$

As raízes da equação característica são

$$\beta = 6,\ 1 + \alpha \pm \sqrt{1 + \alpha^2} \qquad \text{(e)}$$

A raiz $\beta = 6$ corresponde à frequência natural do modo rotacional. Caso seja necessário que uma das outras frequências naturais seja igual à frequência natural do modo rotacional leva a

$$1 + \alpha \pm \sqrt{1 + \alpha^2} = 6 \Rightarrow \alpha = \frac{12}{5} \qquad \text{(f)}$$

Então as frequências naturais ficam

$$\omega_1 = \sqrt{\frac{4k}{5m}} \qquad \omega_2 = \omega_3 = \sqrt{6\frac{k}{m}} \qquad \text{(g)}$$

O modo natural correspondente à frequência natural mais baixa é

$$\mathbf{X}_1 = \begin{bmatrix} 1 \\ 1,5 \\ 0 \end{bmatrix} \qquad \text{(h)}$$

Para $\beta = 6$, os modos naturais são determinados a partir de

$$\begin{bmatrix} -1,6\phi & -2,4\phi & 0 \\ -2,4\phi & -3,6\phi & 0 \\ 0 & 0 & 0 \end{bmatrix} \begin{bmatrix} X_{21} \\ X_{22} \\ X_{23} \end{bmatrix} = \begin{bmatrix} 0 \\ 0 \\ 0 \end{bmatrix} \qquad \text{(i)}$$

A solução geral deste sistema contém duas constantes arbitrárias e pode ser escrita como

$$\begin{bmatrix} a \\ -\dfrac{2}{3}a \\ b \end{bmatrix} = a \begin{bmatrix} 1 \\ -\dfrac{2}{3} \\ 0 \end{bmatrix} + b \begin{bmatrix} 0 \\ 0 \\ 1 \end{bmatrix} \qquad \text{(j)}$$

Assim, as duas formas de modo linearmente independentes correspondentes a $\omega = \sqrt{6k/m}$ são

$$\mathbf{X}_2 = \begin{bmatrix} 1 \\ -\dfrac{2}{3} \\ 0 \end{bmatrix} \qquad \mathbf{X}_3 = \begin{bmatrix} 0 \\ 0 \\ 1 \end{bmatrix} \qquad \text{(k)}$$

Observe que o modo correspondente à frequência natural mais baixa é um modo de translação com extensão da mola. Um modo correspondente a $\omega = \sqrt{6k/m}$ é um modo de translação com extensão na mola, mas com um nó na mola. O segundo modo independente de $\omega = \sqrt{6k/m}$ é uma rotação do corpo rígido da barra em relação ao seu centro de massa, sem extensão na mola. ∎

## 8.5.2 SISTEMAS SEM RESTRIÇÕES

Um segundo caso especial ocorre quando um dos autovalores de $\mathbf{M}^{-1}\mathbf{K}$ é zero. A solução geral de um sistema com autovalor igual a zero é

$$x(t) = (C_1 + C_2 t)\mathbf{X}_1 + \sum_{i=2}^{n} A_i \mathbf{X}_i \operatorname{sen}(\omega_i t - \phi_i) \qquad (8.22)$$

onde $C_1$, $C_2$ e $A_i$ são constantes determinadas a partir da aplicação das condições iniciais. A primeira parte da solução corresponde a um movimento do corpo rígido. O termo somatório corresponde ao movimento oscilatório.

Um sistema tem frequência natural zero somente quando está sem restrição. Por exemplo, se ambas as massas do sistema com dois graus de liberdade da Figura 8.7(a) recebem o mesmo deslocamento inicial sem velocidade inicial, eles ficarão em suas posições deslocadas indefinidamente. Se o eixo que liga os dois volantes da Figura 8.7(b) gira a uma velocidade constante, ambos os volantes continuarão a rodar a esta velocidade.

Quando o movimento de um sistema não restrito ocorre, o momento linear ou angular é conservado para todo o sistema. A aplicação do princípio da conservação do momento linear ou o princípio da conservação do momento angular fornece uma relação entre as coordenadas generalizadas da forma

$$\sum_{l=1}^{n} \alpha_l \dot{x}_l = C_1 \tag{8.23}$$

onde $C_1$ é uma constante determinada a partir do estado inicial. A Equação (8.23) pode ser integrada para fornecer uma restrição entre as coordenadas generalizadas da forma

$$\sum_{l=1}^{n} \alpha_l x_l = C_1 t + C_2 \tag{8.24}$$

A Equação (8.25) poderia ser usada para reduzir o número de graus de liberdade por um.

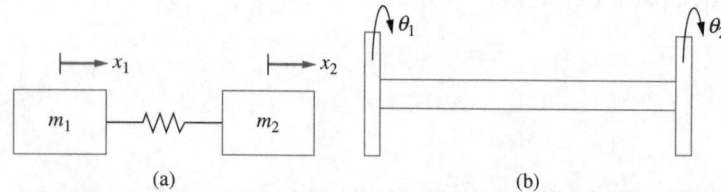

**FIGURA 8.7**
(a) Um sistema irrestrito de dois graus de liberdade. Se os dois blocos receberem o mesmo deslocamento, eles se moverão como um corpo rígido. Se os dois blocos receberem o mesmo deslocamento, ocorrerão oscilações livres.
(b) Um sistema de torção sem restrição.

## EXEMPLO 8.6

Um vagão de trem de massa 1500 kg deve ser acoplado a dois vagões ferroviários idênticos pré-acoplados. Os acopladores são conexões elásticas de rigidez igual a $4,2 \times 10^7$ N/m. O vagão separado é levado em direção aos outros carros com velocidade de 7 m/s, como mostrado na Figura 8.8(a). Descreva o movimento dos três vagões depois do acoplamento.

### SOLUÇÃO

Após o acoplamento, o movimento dos três vagões é modelado usando três graus de liberdade, como mostrado na Figura 8.7(b). As equações diferenciais de movimento são

$$\begin{bmatrix} m & 0 & 0 \\ 0 & m & 0 \\ 0 & 0 & m \end{bmatrix} \begin{bmatrix} \ddot{x}_1 \\ \ddot{x}_2 \\ \ddot{x}_3 \end{bmatrix} + \begin{bmatrix} k & -k & 0 \\ -k & 2k & -k \\ 0 & -k & k \end{bmatrix} \begin{bmatrix} x_1 \\ x_2 \\ x_3 \end{bmatrix} = \begin{bmatrix} 0 \\ 0 \\ 0 \end{bmatrix} \tag{a}$$

As frequências naturais são determinadas a partir de

$$\det \begin{bmatrix} \phi - \lambda & -\phi & 0 \\ -\phi & 2\phi - \lambda & -\phi \\ 0 & -\phi & \phi - \lambda \end{bmatrix} = 0 \tag{b}$$

onde $\phi = k/m$. A equação característica resultante é resolvida para dar

$$\omega_1 = 0 \quad \omega_2 = \sqrt{\frac{k}{m}} = 167{,}3 \text{ rad/s} \quad \omega_3 = \sqrt{\frac{3k}{m}} = 289{,}8 \text{ rad/s} \tag{c}$$

Os modos naturais correspondentes são

$$\mathbf{X}_1 = \begin{bmatrix} 1 \\ 1 \\ 1 \end{bmatrix} \quad \mathbf{X}_2 = \begin{bmatrix} 1 \\ 0 \\ -1 \end{bmatrix} \quad \mathbf{X}_3 = \begin{bmatrix} 1 \\ -2 \\ 1 \end{bmatrix} \tag{d}$$

Como a menor frequência natural é zero, o sistema é não restrito. O autovetor do primeiro modo é o de um movimento de corpo rígido no qual todos os carros se movem juntos. No segundo modo, o carro do meio é um nó, e os outros dois carros se movem em direções opostas com a mesma amplitude. O terceiro modo tem dois nós: um na mola que liga o primeiro carro ao carro do meio e um na mola que liga o terceiro carro ao carro do meio.

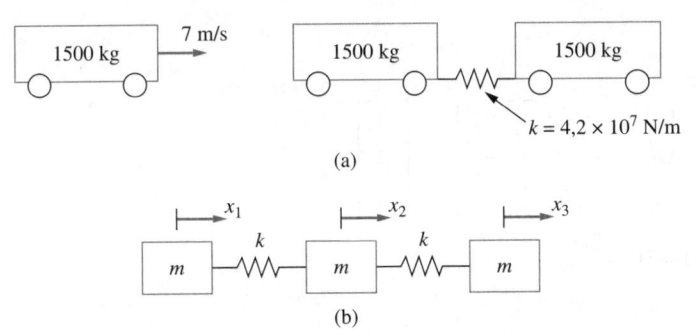

**FIGURA 8.8**
(a) Manobra de vagões de trem. (b) Modelo com três graus de liberdade já que os carros são acoplados.

A solução geral da equação diferencial é

$$\begin{bmatrix} x_1(t) \\ x_2(t) \\ x_3(t) \end{bmatrix} = (C_1 + C_2 t)\begin{bmatrix} 1 \\ 1 \\ 1 \end{bmatrix} + C_3 \begin{bmatrix} 1 \\ 0 \\ -1 \end{bmatrix} \text{sen}(167{,}3t + \phi_1)$$

$$+ C_4 \begin{bmatrix} 1 \\ -2 \\ 1 \end{bmatrix} \text{sen}(289{,}8t + \phi_2) \tag{e}$$

A aplicação das condições iniciais leva a

$$\begin{bmatrix} x_1(0) \\ x_2(0) \\ x_3(0) \end{bmatrix} = \begin{bmatrix} 0 \\ 0 \\ 0 \end{bmatrix} = C_1 \begin{bmatrix} 1 \\ 1 \\ 1 \end{bmatrix} + C_3 \begin{bmatrix} 1 \\ 0 \\ -1 \end{bmatrix} \text{sen}(-\phi_1) + C_4 \begin{bmatrix} 1 \\ -2 \\ 1 \end{bmatrix} \text{sen}(-\phi_2) \tag{f}$$

e

$$\begin{bmatrix} \dot{x}_1(0) \\ \dot{x}_2(0) \\ \dot{x}_3(0) \end{bmatrix} = \begin{bmatrix} 7 \text{ m/s} \\ 0 \\ 0 \end{bmatrix}$$

$$= C_2 \begin{bmatrix} 1 \\ 1 \\ 1 \end{bmatrix} + C_3(167{,}3)\begin{bmatrix} 1 \\ 0 \\ -1 \end{bmatrix}\cos(-\phi_1) + C_4(289{,}8)\begin{bmatrix} 1 \\ -2 \\ 1 \end{bmatrix}\cos(-\phi_2) \tag{g}$$

As equações (g) e (h) são satisfeitas se

$$C_1 = \phi_1 = \phi_2 = 0 \qquad C_2 = 2{,}32 \text{ m/s} \qquad C_3 = 0{,}021 \text{ m} \qquad C_4 = 0{,}004 \text{ m} \qquad \text{(h)}$$

A equação que expressa a conservação do momento linear dos vagões de trem após o acoplamento ser alcançado é

$$m\dot{x}_1(t) + m\dot{x}_2(t) + m\dot{x}_3(t) = C \qquad \text{(i)} \quad \blacksquare$$

## EXEMPLO 8.7

Considere o sistema com dois graus de liberdade sem restrição do Exemplo 7.12 e Figura 7.12. Seja $mr^2/I = 2$. Calcule as frequências naturais e ilustre o desenvolvimento de restrição das considerações do momento.

### SOLUÇÃO
As equações diferenciais são

$$\begin{bmatrix} 2m & 0 & 0 \\ 0 & m & 0 \\ 0 & 0 & I \end{bmatrix} \begin{bmatrix} \ddot{x}_A \\ \ddot{x}_B \\ \ddot{\theta} \end{bmatrix} + \begin{bmatrix} k & 0 & -kr \\ 0 & 3k & -6kr \\ -kr & -6kr & 13kr^2 \end{bmatrix} \begin{bmatrix} x_A \\ x_B \\ \theta \end{bmatrix} = \begin{bmatrix} 0 \\ 0 \\ 0 \end{bmatrix} \qquad \text{(a)}$$

A equação característica é desenvolvida a partir de

$$\det \begin{bmatrix} \dfrac{1}{2}\phi - \lambda & 0 & -\dfrac{r}{2}\phi \\ 0 & 3\phi - \lambda & -6r\phi \\ -\dfrac{mr}{I}\phi & -\dfrac{6mr}{I}\phi & \dfrac{13mr^2}{I}\phi - \lambda \end{bmatrix} = 0 \qquad \text{(b)}$$

onde $\phi = k/m$. A equação característica é

$$-\beta^3 + \frac{59}{2}\beta^2 - \frac{39}{2}\beta = 0 \qquad \text{(c)}$$

onde $\beta = \lambda/\phi$. As raízes desta equação são

$$\beta = 0. \quad 0{,}0677. \quad 28{,}82 \qquad \text{(d)}$$

que leva às frequências naturais de

$$\omega_1 = 0 \qquad \omega_2 = 0{,}823\sqrt{\frac{k}{m}} \qquad \omega_3 = 5{,}369\sqrt{\frac{k}{m}} \qquad \text{(e)}$$

A aplicação do princípio da conservação do momento angular sobre o centro da polia leva a

$$2mr\dot{x}_A(t) + 2mr\dot{x}_B(t) + I\dot{\theta}(t) = 2mr\dot{x}_A(0) + 2mr\dot{x}_B(0) + I\dot{\theta}(0)$$

$$\text{(f)} \quad \blacksquare$$

## 8.6 PRODUTOS ESCALARES DE ENERGIA

Produto escalar é uma operação realizada em dois vetores de modo que o resultado é um valor escalar. Para que a operação seja denominada produto escalar deve satisfazer certas regras descritas no Apêndice C. Quando as equações diferenciais que regem o movimento de um sistema linear de NGL são formuladas usando métodos de energia, as matrizes de massa e rigidez são simétricas. Em seguida, para um sistema restrito estável, as duas operações a seguir satisfazem todos os requisitos para ser chamados de produtos escalares. Sejam **y** e **z** quaisquer dois vetores $n$-dimensionais; defina

$$(\mathbf{y}, \mathbf{z})_K = \mathbf{z}^T \mathbf{K} \mathbf{y} \tag{8.25}$$

e

$$(\mathbf{y}, \mathbf{z})_M = \mathbf{z}^T \mathbf{M} \mathbf{y} \tag{8.26}$$

O produto escalar definido pela Equação (8.25) é chamado de *produto escalar de energia potencial*. Seja $\mathbf{X}_i$ o modo natural que corresponde a uma frequência natural $\omega_i$. Se a resposta do sistema inclui apenas este modo, então, a partir da Equação (8.16)

$$\mathbf{x}(t) = A_i \mathbf{X}_i \operatorname{sen}(\omega_i t - \phi_i) \tag{8.27}$$

A partir da Equação (7.21), a energia potencial é calculada como

$$V = \frac{A_i^2}{2} \operatorname{sen}^2(\omega_i t - \phi_i) \sum_{r=1}^{n} \sum_{s=1}^{n} k_{rs} X_{ir} X_{is} = \frac{A_i^2}{2} \operatorname{sen}^2(\omega_i t - \phi_i)(\mathbf{X}_i, \mathbf{X}_i)_K \tag{8.28}$$

Assim, em um dado instante de tempo, o produto escalar de energia potencial de um modo natural com ele próprio é proporcional à energia potencial associada a esse modo.

O produto escalar definido pela Equação (8.26) é chamado de *produto escalar de energia cinética*. Ele pode ser mostrado usando as Equações (7.22) e (8.26) que

$$T = \frac{A_i^2}{2} \omega_i^2 \cos^2(\omega_i t - \phi_i)(\mathbf{X}_i, \mathbf{X}_i)_M \tag{8.29}$$

ou como do sistema linear, o produto escalar de energia cinética de um modo natural com ele próprio é proporcional à energia cinética associada a esse modo.

As matrizes de massa e rigidez de um sistema linear são seguramente simétricas. Além disso, a matriz de massa é positiva definida. A matriz de rigidez de um sistema estável é definida, a menos que seja não restrita. A matriz de rigidez de um sistema instável não é positiva definida. Assim, a partir do Exemplo C.5 do Apêndice C, a Equação (8.26) define um produto escalar válido para todos os sistemas de NGL e a Equação (8.25) define um produto escalar válido para todos os sistemas de NGL restritos estáveis.

A capacidade de definir o produto escalar de energia potencial e o produto escalar de energia cinética ocorre pois **M** e **K** são seguramente simétricos. Um produto escalar, definido por vetores reais deve satisfazer à propriedade comutativa; isto é

$$(\mathbf{y}, \mathbf{z})_K = (\mathbf{z}, \mathbf{y})_K \tag{8.30}$$

e

$$(\mathbf{y}, \mathbf{z})_M = (\mathbf{z}, \mathbf{y})_M \tag{8.31}$$

Considerando o produto escalar de energia potencial de **y** e **z** usando Equação (8.30) implica

$$z^T K y = y^T K z \tag{8.32}$$

para todos $n$ dimensional $y$ e $z$, o que é verdadeiro se $K$ for simétrico. A propriedade comutativa do produto escalar da energia cinética é provada da mesma forma.

Outra propriedade dos produtos escalares é que, quando se realiza o produto escalar de um vetor com ele mesmo, a operação deve resultar um valor não negativo e só será zero para o vetor nulo. Esta afirmação, do produto escalar de energia potencial, é equivalente a

$$y^T K y \geq 0 \tag{8.33}$$

para todos $y$ e $y^T K y = 0$, se e somente se $y = 0$.

A Equação (8.33) também é uma declaração de definição positiva da matriz $K$. Isso pode ser demonstrado para todos os sistemas estáveis em que $K$ satisfaz a primeira parte da declaração da matriz. Para sistemas restritos, $K$ também satisfaz a segunda parte. Se o sistema é não restrito, existe $y \neq 0$ tal que $y^T K y = 0$. Este $y$ é o modo natural do modo de corpo rígido. O produto escalar de energia cinética sempre satisfaz uma declaração equivalente à Equação (8.33).

Para todos os vetores $n$-dimensionais reais $w$, $y$ e $z$, e para todos os escalares $\alpha$ e $\beta$, temos

$$(\alpha w + \beta y, z)_K = \alpha(w, z)_K + \beta(y, z)_K \tag{8.34}$$

e

$$(\alpha w + \beta y, z)_M = \alpha(w, z)_M + \beta(y, z)_M \tag{8.35}$$

As Equações (8.34) e (8.35) são declarações da linearidade dos produtos escalares de energia potencial e cinética. Dizemos que dois vetores são ortogonais em relação a um produto escalar se o seu produto escalar for zero. Os vetores $n$-dimensionais $y$ e $z$ são ortogonais em relação ao produto escalar potencial-energia, portanto

$$(y, z)_K = 0 \tag{8.36}$$

Os vetores são ortogonais em relação ao produto escalar de energia cinética se

$$(y, z)_M = 0 \tag{8.37}$$

O uso da notação de produto escalar não é essencial para analisar e entender vibrações livres e vibrações forçadas de sistemas de NGL. No entanto, escrever equações na notação de produto escalar é geralmente menos confuso do que quando o fazemos utilizando a notação de matriz e a notação vetorial. Além disso, quando os produtos escalares têm um significado físico compreensível, pode ser mais fácil identificar o significado físico de uma equação quando esta está escrita na notação de produto escalar. No mínimo, os produtos escalares de energia podem ser considerados como uma notação abreviada para os produtos definidos pelas Equações (8.25) e (8.26). Por essas razões, o restante da discussão deste capítulo e toda a discussão do Capítulo 7 utilizam a notação de produto escalar. Muitas equações também são escritas usando notação matricial para aqueles que não estão confortáveis com a notação de produto escalar.

## ■ EXEMPLO 8.8

Considere o sistema da Figura 8.2 e Exemplo 8.2. Defina os vetores

$$y = \begin{bmatrix} 1 \\ 2 \\ -4 \end{bmatrix} \quad z = \begin{bmatrix} 2 \\ -1 \\ 3 \end{bmatrix} \tag{a}$$

Calcule (a) $(\mathbf{y}, \mathbf{z})_M$, (b) $(\mathbf{y}, \mathbf{z})_K$, e (c) para qualquer vetor tridimensional $\mathbf{x}$ provar a Equação (8.33) deste sistema.

**SOLUÇÃO**

(a) Usando a matriz de massa do Exemplo 8.2, temos

$$(\mathbf{y}, \mathbf{z})_M = [2 \ -1 \ 3] \begin{bmatrix} m & 0 & 0 \\ 0 & m & 0 \\ 0 & 0 & \dfrac{m}{2} \end{bmatrix} \begin{bmatrix} 1 \\ 2 \\ 4 \end{bmatrix} = [2 \ -1 \ 3] \begin{bmatrix} m \\ 2m \\ 2m \end{bmatrix} \quad \text{(b)}$$

$$= 2(m) - 1(2m) + 3(2m) = 6m$$

(b) Usando a matriz de rigidez do Exemplo 8.2, temos

$$(\mathbf{y}, \mathbf{z})_K = [2 \ -1 \ 3] \begin{bmatrix} 3k & -2k & 0 \\ -2k & 3k & -k \\ 0 & -k & 3k \end{bmatrix} \begin{bmatrix} 1 \\ 2 \\ 4 \end{bmatrix} = [2 \ -1 \ 3] \begin{bmatrix} -k \\ 0 \\ 10k \end{bmatrix} \quad \text{(c)}$$

$$= 2(-k) - 1(0) + 3(10k) = 28k$$

(c) Para um $\mathbf{x}$ aleatório,

$$(\mathbf{x}, \mathbf{x})_K = [x_1 \ x_2 \ x_3] \begin{bmatrix} 3k & -2k & 0 \\ -2k & 3k & -k \\ 0 & -k & 3k \end{bmatrix} \begin{bmatrix} x_1 \\ x_2 \\ x_3 \end{bmatrix} = [x_1 \ x_2 \ x_3] \begin{bmatrix} 3kx_1 - 2kx_2 \\ -2kx_1 + 3kx_2 - kx_3 \\ -kx_2 + 3kx_3 \end{bmatrix}$$

$$= x_1(3kx_1 - 2kx_2) + x_2(-2kx_1 + 3kx_2 - kx_3) + x_3(-kx_2 + 3kx_3) \quad \text{(d)}$$

$$= 3kx_1^2 - 4kx_1x_2 + 3kx_2^2 - 2kx_2x_3 + 3kx_3^2$$

$$= kx_1^2 + 2k(x_2 - x_1)^2 + k(x_3 - x_2)^2 + 2kx_3^2$$

Claramente, a Equação (d) é maior ou igual a zero para todas as escolhas de $\mathbf{x}$. Além disso, é óbvio que $(\mathbf{x}, \mathbf{x})_K = 0$ se $\mathbf{x} = 0$ e o único $\mathbf{x}$ para o qual a Equação (d) igual a zero é $\mathbf{x} = 0$. A Equação (d) é o dobro da energia potencial do sistema se $\mathbf{x}$ fosse um vetor de modo natural. ∎

## 8.7 PROPRIEDADES DAS FREQUÊNCIAS NATURAIS E DOS MODOS NATURAIS

Sejam $\omega_i$ e $\omega_j$ frequências naturais distintas de um sistema de NGL. Sejam $\mathbf{X}_i$ e $\mathbf{X}_j$ seus modos naturais respectivos. Da Equação (8.6), as equações satisfeitas por essas frequências naturais e modos naturais são

$$\omega_i^2 \mathbf{M} \mathbf{X}_i = \mathbf{K} \mathbf{X}_i \tag{8.38}$$

e

$$\omega_j^2 \mathbf{M} \mathbf{X}_j = \mathbf{K} \mathbf{X}_j \tag{8.39}$$

Pré-multiplicando a Equação (8.38) por $\mathbf{X}_j^T$ dá

$$\omega_i^2 \mathbf{X}_j^T \mathbf{M} \mathbf{X}_i = \mathbf{X}_j^T \mathbf{K} \mathbf{X}_i \tag{8.40}$$

ou na notação do produto escalar

$$\omega_i^2(\mathbf{X}_i, \mathbf{X}_j)_M = (\mathbf{X}_i, \mathbf{X}_j)_K \qquad (8.41)$$

Pré-multiplicando a Equação (8.39) por $\mathbf{X}_i^T$ dá

$$\omega_j^2(\mathbf{X}_j, \mathbf{X}_i)_M = (\mathbf{X}_j, \mathbf{X}_i)_K \qquad (8.42)$$

Subtraindo a Equação (8.42) da Equação (8.41) dá

$$\omega_i^2(\mathbf{X}_i, \mathbf{X}_j)_M - \omega_j^2(\mathbf{X}_j, \mathbf{X}_i)_M = (\mathbf{X}_i, \mathbf{X}_j)_K - (\mathbf{X}_j, \mathbf{X}_i)_K \qquad (8.43)$$

Com base na propriedade comutativa dos produtos escalares, a Equação (8.43) reduz-se a

$$(\omega_i^2 - \omega_j^2)(\mathbf{X}_i, \mathbf{X}_j)_M = 0 \qquad (8.44)$$

Desde que $\omega_i \neq \omega_j$,

$$(\mathbf{X}_i, \mathbf{X}_j)_M = 0 \qquad (8.45)$$

ou modos naturais que correspondem a frequências naturais distintas são ortogonais em relação ao produto escalar de energia cinética. Então, a partir da Equação (8.41), esses modos naturais também são ortogonais em relação ao produto escalar de energia potencial, ou

$$(\mathbf{X}_i, \mathbf{X}_j)_K = 0 \qquad (8.46)$$

Se um sistema tiver frequência natural zero, é inapropriado definir um produto escalar de energia potencial. A propriedade 3 necessária aos produtos escalares é violada. Pode-se, contudo, mostrar que o modo natural do modo de corpo rígido de um sistema sem restrições é ortogonal a todos os outros modos naturais do sistema.

Se um autovalor não é distinto, mas tem uma multiplicidade $m > 1$, então pode haver até $m$ modos naturais linearmente independentes correspondentes a esse autovalor. A análise anterior mostra que cada um desses modos naturais é ortogonal às formas de modo correspondentes a diferentes frequências naturais. Os modos naturais independentes obtidos pela resolução da Equação (8.7) para o mesmo autovalor podem ou não ser mutuamente ortogonais em relação aos produtos escalares de energia. No entanto, um procedimento conhecido como processo de ortogonalização de Gram-Schmidt pode ser usado para substituir esses modos naturais por um conjunto $m$ de modos naturais mutuamente ortogonais. Esses modos naturais ortogonalizados são linearmente dependentes dos modos naturais originais.

## EXEMPLO 8.9

Demonstre a ortogonalidade dos modos naturais em relação ao produto escalar de energia cinética do sistema do Exemplo 8.2

### SOLUÇÃO

A matriz de massa, a matriz de rigidez e os modos naturais são os dados no Exemplo 8.2. A ortogonalidade em relação ao produto interno da energia cinética é a seguinte:

$$(\mathbf{X}_2, \mathbf{X}_1)_M = \mathbf{X}_1^T \mathbf{M} \mathbf{X}_2$$

$$= [0{,}908 \quad 1 \quad 0{,}384] \begin{bmatrix} m & 0 & 0 \\ 0 & m & 0 \\ 0 & 0 & \dfrac{m}{2} \end{bmatrix} \begin{bmatrix} -1{,}375 \\ 1 \\ 1{,}294 \end{bmatrix}$$

$$= [0{,}908 \quad 1 \quad 0{,}384] \begin{bmatrix} -1{,}375m \\ m \\ 0{,}647m \end{bmatrix}$$

$$= (0{,}908)(-1.375m) + (1)(m) + (0{,}384)(0{,}647m)$$
$$= -0{,}000052m \approx 0$$

$$(\mathbf{X}_3, \mathbf{X}_1)_M = \mathbf{X}_1^T \mathbf{M} \mathbf{X}_3$$

$$= [0{,}908 \quad 1 \quad 0{,}384] \begin{bmatrix} m & 0 & 0 \\ 0 & m & 0 \\ 0 & 0 & \dfrac{m}{2} \end{bmatrix} \begin{bmatrix} -0{,}534 \\ 1 \\ -2{,}677 \end{bmatrix}$$

$$= [0{,}908 \quad 1 \quad 0{,}384] \begin{bmatrix} -0{,}534m \\ m \\ -1{,}339m \end{bmatrix}$$

$$= (0{,}908)(-0{,}534m) + (1)(m) + (0{,}384)(-1{,}339m)$$
$$= 0{,}00095m \approx 0$$

$$(\mathbf{X}_3, \mathbf{X}_2)_M = \mathbf{X}_2^T \mathbf{M} \mathbf{X}_3$$

$$= [-1{,}375 \quad 1 \quad 1{,}294] \begin{bmatrix} m & 0 & 0 \\ 0 & m & 0 \\ 0 & 0 & \dfrac{m}{2} \end{bmatrix} \begin{bmatrix} -0{,}534 \\ 1 \\ -2{,}677 \end{bmatrix}$$

$$= [1{,}375 \quad 1 \quad 1{,}294] \begin{bmatrix} -0{,}535m \\ m \\ -1{,}339m \end{bmatrix}$$

$$= (-1{,}375)(-0{,}534m) + (1)(m) + (1{,}294)(-1{,}339m)$$
$$= -0{,}00159m \approx 0 \qquad \blacksquare$$

Uma versão do argumento anterior é usada para provar que os autovalores são todos reais. A prova formal desta afirmação envolve a introdução de um produto escalar que pode ser definido para operar em vetores complexos e ser avaliado como um número complexo. As propriedades de um produto escalar complexo são mais gerais do que para um produto real escalar. A propriedade comutativa é generalizada para uma propriedade na qual o produto escalar é o conjugado complexo de sua comutativa. Suponha que um autovalor complexo de $\mathbf{M}^{-1}\mathbf{K}$ ou $\mathbf{AM}$ existe e então prove que o autovalor deve ser real por causa da simetria de $\mathbf{M}$, $\mathbf{K}$, e $\mathbf{A}$.

O argumento também pode ser usado para mostrar que se **M** e **K** são positivos definidos, então os autovalores de $\mathbf{M}^{-1}\mathbf{K}$ são todos positivos. Seja $\mathbf{X}_i = \mathbf{X}_j$ na Equação (8.41)

$$\omega_i^2 = \frac{(\mathbf{X}_i, \mathbf{X}_i)_K}{(\mathbf{X}_i, \mathbf{X}_i)_M} \tag{8.47}$$

Se **M** e **K** são positivos definidos, então ambos os produtos escalares no quociente da Equação (8.47) são positivos. Consequentemente,

$$\omega_i^2 > 0 \tag{8.48}$$

Por sua vez, isso mostra que um sistema em que as matrizes de massa e rigidez são definidas positivamente é estável.

O índice de Equação (8.47) é chamado de *quociente de Rayleigh*. Para determinado modo ele é a razão ou a energia potencial da energia cinética.

É possível construir $n$ modos naturais ortogonais e, portanto, linearmente independentes de um sistema de NGL. Assim, qualquer vetor $n$-dimensional pode ser escrito como uma combinação linear desses $n$ modos naturais. Para este fim, se **y** é qualquer vetor $n$-dimensional, existem constantes $c_1, c_2, \ldots, c_n$ de forma que

$$\mathbf{y} = \sum_{i=1}^{n} c_i \mathbf{X}_i \tag{8.49}$$

A Equação (8.49) é uma representação do *teorema de expansão*. Pré-multiplicando a Equação (8.49) por $\mathbf{X}_j^T \mathbf{M}$ de algum $j$, $1 \leq j \leq n$ dá, em notação do produto escalar

$$(\mathbf{X}_j, \mathbf{y})_M = \left( \mathbf{X}_j, \sum_{i=1}^{n} c_i \mathbf{X}_i \right)_M \tag{8.50}$$

Trocando a operação do produto escalar com a soma e usando a propriedade de linearidade dos produtos escalares dá

$$(\mathbf{X}_j, \mathbf{y})_M = \sum_{i=1}^{n} c_i (\mathbf{X}_j, \mathbf{X}_i)_M \tag{8.51}$$

A ortogonalidade dos modos naturais implica que o único termo que não é igual a zero na soma ocorre quando $i = j$. Então, a Equação (8.51) reduz-se a

$$c_j = \frac{(\mathbf{X}_j, \mathbf{y})_M}{(\mathbf{X}_j, \mathbf{X}_j)_M} \tag{8.52}$$

## 8.8 MODOS NATURAIS NORMALIZADOS

Um modo natural que corresponde a uma frequência natural específica de um sistema de NGL é exclusivo apenas para uma constante multiplicativa. A arbitrariedade pode ser atenuada ao se exigir que o modo natural satisfaça a restrição de normalização. Um modo natural escolhido para satisfazer a restrição de normalização é chamado de *modo natural normalizado*. A restrição de normalização, em si, é arbitrária. Contudo, todos os modos naturais são necessários para satisfazer a mesma restrição de normalização. A restrição deve ser escolhida de modo que o uso subsequente do modo natural normalizado seja conveniente.

Capítulo 8      VIBRAÇÕES LIVRES DOS SISTEMAS DE NGL

É conveniente normalizar modos naturais exigindo que o produto escalar de energia cinética de um modo natural com ele próprio seja igual a um. Isto é,

$$(\mathbf{X}_i, \mathbf{X}_i)_M = \mathbf{X}_i^T \mathbf{M} \mathbf{X}_i = 1 \tag{8.53}$$

Se um modo natural, $\mathbf{X}_i$ é normalizado de acordo com a Equação (8.53), então do quociente de Rayleigh, Equação (8.47)

$$\mathbf{X}_i^T \mathbf{K} \mathbf{X}_i = (\mathbf{X}_i, \mathbf{X}_i)_K = \omega_i^2 \tag{8.54}$$

As relações de ortogonalidade, Equações (8.45) e (8.46), a restrição de normalização, Equação (8.53) e o resultado subsequente da escolha da normalização, Equação (8.54), são resumidas por

$$(\mathbf{X}_i, \mathbf{X}_j)_M = \delta_{ij} \tag{8.55}$$

e

$$(\mathbf{X}_i, \mathbf{X}_j)_K = \omega_i^2 \delta_{ij} \tag{8.56}$$

onde $\delta_{ij}$ é o delta de Kronecker. A partir deste ponto, considera-se que os modos naturais serão normalizados pela Equação (8.53).

Com o esquema da normalização da Equação (8.53), o teorema de expansão, as Equações (8.49) e (8.52), se torna

$$\mathbf{y} = \sum_{i=1}^{n} (\mathbf{X}_i, \mathbf{y})_M \mathbf{X}_i \tag{8.57}$$

## EXEMPLO 8.10

Expanda o vetor

$$\mathbf{y} = \begin{bmatrix} 1 \\ 4 \\ -2 \end{bmatrix} \tag{a}$$

usando as formas do modo normalizado do Exemplo 8.2.

### SOLUÇÃO

O modos naturais gerais do Exemplo 8.2 são

$$\mathbf{X}_1 = B_1 \begin{bmatrix} 0{,}908 \\ 1 \\ 0{,}384 \end{bmatrix} \quad \mathbf{X}_2 = B_2 \begin{bmatrix} -1{,}375 \\ 1 \\ 1{,}294 \end{bmatrix} \quad \mathbf{X}_3 = B_3 \begin{bmatrix} -0{,}534 \\ 1 \\ -2{,}677 \end{bmatrix} \tag{b}$$

onde $B_1$, $B_2$ e $B_3$ são constantes arbitrárias. A normalização do primeiro modo natural acontece da seguinte forma

$$1 = (\mathbf{X}_1, \mathbf{X}_1)_M = B_1^2 [0{,}908 \quad 1 \quad 0{,}384] \begin{bmatrix} m & 0 & 0 \\ 0 & m & 0 \\ 0 & 0 & \dfrac{m}{2} \end{bmatrix} \begin{bmatrix} 0{,}908 \\ 1 \\ 0{,}384 \end{bmatrix} \tag{c}$$

que resulta $B_1 = 0{,}726/\sqrt{m}$ e

$$\mathbf{X}_1 = \frac{1}{\sqrt{m}} \begin{bmatrix} 0{,}659 \\ 0{,}726 \\ 0{,}279 \end{bmatrix} \tag{d}$$

Os outros modos naturais são normalizados da mesma forma produzindo

$$\mathbf{X}_2 = \frac{1}{\sqrt{m}} \begin{bmatrix} -0{,}712 \\ 0{,}518 \\ 0{,}670 \end{bmatrix} \quad \mathbf{X}_3 = \frac{1}{\sqrt{m}} \begin{bmatrix} -0{,}242 \\ 0{,}453 \\ -1{,}213 \end{bmatrix} \tag{e}$$

O primeiro coeficiente na expansão é calculado por

$$c_1 = (\mathbf{X}_1, \mathbf{y})_M = \frac{1}{\sqrt{m}} [0{,}659 \quad 0{,}726 \quad 0{,}2794] \begin{bmatrix} m & 0 & 0 \\ 0 & m & 0 \\ 0 & 0 & \frac{m}{2} \end{bmatrix} \begin{bmatrix} 1 \\ 4 \\ -2 \end{bmatrix} = 3{,}284 \sqrt{m} \tag{f}$$

Os outros coeficientes são calculados de forma semelhante, resultando $c_2 = 0{,}690\sqrt{m}$, $c_3 = 2{,}777\sqrt{m}$. Assim,

$$\begin{bmatrix} 1 \\ 4 \\ -2 \end{bmatrix} = 3{,}284 \begin{bmatrix} 0{,}659 \\ 0{,}726 \\ 0{,}279 \end{bmatrix} + 0{,}690 \begin{bmatrix} -0{,}712 \\ 0{,}518 \\ 0{,}670 \end{bmatrix} + 2{,}777 \begin{bmatrix} -0{,}242 \\ 0{,}453 \\ -1{,}213 \end{bmatrix} \tag{g}$$

## 8.9 QUOCIENTE DE RAYLEIGH

Considere uma situação em que as vibrações livres de um sistema de 1GL são geradas de modo que apenas um modo esteja presente. A frequência de modo é $\omega$ e seu modo natural é $\mathbf{X}$. A energia máxima potencial associada a este modo de vibração é determinada a partir da Equação (8.28) como

$$V_{\text{máx}} = \frac{1}{2}(\mathbf{X}, \mathbf{X})_K \tag{8.58}$$

A energia cinética máxima associada a este modo a partir da Equação (8.29) como

$$T_{\text{máx}} = \frac{1}{2}\omega^2(\mathbf{X}, \mathbf{X})_M \tag{8.59}$$

Para um sistema conservativo em que um contínuo processo de transferência de energia cinética e potencial ocorre sem dissipação, a energia potencial máxima é igual à energia cinética máxima. Assim, as Equações (8.58) e (8.59)

$$\omega^2(\mathbf{X}, \mathbf{X})_M = (\mathbf{X}, \mathbf{X})_K \tag{8.60}$$

ou

$$\omega^2 = \frac{(\mathbf{X}, \mathbf{X})_K}{(\mathbf{X}, \mathbf{X})_M} \tag{8.61}$$

Para um vetor **X** $n$-dimensional geral, não necessariamente um modo natural, a Equação (8.61) é generalizada para

$$R(\mathbf{X}) = \frac{(\mathbf{X}, \mathbf{X})_K}{(\mathbf{X}, \mathbf{X})_M} \qquad (8.62)$$

A função escalar definida na Equação (8.62) é chamada de *quociente de Rayleigh*. Se **X** é um modo natural com $n$ graus de liberdade linear, cujas matrizes de rigidez e massa são **K** e **M**, respectivamente, então $R(\mathbf{X})$ assume o valor da frequência natural associada a esse modo. Se **X** não for um modo natural, então $R(\mathbf{X})$ assume algum outro valor.

O quociente de Rayleigh pode ser útil para determinar um limite superior na frequência natural mais baixa. Em alguns casos, ele pode ser usado para obter uma boa aproximação da menor frequência natural.

Do teorema de expansão, um vetor aleatório **X** pode ser escrito como uma combinação linear dos modos naturais normalizados

$$\mathbf{X} = \sum_{i=1}^{n} c_i \mathbf{X}_i \qquad (8.63)$$

Substituindo a Equação (8.63) no quociente de Rayleigh, utilizando propriedades dos produtos escalares e ortonormalidade dos modos naturais, leva a

$$R(\mathbf{X}) = \frac{\sum_{i=1}^{n} c_i^2 \omega_i^2}{\sum_{i=1}^{n} c_i^2} \qquad (8.64)$$

Os valores estacionários de $R(\mathbf{X})$ ocorrem quando

$$\frac{\partial R}{\partial c_1} = \frac{\partial R}{\partial c_2} = \cdots = \frac{\partial R}{\partial c_n} = 0 \qquad (8.65)$$

As $n$ soluções da Equação (8.65) são resumidas por $c_i = \delta_{ij}$ para $j = 1, \ldots, n$. Isto é, o quociente de Rayleigh é estacionário apenas quando **X** é um autovetor. Também é possível mostrar que esses valores estacionários são mínimos. Assim, $\omega_1^2$ é o valor mínimo do quociente de Rayleigh.

O resultado anterior implica que um limite superior e talvez uma aproximação da menor frequência natural podem ser obtidos usando o quociente de Rayleigh. O quociente de Rayleigh pode ser calculado para vários vetores de teste. A frequência natural mais baixa pode não ser superior à raiz quadrada do menor valor obtido. Quanto mais próximo um vetor de teste for do modo natural, mais próximo o valor do quociente de Rayleigh será do quadrado da menor frequência natural.

### EXEMPLO 8.11

Use o quociente de Rayleigh para obter uma aproximação da menor frequência natural do sistema do Exemplo 8.2. Use os vetores de teste

$$\mathbf{X} = \begin{bmatrix} 1 \\ 1 \\ 0{,}5 \end{bmatrix} \quad \mathbf{Y} = \begin{bmatrix} 1 \\ -1 \\ 1 \end{bmatrix} \quad \mathbf{Z} = \begin{bmatrix} 1 \\ 3 \\ -1 \end{bmatrix}$$

**SOLUÇÃO**
Calcule o quociente de Rayleigh:

$$R(\mathbf{X}) = \frac{\begin{bmatrix} 1 & 1 & 0{,}5 \end{bmatrix} \begin{bmatrix} 3k & -2k & 0 \\ -2k & 3k & -k \\ 0 & -k & 3k \end{bmatrix} \begin{bmatrix} 1 \\ 1 \\ 0{,}5 \end{bmatrix}}{\begin{bmatrix} 1 & 1 & 0{,}5 \end{bmatrix} \begin{bmatrix} m & 0 & 0 \\ 0 & m & 0 \\ 0 & 0 & \frac{m}{2} \end{bmatrix} \begin{bmatrix} 1 \\ 1 \\ 0{,}5 \end{bmatrix}} = 0{,}823\frac{k}{m}$$ (a)

Cálculos similares resultam

$$R(\mathbf{Y}) = 6{,}0\frac{k}{m} \qquad R(\mathbf{Z}) = 2{,}57\frac{k}{m}$$ (b)

A partir da equações precedentes, um limite superior na frequência natural mais baixa é

$$\omega_1 < 0{,}907\sqrt{\frac{k}{m}}$$ (c)

No Exemplo 8.2 a frequência natural mais baixa deste sistema é $0{,}893\sqrt{k/m}$. ∎

## 8.10 COORDENADAS PRINCIPAIS

Seja $\omega_1, \omega_2, \ldots, \omega_n$ as frequências naturais de um sistema de NGL linear com modos naturais normalizados correspondentes $\mathbf{X}_1, \mathbf{X}_2, \ldots, \mathbf{X}_n$. O teorema de expansão implica que existem coeficientes tais que, em qualquer momento, a solução da Equação (8.3) pode ser expandida em vários autovetores. Esses coeficientes devem ser funções contínuas de tempo, chame os $p_i(t)$, $i = 1, 2, \ldots, n$. O teorema de expansão implica

$$\mathbf{x}(t) = \sum_{i=1}^{n} p_i(t)\mathbf{X}_i$$ (8.66)

A substituição da Equação (8.66) pela Equação (8.3) leva a

$$\mathbf{M}\left(\sum_{i=1}^{n} \ddot{p}_i \mathbf{X}_i\right) + \mathbf{K}\left(\sum_{i=1}^{n} p_i \mathbf{X}_i\right) = 0$$ (8.67)

Levando o produto escalar padrão da Equação (8.67) com $\mathbf{X}_j$ para uma arbitrária $j$ leva a

$$\left(\mathbf{X}_j, \sum_{i=1}^{n} \ddot{p}_i \mathbf{M} \mathbf{X}_i\right) + \left(\mathbf{X}_j, \sum_{i=1}^{n} p_i \mathbf{K} \mathbf{X}_i\right) = 0$$

que, após as propriedades dos produtos escalares serem invocadas, torna-se

$$\sum_{i=1}^{n} \ddot{p}_i (\mathbf{X}_j, \mathbf{M}\mathbf{X}_i) + \sum_{i=1}^{n} p_i (\mathbf{X}_j, \mathbf{K}\mathbf{X}_i) = 0$$ (8.68)

Usando as definições dos produtos escalares de energia, as Equações (8.26) e (8.27), na Equação (8.68) leva a

$$\sum_{i=1}^{n} \ddot{p}_i (\mathbf{X}_j, \mathbf{X}_i)_M + \sum_{i=1}^{n} p_i (\mathbf{X}_j, \mathbf{X}_i)_K = 0$$ (8.69)

Capítulo 8

A ortogonalidade e a normalização de modos naturais, as Equações (8.56) e (8.57), são usadas na Equação (8.69), levando a

$$\ddot{p}_j + \omega_i^2 p_j = 0 \tag{8.70}$$

Como $j$ foi escolhido aleatoriamente, uma equação da forma da Equação (8.70) pode ser escrita para cada $j = 1, 2, \ldots, n$.

A Equação (8.66) pode ser vista como uma transformação linear entre as coordenadas generalizadas escolhidas, **x**, e as coordenadas $\mathbf{p} = [p_1\, p_2 \cdots p_n]^T$, chamadas de *coordenadas principais*. A matriz de transformação é a matriz cujas colunas são modos naturais normalizados. Esta matriz, $\mathbf{P} = [\mathbf{X}_1\, \mathbf{X}_2 \cdots \mathbf{X}_n]$, é chamada de *matriz modal*. Como as colunas da matriz modal são linearmente independentes, a matriz modal não é singular e as transformações

$$\mathbf{x} = \mathbf{P}\mathbf{p} \qquad \mathbf{p} = \mathbf{P}^{-1}\mathbf{x} \tag{8.71}$$

tem correspondência um para um.

As equações diferenciais que regem as vibrações de um sistema linear de NGL são desacopladas quando as coordenadas principais são usadas como variáveis dependentes.

## EXEMPLO 8.12

(a) Escreva as equações diferenciais satisfeitas pelas coordenadas principais do sistema do Exemplo 8.2.
(b) Encontre a relação entre as coordenadas principais e as coordenadas generalizadas originais e vice-versa.
(c) O movimento do sistema é iniciado movendo a terceira massa a uma distância $\delta$ do equilíbrio enquanto mantém as outras massas em sua posição de equilíbrio e depois liberando o sistema do repouso. Encontre as coordenadas principais.

### SOLUÇÃO

(a) Recordando do Exemplo 8.2, as frequências naturais do sistema são

$$\omega_1 = 0{,}893\sqrt{\frac{k}{m}} \qquad \omega_2 = 2{,}110\sqrt{\frac{k}{m}} \qquad \omega_3 = 2{,}597\sqrt{\frac{k}{m}} \tag{a}$$

As equações diferenciais que regem as coordenadas principais são

$$\ddot{p}_1 + \left(0{,}893\sqrt{\frac{k}{m}}\right)^2 p_1 = 0 \tag{b}$$

$$\ddot{p}_2 + \left(2{,}110\sqrt{\frac{k}{m}}\right)^2 p_2 = 0 \tag{c}$$

$$\ddot{p}_3 + \left(2{,}597\sqrt{\frac{k}{m}}\right)^2 p_3 = 0 \tag{d}$$

(b) Os autovetores normalizados são calculados no Exemplo 8.10 da seguinte forma

$$\mathbf{X}_1 = \frac{1}{\sqrt{m}}\begin{bmatrix} 0{,}659 \\ 0{,}726 \\ 0{,}279 \end{bmatrix} \qquad \mathbf{X}_2 = \frac{1}{\sqrt{m}}\begin{bmatrix} -0{,}712 \\ 0{,}518 \\ 0{,}670 \end{bmatrix} \qquad \mathbf{X}_1 = \frac{1}{\sqrt{m}}\begin{bmatrix} -0{,}242 \\ 0{,}453 \\ -1{,}213 \end{bmatrix} \tag{e}$$

A matriz modal é a matriz cujas colunas são autovetores normalizados

$$\mathbf{P} = \frac{1}{2\sqrt{m}} \begin{bmatrix} 0,659 & -0,712 & -0,242 \\ 0,726 & 0,518 & 0,453 \\ 0,279 & 0,670 & -1,213 \end{bmatrix} \qquad (f)$$

A relação entre os dois conjuntos de coordenadas é dada pela Equação (8.74)

$$\mathbf{x} = \mathbf{Pp} \Rightarrow \begin{bmatrix} x_1(t) \\ x_2(t) \\ x_3(t) \end{bmatrix} = \frac{1}{\sqrt{m}} \begin{bmatrix} 0,659 & -0,712 & -0,242 \\ 0,726 & 0,518 & 0,453 \\ 0,279 & 0,670 & -1,213 \end{bmatrix} \begin{bmatrix} p_1(t) \\ p_2(t) \\ p_3(t) \end{bmatrix} \qquad (g)$$

O relacionamento é invertido resultando

$$\mathbf{p} = \mathbf{P}^{-1}\mathbf{x} \Rightarrow \begin{bmatrix} p_1(t) \\ p_2(t) \\ p_3(t) \end{bmatrix} = \sqrt{m} \begin{bmatrix} 0,659 & 0,726 & 0,140 \\ -0,712 & 0,518 & 0,335 \\ -0,242 & 0,453 & -0,607 \end{bmatrix} \begin{bmatrix} x_1(t) \\ x_2(t) \\ x_3(t) \end{bmatrix} \qquad (h)$$

(c) As condições iniciais de $\mathbf{x}$ são

$$\begin{bmatrix} x_1(0) \\ x_2(0) \\ x_3(0) \end{bmatrix} = \begin{bmatrix} 0 \\ 0 \\ \delta \end{bmatrix} \quad \begin{bmatrix} \dot{x}_1(0) \\ \dot{x}_2(0) \\ \dot{x}_3(0) \end{bmatrix} = \begin{bmatrix} 0 \\ 0 \\ 0 \end{bmatrix} \qquad (i)$$

As condições iniciais das coordenadas principais são obtidas da Equação (h) da seguinte forma

$$\begin{bmatrix} p_1(0) \\ p_2(0) \\ p_3(0) \end{bmatrix} = \sqrt{m} \begin{bmatrix} 0,659 & 0,726 & 0,140 \\ -0,712 & 0,518 & 0,335 \\ -0,242 & 0,453 & -0,607 \end{bmatrix} \begin{bmatrix} 0 \\ 0 \\ \delta \end{bmatrix} = \sqrt{m}\,\delta \begin{bmatrix} 0,140 \\ 0,335 \\ -0,607 \end{bmatrix} \qquad (j)$$

e

$$\begin{bmatrix} \dot{p}_1(0) \\ \dot{p}_2(0) \\ \dot{p}_3(0) \end{bmatrix} = \sqrt{m} \begin{bmatrix} 0,659 & 0,726 & 0,140 \\ -0,712 & 0,518 & 0,335 \\ -0,242 & 0,453 & -0,607 \end{bmatrix} \begin{bmatrix} 0 \\ 0 \\ 0 \end{bmatrix} = \begin{bmatrix} 0 \\ 0 \\ 0 \end{bmatrix} \qquad (k)$$

A solução geral das coordenadas principais é

$$p_1(t) = A_1 \operatorname{sen}\left(0,893\sqrt{\frac{k}{m}}t\right) + B_1 \cos\left(0,893\sqrt{\frac{k}{m}}t\right) \qquad (l)$$

$$p_2(t) = A_2 \operatorname{sen}\left(2,110\sqrt{\frac{k}{m}}t\right) + B_2 \cos\left(2,110\sqrt{\frac{k}{m}}t\right) \qquad (m)$$

$$p_3(t) = A_3 \operatorname{sen}\left(2,597\sqrt{\frac{k}{m}}t\right) + B_3 \cos\left(2,597\sqrt{\frac{k}{m}}t\right)\mathrm{T} \qquad (n)$$

A aplicação das condições iniciais, Equações (j) e (k) leva a $B_1 = 0,140\delta\sqrt{m}$, $B_2 = 0,335\delta\sqrt{m}$, $B_3 = -0,607\delta\sqrt{m}$, $A_1 = 0$, $A_2 = 0$, e $A_3 = 0$. As coordenadas generalizadas originais são obtidas usando a Equação (g) da seguinte forma

$$x_1(t) = 0{,}0922\delta \cos\left(0{,}893\sqrt{\frac{k}{m}}t\right) - 0{,}238\delta \cos\left(2{,}110\sqrt{\frac{k}{m}}t\right)$$
$$+ 0{,}147\delta \cos\left(2{,}597\sqrt{\frac{k}{m}}t\right) \tag{o}$$

$$x_2(t) = 0{,}102\delta \cos\left(0{,}893\sqrt{\frac{k}{m}}t\right) + 0{,}174\delta \cos\left(2{,}110\sqrt{\frac{k}{m}}t\right)$$
$$- 0{,}275\delta \cos\left(2{,}597\sqrt{\frac{k}{m}}t\right) \tag{p}$$

$$x_3(t) = 0{,}0389\delta \cos\left(0{,}893\sqrt{\frac{k}{m}}t\right) + 0{,}224\delta \cos\left(2{,}110\sqrt{\frac{k}{m}}t\right)$$
$$+ 0{,}736\delta \cos\left(2{,}597\sqrt{\frac{k}{m}}t\right) \tag{q}$$

As Equações (o) a (q) são iguais à Equação (e) do Exemplo 8.4. ∎

A Equação (8.71) mostra que as coordenadas generalizadas são combinações lineares das coordenadas principais. As coordenadas generalizadas de um sistema linear são escolhidas de tal forma que o deslocamento de qualquer partícula no sistema é uma combinação linear das coordenadas generalizadas. Assim, o deslocamento de qualquer partícula no sistema é uma combinação linear das coordenadas principais. Isto implica que se uma partícula é um nó do modo superior de um sistema com dois graus de liberdade, então $p_1$ é proporcional ao deslocamento dessa partícula. Se uma partícula é um nó do segundo modo de um sistema com três graus de liberdade, então uma combinação linear da primeira e terceira coordenadas principais representa o deslocamento desse ponto. Não se pode inferir nada sobre a interpretação física das coordenadas principais.

## 8.11 DETERMINAÇÃO DAS FREQUÊNCIAS NATURAIS E MODOS NATURAIS

A determinação das frequências naturais e modo natural de um sistema de NGL requer a solução de um problema com autovalor e autovetor matricial. Se o sistema tiver mais de três graus de liberdade, a carga algébrica e computacional geralmente nos faz procurar soluções aproximadas, numéricas ou computacionais. O quociente de Rayleigh apresentado na Seção 8.9 pode ser usado para fornecer um limite superior para a menor frequência natural. No método de Rayleigh-Ritz para sistemas discretos, uma combinação linear de vetores linearmente independentes é utilizada no quociente de Rayleigh. Os coeficientes na combinação linear são escolhidos para tornar o quociente de Rayleigh estacionário.

A maioria das aplicações requer determinação mais precisa das frequências naturais e modos naturais do que pode ser fornecida pelo quociente de Rayleigh ou pelo método de Rayleigh-Ritz. Uma série de métodos numéricos conduzem a uma determinação numérica precisa de frequências naturais e modos naturais. Um deles é o método iterativo da matriz. Começando com um vetor de modo natural como teste $\mathbf{x}_0$, uma sequência de vetores $\mathbf{x}_i$ é gerada por

$$\mathbf{x}_i = \mathbf{AM}\mathbf{x}_{i-1} \tag{8.72}$$

É possível ser mostrado que a proporção de dois elementos correspondentes de $\mathbf{x}_i$ e $\mathbf{x}_{i-1}$ se aproxima de $\omega_1^2$ quando $i$ aumenta e que $\mathbf{x}_i$ se aproxima do vetor do modo natural correspondente. Frequências naturais e vetores de modo natural mais elevados podem ser obtidos exigindo que os vetores de teste sejam ortogonais em relação ao produto escalar de energia cinética de todos os vetores de modo natural previamente obtidos. A iteração da matriz tem a vantagem de que as frequências naturais e os vetores de modo natural são determinados sequencialmente e que apenas o número desejado precisa ser determinado.

O método de Jacobi é um poderoso método iterativo que determina todos os autovalores e autovetores de uma matriz. O método de Jacobi usa uma série de transformações para converter uma matriz simétrica em uma matriz diagonal com os autovalores ao longo da diagonal. O produto das matrizes utilizadas na transformação produz uma matriz cujas colunas são os autovetores. As matrizes de massa e rigidez de um sistema de NGL são seguramente simétricas, mas a matriz $\mathbf{M}^{-1}\mathbf{K}$, cujos autovalores são os quadrados das frequências naturais, não é necessariamente simétrica. Neste caso, pode-se mostrar que existe uma matriz simétrica $\mathbf{D}$ que pode ser obtida por um método chamado de *decomposição de Choleski*, de modo que os autovalores e autovetores de $\mathbf{M}^{-1}\mathbf{K}$ sejam os mesmos autovalores e autovetores de $\mathbf{D}$.

Os métodos acima são descritos em outros textos sobre vibrações ou textos de análise numérica. Esses métodos são ferramentas que podem ser usadas para resolver problemas de autovalores e autovetores e, portanto, levam a frequências naturais e modos naturais dos sistemas de NGL. No entanto, a compreensão da mecânica destes métodos não aumenta a compreensão das vibrações. Esses métodos têm sido incorporados a rotinas de cálculo de autovalores usadas no MATLAB. Estas rotinas MATLAB são fáceis de usar.

## EXEMPLO 8.13

Estude a precisão dos modelos de massa concentrada para aproximar as frequências naturais de uma viga simplesmente apoiada. Modele a viga usando 2, 3, 4, 5, 6 e 7 massas concentradas. Compare as aproximações da frequência natural obtida quando cada massa concentrada é $m_b/n$, onde $m_b$ é a massa total da viga e $n$ é o número de nós das frequências naturais obtidas quando o método da Seção 7.8 é usado para obter as massas dos nós.

### SOLUÇÃO

Uma viga simplesmente apoiada modelada com $n$ massas concentradas é ilustrada na Figura 8.9. As massas dos nós têm o mesmo valor

$$m = \frac{m_b}{\beta} \tag{a}$$

onde $\beta$ é um parâmetro dependente do método de discretização. Se a soma das massas nodais é igual à massa total da viga, então $\beta = n$. Se cada massa nodal representa a massa de uma região que envolve a partícula, conforme descrito e ilustrado na Seção 7.8, então $\beta = n + 1$.

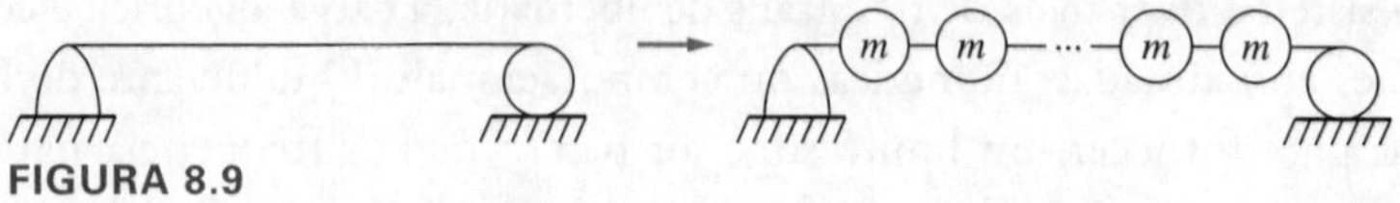

**FIGURA 8.9**
Modelo de massas concentradas de uma viga simplesmente apoiada sobre $n$ massas. As coordenadas generalizadas são os deslocamentos transversais das massas.

As coordenadas generalizadas são os deslocamentos transversais das massas concentradas. A matriz de massa é uma matriz diagonal com $m_{ii} = m$ como elemento diagonal de $i = 1, 2, \ldots, n$.
Os coeficientes de influência de flexibilidade são usados para determinar os elementos da matriz de flexibilidade. Esses elementos têm a forma

$$a_{ij} = \frac{L^3}{EI} q_{ij} \tag{b}$$

onde $q_{ij}$ é determinado a partir do Apêndice D como

$$q_{ij} = \left(\frac{j}{n+1} - 1\right)\left(\frac{i}{n+1}\right)^3 + \frac{1}{6}\left(\frac{j}{n+1}\right)\left(1 - \frac{j}{n+1}\right)\left(2 - \frac{j}{n+1}\right)\left(\frac{i}{n+1}\right) \quad j \geq i \tag{c}$$

A simetria da matriz de flexibilidade é usada para determinar $q_{ij}$ de $j < i$.
As equações diferenciais que regem as vibrações livres do sistema aproximado são

$$\phi \mathbf{Q} \ddot{\mathbf{x}} + \mathbf{x} = \mathbf{0} \tag{d}$$

onde

$$\phi = \frac{L_3 m_b}{\beta EI} \tag{e}$$

As frequências naturais são os recíprocos das raízes quadradas dos autovalores de $\phi \mathbf{Q}$, $\omega_i^2 = \frac{1}{\sqrt{\lambda_i}}$. As frequências naturais não dimensionais são

$$\omega_i^* = \omega_i \sqrt{\frac{L^3 m_b}{EI}} \tag{f}$$

Um script MATLAB é escrito para determinar as frequências naturais não dimensionais da viga simplesmente apoiada com $n$ massas discretas para $n = 2, 3, \ldots, 7$. Os autovalores de $\mathbf{Q}$ estão resumidos na Tabela 8.1.

### ■ TABELA 8.1

Frequências não dimensionais da viga simplesmente apoiada

| | Número do modo | | | | | | |
|---|---|---|---|---|---|---|---|
| $\omega$ | 1 | 2 | 3 | 4 | 5 | 6 | 7 |
| $n = 2$ | 5,6922 | 22,046 | — | — | — | — | — |
| $n = 3$ | 4,9333 | 19,596 | 41,607 | — | — | — | — |
| $n = 4$ | 4,4133 | 17,637 | 39,988 | 64,202 | — | — | — |
| $n = 5$ | 4,0290 | 16,100 | 36,000 | 62,356 | 89,194 | — | — |
| $n = 6$ | 3,7302 | 14,913 | 33,456 | 58,826 | 88,776 | 116,19 | — |
| $n = 7$ | 3,4894 | 13,954 | 31,348 | 55,427 | 85,221 | 117,68 | 145,52 |

### ■ TABELA 8.2

Frequências dimensionais adotando $\beta = n + 1$

| | Número do modo | | | | | | |
|---|---|---|---|---|---|---|---|
| $\hat{\omega}$ | 1 | 2 | 3 | 4 | 5 | 6 | 7 |
| Exatos | 9,8696 | 39,478 | 88,826 | 157,91 | 246,74 | 355,31 | 483,61 |
| $n = 2$ | 9,8591 | 38,184 | — | — | — | — | — |
| $n = 3$ | 9,8666 | 39,192 | 83,214 | — | — | — | — |
| $n = 4$ | 9,8685 | 39,381 | 87,179 | 143,56 | — | — | — |
| $n = 5$ | 9,8691 | 39,437 | 88,182 | 152,74 | 218,48 | — | — |
| $n = 6$ | 9,8693 | 39,457 | 88,523 | 155,64 | 234,88 | 307,40 | — |
| $n = 7$ | 9,8694 | 39,467 | 88,664 | 156,77 | 241,04 | 332,85 | 411,60 |

$\omega = \hat{\omega}\sqrt{\frac{EI}{\rho A L^4}}$ onde $\omega$ é a frequência natural dimensional.

## TABELA 8.3
Frequências dimensionais adotando $\beta = n$

| $\hat{\omega}$ | \multicolumn{7}{c}{Número do modo} | | | | | | |
|---|---|---|---|---|---|---|---|
| | 1 | 2 | 3 | 4 | 5 | 6 | 7 |
| Exatos | 9,8696 | 39,478 | 88,826 | 157,91 | 246,74 | 355,31 | 483,61 |
| $n = 2$ | 8,0499 | 31,177 | — | — | — | — | — |
| $n = 3$ | 8,5447 | 33,941 | 72,065 | — | — | — | — |
| $n = 4$ | 8,8267 | 35,223 | 77,973 | 128,40 | — | — | — |
| $n = 5$ | 9,0092 | 36,000 | 80,499 | 139,43 | 199,44 | — | — |
| $n = 6$ | 9,1372 | 36,820 | 81,956 | 144,09 | 217,46 | 284,60 | — |
| $n = 7$ | 9,2320 | 36,918 | 82,938 | 146,64 | 225,47 | 311,35 | 295,93 |

$\omega = \dot{\omega}\sqrt{\frac{EI}{\rho A L^4}}$ onde $\omega$ é a frequência natural de uma viga simplesmente apoiada.

As aproximações de frequência natural usando $\beta = n + 1$ estão resumidas na Tabela 8.2, enquanto as aproximações de frequência natural de $\beta = n$ estão resumidas na Tabela 8.3. Quando os resultados são comparados às frequências naturais exatas, é claro que usar $\beta = n + 1$ leva a uma aproximação melhor. ■

## 8.12 AMORTECIMENTO PROPORCIONAL

Dizemos que um sistema de NGL tem *amortecimento proporcional* se a matriz de amortecimento viscoso for uma combinação linear da matriz de massa e da matriz de rigidez,

$$\mathbf{C} = \alpha \mathbf{K} + \beta \mathbf{M} \tag{8.73}$$

onde $\alpha$ e $\beta$ são constantes. As equações diferenciais que regem as vibrações livres de um sistema linear com amortecimento proporcional são

$$\mathbf{M}\ddot{\mathbf{x}} + (\alpha \mathbf{K} + \beta \mathbf{M})\dot{\mathbf{x}} + \mathbf{K}\mathbf{x} = 0 \tag{8.74}$$

Seja $\omega_1 \leq \omega_2 \leq \ldots \leq \omega_n$ as frequências naturais de um sistema não amortecido cuja matriz da massa é $\mathbf{M}$ e cuja matriz de rigidez é $\mathbf{K}$. Seja $\mathbf{X}_1, \mathbf{X}_2, \ldots, \mathbf{X}_n$ os modos naturais normalizados correspondentes. O teorema de expansão implica que $\mathbf{x}(t)$ pode ser escrito como uma combinação linear dos vetores de modo natural, como na Equação (8.66). Substituindo a Equação (8.66) na Equação (8.74) leva a

$$\mathbf{M}\left(\sum_{i=1}^{n}\ddot{p}_i\mathbf{X}_i\right) + (\alpha \mathbf{K} + \beta \mathbf{M})\left(\sum_{i=1}^{n}\dot{p}_i\mathbf{X}_i\right) + \mathbf{K}\left(\sum_{i=1}^{n}p_i\mathbf{X}_i\right) \tag{8.75}$$

Tomando o produto escalar padrão da Equação (8.75) com $\mathbf{X}_j$ para um $j$ arbitrário, e usando propriedades de produtos escalares e as definições de produtos escalares de energia, leva a

$$\sum_{i=1}^{n}\ddot{p}_i(\mathbf{X}_j, \mathbf{X}_i)_M + \sum_{i=1}^{n}\dot{p}_i[\alpha(\mathbf{X}_j, \mathbf{X}_i)_K + \beta(\mathbf{X}_j, \mathbf{X}_i)_M] + \sum_{i=1}^{n}p_i(\mathbf{X}_j, \mathbf{X}_i)_K = 0 \tag{8.76}$$

O uso das relações de ortonormalidade, nas Equações (8.55) e (8.56) na Equação (8.76) leva a

$$\ddot{p}_j + (\alpha\omega_j^2 + \beta)\dot{p}_j + \omega_j^2 p_j = 0 \qquad j = 1, 2, \ldots, n \tag{8.77}$$

Capítulo 8 VIBRAÇÕES LIVRES DOS SISTEMAS DE NGL

As coordenadas principais estão relacionadas às coordenadas generalizadas originais por meio da transformação linear, Equação (8.71). Assim, as mesmas coordenadas principais que desacoplam o sistema não amortecido desacoplam o sistema quando o amortecimento proporcional é adicionado.

A Equação (8.77) é análoga à equação diferencial que rege as vibrações livres de um sistema de 1GL e, por analogia, é reescrita da seguinte forma

$$\ddot{p}_j + 2\zeta_j \omega_j \dot{p}_j + \omega_j^2 p_j = 0 \tag{8.78}$$

onde $\quad \zeta_j = \dfrac{1}{2}\left(\alpha\omega_j + \dfrac{\beta}{\omega_j}\right) \tag{8.79}$

é chamada de *relação de amortecimento modal*.

A solução geral da Equação (8.78) é para $\zeta_j < 1$ é

$$p_j(t) = A_j e^{-\zeta_j \omega_j t} \operatorname{sen}\left(\omega_j \sqrt{1 - \zeta_j^2}\, t - \phi_j\right) \tag{8.80}$$

onde $A_j$ e $\phi_j$ são determinados a partir das condições iniciais. As coordenadas generalizadas são obtidas através do uso da Equação (8.71).

O amortecimento em sistemas estruturais é principalmente histerético e difícil de quantificar. Na falta de um modelo melhor, o amortecimento proporcional é frequentemente adotado. As razões de amortecimento modal são geralmente determinadas experimentalmente. A razão de amortecimento equivalente de um sistema SDOF harmonicamente excitado com amortecimento histerético é proporcional à frequência natural e inversamente proporcional à frequência de excitação. Este modelo se adapta ao amortecimento proporcional, em que a matriz de amortecimento é proporcional à matriz de rigidez. Nestes casos, os modos com frequências mais altas são amortecidos mais do que os modos com frequências mais baixas. As frequências naturais em sistemas estruturais rígidos geralmente são muito separadas. O efeito dos modos superiores na resposta de vibração livre é muitas vezes insignificante.

### EXEMPLO 8.14

O sistema dos Exemplos 8.2 e 8.12 tem amortecimento adicionado, como mostrado na Figura 8.10. Os valores dos parâmetros são $m = 2$ kg, $k = 200$ N/m, e $c = 17$ N · s/m. O movimento do sistema é iniciado movendo a terceira massa a uma distância $\delta$ do equilíbrio enquanto mantém as outras massas em equilíbrio e liberando o sistema do repouso.

(a) Escreva as equações diferenciais satisfeitas pelas coordenadas principais e determine as razões de amortecimento modal.
(b) Encontre a resposta livre do sistema.

### SOLUÇÃO
(a) As equações diferenciais de movimento são

$$\begin{bmatrix} 2 & 0 & 0 \\ 0 & 2 & 0 \\ 0 & 0 & 1 \end{bmatrix}\begin{bmatrix} \ddot{x}_1 \\ \ddot{x}_2 \\ \ddot{x}_3 \end{bmatrix} + \begin{bmatrix} 51 & -34 & 0 \\ -34 & 51 & -17 \\ 0 & -17 & 51 \end{bmatrix}\begin{bmatrix} \dot{x}_1 \\ \dot{x}_2 \\ \dot{x}_3 \end{bmatrix}$$
$$+ \begin{bmatrix} 600 & -400 & 0 \\ -400 & 600 & -200 \\ 0 & -200 & 600 \end{bmatrix}\begin{bmatrix} x_1 \\ x_2 \\ x_3 \end{bmatrix} = \begin{bmatrix} 0 \\ 0 \\ 0 \end{bmatrix} \tag{a}$$

A matriz de amortecimento é proporcional à matriz de rigidez com

$$\alpha = \frac{c}{k} = \frac{17 \text{N} \cdot \text{s/m}}{200 \text{ N/m}} = 0,085 \text{ s} \tag{b}$$

As frequências naturais deste sistema são dadas pela Equação (f) do Exemplo 8.2. Elas são calculadas usando os valores dos parâmetros como

$$\omega_1 = 8,93 \text{ rad/s} \qquad \omega_2 = 21,1 \text{ rad/s} \qquad \omega_3 = 25,97 \text{ rad/s} \tag{c}$$

As razões de amortecimento modal são

$$\zeta_1 = \frac{\alpha \omega_1}{2} = \frac{(0,085 \text{ s})(8,93 \text{ rad/s})}{2} = 0,380 \tag{d}$$

$$\zeta_2 = \frac{\alpha \omega_2}{2} = \frac{(0,085 \text{ s})(21,1 \text{ rad/s})}{2} = 0,900 \tag{e}$$

$$\zeta_3 = \frac{\alpha \omega_3}{2} = \frac{(0,085 \text{ s})(25,97 \text{ rad/s})}{2} = 1,10 \tag{f}$$

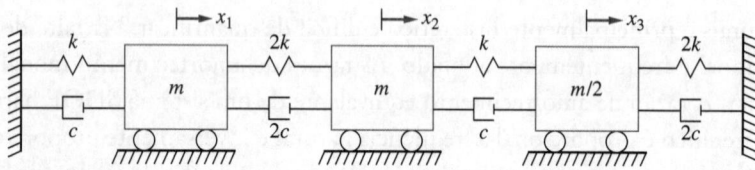

**FIGURA 8.10**
O sistema do Exemplo 8.14 é o sistema do Exemplo 8.2, mas com amortecimento viscoso adicionado.

Os dois primeiros modos estão subestimados; o terceiro está superestimado. As equações diferenciais que regem as coordenadas principal são

$$\ddot{p}_1 + 6,78\dot{p}_1 + 79,75 p_1 = 0 \tag{g}$$

$$\ddot{p}_2 + 37,84\dot{p}_2 + 445,2 p_2 = 0 \tag{h}$$

$$\ddot{p}_3 + 57,33\dot{p}_3 + 674,4 p_3 = 0 \tag{i}$$

(b) As soluções das coordenadas principais são

$$p_1(t) = A_1 e^{-3,39t} \text{sen}(8,26t - \phi_1) \tag{j}$$

$$p_2(t) = A_2 e^{-18,92t} \text{sen}(9,33t - \phi_2) \tag{k}$$

$$p_3(t) = A_3 e^{-19,24t} + A_4 e^{-40,46t} \tag{l}$$

As condições iniciais que as coordenadas principais devem satisfazer são aquelas indicadas nas Equações (j) e (k) do Exemplo 8.12. Elas são aplicados às Equações de (j) a (l) para determinar as constantes de integração que produzem

$$p_1(t) = 0,513 \delta e^{-3,39t} \text{sen}(8,26t + 1,81) \tag{m}$$

$$p_2(t) = 0{,}148\delta e^{-18{,}92t}\,\text{sen}(9{,}33t + 0{,}484) \tag{n}$$

$$p_3(t) = -1{,}1584\delta e^{-19{,}24t} + 0{,}5514\delta e^{-40{,}46t} \tag{o}$$

As coordenadas generalizadas estão relacionadas às coordenadas principais por

$$\mathbf{x} = \mathbf{Pp} = \frac{1}{\sqrt{2}} \begin{bmatrix} 0{,}659 & -0{,}712 & -0{,}242 \\ 0{,}726 & 0{,}518 & 0{,}453 \\ 0{,}279 & 0{,}670 & -1{,}213 \end{bmatrix} \begin{bmatrix} p_1(t) \\ p_2(t) \\ p_3(t) \end{bmatrix} \tag{p}$$

que leva a

$$x_1(t) = \delta[0{,}0997 e^{-3{,}39t}\,\text{sen}(8{,}26t + 1{,}81) - 0{,}1056 e^{-18{,}92t}\,\text{sen}(9{,}33t + 0{,}484) \\ + 0{,}2803 e^{-19{,}24t} - 0{,}1334 e^{-40{,}46t}] \tag{q}$$

$$x_2(t) = \delta[0{,}110 e^{-3{,}39t}\,\text{sen}(8{,}26t + 1{,}81) + 0{,}0678 e^{-18{,}92t}\,\text{sen}(9{,}33t + 0{,}484) \\ - 0{,}5248 e^{-19{,}24t} + 0{,}2498 e^{-40{,}46t}] \tag{r}$$

$$x_3(t) = \delta[0{,}0422 e^{-3{,}39t}\,\text{sen}(8{,}26t + 1{,}81) + 0{,}0993 e^{-18{,}92t}\,\text{sen}(9{,}33t + 0{,}484) \\ + 1{,}405 e^{-19{,}24t} - 0{,}6688 e^{-40{,}46t}] \tag{s} \quad \blacksquare$$

## 8.13 AMORTECIMENTO VISCOSO GERAL

As equações diferenciais que regem as vibrações livres de um sistema de NGL com amortecimento viscoso é

$$\mathbf{M\ddot{x}} + \mathbf{C\dot{x}} + \mathbf{Kx} = \mathbf{0} \tag{8.81}$$

Se a matriz de amortecimento for uma combinação linear da matriz de massa e da matriz de rigidez, o sistema é proporcionalmente amortecido. Neste caso, as principais coordenadas do sistema não amortecido são usadas para desacoplar as equações diferenciais, Equação (8.76). A equação diferencial que define cada coordenada principal é análoga à equação diferencial que rege o movimento de um sistema de 1GL linear com amortecimento viscoso.

Se a matriz de amortecimento for arbitrária, as coordenadas principais do sistema não amortizado não desacoplam a Equação (8.81). Um procedimento mais geral deve ser usado. A equação (8.81) pode ser reformulada como $2n$ equações diferenciais de primeira ordem escrevendo-se

$$\tilde{\mathbf{M}}\dot{\mathbf{y}} + \tilde{\mathbf{K}}\mathbf{y} = \mathbf{0} \tag{8.82}$$

onde $\quad \tilde{\mathbf{M}} = \begin{bmatrix} \mathbf{0} & \mathbf{M} \\ \mathbf{M} & \mathbf{C} \end{bmatrix} \quad \tilde{\mathbf{K}} = \begin{bmatrix} -\mathbf{M} & \mathbf{0} \\ \mathbf{0} & \mathbf{K} \end{bmatrix} \quad \mathbf{y} = \begin{bmatrix} \dot{\mathbf{x}} \\ \mathbf{x} \end{bmatrix} \tag{8.83}$

Uma solução da Equação (8.82) é adotada como

$$\mathbf{y} = \Phi e^{-\gamma t} \tag{8.84}$$

A substituição da Equação (8.84) pela Equação (8.82) leva a

$$\gamma \tilde{\mathbf{M}} \Phi = \tilde{\mathbf{K}} \Phi \tag{8.85}$$

ou $\quad \tilde{\mathbf{M}}^{-1} \tilde{\mathbf{K}} \Phi = \gamma \Phi \tag{8.86}$

Assim, os valores de $\gamma$ são os autovalores de $\tilde{\mathbf{M}}^{-1}\tilde{\mathbf{K}}$ e os vetores são os autovetores correspondentes $\Phi$.

Os valores de $\gamma$ aparecem em pares conjugados complexos. O sistema é estável somente se todos os autovalores tiverem partes reais não negativas. Os autovetores que correspondem aos autovalores do conjugado complexo também são conjugados complexos de si. Os autovetores que correspondem aos autovalores que não são conjugados complexos satisfazem a relação de ortogonalidade

$$\overline{\Phi}_i^T \tilde{\mathbf{M}} \Phi_j = \mathbf{0} \tag{8.87}$$

## EXEMPLO 8.15

Trace a resposta de vibração livre para o sistema da Figura 8.11 nas condições iniciais $x_1(0) = 0$, $x_2(0) = 0{,}01$ m, $\dot{x}_1(0) = 0$, e $\dot{x}_2(0) = 0$.

### SOLUÇÃO

As equações diferenciais que regem o movimento do sistema são

$$\begin{bmatrix} m & 0 \\ 0 & 2m \end{bmatrix} \begin{bmatrix} \ddot{x}_1 \\ \ddot{x}_2 \end{bmatrix} + \begin{bmatrix} 0 & 0 \\ 0 & c \end{bmatrix} \begin{bmatrix} \dot{x}_1 \\ \dot{x}_2 \end{bmatrix} + \begin{bmatrix} 3k & -2k \\ -2k & 2k \end{bmatrix} \begin{bmatrix} x_1 \\ x_2 \end{bmatrix} = \begin{bmatrix} 0 \\ 0 \end{bmatrix} \tag{a}$$

A matriz de amortecimento deste sistema não é uma combinação linear da matriz de massa e da matriz de rigidez. Assim, as coordenadas principais do sistema não amortecido não podem ser usadas para desacoplar as equações diferenciais. Estas equações são escritas sob a forma da Equação (8.82) onde

$$\mathbf{y} = \begin{bmatrix} \dot{x}_1 \\ \dot{x}_2 \\ x_1 \\ x_2 \end{bmatrix} \quad \tilde{\mathbf{M}} = \begin{bmatrix} 0 & 0 & m & 0 \\ 0 & 0 & 0 & 2m \\ m & 0 & 0 & 0 \\ 0 & 2m & 0 & c \end{bmatrix} \quad \tilde{\mathbf{K}} = \begin{bmatrix} -m & 0 & 0 & 0 \\ 0 & -2m & 0 & 0 \\ 0 & 0 & 3k & -2k \\ 0 & 0 & -2k & 2k \end{bmatrix} \tag{b}$$

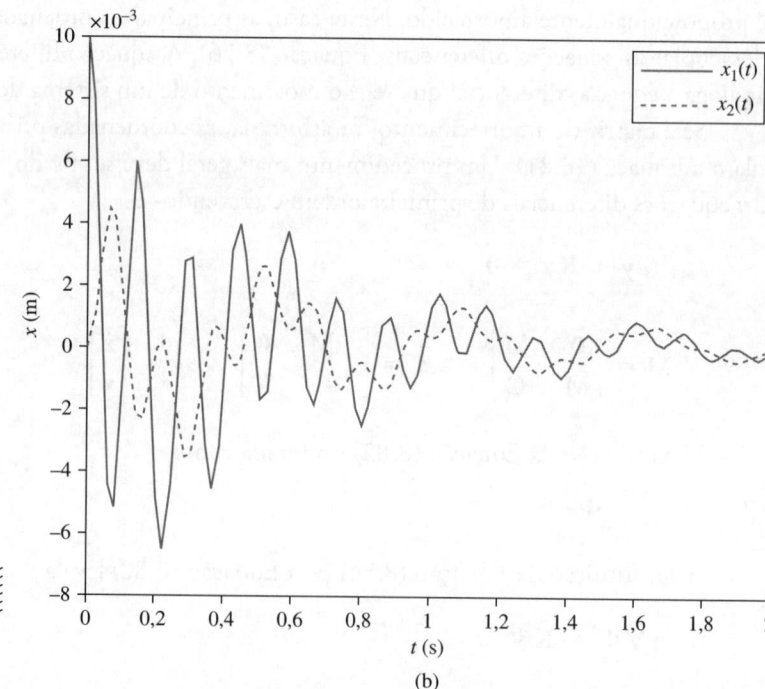

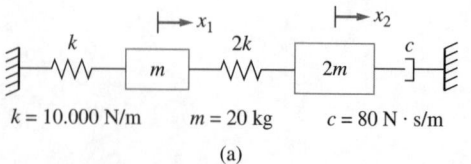

**FIGURA 8.11**
(a) O sistema do Exemplo 8.15 possui uma matriz de amortecimento viscoso geral. (b) Resposta da vibração livre do sistema do Exemplo 8.15.

$k = 10.000$ N/m    $m = 20$ kg    $c = 80$ N · s/m

(a)

(b)

Uma solução da Equação (8.82) é adotada na forma da Equação (8.84). Os valores resultantes de $\gamma$ são os autovalores de $\tilde{\mathbf{M}}^{-1}\tilde{\mathbf{K}}$. Os autovalores obtidos pelo uso do MATLAB são

$$\gamma_{1,2} = 0,2110 \pm 43,19i \qquad \gamma_{3,4} = 0,7890 \pm 11,50i \tag{c}$$

Os autovetores correspondentes são

$$\Phi_{1,2} = \begin{bmatrix} -0,924 \mp 0,166i \\ 0,340 \pm 0,0437i \\ 0,0039 \mp 0,0214i \\ -0,0011 \pm 0,0079i \end{bmatrix} \qquad \Phi_{3,4} = \begin{bmatrix} 0,4984 \mp 0,3123 \\ 0,6871 \pm 0,4179i \\ 0,0240 \mp 0,0448i \\ 0,0320 \pm 0,0617i \end{bmatrix} \tag{d}$$

A solução geral é uma combinação linear de todos os modos

$$y = \sum_{j=1}^{4} C_j \Phi_j e^{-\gamma_j t} \tag{e}$$

onde $C_j$ são constantes de integração. A aplicação das condições iniciais leva a

$$\mathbf{y}_0 = \sum_{j=1}^{4} C_j \Phi_j \tag{f}$$

Como os autovalores e os autovetores são pares conjugados complexos, a avaliação da solução leva a uma resposta real. Avaliando-se e traçando a resposta ao longo de um período de tempo nos leva à Figura 8.11(b). ∎

## 8.14 EXEMPLOS DE REFERÊNCIA

### 8.14.1 Máquina no chão da fábrica

As equações diferenciais da vibração livre da máquina aparafusada à viga ilustrada na Figura 7.21 são retiradas da Equação (h) da Seção 7.9.1 com o lado direito igual a zero como

$$10^{-8} \begin{bmatrix} 31,346 & 53,736 & 1077,686 & 30,0026 \\ 53,736 & 133,6683 & 3064,671 & 85,9776 \\ 50,1536 & 142,6243 & 4060,568 & 126,0557 \\ 30,0026 & 85,9776 & 2708,649 & 103,8896 \end{bmatrix} \begin{bmatrix} \ddot{x}_1 \\ \ddot{x}_2 \\ \ddot{x}_3 \\ \ddot{x}_4 \end{bmatrix} + \begin{bmatrix} x_1 \\ x_2 \\ x_3 \\ x_4 \end{bmatrix} = \begin{bmatrix} 0 \\ 0 \\ 0 \\ 0 \end{bmatrix} \tag{a}$$

Os autovalores de **AM** são obtidos usando o MATLAB da seguinte forma

$$\lambda_1 = 1,6 \times 10^{-7} \qquad \lambda_2 = 5 \times 10^{-8} \qquad \lambda_3 = 4,2 \times 10^{-7} \qquad \lambda_4 = 4,3 \times 10^{-5} \tag{b}$$

As frequências naturais são os recíprocos dos autovalores

$$\omega_1 = \frac{1}{\sqrt{\lambda_4}} = 153,1 \text{ rad/s} \qquad \omega_2 = \frac{1}{\sqrt{\lambda_3}} = 1,54 \times 10^3 \text{ rad/s}$$

$$\omega_3 = \frac{1}{\sqrt{\lambda_2}} = 4,51 \times 10^3 \text{ rad/s} \qquad \omega_4 = \frac{1}{\sqrt{\lambda_1}} = 2,49 \times 10^3 \text{ rad/s} \tag{c}$$

Os vetores do modo natural são

$$\mathbf{X}_1 = \begin{bmatrix} 0{,}1857 \\ 0{,}5244 \\ 0{,}6909 \\ 0{,}4617 \end{bmatrix} \quad \mathbf{X}_2 = \begin{bmatrix} 0{,}5382 \\ 0{,}7346 \\ -0{,}0198 \\ -0{,}4128 \end{bmatrix} \quad \mathbf{X}_4 = \begin{bmatrix} 0{,}7219 \\ -0{,}6497 \\ 0{,}0213 \\ -0{,}237 \end{bmatrix} \quad \mathbf{X}_3 = \begin{bmatrix} 0{,}446 \\ 0{,}1468 \\ -0{,}0382 \\ 0{,}8821 \end{bmatrix} \quad \text{(d)}$$

Os vetores dos modos naturais são ilustrados na Figura 8.12.

As equações diferenciais da vibração livre da máquina conectada à viga pelo isolador de rigidez $5{,}81 \times 10^5$ N/m com a viga modelada com quatro graus de liberdade, ilustrados na Figura 7.22(a), são obtidos da Equação (l) da Seção 7.9.1 da seguinte forma

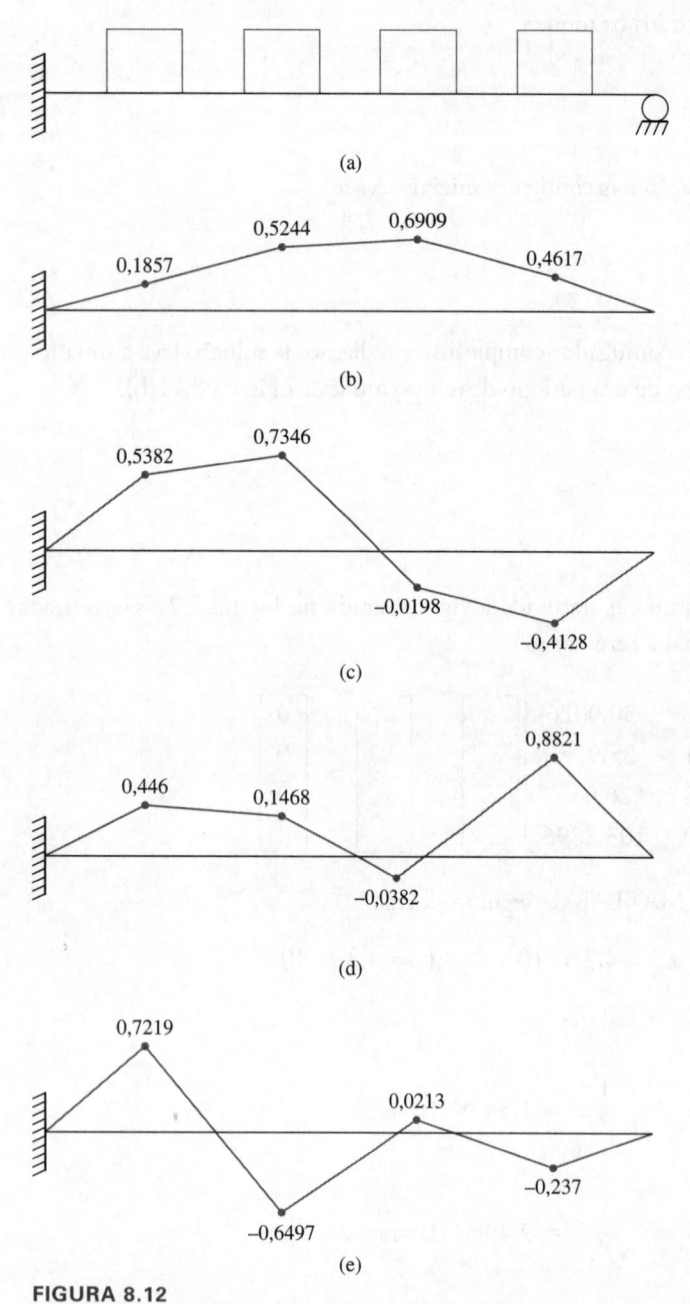

**FIGURA 8.12**
(a) Modelo com quatro graus de liberdade da viga no chão da fábrica. (b) Modo natural do primeiro modo. (c) Modo natural do segundo modo. (d) Modo natural do terceiro modo. (e) Modo natural do quarto modo.

$$10^{-8}\begin{bmatrix} 31{,}346 & 53{,}736 & 49{,}952 & 30{,}0026 & 1027{,}533 \\ 53{,}736 & 133{,}6683 & 142{,}051 & 85{,}9776 & 2922{,}046 \\ 50{,}1536 & 142{,}6243 & 188{,}212 & 126{,}0557 & 3871{,}597 \\ 30{,}0026 & 85{,}9776 & 125{,}549 & 103{,}8896 & 2582{,}594 \\ 50{,}1536 & 142{,}6243 & 188{,}212 & 126{,}0557 & 77872{,}31 \end{bmatrix}\begin{bmatrix} \ddot{x}_1 \\ \ddot{x}_2 \\ \ddot{x}_3 \\ \ddot{x}_4 \\ \ddot{x}_5 \end{bmatrix} + \begin{bmatrix} x_1 \\ x_2 \\ x_3 \\ x_4 \\ x_5 \end{bmatrix} = \begin{bmatrix} 0 \\ 0 \\ 0 \\ 0 \\ 0 \end{bmatrix}$$ (e)

Os autovalores de **AM** são

$$\lambda_1 = 3{,}89 \times 10^{-8} \quad \lambda_2 = 1{,}07 \times 10^{-7} \quad \lambda_3 = 3{,}87 \times 10^{-7}$$
$$\lambda_4 = 3{,}84 \times 10^{-6} \quad \lambda_5 = 7{,}79 \times 10^{-4}$$ (f)

As frequências naturais são os recíprocos das raízes quadradas dos autovalores

$$\omega_1 = \frac{1}{\sqrt{\lambda_5}} = 35{,}83 \text{ rad/s} \qquad \omega_2 = \frac{1}{\sqrt{\lambda_4}} = 510{,}25 \text{ rad/s}$$
$$\omega_3 = \frac{1}{\sqrt{\lambda_3}} = 1{,}61 \times 10^3 \text{ rad/s} \qquad \omega_4 = \frac{1}{\sqrt{\lambda_2}} = 3{,}05 \times 10^3 \text{ rad/s}$$ (g)
$$\omega_5 = \frac{1}{\sqrt{\lambda_1}} = 5{,}06 \times 10^3 \text{ rad/s}$$

## 8.14.2 SISTEMA DE SUSPENSÃO SIMPLIFICADO

As equações diferenciais que regem as vibrações livres do sistema de suspensão do modelo com quatro graus de liberdade ilustrado na Figura 7.23 são

$$\begin{bmatrix} 225 & 0 & 0 & 0 \\ 0 & 300 & 0 & 0 \\ 0 & 0 & 25 & 0 \\ 0 & 0 & 0 & 25 \end{bmatrix}\begin{bmatrix} \ddot{\theta} \\ \ddot{x}_1 \\ \ddot{x}_2 \\ \ddot{x}_3 \end{bmatrix} + 10^{-3}\begin{bmatrix} 5{,}50 & -0{,}48 & -1{,}56 & 2{,}04 \\ -0{,}48 & 2{,}4 & -1{,}2 & -1{,}2 \\ -1{,}56 & -1{,}2 & 1{,}12 & 0 \\ 2{,}04 & -1{,}2 & 0 & 1{,}12 \end{bmatrix}\begin{bmatrix} \dot{\theta} \\ \dot{x}_1 \\ \dot{x}_2 \\ \dot{x}_3 \end{bmatrix}$$
$$+ 10^{-4}\begin{bmatrix} 5{,}50 & -0{,}48 & -1{,}56 & 2{,}04 \\ -0{,}48 & 2{,}4 & -1{,}2 & -1{,}2 \\ -1{,}56 & -1{,}2 & 1{,}12 & 0 \\ 2{,}04 & -1{,}2 & 0 & 1{,}12 \end{bmatrix}\begin{bmatrix} \theta \\ x_1 \\ x_2 \\ x_3 \end{bmatrix} = \begin{bmatrix} 0 \\ 0 \\ 0 \\ 0 \end{bmatrix}$$ (a)

Este sistema está proporcionalmente amortecido com a matriz de amortecimento proporcional à matriz de rigidez com

$$\alpha = \frac{1200 \text{ N} \cdot \text{s/m}}{12{,}000 \text{ N/m}} = 0{,}1 \text{ s}$$ (b)

Assim, os métodos da Seção 8.12 são aplicáveis. As frequências naturais e os modos naturais do sistema não amortecido são encontrados ao encontrar as raízes quadradas dos autovalores de

$$\mathbf{M}^{-1}\mathbf{K} = 10^4 \begin{bmatrix} 4{,}44 \times 10^{-3} & 0 & 0 & 0 \\ 0 & 3{,}33 \times 10^{-3} & 0 & 0 \\ 0 & 0 & 4 \times 10^{-2} & 0 \\ 0 & 0 & 0 & 4 \times 10^{-2} \end{bmatrix}$$

$$\times \begin{bmatrix} 5{,}50 & -0{,}48 & -1{,}56 & 2{,}04 \\ -0{,}48 & 2{,}4 & -1{,}2 & -1{,}2 \\ -1{,}56 & -1{,}2 & 11{,}2 & 0 \\ 2{,}04 & -1{,}2 & 0 & 11{,}2 \end{bmatrix} = \begin{bmatrix} 244{,}4 & -21{,}3 & -69{,}3 & 90{,}7 \\ -16 & 80{,}0 & -40 & -40 \\ -624 & -480 & 4480 & 0 \\ 816 & -480 & 0 & 4480 \end{bmatrix} \quad \text{(c)}$$

Os autovalores e os modos naturais normalizados são obtidos a partir do MATLAB da seguinte forma

$$\lambda_1 = 69{,}5 \quad \lambda_2 = 218{,}7 \quad \lambda_3 = 4485 \quad \lambda_4 = 4507 \quad \text{(d)}$$

$$\mathbf{X}_1 = \begin{bmatrix} 0{,}0573 \\ 0{,}0049 \\ 0{,}0073 \\ 0{,}0074 \end{bmatrix} \quad \mathbf{X}_2 = \begin{bmatrix} 0{,}0064 \\ 0{,}0134 \\ -0{,}0090 \\ -0{,}660 \end{bmatrix} \quad \mathbf{X}_3 = \begin{bmatrix} 0{,}0025 \\ -0{,}1112 \\ -0{,}1660 \\ 0{,}0003 \end{bmatrix} \quad \mathbf{X}_4 = \begin{bmatrix} -0{,}0005 \\ 0{,}1656 \\ -0{,}1110 \\ 0{,}0053 \end{bmatrix} \quad \text{(e)}$$

As frequências naturais são as raízes quadradas dos autovalores

$$\omega_1 = \sqrt{\lambda_1} = 8{,}33 \text{ rad/s} \quad \omega_2 = \sqrt{\lambda_2} = 14{,}79 \text{ rad/s} \quad \omega_3 = \sqrt{\lambda_3} = 67{,}0 \text{ rad/s}$$

$$\omega_4 = \sqrt{\lambda_4} = 67{,}1 \text{ rad/s} \quad \text{(f)}$$

As razões de amortecimento modal são

$$\zeta_1 = \frac{\alpha}{2}\omega_1 = 0{,}417 \quad \zeta_2 = \frac{\alpha}{2}\omega_2 = 0{,}740 \quad \zeta_3 = \frac{\alpha}{2}\omega_3 = 3{,}35$$

$$\zeta_4 = \frac{\alpha}{2}\omega_4 = 3{,}36 \quad \text{(g)}$$

As equações diferenciais das coordenadas principais são dadas pela Equação (8.73) que, quando aplicadas a este problema se tornam

$$\ddot{p}_1 + 6{,}94\dot{p}_1 + 69{,}5p_1 = 0 \quad \text{(h)}$$

$$\ddot{p}_2 + 21{,}9\dot{p}_2 + 218{,}7p_2 = 0 \quad \text{(i)}$$

$$\ddot{p}_3 + 448{,}9\dot{p}_3 + 4485p_3 = 0 \quad \text{(j)}$$

$$\ddot{p}_4 + 450{,}9\dot{p}_4 + 4507p_4 = 0 \quad \text{(k)}$$

As soluções das Equações (h) a (k) são

$$p_1(t) = A_1 e^{-3{,}47t} \operatorname{sen}(7{,}58t - \phi_1) \quad \text{(l)}$$

$$p_2(t) = A_2 e^{-11{,}950t} \operatorname{sen}(9{,}96t - \phi_2) \quad \text{(m)}$$

Capítulo 8          VIBRAÇÕES LIVRES DOS SISTEMAS DE NGL    473

$$p_3(t) = A_3 e^{-10,22t} + A_4 e^{-438,7t} \tag{n}$$

$$p_4(t) = A_5 e^{-10,23t} + A_6 e^{-440,7t} \tag{o}$$

As coordenadas principais estão relacionadas às coordenadas generalizadas por $\mathbf{x} = \mathbf{Pp}$, onde $\mathbf{P}$ é a matriz modal, ou a matriz cujas colunas são os autovetores normalizados

$$\mathbf{P} = \begin{bmatrix} 0,0573 & 0,0064 & 0,0025 & -0,0005 \\ 0,0049 & 0,0134 & -0,1112 & 0,1656 \\ 0,0073 & -0,0090 & -0,1660 & -0,1110 \\ 0,0074 & -0,660 & 0,0003 & 0,0053 \end{bmatrix} \tag{p}$$

## 8.15 OUTROS EXEMPLOS

### EXEMPLO 8.16

Reconsidere o modelo com três graus de liberdade da mão e da parte superior do braço do Exemplo 7.21. Dong et al. relatam os seguintes dados dos parâmetros no modelo para a condição de "soldagem",

$m_1 = 5{,}0516$ kg    $m_2 = 1{,}4295$ kg    $m_3 = 0{,}887$ kg    $m_4 = 0{,}0229$ kg
$m_5 = 0{,}0150$ kg
$k_1 = 149.490$ N/m    $k_2 = 1726$ N/m    $k_3 = 12.075$ N/m    $k_4 = 29.898$ N/m
$k_5 = 195.665$ N/m
$c_1 = 87{,}2$ N·s/m    $c_2 = 64{,}9$ N·s/m    $c_3 = 36{,}3$ N·s/m    $c_4 = 74{,}8$ N·s/m
$c_5 = 126{,}0$ N·s/m

(a) Determine as frequências naturais dos modos naturais de vibração livres e dos modos naturais não normalizados.
(b) Determine a forma geral da solução da resposta amortecida.

### SOLUÇÃO

(a) Substituindo os valores dados pela Equação (i) do Exemplo 7.21 leva às seguintes equações diferenciais da seguinte forma

$$\begin{bmatrix} 5,0516 & 0 & 0 \\ 0 & 1,4295 & 0 \\ 0 & 0 & 0,887 \end{bmatrix} \begin{bmatrix} \ddot{x}_1 \\ \ddot{x}_2 \\ \ddot{x}_3 \end{bmatrix} + \begin{bmatrix} 152,1 & -64,9 & 0 \\ -64,9 & 176,0 & -36,3 \\ 0 & -36,3 & 111,1 \end{bmatrix} \begin{bmatrix} \dot{x}_1 \\ \dot{x}_2 \\ \dot{x}_3 \end{bmatrix}$$
$$+ \begin{bmatrix} 151.216 & -1726 & 0 \\ -1726 & 43.699 & -12.075 \\ 0 & -12.075 & 207.740 \end{bmatrix} \begin{bmatrix} x_1 \\ x_2 \\ x_3 \end{bmatrix} = \begin{bmatrix} 0 \\ 74,8\dot{y} + 29.898y \\ 126\dot{y} + 195.695y \end{bmatrix} \tag{a}$$

As frequências naturais são as raízes quadradas dos autovalores de $\mathbf{M}^{-1}\mathbf{K}$. Elas são calculadas da seguinte forma

$\omega_1 = 171{,}2$ rad/s      $\omega_2 = 175{,}9$ rad/s      $\omega_3 = 484{,}5$ rad/s      (b)

Os vetores de modo natural são os autovetores correspondentes. Os autovetores são normalizados de tal forma que $X_i^T M X_i = 1$. Eles são obtidos da seguinte forma

$$X_1 = \begin{bmatrix} 0{,}3233 \\ 0{,}5738 \\ 0{,}0381 \end{bmatrix} \quad X_2 = \begin{bmatrix} 0{,}3057 \\ -0{,}6069 \\ -0{,}0406 \end{bmatrix} \quad X_3 = \begin{bmatrix} 7{,}3 \times 10^{-4} \\ -0{,}0439 \\ 1{,}0603 \end{bmatrix}$$ (c)

(b) O sistema amortecido está escrito na formulação estado-espaço da Equação (8.82) com

$$\tilde{M} = \begin{bmatrix} 0 & M \\ M & C \end{bmatrix} = \begin{bmatrix} 0 & 0 & 0 & 5{,}0516 & 0 & 0 \\ 0 & 0 & 0 & 0 & 1{,}4295 & 0 \\ 0 & 0 & 0 & 0 & 0 & 0{,}887 \\ 5{,}0516 & 0 & 0 & 152{,}1 & -64{,}9 & 0 \\ 0 & 1{,}4295 & 0 & -64{,}9 & 176{,}0 & -36{,}3 \\ 0 & 0 & 0{,}887 & 0 & -36{,}3 & 111{,}1 \end{bmatrix}$$ (d)

$$\tilde{K} = \begin{bmatrix} -M & 0 \\ 0 & K \end{bmatrix} = \begin{bmatrix} -5{,}0516 & 0 & 0 & 0 & 0 & 0 \\ 0 & -1{,}4295 & 0 & 0 & 0 & 0 \\ 0 & 0 & -0{,}887 & 0 & 0 & 0 \\ 0 & 0 & 0 & 151.216 & -1726 & 0 \\ 0 & 0 & 0 & -1726 & 43.699 & -12.075 \\ 0 & 0 & 0 & 0 & -12.075 & 207.740 \end{bmatrix}$$ (e)

A solução adotada é $y = \Phi e^{-\gamma t}$ onde $y = \begin{bmatrix} \dot{x} \\ x \end{bmatrix}$. Os valores de $y$ são os autovalores de $\tilde{M}^{-1} \tilde{K}$. São eles

$$\gamma_{1,2} = 12{,}06 \pm 171{,}7i \quad \gamma_{3,4} = 63{,}17 \pm 162{,}3i \quad \gamma_{1,2} = 64{,}01 \pm 479{,}1i$$ (f)

Os autovetores correspondentes são

$$\Phi_{1,2} = 10^{-2} \begin{bmatrix} 90{,}29 \\ 42{,}89e^{\mp 0{,}126i} \\ 3{,}134e^{\pm 0{,}2085i} \\ 0{,}5245e^{\mp 1{,}641i} \\ 0{,}2489e^{\mp 1{,}760i} \\ 0{,}0182e^{\mp 1{,}360i} \end{bmatrix} \quad \Phi_{3,4} = 10^{-2} \begin{bmatrix} 12{,}76e^{\pm 3{,}020i} \\ 98{,}98 \\ 6{,}255e^{\pm 0{,}5439i} \\ 0{,}0731e^{\pm 1{,}079i} \\ 0{,}5673e^{\mp 1{,}941i} \\ 0{,}0359e^{\mp 1{,}397i} \end{bmatrix}$$

$$\Phi_{5,6} = 10^{-2} \begin{bmatrix} 0{,}2082e^{\pm 2{,}4639i} \\ 6{,}841e^{\mp 2{,}0931} \\ 98{,}763 \\ 0{,}0004e^{\pm 0{,}7603i} \\ 0{,}0142e^{\pm 2{,}486i} \\ 0{,}2064e^{\mp 1{,}7036i} \end{bmatrix}$$ (g)

Assim, a solução geral é

$$\mathbf{y}(t) = e^{-12.06t}\{C_1\mathbf{\Phi}_1 e^{i171,7t} + C_2\overline{\mathbf{\Phi}}_1 e^{-i171,7t}\} + e^{-63,176t}\{C_3\mathbf{\Phi}_3 e^{i162,3t} + C_4\overline{\mathbf{\Phi}}_3 e^{-i162,3t}\}$$
$$+ e^{-64,01t}\{C_5\mathbf{\Phi}_5 e^{i479,1t} + C_2\overline{\mathbf{\Phi}}_5 e^{-i479,1t}\} \tag{h}$$

A Equação (h) pode ser reescrita da seguinte forma

$$\mathbf{y}(t) = e^{-12,06t}\{C_1[\mathbf{\Phi}_{1_r}\cos 171,1t - \mathbf{\Phi}_{1i}\operatorname{sen}171,1t]$$
$$+ C_2[\mathbf{\Phi}_{1_r}\operatorname{sen}171,1t + \mathbf{\Phi}_{1i}\cos 171,1t]\}$$
$$+ e^{-63,176t}\{C_3[\mathbf{\Phi}_{3_r}\cos 162,3t - \mathbf{\Phi}_{3i}\operatorname{sen}162,3t]$$
$$+ C_4[\mathbf{\Phi}_{3_r}\operatorname{sen}162,3t + \mathbf{\Phi}_{3i}\operatorname{sen}162,3t]\}$$
$$+ e^{-64,01t}\{C_5[\mathbf{\Phi}_{5_r}\cos 479,1t - \mathbf{\Phi}_{5i}\operatorname{sen}479,1t]\}$$
$$+ C_6[\mathbf{\Phi}_{5_r}\operatorname{sen}479,1t + \mathbf{\Phi}_{5i}\cos 479,1t]\} \tag{i}$$

## EXEMPLO 8.17

(a) Determine as frequências naturais do sistema com três graus de liberdade mostrado na Figura 8.13.
(b) Calcule e ilustre graficamente os vetores de modo natural normalizado.
(c) Demonstre o modo natural de ortogonalidade.

### SOLUÇÃO

As equações diferenciais que regem o sistema podem ser formuladas usando a lei de Newton ou as equações de Lagrange (o conjunto completo ou os coeficientes de influência)

$$\begin{bmatrix} m & 0 & 0 \\ 0 & m & 0 \\ 0 & 0 & 2m \end{bmatrix}\begin{bmatrix} \ddot{x}_1 \\ \ddot{x}_2 \\ \ddot{x}_3 \end{bmatrix} + \begin{bmatrix} 2k & -2k & 0 \\ -2k & 3k & -k \\ 0 & -k & k \end{bmatrix}\begin{bmatrix} x_1 \\ x_2 \\ x_3 \end{bmatrix} = \begin{bmatrix} 0 \\ 0 \\ 0 \end{bmatrix} \tag{a}$$

(a) As frequências naturais são as raízes quadradas dos autovalores de $\mathbf{M}^{-1}\mathbf{K}$,

$$\det(\mathbf{M}^{-1}\mathbf{K} - \lambda\mathbf{I}) = 0 \Rightarrow \begin{bmatrix} \frac{1}{m} & 0 & 0 \\ 0 & \frac{1}{m} & 0 \\ 0 & 0 & \frac{1}{2m} \end{bmatrix}\begin{bmatrix} 2k & -2k & 0 \\ -2k & 3k & -k \\ 0 & -k & k \end{bmatrix} - \lambda\begin{bmatrix} 1 & 0 & 0 \\ 0 & 1 & 0 \\ 0 & 0 & 1 \end{bmatrix}$$
$$= \begin{bmatrix} 4\phi - \lambda & -4\phi & 0 \\ -4\phi & 6\phi - \lambda & -2\phi \\ 0 & -\phi & \phi - \lambda \end{bmatrix} \tag{b}$$

onde $\phi = \frac{k}{2m}$. A avaliação da determinante na Equação (b) leva a

$$-\lambda^3 + 11\phi\lambda^2 - 16\phi^2\lambda = 0 \tag{c}$$

A menor raiz da Equação (c) é $\lambda = 0$. O sistema é não restrito. As outras raízes são obtidas através da resolução de

$$\lambda^2 - 11\phi\lambda + 16\phi^2 = 0 \qquad (d)$$

As soluções da Equação (b) são

$$\lambda = 0,\ 1{,}725\phi,\ 9{,}275\phi \qquad (e)$$

das quais as frequências naturais são obtidas da seguinte forma

$$\omega_1 = 0 \qquad \omega_2 = \sqrt{\frac{1{,}725k}{2m}} = 0{,}928\sqrt{\frac{k}{m}} \qquad \omega_3 = \sqrt{\frac{9{,}275k}{2m}} = 2{,}15\sqrt{\frac{k}{m}} \qquad (f)$$

(b) Os vetores de modo natural são determinados a partir de

$$\begin{bmatrix} 4\phi - \lambda & -4\phi & 0 \\ -4\phi & 6\phi - \lambda & -2\phi \\ 0 & -\phi & \phi - \lambda \end{bmatrix} \begin{bmatrix} X_1 \\ X_2 \\ X_3 \end{bmatrix} = \begin{bmatrix} 0 \\ 0 \\ 0 \end{bmatrix} \qquad (g)$$

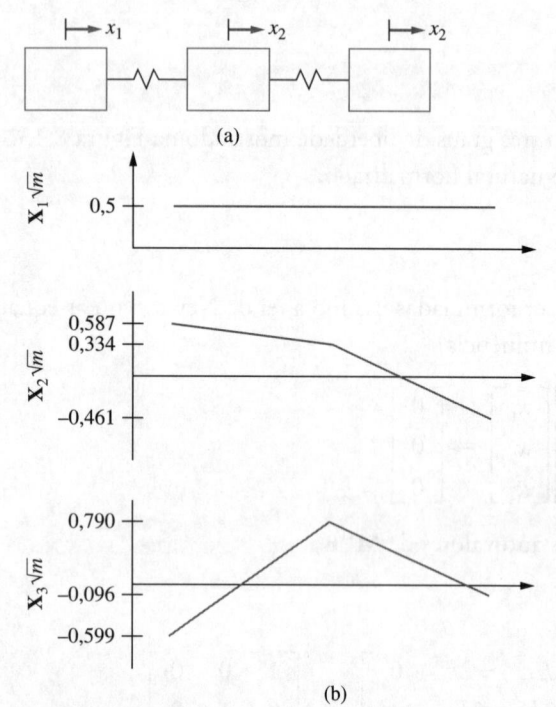

**FIGURA 8.13**
Sistema do Exemplo 8.17.

A primeira equação dá

$$X_1 = \frac{4\phi}{4\phi - \lambda} X_2 \qquad (h)$$

enquanto a terceira equação dá

$$X_3 = \frac{\phi}{\phi - \lambda} X_2 \qquad (i)$$

Quando avaliado para os valores de $\lambda$ que são os autovalores de $\mathbf{M}^{-1}\mathbf{K}$ e mantendo $X_2 = C$, as Equações arbitrárias (h) e (i) produzem

$$\mathbf{X}_1 = C \begin{bmatrix} 1 \\ 1 \\ 1 \end{bmatrix} \quad \mathbf{X}_2 = C \begin{bmatrix} 1,758 \\ 1 \\ -1,379 \end{bmatrix} \quad \mathbf{X}_3 = C \begin{bmatrix} -0,758 \\ 1 \\ -0,121 \end{bmatrix} \tag{j}$$

Os modos naturais são normalizadas ao exigirem $(\mathbf{X}_i, \mathbf{X}_i)_M = \mathbf{X}_i^T \mathbf{M} \mathbf{X}_i = 1$. Por exemplo, a normalização de $\mathbf{X}_2$ escolhe $C$ tal que

$$\mathbf{X}_2^T \mathbf{M} \mathbf{X}_2 = 1 \Rightarrow 1 = C[1,758 \quad 1 \quad -1,3679] \begin{bmatrix} m & 0 & 0 \\ 0 & m & 0 \\ 0 & 0 & 2m \end{bmatrix} C \begin{bmatrix} 1,758 \\ 1 \\ -1,379 \end{bmatrix}$$

$$= C^2 [1,758 \quad 1 \quad -1,3679] \begin{bmatrix} 1,758m \\ m \\ -2,758m \end{bmatrix} \tag{k}$$

$$= C^2 [1,758(1,758m) + 1(m) - 1,479(-2,758m)] = C^2(8,939m)$$

ou $C = \frac{0,334}{\sqrt{m}}$. Cálculos similares são realizados produzindo os vetores de modo natural normalizados da seguinte forma

$$\mathbf{X}_1 = \frac{1}{\sqrt{m}} \begin{bmatrix} 0,5 \\ 0,5 \\ 0,5 \end{bmatrix} \quad \mathbf{X}_2 = \frac{1}{\sqrt{m}} \begin{bmatrix} 0,587 \\ 0,334 \\ -0,461 \end{bmatrix} \quad \mathbf{X}_3 = \frac{1}{\sqrt{m}} \begin{bmatrix} -0,599 \\ 0,790 \\ -0,096 \end{bmatrix} \tag{l}$$

Os modos naturais normalizados são ilustrados na Figura 8.12(b). O primeiro modo é um modo de corpo rígido que corresponde à frequência natural de zero. Existe um nó do segundo modo na mola que liga a segunda e a terceira massas. Dois nós marcam o terceiro modo. Um está na mola que liga as duas primeiras massas; o segundo está na mola que ligas segunda e terceira massas, mas não no mesmo local que o nó do segundo modo.
(a) A ortogonalidade do modo natural implica $(\mathbf{X}_i, \mathbf{X}_j)_M = \mathbf{X}_j^T \mathbf{M} \mathbf{X}_i = 0$ para $i \neq j$. A demonstração desta relação segue

$$(\mathbf{X}_1, \mathbf{X}_2)_M = \mathbf{X}_2^T \mathbf{M} \mathbf{X}_1 = \frac{1}{\sqrt{m}} [0,587 \quad 0,334 \quad -0,461] \begin{bmatrix} m & 0 & 0 \\ 0 & m & 0 \\ 0 & 0 & 2m \end{bmatrix} \frac{1}{\sqrt{m}} \begin{bmatrix} 0,5 \\ 0,5 \\ 0,5 \end{bmatrix}$$

$$= \frac{1}{m} [0,587 \quad 0,334 \quad -0,461] \begin{bmatrix} 0,5m \\ 0,5m \\ m \end{bmatrix} \tag{m}$$

$$= 0,587(0,5) + 0,334(0,5) - 0,461(1) = 0$$

$$(\mathbf{X}_2, \mathbf{X}_3)_M = \mathbf{X}_3^T \mathbf{M} \mathbf{X}_2 = \frac{1}{\sqrt{m}}[-0{,}599 \quad 0{,}790 \quad -0{,}096]\begin{bmatrix} m & 0 & 0 \\ 0 & m & 0 \\ 0 & 0 & 2m \end{bmatrix}\frac{1}{\sqrt{m}}\begin{bmatrix} 0{,}587 \\ 0{,}334 \\ -0{,}461 \end{bmatrix}$$

(n)

$$= \frac{1}{m}[-0{,}599 \quad 0{,}790 \quad -0{,}096]\begin{bmatrix} 0{,}587m \\ 0{,}334m \\ 0{,}922m \end{bmatrix}$$

$$= -0{,}599(0{,}587) + 0{,}790(0{,}334) - 0{,}096(-0{,}922) = 0$$

$$(\mathbf{X}_3, \mathbf{X}_1)_M = \mathbf{X}_2^T \mathbf{M} \mathbf{X}_1 = \frac{1}{\sqrt{m}}[0{,}5 \quad 0{,}5 \quad -0{,}5]\begin{bmatrix} m & 0 & 0 \\ 0 & m & 0 \\ 0 & 0 & 2m \end{bmatrix}\frac{1}{\sqrt{m}}\begin{bmatrix} -0{,}599 \\ 0{,}790 \\ -0{,}096 \end{bmatrix}$$

$$= \frac{1}{m}[0{,}5 \quad 0{,}5 \quad -0{,}5]\begin{bmatrix} -0{,}599m \\ 0{,}790m \\ -0{,}192m \end{bmatrix}$$

$$= 0{,}5(-0{,}599) + 0{,}5(0{,}790) + 0{,}5(-0{,}192) = 0$$

(o) ∎

## 8.16 RESUMO

### 8.16.1 CONCEITOS IMPORTANTES

- Um sistema de NGL é regido por $n$ equações diferenciais e tem $n$ frequências naturais.
- As frequências naturais de um sistema de NGL são as raízes quadradas dos autovalores de $\mathbf{M}^{-1}\mathbf{K}$.
- As frequências naturais de um sistema de NGL são os recíprocos das raízes quadradas dos autovalores de $\mathbf{AM}$.
- Os vetores de modo natural são os autovetores correspondentes.
- A solução geral desta resposta livre é uma combinação linear dos modos. As constantes na combinação linear são determinadas a partir da aplicação das condições iniciais.
- Um sistema degenerado tem frequências naturais repetidas.
- Um sistema sem restrição tem a menor frequência natural igual a zero.
- Modos naturais que correspondem a frequências distintas de um sistema de NGL são mutuamente ortogonais em relação ao produto escalar de energia cinética, bem como o produto escalar de energia potencial.
- Todos os autovalores de $\mathbf{M}^{-1}\mathbf{K}$ são reais.
- Se $\mathbf{K}$ é definido positivo, então todos os autovalores de $\mathbf{M}^{-1}\mathbf{K}$ são positivos.
- Qualquer vetor $n$-dimensional pode ser expandido em uma série de vetores de modo natural de um sistema de NGL.
- Os vetores de modo natural são normalizados em relação ao produto escalar de energia cinética.
- As coordenadas principais são coordenadas que se desacoplam das equações diferenciais.
- As coordenadas principais são a transformação linear das coordenadas generalizadas originais.
- As equações diferenciais de um sistema com amortecimento proporcional são desacopladas pelas mesmas coordenadas principais que desacoplam o sistema não amortecido correspondente.
- As $n$ equações de segunda ordem que regem um sistema com amortecimento viscoso são reformuladas como $2n$ equações diferenciais de primeira ordem.

## 8.16.2 EQUAÇÕES IMPORTANTES

Solução de forma modal

$$\mathbf{x}(t) = \mathbf{X}e^{i\omega t} \tag{8.4}$$

Equações que definem os modos naturais

$$(\mathbf{M}^{-1}\mathbf{K} - \omega^2\mathbf{I})\mathbf{X} = \mathbf{0} \tag{8.7}$$

Frequências naturais a partir da matriz de rigidez

$$\det|\mathbf{M}^{-1}\mathbf{K} - \omega^2\mathbf{I}| = 0 \tag{8.9}$$

Equações que definem modos naturais a partir da matriz de flexibilidade

$$(-\omega^2\mathbf{A}\mathbf{M} + \mathbf{I})\mathbf{X} = \mathbf{0} \tag{8.10}$$

Solução geral

$$\mathbf{x}(t) = \sum_{i=1}^{n} \mathbf{X}_i A_i \operatorname{sen}(\omega_i t - \phi_i) \tag{8.16}$$

Produto da energia escalar potencial

$$(\mathbf{y}, \mathbf{z})_K = \mathbf{z}^T\mathbf{K}\mathbf{y} \tag{8.25}$$

Produto da energia escalar cinética

$$(\mathbf{y}, \mathbf{z})_M = \mathbf{z}^T\mathbf{M}\mathbf{y} \tag{8.26}$$

Modelo natural de ortogonalidade

$$(\mathbf{X}_i, \mathbf{X}_j)_M = 0 \tag{8.45}$$

$$(\mathbf{X}_i, \mathbf{X}_j)_K = 0 \tag{8.46}$$

Teorema da expansão

$$\mathbf{y} = \sum_{i=1}^{n} c_i \mathbf{X}_i \tag{8.49}$$

$$c_j = \frac{(\mathbf{X}_j, \mathbf{y})_M}{(\mathbf{X}_j \mathbf{X}_j)_M} \tag{8.52}$$

Modos naturais normalizados

$$(\mathbf{X}_i, \mathbf{X}_i)_M = 1 \tag{8.53}$$

$$(\mathbf{X}_i, \mathbf{X}_i)_K = \omega_i^2 \tag{8.54}$$

Quociente de Rayleigh

$$R(\mathbf{X}) = \frac{(\mathbf{X},\mathbf{X})_K}{(\mathbf{X},\mathbf{X})_M} \tag{8.62}$$

Coordenadas principais

$$\ddot{p}_j + \omega_j^2 p_j = 0 \tag{8.70}$$

$$\mathbf{x} = \mathbf{Pp} \tag{8.71}$$

Amortecimento proporcional

$$\mathbf{C} = \alpha\mathbf{K} + \beta\mathbf{M} \tag{8.73}$$

Coordenadas principais do amortecimento proporcional

$$\ddot{p}_j + 2\zeta_j \omega_j \dot{p}_j + \omega_j^2 p_j = 0 \tag{8.78}$$

# PROBLEMAS

## PROBLEMAS DE RESPOSTA CURTA

Para os Problemas do 8.1 a 8.18, indique se a afirmação apresentada é verdadeira ou falsa. Se for verdadeira, justifique sua resposta. Se for falsa, reescreva a afirmação para torná-la verdadeira.

8.1 As frequências naturais de um sistema de NGL são os autovalores de $\mathbf{M}^{-1}\mathbf{K}$.

8.2 Um sistema com $n$ graus de liberdade tem $n + 1$ frequências naturais.

8.3 O vetor do modo natural é a solução de $(\mathbf{AM} - \frac{1}{\omega^2}\mathbf{I})\mathbf{X} = 0$.

8.4 Um nó de um modo é uma partícula que tem deslocamento zero quando as vibrações estão exclusivamente naquela frequência.

8.5 Os vetores de modo natural são ortogonais em relação ao produto interno padrão. Ou seja, $\mathbf{X}_j^T \mathbf{X}_i = 0$.

8.6 O vetor de modo natural correspondente a uma frequência natural $\omega$ de um sistema de NGL é único.

8.7 Os autovetores são normalizados exigindo que o produto escalar de energia cinética de vetor de modo natural com ele próprio seja igual a um.

8.8 A matriz modal é a transposição da matriz cujas colunas são os vetores normalizados do modo natural.

8.9 O amortecimento proporcional ocorre quando a matriz de amortecimento é proporcional à matriz de flexibilidade.

8.10 As frequências naturais de um sistema de NGL são as raízes de um polinômio de $n$-ésima ordem.

8.11 $\mathbf{P}^T\mathbf{MP} = \mathbf{I}$ onde $\mathbf{P}$ é a matriz modal e $\mathbf{I}$ é a identidade da matriz.

8.12 Se $\mathbf{X}_i$ é um modo natural normalizado que corresponde a uma frequência natural $\omega_i$, então $(\mathbf{X}_i, \mathbf{X}_i)_K = \omega_i^2$.

8.13 A frequência natural mais baixa quando det $\mathbf{K} = 0$ é zero.

8.14 A matriz de flexibilidade não existe para um sistema sem restrições.

8.15 O quociente de Rayleigh pode ser aplicado para se obter um limite inferior na frequência natural mais baixa.

8.16 A razão de amortecimento de um sistema proporcionalmente amortecido onde o amortecimento proporcional é proporcional à matriz de rigidez é inversamente proporcional à frequência natural.

8.17 A iteração da matriz é um método usado para determinar as frequências naturais de um sistema de NGL de modo iterativo.

Capítulo 8    VIBRAÇÕES LIVRES DOS SISTEMAS DE NGL    481

8.18 Se $[1\ 2]^T$ é um vetor de modo natural que corresponde a uma frequência natural de 100 rad/s para um sistema de dois componentes não degenerado, então $[2\ 6]^T$ também é um vetor de modo natural que corresponde a 100 rad/s.

Os Problemas de 8.19 a 8.39 exigem uma resposta curta.

8.19 Qual é a solução de modo natural?
8.20 Qual é matriz dinâmica?
8.21 As frequências naturais de um sistema de NGL são as _____ dos autovalores de **AM**.
8.22 As frequências naturais e os vetores de modo natural de um sistema de NGL foram determinadas. Como a resposta livre do sistema é determinada?
8.23 Qual é o nome do modo correspondente a uma frequência natural igual a zero?
8.24 Quantos vetores de modo natural linearmente independentes correspondem a uma frequência natural que é uma raiz dupla da equação característica?
8.25 Defina produto escalar de energia potencial.
8.26 Ao que o termo "energia cinética" se refere no produto escalar de energia cinética?
8.27 Como a propriedade comutativa de produtos escalares é satisfeita para o produto escalar de energia cinética?
8.28 O que significa "modo natural de ortogonalidade"?
8.29 O que é um vetor de modo natural normalizado?
8.30 Defina o quociente de Rayleigh de um vetor $n$-dimensional arbitrário.
8.31 Quando o quociente de Rayleigh está estacionário?
8.32 Por que a matriz modal é não singular?
8.33 Demonstre o teorema de expansão.
8.34 Quais são as coordenadas principais de um sistema de NGL linear não amortecido?
8.35 Como a iteração da matriz é usada para aproximar a frequência natural mais baixa de um sistema de NGL?
8.36 Qual é a razão de amortecimento modal?
8.37 Por que as principais coordenadas de um sistema não amortecido são usadas como coordenadas principais de um sistema de amortecimento viscoso com amortecimento proporcional?
8.38 Se a menor frequência natural de um sistema for zero, qual é o det $\mathbf{M}^{-1}\mathbf{K}$?
8.39 Quantos nós localizados no sistema devem ser esperados para o terceiro modo de um sistema com sete graus de liberdade?

Os Problemas de 8.40 a 8.51 exigem cálculos curtos.

8.40 Os autovalores de $\mathbf{M}^{-1}\mathbf{K}$ são 20, 50 e 100. Quais são os autovalores de **AM**?
8.41 Os autovalores de $\mathbf{M}^{-1}\mathbf{K}$ são 16, 49, 100 e 225. Quais são as frequências naturais do sistema?
8.42 Do sistema da Figura P 8.42, calcule $(\mathbf{x}, \mathbf{y})_K$ para $\mathbf{x} = [3\ 2\ -1]^T$ e $\mathbf{y} = [1\ -2\ 3]^T$.

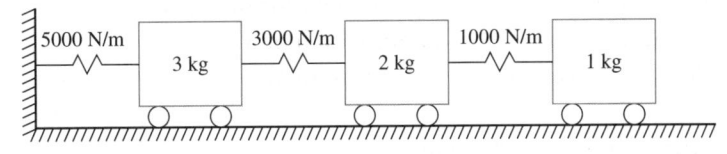

**FIGURA P 8.42**

8.43 Do sistema da Figura P 8.42, calcule o quociente de Rayleigh para $\mathbf{x} = [3\ 2\ -1]^T$.
8.44 Um vetor de modo natural de um sistema com dois graus de liberdade é $[1\ 2]^T$. A matriz da massa do sistema é $\mathbf{M} = \begin{bmatrix} 2 & 0 \\ 0 & 3 \end{bmatrix}$. Calcule o segundo vetor de modo natural.
8.45 Um vetor de modo natural de um sistema com dois graus de liberdade é $[1\ 2]^T$. Este vetor de modo natural do primeiro modo corresponde à frequência natural mais baixa ou ao modo mais alto? Por quê?

8.46 Um vetor de modo natural de um sistema com dois graus de liberdade é $[1\ 2]^T$. A matriz da massa do sistema é $M = \begin{bmatrix} 2 & 0 \\ 0 & 3 \end{bmatrix}$. Normalize o vetor de modo natural.

8.47 Um vetor de modo natural normalizado de um sistema com dois graus de liberdade é $[0{,}1\ 0{,}3]^T$. A matriz de rigidez do sistema é $K = \begin{bmatrix} 200 & -100 \\ -100 & 300 \end{bmatrix}$. Calcule a frequência natural que corresponde a este modo.

8.48 Os vetores $[1\ 2\ 2{,}5]^T$ e $[1\ 2\ -2]^T$ podem ser vetores de modo natural de um sistema com uma matriz de massa diagonal com todos os três elementos diagonais iguais?

8.49 Um sistema sem amortecimento com três graus de liberdade possui frequências naturais de 10 rad/s, 25 rad/s e 50 rad/s. Quais são as equações diferenciais satisfeitas pelas coordenadas principais de um sistema com vibração livre?

8.50 Um sistema com três graus de liberdade com amortecimento viscoso que é proporcional à matriz de rigidez tem frequências de 10 rad/s, 25 rad/s e 50 rad/s.
A razão de amortecimento modal do primeiro modo é 0,1.
(a) Quais são as razões de amortecimento modal dos modos mais elevados?
(b) Escreva as equações diferenciais satisfeitas pelas coordenadas principais de vibrações livres do sistema.

8.51 Um sistema possui as equações diferenciais

$$\begin{bmatrix} 5 & 0 & 0 \\ 0 & 3 & 0 \\ 0 & 0 & 2 \end{bmatrix} \begin{bmatrix} \ddot{x}_1 \\ \ddot{x}_2 \\ \ddot{x}_3 \end{bmatrix} + \begin{bmatrix} 3 & -1 & 0 \\ -1 & 4 & -3 \\ 0 & -3 & 3 \end{bmatrix} \begin{bmatrix} \dot{x}_1 \\ \dot{x}_2 \\ \dot{x}_3 \end{bmatrix} + \begin{bmatrix} 50 & -20 & 0 \\ -20 & 100 & -80 \\ 0 & -80 & 120 \end{bmatrix} \begin{bmatrix} x_1 \\ x_2 \\ x_3 \end{bmatrix} = \begin{bmatrix} 0 \\ 0 \\ 0 \end{bmatrix}$$

Escreva o sistema de equações diferenciais como seis equações diferenciais de primeira ordem.

8.52 As equações de Lagrange são usadas para obter as equações diferenciais de um sistema com três graus de liberdade, resultando em

$$\begin{bmatrix} m_{11} & m_{12} & m_{13} \\ m_{21} & m_{22} & m_{23} \\ m_{31} & m_{32} & m_{33} \end{bmatrix} \begin{bmatrix} \ddot{x}_1 \\ \ddot{x}_2 \\ \ddot{\theta} \end{bmatrix} + \begin{bmatrix} c_{11} & c_{12} & c_{13} \\ c_{21} & c_{22} & c_{23} \\ c_{31} & c_{32} & c_{33} \end{bmatrix} \begin{bmatrix} \dot{x}_1 \\ \dot{x}_2 \\ \dot{\theta} \end{bmatrix} + \begin{bmatrix} k_{11} & k_{12} & k_{13} \\ k_{21} & k_{22} & k_{23} \\ k_{31} & k_{32} & k_{33} \end{bmatrix} \begin{bmatrix} x_1 \\ x_2 \\ \theta \end{bmatrix} = \begin{bmatrix} F_1 \\ F_2 \\ F_3 \end{bmatrix}$$

onde $x_1$ e $x_2$ são deslocamentos lineares e $\theta$ é uma coordenada angular. A matriz de amortecimento é tal que o sistema possui amortecimento proporcional. Quais são as possíveis unidades (em SI) para cada uma das seguintes quantidades.
(a) A terceira frequência natural $\omega_3$
(b) A razão de amortecimento modal $\zeta_2$
(c) A constante de proporcionalidade entre a matriz de amortecimento e a matriz de rigidez $\alpha$
(d) O terceiro elemento do vetor de modo natural normalizado do primeiro modo
(e) O segundo elemento do vetor de modo natural normalizado do terceiro modo
(f) A coordenada principal $p_1$
(g) O elemento da matriz modal na primeira linha e segunda coluna
(h) O elemento da matriz modal na terceira linha e terceira coluna
(i) A constante de proporcionalidade entre a matriz de massa e a matriz de amortecimento

# CAPÍTULO 9

# VIBRAÇÕES FORÇADAS DOS SISTEMAS DE NGL

## 9.1 INTRODUÇÃO

A resposta forçada de um sistema de múltiplos graus de liberdade (de NGL) linear, como para um sistema de um grau de liberdade (1GL), é a soma da solução homogênea e de uma solução particular. A solução homogênea depende das propriedades do sistema, enquanto a solução particular é a resposta em função da forma particular de excitação. A resposta de vibrações livres geralmente é ignorada para um sistema cujo comportamento a longo prazo é importante, como um sistema sujeito à excitação periódica. A solução de vibrações livres é importante para os sistemas em que o comportamento a curto prazo é importante, como um sistema sujeito à excitação por choque.

Diversos métodos estão disponíveis para determinar a resposta forçada de um sistema de NGL. O método de coeficientes indeterminados pode ser aplicado a qualquer sistema sujeito a uma excitação periódica. No entanto, em função da complexidade algébrica, sua utilidade é restrita aos sistemas com apenas alguns graus de liberdade. O método da transformada de Laplace pode ser aplicado para determinar as propriedades do sistema, porém sua utilidade é limitada porque sua aplicação exige a solução das equações simultâneas de um sistema cujos coeficientes são funções da variável da transformada. Tanto o método dos coeficientes indeterminados quando o método da transformada de Laplace podem ser usados para determinar a resposta forçada de um sistema com uma matriz de amortecimento geral.

Os métodos dos coeficientes indeterminados e da transformada de Laplace foram apresentados no Capítulo 6 para solucionar problemas de vibrações forçadas envolvendo sistemas de dois graus de liberdade. Sua aplicação é a mesma, exceto que os métodos matriciais são usados neste capítulo.

O método mais útil para determinar a resposta de vibrações forçadas de um sistema de NGL linear é a análise modal, que tem como base o uso das coordenadas principais para desacoplar as equações diferenciais regendo o movimento de um sistema não amortecido ou proporcionalmente amortecido. As equações diferenciais não acopladas são solucionadas por técnicas-padrão para a solução das equações diferenciais ordinárias. Uma forma mais geral da análise modal envolvendo a álgebra complexa é desenvolvida para os sistemas com uma matriz de amortecimento geral.

Muitas vezes as equações diferenciais não podem ser solucionadas na forma fechada. A análise modal ainda pode ser usada para desacoplar as equações diferenciais. As equações diferenciais para as coordenadas principais podem ser solucionadas por integração numérica da integral de convolução ou por simulação numérica direta da equação diferencial por um método como o de Runge-Kutta.

## 9.2 EXCITAÇÕES HARMÔNICAS

A resposta de um sistema de NGL em função de uma excitação harmônica é a soma da solução homogênea e da solução particular. Mesmo se o amortecimento não estiver incluso, a solução homogênea costuma ser ignorada. Em uma situação real, o amortecimento está presente, fazendo a solução homogênea decair com o tempo. A solução a longo prazo ou em regime permanente é a única solução particular.

O método dos coeficientes a determinar pode ser adaptado para encontrar a solução particular para um sistema de NGL sujeito a uma excitação harmônica. Este método pode ser usado para sistemas amortecidos ou não amortecidos. Sua aplicação para um sistema de NGL exige a solução de pelo menos um conjunto de $n$ equações simultâneas.

As equações diferenciais regendo o movimento de um sistema de NGL não amortecido sujeito a uma excitação de frequência única com todos os termos de excitação na mesma fase são da forma

$$\mathbf{M\ddot{x}} + \mathbf{Kx} = \mathbf{F}\operatorname{sen}\omega t \tag{9.1}$$

onde $\mathbf{F}$ é um vetor $n$-dimensional das constantes. O método de coeficientes a determinar é usado e assume uma solução particular da forma

$$\mathbf{x}(t) = \mathbf{U}\operatorname{sen}\omega t \tag{9.2}$$

onde $\mathbf{U}$ é um vetor $n$-dimensional dos coeficientes a determinar. Substituir a Equação (9.2) pela Equação (9.1) leva a

$$(-\omega^2\mathbf{M} + \mathbf{K})\mathbf{U} = \mathbf{F} \tag{9.3}$$

A Equação (9.3) representa um conjunto de $n$ equações algébricas simultâneas para solucionar os componentes do vetor $\mathbf{U}$. Uma única solução da Equação (9.3) existe a menos que

$$|-\omega^2\mathbf{M} - \mathbf{K}| = 0 \tag{9.4}$$

A Equação (9.4) é satisfeita apenas quando a frequência da excitação coincide com uma das frequências naturais do sistema. Quando isso ocorre, o uso da Equação (9.2) é inapropriado. A resposta cresce linearmente com o tempo, produzindo uma condição de ressonância.

Quando uma solução da Equação (9.3) existe, ela pode ser escrita como

$$\mathbf{U} = (-\omega^2\mathbf{M} + \mathbf{K})^{-1}\mathbf{F} \tag{9.5}$$

## EXEMPLO 9.1

Determine a resposta forçada do sistema de três graus de liberdade mostrado na Figura 9.1(a)

### SOLUÇÃO

As equações diferenciais regendo o sistema da Figura 9.1 são

$$\begin{bmatrix} 10 & 0 & 0 \\ 0 & 12 & 0 \\ 0 & 0 & 14 \end{bmatrix} \begin{bmatrix} \ddot{x}_1 \\ \ddot{x}_2 \\ \ddot{x}_3 \end{bmatrix} + \begin{bmatrix} 1500 & -1000 & 0 \\ -1000 & 1700 & -700 \\ 0 & -700 & 700 \end{bmatrix} \begin{bmatrix} x_1 \\ x_2 \\ x_3 \end{bmatrix} = \begin{bmatrix} 0 \\ 0 \\ 20\operatorname{sen}10t \end{bmatrix} \tag{a}$$

Uma solução em regime permanente é assumida como

$$\begin{bmatrix} x_1 \\ x_2 \\ x_3 \end{bmatrix} = \begin{bmatrix} U_1 \\ U_2 \\ U_3 \end{bmatrix} \operatorname{sen}10t \tag{b}$$

que com a substituição pela Equação (a) leva a

$$\begin{bmatrix} 500 & -1000 & 0 \\ -1000 & 500 & -700 \\ 0 & -700 & -700 \end{bmatrix} \begin{bmatrix} U_1 \\ U_2 \\ U_3 \end{bmatrix} = \begin{bmatrix} 0 \\ 0 \\ 20 \end{bmatrix} \quad \text{(c)}$$

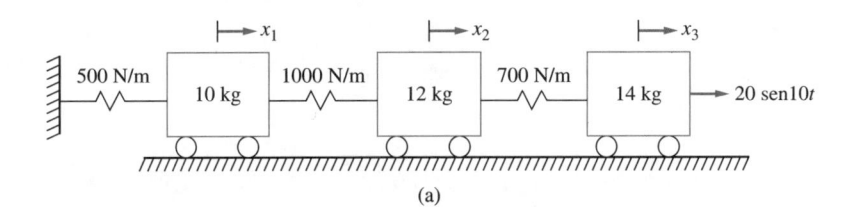

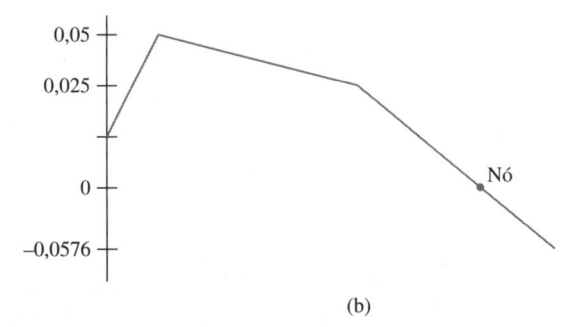

**FIGURA 9.1**
(a) Sistema de três graus de liberdade do Exemplo 9.1. (b) A resposta em regime permanente do sistema é determinada usando o método dos coeficientes a determinar. Gráfico das amplitudes em regime permanente das massas *versus* a posição da massa.

A solução para a Equação (c) é

$$\begin{bmatrix} U_1 \\ U_2 \\ U_3 \end{bmatrix} = \begin{bmatrix} 0{,}05 \\ 0{,}025 \\ -0{,}0536 \end{bmatrix} \quad \text{(d)}$$

O vetor das soluções é representado graficamente em relação à posição de equilíbrio das massas como em um diagrama do modo de vibração na Figura 9.1(b). Em regime permanente, há um nó na mola entre a massa de 12 kg e a massa de 14 kg. A terceira massa está fora da fase com a excitação. ∎

As equações diferenciais regendo o movimento de um sistema de NGL com amortecimento viscoso sujeito a uma excitação harmônica de frequência única são da forma

$$\mathbf{M\ddot{x}} + \mathbf{C\dot{x}} + \mathbf{Kx} = \text{Im}(\mathbf{F}e^{i\omega t}) \quad (9.6)$$

onde **F** é um vetor *n*-dimensional das constantes. As constantes podem ser complexas se cada força generalizada não for da mesma fase e tiverem a forma

$$F_i = f_i e^{i\phi} \quad (9.7)$$

A solução da Equação (9.6) é assumida como

$$\mathbf{x}(t) = \text{Im}(\mathbf{U}e^{i\omega t}) \quad (9.8)$$

onde **U** é um vetor *n*-dimensional das constantes complexas. A substituição da Equação (9.8) pela Equação (9.6) leva a

$$(-\omega^2 \mathbf{M} + i\omega \mathbf{C} + \mathbf{K})\mathbf{U} = \mathbf{F} \tag{9.9}$$

A solução da Equação (9.9) é obtida como

$$\mathbf{U} = (-\omega^2 \mathbf{M} + i\omega \mathbf{C} + \mathbf{K})^{-1} \mathbf{F} \tag{9.10}$$

## EXEMPLO 9.2

Determine as amplitudes em regime permanente do sistema da Figura 9.2.

### SOLUÇÃO

As equações diferenciais regendo o movimento do sistema mostrado na Figura 9.2 são

$$\begin{bmatrix} 10 & 0 & 0 \\ 0 & 12 & 0 \\ 0 & 0 & 14 \end{bmatrix} \begin{bmatrix} \ddot{x}_1 \\ \ddot{x}_2 \\ \ddot{x}_3 \end{bmatrix} + \begin{bmatrix} 50 & 0 & 0 \\ 0 & 100 & -100 \\ 0 & -100 & 100 \end{bmatrix} \begin{bmatrix} \dot{x}_1 \\ \dot{x}_2 \\ \dot{x}_3 \end{bmatrix}$$

$$+ \begin{bmatrix} 1500 & -1000 & 0 \\ -1000 & 1700 & -700 \\ 0 & -700 & 700 \end{bmatrix} \begin{bmatrix} x_1 \\ x_2 \\ x_3 \end{bmatrix} = \begin{bmatrix} 10 \operatorname{sen}\left(10t + \dfrac{\pi}{4}\right) \\ 0 \\ 20 \operatorname{sen} 10t \end{bmatrix} \tag{a}$$

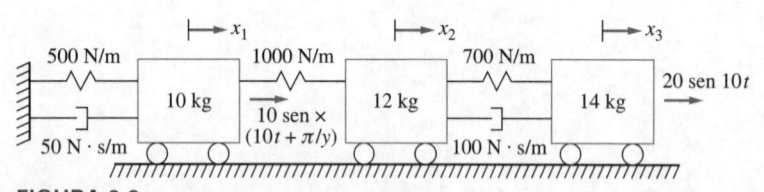

**FIGURA 9.2**
Sistema de três graus de liberdade do Exemplo 9.2.

A solução da Equação (a) é assumida como

$$\begin{bmatrix} x_1 \\ x_2 \\ x_3 \end{bmatrix} = \begin{bmatrix} U_1 \\ U_2 \\ U_3 \end{bmatrix} e^{i10t} \tag{b}$$

Apenas a parte imaginária é usada como a solução. A substituição da Equação (b) pela Equação (a) leva a

$$\begin{bmatrix} 500 + 500i & -1000 & 0 \\ -1000 & 500 + 1000i & -700 - 1000i \\ 0 & -700 - 1000i & -700 + 1000i \end{bmatrix} \begin{bmatrix} U_1 \\ U_2 \\ U_3 \end{bmatrix} = \begin{bmatrix} 10 e^{i\frac{\pi}{4}} \\ 0 \\ 20 \end{bmatrix} \tag{c}$$

cuja solução é

$$\begin{bmatrix} U_1 \\ U_2 \\ U_3 \end{bmatrix} = 10^{-3} \begin{bmatrix} 2{,}43 + 7{,}54i \\ -9{,}63 - 3{,}08i \\ -14{,}65 - 5{,}09i \end{bmatrix} \quad \text{(d)}$$

A parte imaginária da solução é

$$\begin{bmatrix} x_1 \\ x_2 \\ x_3 \end{bmatrix} = \text{Im}\left(10^{-3} \begin{bmatrix} 2{,}43 + 7{,}54i \\ -9{,}63 - 3{,}08i \\ -14{,}65 - 5{,}09i \end{bmatrix} e^{i10t}\right) = 10^{-3} \begin{bmatrix} 2{,}43 \operatorname{sen} 10t + 7{,}54 \cos 10t \\ -9{,}63 \operatorname{sen} 10t - 3{,}08 \cos 10t \\ -14{,}65 \operatorname{sen} 10t - 5{,}09 \cos 10t \end{bmatrix}$$

$$= 10^{-3} \begin{bmatrix} 7{,}92 \operatorname{sen}(10t - 1{,}26) \\ 10{,}1 \operatorname{sen}(10t + 2{,}93) \\ 15{,}5 \operatorname{sen}(10t + 2{,}81) \end{bmatrix} \quad \text{(e)} \quad \blacksquare$$

## EXEMPLO 9.3

Determine a resposta da frequência do sistema da Figura 9.3.

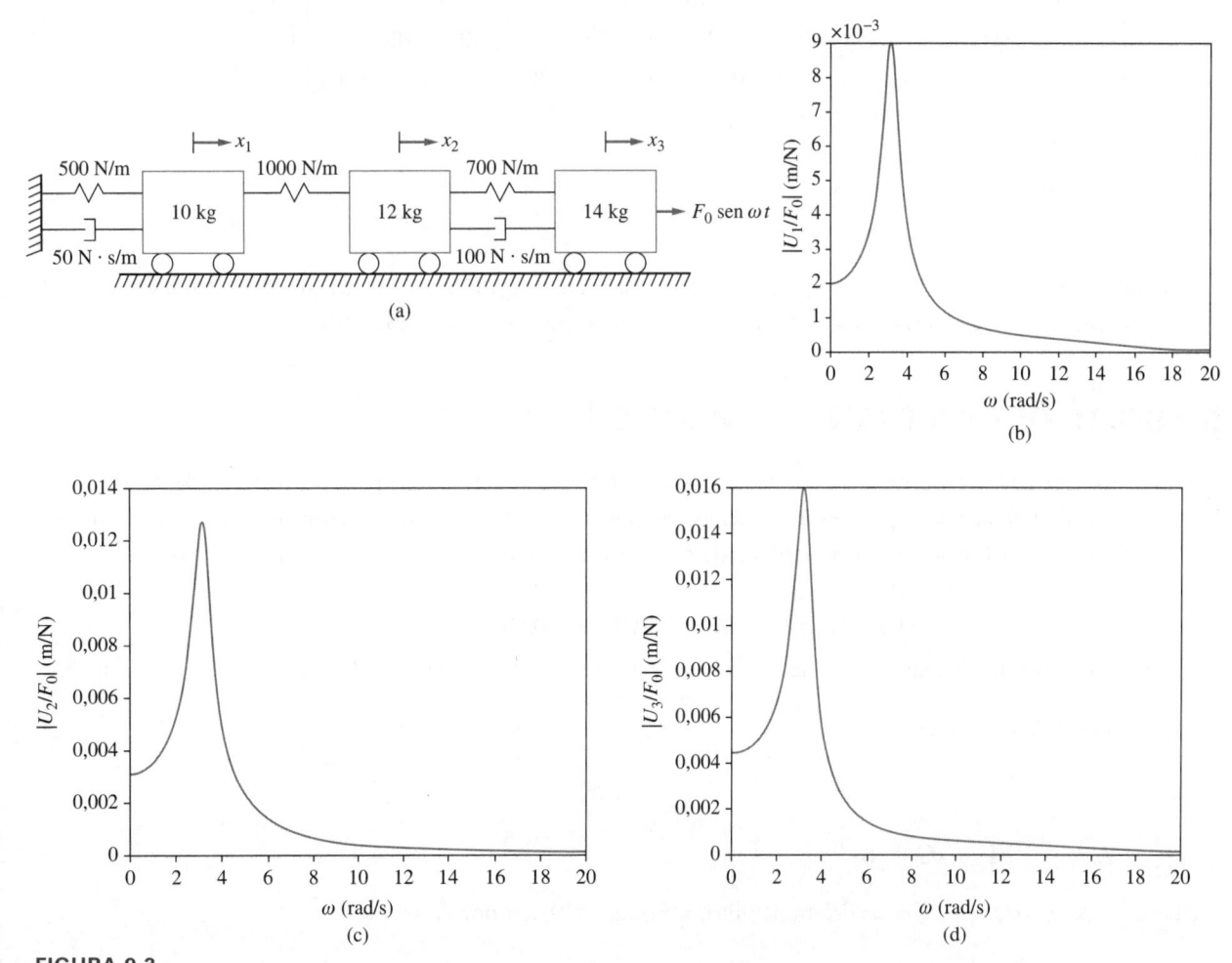

**FIGURA 9.3**
(a) Sistema de três graus de liberdade do Exemplo 9.3. (b) – (d) Curvas da resposta da frequência do Exemplo 9.3.

## SOLUÇÃO
As equações diferenciais regendo o movimento do sistema da Figura 9.3 são

$$\begin{bmatrix} 10 & 0 & 0 \\ 0 & 12 & 0 \\ 0 & 0 & 14 \end{bmatrix} \begin{bmatrix} \ddot{x}_1 \\ \ddot{x}_2 \\ \ddot{x}_3 \end{bmatrix} + \begin{bmatrix} 50 & 0 & 0 \\ 0 & 100 & -100 \\ 0 & -100 & 100 \end{bmatrix} \begin{bmatrix} \dot{x}_1 \\ \dot{x}_2 \\ \dot{x}_3 \end{bmatrix}$$

$$+ \begin{bmatrix} 1500 & -1000 & 0 \\ -1000 & 1700 & -700 \\ 0 & -700 & 700 \end{bmatrix} \begin{bmatrix} x_1 \\ x_2 \\ x_3 \end{bmatrix} = \begin{bmatrix} 0 \\ 0 \\ F_0 \operatorname{sen} \omega t \end{bmatrix}$$

(a)

A solução da Equação (a) é assumida como

$$\begin{bmatrix} x_1 \\ x_2 \\ x_3 \end{bmatrix} = \begin{bmatrix} U_1 \\ U_2 \\ U_3 \end{bmatrix} e^{i\omega t}$$

(b)

Apenas a parte imaginária é usada como a solução. A substituição da Equação (b) pela Equação (a) leva a

$$\begin{bmatrix} 1500 - 10\omega^2 + 50\omega i & -1000 & 0 \\ -1000 & 1700 - 12\omega^2 + 100i & -700 - 100\omega i \\ 0 & -700 - 100\omega i & 700 - 14\omega^2 + 100i \end{bmatrix} \begin{bmatrix} U_1 \\ U_2 \\ U_3 \end{bmatrix}$$

$$= \begin{bmatrix} 0 \\ 0 \\ F_0 \end{bmatrix}$$

(c)

Para determinado $\omega$, a Equação (c) é solucionada e a parte imaginária de $fe^{i\omega t}$ é assumida. Isso leva às amplitudes a ser $|U_0|$. As curvas da resposta da frequência são dadas nas Figuras 9.3(b) a (d). ∎

## 9.3 SOLUÇÕES DA TRANSFORMADA DE LAPLACE

Seja $\mathbf{X}(s)$ o vetor das transformadas de Laplace das coordenadas generalizadas para um sistema de NGL. Assumir a transformada de Laplace das equações diferenciais regendo as vibrações forçadas de um sistema de NGL linear e usar a linearidade da transformada e a propriedade da transformada das primeira e segunda derivadas dá

$$(s^2\mathbf{M} + s\mathbf{C} + \mathbf{K})\mathbf{X}(s) = \mathbf{F}(s) + (s\mathbf{M} + \mathbf{K})\mathbf{x}(0) + \mathbf{M}\dot{\mathbf{x}}(0) \qquad (9.11)$$

onde $\mathbf{F}(s)$ é o vetor das transformadas de Laplace de $\mathbf{F}(t)$. Se $\mathbf{x}(0) = 0$ e $\dot{\mathbf{x}}(0) = \mathbf{0}$, a Equação (9.11) se torna

$$\mathbf{Z}(s)\mathbf{X}(s) = \mathbf{F}(s) \qquad (9.12)$$

onde

$$\mathbf{Z}(s) = s^2\mathbf{M} + s\mathbf{C} + \mathbf{K} \qquad (9.13)$$

é chamado de *matriz impedância*. Pré-multiplicar a Equação (9.13) por $\mathbf{Z}^{-1}(s)$ produz

$$\mathbf{X}(s) = \mathbf{Z}^{-1}(s)\mathbf{F}(s) \qquad (9.14)$$

# Capítulo 9

Os elementos de $\mathbf{Z}^{-1}(s)$ são as funções de transferência $G_{k,j}(s)$, que representam a transformada da resposta de $x_k$ em função de um impulso específico aplicado no local descrito por $x_j$.

A resposta do sistema $\mathbf{x}(t)$ é obtida pela inversão da Equação (9.14). Se $\mathbf{F}(t)$ é um vetor das forças harmônicas como $f_j(t) = F_j \operatorname{sen} \omega_j t$, as funções de transferência sinusoidais podem ser usadas para obter a resposta. A solução para o $i$-ésimo componente de $\mathbf{X}(s)$ é

$$X_k(s) = \sum_{j=1}^{n} G_{k,j}(s) F_j(s) \tag{9.15}$$

que é invertido como

$$x_k(t) = \sum_{j=1}^{n} |G_{k,j}(i\omega_j)| F_j \operatorname{sen}(\omega_j t + \phi_{k,j}) \tag{9.16}$$

onde $i = \sqrt{-1}$ e

$$\phi_{k,j} = \tan^{-1} \frac{\operatorname{Im}[G_{k,j}(i\omega_j)]}{\operatorname{Re}[G_{k,j}(i\omega_j)]} \tag{9.17}$$

## EXEMPLO 9.4

Determine a resposta em regime permanente do bloco de 10 kg da Figura 9.4 para o que segue.
(a) $F_1(t)$ é dado na Figura 9.4(a), $F_2(t) = 0$ e $F_3(t) = 0$
(b) $F_1(t) = 20 \operatorname{sen} 10t$, $F_2(t) = 0$ e $F_3(t) = 30 \operatorname{sen} 20t$

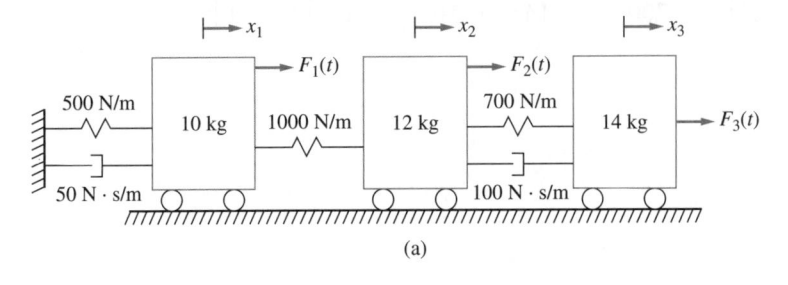

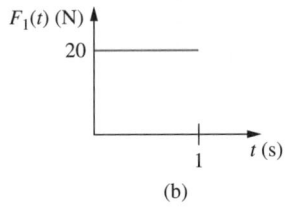

**FIGURA 9.4**
(a) Sistema do Exemplo 9.4. (b) $F_1(t)$ para o item a.

## SOLUÇÃO

As equações diferenciais regendo o movimento do sistema de três graus de liberdade da Figura 9.4 são

$$\begin{bmatrix} 10 & 0 & 0 \\ 0 & 12 & 0 \\ 0 & 0 & 14 \end{bmatrix} \begin{bmatrix} \ddot{x}_1 \\ \ddot{x}_2 \\ \ddot{x}_3 \end{bmatrix} + \begin{bmatrix} 50 & 0 & 0 \\ 0 & 100 & -100 \\ 0 & -100 & 100 \end{bmatrix} \begin{bmatrix} \dot{x}_1 \\ \dot{x}_2 \\ \dot{x}_3 \end{bmatrix}$$

$$+ \begin{bmatrix} 1500 & -1000 & 0 \\ -1000 & 1700 & -700 \\ 0 & -700 & 700 \end{bmatrix} \begin{bmatrix} x_1 \\ x_2 \\ x_3 \end{bmatrix} = \begin{bmatrix} F_1(t) \\ F_2(t) \\ F_3(t) \end{bmatrix} \quad \text{(a)}$$

Assumir a transformada de Laplace da Equação (a) e usar todas as condições iniciais como zero leva a

$$\begin{bmatrix} 10s^2 + 50s + 1500 & -1000 & 0 \\ -1000 & 12s^2 + 100s + 1700 & -100s - 700 \\ 0 & -100s - 700 & 14s^2 - 100s + 700 \end{bmatrix} \begin{bmatrix} X_1(s) \\ X_2(s) \\ X_3(s) \end{bmatrix}$$

$$= \begin{bmatrix} F_1(s) \\ F_2(s) \\ F_3(s) \end{bmatrix} \quad \text{(b)}$$

A matriz na Equação (b) é $Z(s)$.
(a) Assumir a transformada de Laplace da excitação leva a

$$\begin{bmatrix} 10s^2 + 50s + 1500 & -1000 & 0 \\ -1000 & 12s^2 + 100s + 1700 & -100s - 700 \\ 0 & -100s - 700 & 14s^2 + 100s + 700 \end{bmatrix} \begin{bmatrix} X_1(s) \\ X_2(s) \\ X_3(s) \end{bmatrix}$$

$$= \begin{bmatrix} \frac{1}{s}(1 - e^{-0,5s}) \\ 0 \\ F_0/s \end{bmatrix} \quad \text{(c)}$$

O inverso de $Z(s)$ é obtido como

$$\mathbf{Z}^{-1}(s)$$

$$= \frac{1}{D(s)} \begin{bmatrix} 2,1s^4 + 32,5s^3 + 402,5s^2 + 1250s + 8750 \\ 175s^2 + 1250s + 8750 \\ 1250s + 8750 \\ \\ 175s^4 + 1250s + 8750 \\ 7s^4 + 85s^3 + 1650s^2 + 9250s + 52.500 \\ 25s^3 + 300s^3 + 4625s + 26.250 \\ \\ 1250s + 8750 \\ 25s^3 + 300s^3 + 4625s + 26,250 \\ 3s^4 + 40s^3 + 1000s^2 + 58,755 + 38,750 \end{bmatrix} \quad \text{(d)}$$

onde

$$D(s) = 21s^6 + 430s^5 + 8800s^4 + 81.375s^3 + 578.750s^2 + 1.062.500s + 4.375.000 \qquad (e)$$

As raízes de $D(s)$ são obtidas como

$$s = -3{,}278 \pm 13{,}95i, \quad -6{,}550 \pm 7{,}67i, \quad -0{,}4097 \pm 3{,}13i \qquad (f)$$

Multiplicar $F(s)$ por $Z^{-1}(s)$ e solucionar para $X_1(s)$ leva a

$$X_1(s) = \frac{(2{,}1s^4 + 32{,}5s^3 + 402{,}5s^2 + 1250s + 8750)(1 - e^{-0{,}5s})}{s(21s^6 + 430s^5 + 8800s^4 + 81.375s^3 + 578.750s^2 + 1.062.500s + 4.375.000)} \qquad (g)$$

Uma decomposição da fração parcial da Equação (g) leva a

$$X_1(s) = 10^{-4}\left(\frac{20}{s} + \frac{-14s + 16}{s^2 + 0{,}820s + 9{,}96} + \frac{-2{,}93s + 19}{s^2 + 13{,}71s + 101{,}73}\right.$$
$$\left. + \frac{-3{,}53s + 13}{s^2 + 6{,}54s + 205{,}2}\right)(1 - e^{-0{,}5s}) \qquad (h)$$

A inversão da transformada produz

$$\begin{aligned} x_1(t) = 10^{-4}\{&20 + e^{-0{,}409t}(-14\cos 3{,}16t + 4{,}081\,\text{sen}\,3{,}16t) \\ &+ e^{-6{,}56t}(-2{,}93\cos 10{,}08t + 2{,}46\,\text{sen}\,10{,}08t) \\ &+ e^{-3{,}28}(-3{,}53\cos 14{,}32t + 1{,}40\,\text{sen}\,14{,}32t) \\ &- u(t - 0{,}5)\{20 + e^{-0{,}409(t-0{,}5)}[-14\cos 3{,}16(t - 0{,}5) \\ &+ 4{,}081\,\text{sen}\,3{,}16(t - 0{,}5]e^{-6{,}56(t-0{,}5)}[-2{,}93\cos 10{,}08(t - 0{,}5) \\ &+ 2{,}36\,\text{sen}\,10{,}08(t - 0{,}5)] + e^{-3{,}28(t-0{,}5)}[-3{,}53\cos 14{,}32(t - 0{,}5) \\ &+ 1{,}40\,\text{sen}\,14{,}32(t - 0{,}5)]\}\} \end{aligned} \qquad (i)$$

(b) A partir da Equação (9.16) para as determinadas forças

$$x_1(t) = 20|G_{1,1}(10j)|\text{sen}(10t + \phi_{1,1}) + 30|G_{1,3}(20j)|\text{sen}(20t + \phi_{1,3}) \qquad (j)$$

onde

$$G_{1,1}(10i)$$
$$= \frac{2{,}1(10i)^4 + 32{,}5(10i)^3 + 402{,}5(10i)^2 + 1250(10i) + 8750}{\begin{array}{c}21(10i)^6 + 430(10i)^5 + 8800(10i)^4 + 81.375(10i)^3 \\ + 578.750(10i)^2 + 1.062.500(10i) + 4.375.000\end{array}} \qquad (k)$$
$$= \frac{-1{,}05 \times 10^4 - 2{,}00 \times 10^4 i}{1{,}26 \times 10^7 - 2{,}775 \times 10^7 i} = 4{,}55 \times 10^{-4} - 5{,}85 \times 10^{-4}i$$

e

$$G_{1,3}(20i)$$

$$= \frac{1250(20i) + 8750}{21(20i)^6 + 430(20i)^5 + 8800(20i)^4 + 81.375(20i)^3 + 578.750(20i)^2 + 1.062.500(20i) + 4.375.000}$$ (l)

$$= \frac{8{,}75 \times 10^3 + 2{,}5 \times 10^4 i}{-1{,}671 \times 10^8 + 7{,}463 \times 10^8 i} = 2{,}94 \times 10^{-5} - 1{,}83 \times 10^{-5} i$$

A solução em regime permanente é

$$x_1(t) = 20(7{,}414 \times 10^{-4}) \operatorname{sen}(10t - 0{,}910) + 30(3{,}463 \times 10^{-5}) \operatorname{sen}(20t - 0{,}557)$$

$$= 0{,}0148 \operatorname{sen}(10t - 0.910) + 0{,}00106 \operatorname{sen}(20t - 0{,}557)$$ (m) ∎

## 9.4 ANÁLISE MODAL PARA OS SISTEMAS NÃO AMORTECIDOS E PARA OS SISTEMAS COM AMORTECIMENTO PROPORCIONAL

As equações diferenciais regendo as vibrações forçadas de um sistema de NGL linear não amortecido são

$$\mathbf{M\ddot{x} + Kx = F} \qquad (9.18)$$

O método da *análise modal* usa as coordenadas principais do sistema para desacoplar as equações diferenciais da Equação (9.18).

Seja $\omega_1 \leq \omega_2 \ldots \leq \omega_n$ as frequências naturais do sistema cujas equações são dadas pela Equação (9.18). Seja **P** a matriz modal do sistema, a matriz cujas colunas são os modos de vibração normalizados, $\mathbf{P} = [\mathbf{X}_1 \, \mathbf{X}_2 \ldots \mathbf{X}_n]$. Ao usar o teorema de expansão, como na Seção 8.8, a resposta em qualquer instante de tempo pode ser expandida como

$$\mathbf{x}(t) = \sum_{i=1}^{n} p_i(t)\mathbf{X}_i \qquad (9.19)$$

onde $p_i(t)$ são as coordenadas principais do sistema. A Equação (9.19) é equivalente a uma transformação linear entre as coordenadas generalizadas originais e as coordenadas principais

$$\mathbf{x} = \mathbf{Pp} \qquad (9.20)$$

A substituição da Equação (9.19) pela Equação (9.18) leva a

$$\sum_{i=1}^{n} \ddot{p}_i \mathbf{MX}_i + \sum_{i=1}^{n} p_i \mathbf{KX}_i = \mathbf{F} \qquad (9.21)$$

Assumir o produto escalar padrão da Equação (9.21) com $\mathbf{X}_j$ para um $j$ arbitrário leva a

$$\sum_{i=1}^{n} \ddot{p}_i (\mathbf{X}_j, \mathbf{MX}_i) + \sum_{i=1}^{n} p_i (\mathbf{X}_j, \mathbf{KX}_i) = (\mathbf{X}_j, \mathbf{F}) \qquad (9.22)$$

Com base nas definições dos produtos escalares de energia, a Equação (9.22) se torna

$$\sum_{i=1}^{n} \ddot{p}_i (\mathbf{X}_j, \mathbf{X}_i)_M + \sum_{i=1}^{n} p_i (\mathbf{X}_j, \mathbf{X}_i)_K = (\mathbf{X}_j, \mathbf{F}) \qquad (9.23)$$

A aplicação da ortogonalidade do modo de vibração leva a apenas um termo não zero em cada somatória, o termo correspondente a $i = j$. Como os modos de vibração são normalizados, a Equação (9.23) leva a

$$\ddot{p}_j + \omega_j^2 p_j = g_j(t) \tag{9.24}$$

onde

$$g_j(t) = (\mathbf{X}j, \mathbf{F}) \tag{9.25}$$

Uma equação na forma da Equação (9.24) pode ser escrita para cada $j = 1, 2, \ldots, n$. Isso mostra que as coordenadas principais usadas para desacoplar as equações diferenciais regendo as vibrações livres também podem ser usadas para desacoplar as equações diferenciais regendo as vibrações forçadas. As equações diferenciais da Equação (9.24) podem ser solucionadas por qualquer meio útil. Se as condições iniciais para $p_i$ forem $p_i(0) = 0$ e $\dot{p}_i(0) = 0$, então a solução da integral de convolução da Equação (9.24) é

$$p_i(t) = \frac{1}{\omega_i} \int_0^t g_i(\tau) \operatorname{sen}[\omega_i(t - \tau)] d\tau \tag{9.26}$$

Uma vez que as soluções para cada $p_i$ forem obtidas, a Equação (9.19) é usada para determinar as coordenadas generalizadas originais.

O procedimento de análise modal para determinar a resposta forçada de um sistema de NGL linear não amortecido é resumido abaixo.

1. É escolhido um conjunto de coordenadas generalizadas. As equações diferenciais que regem o movimento do sistema são obtidas usando, por exemplo, as equações de Lagrange. As equações diferenciais são escritas na forma matricial da Equação (9.18).
2. São obtidos as frequências naturais e os modos de vibração normalizados. As frequências naturais são as raízes quadradas dos autovalores de $\mathbf{M}^{-1}\mathbf{K}$ e os modos de vibração são os autovetores correspondentes. Os modos de vibração são normalizados ao exigir que o produto escalar da energia cinética de um modo de vibração com si mesmo seja igual a um.
3. Os elementos do vetor **G** da coluna são obtidos ao usar a Equação (9.25). Um método alternativo para obter **G** é

$$\mathbf{G} = \mathbf{P}^T \mathbf{F} \tag{9.27}$$

4. As equações da forma da Equação (9.24) são solucionadas para obter a forma dependente de tempo das coordenadas principais. A Equação (9.26) dá a solução da integral de convolução da Equação (9.24).
5. A forma dependente de tempo das coordenadas generalizadas originais é obtida pelo uso da Equação (9.19) ou da Equação (9.20).

## EXEMPLO 9.5

Use a análise modal para determinar a resposta dependente de tempo do sistema da Figura 9.5(a) sujeita à excitação da Figura 9.5(b).

### SOLUÇÃO
As equações diferenciais regendo o movimento do sistema da Figura 9.5(a) são

$$\begin{bmatrix} m & 0 & 0 \\ 0 & m & 0 \\ 0 & 0 & \frac{m}{2} \end{bmatrix} \begin{bmatrix} \ddot{x}_1 \\ \ddot{x}_2 \\ \ddot{x}_3 \end{bmatrix} + \begin{bmatrix} 3k & -2k & 0 \\ -2k & 3k & -k \\ 0 & -k & 3k \end{bmatrix} \begin{bmatrix} x_1 \\ x_2 \\ x_3 \end{bmatrix} = \begin{bmatrix} 0 \\ 0 \\ F(t) \end{bmatrix} \tag{a}$$

onde da Figura 9.5(b)

$$F(t) = 4000[1 - u(t - 1{,}2)] \text{ N} \qquad \text{(b)}$$

onde $t$ está em segundos.

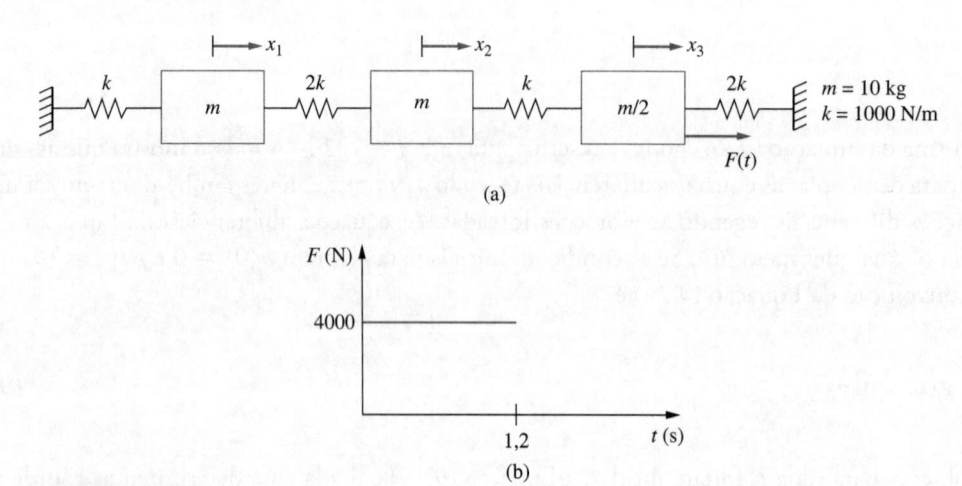

**FIGURA 9.5**
(a) Sistema de três graus de liberdade do Exemplo 9.5. (b) Excitação para o sistema do Exemplo 9.5.

As frequências naturais para esse sistema são determinadas no Exemplo 8.2 e os modos de vibração normalizados são determinados no Exemplo 8.10. Substituir $m = 10$ kg e $k = 1000$ N/m por esses resultados leva às frequências naturais de

$$\omega_1 = 8{,}936 \text{ rad/s} \qquad \omega_2 = 21{,}107 \text{ rad/s} \qquad \omega_3 = 25{,}974 \text{ rad/s} \qquad \text{(c)}$$

e a uma matriz modal de

$$\mathbf{P} = \begin{bmatrix} 0{,}2085 & 0{,}2252 & 0{,}0765 \\ 0{,}2295 & -0{,}1638 & -0{,}1432 \\ 0{,}0882 & -0{,}2120 & 0{,}3838 \end{bmatrix} (\text{kg})^{-1/2} \qquad \text{(d)}$$

O vetor $\mathbf{G}(t)$ é então calculado pelo uso da Equação (9.27)

$$\mathbf{G}(t) = \mathbf{P}^T \mathbf{F} = \begin{bmatrix} 0{,}0882 \\ -0{,}2120 \\ 0{,}3838 \end{bmatrix} F(t) \qquad \text{(e)}$$

As equações diferenciais satisfeitas pelas coordenadas principais são escritas pelo uso da Equação (9.24)

$$\ddot{p}_1 + 79{,}852 p_1 = 352{,}8 [1 - u(t - 1{,}2)] \qquad \text{(f)}$$

$$\ddot{p}_2 + 445{,}5 p_2 = -848{,}0 [1 - u(t - 1{,}2)] \qquad \text{(g)}$$

$$\ddot{p}_3 + 674{,}6 p_3 = 1535{,}2 [1 - u(t - 1{,}2)] \qquad \text{(h)}$$

A integral de convolução é usada para solucionar $p_1$ como

$$p_1(t) = \frac{1}{8{,}936} \int_0^t 352{,}8 \, [1 - u(\tau - 1{,}2)] \, \text{sen} \, 8{,}936(t - \tau) \, d\tau \qquad \text{(i)}$$

$$= 4{,}418 \, \{\cos 8{,}936t - 1 + u(t - 1{,}2)[1 - \cos 8{,}936(t - 1{,}2)]\}$$

A integral de convolução é usada para solucionar $p_2$ e $p_3$, produzindo

$$p_2(t) = -1{,}903 \, \{\cos 21{,}107t - 1 + u(t - 1{,}2)[1 - \cos 21{,}107(t - 1{,}2)]\} \qquad \text{(j)}$$

$$p_3(t) = 2{,}276 \, \{\cos 25{,}974t - 1 + u(t - 1{,}2)[1 - \cos 25{,}974(t - 1{,}2)]\} \qquad \text{(k)}$$

A solução em termos das coordenadas generalizadas originais é obtida pelo uso da Equação (9.20)

$$\begin{bmatrix} x_1 \\ x_2 \\ x_3 \end{bmatrix} = \begin{bmatrix} 0{,}2085 & 0{,}2252 & 0{,}0765 \\ 0{,}2295 & -0{,}1638 & -0{,}1432 \\ 0{,}0882 & -0{,}2120 & 0{,}3838 \end{bmatrix} \begin{bmatrix} p_1(t) \\ p_2(t) \\ p_3(t) \end{bmatrix} \qquad \text{(l)}$$

que leva a

$$x_1(t) = 0{,}921 b_1(t) - 0{,}429 b_2(t) + 0{,}174 b_3(t) \qquad \text{(m)}$$

$$x_2(t) = 1{,}014 b_1(t) + 0{,}312 b_2(t) - 0{,}326 b_3(t) \qquad \text{(n)}$$

$$x_3(t) = 0{,}390 b_1(t) + 0{,}403 b_2(t) + 0{,}874 b_3(t) \qquad \text{(o)}$$

onde

$$b_1(t) = \cos 8{,}936t - 1 + u(t - 1{,}2)[1 - \cos 8{,}936(t - 1{,}2)] \qquad \text{(p)}$$

$$b_2(t) = \cos 21{,}107t - 1 + u(t - 1{,}2)[1 - \cos 21{,}107(t - 1{,}2)] \qquad \text{(q)}$$

$$b_3(t) = \cos 25{,}974t - 1 + u(t - 1{,}2)[1 - \cos 25{,}974(t - 1{,}2)] \qquad \text{(r)} \blacksquare$$

## EXEMPLO 9.6

Uma máquina de massa 150 kg é colocada, como mostrado, na viga simplesmente suportada da Figura 9.6. A máquina tem um desbalanceamento rotativo de 0,965 kg · m e opera a 1250 rpm. A viga tem massa total de 280 kg, momento de inércia transversal de $1{,}2 \times 10^{-4}$ m$^4$, comprimento de 3 m e módulo elástico de $210 \times 10^9$ N/m$^2$. Modele a viga com três graus de liberdade e use a análise modal para prever a amplitude em regime permanente do deslocamento para o ponto onde a máquina está anexada.

### SOLUÇÃO

A viga é modelada como três partículas com massa de 70 kg, como mostrado na Figura 9.6(b). A matriz de massa para esse modelo é

$$\mathbf{M} = \begin{bmatrix} 70 & 0 & 0 \\ 0 & 70 & 0 \\ 0 & 0 & 220 \end{bmatrix} \text{kg} \qquad (a)$$

Os coeficientes de influência da flexibilidade são usados para determinar a matriz de flexibilidade como

$$\mathbf{A} = 10^{-9} \begin{bmatrix} 12{,}53 & 15{,}33 & 9{,}75 \\ 15{,}33 & 22{,}29 & 15{,}33 \\ 9{,}75 & 15{,}33 & 12{,}53 \end{bmatrix} \text{m/N} \qquad (b)$$

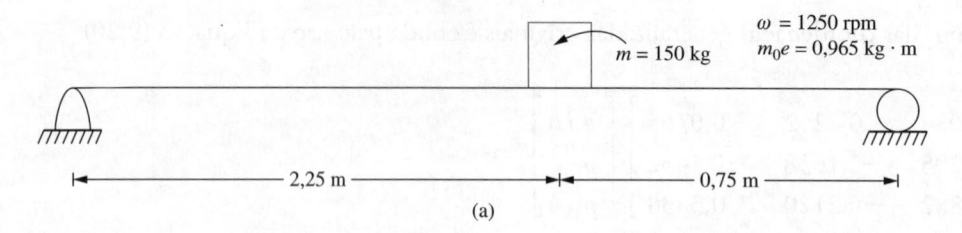

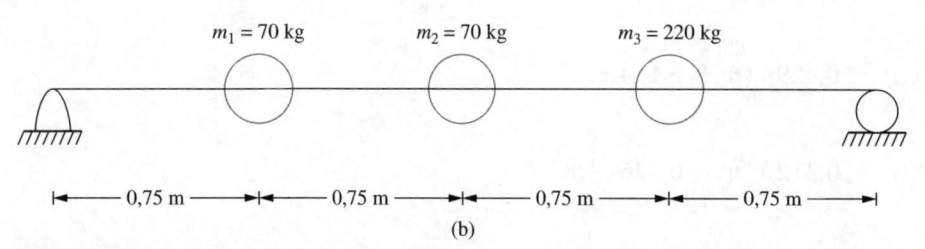

**FIGURA 9.6**
(a) Máquina com desbalanceamento rotativo está anexada à viga biapoiada. (b) Modelo de três graus de liberdade da viga.

As equações diferenciais regentes são

$$\mathbf{AM\ddot{x}} + \mathbf{x} = \mathbf{AF} \qquad (c)$$

onde

$$\mathbf{F}(t) = \begin{bmatrix} 0 \\ 0 \\ 16.500 \text{ sen } 130{,}9t \end{bmatrix} \text{N} \qquad (d)$$

As frequências naturais e os modos de vibração normalizados são determinados como os recíprocos das raízes quadradas dos autovalores de **AM**. São eles

$$\omega_1 = 455{,}8 \text{ rad/s} \quad \omega_2 = 1{,}735 \times 10^3 \text{ rad/s} \quad \omega_3 = 4{,}474 \times 10^3 \text{ rad/s} \qquad (e)$$

Os autovetores normalizados compreendem a matriz modal **P**, que é

$$\mathbf{P} = \begin{bmatrix} 0{,}0453 & -0{,}0851 & -0{,}0707 \\ 0{,}0666 & -0{,}4000 & 0{,}0908 \\ 0{,}0498 & 0{,}0416 & -0{,}0182 \end{bmatrix} \qquad (f)$$

O vetor $\mathbf{G}(t)$ é calculado como

$$\mathbf{G}(t) = \mathbf{P}^T\mathbf{F} = \begin{bmatrix} 0{,}0453 & 0{,}0666 & 0{,}0498 \\ -0{,}0851 & -0{,}4000 & 0{,}0416 \\ -0{,}0707 & 0{,}0908 & -0{,}0182 \end{bmatrix} \begin{bmatrix} 0 \\ 0 \\ 16.500 \operatorname{sen} 130{,}9t \end{bmatrix} \quad \textbf{(g)}$$

$$= \begin{bmatrix} 821{,}8 \\ 687{,}0 \\ -300{,}3 \end{bmatrix} \operatorname{sen} 130{,}9t \ \mathrm{N\,(kg)^{-1/2}}$$

As equações diferenciais para as coordenadas principais são escritas pelo uso da Equação (9.24)

$$\ddot{p}_1 + (455{,}8)^2 p_1 = 821{,}8 \operatorname{sen} 130{,}9t \quad \textbf{(h)}$$

$$\ddot{p}_2 + (1736{,}5)^2 p_2 = 687{,}0 \operatorname{sen} 130{,}9t \quad \textbf{(i)}$$

$$\ddot{p}_3 + (4474)^2 p_3 = -300{,}3 \operatorname{sen} 130{,}9\,t \quad \textbf{(j)}$$

A solução em regime permanente de

$$\ddot{p}_i + \omega_i^2 p_i = F_i \operatorname{sen} \omega t \quad \textbf{(k)}$$

é

$$p_i(t) = \frac{F_i}{\omega_i^2 - \omega^2} \operatorname{sen} \omega t \quad \textbf{(l)}$$

A solução em regime permanente para as coordenadas principais é

$$\begin{bmatrix} p_1 \\ p_2 \\ p_3 \end{bmatrix} = 10^{-5} \begin{bmatrix} 432{,}0 \\ 22{,}93 \\ -1{,}501 \end{bmatrix} \operatorname{sen} 130{,}9t \ \mathrm{(kg)^{1/2}} \quad \textbf{(m)}$$

A Equação (9.20) é usada para determinar $x_3(t)$ como

$$x_3(t) = 0{,}0498 p_1(t) + 0{,}0416 p_2(t) - 0{,}0182 p_3(t) = 2{,}25 \times 10^{-4} \operatorname{sen} 130{,}9\,t \ \mathrm{m} \quad \textbf{(n)}$$

Assim, o deslocamento máximo em regime permanente do ponto na viga onde a máquina está posicionada é 0,225 mm. ■

As equações diferenciais regendo as vibrações forçadas de um sistema linear com amortecimento viscoso são

$$\mathbf{M\ddot{x}} + \mathbf{C\dot{x}} + \mathbf{Kx} = \mathbf{F} \quad (9.28)$$

Se o sistema for proporcionalmente amortecido, a matriz de amortecimento é uma combinação linear da matriz de massa e da matriz de rigidez.

A análise modal usando as coordenadas principais do sistema não amortecido pode ser usada para desacoplar as equações diferenciais de um sistema com amortecimento proporcional. Substituir a Equação (9.19) pela Equação (9.28) e seguir um procedimento semelhante ao usado para o sistema não amortecido leva a equações diferenciais para as coordenadas principais como

$$\ddot{p}_i + 2\zeta_i \omega_i \dot{p}_i + \omega_i^2 p_i = g_i(t) \quad (9.29)$$

onde a razão de amortecimento modal $\zeta_i$ é definida na Equação (8.79).

A solução da integral de convolução da Equação (9.29) para $\zeta_i < 1$ é

$$p_i(t) = \frac{1}{\omega_i\sqrt{1-\zeta_i^2}} \int_0^t g_i(\tau) e^{-\zeta_i \omega_i (t-\tau)} \operatorname{sen}\left[\omega_i\sqrt{1-\zeta_i^2}(t-\tau)\right] d\tau \qquad (9.30)$$

O procedimento para a aplicação da análise modal para um sistema com amortecimento proporcional é o mesmo que para um sistema não amortecido com a adição da determinação das razões de amortecimento modal para a etapa 2 e para o uso da Equação (9.30) como a solução da integral de convolução.

O amortecimento em sistemas estruturais é em sua maioria histerético e difícil de quantificar. Na ausência de um modelo melhor, o amortecimento proporcional geralmente é assumido. As razões de amortecimento modal costumam ser determinadas experimentalmente. A razão de amortecimento equivalente para um sistema 1GL excitado harmonicamente com amortecimento histerético é proporcional à frequência natural, e inversamente proporcional à frequência de excitação. Esse modelo ajusta o amortecimento proporcional onde a matriz de amortecimento é proporcional à matriz de rigidez. Nesses casos, os modos mais altos são mais amortecidos do que os modos mais baixos. As frequências naturais em sistemas estruturais rígidos normalmente são bem separadas. O efeito dos modos mais altos na resposta total é menor do que os modos com frequências naturais menores. Por esses motivos, as razões de amortecimento são frequentemente especificadas apenas para os modos mais baixos.

Se o amortecimento proporcional for assumido, os modos mais altos são mais amortecidos do que os modos mais baixos e têm efeito menor na solução geral. Os modos com razões de amortecimento mais altas extinguem-se mais rapidamente quando o sistema está sujeito a qualquer excitação a curto prazo ou por choque. Se o sistema estiver sujeito à excitação harmônica, os modos com frequências mais altas têm efeito menor porque as amplitudes são inversamente proporcionais ao quadrado das frequências. Assim, menos modos podem ser calculados sem perda significativa da precisão. Logo, na prática, a Equação (9.19) é muitas vezes substituída por

$$\mathbf{x}(t) = \sum_{i=1}^{m} p_i \mathbf{X}_i \qquad (9.31)$$

para alguns $m < n$. A Equação (9.31) geralmente é usada em situações em que os modos de vibração são determinados experimentalmente e um método de análise modal experimental é usado para determinar a resposta de um sistema.

## EXEMPLO 9.7

O sistema de três graus de liberdade do Exemplo 9.5 é modificado pela adição de amortecedores hidráulicos, como mostrado na Figura 9.7 Determine a resposta forçada do sistema amortecido.

### SOLUÇÃO

A matriz de amortecimento é

$$\mathbf{C} = \begin{bmatrix} 3c & -2c & 0 \\ -2c & 3c & -c \\ 0 & -c & 3c \end{bmatrix} \qquad (a)$$

e é proporcional à matriz de rigidez com

$$\alpha = \frac{c}{k} = \frac{40 \text{ N·s/m}}{1000 \text{ N/m}} = 0{,}04 \text{ s} \qquad (b)$$

Assim, as razões de amortecimento modal são dadas por

$$\zeta_1 = \frac{\alpha}{2}\omega_1 = 0{,}178 \quad \zeta_2 = \frac{\alpha}{2}\omega_2 = 0{,}422 \quad \zeta_3 = \frac{\alpha}{2}\omega_3 = 0{,}520 \tag{c}$$

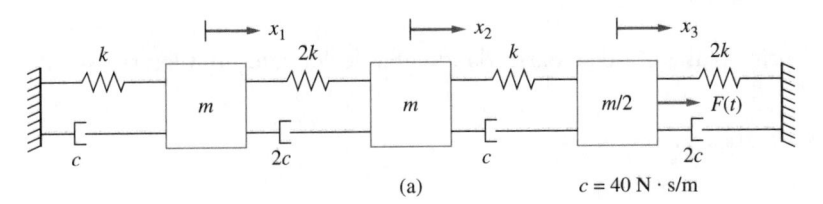

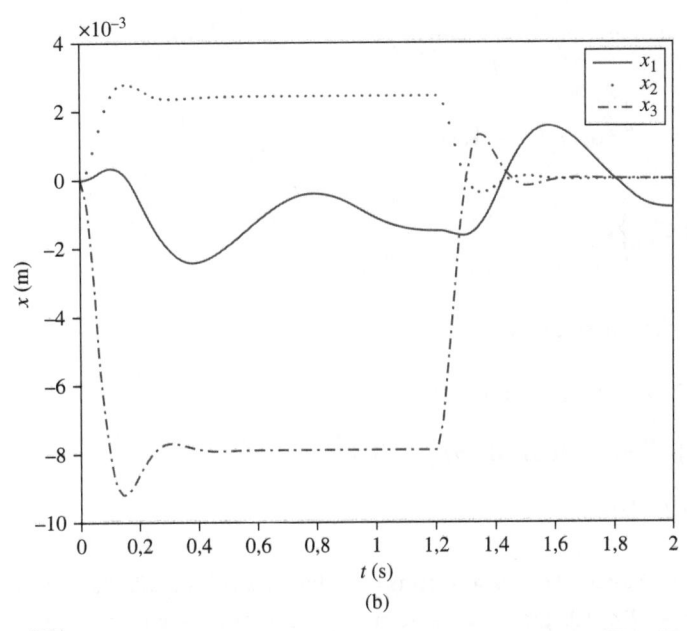

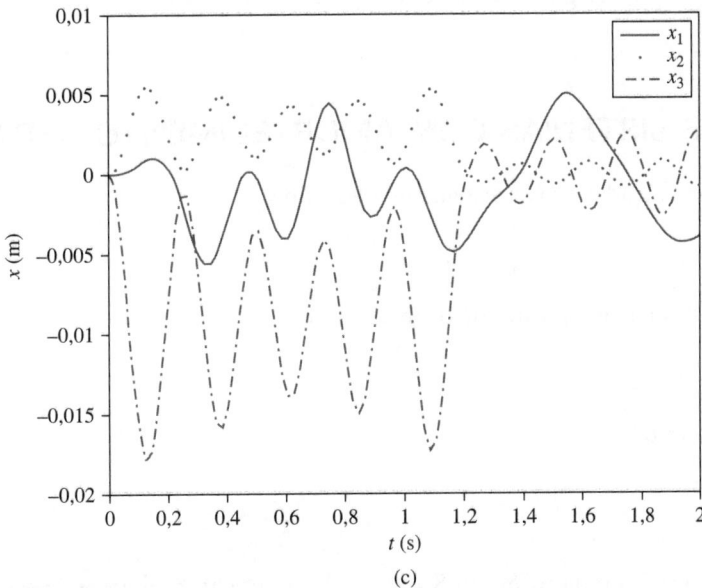

**FIGURA 9.7**
(a) Sistema de três graus de liberdade com a matriz de amortecimento proporcional à matriz de rigidez.
(b) Resposta do sistema para $\alpha = 0{,}04$ s. (c) Resposta do sistema para $\alpha = 0$.

Todos os modos são subamortecidos. As equações diferenciais que regem as coordenadas principais são

$$\ddot{p}_1 + 1{,}60\dot{p}_1 + 79{,}85 p_1 = 0{,}0882 F(t) \tag{d}$$

$$\ddot{p}_2 + 8{,}91\dot{p}_2 + 445{,}5p_2 = -0{,}2120F(t) \tag{e}$$

$$\ddot{p}_3 + 13{,}49\dot{p}_3 + 674{,}6p_3 = 0{,}3838F(t) \tag{f}$$

A solução para as coordenadas principais é obtida a partir da integral de convolução. Observa-se que

$$\begin{aligned}
&\int_0^t [1 - u(\tau - 1{,}2)] e^{-\zeta\omega_n(t-\tau)} \operatorname{sen}\omega_d(t-\tau)d\tau \\
&= -\frac{1-\zeta^2}{\omega_d}\left[1 - e^{-\zeta\omega_n t}\left[\cos\omega_d t + \frac{\zeta}{\sqrt{1-\zeta^2}}\operatorname{sen}\omega_d t\right]\right. \\
&\quad \left. - u(t-1{,}2)\left\{1 - e^{-\zeta\omega_n(t-1{,}2)}\left[\cos\omega_d(t-1{,}2)\right.\right.\right. \\
&\quad \left.\left.\left. + \frac{\zeta}{\sqrt{1-\zeta^2}}\operatorname{sen}\omega_d(t-1{,}2)\right]\right\}\right]
\end{aligned} \tag{g}$$

A aplicação da integral de convolução à primeira equação leva a

$$\begin{aligned}
p_1(t) &= 4{,}43\,[1 - e^{-1{,}60t}(\cos 8{,}79t + 0{,}181\operatorname{sen}(8{,}79t)] \\
&\quad - 4{,}43u(t-1{,}2)\{1 - 6{,}77e^{-1{,}60t}[\cos(8{,}79t - 10{,}55) \\
&\quad + 0{,}181\operatorname{sen}(8{,}79t - 10{,}55)]\}
\end{aligned} \tag{h}$$

A integral de convolução da Equação (g) é avaliada para as outras coordenadas principais. As coordenadas generalizadas originais são calculadas por $\mathbf{x} = \mathbf{Pp}$. Os gráficos resultantes para $\alpha = 0{,}04$ e $\alpha = 0$ são mostrados na Figura 9.7(b) e (c). ∎

## 9.5 ANÁLISE MODAL PARA OS SISTEMAS COM AMORTECIMENTO GERAL

As equações diferenciais regendo as vibrações forçadas de um sistema de NGL linear

$$\mathbf{M\ddot{x}} + \mathbf{C\dot{x}} + \mathbf{Kx} = \mathbf{F} \tag{9.32}$$

podem ser reescritas como um sistema de $2n$ equações lineares de primeira ordem

$$\mathbf{\tilde{M}\dot{y}} + \mathbf{\tilde{K}y} = \mathbf{\tilde{F}} \tag{9.33}$$

onde $\mathbf{y}$, $\mathbf{\tilde{M}}$ e $\mathbf{\tilde{K}}$, e são definidas na Equação (8.83) e

$$\mathbf{\tilde{F}} = \begin{bmatrix} \mathbf{0} \\ \mathbf{F} \end{bmatrix} \tag{9.34}$$

A solução homogênea da Equação (9.33) é obtida na Seção 8.13. A solução usa autovalores e autovetores de $\mathbf{\tilde{M}}^{-1}\mathbf{\tilde{K}}$. Os autovalores ocorrem em pares conjugados complexos. Os autovetores satisfazem a relação de ortogonalidade da Equação (8.84). Os autovetores podem ser normalizados ao exigir

$$\overline{\Phi}_i^T \mathbf{\tilde{M}}\Phi_i = 1 \tag{9.35}$$

A matriz modal $\mathbf{\tilde{P}}$ é a matriz cujas colunas são os autovetores normalizados de $\mathbf{\tilde{M}}^{-1}\mathbf{\tilde{K}}$. As coordenadas principais são definidas por

$$\mathbf{y} = \tilde{\mathbf{P}}\tilde{\mathbf{p}} \tag{9.36}$$

Substituir a Equação (9.36) pela Equação (9.33) leva a

$$\tilde{\mathbf{M}}\tilde{\mathbf{P}}\dot{\tilde{\mathbf{p}}} + \tilde{\mathbf{K}}\tilde{\mathbf{P}}\tilde{\mathbf{p}} = \tilde{\mathbf{F}} \tag{9.37}$$

Pré-multiplicar a Equação (9.37) por $\tilde{\mathbf{P}}^T$ leva a

$$\tilde{\mathbf{P}}^T\tilde{\mathbf{M}}\tilde{\mathbf{P}}\dot{\tilde{\mathbf{p}}} + \tilde{\mathbf{P}}^T\tilde{\mathbf{K}}\tilde{\mathbf{P}}\tilde{\mathbf{p}} = \tilde{\mathbf{P}}^T\tilde{\mathbf{F}} = \tilde{\mathbf{G}} \tag{9.38}$$

O uso da ortonormalidade do modo de vibração na Equação (9.38) resulta em

$$\dot{\tilde{\mathbf{p}}} + \Lambda\mathbf{p} = \mathbf{G} \tag{9.39}$$

onde $\Lambda$ é uma matriz diagonal com autovalores de $\tilde{\mathbf{M}}^{-1}\tilde{\mathbf{K}}$ ao longo da diagonal. Assim, as equações diferenciais representadas pela Equação (9.39) são desacopladas e escritas como

$$\dot{\tilde{p}}_i + \gamma_i \tilde{p}_i = \tilde{g}_i(t) \qquad i = 1, 2, \ldots, 2n \tag{9.40}$$

A solução da integral de convolução da Equação (9.40) é

$$\tilde{p}_i = \int_0^t \tilde{g}_i(\tau) e^{-\gamma_i(t-\tau)} d\tau \tag{9.41}$$

A aplicação da análise modal aos sistemas com amortecimento geral é muito semelhante à sua aplicação aos sistemas com amortecimento proporcional. O procedimento é resumido abaixo.

1. As equações diferenciais regendo as vibrações forçadas do sistema são obtidas em termos de um conjunto escolhido de coordenadas generalizadas e escrito na forma da Equação (9.32).
2. As equações diferenciais são reformuladas na forma da Equação (9.33), usando as Equações (8.83) e (9.34).
3. Os autovalores e os autovetores de $\tilde{\mathbf{M}}^{-1}\tilde{\mathbf{K}}$ são obtidos. Os autovetores são normalizados pelo uso da Equação (8.87). A matriz modal $\tilde{\mathbf{P}}$ é formada como a matriz cujas colunas são os modos de vibração normalizados.
4. O vetor $\tilde{\mathbf{G}} = \tilde{\mathbf{P}}^T\tilde{\mathbf{F}}$ é determinado.
5. As equações diferenciais da forma da Equação (9.40) podem ser escritas para cada coordenada principal.
6. As equações diferenciais são solucionadas por qualquer método conveniente. A solução da integral de convolução é dada pela Equação (9.41).
7. O comportamento dependente de tempo das coordenadas generalizadas originais é obtido pelo uso da Equação (9.36).

## EXEMPLO 9.8

Determine a resposta do sistema da Figura 9.8(a) quando $F(t) = 50e^{-1,5t}$ N.

### SOLUÇÃO

As equações diferenciais que regem o movimento do sistema são

$$\begin{bmatrix} m & 0 \\ 0 & 2m \end{bmatrix} \begin{bmatrix} \ddot{x}_1 \\ \ddot{x}_2 \end{bmatrix} + \begin{bmatrix} 0 & 0 \\ 0 & c \end{bmatrix} \begin{bmatrix} \dot{x}_1 \\ \dot{x}_2 \end{bmatrix} + \begin{bmatrix} 3k & -2k \\ -2k & 2k \end{bmatrix} \begin{bmatrix} x_1 \\ x_2 \end{bmatrix} = \begin{bmatrix} 0 \\ F(t) \end{bmatrix} \tag{a}$$

As equações diferenciais são escritas na forma da Equação (9.33) como

$$\begin{bmatrix} 0 & 0 & m & 0 \\ 0 & 0 & 0 & 2m \\ m & 0 & 0 & 0 \\ 0 & 2m & 0 & c \end{bmatrix} \begin{bmatrix} \dot{y}_1 \\ \dot{y}_2 \\ \dot{y}_3 \\ \dot{y}_4 \end{bmatrix} + \begin{bmatrix} -m & 0 & 0 & 0 \\ 0 & -2m & 0 & 0 \\ 0 & 0 & 3k & -2k \\ 0 & 0 & -2k & 2k \end{bmatrix} \begin{bmatrix} y_1 \\ y_2 \\ y_3 \\ y_4 \end{bmatrix} = \begin{bmatrix} 0 \\ 0 \\ 0 \\ F(t) \end{bmatrix}$$ (b)

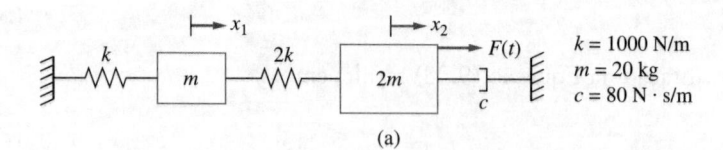

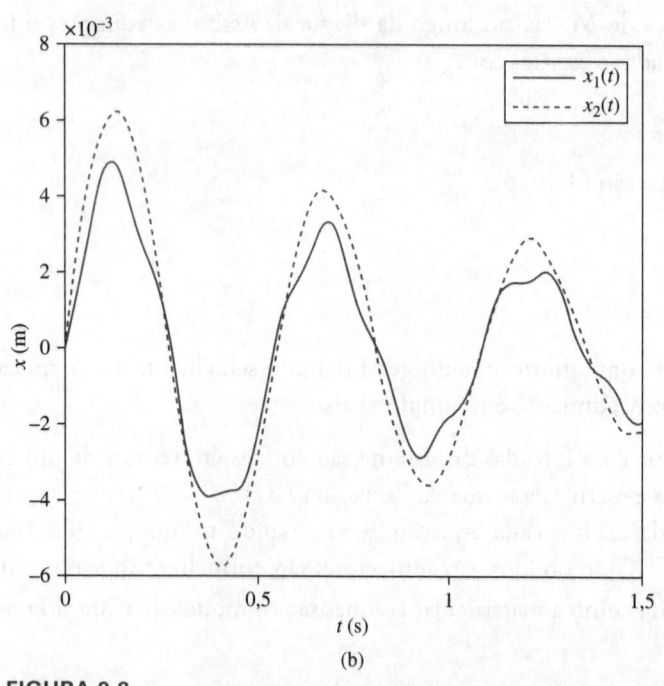

onde $\mathbf{y} = [\dot{x}_1 \quad \dot{x}_2 \quad x_1 \quad x_2]^T$.

**FIGURA 9.8**
(a) Sistema de dois graus de liberdade com excitação externa e amortecimento geral. (b) Resposta do sistema.

Um programa MATLAB é escrito para avaliar a resposta forçada para esse problema. A resposta de vibração livre é calculada primeiro com os autovalores e os modos de vibração, como no Exemplo 8.16. A matriz modal $\tilde{\mathbf{P}}$ é formada e o vetor $\tilde{\mathbf{G}} = \tilde{\mathbf{P}}^T \mathbf{F}$ é calculado. A equação diferencial para cada coordenada principal é escrita e solucionada simbolicamente pela integral de convolução. A resposta para as coordenadas generalizadas originais são obtidas a partir de $\mathbf{x} = \tilde{\mathbf{P}}\tilde{\mathbf{p}}$. O gráfico da saída é dado na Figura 9.8(b). ∎

## 9.6 SOLUÇÕES NUMÉRICAS

Uma solução exata para a resposta forçada de um sistema de NGL linear nem sempre é possível. A excitação pode ser tal que a integral de convolução não pode ser avaliada na forma fechada ou a excitação pode ser conhecida exatamente apenas nos valores discretos de tempo. Enquanto uma solução de forma fechada sempre é preferível a uma solução numérica, pode ser mais fácil obter uma solução numérica. Mesmo quando uma solução de forma fechada está disponível, ela deve ser avaliada numericamente para representar graficamente a resposta.

Dificuldades numéricas podem surgir se for usada uma simulação numérica da Equação (9.18). Um sistema de NGL tem $n$ frequências naturais e $n$ períodos naturais. Logo, há $n$ escalas de tempo implícitas na resposta. A etapa

Capítulo 9 VIBRAÇÕES FORÇADAS DOS SISTEMAS DE NGL 503

do tempo em uma simulação numérica deve ser escolhida de modo que um número suficiente de etapas de tempo seja assumido em cada período natural. Assim, os períodos naturais devem ser determinados antes que qualquer simulação numérica seja tentada.

Como as frequências naturais devem ser determinadas antes que se tente uma simulação numérica, sugere-se que a análise modal seja aplicada antes que uma simulação numérica seja tentada. As soluções numéricas para as equações numéricas podem ser obtidas, e a Equação (9.20) pode ser usada para obter a resposta em termos das coordenadas generalizadas escolhidas. Essa abordagem tem diversas vantagens na simulação numérica direta da Equação (9.18):

1. As frequências naturais e os modos de vibração são conhecidos antes que a solução numérica comece. Isso facilita determinar uma etapa de tempo apropriada em uma aproximação numérica.
2. O uso da análise modal fornece uma escolha de soluções numéricas. A integração numérica da integral de convolução pode ser empregada ou a integração numérica das equações modais com base em um método como o de Runge-Kutta pode ser usada.
3. A solução numérica de $n$ equações não acopladas é mais simples e mais rápida do que a solução numérica de $n$ equações acopladas.
4. Não é necessário incluir todos os modos na resposta forçada. Se o sistema for proporcionalmente amortecido, os modos mais altos são mais altamente amortecidos e contribuirão menos com a resposta geral. Se um grande número de graus de liberdade for usado no modelamento de um sistema estrutural para garantir uma precisão alta para os modos mais baixos, não é desejável incluir os modos mais altos na resposta, já que eles fornecem aproximações imprecisas.

## 9.7 EXEMPLOS DE REFERÊNCIA

### 9.7.1 MÁQUINA NO CHÃO DA FÁBRICA

As equações diferenciais usadas para modelar as vibrações da máquina no chão de uma fábrica usando quatro graus de liberdade para modelar as vibrações do chão e outras para modelar as vibrações da máquina e do isolador são deduzidas na Seção 7.9. Usando $F(t) = 90.000 \operatorname{sen} 80t$, elas são

$$10^{-8}\begin{bmatrix} 31{,}346 & 53{,}736 & 49{,}952 & 30{,}0026 & 1027{,}533 \\ 53{,}736 & 133{,}6683 & 142{,}051 & 85{,}9776 & 2922{,}046 \\ 50{,}1536 & 142{,}6243 & 188{,}212 & 126{,}0557 & 3871{,}597 \\ 30{,}0026 & 85{,}9776 & 125{,}549 & 103{,}8896 & 2582{,}594 \\ 50{,}1536 & 142{,}6243 & 188{,}212 & 126{,}0557 & 77.872{,}31 \end{bmatrix} \begin{bmatrix} \ddot{x}_1 \\ \ddot{x}_2 \\ \ddot{x}_3 \\ \ddot{x}_4 \\ \ddot{x}_5 \end{bmatrix} + \begin{bmatrix} x_1 \\ x_2 \\ x_3 \\ x_4 \\ x_5 \end{bmatrix} = 9 \times 10^{-4} \begin{bmatrix} 2{,}24 \\ 6{,}37 \\ 8{,}44 \\ 5{,}63 \\ 169{,}76 \end{bmatrix} \operatorname{sen} 80t \quad \textbf{(a)}$$

Uma solução em regime permanente é assumida como

$$\begin{bmatrix} x_1 \\ x_2 \\ x_3 \\ x_4 \\ x_5 \end{bmatrix} = \begin{bmatrix} U_1 \\ U_2 \\ U_3 \\ U_4 \\ U_5 \end{bmatrix} \operatorname{sen} 80t \quad \textbf{(b)}$$

que quando substituída pela Equação (a) leva a

$$\begin{bmatrix} 0{,}998 & -0{,}0034 & -0{,}0032 & -0{,}0019 & -0{,}0658 \\ -0{,}0034 & 0{,}9914 & -0{,}0091 & -0{,}0055 & -0{,}187 \\ -0{,}0032 & -0{,}0091 & 0{,}988 & -0{,}0081 & -0{,}2478 \\ -0{,}0019 & -0{,}0055 & -0{,}008 & 0{,}9934 & -0{,}1653 \\ -0{,}0032 & -0{,}0091 & -0{,}012 & -0{,}0081 & -3{,}9838 \end{bmatrix} \begin{bmatrix} U_1 \\ U_2 \\ U_3 \\ U_4 \\ U_5 \end{bmatrix} = \begin{bmatrix} 0{,}0020 \\ 0{,}0057 \\ 0{,}0076 \\ 0{,}0051 \\ 0{,}1528 \end{bmatrix} \quad \textbf{(c)}$$

A solução simultânea da Equação (c) dá

$$\begin{bmatrix} U_1 \\ U_2 \\ U_3 \\ U_4 \\ U_5 \end{bmatrix} = \begin{bmatrix} -0{,}00054 \\ -0{,}00151 \\ -0{,}00195 \\ -0{,}00127 \\ -0{,}03834 \end{bmatrix} \qquad (d)$$

A amplitude da força transmitida à viga é

$$k|U_5 - U_3| = (5{,}81 \times 10^5 \text{ N/m})|-0{,}03834 \text{ m} + 0{,}00195 \text{ m}| = 21.144 \text{ N} \qquad (e)$$

### ■ TABELA 9.1

| Modelo da máquina anexada à viga com isolador de rigidez 5,81 × 10⁵ N/m | $F_T(N)$ | Frequências naturais (rad/s) |
|---|---|---|
| Modelo 1GL, assume que a viga é rígida | 22.500 | 35,6 |
| Modelo de 2GL, usa massa equivalente e a rigidez da viga | 20.878 | 34,73; 335,28 |
| Modelo de 5GL, usa a matriz de flexibilidade com massas concentradas para modelar a viga | 21.144 | 35,83; 510,25; 1,61 × 10³; 3,05 ×10³; 5,06 × 10³ |
| O modelo de elementos finitos de quatro elementos da viga resulta em um sistema de 10GL | 20.867 | 34,7; 330,2; 1,05 × 10³; 2,2 × 10³; 3,83 × 10³; 6,35 × 10³; 9,38 × 10³; 1,37 × 10⁴; 1,95 × 10⁴; 2,52 × 10⁴ |

Como a força transmitida é menor que 22.500 N, a força transmitida pelo isolador ainda é aceitável.

A Tabela 9.1 mostra os modelos da máquina no chão de uma fábrica com um isolador de rigidez $5{,}81 \times 10^5$ N/m. A tabela inclui as frequências naturais do modelo, assim como a força transmitida entre o isolador e a viga. A força transmitida prevista com o uso de um modelo rígido para a viga é a maior em 22.500 N. A força transmitida em todos os outros modelos é menor. Assim, a aproximação 1GL é suficiente para o problema de isolamento de vibrações. A menor frequência natural varia de 34,73 rad/s para o modelo de 2GL a 35,6 para o modelo 1GL.

### 9.7.2 SISTEMA DE SUSPENSÃO SIMPLIFICADO

As equações diferenciais regendo o movimento do veículo são demonstradas na Seção 7.7 como

$$\begin{bmatrix} 225 & 0 & 0 & 0 \\ 0 & 300 & 0 & 0 \\ 0 & 0 & 25 & 0 \\ 0 & 0 & 0 & 25 \end{bmatrix} \begin{bmatrix} \ddot{\theta} \\ \ddot{x}_1 \\ \ddot{x}_2 \\ \ddot{x}_3 \end{bmatrix} + 10^3 \begin{bmatrix} 5{,}50 & 3{,}60 & -1{,}56 & 2{,}04 \\ -1{,}08 & 2{,}4 & -1{,}2 & -1{,}2 \\ -1{,}56 & -1{,}2 & 1{,}12 & 0 \\ 2{,}04 & -1{,}2 & 0 & 1{,}12 \end{bmatrix} \begin{bmatrix} \dot{\theta} \\ \dot{x}_1 \\ \dot{x}_2 \\ \dot{x}_3 \end{bmatrix}$$

$$+ 10^4 \begin{bmatrix} 5{,}50 & 3{,}60 & -1{,}56 & 2{,}04 \\ -1{,}08 & 2 & -1{,}2 & -1{,}2 \\ -1{,}56 & -1{,}2 & 1{,}12 & 0 \\ 2{,}04 & -1{,}2 & 0 & 1{,}12 \end{bmatrix} \begin{bmatrix} \theta \\ x_1 \\ x_2 \\ x_3 \end{bmatrix} = \begin{bmatrix} 0 \\ 0 \\ 1 \times 10^4 \dot{y} + 1 \times 10^5 y \\ 1 \times 10^4 \dot{z} + 1 \times 10^5 z \end{bmatrix} \qquad (a)$$

# Capítulo 9 VIBRAÇÕES FORÇADAS DOS SISTEMAS DE NGL

O sistema tem amortecimento proporcional. A análise modal é usada para solucionar a resposta forçada. As frequências naturais, as razões de amortecimento modal e a matriz modal são calculadas na Seção 8.14. Os componentes do vetor do lado direito para as equações modais são calculados como

$$\mathbf{G} = \mathbf{P}^T\mathbf{F} = \begin{bmatrix} 0{,}0169 & 0{,}0645 & -0{,}00028 & 0{,}00450 \\ 0{,}0560 & -0{,}00140 & -0{,}002313 & -0{,}00046 \\ 0{,}00709 & 0{,}00664 & 0{,}1664 & -0{,}1105 \\ 0{,}00262 & -0{,}0118 & 0{,}1106 & 0{,}1661 \end{bmatrix}^T \begin{bmatrix} 0 \\ 0 \\ 1 \times 10^4 \dot{y} + 1 \times 10^5 y \\ 1 \times 10^4 \dot{z} + 1 \times 10^5 z \end{bmatrix}$$ (b)

$$= \begin{bmatrix} 97{,}1\dot{y} + 971y + 97{,}1\dot{z} + 971z \\ -51{,}6\dot{y} - 516y - 51{,}6\dot{z} - 516z \\ 2770\dot{y} + 27.700y + 2770\dot{z} + 27.700z \\ 556\dot{y} + 5560y + 556\dot{z} + 5560z \end{bmatrix}$$

O veículo passa por um solavanco na estrada a uma velocidade $v$, que é dada na Seção 5.10 como

$$y(t) = 0{,}02\left[1 - \cos^2\left(\frac{10\pi v}{6}t\right)\right]\left[1 - u\left(t - \frac{0{,}6}{v}\right)\right] \quad \text{(c)}$$

da qual

$$\dot{y}(t) = 0{,}02\left\{-2\left(\frac{10\pi v}{6}\right)\operatorname{sen}\left(\frac{10\pi v}{6}t\right)\cos\left(\frac{10\pi v}{6}t\right)\left[1 - u\left(t - \frac{0{,}6}{v}\right)\right]\right.$$

$$\left. - \left[1 - \cos^2\left(\frac{10\pi v}{6}t\right)\right]\delta\left(t - \frac{0{,}6}{v}\right)\right\} \quad \text{(d)}$$

As rodas traseiras passam pelo solavanco em um tempo $(a + b)/v = 3/v$ depois, dando a equação para $z(t)$ como

$$z(t) = 0{,}02\left\{1 - \cos^2\left[\frac{10\pi v}{6}\left(t - \frac{3}{v}\right)\right]\right\}\left[u\left(t - \frac{3}{v}\right) - u\left(t - \frac{3{,}6}{v}\right)\right] \quad \text{(e)}$$

das quais

$$\dot{z}(t) = 0{,}02\left[-2\operatorname{sen}\left[\frac{10\pi v}{6}\left(t - \frac{3}{v}\right)\right]\cos\left[\frac{10\pi v}{6}\left(t - \frac{3}{v}\right)\right]\left[u\left(t - \frac{3}{v}\right) - u\left(t - \frac{3{,}6}{v}\right)\right]\right.$$

$$\left. - \left\{1 - \cos^2\left[\frac{10\pi v}{6}\left(t - \frac{3}{v}\right)\right]\right\}\left[\delta\left(t - \frac{3}{v}\right) - \delta\left(t - \frac{3{,}6}{v}\right)\right]\right] \quad \text{(f)}$$

As equações diferenciais para as respostas modais são

$$\ddot{p}_1 + 6{,}65\dot{p}_1 + 55{,}2p_1 = 97{,}1\dot{y} + 971y + 97{,}1\dot{z} + 971z \quad \text{(g)}$$

$$\ddot{p}_2 + 23{,}18\dot{p}_2 + 193p_2 = -51{,}6\dot{y} - 516y - 51{,}6\dot{z} - 516z \quad \text{(h)}$$

$$\ddot{p}_3 + 528{,}5\dot{p}_3 + 4409p_3 = 2770\dot{y} + 27.700y + 2770\dot{z} + 27.700z \qquad \text{(i)}$$

$$\ddot{p}_4 + 530{,}7\dot{p}_4 + 4419p_4 = 556\dot{y} + 5560y + 556\dot{z} + 5560z \qquad \text{(j)}$$

As soluções da integral de convolução das Equações (h) a (j) estão disponíveis para as Equações (g) a (j).

$$p_1(t) = \frac{1}{6{,}64}\int_0^t [97{,}1\dot{y}(\tau) + 971y(\tau) + 97{,}1\dot{z}(\tau) \\ + 971z(\tau)]\,e^{-3{,}33(t-\tau)}\,\text{sen}\,6{,}64(t-\tau)\,d\tau \qquad \text{(k)}$$

$$p_2(t) = \frac{1}{4{,}10}\int_0^t [-51{,}6\dot{y}(\tau) - 516y(\tau) \\ - 51{,}6\dot{z}(\tau) - 516z(\tau)]\,e^{-11{,}60(t-\tau)}\,\text{sen}\,4{,}10(t-\tau)\,d\tau \qquad \text{(l)}$$

$$p_3(t) = \frac{1}{512{,}2}\int_0^t [2770\dot{y}(\tau) + 27.700(\tau) \\ + 2770\dot{z}(\tau) + 27.700z(\tau)][e^{-8{,}47(t-\tau)} - e^{-520{,}7(t-\tau)}]\,d\tau \qquad \text{(m)}$$

$$p_4(t) = \frac{1}{513{,}7}\int_0^t [556\dot{y}(\tau) + 5560y(\tau) + 556\dot{z}(\tau) \\ + 5560z(\tau)][e^{-8{,}47(t-\tau)} - e^{-522{,}2(t-\tau)}]\,d\tau \qquad \text{(n)}$$

A resposta do sistema em termos das coordenadas generalizadas originais é dada por

$$\mathbf{x} = \mathbf{Pp} = \begin{bmatrix} 0{,}0169 & 0{,}0645 & -0{,}00028 & 0{,}00450 \\ 0{,}0560 & -0{,}0140 & -0{,}00213 & -0{,}00046 \\ 0{,}00709 & 0{,}00664 & 0{,}1664 & -0{,}1105 \\ 0{,}00262 & -0{,}0118 & 0{,}1106 & 0{,}1661 \end{bmatrix} \begin{bmatrix} p_1 \\ p_2 \\ p_3 \\ p_4 \end{bmatrix} \qquad \text{(o)}$$

O terceiro e quarto modos são superamortecidos e não terão muito efeito na resposta do sistema. Assim, apenas os dois primeiros modos são usados na resposta

$$\begin{bmatrix} \theta \\ x_1 \\ x_2 \\ x_3 \end{bmatrix} = \begin{bmatrix} 0{,}0169 & 0{,}0645 \\ 0{,}0560 & -0{,}0140 \\ 0{,}00709 & 0{,}00664 \\ 0{,}00262 & -0{,}0118 \end{bmatrix} \begin{bmatrix} p_1 \\ p_2 \end{bmatrix} = \begin{bmatrix} 0{,}0169p_1 + 0{,}0645p_2 \\ 0{,}0560p_1 - 0{,}0140p_2 \\ 0{,}00709p_1 + 0{,}00664p_2 \\ 0{,}00262p_1 - 0{,}0118p_2 \end{bmatrix} \qquad \text{(p)}$$

A integração numérica da integral de convolução com constantes por partes é usada para determinar a dependência de tempo das coordenadas principais. Os resultados são dados na Figura 9.9 para $v = 15$ m/s e $v = 60$ m/s.

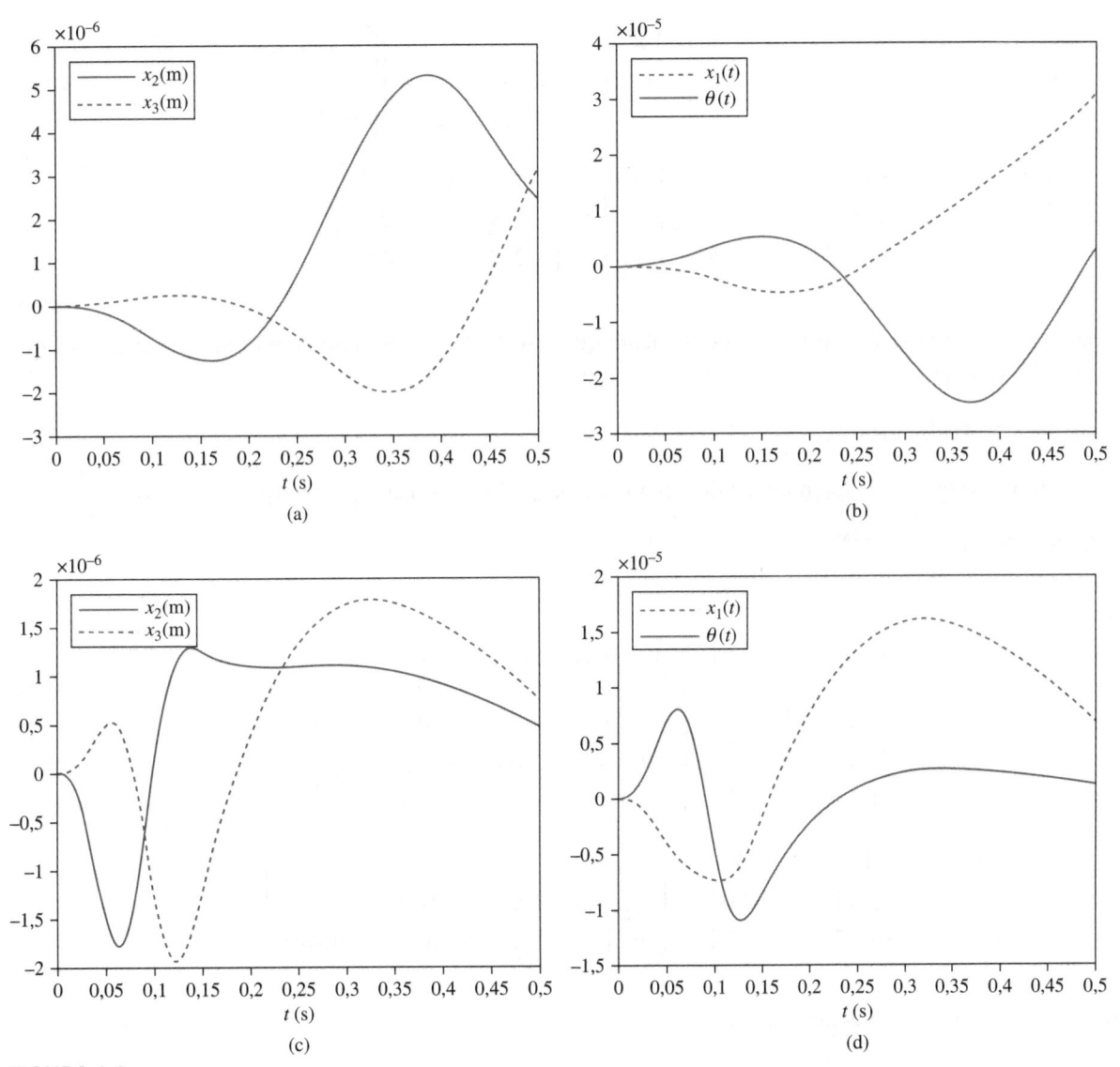

**FIGURA 9.9**
A integração numérica da integral de convolução é usada para determinar o deslocamento do veículo passando por um solavanco na estrada.
(a) Deslocamentos das rodas a $v = 15$ m/s. (b) Deslocamento do corpo do veículo e sua rotação angular a $v = 15$ m/s.
(c) Deslocamentos das rodas a $v = 60$ m/s. (d) Deslocamento do corpo do veículo e sua rotação angular a $v = 60$ m/s.

## 9.8 OUTROS EXEMPLOS

### EXEMPLO 9.9

Reconsidere esse modelo de três graus de liberdade da mão do Exemplo 7.21 e do Exemplo 8.16. O modelo matemático é repetido como

$$\begin{bmatrix} 5{,}0516 & 0 & 0 \\ 0 & 1{,}4295 & 0 \\ 0 & 0 & 0{,}887 \end{bmatrix} \begin{bmatrix} \ddot{x}_1 \\ \ddot{x}_2 \\ \ddot{x}_3 \end{bmatrix} + \begin{bmatrix} 152{,}1 & -64{,}9 & 0 \\ -64{,}9 & 176{,}0 & -36{,}3 \\ 0 & -36{,}3 & 111{,}1 \end{bmatrix} \begin{bmatrix} \dot{x}_1 \\ \dot{x}_2 \\ \dot{x}_3 \end{bmatrix}$$

$$+ \begin{bmatrix} 151.216 & -1726 & 0 \\ -1726 & 43.699 & -12.075 \\ 0 & -12.075 & 207.740 \end{bmatrix} \begin{bmatrix} x_1 \\ x_2 \\ x_3 \end{bmatrix} = \begin{bmatrix} 0 \\ 74{,}8\dot{y} + 29.898y \\ 126\dot{y} + 195.695y \end{bmatrix}$$

(a)

(a) Determine as amplitudes em regime permanente quando a mão está pegando uma ferramenta elétrica que tem uma vibração de

$$y(t) = 5 \times 10^{-5} \operatorname{sen} 100t \tag{b}$$

(b) Determine a resposta do sistema quando a mão está pegando um objeto que se expande de acordo com

$$y(t) = 5 \times 10^{-5}(1 - e^{-50t}) \tag{c}$$

## SOLUÇÃO

(a) Substituir o deslocamento da ferramenta pelas equações diferenciais leva a

$$\begin{bmatrix} 5{,}0516 & 0 & 0 \\ 0 & 1{,}4295 & 0 \\ 0 & 0 & 0{,}887 \end{bmatrix} \begin{bmatrix} \ddot{x}_1 \\ \ddot{x}_2 \\ \ddot{x}_3 \end{bmatrix} + \begin{bmatrix} 152{,}1 & -64{,}9 & 0 \\ -64{,}9 & 176{,}0 & -36{,}3 \\ 0 & -36{,}3 & 111{,}1 \end{bmatrix} \begin{bmatrix} \dot{x}_1 \\ \dot{x}_2 \\ \dot{x}_3 \end{bmatrix}$$

$$+ \begin{bmatrix} 151.216 & -1726 & 0 \\ -1726 & 43.699 & -12.075 \\ 0 & -12.075 & 207.740 \end{bmatrix} \begin{bmatrix} x_1 \\ x_2 \\ x_3 \end{bmatrix} = \begin{bmatrix} 0 \\ 1{,}536 \operatorname{sen}(100t + 0{,}254) \\ 9{,}80 \operatorname{sen}(100t + 0{,}0644) \end{bmatrix}$$

(d)

A solução da Equação (c) é assumida como

$$\begin{bmatrix} x_1 \\ x_2 \\ x_3 \end{bmatrix} = \begin{bmatrix} U_1 \\ U_2 \\ U_3 \end{bmatrix} e^{i100t} \tag{e}$$

Apenas a parte imaginária é usada para a resposta. A substituição da Equação (d) pela Equação (c) usando a notação complexa para os termos trigonométricos leva a

$$10^5 \begin{bmatrix} 1{,}007 + 0{,}152i & -0{,}0173 + 0{,}06490i & 0 \\ -0{,}0173 + 0{,}0649i & 0{,}2877 + 0{,}176i & -0{,}1208 - 0{,}0363i \\ 0 & -0{,}1208 - 0{,}0363i & 1{,}9887 + 0{,}111i \end{bmatrix}$$

$$\times \begin{bmatrix} U_1 \\ U_2 \\ U_3 \end{bmatrix} = \begin{bmatrix} 0 \\ 1{,}536 e^{0{,}254i} \\ 9{,}80 e^{0{,}0644i} \end{bmatrix}$$

(f)

A solução da Equação (f) é

$$\begin{bmatrix} U_1 \\ U_2 \\ U_3 \end{bmatrix} = 10^{-4} \begin{bmatrix} 0{,}0270 + 0{,}0334i \\ 0{,}6281 - 0{,}1735i \\ 0{,}5332 + 0{,}0029i \end{bmatrix} \qquad \text{(g)}$$

A amplitude em regime permanente do sistema é

$$\begin{bmatrix} x_1 \\ x_2 \\ x_3 \end{bmatrix} = \mathrm{Im}\left( 10^{-4} \begin{bmatrix} 0{,}0270 + 0{,}0334i \\ 0{,}6281 - 0{,}1735i \\ 0{,}5332 + 0{,}0029i \end{bmatrix} e^{i100t} \right)$$

$$= 10^{-4} \begin{bmatrix} 0{,}0270\,\mathrm{sen}\,100t + 0{,}0334\cos 100t \\ 0{,}6281\,\mathrm{sen}\,100t - 0{,}1735\cos 100t \\ 0{,}5332\,\mathrm{sen}\,100t + 0{,}0029\cos 100t \end{bmatrix} \qquad \text{(h)}$$

$$= 10^{-4} \begin{bmatrix} 0{,}0430\,\mathrm{sen}(100t + 0{,}892) \\ 0{,}652\,\mathrm{sen}(100t - 0{,}270) \\ 0{,}53332\,\mathrm{sen}(100t + 0{,}0054) \end{bmatrix}$$

(b) Ao substituir o deslocamento do objeto, temos

$$\begin{bmatrix} 5{,}0516 & 0 & 0 \\ 0 & 1{,}4295 & 0 \\ 0 & 0 & 0{,}887 \end{bmatrix} \begin{bmatrix} \ddot{x}_1 \\ \ddot{x}_2 \\ \ddot{x}_3 \end{bmatrix} + \begin{bmatrix} 152{,}1 & -64{,}9 & 0 \\ -64{,}9 & 176{,}0 & -36{,}3 \\ 0 & -36{,}3 & 111{,}1 \end{bmatrix} \begin{bmatrix} \dot{x}_1 \\ \dot{x}_2 \\ \dot{x}_3 \end{bmatrix}$$

$$+ \begin{bmatrix} 151.216 & -1726 & 0 \\ -1726 & 43.699 & -12.075 \\ 0 & -12.075 & 207.740 \end{bmatrix} \begin{bmatrix} x_1 \\ x_2 \\ x_3 \end{bmatrix} = \begin{bmatrix} 0 \\ 1{,}50 - 1{,}39e^{-50t} \\ 9{,}78 - 9{,}47e^{-50t} \end{bmatrix} \qquad \text{(i)}$$

O sistema tem amortecimento, mas não é proporcionalmente amortecido. Assim, a formulação por estado-espaço e uma análise modal geral são necessárias. Dessa forma, um vetor hexadimensional é definido como $\mathbf{y} = [\dot{x}_1 \ \dot{x}_2 \ \dot{x}_3 \ x_1 \ x_2 \ x_3]^T$. Os autovalores e os autovetores da matriz $\tilde{\mathbf{M}}^{-1}\tilde{\mathbf{K}}$ são calculados no Exemplo 8.16. O vetor de força é definido como

$$\tilde{F} = \begin{bmatrix} 0 \\ 0 \\ 0 \\ 0 \\ 1{,}50 - 1{,}39e^{-50t} \\ 9{,}78 - 9{,}47e^{-50t} \end{bmatrix} \qquad \text{(j)}$$

Os vetores do modo de vibração são normalizados de acordo com $\overline{\Phi}_i^T \tilde{\mathbf{M}} \Phi_i = 1$. Para os autovalores

$$\gamma_{1,2} = 64{,}01 \pm 479{,}1i,\ \gamma_{3,4} = 12{,}06 \pm 171{,}7i,\ \gamma_{3,4} = 63{,}17 \pm 162{,}3i \qquad \text{(k)}$$

a matriz modal é

$$\mathbf{P} = \begin{bmatrix} 0{,}034 - 8{,}126 \times 10^{-3}i & 0{,}034 + 8{,}126 \times 10^{-3}i & -2{,}609 + 3{,}047i \\ -0{,}435 - 1{,}05i & -0{,}435 + 1{,}05i & -1{,}41 + 1{,}279i \\ -10{,}104 + 13{,}131i & -10{,}014 - 13{,}131i & -0{,}058 + 0{,}126i \\ 7{,}458 \times 10^{-6} + 7{,}114 \times 10^{-7}i & 7{,}458 \times 10^{-6} - 7{,}114 \times 10^{-7}i & -0{,}017 - 0{,}016i \\ 2{,}272 \times 10^{-3} - 6{,}039 \times 10^{-4}i & 2{,}272 \times 10^{-3} - 6{,}039 \times 10^{-4}i & -6{,}835 \times 10^{-3} - 8{,}69 \times 10^{-3}i \\ -0{,}024 - 0{,}024i & -0{,}024 + 0{,}024i & -7{,}085 \times 10^{-4} - 3{,}85 \times 10^{-4}i \end{bmatrix}$$

$$\begin{bmatrix} -2{,}609 - 3{,}047i & -0{,}514 + 0{,}877i & -0{,}514 - 0{,}877i \\ -1{,}41 - 1{,}279i & 3{,}136 - 7{,}235i & 3{,}136 + 7{,}235i \\ -0{,}058 - 0{,}126i & -0{,}067 - 0{,}494i & -0{,}067 + 0{,}494i \\ -0{,}017 + 0{,}161i & -3{,}62 \times 10^{-3} - 4{,}565 \times 10^{-3}i & -3{,}62 \times 10^{-3} + 4{,}565 \times 10^{-3}i \\ -6{,}835 \times 10^{-3} + 8{,}69 \times 10^{-3}i & 0{,}032 + 0{,}032i & 0{,}032 - 0{,}032i \\ -7{,}085 \times 10^{-4} + 3{,}85 \times 10^{-4}i & 2{,}777 \times 10^{-3} + 6{,}668 \times 10^{-4}i & 2{,}777 \times 10^{-3} - 6{,}668 \times 10^{-4}i \end{bmatrix}$$

(l)

O vetor das forças generalizadas é calculado a partir de

$$\tilde{\mathbf{G}} = \tilde{\mathbf{P}}^T \tilde{\mathbf{F}} = \begin{bmatrix} -0{,}2313 - 0{,}2438i + (0{,}2241 + 0{,}2375i)e^{-50t} \\ -0{,}2313 + 0{,}2438i + (0{,}2241 - 0{,}2357i)e^{-50t} \\ -0{,}0172 - 0{,}0168i + (0{,}0162 + 0{,}0157i)e^{-50t} \\ -0{,}0172 + 0{,}0168i + (0{,}0162 - 0{,}0157i)e^{-50t} \\ 0{,}0752 + 0{,}0545i + (-0{,}0708 - 0{,}0508i)e^{-50t} \\ 0{,}0752 - 0{,}0545 + (-0{,}0708 + 0{,}0508i)e^{-50t} \end{bmatrix}$$

(m)

As equações diferenciais para as coordenadas principais tornam-se

$$\dot{p}_1 + (64{,}01 + 479{,}1i)p_1 = -0{,}2313 - 0{,}2438i + (0{,}2241 + 0{,}2375i)e^{-50t} \quad \text{(n)}$$

$$\dot{p}_2 + (64{,}01 - 479{,}1i)p_2 = -0{,}2313 + 0{,}2438i + (0{,}2241 - 0{,}2357i)e^{-50t} \quad \text{(o)}$$

$$\dot{p}_3 + (63{,}17 + 162{,}3i)p_3 = -0{,}0172 - 0{,}0168i + (0{,}0162 + 0{,}0157i)e^{-50t} \quad \text{(p)}$$

$$\dot{p}_4 + (63{,}17 - 162{,}3i)p_4 = -0{,}0172 + 0{,}0168i + (0{,}0162 - 0{,}0157i)e^{-50t} \quad \text{(q)}$$

$$\dot{p}_5 + (12{,}06 + 171{,}6i)p_5 = 0{,}0752 + 0{,}0545i + (-0{,}0708 - 0{,}0508i)e^{-50t} \quad \text{(r)}$$

$$\dot{p}_6 + (12{,}06 - 171{,}6i)p_6 = 0{,}0752 - 0{,}0545 + (-0{,}0708 + 0{,}0508i)e^{-50t} \quad \text{(s)}$$

As Equações (n) a (s) são equações diferenciais não homogêneas de primeira ordem. A solução de

$$\dot{p} + \lambda p = A + Be^{-50t} \quad \text{(t)}$$

sujeito a $p(0) = 0$ é

$$p(t) = -\left(\frac{A}{\lambda} + \frac{B}{\lambda - 50}\right)e^{-\lambda t} + \frac{A}{\lambda} - \frac{B}{\lambda - 50}e^{-50t} \quad \text{(u)}$$

As soluções para as Equações (n) a (s) são

$$p_1(t) = 10^{-5}[(5{,}435 + 4{,}535i)e^{-(64{,}01 + 479{,}1i)t} \\ - 56{,}33 + 40{,}75i + (50{,}89 - 45{,}28i)e^{-50t}] \quad \text{(v)}$$

$$p_2(t) = 10^{-5}[(5{,}435 - 4{,}535i)e^{-(64{,}01-479{,}1i)t}$$
$$- 56{,}33 - 40{,}75i + (50{,}89 + 45{,}28i)e^{-50t}] \quad \text{(w)}$$

$$p_3(t) = 10^{-5}[(-15{,}82 - 3{,}575i)e^{-(63{,}17+162{,}3i)t}$$
$$+ 10{,}42 - 9{,}13i + (5{,}407 + 12{,}70i)e^{-50t}] \quad \text{(x)}$$

$$p_4(t) = 10^{-5}[(-15{,}82 + 3{,}575i)e^{-(63{,}17-162{,}3i)t}$$
$$+ 10{,}42 + 9{,}13i + (5{,}407 - 12{,}70i)e^{-50t}] \quad \text{(y)}$$

$$p_5(t) = 10^{-5}[(-15{,}14 - 4{,}189i)e^{-(12{,}06+171{,}6i)t}$$
$$+ 34{,}67 - 41{,}39i + (-19{,}52 - 45{,}57i)e^{-50t}] \quad \text{(z)}$$

$$p_6(t) = 10^{-5}[(-15{,}14 + 4{,}189i)e^{-(12{,}06-171{,}6i)t}$$
$$+ 34{,}67 + 41{,}39i + (-19{,}52 + 45{,}57i)e^{-50t}] \quad \text{(aa)}$$

As coordenadas generalizadas originais e suas velocidades são obtidas ao multiplicar a matriz modal pelo vetor das coordenadas principais $\mathbf{y} = \tilde{\mathbf{P}}\tilde{\mathbf{p}}$. Os valores das coordenadas generalizadas originais são $x_1 = y_4$, $x_2 = y_5$ e $x_3 = y_6$. ∎

## 9.9 RESUMO DO CAPÍTULO

### 9.9.1 CONCEITOS IMPORTANTES

- O método dos coeficientes a determinar pode ser usado para determinar a resposta em regime permanente de um sistema com entrada harmônica.
- O método da transformada de Laplace leva a um conjunto de equações algébricas em termos do parâmetro da transformada. Os elementos do inverso da matriz impedância são as funções de transferência $G_{i,j}(s)$. O conceito da função de transferência senoidal pode ser usado para encontrar a resposta em regime permanente.
- A análise modal é um método em que as coordenadas principais são usadas para desacoplar as equações diferenciais e pode ser aplicado aos sistemas não amortecidos ou que possuem amortecimento proporcional.
- Uma análise modal existe para os sistemas com amortecimento proporcional.
- A análise modal é usada para desacoplar as equações diferenciais quando é usado um método de integração numérica.
- Métodos numéricos, como os de Runge-Kutta ou a integração numérica da integral de convolução, podem ser aplicados para determinar a resposta de um sistema de NGL.

### 9.9.2 EQUAÇÕES IMPORTANTES

Solução em regime permanente de um sistema não amortecido usando o método dos coeficientes a determinar

$$\mathbf{U} = (-\omega^2 \mathbf{M} + \mathbf{K})^{-1} \mathbf{F} \quad (9.5)$$

Solução em regime permanente de um sistema amortecido usando o método dos coeficientes a determinar

$$\mathbf{U} = (-\omega^2 \mathbf{M} + i\omega \mathbf{C} + \mathbf{K})^{-1} \mathbf{F} \quad (9.10)$$

Matriz impedância

$$\mathbf{Z}(s) = s^2\mathbf{M} + s\mathbf{C} + \mathbf{K} \tag{9.13}$$

Solução das equações pelo método da transformada de Laplace

$$\mathbf{X}(s) = \mathbf{Z}^{-1}(s)\mathbf{F}(s) \tag{9.14}$$

Uso da função de transferência senoidal para determinar a resposta do sistema em função da entrada harmônica

$$x_k(t) = \sum_{j=1}^{n} |G_{k,j}(i\omega_j)| F_j \operatorname{sen}(\omega_j t + \phi_{k,j}) \tag{9.16}$$

Expansão da resposta em termos das coordenadas principais

$$\mathbf{x}(t) = \sum_{i=1}^{n} p_i(t)\mathbf{X}_i \tag{9.19}$$

Equações diferenciais em que as coordenadas principais satisfazem um sistema não amortecido

$$\ddot{p}_j + \omega_j^2 p_j = g_j(t) \tag{9.24}$$

$$g_j(t) = (\mathbf{X}_j, \mathbf{F}) \tag{9.25}$$

Equações diferenciais em que as coordenadas principais satisfazem um sistema com amortecimento proporcional

$$\ddot{p}_i + 2\zeta_i\omega_i\dot{p}_i + \omega_i^2 p_i = g_i(t) \tag{9.29}$$

Solução da integral de convolução para as coordenadas principais

$$p_i(t) = \frac{1}{\omega_i\sqrt{1-\zeta_i^2}} \int_0^t g_i(\tau) e^{-\zeta_i\omega_i(t-\tau)} \operatorname{sen}\left[\omega_i\sqrt{1-\zeta_i^2}(t-\tau)\right] d\tau \tag{9.30}$$

Coordenadas principais para o sistema com amortecimento geral

$$\ddot{p}_1 + \dot{p}_1 = g_1(t) \tag{9.40}$$

Solução da integral de convolução para as coordenadas principais para o sistema com amortecimento geral

$$\tilde{p}_i = \int_0^t \tilde{g}_i(t) e^{-\gamma_i(t-\tau)} d\tau \tag{9.41}$$

# PROBLEMAS

## PROBLEMAS DE RESPOSTA CURTA

Para os Problemas 9.1 a 9.7, indique se a afirmação apresentada é verdadeira ou falsa. Se for verdadeira, justifique sua resposta. Se for falsa, reescreva a afirmação para torná-la verdadeira.

9.1 O método da transformada de Laplace não pode ser usado para determinar a resposta de um sistema com amortecimento proporcional.

9.2 As coordenadas principais são usadas para desacoplar as equações diferenciais para as vibrações forçadas.

9.3 Para um sistema com matriz de amortecimento proporcional à matriz de rigidez, os modos mais altos são mais altamente amortecidos e, portanto, têm menos efeito na resposta forçada.

Capítulo 9     VIBRAÇÕES FORÇADAS DOS SISTEMAS DE NGL    513

9.4    Os elementos da matriz impedância são as funções de transferência $G_{i,j}(s)$.
9.5    As coordenadas principais são usadas apenas para determinar a resposta em regime permanente de um sistema.
9.6    O vetor das forças para o lado direito das equações que definem as coordenadas principais é calculado por $\mathbf{G} = \mathbf{P}^T\mathbf{F}$.
9.7    O $k$-ésimo componente de $\mathbf{G}$, que é o vetor do lado direito das equações que definem a coordenada generalizada, é calculado ao assumir o produto escalar da energia cinética do vetor forçado com o $k$-ésimo modo de vibração normalizado.

Os Problemas 9.8 e 9.9 exigem uma resposta curta.

9.8    O determinante da matriz impedância de um sistema de NGL é um polinomial de qual ordem?
9.9    A frequência natural mais baixa de um sistema de cinco graus de liberdade é 30 rad/s. Selecione a equação diferencial que pode ser a equação para a coordenada principal.
(a) $\ddot{p}_1 + \dot{p}_1 = g_1(t)$
(b) $\ddot{p}_1 + 30\dot{p}_1 = g_1(t)$
(c) $\ddot{p}_1 + 900\dot{p}_1 = g_1(t)$
(d) $\ddot{p}_1 = g_1(t)$

Os Problemas 9.10 a 9.13 são questões com preenchimento de lacunas a respeito da dedução da análise modal para um sistema não amortecido ou um sistema com amortecimento proporcional.

9.10    Para deduzir a análise modal, o(a) _____ é usado(a) para escrever a solução geral como uma combinação linear das coordenadas principais.
9.11    O produto escalar _____ é assumido com ambos os lados da equação após a combinação linear ser substituída pelas equações diferenciais.
9.12    As equações são _____ usando o modo de vibração _____ com relação a _____ e _____.
9.13    A integral _____ pode ser usada para solucionar as equações diferenciais não homogêneas resultantes.

Os Problemas 9.14 a 9.18 são questões com preenchimento de lacunas a respeito da dedução da análise modal para um sistema com matriz de amortecimento geral.

9.14    Para os sistemas com uma matriz de amortecimento geral, as equações diferenciais regendo o sistema de NGL são escritas como equações diferenciais _____ de primeira ordem.
9.15    O vetor $\tilde{\mathbf{F}}$ é definido como o vetor $2n \times 1$ _____.
9.16    A matriz modal $\tilde{\mathbf{P}}$ é definida como a matriz cujas colunas são normalizadas por _____.
9.17    As equações diferenciais que regem as coordenadas principais do sistema são _____.
9.18    As equações diferenciais têm uma solução, $\tilde{p}_i = \int_0^t \tilde{g}_i(t) e^{-\gamma_i(t-\tau)} d\tau$, chamada de _____.
9.19    Dê duas razões por que a análise modal é conveniente para ser usada antes de solucionar um sistema que usa o método de Runge-Kutta.
9.20    Dê duas razões por que a análise modal deve ser usada antes de usar a integração numérica da integral de convolução.

Os Problemas 9.21 a 9.23 exigem cálculos curtos.
Nos Problemas 9.21 e 9.22, a análise espectral mostra que as frequências naturais para um sistema de quinta ordem são 20 rad/s, 41 rad/s, 55 rad/s, 93 rad/s e 114 rad/s. A análise modal experimental é usada para determinar que sua matriz modal seja

$$\mathbf{P} = \begin{bmatrix} 1,3 & 1,0 & 0,7 & 0,5 & 0,1 \\ 1,8 & 1,5 & 1,0 & 0,4 & -0,3 \\ 2,4 & 0,5 & -0,4 & -0,3 & 0,2 \\ 2,9 & -0,2 & -0,7 & 0,5 & -0,5 \\ 2,0 & -0,15 & 0,2 & -0,6 & 0,4 \end{bmatrix}$$

9.21 Se o sistema não for amortecido e for sujeito a um vetor de força igual a $\mathbf{F} = [0\ 0\ \text{sen}54t\ 0\ 0]^T$, determine o que segue.
   (a) Escreva a equação diferencial para a primeira coordenada principal.
   (b) Qual é a solução em regime permanente desta equação diferencial?
   (c) Qual modo você espera ter a maior contribuição para a resposta?
   (d) Qual é a relação entre a quinta coordenada generalizada e as coordenadas principais?

9.22 Se o sistema for amortecido com razões de amortecimento modal de 0,3, 0,615, 0,825, 1,395 e 1,71, e tiver um vetor de força igual a $\mathbf{F} = [0\ 0\ \text{sen}\ 54t\ 0\ 0]^T$, determine o que segue.
   (a) Escreva a equação diferencial para $p_4$.
   (b) Qual é a solução em regime permanente desta equação diferencial?
   (c) Quais modos são superamortecidos e quais são subamortecidos?
   (d) Qual(is) é(são) a(s) constante(s) de proporcionalidade entre a matriz de amortecimento e as matrizes de rigidez e de massa?

9.23 As equações diferenciais que regem um sistema de três graus de liberdade são

$$\begin{bmatrix} 2 & 0 & 0 \\ 0 & 2 & 0 \\ 0 & 0 & 3 \end{bmatrix} \begin{bmatrix} \ddot{x}_1 \\ \ddot{x}_2 \\ \ddot{x}_3 \end{bmatrix} \begin{bmatrix} 1 & 0 & 0 \\ 0 & 0 & 0 \\ 0 & 0 & 2 \end{bmatrix} \begin{bmatrix} \dot{x}_1 \\ \dot{x}_2 \\ \dot{x}_3 \end{bmatrix} + \begin{bmatrix} 5 & -3 & 0 \\ -3 & 7 & -4 \\ 0 & -4 & 4 \end{bmatrix} \begin{bmatrix} \dot{x}_1 \\ \dot{x}_2 \\ \dot{x}_3 \end{bmatrix} = \begin{bmatrix} 0 \\ 0 \\ 0,1\ \text{sen}\ 60t \end{bmatrix}$$

Qual é a matriz impedância para esse sistema?

# REFERÊNCIAS BIBLIOGRÁFICAS

ABRAMOWITZ, M. e STEGUN, I. (eds). *Tables of mathematical functions with formulas, graphs and mathematical tables.* Dover, Nova York, 1974.

AMANN, O.H.; VON KARMAN, T.; WOODRUFF, G.B. *The failure of the Tacoma Narrows Bridge.* Washington, DC: Federal Works Agency. 1941.

AMERICAN INSTITUTE OF STEEL CONSTRUCTION. *Manual of steel construction allowable stress design.* 9. ed. Chicago, IL, 1980.

BAKER, G.L. e GOLLUB, J.P. *Chaotic dynamics* — An introduction. 2. ed. Cambridge: Cambridge University Press, 1996.

BEER, F.P. et al. *Vector mechanics for engineers, statics and dynamics.* Nova York: McGraw-Hill, 2009.

BERT, C.W. Material damping: An introductory review of mathematical models, measurements, and experimental techniques. *Journal of Sound and Vibration,* v. 29, 1973, p. 129-53.

BLEVINS, R.D. *Flow induced vibrations.* 2. ed. Nova York: Krieger Publishing, 2001.

CRANDALL, S.H. The role of damping in vibration theory. *Journal of Sound and Vibration,* v. 11, 1970, p. 3-18.

_____ e MARK, W.D. *Random vibration in mechanical systems.* Nova York: Academic Press, 1963.

DEN HARTOG, J.P. Forced vibrations with combined coulomb and viscous friction. *Transactions of the ASME, Applied Mechanics,* v. 53, 1931, p. 107-15.

_____. *Mechanical vibrations.* 4. ed. McGraw-Hill, 1956.

DIMAROGONAS, A.D. *Vibrations for engineers.* 2. ed. Upper Saddle River, NJ: Prentice-Hall, 1996.

DONG, R.G., et al., S. Modeling of biodynamic response distributed at the fingers and the palm of the human hand-arm system. *Journal of Biomechanics,* v. 40, 2007, p. 2335-40.

DUMIR, P.C. Similarities of vibration of discrete and continuous systems. *International Journal of Mechanical Engineering Education,* v. 16, 1988, p. 71-78.

FEIGENBAUM, M. Quantitative universality for a class of nonlinear transformations. *Journal of Statistical Physics,* v. 19, 1978, p. 25-52.

FOX, R.W.; PRITCHARD, P.; McDONALD, A. *Introduction to fluid mechanic.* Nova York: Wiley, 2008.

GLEICK, J. *Chaos.* Nova York: Viking, 1987.

GOLDSTEIN, H. *Classical mechanics.* Reading, MA: Addison-Wesley, 1950.

HARMAN, T.L.; DABNEY, J.; RICHERT, N. *Advanced engineering mathematics using MATLAB V. 4.* Boston: PWS Publishing, 1997.

HARRIS, C.M. e CREDE, C.E. (eds.) *Shock and vibration handbook.* 4. ed.. Nova York: McGraw-Hill, 1996.

HIGDON, A.E.; STILES, W.B.; WEESE, J. A. *Mechanics of materials.* 4. ed. Nova York: Wiley 1985.

HOFFMAN, J.D. *Numerical methods for engineers and scientists.* 2. ed. Boca Raton, FL: CRC Press, 2001.

HOLMAN, J.P. *Experimental methods for engineers*. 7. ed. Nova York: McGraw-Hill, 2001.

HUNT, J.B. *Dynamic vibration absorbers*. Londres: Mechanical Engineering Publishers, 1979.

INMAN, D.J. *Engineering vibration*. 3. ed. Englewood Cliffs, NJ: Prentice-Hall, 2007.

JAMES, M.L. et al. *Vibrations of mechanical and structural systems with microcomputer applications*. 2.ed. Nova York: Harper Collins, 1994.

KELLY, S.G. Nonlinear phenomena in a column of liquid in a rotating manometer. *SIAM Review*, v. 32, 1990, p. 652-59.

LALANNE, C. *Mechanical vibration and shock analysis, random vibration*. Londres: ISTE, 2007.

LAZER, A.C. e McKENNA, P.J. Large amplitude oscillations in suspension bridges: Some new connections with nonlinear analysis. *SIAM Review*, v. 32, 1990, p. 537-75.

MATH WORKS, Inc. *The students edition of MATLAB, version 5, User's guide*. Upper Saddle River, NJ: Prentice Hall, 1997.

MEIROVITCH, L. *Principles and techniques of vibrations*. Upper Saddle River, NJ: Prentice-Hall, 1997.

MERIAM, J.L. e KRAIGE, L.G. *Engineering mechanics*: Dynamics. 6. ed. Nova York: Wiley, 2006.

NAYFEH, A.H. e MOOK, D.T. *Nonlinear oscillations*. Nova York: Wiley-Intersicence, 1979.

NAYFEH, A.H. *An introduction to perturbation methods*. Nova York: Wiley-Interscience, 1981.

ORMONDROYD, J. e DEN HARTOG, J.P. Theory of dynamic vibration absorbers. *Transactions of the ASME*, v. 50, PAPM-241, 1928.

PATTON, K.T. Tables of hydrodynamic mass factors for translating motion. *ASME*, paper 65-WA/UNT-2, 1965.

RAO, S.S. *Mechanical vibrations*. 5. ed. Reading, MA: Addison-Wesley, 2010.

REDDY, J.N. *An introduction to finite element method*. 3. ed. Nova York: McGraw-Hill, 2005.

RIVIN, E.I. Vibration isolation of industrial machines — Basic considerations. *Sound and Vibration*, v. 12, 1978, p. 14-19.

ROSS, A.D. e INMAN, D.J. A design criterion for avoiding resonance in lumped mass normal mode systems. *Journal of Vibrations, Acoustics, Stress, and Reliability in Design*, v. III, 1989, p. 49-52.

RUZICKA, J.E. Fundamental concepts of vibration control. *Journal of Sound and Vibration*, v. 5, 1971, p. 16-23.

SHAMES, I.H. *Mechanics of fluids*. 4. ed. Nova York: McGraw-Hill, 2002.

SHIGLEY, J.E. e BUDYNAS, R. *Mechanical engineering design*. 7. ed. Nova York: McGraw-Hill, 2003.

STEPHEN, N.G. On energy harvesting from ambient vibration. *Journal of Sound and Vibration*, v. 293, 2006, p. 408-25.

WENDEL, K. Hydrodynamic masses and hydrodynamic moments of inertia. *U.S. Navy David Taylor Model Basin Transactions*, trad. 260, 1956.

WHITE, F.M. *Fluid mechanics*. 7. ed. Boston: McGraw-Hill, 2010.

WILKINSON, J.H. *The algebraic eigenvalue problem*. Oxford: Clarendon Press, 1965.

# ÍNDICE REMISSIVO

**A**

Absorvedor com vibração dinâmica
   acrescentado ao sistema primário, 11
   em sistemas e dois graus de liberdade, 337-342

Absorvedores de vibração
   ajuste dos, 366
   amortecido, 342-345, 362-364, 366
   como sistema mola/massa auxiliar, 337-338
   definição, 308, 342
   dinâmico, 11, 337-340
   resposta da frequência e, 366
   rigidez dos, 349

Aceleração
   amplitudes, razão de, 240
   equações de aceleração relativa, 33
   partícula, 32-33
   vetor, 390

Acelerômetros
   como instrumentos de medição da vibração sísmica, 161, 207-209
   em sistemas MEMS, 75
   percentual de erro no uso de, 241

Acopladores de vagão de trem, 447-448

Acoplamento, 321, 390

Amortecedor de Houdaille, 346

Amortecedor de vibração ajustado, 366

Amortecedor de vibração amortecido ideal, 343-344, 362-365

Amortecedores. *Consulte também* Amortecedor viscoso
   Houdaille, 346
   vibração, 346

Amortecedores de vibração, 346

Amortecedores viscosos discretos, 58-59

Amortecedor hidráulico
   amortecimento viscoso do, 139
   arranjo pistão-cilindro, 56-57
   modelo simples, 55-56
   no sistema de massa-mola-amortecedor hidráulico, 180-184

Amortecedor torcional viscoso, 57, 126-128

Amortecedor viscoso
   discreta, 58
   entrada de movimento e, 69
   equação diferencial regendo, 100
   força de, 71-72, 100
   sistema, movimento do, 77-79
   torcional, 57, 126-128

Amortecimento. *Consulte também* Amortecimento de Coulomb; Amortecimento histerético; Amortecimento proporcional; Amortecimento viscoso
   colheita de energia e, 222
   componentes, 39
   espectro de choque e, 282, 285
   força, 55
   matriz, 323, 392, 467
   nos sistemas de NGL, 432
   nos sistemas estruturais, 465, 498
   outras formas de, vibrações livres dos sistemas de 1GL e, 138-140
   razão, 108, 152, 169-170, 195

Amortecimento de Coulomb

amortecimento viscoso v., 131-132
cessação de movimento em função do, 153
coeficiente cinético de atrito e, 128, 132
do atrito de deslizamento seco, 139
equações diferenciais para o sistema com, 211
excitação harmônica dos sistemas de 1GL e, 211-214
fator de ampliação para, 241
mudanças de amplitude para os sistemas com, 153
vibrações livres dos sistemas de 1GL e, 108, 128-135

Amortecimento geral. *Consulte também* Sistemas com amortecimento geral
análise modal para, 500-503
solução da integral de convolução para, 512
viscoso, nas vibrações livres dos sistemas de NGL, 467-470

Amortecimento histerético
amortecimento viscoso v., 136, 216
coeficiente, 136
da mola, 139
excitação harmônica dos sistemas de 1GL e, 215-217
fator de ampliação para, 241
isoladores e, 195
modelamento matemático do, 136
perda de energia por ciclo em função do, 154
razão de amortecimento viscoso equivalente para o, 154
vibrações livres dos sistemas de 1GL e, 108, 134-138

Amortecimento proporcional
análise modal e, 492-500
coordenadas principais para, 480
definição, 464
equações, 479, 511
nas vibrações livres dos sistemas de NGL, 464-467, 480
nos sistemas estruturais, 465

Amortecimento viscoso
Amortecimento de Coulomb v., 131-132
amortecimento histerético v., 136, 216
coeficiente, 55, 59, 136, 154
como força não conservativa, 58-60
DCL do, 57-58
definição, 57
do amortecedor hidráulico, 139

energia dissipada por, 58-60
geral, nas vibrações livres dos sistemas de NGL e, 467-470
modelagem dos sistemas de 1GL e, 39, 55-60
razão, 154
resposta em estado estacionário e, 325-326, 364
sistemas com dois graus de liberdade com, resposta livre de, 319-321, 364
trabalho feito por, 100

Amplitude
aceleração, razão de, 240
da força transmitida, 240
da resposta em função da excitação da frequência ao quadrado, 239
definida, 110
do deslocamento absoluto, 240
do movimento da massa relativa à base, 240
em regime permanente, 365, 485
mudança na, para o sistema com amortecimento de Coulomb, 153
teorema de Buckingham-Pi e, 168

Amplitude em estado estacionário, 366, 485

Análise dimensional, 2, 10-11

Análise modal
amortecimento proporcional e, 492-499
definição, 492
desbalanceamento rotativo e, 495-496
para amortecimento geral, 500-502
para sistemas não amortecidos, 492-500
para vibrações forçadas dos sistemas de NGL, 483, 492-502
Programa MATLAB para, 502
resumido, 493, 501

Arranjo pistão-cilindro, 56-57

Arrasto aerodinâmico
pêndulo e, 4
vibrações livres dos sistemas de 1GL e, 138-139

Atraso, 13

Atrito
coeficiente cinético, 128, 132, 452-454
deslizamento da massa na superfície com, 153
deslizamento seco, 108, 139
energia dissipada por, 1

Atrito de deslizamento seco, 108, 139

Autovalor
no problema de autovalor-autovetor, 434, 461-462

real, 453
rotinas do MATLAB para, 462

Autovetor
múltiplo do, 432
no problema de autovalor-autovetor, 434, 461-462

## B

Balanço de árvore, 133-134

Barra longitudinal
rigidez, 100

Barras delgadas, momento de inércia das, 61

Base
deslocamento da massa em relação à base, 240, 302
excitações harmônicas da, 184
problemas de movimento, integral de convolução para, 303
vibrações transitórias em função da excitação da, 263-265

Batimento, 164-165, 239

Biomecânica, análise de vibração e, 2

## C

Camada limite, 179

Came circular excêntrico, 184

Campo de força externa, gravidade como, 4

Campo magnético, 148-150

Carga aplicada, 408-409

Carga reversa, 288, 300-301

Casos especiais, das vibrações livres dos sistemas de NGL
sistema degenerado, 443-445
sistema irrestrito, 445-449

Centro de percussão, 32

Chatter de máquina-ferramenta, 1

Cilindro quadrado, 67

Cilindros. *Consulte também* Cilindros circulares
no arranjo pistão-cilindro, 56-57
quadrado, 67

Cilindros circulares
emissão de vórtices dos, 177-180
massa acrescentada para, 67
momento de inércia dos, 61, 67

Cinemática, em dinâmica, 14-16

Cinética, das partículas
base da, 2
em dinâmica, 16-19
problemas de corpo rígido, 17-18
segunda lei de Newton e, 16

Classificação, da vibração, 9

Coeficiente cinético do atrito
Amortecimento de Coulomb e, 128, 132
ortogonalidade do, 452-454

Coeficiente de arrasto, 10

Coeficiente de Reynolds, envolvendo as oscilações induzidas pelo vento, 178-180

Coeficientes de Fourier, 199

Coeficientes de influência da flexibilidade, 372, 400-406

Coeficientes de influência da inércia, 406-408

Coeficientes de influência da rigidez generalizada, 395

Coeficientes de influência de rigidez
generalizada, 395
matriz de rigidez e, 393
na modelagem dos sistemas de NGL, 372, 393-401

Coeficientes indeterminados
equação, 511
para vibrações forçadas dos sistemas de NGL, 483, 512
resposta harmônica de sistemas com dois graus de liberdade e, 323

Colheita de energia
amortecimento e, -223, 222
energia armazenada da, 1
energia média colhida pela, 242
excitação harmônica dos sistemas de 1GL e, 218-223
sistemas MEMS e, 218, 235-237

Combinação arbitrária, das molas, 101

Combinação, de molas
combinação arbitrária de, 101
combinação em série de, 47, 102
combinação geral de, 50
combinação paralela de, 47, 100
combinações, no modelamento do sistema de 1GL, 47-52

Combinação em série, das molas, 47, 102

Combinação geral, das molas, 50

Combinação paralela, das molas, 47, 100

Compactador, 92-93

Componentes da inércia
efeitos da inércia das molas, 63-66, 101
massa adicionada, 66-68

Componentes do circuito elétrico, em combinação, 47

Comportamento a curto prazo, vibrações forçadas dos sistemas de NGL e, 483

Comprimento inicial, 40

Comutatividade, 453

Conservação da massa, 5

Conservação do momento linear, 5

Constantes de integração, 108

Constantes por partes, 273, 275

Coordenada angular, 50-52, 101

Coordenadas. *Consulte também* Coordenadas generalizadas; Coordenadas principais
angular, 50-52, 101

Coordenadas generalizadas
acoplamento relativo às, 390
como combinações lineares das coordenadas principais, 461
coordenada angular como, 50-52, 101
definidas, 2, 7-9
deslocamento linear como, 101
em sistemas de dois graus de liberdade, 307
no método DCL, 71

Coordenadas principais
acoplamento e, 321
coordenadas generalizadas como uma combinação linear de, 461
definição, 458
equações para, 364, 479, 511
expansão da resposta em termos de, 512
nas vibrações livres dos sistemas de NGL e, 432, 458-461
nos sistemas com dois graus de liberdade, 321-323
para amortecimento proporcional, 480
para sistema com amortecimento geral, 512
solução da integral de convolução para, 511-513

Corpo elástico, partículas no, 8

Corpo rígido
deslocamento relativo das partículas, 9
graus de liberdade do, 7
movimento planar submetido pelo, 33
problemas de cinética, 17-18

Cubo, massa acrescentada para, 67

**D**

decomposição de Choleski, 462

Decremento logarítmico, 118-119, 153

Deflexão. *Consulte também* Deflexão estática dinâmica, 65-68

Deflexão dinâmica da viga, 65-66

Deflexão estática
das molas, 44-47, 54-55, 77-78
gravidade e, 77-78
isoladores e, 193, 232-233
na modelagem dos sistemas de 1GL, 77-79
de Lagrange, 424

Desastre da Ponte de Tacoma Narrows, 163

Desbalanceado, rotativo
análise modal e, 495-498
excitações da frequência ao quadrado, 174-176, 189, 233-235, 239-240
isolamento de vibrações em função do, 240

Desbalanceamento rotativo
análise modal e, 495-498
excitações da frequência ao quadrado, 175-176, 189, 233-235, 240
isolamento de vibrações em função do, 240

Deslocamento
absoluto, 240
angular, 73-75, 88-89
base, 240, 302
da massa, relativo à base, 240
linear, como coordenada generalizada, 101
nas relações de deslocamento de força, 5, 100
relações de força com, 5, 100
suposição, 80-83

Deslocamento absoluto
amplitude do, 240
resposta em regime permanente do, 240

Deslocamento angular
do disco fino, 73-75
do eixo do sistema de transmissão, 88-89

Deslocamento linear, como coordenada generalizada, 101

Diagrama de corpo livre (DCL)
coordenadas generalizadas e, 71
definido, 2

do amortecimento viscoso, 57-58
Equações de Lagrange v., 217
leis de Newton aplicadas às, 3, 71
molas e, 71
no modelamento dos sistemas de 1GL, 70-78
no modelamento dos sistemas de NGL, 372-378
no modelamento matemático, 5-6
para a derivação da equação diferencial, 39, 308-311, 372-378

Diagrama de tensão-deformação, 134-135

Diagramas. *Consulte também* Diagrama de corpo livre
no modelamento matemático, 5-6
tensão-deformação, 134-135

Diferencial, 378

Dinâmica
cinemática na, 14-16
cinética na, 16-21
princípio do impulso e do momento linear na, 22-25, 34
princípio do trabalho e da energia na, 20-22, 34
revisão da, 14-25

Disco fino
deslocamento angular do, 73-75
massa adicionada para, 67
momento de inércia da, 61, 67

Dispositivo de monitoramento de fluxo, 188

## E

Efeitos relativísticos, ignorados, 4

Elastômeros, isolador feito de, 195

Elementos de inércia
massa equivalente, 60-63
na modelagem dos sistemas de 1GL, 39-40, 60-68

Elementos elásticos, como molas, 42-43

Emissão de vórtice
dos cilindros circulares, 177-179

Empuxo, no modelamento dos sistemas de 1GL, 53-55

Energia. *Consulte também* Energia cinética; Energia potencial
armazenada, da colheita de energia, 1
deformação, 43
dissipada pelo amortecimento viscoso, 58-60
fontes, 39
forças não conservadoras acrescentando ou dissipando, 1-2
métodos, 308
perda por ciclo, em função do amortecimento histerético, 154
princípio da, 20-22, 33

Energia cinética
dos sistemas de 1GL, 21
Equações de Lagrange e, 372
forma quadrática das, 406
produto escalar, 449, 452-454, 479

Energia de deformação, 43

Energia potencial
em função da gravidade, 101
em uma mola linear, 100
fontes, 39, 52-55
forma quadrática da, 372
função, 41
na modelagem dos sistemas de NGL, 371-372, 394
produto escalar, 449-450, 479

Equação característica
frequências naturais e, 434
modos de vibração e, 434
raízes da, 152

Equação de momento, 33

Equação diferencial ordinária linear de segunda ordem, 40

Equações constitutivas, 5

Equações de aceleração relativa, 33

Equações de Lagrange
DCL v., 217
energia cinética e, 372
na modelagem dos sistemas de NGL, 371, 378-388
para um sistema conservativo, 425
sistemas não conservativos e, 384, 425

Equações de resposta impulsiva, 302-304

Equações de velocidade relativa, 33

Equações diferenciais
amortecedor viscoso regido pelas, 100

Equações diferenciais. *Consulte também* Equações diferenciais lineares; Equações diferenciais parciais
método de derivação de energia, 308
na forma fechada, 483
do movimento, derivação das, 308-311
formulação matricial das, 388-393, 426

método DCL para derivar, 39, 308-311, 372-378
movimento de pêndulo regido pelas, 80-82
para a resposta livre de um sistema com amortecimento de Coulomb, 211
para as coordenadas principais, 364, 480, 511
para as excitações harmônicas, 167, 211, 483-485
para as vibrações forçadas dos sistemas de 1GL, 239, 247
para as vibrações forçadas não amortecidas em função da excitação de frequência única, 161
para as vibrações livres dos sistemas de 1GL, 108-109, 152
para as vibrações livres dos sistemas de NGL, 431, 467
para o deslizamento da massa na superfície com atrito, 153
para o sistema viscosamente amortecido sujeito à excitação harmônica de frequência única, 167
para os sistemas não amortecidos, 511
para sistemas de dois graus de liberdade, 307-311, 323, 334
sistema de massa-mola regido por, 100
solução numérica das, 277-283
usos das, 3

Equações diferenciais lineares
forma matricial e, 388-393, 425
ordinária linear de segunda ordem, 40

Equações diferenciais parciais
modelagem dos sistemas de NGL e, 408

Equilíbrio
posição vertical, 1

Esfera
massa adicionada para, 67
momento de inércia da, 61, 67

Espectro da resposta, 248, 285-288, 296. *Veja também* Espectro do choque

Espectro do choque
amortecimento e, 282, 285
terremotos e, 282
vibrações transitórias dos sistemas de 1GL e, 283-289

Espectros de força, 285-288

Estrutura com dois andares, 356-360

Estrutura de um andar (???)
laboratório químico (???), 283-284, 297

Estrutura do laboratório químico (???), 283-284, 297

Excitação de frequência única
vibrações forçadas em sistemas não amortecidos em função de, 161-168
vibrações forçadas em sistema viscosamente sujeitos a, 167-173

Excitação geral, resposta em função da, 251-256

Excitação harmônica, dos sistemas de 1GL
amortecimento de Coulomb e, 211-214
amortecimento histerético e, 215-217
colheita de energia e, 218-222
conceitos importantes, 237-239
equações importantes, 239-242
excitações da frequência ao quadrado, 173-180
excitações multifrequenciais, 195-197
excitações periódicas gerais, 197-204
instrumentos de medição de vibrações sísmicas e, 161, 205-209
introdução às, 159-162
isolamento de vibrações na, 161, 185-195
máquina no chão da fábrica e, 223
molas helicoidais e, 195
no sistema de suspensão, 224-231
representações complexas, 209-210
resposta da frequência na, 161, 170
resposta em função da excitação do suporte, 180-185
ressonância e, 163, 213
vibrações forçadas na, 159, 161-173

Excitação não periódica, 247

Excitações da frequência ao quadrado
amplitude da resposta em função das, 239
caso especial das, 160, 189
desbalanceamento rotativo, 175-176, 189, 233-234, 240
emissão de vórtices dos cilindros circulares, 177-180
equação, 239
isolamento de vibrações das, 189-193
na excitação harmônica dos sistemas de 1GL, 173-180
teoria geral, 173

Excitações harmônicas
da base, 184
do suporte, 181-186
equações diferenciais para, 167, 211, 483-485
solução homogênea e, 483
vibrações forçadas dos sistemas de NGL e, 483-488

Excitações multifrequenciais
    excitação harmônica dos sistemas de 1GL, 195-197
    isolamento de vibrações para multifrequência, 204

Excitações periódicas. *Veja também* Excitações periódicas gerais
    excitação harmônica dos sistemas de 1GL, 197-204
    isolamento de vibrações para, 204
    Representação da série de Fourier, 161, 197-201, 241
    resposta do sistema em função da, 201-204, 240

Excitações periódicas gerais
    excitação harmônica dos sistemas de 1GL, 197-204
    isolamento das vibrações para as excitações multifrequenciais e periódicas, 204
    representação da série de Fourier, 161, 197-201, 241
    resposta do sistema em função das, 201-204, 240

# F

Falha estrutural, 1

Fase
    ângulo, 13, 239
    estado estacionário, 365

Fases em estado estacionário, 365

Fator de ampliação, 168-169, 171, 239, 241

Fonte externa, no modelamento dos sistemas de 1GL, 67-70

Força de empuxo, 53

Força do corpo, 5

Forças conservativas, 20, 52

Forças de superfície, 5-6

Forças efetivas, 373

Força senoidal, 68

Forças estáticas, 77

Forças generalizadas, 384

Forças impulsivas, 68, 248

Forças não conservativas
    amortecimento viscoso, 58-60
    definição, 67
    energia adicionada ou dissipada por, 1
    trabalho virtual por, 425

Força transitória, 68

Forma fechada, equações diferenciais na, 483

Forma quadrática
    da energia cinética, 406
    da energia potencial, 372
    da função de dissipação de Rayleigh, 372, 392, 425
    problema do valor-vetor próprio e, 432

Formato geral, momento de inércia do, 61

Fórmula aberta de Adams, 279

Fórmula fechada de Adams, 279

Fórmulas de Adams, 279

Fração modal, 364

Frequência complexa, 209-210, 216

Frequência da excitação. *Consulte também* Excitação de frequência única
    equalizando a frequência natural, 163, 239

Frequência natural amortecida, 117, 152

Frequências dimensionais, para a viga simplesmente apoiada, 463

Frequências não dimensionais, para viga simplesmente apoiada, 463

Frequências naturais
    amortecidas, 117, 152
    da matriz de rigidez, 479
    das vibrações transversais, 443
    determinação das, 461-464
    de zero, 445, 452
    do movimento, 108, 110
    do sistema de 1GL, 152
    equação característica e, 434
    frequência de excitação igual, 163, 238
    método de iteração da matriz para, 461
    método de Rayleigh-Ritz para, 461
    propriedades dos, 451-454
    sistemas com dois graus de liberdade e, 311-316, 339
    soluções numéricas e, 502
    vibrações livres dos sistemas de NGL e, 432-441, 451-454, 461-464

Fresadora, 194-195, 279-281, 345-346

Função de dissipação de Rayleigh, 372, 392, 424

Função de dissipação de Rayleigh, forma quadrática da, 372, 392, 425

Função degrau, 256-259, 303

Função degrau atrasada, 259

Função degrau unitário, 256-259, 303

Função exponencial, 260

Função exponencial atrasada, 260
Função interpoladora, 272-275
Função periódica ímpar, 198
Função periódica par, 199
Função rampa, 259
Função rampa atrasada, 259
Função seno, 260
Função seno atrasada, 260
Funções de transferência
    definição, 269
    equações para, 303
    senoidal, 331-333, 511
    sistemas com dois graus de liberdade e, 327-333
    Transformada de Laplace e, 248, 327
    vibrações transitórias dos sistemas de 1GL e, 247, 269-273
Funções de transferência senoidais, 331-333, 511
Fundação rígida, 193

## G

Graus de liberdade. *Consulte também* Sistemas de múltiplos graus de liberdade; Sistemas de um grau de liberdade; Sistemas de dois graus de liberdade
    do corpo rígido, 7
    na classificação de vibração, 9
Gravidade
    apenas como um campo de força externo, 4
    deflexão estática e, 77-79
    diagrama, 5
    energia potencial em função da, 101
    no modelamento dos sistemas de 1GL, 52-53, 77-79

## H

Hipótese do contínuo, 3
Hipóteses implícitas, 3-4
Identidade de Euler, 440

## I

Identificação de problema, na modelagem matemática, 3
Impulso. *Veja também* Impulso unitário
    angular, 30-32, 34
    atrasado, 259
    devido à força, 33, 302
    princípio do, 22-25, 33
Impulso angular, 31-32, 34
Impulso atrasado, 259
Impulso unitário
    função, 250
    resposta em função do, 248-251
Índice do somatório, 389
Inércia, momento de
    centroidal, 61
    coordenada angular é usada como coordenada generalizada e, 101
    de corpos tridimensionais, 61, 67
Instrumentos de medição de vibrações sísmicas
    acelerômetro, 161, 207-209
    excitação harmônica dos sistemas de 1GL e, 161, 205-209
    sismógrafos, 161, 205-206
Integração
    constantes de, 108
    numérica, 506-507
Integração numérica
    da integral de convolução, 506-507
Integral de convolução
    avaliação numérica da, 273-277, 303
    derivação da, 248-252
    integração numérica da, 506-507
    para a resposta degrau, 303
    para as coordenadas principais, 511-513
    para o amortecimento geral, 512
    para o deslocamento relativo nos problemas do movimento da base, 302
    para o sistema não amortecido, 302
    solução, 365
    vibrações transientes dos sistemas de 1GL e, 247-252, 258
Isolador
    amortecimento histerético e, 195
    classes, 195
    deflexão estática e, 193, 232-233
    eficiência, recíproco da, 303
    elastômeros em, 195
    projeto, 193, 292
    rigidez máxima do, 193
Isolamento de choque, 285
Isolamento de vibrações

aspectos práticos de, 192-196
de excitações da frequência ao quadrado, 189-193
de montagem elástica, 186
devido a desbalanceamento rotativo, 240
na excitação harmônica dos sistemas de 1GL, 161, 185-195
para excitações de multifrequência e periódicas, 204
para pulsos de curta duração, 289-293
proteção com, 185

Isolamento, vibrações
aspectos práticos de, 192-196
de excitações da frequência ao quadrado, 189-193
de montagem elástica, 186
devido a desbalanceamento rotativo, 240
na excitação harmônica dos sistemas de 1GL, 161, 185-195
para excitações multifrequenciais, 204
para excitações periódicas, 204
para pulsos de curta duração, 289-293
proteção com, 185

## J
Jugo escocês, 184-185, 213

## L
Leis básicas da natureza, 5
Leis da natureza, 5

## M
Máquina de costura, 188, 231
Máquina de costura industrial, 188, 231
Máquina no chão de uma planta industrial
excitação harmônica dos sistemas de 1GL e, 223-224
introdução à, 24-26
modelagem dos sistemas de 1GL e, 89-91
modelagem dos sistemas de NGL e, 411-413
sistemas com dois graus de liberdade e, 346-349
vibrações forçadas dos sistemas de NGL e, 503-504
vibrações livres dos sistemas de 1GL e, 141-144
vibrações livres dos sistemas de NGL e, 469-471
vibrações transientes dos sistemas de 1GL e, 292-294

Martelo de forja, 289, 292

Massa
adicionada, como componente da inércia, 66-68
aumentada, 194
conservação da, 5
deslocamento, relativa à base, 240, 302
equivalente, 60-63
massa deslizando em uma superfície com atrito, equação diferencial para, 153
não suspensa, 349
no sistema massa-mola-amortecedor hidráulico, 180-184
suspensa, 91

Massa acrescentada, 66-68
Massa adicionada de corpos tridimensionais para, 67
Massa equivalente, 60-63
Massa não suspensa, 349
Massa suspensa, 91

MATLAB
para análise modal, 503
para vibrações livres dos sistemas de NGL, 439
para vibrações transitórias dos sistemas de 1GL, 280-283
rotinas de valor próprio no, 462

Matriz. *Veja também* Matriz de flexibilidade; Matriz global; Matriz de massa; Matriz de rigidez
amortecimento, 323, 392, 467
diagonal, 390, 408
dinâmica, 433
formulação de equações diferenciais, 388-394, 426
impedância, 488, 511
método iterativo, 461
modal, 459
simétrica, 390

Matriz de flexibilidade
equação, 425
matriz de rigidez v., 406
modos de vibração da, 480
no modelamento de massa concentrada dos sistemas contínuos, 408
no modelamento dos sistemas de NGL, 372, 401-406

Matriz de impedância, 488, 511

Matriz de massa
consistente, 408
na modelagem dos sistemas de NGL, 389-392, 406-408

simétrica, 390

Matriz de massa consistente, 408

Matriz de rigidez
coeficientes de influência de rigidez e, 393
frequências naturais de, 479
matriz de flexibilidade v., 406
na modelagem dos sistemas de NGL, 389-393, 395-401, 405-406
para sistemas irrestrito, 404-406

Matriz diagonal, 390, 408

Matriz dinâmica, 433

Matriz modal, 459

Matriz simétrica, 390

Matriz simétrica de massa, 390

Mecanismo de biela-manivela, 197

Mecanismos de recuo, 123

Método de Euler, 277

Método de Jacobi, 462

Método de Rayleigh-Ritz
para frequências naturais, 461
para modos naturais, 461

Método dos sistemas equivalentes, no modelamento dos sistemas de 1GL, 39, 83-90

Método preditor-corretor, 279

Métodos de Runge-Kutta, 277-279, 281, 286

Métodos numéricos
avaliação numérica da integral de convolução, 273-277, 303
fórmulas de Adams, 279
início automático, 277
método de Euler, 277
Métodos de Runge-Kutta, 277-279, 281, 286
para vibrações forçadas dos sistemas de NGL, 502
para vibrações transitórias dos sistemas de 1GL, 273-283
preditor-corretor, 279
resolução numérica das equações diferenciais, 277-282

Métodos numéricos de início automático, 277

Míssil, instabilidade do, 422-424

Modelagem de massa concentrada
matriz de flexibilidade em, 408
na modelagem dos sistemas de NGL, 408-411
precisão da, 462

Modelagem, dos sistemas de 1GL
amortecimento viscoso, 39, 55-60
conceitos importantes, 99-100
deflexão estática na, 77-79
elementos de inércia na, 39-40, 60-68
empuxo na, 54-55
equações importantes, 100
fontes externas na, 68-71
gravidade na, 52-53, 77-80
hipótese de deslocamento na, 78-85
introdução à, 2, 39-40
máquina no chão de uma planta industrial e, 89-90
método DCL para, 71-78
método dos sistemas equivalentes na, 39, 83-89
mola linear na, 40, 100
molas, 39-47
molas em combinação, 47-52
molas helicoidais na, 41-42, 100
sistema de suspensão e, 91
suposição para ângulos pequenos na, 80-83, 101

Modelagem, dos sistemas de NGL
coeficientes de influência da flexibilidade na, 372, 400-406
coeficientes de influência da inércia em, 406-408
coeficientes de influência de rigidez na, 372, 393-401
conceitos importantes, 424
energia potencial na, 371-372, 394
equações de Lagrange aplicadas a, 372, 378-389
equações diferenciais parciais e, 408
equações importantes, 424-426
formulação de matriz das equações diferenciais para sistemas lineares, 388-393, 426
introdução à, 371-372
máquina no chão de uma planta industrial e, 410-412
matriz de flexibilidade na, 372, 401-406
matriz de massa na, 390-392, 406-408
método DCL para, 372-378
modelagem de massa concentrada, 408-410
modelo com três graus de liberdade, 374
rigidez da matriz na, 390-393, 395-401, 405-406
sistema de suspensão e, 413-415
sistemas contínuos na, 372, 408-411

Modelagem, massa concentrada
matriz de flexibilidade em, 408
na modelagem dos sistemas de NGL, 408-411
precisão da, 462

Modelagem matemática
  das vibrações, 3-6
  diagramas na, 5
  do amortecimento histerético, 135-136
  equações constitutivas na, 5
  hipóteses, 3-4
  identificação de problema na, 3
  leis básicas da natureza na, 5
  restrições geométricas na, 5
  resultados, interpretação física da, 6
  solução obtida na, 6
Modelo com três graus de liberdade, 374
Modelo da mão e parte superior do braço, 420-422
Modos naturais
  da matriz de flexibilidade, 479
  determinação dos, 461-464
  equação característica e, 434
  equações que definem, 479
  independente, 452
  método de iteração da matriz para, 461
  método de Rayleigh-Ritz para, 461
  normalizado, 454-456, 479
  ortogonalidade dos, 452-454, 479
  propriedades dos, 451-454
  sistemas com dois graus de liberdade e, 311-316
  solução de modo normal dos, 311, 364, 432-434
  vibrações livres dos sistemas de NGL e, 432-441, 451-456, 461-464
Modos naturais independentes, 452
Modos naturais normalizados, 454-456, 479
Mola linear
  energia potencial em, 100
  na modelagem dos sistemas de 1GL, 40, 100
Mola(s). Veja também Combinação, das molas; Molas helicoidais; Molas lineares
  amortecimento histerético de, 139
  como fonte de energia potencial, 38
  comprimento, alteração no, 41-42
  constantes, 40
  definição, 39
  deflexão estática da, 44-45, 54, 77-79
  efeitos da inércia das, 63-66, 101
  elementos elásticos como, 42-43
  força, 71
  introdução à, 39-40
  na modelagem dos sistemas de 1GL, 39-47
  no método DCL, 71
  no sistema massa-mola, 100, 336-338
  no sistema massa-mola-amortecedor hidráulico, 180-184
  relações força-deslocamento para, 100
  rigidez, 40, 100-102
  torcional, 41, 126-128
Molas helicoidais
  excitações harmônicas dos sistemas de 1GL e, 194
  no modelamento dos sistemas de NGL, 40-41, 100
Mola torcional, 41, 126-129
Momento
  angular, 34
  conservação do, 5
  princípio do, 22-25, 33
Momento de inércia
  centroide, 60
  coordenada angular é usada como coordenada generalizada e, 101
  de corpos tridimensionais, 61, 67
Momento de inércia centroidal, 60
Momento linear angular, 34
momentos de inércia da, 61, 67
Montagem elástica, 186
Movimento cíclico, 110
Movimento do solo, dos terremotos, 247
Movimento harmônico simples
  equação, 33
  introdução à, 12-15
  introdução às, 12-15
Movimento periódico, 110
Movimento planar, corpo rígido submetido ao, 33
Movimento transitório a curto prazo, solução homogênea que influenciam, 247

# N

Nanotubos
  relação comprimento/diâmetro dos, 4
Nanotubos de carbono
  relação comprimento-diâmetro dos, 4
Não linearidade
  geométrica, 4
Não linearidade física, 4
Não linearidade geométrica, 4
Natureza, leis da, 5

Nós
  nos sistemas com dois graus de liberdade, 312, 323
  nos sistemas de NGL, 408
Notação, produto escalar, 450

## O

Ortogonalidade
  do coeficiente cinético de atrito, 452-454
  dos modos naturais, 452-454, 479
Oscilações induzidas pelo vento, coeficiente de Reynolds envolvendo, 178-180

## P

Parâmetros adimensionais, significado físico dos, 10
Partículas. *Veja também* Cinética, das partículas
  aceleração das, 32-33
  deslocamento relativo das, 9
  em um corpo elástico, 8
  em um corpo rígido, 8
  velocidade das, 32-34
  vetor de posição das, 14-16
Pêndulo
  arrasto aerodinâmico e, 4
  equação diferencial regendo o movimento do, 80-82
  torcional, 148-150
Pêndulo torcional, 148-149
Período amortecido, 117, 153
Placa fina
  massa adicionada para, 67
  momento de inércia da, 61, 67
Posição vertical de equilíbrio, 1
Princípio de Arquimedes, 54
Princípio de d'Alembert, 18, 33
Princípio de Hamilton, 424
Problemas de referência, 2, 24. *Consulte também* Máquina no chão da fábrica; Sistema de suspensão
Processo de ortogonalização de Gram-Schmidt, 452
Produtos da energia escalar
  complexos, 453
  das vibrações livres dos sistemas de NGL, 448-451
  definidos, 449
  notação dos, 450
  produto escalar da energia cinética, 449, 452-454, 479
  produto escalar da energia potencial, 449-450, 479
Produtos escalares
  complexo, 453
  das vibrações livres dos sistemas de NGL, 448-451
  definição, 450
  notação de, 450
  produto escalar de energia potencial, 449-450, 479
  produtos escalares de energia potencial, 449, 452-454, 479
Produtos escalares complexos, 453
Pulso de inclinação negativa, 288
Pulso do seno, 296, 287, 294
Pulso do seno versado, 287, 294-296
Pulso retangular, 265, 269, 286
Pulso senoidal, 287
Pulso triangular, 261-264, 286, 289
Puncionadeira, 201-204, 250-251

## Q

Quociente de Rayleigh
  definição, 433, 454
  equações, 479
  estacionário, 457, 461
  usos do, 457
  vibrações livres dos sistemas de NGL e, 432, 454, 456-458

## R

Raízes complexas, 434
Raízes negativas, 434
Razão da frequência, 168-170, 239
Razão de transmissibilidade, 183
Regra de Cramer, 433
Relação comprimento/diâmetro, nanotubo, 4
Relações de deslocamento de força
  equações constitutivas desenvolvendo, 5
  para a mola linear, 100
Relações de recorrência, 277
Resposta da frequência
  absorvedor de vibrações e, 366
  curvas, 168

em sistemas e dois graus de liberdade, 334-337
na excitação harmônica dos sistemas de 1GL, 161, 170
teorema de Buckingham-Pi e, 334

Resposta de estado estacionário
amortecimento viscoso e, 325, 364
de deslocamento absoluto, 240
de sistemas com dois graus de liberdade, 323-326, 364
dos sistemas de 1GL, 239

Resposta forçada do sistema, 366

Resposta harmônica, dos sistemas de dois graus de liberdade, 323-327

Resposta homogênea, 160, 162

Resposta livre
do sistema amortecido, 364
do sistema subamortecido, 152
dos sistemas de dois graus de liberdade com amortecimento viscoso, 319-321, 364
dos sistemas não amortecidos de dois graus de liberdade, 316-318, 364

Respostas de curta duração
força máxima transmitida para, 303
isolamento de vibrações para, 289-293
transitória, 247, 289-293

Resposta torcional livre, soluções de vibrações livres para
subamortecidas, 109, 116-123
superamortecidas, 109, 124-128, 153
Vibrações livres criticamente amortecidas, 109, 122-128, 152

Ressonância
excitação harmônica dos sistemas de 1GL e, 163, 213

Restrição de normalização, 454-455

Restrições geométricas, 5

Rigidez
barra longitudinal, 100
componentes, 39
de amortecedor de vibração, 349
isolador, 192
mola, 40, 100-102
torcional, 41, 100
viga, 43-44, 100

Rigidez torcional, 41, 100

## S

Segunda lei da termodinâmica, 5

Segunda lei de Newton
aplicada a um DCL, 3, 71
cinética das partículas e, 16
equações, 33

Série de Fourier
representação, 161, 197-201, 241

Sismógrafos, 161, 205-206, 241

Sistema amortecido
criticamente amortecido, 109, 122-128, 153
resposta livre do, 364
solução em regime permanente do, 511
viscosamente amortecido, 167-171

Sistema com amortecimento geral
análise modal para, 500-503
coordenadas principais para, 512
solução da integral de convolução para, 512
vibrações livres dos sistemas de NGL e, 467-470

Sistema com amortecimento proporcional, análise modal para, 492-500

Sistema conservativo, equações de Lagrange para, 425

Sistema de amortecimento viscoso, 168-172

Sistema de direção do tipo pinhão e cremalheira, 87-88

Sistema degenerado
como um caso especial, 443-445
definido, 432

Sistema de massa-mola
auxiliar, 337-338
equação diferencial regendo, 100

Sistema de massa-mola auxiliar, 337-338

Sistema desacoplado, 322

Sistema de suspensão
excitação harmônica dos sistemas de 1GL em, 223-231
introdução à, 25-27
modelagem dos sistemas de 1GL em, 90-92
modelagem dos sistemas de NGL e, 413-415
sistemas com dois graus de liberdade e, 349-353
vibrações forçadas dos sistemas de NGL e, 504-508
vibrações livres dos sistemas de 1GL em, 141-142
vibrações livres dos sistemas de NGL e, 471-473
vibrações transitórias dos sistemas de 1GL e, 293-297

Sistema de suspensão simplificado. *Veja* Sistema de suspensão

Sistema de transmissão, 88-89

Sistema dinamicamente acoplado, 321-322, 390

Sistema estatisticamente acoplado, 321-322, 390

Sistema irrestrito
  como caso especial, 445-449
  definição, 433

Sistema massa-mola-amortecedor hidráulico, 180-184

Sistema referencial inercial, a Terra como, 4

Sistemas com dois graus de liberdade
  absorvedores amortecidos de vibração e, 342-346
  absorvedores dinâmicos de vibração e, 337-342
  acoplamento e, 321
  com amortecimento viscoso, resposta livre de, 319-322, 364
  com duas entradas, 327
  conceitos importantes, 364
  coordenadas generalizadas em, 307
  coordenadas principais em, 321-323
  equações diferenciais para, 307-311, 323, 334
  equações importantes, 364-365
  frequências naturais e, 311-316, 339
  funções de transferência e, 327-333
  funções de transferência senoidais e, 331-333
  introdução ao, 21-22, 307
  linear, 307
  máquina no chão de uma planta industrial e, 347-348
  modos naturais e, 311-316
  não amortecido, 315-319, 364
  nós em, 312, 322
  resposta da frequência em, 334-337
  resposta em estado estacionário da, 323-326, 364
  resposta harmônica do, 323-327
  sistema de suspensão e, 349-354
  Transformada de Laplace e, 331

Sistemas com múltiplos graus de liberdade (de NGL). *Veja também* Vibrações forçadas, dos sistemas de NGL; Vibrações livres, dos sistemas de NGL; Modelagem, dos sistemas de NGL
  amortecimento em, 432
  análise de, 371
  definição, 8
  nós em, 408
  problema do valor-vetor próprio e, 432

Sistemas com um grau de liberdade (de 1GL). *Veja também* Vibrações forçadas, dos sistemas de 1GL; Vibrações livres, dos sistemas de 1GL; Excitação harmônica, dos sistemas de 1GL; Modelagem, dos sistemas de 1GL; Vibrações transitórias, dos sistemas de 1GL
  definição, 8, 50
  energia cinética de, 21
  frequências naturais de, 152
  linear, 50
  razão de amortecimento, 152
  resposta em estado estacionário de, 239

Sistemas contínuos
  definida, 9
  no modelamento dos sistemas de NGL, 372, 408-411

Sistemas de 1GL. *Veja* Sistemas com um grau de liberdade

Sistemas de NGL. *Veja* Sistemas com múltiplos graus de liberdade

Sistemas estruturais, amortecimento nos, 465, 498

Sistemas físicos
  não linear, 4

Sistemas irrestritos, 404-406

Sistemas lineares
  de 1GL, 50
  dois graus de liberdade, 307
  formulação matricial das equações diferenciais para, 388-394, 426
  método dos sistemas equivalentes para, 39
  sistemas não lineares v., 4

Sistemas MEMS. *Veja* Sistemas microeletromecânicos

Sistemas microeletromecânicos (MEMS)
  acelerômetros em, 75
  colheita de energia e, 218, 235-236
  vibrações usadas por, 1-3

Sistemas nanoeletromecânicos (NEMS), 2

Sistemas não amortecidos
  análise modal para, 492-500
  de 1GL, vibrações livres dos, 9, 109-116, 152, 431
  de NGL, vibrações livres dos, 152, 431
  dois graus de liberdade, 316-319, 364
  equação diferencial para, 511
  quando a frequência de excitação é igual à frequência natural, 239
  solução em regime permanente de, 511

vibrações forçadas em, em função da excitação de frequência única, 161-167
vibrações transitórias em, 258-261
Sistemas não conservativos, Equações de Lagrange e, 384, 425
Sistemas não lineares
 físico, 4
 sistemas lineares v., 4
Sistemas NEMS. *Veja* Sistemas nanoeletromecânicos
Sistemas semidefinidos, 404
Sistema subamortecido
 integral de convolução para, 302
 pulso retangular da velocidade e, 269
 resposta impulsiva do, 302
 resposta livre do, 152
Sobressinal, 119
Solução de modo normal
 dos modos naturais, 311, 364, 432-434
 para vibrações livres dos sistemas de NGL, 432, 480
Solução em regime permanente, de sistemas amortecidos e não amortecidos, 511
Solução geral, para as vibrações livres dos sistemas de NGL, 439-443
Solução homogênea
 excitações harmônicas e, 483
 movimento transitório a curto prazo influenciado pela, 247
Solução matemática, 6
Soluções numéricas
 das equações diferenciais, 277-282
 frequências naturais e, 502
Superposição linear, princípio da, 204, 207
Suporte, excitação harmônica de, 180-185
Suposição para ângulos pequenos, 80-83, 101
Suposições
 deslocamento, 80-85
 na modelagem matemática, 3-4
 para ângulos pequenos, 80-83, 101
Suposições explícitas, 4

**T**

Tempo
 discretização para, 273
 estabilização, 143-144

Tempo de estabilização, 143-144
Teorema da expansão
 para as vibrações livres dos sistemas de NGL, 457, 480
Teorema de Buckingham-Pi
 amplitude e, 168
 na análise dimensional, 2, 10-11
 resposta da frequência e, 334
 variáveis não dimensionais e, 10
Teoria do fluxo potencial, 67
Teoria elementar da viga, 9
Terceira lei da termodinâmica, 5
Terra, como um sistema referencial inercial, 4
Terremotos. *Consulte também* Instrumentos de medição de vibrações sísmicas
 espectro de choque e, 282
 movimento do solo dos, 247
Trabalho
 feito por uma força, 33, 100
 por fontes externas, 101
 por forças não conservadoras, 424
 princípio do, 20-22, 33
 virtual, 378, 424
Trabalho virtual, 378, 424
Transdutor, 205-207
Transdutor piezoelétrico, 205
Transformada(s) de Laplace
 equações, 302-304, 511
 funções de transferência e, 247, 327
 método, 265-269, 331
 para vibrações forçadas dos sistemas de NGL, 483, 488-492
 sistemas com dois graus de liberdade e, 331-333
 soluções usando, 265-269
 usos, 265
 vibrações transitórias dos sistemas de 1GL e, 247, 265-269
Tumbler, 231

**V**

Variáveis dependentes
 definidas, 6-7
Variáveis independentes, 6-7

Variáveis não dimensionais, Teorema de Buckingham-Pi e, 10

Velocidade
  partícula, 32-34
  pulso, 264-265, 269

Vetor de força, 390

Vetor de posição, das partículas, 14-16

Vibração(ões) amortecida(s)
  absorvedores, 342-346, 362-364, 366
  criticamente amortecido, 109, 122-128, 153
  superamortecido, 109, 124-128, 153
  viscosamente amortecido, 9

Vibrações. *Veja também* Sistemas contínuos, vibrações dos; Vibração(ões) amortecida(s); Vibrações forçadas; Vibrações forçadas, dos sistemas de NGL; Vibrações livres, dos sistemas de NGL; Vibrações livres, dos sistemas de 1GL; Vibrações não lineares; Vibrações aleatórias; Instrumentos de medição de vibrações sísmicas; Vibrações transitórias, dos sistemas de 1GL; Vibrações transversais da viga
  absorvedor dinâmico de vibração e, 11
  amortecimento viscoso, 9
  análise de, 2
  classificação da, 9
  conceitos importantes, 32
  definição, 2
  equações importantes, 32-33
  estudo de, 1-3
  linear, 9
  longitudinal, 43
  modelagem matemática de, 3-6
  não controlado, 1
  sistemas MEMS usando, 2
  transversal, 43, 443

Vibrações aleatórias
  definição, 9

Vibrações forçadas
  definidas, 9
  no sistema não amortecido, em função da excitação de frequência única, 161-168
  no sistema viscosamente amortecido sujeito à excitação harmônica de frequência única, 167-173

Vibrações forçadas, dos sistemas de 1GL com não linearidades cúbicas
  equação diferencial descrevendo, 238, 247
  excitação harmônica e, 159, 161-173

Vibrações forçadas, dos sistemas de NGL
  análise modal para, 483, 492-503
  coeficientes indeterminados para, 483, 511
  comportamento a curto prazo e, 483
  conceitos importantes, 511
  equações importantes, 511-513
  excitações harmônicas e, 483-489
  introdução ao, 483
  máquina no chão da fábrica, 503-504
  método da transformada de Laplace para, 483, 488-492
  sistema de suspensão e, 504-508
  soluções numéricas para, 502

Vibrações lineares, 9

Vibrações livres criticamente amortecidas, 109, 122-128, 152

Vibrações livres, dos sistemas de 1GL
  amortecimento de Coulomb e, 108, 128-135
  amortecimento histerético e, 108, 134-138
  arrasto aerodinâmico e, 138-139
  conceitos importantes, 151-152
  criticamente amortecidas, 109, 122-128, 153
  definidas, 9
  equação diferencial, forma padrão das, 108-109, 152
  equações importantes, 152-154
  introdução às, 107
  máquina no chão da fábrica e, 141-142
  não amortecidas, 9, 109-116, 152, 431
  outras formas de amortecimento nas, 138-140
  sistema de suspensão e, 141-142
  subamortecidas, 109, 116-123
  superamortecidas, 109, 124-128, 153

Vibrações livres, dos sistemas de NGL
  amortecimento proporcional nas, 464-466, 480
  amortecimento viscoso geral nas, 467-469
  casos especiais, 443-449
  conceitos importantes, 478
  coordenadas principais nas, 432, 458-461
  equações diferenciais descrevendo, 431, 466-468
  equações importantes, 479-481
  frequências naturais e, 432-440, 451-454, 461-464
  introdução às, 431
  máquina no chão da fábrica e, 469-470
  modos de vibração e, 432-439, 451-456, 461-464
  produtos escalares da energia das, 449-451
  quociente de Rayleigh e, 432, 454, 456-457

script do MATLAB para, 439
sistema degenerado, 443-445
sistema de suspensão e, 471-474
sistema irrestrito, 445-449
sistema não amortecido, 152, 431
solução do modo normal, 432-434, 479
solução geral, 440-443
teorema da expansão para, 457, 479
viga simplesmente suportada e, 462-464

Vibrações livres não amortecidas, dos sistemas de 1GL, 9, 109-116, 152, 431

Vibrações livres subamortecidas, 109, 116-123

Vibrações livres superamortecidas, 109, 124-128, 152

Vibrações longitudinais, 43

Vibrações não controladas, 1

Vibrações não lineares
   definição, 9

Vibrações transitórias, dos sistemas de 1GL
   conceitos importantes, 301-302
   definição, 9
   em função da excitação da base, 263-265
   em sistemas não amortecidos, 258-261
   equações importantes, 302-304
   espectro do choque e, 283-289
   formas mudam em tempo discreto, 256-263
   funções de transferência e, 247, 269-272
   integral de convolução e, 248-252, 258
   introdução à, 247
   máquina no chão de uma planta industrial e, 292-294
   Método da transformada de Laplace, 247, 265-269
   métodos numéricos para, 273-281
   resposta em função da excitação geral, 251-256
   respostas de curta duração, 247, 289-293
   Script MATLAB para, 280-282
   sistema de suspensão e, 294-297

Vibrações transversais, 43, 443

Vibrações viscosamente amortecidas, 9

Viga circular em consola, 443

Viga em balanço, 393
   circular, 443
   rigidez, 100

Viga engastada-apoiada, 439

Viga livre-livre, 405, 422-423

Viga(s). *Consulte também* Viga simplesmente suportada; Vibrações da viga transversal
   deflexão dinâmica da, 65-66
   em balanço, 100, 443
   teoria elementar da, 9
   em balanço, 393
   engastada-apoiada, 439-441
   livre-livre, 405, 422-424
   rigidez, 43-45, 100

Viga simplesmente apoiada
   frequências dimensionais para, 463
   frequências não dimensionais para, 463
   vibrações livres dos sistemas de NGL e, 462-464

Volantes, 446

## CONVERSÕES ENTRE O SISTEMA TRADICIONAL DE MEDIDAS DOS ESTADOS UNIDOS E UNIDADES SI

| Sistema tradicional de medidas dos Estados Unidos | | Fatores de conversão de tempo | | Unidade SI equivalente | |
|---|---|---|---|---|---|
| | | Preciso | Prático | | |
| Aceleração (linear) | | | | | |
| pé por segundo ao quadrado | ft/s$^2$ | 0,3048* | 0,305 | metro por segundo ao quadrado | m/s$^2$ |
| polegada por segundo ao quadrado | in./s$^2$ | 0,0254* | 0,0254 | metro por segundo ao quadrado | m/s$^2$ |
| Área | | | | | |
| circular mil | cmil | 0,0005067 | 0,0005 | milímetro quadrado | mm$^2$ |
| pé quadrado | ft$^2$ | 0,09290304* | 0,0929 | metro quadrado | m$^2$ |
| polegada quadrada | in.$^2$ | 645,16* | 645 | milímetro quadrado | mm$^2$ |
| Densidade (massa) | | | | | |
| slug por pé cúbico | slug/ft$^3$ | 515,379 | 515 | quilograma por metro cúbico | kg/m$^3$ |
| Densidade (peso) | | | | | |
| libra por pé cúbico | lb/ft$^3$ | 157,087 | 157 | newton por metro cúbico | N/m$^3$ |
| libra por polegada cúbica | lb/in.$^3$ | 271,447 | 271 | quilonewton por metro cúbico | kN/m$^3$ |
| Energia: trabalho | | | | | |
| pé-libra | ft-lb | 1,35582 | 1,36 | joule (N-m) | J |
| polegada-libra | in.-lb | 0,112985 | 0,113 | joule | J |
| quilowatt-hora | kWh | 3,6* | 3,6 | megajoule | MJ |
| Unidade térmica britânica | Btu | 1055,06 | 1055 | joule | J |
| Força | | | | | |
| libra | lb | 4,44822 | 4,45 | newton (kg · m/s$^2$) | N |
| kip (1000 libras) | k | 4,44822 | 4,45 | quilonewton | kN |
| Força por unidade de comprimento | | | | | |
| libra por pé | lb/ft | 14,5939 | 14,6 | newton por metro | N/m |
| libra por polegada | lb/in. | 175,127 | 175 | newton por metro | N/m |
| kip por pé | k/ft | 14,5939 | 14,6 | quilonewton por metro | kN/m |
| kip por polegada | k/in. | 175,127 | 175 | quilonewton | kN/m |
| Comprimento | | | | | |
| pé | ft | 0,3048* | 0,305 | metro | m |
| polegada | in. | 25,4* | 25,4 | milímetro | mm |
| milha | mi | 1,609344* | 1,61 | quilômetro | km |
| Massa | | | | | |
| slug | lb-s$^2$/ft | 14,5939 | 14,6 | quilograma | kg |
| Momento de uma força; torque | | | | newton metro | N-m |
| libra-pé | lb-ft | 1,35582 | 1,36 | newton metro | N-m |
| libra-polegada | lb-in. | 0,112985 | 0,113 | quilonewton por metro | kN-m |
| kip-pé | k-ft | 1,35582 | 1,36 | quilonewton por metro | kN-m |
| kip-polegada | k-in. | 0,112985 | 0,113 | | |

(*Continua*)

# CONVERSÕES ENTRE O SISTEMA TRADICIONAL DE MEDIDAS DOS ESTADOS UNIDOS E UNIDADES SI (*Continuação*)

| Sistema tradicional de medidas dos Estados Unidos | | Fatores de conversão de tempo | | Unidade SI equivalente | |
|---|---|---|---|---|---|
| | | Preciso | Prático | | |
| **Momento de inércia (área)** | | | | | |
| polegada elevada à quarta potência | in.$^4$ | 416.231 | 416.000 | milímetro elevado à quarta potência | mm$^4$ |
| polegada elevada à quarta potência | in.$^4$ | 0,416231 × 10$^{-6}$ | 0,416 × 10$^{-6}$ | metro elevado à quarta potência | m$^4$ |
| **Momento de inércia (massa)** | | | | | |
| slug por pé quadrado | slug-ft$^2$ | 1,35582 | 1,36 | quilograma por metro quadrado | kg · m$^2$ |
| **Potência** | | | | | |
| pé-libra por segundo | ft-lb/s | 1,35582 | 1,36 | watt (J/s ou N·m/s) | W |
| pé-libra por minuto | ft-lb/min | 0,0225970 | 0,0226 | watt | W |
| cavalo-vapor (550 ft-lb/s) | hp | 745,701 | 746 | watt | W |
| **Pressão; estresse** | | | | | |
| libra por pé quadrado | psf | 47,8803 | 47,9 | pascal (N/m$^2$) | Pa |
| libra por polegada quadrada | psi | 6894,76 | 6890 | pascal | Pa |
| kip por pé quadrado | ksf | 47,8803 | 47,9 | quilopascal | kPa |
| kip por polegada quadrada | ksi | 6.89476 | 6,89 | megapascal | MPa |
| **Módulo da seção** | | | | | |
| polegada elevada à terceira potência | in.$^3$ | 16.387,1 | 16,400 | milímetro elevado à terceira potência | mm$^3$ |
| polegada elevada à terceira potência | in.$^3$ | 16,3871 × 10$^{-6}$ | 16,4 × 10$^{-6}$ | metro elevado à terceira potência | m$^3$ |
| **Velocidade (linear)** | | | | | |
| pé por segundo | ft/s | 0,3048* | 0,305 | metro por segundo | m/s |
| polegada por segundo | in./s | 0,0254* | 0,0254 | metro por segundo | m/s |
| milha por hora | mph | 0,44704* | 0,447 | metro por segundo | m/s |
| milha por hora | mph | 1,609344* | 1,61 | quilômetro por hora | m/h |
| **Volume** | | | | | |
| pé cúbico | ft$^3$ | 0,0283168 | 0,0283 | metro cúbico | m$^3$ |
| polegada cúbica | in.$^3$ | 16,3871 × 10$^{-6}$ | 16,4 × 10$^{-6}$ | metro cúbico | m$^3$ |
| polegada cúbica | in.$^3$ | 16,3871 | 16,4 | centímetro cúbico (cc) | cm$^3$ |
| galão (231 in.$^3$) | gal. | 3,78541 | 3,79 | litro | L |
| galão (231 in.$^3$) | gal. | 0,00378541 | 0,00379 | metro cúbico | m$^3$ |

*Asterisco denota um fator de conversão *exato*

*Observação*: Para converter de unidades SI para unidades USCS, *divida* pelo fator de conversão

**Fórmulas de conversão de temperatura**

$$T(°C) = \frac{5}{9}[T(°F) - 32] = T(K) - 273,15$$

$$T(K) = \frac{5}{9}[T(°F) - 32] + 273,15 = T(°C) + 273,15$$

$$T(°F) = \frac{9}{5}T(°C) + 32 = \frac{9}{5}T(K) - 459,67$$

## PRINCIPAIS UNIDADES USADAS EM MECÂNICA

| Quantidade | Sistema Internacional (SI) | | | Sistema Tradicional de Medidas dos Estados Unidos (USCS) | | |
|---|---|---|---|---|---|---|
| | Unidade | Símbolo | Fórmula | Unidade | Símbolo | Fórmula |
| Aceleração (angular) | radiano por segundo ao quadrado | | rad/s$^2$ | radiano por segundo ao quadrado | | rad/s$^2$ |
| Aceleração (linear) | metro por segundo ao quadrado | | m/s$^2$ | pé por segundo ao quadrado | | ft/s$^2$ |
| Área | metro quadrado | | m$^2$ | pé quadrado | | ft$^2$ |
| Densidade (massa) (Massa específica) | quilograma por metro cúbico | | kg/m$^3$ | slug por pé cúbico | | slug/ft$^3$ |
| Densidade (peso) (Peso específico) | newton por metro cúbico | | N/m$^3$ | libra por pé cúbico | pcf | lb/ft$^3$ |
| Energia: trabalho | joule | J | N·m | pé-libra | | ft-lb |
| Força | newton | N | kg·m/s$^2$ | libra | lb | (unidade de base) |
| Força por unidade de comprimento (Intensidade da força) | newton por metro | | N/m | libra por pé | | lb/ft |
| Frequência | hertz | Hz | s$^{-1}$ | hertz | Hz | s$^{-1}$ |
| Comprimento | metro | m | (unidade de base) | pé | ft | (unidade de base) |
| Massa | quilograma | kg | (unidade de base) | slug | | lb-s$^2$/ft |
| Momento de uma força; torque | newton metro | | N·m | libra-pé | | lb-ft |
| Momento de inércia (área) | metro elevado à quarta potência | | m$^4$ | polegada elevada à quarta potência | | in.$^4$ |
| Momento de inércia (massa) | quilograma por metro quadrado | | kg·m$^2$ | slug por pé quadrado | | slug-ft$^2$ |
| Potência | watt | W | J/s (N·m/s) | pé-libra por segundo | | ft-lb/s |
| Pressão | pascal | Pa | N/m$^2$ | libra por pé quadrado | psf | lb/ft$^2$ |
| Módulo da seção | metro elevado à terceira potência | | m$^3$ | polegada elevada à terceira potência | | in.$^3$ |
| Tensão | pascal | Pa | N/m$^2$ | libra por polegada quadrada | psi | lb/in.$^2$ |
| Tempo | segundo | s | (unidade de base) | segundo | s | (unidade de base) |
| Velocidade (angular) | radiano por segundo | | rad/s | radiano por segundo | | rad/s |
| Velocidade (linear) | metro por segundo | | m/s | pé por segundo | fps | ft/s |
| Volume (líquido) | litro | L | 10$^{-3}$ m$^3$ | galão | gal. | 231 in.$^3$ |
| Volume (sólido) | metro cúbico | | m$^3$ | pé cúbico | cf | ft$^3$ |

## PROPRIEDADES FÍSICAS SELECIONADAS

| Propriedade | SI | USCS |
|---|---|---|
| Água (doce) | | |
|    densidade de peso | 9,81 kN/m³ | 62,4 lb/ft³ |
|    densidade de massa | 1000 kg/m³ | 1,94 slugs/ft³ |
| Água do mar | | |
|    densidade de peso | 10,0 kN/m³ | 63,8 lb/ft³ |
|    densidade de massa | 1020 kg/m³ | 1,98 slugs/ft³ |
| Alumínio (liga estrutural) | | |
|    densidade de peso | 28 kN/m³ | 175 lb/ft³ |
|    densidade de massa | 2800 kg/m³ | 5,4 slugs/ft³ |
| Aço | | |
|    densidade de peso | 77,0 kN/m³ | 490 lb/ft³ |
|    densidade de massa | 7850 kg/m³ | 15,2 slugs/ft³ |
| Concreto reforçado | | |
|    densidade de peso | 24 kN/m³ | 150 lb/ft³ |
|    densidade de massa | 2400 kg/m³ | 4,7 slugs/ft³ |
| Pressão atmosférica (nível do mar) | | |
| Valor recomendado | 101 kPa | 14,7 psi |
| Valor-padrão internacional | 101,325 kPa | 14,6959 psi |
| Aceleração da gravidade (nível do mar, aprox., 45° latitude) | 9,81 m/s² | |
|    Valor recomendado | 9,80665 m/s² | 32,3 ft/s² |
|    Valor padrão internacional | | 32,1740 ft/s² |

## PREFIXOS SI

| Prefixo | Símbolo | Fator de multiplicação |
|---|---|---|
| tera | T | $10^{12}$ = 1 000 000 000 000 |
| giga | G | $10^{9}$ =     1 000 000 000 |
| mega | M | $10^{6}$ =     1 000 000 |
| quilo | k | $10^{3}$ =     1 000 |
| hecto | h | $10^{2}$ =     100 |
| deca | da | $10^{1}$ =     10 |
| deci | d | $10^{-1}$ =     0,1 |
| centi | c | $10^{-2}$ =     0,01 |
| mili | m | $10^{-3}$ =     0,001 |
| micro | $\mu$ | $10^{-6}$ =     0,000 001 |
| nano | n | $10^{-9}$ =     0,000 000 001 |
| pico | p | $10^{-12}$ =     0,000 000 000 001 |

Nota: O uso dos prefixos hecto, deca, deci e centi não é recomendado em SI.

Impressão e acabamento:

Orgrafic
Gráfica e Editora
tel.: 25226368